AF363752

LES QVINZE LIVRES
DES ELEMENTS
GEOMETRIQVES
D'EVCLIDE.

Traduicts en François par D. HENRION Professeur és Mathematiques, imprimez, reueus & corrigez du viuant de l'Autheur: auec des Commentaires beaucoup plus amples & faciles, & des figures en plus grand nombre qu'en toutes les impressions precedentes.

Plus le Liure des **DONNEZ** du mesme Euclide aussi traduict en François par ledit Henrion, & imprimé de son viuant.

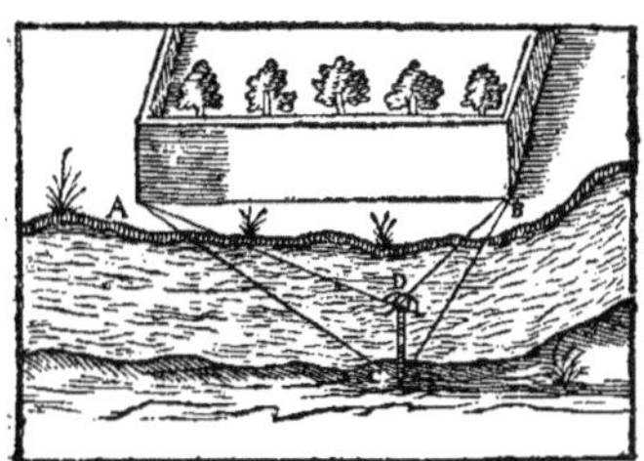

A PARIS,

De l'Imprimerie d'Isaac Dedin.
Et se vendent en l'Isle du Palais, à l'Image S. Michel, par la veufue dudit Henrion.

M. DC. XXXII.
AVEC PRIVILEGE DV ROY.

*Amy Lecteur voicy le dernier des Oeuures du
sieur Henrion Professeur és Mathematiques,
contenant les quinze liures des Elements d'Euclide, traduicts en François, auec des Commentaires
beaucoup plus amples & faciles, & des figures mieux
taillées qu'en toutes les traductions precedentes: aufquels il a adiousté le liure des Donnez du mesme Euclide, aussi traduict en François; ce qui n'auoit point
encores esté faict iusques icy, quoy que l'vsage de ce
liure soit fort commun par toutes les Mathematiques,
& particulierement en l'Analise, science auiourd'huy
tant estimee & recherchee, & qui a remis en ce temps
la Geometrie en son lustre autant qu'elle y fut iamais,
auec esperance d'vne perfection beaucoup plus grande.
Cét œuure estoit imprimé dés le viuant de l'Autheur:
& s'il ne l'a publiee, c'est que son intention estoit d'y
adiouster le reste de ce qui se trouue des œuures d'Euclide, sçauoir l'Optique, & Catoptrique, les Pheno-
menes, la Musique, & vn fragment du leger & du
pesant, toutes lesquelles parties il auoit desia tradui-
tes, comme en font foy les manuscripts qu'il a laißés,
& qui sont entre les mains de sa veufue: ainsi il diui-
soit toutes les œuures d'Euclide en deux Tomes, desquels le premier estoit celuy-cy, & le dernier deuoit contenir ce que nous auons dict maintenant, dont la pre-*

ã ij

miere feuille est desia imprimee, & le reste pourra estre
imprimé cy-apres. Cependant reçoy cecy par aduance,
& te souuiens de celuy qui te l'a preparé, lequel la mort
à rauy en vn temps auquel il pouuoit & vouloit encore
beaucoup seruir au public. Quant à l'impression, sa
diligence accoustumee à corriger ses œuures te peut
asseurer qu'il y aura peu ou point de fautes: si toutesfois
tu en rencontres, il te sera facile de les corriger sans ac-
cuser l'autheur qui t'auroit exempté de ceste peine s'il
eust vescu iusques icy. C'est dequoy ie te supplie: t'as-
seurant que ie suis de tous les amateurs des Mathematiques

Le tres-humble & tres-affectionné
seruiteur I. DEDIN.

ELEMENT
PREMIER.

DEFINITIONS.

1. Le poinct, est ce qui n'a aucune partie.

Es Physiciens disent que le poinct est le moindre ob-
ject de la veuë ; & iceluy peut estre descrit auec ancre
ou autre chose: Mais les Mathematiciens reiettans ceste definition, disent que le poinct est vn obiect de l'in-
tellect si subtil qu'il ne peut estre diuisé en aucunes parties : Et iceluy ne se peut escrire, mais seulement entendre & imaginer : Bien est vray que pour le representer
à nos sens exterieurs nous nous seruons du poinct Phy-
sique. Le poinct n'a donc aucunes des dimensions geometriques, c'est à
dire qu'il n'a longueur, largeur, ny espoisseur, mais bien est-il principe d'i-
celles.

2. La ligne, est vne longueur sans largeur.

Apres le poinct, Euclide vient à la ligne, qui n'est autre chose que le flux
ou coullement d'iceluy poinct d'vn lieu en vn autre: car par ainsi l'interualle compris entre ces deux lieux-là, sera vne longueur sans largeur, puis que
le poinct du coullement duquel elle est produite n'en a aucune: & par consequent la ligne (qui est la premiere espece de magnitude ou quantité continue) a seulement vne dimension, sçauoir est longueur, car n'ayant aucune
largeur, il est certain qu'elle n'aura aussi au-
cune espoisseur ou profondeur. Et pourtant
mieux entendre cecy, qu'on imagine le poinct
A estre meu ou coullé depuis A iusques en B,
& auoir laissé par son flux ou coullement la
trace & vestige AB: or ceste trace AB sera appellee ligne: car l'interualle

compris entre les deux poincts A & B est vrayement vne longueur sans largeur & espoisseur, puis que le poinct A, par le coullement duquel elle
est produicte, est priué de toute dimension.

3. Les extremitez de la ligne, sont poincts.

Cecy est intelligible, puis que toutes lignes terminees commencent à vn
poinct, & acheuent aussi à vn poinct, comme les lignes precedentes A B, qui
ont pour leurs extremitez les poincts A & B : car Euclide n'entend parler
icy ny des lignes infinies ny des circulaires, ny de toutes autres sortes de lignes, ausquelles on ne peut assigner aucun terme ny extremité.

4. La ligne droicte, est celle qui est également comprise & estendue entre ses poincts.

Les Mathematiciens ont de trois sortes de lignes, c'est asçauoir la ligne
droicte, la ligne circulaire, qu'ils appellent aussi ligne courbe, & la ligne
mixte : Euclide definit icy la droicte, laquelle il dit estre celle là qui est es-
galement estendue entre ses poincts : ainsi la ligne ACB est dicte ligne
droicte, pource que tous les poincts entre-
moyens d'icelle ligne, comme C, sont esgale-
ment posés entre les extremes A & B, l'vn n'e-
stant plus esleué ou abaissé que l'autre : ce qui
n'aduient aux trois autres lignes ADB, AEB,
AFB, car il est manifeste que les poincts entre-
moiens D, E, F sont bien plus esleuez que les

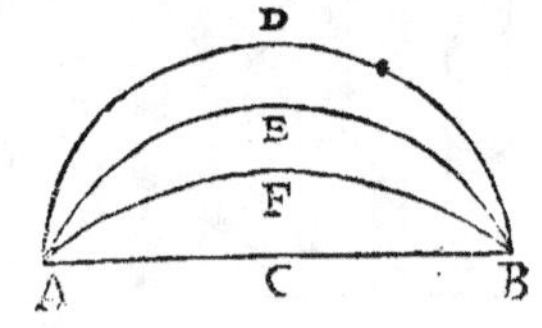

extremes A & B. Quelques autres Autheurs ont diuersement definy la
ligne droicte : car Campanus dit, que c'est le plus court chemin d'vn poinct
iusqu'à vn autre : &, selon Archimede, la ligne droicte est la plus courte
de toutes celles qui ont mesmes extremitez. Mais Platon dit que c'est celle-
là dont les poincts du milieu ombragent les extremes : comme par exemple,
si en la ligne ACB, le poinct extreme A auoit la vertu d'illuminer, & le
poinct du milieu C la force de cacher : iceluy poinct C empescheroit que le
poinct extreme B fust illuminé de l'autre extreme A : Et aussi l'œil estant au
poinct extreme A, il ne pourroit voir l'autre extreme B, à cause du poinct C
posé entre iceux extremes : ce qui n'arriueroit pas aux lignes non droictes,
comme le demonstrent les lignes ADB, AEB, & AFB.

Or tout ainsi que les Mathematiciens conçoiuent la ligne estre descripte
par le flux & mouuement imaginaire du poinct, ainsi aussi entendent-ils la
qualité de la ligne descripte par la qualité d'iceluy mouuement : car si on entend que le poinct coulle droict par le plus court chemin ne se destou:nat çà
ne là, la ligne ainsi descrite sera appellee ligne droicte : mais si le poinct fluant
vacille en son mouuement, & s'escarte çà & là ; la ligne descripte sera appellee mixte : & finalement si le poinct fluant ne vacille en son mouuement,

mais eſt porté en rond d'vn certain mouuement vniforme & regulier, gardant touſiours vne eſgale diſtance à quelque certain poinct à l'entour duquel il eſt porté; ceſte ligne deſcripte ſera appellee circulaire. Or Euclide ne traicte icy que des deux ſimples lignes, ſçauoir eſt de la droicte & de la circulaire. Il a defini celle-là cy-deſſus, & il definira ceſte-cy à la 15. def. Mais quant à la mixte, il en obmet la definition, pource qu'elle n'a aucun vſage en ſes elemens Geometriques: il y en a de pluſieurs ſortes, & d'icelles traictent amplement Apollonius, Pergeus, Nicomedes, Archimedes & autres Autheurs.

5. Superficie, eſt ce qui a longueur & largeur tant ſeulement.

Apres la ligne, qui eſt la premiere eſpece de quantité continue, & qui a vne ſeule dimenſion, Euclide definit la ſuperficie, qui eſt la ſeconde eſpece de quantité, & a deux dimenſions: car on n'y trouue pas la ſeule longitude comme en la ligne, mais auſſi latitude, ſans toutesfois aucune profondité: comme la quantité A B C D compriſe entre les lignes AB, BC, CD, DA, & conſideree ſelon la lógitude A B, ou DC, & ſelon la latitude A D, ou B C, ſans aucune eſpoiſſeur ou profondité, eſt appellee ſuperficie. Quelques vns deſcriuans la ſuperficie diſent, que c'eſt l'extremité du corps. Et comme dit Proclus, la ſuperficie nous eſt fort naïfuement repreſentee par les ombres du corps: car veu qu'elles ne peuuent penetrer au dedans de la terre, elles ſeront

ſeulement longues & larges. Dauantage comme les Mathematiciens entendent que la ligne eſt produicte par le flux ou coullement du poinct, ainſi diſent-ils que la ligne ſe mouuant en trauers, produict la ſuperficie: comme par exemple, ſi on entend que la ligne A B ſe meuue vers la ligne D C, elle fera la ſuperficie A B C D, laquelle n'aura aucune profondeur, puis que c'eſt la trace & veſtige du mouuement de la ligne AB qui n'a aucune profondité.

6. Les extremitez de la ſuperficie, ſont lignes.

Il faut icy entendre des ſuperficies bornees, & terminees par lignes droites, cóme la ſuperficie ABCD cy deſſus, de laquelle les extremitez ſont les lignes AB, BC, CD, & DA: car il y a bien pluſieurs ſuperficies encloſes d'vne ſeule ligne, comme de la circulaire, & autres, dont Euclide ne fait métion en ces Elemens-cy: mais il n'en veut icy parler, non plus que de la ſuperficie ſpherique, qui circuit & enuironne vn corps entierement rond & ſpherique. Comme donc la ligne terminee commence à vn poinct, & finit à vn autre poinct, ainſi auſſi la ſuperficie terminee commence par vne ligne, &

finit par vne ligne, tant selon sa longueur, que selon sa largeur.

7. Superficie plane, est celle qui est également comprise entre ses lignes.

Ceste definition de la superficie plane a quelque similitude & rapport à celle de la ligne droicte: car comme la ligne qui est également estendue entre ses poincts, est appellee ligne droicte, ainsi aussi la superficie qui est également estendue entre ses lignes, tellement que toutes les parties du milieu ne sont plus esleuees ny abaissees que les extremes, est appellee superficie plane. Et derechef, comme la ligne droicte est la plus courte d'entre ses extremitez, ainsi aussi la superficie plane est la plus courte, ou briefue de toutes celles qui ont mesmes extremitez. C'est encore pour la méme raison que quelques autres descriuans la superficie plane, disent que c'est celle-là de laquelle toutes les parties du milieu ombragent ses extremes: ou bien celle-là à toutes les parties de laquelle vne ligne droicte peut estre accommodee. Comme par exemple, la superficie A B C D sera dicte plane, si la ligne droicte A E semouuant à l'entour du poinct immobile A, en sorte qu'elle vienne à estre la mesme que AF, puis la mesme que AG, & puis encore la mesme que A H, en apres la mesme que AI, & finalement la mesme que AK, elle ne rencontre rien en la superficie de plus esleué ou abaissé l'vn que l'autre, ains que tous les poincts de ladite superficie soient touchez d'icelle ligne mouuante A E, & en quelque sorte raclez par icelle. Mais toutes superficies esquelles il y a des endroits les vns plus

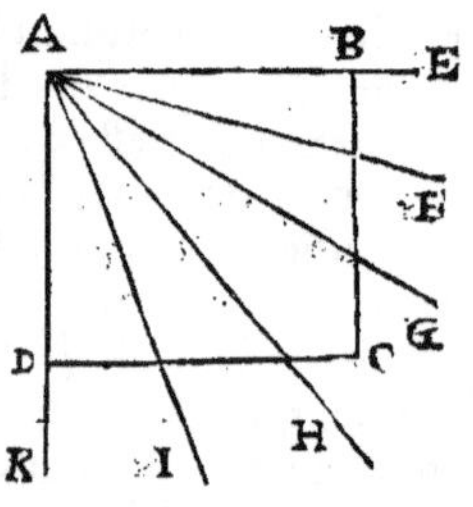

esleuez que les autres, tellement qu'on n'y peut pas accommoder vne ligne droicte par tous les lieux & endroicts d'icelles, telle qu'est la superficie interieure d'vne voulte ou arcade, ou bien l'exterieure d'vn globe, ou d'vne colomne ronde, & aussi d'vn cone, &c. sont appellees superficies courbes: & icelles sont de plusieurs sortes, c'est à sçauoir conuexe, comme la superficie exterieure d'vne sphere, ou d'vne colomne ronde: & concaue, comme la superficie interieure d'vne voulte ou arcade: mais la contemplation de toutes ces choses appartient à la Stereometrie dont traicte Euclide és cinq derniers liures: c'est pourquoy il explique seulement icy la superficie plane, de laquelle il traicte és six premiers liures. Et cependant est à noter que ceste superficie est souuentesfois appellée plan par les Mathematiciens: tellement que quand ils parlent de plan, il faut tousiours entendre vne superficie plane.

8. Angle plan, eſt l'inclination de deux lignes, l'vne à l'autre
ſe touchant en vn plan non directement.

Euclide enſeigne icy que quand deux lignes conſtituees en quelque ſuperficie plane concurrent en vn poinct d'icelle ſuperficie, & ne ſe rencontrent
directement, alors l'inclination d'icelles deux lignes s'appelle angle plan.
Comme par exemple, pour ce que les deux lignes A B, & A C, concurrent
en A, & ne ſe rencontrent pas
directement ; le concours ou
inclination qu'icelles deux lignes font au poinct A, s'appelle
angle : Et d'autant qu'iceluy angle eſt conſtitué au meſme plan
qu'icelles deux lignes A B &
A C, on l'appelle angle plan, à la
difference d'autres angles, dont
les vns ſont nommez angles ſo-

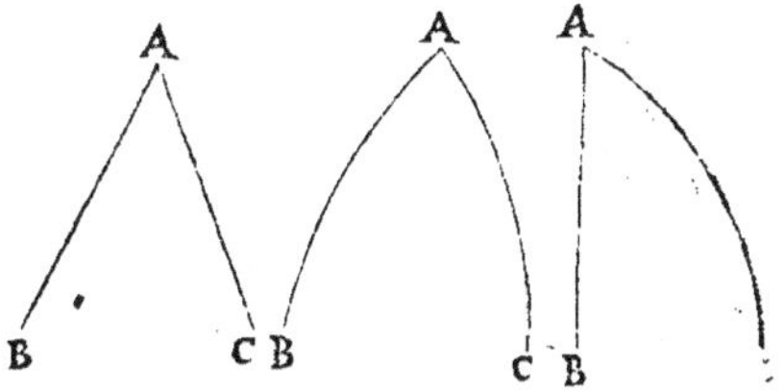

lides, deſquels traicte cy apres Euclide en la Stereometrie ; & les autres
ſont appellés angles ſpheriques, deſquels traictent amplement Menelaus
& Theodoſe en leurs elemens ſpheriques, comme nous auons auſſi faict en
nos triangles ſpheriques.
Or quant à l'angle plan cy-deſſus deffiny eſt à remarquer, premierement
que la grandeur ou quantité dudit angle plan conſiſte en la ſeule inclination
des lignes qui le conſtituent, & non pas en la longueur d'icelles lignes ; car
le prolongement deſdites lignes n'augmente point leur inclination, ny par
conſequent la grandeur de l'angle. En apres que quelques Geometres ont
eſtimé qu'afin que deux lignes faſſent angle, il eſtoit neceſſaire qu'eſtans continuées du poinct de leur rencontre, elles s'entrecoupaſſent en iceluy, dont
s'enſuiuroit que deux cercles s'entretouchans en vn plan, ou qu'vne ligne
droicte touchant vn cercle ne feroit angle, ce qui eſt contre l'intention d'Euclide, ainſi qu'il appert, tant par ceſte definition de l'angle plan, que par
la 16. p. 3. & comme l'a auſſi bien demonſtré Clauius ſur la meſme propoſition, où il refute Pelletier, qui diſoit que la ligne droicte touchant le cercle,
ne faiſoit angle ; c'eſt pourquoy ceux qui tiennent encore ceſte opinion, ſe
mocquent bien d'Euclide, de Clauius, & autres Geometres, qui diſent
qu'vne ligne droicte touchant vn cercle, fait vn angle contigent, ou d'attouchement.

9. Que ſi les lignes comprenant l'angle ſont droictes, l'angle ſera appelé rectiligne.

Tout angle plan eſt faict, ou de deux lignes droictes, & alors il ſe nomme
angle rectiligne, comme dit icy Euclide ; ou de deux lignes courbes, &

alors on l'appelle angle curuiligne ; ou bien d'vne ligne droicte & d'vne
courbe, & alors on le nomme angle mixte. Or les angles curuilignes
peuuent varier en trois manieres, & les mixtes en deux, à cause de la di-
uerse inclination ou habitude des lignes courbes, ainsi qu'il appert manifestement aux angles plans de la figure cy apposee.

10. Quand vne ligne droicte tombant sur vne autre ligne
droicte, fait les angles de part & d'autre esgaux entr'eux,
les angles sont droicts ; & la ligne tombante, est perpendiculaire à celle-là, sur laquelle elle tombe.

Il y a de trois sortes d'angles rectilignes, sçauoir est droict, obtus &
aigu : le premier desquels Euclide definit icy auec la ligne perpendiculaire,
& quant aux deux autres, il les definit aux deux definitions prochainement
suiuantes. Il dit donc icy que si vne ligne droicte tombe sur vne autre
ligne droicte, en sorte qu'elle fasse les angles de part & d'autre esgaux, ce
qui aduient lors que ladite ligne ne s'incline ou panche plus d'vn costé
que de l'autre ; chacun d'iceux angles est appellé angle droict, & la ligne
ainsi tombante, est ditte perpendiculaire à celle-là
sur laquelle elle tombe. Comme par exemple, si la
ligne droicte A B tombe sur la ligne droicte C D, en
sorte qu'elle ne s'incline pas plus d'vn costé que de
l'autre, les deux angles, quelle faict au poinct B seront esgaux entr'eux, & chacun d'iceux sera nommé angle droict ; mais la ligne A B sera dicte perpendiculaire à C D, sur laquelle elle tombe. Par
mesme raison, la ligne droicte C B sera aussi dicte perpendiculaire
à la ligne droicte A B, encore qu'icelle C B fasse vn seul angle
droict auec A B ; Et ce d'autant que si ladicte ligne A B estoit prolongée directement de la part de B, elle y feroit vn autre angle esgal
au premier. Parquoy en Geometrie, pour conclure que quelque angle est droict, ou que la ligne qui le constitue est perpendiculaire à
vne autre, il faut seulement prouuer que ledit angle est esgal à celuy de
l'autre costé. Semblablement, si quelque angle est dict droict, ou que l'vne
des lignes qui le constitue soit perpendiculaire à l'autre, on pourra aussi conclurre que ledit angle est égal à celuy de l'autre costé ; car si ces angles-là
n'estoient égaux, ils ne seroient nommez angles droicts, ainsi qu'il appert

tant par la ſuſdite definition, que par les deux ſuiuantes.

11. Angle obtus, eſt celuy qui eſt plus grand qu'vn droict.
12. Mais l'aigu, eſt celuy qui eſt plus petit qu'vn droict.

Quand vne ligne droicte tombant ſur vne autre s'incline ou panche plus d'vn coſté que de l'autre, elle fait conſequemment deux angles inégaux, dont l'vn eſt plus grand que l'angle droict, & ſe nomme angle obtus ; mais l'autre eſt plus petit, & s'appelle angle aigu. Ainſi pource qu'en cette figure, la ligne droicte EC tombant ſur la ligne droicte AB, s'incline & panche plus du coſté de AC que de la part de BC, les deux angles du poinct C ſeront inégaux, & celuy vers B, qui eſt plus grand & ouuert que le droict ſera dit angle obtus : mais celuy de la part de A, qui eſt plus petit & fermé que l'angle droict, ſera nommé angle aigu.

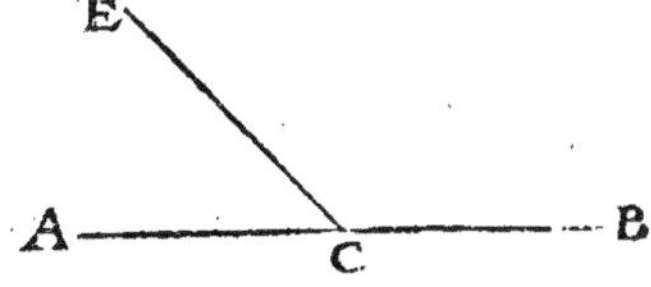

Et d'autant que ſouuentefois en vn plan concurrent plus de deux lignes à vn meſme poinct, & par conſequent y conſtituent pluſieurs angles, les Geometres ont accouſtumé (pour euiter confuſion) d'exprimer l'angle dont ils parlent par trois lettres, deſquelles celle du milieu denotte le poinct auquel les lignes conſtituent l'angle, & celles des extremes ſignifient les commancemens d'icelles lignes qui font iceluy angle : tellement qu'en la figure cy-deſſus l'angle obtus que nous auons dit eſtre celuy de la part de B, ſera exprimé & entendu par ces trois lettres ECB ou BCE, à cauſe qu'il eſt conſtitué au poinct C, & contenu par les deux lignes droictes EC, & BC, qui commançant en E & B, ſe vont rencontrer au ſuſdit poinct C. Mais l'angle aigu que nous auons dit eſtre de la part de A, s'exprimera par ces trois lettres ECA ou ACE, parce qu'il eſt conſtitué au poinct C, & fait par les deux lignes droictes EC & AC, qui commencent en E & A, & ſe vont rencontrer au ſuſdict poinct C. Ce qu'on doit bien notter, afin de connoiſtre & diſcerner facilement les angles, dont ſera faict mention és demonſtrations ſuiuantes.

13. Terme, eſt l'extremité de quelque choſe.

Ainſi les poincts ſont termes ou extremitez des lignes, les lignes des ſuperficies, & les ſuperficies des corps.

14. Figure, eſt ce qui eſt compris & enuironné d'vn, ou de pluſieurs termes.

Toute quantité ayant termes, n'eſt pas dicte figure : mais ſeulement celles que les termes enuironnent : ainſi la ligne terminee par deux poincts, n'eſt pas dite figure : mais toutes ſuperficies, & ſolides, finis & limitez, ſont nommez figures, pource qu'ils ſont enuironnez d'vn ſeul, ou de pluſieurs termes: d'vn ſeul, comme le Cercle, l'Ellipſe, & la Sphere: de pluſieurs, comme le triangle, le quarré, le cube, la pyramide, &c.

15. Cercle, eſt vne figure plane, contenue par vne ſeule ligne qu'on appelle circonference, vers laquelle toutes les lignes droictes menees d'vn ſeul poinct de ceux qui ſont en icelle figure, ſont égales entr'elles.

6. Et ce poinct-là eſt appellé centre du cercle.

De toutes les figures planes, la plus parfaicte eſt le cercle, lequel, ſelon que le definit icy Euclide, eſt vne figure plane contenue & enuironnée d'vne ſeule ligne, à laquelle toutes celles menees d'vn ſeul poinct de ceux qui ſont dedans la figure, ſont égales entr'elles: & ceſte ligne là s'appelle periphere, ou circonference du cercle; & le ſuſdict poinct, centre du cercle: Comme par exemple, ſi vne ſuperficie ou eſpace eſt enuironnee d'vne ſeule ligne ACE, & que de quelque poinct d'au dedans d'icelle, comme de F, toutes les lignes droictes menees au terme ou circuit ACE, comme FA, FC, & FE, ſont égales entr'elles: telle figure plane ſera appellee cercle, & le terme ou ligne ACE, qui circuit & enuironne

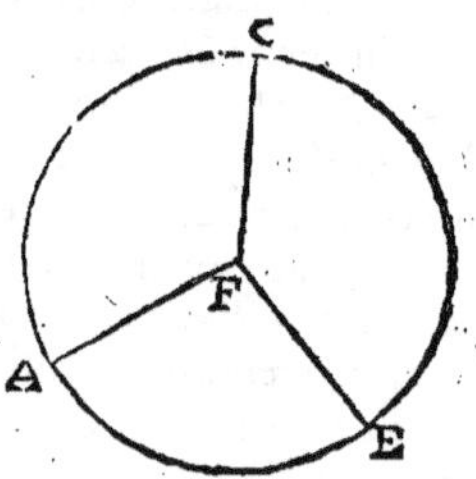

icelle figure, s'appelle periphere, ou circonference du cercle : mais ledit poinct F, eſt nommé centre du cercle.

Quelques Geometres definiſſent autrement le cercle, & diſent, que c'eſt vne figure plane, déſcrite par vne ligne droicte finie, laquelle ayant vn des poincts extremes fixe, eſt meuë à l'entour d'iceluy iuſques à ce qu'elle retourne au meſme lieu où elle a commencé à mouuoir: comme ſi la ligne droicte AF ayant le poinct F fixe, eſt entendue ſe mouuoir à l'entour d'iceluy poinct F, tirant de A vers C, E, iuſques à ce qu'elle reuienne au meſme lieu FA, où elle a commencé ſon mouuement; elle deſcrira par iceluy mouuement le cercle ou eſpace ACE, duquel la circonference eſt deſcrite & traſſée par le poinct mobile A; & le poinct fixe F, eſt le centre d'iceluy cercle, duquel centre toutes les lignes droictes menées à la ſuſdite circonference ACE, ſont égales entr'elles, puis qu'elles prouiennent toutes d'vne ſeule & meſme meſure, c'eſt à ſçauoir de la ligne FA.

17. Diametre du cercle, eſt vne ligne droicte menée par le centre du cercle, & finiſſant de part & d'autre à la

circon-

circonference d'iceluy cercle, le diuife en deux également.

Si dans vn cercle on mene vne ligne droicte par le centre, qui aille de
part & d'autre iufques à la circonference ; icelle ligne s'appellera diametre
du cercle. Comme en cefte premiere figure,
la ligne droicte A B, qui eft tiree par le centre
C, & va de part & d'autre iufques à la circonference du cercle, s'appelle diametre du cercle : Et
iceluy, comme adioufte Euclide couppe le cercle en deux parties égales, tellement que la partie AEB eft égale à la partie A D B. Ce qui
eft affez manifefte, puifque ledit diametre AB
paffe par le milieu du cercle, c'eft à fçauoir par
le centre C : car s'il ne diuifoit le cercle en deux
parties éfgales, les lignes droictes tirees du centre
à la circonference, ne feroient pas égales, contre
la definition du cercle : Neantmoins plufieurs
interpretes d'Euclide rapportent en cet endroict
la demonftration que Proclus dit, en auoir efté
faite par Thales Milefien, qui eft telle : Imaginons
nous que la partie de cercle ADB foit fuperpo-

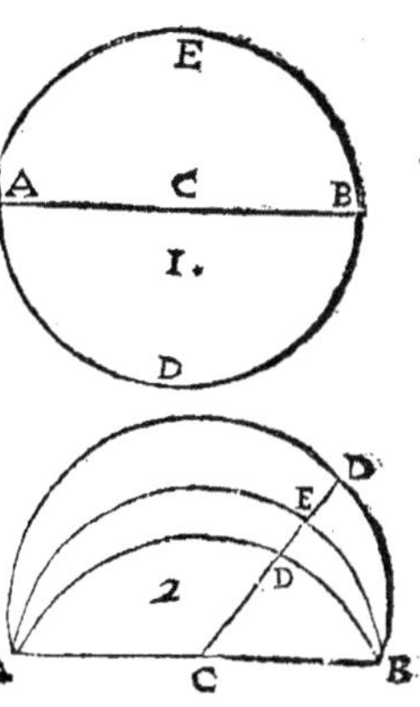

fée & accommodée à l'autre partie du cercle AEB, en forte que le diametre AB foit commun à l'vne & à l'autre partie. Or la circonference ADB fe
rencontrera totallement auec la circonference AEB, ou bien elle tombera au
deffus d'icelle, ou au deffoubs : Si elles fe rencontrent & conuiennent l'vne
à l'autre, il eft euident que ces deux parties là faictes par le diametre A B,
font égales entr'elles, puifque l'vne n'excede l'autre. Mais fi on dit que la
circonference ADB ne fe rencontre pas auec la circonference AEB, ains
qu'elle tombe au deffus ou au deffoubs d'icelle, comme en la 2. figure, foit tiree du centre C vne ligne droicte, laquelle couppe la circonference ADB
en D, & la circonference AEB en E ; les deux lignes droictes CD & CE, qui
font tirées du centre à la circonference d'vn mefme cercle, feront égales
entr'elles, par la definition du cercle : Ce qui eft abfurde, car l'vne n'eft
que partie de l'autre. Donc l'vne de ces circonferences là ne tombera pas
au deffus ny au deffoubs de l'autre ; mais fe rencontreront & conuiendront
totallement l'vne auec l'autre, & par confequent feront égales : ce qu'il falloit demonftrer.

De cefte demonftration il appert que le diametre ne couppe pas feulement
la circonference en deux egallement, mais auffi toute l'aire & fuperficie du
cercle : Car puifque les demyes circonferences conuiennent & s'accordent
entr'elles, comme il a efté demonftré ; les fuperficies contenuës & enclofes
entre le diametre & chacune d'icelles demy circonferences conuiendront
auffi entr'elles, puifque l'vne n'excede l'autre ; & par confequent elles feront égales entr'elles.

18. Demy cercle, est vne figure comprise du diametre, & de moitié de la circonference.

19. Portion ou segment de cercle, est vne figure comprise d'vne ligne droicte, & de partie de la circonference.

Au cercle precedent la figure AEB contenuë soubs le diametre A B, & la moitié de la circonference AEB, est ditte demy cercle; car il a esté demonstré cy dessus qu'icelle figure est moitié du cercle AEBD, & ce à cause que le diametre, ou ligne droicte A B, qui le diuise en deux parties, passe par le centre C : Mais quant vne ligne droicte, qui ne passe pas par le centre du cercle, le diuise en deux parties; chacune d'icelles parties contenuë soubs ladite ligne droicte, & vne partie de la circonference, est nommée segment ou portion de cercle; & ces deux parties sont inegales, car celle où est le centre est plus grande que l'autre. Comme par exemple, au cercle ABCD, duquel le centre est E, soit vne ligne droicte BFD, qui couppe ledit cercle en deux parties sans passer par ledit centre E; la partie BAD, composee soubs la ligne droicte B D, & la partie de circonference BAD, s'appelle segment ou portion de cercle, comme aussi B C D, qui est contenuë soubs la mesme ligne droicte BD, & la circóference BCD. Or il est assés euident que la portion BAD, en laquelle est le centre E, est plus grande que l'autre portion BCD, attendu que si de B par le centre E on menoit vn diametre, il coupperoit le cercle en deux moitiez, chacune desquelles seroit plus grande que la portion BCD, & moindre que l'autre portion BAD : Neantmoins Clauius & quelques autres interpretes d'Euclide le demonstrent ainsi. Soit conceu ou imaginé que par le centre E, soit mené le diametre A C perpendiculaire à BD : donc si les susdites portions BAD, & BCD, sont dictes esgales, & que la portion BCD, soit entendue

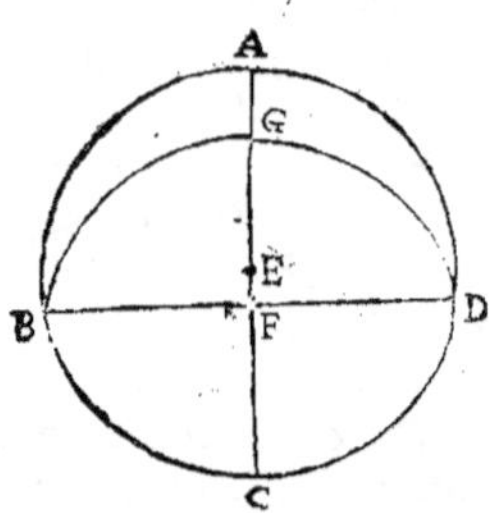

se mouuoir à l'entour de la ligne droicte BD, en sorte qu'elle tombe sur l'autre portion BAD; ceste portion là conuiendra auec ceste-cy, & la ligne droicte CF à la ligne droicte AF, à cause que par la 10. defin. les angles du poinct F sont droicts & egaux : Parquoy la ligne droicte FC, qui est maintenant la mesme que FA, sera plus grande que EA, qui n'est que partie d'icelle FA. Mais d'autant que EC, est égale à EA, estans toutes deux menees du centre E à la circonference; FC sera pareillement plus grande que EC, la partie que le tout : Ce qui est absurde. Donc la portion BCD ne conuiendra pas à la portion BAD; ains elle tombera dedans icelle, comme est la portion BGD, de sorte que la ligne droicte FG, qui sera lors la mesme que FC sera moindre que EA ou EC; car si on disoit qu'elle tombe dehors, comme si le cercle estoit BCDG, duquel le centre fust E; aussi la portion

BCD tomberoit dehors BGD, ainſi que la portion BAD : Derechef
FA, qui feroit lors la mefme que FC, feroit plus grande que EG, c'eſt à
dire que EC; & partant la partie FC feroit derechef plus grande que le tout
EC : Ce qui eſt abſurde. Il eſt donc manifeſte que la portion BAD, en
laquelle eſt le centre E, eſt plus grande que l'autre portion BCD, puis que
ceſte-cy eſt égale à la portion BGD, qui eſt partie de la portion BAD.
Car puiſque il a eſté demonſtré que la portion BCD, meüe à l'entour de
la ligne droicte BD, ne peut conuenir ſur la portion BAD, ne tomber hors
icelle; elle tombera totalement au dedans comme BGD.

Or ces deux definitions n'eſtoient pas proprement de ce lieu, veu
qu'elles ne ſont employées en ce premier liure, mais bien au troiſieſme, auquel la derniere eſt repetée.

20. Figure rectiligne, eſt celle qui eſt compriſe de lignes
droictes.

Apres auoir definy le cercle, le demy cercle, & les portions de cercle, Euclide paſſe aux figures planes rectilignes, & dit, que ce ſont celles contenues
& encloſes de lignes droictes, & telles ſont les trois figures cy deſſous
cottees A, B, C; par conſequent les figures planes compriſes & enuironnees de lignes courbes,
comme celles cottees
D,E,F, ſont appellees
figures courbelignes,
ou curuilignes : mais
les figures qui ſont cir-
cuites & encloſes en
partie de lignes droi-
ctes, & en partie de li-
gnes courbes, ſont
nommees figures mix-
tes.

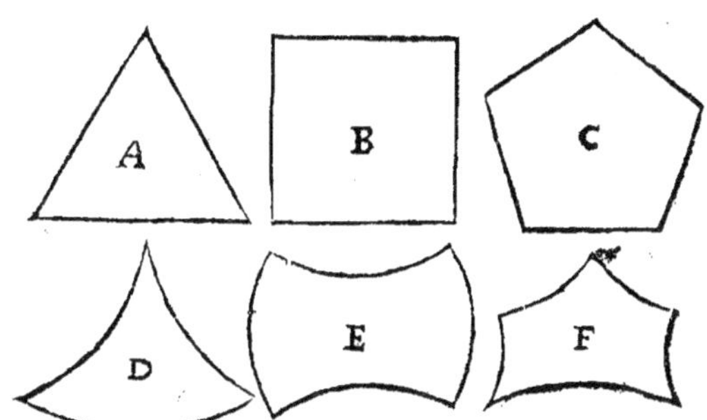

21. Figure de trois coſtez, eſt celle qui eſt compriſe de
trois lignes droictes.

Euclide voulant deſcrire diuers genres de figures rectilignes, commence
par les figures trilateres, ou de trois coſtez, & dit que ce ſont celles qui ſont
contenues & enuironnees de trois lignes droictes : & d'autant que telles
figures ont touſiours trois angles, on les appelle communement triangles.
Ainſi la figure A cy deſſus, laquelle eſt contenue ſoubs trois lignes droictes,

qui conftituent trois angles, fera nommee figure trilatere, ou pluftoft triangle rectiligne ; & y en a de diuerfes efpeces, qui feront declarees cy apres :
mais la figure D, circuite & enclofe de trois lignes courbes, fera dicte triangle curuiligne.

22. Figure de quatre coftez, eft celle qui eft comprife de
quatre lignes droictes.

Apres les figures trilateres viennent en ordre les quadrilateres, ou de quatre coftez, c'eft à fçauoir les figures contenues foubs quatre lignes droictes
lefquelles conftituent auffi quatre angles; & pour ce font elles fouuent appellees quadrangles : ainfi entre les figures precedentes celle cottée B, comprife & enclofe de quatre lignes droictes qui conftituent quatre angles, fera
appellee quadrilatere, ou quadrangle rectiligne; & y en a de diuerfes efpeces cy apres declarees : mais la figure cottee E enclofe de quatre lignes
courbes fera dicte quadrangle curuiligne.

23. Figures multilateres, ou de plufieurs coftez, font celles
qui font comprifes de plus de quatre lignes droictes.

Le nombre des efpeces de figures rectilignes eftant infiny, Euclide s'eft
contenté de definir, & particulierement denommer les deux premieres efpeces cy-deffus declarees, c'eft à fçauoir celles contenues foubs trois &
quatre lignes droictes : & quant aux autres efpeces de figures, qui font contenues & enclofes par plus de quatre lignes droictes, il les appelle de ce nom
general, multilateres : mais les Geometres denommant particulierement quelqu'vnes de ces figures multilateres, prenent leurs denominations du nombre
de leurs angles : ainfi les figures cy deuant cottees C, & F, lefquellesfont comprifes & enuironnées de cinq lignes, qui conftituent cinq angles, font appel-
lées *Pentagones* : Et celles contenues de fix lignes, font nommées *Hexago-
nes*; de fept, *Heptagones*; de huict, *Octogones*; de neuf, *Enneagones*; de dix,
Decagones; de vnze, *Endecagones*; de douze, *Dodecagones*, &c.

24. Or des figures de trois coftez, celle fe nomme Triangle
equilateral, qui a les trois coftez egaux.

25. Triangle Ifofcele, qui a deux coftez egaux feulement.

26. Scalene, qui a les trois coftez inegaux.

Il y a diuerfes efpeces de triangles rectilignes, foit qu'on les confidere felon les coftez, foit
qu'on ait efgard à
leurs angles : confi-
derant les coftez il y
en a de trois efpeces,
lefquelles Euclide expofe par ces trois definitions; & dit premieremét que

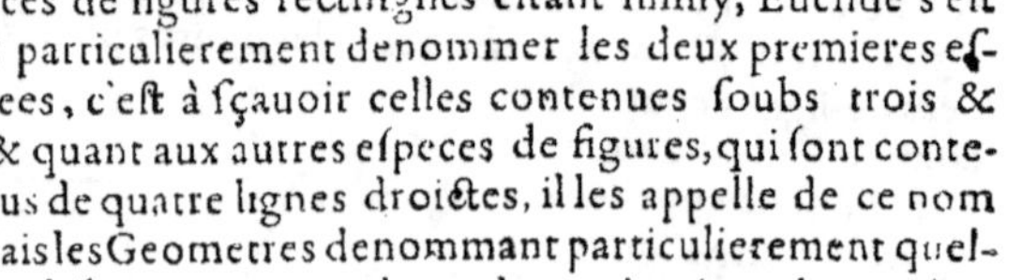

le triangle qui a tous les trois coftez egaux, comme le triangle A, s'appelle triangle equilateral: Mais les triangles qui n'ont que deux coftez egaux,
comme B & C, s'appellent triangles Ifofcelles. Et finalement, le triangle
qui a tous les trois coftez inégaux, comme D, eft nommé triangle fcalene.
Or les triangles Equilateraux font toufiours vniformes & d'vne mefme forte: mais les Ifofcelles, & les Scalenes font diuerfiñez en infinies manieres.

27. Encores des figures de trois coftez, celle fe nomme trian-
    gle rectangle qui a vn angle droict.
28. Ambligone, qui a vn angle obtus.
29. Oxigone, qui a les trois angles aigus.

Euclide confidere maintenant les triangles ayant égard à leurs angles,
lefquels triangles font de trois fortes, c'eft à fçauoir rectangle, ambligone, &
oxigone: les triangles rectangles font ceux
qui ont vn angle droict; & tel eft icy le triangle A: mais les triangles ambligones, font
ceux qui ont vn angle obtus, comme eft
icy le triangle B: & les triangles oxigones,
font ceux qui ont tous les trois angles aigus,
& tel eft icy le triangle C.

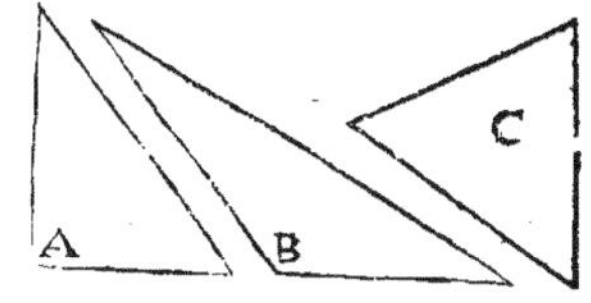

Or eft à noter qu'en tout triangle deux quelconques lignes des trois qui
le contiennent eftans prifes pour deux coftez, la troifiefme reftante a ac-
couftumé d'eftre appellée par les Geometres, la bafe du triangle, foit qu'icelle
ligne foit le cofté infime du triangle, ou
non: tellement que chacune defdites trois
lignes qui conftituent & enfermét le triangle peuft eftre prife pour bafe: Ainfi au
triangle A B C, les lignes A B, & A C e-
ftans prifes pour les deux coftés, la troifiéme lig. BC fera la bafe: mais fi on prend AB,
& BC pour les deux coftés, AC fera la bafe
du triangle.

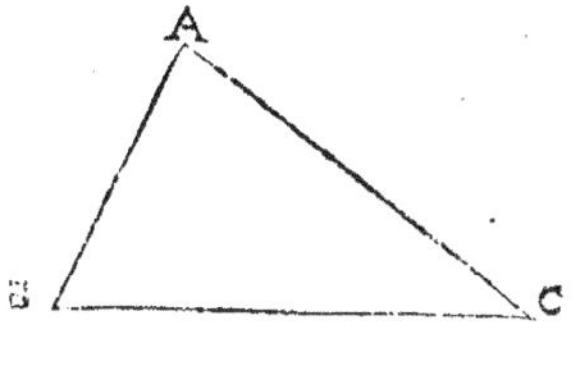

30. Mais des figures de quatre coftez, celle qui a les quatre
    coftés égaux, & les quatre angles droicts s'appelle quarré.

Apres les figures trilateres, Euclide expofe les quadrilateres, qui font de cinq fortes: la premiere d'icelles, qui eft equilaterale & rectangle, s'appelle quarré. Ainfi la figure quadrilatere ABCD, ayant tous les quatre coftez égaux, & tous les
quatre angles droicts fera appellee quarré.

31. Quarré long, qui a les quatre angles droicts, mais non pas tous les coſtez égaux.

La ſeconde figure quadrilatere s'appélle quarré long, à cauſe qu'eſtãt plus long d'vne part que de l'autre, elle a tous les quatre angles droicts. Ainſi la fig. quadrilatere A B C D ſera appellée quarré lõg, car elle a les quatre anglesdroicts & non pastous les coſtés égaux entr'eux, ains ſeulement les coſtés oppoſez A B, D C, qui ſont plus longs que les deux autres oppoſez A D, B C, qui ſont auſſi egaux entr'eux.

32. Rhombe, qui a les quatre coſtez egaux, mais non pas les quatre angles droicts.

La troiſieſme ſorte de figure quadrilatere, laquelle on appelle Rhombe a bien tous les quatre coſtez egaux entr'eux, ainſi que le quarré, mais elle n'a pas comme luy les quatre angles droicts; ains elle en a deux oppoſez obtus, & deux oppoſez aigus. Ainſi le quadrilatere E F G H, duquel tous les quatre coſtés ſont eſgaux entr'eux, & les quatre angles non droicts, ains obtus & aigus, ſera appellé Rhombe.

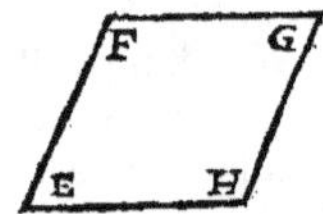

33. Rhomboide, qui a les angles oppoſez, & les coſtez oppoſez auſſi egaux entr'eux, ſans eſtre equilateral, ny rectangle.

La figure quadrilatere qui n'eſt equilateralle ny rectangulaire, mais à les coſtés oppoſés egaux entr'eux, & les angles oppoſés auſſi égaux entre eux, s'appelle Rhomboide; & telle eſt icy la figure I K L M, de laquelle les coſtés oppoſez I K, L M ſont égaux entr'eux, & plus longs que les deux autres coſtés oppoſés I L, K M, qui ſont pareillement egaux entr'eux, mais les angles oppoſés I, M, egaux, & plus grands que les deux autres K, L, leſquels ſont auſſi egaux entr'eux.

34. Toutte autre figure de quatre coſtez, eſt appellée trapeze.

Toute autre figure quadrilatere differente des quatre ſuſdites, c'eſt à ſçauoir qui n'eſt ny quarré, ny quarré long, ny Rhombe, ny Rhomboide, s'appelle trapeſe; & telles ſont ces deux figures A & B; car l'vne ny l'autre n'eſt equilatere ny rectangle,

ny n'a les angles oppoſez egaux, ny tous les coſtez oppoſez auſſi égaux.

Or est icy à notter que quand d'vn angle
de quelconque figure quadrilatere on tire
vne ligne droicte à l'angle opposé, cette ligne est appellée diametre par aucuns, &
diagonalle par d'autres; ainsi au quadrilatere
ABCD la ligne BD, menee de l'angle B à son
opposé D est dicte diagonalle, ou diametre.

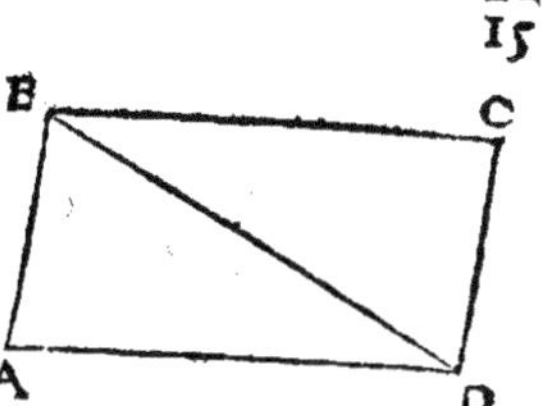

35. Lignes droictes paralleles, sont celles qui estans sur vn mesme plan, & prolongées infiniment de part & d'autre ne se
rencontrent iamais.

Afin que les lignes droictes soient dictes paralleles, ou equidistantes, il
ne suffit pas qu'estans prolongées infiniment de part & d'autre, elles ne viennent iamais à se rencontrer; mais il est aussi necessaire qu'elles soient en
vne mesme superficie plane : Car plusieurs lignes droictes n'estans en vne
mesme superficie, pourroient bien estre prolongées à l'infiny & ne se rencontrer iamais, lesquelles toutesfois ne seroient dites paralleles. Comme
par exemple, si deux lignes droictes posées de trauers au milieu de l'air ne
se touchent point, bien qu'elles soient prolongées tant qu'on voudra, elles
ne se rencontreront iamais, & toutesfois el-
les ne seront pas dittes paralleles. Parquoy
les deux lig. droictes AB, & CD, lesquelles
sont en vne mesme superficie plane, & qui
estans prolongees à l'infiny tant de la part de
A, C, que de B, D, ne se rencontrent iamais, seront dictes lignes paralleles.
   Or icy finissent les definitions du premier liure d'Euclide : Mais d'autant
qu'en ce mesme liure est souuent parlé de parallelogramme, & de leurs complemens, lesquels Euclide n'a point definy, nous adjousterons icy leurs definitions.

36. Parallelogramme, est vne figure quadrilatere qui a les
costez opposez parallels, ou equidistans.

Telle figure est tousiours l'vne de ces quatre: Quarré, Quarré long,
Rhombe, & Rhomboide, car elles ont toutes leurs costez opposés parallels.

37. Mais quand en vn parallelogramme on mene vn diametre, & deux lignes droictes paralleles aux costez lesquelles couppant iceluy diametre à vn méme poinct, diuisent le parallelogramme en quatre autres parallelogrammes; ces deux là par lesquels le diametre ne passe

point, font appellez complemens; mais les deux autres par lefquels le diametre paffe, font dicts eftre à l'entour du diametre.

Soit vn parallelogramme ABDC, duquel le diametre eft BC, & la ligne EF couppant iceluy diametre au poinct I, foit parallele aux coftez AC, BD; mais la ligne GH coupant ledit diametre BC au mefme poinct I, foit parallele aux coftés A B, CD. Il eft manifefte que toute parallelogramme eft diuifé par lefdités 2 lignes paralleles EF, GH, en quatre autres parallelográmes, deux defquels, fçauoir A G I F, & D EIH, par lefquels le diametre BC ne paffe point, font appellez par les Geometres complemens, ou fupplemens des deux autres parallelogrammes B FI H, C EIG, lefquels 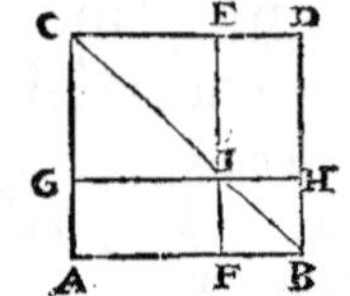

font dits eftre à l'entour du diametre, à caufe que par iceux paffe le diametre

PETITIONS OV DEMANDES.

1. D'vn poinct donné à vn autre poinct mener vne ligne droicte.

2. Continuer infiniment vne ligne droicte donnée & terminée.

3. Defcrire vn cercle de quelque centre & interualle que ce foit.

Euclide ne fe fert en ces Elemens-cy que de deux fortes de lignes fimples, fçauoir eft de la droicte & de la circulaire, la defcription defquelles eftant fort facile, il demande icy qu'on là luy concede & accorde, fans qu'il foit contrainct de demonftrer qu'elle eft poffible: ce qui eft toutefois manifefte; car puifque la ligne eft vn flux & coullement imaginaire du poinct, & partant la ligne droicte eftre vn flux procedant de droict chemin, & le plus court qui puiffe eftre d'vn lieu à vn autre, il eft certain que fi on entend quelque poinct fe mouuoir directement à vn autre, vne ligne droicte fera menee d'vn poinct à l'autre. Parquoy on ne peuft pas nier que depuis le poinct A iufques à quelconque poinct B, on ne puiffe mener vne droicte ligne, comme A B, ainfi qu'Euclide requiert qu'on luy accorde par la premiere des trois petitions fufdictes. Et fi on entend le mefme poinct fe mouuoir encore plus outre directement & fans aucunement decliner çà ne là, la ligne droicte terminee fera prolongee; & ce prolongement

gement se pourra faire à l'infiny, veu que nous pouuons entendre ce poinct
là se mouuoir infiniment : Et partant per-
sonne ne pourra nier que la ligne droicte
AB cy-dessus ne puisse estre continuée
iusques en C, puis encore iusques en D, &
ainsi à l'infiny, comme Euclide demande
qu'on luy accorde par la 2. petition. Mais
si on conçoit quelconque ligne droite terminee se mouuoir à l'entour d'vn de ses
poincts extremes qui demeure fixe, iusques
à ce qu'elle retourne au mesme lieu où elle
a commencé son mouuement, sera descrit
vn cercle, & fait ce qui est requis par la 3.

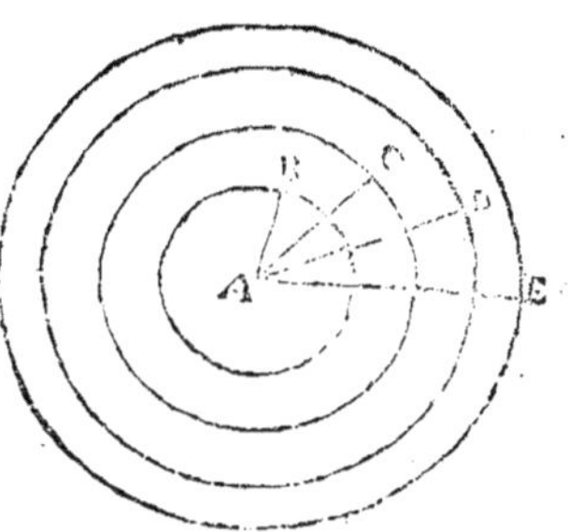

petition, comme il appert en ces quatre lignes droictes AB, AC, AD, AE,
chacune desquelles estant menée à l'entour du centre A, descrit vn cercle
selon la grandeur & interualle d'icelle.

Aux trois petitions precedentes, Clauius a adiousté la suiuante.

4. Estant donné quelconque grandeur, on en peust prendre vne autre plus grande, ou moindre.

Car d'autant que toute quantité continue peust estre infiniment augmen-
tee par additition, & diminuée par diuision, il ne se peut donner quantité
continue si grande, qu'il ne s'en puisse donner encore vne plus grande;
ny vne si petite qu'il ne s'en puisse encore donner vne plus petite. Ce qui
est dit icy touchant l'addition, est aussi veritable aux nombres; car chaque
nombre peut estre augmenté à l'infiny par l'addition continuelle de l'vnité,
jaceoit qu'en la diminution d'iceluy on paruienne à l'vnité indiuisible.

AXIOMES OV
communes sentences.

1. Les choses esgales à vne mesme, sont egales entr'elles.

A ce premier axiome, Clauius a adiousté, qu'vne chose qui est plus grande ou plus petite qu'vne des egales, est aussi plus grande ou plus petite que
l'autre : Et si l'vne des choses egales est plus grande ou plus petite que quelque grandeur, l'autre est pareillement plus grande ou plus petite que la
mesme grandeur.

2. Si à choses egales, on adiouste choses egales, les touts font egaux.

3. Si de choses egales, on oste choses egales, les restes sont egaux.

4. Si à choses inegales, on adjouste choses egales, les touts font inegaux.

A cet axiome Clauius a adjousté, que si à choses inegales on adiouste choses inegales, c'est àsçauoir la plus grande à la plus grande, & la plus petite à la plus petite; les touts font inegaux, sçauoir est celuy-là plus grand , & cestuy-cy plus petit.

5. Si de choses inegales, on oste choses egales, les restes font inegaux.

A ceste notion Clauius adiouste aussi, que si de choses inegales on oste choses inegales , c'est à sçauoir de la plus grande, moins , & de la plus petite, plus; les restes font inegaux , sçauoir est celuy-là plus grand , & cestuy-cy plus petit.

Or en toutes les quatre notions precedentes par le mot de choses ou quantitez egales, il faut aussi entendre vne mesme commune à plusieurs; Car si à choses égales on y en adiouste vne mesme commune, les touts feront égaux. Et si de choses égales on en retranche vne commune, les restes feront aussi égaux. Et si a choses inegales on en adiouste vne commune; où à vne mesme chose commune, on adiouste choses inegales, les tous feront inegaux. Et si de choses inegales;on en retranche vne mesme commune, ou d'vne mesme chose , on en retranche d'inegales, les restes seront inegaux.

6. Les choses doubles d'vne autre font egales entr'elles.

Clauius adiouste à cet axiome, que ce qui est double d'vne des choses égales est pareillement double de l'autre: Mais il est aussi manifeste que les choses qui font triples d'vne mesme, ou bien quadruple, ou quintuple, &c. font égales entr'elles.

7. Les choses qui font moitiez d'vne mesme, font egales entr'elles.

Il est aussi euident que les choses égales entr'elles font moitiés d'vne mesme : Et semblablement que les choses qui font tierces parties d'vne mesme, ou quartes, ou cinquiesmes, &c. font aussi egales entr'elles.

En ces deux derniers axiomes, par vne mesme quantité on doit aussi entendre les quantitez egales, car les choses doubles, triples, quadruples, &c. de choses egales, font aussi egales entr'elles; item, les choses qui font moitiez, ou tierces parties &c. de choses egales, font pareillement egales entr'elles.

8. Les choſes qui conuiennent entr'elles, ſont egales entr'elles.

C'eſt à dire, que deux grandeurs feront egales entr'elles, ſi eſtans poſees l'vne ſur l'autre, l'vne n'excede l'autre, mais toutes deux enſemble s'adjuſtent entr'elles: côme deux lignes droictes, feront dictes eſtre egales entr'elles, ſi l'vne eſtant poſée ſur l'autre, celle qui eſt poſée deſſus s'adjuſte à toute l'autre, tellement qu'elle ne l'excede, ny ne ſoit excedee d'icelle. Ainſi auſſi deux angles rectilignes feront egaux entr'eux quand le ſommet de l'vn, eſtant poſé ſur le ſommet de l'autre, l'vn n'excede l'autre, mais les lignes de l'vn tombent totalement ſur celles de l'autre: car par ainſi les inclinations des lignes feront, egales combien que ſouuentefois icelles lignes ſoient inegales entr'elles. Ainſi auſſi deux ſuperficies feront eſgales entr'elles, quand l'vne eſtant poſée ſur l'autre, elle ne l'excede, ny n'eſt excedee par icelle, mais s'adjuſtent totalement entr'elles. Quelqu'vn expliquant cette notion a dit que conuenir, c'eſt auoir les extremitez ſur les extremitez: ce qui n'eſt pas vray en toutes grandeurs; Car pour exemple, vne ligne droicte peut bien auoir ſes extremitez ſur les extremitez d'vne ligne courbe, laquelle neantmoins, ne luy ſera egale. Ainſi auſſi vne ligne courbe peut bien auoir ſes extremitez ſur les extremitez d'vne autre ligne courbe, laquelle ne luy ſera pas pourtant egale. Or il eſt manifeſte que de cet axiome on peut bien conuertir & prendre pour principe, *que les lignes droictes egales conuiennent*: Auſſi *que les angles rectilignes egaux conuiennent*: Semblablement, *Que les ſuperficies planes egales & ſemblables conuiennent*. On peut bien encore tirer quelques autres conuerſes de cet axiome: mais de le vouloir conuertir vniuerſellement (comme quelques vns) c'eſt ſe moquer, veu que ſi on trouue vne ligne courbe egale à vne droicte, elles ne conuiendront pas pourtant: & auſſi qu'à tout angle rectiligne, il s'en peut bailler vn curuiligne egal, leſquels neantmoins ne conuiendront iamais: voire meſme faire vn quarré egal à vn triangle, ou à quelconque autre figure rectiligne: leſquels pourtant ne peuuent iamais conuenir.

9. Le tout eſt plus grand que ſa partie.

10. Tous les angles droicts ſont egaux entr'eux.

De ce principe, nous pouuons conuertir & prendre pour maxime, que tout angle rectiligne egal à vn angle droict, eſt auſſi droict.

11. Si vne ligne droicte tombant ſur deux autres lignes droictes, faict les angles interieurs d'vn meſme coſté plus petits que deux droicts, icelles deux lignes eſtans continuées à l'infiny, ſe rencontreront du coſté où les angles ſont plus petits que deux droicts.

Comme par exemple, ſi la ligne droicte AB, tombant ſur les deux lignes

droictes CD, EF, & les couppant aux poincts G, H, faict les deux angles
interieurs DGH, FHG, pris ensemble plus
petis que deuxdroicts, icelles deux lignes
CD, EF, estans continuees à l'infiny se rencontreront de la part de D, F, où les suf-
dits angles interieurs sont faits moindres
que deux droicts : Car il est manifeste que
de l'autre costé, sçauoir est vers C, E, l'espace d'entre lesdites deux lignes CD, EF,
s'eslargira tousiours de plus en plus ; mais

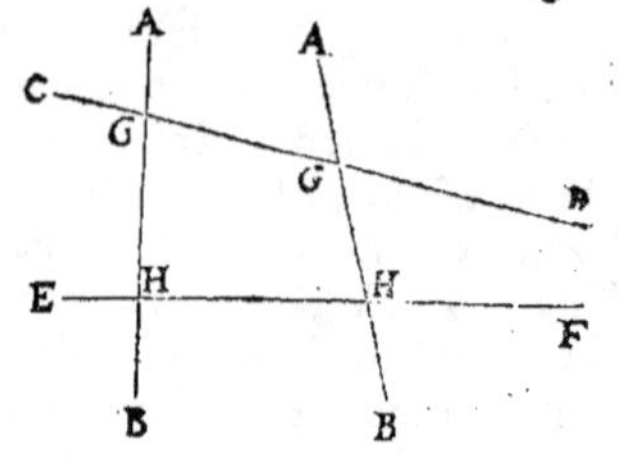

de cestuy cy, il s'estrecira en sorte que finallement icelles lignes se rencontreront à vn poinct.

12. Deux lignes droictes n'enferment pas vn espace.

Vne seule ligne courbe enferme bien vn espace, comme font aussi vne
ligne droicte & vne courbe, mais deux droictes ne le peuuent faire,
ains il en faut du moins 3 pour contenir & enclorre
vne espace, cóme il appert en ceste figure, en laquelle les 2 lignes droictes AB, & B C, qui font l'angle B, estans prolongées tant qu'on voudra de la
part de A & C, ne se joindront point, mais au
contraire elles se dilateront tousiours de plus en
plus ; tellement que pour enclore l'espace d'entre
icelles deux lignes, il sera necessaire d'en mener vne
troisiesme, comme AC.

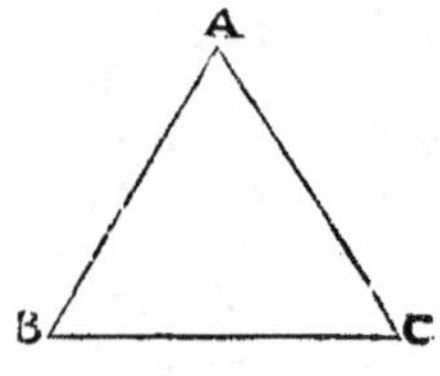

A ces 12 axiomes, Clauius & autres interpretes d'Euclide, ont encore adiousté les 8 suiuans.

13. Deux lignes droictes se rencontrans indirectement n'ont pas vn mesme & commun segment.

Combien que par la nature de la ligne droicte, il soit assez manifeste
que deux lignes droictes, se rencontrans de tra-
uers, ne peuuent auoir aucune partie commune
tant petite qu'elle puisse estre, outre le poinct de
leur rencontre ; si est ce toutesfois que Proclus le
demonstre ainsi. Que deux lignes droictes ADB,
ADC ayent, s'il est possible, vne partie commune
AD. Du centre D, & de l'interualle d'icelle AD,
soit d'escrit vn cercle couppant les deux lignes
droictes proposees aux poincts B & C. Donc les
circonferences AB, & ABC seront egales entr'elles : (car elles sont circonferences de deux cercles egaux, puis que ADB, ADC sont posez diametres)

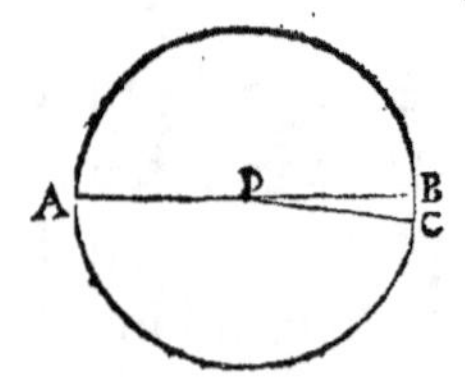

la partie & le tout : ce qui eſt abſurde. Donc deux lignes droiĉtes, &c.

Or nous n'auons pas rapporté cet axiome, ny auſſi les ſept autres ſuiuans, tout de meſme qu'ils ſe trouuent dans Clauius & autres Interpretes d'Euclide, ains auons changé quelques mots aux vns, & adiouſté aux autres, afin d'oſter de ceux-là tout doubte & ambiguité, & ne laiſſer en ceux-cy aucune defeĉtuoſité : comme par exemple, en ceſtuy-cy nous auons adiouſté *ſe rencontrans indirectement*, pource que deux lignes droiĉtes peuuent bien auoir vn commun ſegment, quand elles ſont poſees directement, & conſtituent comme vne ſeule ligne droiĉte, ainſi qu'il appert icy aux deux lignes droiĉtes DC & BA, qui ont la partie ou ſegment AC commun : mais quand elles ſont poſees de trauers & indirectement, elles ne peuuont auoir aucune partie cōmune outre le poinĉt de leur rencontre.

14. Deux lignes droiĉtes ſe rencontrans à vn poinĉt indirectement, ſi elles ſont toutes deux prolongees, elles s'entrecoupperont neceſſairement en iceluy poinĉt.

Cet axiome depend auſſi de la nature de la ligne droiĉte, & toutesfois Clauius le demonſtre ainſi. Que deux lignes droiĉtes AB, CB ſe rencontrent indirectement au poinĉt B : ie dis qu'icelles lignes eſtās prolongees s'entrecoupperont à iceluy poinĉt B, ſçauoir eſt que CB prolongee tombera, comme en E, au deſſus de AB prolongee. Car ſi CB continuee ne tomboit au deſſus de AB prolongee, ou elle conuiendroit auec icelle AB continuee, de ſorte qu'elle paſſeroit par D, & par ainſi les deux lignes droiĉtes ABD, CBD auroient vn meſme ſegment BD commun, contre le precedent axiome : ou bien elle tomberoit au deſſoubs de

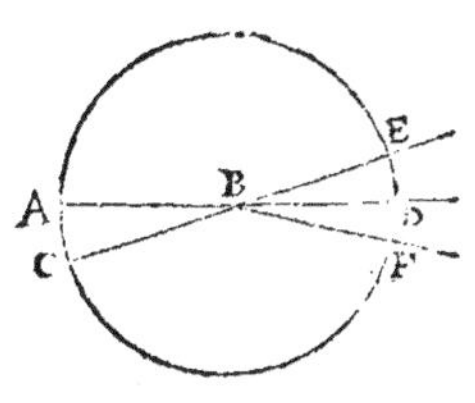

AB prolongee, comme en F, tellement que CBF ſeroit vne ligne droiĉte. Donc du centre B, & de quelconque interualle ſoit deſcrit vn cercle ACFD, couppant les lignes droiĉtes AB, CB prolongees en D, F. Or puis que l'vne & l'autre ligne droiĉte ABD, CBF, paſſe par le centre B, tant ACD que CF ſera demy cercle par la 18 def. & conſequemment les circonferences ABD & CF ſeront egales entr'elles, le tout & la partie : ce qui eſt abſurde.

15. Si à choſes egales on adjouſte choſes inégales, l'excez des toutes ſera le meſme que l'excez des adiouſtees.

Aux grandeurs egales AB, CD, eſtans adiouſtées les inégales BE, DF, deſquelles la difference ou excés eſt GE ; il eſt manifeſte que la toute AE excedera la toute CF du meſme excez GE.

16. Si à choſes inégales on adiouſte choſes egales, l'excez des toutes ſera le meſme que l'excez de celles qui eſtoient au commencement.

Comme ſi (en la figure precedente) aux grandeurs inegales BE, DF, dont l'excez ou difference eſt GE, on adiouſte les grandeurs inegales AB, CD: il eſt manifeſte que la toute AE excedera la toute CF du meſme excez GE.

17. Si de choſes egales on retranche choſes inegales, l'ex-cez des reſtantes ſera le meſme que l'excés des retran-chees.

Des grandeurs égales A B, C D eſtans re-tranchees les inegales, BE, DF dont l'excez eſt EG, il eſt euident que le reſte CF exce-dera le reſte AE du meſme excez EG.

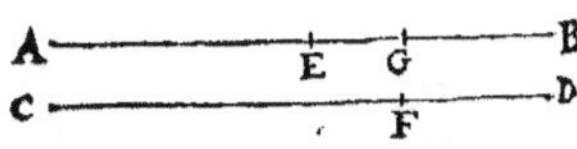

18. Si de choſes inegales on oſte choſes egales, l'excez des reſtantes ſera le meſme que l'excez des toutes.

Comme ſi des grandeurs inegales AB, CD, dont l excez eſt B E, on retranche les gran-deurs egales A F, CG, il eſt manifeſte que le reſte F B excedera le reſte G D du meſme excez B E.

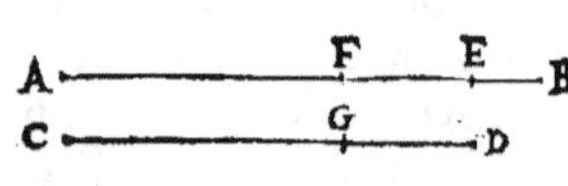

19. Le tout eſt egal à toutes ſes parties priſes enſemble.
20. Si vn tout eſt double d'vn tout, & le retranché du re-tranché; le reſte ſera auſſi double du reſte.

Comme par exemple, le nombre total 24, eſtant double du nombre total 12: & 18, retranché de celuy-là, double de 5, retranché de ceſtuy cy; 14, re-ſte du premier tout, ſera auſſi double de 7, reſte du ſecond tout.

ELEMENT
PREMIER.

PROBL. I.   PROP. I.

Sur vne ligne droicte donnee & terminee, defcrire vn
triangle equilateral.

OIT la ligne droicte donnee AB, fur laquelle il faut
faire vn triangle equilateral.

Du centre A, & de l interuale de AB, foit defcrit le cercle BCD: Item, du centre B, & de l'interualle de la mefme AB, foit defcrit vn autre cercle ACD, couppant
le premier és poincts C & D, de l'vn defquels, fçauoir de
C, foient menees les deux lignes droictes CA, & CB: Ie
dis que le triangle ABC, conftruit fur la ligne droicte
donnee AB, eft equilateral.

Car le cofté AB, eft egal au cofté AC
par la 15. deff. d'autant qu'ils procedent
de mefme centre vers mefme circonference:& par la mefme raifon, le coftéBA
eft égal au cofte BC. Dóc par la 1. com.
fent. les coftés CA, & CB feront égaux,
chacun eftant égal à AB: & partant le
triangle ABC decrit fur AB, eft equilateral;qui eft ce qu'il falloit faire.

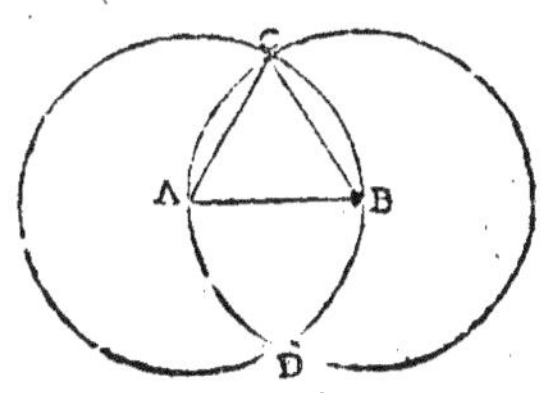

SCHOLIE.

Quelques Interpretes ont icy enfeigné à defcrire auffi fur vne ligne droicte donnee
vn triangle Ifofcelle, & vn Scalene, ce que nous ferons auffi en cefte maniere. Soit
vne ligne droicte donnee AB, à l'entour de laquelle des centres A & B, foient defcrits
deux cercles, ainfi que deffus. En apres foit prolongee icelle AB, de part & d'autre

vers les circonferences iusques en C & D: puis du centre A, & interuale A D,
soit descrit le cercle DEF: Item, du centre B, & interuale BC, le cercle CEF, couppant le premier és poincts E & F, de l'un ou l'autre desquels, sçauoir de E,

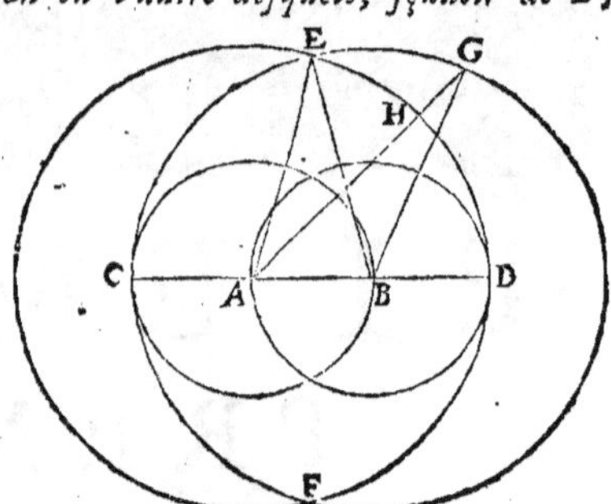

soient menees aux poincts A & B, les deux lignes E A, E B: Ic dis que le triangle AEB, fait sur la ligne donnee AB, est Isoscelle, qui est que les deux costez AE, EB, sont egaux entr'eux, & plusgrands que AB. Car d'autant que par la 15 def. AE, est egale à la ligne droicte AD, & icelle AD est double de AB, veu que BA, & DB, sont egales entr'elles: aussi AE sera double de AB. Derechef, parce que BE est egale à BC, & icelle BC est double de AB, aussi BE, sera double d'icelle AB. Veu donc que l'un & l'autre costé AE & BE est double de la mesme AB, ils seront egaux entr'eux par la 6. com. sent. & partant plus grands que la ligne AB. Donc le triangle AEB est Isoscelle. Maintenant, si du poinct A, on tire la ligne droicte AG à la circonference EGF, qui ne soit la mesme que AE, ou AD, couppant la circonference EHD en H, & de G on mene à B la ligne droicte GB, sera constitué le triangle AGB sur la ligne AB, lequel ie dis estre scalene. Car par la 15. def. tant AH, AD, que BG, BC sont egales. Mais AD, BC sont doubles de AB: d'icelle seront donc aussi doubles AH, BG: & partant plus grandes qu'icelle AB. Veu donc que AG est plus grande que AH, ou que BG: le triangle AGB sera scalene: ce qu'il falloit faire.

Or est icy à noter que pour briefueté nous mettons souuentesfois ce mot ligne au lieu de ligne droicte: & quelquesfois aussi nous posons simplement deux lettres capitales: comme par exemple AB, au lieu de dire la ligne droicte AB, c'est pourquoy quand on trouuera ledit mot ligne posé simplement, ou bien deux lettres capitales de suite, il faudra entendre vne ligne droicte. Semblablement quand on trouuera ce mot angle, ou trois lettres capitales posees simplement de suitte sans aucune explication, il faudra entendre vn angle rectiligne, le lieu duquel sera tousiours denotté par la lettre du milieu, ainsi que nous auons desia remarqué à la 12. Def.

Et d'autant qu'en la construction & demonstration de la plus part des problemes de ces Elemens-cy, Euclide employe beaucoup de paroles, & tire plusieurs lignes qui ne sont necessaires pour pratiquer lesdits problemes, nous enseignerons en suitte de leurs demonstrations, comme on peut facilement & briefuement construire lesdits problemes, & principalement ceux qui sont les plus en vsage chez les Mathematiciens, & en la pratique desquels on peut apporter quelque briefueté.

Premierement donc, pour descrire vn triangle equilateral sur vne ligne droicte donnee AB, des centres A & B, mais de l'interualle d'icelle AB, soient descrits deux arcs de cercles s'entrecouppans en C: puis à iceluy poinct C, soient tirees les lignes droictes AC, BC, & sera fait le triangle equilateral ACB.

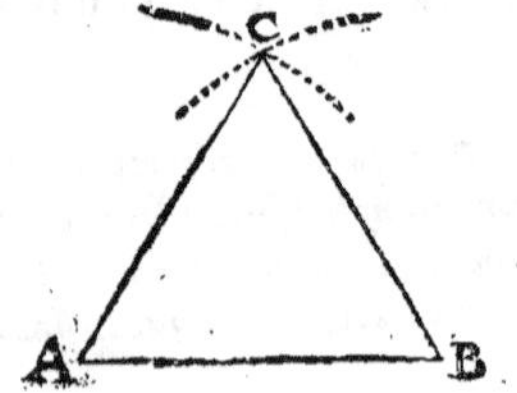

Mais pour defcrire vn triangle Ifofcelle fur ladite ligne AB : des centres A & B, mais d'vn interualle plus grand qu'icelle AB, fi on veut les coftés plus grands que la ligne donnee, ou moindre (& toutesfois plus grand que la moitié d'icelle AB) fi on veut les coftez moindres : & foient defcrits deux arcs s'entrecouppans en C, puis tirées les deux lignes AC, BC, lefquelles feront fur AB le triangle Ifofcelle ACB.

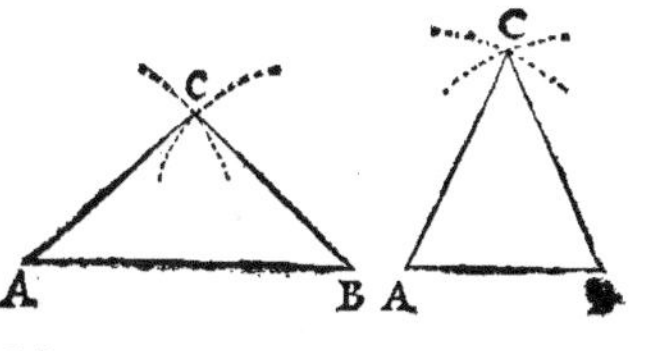

Et pour conftruire vn triangle fcalene fur ladite AB, du centre B, & d'vn interualle plus grand que BA foit defcrit vn arc, puis du centre A, & d'vn interualle encore plus grand que le precedent, foit defcrit vn autre arc qui couppe le premier en C, auquel poinct foient menees les deux lignes droictes AC, BC, & fera fait le triangle fcalene ACB.

Voila donc comme il faut defcrire fur vne ligne donnée vn triangle ou equilateral, ou Ifofcelle, ou fcalene, & fur la 22. prop. de ce liure nous enfeignerons comme il faut conftruire quelconque triangle ayant les trois coftez egaux à trois lignes droictes donnees.

PROB. 2.   PROP. II.

D'vn poinct donné, mener vne ligne droicte egale à vne ligne droicte donnee.

Soit le poinct donné A, & la ligne droicte donnee BC : & il faut du poinct A, mener vne ligne droicte egale à icelle donnee BC.

De l'vn ou l'autre extreme de la ligne donnee BC, fçauoir eft de B, comme centre, & de l'interualle d'icelle BC, foit defcrit le cercle CG : puis du poinct donné A, au centre B, foit menee la ligne droicte AB (finon que le poinct A fut donné en la ligne BC, comme en la 2. fig.) fur laquelle ligne AB par la precedéte propofition foit defcrit le triangle equilateral ADB, & foit continué le cofté DB, iufques à ce qu'il rencon-

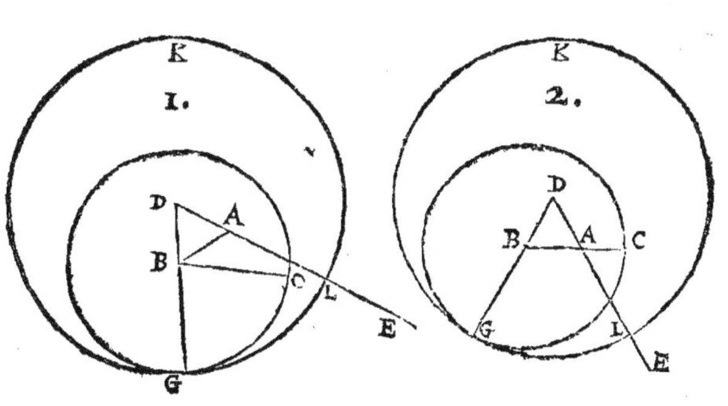

tre la circonference en G: mais le costé DA tant qu'on voudra en E. En
apres, du centre D , & de l'interualle de la ligne droicte DG, soit d'escrit le
cercle GkL couppant la ligne DE en L : Ie dis que la ligne AL, qui est menee
du poinct donné A, est egale à la ligne droicte donnee BC.

Car les lignes droictes DG & DL font egales, d'autant qu'elles procedent
de mesme centre vers vne mesme circonference , desquelles lignes si on
oste DA & DB, qui font egales, estant DAB triangle equilateral: les restantes
BG & AL seront aussi egales par la 3. com. sent. Mais BG est egale à BC, parce qu'elle procede de mesme centre vers mesme circonference. Donc AL
sera egale à BC, parce que les choses egales à vne mesme font egales entr'elles. Nous auons donc du poinct donné A mené la ligne droicte AL egale
à la ligne droicte donnee BC. Ce qu'il falloit faire.

S C H O L I E.

*Ce probleme peut auoir diuers cas : car où le poinct donné est posé en la mesme ligne
droicte donnee, ou hors icelle: & selon chacune de ces positions il y peust encor auoir
diuers cas, deux desquels seulement nous auons rapporté icy, d'autant qu'en tous les
autres cas il y a tousiours vne mesme construction & demonstration.*

*Que si en la construction on fait sur la ligne droicte AB le triangle ABD Isos-
celle au lieu qu'il a esté fait equilateral, on demonstrera en la mesme maniere la ligne
droicté AL estre egale à la ligne droicte BC.*

*Quant a la practique de ce probleme, elle est fort facile : car il n'y-a qu'à prendre
la ligne donnee B C, & de son interualle descrire vn arc du centre A, & quelconque ligne droicte menée d'iceluy centre à cet arc, sera egale à la ligne droicte donnee B C.*

P R O B. 3. P R O P. III.

Deux lignes droictes inegales estans donnees, oster de la plus grande, vne ligne droicte egale à la plus petite.

Soient les deux lignes droictes inegales AB & C, desquelles AB est la plus
grande : & d'icelle il faut oster vne ligne egale à C.

A l'vn ou l'autre des extremes de la plus grande ligne
AB, sçauoir est au poinct A, soit posee par la precedente
prop. la ligne droicte A D egale à la moindre C : puis
du centre A, & de l'interualle AD, soit descrit vn cercle
couppant AB en E. Ie dis que la ligne AE est egale à C.
Car d'autant que par la 15. def. les lignes droictes AD,
AE font egales : & par la construction A D est egale à
C; par la 1. com. sent. AE sera aussi egale à C. Nous auons donc osté de AB
la ligne A E egale à C, ainsi qu'il falloit faire.

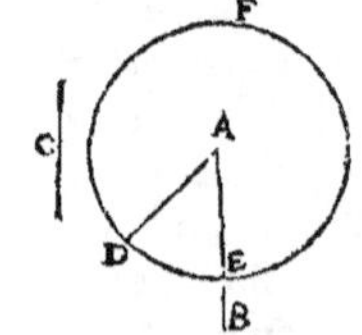

S C H O L I E.

*Il y peut bien auoir diuers cas en ce probleme, à cause des diuerses positions
ausquelles se peuuent rencontrer les deux lignes donnees, mais en tous ces cas-là on*

peut toufiours faire la mefme conftruction & demonftration que cy-deffus, comme Proclus a fort bien remarqué fur cefte prop.

Quant à la pratique de ce probleme, elle eft tres-aifee, veu qu'il n'y a qu'à prendre la moindre ligne donnee, & de l'interualle d'icelle, defcrire de l'vn ou l'autre extreme de la plus grande ligne vn petit arc, qui couppera d'icelle, vne ligne egale a la moindre donnee.

THEOREME 1. PROP. IV.

Si deux triangles ont deux coftez egaux à deux coftez, chacun au fien, & l'angle contenu d'iceux, egal à l'angle : la bafe fera egale à la bafe ; & les autres angles egaux aux autres angles, chacun au fien ; & le triangle egal au triangle.

Soient les deux triangles ABC & DEF, defquels le cofté AB foit egal au cofté DE, & AC à DF, & l'angle A egal à l'angle D : Ie dis que la bafe BC fera egale à la bafe EF, & l'angle B egal à l'angle E, & l'angle C à l'angle F, & le triangle ABC egal au triangle DEF.

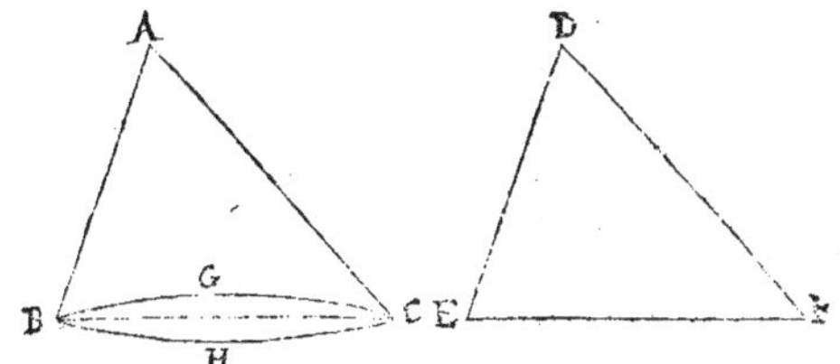

Qu'il ne foit ainfi ; fi on entend le triangle DEF, eftre pofé fur le triangle ABC, en forte que le poinct D foit fur le poinct A, & que DE tombe fur AB, auffi DF tombera fur AC : autrement l'angle A ne feroit pas egal à l'angle D. Et d'autant que les coftez AB & AC font egaux aux coftez DE & DF, chacun au fien, ils conuiendront par la 8. com. fent. conuertie, & partant les extremitez E & F tomberont fur les extremitez B & C : ainfi la bafe EF conuiendra auec la bafe B C : car fi elle ne conuenoit, elle tomberoit ou au deffus d'icelle B C, comme BGC, ou au deffous, comme BHC : ce qui eft impoffible, attendu que deux lignes droictes ne peuuent enclore vne efpace par la 12 com. fent. Donc les deux bafes BC, & EF conuiendront, & partant feront egales entr'elles par la fufdite 8. com. fent. Et par ainfi tout le triangle DEF conuiendra auec tout le triangle ABC, confequemment egal à iceluy, & l'angle B conuiendra auffi auec l'angle E, & l'angle C auec l'angle F ; partant egaux. Si donc deux triangles ont deux coftez egaux à deux coftez, chacun au fien, &c. Ce qu'il falloit demonftrer.

D ij

SCHOLIE.

Euclide met deux conditions en ce theoreme qui y sont du tout necessaires, la premiere desquelles est que deux costez d'vn triangle soient egaux aux deux costez de l'autre chacun au sien: & la seconde, que les deux angles contenus d'iceux costez egaux, soient aussi egaux Car defaillant l'vne ou l'autre de ces deux conditions, ny les bases, ny les autres angles ne pourroient iamais estre egaux: & la derniere defaillant, les triangles peuuent bien estre quelquefois egaux, mais le plus souuent ils sont inegaux: ce que nous pourrions facilement demonster icy n'estoit que plusieurs choses à ce requises n'ont encore esté demonstrees: neantmoins afin de rendre aucunement euidente la necessité des susdites conditions nous rapporterons icy ce qu'en dit Proclus sur ceste proposition, & Clauius apres luy.

Pour la premiere condition de ce theoreme, soient deux triangles ABC, DEF, ayans les angles A & D egaux, sçauoir droicts; & les deux costez AB, AC egaux aux deux costez DE, DF, non cha-

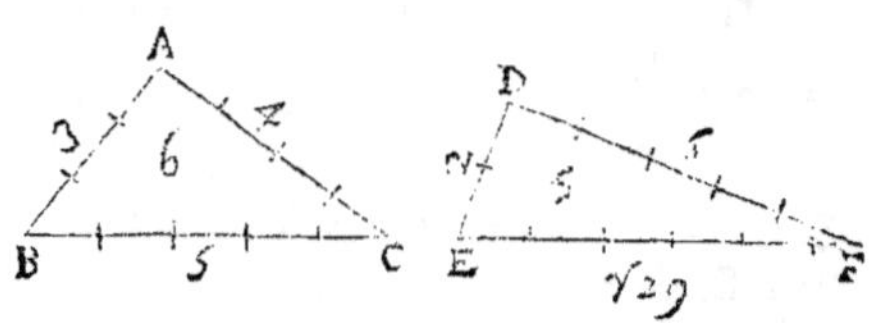

cun au sien, mais ces deux-là pris ensemble egaux à ces deux-cy aussi pris ensemble: & soit AB 3, & AC 4, qui adioustez ensemble font 7, mais DE soit 2, & DF 5, qui font aussi ensemble 7. Ce qu'estant ainsi, la base BC sera 5, & la base EF, racine quarree de ce nombre 29, laquelle est plus grande que 5, mais moindre que 6, & l'aire ou superficie du triangle ABC sera 6: mais l'aire du triangle DEF ne sera que 5. Finalement les angles sur la base BC ne seront pas egaux aux angles de dessus la base EF, chacun au sien. Toutes lesquelles inegalitez aduiennent à cause de ce que les costez AB, AC ne sont pas egaux aux costez DE, DF chacun au sien.

Quant a la seconde condition: Les costez AB, AC du triangle ABC soient egaux aux costez DE, DF du triangle DEF, chacun au sien, & chacun d'iceux soit 5, mais les angles A & D contenus d'iceux costez soient inegaux, & soit A plus grand que D. Toutes lesquelles choses estans ainsi, la base BC sera plus grande que la base EF, comme il sera demonstré en la 24. prop. de ce liure.

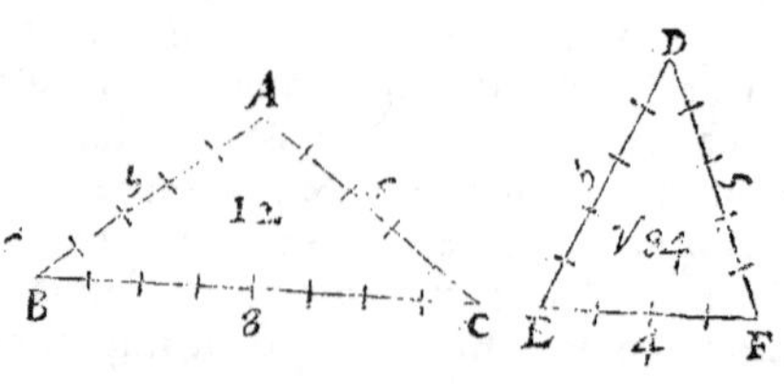

Que si nous posons la base BC estre 8, & la base EF 4, l'aire du triangle ABC sera 12; mais l'aire du triangle DEF sera la racine quarree de ce nombre 84, laquelle est plus grande que 9, mais moindre que 10. Ce qui est tres-bien cogneu des Geometres.

Et afin qu'on n'estime pas que ceste inegalité aduienne à raison de ce que tous les quatre costez des triangles sont egaux, & rendre tant plus manifeste la necessité de

La seconde condition de ce theoreme, soit vn triangle ABC duquel le costé AB soit moindre que le costé AC, & aussi que la base BC. Du centre A, & de l'interualle du petit costé AB, soit descrit vn cercle BDE qui couppera tant le plus grand costé AC, que la base BC: Car autrement il passeroit ou par le poinct C, ou au delà d'iceluy; ce qui est absurde, veu que toutes les lignes droictes tirées du centre A à la circonference du cercle BDE, doiuent estre egales entr'elles par la 15. def. Qu'il couppe donc la base BC en D, & soit tirée la ligne AD. Par la mesme 15. def. AB est egale à AD, & AC est commune à tous les deux triangles ABC, ADC, & partant iceux triangles auront les deux costez AB, AC egaux aux deux costez AD, AC, chacun au sien; mais l'angle DAC, contenu des deux costez AD, AC, n'est que partie de l'angle BAC, contenu des costez egaux à ceux-là; & partant la base DC ne sera aussi que partie de la base BC, & pareillement le triangle ADC partie du triangle ABC. Ce qui est aussi manifeste par l'application des nombres aux lignes: Car les Geometres sçauent tres-bien que le costé AB estant 13, le costé AC 20, & la base BC 21; le costé AD sera aussi 13, & la base DC 11; mais l'aire ou contenu du triangle ABC sera 126, & celuy du triangle DAC ne sera que 66. Donc afin que de deux triangles les bases soient egales entr'elles, & leurs angles aussi egaux entr'eux, & pareillement les triangles egaux; il est du tout necessaire que non seulement chaque costé de l'vn soit egal à chaque costé de l'autre, mais aussi que les angles contenus d'iceux costez soient egaux entr'eux, comme a fort bien dit Euclide.

Finallement, nous remarquerons vne fois pour toutes qu'Euclide n'entend parler en ces Elemens cy que des triangles rectilignes, car combien que cette proposition & plusieurs autres se puissent faire generales estans veritables, tant au regard des triangles rectilignes que des spheriques, si est-ce toutesfois que cela n'aduient pas en toutes propositions, comme on peut voir en nostre traicté des triangles spheriques, c'est pourquoy nous estendrons toutes ses propositions seulement aux triangles rectilignes, encores qu'Euclide ne les specifie pas.

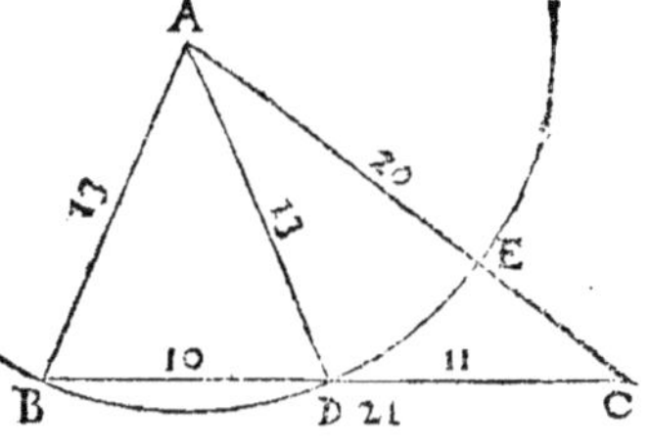

Les triangles Isosceles, ont les angles sur la base egaux: & les costez egaux estans continuez, les angles exterieurs sous la base sont egaux.

Soit le triangle Isoscele ABC : Ie dis premierement que les angles ABC, & ACB, sur la base BC, sont egaux.

Qu'il ne soit ainsi. Soient prolongez AB & AC, costez egaux iusques en D & G : & soit fait AF egale à AG par la 3. prop. & soient menees les lignes BG & CF. Les deux triangles ABG, & ACF, ayans l'angle A commun, ont les deux costez AB & AG egaux aux deux costez AC, & AF, chacun au sien; & par 4. proposition, la base BG sera egale à la base CF, & l'angle ABG egal à l'angle ACF, & l'angle G egal à l'angle F. Item les triangles GCB,

FBC, ayant l'angle G egal à l'angle F, & les deux costez GB, & GC egaux aux deux costez CF & FB: (Car CF a esté prouué tantost egal à BG; & AG, AF estans egaux; & A C, AB aussi egaux; les restes CG, & BF seront aussi egaux) par la 4. prop. la base sera egale à la base, & les autres angles egaux aux autres angles, chacun au sien : sçauoir est l'angle GBC, egal à l'angle FCB. Et qui des angles egaux ABG & ACF, oste les angles egaux CBG & BCF ; les demeurans ABC & ACB, seront egaux.

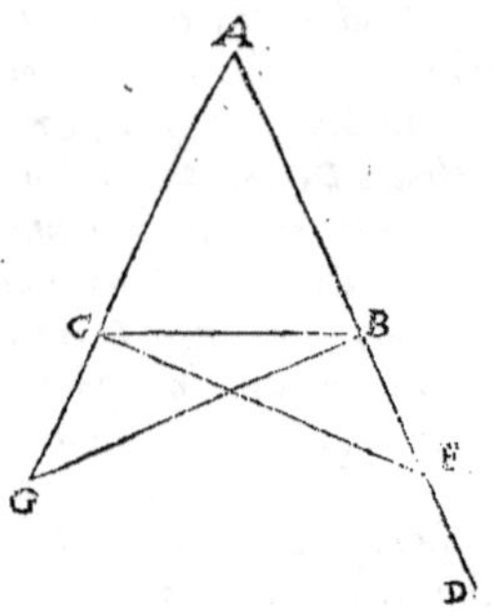

Pour la seconde partie. Que les costez egaux AB & AC estans continuez, les angles exterieurs sous la base BC font egaux, sçauoir ? BC à BCG, elle a esté suffisamment demonstrée, lors qu'on a prouué que les triangles GBC, & CFB auoient leurs angles egaux, chacun au sien. Parquoy les triangles Isosceles, &c. Ce qu'il falloit demóstrer.

SCHOLIE.

Ceste proposition est aussi vraye és triangles equilate-raux. Car les deux costez AB, AC du triangle ABC estans egaux entr'eux, ou l'autre costé CB, est pareillement egal à iceux, comme il aduient au triangle equilateral, ou bien inegal, comme il arriue au triangle Isoscele: Il s'ensuit necessairement, que les angles de dessus la base BC, font egaux entr'eux, & ceux de dessous la mesme base aussi egaux entr'eux, comme il appert par la demonstration cy-dessus.

COROLLAIRE.

De ceste 5. proposition il s'ensuit que tout triangle equilateral est aussi equiangle, c'est à dire que les trois angles de quelconque triangle equilateral font egaux entr'eux. Car foit vn triangle equilateral A B C: Donc par ce que les deux costez A B, A C font egaux, par la 5 prop. les deux angles B & C feront egaux. Semblablement, pour ce que les deux costez AB, BC font egaux, les deux angles A & C feront aussi egaux. Donc par la 1. com. sent. tous les trois angles A, B, C, feront egaux entr'eux. Ce qu'il falloit demonstrer.

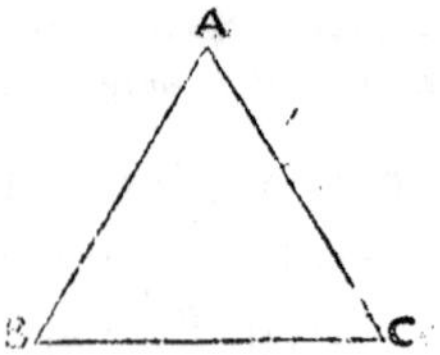

THEOR. 3. PROP. VI.

Si vn triangle a deux angles egaux entr'eux ; les costez soustendans iceux angles, feront aussi egaux entr'eux.

Soit le triangle A B C, duquel les deux angles ABC, & ACB sur la base

ſic ſont egaux : Ie dis que les deux coſtez AB & AC qui ſouſtendent les
ſuſdits angles egaux, ſont auſſi egaux.

Autrement , ſoit AB plus grand que AC, s'il eſt
poſſiſible : on en pourra donc retrancher vne partie
egale à AC par la 3. prop. laquelle partie ſoit BD, &
ſoit menee la ligne DC : les deux triangles DBC, & ACB,
ont deux coſtes egaux à deux coſtez chacun au ſien , &
les angles compris d'iceux coſtez auſſi egaux ; car les
deux coſtez BD & BC du triangle BDC ſont egaux aux
deux coſtez AC, & CB du triangle ACB, & l'angle B egal à l'angle ACB,
& par la 4. prop. iceux triangles DBC, ACB, ſeront egaux ; ce qui eſt impoſſible : car l'vn eſt partie de l'autre, Donc les coſtez AB, & AC n'eſtoient pas
inegaux, ains egaux. Ce qu'il falloit demonſtrer.

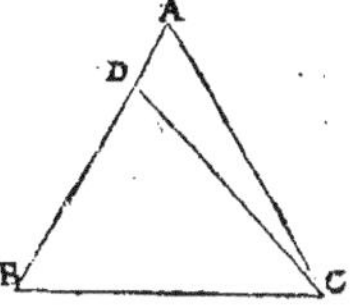

CORROLAIRE.

Il s'enſuit de cette propoſition, que tout triangle equiangle, c'eſt à dire qui a tous les
angles egaux, eſt equilateral : car par ce qui a eſté icy demonſtré, les angles ABC,
ACB eſtans egaux, les deux coſtez AB, AC, ſeront pareillement egaux : Mais ſi
les deux angles A & B eſtoient encore egaux, auſſi les coſtez CA , CB ſubtendans
iceux angles, ſeroient auſſi egaux : & partant tous les trois coſtez AB, AC, BC
egaux entr'eux, puis que les choſes egales à vne meſme, ſont egales entr'elles.

Si des extremitez de quelque ligne droicte, on mene deux
autres lignes droictes, ſe rencontrans à vn poinct ; des
meſmes extremitez, on n'en pourra pas mener deux autres
egales à icelles, chacune à la ſienne, & de meſme part,
ſe rencontrans à vn autre poinct.

Soit la ligne AB, des extremitez de laquelle ſoient menées deux lignes
droictes AC & BC ſe
rencontrant à quelcon-
que poinct c. Ie dis que
des meſmes extremitez
A & B, & de la meſme
part que c, on ne peut
mener deux autres li-
gnes droictes egales à
icelles AC, BC, chacune
à la ſienne, qui ſe ren-

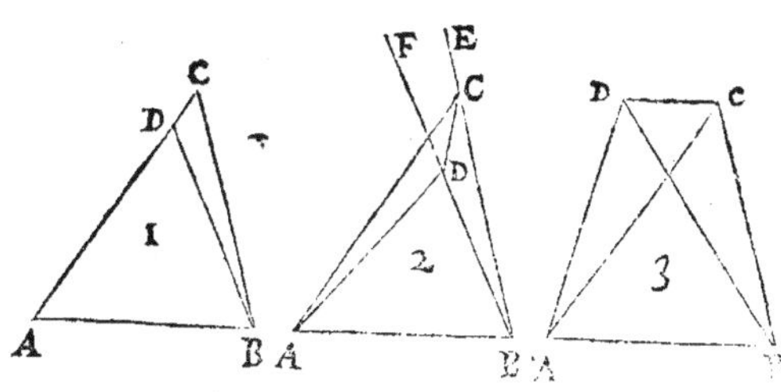

contrent à vn autre poinct que c ; c'eſt à dire que ſi de l'extremité A on mene la ligne AD egale à AC, & de l'extremité B la ligne BD egale à BC ; il
ne peut eſtre que le poinct de rencontre D , ſoit autre que le poinct de rencontre c.

Car ſi faire ſe peut, que le poinct de rencontre D, tombe ailleurs qu'au poinct C: où iceluy poinct D tombera ſur l'vne ou l'autre des lignes A C, BC; ou dans le triangle A C B; ou hors iceluy.

Premierement iceluy poinct de rencontre D, ne peut eſtre ſur la ligne A C, comme en

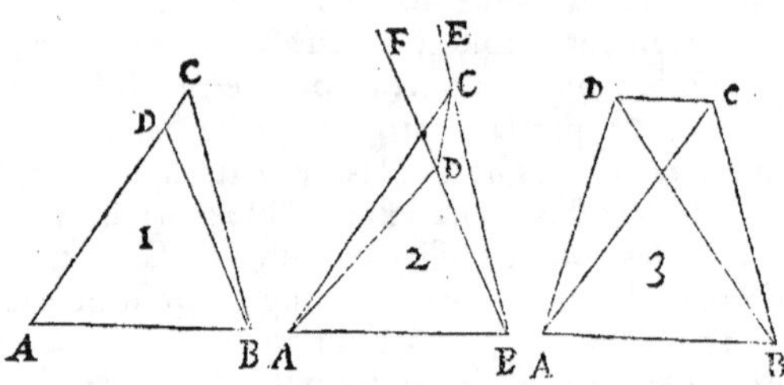

la premiere figure : car il faudroit que les deux lignes AD , & AC fuſſent egales entr'elles, ſçauoir eſt la partie au tout ; ce qui eſt abſurde : partant la rencontre D, ne ſe fera point ſur A C, ny auſſi ſur BC, à cauſe de la meſme abſurdité.

Soit donc iceluy poinct de rencontre D dans le triangle A B C, comme en la 2. figure : & apres auoir prolongé BC iuſques en E, & B D iuſques en F, ſoit menée C D. Puis que les deux lignes AC, & AD ſont poſees egales, le triangle A C D ſera Iſoſcele, & par la 5. propoſition les deux angles A C D & A D C ſur la baſe C D ſeront egaux. Mais l'angle A C D eſt moindre que l'angle D C E : (car il n'eſt que partie d'iceluy) donc l'angle A D C eſt auſſi moindre que le meſme angle D C E : & par conſequent l'angle C D F, qui n'eſt que partie d'iceluy A D C, ſera beaucoup moindre que le meſme angle D C E. Derechef, puis que les lignes BC, B D, ſont poſees egales, le triangle BCD doit eſtre Iſoſcele , & partant les angles C D F & D C E ſous la baſe D C, ſeront egaux par la meſme 5. prop. Mais il a eſté demonſtré que l'angle C D F eſt beaucoup moindre que l'angle D C E, donc le meſme angle C D F eſt moindre que l'angle D C E, & auſſi egal à iceluy : ce qui eſt abſurde.

Soit donc finalement iceluy poinct de rencontre D hors iceluy triangle A C B, comme en la 3. figure : apres auoir mené la ligne C D, il s'enſuiura que les deux triangles A D C & B C D ſeront Iſoſceles; & partant qu'ils auront les angles ſur la baſe C D egaux : ſçauoir eſt A D C à A C D , & B D C à D C D . Mais iceluy B C D , eſt plus grand que A C D : donc auſſi B D C ſera plus grand que A D C, c'eſt à dire la partie que le tout : ce qui eſt abſurde. Le poinct de rencontre D ne tombera donc pas hors le triangle A B C, ny dedans iceluy, ny ſur les lignes A C & B C : Il faut donc qu'iceluy poinct de rencontre D tombe au premier poinct de rencontre C: Parquoy ſi des extremitez de quelque ligne droicte, &c. Ce qu'il falloit demonſtrer.

SCHOLIE.

Il eſt manifeſte que ſi AD, BD priſes enſemble eſtoient faictes egales à AC, BC auſſi priſes enſemble, le poinct de leur rencontre D, ſeroit autre que le premier poinct C; comme il ſeroit encore ſi on faiſoit AD egale à BC, & B D egale à AC, mais en l'vne ny l'autre maniere, icelles lignes AD, BD ne ſeroient pas ſelon l'intention d'Euclide : car il veut que non ſeulement les lignes A D, B D, ſoient egales aux lignes A C, BC, chacune à la

ne à la sienne, mais aussi que les lignes egales soient menees d'vn mesme poinct, & de
plus que ce soit de mesme part. Car il est tres euident qu'icelles AD, BD, peuuent bien
estre tirées de l'autre costé de C, c'est à sçauoir au dessoubs de la ligne AB. Donc fort
à propos Euclide met en ce theoreme que les lignes soient egales chacune à la sienne, &
menees de mesme part, &c.

THEOR. 5.   PROP. VIII.

Si deux triangles ont deux costés égaux à deux costés, chacun
au sien, & la base egale à la base ; ils auront aussi l'angle
compris d'iceux costez egaux, egal à l'angle.

Soient deux triangles ABC, DEF, desquels le costé AB, est egal à DE;
AC à DF, & la base BC à la base EF : Ie dis
que les angles A & D compris d'iceux costez egaux, sont egaux.

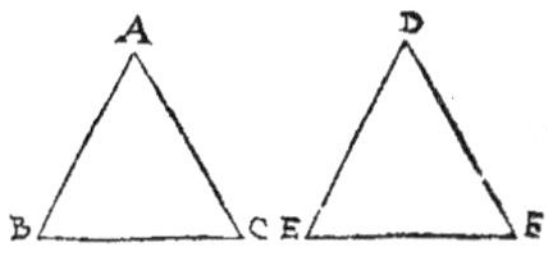

Car puis que la base BC est egale à la base
EF; si on entend icelles estre posees l'vne sur
l'autre, elles conuiendront tombant le poinct
E sur le poinct B, & F sur C : & par la 7.
prop. les deux lignes ED, & FD, qui sont egales à BA & CA, se rencontreront
au poinct A, & conuiendront auec icelles lignes BA & CA : partant conuiendront aussi les angles A & D contenus d'icelles lignes ; & par consequent
seront egaux par la 8. com. sent. Donc si deux triangles, &c, Ce qu'il falloit
demonstrer.

COROLLAIRE.

Puis que la base EF conuient auec la base BC, & les costez DE, DF, conuien-
nent aussi auec les costez AB, AC, il s'ensuit que non seulement l'angle A est egal à
l'angle D ; mais aussi que l'angle E est egal à l'angle B, & l'angle F, egal à l'angle
C, & tout le triangle egal à tout le triangle.

PROB. 4.   PROP. IX.

Coupper en deux egalement vn angle rectiligne donné.

Soit l'angle rectiligne donné BAC, lequel il faut coupper en deux egalement ; c'est dire en deux angles egaux entr'eux.

Soient de AB & AC retranchées deux parties egales
AD, AE : & apres auoir mené la ligne DE, sur icelle soit
descrit le triangle equilateral DEF par la premiere
proposition, & soit menée la ligne AF : Ie dis qu'icelle
ligne couppe l'angle donné BAC en deux egalement.

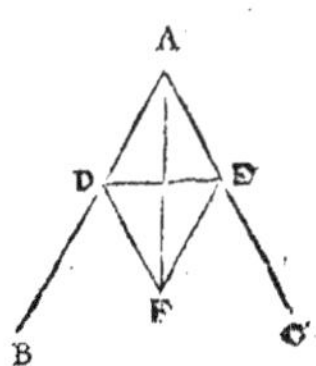

Car puisque les lignes AD, AE ont esté prises egales, & AF est commune aux deux triangles DAF, EAF;
les deux costez AD & AF, du triangle DAE, seront egaux

E

aux deux coſtez AE & AF du triangle EAF, & la baſe D F egale à la baſe
E F: (eſtant D F E triangle equilateral) donc par la 8. prop. l'angle D A F
ſera egal à l'angle E A F : & partant l'angle B A C eſt couppé en deux ega-
lementpar la ligne AF. Ce qu'il falloit faire.

SCHOLIE.

Que ſi au lieu du triangle equilateral cy-deſſus conſtruit, on en faict vn Iſoſcelle,
la demonſtration ſera touſiours la meſme : Ce qu'on peut auſſi faire aux trois propoſitions ſuiuantes.

Quant à la practique de cette propoſition nous l'auons enſeignée en noſtre Geometrie
practique Probl. 5.   Et neantmoins nous ne laiſſerons de la repeter icy; Et pource ſoit
vn angle rectiligne A BC, qu'il faut coupper en deux egalement.   Du centre B & de
tel interualle qu'on voudra, ſoient couppees BD, BE egales; puis
des poincts D & E ſoient deſcrits deux arcs s'entrecouppans en F,
& d'icelle interſection ſoit tirée par le poinct B, la ligne droicte F B, laquelle diuiſera l'angle donné A B C en deux egalement.

Or il appert par ce que deſſus qu'on peut auſſi coupper vn
angle rectiligne en quatre parties egales, en huict, en ſeize,
en trente deux, & ainſi conſecutiuement, en procedant touſiours par augmenta-
tion double : Car apres qu'vn angle rectiligne eſt couppé en deux egalement, ſi
on diuiſe derechef chaſque partie en deux egalement, on aura quatre angles egaux,
Que ſi on couppe derechef chacun d'iceux en deux egalement, nous aurons huict angles egaux, & ainſi conſequemment.

PROBL. 5.   PROP. X.

Coupper en deux egalement vne ligne droicte donnée & terminée.

Soit la ligne droicte donnée & terminée AB : laquelle il faut coupper en
deux egalement.

Sur icelle ligne AB ſoit conſtruit le triangle equilateral ACB par la 1. prop.
& par la prec. l'angle C ſoit couppé en deux egalement par la ligne C D,
tirée iuſques à ce qu'elle couppe A B en D. Ie dis qu'icelle AB eſt couppée en
deux egalement en D.

Car puis que les angles du poinct C ſont egaux, & le
triangle ACB, eſt equilateral, les deux triangles ACD,
& BCD, ont deux coſtez A C, C D, egaux à deux coſtez BC, C D, chacun au ſien, & les angles du poinct
C, qu'ils comprennent auſſi egaux; partant par la 4.
prop. la baſe AD, ſera egale à la baſe DB. Donc AB eſt
couppee en deux egalement en D. Ce qu'il falloit faire.

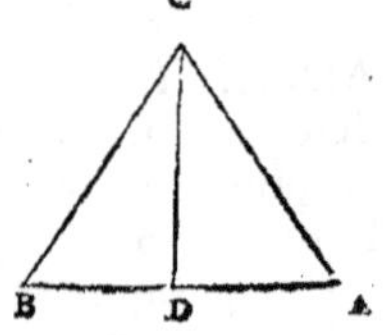

SCHOLIE.

*Nous auons enseigné la prattique de cette proposition en nostre Geometrie prattique Prob.
1. & ce faict ainsi: Pour diuiser la ligne droitte AB en deux parties egales, du centre
A, & de quelque interualle que ce soit (plus grand toutesfois que la moitié d'i-
celle AB) soient descrits deux arcs de cercle, l'un au dessus d'icelle ligne, comme C, &
l'autre au dessous, comme D, puis du centre B, & du mesme interualle soient descris
deux autres arcs qui couppent les precedens esdicts poincts C &
D, puis d'vne intersection à l'autre, soit tiree la ligne droitte CD,
laquelle couppera AB en deux egalement au poinct E. Est à noter que si de part ou d'autre de AB on ne pouuoit descrire deux
arcs comme D, il faudroit ayant descrit les deux arcs C, ou-
urir le compas d'vn plus grand interualle, & en descrire deux
autres arcs au dessus de C, & la ligne menee d'vne intersection à
l'autre, & continuee iusques à AB, la couppera en deux egallement.*

*Or il appert par ce que dessus, qu'on peut aussi coupper vne ligne droitte finie en quatre
parties egales, en 8, en 16, en 32. &c. ainsi que nous auons dit, en la precedente prop. de la
diuision de l'angle rectiligne. Mais comment on peut diuiser vne ligne droitte terminee en
tant de parties egales qu'on voudra, nous l'auons enseigné en nostre Geometrie pratique
Probl. 7: & ce tant Geometriquement que Mechaniquement auec le compas de proportion.*

PROBL. 6. PROP. XI.

Sur vne ligne droicte donnee, & d'vn poinct en icelle, esleuer vne ligne droicte perpendiculaire.

Soit vne ligne droicte donnee AB, & le poinct en icelle C: d'iceluy poinct
il faut mener vne ligne perpendiculaire à icelle AB.

Soient du poinct C prinses les deux lignes egales CD & CE par la 3.
proposition, & sur DE soit faict le triangle
equilateral DFE, & de C à F soit menée la
ligne CF: Ie dis qu'icelle CF est la ligne
perpendiculaire demandée. Car les triangles
DFC & CFE ayans deux costez egaux à deux
costez, chacun au sien, sçauoir DC à CE
par la construction, & CF commun, & la base DF egale à la base EF, à cause que le triangle DFE est equilateral ; par la 8. prop. les
angles au poinct C, contenus des costez egaux, seront egaux ; & partant
par la 10. def. ils sont dits droicts, & la ligne CF perpendiculaire à AB,
ainsi qu'il falloit faire.

SCHOLIE.

*La pratique de cette proposition est enseignee en nostre Geometrie pratique, Prob. 2.
& neantmoins nous la repeterons encore icy. Pour esleuer sur
A B vne ligne perpendiculaire du poinct C, soient mar-
quees en icelle A B deux poincts comme D, egalemens distans
de C, & d'iceux poincts, soient descrits deux arcs d'vn mesme interualle s'entrecouppans en E, de laquelle intersection
soit tiree à C la ligne droicte EC, qui sera perpendiculaire
à ladite A B.*

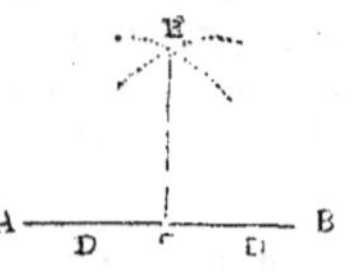

*Que si le poinct donné estoit B à l'extremité de la ligne, il faudroit continuer ladi-
te ligne, & sur icelle estant continuee faire comme dessus: ou
bien nous prendrons vn poinct au dessus d'icelle ligne, comme
C, lequel soit plus prez du poinct donné B, que de l'autre
extremité A ; puis d'iceluy poinct C , & de l'interualle C B,
nous descrirons la circonference DBE, qui couppe la ligne donnée en D, & d'iceluy poinct D par C, nous tirerons la ligne
droicte DCE couppant la susdite circonference en E, duquel
poinct E soit tiree la ligne droicte EB, laquelle sera perpendiculaire à A B.*

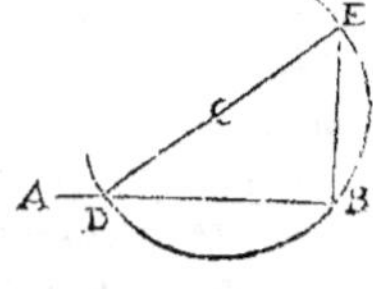

*Autrement, du poinct don-
né B, & de quelque inter-
ualle que ce soit B C , moindre toutesfois que la ligne
donnee, soit descrit vn arc
CDE plus grand que le tiers
de la circonference entiere du
cercle, puis sur iceluy arc
C D E soient pris deux in-
terualles C D, D E, cha-
cun egal au semidiametre B C,*

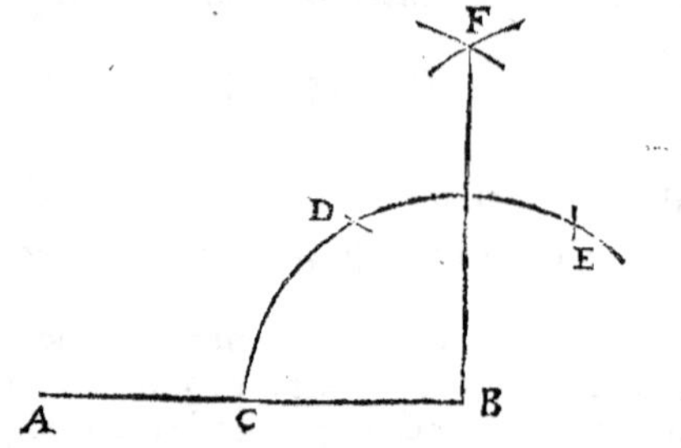

*& des poincts D ; E, soient descrits deux arcs de cercle s'entrecouppans au poinct F, du-
quel soit tiree au poinct B la ligne droicte F B, qui sera perpendiculaire à A B.*

*Est à noter qu'encore que le poinct donné B ne fut l'extremité de la ligne, on pourroit
neantmoins mener la perpendiculaire par l'vne ou l'autre des deux manieres cy-dessus.*

PROBL. 7. PROP. XII.

Abaisser vne ligne droicte perpendiculaire sur vne ligne droicte indeterminee, & d'vn poinct hors icelle.

Soit la ligne droicte donnée & interminee AB, & le poinct hors icelle C,

duquel il faut mener vne ligne perpendiculaire fur A B.

Soit pris aud.là de la ligne A B
quelconque poinct D; puis du centre
C, & de l'interualle C D, foit defcrit
le cercle EDG, couppant la ligne AB
és poincts E & G, puis par la 10. prop.
foit couppee EG en deux egalement
au poinct H, & foit menee la ligne
CH, laquelle ie dis eftre perpendiculaire à AB.

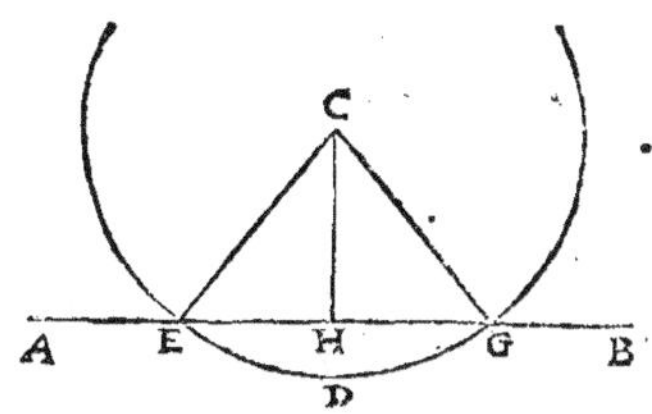

Car eftans tirées les lignes droictes CE, CG; les deux coftez EH & HC,
du triangle EHC, feront egaux aux deux coftez GH & HC du triangle
GHC, vn chacun au fien, & la bafe CE eft egale à la bafe CG, eftans icelles
tirees du centre C à la circonference, & par la 8. prop. les angles du poinct
H feront egaux; & partant par la 10. definit. ils feront droicts, & la ligne
CH perpendicul. à AB. Ce qu'il falloit faire.

S C H O L I E.

La practique de ce probleme eft enfeignée en noftre Geometrie practique probl. 3.
& eft telle qu'il enfuit. Pour mener à
vne ligne donnee AB vne perpendiculaire
d'vn poinct donné hors icelle, comme
C; d'iceluy poinct C foit d'efcrit vn arc qui
couppe la ligne donnee en D & E, puis
d'iceux poincts, comme centres, foient d'ef-
crits deux arcs de cercles d'vn méme in-
terualle, qui s'entrecouppent au poinct F:
(il n'importe pas de quel cofté ce foit, au
deffus ou au deffoubs de la ligne A B)
puis d'iceluy poinct F par celuy donné C,

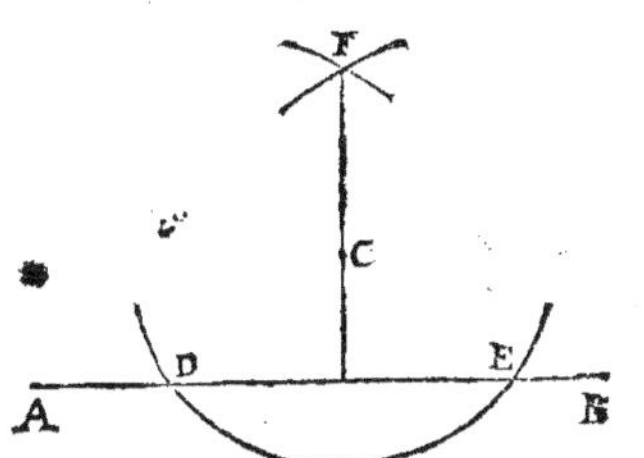

foit tiree vne ligne droicte FCG, qui rencontre la donnee en G, & icelle FCG fera per-
pendiculaire à A B.

THEOR. 6. PROPOS. XIII.

Quand vne ligne droicte tombant fur vne ligne droicte
fait angles, ou iceux feront deux angles droicts, ou egaux
à deux droicts.

Soit la ligne droicte AB, laquelle tombant fur vne autre ligne droicte
C D, fait les angles C B A, & D B A: Ie dis que iceux font deux angles
droicts, ou egaux à deux droicts.

Car ou icelle ligne AB eſt perpendiculaire à CD, ou elle ne l'eſt pas : Si
elle eſt perpendiculaire, les deux angles ſont droicts par la 10. def. Si elle
ne l'eſt pas, ſoit leuee la perpend. B E par
la 11. prop. & les deux angles CBE & DBE
ſeront droicts par la ſuſdite deff. mais par la
19. com. ſent. le ſeul angle droict DBE
eſt egal aux deux angles DBA, ABE enſemble : parquoy ſi on leur adiouſte le commun CB , les trois angles DBA, ABE &
CBE ſeront egaux aux deux droicts DBE,
CBE. Derechef, d'autant que par la meſme
19. com. ſent. les deux angles CBE, ABE

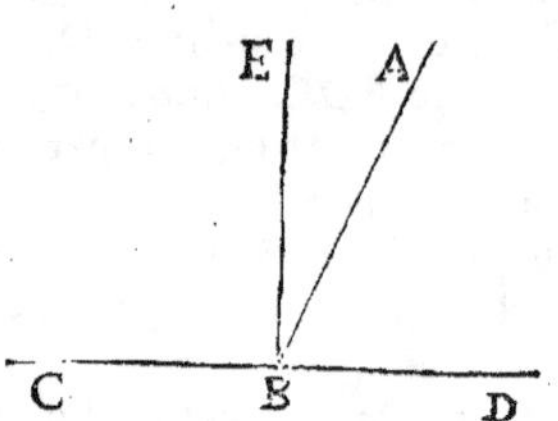

enſemble ſont egaux au ſeul ABC : ſi on adiouſte le commun DBA, les deux
angles ABC, DBA ſeront egaux aux trois CBE, ABE, DBA : mais ces trois
cy ont eſté demonſtrez egaux à deux droicts : donc ces deux-là ABC, ABD
ſeront auſſi egaux à deux droicts.   Parquoy ſi vne ligne droicte tombante
ſur vne autre ligne droicte, &c. Ce qu'il falloit demonſtrer.

SCHOLIE.

Ceſte demonſtration de Theon eſt ſuiuie par la plus part des Interpretes d'Euclide,
mais les autres ayans monſtré comme deſſus, que les deux angles CBE & DBE ſont
droicts, concluent incontinent par la 8. com. ſent. que les deux ABC, & ABD enſemble,
ſeront donc auſſi egaux à deux droicts, veu qu'ils occupent autant d'eſpace, voire ie
meſme, que les deux droicts CBE, DBE, & conuiennent auec eux.

Auſſi Clauius a remarqué, que cette prepoſition ſemble dependre de quelque commune notion de l'eſprit : car de ce que l'angle ABC excede l'angle droict EBC, l'angle reſtant ABD eſt excedé par l'angle droict EBD ; car comme en celuy-là l'excez eſt l'angle ABE, ainſi en ceſtuy-cy le defaut eſt le meſme angle ABE. Parquoy l'on pourra
conclurre, que les angles ABC, ABD ſont egaux à deux droicts, attendu que l'excez
de l'angle obtus ABC, eſt le defaut de l'aigu ABD.

THEOR. 7.   PROP. XIV.

Si à vn poinct de quelque ligne droicte ſe rencontrent deux
autres lignes droictes de part & d'autre d'icelle, faiſant
deux angles egaux à deux droicts : icelles deux lignes
ſe rencontreront directement.

Soit la ligne droicte AB, & en icelle le poinct B, auquel ſe rencontrent deux
autres lignes droictes CB & DB de part & d'autre d'icelle AB, faiſant les
deux angles ABC & ABD egaux à deux droicts : Ie dis que CB & DB ſe
rencontrent directement, c'eſt à dire que CBD eſt vne ligne droicte.

Autrement, si CBD n'est ligne droicte, soit continuee CB directement de
la part de B, & la continuation d'icelle tombra ou au dessus de BD, ou au dessous : quelle tombe donc au dessus,
s'il est possible, comme B E, en sorte que CBE soit ligne
droicte. D'autant que A B tombe sur CBE, les deux angles ABC, & ABE, seront egaux à deux droicts par la 31.
prop. Mais par l'hypothese les deux ABC & ABD sont
aussi egaux à deux droicts, & par la 10. com. sent. tous
les angles droicts sont egaux entr'eux : donc par la
1. com. sent. ces deux angles A B C, & A B D seront egaux aux deux
ABC, & ABE.   Parquoy ostant l'angle commun ABC, les restans ABD, &
ABE, seront egaux, le tout & la partie; ce qui est impossible. Parquoy la ligne
droicte C B estant prolongee, ne tombera pas au dessus de BD ; mais elle
ne tombera pas aussi au dessous, car il aduiendroit tousiours la mesme absurdité : donc CB, & DB se rencontroient directement. Ce qu'il falloit demonstrer.

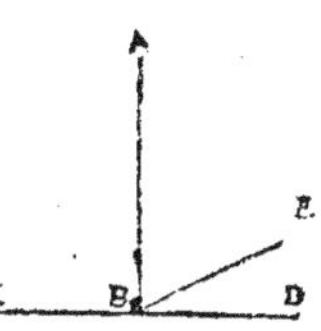

THEOR. 8. PROP. XV.

Si deux lignes droictes se coupent l'vne l'autre, elles feront les
angles opposez au sommet egaux.

Soient les deux lignes AB & CD, se couppans l'vne l'autre au poinct E:
Ie dis que les angles opposez au sommet, sçauoir AEC, & DEB, sont e-
gaux entr'eux.

Car d'autant que sur AB tombe la ligne C E, les angles AEC, & BEC, sont egaux à deux droicts par la 13.
prop. Item, pour la mesme raison, CEB, & DEB, seront
egaux à deux droicts : partant les deux angles A E C &
CEB, sont egaux aux deux C E B & D E B. Que si on
oste le commun CEB, le demeurant AEC sera egal au
demeurant DEB. Le mesme se peut aussi dire des deux
angles opposez AED, & C E B. Parquoy si deux lignes droictes, &c. Ce
qu'il falloit demonster.

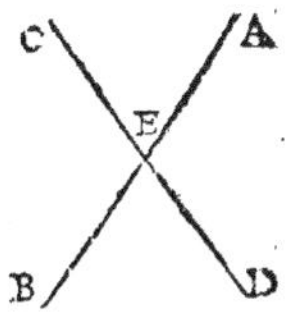

COROLLAIRE.

*Il s'ensuit de ceste demonstration, que deux lignes droictes s'entrecouppans, font
au poinct de leur section quatre angles egaux à quatre angles droicts. Est aussi manifeste qu'estans constituez tant d'angles qu'on voudra à l'entour d'vn seul & mesme
poinct, qu'ils seront seulement egaux à quatre angles droicts : car si de E, en la precedente figure, on mene tant d'autres lignes droictes qu'on voudra, elles diuiseront seulement les quatre angles constituez au poinct E, en plusieurs parties; toutes lesquelles
parties prinses ensemble, seront egales aux quatre angles d'iceluy poinct E, par la 19.
om. sent. c'est à dire à quatre angles droicts.*

SCHOLIE.

Nous demonstrerons icy la conuerse de cette 15. prop. qui, selon Proclus, est telle.

Si à vn poinct de quelque ligne droicte se rencontrent deux autres lignes droictes, non de mesme part, faisant les angles au sommet egaux : icelles deux lignes se rencontreront directement.

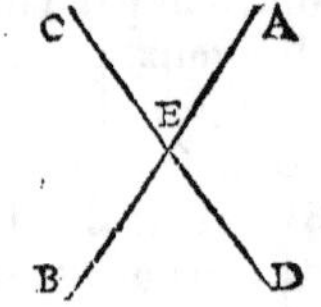

Soit la ligne droicte A B, & vn poinct en icelle E, auquel soient menees les deux lignes droictes CE, DE de part & d'autre de AB faisant les angles CEA , DEB egaux entr'eux. Ie dis qu'icelles lignes CE, DE se rencontrent directement. Car adioustant aux angles egaux CEA, DEB, l'angle commun CEB : les deux angles CEA, CEB seront egaux aux deux angles DEB, CEB par le 2. axiome. Mais les deux angles CEA, CEB sont egaux à deux droicts par la 13. prop. Donc les deux DEB, CEB seront aussi egaux à deux droicts, & par la 14. prop. les lignes droictes CE, DE se rencontreront directement. Ce qui estoit proposé.

Pelletier a aucunement changé ceste conuerse : car il dit que si quatre lignes droictes AE, CE, BE, DE se rencontrans au poinct E y font quatre angles dont les opposez AEC, BED soient egaux entr'eux, & les opposez BEC, AED, aussi egaux entr'eux : les deux lignes opposites AE, BE se rencontreront directement , comme aussi les deux CE, DE. Ce qui est manifeste, car si aux angles egaux AEC , BED , on adiouste les egaux CEB, AED, par le 2. axiome les deux angles AEC, CEB seront egaux aux deux angles BED, AED. Donc tant ces deux là que ces deux-cy sont moitié des quatre angles faicts au poinct E, lesquels par le Corol. prec. sont egaux à quatre droicts. Parquoy les deux angles AEC, CEB seront egaux à deux droicts, & par la 14. prop. les deux lignes, AE, BE se rencontreront directement. Et pour mesme raison CE, DE seront aussi vne seule ligne droicte CD.

THEOR. 9. PROP. XVI.

Vn costé de quelconque triangle estant prolongé, l'angle exterieur est plus grand que l'vn ou l'autre des opposés interieurs.

Soit le triangle A B C, duquel le costé B C soit continué iusques à D. Ie dis que l'angle exterieur A C D est plus grand que l'opposé interieur B A C : Et encore plus grand que A B C autre opposé interieur.

Qu'ainsi ne soit : Apres auoir couppé A C en deux egalement en E, soit menee la ligne BE, & continuee iusques en F : en sorte que EF soit faicte egale à BE, & soit menee FC. Les deux triangles AEB, & C E F, auront les deux costez AE & EB, egaux aux deux costez CE & EF, chacun au sien par la construction

conſtruction, & par la precedente prop. l'angle AEB eſt egal à l'angle CEF:
donc par la 4. prop. les baſes AB & FC feront egales ; & les autres angles
egaux, chacun au ſien : & partant l'angle B A E, ſera egal à l'angle ECF
qui n'eſt que partie de l'angle ACD, lequel pour ceſte raiſon ſera plus grand
que l'oppoſé interieur BAC. Que ſi le coſté AC eſt prolongé en G, & BC
couppé en deux egalement en H, & on tire la ligne A H I, tellement que HI
ſoit egale à AH, & ſoit menee CI: On demonſtrera par meſme raiſon que
deſſus, que l'angle externe BCG eſt plus grand que l'interne & oppoſé
ABC. Mais par la propoſition precedente à iceluy BCG, eſt egal l'externe
ACD: donc iceluy ACD, eſt auſſi plus grand que l'interne & oppoſé ABC.
Parquoy en tout triangle, vn coſté eſtant prolongé, &c. Ce qu'il falloit
demonſtrer.

COROLLAIRE.

*De ceſte propoſition il s'enſuit (dit Proclus) que d'vn meſme poinſt on ne peut mener à
vne meſme ligne droiſteplus de deux lignes droiſtes egales
entr'elles. Car ſi faire ſe peut, ſoient menees du poinſt A
à la ligne BC, trois lignes droiſtes AB, AC, AD, egales entr'elles : d'autant que les coſtez AB, AD, ſont egaux, par la
5. prop. les angles ABD, ADE ſur la baſe BD ſeront egaux.
Derechef, pource que les coſtez AB, AC ſont egaux, par la
meſme 5. prop. les angles ABC, ACB ſur la baſe BC ſeront
egaux. Parquoy veu que chaſque angle ADB & ACB,
eſt egal à l'angle ABD, par la 1. com. ſent. l'angle ABC ſe-
ra egal à l'angle ADC, c'eſt à dire l'exterieur à l'oppoſé interieur: ce qui eſt abſurde, puis que par ceſte 16. p. l'externe eſt plus grand que l'interne. Donc on ne
pourra pas mener de A à BC plus de deux lignes droiſtes egales entr'elles. Ce qui
eſtoit propoſé.*

THEOR. 10. PROP. XVII.

Tout triangle a deux angles plus petits que deux droiſts, de
quelle façon qu'ils ſoient pris.

Soit le triangle ABC: Ie dis que les deux angles B, & ACB ſont enſemble
plus petits que deux droiſts ; comme auſſi les deux A, & ACB : item les
deux A, & B.

Car apres auoir continué le coſté BC, iuſques en D,
il eſt euident par la 16 prop. que l'angle exterieur ACD
eſt plus grand que l'oppoſé interieur B: & par la 4. com.
ſent. ſi on leur adiouſte l'angle commun ACB, les deux
ACD & ACB ſeront plus grāds que les deux B & ACB.
Mais les deux ACD & ACB, ſont egaux à deux droiſts,
par la 13. prop. Partant ABC & A C B, ſont plus petits que deux droiſts.

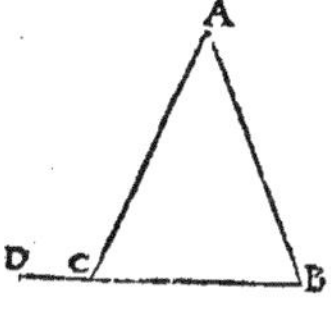

F

On demonſtrera pareillement que lesdeux angles A & ACB: Item les deux angles A & B, en prolongeant vn autre coſté, ſont moindres que deux droicts. Parquoy tout triangle a deux angles plus petits que deux droicts, &c. Ce qu'il falloit demonſter.

COROLLAIRE.

De cecy eſt manifeſte que d'vn meſme poinct on nepeut mener plus d'vne ligne perpendiculaire ſur vne ligne droicte. Car ſi faire ſe peut, ſoient menees de A ſur la ligne droicte BD, les deux perpendic. AD, AB. Donc au triangle ABD, les deux angles internes ABD, ADB, ſeront egaux à deux droicts, puis que chacun eſt droict. Ce qui eſt impoſſible: car il a eſté demonſtré cy-deſſus que deux angles d'vn triangle ſont moindres que deux angles droicts.

Il s'enſuit auſſi de cette prop. qu'en tout triangle, duquel vn angle eſt droict, ou obtus, que les autres ſont aigus. Car puis qu'il a eſté demonſtré que deux angles quels qu'ils ſoient, ſont moindres que deux droicts, il eſt neceſſaire que s'il y en a vn droict ou obtus, celuy qu'on voudra des deux autres ſoit aigu: car autrement en vn triangle ſeroient deux angles droicts, ou plus grands que deux droicts.

S'enſuit encore de cette prop. que ſi vne ligne droicte AB, fait auec vne autre ligne droicte CD, angles inegaux, ſçauoir eſt ABD, aigu, & ABC, obtus, & de quelconque poinct d'icelle AB, on tire vne perpendiculaire ſur CD, comme AD: icelle perpendiculaire AD, tombera de la part de l'angle aigu ABD: car qu'elle tombe, s'il eſt poſſible, du coſté de l'angle obtus ABC, comme AC. Donc au triangle ABC, les deux angles ABC, ACB, obtus & droict, ſont plus grands que deux droicts; mais auſſi moindres que deux droicts par cette prop. ce qui eſt abſurde. La perpendiculaire tirée de A, ne tombera donc pas du coſté de l'angle obtus, & partant tombera du coſté de l'angle aigu.

Eſt encore manifeſte par cette prop. que tous les angles d'vn triangle equilateral, & les deux angles de deſſus la baſe d'vn triangle Iſoſcelle, ſont aigus. Car puis que deux angles quels qu'ils ſoient, d'vn triangle equilateral, & les deux de deſſus la baſe d'vn Iſoſcelle ſont egaux entr'eux par la 5. prop. & tant ces deux-cy enſemble, que ces deux-là, ſont moindres que deux droicts par cette prop. chacun d'iceux ſera moindre qu'vn droict, c'eſt à dire aigu: car s'il eſtoit droict, ou obtus, tous les deux enſemble ſeroient, ou egaux à deux droicts, ou plus grands.

THEOR. 11. PROP. XVIII.

De tout triangle, le plus grand coſté ſouſtient le plus grand angle.

Soit vn triangle ABC, ayant le coſté A C plus grand que le coſté AB. Ie dis que l'angle ABC, eſt plus grand que l'angle ACB.

Qu'il ne foit ainſi : Puis que AC eſt plus grãd que AB, d'iceluy ſoit retranchée AD, egale à AB, & ſoit menee BD. Le triangle ABD eſt Iſoſcele, & par la
5. prop. les deux angles ABD, & ADB, ſur la baſe
BD, feront egaux. Or l'angle exterieur ADB, eſt
plus grand que l'oppoſé interieur C, par la 16.
prop. Mais ABC eſtant plus grand que ABD, il ſera
auſſi plus grãd que ſon egal ADB: & à plus forte
raiſon ABC ſera plus grand que C. Par meſme raiſon, ſi on poſe le coſté AC, plus grand que le coſté
BC; on demonſtrera l'angle ABC eſtre plus grand

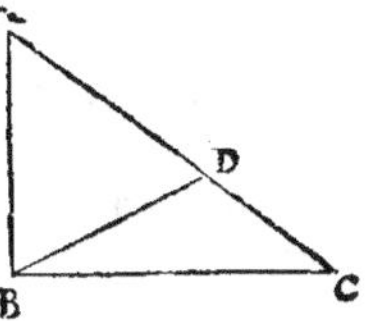

que l'angle BAC, ſçauoir eſt, ſi de CA on couppe vne ligne egale à BC, &c.
Parquoy le plus grand coſté de tout triangle &c. Ce qu'il falloit demonſtrer.

CORROLAIRE.

*Il eſt donc manifeſte par cette demonſtration que tous les trois angles d'vn triangle
ſcalene ſont inegaux.*

THEOR. 12. PROP. XIX.

En tout triangle, le plus grand angle eſt ſouſtenu du plus
grand coſté.

Soit le triangle ABC duquel l'angle A eſt plus grand que l'angle C. Ie dis
que le coſté BC, qui ſouſtient le plus grand angle
A, eſt plus grand que le coſté AB, qui ſouſtient
vn moindre angle C.

Autrement, il ſera egal, ou plus petit : Il ne peut
eſtre egal, d'autant que le triangle ſeroit Iſoſcelle,
& par la 5. prop. les deux angles A & C ſeroient
egaux contre l'hypotheſe. Il ne peut auſſi eſtre

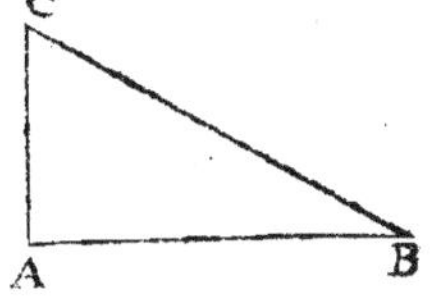

plus petit, d'autant que par la 18. prop. l'angle A
ſeroit plus petit que l'angle C, ce qui eſt auſſi contre l'hypotheſe. Il ſera donc
plus grand. Par meſme raiſon on prouuera le coſté BC, eſtre plus grãd que le
coſté AC, ſi on poſe l'angle A, eſtre plus grand que l'angle B. Donc de tout
triangle le plus grand angle eſt ſouſtenu du plus grand coſté. Ce qu'il falloit
demonſtrer.

COROLLAIRE.

*Il s'enſuit de ceſte propoſition, que ſi de quelconque poinct on tire ſur vne ligne
droicte tant d'autres lignes droictes qu'on voudra, l'vne deſquelles ſoit perpendiculaire, icelle perpendiculaire ſera la plus petite de toutes, puis qu'elle ſera touſiours
oppoſée à vn angle aigu, & les autres à l'angle droict fait par icelle perpendiculaire.*

THEOR. 13. PROP. XX.

En tout triangle, deux coftez de quelle façon qu'ils foient
pris, font plus grands que le troifiefme.

Soit le triangle A B C : Iedis que deux coftez d'iceluy, lefquels on voudra, fçauoir eft AB & A C, font plus grands enfem-
ble, que le troifiefme cofté BC.

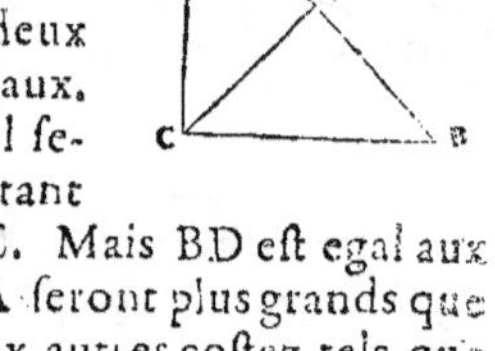

Qu'il ne foit ainfi :apres auoir prolongé BA iufques en
D, & fait AD egale à AC, foit menee la ligne DC. Le
triangle DAC fera Ifofcelle, & par la 5. prop. les deux
angles ADC, & ACD fur la bafe D C, feront egaux.
Mais par le 9 ax. DCB eft plus grand que D C A : il fera donc auffi plus grand que fon egal ADC: & partant
par la 19. prop. BD fera plus grand cofté que B C. Mais BD eft egal aux
deux coftez AC & BA : donc auffi iceux AC & BA feront plus grands que
BC. On demonftrera en la mefme maniere que deux autres coftez tels que
l'onvoudra font plus grands enfemble que l'autre. Parquoy deux coftez
d'vn triangle pris en quelque forte que ce foit, font plus grands que
l'autre. Ce qu'il falloit demonftrer.

THEOR. 14. PROP. XXI.

Si des extremités d'vn cofté de quelconque triangle, on meine deux lignes droictes fe rencontrans au dedans d'iceluy: icelles feront plus petites que les deux autres coftez
du triangle, mais elles feront vn plus grand angle.

Soit le triangle ABC, & des extremitez du cofté B C, foient menees interieurement deux lignes droictes BD, CD ,fe rencontrans au poinct D : Ie dis qu'icelles lignes B D,
& C D enfemble, font plus petites que les coftez BA
& CA enfemble : Mais que l'angle D, eft plus grand
que l'angle A.

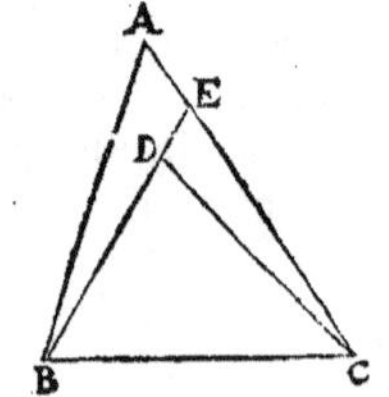

Qu'ainfi ne foit :foit continuee BD, iufques au
poinct E. Donc par la 20. prop. les deux coftez BA,
& AE, du triangle BAE, feront plus grands que le
troifiefme B E: Et fi on leur adioufte chofe commune
EC, par la 4. com. fent. les tous CE, EB feront touf-
iours plus petits que les tous CE, EA, AB, c'eft à dire CA, AB. Pareillement
les deux coftez CE & ED, du triangle CED, font plus grâds que le troifiefme

CD, aufquels fi on adioufte chofe egale, fçauoir DB; les tous CE, ED, DB,
ou CE, EB, feront toufiours plus grands que les tous CD & DB. Mais
il a efté demonftré que CA, AB font plus grands que CE, EB : donc
CA, AB feront beaucoup plus grands que CD, BD. Ce qui eftoit propofé
en la premiere partie.

Pour la feconde partie, fçauoir que l'angle BDC eft plus grand que l'angle
A. D'autant qu'il eft exterieur du triangle CED, il fera plus grand que fon
oppofé interieur CED par la 16. prop. Mais pour la mefme raifon, iceluy angle CED eft auffi plus grand que fon oppofé interieur A : donc
à plus forte raifon BDC fera fera plus grand que A. Si donc des extremitez
d'vn cofté de quelconque triangle, &c. Ce qu'il falloit demonftrer.

PROB. 8. PROP. XXII.

Faire vn triangle de trois lignes droictes egales à trois autres
donnees : mais il faut que deux d'icelles de quelle façon
qu'elles foient prifes, foient plus grandes que l'autre ; d'autant que de tout triangle, deux coftez de quelque façon
qu'ils foient pris, font plus grands que l'autre.

Soient trois lignes donnees A, B & C, defquelles deux de quelle façon
qu'elles foient prifes font plus grandes que la troifiefme : car autrement d'i-
celles on ne pourroit pas conftituer vn triangle, comme il appert de la 20.
prop. en laquelle il a efté demonftré que de tout triangle deux coftez
font toufiours plus grands que l'autre. Il faut faire vn triangle ayant les
trois coftez egaux à icelles trois lignes donnees.

Soit prife vne ligne droicte, tant grande qu'il fera de befoin, comme DE,
de laquelle foit retranchee DF, egale à A ; & puis du refte foit prife FG
egale à B, & GH egale à C, & du centre F, & de l'interualle FD, foit defcrit
vn cercle DKL : Item vn autre cercle HkL du centre G, & de l'interualle GH,
couppant le premier cercle au poinct K
duquel foient menées les deux lignes
KF, KG. Ie dis que les coftés du triágle
FKG font egaux aux trois lig. donnees
A, B, C.

Car d'autant que FD, FK font egales
par la def. du cercle : item GK & GH;
les trois coftez du triangle FKG, font

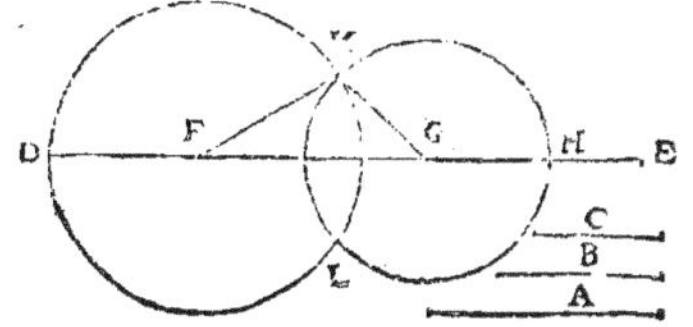

egaux aux trois lignes FD, FG, GH, lefquelles eftans egales aux trois donnees par la conftruction ; auffi les coftez du triangle FKG feront egaux à icelles lignes donnees A, B, C. Nous auons donc faict vn triangle de trois lignes
droictes egales aux trois lignes droictes donnees A, B, C. Ce qu'il falloit faire.

SCHOLIE.

La pratique de ce probl. est enseignee en nostre Geometrie practique Prob. II, &
est telle : Soit prise la ligne droicte DE egale à quelcon-
que des donnees comme à A, puis du poinct D, & inter-
ualle de la ligne B, soit descrit vn arc F : semblablement
du poinct E, & de l'interualle de l'autre ligne C, soit des-
crit vn autre arc qui couppe le premier au poinct F: puis à
ladite intersection soient tirees les deux lignes droictes D F,
E F ; & sera fait le triangle DEF, ayant les trois costez
egaux aux trois lignes droictes donnees A, B, C.

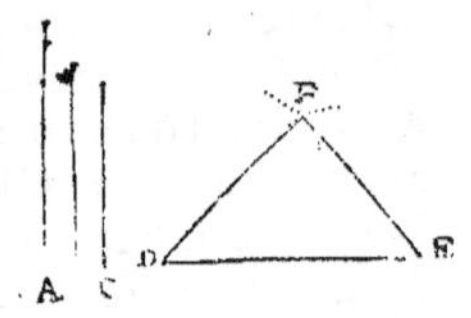

PROBL. 9.   PROP. XXIII.

Sur vne ligne droicte donnée, & à vn poinct donné en icelle, faire vn angle rectiligne egal à vn angle rectiligne
donné.

Soit la ligne donnée A B ; & le poinct en icelle A ; sur lequel il faut faire
vn angle rectiligne egal à l'angle rectiligne donné C.

Ayant pris és lignes C D, C E, qui constituent l'angle
donné C quelcõques poincts D, E, soit menee la ligne DE:
& sur AB soit construict par la prop. precedente le triangle A F G, ayant les trois costez egaux aux trois costez
du triangle C D E, sçauoir est les deux costez AF, A G,
egaux aux deux costez C D, C E, & la base F G à la base
D E. Il est donc euident par la 8. prop. que l'angle A sera egal à l'angle C donné. Nous auons donc faict sur AB, & au poinct A, l'angle FAG egal à vn
donné DCE, ainsi qu'il estoit requis.

SCHOLIE.

Combien que la practique de ce probleme soit enseignee en nostre Geometrie prati-
que, neantmoins nous l'enseignerons encore icy.
Soit vne ligne donnee A B, & vn poinct en icelle
A, auquel il faut faire vn angle rectiligne egal
au donné CDE. Du centre D soit fait de tel in-
terualle qu'on voudra vn arc FG, qui couppe les
lignes de l'angle donné és poincts F, G: puis

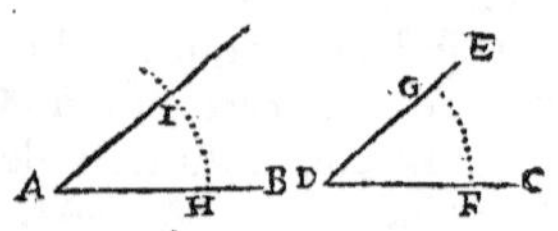

du mesme interualle, soit d'escrit du centre A vn arc interminé H I: En apres, soit
prise la distance FG, & icelle portee sur l'arc H I, puis du poinct A par I, soit ti-
ree la ligne droicte A I, & sera fait l'angle H A I egal à l'angle donné C D E.

THEOR. 15.　PROP. XXIV.

Si deux triangles ont deux coſtez egaux à deux coſtez, chacun au ſien, & l'angle contenu d'iceux coſtez plus
grand que l'angle, ils auront auſſi la baſe plus grande que
la baſe.

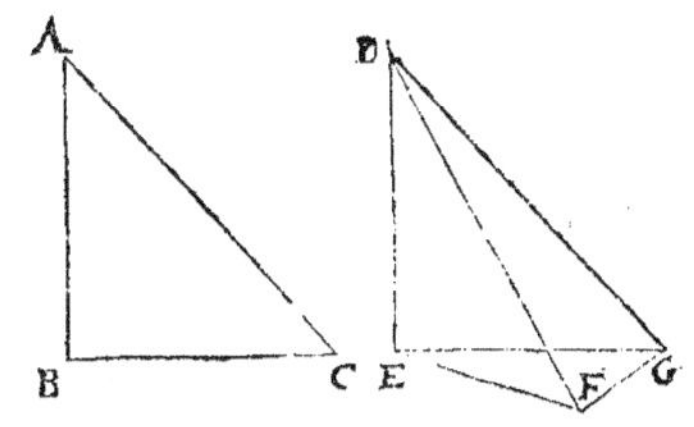

Soient deux triangles ABC &
D E F, deſquels deux coſtez
A B, A C ſont egaux aux coſtez D E, D F, chacun au ſien:
mais l'angle A eſt plus grand
que l'angle E D F. Ie dis que
la baſe BC eſt plus grande que
la baſe E F.

Qu'ainſi ne ſoit. Sur la ligne DE, & au poinct D, ſoit fait par la precedente
prop. l'angle EDG, egal à l'angle A, (& la ligne droicte DG, tombera hors
le triangle DEF, puis que l'angle EDF a eſté poſé moindre que l'angle A)
& ſoit poſee DG, egale à DF, c'eſt à dire à A C : Soit tiree puis apres la ligne
EG, laquelle tombera ou au deſſus de la ligne EF, ou ſur icelle, ou au deſſous
d'icelle. Qu'elle tombe premierement au deſſus de EF, & ſoit tiree la ligne
F G. D'autant que les deux coſtez AB, AC, ſont egaux aux deux coſtez DE,
DG, vn chacun au ſien, & l'angle A egal à l'angle EDG par la conſtruction:
la baſe BC ſera egale à la baſe EG, par la 4. prop. Et puis que les deux coſtez
DF, DG, ſont egaux entr'eux : les angles DFG, DGF ſeront auſſi egaux en-
tr'eux par la 5. prop. Mais l'angle DGF eſt plus grand que l'angle EGF, par la
9. com. ſent. donc auſſi l'angle DFG ſera plus grand que le meſme angle
EGF: parquoy tout l'angle EFG ſera beaucoup plus grand que le meſme
angle EGF: donc au triangle EFG le coſté EG ſera plus grand que le coſté
EF par la 19. prop. Mais il a eſté demonſtré que EG eſt egale à BC : donc
BC ſera plus auſſi grande que EF: Ce qui eſtoit propoſé.

Maintenant, que EG tombe ſur icelle EF: ainſi qu'en la 2. fig. d'autant
que comme deſſus la
baſe EG, ſera egale à la
baſe BC par la 4. prop.
& G E eſt plus grande
que EF par la 9. com.
ſent. auſſi BC ſera

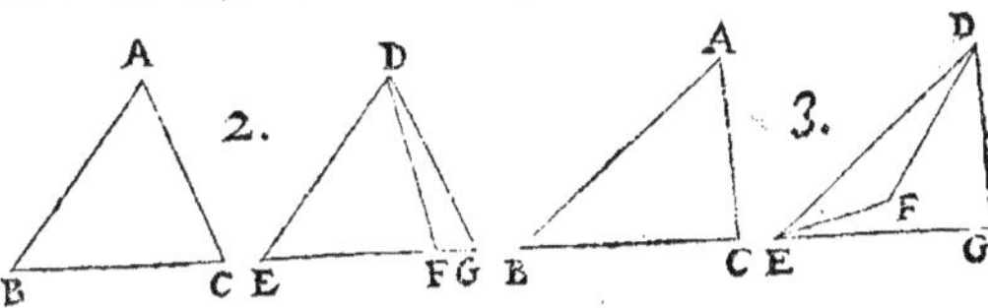

plus grande que E F : Ce qui eſtoit propoſé.

En troiſieſme lieu, que EG tombe au deſſous de EF. Il eſt euident que
les deux lignes interieures D F, EF ſont plus petites que les deux coſtez

DG, EG par la 21. prop. Mais par la conſtruction DG eſt egale à DF : donc
EG eſt plus grande que EF par la 5. com. ſent. Mais comme deſſus par la 4.
prop. EG eſt egale à BC : donc auſſi icelle BC ſera plus grande que EF. Si
donc deux triangles ont deux coſtez egaux, &c. Ce qu'il falloit demonſtrer.

THEOR. 16. PROP. XXV.

Si deux triangles ont deux coſtez egaux à deux coſtez,
chacun au ſien, & la baſe plus grande que la baſe ; ils auront auſſi l'angle contenu d'iceux coſtez egaux , plus
grand que l'angle.

Soient deux triangles ABC & DEF, deſquels les deux coſtez AB & AC,
ſont egaux aux deux DE & DF, chacun au ſien : Mais la baſe BC eſt plus
grande que la baſe E F. Ie dis que
l'angle A eſt plus grand que l'angle D.
    Autrement, il ſera égal, ou plus
petit. Mais il ne peut eſtre égal : d'autant que par la 4. prop. les baſes B C
& EF ſeroient égales contre l'hypotheſe. Parcillement il ne peuſt eſtre
plus petit ; d'autant que par la 24.

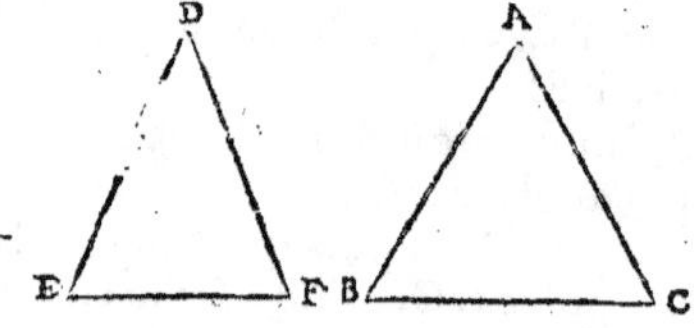

prop. la baſe BC ſeroit plus petite que la baſe EF , & elle a eſté poſee plus
grande. Parquoy l'angle A ſera plus grand que l'angle D, puis qu'il ne peut
eſtre egal ny plus petit. Si donc deux triangles ont deux coſtez egaux à
deux coſtez, chacun au ſien, &c. Ce qu'il falloit demonſtrer.

THEOR. 17. PROP. XXVI.

Si deux triangles ont deux angles egaux à deux angles, chacun au ſien, & vn coſté egal à vn coſté, ſçauoir eſt, ou
celuy aux extremitez duquel ſont les angles egaux , ou
bien celuy qui ſouſtient l'vn d'iceux angles egaux : ils auront auſſi les autres coſtez egaux aux autres coſtez, chacun au ſien , & l'autre angle egal à l'autre angle.

Soient deux triangles ABC & DEF, deſquels les angles B & ACB, ſont
egaux aux deux E & F, chacun auſien, & ſoit premierementle coſté BC, aux
extremitez duquel ſont les angles B & ACB, egal au coſté EF, aux extremitez duquel ſont les angles E & F. Ie dis que les deux autres coſtez AB, AC,
ſont egaux aux deux autres coſtez DE, DF, chacun au ſien, ſçauoir eſt AB
à DE.

à D E, & AC à DF, & l'autre angle BAC egal à l'autre angle D.

Car ſi AB n'eſt egal à D E, l'vn d'iceux ſera plus grand : Soit donc AB plus grand, s'il eſt poſſible, & d'iceluy ſoit retranchee B G egale à DE : puis ſoit tirée la ligne droicte CG. Donc puis que les coſtez BC, BG, ſont egaux aux coſtez E F, D E, chacun au ſien, & l'angle B egal à l'angle E, par la 4.prop. la baſe C G ſera egale à la baſe FD, & les autres angles egaux aux autres angles chacun au ſien, c'eſt à ſçauoir que l'angle BCG ſera egal à l'angle F, au-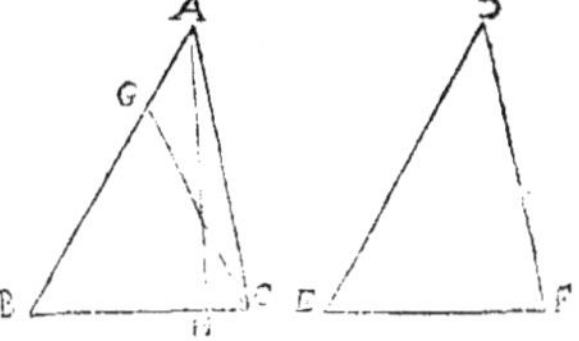quel eſt auſſi egal l'angle ABC par l'hypo-theſe. Partant les deux angles ACB & GCB ſeroient egaux, la partie au tout : ce qui eſt abſurde. Donc le coſté AB n'eſtoit pas inegal au coſté DE, mais egal. Parquoy veu que les coſtez A B, BC ſont egaux aux coſtez DE, EF, chacun au ſien, & l'angle B egal à l'angle E ; la baſe AC ſera egale à la baſe DF, & l'autre angle BAC egal à l'autre angle D, par la 4. prop. de ce liure. Ce qui eſtoit propoſé.

Soient maintenant egaux deux autres coſtez ſçauoir eſt A B à DE ſouſtendans angles egaux ACB & F. Ie dis derechef que les deux autres coſtez AC, BC ſont egaux aux deux autres coſtez D F, EF, chacun au ſien, c'eſt à dire AC à DF, & BC à EF : & l'autre angle BAC egal à l'autre angle D. Car ſi le coſté BC n'eſt egal au coſté EF, ſoit le plus grand BC, duquel ſoit couppé BH egal à EF, puis tiré la ligne AH. Donc puis que les coſtez AB, BH ſont egaux aux coſtez DE, EF, vn chacun au ſien, & l'angle B eſt egal à l'angle E par l'hypotheſe, par la 4. prop. la baſe ſera egale à la baſe, & les autres angles egaux aux autres angles, c'eſt à ſçauoir, que l'angle AHB ſera egal à l'angle F. Mais par l'hypotheſe l'angle ACB, eſt auſſi egal à l'angle F. Donc l'angle AHB ſera auſſi egal à l'angle ACB, l'exterieur à ſon oppoſé interieur : ce qui eſt abſurde : car il eſt plus grand par la 16. prop. Le coſté BC n'eſtoit donc pas plus grand que le coſté EF, ains egal. Parquoy les deux coſtez AB, BC, ſont egaux aux deux coſtez DE, E F, chacun au ſien, & par la 4. prop. l'angle B eſtant egal à l'angle E, les baſes AC, DF, ſeront egales, & les autres angles BAC & D auſſi egaux. Parquoy ſi deux triangles ont deux angles egaux, &c. Ce qu'il falloit demonſtrer.

COROLLAIRE.

Il eſt manifeſte par la demonſtration de cette propoſition, que le triangle eſt auſſi egal au triangle.

SCHOLIE.

Nous demonſtrerons icy deux theoremes aſſez vtils & neceſſaires en Geometrie : le premier eſt tel.

En vn triangle equilateral, ou Iſoſcelle, eſtant menee vne ligne droicte de l'angle contenu des deux coſtez egaux, laquelle diuiſe en deux egalement, l'ou l'angle, ou la baſe ; elle ſera perpendiculaire à la baſe : & ſi elle couppe l'angle en deux egalement, elle couppera auſſi la baſe en deux egalement :

G

Mais si elle couppe en deux egalement la base, elle couppera pareillemēt l'angle en deux egalement. Et au contraire estant tiree vne ligne droicte perpendiculaire à la base, elle diuisera en deux egalement, tant la base que l'angle.

Au triangle A B C soient deux costez egaux A C, B C, & la ligne droicte C D diuise premierement l'angle C en deux egalement. Ie dis qu'icelle ligne C D est perpendiculaire à la base A B, & la diuise en deux egalement. Car puis que les deux costez A C, C D, sont egaux aux deux costez, B C, C D, & les angles qu'ils contiennent aussi egaux, par la quatriesme prop. les bases A D, B D seront aussi egales, & les angles au poinct D egaux, & partant droicts.

Que si la ligne droicte C D diuise en deux egalement la ligne A B : Ie dis que la ligne droicte C D est perpendiculaire à la ligne A B, & que l'angle C est couppé en deux egalement. Car puis que les deux costez A D, D C, sont egaux aux deux costez B D, D C, & la base A C egale à la base B C, par la 8. prop. les angles du poinct D seront egaux, & partant droicts, & la ligne C D perpendiculaire, & par le Corol. de la 8. prop. les angles qui sont en C seront aussi egaux.

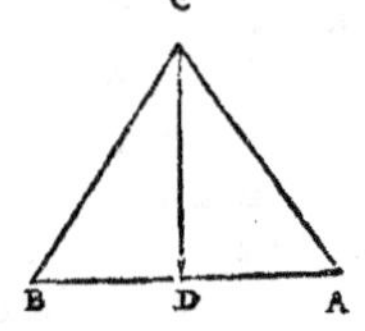

Maintenant soit la ligne droicte C D perpendiculaire à A B : Ie dis qu'elle couppe aussi la base B A, & l'angle C en deux egalement. Car par la 5. prop. les angles A & B seront egaux : parquoy puis que les deux angles A & D du triangle A C D, sont egaux aux deux angles B & D, du triangle B C D, vn chacun au sien, & le costé C D opposé aux angles egaux A & B commun, par la 26. prop. les autres costez A D, B D, seront aussi egaux, & les autres angles du poinct C pareillement egaux. Ce qu'il falloit demonstrer.

Le second Theoreme est tel.

Le triangle auquel vne ligne droicte tiree de l'vn des angles perpendiculaire à la base, diuise ou la base ou l'angle en deux egalement, a les deux costez comprenant iceluy angle egaux : Et si la base est diuisee en deux egalement, l'angle sera aussi diuisé deux en egalement : Mais si l'angle est diuisé en deux egalement, aussi sera la base diuisee en deux egalement.

Au mesme triangle A B C, soit C D perpendiculaire à la base A B, & la diuise en deux egalement. Ie dis que les costez A C & B C sont egaux, & les angles à C aussi egaux. Car puis que les deux costez A D, D C, sont egaux aux deux costez B D, D C, & les angles qu'ils comprennent aussi egaux, sçauoir droicts par la 4. prop. les bases A C, B C, & les angles à C seront pareillement egaux.

Maintenant, que la perpendiculaire C D couppe en deux egalement l'angle C : ie dis que les costez A C, B C sont egaux, & les lignes A D, B D aussi egales : Car puis que les deux angles D, C du triangle A C D, sont egaux aux deux angles D, C du triangle B C D, & le costé C D est commun, par la 26. prop. les deux costez A C, B C, seront egaux ; & les costez A D, B D, aussi egaux : Ce qu'il falloit demonstrer.

THEOR. 18. PROP. XXVII.

Si vne ligne droicte tombant sur deux lignes droictes faict

les angles oppofez alternatiuement egaux ; icelles deux
lignes feront paralleles entr'elles.

Soient deux lignes droictes AB & CD, fur lefquelles tombant la ligne
droicte EF, faict les angles BEF, & EFC alternatiuement egaux. Ie dis que
AB & CD font paralleles.

Car fi elles ne font paralleles, eftans continuées elles fe rencontreront:
Que fi elles fe rencontroient, comme au poinct
G, elles feroient vn triangle auec le cofte EF, &
l'angle exterieur CFE feroit plus grand que
l'opposé interieur FEB par la 16. prop. ce
qui eft contre l'hypothefe. Donc les deux lignes AB, & CD ne fe rencontreront iamais;
& par la 25. def. icelles lignes feront paralleles
entr'elles. Parquoy fi vne ligne droicte tom-
bante fur deux lignes droictes, &c. Ce qu'il falloit demonftrer.

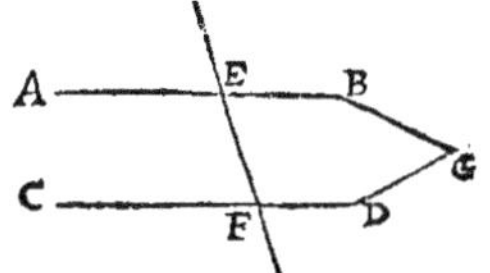

THEOR. 19. PROP. XXVIII.

Si vne ligne droicte tombant fur deux lignes droictes, faict
l'angle exterieur egal à fon opposé interieur du mefme
cofté; ou bien les deux interieurs de méme cofté, egaux à
deux droicts; icelles deux lignes feront paralleles entr'elles.

Soient deux lignes droictes A B & C D, fur lefquelles tombant vne autre ligne droicte E F, faffe l'angle exterieur E G A egal à G H C fon opposé interieur de méme cofté. Ie dis que AB & CD font paralleles entr'elles.

Car puis que l'angle G H C eft pofé egal à l'angle EGA, auquel eft auffi
egal l'angle BGH par la 15. prop. les
angles alternes BGH, GHC, feront e-
gaux par la premiere commune fenten-
ce: partant les lignes droictes AB, CD
feront paralleles par la propofition precedente. Ce qui eftoit propofé.

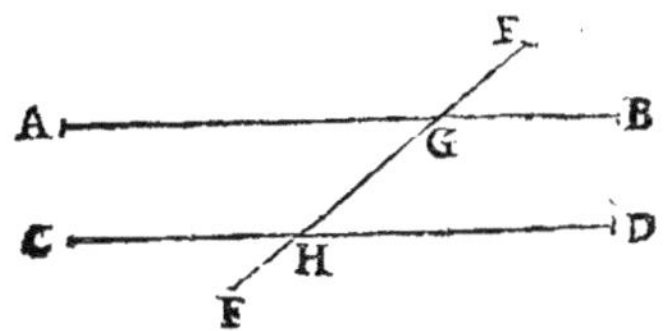

Pour la feconde partie. Ie dis que fi les deux angles interieurs de mefme
cofté AGH, & CHG font egaux à deux droicts, auffi AB & CD feront
paralleles. Car par la 13. propofition, les deux angles GHC & GHD
font egaux à deux droicts; partant auffi egaux aux deux AGH & GHC.
Que fi d'iceux angles egaux, on ofte le commun GHC, les demeurans
AGH & GHD fe trouueront alternatiuement egaux, & par la 27. prop. AB
& CD feront paralleles. Si donc vne ligne droicte tombant fur deux lignes droictes, &c. Ce qui falloit demonftrer.

THEOR. 20. PROP. XXIX.

Si vne ligne droicte tombe ſur deux lignes droictes paralleles, elle fera les angles oppoſez alternatiuement egaux;
& l'exterieur egal à ſon oppoſé interieur du meſme coſté : & les deux interieurs de meſme coſté egaux à deux
droicts.

Soient deux lignes droictes paralleles AB & CD, ſur leſquelles tombe la
ligne droicte E F. Ie dis en premier lieu que les angles AGH & GHD
oppoſez alternatiuement ſont egaux.

Autrement, s'ils ne ſont egaux, AGH ſera plus grand, ou plus petit que
l'autre : Soit donc AGH plus petit, s'il eſt poſſible, que GHD : & ſi à iceux
angles inegaux on adiouſte choſe comm. ſçauoir l'angle GHC, les deux
angl. AGH & GHC ſeront plus petit, que les deux GHC & GHD, leſquels
par la 13. prop. eſtans egaux à deux droicts, AGH & GHC ſeront plus petits
que deux droicts, & par la 11. com. ſent. les deux lignes
AB & CD ne ſont point paralleles : ce qui eſt contre noſtre hypotheſe. Donc il falloit que l'angle AGH
fuſt egal à l'angle GHD ſon alterne oppoſé.
Pour la ſeconde partie. Ie dis que l'angle exterieur EGB
eſt egal à ſon oppoſé interieur de meſme coſté GHD : ce
qui eſt manifeſte par ce qui a eſté demõſtré cy-deſſus, ſçauoir que les angles AGH & GHD eſtoient egaux, eſtant
auſſi EGB egal à AGH par la 15. propoſition; & par la 1. com. ſent. E G B
& GHD ſeront egaux, eſtans tous deux egaux au meſme AGH.

Pour la troiſieſme partie : ie dis que les deux angles interieurs de meſme
coſté AGH & GHC ſont egaux à deux droicts : car s'il eſtoit autrement
les lignes AB & CD ne ſeroient paralleles par la 11. com. ſent. contre l'hypotheſe. Si donc vne ligne droicte tombe ſur deux lignes droictes, &c.
Ce qu'il falloit demonſtrer.

THEOR. 21. PROP. XXX.

Les lignes droictes paralleles à vne meſme ligne droicte, ſont
paralleles entr'elles.

Soient les lignes droictes AB, CD, paralleles à vne meſme ligne droicte
EF. Ie dis que A B & C D ſont paralleles entr'elles.

Car d'autant que toutes ces lignes AB, EF, CD, ſont poſees en vn meſme
plan, ſoit tiree la ligne droicte G H K, qui les couppe toutes trois, ſça-

ſoit eſt A B en G ; EF en H ; & CD en K. Et puis que A B eſt poſee
parallele à E F, les angles alternes AGH, GHF, ſeront
egaux entr'eux par la precedente propoſition. Derechef, puis que C D eſt auſſi poſee parallele à la meſme EF ; l'angle DKH ſera auſſi egal au méme angle GHF
c'eſt à ſçauoir l'interne à l'externe. Parquoy les angles
AGH & DKH ſeront egaux entr'eux, leſquels eſtans alternes, les lignes A B & C D ſont paralleles entr'elles,
par la 27. prop. Parquoy les lignes droictes paralleles à vne meſme ligne
droicte ſont paralleles entr'elles. Ce qu'il falloit demonſtrer.

S C H O L I E.

*Si quelqu'vn diſoit que AG & B G ſont paralleles à EF, & toutesfois elles ne ſont
paralleles entr'elles, il faudroit reſpondre qu'icelles AG & BG ne ſont pas deux
lignes, mais ſeulement les deux parties d'vne ſeule & meſme ligne: Car il faut en
tendre que toutes les paralleles dont parle icy Euclide, ſoient infiniment produites
ſans ſe rencontrer : maisil appert que AG eſtant prolongee ſe rencontre auec BG.*

THEOR. 22   PROP. XXXI.

D'vn poinct donné, mener vne ligne droicte parallele à vne ligne droicte donnée.

Soit le poinct donné A, duquel il faut mener vne ligne droicte parallele à la dónee BC.
  Soit menee la ligne A D faiſant auec la
ligne donnee BC, quelconque angle A D C,
& ſur icelle AD, & au poinct A ſoit fait l'angle DAE egal à l'angle ADC. Ie
dis que la ligne E A tiree tant qu'on voudra vers F, eſt parallele à BC. Car
puis que par la conſtruction les angles alternes ADC, DAE ſont egaux, les
lignes BC, FE ſeront paralleles entr'elles par la 27. prop. Nous auons donc
d'vn poinct donné A, mené vne ligne droicte EF parallele à vne ligne droicte donnee BC. Ce qu'il falloit faire.

S C H O L I E.

*Il eſt manifeſte par cette conſtruction, que le poinct donné doit eſtre tellement ſitué
hors la ligne donnee, qu'icelle eſtant continuee directement ne rencontre iceluy. Quant
à la pratique de cette propoſition, nous l'auons enſeignee en nos Memoires Mathematiques, Prob. 6. de la Geometrie prattique, laquelle toutesfois nous repeterõs ici. Du
poinct donné A ſoit menee la ligne droicte AB faiſant auec la ligne donnee BC, l'angle ABC ; puis de A & B comme centres, & d'vn meſme interualle, ſoient deſcrits
les deux arcs DE, FG, & fait FG egal à DE, puis par les poincts A & G ſoit
menee la ligne droicte AG ſi grande qu'on voudra, & icelle ſera parallele à BC.*

Autrement, *si du poinct H on veut mener vne parallele à la lignedroicte I K, du cen-*
tre H soit fait vn arc qui touche seulement la li-
gne donnee I K, puis du centre I (qui est l'extre-
mité de la ligne le plus esloigné de l'arc ia fait) &
du mesme internalle soit descrit vn autre arc L M,
puis du poinct H soit tiree la ligne droicte H N, qui
touche l'arc L M, & icelle ligne H N sera la pa-
rallele requise.

    Encore autrement : Si du poinct Q, il faut ti-
rer vne ligne parallele à vne ligne donnee O P, soit
pris en icelle ligne quelconque distance, comme O R,
auec laquelle soit descrit du centre Q vn arc S; puis
soit pris la distance ou internalle Q O, & d'iceluy
soit aussi descrit du centre R vn arc qui coupe le pre-
cedent en S, & d'icelle intersection soit tiree par le poinct donné Q la ligne droicte Q S,
laquelle sera parallele à O P, ainsi qu'il estoit requis.

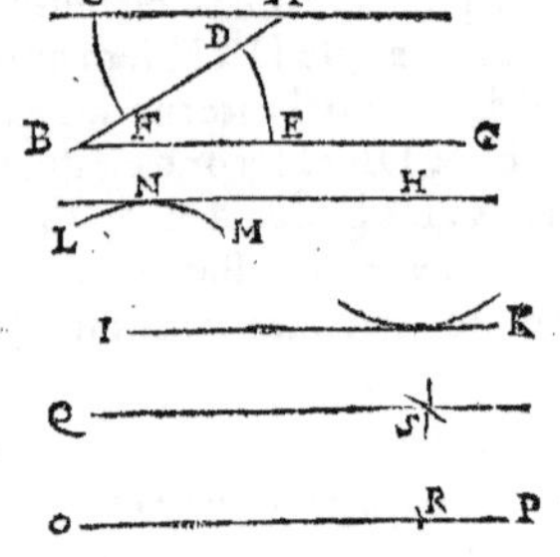

THEOR. 22. PROP. XXXII.

En tout triangle, l'vn des costez estant prolongé, l'angle
exterieur est egal aux deux opposez interieurs; & de chacun triangle les trois angles interieurs sont egaux à deux
droicts.

    Soit le triangle ABC, duquel le costé BC, soit prolongé iusques en D:
Ie dis en premier lieu que l'angle exterieur ACD, est egal
aux deux opposez interieurs A & B.

    Qu'il ne soit ainsi: qu'on meine CE parallele à BA par
la 31. prop. & d'autant que la ligne AC tombe sur les paralleles AB, EC, par la 29. prop. les angles BAC, & ACE,
seront alternatiuement egaux: item l'exterieur ECD, sera
egal à son opposé interieur ABC. Partant il est manifeste
que le total ACD, est egal aux deux A & B, opposez interieurement.

    Pour la seconde partie, que les trois angles A, B & C, interieurs du triangle
ABC sont egaux à deux droicts, il est euident, estant ACD egal aux deux A
& B. Mais ACD & ACB, sont ensemble egaux à deux droicts par la 13. prop.
Partant les trois angles interieurs A, B, & ACB, seront aussi egaux à deux an-
gles droicts. Si donc de tout triangle, l'vn des costez est prolongé, &c. Ce
qu'il falloit demonstrer.

S C H O L I E.

    De ceste proposition nous pouuons colliger à combien d'angles droicts sont egaux
tous les angles internes de quelconque figure rectiligne, qui n'en a point d'externe

ce par deux manieres, dont la premiere est telle.

Tous les angles de quelconque figure rectiligne, sont egaux à deux fois autant d'angles droicts, qu'icelle est entre les figures rectilignes.

C'est à dire, que tous les angles de la premiere figure rectiligne sont egaux à deux fois vn droict, c'est à dire, à deux droicts: Mais les angles de la seconde figure rectiligne, sont egaux à deux fois deux droicts, sçauoir est à quatre droicts: Mais ceux de la troisiesme figure, sont egaux à deux fois trois droicts, c'est à dire à six droicts, & ainsi des autres. Or le lieu qu'obtient chasque figure rectiligne entre les figures rectilignes, est monstré par le nombre des costez, ou des angles, deux d'iceux ostez; d'autant que deux lignes droictes n'enferment pas vne superficie, & par consequent ne constituent vne figure: mais sont requises au moins trois lignes droictes pour constituer vne figure rectiligne: d'où vient que le triangle est la premiere figure rectiligne: Car de ses costez, en estans ostez deux, reste vn: ainsi la figure ayant douze costez, ou douze angles, sera la dixiesme figure, puis que deux estans ostez de douze restent dix: & ainsi faut il iuger des autres. Parquoy puis que la figure contenue de douze costez, est la dixiesme, elle aura aussi douze angles equiuallans à vingt angles droicts, c'est à sçauoir à deux fois dix angles droicts: Ainsi aussi tous les dix angles de la figure contenue de dix costez, equiuallent à seize angles droicts, puis qu'icelle figure est la huictiesme en ordre entre les figures rectilignes. Or la raison de cecy est, que toute figure rectiligne se diuise en autant de triangles, qu'elle est quantiesme en ordre entre les figures, ou bien qu'elle a d'angles, ou de costés, deux estans ostez: Car de quelconque angle d'vne figure, on peut tirer des lignes droictes à tous les angles opposez: mais aux deux plus prochains on n'en peut pas tirer. Parquoy la figure sera diuisee en autant de triangles qu'elle a d'angles, deux d'iceux estans ostez. Ainsi il est euident que le triangle ne se peut diuiser en autres triangles: mais le quadrangle se couppe en deux: le Pentagone en trois, &c. Veu donc que les angles d'iceux triangles constituent tous les angles de la fig. proposee, & tous les angles de quelconque triangle rectiligne sont egaux à deux droicts: il est manifeste que tous les angles de quelconque figure rectiligne sont egaux à deux fois autant d'angles

droicts, qu'est le nombre des triangles esquels elle se diuise, c'est à dire à deux fois autant d'angles droicts, qu'icelle figure est quantiesme en ordre entre les figures rectilignes. Ce qu'on voit manifestement és figures cy dessus apposees.

Le second moyen par lequel on sçaura la valeur des angles de quelconque figure rectiligne, est cestuy-cy.

Tous les angles de quelconque figure rectiligne, sont egaux à deux fois autant d'angles droicts, quatre estans ostez, qu'il y a en icelle d'angles, ou de costez.

C'est à dire, que les angles de chasque triangle sont egaux à deux fois trois droicts, quatre ostez, c'est à sçauoir à deux droicts: Ainsi aussi les angles de la figure de douze costez, vaudront deux fois douze angles droicts, moins quatre, sçauoir est vingt angles droicts, &c. Or la demonstration de cela est telle. Si de quelconque poinct pris dedans la figure on tire des lignes droictes à tous les angles, il y aura autant de triangles en

ladite figure, qu'elle a d'angles ou de coſtez. Veu donc que les trois angles de chaſque
triangle par la 32. prop. ſont egaux à deux droicts, tous les angles d'iceux triangles,
ſont egaux à deux fois autant de droicts qu'il y a de coſtez en la figure. Mais il est euident que les angles des meſmes triangles qui ſont à l'entour du poinct pris dedans la
figure, n'appartiennent aux angles de ladite figure propoſee: & partãt ſi on oſte ces angles-là, les autres angles des triangles qui conſtituent ceux de la figure propoſee, ſeront
auſſi egaux à deux fois autant d'angles droicts, ceux d'alentour le poinct pris eſtans
oſtez, qu'il y a de coſtez, ou d'angles à la figure. Mais tous ces angles-là d'alentour le
poinct pris, ſont ſeulement egaux à qua-
tre droicts, ainſi que nous l'auons colligé
de la 15. prop. Parquoy les angles de quelconque figure rectiligne ſont egaux à
deux fois autant de droicts, quatre eſtans
oſtez, que ladite figure contient d'angles
ou de coſtez.

  Or il appert de ce que deſſus, que ſi chaſque coſté de quelconque figure rectiligne,
qui n'a que des angles interieurs, eſt prolongé par ordre vers vne meſme part; tous les
angles externes pris enſemble, ſeront egaux à quatre droicts. Car par la 13. prop. les angles interieurs pris auec les exterieurs, ſont egaux à deux fois autant d'angles droicts,
qu'il y a d'angles, ou de coſtez en la figure. Mais les angles interieurs ſont egaux à
deux fois autant de droicts, quatre oſtez, que ladite figure a d'angles, comme nous
auons monſtré cy deſſus: partant les exterieurs ſont
touſiours egaux à quatre droicts. Par exemple:
En quelconque triangle, les angles interieurs & exterieurs enſemble, ſont egaux a ſix droicts: comme
il appert en cette figure. Mais par la 32. prop. les
internes ſeuls ſont egaux à deux droicts. Donc les
ſeuls exterieurs ſeront egaux à quatre droicts. En
vn quadrangle, les angles exterieurs, & les interieurs enſemble, ſont egaux à huict droicts. Mais
les interieurs ſeuls ſont egaux à quatre droicts, comme nous auons demonſtré: les exterieurs ſeuls ſeront donc auſſi egaux à quatre droicts. Toutes leſquelles choſes peuuent eſtre veuës ez figures appoſees cy deſſus. Il y a la meſme raiſon en toutes autres
figures qui ont tous leurs angles interieurs.

COROLLAIRE.

Il reſulte de cette 32. prop. que les trois angles de quelconque triangle rectil. pris enſemble, ſont egaux aux trois angles de quelconque autre triangle pris enſemble:
Pource que tant ces trois-là, que ces trois-cy, ſont egaux a deux droicts: d'où vient
que ſi deux angles d'vn triangle ſont egaux à deux angles d'vn autre triangle, le
troiſieſme angle de l'vn ſera auſſi egal au troiſieſme angle de l'autre; & de plus,
ſi les deux angles de ce triangle-là ſont egaux aux deux angles de ceſtuy-cy, chacun
au ſien, les triangles ſeront equiangles.

  Il appert auſſi que tout triangle Iſoſcelle, duquel l'angle compris des coſtez egaux
eſt droict, à chacun des autres angles demy droict: car ces deux enſemble font vn
droict, puis que par la 32. prop. les trois ſont egaux à deux droicts, & que le troiſie-
                                                                          me eſt

me est posé droict : Parquoy puis que par la 5. prop. les deux restans sont egaux
entr'eux : chacun d'iceux sera demy droict. Mais si l'angle contenu des costez
egaux estoit obtus, chacun des autres seroit moindre qu'vn demy droict : car
les deux ensemble seroient moindres qu'vn droict, &c. Finalement si ledit angle estoit aigu, chacun des autres, seroit plus grand qu'vn demy droict : pource
que les deux ensemble seroient plus grands qu'vn droict, &c. D'où resulte derechef que les triangles Isosceles, qui ont les angles du sommet egaux, sont
equiangles ; attendu que chacun des angles de dessus la base, sera la moitié du reste
de deux droicts.

Il est pareillement manifeste, que chasque angle d'vn triangle equilateral, est
les deux tierces parties d'vn droict, ou la tierce partie de deux droicts. Car deux
angles droicts, ausquels sont egaux les trois angles d'vn triangle equilateral par cette 32. propos. estans diuisez en trois angles egaux, chacun d'iceux sera necessairement la tierce partie de deux droicts, ou bien les deux tierces parties d'vn droict.

THEOR. 23. PROP. XXXIII.

Les lignes droictes qui conjoignent deux lignes droictes egales & paralleles, & de mesme part, font auffi
egales & paralleles.

Soient deux lignes droictes A B & C D, qui conioignent de mesme
part deux autres lignes droictes A D & B C
egales & paralleles. Ie dis que A B & C D, font
auffi egales & paralleles.

Qu'il ne foit ainfi: foit menee la diagonalle BD:
Icelle tombant fur les deux paralieles AD & BC,
fera les angles A D B & C B D alternatiuement
egaux par la 29. prop. Item A D & B C eftans egales, les deux triangles
ABD & CBD, auront deux coftez egaux à deux coftez chacun au fien, &
les angles qu'ils comprennent auffi egaux, & par la 4. prop. la bafe A B fera
egale à la bafe C D, & l'angle A B D fera egal alternatiuement à l'angle
CDB, & par la 27. prop. icelles lignes egales A B & C D, feront auffi paralleles.   Donc les lignes droictes qui conioignent deux lignes droictes,
&c. Ce qu'il falloit demonftrer.

SCHOLIE.

Euclide a dit que les lignes egales & paralleles doiuent eftre conioinctes de
mefme part, afin que celles qui les ioindront foient auffi egales & paralleles.

H

pource que ſi on les conioignoit de part & d'autre, comme de A à C, & de B à D il eſt manifeſte que les lignes qui les ioindroient ainſi, ne ſeroient iamais paralleles, ains s'entrecoupperoient touſiours, & ne ſeroient que rarement egales.

THEOR. 24. PROP. XXXIV.

En tout parallelogramme, les coſtés & les angles oppoſez, ſont egaux entr'eux ; & la diagonalle le couppe en deux egalement.

Soit le parallelogramme A B C D, auquel ſoit menée la diagonalle B D. Ie dis que le coſté A B eſt egal à ſon oppoſé C D ; & auſſi le coſté A D egal au coſté B C: Item que l'angle A eſt egal à ſon angle oppoſé C, & encore l'angle A B C egal à l'angle A D C : finalement qu'iceluy paralellogramme A B C D, eſt couppé en deux egalement par la diagonalle B D.

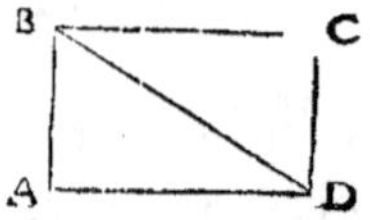

Car puis que la figure quadrilatere A B C D eſt vn parallelogramme, le coſté A B ſera parallele au coſté C D, & le coſté A D au coſté B C, & par la 29. propoſ. l'angle A B D ſera alternatiuement egal à B D C. Item l'angle A D B alternatiuement egal à l'angle C B D: Ainſi les deux triangles B A D & D C B auront les angles A B D & B D A, egaux aux angles B D C & C B D, chacun au ſien : & le coſté B D commun à tous les deux ſuſdits triangles : Et partant par la 26. prop. les autres coſtez A B & A D, ſeront egaux aux autres coſtez C D & B C, chacun au ſien, & l'autre angle A egal à l'autre angle C. Et de plus il eſt euident que les deux angles du poinct B enſemble, ſeront egaux aux deux enſemble du poinct D. Encores par la 4. propoſ. les triangles A B D & C D B ſeront egaux ; & partant le parallelogramme A B C D eſt couppé en deux egalement par la diagonalle B D. Donc en tout parallelogramme les coſtez & les angles, &c. Ce qui eſtoit à prouuer.

S C H O L I E.

Euclide a bien dit icy que la diagonalle couppe le parallelogramme en deux egalement, mais il n'a rien dit des angles, pource qu'icelle diagonalle les couppe quelquesfois en deux egalement, & d'autresfois inegallement, ainſi qu'il eſt demonſtré au 3. Theoreme ſuiuant.

1. Tout quadrilatere ayant les coſtez oppoſez egaux eſt parallelogramme.

Au quadrilatere A B C D, les coſtez oppoſez A B, C D ſoient egaux , &
auſſi les oppoſés A D , B C. Ie dis qu'iceluy quadrilatere A B C D eſt vn
parallelogramme.   Car ayant mené la
diagonalle B D, les deux coſtez A B, B D
du triangle A B D ſeront egaux aux deux
coſtez D C, B D du triangle B C D , chacun
au ſien , & la baſe B D, egale à la baſe
B C. Donc par la 8. propoſ. l'angle A B D
ſera egal à l'angle C D B, qui luy eſt al-
terne , & encore A D B à ſon alterne
C B D par le Corollaire d'icelle 8. prop· Et

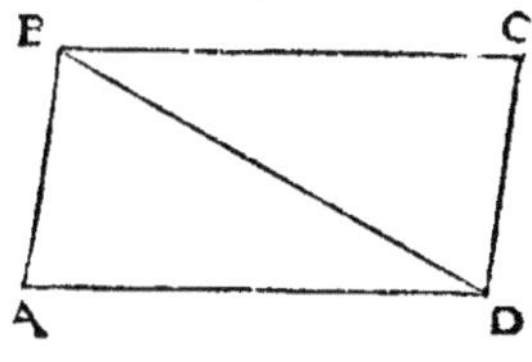

par la 27. p. les lignes A B , C D ſeront paralleles ; comme auſſi B C, A D :
& par la 36. def. le quadrilatere A B C D eſt vn parallelogramme. Ce qui
eſtoit propoſé.

De cecy reſulte que les Rhombes, & les Rhomboides ſont parallelogram-
mes, puis qu'ils ont leurs coſtez oppoſez egaux.

2. Tout quadrilatere qui a les angles oppoſez egaux, eſt parallelogramme.

Au quadrilatere A B C D , les angles oppoſez A & C ſoient egaux,
comme auſſi les oppoſez B & D. Ie dis que A B C D eſt vn parallelogram-
me. Car ſi aux angles egaux A & C , on adiouſte les angles egaux B &
D : par le 2. Ax. les deux angles A & B ſeront
egaux aux deux angles C & D : partant les deux
A & B ſeront la moitié des quatre angles A, B, C
& D. Mais ces quatre cy ſont egaux à quatre
droiɛt., comme nous auons demonſtré au Scholie
de la 32 prop. Donc les deux A & B ſeront egaux
à deux droiɛts, & par la 28. prop. le coſtez A D,

B C ſeront parallels. Par meſme raiſon les coſtez A B, D C ſeront auſſi paral-
lels. Parquoy le quadrilatere A B C D eſt vn parallelogramme. Ce qui eſtoit
propoſé.

De cecy reſulte que tout quadrilatere qui a tous les angles droiɛts eſt pa-
rallelogramme, attendu que les deux angles A & B ſeront egaux à deux
droiɛts, comme auſſi les deux D & C, &c. Conſequemment tant le quarré, que le
quarré long, ſont parallelogrammes , puis qu'ils ont tous leurs angles droiɛts.

Or par les deux Theoremes precedents ſont conuerties les deux premieres
parties de la 34. propoſ. mais quant à la 3. partie , on ne la peut pas con-
uertir , veu que tout quadrilatere qui eſt couppé en deux egalement par

la diagonalle, n'eſt pas parallelogramme. Car ſoit A B C D vn quarré long, ou bien vn Rhomboide, lequel ſera parallelogramme, & conſequemment eſtant tirée la diagonalle A C, elle le couppera en deux egalement : & ſur icelle ſoit côſtruict le triangle A E C, en ſorte que le coſté A E ſoit egal au coſté A D, & le coſté C E egal au coſté C D : & ſera faict le trapeſe A D C E, duquel la diagonalle ſera A C, qui le couppera en deux egale- ment, puis que les deux triangles

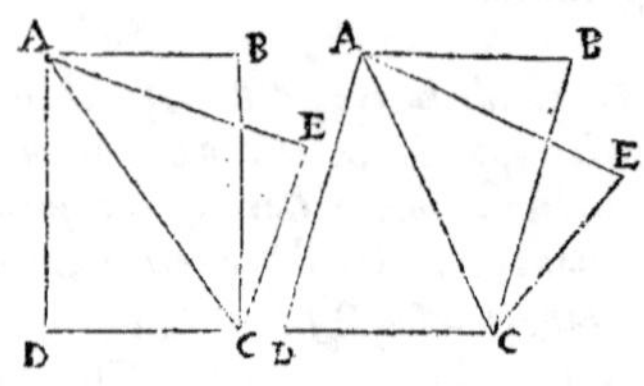

A D C, A E C ayans tous leurs coſtez egaux chacun au ſien, ſont conſequem- ment egaux.

3. Si vn parallelogramme eſt equilateral, la diagonalle couppera les angles en deux egalement : mais inegalement s'il n'eſt equilateral.

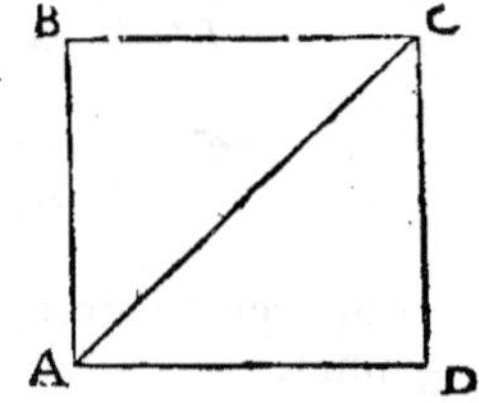

Soit vn parallelogramme A B C D, duquel tous les coſtez ſoient egaux entr'eux, & ſoit menée la diagonalle A C : Ie dis qu'elle coup- pe les angles A & C en deux egalement. Ce qui eſt manifeſte par la 8. propoſ. veu que les deux triangles A B C, A D C ont tous les trois coſtez egaux, chacun au ſien.

Soit derechef le parallelogramme A B C D, auquel le coſté A D ſoit plus grand que le coſté A B, & ſoit tirée la dia- gonalle B D : Ie dis qu'elle couppe inegalement les angles B & D. Car puis que au triangle A B D le coſté A D eſt plus grand que le coſté A B, par la 18. propoſ. l'angle A B D ſera plus grand que l'angle A D B. Mais par la 29. prop. l'angle A B D eſt egal à ſon alterne B D C, car A D eſt parallele à B C, puis que A B C D eſt vn parallelogramme. Donc auſſi l'angle B D C ſera plus grand que l'angle A D B : & partant tout l'angle D eſt couppé in-

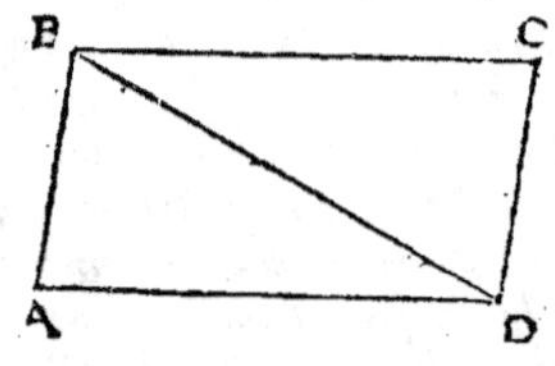

egalement par la diagonalle B D. Il y a meſme raiſon des autres angles. Par- quoy appert ce qui eſtoit propoſé.

4. Si vn parallelogramme a tous les angles egaux, les deux diago- nalles ſeront egales entr'elles : mais inegales, ſi les angles ſont in- egaux.

Soit premierement vn parallelogramme A B C D, duquel tous les angles ſoient egaux, & ſoient menées les deux diagonalles A C, B D : Ie dis qu'i-

celles diagonalles sont egalles entr'elles. Car attendu que les deux costez
AB, BC du triangle ABC sont egaux aux deux costez DC, CB du
triangle BCD, chacun au sien, & l'angle B egal
à l'angle C, par la 4. propos. la base AC sera
egale à la base BD : ce qui estoit proposé. Partant au quarré, & au quarré long les diametres
sont egaux, puis que l'vn & l'autre a tous les angles egaux, sçauoir droicts.

Maintenant au parallelogramme ABCD,
duquel l'angle ABC soit plus grand que l'angle BAD, & soient les deux diagonalles AC,
BD. Ie dis que la diagonalle AC, qui sou-
stient le plus grand angle B, est plus grande que la diagonalle BD, qui
soustient le moindre angle A. Car d'autant qu'au triangle ABC les deux costez AB, BC, sont egaux aux
deux costez AB, AD du triangle BAD, chacun au sien, &
l'angle B plus grand que l'angle
A, par la vingt-quatriesme pro-
positon, la base AC sera plus
grande que la base BD. Ce qui
estoit proposé.

De cecy resulte qu'au Rhombe, ou Rhomboide les diagonalles
sont inegales: car il ont les angles obliques, & par consequent inegaux.

5. En tout parallelogramme, les diagonalles s'entrecouppent en deux
egalement: & tout quadrilatere auquel les diagonalles s'entrecouppent
en deux egalement, est parallelogramme.

Au parallelogramme ABCD cy-dessus, soient les deux diametres AC, BD
qui s'entrecouppent au poinct E: Ie dis que chacun d'iceux diametres est couppé
en deux parties egales en E, c'est à dire que AE, CE sont egales, & BE, DE aussi
egales. Car d'autant que par la 29. prop. les deux angles EAB, EBA du triangle ABE, sont egaux aux alternes ECD, EDC du triangle CDE, vn chacun au
sien, & le costé AB egal au costé opposé CD par la 34. prop. le costé AE
sera egal au costé CE, & le costé BE au costé ED par la 26. prop. Ce qui
estoit premierement proposé.

Maintenant, au quadrilatere ABCD soient les deux diagonalles AC, BD,
qui s'entrecouppent en deux egalement en E : Ie dis qu'iceluy quadrilatere ABCD est vn parallelogramme. Car puis que les costez AE, BE du
triangle AEB sont egaux aux costez CE, DE du triangle CED, chacun au
sien, & que par la quinziesme proposition les angles au sommet E sontaussi

egaux; par la quatriesme proposit. les baſes AB, CD ſeront egales, & l'angle ABE egal à l'angle alterne CDE: Donc les lignes droictes AB, CD ſeront
paralleles par la 27. proposition. Par meſme raiſon AD, BC ſeront demonſtrées paralleles. Parquoy ABCD eſt vn parallelogramme.

De cecy appert que ſi on veut promptement conſtruire vn parallelogramme, il
faut tirer deux lignes droictes interminees AC, BD, qui s'entrecouppent
comme que ce ſoit en E; puis prendre AE, EC egales, & BE, ED auſſi egales, puis ſoient tirees les lignes AB, BC, CD, DA: & ſera faict le parallelogramme ABCD: lequel ſera vn Rhombe, ſi les angles du poinct E ſont
faicts droicts, & s'ils ſont obliques, ce ſera vn Rhomboide: Mais les ſuſdicts
angles eſtans droicts, ſi on faict toutes les quatre lignes EA, EB, EC, ED
egales entr'elles; le parallelogramme conſtitué ſera vn quarré: Finalement leſdits
angles du poinct E eſtans obliques, & toutes les quatre ſuſdites lignes egales, le
parallelogramme conſtitué ſera vn quarré long; le tout comme il appert des
choſes demonſtrees cy-deſſus.

A ce que deſſus nous adiouſterons encore ce probleme.

6. Conſtruire vn parallelogramme qui ait vn angle egal à vn angle
donné, & les coſtez comprenant iceluy angle, egaux à deux lignes droictes donnees.

Soient donnees deux lignes droictes A, B, & vn angle C: Il faut conſtruire
vn parallelogramme ayant vn angle egal
au donné C, & les deux coſtez comprenant iceluy angle, egaux aux deux lignes
donnees A & B.

Soit priſe DE egale à A, puis à l'extremité D, ſoit faict l'angle EDF egal au
donné C, faiſant DF egale à B: en apres
du centre E, & du meſme interualle B ſoit
deſcrit vn arc de cercle G, puis du centre F
& interualle A ſoit deſcrit vn autre arc
qui couppe le precedent G, & de l'interſe-

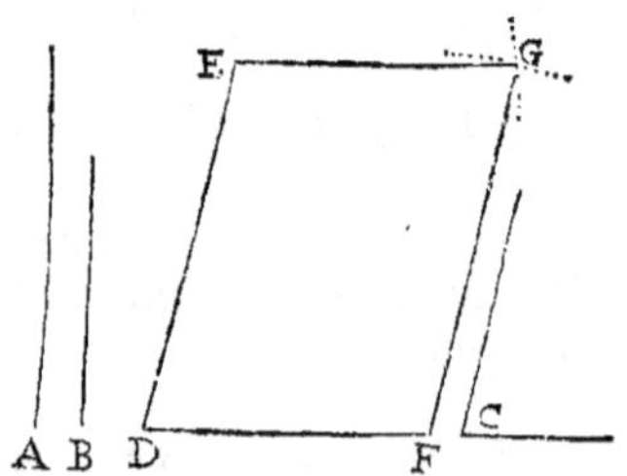

ction ſoient tirees les lignes droictes EG, FG: & le quadrilatere DEGF, ſera le
parallelogramme requis, ainſi qu'il eſt manifeſte par leschoſes cy-deſſus demonſtrees.

THEOR. 25. PROP. XXXV.

Les parallelogrammes conſtituez ſur vne meſme baſe,
& entre meſmes paralleles, ſont egaux entr'eux.

Soient deux parallelogrammes A B C D & B C F E, toùs deux ſur
meſme baſe BC, & entre meſmes paralleles AF, & BC: Ie dis qu'ils
ſont egaux entr'eux.

Or le poinct E tombera, ou entre A & D, ou au poinct D', ou entre D & F : qu'il tombe premierement entre A & D, comme en la premiere figure. D'autant que par la 34. prop. au parallelogramme A B C D, le costé A D est egal au costé B C qui luy est opposé, & qu'au mesme B C est aussi egal E F costé du parallelogramme B E F D, par la 1. com. sent. les costez A D, E F seront egaux entr'eux : ostant donc d'iceux la partie commune E D, les restes A E & D F seront egaux par la 3. com. sent. Mais par la mesme 34. prop. au parallelogramme ABCD, les costez opposez AB, DC sont aussi egaux; & puis qu'estans parallels, sur iceux tombe la ligne droicte FA, l'angle exterieur C D F sera egal à l'angle interieur BAE par la 29. prop. Donc les triangles ABE, DCF auront deux costez egaux à deux costez, chacun au sien, & les angles qu'ils comprenent aussi egaux; & partant iceux triangles A B E, D C F seront egaux entr'eux par la 4. prop. leur adioustant donc le trapeze commun B E D C, sera faict le parallelogramme ABCD egal au parallelogramme B E F C. Ce qui estoit proposé.

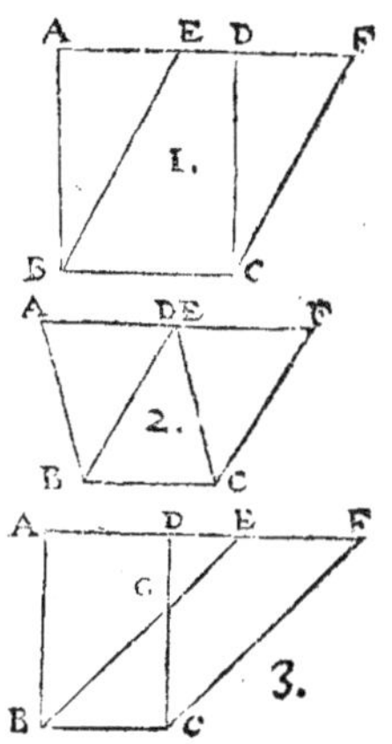

Maintenant, que le poinct E tombe auec le poinct D, comme en la deuxiesme figure, d'autant que comme dessus les lignes A D, E F seront egales entr'elles, & l'angle exterieur FEC egal à l'interieur DAB; les triangles B A D & C E F seront egaux par la quatriesme proposition. Adioustant donc à chacun le triangle commun B D C, seront faicts egaux les parallelogrammes ABCD, & BEFC.

En troisiesme lieu, que le poinct E tombe entre D & F, comme en la troisiesme fig. D'autant que par la 34 propos. les costez opposez des parallelogrammes sont egaux, A D & B C seront egaux : Item B C & E F; & partant A D & E F egaux, ausquels si on adiouste la ligne commune D E; la toute A E sera egale à la toute D F. Item A B est egale à D C, lesquelles estans paralleles, l'angle exterieur CDE sera egal à l'opposé interieur E A B : & par la quatriesme proposition les triangles B A E & C D F, seront egaux : desquels si on oste le triangle commun G D E, les demeurans trapezes B A D G & C G E F, seront egaux : ausquels si on adiouste le triangle commun B G C, le parallelogramme A B C D sera egal au parallelogramme B C F E : Donc les parallelogrammes constituez sur vne mesme base, & entre mesmes paralleles, sont egaux entr'eux : Ce qui estoit à demonstrer.

SCHOLIE.

Est icy à noter, que quand Euclide & les autres Geometres parlent de paralle-

logrammes constituez sur vne mesme base, & entre mesmes paralleles, il s'entendent que ladite base soit en l'vne d'icelles paralleles comme aux exemples cy-
dessus: Car entendant autrement cette proposition elle pourroit estre faulce, comme
a fort bien remarqué le sieur Dounot, & ainsi qu'il appert en ces
deux parallelogrammes A D F C, C F E B, lesquels sont
tous deux constituez sur la base C F, & entre mesmes paralleles A B, D E: & toutesfois il est euident, qu'ils ne sont pas
egaux : Ce qui aduient à cause de ce que leur base commune
C F, n'est pas en l'vne ne l'autre des paralleles A B, D E.
Le mesme se doit aussi entendre des parallelogrammes, & des
triangles mentionnez aux propositions suiuantes, c'est à dire,
qu'ils doiuent tous auoir leur bases en l'vne des paralleles.

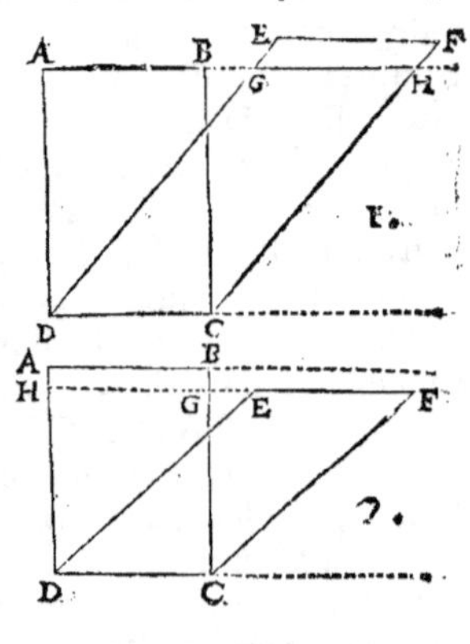

Clauius a conuerty cette 35. prop. ainsi :

Les parallelogrammes egaux constituez sur vne mesme base, & de
mesme part, seront entre mesmes paralleles.

Soient deux parallelogrammes egaux A B C D, C D E F, sur vne mesme base C D., & d'vne mesme part : Ie dis
qu'ils sont entre mesmes paralleles, c'est à dire
que prolongeant la ligne droicte A B elle rencontrera directement E F. Car autrement si elle
ne la rencontre elle tombera, ou au dessus d'icelle E F ou au dessoubs. Premierement qu'elle tombe au dessoubs, s'il est possible, comme est A H,
en la premiere figure. Donc par la 35. proposition
le parallelogramme C D G H sera egal au parallelogramme A B C D : Mais à iceluy parallelogramme A B C D est posé egal le parallelogr. C D E F. Parquoy les parallelogrammes C D E F, C D G H seront egaux : le tout
& la partie. Ce qui est absurde. Le prolongement & continuation directe de A B ne tombera donc pas au dessous de E F.

Secondement, que A B prolongee tombe s'il est possible, au dessus de E F, comme en la 2. figure : donc E F prolongee tombera au dessoubs de A B. Parquoy comme dessus les parallelogrammes A B C D, C D H G seront egaux, le tout & la partie. Ce qui est absurde. Donc puis que A B produite ne tombera pas au dessus
de E F, ny au dessoubs, elle la rencontrera directement. Ce qui estoit proposé.

THEOR. 26. PROP. XXXVI.

Les parallelogrammes constituez sur bases egales, & entre mesmes paralleles, sont egaux entr'eux.

Soient les deux parallelogrammes A B C D & E F G H, ayans les bases
B C & G H egales, & entre mesmes paralleles A F & B H. Ie dis qu'ils
sont egaux entr'eux.

Qu'il

Qu'il ne ſoit ainſi:ſoient meneesles deux lignes BE, CF: d'autant que BC
eſt poſee egale à GH,& que par la 34. prop. la
meſme GH eſt egale à ſon oppoſee EF; les
deux lignes BC, EF, ſeront egales entr'elles
par la 1. com. ſent. Mais elles ſont auſſi paralleles par l'hypotheſe: Donc les lignes BE,
CF,qui les conioignent ſeront auſſi egales &
paralleles par la 33.propoſ.& par conſequent

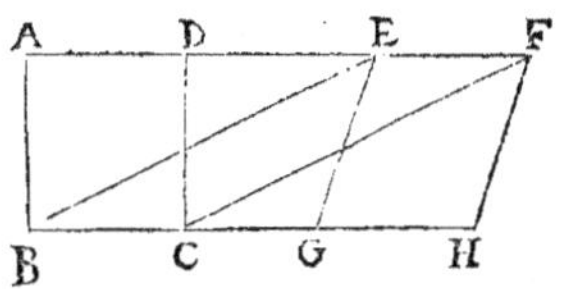

BEFC ſera vn parallelogramme conſtitué ſur meſme baſe BC, & entre meſmes paralleles BH,AF que le parallelogram. ABCD, & par la 35.prop. ils ſeront
egaux; & par la meſme prop. il ſera auſſi egal au parallelog. EFGH, eſtant
ſur meſme baſe EF, auec iceluy, & entre meſmes paralleles AF, BH; Et par la
1.com.ſent.les parallelog. ABCD, & EFGH, ſeront egaux entr'eux. Donc les
parallelogrammes conſtitués ſur baſes egales,&c.Ce qu'il falloit demonſtrer.

S C H O L I E.

Clauius a conuerty cette 36. propoſ. ainſi qu'il enſuit.

Les parallelogrammes egaux conſtituez ſur baſes egales:& de meſme part
ſont entre meſmes paralleles. Et ſi les parallelogrammes egaux conſtituez
entre meſmes paralleles,n'ont vne meſme baſe,ils ſeront ſur baſes egales.

*Premierement,ſoient deux parallelogrammes egaux ABCD, EFGH, conſti-
tuez ſur baſes egales BC, FG, & de meſme part: Ie dis qu'ils ſont entre*

*meſmes paralleles, c'eſt à dire que AD prolon-
gee ſe rencontrera directement auec EH.Car autrement elle tomberoit ou au deſſoubs d'icelle EH,
ou au deſſus; & il s'enſuiuroit le tout eſtre egal
à la partie: comme il a eſté dit en la conuerſe de la
precedente propoſition.*

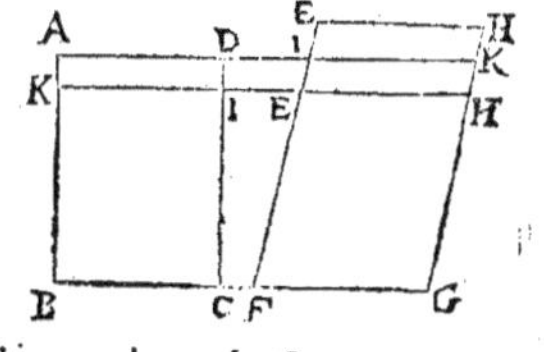

*Secondement,ſoient les parallelogrammes egaux
ABCD,EFGH,entre mèſmes paralleles AH,BG: Ie dis que leurs baſes BC,FG ſont
egales: car autrement l'vne ſera plus grande que
l'autre,& ſoit BC la plus grande, s'il eſt poſſible,
& d'icelle ſoit retranchee BI egale à FG: puis ſoit
menee IK parallele à AB. Donc par la 36. prop.
le parallelogramme ABIK ſera egal au parallelogramme EFGH; & puis auſſi egal au parallelogramme ABCD, la partie au tout. Ce qui eſt*

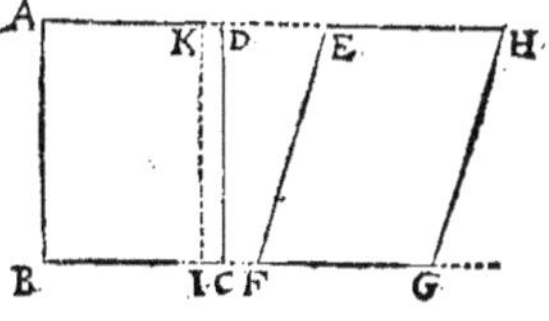

*abſurde. La baſe BC n'eſt donc pas plus grande que la baſe FG: Et par meſ-
me raiſon elle ne ſera pas plus petite. Parquoy les baſes BC, FG ſont egales.*

Clauius demonſtre encore icy ceſt autre Theoreme.

Si deux parallelogrammes conſtituez entre meſmes paralleles,ont
leurs baſes inegales; celuy-là ſera le plus grand, qui aura la plus
grande baſe. Et au contraire, ſi deux parallelogrammes inegaux ſont
entre meſmes paralleles; le plus grand aura vne plus grande baſe que
l'autre.

Soient les deux parallelogrammes A B C D, E F G H de la figure precedente, entre les paralleles A H, B G, & soit la base B C plus grande que la base F G : Ie dis que le parallelogramme A B C D, qui est sur la plus grande base B C, est plus grand que le parallelogramme E F G H. Car de B C soit retranchee B I egale à F G, & soit tiree I K parallele à A B par la 31. propos. de ce liure. Donc par la 36. propos. les parallelogrammes A B I K, E F G H constituez sur bases egales, seront egaux : & puis que par le 9. ax. le parallelogramme A B C D est plus grand que le paral-lelogramme A B I K, le mesme parallelogramme A B C D sera aussi plus grand que le parallelogramme E F G H. Ce qui estoit proposé.

Soient derechef les parallelogrammes A B C D, E F G H inegaux, & A B C D le plus grand : Ie dis que la baze B C est plus grande que la base F G. Car si elle estoit egale, les parallelogrammes seroient egaux par la 33. proposition de ce liure. Ce qui est absurde, puis que A B C D a esté posé plus grand que E F G H. Mais si ladite base B C estoit moindre, le parallelogramme E F G H seroit plus grand que le parallelogramme A B C D, comme il a esté demonstré cy dessus : Ce qui est encore absurde. Donc puis que la base B C ne peut estre egale, ny moindre que la base F G, elle sera plus grande. Ce qui estoit proposé.

THEOR. 27. PROP. XXXVII.

Les triangles constituez sur vne mesme base ; & entre mesmes paralleles, sont egaux entr'eux.

Soient deux triangles A B C, B D C, tous deux constituez sur la mesme base B C, & entre mesmes paralleles E F, & B C. Ie dis qu'ils sont egaux entr'eux. 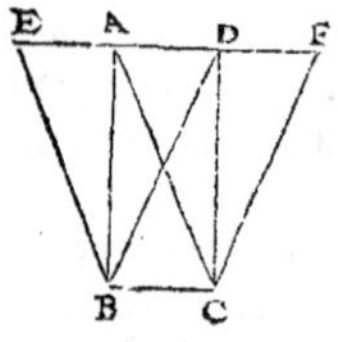
Car si on meine B E parallele à C A, & C F parallele à B D, afin d'accomplir les parallelog. B E A C, & B C F D, iceux se-ront egaux par la 35. prop. attendu qu'ils sont constituez sur mesme base B C, & entre mesmes paralleles B C, E F. Mais les triangles donnez A B C, & D B C, sont moitiez d'i-ceux parallelogrammes par la 34. prop. pource qu'ils sont couppez en deux egalement par les diagonales A B, D C : donc aussi les trian-gles A B C, & D B C seront egaux, par la 7. com. sent. Parquoy les triangles constituez sur vne mesme base, & entre, &c. Ce qu'il falloit prouuer.

THEOR. 28. PROP. XXXVIII.

Les triangles constituez sur bases egales, & entre mesmes paralleles, sont egaux entr'eux.

Soient deux triangles A B C, D E F, constituez sur bases egales B C & E F, &

entre mefmes paralleles GH & BF. Ie dis qu'ils font egaux entr'eux.

Car apres auoir mené B G, parallele à C A, & F H parallele à DE par la 31. prop. qui accompliffent les deux
parallelogram. ACBG, DEFH : iceux eftans conftituez
fur bafes egales, & entre mefmes paralleles, feront egaux
par la 36. prop. auffi egales feront leurs moitiez, fçauoir
les triangles propofez A BC, & DEF par la 34. prop. eftans
les parallelogrammes couppez en deux egalement par
les diagonales BA & DF. Donc les triangles conftituez fur bafes egales, &c. Ce qu'il falloit demonftrer.

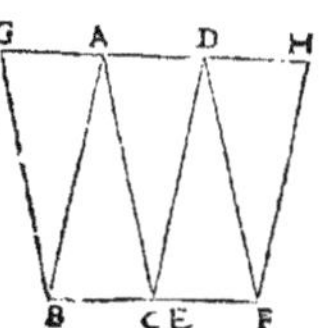

THEOR. 29. PROP. XXXIX.

Les triangles egaux conftituez fur vne mefme bafe, & de
mefme part, font auffi entre mefmes paralleles.

Soient deux triangles egaux A B C, & BCD conftituez fur vne mefme bafe BC, & de mefme part. Ie dis qu'ils font en-
tre mefmes paralleles, c'eft à dire, que fi on meine la lig. droicte AD, elle fera parall. à BC.

Autrement, du poinct A, on en pourra mener
vne autre qui fera parallele à B C (fi A D ne
l'eft) par la 31. prop. laquelle tombera, ou bien
au deffus de A D, ou au deffous. Qu'elle tombe premierement au deffus, & foit icelle A E,

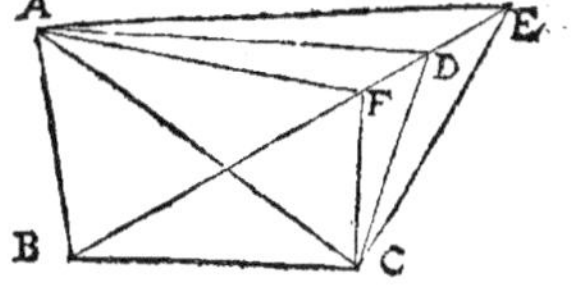

s'il eft poffible ; & apres auoir continué BD iufques en E, & mené E C, les
deux triangles BAC, & BEC par la 37. prop. eftans fur mefme bafe, & entre
mefmes paralleles, feront egaux. Mais par l'hypothefe les deux triangles
B E C, & B D C font auffi egaux : donc par la 1. com. fent. les triangles
BEC & BDC feroient auffi egaux, la partie & le tout ; partant la parallele menee du poinct A, ne tombera pas au deffus de A D. Le mefme inconuenient s'enfuiura fi on la fait tomber au deffous de A D, comme A F :
car ayant mené CF, les triangles BFC & B D C fe trouueroient egaux, ce
qui ne peut eftre : donc du poinct A on ne menera point d'autre ligne
que AD parallele à BC. Parquoy les triangles egaux conftituez fur mefme
bafe, &c. Ce qu'il falloit demonftrer.

S C H O L I E.

*Par cette prop. qui eft la conuerfe de la 37. il eft aifé de demonftrer comme a fait
Commandin le Theor. fuiuant.*

Tout quadrilatere qui eft couppé en deux egalement par l'vn & l'autre
diametre, eft parallelogramme.

Le quadrilatere A B D C foit diuifé en deux egalement par l'vn & l'autre dia-

metre AD, BC : Ie dis qu'iceluy est parallelogramme. Car d'autant que les triangles ACD, BDC sont chacun moitié du quadrilatere ABDC, ils sont egaux entr'eux par le 7. ax. Et pource qu'ils ont vne mesme base CD, & sont de mesme part, ils sont entre mesmes paralleles par la 39. prop. & partant AB est parallele à CD. Semblablement veu que les triangles ABC, ACD sont egaux & sur mesme base AC, icelle ligne AC sera aussi parallele à BD: donc le quadrilatere ABDC est parallelogramme, puis que les costez opposez d'iceluy sont paralleles. Ce qui estoit proposé.

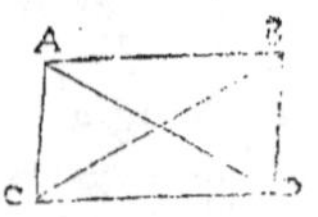

THEOR. 30. PROP. XL.

Les triangles egaux constituez sur bases egales, & de mesme part, sont aussi entre mesmes paralleles.

Soient deux triangles egaux ABC, & DEF, constituez sur bases egales BC & EF, & de mesme part. Ie dis qu'ils sont aussi entre mesmes paralleles: c'est à dire, que si on meine vne ligne droicte de A en D, qu'icelle sera parallele à BF.

Autrement, du poinct A on en pourra mener vne autre qui sera parall. à BF (si AD ne l'est) par la 31. prop. la quelle tombera, ou au dessus de AD, ou au dessous. Soit donc premierement au dessus, & soit icelle AG, s'il est possible, & apres auoir continué ED iusques à ce qu'il rencontre AG en G, & mené FG, les deux triangles BAC, & EGF seront egaux par la 38.

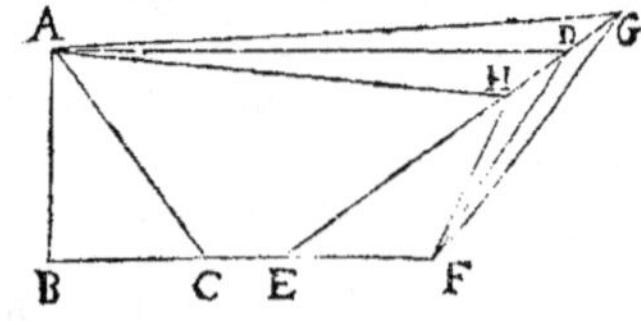

prop. mais par l'hypothese les triangle BAC & DEF sont aussi egaux: donc par la 1. com. sent. le triangle EDF sera egal au triangle EGF, la partie au tout; ce qui est impossible : Partant la parallele menee du poinct A ne tombera point au dessus de AD. Le mesme inconuenient s'ensuiura si on la fait tomber au dessoubs, comme AH, car les triangles EHF & EDF, se trouueroient egaux: donc du poinct A ne pourra estre menee autre ligne que AD parallele à BF. Parquoy les triangles egaux constituez sur bases egales, & c. Ce qu'il falloit demonstrer.

Commandin & Clauius apres luy, demonstrent en ce lieu le Theoreme suiuant.
Si les triangles egaux constituez entre mesmes paralleles, n'ont vne mesme base, ils seront sur bases egales.

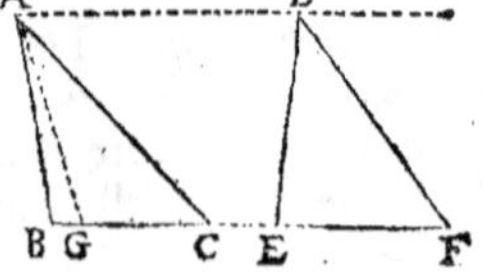

Soient les triangles egaux ABC, DEF, entre mesmes paralleles AD, BF, & sur les bases BC, EF : Ie dis qu'icelles bases sont egales entr'elles. Car si elles ne sont

égales soit BC la plus grande, & d'icelle soit retranchée CG, egale à EF, & tirée
AG. Donc par la 38. proposit. le triangle ACG sera egal au triangle DEF : Mais
à ce mesme triangle a esté posé egal le triangle ABC. Donc par le 1. axiome les trian-
gles AGC, ABC seront egaux, la partie & le tout : Ce qui est absurde. Donc les
bases BC, EF, ne sont pas inegales, mais egales. Ce qui estoit proposé.

En suitte de ce theoreme Clauius demonstre encore le suiuant.

Si deux triangles constituez entre mesmes paralleles, ont leurs bases
inegales, celuy-là sera le plus grand, duquel la base sera la plus grande. Et
au contraire, si deux triangles inegaux sont entre mesmes paralleles, la base
du plus grand sera la plus grande.

En la figure precedente soient entre mesmes paralleles AD, BF, les triangles ABC,
DEF, & soit la base BC plus grande que la base EF : Ie dis que le triangle ABC,
est plus grand que le triangle DEF. Car ayant pris CG egale à EF, & tiré AG, les
triangles AGC, DEF, seront egaux par la 38. proposition. Et puis que par le 9. axio-
me le triangle ABC est plus grand que le triangle AGC, le mesme triangle ABC
sera plus grand que le triangle DEF.

Soient derechef les triangles inegaux ABC, DEF, & le plus grand soit ABC.
Ie dis que la base BC est plus grande que la base EF. Car si on dit qu'elle est
egale, le triangle ABC sera egal au triangle DEF : ce qui est absurde, attendu
qu'il a esté posé plus grand. Et si on l'estime estre moindre, le triangle DEF sera plus
grand que le triangle ABC, comme il a esté demonstré. cy-dessus : Ce qui est encore
plus absurde, puis que ABC a esté posé plus grand que DEF. Donc la base BC sera
plus grande que la base EF, puis qu'elle ne peut estre ny egale, ny moindre. Ce qui estoit
proposé.

THEOR. 31. PROP. XLI.

Si vn parallelogramme, & vn triangle ont vne mesme base, & sont entre mesmes paralleles ; le parallelogramme sera double du triangle.

Soit le parallelogramme ABCD sur la mesme base B C, que le triangle
B C E, & tous deux entre mesmes paralleles A E & BC. Ie dis que le parallelogramme ABCD est double du triangle BEC.

Car si on meine la diagonalle AC, le triangle ABC
sera la moitié du parallelogramme ABCD par la 34. prop.
Mais par la 37. prop. le mesme triangle ABC sera egal
au triangle BEC. Donc par la 6. com. sent. le parallelogramme ABCD qui est double de l'vn, sera aussi double
de l'autre. Si donc vn parallelogramme & vn triangle ont vne mesme base,
&c. Ce qu'il falloit prouuer.

Si les bases estoient egales, on demonstreroit encore la mesme chose, & en la mesme
maniere que dessus, tirant le diametre du parallelogramme. Car d'autant que les tri-

angles conſtituez ſur baſes egales, & entre meſmes paralleles ſont egaux entr'eux, le parallelogramme qui eſt double de l'vn, ſeroit auſſi double de l'autre.

Clauius a demonſtré apres Commandin la conuerſe de cette 41. prop. ainſi qu'il enſuit.

Si vn parallelogramme double d'vn triangle eſt conſtitué ſur vne meſme baſe qu'iceluy, ou ſur vne baſe egale, & de meſme part, ils ſeront entre meſmes paralleles. Et ſi vn parallelogramme eſt double d'vn triangle, & entre meſmes paralleles, leurs baſes ſeront egales, ſi elles ne ſont vne meſme.

Soit le parallellogramme ABCD double du triangle EBC, ſur vne meſme baſe, ou ſur baſes egales: Ie dis qu'ils ſont entre meſmes paralleles, c'eſt à dire que AD qui eſt parallele à BC, eſtant prolongee directement tombera au poinct E. Car autrement elle tombera ou au deſſus de E, ou au deſſous. D'où aduiendra comme il a eſté demonſtré en la 39. ou 40. prop. la partie eſtre egale au tout. Car par la 41. prop. le parallelogramme ſera pareillement double du triangle BFC, ou BGC : & par le 6. axiom. les triangles EBC, FBC, ou les triangles FBC, GBE ſeront egaux, la partie & le tout. Ce qui eſt abſurde.

Soit maintenant le parallelogramme ABCD double du triangle EFG, & entre meſmes paralleles. Ie dis que la baſe BC eſt egale à la baſe FG. Car ſi l'vne d'icelles ſçauoir BC eſt plus grande, ayant pris CH egale à FG & tiré HI parallele à BA, on demonſtrera les parallelogrammes ABCD, IHCD eſtre egaux, le tout & la partie : (pour ce que chacun eſt double du triangle EFG, celuy-là par l'hypotheſe, & ceſtuy-cy par la 41. prop.) ce qui eſt abſurde. On demonſtrera encore le même, ſi on dit la baſe FG eſtre plus grande que la baſe BC: Car ayant faict FH egale à BC, & tiré la ligne droicte HE, les triangles EFH, EFG ſeront egaux, la partie & le tout; (d'autant que chacun eſt moitié du parallelogramme ABCD, celuy-là par la 41. prop. & ceſtuy-cy par l'hypotheſe) Ce qui eſt abſurde.

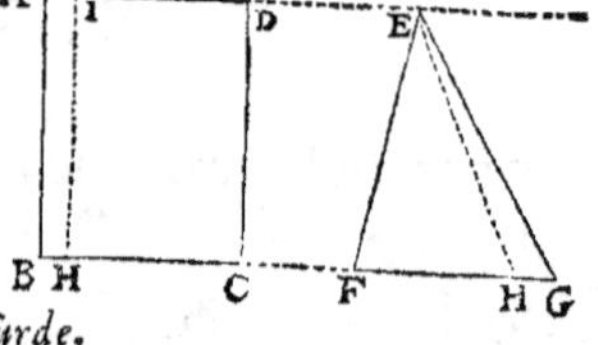

PROBL. II.   PROP. XLII.

Faire vn parallelogramme egal à vn triangle donné, & qui ait vn angle egal à vn angle rectiligne donné.

Soit le triangle donné ABC, & l'angle rectiligne donné D : il faut faire vn parallelogramme egal au triangle donné ABC, & qui ait vn angle egal à l'angle donné D.

L'vn des coſtez du triangle, ſçauoir, AC ſoit couppé en deux egalement en E, par la 10. prop. puis ſoit fait l'angle CEG egal à l'angle D par la 23. prop. Et par la 31. prop. ſoit

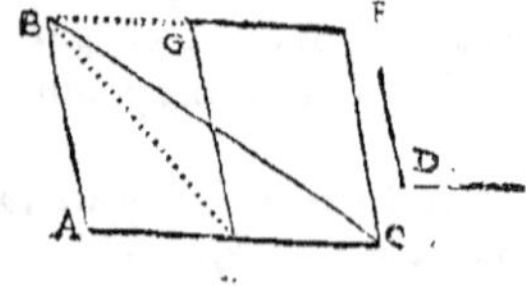

menee de B, la ligne BF parallele à AC, laquelle couppe E G en G. Derechef, de C ſoit menee C F parallele à E G, rencontrant B F en F : & ſera conſtitué vn parallelogramme EGFC, ayant l'angle CEG egal au donné D, lequel parallelogramme ie dis eſtre egal au triangle donné ABC. Car eſtant tiree la ligne BE, iceluy parallelogramme EGFC ſera double du triangle E B C par la propoſition precedente, duquel eſt auſſi double le triangle ABC, iceluy eſtant egal aux deux A B E, EBC, qui ſont egaux entr'eux par la 38. propoſ. Donc le parallelogramme E G F C, & le triangle ABC ſeront egaux entr'eux par la ſixieſme commune ſentence, & puis qu'iceluy parallelogramme a l'angle C E G egal au donné D par la conſtruction, nous auons conſtruict vn parallelogramme egal à vn triangle donné, &c. Ce qu'il falloit faire.

S C H O L I E.

La pratique de ce probleme eſt enſeignee au 13. *de noſtre Geometrie pratique : Et eſt ſi facile à entendre par la conſtruction cy-deſſus, qu'il n'eſt beſoin d'en dire autre choſe : mais nous adiouſterons icy (apres Pelletier) la conuerſe de cette* 42. *propoſition, qui eſt telle.*

Faire vn triangle egal à vn parallelogramme donné, & qui ait vn angle egal à vn angle rectiligne donné.

Soit donné le parallelogramme ABDC, & l'angle rectiligne E : il faut faire vn triangle egal au parallelogramme donné AD, ayant vn angle egal au donné E. Soient prolongees CD, tant qu'il ſera de beſoin, AB en ſorte que BF ſoit egale à icelle AB ; puis au poinct A ſoit faict l'angle F A G egal au donné E, tirant AG iuſques à ce qu'elle rencontre C D prolongee, & eſtant ioinct FG, le triangle AGF ſera le requis: Car l'angle FAG eſt egal au donné E, & eſtant tiree BG, les triangles AGB & BGF ſeront egaux

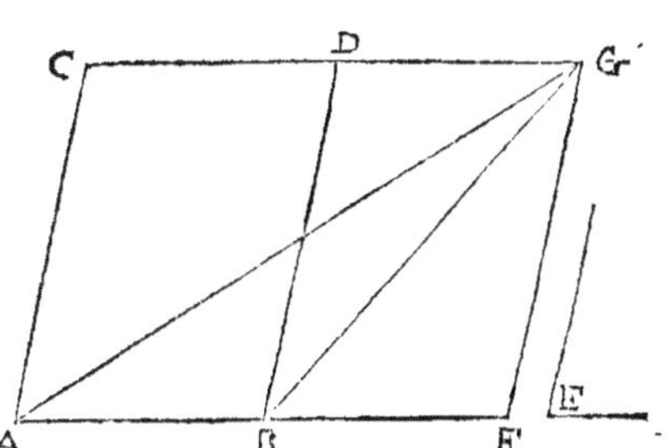

par la 38. prop. & partant le total AGF ſera double de A G B : Mais par la 41. prop. le parallelogramme AD eſt auſſi double d'iceluy triangle ABG. Donc le triangle AGF, & le parallelogramme ACDB ſeront auſſi egaux entr'eux. Ce qu'il falloit faire.

C O R O L L A I R E.

Il eſt euident par les deux demonſtrations cy-deſſus, qu'vn triangle qui a la baſe double de celle d'vn parallelogramme conſtitué entre meſmes paralleles qu'iceluy, eſt egal à iceluy parallelogramme.

THEOR. 32. PROP. XLIII.

En tout parallelogramme les ſupplemens des parallelográmes qui ſont à l'entour du diametre, ſont egaux entr'eux.

Soit le parallelogramme ABCD, son diametre A C, à l'entour duquel
sont les parallelogrammes AEKH & KGCF. Ie dis que les parallelogrammes HKFD & EBGK, qu'on appelle supplements, sont egaux entr'eux.

Car d'autant que par la 34. prop. les triangles ABC,
ADC sont egaux entr'eux : Item les triangles CKG,
CFK aussi egaux ; si on oste ceux cy de ceux-là, resteront egaux les trapezes ABGK, ADFK : Mais par la
34. prop. sont aussi egaux les triangles AEK, AHK ; partant si on les oste des trapezes susdits, demeureront e-
gaux les complemens EBGK, HKFD. Donc en tout parallelogramme les supplements, &c. Ce qui estoit à prouuer.

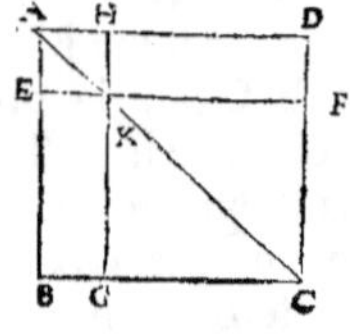

SCHOLIE.

*Si les deux parallelogrammes d'al'entour le diametre n'estoient conioincts au point
K ainsi qu'en la figure cy-dessus, mais que l'vn fut éloigné de l'autre, comme en la
deuxiesme figure, ou bien qu'ils s'entrecouppassent ainsi qu'en la troisiesme, on
demonstreroit en la mesme maniere que dessus, estre aussi egaux, les complemens ou
restes, sçauoir en la 2. figure, les pentagones BEFIH,
DGFIK, & en la 3. les parallelogrames BELH,
DGMK : Car puis que par la 34. prop. les triangles
ABC, ADC, de l'vne & l'autre fig. sont egaux
entr'eux, comme aussi les triangles AEF, AGF ; les
trapezes BEFC, DGFC seront pareillement egaux par
le 3. axiome. Parquoy si d'iceux trapezes de la seconde
figure, on oste les triangles egaux HIC, KIC, resteront encore egaux les pentagones BEFIH, DGFIK,
Mais adioustant aux trapezes de la troisiéme fig. les
triangles egaux LIF, MIF, les figures BELIC,
DGMIC seront egales entr'elles, desquelles si on oste
les triangles egaux HIC, KIC, resteront aussi egaux
les parallelogrammes BELH, DGMK. Ce qui estoit
proposé.*

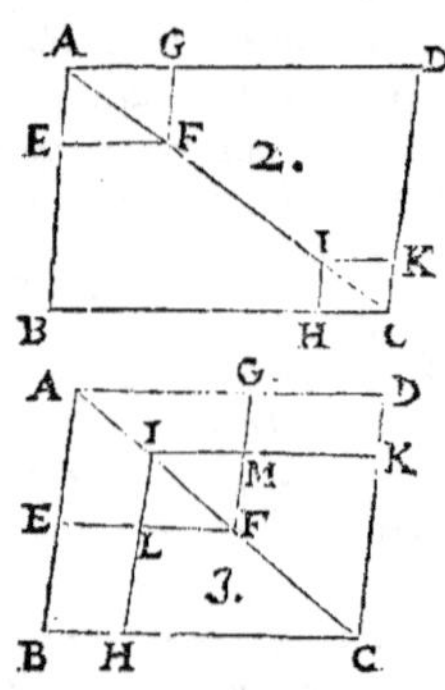

PROB. 12. PROP. XLIV.

Sur vne ligne droicte donnee, d'escrire vn parallelogramme
egal à vn triangle donné, ayant vn angle egal à vn angle
rectiligne donné.

Soit la ligne droicte donnee AB, le triangle donné C, & l'angle rectiligne
donné D. Il faut sur A B descrire vn parallalogramme egal au triangle C, &
qui ait vn angle egal au donné D.

Soit pro-

Soit prolongee la ligne donnee A B iufques en E, tellement que AE
foit egale à quelconque des coftez du triangle C, & foit acheué de conftruire par la 22. prop. le triangle AFE, ayant les coftez egaux auxcoftez
dudit triangle donné C,
lequel luy fera auffi egal
par le Corol. de la 8.
propof. Soit maintenant
conftruit par la 42 prop.
le parallelogr. AGFH,
egal au triangle AFE,
& ayant l'angle GAH

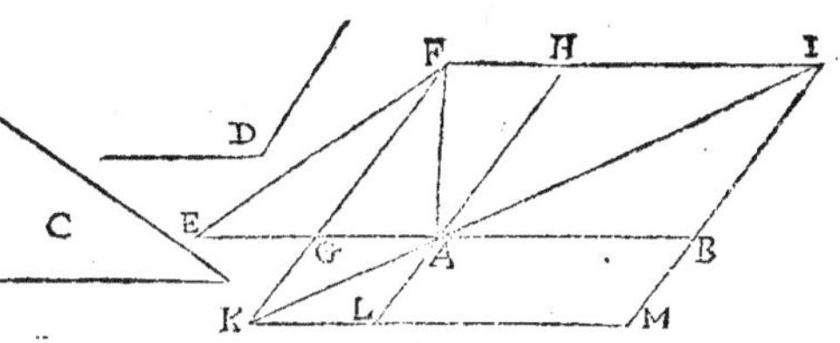

egal au donné D : & apres auoir continué la ligne F H iufques en I, tellement que HI foit egale à AB, foit menee IA iufques à ce qu'elle rencontre F G prolongee en K : (ce qui doit arriuer, n'eftant IA parallele à F G
par la 11. com. fent.) Puis du poinct K, foit menee K M parallele à GB,
iufques à ce qu'elle rencontre I B tiree en M : & finalement foit prolongee H A iufques à ce qu'elle rencontre K M en L. Ie dis que le parallelogramme A B M L eft le requis.

Car il eft conftitué fur la ligne droicte donnee AB, & à l'angle BAL egal
à l'angle donné D, puis que par la 15. prop. il eft egal à l'angle G A H,
qui a efté fait egal à l'angle D : Finalement il eft egal au triangle donné C, puis que par la 43. propof. il eft egal au parallelogramme AHFG,
lequel a efté faict egal au triangle A F E, ou C. Nous auons donc
defcrit fur la ligne donnee A B vn parallelogramme, &c. Ce qu'il
falloit faire.

SCHOLIE.

*Nous auons enfeigné la practique de ce Probl. en nos Memoires Mathematiques
Probl. 15. de la Geometrie practique, & ne differe de la conftruction cy deffus.
C'eft pourquoy nous n'en dirons autre chofe, mais nous adioufterons icy la con-
uerfe de cette propof. laquelle eft telle.*

Sur vne ligne droicte donnee, conftruire vn triangle egal à vn parallelogramme donné, & qui ait vn angle egal à vn angle rectiligne donné.

*Soit la ligne droicte donnee A B, fur laquelle il faut defcrire vn triangle
egal au parallelogramme CDKE, & qui ait vn angle egal à l'angle donné F.
Soit prolongée CE iufques en G, tellement que CE, EG
foient egales, & foit menee D G, qui fera le triangle
CDG : En apres, par la prec. propof. foit conftruit
fur A B le parallelogramme B H egal au triangle
C D G, ayant l'angle B AH egal au donné F :
puis foit prolongee A H iufques en L, de forte que HL
foit egale à AH, & ayant tiré BL, le triangle A B L, fera le requis. Car par*

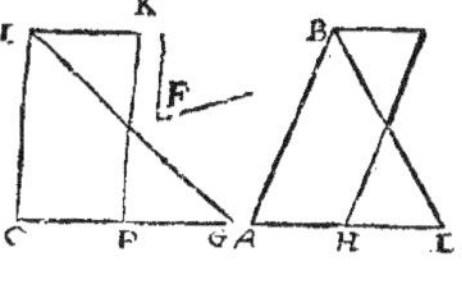

le corol. de la 42. prop. iceluy triangle A B L est egal au parallelogramme B H.
Mais iceluy parallelog. est egal par la construction au triangle D C G, lequel est
egal au parallelog. C K par le mesme corol. Donc le triangle A B L sera aussi ega
à iceluy parallelogramme C K: mais il a l'angle A egal au donné F, & est
faict sur la ligne donnee A B parquoy appert estre faict ce qui estoit proposé.

PROB. 13. PROP. XLV.

Faire vn parallelogramme egal à vne figure rectiligne donnee, ayant vn angle egal à vn angle rectiligne donné.

Soit la figure rectiligne donnée A B C D, & l'angle donné E : Et il faut faire vn parallelogramme egal à icelle figure rectiligne A B C D, qui ait vn angle egal au donné E

Soit resoluë la figure rectiligne donnee en triangles, sçauoir est menant la ligne droicte A C : puis par la 42. propos. soit fait le parallelogramme F G H I egal au triangle A D C, ayant l'angle F egal à l'angle donné E. Item sur H I soit fait le parallelogramme H I K L , egal au triangle

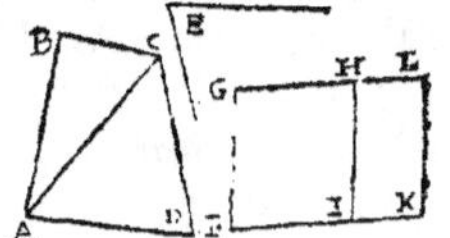

A B C, ayant vn angle H I K egal au donné E, & sera fait ce qui est requis. Car les deux parallelogrammes F H & I L , sont construicts egaux à la figure rectiligne A B C D , & ont chacun vn angle egal à l'angle donné E & ces deux parallelogrammes ensemble en font vn seul. Car d'autant que chacun des angles G F I , H I k , est esgal à l'angle donné E , ils le seront aussi entr'eux : ausquels si on adiouste l'angle commun F I H, les deux angles G F I, H I F, qui sont egaux à deux droicts par la 29. prop. estant F H parallelogramme ; seront egaux aux deux angles H I K , H I F , lesquels partant seront egaux à deux droicts, & par la 14. prop. les deux lignes F I, K I, se rencontreront directement. Pareillement les deux angles G H I, H L K estans egaux par la 34. prop. car ils sont opposez à angles egaux G F I , H I K , si à iceux on adiouste l'angle commun I H L, par le mesme discours que cy dessus les deux lignes G H & L H se rencontreront directement : ainsi F K & G L estans lignes droictes, & conioignant de mesme part les egales & paralleles F G & K L ; elles seront aussi egales & paralleles par la 33. prop. & partant F G L K sera parallelogramme ; lequel nous auons construict egal à la figure rectiligne donnee A B C D, & à l'angle F egal au donné E, ainsi qu'il estoit requis.

SCHOLIE.

S'il y eust eu dauantage de triangles en la figure donnee, il eust fallu con-

*ſtruire ſur K L vn troiſieſme parallelogramme egal au troiſieſme triangle: puis
ſur le coſté oppoſé à K L, vn autre parallelogramme egal au 4. triangle, & ainſi
proceder de triangle en triangle iuſques à la fin. Et quant à la demonſtration, ce
ſera touſiours la meſme que deſſus, repetee autant de fois qu'il ſera de beſoin. Or
comme on deſcrira ſur vne ligne droicte donnee vn parallelogramme egal à vne figure rectiligne donnee, & qui ait vn angle egal à vn angle rectiligne donné, il eſt aſſez
manifeſte par les choſes cy deſſus dictes : car pour exemple, ſi la ligne droicte F G
euſt eſté donnee, nous euſſions par la precedente prop. deſcrit ſur icelle le parallelogramme F G H I : puis ſur la meſme ligne F G, ou pluſtoſt ſur vne egale à icelle H I,
le parallelogramme H I K L, & ainſi conſecutiuement s'il y auoit d'auantage de
triangle en la figure rectiligne donnee.*

    *Pelletier a adiouſté en ce lieu vn problème fort vtile, lequel nous rapporterons
icy, mais beaucoup plus briefuement qu'il n'a fait.*

Eſtans donnees deux figures rectilignes inegales, trouuer l'excez de la
plus grande par deſſus la moindre.

    *Soient donnees deux figures rectilignes A & B, dont A eſt la plus grande : il
faut trouuer l'excez de A par deſſus B. Par la 45. prop. ſoit faict le parallelogramme C D E F egal au rectiligne A, ayant quelconque
angle C : puis ſur la ligne C D ſoit fait le parallelograme
C D H G egal au rectiligne B, ayant l'angle C commun, &
le parallelogramme G H E F ſera l'excez du rectiligne
A par deſſus le rectiligne B.*

    *Car d'autant qu'iceluy parallelogramme G E eſt l'ex-
cez du parallelogramme C E egal à A, par deſſus le parallelogramme C H egal à B; le meſme parallelogramme G E ſera auſſi l'excez
du rectiligne A par deſſus le rectiligne B. Ce qu'il falloit faire.*

PROB. 14. PROP. XLVI.

Sur vne ligne droicte donnee, deſcrire vn quarré.

    Soit la ligne droicte donnee A B, ſur laquelle il faut deſcrire vn quarré.
Du poinct A, ſoit menee A C ligne perpendiculaire à A B par la 11. prop.
laquelle ſoit faicte egale à icelle A B, & apres auoir mené
C D parallele à A B, & B D parallele à A C, par la 31. prop.
Ie dis que le quadrilatere A B D C eſt vn quarré.

    Car d'autant que par la conſtruction il eſt parallelo-
gramme, les coſtez & les angles oppoſez ſont egaux par
la 34. propoſ. partant le coſté A B eſt egal à C D, & A C à
B D : mais A C eſtant egal à A B par la conſtruction; il eſt euident que les
quatre coſtez ſont egaux entr'eux. Item l'angle A eſtant droict par la

construction, aussi son opposé D sera droict. Et la ligne A C tombant
sur les deux lignes paralleles AB, C D, les deux angles interieurs A &
C, sont egaux à deux droicts par la 29. prop. Mais l'angle A est droict :
donc l'angle C sera aussi droict : partant aussi droict son opposé B. Ainsi
les quatre angles A, B, C, D seront droicts : & par la def. du quarré la
figure ABDC sera quarree. Nous auons donc descrit vn quarré sur la ligne droicte donnee AB. Ce qu'il falloit faire.

SCHOLIE.

Nous auons enseigné la practique de cette propos. en nostre Geometrie practi-
que Probl. 12. laquelle ne differe guere de la construction cy dessus : car ayant
mené la perpendiculaire A C, & icelle faict egale à A B, du mesme inter-
ualle A B soient descrits des centres C & B, deux arcs qui s'entrecouppent
en D, duquel estans tirees les lignes CD, BD, sera faict le quarré requis.

Proclus demonstre icy : Que les quarrez de lignes egales sont egaux entre-
eux : & que des quarrez egaux les lignes sont egales. *Ce qui est aisé*
à prouuer par la superposition d'vn quarré sur l'autre : Car les lignes estans
egales, si l'vne est posee dessus l'autre, elles conuiendront entr'elles ; & les
angles estans aussi egaux, c'est à sçauoir droicts, ils conuiendront pareillement
entr'eux : & partant tout le quarré conuiendra à tout le quarré. Que si les quar-
rez sont egaux, il conuiendront entr'eux, à cause de l'egalité des angles : donc aussi
les lignes ; autrement vn quarré seroit plus grand que l'autre. Nous auons laissé
la demonstration de Proclus qui est tres-longue, pour suiure celle-cy qui est briefue
& facile.

THEOR. 33. PROP. XLVII.

Aux triangles rectangles, le quarré du costé qui soustient
l'angle droict, est egal aux quarrez des deux autres
costez.

Soit le triangle rectangle A B C, sur les costez duquel soient descrits
les trois quarrez B C E D, ABFG, AHIC. Ie dis que le quarré B C E D de-
sctir sur le costé B C, qui soustient l'angle
droict B A C, est egal aux deux quarrez
ABFG & A C I H, descrits sur les deux autres costez AB & AC.

Car soit menee la ligne AK parallele
à B D, ou à C E, & tirees les lignes A D,
A E, C F & B I. D'autant que par la
definition du quarré, les 4. angles au
poinct A sont droicts, les lignes droictes
AB, AH se rencontreront directement, &
ne feront qu'vne ligne droicte : Item C A,
A G par la 14. prop. Derechef, puis que
les angles ABF, CBD sont egaux, car ils

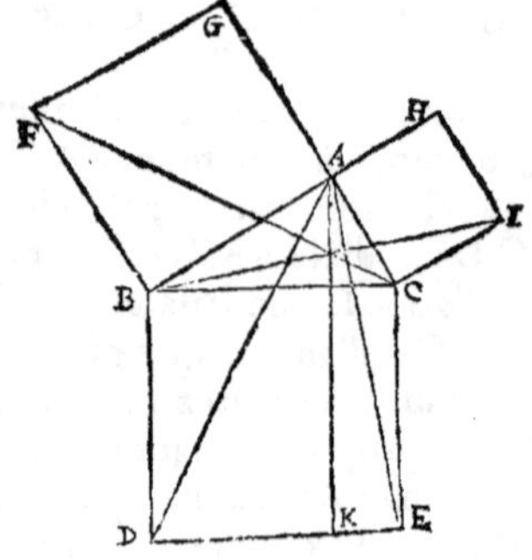

font droiéts , fi on leur adjoufte le commun A B C, le total F B C fera
egal au total ABD. Le triangle ABD a donc lesdeux coftez AB, BD, egaux
aux deux coftez FB, BC du triágle CBF, chacun au fien, & les anglesABD,
CBF contenus d'iceux coftez, egaux, & par la 4. p. les triangles ABD, CBF
feront egaux. Mais le quarré A F eft double du triangle F B C par la 41.
prop. car ils font fur mefme bafe BF, & entre mefmes paralleles BF, GC:
il fera donc auffi double de fon egal A B D, duquel le paralellogramme BK eft auffi double par la mefme 41. prop. & par confequent le quarré A F fera egal au parallelogramme B K : car les chofes doubles d'vne
mefme font egales entr'elles. Par mefme difcours on prouuera que le parallelog. C K eft egal au quarré AI : partant les deux parallelogrammes
enfemble B K & C K , feront egaux aux deux quarrez enfemble A F
& A I. Donc le quarré B E qui eft compofé d'iceux parallelogrammes
B K, C K, fera auffi egal aux mefmes quarrez A F, A I . Parquoy aux
triangles reétangles, le quarré du cofté, &c. Ce qu'il falloit prouuer.

SCHOLIE.

Par ce theoreme on peut facilement entendre, qu'aux triangles ambligones le
quarré du cofté oppofé à l'angle obtus, eft plus grand que les deux quarrez enfemble
des d'vnx autres coftez : Et qu'en tout triangle le quarré d'vn cofté oppofé à vn an-
gle aigu eft moindre que les deux quarrez enfemble, des deux autres coftez. Car fi
l'angle obtus eft refferré iufques à ce qu'il vienne à eftre droiét, les coftez qui le
comprennent demeurans les mefmes, le cofté oppofé viendra moindre par la 24.
propofition. Mais fi l'angle aigu eft ouuert & eflargy iufques à ce qu'il vienne
droiét, les coftez qui le contiennent demeurans les mefmes, le cofté oppofé à
iceluy angle fera faiét plus grand par la mefme 24. prop. vuu donc qu'il a efté
demonftré cy-deffus que le quarré du cofté oppofé à l'angle droiét, eft egal aux
deux quarrez enfemble des deux autres coftez ; il eft euident que le quarré du
cofté oppofé à l'angle obtus, eft plus grand que les deux quarrez enfemble des
deux autres coftez ; & que le quarré du cofté oppofé à vn angle aigu, eft
moindre que les deux quarrez enfemble des deux autres coftez : Mais de com-
bien celuy-là eft plus grand, & de combien ceftuy-cy eft moindre, Euclide le de-
monftrera ez 12 & 13 prop. du fecond liure.

Or l'inuencion de ce celebre & tant renommé Theoreme eft attribuee à
Pythagoras, lequel en fut fi content & ioyeux, que pour en rendre grace aux
dieux, plufieurs difent qu'il facrifia vn Hecatombe, & d'autres rappor-
tent qu'il ne leur facrifia qu'vn bœuf ; ce qui eft plus vray-femblable, que
non pas qu'il en ait immolé 100, veu que ce Philofophe faifoit tres-grand fcru-
pule d'efpandre le fang des animaux. Mais quoy qu'il en foit, ce Theoreme eft
vn des plus vtiles aux chofes Geometriques, encore qu'il ne femble pas fi admi-
rable que la 31. prop. du 6. liu. où Euclide demonftre qu'aux triangles reétangles,
la figure defcripte fur le cofté qui fouftient l'angle droiét, eft egale aux deux fi-

K iij

gures semblables, descriptes & semblablement posees sur les deux costez qui contiennent iceluy angle droict.

Par le moyen de cette 47. prop. il est fort aisé de demonstrer cet autre Theoreme suiuant.

Si de l'angle d'vn triangle compris de deux costez inegaux, est tiree vne perpendiculaire à la base, laquelle tombe dans le triangle ; elle couppera la base en deux parties inegales , la plus grande desquelles sera vers le plus grand costé: Et au contraire, si la base est couppee inegalement par la perpendiculaire , les deux costez seront inegaux, & le plus grand sera celuy adjaceant au plus grand segment.

Au triangle ABC, duquel le costé AB est plus grand que le costé AC, soit la ligne AD perpendiculaire à la base BC, laquelle tombe dedans le triangle : ce qui aduient tousiours quand l'vn & l'autre angle d'icelle base est aigu , ainsi qu'il appert du Cor. de la 17. prop. Ie dis que la partie BD est plus grande que la partie CD. Car par la 47. prop. le quarré de AB est egal aux deux quarrez de AD, BD ; & le quarré de AC, egal aux deux de AD, CD : Mais le quarré de AB est plus grand que celuy de AC, puis que le costé AB est plus grand que le costé AC ; donc aussi les deux quarrez de AD, BD, seront plus grands que les deux quarrez de AD, DC ; parquoy ostant le commun quarré de AD, restera le quarré de BD plus grand que le quarré de CD ; & partant la ligne droicte BD sera plus grande que la ligne droicte CD.

Maintenant, que la ligne perpendiculaire AD fasse le segment BD plus grand que le segment CD. Ie dis que le costé AB est plus grand que le costé AC. Car le quarré de BD sera plus grand que le quarré de CD , & adioustant le comun quarré de AD, les deux quarrez de BD, AD , seront plus grands que les deux de CD, AD. Mais par la 47. prop. le quarré de AB est egal aux deux de BD, AD, & celuy de AC egal aux deux de CD, AD. Donc aussi le quarré de AB sera plus grand que le quarré de AC, & par consequent le costé AB sera plus grand que le costé AC. Ce qu'il falloit prouuer.

THEOR. 34. PROP. XLVIII.

Si le quarré de l'vn des costez d'vn triangle , est egal aux quarrés des deux autres costez ; l'angle soustenu d'iceluy costé est droict.

Au triangle ABC, le quarré du costé BC soit egal aux quarrez des deux autres costez B A & AC. Ie dis que l'angle B A C, soustenu d'iceluy costé BC, est droict.

Car apres auoir mené A D perpendiculaire à A C, par la 11. prop. &

faict icelle A D egale à A B, soit menee C D. Le triangle C A D sera
rectangle, & par la 47. prop. le quarré de C D sera egal aux deux quarrez de C A & A D, lesquels sont egaux aux quarrez de BA & AC, estant
leurs lignes egales ; & par la 1. com. sent. le quarré de
BC sera egal au quarré de C D: partant la ligne CB egale à CD. Donc les triangles BAC, & CAD auront deux
costez egaux à deux costez, chacun au sien, & la base
B C egale à la base D C, & par la 8. prop. l'angle BAC
sera egal à l'angle droict C A D : partant il sera aussi
droict. Si donc le quarré de l'vn des costez d'vn triangle est egal, &c. Ce qu'il falloit demonstrer.

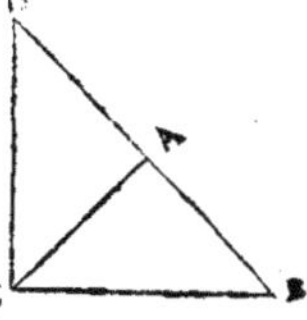

SCHOLIE.

*À cette proposition, qui est la conuerse de la precedente, nous adiousterons cet
autre theoreme.*

Si le quarré d'vn costé de quelque triangle est plus grand que les deux
quarrez ensemble des deux autres costez ; l'angle soustenu d'iceluy costé
est obtus : Et s'il est moindre, aigu.

Au triangle ABC, le quarré du costé AB, soit plus grand que les deux quar-
rez ensemble des deux autres costez AC, CB : Ie dis que l'angle ACB opposé
au costé AB est obtus. Car soit tiré de C perpendiculairement à AC, la ligne droi-
ĉe C D egale à B C, & soit ioinĉt AD . D'autant que par la 47. prop. le quarré
de AD est egal aux deux quarrez de AC, CD, c'est à dire AC, CB, & le
quarré de AB a esté posé plus grand que les quarrez de AC, CB, le quarré
de AD, sera moindre que le quarré de AB ;
& partant la ligne AD moindre que la-
dite ligne A B. Parquoy veu que les costez
BC, AC, du triangle ABC, sont egaux aux
costez CD, AC, du triangle ACD, vn cha-
cun au sien, & la base A B plus grande que
la base AD, par la 25. prop. l'angle ACB
sera plus grand que l'angle ACD: Mais
iceluy ACD est droict. Donc A C B est plus
grand qu'vn droict ; & partant obtus. Ce qui
est proposé.

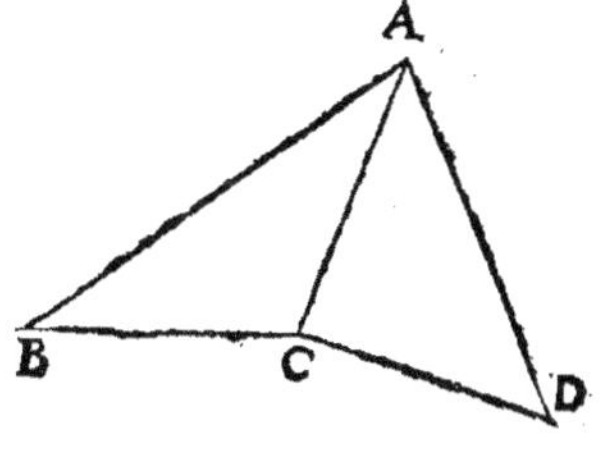

Maintenant, soit le quarré de A B moindre que les deux quarrez des
deux autres costez AC, CB : Ie dis que l'angle A CB soustenu d'icelu
costé A B, est aigu. Car ayant fait comme au
parauant le triangle rectangle ACD, on
prouuera par les mesmes raisons que dessus,
que la base A D est plus grande que la base
A B , & l'angle droict ACD plus grand
que l'angle ACB, qui partant est aigu. Ce qui
est proposé.

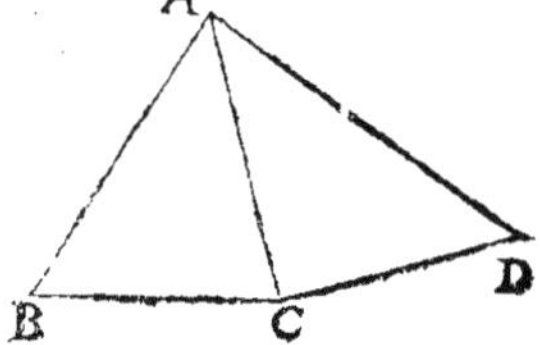

Or d'autant que l'application des nombres

aux costez des triangles rectangles est vtile à plusieurs operations, nous remarquerons icy que tout triangle est rectangle, duquel le plus grand costé contenant
5 parties egales, le moindre contient trois des mesmes parties, & l'autre 4:
ou bien selon trois autres nombres, doubles, ou triples ou quadruples, &c. des
trois susdits 5, 4, 3, comme 10, 8 & 6: ou 15, 12 & 9; ou 20, 16 & 12;
ou 50, 40, & 30; &c. Car il appert que le quarré du plus grand de
trois tels nombres, est tousiours egal aux quarrez des deux autres nombres.

Mais si sans auoir egard aux nombres cy dessus, on vouloit faire vn triangle
rectangle, ayant tous les trois costez en nombre de parties egales sans fraction,
on pourroit trouuer lesdits nombres en deux manieres; dont la premiere qu'on
attribue aussi à Pythagoras est telle. Soit pris pour le moindre costé vn nombre
de parties nompair, & iceluy nombre estant quarré, soit ostee l'vnité de sondit
quarré, & la moitié du reste d'iceluy quarré, sera le moyen nombre, auquel adioustant l'vnité viendra le plus grand nombre: Comme par exemple, prenant 5 pour le nombre des parties du moindre costé, son quarré est 25, duquel
ostant l'vnité restent 24, dont la moitié est 12, pour le nombre des parties du
moyen costé; mais adioustant l'vnité à iceluy, viendront 13 pour le nombre des
parties du plus grand costé.

La deuxiesme maniere est attribuee à Platon, & est telle: Soit pris vn
nombre pair, & du quarré de la moitié d'iceluy soit ostee l'vnité, & restera l'vn
des deux autres nombres; mais adioustant ladite vnité au mesme quarré, viendra le troisiesme nombre: comme par exemple, prenant 6 pour l'vn des nombres,
le quarré de la moitié d'iceluy est 9, dont l'vnité estant ostee, restent 8, pour l'vn
des deux autres nombres; mais adioustant ladite vnité à iceluy quarré, viennent
10 pour le troisiesme nombre.

Fin du premier Element.

ELEMENT
SECOND.

DEFINITIONS.

1. Tout parallelogramme rectangle, est dit estre contenu soubs deux lignes droictes qui font l'angle droict.

L a esté dit en la 36. def. 1. que c'est que parallelogramme, & qu'il y en a de quatre sortes : mais maintenant il faut entendre qu'vn parallelogramme est dit rectagle, lors qu'il a tous les angles droicts, & par consequent il y a seulement le quarré, comme *ABCD*, & le quarré long, comme *EFGH*, qui soient rectangles : car il n'y a que ces deux sortes de parallelogrammes qui ayent les angles droicts. Et est à noter, qu'en tout parallelogramme si vn seul angle est donné droict, il est necessaire que les trois autres soient aussi droicts : comme par exemple, si l'angle *E* du parallelogramme *EFGH* est droict. Ie dis que les trois autres *F, G, H*, sont aussi droicts. Car d'autant que les lignes *EF, GH* sont paralleles, les angles internes *E* & *H*, sont egaux à deux droicts par la 29. p. 1. Mais l'angle *E* est droict par l'hypothese : donc aussi l'angle *H* sera droict : & par la 34. p. 1. leurs opposez *G* & *F* seront aussi droicts. Et puis que par la 34. p. 1. tout parallelogramme a les costez opposez egaux, il n'y peut auoir en vn parallelogramme que deux costez inegaux, lesquels constituent chaque angle d'iceluy : C'est pourquoy Euclide dit icy, tout parallelogramme rectangle estre contenu sous deux lignes droictes, qui comprennent vn angle droict ; tellement que le parallelog. rectangle *EFGH* sera dit estre contenu sous les deux lignes droictes, *EF, EH* : ou sous les deux *EF, FG* : ou sous *FG, GH* : ou finalement sous *GH, HE* : ainsi deux lignes expriment toute la magnitude ou grandeur d'vn parallelogramme rectangle : sçauoir l'vne comme *EF*, ou *HG*, sa lon-

L

gueur : *& l'autre comme EH, ou FG, sa largeur : & par le mouuement imaginaire de l'vne de ces deux lignes en l'autre, se faict iceluy parallelogramme. Car si l'esprit conçoit que la ligne EF, en allant en bas au long de la ligne EH, se meuue en trauers, tellement qu'elle face tousiours angle droict auec icelle EH, iusques à ce que le poinct E paruienne au poinct H, & le poinct F au poinct G ; sera descrit tout le parallel. rectangle E F G H. Le mesme sera faict, si on pose EH se mouuoir en trauers, selon la ligne EF. D'où aduient que pour obtenir l'aire ou contenu de tout parallelogramme rectangle on multiplie vn costé d'iceluy par l'autre : comme par exemple, le costé EF estant de 5. pieds, & l'autre costé EH de trois : si on multiplie vn nombre par l'autre seront produict 15 pieds quarrez, pour l'aire ou contenu de tout le parallelogramme E F G H. Pareillement au parallelogramme rectangle A B C D, le costé AB estant de 3 pieds, & le costé A D aussi de trois pieds : multipliant l'vn par l'autre, seront produicts neuf pieds quarrez pour l'aire d'iceluy rectangle, comme monstre la figure cy-dessus.*

Or est icy à noter, qu'en ce second liure, & és autres suiuans, Euclide appelle les parallelogrammes rectangles, simplement rectangles ; ce qu'obseruent aussi les autres Geometres, tellement que par le nom de rectangle, il faut tousiours entendre parallelogr. rectangle. Derechef, que pour briefueté, & afin de ne repeter souuentesfois toutes les lettres apposees aux parallelogrammes, les Geometres ont de coustume d'exprimer chaque parallelogramme soit rectangle ou non par deux lettres seulement, sçauoir celles qui sont diametralement opposees : tellement que pour denotter le parallelogramme A B C D, on dira seulement le parallelogramme AC ou BD.

2. En tout parallelogramme, l'vn des parallelogrammes descrits à l'entour du diametre, auec les deux supplemens, est appellé Gnomon.

Au parallelogramme A B E D, soit menée la diagonalle B D ; & CGI parallele à AB couppant icelle diagonalle en G, & par iceluy poinct G soit menée FGH parallele à AD : & le parallelogramme ABED sera diuisé en quatre parallelogrammes, deux desquels F C & H I, sont dicts estre descrits à l'entour du diametre ou diagonalle, mais les autres deux E G, A G, sont appellez supplemens, ainsi que nous auons dict à la 37. def. du premier liure. Or la figure composee d'iceux supplemens & de l'vn ou l'autre des parallelogrammes d'alentour la diagonalle, sera dit Gnomon : comme la figure CED AFG, laquelle est composee des deux supplemens AG, GE, & du parallelogramme HI, qui est alentour le diametre ; sera appellee Gnomon. Pour mesme raison la figure ABEHGI, qui est composee des deux supplemens I F, G E, & du parallelog. FC, qui est alentour le diametre, sera aussi dit Gnomon. Et est à noter que pour briefuement exprimer telles figures, les Geometres y descriuent quelques fois vne circonference, comme le Gnomon susd. ABEHGI, auquel est descrite la circonference K LM, sera exprimé & denotté par icelle circonference K LM.

THEOR. 1. PROP. I.

Si de deux lignes droictes l'vne est couppee en tant de parties
que l'on voudra, le rectangle contenu soubs les deux toutes, est egal aux rectangles compris de la non couppée, &
d'vne chacune partie de celle qui est couppee.

Soient deux lignes droictes AB & C, dont la premiere A B est couppee
à l'aduanture en plusieurs parties, sçauoir est en AD, DE, E B. Ie dis que le
rectangle compris d'icelles deux lignes AB & C, sera egal aux trois rectangles
compris de la ligne non couppée, & d'vne chacune partie de la couppee AB.

Qu'il ne soit ainsi : qu'on meine A F perpendiculaire à A B, par la 11. p. 1. laquelle soit faite
egale à C, & du point F soit menee F G parallele à A B; & B G parallele à A F par la 31.
prop. 1. Il est euident que le quadrilatere AFGB,
sera vn parallelog. rectangle, & qu'iceluy sera
compris des deux lignes donnees A B & C,
puis que AF est egale à C. Item soient menees
les deux lignes D H & E I paralleles à A F par la

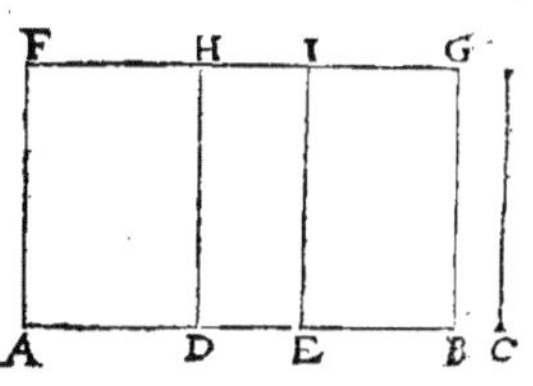

31. prop. 1. Donc par la deff. des parallelog. les trois quadrilateres A H, D I,
E G, seront parallelogrammes rectangles compris des lignes egales A F, DH,
EI, & des trois segmens AD, DE, EB, c'est à dire de la ligne C, & d'iceux
trois segmens. Mais iceux trois parallelogrammes rectangles ensemble, conuiennent au rectangle AG, compris des lignes donnees : & par la 8. com. sent.
ils luy sont egaux. Parquoy si de deux lignes droictes, &c. Ce qu'il falloit
prouuer.

SCHOLIE.

*Ce qu'Euclide propose en lignes aux dix premiers Theoremes de ce second liure,
nous l'auons appliqué & demonstré en nombres au Scholie de la 14. pr. 9. Neantmoins
i'estime qu'il ne sera inutile de les expliquer des icy par nombres, comme a fait Clauius : Car d'autant que ce qui prouient de la multiplication d'vn nombre par vn autre respond au produit d'vne ligne en vne autre, on peut facilement & briefuement monstrer par nombres ce qui est icy demonstré en lignes auec beaucoup de paroles.*

*Soient donc proposez deux nombres, comme 10 & 6, le premier desquels soit diuisé en
trois autres nombres ou parties, 5, 3 & 2. Or multipliant les deux nombres proposez entre-
eux, c'est à sçauoir 10 & 6, sera produict le nombre 60, auquel sera egale la somme de
ces trois nombres 30, 18 & 12, lesquels sont procreez multipliant chaque partie du nombre
diuisé 10, c'est à sçauoir 5, 3, 2, par le nombre non diuisé 6 : ainsi qu'il appert en l'operation cy-dessoubs :*

				30
10	5	3	2	18
6	6	6	6	12
60	30	18	12	60.

Or Commandin demonstre icy deux autres Theoremes, dont le premier est tel.

S'il y a deux lignes droictes, l'vne & l'autre desquelles soit couppee en tant de parties qu'on voudra; le rectangle compris d'icelles deux lignes, est egal aux rectangles contenus de chaque segment de l'vne, & d'vn chacun des segmens de l'autre.

Soient deux lignes droictes A B, A C, contenant vn angle droict A, & A B soit coup-pée és poincts D & E, mais A C és poincts F & G. Ie dis que le rectangle contenu sous A B, A C, est egal aux rectangles compris de chaque partie A D, D E, E B, & d'vn chacun segment A F, F G, G C, c'est à dire egal aux rectangles contenus de A D, A F ; A D, F G ; A D, G C : D E, A F ; D E, F G ; D E, G C : E B, A F ; E B, F G ; E B, G C. Car estant accomply le rectangle A H, soient tirees D I, E K pa-ralleles à A C : Item F M, G L paralleles à A B, qui coup-peront les premieres és poincts P, Q , N, O. Veu donc que le rectangle A P est contenu sous A D, A F : & N F sous A D, F G : & G I sous A D, G C, (pource que par la 34. prop.1. les lignes F P, G N sont egales à icelle A D.) Item que les rectangles D Q , P O, N K , sont contenus sous D E, A F : D E, F G : D E, G C : (car D P, P N, N I sont egales à icelles A F, F G, G C; & P Q , N O. à icelle D E, par la 34. prop.1.) Et par la mesme rai-son les rectangles E M, Q L, O H, sont compris sous E B, A F : E B, F G : E B, G C. Il est euident que le rectangle contenu sous A B, A C, est egal aux rectangles compris sous chacune des parties A D, D E, E B, & vn chacun des segmens A F, F G, G C : ce qui estoit proposé.

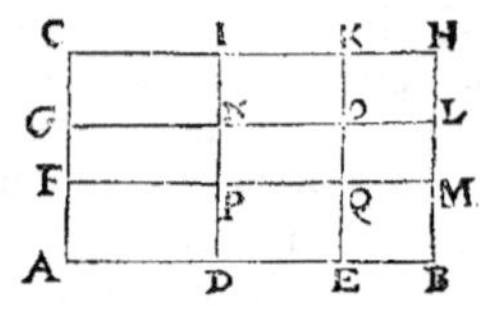

Nous rendrons aussi manifeste ce Theoreme par nombres: & pource soient deux nombres 12 & 8, le premier desquels soit diuisé en trois parties 6, 4 & 2 : mais le dernier soit seu-lement diuisé en deux parties 5 & 3. Or le produict de ces deux nombres proposez multi-pliez entr'eux est 96 , auquel est manifestement egale la somme de ces six nombres, 30, 20, 10, 18, 12 & 6, lesquels sont produicts par la multiplication de chacune des parties 6 , 4, 2, en chacune des parties 5 & 3, comme vouloit Commandin en ce premier Theor. Quant au second il est tel qu'il ensuit.

S'il y a deux lignes droictes couppées comme on voudra, le rectangle com-pris sous icelles, auec celuy compris sous vne partie de l'vne d'icelles lignes, & vne partie de l'autre , est egal aux rectangles contenus sous les lignes totales, & les susdictes parties reciproquement, auec le rectangle contenu des deux autres parties.

Soient deux lignes droictes A B, A C, faisant l'angle droict A, lesquelles soient couppees comme on voudra en D & E. Ie dis que le rectangle compris sous A B, A C, auec celuy compris sous les parties A D, E C, est egal aux rectangles contenus sous A B, E C : A C, A D : D B, A E. Car ayant accomply le rectangle A G , soit menee D F parallele à A C ; & E H à A B, s'entrecouppans en I. Veu donc que le rectangle A G est egal aux rectangles E G, A I, D H : si on leur adiouste le commun rectangle E F : les rectangles A G, E F, qui sont compris sous les toutes A B, A C, & les parties A D, E C, seront egaux aux

rectangles EG, A F, D H, compris ſous A B, E C : A C, A D : D B, A E : ce qui
eſtoit propoſé.

Afin que ce theor. de Commandin ſoit auſſi manifeſte par nombres, ſoient propoſez
deux quelconques nombres 9 & 5, le premier deſquels ſoit diuiſé en deux parties 5 &
4 : mais l'autre ſoit diuiſé en 3 & 2 : Or le produit de ces deux nombres propoſez eſt
45, & celuy de la partie 5, multipliee par la partie 3 eſt 15, & la ſomme de ces deux
produicts eſt 60, auquel nombre eſt manifeſtement egale la ſomme & addition de
ces trois nombres 27, 25 & 8, qui ſont produicts de 9 par 3, de 5 par 5, & de l'autre
partie 4 par l'autre partie 2.

COROLLAIRE.

Parce que deſſus eſt manifeſte que s'il y a deux lignes droictes, l'vne & l'autre deſquelles ſoit couppee comme on voudra, le rectangle compris ſous icelles ſera egal au rectangle compris ſous vne totalle, & vn ſegment de l'autre, & aux deux rectangles contenus de l'autre ſegment de ceſte-cy, & d'vn chacun ſegment de celle-là. Car le rectangle
AG, qui eſt compris des deux toutes A B, A C, eſt egal au rectangle EG, contenu de la
toute E H, c'eſt à dire A B, & du ſegment E C, & aux deux rectangles A I, DH, compris de l'autre ſegment A E, & des ſegmens A D, DE. Iceluy rectangle AG eſt auſſi
egal aux trois rectangles A H, E F, I G. Pareillement aux trois A F, D H, I G, comme auſſi aux trois autres DG, A I, EF.

Le meſme ſe doit auſſi entendre des nombres : car il eſt euident que les deux nombres cy deſſus propoſez, c'eſt aſſauoir 9 & 5, eſtans multipliez entr'eux produiſent
45, auquel ſont egaux ces trois nombres 27, 10 & 8, produits de la multiplication
de 9 par la partie 3 : & de la partie 2 par chacune des parties 5, 4. Et ainſi de
toute autre partie qu'on voudra prendre.

THEOR. 2.   PROP. II.

Si vne ligne droicte eſt couppee comme on voudra : les rectangles compris de la toute & d'vne chaſcune partie,
ſont egaux au quarré de la toute.

Soit la ligne droicte A B, couppee en deux parties telles qu'on voudra au poinct C. Ie dis que le rectangle de la toute AB, &
de la partie A C, auec le rectangle de la toute A B, & de
l'autre partie C B, ſont enſemble egaux au quarré de la
toute A B.

Qu'ainſi ne ſoit : Sur A B ſoit deſcrit le quarré A E; puis
de C ſoit menee CF parallele à AD, laquelle CF ſera egale
à icelle AD, c'eſt à dire à A B : car icelles A D, AB ſont egales par la def. du quarré. Il eſt donc euident que les deux rectangles A F &
C E, ſont compris de la toute A B, ou ſon egale C F, & des deux parties AC & C B, & ſi ils conuiennent auec le quarré A E, & par conſe-

quent luy sont egaux. Si donc vne ligne droicte est couppee comme on voudra, &c. Ce qu'il falloit demonstrer.

SCHOLIE.

Clauius demonstre encore ce Theoreme ainsi. Soit prise vne ligne droicte D egale à AB: Or puis que AB est coupee en C, le rectangle contenu soubs la non couppee D, & la couppee AB (qui est le quarré de la toute AB) sera egal aux deux rectangles compris soubs la non couppée D (c'est à dire soubs AB) & vn chacun des segmens AC, CB par la prec. prop. Ce qui estoit proposé.

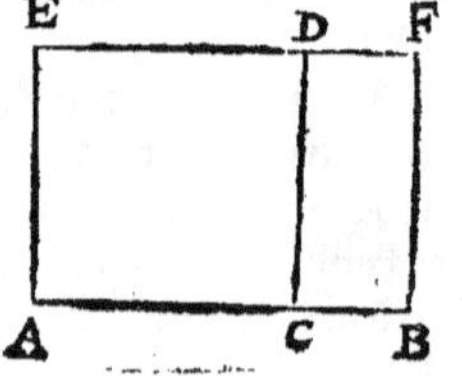

Pour accommoder ce Theoreme aux nombres. Soit le nombre 12 diuisé en deux nombres 7 & 5 : il est euident qu'au quarré d'iceluy nombre, qui est 144, sont egaux les deux nombres 84 & 60, qui sont produicts du mesme nombre 12 multiplié par chacune des parties 7 & 5 : car ils font aussi 144, comme monstre l'addition d'iceux.

Or encore qu'en ce second Theoreme Euclide propose d'vne ligne diuisee en deux parties seulement, si est-ce toutesfois qu'en la mesme maniere sera demonstré le mesme, si la ligne est diuisee en tant de parties qu'on voudra. Ce qui se peut aussi voir par nombres, ainsi qu'il ensuit. Soit le nombre 12 diuisé en trois parties 5, 4 & 3. Le quarré dudit nombre 12 sera 144 ; auquel sont egaux ces trois nombres 60, 48 & 36, lesquels sont produicts d'iceluy nombre proposé 12, multiplié par chacune des parties 5, 4 & 3.

Sera aussi demonstré comme dessus, que si vne ligne droicte est couppee en tant de parties qu'on voudra, le quarré de la toute est egal aux rectangles contenus soubs chaques segmens & vn chascun segment. Ce que nous rendrons aussi manifeste par nombres : & pour ce soit le nombre 10 diuisée en trois parties 5, 3 & 2 : Il est euident que le quarré du nombre total 10 est 100, & qu'à iceluy sont egaux ces neuf nombres 25, 15, 10, 15, 9, 6, 10, 6 & 4, lesquels sont produicts par chacune des parties multipliée par chacune d'icelles.

THEOR. 3. PROP. III.

Si vne ligne droicte est couppee comme on voudra ; le rectangle compris de la toute, & de l'vne des parties, est egal au rectangle compris d'icelles parties, & au quarré de la partie premierement prise.

Soit la ligne droicte AB couppee comme on voudra au poinct C. Ie dis que le rectangle compris de la totale AB, & de l'vne ou l'autre partie, comme AC, est egal aux deux rectangles compris des deux parties AC & CB, & au quarré de la partie AC, laquelle auoit esté premierement prise.

Qu'il ne foit ainfi : Sur la partie AC foit fait le quarré AD par la 46 pr. 1.
puis foit menee BF parallele à CD par la 31. prop. 1. rencontrant E D prolongee en F. Il eft donc euident que A D eft le quarré de la partie AC ; &
C F le rectangle des parties AC & CB ; (car CD eft egale à AC par la definition du quarré) & A F le rectangle de la toute A B & de la partie A C, fur
laquelle a efté fait le quarré. Or le quarré A D , & le rectangle CF enfemble, conuiennent auec le rectangle AF; & par confequent egaux à iceluy. Si
donc vne ligne droicte eft couppee comme on voudra , &c. Ce qu'il falloit
demonftrer.

SCHOLIE.

Clauius demonftre encore ce Theor. ainfi. Soit prife la ligne droicte D egale à la
partie AC. D'autant que la ligne droicte A B eft diuifee en C, par la 1. pr. de ce liure,
le rectangle contenu foubs D & AB (c'eft à dire foubs A
AC & AB) fera egal au rectangle compris foubs D &
CB (c'eft à dire foubs AC , C B) & au rectangle contenu
foubs D & BC, c'eft à dire au quarré de la partie AC. Ce
qui eft propofé.

Pour accommoder ce Theor. aux nombres, foit quelconque nombre 12 diuifé en deux
parties telles qu'on voudra 7 & 5. Or multipliant ledit nombre propofé 12 par fa par-
tie 7, viendront 84, auquel produit font egaux ces deux nombres 35 & 49, lefquels
font produits de 7 multipliez par 5, & de 7 par foy mefme. Mais multipliant le mef-
me nombre 12 par l'autre partie 5, fera produit le nombre 60, auquel font auffi egaux
ces deux nombres 35 & 25, qui font les produits des deux parties 7 & 5 , multipliees
entr'elles , & de la partie 5 en foy mefme: Et partant appert ce qui a efté propofé.

THEOR. 4. PROP. IV.

Si vne ligne droicte eft couppee comme on voudra; le quarré
de la toute eft egal aux deux quarrez des parties, & à deux
fois le rectangle d'icelles parties.

Soit la ligne donnee AB, couppee comme on voudra au poinct F. Ie dis
que les deux quarrez defcrits fur les parties AF & FB,
auec deux fois le rectangle d'icelles AF & F B font enfemble egaux au quarré de la totale AB.

Qu'ainfi ne foit. Sur la ligne totale A B foit defcrit
le quarré A D ; & apres auoir mené la diagonalle B C ;
du poinct F, foit menee la ligne droite F E parallele à AC,
couppant la diagonalle B C en I, & derechef par iceluy
poinct I foit menee G H parallele à A B , le tout par la 31. prop. 1. Ie dis
premierement que les quadrilateres HF & E G font quarrez.

Car defia il appert qu'ils font parallelogrammes , eftans defcrits entre

lignes paralleles. Item puis que A D est quarré, les deux costez AB &
AC seront egaux, & le triangle A B C est Isoscelle : & par la 5. prop. 1.
les deux angles sur la base B C, sçauoir est A B C & A C B seront egaux.
Pareillement la ligne B C tombant sur les deux paralleles A C & F E fera
l'angle exterieur F I B egal à l'opposé interieur A C B par la 29. propos. 1.
lequel estant egal à A B C par la 1. com. sent. A B C & F I B seront egaux,
& par la 6. prop. 1. les deux costez B F & F I seront egaux : & par la 34.
prop. 1. le parallelogramme H F aura les quatre costez egaux : & partant il
sera quarré ; car l'angle F B H estant droict, les trois
autres seront aussi droicts, comme nous auons demonstré à la 1. def. de ce liure. Par mesme discours on monstrera G E estre aussi quarré. Maintenant, d'autant que
A I & I D sont descrits entre lignes paralleles, & les angles A & D sont droicts, il appert qu'ils sont parallelogrammes rectangles, & egaux entr'eux par la 43. prop. 1.

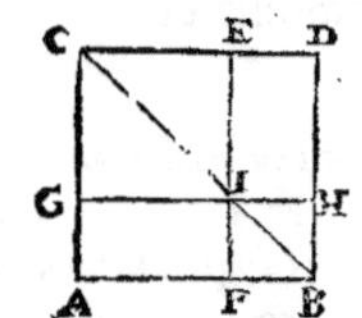

& sont compris des deux parties AF, FB, estant E I egale à A F , & H I,
I F à F B par la 34. prop. 1. & def. du quarré. Partant A I & I D sont deux
fois le rectangle de A F & F B, lesquels auec les deux quarrez F H & G E
conuiennent auec le quarré total A D, & par la 8. com. sent. ils luy seront
egaux. Si donc vne ligne droicte est couppee comme on voudra, le quarré de la toute est egal , &c. Ce qu'il falloit demonstrer.

COROLLAIRE.

*Il est manifeste par la demonstration cy dessus, que les parallelogrammes descrits
à l'entour de la diagonalle d'vn quarré , & qui ont vn angle commun auec iceluy,
sont aussi quarrez. Et de plus, il est euident que la diagonalle couppe en deux egalement les angles du quarré : Ce que nous auons aussi demonstré au 3. Theor. du
scholie de la 34. p.1.*

SCHOLIE.

*Clauius demonstre encore apres Campanus ce 4. Theor. d'Euclide ainsi. D'au-
tant que la ligne droicte A B est couppee en F , par la 2.
prop. 2. le quarré de la toute A B sera egal aux rectangles
compris soubs la toute A B, & chacune des parties A F, F B. Mais par la 3. prop. 2. le
rectangle contenu soubs A B, A F est egal au rectangle compris soubs A F , F B auec
le quarré de la partie A F. Item le rectangle de A B, F B est egal au rectangle de F B,
A F , auec le quarré de la partie F B. Donc le quarré de A B est aussi egal aux
quarrez des parties A F , F B, & aux rectangles contenus soubs A F , F B,
& soubs F B, A F. Ce qui est proposé.*

*Pour accommoder ce Theoreme aux nombres : Soit le nombre 10 diuisé en deux par-
ties 6 & 4 : Il est manifeste que le nombre 100, qui est le quarré du nombre total
10, est egal à 36 & 16, qui sont les quarrez des parties 6 & 4, auec deux fois 24, nombre produit desdites parties 6 & 4 multipliees entr'elles : car tous ces quatre nom-*
bres 36,

bres 36, 16, 24 & 24, font ensemble 100, ainsi qu'il appert en l'operation suiuante.

10	,	6	4	6	36
10		6	4	4	16
100.		36.	16.	24.	24
					24
					100.

Clauius demonstre aussi en ce lieu le Theoreme suiuant.

Si vne ligne droicte est double d'vne autre, le quarré de celle-là est quadruple du quarré de ceste-cy : & si vn quarré est quadruple d'vn autre quarré, le costé de celuy-là est double du costé de cestuy-cy.

Soient deux lignes droictes AB & D, desquelles AB est double de D. Ie dis que le quarré de AB est quadruple du quarré de D. Car ayant diuisé AB en deux egalement en C, si on fait telle construction qu'en ceste 4. propos. il est euident que les 4. paralellogrammes AK, CI, HG, K F. seront quarrez, & egaux entr'eux. Mais le quarré A F est egal à iceux quatre quarrez : donc le quarré de AB sera quadruple du quarré de AC, c'est à dire de D, qui luy est egale : car AB est double de l'vne & de l'autre.

Pour la seconde partie : Soit le quarré de AB quadruple du quarré de D. Ie dis que AB est double de D. Car A B estant couppee en deux egalement en C, le quarré de AB sera quadruple du quarré de AC, comme il a esté demonstré cy dessus. Mais le quarré de AB a esté posé aussi quadruple du quarré de D : donc les quarrez des lignes AC & D sont egaux, & partant icelles lignes AC & D aussi egales. Mais AB est double de AC : donc aussi double de D.

Ce Theoreme est aussi manifeste en nombres : Car soient deux quelconques nombres 10 & 5, dont le premier est double de l'autre. Il appert que 100, quarré du premier nombre 10, est quadruple de 25, quarré du dernier nombre 5.

THEOR. 5. PROP. V.

Si vne ligne droicte est couppee en deux parties egales, & en deux inegales : le rectangle contenu d'icelles parties inegales auec le quarré de la partie du milieu, sont egaux au quarré de la moitié de la toute.

Soit la ligne donnee AB couppee en deux parties egales au poinct C, & en deux inegales au poinct D. Ie dis que le rectangle compris des deux parties inegales A D & B D, auec le quarré de la partie du milieu CD, sont egaux au quarré de la moitié CB.

Car sur la ligne CB soit descrit le quarré CF par la 46. prop. 1. & apres

auoir mené DG parallele à B F foit menee la diagonalle B E couppant D G
au poinct H , par lequel foit menee interminement IK parallele à AB, couppant C E en L : puis du poinct A, foit auffi
menee AK parallele à D H , rencontrant
K I en K. Donc par le Corol. de la prec.
prop. DI, LG feront quarrez; & partant
la ligne DH fera egale à la ligne D B : &
par la 34. prop.1. LH eft auffi egale à CD :
parquoy le rectangle A H eft compris des
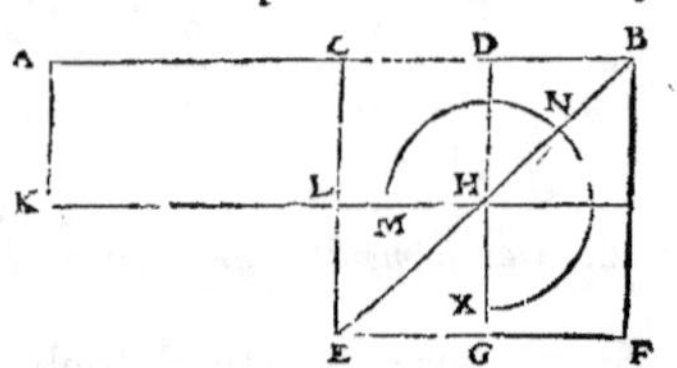
deux fegmens AD, DB; & L G fera quarré de la partie du milieu C D. Il
faut donc prouuer que le rectangle AH, auec le quarré GL, eft egal au quarré CF, faict fur la ligne CB, moitié de la toute A B.

Or le rectangle AL eft egal au rectangle CI par la 36. pr. 1. d'autant qu'ils
font fur bafes egales AC & CB, & entre mefmes paralleles A B & K I. Pareillement les fupplemens C H & H F font egaux par la 43 prop.1. aufquels
fi on adioufte le quarré commun D I, les tous C I & D F feront egaux : &
par la 1. com. fent. DF fera egal à A L, aufquels fi on adioufte auffi le fupple-
ment commun CH, le Gnomon MNX fera egal au rectangle A H. Mais iceluy
Gnomon , & le quarré G L , conuiennent auec le quarré CF, & partant font
egaux par la 8. com. fent. Donc auffi le rectangle A H , & le quarré G L feront egaux au quarré C F par la 1. com. fent. Parquoy fi vne ligne droicte
eft couppee en deux parties egales , & en deux inegales, &c. Ce qu'il falloit
demonftrer.

S C H O L I E.

Nous adioufterons tant en ce Theor. qu'aux 5. fuiuans les demonftrations qu'en
a fait le docte Maurolycus. D'autant que par la 4. p. 2.   *A   C   D   B*
le quarré de C B eft egal aux quarrez de C D & DB,
auec deux fois le rectangle d'icelles ; & que par la 3. p. 2. le rectangle de C B , D B eft
egal au rectangle de CD, DB, auec le quarré de D B : le quarré de C D fera egal à
l'autre quarré de C D, auec le rectangle de C B , DB, & celuy de C B , D B, ou
de AC , DB. Mais par la 1. prop. 2. le rectangle des toutes A D , D B, eft egal
aux rectangles de D B, AC, & de DB, CD. Donc le quarré de C B fera egal au quarré
de CD , auec le rectangle de A D , DB. Ce qui eftoit propofé.

Pour accommoder ce Theoreme aux nombres , foit le nombre 12 diuifé en deux
parties egales 6 & 6 ; Et auffi en deux parties inegales 8 & 4 ; & par ainfi la
plus grande partie 8 excede la moitié 6 du nombre 2, qui eft la partie du milieu. Il
eft euident que 32, nombre produit des deux nombres inegaux 8 & 4 , auec 4 qui eft
le quarré de 2 , eft egal à 36, qui eft le quarré de 6, moitié du nombre propofé.

THEOR. 6. PROP. VI.

Si vne ligne droicte eft couppee en deux parties egales, &

qu’on luy adiouſte directement quelque autre ligne droicte : le rectangle de la toute & de l’adiouſtee comme d’v-
ne, & de l’adiouſtee, auec le quarré de la moitié, eſt egal
au quarré qui eſt faict de la moitié & de l’adiouſtee comme d’vne.

Soit la ligne droicte AB couppee en deux egalement au poinct C ; & à
icelle AB ſoit adiouſtee directement la ligne B D. Ie dis que le rectangle
compris de la totale AD, & de l’adiouſtee B D, auec le quarré de la moitié
CB, eſt egal au quarré de la ligne C D, laquelle
eſt compoſee de la moitié CB, & de l’adiouſtee BD.

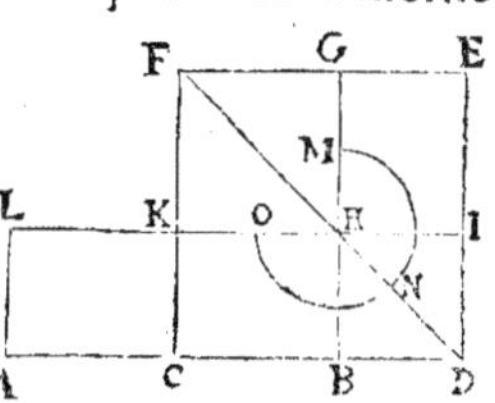

Qu’ainſi ne ſoit : ſur la ligne C D ſoit deſcrit le
quarré CE, & tiré ſa diagonalle DF ; & apres anoir
du poinct B, mené B G parallele à D E, laquelle
couppe la diagonalle au poinct H ; par iceluy
poinct H ſoit menee interminement I K L parallele à A D par la 31. prop. 1. Item A L parallele à
DI, rencontrant IL en L.

Premierement le rectangle A I eſt compris de la toute & adiouſtee
comme d’vne AD, & de l’adiouſtee D I (car icelle D I eſt egale à l’adiouſtee BD eſtant BI quarré par le Cor. de la 4. p. de ce liure.) Item KG, qui
eſt quarré par le meſme Cor. eſt faict ſur HK egale à la moitié C B par la
34. prop. Ie dis donc que le rectangle AI, & le quarré K G ſont enſemble
egaux au quarré CE. Car les deux ſupplemens CH & H E eſtans egaux par
la 43. pt. 1. Item les deux rectangles A K & C H auſſi egaux par la 36. prop. 1.
d’autant qu’ils ſont ſur baſes egales, & entre meſmes paralleles : & par la 1.
com. ſent. AK ſera egal à HE, & en adiouſtant à chacun d’iceux le rectangle commun C I, le Gnomon M N O ſera egal au rectangle A I. Mais iceluy
Gnomon auec le quarré G K, ſont egaux au quarré C E : donc le rectangle
AI auec le quarré KG ſera egal au meſme quarré CE. Parquoy ſi vne ligne
droicte eſt coupee en deux parties egales, &c. Ce qu’il falloit demonſtrer.

SCHOLIE.

*Autrement. D’autant que par la 4. pr. 2. le quarré de CD eſt egal aux deux quar-
rez de CB, B D auec deux fois le rectangle d’icelles C B, BD ;*
& que par la 1. pr. 2. le rectangle des toutes AD, BD eſt
egal aux trois rectangles de DB, AC ; DB, CB ; & DB, DE, (qui eſt le quarré de DB) le
quarré de CD ſera egal à l’autre quarré de CB auec le rectangle de AD, BD. Ce qu’il
falloit demonſtrer.

Pour appliquer ce Theor. aux nombres, ſoit le nombre 12 diuiſé en deux nombres
egaux 6 & 6 ; & à iceluy nombre 12 ſoit adiouſté 3. Il eſt euident que le nombre 45
produict de tout le nombre compoſé 15 multiplié par l’adiouſté 3, auec 36 quarré de

la moitié 6, font 81, tout ainſi que le quarré de 9, compoſé de ladite moitié 6, & dé
l'adiouſté 3.

THEOR. 7. PROP. VII.

Si vne ligne droicte eſt couppee comme on voudra ; le quarré de la toute, & le quarré de l'vne des parties, ſont egaux au quarré de l'autre partie, & deux fois le rectangle compris de la totale, & de la partie premierement priſe.

Soit la ligne AB coupee comme on voudra au poinct F. Ie dis que les deux quarrés de la totale AB, & de la partie A F, ſont egaux au quarré de l'autre partie F B, & deux fois le rectangle de AB, AF.

Qu'il ne ſoit ainſi : ſur AB ſoit deſcrit le quarré AD auec ſa diagonalle BC : & apres auoir mené du poinct F, la ligne F E parallele à AC, laquelle couppe la diagonalle BC au poinct I ; d'iceluy poinct ſoit menee GH parallele à AB par la 12. pt. 1. Donc FH & GE ſeront quarrez par le Cor. de la 4. prop. de ce liu. & puis que par la 34. pr. 1. GI eſt egale à AF; GE ſera quarré du ſegm. A F. Derechef pource que A C eſt egale à A B, le rectangle A E ſera compris ſous la toute AB & le ſegm. AF. Par meſme raiſon le rectangle G D ſera compris ſous les meſmes lignes AB, AF : (car CD, C G ſont egales à AB, AF, à cauſe des quarrez AD, GE.) Veu donc que les rectangles AE & ID, auec le quarré FH ſont egaux au quarré AD : ſi on leur adiouſte le commun quarré EG, les quarrez AD, EG ſeront egaux aux rectangles A E, GD, (chacun deſquels eſt compris de la toute AB & de la partie A F) auec le quarré F H. Parquoy ſi vne ligne droicte eſt couppee comme on voudra, &c. Ce qu'il falloit demonſtrer.

SCHOLIE.

Autrement. D'autant que par la 4. pr. 2. le quarré de AB eſt egal aux deux quarrez de AF, FB, & deux fois le rectangle d'icelles AF, FB ; ſi on adiouſte le quarré commun de AF, les quarrez de AB, AF ſeront egaux aux trois quarrez de AF, AF, FB, auec deux fois le rectangle de AF, FB. Mais par la 3. p. 2. le rectangle de AB, AF eſt egal au rectangle de AF, FB, auec le quarré de AF ; & partant deux fois le rectangle de AB, AF, eſt egal à deux fois le rectangle de AF, FB, auec deux fois le quarré de AF : donc les quarrez de AB, AF, ſont egaux à l'autre quarré de FB, auec deux fois le rectangle de AB, AF. Ce qui eſtoit à demonſtrer.

Pour accommoder ce Theor. aux nombres, ſoit diuiſé le nombre 12 en deux tels nombres qu'on voudra 7 & 5. Or il eſt euident que 144 nomb. quarré de 12, & 49 nombre quarré de la partie 7, ſont enſemble egaux à 193, qui eſt fait de 25 nombre quarré de

l'autre partie 5, & deux fois 84, produit de 12 multiplié par 7. Semblablement 144
& 25, nombres quarrez de 12 & 5, sont ensemble egaux à 169, fait de 49 quarré de
7, & deux fois 60, produit de 12 multiplié par la partie 5.

Commandin demonstre en ce lieu le Theor. suiuant.

Si vne ligne droicte est couppee en deux parties inegales, les quarrez
d'icelles parties sont egaux au rectangle contenu deux fois sous icelles parties, & au quarré de la ligne, dont la plus grande partie excede la moindre.

Soit la ligne droicte A B couppee en deux parties inegales AC, CB, desquelles AC
est la plus grande, & d'icelle AC soit prise AD egale à B C, afin que DC soit l'excez
de la partie AC par dessus B C. Ie dis que les quarrez des parties AC, CB sont
egaux au rectangle contenu deux fois soubs AC, CB, & au quarré de DC. Car
soient constructs les quarrez AE, CH, & mené D I parallele à CE : puis prolongée
H G iusques à ce qu'elle rencontre DI en K. Or d'autant
que les lignes B C, A D sont egales, leur adioustant la
commune DC, la toute AC, c'est à dire CE, sera egale
à la toute D B. Mais CG est aussi egale à C B : donc
aussi le reste GE sera egal au reste DC : & partant puis
qu'aussi IE est egale à DC par la 34. pr. 1. GE, IE seront
egales : & partant IG sera le quarré de l'excez DC. Et
d'autant que les rectangles AI, DH sont contenus sous les parties AC, CB ; (car AC est
egale à l'vne & à l'autre ligne AF, DB : & CB à l'vne & à l'autre AD, BH.) Il est
manifeste que les quarrez AE, CH, des parties A C, C B sont egaux aux rectangles
AI, DH, qui sont contenus sous les parties AC, CB, & à IG quarré de l'excez D C.
Ce qui estoit proposé.

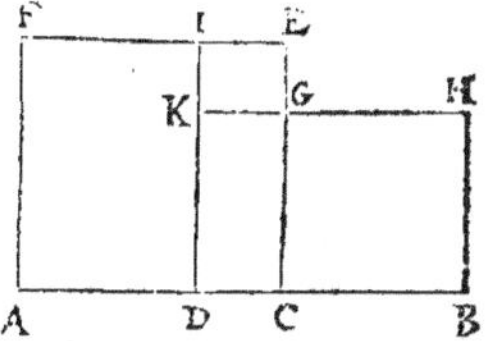

Le mesme est aussi manifeste par nombres : car le nombre 12 estant diuisé en deux par-
ties inegales 7 & 5, dont la plus grande excede la moindre de 2 : les quarrez d'icelles
parties seront 49 & 25, qui font ensemble 74, auquel nombre sont egaux deux fois 35
produit de 7 multiplié par 5, auec 4 quarré de l'excez 2.

THEOR. 8. PROP. VIII.

Si vne ligne droicte est couppee comme on voudra : quatre
fois le rectangle compris de la toute & de l'vne des
parties, auec le quarré de l'autre partie, est egal au quarré de la toute, & d'icelle partie premierement prise comme d'vne seule ligne.

Soit la ligne donnee AB couppee comme on voudra au poinct C. Ie dis
que quatre fois le rectangle, compris de AB & de l'vne ou l'autre partie,
sçauoir B C, auec le quarré de l'autre partie A C, sont ensemble egaux au
quarré de AD composée de la totale AB, & de la partie BC.

Qu'il ne soit ainsi : Soit prolongee AB vers D, & pris BD egale à BC,

puis fur la totale AD foit fait le quarré AE auec fa diagonale FD, & des deux
poincts B & C, foient menees BG & C I paralleles à D E. Item des poincts
H & K, aufquels elles couppent la diagonalle
FD, foient menees LM & OP paralleles à A D,
par la 31. prop. 1. lefquelles couppent les premieres paralleles en N & Q.

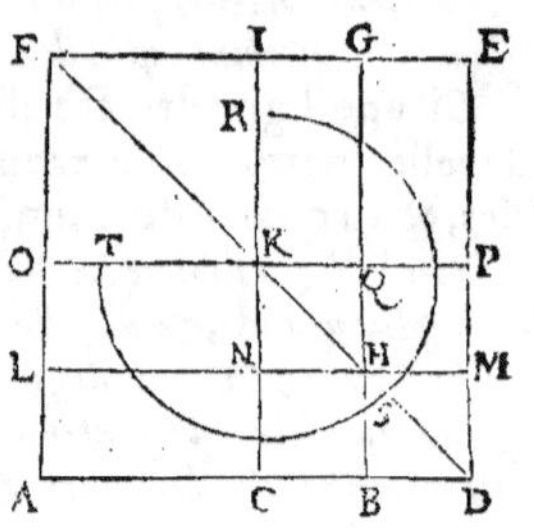

Premierement, par ce qui refulte de la 4. prop.
de ce liure les rectangles OI, N Q, B M au long
de la diagonalle feront quarrez. Item d'autant
que C B eft egale à B D: C H, & B M, feront
egaux & quarrez : (eftant l'vn d'iceux quarré)
pareillement N Q & H P auffi egaux quarrez ;
ainfi les quatre C H, B M, N Q, H P, feront
quarrez, & egaux : & par la 43. p. 1. les deux fupplemens LK & KG feront
auffi egaux entr'eux, & par la 36. pr. 1. LK eft egal à AN ; & KG à QE : & par
confequent iceux quatre rectangles font auffi egaux entr'eux. Mais comme
aux precedentes, il eft euident que A H eft vne fois le rectangle de AB &
BH, (egale à BD) qui eft vn des quatre rectangles auec vn des quatre petits
quarrez egaux : donc iceux quatre rectangles auec iceux quatre quarrez
faifant le Gnomon R S T feront egaux à quatre fois le rectangle de AB & BD;
lequel Gnomon auec le quarré de OK , (egale à AC par la 34. p. 1.) fçauoir
eft O I, conuiennent auec le quarré AE : & partant par la 8. com. fent. ils luy
feront egaux : Si donc vne ligne droicte eft couppee, &c. Ce qu'il falloit demonftrer.

SCHOLIE.

*Autrement, D'autant que par la 4. prop. 2. le quarré de AD eft egal aux quarrez
de AB, B D, & à deux fois le rectangle d'icelles AB, BD, c'eft à dire, aux quarrez de
AB, BC auec deux fois le rectangle de AB, B C: & que par
la precedente les quarrez de AB, BC font egaux au quarré
de AC auec deux fois le rectangle de AB, BC : le quarré de AD fera egal à quatre fois
le rectangle de AB, BC, auec le quarré de AC. Ce qu'il falloit demonftrer.*

*Pour accommoder ce theoreme aux nombres, foit le nombre 12, diuifé comme on voudra en
7 & 5. Or ledit nombre 12 multiplié par la partie 7, faict 84, qui pris quatre fois auec 25
quarré de l'autre partie 5, font 361, qui eft le nombre quarré de 19, compofé de 12 & 7.
Semblablement le nombre 240, qui eft faict du nombre propofé 12 multiplié quatre fois par
la partie 5, eftant adioufté auec 49, quarré de l'autre partie 7, font 289, tout ainfi que le
quarré de 17, nombre compofé du donné 12, & de la partie 5.*

THEOR. 9. PROP. IX.

Si vne ligne droicte eft couppée en deux parties egales, & en
deux inegales : les quarrés d'icelles parties inegales feront

doubles des quarrez de la moitié, & de la partie du milieu.

Soit la ligne donnée AB couppee en deux egalemént au poinct C, & en
deux inegalement en D. Ie dis que les quarrez de A D & D B parties inegales, font doubles des quarrez de AC moitié, & de CD partie du milieu.

Qu'il ne soit ainsi : au poinct C soit leuee la perpendiculaire CE, qu'on
fera egale à CA, & apres auoir mené AE & BE, soit leuee la perpendiculaire DF, couppant B E en F, duquel poinct soit
menee FG parallele à AB, couppant CE en G :
& finalement soit menee AF.

Premierement, les triangles ACE, & ECB
seront Isoscelles, & feront les angles sur les
bases AE & EB egaux par la 5. prop. 1. estant
l'angle ECB droict pour estre CE perpendiculaire. Item FDB estant droict, & DBF de-

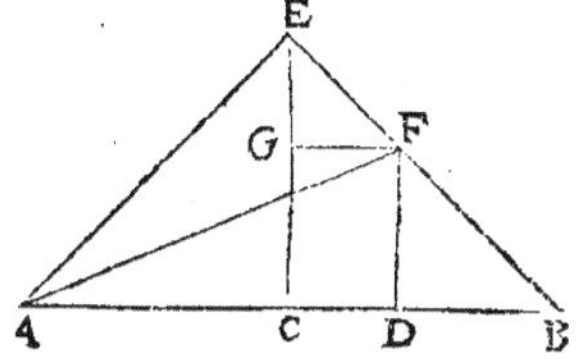

my droict, aussi par la 32. pr. 1. DFB sera demy droict, & par la 6. pr. 1. les costez DB & DF, du triangle BDF, feront egaux entr'eux. Par le mesme difcours sera demonstré que les costez G F, G E du triangle FGE, sont egaux
entr'eux. Item il est euident que l'angle A E B sera droict, estant composé des
deux demy droicts AEC, & BEC.

Maintenant par la 47. pr. 1. au triangle rectangle ACE, le quarré de AE,
costé qui soustient l'angle droict, est double du quarré de A C ; estant egal à
tous les deux de AC & CE. Par mesme discours, le quarré de EF est double
du quarré de G F, ou de CD son egal par la 34. p. 1. partant les deux quarrez de
AE & EF, feront doubles des deux de AC & CD. Pareillement le quarré de
AF estant egal aux deux de AE & EF par la 47. p. 1. iceluy sera double des
deux de AC & C D. Mais par la mesme 47. pr. 1. le quarré de A F est egal aux
deux de AD & DF, ou DB son egale : donc les deux quarrez de AD & DB feront doubles des deux de AC & CD. Si donc vne ligne droicte est couppee, &c. Ce qu'il falloit demonstrer.

S C H O L I E.

Autrement. *D'autant que par la 4. prop. 2. Le quarré de la ligne AD est egal aux
deux quarrez de AC, CD, & à deux fois le rectangle d'icelles AC, CD : si on adiouste le commun quarré de DB, les deux quarrez de AD,
DB, feront egaux aux trois quarrez de AC, CD & DF,
auec deux fois le rectangle de AC, CD, ou de BC, CD. Mais
par la 7. prop. 2. les quarrez de BC ou AC, & de CD, font egaux au quarré de DB auec
deux fois le rectangle de BC, CD. Donc les quarrez de AD, DB font egaux à deux
fois les quarrez de AC, CD : & partant doubles d'iceux. Ce qu'il falloit demonstrer.*

*Commandin demonstre encore cette proposition autrement, ainsi qu'il ensuit. D'au-
tant que AC est egale à CB, & icelle CB excede CD de DB, aussi AC excedera la*

meſme CD de DB. Parquoy comme il a eſté demonſtré à la 7. propoſit. 2. les quarrez de
A C, C D, ſont egaux à deux fois le rectangle de A C. C D, auec le quarré de D B, &
partant les trois quarrez de A C, C D, D B, auec deux fois le rectangle de A C, C D,
ſont doubles des quarrez de A C, C D. Mais par la 4. propoſit. 2. le quarré de A D
eſt egal aux quarrez de A C, C D, auec deux fois le rectangle de A C, C D. Donc les
quarrez de A D, D B ſont doubles des quarrez de A C, C D.

Pour auſſi rendre manifeſte ce Theoreme par nombres, ſoit le nombre 12 diuiſé en
deux parties eg. les, 6 & 6, & en deux inegales 8 & 4 : de ſorte que la partie du milieu
ſera 2. Or il eſt euident que 64 & 16, qui ſont les quarrez des parties inegales 8 &
4, ſont enſemble doubles de 36 & 4, qui ſont les quarrez de la moitié 6, & de la
partie du milieu 2, comme vouloit la propoſition.

<h1 style="text-align:center">THEOR. 10.   PROP. X.</h1>

Si vne ligne droicte eſt couppee en deux parties egales, &
on luy adiouſte directement quelque autre ligne droicte ;
le quarré de la toute auec l'adiouſtee comme d'vne, & le
quarré de l'adiouſtee, ſont doubles des quarrez de la
moitié, & de celle qui eſt faite de la moitié, & de l'adiouſtee comme d'vne.

Soit la ligne droicte A B couppee en deux egalement au poinct C, à laquelle ſoit adiouſtee directement BD. Ie dis
que les quarrez de AD & BD, ſont doubles
des quarrez de A C & CD. Qu'ainſi ne ſoit:
au poinct C ſoit leuee la perpendiculaire CE
par la 11. prop. 1. egale à AC : & apres auoir
mené les deux lignes A E & E B, ſoient menees par la 31. prop. 1. EF parallele à C D, &
D F à C E ſe rencontrant en F, & ſoient continuees EB & FD, iuſques à ce qu'elles ſe ren-

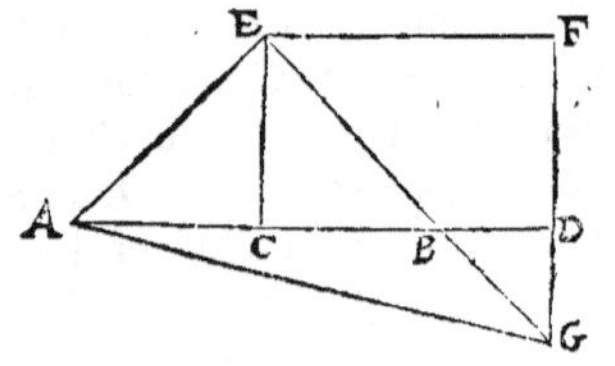

contrent au poinct G : (elles s'y rencontreront puis que les deux angles
B E F, E F D, ſont moindres que les deux droicts C E F, EFD .) Finalement
ſoit tiree la ligne AG.

Premierement, puis que AC & CE ſont egaux ; auſſi par la 5. prop. 1. les
angles E A C & C E A ſont egaux, & demy droicts par la 32. prop. 1. eſtant
l'angle ACE droict. Par meſme diſcours, les angles CBE & BEC ſeront auſſi
demy droicts ; & l'angle AEB droict, eſtant compoſé de deux demy droicts.
Item par la 15. prop. 1. l'angle DBG ſera egal à CBE, & demy droict : & les
deux lignes CD & EF eſtans paralleles, par la 29. prop. 1. l'angle BEF ſera
egal à CBE, c'eſt à dire demy droict, & l'angle F eſtant droict par la 34.
pr. 1. (car il eſt oppoſé à vn droict C) BGD ſera auſſi demy droict par la 32. p. 1.

& par

& par la 6. p. 1. les triangles EGF, & BDC feront Ifofcelles rectangles, & CF
parallelogramme rectangle.

Maintenant par la 47. prop. 1. le quarré de AE, cofté qui fouftient l'angle
droict C, eft egal aux deux quarrez des deux autres coftez AC, CE, partant
double du quarré de AC. Par méme difcours EG fe trouuera double du quarré de EF, ou de CD, qui luy eft egale par la 34. prop. 1. ainfi les deux quarrez de AE & EG, ou le feul de AG qui leur eft egal par la 47. prop. 1. fera
double des deux de AC, CD. Mais par la'mefme 47. p. 1. il eft egal aux deux
quarrez de AD & D G, ou BD fon egal, & par confequent les deux quarrez de AD & BD, feront doubles des deux de AC & DC. Si donc vne ligne
droicte eft couppée en deux parties egales, &c. Ce qu'il falloit prouuer.

S C H O L I E.

*Autrement. D'autant que par la 4. prop. 2. le quarré de AD eft egal aux quarrez
de AC, CD, auec deux fois le rectangle d'icelles AC, CD, ou de BC, CD : Si on adioufte le commun quarré de BD, les deux quarrez de AD, BD feront egaux aux trois quarrez de AC, CD, BD auec deux fois le rectangle de*   A   C   B   D
BC, CD. Mais par la 7. p. 2. le quarré de BD   ————————————————
*auec deux fois le rectangle de BC, CD eft egal aux quarrez de CD, BC, c'eft à dire de
AC, CD. Donc les quarrez de AD, BD, font egaux à deux fois les quarrez de AC,
CD : & partant ils font doubles d'iceux. Ce qu'il falloit demonftrer.*

*Commandin demonftre encore cette prop. ainfi. D'autant que AC eft egale à CB, & CD
excede icelle CB de BD, auffi la mefme CD excedera AC du mefme excez BD : Parquoy
comme il a efté demonftré à la 7. prop. de ce liure, les quarrez de AC, CD, font egaux à
deux fois le rectangle de AC, CD auec le quarré de BD : & partant les trois quarrez
de AC, CD, BD auec deux fois le rectangle de AC, CD, font doubles des quarrez de
AC, CD. Mais par la 4. p. 2. le quarré de AD eft egal aux deux quarrez de AC,
CD, & deux fois le rectangle d'icelles AC, CD : Donc les quarrez de AD & BD
font doubles des quarrez de AC, CD.*

*Ce Theoreme eft auffi euident en nombres : car le nombre 8 eftant diuisé en deux parties
egales 4 & 4, fi on luy adioufte quelconque nombre 5, le nombre composé fera 13, duquel
le quarré 169 auec 25 quarré du nombre adioufté 5, faict 194, qui eft double du nombre
97, fomme de ces deux nombres 16 & 81, qui font les quarrez de la moitié 4, & de 9
composé de ladite moitié & du nombre adioufté 5.*

PROBL. 1. PROP. XI.

Coupper vne ligne droicte donnee, tellement que le rectangle de la toute, & de l'vne des parties, foit egal au quarré de l'autre partie.

Soit la ligne droicte donnee AB, laquelle il faut diuifer felon le requis de la
propofition.

N

Apres auoir conſtruict ſur icelle A B le quarré AC, ſoit diuiſée AD en deux egalement au poinct E, & apres auoir mené EB, & prolongé E A vers F, tellement que EF ſoit egale à EB, ſur A F ſoit faict le quarré AH; & ſoit continuée HG iuſques en I. Ie dis que la ligne AB eſt couppee au poinct G, en ſorte que le rectangle CG, compris de B C egale à BA, & de BG partie de B A, eſt egal au quarré de l'autre partie AG, ſçauoir eſt à G F.

Car la ligne A D eſtant couppee en deux egalement en E, & on luy adiouſte directement AF, le quarré de la moitié & de l'adiouſtée comme d'vne, ſçauoir EF, ou de ſon egale EB, eſt egal au rectangle de DF, AF, & au quarré de A E par la 6. p. de ce liure. Mais le quarré de EB eſt egal aux deux de B A & AE par la 47. prop. 1. ainſi les deux quarrez de B A & A E, ſeront egaux au rectangle de D F, AF, & au quarré de AE : oſtant donc le quarré de AE commun, les demeurans 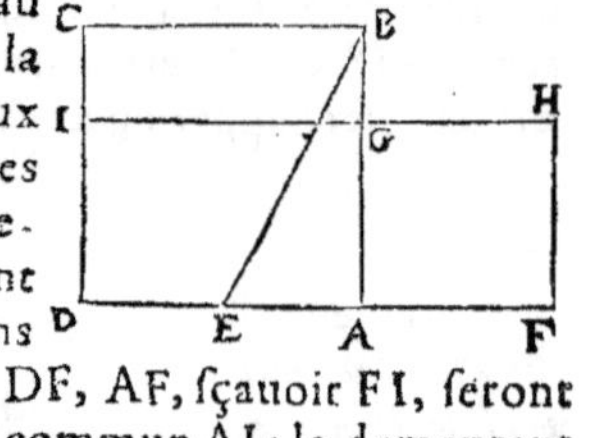 quarré de A B, ſçauoir A C, & le rectangle de DF, AF, ſçauoir FI, ſeront egaux; deſquels AC & FI, ſi on oſte le rectangle commun AI; le demeurant quarré FG, ſera egal au demeurant rectangle GC. Parquoy nous auons coupé la ligne droicte AB en G, tellement que le rectangle d'icelle & de la partie GB eſt egal au quarré de l'autre partie AG. Ce qu'il falloit faire.

S C H O L I E.

Nous auons enſeigné en nos Memoires Mathematiques Probl. 72. de la Geometrie pract. à coupper vne ligne droicte, non ſeulement comme enſeigne icy Euclide, maïs auſſi en ſorte que le rectangle de la toute, & de l'vne des parties ſoit double, ou triple, ou quadruple, &c. ou moitié, ou tiers, ou quart, &c. du quarré de l'autre partie : bref qu'iceluy rectangle ſoit au quarré, ſelon quelconque raiſon donnée.

Quant aux nombres, ils ne ſe peuuent accommoder à ce probleme, ſinon qu'on y employe les nombres irrationaux : Car aucun nombre abſolu ne peut eſtre diuiſé en deux autres tels que le nombre produict du tout, multiplié p r l'vne des parties ſoit egal au nombre quarré de l'autre partie, comme il ſera demonſtré au ſcholie de la 14. p. 9. auquel les 10. theoremes precedens ſeront demonſtrez en nombres : Neantmoins pour le contentement de ceux qui entendent les operations des nombres irrationaux, nous appliquerons les nombres aux lignes & ſuperfices mentionnez en la demonſtration cy-deſſus. Que la ligne AB ſoit 8 : donc ſa moitié AE ſera 4, & leurs quarrez ſeront 64 & 16, qui font enſemble 80, pour le quarré de EB ou EF, qui par conſequent ſera irrationelle, c'eſt à ſçauoir √80 : & d'icelle EF, oſtons E A 4, & reſteront pour A F, ou A G, √80—4, qui oſtez de la toute A B 8, reſteront pour l'autre partie B G 8—√80—4, c'eſt à dire 12—√80, qui multipliez par le nombre total 8, feront 96—√5120 pour le rectangle GC, & autant eſt le quarré AH; car la partie AG, qui eſt √80—4, multipliee par ſoy-meſme fait auſſi 96—√5120, comme vouloit ce probleme.

<h1 style="text-align:center">THEOR. 11. PROP. XII.</h1>

Aux triangles ambligones, le quarré du coſté qui ſouſtient

l'angle obtus, eſt plus grand que les quarrez des deux autres coſtez, de la quantité de deux fois le rectangle, compris d'vn des coſtez contenant l'angle obtus, ſçauoir celuy ſur lequel eſtant prolongé tombe la perpendiculaire,
& de la ligne priſe dehors entre la perpendicu'aire &
l'angle obtus.

Soit le triangle ambligone ABC, duquel ſoit prolongé le coſté CB iuſques en D, & du poinct A ſoit menee la perpendiculaire AD par la 12 prop. 1.
Ie dis que le quarré du coſté AC, qui ſouſtient l'angle obtus ABC, eſt
plus grand que les quarrez de AB & CB, de deux fois le rectangle de CB
& BD, ſçauoir CB, qui eſt l'vn des coſtez faiſant l'angle obtus, celuy ſur
lequel eſtant prolongé tombe la perpendiculaire AD, & BD priſe dehors
entre l'angle obtus, & la perpendiculaire, c'eſt à dire que le quarré du
coſté AC eſt egal aux deux quarrez des coſtez AB, B C, auec deux fois le
rectangle de CB, BD.

Qu'il ne ſoit ainſi : Puis que la ligne CD eſt couppee
en B, le quarré d'icelle CD ſera egal aux deux quarrez
de CB, BD, & au rectangle compris deux fois ſous
CB, BD, par la 4. prop. de ce liure : Adiouſtant donc le
commun quarré de AD, les deux quarrez de CD, DA,
ſeront egaux aux trois quarrez de CB, BD, DA, & au rectangle compris deux fois ſous CB, BD. Mais par la 47.
prop. 1. le quarré de A C eſt egal aux quarrez de C D,
DA: donc auſſi le quarré de AC ſera egal aux trois quarrez de CB, BD, DA,
& au rectangle compris deux fois ſous CB, BD. Et puis que par la 47. p. 1.
le quarré de AB eſt egal aux quarrez de BD, DA; le quarré de AC ſera egal
aux quarrez de CB, AB, & deux fois le rectangle de CB, B D. Parquoy aux
triangles ambligones, le quarré du coſté qui ſouſtient l'angle obtus, &c.
Ce qu'il falloit demonſtrer.

SCHOLIE.

*Or que la perpendiculaire tiree de A, doiue tomber ſur le coſté CB prolongé de la part
de l'angle obtus, comme l'a pris icy Euclide, nous le demonſtrerons ainſi : Soit le triangle ABC ayant l'angle B obtus, & le coſté CB prolongé de la part
de B. Ie dis que la perpendic. tiree de A tombe hors le triangle
ſur le coſté CB prolongé, comme eſt la ligne droicte AD. Car ſi
elle tomboit dans le triangle, comme eſt la ligne AE, les deux
angles ABE, AEB ſeroient plus grands que deux droicts, contre
la 17. prop. 1. Mais ſi elle tomboit hors le triangle ſur le coſté BC
prolongé de la part de C, comme eſt AF; derechef, au triangle ABF,
les deux angles ABF, AFB ſeroient plus grands que deux droicts:
ce qui eſt abſurde.*

N ij

Or afin de pouuoir par le moyen des nombres faire paroiftre la verité de ce theoreme, nous enfeignerons icy certaines regles, par lefquelles on pourra conftruire diuers triangles ambligones, ayans les coftez commenfurables en nombre entier, & auſſi la ligne d'entre la perpendiculaire & l'angle obtus.

REGLE I.

Pour conftruire vn triangle ambligone Ifofcelle, ayant les coftez, & la ligne prife dehors entre la perpendiculaire & l'angle obtus commenfurables en nombre entier, foit faict le fegment exterieur, d'autant de parties egales que le nombre d'icelles parties fe puiſſe diuifer exactement par 7, comme de 7, ou de 14, ou de 21, ou de 28, ou 35, &c. puis apres foit pofé pour chafque cofté egal, le double d'iceluy fegment, & outre ce $\frac{4}{7}$ d'iceluy, mais pour le plus grand cofté, le quadruple & $\frac{2}{7}$ dudit fegment exterieur: comme au triangle ABC, ou le fegment AD eſt pofé de 7, & l'vn & l'autre des coftez AB, AC de 18, qui eſt double & $\frac{4}{7}$ de 7; mais le plus grand cofté BC de 30, qui eſt le quadruple & $\frac{2}{7}$ de 7. Or que ce triangle ABC compofé comme deſſus foit ambligone, il eſt euident: Car

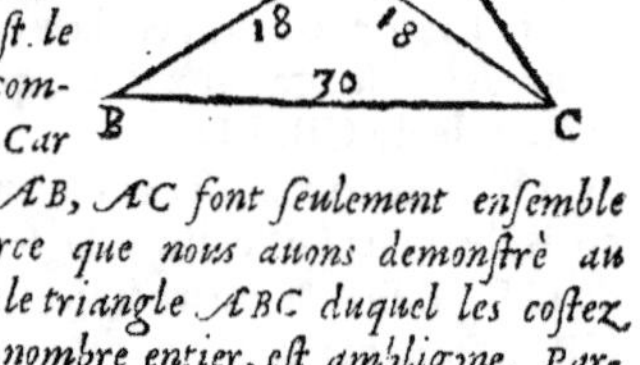

le quarré du cofté BC eſt 900, & ceux des coftez AB, AC font feulement enfemble 648, chacun d'iceux eſtant 324: & partant parce que nous auons demonſtré au Scholie de la 48. p. 1. l'angle BAC fera obtus. Donc le triangle ABC duquel les coftez & la ligne exterieure AD font commenfurables en nombre entier, eſt ambligone. Parquoy le quarré dudit cofté BC, qui eſt 900 fera egal à la fomme des quarrez des deux autres coftez AB, AC, & de deux fois BA en DA, c'eſt à dire à la fomme de ces quatre nombres 324, 324, 126, 126, qui font auſſi 900, comme veut cette 12. prop.

REGLE II.

Pour conftruire vn triangle Ambligone fcalene duquel non feulement les coftez & la ligne prife dehors entre la perpendiculaire tombant fur le moindre cofté prolongé & l'angle obtus, mais auſſi ladite perpendiculaire, foient commenfurables en nombre entier; foit pofé le fegment exterieur d'autant de parties qu'on voudra qui fe puiſſent exactement diuifer par 5; comme de 5, 10, 15, 20, &c. puis au double d'icelles parties adiouſtez $\frac{1}{5}$ pour auoir le petit cofté, $\frac{3}{5}$ pour auoir le moyen, & $\frac{2}{5}$ pour auoir la perpendiculaire, mais le quadruple dudit fegment fera le plus grand cofté. Ou bien pofez le fegment exterieur de 9, ou 18, ou 27, ou d'autre nombre de parties qui fe puiſſe partir exactement par 9: puis pour le petit cofté prenez $\frac{7}{9}$ dudit fegment; pour auoir le moyen, adiouſtez à iceluy fegment $\frac{2}{3}$, pour la perpendiculaire $\frac{1}{3}$, & pour le grand cofté adiouſtez $\frac{2}{9}$ au double d'iceluy fegment: comme fi nous pofons que le fegment exterieur foit de 9 parties egales, le plus petit cofté fera 7 d'icelles parties, le moyen 15, la perpendiculaire 12, & le plus grand cofté 20. Or le quarré d'iceluy cofté eſt 400, auquel eſt egale la fomme de ces quatre nombres 225, 49, 63, 63, qui font les quarrez des deux coftez 15 & 7, & deux fois le produict de 9 multiplié par 7, c'eſt à dire le fegment exterieur par le moindre cofté: Parquoy appert que le triangle ainfi conſtruict eſt ambligone, & cette 12. prop. eſtre veritable.

Regle III.

Pour conſtruire vn triangle ambligone scalene, duquel les coſtez & le ſegment exte-
rieur du moyen coſté prolongé iuſques à la rencontre de la perpendiculaire tombant ſur
iceluy coſté, ſoient commenſurables en nombre entier : ſoit pris ledit ſegment exterieur de 5
parties, ou de 10, ou de 15, &c. puis ſoit adiouſté ⅓ au triple d'iceluy ſegment, &
viendra le moindre coſté, le double duquel donnera le moyen coſté, mais multipliant ledit ſeg-
ment par 8, nous aurons le plus grand coſté : comme ſi nous poſons le ſegment exterieur de 5
parties, adiouſtans ⅓ d'iceluy ſegment à ſon triple 15, nous aurons 16 pour le moindre coſté, &
doublant iceluy coſté viendront 32 pour le moyen coſté : & finalement multipliant ledit
ſegment par 8, nous aurons 40 parties pour le plus grand coſté du triangle: lequel ſera am-
bligone, veu que le quarré d'iceluy coſté 40, eſt 1600, & la ſomme des quarrez des deux au-
tres coſtez 16 & 32 n'eſt que 1280 ; mais ces deux quarrez eſtant adiouſtez à deux fois
160 procreez de la multiplication du moyen coſté 32 par le ſegment exterieur 5, font auſſi
1600, comme veut Euclide en ceſte 12. prop.

THEOR. 12. PROP. XIII.

Aux triangles Oxigones, le quarré du coſté qui ſouſtient l'angle aigu, eſt plus petit que les quarrez des deux autres coſtez, de deux fois le rectangle contenu de l'vn des coſtez
qui font l'angle aigu, ſçauoir celuy ſur lequel tombe la
perpendiculaire, & de la ligne priſe au dedans entre la
perpendiculaire, & l'angle aigu.

Soit le triangle ABC, ayant les angles B & C aigus, mais de l'angle A tombe AD perpendiculaire au coſté B C. Ie dis que le quar-
ré du coſté AB, qui ſouſtient l'angle aigu C, eſt plus
petit que les deux quarrez des deux autres coſtez AC &
CB, de deux fois le rectangle de B C & CD : ſçauoir
BC, l'vn des coſtez qui font l'angle aigu C, ſur lequel
tombe la perpendiculaire, & CD priſe entre la perpen-
diculaire, & iceluy angle aigu C. 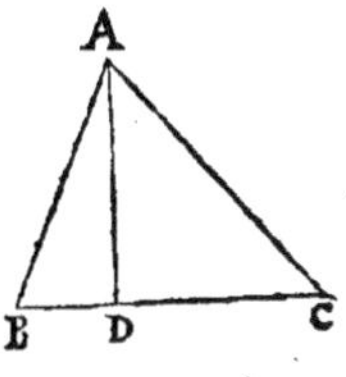
Car d'autant que la ligne BC eſt couppee en D, les
quarrez de BC, CD, font egaux au quarré de BD, & deux fois le rectangle de
BC, CD par la 7. pr. de ce liure, auſquels ſi on adiouſte le quarré commun
de AD, les trois quarrez de BC, CD, AD, ſeront egaux aux deux quarrez de BD, AD, & deux fois le rectangle de B C, CD. Mais les deux triangles A D B, A D C eſtans rectangles, le quarré de AB eſt egal aux deux quarrez de AD, DB : & le quarré de AC aux deux quarrez de AD, DC par la

47. prop. 1. Donc les deux quarrez de AC, BC seront egaux au quarré de AB, & deux fois le rectangle de B C, CD : en oftant donc iceux deux rectangles, le quarré de AB sera d'autant plus petit que les quarrez de AC, BC : ce qui estoit proposé à prouuer. On demonstrera en la mesme maniere que le quarré du costé AC, qui souftient l'angle aigu, B, est plus petit que les deux quarrez des deux autres costez AB, BC, de deux fois le rectangle de CB, BD. Donc aux triangles Oxigones, le quarré du costé qui souftient l'angle aigu, &c. Ce qu'il falloit demonstrer.

SCHOLIE.

Or combien qu'Euclide propose ce Theoreme des triangles oxigones seulement : toutesfois le mesme est aussi veritable ez triangles rectangles & ambligones, la perpendiculaire tombant de l'angle droict ou obtus : Car il est manifeste par la 17. pr. 1. que les deux autres angles sont aigus : & partant la perpendiculaire tombera toufiours dans le triangle, comme Euclide l'a pris en la demostration cy-dessus : Ce qui est aussi facile à prouuer. Car si elle tomboit hors le triangle, il s'ensuiuroit qu'vn angle aigu seroit plus grand que le droict. Ce qui est absurde.

Et comme au precedent Scholie nous auons enseigné à construire diuers triangles ambligones ayans les costés & le segment compris entre la perpendiculaire & l'angle obtus cōmensurables en nomb. entiers, afin de pouuoir plus facilement faire apparoir en nombres la verité de ce qu'Euclide a demonstré en la 12. prop. aussi enseignerons nous icy quelques reigles pour construire diuers triangles oxigones ayant les costez & les segmens de la base commensurables en nombres entiers, afin de faire aussi paroistre en nombre la verité de cette 13. prop.

REGLE I.

D'autant qu'au triangle equilateral, & à l'Isocelle la perpendiculaire tombant de l'angle compris des deux costez egaux fait les segmens de la base egaux, ainsi qu'il a esté demonstré sur la 26. prop. 1. il sera fort aisé de construire tels triangles qui ayent les costez & les segmens commensurables en nombre entier, c'est pourquoy il n'est pas besoin de nous y arrester : Mais quand est requis vn triangle Isocelle, auquel la base soit plus grande que chaque costé, & que la perpendiculaire tombe sur l'vn d'iceux costez egaux ; elle le couppera en deux segmens inegaux, comme nous auons demonstré à la 47. prop. 1. le moindre desquels segmens il faut poser d'autant de parties qu'on voudra, & icelles estans multipliees par 8, produiront le plus grand segment, mais les multipliant par 12, sera produit la base, & les deux segmens estans adioustez, l'on aura l'vne & l'autre des iambes : ce qu'on aura aussi multipliant le moindre segment par 9. Comme par exemple, ayant posé le moindre segment de 4 parties, nous les multiplierons par 8, & viendront 32 pour le plus grand segment : mais les multipliant par 12, viennent 48 pour la base, & par 9 viennent 36 pour chaque costé. Or que ce triangle Isocelle soit oxigone, il est manifeste parce que nous auons demonstré au Scholie de la 48. prop. 1. car veu que le quarré de la base 48 n'est que 2304, & la somme des quarrez des deux iambes est 2592, chacun d'iceux estant 1296, l'angle compris d'iceux costez sera aigu, & par consequent les autres seront aussi aigus, puis qu'ils sont plus petits par la 18. prop.1. Et si à iceluy quarré 2304, nous adioustons 288, qui sont deux fois 144, nombre produit de 36, costé sur lequel tombe la perpendiculaire, par 4, segment compris entre la perpendiculaire & l'angle opposé à ladite base, viendront aussi 2592. Pareillement 1296, quarré de l'vne des iambes est moindre que 3600, somme des quarrez de la base & de l'autre iambe, de deux fois 1152, nombre produit du costé 36 multiplié par le grand segment 32: car ces trois nombres 1296, 1152, 1152 sont ensemble le mesme nombre 3600. Parquoy appert estre veritable ce que dit Euclide en cette 13. prop.

REGLE II.

Que s'il est requis que le triangle soit Isoscelle, ayant la base moindre que chacune iambe, & que sur l'vne d'icelle tombe la perpendiculaire : il faudra poser le moindre segment, d'autant de parties que l'on voudra en nombre pair, & multipliant la moitié d'iceluy nombre par 7, on aura le plus grand segment, mais multipliant ledit moindre segment par 3, on aura la base, & finalement la somme des deux segmens sera chacune des iambes: qu'on aura aussi multipliant la moitié du moindre segment par 9. Parquoy ayant posé le moindre segment de 4, ie multiplie sa moitié 2, par 7, & viennent 14 pour l'autre segment, tellement que toute la iambe sera 18, & multipliant ledit segment 4 par 3, viennent 12 pour la base. Or que ce triangle soit oxigone, il est euident, attendu que le quarré du costé 18 n'est que 324, & la somme des quarrez des deux autres costez est 468 : Et de plus, iceluy quarré 324 est moindre que ladite somme 468, de deux fois 72, nombre produit de la multiplication de 18, costé sur lequel tombe la perpendiculaire par 4, segment compris entre ladite perpendiculaire & l'angle opposé à l'autre iambe: partant il appert estre veritable ce que dit Euclide en cette 13. prop.

REGLE III.

Que s'il est requis que le triangle soit scalene, & la perpendiculaire tombe sur le moindre costé, il faudra poser le moindre segment de 70 parties, ou de 140, ou de quelque autre nombre qui se puisse diuiser exactement par 70; puis adiouster à iceluy nombre $\frac{29}{70}$ & viendra le plus grand segment, & la somme de ces deux segmens sera le moindre costé ; mais ayant doublé le moindre segment, & à iceluy double adiousté $\frac{42}{70}$ c'est à dire $\frac{3}{5}$ dudit segment, sera procreé le moyen costé; & finalement si à ce double du moindre segment on adiouste $\frac{55}{70}$, c'est à dire $\frac{11}{14}$, on aura le plus grand costé. Comme si nous posons le moindre segment de 70, & à iceluy adioustons $\frac{29}{70}$, nous aurons 99 pour le plus grand segment, & par consequent le moindre costé sera 169 ; mais adioustant $\frac{42}{70}$ au double d'iceluy moindre segment, viendront 182 pour le moyen costé; & adioustant au mesme double $\frac{55}{70}$, viendront 195 pour le plus grand costé. Or que ce triangle soit oxigone, il est euident, attendu que le quarré du plus grád costé 195 n'est que 38025, & la somme des quarrez des deux autres costez est 61685 : parquoy le plus grand angle est aigu, & consequemment les autres sont aussi aigus. Que si à iceluy quarré 38025, on adiouste deux fois 11830. nombre produit de la multiplication de 169, costé sur lequel tombe la perpendiculaire par le moindre segment 70, viendra le mesme nõbre 61685. Parquoy apert encore estre veritable ce que dit Euclide en cette 13. p.

REGLE IV.

Que si au triangle scalene il est requis que la perpendiculaire tombe sur le moyen costé, soit posé le moindre segment de 5 parties, ou de 10, ou de quelqu'autre nombre qu'on puisse exactement diuiser par 5, puis à iceluy segment soient adioustez $\frac{4}{5}$, & on aura le plus grand segment; & la somme d'iceux sera le moyen costé: mais adioustant $\frac{1}{5}$ au double d'iceluy moindre segment, on aura le moindre costé, & le plus grand sera le triple dudit segment. Parquoy si nous posons le moindre segment de 10 parties, adioustant à iceluy les $\frac{4}{5}$, nous aurons 18 pour l'autre segment, & conséquemment tout le moyen costé sera 28. Mais adioustant 6, qui sont les $\frac{3}{5}$ du moindre segment 10, au double d'iceluy segment, viennent 26 pour le moindre costé; & le plus grand sera 30, triple dudit moindre segment. Or qu'iceluy triangle soit oxigone, il est manifeste: car le quarré du plus grãd costé 30, n'est que 900, & la somme des quarrez des deux autres costez 26 & 28 est 1460: & partant le plus grand angle est aigu, & conséquemment les autres angles sont aussi aigus. Maintenant si nous multiplions le costé sur lequel tombe la perpendiculaire, sçauoir 28 par le moindre segment 10, nous aurons 280, & pour le double 560, qui adioustés au susdit quarré de 30 sçauoir 900, font le mesme nombre 1460, somme des deux quarrez des deux autres costez 26 & 28, qui sont 676 & 784. Pareillement le quarré du moindre costé 26, n'est que 676, & la somme des quarrez des deux autres costez est 1684: tellement qu'il est moindre que cette dite somme de deux fois 504, nombre produit de la multiplication de 28, costé sur lequel tombe la perpendiculaire par 18, segment compris entre ladite perpendiculaire & l'angle opposé à iceluy moindre costé. Parquoy appert derechef estre veritable ce que dit Euclide en cette 13. proposition.

REGLE V.

Et finalement, s'il estoit requis que la perpendiculaire tombe sur le plus grand costé, soit encore posé le moindre segment de 5 parties, ou de 10, ou de 15, &c. puis au triple d'iceluy segment soit adiousté $\frac{1}{3}$, & viendra le plus grand segment, tellement que la somme d'iceux segmens sera le plus grand costé: mais adioustant $\frac{3}{5}$ au double d'iceluy moindre segment, on aura le moindre costé, & le moyen sera le quadruple dudit segment. Par ainsi le moindre segment estant posé de 5 parties, le plus grand sera de 16, & le plus grand costé 21, le moindre 13, & le moyen 20. Or le quarré de ce plus grand costé 21, n'est que 441, & la somme des deux quarrez des deux autres costez 20 & 13 est 569: parquoy l'angle opposé à iceluy costé, qui est le plus grand par la 18. prop. 1. est aigu, & consequemment le triangle susdit est oxigone. Dauantage le quarré du moindre costé 13, sçauoir 169, est plus petit que la somme des quarrez des deux autres costez 20 & 21, sçauoir est 841, de deux fois 336, nombre produit de la multiplication de 21, costé sur lequel tombe la perpendiculaire par 16, segment compris entre ladite perpendiculaire & l'angle opposé à iceluy moindre costé. Pareillement le quarré du moyen costé 20, sçauoir 400, est moindre que 610, somme des quarrez des deux autres costez 13 & 21, de deux fois 105, nombre produict de 21 multiplié par le moindre segment 5. Parquoy appert encore par ce triangle estre veritable ce que dit Euclide en cette 13. prop.

Mais il est aussi euident tant par la demonstration d'Euclide, que par l'appli-

*cation des nombres cy-deuant faicte, que ce qu'il dit icy des triangles oxigones feu-
lement, eſt auſſi veritable tant aux triangles rectangles qu'aux ambligones, tellement qu'on peut dire qu'en tout triangle, le quarré du coſté qui fouſtient vn angle
aigu eſt plus petit que la ſomme des quarrez des deux autres coſtez, de deux fois le
rectangle contenu du coſté ſur lequel tombe la perpendiculaire, & de la ligne compriſe entre icelle perpendiculaire, & ledit angle aigu.*

PROBL. 2. PROP. XIV.

Faire vn quarré egal à vne figure rectiligne donnee.

Soit donnee la figure rectiligne A, à laquelle il faut faire vn quarré egal.
Soit premierement fait le parallelogramme B D egal à la figure donnee A, ayant vn angle droict par la 45. prop. 1. puis ſoit prolongé vn coſté,
comme C D, iuſques en F, & fait D F egale
à l'autre coſté D E: & apres auoir couppé
C F en deux egalement au poinct G, & d'iceluy poinct G & interualle G C ou G F, deſcrit
le demy cercle C H F, ſoit continuee E D
iuſques à ce qu'elle rencontre la circonference du demy cercle en H. Ie dis que le quarré de D H eſt egal à la figure rectiligne A.

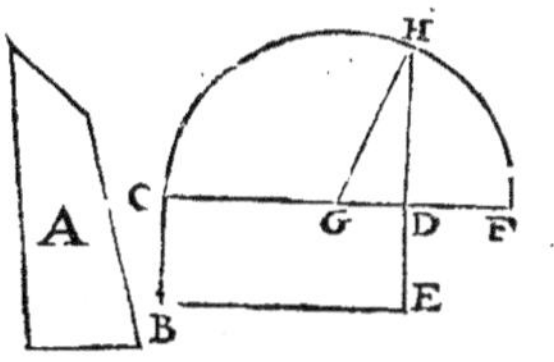

Car puis que C F eſt couppee en deux
egalement au poinct G, & en deux inegalement au poinct D; le rectangle
de C D & D F, ſçauoir B D, auec le quarré de la partie du milieu G D, eſt egal
au quarré de la moitié G F par la 5. prop. de ce liure, ou de ſon egale G H,
lequel eſt egal aux deux quarrez de G D & D H par la 47. prop. 1. Que ſi on
oſte le quarré commun de G D, le demeurant quarré de D H ſe trouuera egal
au demeurant rectangle B D: & par conſequent à la figure rectiligne donnee A. Nous auons donc trouué le coſté d'vn quarré egal à vne figure rectiligne donnee A. Ce qu'il falloit faire.

Fin du ſecond Element.

O

ELEMENT
TROISIESME·
D EFINITIONS.

ERCLES egaux, font ceux defquels les diametres font egaux, ou defquels les lignes droictes menees des centres aux circonferences, font egales.

D'autant qu'Euclide demonftre en ce 3. liure diuerfes proprietez & affections du cercle, il explique auparauant quelques termes dont l'vfage fera fort frequent en iceluy: Il dit donc premierement que ces cercles-là font egaux, defquels les diametres ou femidiametres font egaux. Car puis que le cercle eft defcrit par le mouuement & reuolution du demy diametre à l'entour d'vne de fes extremitez fixe & immobile, comme nous auons dit à la 15. def. du 1. liure; il eft euident que ces cercles-là font egaux defquels les demy diametres, ou les lignes droictes menees des centres aux circonferences font egales entr'elles: ou bien defquels les diametres entiers font egaux entr'eux. Comme

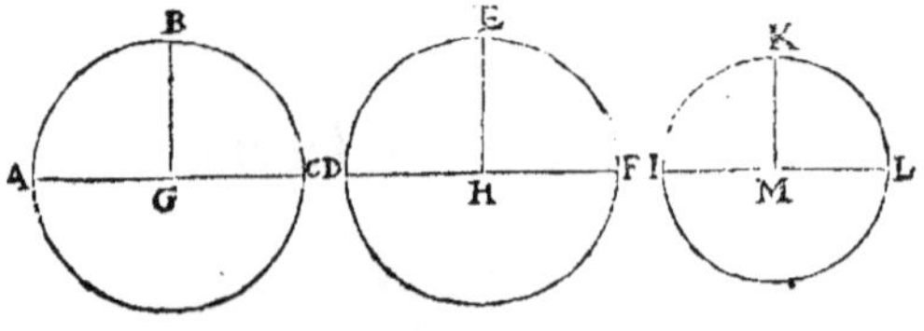

fi les diametres AC, DF, ou les lignes droictes GB, HE, menees des centres G & H, font egales entr'elles, les cercles ABC, DEF feront egaux entr'eux. Et au contraire, fi les cercles font egaux, leurs diametres ou les lignes droictes menees des centres aux circonferences, feront aufsi egales.

De cecy il appert, que les cercles font inegaux quand les diametres, ou les lignes droictes menees des centres aux circonferences, font inegales; & que celuy eft le plus grand, duquel le diametre, ou demy diametre eft le plus grand. Comme fi les diametres DF, IL, ou les lig. droictes HD, MK, menees des centres aux circonfer. font inegales, les cercles DEF, IKL feront inegaux; & fi le diametre DF eft le plus grand, aufsi le cercle D E F fera le plus grand. Et au contraire; des cercles inegaux, les diametres ou femidiametres feront inegaux, c'eſt à ſçauoir celuy du plus grand cercle,plus grand, & celuy du moindre, plus petit.

2.　Vne ligne droicte eſt dicte toucher le cercle, laquelle touchant le cercle, ſi elle eſt continuee ne le coupe point.

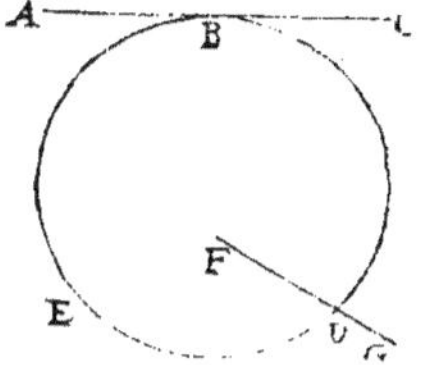

Comme la ligne droicte A B fera dicte toucher le cercle B D E en B, ſi elle l'y touche, en forte qu'eſtant prolongee vers C, elle ne le couppe point, ains demeure totalement dehors iceluy cercle. Mais d'autant que la ligne droicte G D atteint le meſme cercle au poinct D, en telle forte qu'eſtant prolongee iuſques à F, elle couppe le cercle, & tombe dedans iceluy, elle ne ſera pas dicte toucher le cercle,mais lecoupper.

3.　Les cercles font dicts ſe toucher l'vn l'autre, quand en ſe touchant ils ne ſe coupent point.

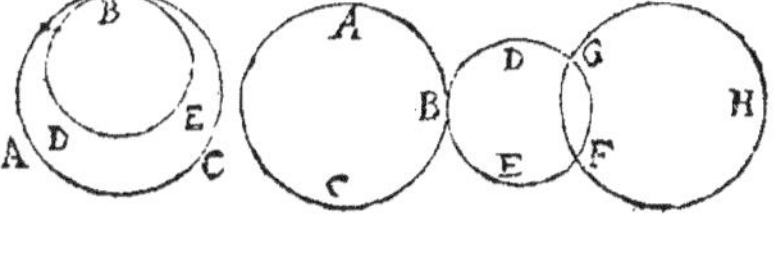

Ainſi les deux cercles A B C, D B E feront dicts ſe toucher l'vn l'autre en B, s'ils s'y touchent en forte qu'ils ne s'entrecouppent point. Or cet attouchement des cercles eſt de deux fortes; Car les cercles s'entretouchent ou en dedans, ou en dehors: Ils ſe touchent en dedans, quand l'vn eſt poſé dedans l'autre; & en dehors, quand l'vn eſt conſtitué hors de l'autre, comme il appert icy. Mais ſi deux cercles s'atteignent de telle forte que l'vn couppe l'autre, comme font icy les deux cercles D G E, F G H, ils feront dicts ſe coupper, & non pas ſe toucher.

4.　Au cercle,les lignes droictes font dictes eſtre egalement diſtantes du centre, lors que les perpendiculaires tirees du centre ſur icelles, font egales. Mais celle-là eſt dicte eſtre plus eſloignee du centre, ſur laquelle tombe la plus grande perpendiculaire.

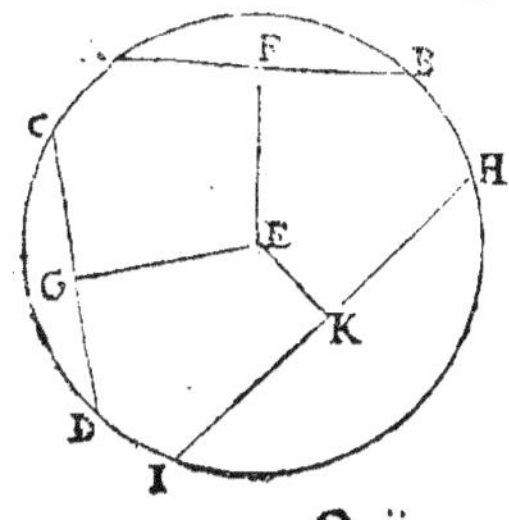

Comme au cercle A B D C, les lignes droictes A B, C D, feront dites eſtre egalement diſtantes & eſloignees du centre E, ſi les perpendiculaires E F, E G, font egales: Mais la ligne droicte A B fera dicte eſtre plus eſloignee du centre E que la ligne H I, ſi la perpendiculaire E F eſt plus grande que la perpendiculaire E K.

5. Segment, ou portion de cercle, est vne figure comprise d'vne ligne droicte, & de la circonference du cercle.

Si dans vn cercle, comme ABCD, on mene vne ligne droicte qui couppe le cercle en deux parties, comme fait la ligne droicte F G; tant la figure F B G contenue soubs ladite ligne droicte F G, & la partie de circonference F B G, que la figure F D G comprise soubs la mesme ligne droicte F G, & la partie de circonference F D G, sera dicte segment ou portion de cercle. Mais est icy à noter qu'il y a de trois sortes de segmens de cercle. Car si la ligne droicte passe par le centre du cercle, comme A E C, elle diuisera le cercle en deux segmens egaux A B C, A D C, chacun desquels s'appelle proprement demy cercle, comme il a esté dit au premier liu. Mais quand la ligne ne passe point par le centre, comme F G, elle diuise le cercle en deux parties inegales F B G, F D G, l'vne desquelles, sçauoir F B G, dans laquelle est le centre E, est plus grande que le demy cercle, & s'appelle portion ou segment maieur : mais l'autre portion F D G, est plus petite que le demy cercle, & s'appelle segment mineur. Dauantage, la ligne droicte F G est appellee chorde par plusieurs Geometres, & la partie de circonference F B G, ou F D G, arc.

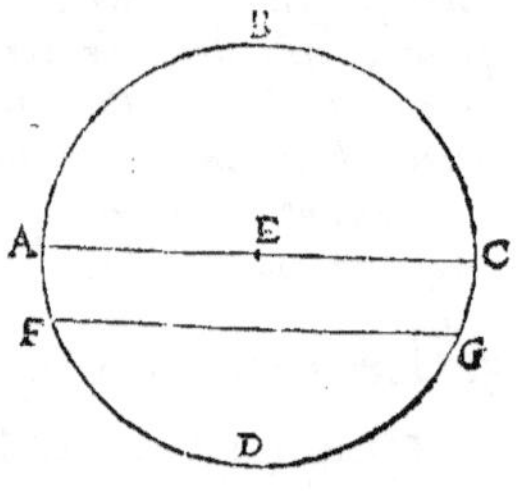

6. L'angle du segment, est celuy compris d'vne ligne droicte, & de la circonference du cercle.

Euclide vient maintenant à definir trois sortes d'angles que l'on considere aux cercles, & commence par l'angle du segment, disant que l'angle mixte B F G, ou B G F, qui en la figure prec. est contenu sous la ligne droicte F G, & la circonference F B G, s'appelle angle du segment. Que si le segment est vn demi cercle, l'angle d'iceluy sera appellé angle du demi cercle, & tel est l'angle E A B, ou E C B. Mais si le segment est plus grand que le demi cercle l'angle d'iceluy, comme B F G, ou B G F, sera dict angle du segment maieur : Et si le segment est plus petit que le demy cercle, l'angle d'iceluy, comme D F G, ou D G F, sera appellé angle du segment mineur.

7. Vn angle se dit estre au segment, ou en la portion, lors qu'à vn poinct pris en la circonference du segment, sont menees deux lignes droictes des extremitez de la ligne qui sert de base au segment; & cet angle-là est celuy compris d'icelles deux lignes.

Soit vn segment de cercle A B C , duquel la base est la ligne droicte A C , des extremitez de laquelle soient menees au poinct B , pris en la circonference les deux lignes droictes A B, C B, qui constituent l'angle rectiligne A B C ; iceluy angle est dit estre au segment A B C.

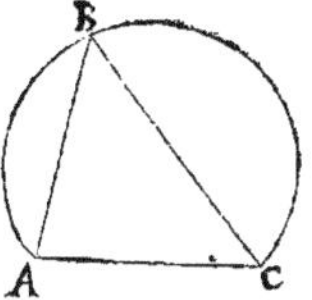

8. Mais quand les lignes droictes qui comprennent l'angle embrassent quelque circonference, l'angle est dit estre, ou s'appuyer sur icelle.

En la circonference du cercle A B C D soit pris quelconque poinct A , & d'iceluy à deux autres poincts B & D d'icelle circonference, soient menees deux lignes droictes A B, A D, qui constituent l'angle rectiligne D A B, & embrassent la circonference B C D : Iceluy angle B A D sera dit estre ou s'appuyer sur icelle circonference B C D.

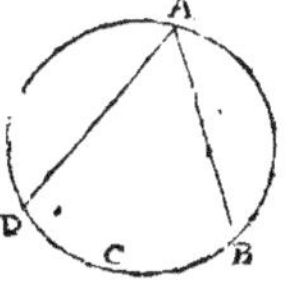

Est icy à noter que quelques Interpretes n'ont fait aucune difference entre cet angle-cy & le precedent , mais les ont pris pour vn mesme : & toutesfois si on les considere bien, on y trouuera vne grande discrepance : Car celuy-là se refere au segment auquel il est constitué, & cettuy-cy se rapporte à la circonference qui luy sert de base : Comme par exemple, si au cercle A B C D on prend quelque segment de cercle B C D, l'angle qui est en ce segment ne sera pas le mesme que celuy qui insiste, ou est appuyé sur la circonference d'iceluy segment : car l'angle qui est en iceluy sera B C D, & l'angle qui insiste ou s'appuye sur la circonference d'iceluy , sera l'angle B A D.

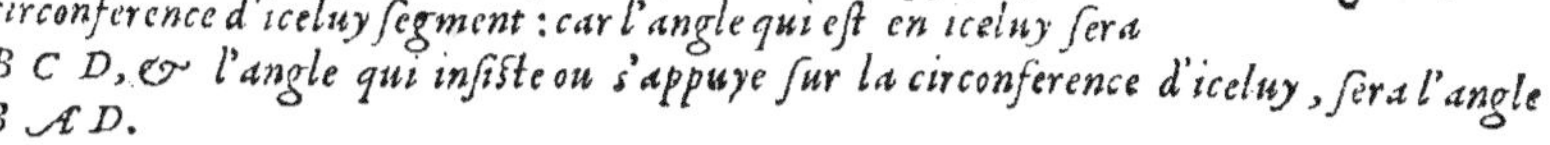

Vne autre chose est encore à remarquer icy, c'est que les angles qui s'appuyent sur la circonference, peuuent estre non seulement constituez en la circonference, comme il a esté dit cy-dessus, mais peuuent aussi estre constituez au centre du cercle ; comme par exemple, l'angle B E D constitué au centre E par les deux lignes droictes B E, D E, sera aussi dit s'appuyer sur la circonference B C D, tellement qu'il y a icy deux angles appuyez sur ladite circonference B C D, sçauoir B A D constitué en la circonference, & B E D constitué au centre.

Or outre les trois sortes d'angles cy-dessus definis & expliquez, les Geometres en considerent encore vn autre qu'ils appellent angle de contingence ou d'attouchement : cest angle est contenu d'vne ligne droicte touchant le cercle, & de la circonference d'iceluy cercle, ou bien de deux circonferences se touchant l'vne l'autre au dehors ou au dedans. Comme par exemple, si la ligne droicte A B tou-

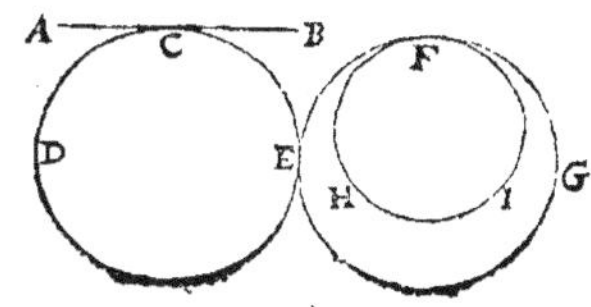

che le cercle *C D E* au poinct *C*, l'angle mixte *ACD*, ou *BCE* sera dit angle de contingence ou d'attouchement. Derechef, si le cercle *EFG* touche le cercle *CDE* au dehors en *E*, & le cercle *HFI* au dedans en *F*, tant l'angle curuiligne *CEF*, que *EFH* ou *GFI*, sera appellé angle de contingence, ou d'attouchement.

9   Secteur de cercle, est vne figure contenue soubs deux lignes droictes qui font vn angle au centre, & la circonference comprise entre icelles lignes.

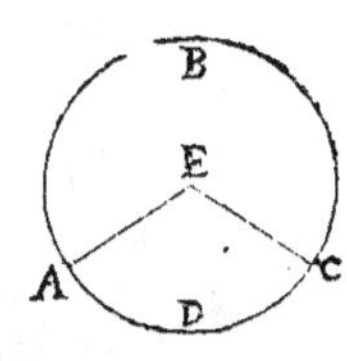

Si au cercle ABCD, duquel le centre est E, les deux lignes droictes A E, C E, constituent au centre E, l'angle A E C; la figure A E C D, contenue des deux lignes droictes A E, E C, & de la circonference ADC comprise entre icelles lignes, sera appellée secteur de cercle. Item la figure A B C E, comprise des mesmes lignes droictes A E, E C, & de la circonference A B C, sera aussi dicte secteur de cercle.

10. Semblables portions de cercle, font celles qui reçoiuent angles egaux; ou bien esquelles les angles sont egaux entr'eux.

Comme si aux cercles A B C, D E F, les angles rectilignes B, E, sont egaux; les segmens ABC, DEF, qui reçoiuent iceux angles egaux, ou esquels sont les susdicts angles egaux, seront dicts

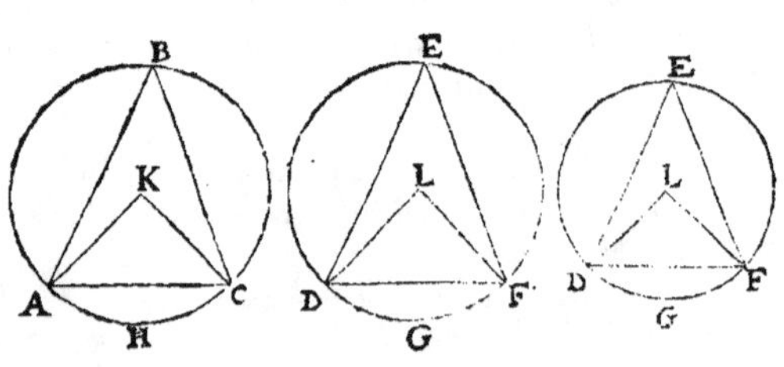

segmens semblables: Et les circonferences ABC, DEF, seront pareillement dites semblables, c'est à dire que le segment ABC sera telle partie de tout le cercle ABCH, que le segment DEF est partie de tout le cercle DEFG: & la circonference A B C sera aussi telle partie de toute la circonference A B C H, que la circonference DEF est de toute la circonference DEFG. Par mesme raison, les arcs ou circonferences A H C, D G F, sur lesquelles s'appuient angles egaux, sont aussi dictes semblables: Comme si aux mesmes cercles ABC, DEF, les angles ABC, DEF ou AKC, DLF sont egaux; les arcs ou circonferences AHC, DGF, sur lesquelles s'appuient les susdits angles, seront dicts arcs semblables.

Des choses susdites, l'on peut colliger que les semblables portions d'vn mesme cercle, ou de cercles egaux, font aussi egales entr'elles, attendu qu'elles font parties egales d'vne mesme chose, ou de choses egales.

PROBL. i. PROP. I.

Trouuer le centre d'vn cercle donné.

Soit lé cercle donné ABC, duquel il faut trouuer le centre.

Soit tiree en iceluy la ligne droicte AC, qui couppe la conference, comme que ce foit, és poincts
A & C : puis par les 10. & 11. prop.1. foit icelle AC
couppee en deux egalement, & à droicts angles
par la ligne droicte BD, fe terminant à la periphere és poincts B & D : & finalement icelle BD
foit auffi couppee en deux egalement en F par la
fufdite 10. prop. 1. Ie dis que F eft le centre du cercle propofé.

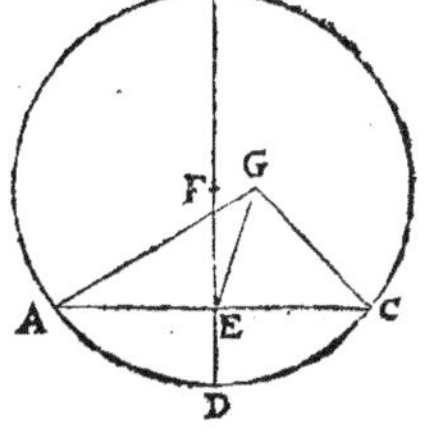

Car en icelle ligne droicte B D, vn autre poinct
que F ne fera pas le centre, veu que tout autre poinct la diuife inegalement. Si donc le poinct F n'eft pas le centre, le poinct G hors la ligne
B D foit le centre, (s'il eft poffible) duquel foient menees les trois lignes droictes G A, G E & G C. D'autant que G eftant le centre, par la
def. du cercle les lignes droictes A G & G C feront egales : mais par la conftruction AE & E C font auffi egales, & GE eft commune aux deux triangles GEA & GEC : donc iceux triangles ont deux coftez egaux à deux coftez, chacun au fien, & la bafe AG egale à la bafe C G, & par la 8. pr. 1. les
angles AEG & C E G feront egaux : & partant droicts, & la ligne EG perpendiculaire par la 10. def.1. Mais l'angle BEA par la conftruction eft droict,
& tous les angles droicts font egaux par la 10. com. fent. donc les deux angles AEG & BEA feront egaux, fçauoir le tout à fa partie : ce qui eft abfurde. Donc le poinct G n'eft pas le centre. Le mefme inconuenient s'enfuiura prenant tout autre poinct hors la ligne B D. Partant le poinct F
fera le centre du cercle A B C, requis à trouuer.

COROLLAIRE.

*De cecy eft manifefte, que fi au cercle vne ligne droicte couppe vne autre ligne droi-
cte en deux egalement, & à angles droicts, le centre du cercle fera en icelle couppante.
Car il a efté demonftré qu'il eft impoffible que le centre du cercle ABC foit ailleurs
qu'au poinct F, milieu de la ligne B D, laquelle couppe la ligne A C en deux egalement, & à angles droicts en E.*

SCHOLIE.

*Combien que la praêtique de ce Probleme foit aifee par la con-
ftruction d'iceluy, fi eft-ce toutesfois qu'elle eft encore plus briefue
& facile, ainfi qu'il enfuit. Pour trouuer le centre du cercle ABC,
foient pris en la circonferêce d'iceluy les trois poincts A, B, C, comme on voudra : puis des deux poincts A & B, foient defcrits d'vn*

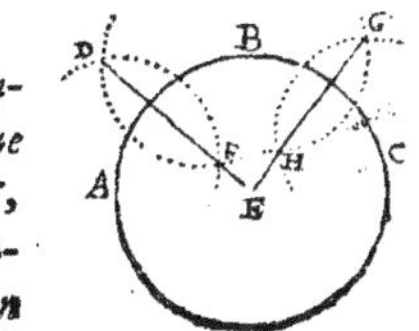

*mesme interualle, deux arcs qui s'entrecouppent és poincts D & F, par lesquels soit
menee la ligne droicte DFE interminement: en apres, des poincts B & C, soient aussi
descrits d'vn mesme interualle deux autres arcs s'entrecouppans ez poincts G & H, par
lesquels soit menee la ligne droicte G H, qui couppe D F en E, & iceluy poinct sera
le centre requis.*

THEOR. 1. PROP. II.

Si en la circonference d'vn cercle, on prend deux poincts comme on voudra ; la ligne droicte menee de poinct à autre, tombera dans le cercle

Soit le cercle A B C, & en la circonference d'iceluy soient pris deux
poincts tels qu'on voudra A & C. Ie disque la ligne droicte menee du poinct
A au poinct C tombera dedans le cercle: car si elle ne tombe au dedans, elle
tombera, ou sur la circonference, ou hors du cercle. Qu'elle tombe donc
hors le cercle, s'il est possible, comme la ligne ADC : & ayant trouué le
centre E par la prec. prop. d'iceluy soient menees aux poincts A & C les
lignes droites EA, E C, & à quelque poinct D
de la ligne A D C, soit aussi menee E D, qui
couppe la circonference du cercle A B C en B.
Or d'autant que les deux costez E A, E C sont
egaux, le triangle A E C aura les angles EAD,
ECD, sur la base A D C, egaux par la 5.prop. 1.
Mais puis que du triangle A E D, le costé A D
est prolongé, l'angle exterieur E D C sera plus
grand que son opposé interieur EAD, par la 16.
p. 1. Donc le mesme angle E D C sera aussi plus
grand que l'angle E C D, qui est egal à E A D.
Parquoy EC opposé au plus grand angle EDC

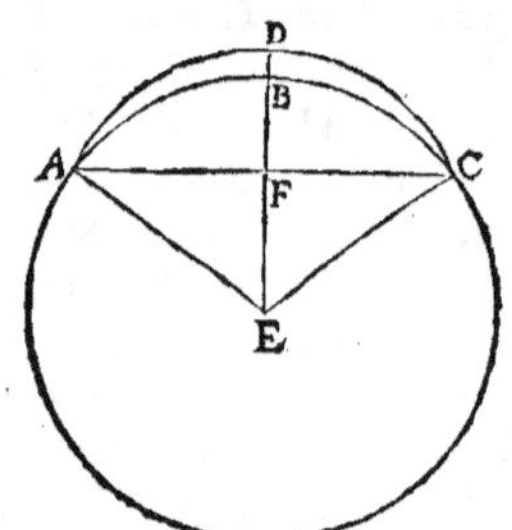

sera plus grand que ED par la 19. prop. 1. & partant E B egale à E C, sera
aussi plus grande que E D, la partie que le tout. Ce qui est absurde.   Donc
la ligne droicte menee de A à C ne tombera pas hors le cercle. On demonstrera par mesme raison qu'elle ne peut pas aussi tomber sur la circonference
ABC. Il faut donc qu'elle tombe dedans le cercle, comme la ligne droicte
AFC. Parquoy si en la circonference d'vn cercle, &c.   Ce qu'il alloit demonstrer.

SCHOLIE.

Ce mesme Theoreme peut aussi estre demonstré affirmatiuement ainsi qu'il ensuit.

*En la circonference du cercle A B, dont le centre est C, soient pris deux poincts tels
qu'on voudra A & B. Ie dis que la ligne droicte A B menee d'vn poinct à l'autre tombe dans iceluy cercle.*

*Car soit prins en icelle ligne droicte A B quelconque poinct comme D, entre ses extre-
mes A & B, puis du centre C, soient menees les lignes droictes C A, C D, C B.*

D'auta nt

D'autant que les deux coſtez AC, BC, du triangle ACB ſont egaux, les angles BAC, ABC ſeront egaux par la 5. prop. 1. Mais l'angle externe ADC eſt plus grand que l'angle interne ABC par la 16. prop. 1. donc le meſme angle ADC ſera plus grand que l'angle BAC: & partant par la 19. prop. 1. le coſté ACC ſera plus grand que le coſté CD: parquoy puis que CA eſt tirée du centre iuſques à la circonference, la ligne droiĉte CD ne paruiendra pas iuſques à icelle circonference, & par conſequent le poinĉt D tombe dans le cercle. Le meſme ſera demonſtré de tout autre poinĉt qu'on voudra prendre en icelle AB. Donc toute la ligne droiĉte AB tombe dedans le cercle propoſé. Ce qu'il falloit prouuer.

COROLLAIRE.

De cecy eſt manifeſte, qu'vne ligne droiĉte touchant vn cercle, le touche ſeulement à vn poinĉt : car ſi elle le touchoit à deux poinĉts, la partie dè la ligne d'entre iceux poinĉts tomberoit dans le cercle par cette propoſition, parquoy elle coupperoit le cercle, contre l'hypotheſe.

THEOR. 2. PROP. III.

Si dans le cercle quelque ligne droiĉte paſſe par le centre, & couppe en deux egalement vne autre ligne droiĉte, qui ne paſſe point par le centre ; elle la couppera à angles droiĉts : & ſi elle la couppe à angles droiĉts, elle la couppera auſſi en deux egalement.

Au cercle ABCD ſoit la ligne droiĉte BD, laquelle paſſant par le centre E, couppe en deux egalement la ligne droiĉte AC, laquelle ne paſſe point par le centre ; Ie dis que BD couppe auſſi AC en angles droiĉts au poinĉt F.

Car eſtans menées les deux lignes droiĉtes CE & AE, les deux triangles AEF, CEF, auront les deux coſtez AF, FE, egaux aux deux coſtez CF, EF, chacun au ſien, & la baſe AE egale à la baſe EC; & par la 8. prop. 1. les deux angles au poinĉt F ſeront egaux, & partant droiĉts par la 10. def. 1.

Ie dis pareillement, que ſi BD couppe AC à angles droiĉts au poinĉt F; qu'elle la couppera auſſi en deux egalement. Car les deux angles au poinĉt F eſtans droiĉts, ils ſeront egaux, & l'angle A eſt egal à l'angle C par la 5. prop. 1. eſtant AEC triangle Iſoſcelle, & le coſté EF commun aux deux triangles AEF, CEF, & par la 26. prop. 1. AF ſera egale à CF. Parquoy ſi dans le cercle quelque ligne droiĉte paſſe par le centre, &c. Ce qu'il falloit prouuer.　　　　　　　　　　P

THEOR. 3. PROP. IV.

Si dans le cercle, deux lignes droictes ne paſſans point par
le centre, s'entrecouppent; elles ne ſe coupperont pas l'vne
l'autre en deux egalement.

Au cercle ACED, duquel le centre eſt E, ſoient deux lignes droictes AB &
CD , s'entrecouppans au poinct F, & deſquelles
ny l'vne ny l'autre ne paſſe par le centre E. Ie dis
que l'vne ou l'autre eſt couppee inegalement.
Car du centre E eſtant mence la ligne EF; ſi icelles
lignes AB, CD s'entrecouppent en deux egalement au poinct F, la ligne EF les couppera au
meſme poinct auſſi en deux egalement, & à droicts
angles par la pr. prec. & les angles AFE, EFB ſeront droicts, & egaux à CFE, EFD, auſſi droicts,
& egaux: ce qui eſt impoſſible, n'eſtant AFE que

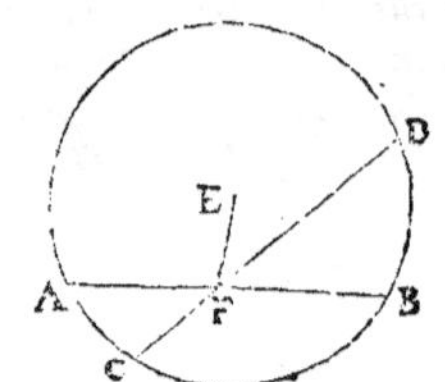

partie de CFE: ainſi les lignes droictes AB, CD ne s'entrecouppoient pas
en deux egalement. Parquoy ſi dans le cercle deux lignes droictes ne paſſant point par le centre, &c. Ce qu'il falloit prouuer.

THEOR. 4. PROP. V.

Si deux cercles ſe couppent l'vn l'autre, ils n'auront pas meſme centre.

Soient les deux cercles ABC, BCD ſe couppans l'vn l'autre en B & C. Ie
dis qu'ils ne ſçauroient auoir vn meſme centre.

Car s'il eſt poſſible, ſoit leur centre commun E,
duquel ſoient tirees deux lignes droictes, ſçauoir
E B à la ſection B : Mais EA couppant l'vne &
l'autre circonference en A & D. Donc puis que E
eſt poſé centre du cercle BCD, la ligne droicte
E D ſera egale à la ligne droicte EB par la 15. def. 1.
Derechef, puis que E eſt auſſi poſé centre du cercle
ABC, la ligne droicte E A ſera auſſi egale à la meſ-

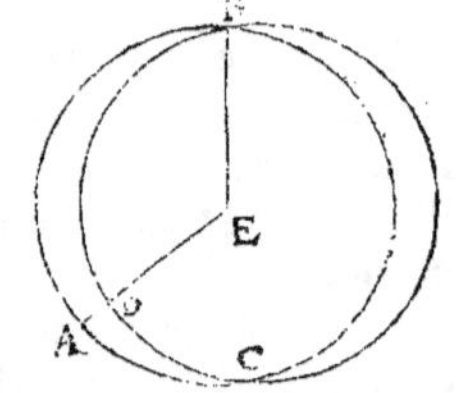

me ligne EB , & par la 1. com. ſent. ED, EA ſeront egales entr'elles, la partie
au tout; ce qui eſt impoſſible : partant les deux cercles ne pouuoient auoir
vn meſme centre. Ce qu'il falloit demonſtrer.

THEOR. 5. PROP. VI.

Si deux cercles ſe touchent l'vn l'autre au dedans , ils n'auront pas meſme centre.

Soient les deux cercles ABC,& D B E se touchans l'vn l'autre au dedans en B. Ie dis qu'ils n'auront pas mesme centre.

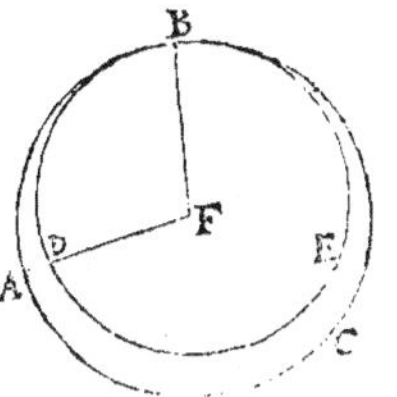

Car s'il est possible , soit leur centre commun F, & d'iceluy soient menees les deux lignes F A & F B: sçauoir est FB à l'attouchement B ; & F A, couppant l'vn & l'autre cercle en D , A.D'autant que F est posé centre du cercle A B C, les lignes droictes FA,FB seront egales: derechef, d'autant que F est aussi posé centre du cercle BDE,la ligne FD sera egale à la ligne FB, à laquelle a esté demonstré estre aussi egale FA : donc FA, FD seront egales entr'elles; la partie au tout. Ce qui est absurde. Parquoy F ne pouuoit estre centre commun des cercles s'entretouchans interieurement en B.Ce qu'il falloit demonstrer.

SCHOLIE.

Euclide a proposé ce Theoreme des cercles s'entre-touchans seulement au dedans, d'autant que des cercles qui se touchent par dehors, il appert assez que leurs centres sont diuers: veu qu'vn des cercles est dehors l'autre, & le centre est tousiours au milieu de son cercle.

THEOR. 6. PROP. VII.

Si au diametre du cercle l'on prend quelque poinct qui ne soit pas le centre du cercle , & d'iceluy poinct tombent quelques lignes droictes à la circonference ; la plus grande sera celle en laquelle est le centre, & la plus petite celle qui reste : Mais des autres tousiours la plus proche de celle qui est menee par le centre, est plus grande que la plus esloignee: Et du mesme poinct ne peuuent estre menees à la circonference que deux lignes droictes egales , de part & d'autre de la plus petite.

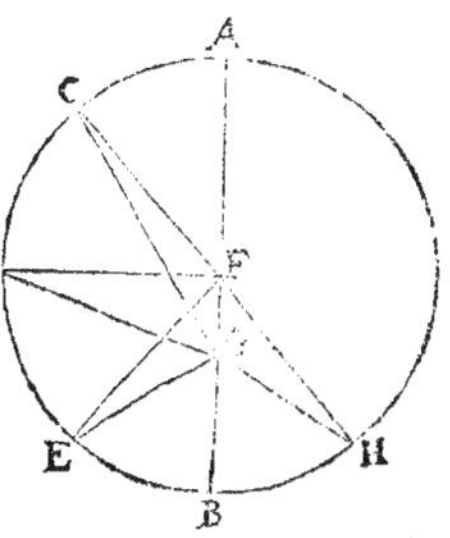

Au diametre AB du cercle A C D EB , duquel le centre est F, soit pris quelque poinct G outre le centre; & d'icelui poinct G tombent tant qu'on voudra de lignes droictes G C, G D,GE,en la circonference. Ie dis en premier lieu, que de toutes les lignes menees de G à la circonference; GA en laquelle est le centre , est la plus grande. Car du centre F estans menees à C, D & E, les lignes FC,FD &FE : le triangle GFC aura les deux costez GF,FC, plus grands que le costé GC par la 20. pr.i.

Mais les lignes droictes GF, FC ſont egales aux ligne droictes GF, FA, c'eſt
à dire à toute la ligne GA: donc GA ſera auſſi plus grande que GC. Par meſme raiſon GA ſera auſſi plus grande que GD, & que GE: parquoy la ligne GA eſt la plus grande de toutes celles menees de G à la circonference.

Secondement, ie dis que GB eſt plus petite que GD, ou autre quelconque:
car au triangle DFG, les deux coſtez DG & GF, ſeront plus grands que le
troiſieſme DF par la 20. prop. 1. ou que ſon egale BF. Que ſi on oſte la ligne
commune GF, le demeurant GD ſera plus grand que le demeurant GB.
Par meſme raiſon GB, ſera auſſi plus petite que GE, & que GC, ou autre
quelconque tombant de G à la circonference.

Tiercement, ie dis que GC plus proche de la ligne AG que GD, eſt plus
grande qu'icelle GD: & pour la meſme raiſon GD plus grande que GE, &
ainſi des autres s'il y en auoit dauantage de tirees de G à la circonference.
Car les deux coſtez GF, FC du triangle GFC, ſont egaux aux deux coſtez
GF, FD du triangle GFD, chacun au ſien: mais l'angle CFG eſt plus grand
que l'angle DFG; & partant par la 24. p. 1. la baſe GC ſera plus grande
que la baſe GD. Pour meſme raiſon GC ſera auſſi
plus grande que GE: Item GD plus grande
qu'icelle GE. Parquoy la ligne la plus proche de
celle qui eſt menee par le centre, eſt plus grande
que celle qui en eſt plus eſloignee.

Finalement, ayant fait l'angle BFH egal à
l'angle BFE, & tiré GH: ie dis que les lignes GE,
GH, ſont egales entr'elles, & qu'on n'en peut mener de G à la circonference aucune autre egale à
icelles. Car d'autant que les coſtez EF, FG du
triangle EFG, ſont egaux aux coſtez HF, FG du
triangle AFG, & les angles EFG, HFG auſſi egaux:

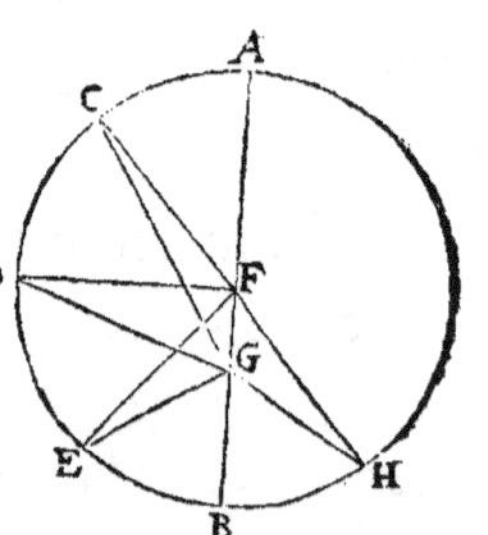

les lignes GH, GE, qui ſont de part & d'autre du diametre, ſont egales entre-
elles. Et il eſt euident qu'on ne pourra tirer du poinct G vne autre ligne
dans le cercle, qui ne s'approche ou recule de la ligne BA, tombant de coſté
ou d'autre de GE, ou GH; & par ce qui a eſté monſtré cy deſſus, elle ſera plus
grande ou plus petite que l'vne & l'autre d'icelles GE, GH. Donc du poinct G
à la circonference ne ſe peuuent tirer plus de deux lignes droictes qui ſoient
egales entr'elles. Parquoy ſi au diametre d'vn cercle on prend quelconque
poinct qui ne ſoit pas le centre, &c. Ce qu'il falloit demonſtrer.

SCHOLIE.

*Iaçoit qu'Euclide ait ſeulement demonſtré que des lignes droictes tirees de meſme
part du diametre, la plus proche de celle tiree par le centre eſt plus grande que la plus
eſloignee, toutesfois cela eſt auſſi vray, ſi elles ſont tirees de diuerſe part: comme ſi la ligne droicte GD eſt plus proche de GA que la ligne droicte GH; Icelle GD ſera plus
grande que GH: car ſi de la part de GD on fait l'angle BGE egal à l'angle BGH les
lignes GE, GH ſeront egales, attendu qu'elles ſont egalement diſtantes de GA, & le*

poinct E tombera entre B & D, puis que G D a esté posee plus proche de G A que
G H. Mais par ceste prop. G D est plus grande que G E : donc la mesme G D sera aussi
plus grande que G H. Quelques interpretes veulent conuertir cette 7. prop. ainsi qu'il
ensuit.

Si on prend vn poinct dedans le cercle, & d'iceluy poinct tombent des
lignes droictes à la circonference, entre lesquelles soient la plus grande & la
plus petite qui puissent estre menees de ce poinct là à ladite circonference :
mais des restantes, les vnes soient inegales, & les autres egales : la plus grande
passera par le centre du cercle, & la plus petite sera le reste du diametre :
mais des autres les plus grandes seront les plus proches du centre, & les
egales en seront egalement distantes.

Au cercle ABC soit pris le poinct D, duquel tombent en la circonference tant
qu'on voudra de lig. droictes D A, D B, D C, D E, D F,
desquelles D A soit la plus grande qui puisse estre tiree
d'iceluy poinct à ladite circonference, & D C la moin-
dre : mais des autres, D E soit plus grande que D F, &
egale à D B. Ie dis premierement que D A passe par le
centre du cercle : Car si elle n'y passe, estant tiree quelque
ligne droicte de D par ledit centre, elle sera la plus gran-
de de toutes celles tombantes de D par la 7. prop. 3. Ce qui
est absurde, puis que D A est posee la plus grande. Donc
D A passe par le centre.

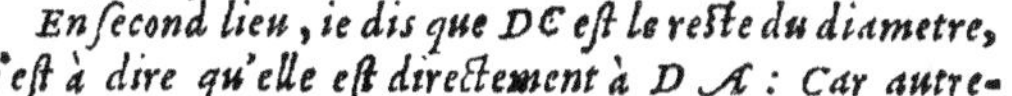

En second lieu, ie dis que D C est le reste du diametre,
c'est à dire qu'elle est directement à D A : Car autre-
ment icelle D A estant prolongee directement, son prolongement sera autre que D C,
& la plus petite ligne qui puisse tomber de D à la circonference, par la 7. prop. 3. Ce
qui ne peut estre, puis que D C a esté posee la plus petite : donc D C est l'autre par-
tie du diametre.

Tiercement, ie dis que D E est plus proche de D A que D F. Car elle n'y pourroit pas
estre egalement distante, attendu que par la susdite prop. elles seroient egales, & elles
ont esté posees inegales. Mais D E ne peut pas aussi estre plus esloignee de la mesme
D A que D F : car elles seroient plus petites qu'icelle D F, par la mesme proposition,
& elle a esté posee plus grande.

En dernier lieu, ie dis que D B, D E sont egalement distantes de D A : Car si
l'vne en estoit plus proche elle seroit plus grande que l'autre par la mesme 7.
prop. & elles ont esté posees egales.

THEOR. 7. PROP. VIII.

Si on prend quelque poinct hors le cercle, & d'iceluy poinct
soient menees quelques lignes droictes dans iceluy cercle,
desquelles l'vne passe par le centre, & les autres où l'on
voudra : celle qui passe par le centre sera la plus grande

de toutes celles qui feront menees en la circonference
concaue. Quant aux autres, toufiours la plus proche de
celle qui paffe par le centre eft plus grande que la plus
efloignee. Mais de celles qui tombent à la circonference conuexe, la plus petite eft celle qui eft comprife entre
le poinct & le diametre: Quant aux autres, la plus efloignee de la plus petite eft plus grande que celle qui en eft
plus proche: Et d'iceluy poinct ne peuuent tomber à la
circonference que deux lignes droictes egales de part &
d'autre de la plus petite.

Du poinct A hors le cercle BCDE, le centre duquel eft K, foient menees
les lignes droictes AF, AG, AH & AI couppans ledit cercle, defquelles lignes
AI paffe par le centre K, & les autres comment que ce foit. Ie dis premierement que AI qui paffe par le centre, eft la plus grande de toutes icelles lignes tirees à la circonference concaue: puis apres, que AH qui eft la plus
proche d'icelle AI eft plus grande que AG,
qui en eft plus efloignee: Et pour mefme raifon AG, plus grande que AF. Et au contraire,
ie dis que AB comprife entre le poinct A &
la circonference conuexe, eft la plus petite
ligne de toutes celles qui font hors le cercle:
puis apres, que la ligne AC plus prochaine de
la plus petite AB, eft moindre que AD, qui
en eft plus efloignee: Et par mefme raifon,
icelle AD moindre que AE. Finalement, ie
dis que de A, on peut feulement mener deux
lignes droictes egales de part & d'autre de
la plus petite AB.

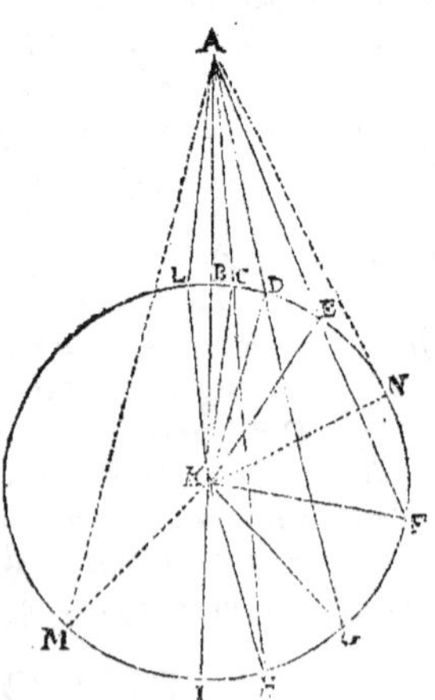

 Car du centre K eftans menees aux poincts
C, D, E, F, G & H, les lignes droictes KC,
KD, KE, KF, KG & KH; les deux coftez AK,
KH, du triangle AKH, font plus grands que la
ligne AH par la 20. pr. 1. Mais les lignes AK,
KH font egales aux lignes AK, KI, c'eft à dire à toute la ligne droicte AI :
icelle AI fera donc auffi plus grande que AH. Pour la mefme raifon AI
fera plus grande que AG, & auffi que AF. Parquoy la ligne AI eft la plus
grande de toutes celles qui tombent du poinct A dans le cercle.

 Puis apres, d'autant que les coftez AK & KH du triangle AKH font e-
gaux aux coftez AK, KG du triangle AKG, chacun au fien, & l'angle
AKH plus grand que l'angle AKG; la bafe AH fera plus grande que

la bafe A G. par la 24. prop. 1. Par mefme raifon A H fera plus grande que AF; item A G plus grande que la mefme A F. Parquoy la ligne plus proche de celle qui paffe par le centre, eft plus grande que celle qui en eft plus efloignee.

Derechef, puis qu'au triangle A C K la ligne A K eft moindre que les deux AC, CK; fi on ofte les egales BK, CK, demeurera encore A B moindre que AC. Par femblable raifon AB fera plus petite que A D, & auffi que A E. Parquoy la ligne A B eft la plus petite de toutes celles qui font menees de A à la circonference conuexe.

Derechef, d'autant que dans le triangle A D K tombent deux lignes droictes A C, CK, des extremitez du cofté AK, icelles AC, CK feront moindres que AD, DK par la 21. prop. 1. defquelles fi on ofte les egales CK, DK, reftera encore AC moindre que AD. Par mefme raifon on prouuera que A C eft moindre que A E: Item A D moindre que la mefme A E. Parquoy la ligne la plus proche de la plus petite AB, eft moindre que la plus efloignee.

Finablement, foit faict l'angle A K L egal à l'angle AKC, tirant KL iufques à ce qu'elle rencontre la periphere en L, & foit menee la ligne AL. D'autant que les coftez AK, KC du triangle A K C, font egaux aux coftez A K, KL du triangle AKL ; & les angles AKC, AKL auffi egaux, les lignes droictes AC, AL de part & d'autre de la moindre A B, feront egales entr'elles par la 4. prop. 1. Or que nulle autre puiffe eftre egale à icelles, il eft euident ; car fi on en mene vne autre du poinct A, il faudra qu'elle foit plus proche ou plus efloignée de AB ; & parce qui a efté demonftré cy-deffus, elle fera plus grande ou plus petite que l'une & l'autre d'icelles AC, AL. Donc du poinct A tomberont feulement deux lignes droictes egales de part & d'autre de la moindre AB. Parquoy fi on prend quelque poinct hors le cercle, &c. Ce qu'il falloit prouuer.

SCHOLIE.

Par mefme raifon de A ne peuuent tomber en la circonference concaue que deux lignes droictes egales de part, & d'autre de la plus grande A I. Car ayant faict l'angle A K M egal à l'angle A K G, & mené A M, les triangles A K M, A K G auront les bafes A G, A M egales par la 4. prop. 1. & on ne peut de A mener à ladite circonference concaue d'autre ligne egale à icelle A G, A M, attendu qu'elle feroit plus proche ou plus efloignee de A I, & par confequent plus grande ou plus petite qu'icelles, ainfi qu'il appert par ce qui a efté demonftré cy deffus.

Il appert auffi que quand l'vne des lignes tombantes de A, touche le cercle, comme A N, qu'icelle touchante eft plus petite qu'aucune de celles qui tombent en la circonference concaue : Car eftant tirée du centre à l'attouchement la ligne droicte K N, les deux coftez A K, K F du triangle A K F, feront egaux aux deux coftez A K, K N du triangle A K N, chacun au fien, & l'angle A K F eft plus grand que l'angle A K N, & par la 24. pr. 1. la bafe A F fera plus grande que la bafe A N : Et par mefme raifon toute autre ligne tombante en la circonference concaue fera plus grande qu'icelle A N.

Mais la mefme ligne touchante A N fera la plus grande de toutes les autres li-

gnes qui tombent de *A* en la circonference conuexe. Car puis que par la 21. prop. r.
les deux coſtez *A* E, E K ſont moindres que les deux coſtez *A* N, N K, ſi on en
oſte les lignes egales K E, K N, reſtera *A* E moindre que *A* N ; & ainſi des autres.

    Au reſte ce qu'Euclide a demonſtré en cette 8. prop. aduenir aux lignes menees
d'vne meſme part de la plus grande ou plus petite, aduiendra encore, les lignes eſtans
menees de diuerſes parts, c'eſt à dire, que ſi *A* H eſt plus proche de *A* I que *A* M:
icelle *A* H ſera auſſi plus grande que ladite *A* M, iaçoit qu'elles ne ſoient toutes
deux d'vne meſme part : & ſi *A* D eſt plus eſloignee de *A* B que *A* I, elle ſera auſſi
plus grande qu'icelle *A* L. Ce qu'on peut demonſtrer procedant, ainſi qu'au precedent
ſcholie pour les lignes tirees de diuerſe part.

THEOR. 8. PROP. IX.

Si on prend quelque poinct au dedans d'vn cercle, & d'iceluy
poinct tombent à la circonference plus de deux lignes droictes egales, le poinct pris eſt le centre du cercle.

    Soit pris le poinct A au cercle B C D, & d'iceluy poinct tombent à la cir-
conference les trois lignes droictes egales A B,
A C, A D. Ie dis que le poinct pris A, eſt le centre du cercle.

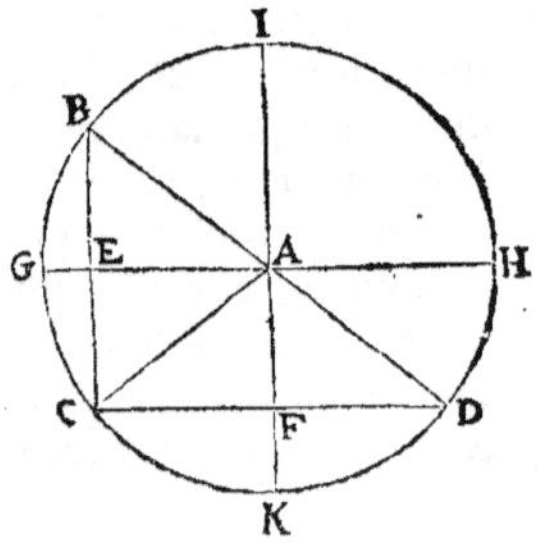

    Qu'il ne ſoit ainſi : ſoient menees les li-
gnes droictes B C & C D, & apres les auoir
couppees en deux egalement aux poincts E
& F, d'iceux poincts au poinct A, ſoient menees les deux lignes droictes E A, F A, & prolongees de part & d'autre en la circonference.
D'autant que les deux triangles BEA & CEA,
ont deux coſtez egaux à deux coſtez, chacun
au ſien, & les baſes AB, AC auſſi egales, les
deux angles au poinct E ſeront egaux, & partant droicts, & par le Corol. de
la 1. prop. de ce liure le centre du cercle ſera en la ligne droicte GAH,
puis qu'elle diuiſe la ligne droicte BC en deux egalement, & à angles droicts
en E. Par meſme diſcours le centre du cercle ſe trouuera auſſi en la ligne droicte K I. Il faut donc que ce ſoit à leur commune ſection A, n'y ayant poinct
d'autre poinct commun. Parquoy ſi on prend quelque poinct dedans vn
cercle, &c. Ce qu'il falloit demonſtrer.

    Autrement. Si le poinct A n'eſt le centre
du cercle, ſoit iceluy centre au poinct E, ſi faire
ſe peut, duquel ſoit mené par A le diametre
FG. D'autant donc qu'au diametre FG, eſt pris
le poinct A outre le centre, duquel tombent
en la circonference les lignes droictes A D,
A C; icelle AD qui eſt plus proche de AF tirée
par le centre E, ſera plus grande que AC
par la 7. p. 3. Ce qui eſt abſurde, car icelles

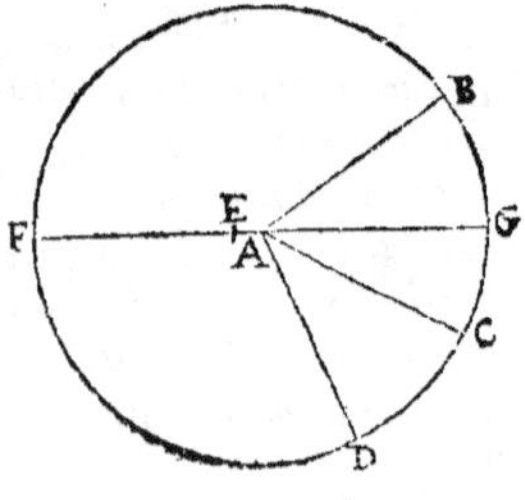

AB, AC

AB, AC ont esté posees egales. La mesme absurdité s'ensuiura tousiours
si on pose le centre estre à vn autre poinct que A: parquoy iceluy poinct
A sera le centre du cercle ABC. Ce qu'il falloit prouuer.

THEOR. 9. PROP. X.

Vn cercle ne couppe pas vn autre cercle en plus de deux
poincts.

Soient les deux cercles ABCD & EFGH, se couppans aux trois
poincts I, K & L, s'il est possible. Item soient menees les deux lignes droictes I K & K L, lesquelles soient couppees en
deux egalement aux poincts M & N par la 10.
prop. 1. & soient menees les lignes droictes
M C, N H à droicts angles sur I K & K L. il
faudra par le Corol. de la 1. pr. de ce liure
que les deux centres des deux cercles soient
en la ligne A C ; ils seront aussi en la ligne FH:
Ce sera donc au poinct de la commune section O, & en ce faisant les deux cercles auroient mesme centre, contre la 5. prop. de
ce liure.   Donc les cercles ABCD & EFGH ne se pouuoient pas coupper en plus de deux poincts : Ce qu'il falloit demonstrer.

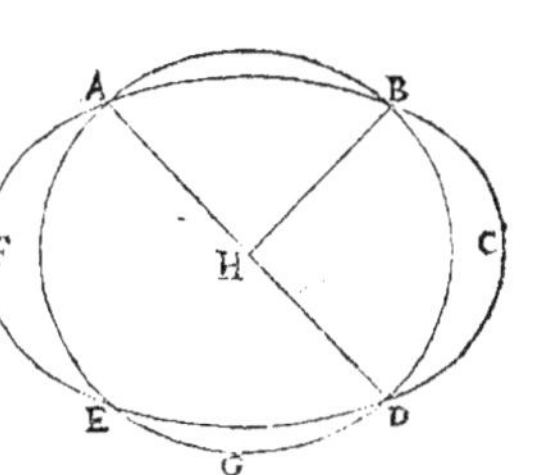

Autrement. Que les deux cercles ABCDEF, & ABDGE se couppent,
s'il est possible, en plus de deux poincts c'est
à sçauoir en A, B, D : & soit trouué le centre
du cercle ABDGE, lequel soit H, & d'iceluy soient menees les lignes droictes HA, HB,
HD, lesquelles seront egales entr'elles par la
defin du cercle. Et d'autant qu'au cercle
ABCDEF on a pris le poinct H, duquel
tombant à la circonference plus de deux lignes
egales, iceluy poinct H sera le centre dudit cercle, par la 9. prop. 3. Mais il est aussi le cen-
tre du cercle ABDGE. Donc deux cercles s'entrecouppans ont mesme
centre. Ce qui est absurde.

THEOR. 10. PROP. XI.

Si ayant pris les centres de deux cercles qui se touchent l'vn
l'autre au dedans, on conjoinct iceux centres par vne ligne droicte ; icelle ligne estant prolongee tombera en
l'attouchement des cercles.

Soient deux cercles ABC & ADE s'entretouchans interieurement au

poinct A , & par la 1. pr. 3. soit trouué le centre du cercle ABC, léquel
soit F; puis que par la 6. prop. ; deux cercles s'entretouchans au dedans ne
peuuent auoir vn mesme centre , F ne sera pas le centre du cercle ADE:
Soit donc aussi trouué son centre, qui soit G. Ie dis que la ligne droicte menee du centre F au centre G, & prolongee de ce costé-là iusques à la circonference du plus grand cercle ABC, tombera au poinct de l'attouchement A, comme à la premiere figure. Car autrement il faudra qu'elle
tombe à quelque autre poinct de ladite circonference, car d'autant que
les deux centres F & G sont au dedans du cercle ABC, ladite ligne FG

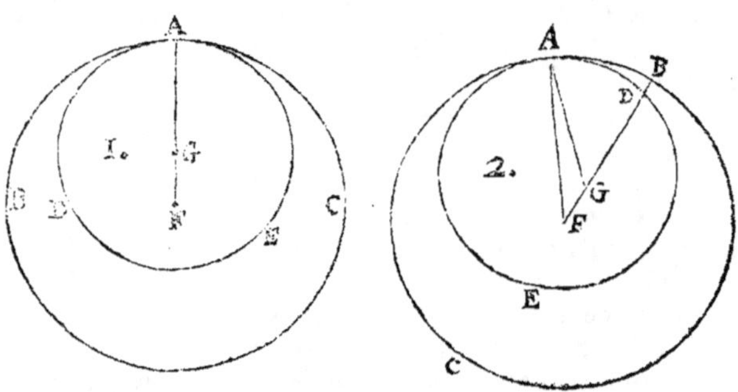

estant continuee, elle ira necessairement rencontrer la circonference d'iceluy cercle : & si quelqu'vn dit que ce n'est pas au poinct d'attouchement,
soit, s'il est possible, à quelconque autre poinct, comme B en la 2. figure ; tellement que la ligne FGB couppe la circonference du moindre cercle ADE
au poinct D. D'autant donc que les centres F & G, & le poinct d'attouchement A ne sont pas en vne ligne droicte, si dudit poinct A on mene
des lignes droictes aux deux centres F & G, elles feront vn triangle auec
la ligne FG, qui est la distance d'vn centre à l'autre, lequel triangle soit
AFG. Donc puis que par la 20. prop. 1. les deux costez A G, F G dudict
triangle A F G, sont plus grands que l'autre costé FA; & iceluy FA est egal
à la ligne FB, (pource que F est le centre du cercle ABC) aussi les lignes
A G, G F seront plus grandes que FB : ostant donc FG commune, restera
GA, plus grande que GB. Et partant, puisque GA est egale à GD; (car G
est le centre du cercle ADE) GD sera aussi plus grande que GB, la
partie que le tout : ce qui est absurde. Donc la ligne droicte conioignant
les deux centres des cercles ABC, ADE, & produicte, ne tombera pas
ailleurs qu'à l'attouchement A. Parquoy si deux cercles se touchent l'vn
l'autre au dedans, &c. Ce qu'il falloit demonstrer.

SCHOLIE.

*Candalle, Errard & quelques autres Interprettes demonstrent ceste 11. prop. ainsi
qu'il ensuit. Soient deux circonferences ABC & ADE se touchans interieuremen*

au poinℰt A, & de la plus grande ABC, le centre soit F, duquel au poinℰt d'attouche-
ment A soit menee la ligne droiℰte AF : Ie dis que le centre de la plus petite cir-
conference ADE est en icelle ligne AF. Autrement,
qu'il soit hors d'icelle, s'il est possible, comme au
poinℰt G, & soit conioinℰt F G, & prolongé de la
part de G iusques à ce qu'il couppe les deux circon-
ferences aux poinℰts D & B, puis soit menee G A.
D'autant que par la 20. prop. 1. les deux costez
AG, FG du triangle AFG sont plus grands que
l'autre costé F A, & iceluy F A est egal à la li-
gne F B, puis que F est le centre du cercle ABC; aussi
AG, FG seront plus grandes que F B. Ostant donc
F G commune, restera G A plus grande que G B:
mais G A est egale à GD (car G a esté posé centre
du cercle ADE.) Donc aussi GD sera plus grande que GB; la partie que le tout;
ce qui est absurde. Parquoy le centre de l'autre circonference ADE ne sera pas hors
la ligne F A: & partant les deux centres des circonferences ABC & ADE seront
en ladite ligne F A. Donc la ligne conioignant iceux centres & prolongee tombera
au poinℰt d'attouchement A.

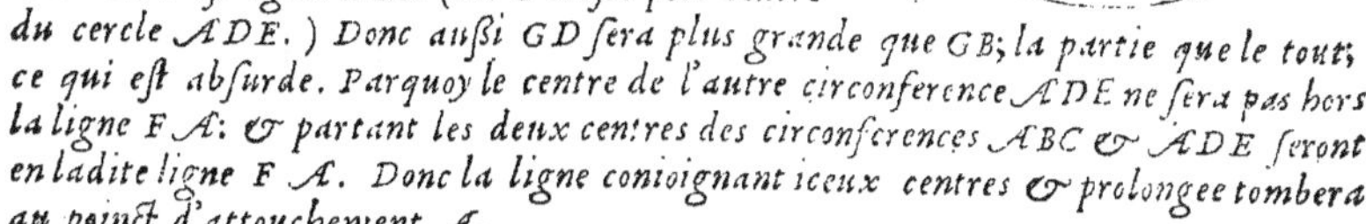

Encore autrement selon Pelletier & Billingsley. Soient deux cercles ABC, AFG
s'entretouchans au dedans en A, & par la
1. pr. 3. soit trouué le centre du cercle ABC,
qui soit D, & aussi le centre de AFG, le-
quel soit E : Ie dis que la ligne droiℰte menee
du centre E à D & prolongee iusques à la cir-
conference du plus grand cercle tombera au
poinℰt de l'attouchement A. Car autrement
elle tombera de part ou d'autre d'iceluy attou-
chement A; qu'elle tombe donc, s'il est possi-
ble, à vn autre poinℰt, comme G : tellement
que F E D G soit diametre du grand cercle
AGF, & CEDB du petit cercle ABC, &
soit tiree DA. D'autant qu'au diametre

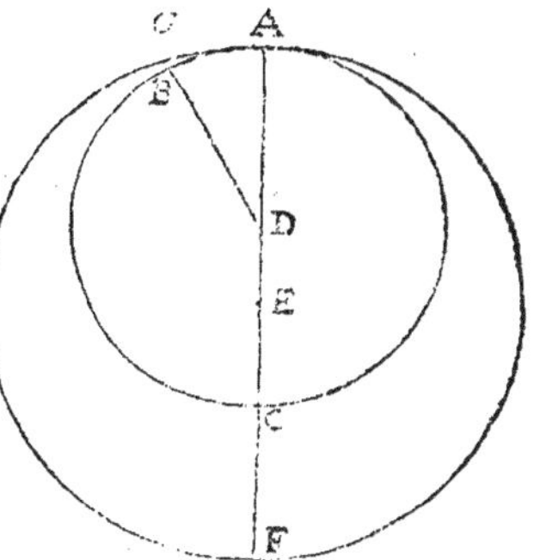

FEDG, le poinℰt D est autre que le centre E, la ligne droiℰte D A sera plus gran
de que DG par la 7. pr. 3. Mais DB est egale à DA par la def. du cercle : donc DB sera
aussi plus grande que DG , la partie que le tout. Ce qui est absurde. Parquoy la ligne
ED prolongee vers A ne pourra tomber ailleurs qu'à iceluy poinℰt d'attouchement A.

THEOR. ii.   PROP. XII.

Si deux cercles se touchent l'vn l'autre au dehors, la ligne
droiℰte menee d'vn centre à l'autre, passera par l'attouchement.

Soient deux cercles A B C, D B E se touchans l'vn l'autre au dehors au

poinct B, desquels les centres soient F & G. Ie dis que si d'vn centre à l'autre on meine vne ligne droicte, qu'i-
celle passera par le poinct d'attouchement B.

    Autrement, il s'ensuiura absurdi-
té : car si icelle ligne ne passe par le
poinct d'attouchement B, qu'elle passe ailleurs, s'il est possible, sçauoir
aux poincts C & E. où elle couppe les

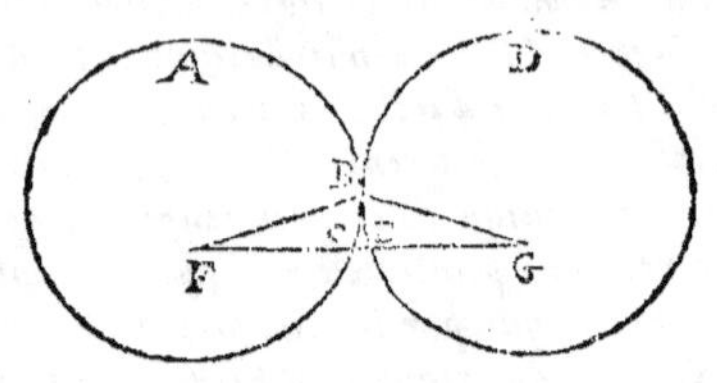

deux circonferences,& du poinct d'attouchement B soient menees les deux
lignes droictes FB, GB, lesquelles par la 20. prop. 1. seront plus grandes
que FG, & par la def. du cercle, il s'ensuit que FC, estant egale à FB, &
GE à GB, que les deux lignes FC & GE, seront plus grandes que FG, la
partie que le tout. La ligne droicte menee d'vn centre à l'autre, passera donc
par l'attouchement B Parquoy si deux cercles se touchent l'vn l'autre au dehors, &c. Ce qu'il falloit demonstrer.

SCHOLIE.

*   D'autant qu'en cette demonstration d'Euclide, les centres ne demeurent en leurs
vrayes places, & que cela pourroit peut estre causer quelque doubte, Oronce &
Schubelius en ont adiousté vne autre où les centres retiennent leurs places, laquelle
est telle. Que les cercles A B C, D B E s'entretouchent au dehors en B, & d'iceux les
centres soient F & G: Ie dis que la ligne droicte menee d'vn centre à l'autre passera
par le poinct d'attouchement B, c'est à dire*

*que si on mene à iceluy poinct B les lignes
droictes FB, GB, elles feront vne seule ligne
droicte FBG. Car autrement elles feront vn
angle à iceluy poinct B, & de F à G on
pourra mener vne ligne droicte, laquelle soit
(s'il est possible) F C E G, qui couppe les
circonferences en C & E. Donc icelle ligne
droicte FCEG constituera vn triangle auec*

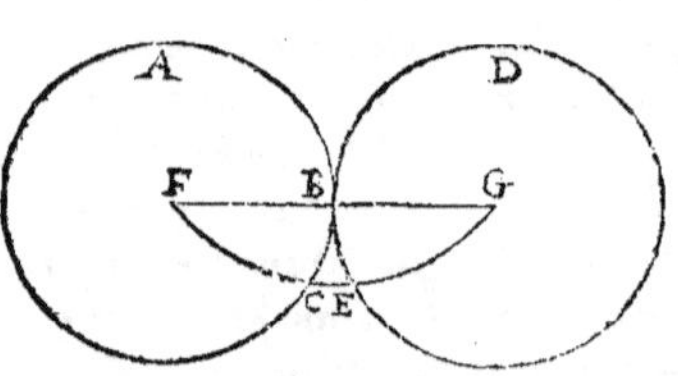

*les deux lignes F B, G B, puis qu'on a posé qu'elles s'inclinent & font angle au poinct
B : & par la 20 p. 1. icelles FB, GB sont plus grandes que FCEG: Mais par la def.
du cercle FC est egale à FB, & GE à GB: donc FC & GE seront aussi plus grandes
que la mesme FCEG, la partie que le tout : (car icelle FCEG outre F C, G E contient encore la ligne droicte CE,) Ce qui est absurde.*

*   Pelletier, & apres luy Billingsley demonstrent encore cette 12. pr. ainsi. Soient les
deux cercles A B C & D E F qui s'entretouchent par dehors au poinct A; & que G
soit le centre du cercle A B C, duquel soit tiree par l'attouchement des cercles, la ligne
droicte G A iusques à ce qu'elle rencontre la circonference D E F au poinct F : Ie dis
que le centre du cercle A D E est en icelle ligne droicte G A F. Autrement
qu'il soit hors d'icelle, s'il est possible, comme au poinct H, & du centre G
à iceluy centre H soit tiree la ligne droicte G H K iusques à ce qu'elle ren-*

contre la circonference en K, couppant la periphere ABC en B, & la circonference ADE en D. D'autant que du poinct G, qui est hors le cercle ADE, sont tirees à iceluy cercle les deux lignes droictes GK, GF, desquelles GK passe par le centre H, par la 8. pr. 3. la partie exterieure G D sera moindre que GA partie exterieure de GF. Mais AG est egale à GB par la def. du cercle : donc aussi GD sera moindre que GB, le tout que la partie : ce qui est absurde. Donc le centre du cercle ADE ne sera pas hors la ligne GAF, & partant les deux centres des cercles A BC, & ADE seront en icelle ligne GF ; parquoy la ligne conioignant iceux centres passera par l'attouchement des cercles.

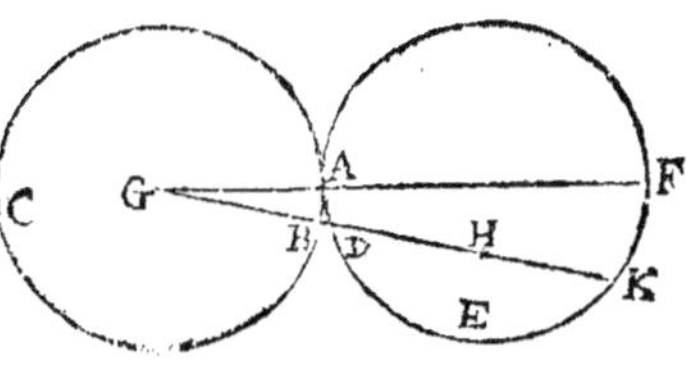

THEOR. 12. PROP. XIII.

Vn cercle ne touche point vn autre cercle à plus d'vn poinct, tant dehors que dedans.

Soient les deux cercles A B C, & A D C se touchans interieurement aux deux poincts A & C, s'il est possible : & d'autant qu'ils ne peuuent auoir vn mesme centre par la 6. pr. de ce liure , soient les deux centres diuers E & F, par lesquels estant tiree la ligne droicte EF, & produite de part & d'autre , il faut qu'elle tombe és poincts d'attouchement A & C par la 11. pr. de ce mesme liure : & par la def. du cercle, il faut que les lignes droictes E A & E C soient egales. Item ! A & ! C. Mais FA est plus grande que EA Partant FC sera aussi plus grande que EC, la partie que le tout : ce qui est impossible. Donc les deux cercles ne se toucheront point en deux poincts au dedans.

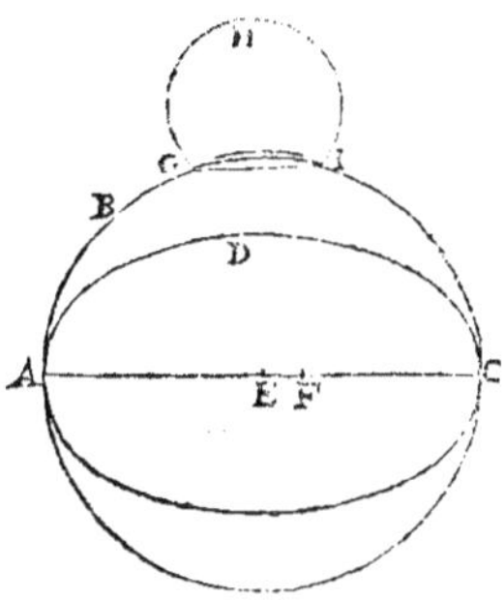

Pareillement, il est impossible qu'ils se touchent exterieurement à plus d'vn poinct : car si le cercle GHI pouuoit toucher en dehors le cercle A B C en deux poincts, comme G & I, il faudroit que la ligne droicte GI menee par lesdits deux poincts, tombast dedans l'vn & l'autre cercle par la 2. pr. 3. ce qui est impossible : car icelle ligne droicte G I tombant dedans le cercle A B C , elle ne peut pas tomber dedans le cercle G H I, puis qu'iceluy est tout dehors A B C. Parquoy les cercles ne se touchent point à plus d'vn poinct, tant dehors que dedans. Ce qu'il falloit demonstrer.

SCHOLIE.

Cette seconde partie est encore demonstree par plusieurs Interprettes ainsi. Que les

deux cercles A B & CB, dont les centres sont D & E, s'entretouchent par dehors au
poinct F: Ie dis qu'ils ne se peuuent tou-
cher à vn autre poinct. Car ayant mené
du centre D au centre E la ligne droicte
DE, elle passera par ledit attouchement F
par la precedente prop. & si les cercles se
touchoient encore à vn autre poinct, comme
B, la ligne droicte menee d'vn centre à
l'autre passeroit aussi par iceluy attouche-
ment B; & par ainsi les deux lignes
droictes DFE, DBE enclorroient vne superficie, ce qui est impossible.

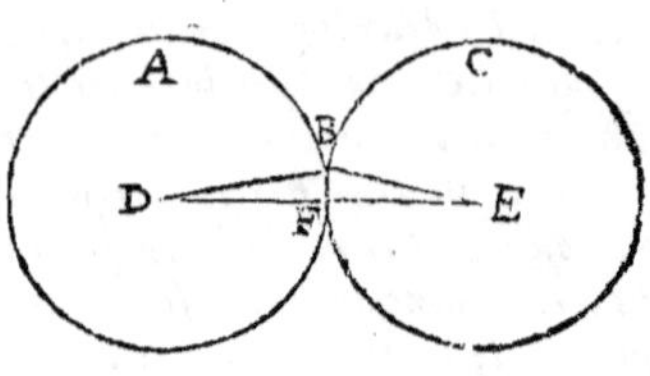

Clauius demonstre en ce lieu le Theoreme suiuant.

Si au demy diametre d'vn cercle produict, on prend vn poinct outre le
centre, le cercle descrit d'iceluy poinct comme centre, par le poinct extreme du demy diametre, touchera le premier cercle en iceluy poinct extreme du semy-diametre, & tombera tout dehors le mesme cercle.

Soit le cercle ABC, (voyez la derniere figure de la page 123.) duquel le centre
est D, & au demy diametre AD prolongé, soit prins quelconque poinct comme E,
duquel & de l'interualle EA soit décrit le cercle AFG, lequel ie dis toucher le cercle
ABC au seul poinct A. Car ou le poinct E est dans le cercle ABC, ou dehors. S'il est
dedans: d'autant que AE est plus grand que AD, c'est à dire que DC, & à plus
forte raison que EC: la ligne EF qui est egale à EA sera aussi plus grande que EC:
& partant le poinct F est hors le cercle ABC; & le cercle AFG hors le mesme cercle
pres du poinct F. Iceluy poinct F tombera beaucoup dauantage hors le cercle ABC,
si E est hors le mesme cercle ABC. Si donc le cercle AFG ne tombe tout dehors le
cercle ABC, tellement qu'il le touche au seul poinct A, que le cercle AFG couppe
ou touche le cercle ABC, en vn autre poinct B, si faire se peut, & soit tiree la ligne
DB. Veu donc qu'au diametre du cercle AFG est pris le poinct D, outre le centre E, la
ligne DA sera la plus petite de toutes les lignes droictes tombantes de D à la circon-
ference, par la 7. prop. 3. Donc DA est moindre que DB, ce qui est absurde; car DA,
DB tombant du centre D en la circonference d'vn mesme cercle ABC, sont egales.
Donc le cercle AFG ne couppe ou touche le cercle ABC en vn autre poinct que A,
mais tombe tout dehors iceluy: ce qui estoit proposé.

Que si au semy-diametre non produit, on prend vn poinct outre le centre, le cercle
descrit d'iceluy poinct comme centre, par le poinct extreme du semy-diametre touchera
pareillement le premier cercle au susdit poinct extreme du demy-diametre, & tom-
bera tout dedans le mesme cercle. Comme si au semy-diametre AE, du cercle
AFG, on prend le poinct D, duquel & de l'interualle DA, on descriue le cer-
cle ABC, iceluy tombera totalement dedans AFG, & le touchera au seul
poinct A. Car puis qu'il a esté demonstré cy-dessus que le cercle AFG tombe
tout dehors le cercle ABC, pareillement tout cestuy-cy tombera dedans celuy-là,
tellement qu'ils s'entretouchent au seul poinct A: & par ainsi appert ce qui estoit
proposé.

THEOR. 13. PROP. XIV.

Dans le cercle, les lignes droictes egales, font egalement
diftantes du centre; & les egalement diftantes du centre
font egales entr'elles.

Au cercle ABCD, duquel le centre eft E, foient deux lignes droictes egales AD & BC. Ie dis qu'elles feront egalement diftantes du centre E.

Qu'ainfi ne foit, par la 12. prop. 1. du centre E foient menees les deux
lignes EF, EG, perpendiculaires aux deux lignes droictes AD, BC : puis
foient tirees les deux lignes AE & BE. Or les deux lignes droictes AD & BC,
eftans couppées en angles droicts par les perpendiculaires EF & EG, elles
feront auffi couppees en deux egalement par la
3. p. 3. & puis qu'icelles AD, BC font pofees egales, la moitié A F fera egale à la moitié B G. Pareillement AE eftant egale à B E par la def. du cercle; le quarré de A E fera egal au quarré de B E.
Mais iceluy quarré de A E eft egal aux deux quarrez de AF, FE, par la 47. p. 1. & le quarré de BE eft
egal aux deux quarrez de BG, GE. Donc les deux
quarrez de AF, FE feront egaux aux deux quarrez
de BG, GE. Mais puis que les lignes AF, BG font
egales, le quarré de AF eft egal au quarré de B G, & par confequent le quarré de F E, eft egal au quarré de GE. Parquoy la ligne F E fera egale à la ligne GE, & par la 4. def. du 3. AD & B C feront egalement diftantes du centre E.

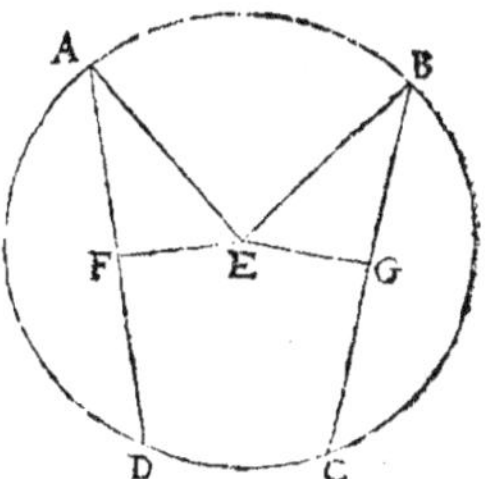

Quant à la feconde partie. Ie dis que fi A D, BC font egalement diftantes
du centre E, qu'elles feront egales entr'elles : car ayant conftruit, comme
deffus, les perpendiculaires E F & EG feront egales par la 4. def. de ce liu. &
coupperont AD, BC en deux egalement par la 3 pr. de ce mefme liu. & par
deduction de la 47. p. 1. comme cy-deffus, A F fe trouuera egale à F G, &
par confequent auffi leurs doubles AD & B C feront egales entr'elles. Si
donc au cercle les lignes droictes egales, &c. Ce qui eftoit à demonftrer.

THEOR. 14. PROP. XV.

Dans le cercle, la plus grande ligne eft le diametre : quant
aux autres toufiours la plus proche du centre eft plus
grande que la plus efloignee.

Au cercle A B C D E F, duquel le centre eft G foit le diametre A D, & la
ligne F E la plus proche d'iceluy, mais BC la plus efloignee. Ie dis que de
outes ces lignes AD eft la plus grande, & que FE eft plus graude que BC.

Car ſoient tirees du centre G les lignes droictes G H, G I perpendiculaires aux lignes droictes FE, BC: & pource que
BC eſt plus eſloignee du centre que FE; la perpendiculaire Gi ſera plus grande que GH, par
la 4. def. de ce liure Soit donc couppé d'icelle
G I, la ligne G M egale à GH, & par M ſoit menee K M L perpendiculaire à GI, & ſoient tirees
les lignes GK, GB, GC, GL. Donc puis que les
perpendiculaires GM, GH ſont egales, les lignes droictes KL, FE ſeront egalement diſtantes du centre par la 4. def. de ce liure, & partant egales entr'elles par la prop. precedente.

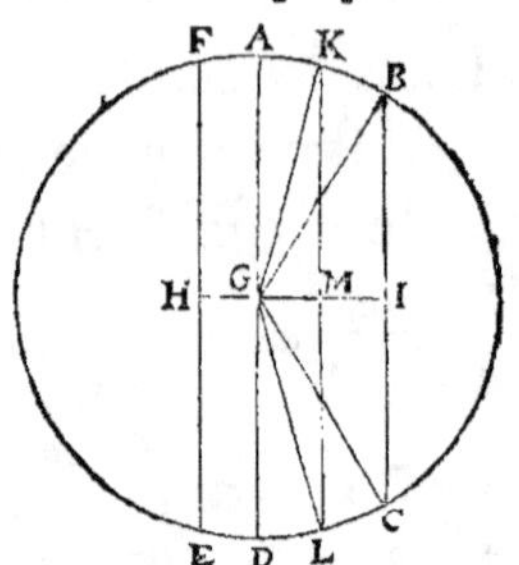

Derechef, puis que GK, GL, ſont plusgrandes que KL par la 20. prop. 1. &
icelles GK, GL ſont egales au diametre AD; iceluy diametre A D ſera auſſi
plus grand que KL ou FE. Par meſme raiſon on demonſtrera que A D eſt
plus grande que toutes les autres lignes.

    Item, d'autant qu'aux triangles GKL & G B C, les coſtez GK, GL, GB, GC
ſont egaux par la definition du cercle, & l'angle GKL eſt plus grand que
l'angle BGC, par la 24. prop. 1. la baſe K L, ou ſon egale F E, ſera plus grande
que la baſe BC, & ainſi des autres. Parquoy dans le cercle la plus grande
ligne eſt le diametre, &c. Ce qu'il falloit demonſtrer.

S C H O L I E.

Clauius demonſtre icy le Theoreme ſuiuant pris de Commandin.

    Si en la circonference du cercle on prend vn poinct, & d'iceluy l'on me-
ne quelque ligne droicte au cercle, l'vne deſquelles paſſe par le centre, & les
autres où l'on voudra: celle qui paſſe par le centre ſera la plus grande de
toutes: mais des autres les plus proches de celle là qui paſſe par le centre
ſeront plus grandes que les plus eſloignees: & n'y en peut auoir que deux
egales de part & d'autre de la plus grande.

    *En la circonference du cercle A B C D, ſoit pris le poinct A, & d'iceluy ſoient
menees pluſieurs lignes droictes A B, A C, A D, deſ-
quelles A D paſſe par le centre E: ie dis que A D eſt
la plus grande de toutes, & A C eſtre plus grande
que A B, qui eſt plus eſloignee d'icelle A D. Car eſtans menees les lignes B E, C E; au triangle A E C les
deux coſtez A E, EC ſeront plus grands que le coſté
A C par la 20. pr. 1. Mais icelles lignes A E, E C
ſont egales aux lignes droictes A E, E D, c'eſt à dire
à la ligne droicte A D. Donc icelle A D ſera plus*

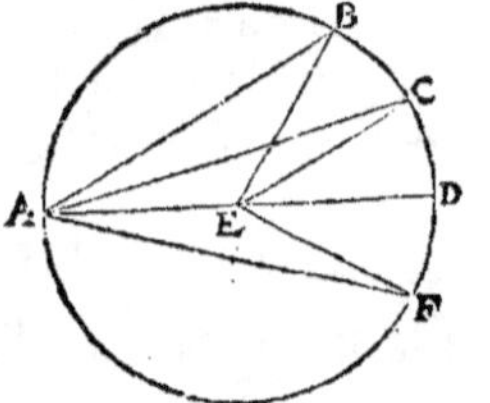

*grande que A C: & par meſme raiſon elle ſera auſſi plus grande que A B, & ainſi
des autres.*

    *En apres, d'autant qu'au triangle A E C les deux coſtez A E, EC ſont egaux aux
deux coſtez A E, E B du triangle A E B, chacun au ſien, & tout l'angle A E C plus
grand que l'angle A E B, la baſe A C ſera plus grande que la baſe A B par la*

24. prop.

14. prop. 1. Et par mesme raison A C sera plus grande que toute autre ligne plus
éloignee du centre E.

En troisiesme lieu : ie dis que du poinct A on ne peut mener au cercle que deux li-
gnes droictes egales entr'elles de part & d'autre de la plus grande A D. Car ayant
fait l'angle A E F égal à l'angle AEC, & ioinct A F, les deux costez A E, EC seront
egaux aux deux costez A F, EF, & les angles AEC, A E F, contenus d'iceux costez,
aussi egaux, & par la 4. prop. 1. les bases A C, A F sont egales : & il est euident que
du mesme poinct A on ne peut tirer dans le cercle vne autre ligne, qui ne s'approche
ou esloigné de A D ; & partant plus grande ou plus petite que l'vne & l'autre d'i-
celles A C, A F. Donc du poinct A ne se penuent tirer dans le cercle que deux lignes
droictes egales entr'elles.

Que si de A B, A F, tirees de diuerses parts du diametre A D, on dit que A F est
plus proche d'iceluy diametre A D ; on demonstrera, comme au scholie de la 7. prop. de ce
liure, que ladite A F est plus grande que A B.

THEOR. 15. PROP. XVI

Si à l'extremite du diametre d'vn cercle, on leüe vne ligne
perpendiculaire, elle tombera hors le cercle : & entre
icelle perpendiculaire & la circonference ne tombera pas
vne autre ligne droicte, & l'angle du demy cercle est plus
grand que tout angle rectiligne aigu, & celuy qui reste
plus petit.

Du cercle A B C, soit le centre D, & le diametre A C, sur l'extremité duquel
A, soit leuee la ligne perpendiculaire AE, par la
11. prop. 1. Ie dis premierement qu'icelle ligne
A E tombe hors le cercle.

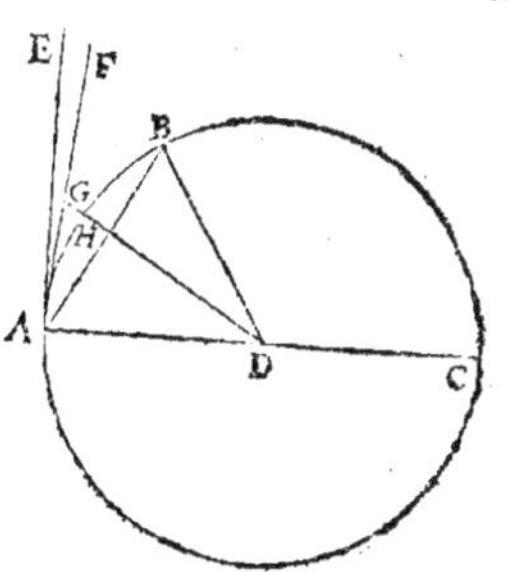

Car si elle tomboit dans iceluy, ainsi que A B,
estant tiree DB, les deux angles D A B, DBA, seront egaux par la 5. prop. 1. Mais D A B est droict
par la construction : donc DB A sera aussi droict :
ce qui est absurde, puis que par la 17. prop. 1.
deux angles d'vn triagle sont moindres que deux
droicts. Donc la perpendiculaire ne tombera pas
dans le cercle. Pour la mesme raison elle ne tombera pas aussi en la circonference, mais dehors, comme est A E.

Maintenant, ie dis que de A ne peut tomber entre la perpendiculaire AE,
& la circonference A B, vne autre ligne droicte. Car s'il est possible que quelque ligne droicte y tombe, comme A F, de D soit menee sur icelle la perpendiculaire D G, couppant la circonference en H, laquelle tombera necessairement de la part de l'angle aigu DAF par le Corol. de la 17. prop. 1. Veu
donc que au triangle DAG, les deux angles DAG, DGA, sont moindres
que deux droicts par la 17. prop. 1. & par la construction DG A est droict,

R

l'angle D A G sera moindre qu'vn droict, & partant la ligne D A, ou son egale
DH, sera plus grande que DG, par la 19. pr. 1. la partie
que le tout : ce qui est absurde. Entre la perpendiculaire A E', & la circonference A B ne tombera donc
pas vne autre ligne droicte.

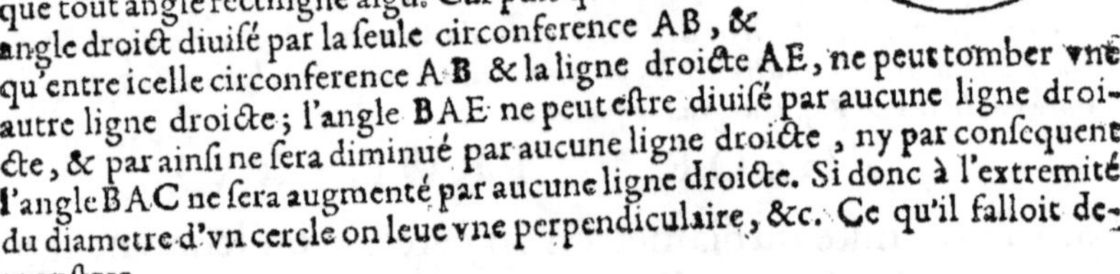

Ie dis finalement, que tout l'angle du demy cercle BAC contenu du diametre A C, & de la circonference AB, est plus grand que tout angle rectiligne aigu, & que celuy qui reste B A E contenu de la ligne
droicte A E, & de la circonference AB, est plus petit
que tout angle rectiligne aigu. Car puis que CAE est
angle droict diuisé par la seule circonference AB, &
qu'entre icelle circonference A B & la ligne droicte AE, ne peut tomber vne
autre ligne droicte; l'angle BAE ne peut estre diuisé par aucune ligne droicte, & par ainsi ne sera diminué par aucune ligne droicte, ny par consequent
l'angle BAC ne sera augmenté par aucune ligne droicte. Si donc à l'extremité
du diametre d'vn cercle on leue vne perpendiculaire, &c. Ce qu'il falloit demonstrer.

COLLAIRE.

Par ces choses est manifeste qu'vne ligne droicte tiree perpendiculairement de l'extre-
mité du diametre, touche le cercle en vn seul poinct. Car il a esté demonstré qu'elle tom-
be hors le cercle : & partant elle le touche seulement au poinct extreme du diametre.
Parquoy s'il estoit requis tirer vne ligne droicte par le poinct A donné en la circonfe-
rence du cercle, laquelle touchast le cercle en A nous tirerions de A au centre D la
ligne droicte A D, & sur icelle seroit éleuee la perpendiculaire A E, laquelle touche-
roit le cercle en A, comme il a esté demonstré.

PROBL. 2. PROP. XVII.

D'vn poinct donné, mener vne ligne droicte qui touche vn cercle donné.

Soit le poinct donné A, duquel il faut mener vne ligne droicte qui touche le cercle donné BC, dont le centre est D.

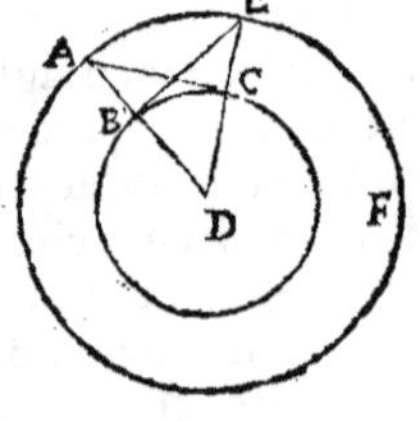

Soit menee la ligne A D couppant le cercle B C
en B : puis du centre D, & interualle DA, soit descrit le cercle AEF : Et apres auoir leué au bout du
demy diametre BD la perpendiculaire BE par la
11. p. 1. laquelle couppe la circonference AEF en
E, soit menee la ligne ED couppant le cercle BC
au poinct C, & du poinct donné A, à iceluy poinct
C, soit menee la ligne A C : ie dis qu'elle touche
le cercle donné B C au poinct C.

Car les deux triangles ACD & EBD ayans deux costez egaux, & l'angle D
commun, la base A C sera egale à la base EB, & l'angle droict ACD egal à

l'angle EBD. qui fera auſſi droiƈt. Et par le Corol. de la preced.prop. la ligne
AC touchera le cercle BC au ſeul poinƈt C. Nous auons donc du poinƈt
donné A mené la ligne droiƈte A C, qui touche le cercle donné au poinƈt
C. Ce qu'il falloit demonſtrer.

SCHOLIE.

La pratique de cette prop.eſt aiſee à entendre par la conſtruƈtion d'icelle : mais nous
auons enſeigné en noſtre Geometrie praƈtique, Prob. 20. vne autre maniere beaucoup
plus facile, laquelle nous rapporterons encore à la 31.prop.de ce liure.

THEOR. 16. PROP. XVIII.

Si vne ligne droiƈte touche vn cercle:& du centre à l'attouchement on mene vne ligne droiƈte , elle ſera perpendiculaire à la touchante.

Soit la ligne droiƈte A B touchant le cercle CDE, au poinƈt E, & d'iceluy poinƈt d'attouchement ſoit menee la ligne droi-
ƈte EC paſſant par le centre F. Ie dis qu'elle ſera perpendiculaire à AB.

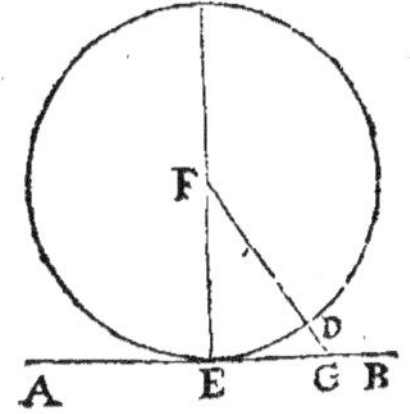

Car ſi elle ne l'eſt , ſoit menee FG perpendiculaire
à AB , couppant la circonference en D. Veu donc
qu'au triangle EFG les deux angles FEG, FGE ſont
moindres que deux droiƈts,par la 17.prop.1.& FGE eſt
droiƈt par la conſtruƈtion FEG ſera moindre qu'vn
droiƈt,& par la 19.p.1. la ligne FE, ou FD ſon egale,
ſera plus grande que FG , la partie que le tout : ce qui eſt abſurde. Donc FE
eſt perpendiculaire à AB. Parquoy ſi vne ligne droiƈte touche vn cercle, &c.
Ce qu'il falloit demonſtrer.

SCHOLIE.

Clauius demonſtre encore cette prop. ainſi. Si EC n'eſt perpendiculaire à AB, l'vn
des angles qu'elle faiƈt au poinƈt E ſera obtus , & l'autre aigu. Soit donc CEB aigu,
& veu qu'il eſt plus grand que l'angle du demy cercle CED , l'angle du demy cercle
ſera plus petit que quelque angle reƈtiligne aigu: ce qui eſt contre la 16.pr.3. & par-
tant abſurde.

THEOR. 17 PROP. XIX.

Si vne ligne droiƈte touche vn cercle, & au poinƈt de l'attouchement eſt leuee vne perpendiculaire ; en icelle ſera
le centre du cercle.

Soit la ligne droiƈte A B, touchant le cercle CDE au poinƈt E: & d'iceluy ſoit leuee E C perpendiculaire à AB. Ie dis que le centre du cercle ſera
dans icelle ligne perpendiculaire EC.

Autrement, il fera dehors icelle ligne ; foit donc au poinct F, s'il eft poffible, & d'iceluy poinct foit menee la ligne droi-
cte EF au poinct de l'attouchement E ; icelle ligne EF fera auffi perpendiculaire à AB par la prec.
prop. ce qui eft impoffible : car les deux angles
AEC, AEF feroient droicts & egaux, la partie au
tout : partant le centre du cercle n'eftoit pas hors
la ligne E C, ains dedans. Si donc vne ligne droicte touche vn cercle, &c. Ce qu'il falloit prouuer.

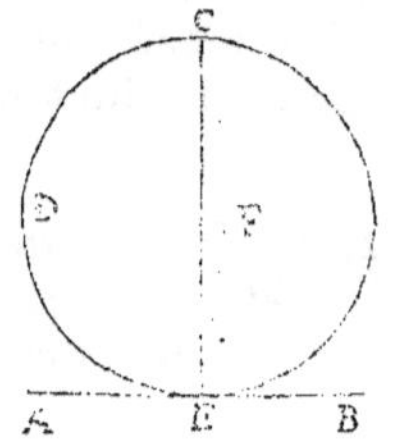

THEOR. 18. PROP. XX.

Au cercle, l'angle du centre eft double de l'angle de la circon-
ference, quand iceux angles ont vne mefme circonference
pour bafe.

Au cercle ABC, duquel le centre eft D, foient conftituez les deux angles
BAC & BDC, fçauoir B A C en la circonference, & BDC au centre, ayant
pour bafe vne mefme circonference B C. Ie dis que l'angle BDC fera double
de l'angle BAC.

Car premierement, fi les lignes droictes AB, AC enclofent les lignes DB,
D C, comme en la premiere figure ; eftant menee par le centre D la ligne

droicte ADE, & les lignes DA, DB
& DC, eftans egales, les deux triangles ADB & ADC feront Ifofce-
les, & par la 5. pr. 1. ils auront les angles egaux fur les bafes AB & AC.
Mais l'angle exterieur BDE par la
32. p. 1. eft egal aux deux angles interieurs DAB & DBA, qui font egaux :
partant il fera double du feul DAB :

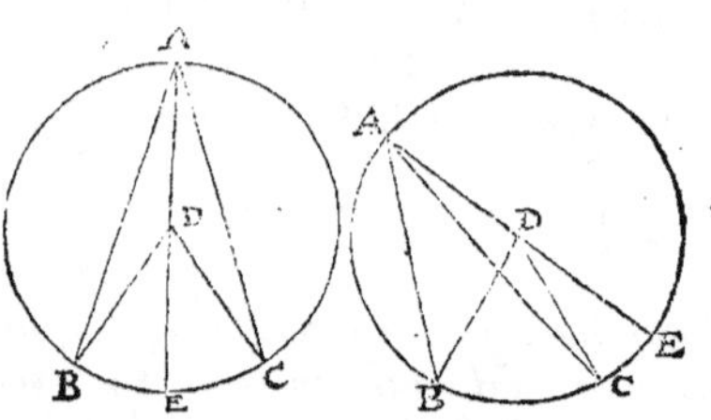

par mefme difcours EDC fe trouuera auffi double de D A C, & par confequent les deux enfemble BDC feront doubles des deux enfemble BAC.

Que fi l'angle de la circonference BAC eft comme en la feconde figure, il s'enfuiura toufiours le mefme, fçauoir que l'angle B D C fera double
de l'angle BAC.

Car apres auoir mené par le centre D la ligne ADE, par la 32. pr. 1 l'angle
exterieur B D E fera egal aux deux oppofez interieurs ABD, DAB, & double du feul D A B, le triangle eftant Ifofcele : par mefme difcours CDE fera
double de C A D, & par la 20. com. fent. fi de BDE double de BAE on ofte
CDE, double de C A E, le demeurant BDC fera double du demeurant BAC.
Parquoy au cercle, l'angle du centre eft double de l'angle de la circonference, &c. Ce qu'il falloit prouuer.

THEOR. 19. PROP. XXI.

Au cercle, les angles qui sont en vne mesme portion, sont
egaux entr'eux.

Toute portion de cercle, est ou plus grande, ou plus petite que le demy
cercle. Soit donc premierement
au cercle A B C D, le centre duquel est E, vne plus grande portion D A B C, en laquelle soient
les angles D A C & D B C. Ie dis
qu'ils sont egaux entr'eux.

Car si du centre E on meine
les deux lignes ED & EC, l'angle du centre DEC sera double de l'angle en la
circonference DAC par la prop. prec. & par la mesme prop. il sera aussi double de l'autre angle D B C. Mais les choses qui sont moitié d'vne mesme,
sont egales entr'elles: Donc aussi les angles A & B seront egaux entr'eux.

Soit maintenant vne portion plus petite que le demy cercle, comme en la
2. figure. Ie dis que les deux angles D A C, D B C, estans en la mesme portion
D A B C sont egaux.

Car si on meine la ligne droicte AB, il se fera vne portion BGA, plus grande
que le demy cercle; & comme nous auons demonstré cy dessus, les deux angles ADB & BCA, qui sont en vne mesme portion A G B, seront egaux: pareillement aux deux triangles D A F & C B F, les angles opposez au poinct
F sont egaux par la 15. pr. 1. & par ce qui a esté demonstré à la 32. pr. 1. le
troisiesme angle D A F sera egal au troisiesme angle CBF. Donc au cercle, les
angles qui sont, &c. Ce qui estoit à prouuer.

THEOR. 20. PROP. XXII.

Les figures de quatre costez inscrites au cercle, ont les angles opposez egaux à deux angles droicts.

Soit le cercle A B C D, auquel soit inscrite la figure de quatre costez
A B C D. Ie dis que les angles opposés A B C,
ADC; item B A D, B C D, sont egaux à deux
droicts. Car si on meine les deux diagonales A C
& B D, les deux angles ACD & ABD, estans en
vne mesme portion ABCD, seront egaux par
la pr. prec. Pareillement les deux angles DBC &
CAD, estans en vne mesme portion D A B C,
seront egaux; donc les deux angles sous le poinct
B, seront egaux aux deux D A C & D C A, lesquels auec les deux du poinct D, sont egaux à

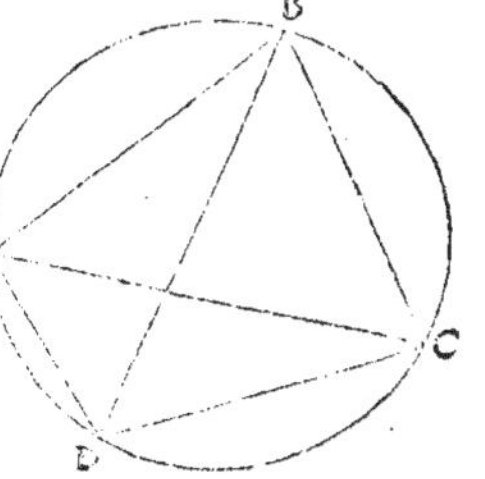

deux droicts par la 32. pr. 1. partant aussi les deux soubs le poinct B auec les

deux foubs le poinct D: c'eft à dire le total A B C, auec le total ADC, feront
egaux à deux droicts. Nous demouftrerons en la mefme maniere que les
deux angles B A D, BCD, font egaux à deux droicts. Car derechef les deux
angles ABD, A C D , font egaux. Item les deux BCA, BDA; & partant tout
l'angle B C D fera egal aux deux ABD, ADB, lefquels auec BAD font egaux
à deux droicts par la 32. p. 1 Donc auffi les deux BCD , BAD , feront egaux à
deux droicts. Parquoy les figures de quatre coftez infcriptes au cercle, &c.
Ce qu'il falloit demonftrer.

S C H O L I E.

La converfe de cette 22. prop. peut eftre demonftree ainfi qu'il enfuit.

Si deux angles oppofez d'vn quadrilatere font egaux à deux droicts, le
cercle defcrit par trois angles d'iceluy paffera auffi par le quatriefme angle.

Au quadrilatere A B C D, les deux angles oppofez B & D foient egaux à deux droicts,
& par les trois angles A, B, C, foit defcrit vn cercle: Ie dis qu'il paffera auffi par le 4.
angle D. Car s'il n'y paffe, il paffera ou au deçà de D, ou au
dela. foient donc tirees les deux lignes droictes A E, C E, en
telle forte que ne couppant les lignes droictes C D , A D , elles
conftituent au cercle vn quadrilatere A B C E. Donc par la 22.
pr. 3. les deux angles oppofez B, E font egaux à deux droicts:
Mais par l'hypothefe les deux angles B & D, font auffi
egaux à deux droicts; & partant les deux angles B & E
feront egaux aux deux B & D. Parquoy en oftant l'an-
gle commun B, refteront les angles D & E egaux : Ce qui
eft abfurde, car eftant tiree la ligne droicte C A , l'angle D
fera plus grand que l'angle E par la 21. pr. 1. ou au contraire l'angle E fera plus grand
que l'angle D. Le cercle paffera donc par le poinct D.

Nous demonftrerons encore icy quatre theoremes non feulement vtils aux chofes Geo.
metriques, mais auffi neceffaires aux Aftronomiques.

1. Aux cercles, les angles qui s'appuyent fur arcs femblables font egaux entr'eux, foit qu'ils foient conftituez aux centres ou aux circonferences : & au
contraire, les arcs aufquels s'appuyent angles egaux conftituez aux centres
ou aux circonferences, font femblables.

Aux cercles A B C D, E F G H, defquels les centres I & K, foient premierement les
arcs femblables B C D, F G H, aufquels infiftent & s'appuyent les angles I & K aux centres;
& les angles A & E aux circonferences. Ie dis
que tant ces deux là, que ces deux-cy font egaux
entr'eux. Car eftans conftituez en iceux arcs les
angles C, G, qui par la 10. d. 3. feront egaux:
& par la 22. pr. 3. tant les deux angles C, A,
que les deux G, E, font egaux à deux droicts.
Oftant donc les egaux C, G, les reftans A, E fe-
ront auffi egaux : Mais d'iceux font doubles les
angles I, K, par la 20. prop. 3. & par confe-
quent ils font auffi egaux. Ce qui eftoit propofé.

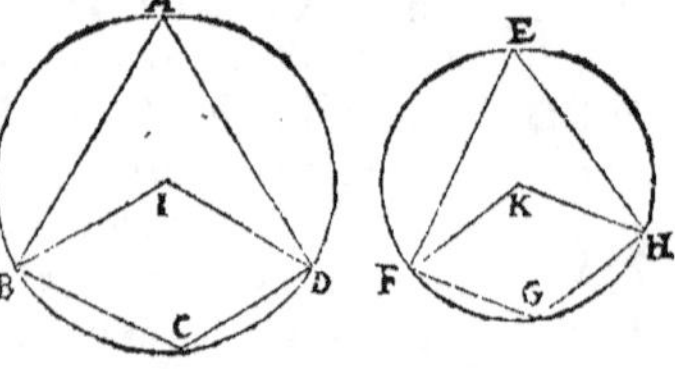

Secondement, foient egaux tant les angles I, K, que A, E, lefquels s'appuyent fur les

arcs *BCD, FGH* : Ie dis qu'iceux arcs *BCD, FGH font femblables. Car A & E font
egaux, & par la* 22. *prop.* 3. *tant les deux angles A & C, que les deux E & G font
egaux à deux droicts, les deux autres C & G feront auffi egaux ; & partant les arcs
BCD, FGH, aufquels infiftent les angles A, E aux circonferences, feront femblables
par la* 10. d. 3. *Mais fi les angles I & K aux centres font egaux, leurs moitiez A & E,
feront auffi egales. Parquoy comme deffus, les arcs BCD, FGH font femblables. Ce
qu'il falloit demonftrer.*

2. Si aux demy cercles, ou autres fegmens femblables, l'on adioufte des fegmens femblables ; les totals fegmens feront auffi femblables : & fi des cercles,
demy cercles, ou autres fegmens femblables, on ofte des fegmens femblables;
les fegmens reftans feront auffi femblables.

*Aux cercles ABC, DEF, foient les fegmens ou arcs femblables ABC, DEF qui
foient demy cercles ou non, & a iceux foient adiouftez les arcs femblables CG, FH. Ie
dis que tout l'arc ABG eft femblable à tout l'arc DEH. Car eftans pris aux arcs reftans
les deux poincts I, K, comme on voudra, foient menees les lignes droictes AI, CI, GI : DK,
FK, HK. D'autant que les arcs*

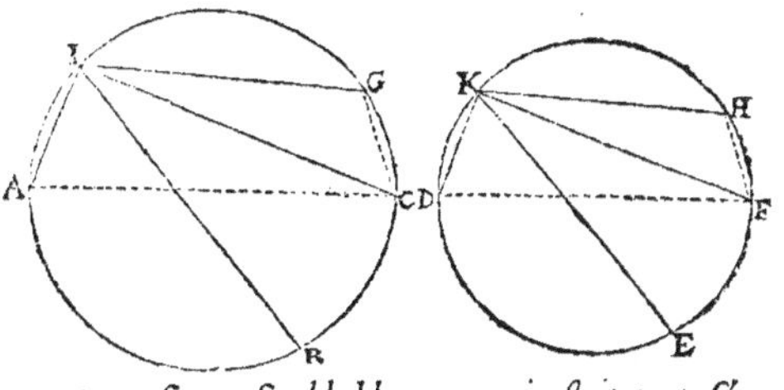

*ABC, DEF font femblables,
les angles AIC, D K F, feront
egaux par le prec. Theor. Et par
mefme raifon les angles CIG,
FKH feront auffi egaux, à caufe des arcs femblables CG, FH.
Donc tout l'angle A I G fera
egal à tout l'angle D K H : &
par le mefme theor. prec. les arcs ABG, DEH feront femblables : ce qui eftoit propofé.*

*Maintenant, que des fegmens ou arcs femblables A B C, DEF, foient retranchez les
arcs femblables A B, DE. Ie dis que les arcs reftans BC, EF, font auffi femblables.
Car eftans pris derechef les deux poincts I, K, aux peripheres reftantes des arcs donnez,
foient menees les lignes droictes A I, BI, CI : DK, EK, FK. Donc puis que tout l'arc
ABC eft femblable à tout l'arc DEF, tout l'angle AIC fera egal à tout l'angle DKF
par le prec. theor. Et par mefme raifon l'angle retranché AIB fera egal à l'angle retranché DKE, à caufe des arcs femblables AB, DE : donc auffi l'angle reftant BIC fera egal
à l'angle reftant EKF; & confequemment les arcs BC, EF, feront femblables. Ce qu'il
falloit demonftrer.*

*Que fi des cercles entiers on ofte les fegmens femblables I AC, KDF, les fegmens re-
ftans CGI, FHK feront auffi femblables. Car ayant pris aux arcs d'iceux fegmens les
poincts A, G, D, H, foient menees les lignes droictes I A, C A, IG, CG : KD, FD, KH,
FH. D'autant que les fegmens I AC, KDF font femblables, les angles I AC, KDF
feront egaux par la* 10. def. 3. *Et puis que par la* 22. prop. 3. *tant les deux angles oppofez
A, G, que les deux D, H, font egaux à deux droicts; en oftant les deux angles egaux A
& D, les deux reftans G & H feront auffi egaux, & partant les fegmens IGC, KHF
feront femblables par la mefme def. Ce qui eftoit propofé.*

3. Si deux ou plufieurs cercles font defcris d'vn mefme centre, & d'iceluy
foient menees deux ou dauantage de lignes droictes, qui couppent les circon-

ferences ; les arcs compris entre deux quelconques d'icelles lignes , seront
semblables.

  Soient deux cercles ABC, DEF, descrits d'vn mesme centre G, duquel soient menees
les deux lignes droittes GB, GC, qui couppent les circon-
ferences en B, C, & E, F : Ie dis que les arcs EF, BC,
sont semblables. Car estant prolongee la ligne BG iusques
en A, & tirées les lignes droittes AC, DF, l'angle G
constitué au centre sera double de chacun des angles A,
D, en la circonference par la 20. pr. 3. Donc par le 1. de
ces theor. les arcs BC, EF, sur lesquels ils s'appuient se-
ront semblables. Ce qui estoit proposé.

  Autrement. *D'autant que sur les arcs EF, BC*
s'appuient angles egaux au centre, ou plustost vn seul &
mesme angle BGC ; iceux arcs EF, BC seront semblables par le theor. susdit.

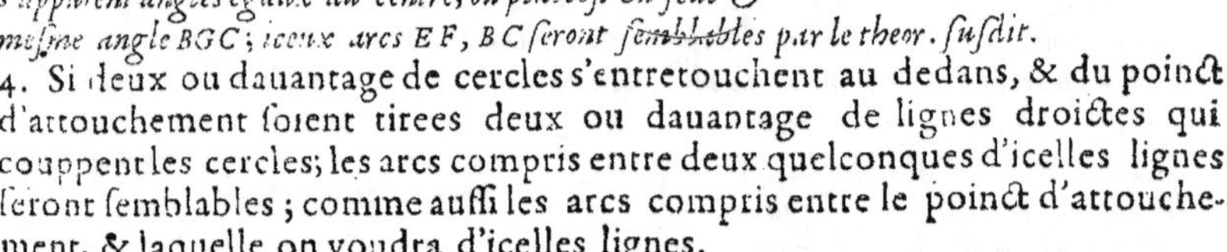

4. Si deux ou dauantage de cercles s'entretouchent au dedans, & du poinct
d'attouchement soient tirees deux ou dauantage de lignes droictes qui
couppent les cercles; les arcs compris entre deux quelconques d'icelles lignes
seront semblables ; comme aussi les arcs compris entre le poinct d'attouchement, & laquelle on voudra d'icelles lignes.

  Que les deux cercles ABC, ADE s'entretouchent en dedans au poinct A, duquel soient
menees les deux lignes droictes AB, AC, qui couppent les cercles en B, C, & D, E : Ie dis
que tant les arcs BC, DE, que AB, AD : & ACB, AED sont semblables. Car ayant
pris les deux poincts F, G, & tiré les lignes droictes, BF,
CF, DG, EG ; les deux angles DAE, DGE, seront egaux
aux deux angles BAC, BFC, attendu que tant ces deux-
là, que ces deux cy sont egaux à deux droicts par la 22.
pr. 3. & partant l'angle commun BAC estant osté, les
deux autres angles DGE, BFC demeureront egaux : & par
la 10. def. 3. les arcs DE, BC seront semblables. Et d'au-
tant que si on conçoit estre tiree la ligne droicte AC par
le centre du cercle, elle tombera en l'attouchement A par la
31. pr. 3. & en la mesme maniere que dessus les arcs DE, BC
seront semblables, lesquels estans ostez des demy cercles semblables, resteront aussi sem-
blables les arcs AD, AB, qui ostez des circonferences entieres, resteront encores les arcs
AED, ACB semblables, comme nous auons demonstré au 2. theor. Ce qui estoit proposé.

THEOR. 21. PROP. XXIII.

Deux portions de cercles, semblables & inegales, ne se
mettront pas dessus vne mesme ligne droicte, & de mesme part.

  Car si faire se peut, soient deux portions de cercles semblables , & inegales
ABC & ADC, sur la la ligne droicte AC, & de mesme costé. Il est euident
qu'elles s'entrecoupperont seulement és poincts A & C, puis que par la
                    10. pr. de

10. pr. ce liure vn cercle ne couppe pas vn autre cercle en plus de deux
poincts ; & partant la circonference d'vne portion fera toute de hors la circonference de l'autre. Soit dónc menée la ligne
droicte A B couppant les circonferences en D &
B, & tirees les deux lignes droictes B C & DC ;
par la definition des semblables portions, les deux
angles ABC & ADC feront egaux, ce qui eſt abfurde: car par la 16. prop. 1. l'angle exterieur ADC
doit eſtre plus grand que l'oppofe interieur B.

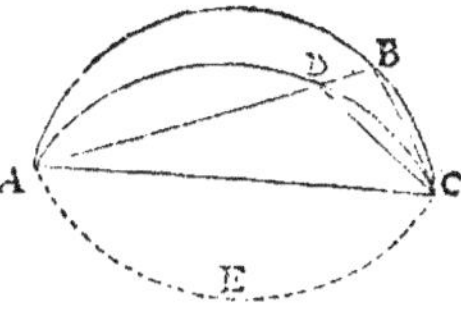

Donc les deux portions ABC & ADC, eſtans fem-
blables & inegales, ne fe pouuoient mettre fur vne mefme ligne droicte AC,
& de mefme part. Ce qu'il falloit demonſtrer.

S C H O L I E.

Encore qu'en ceſte 23. prop. & demonſtration d'icelle les portions de cercles foient con-
ſtituees de mefme part, fi eſt-ce toutesfois que la prop. fera auſſi veritable, fi lef-
dites portions font pofees de diuerfe part; comme font les portions ABC, AEC. Car
fi on conçoit que l'vne d'icelles portions, côme AEC, foit meiie à l'entour de la ligne
droicte AC, & vienne à eſtre de mefme part que ABC, il aduiendra toufiours la mef-
me abfurdité que deſſus, attendu qu'vne portion ne conuiendra point à l'autre, à
caufe de leur inegalité.

Dauantage, il eſt euident, que ce qui eſt dit icy de deux portions conſtituees fur
vne mefme ligne droicte, fe doit auſſi entendre de celles conſtituees fur lignes droictes
egales: car l'vne d'icelles lignes eſtant fuperpofee à l'autre, elle luy conuiendra, &
partant les deux portions feront lors pofees fur vne mefme ligne droicte, ainfi que
deſſus, &c.

THEOR. 22. PROP. XXIV.

Semblables portions de cercles eſtans conſtituees fur lignes droictes egales, font egales entr'elles.

Soient deux portions de cercles femblables A B C & D E F conſtituees fur lignes droictes egales AC, &
D F. Ie dis qu'icelles portions font egales entr'elles.

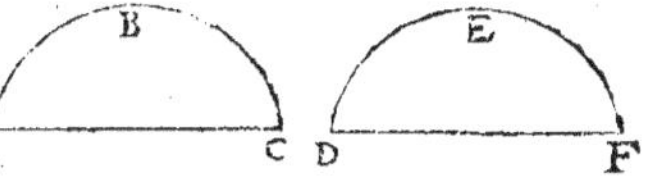

Autrement, fi elles eſtoient inegales,
il s'enfuiuroit que deux portions fem-
blables & inegales, pourroient eſtre pofees fur lignes droictes egales, ou
bien fur vne mefme, contre la prop. precedente: donc les deux portions
ABC & DEF conſtituees fur lignes droictes egales, feront egales ; Ce qu'il
falloit prouuer.

S C H O L I E.

Il eſt aiſé de demonſtrer la conuerfe tant de cette prop. que de la precedente, c'eſt à

S

ſçauoir que les egaux ſegmens de cercles conſtituez ſur lignes droictes egales, ou ſur
vne meſme, ſont ſemblables. Car à cauſe de l'egalité deſdits ſegmens, ou portions de
cercles, l'vne conuiendra à l'autre: & partant tous les angles conſtituez en icelles
ſont egaux: Parquoy icelles portions ſeront ſemblables. Que ſi quelqu'vn dit que leſdites portions ne conuiennent entr'elles, il faudroit ou que l'vne tombaſt toute hors de
l'autre, & elles ne ſeroient egales entr'elles, contre l'hypotheſe; ou bien que la circonference de l'vne couppaſt la circonference de l'autre, & par ainſi vn cercle en coupperoit vn autre à plus de deux poincts, contre la 10. prop. 3.

PROB. 3. PROP. XXV.

La portion d'vn cercle eſtant donnee, deſcrire le cercle duquel elle eſt portion.

Soit vne portion de cercle ABC, de laquelle il faut trouuer le centre pour
acheuer le cercle d'icelle.

En la circonference d'icelle portion ſoient pris
comme on voudra les trois poincts A, B, C, & apres
auoir mené les deux lignes droictes A B & B C, &
icelles couppees en deux egalement en D & E par
la 10. prop. 1. d'iceux poincts ſoient leuees par la 11.
prop. 1. les perpendiculaires D F, & EF, ſe rencontrans au poinct F: (or elles ſe doiuent rencontrer,
pource que ſi on menoit vne ligne droicte de D à
E, comme D E, ſeroient faicts deux angles E D F, D E F, moindres que
deux droicts.) Ie dis que le poinct F eſt le centre cherché.

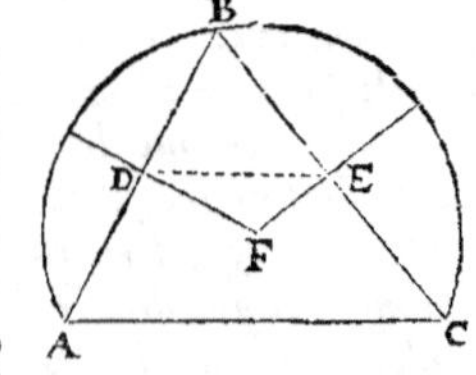

Car par le Corol. de la 1. prop. de ce liure le centre ſera en la ligne DF:
Il ſera auſſi en EF: ce ſera donc au poinct F, qui leur eſt commun. Parquoy
nous auons trouué le centre du cercle, duquel le ſegment donné ABC eſt
portion : ce qu'il falloit faire.

SCHOLIE.

La pratique de cette prop. n'eſt differente à celle de la premiere, c'eſt à ſçauoir
qu'ayant pris en la circonference les trois poincts A, B,
C, il faut des poincts A & B, deſcrire d'vn meſme interualle deux arcs qui s'entrecouppent en D, F, & par iceux
mener vne ligne droicte DFE: en apres, des poincts B &
C, deſcrire encore d'vn meſme interualle deux autres arcs
qui s'entrecouppent en G & H, par leſquels ſoit menee vne ligne droicte GHE, qui couppe la precedente D F en E,
qui ſera le centre requis.

THEOR. 23. PROP. XXVI.

Aux cercles egaux, les angles egaux s'appuyent ſur circon-

ferences egales , foit qu'ils s'appuyent eftans conftituez
aux centres , ou aux circonferences.

Soient les cercles egaux A B C & D E F, defquels les centres font G &
H, & à iceux foient conftituez les angles egaux G, H : Item les angles B, E
conftituez aux circonferences, foient auffi egaux. Ie dis que les circonferences A C & D F, fur lefquelles iceux angles s'appuyent, font egales.

Car d'autant que les cercles font egaux, les lignes tirees du centre à la circonference feront egales par la 1.
def. de ce liure. Parquoy ayant tiré
les deux lignes droictes A C. D F,
les deux triangles A G C & D HF,
auront deux coftez egaux à deux
coftez, chacun au fien, & l'angle G
egal à l'angle H : & par la 4. prop. 1.
la bafe AC fera egale à la bafe D F.
Pareillement l'angle B eftant egal à
l'angle E, la portion ABC fera fem-

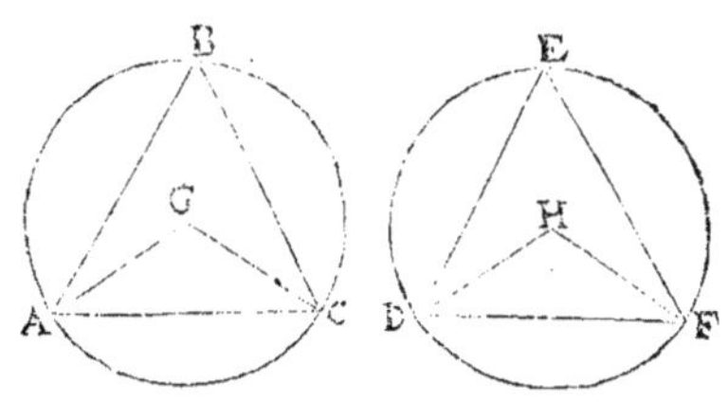

blable à la portion DEF, par la 10. def. de ce liu. & par la 24. prop. elles feront egales ; & qui de cercles egaux ofte portions egales, fçauoir ABC &
D E F, le demeurant AC fera egal au demeurant DF : ainfi les angles egaux
s'appuyeront deflus circonferences egales AC, DF. Donc aux cercles egaux,
les angles egaux s'appuyent fur circonferences egales , &c. Ce qu'il falloit prouuer.

SCHOLIE.

Que fi les fufdits angles eftoient inegaux , le plus grand s'appuyeroit fur vn
plus grand arc que le moindre : Car
aux cercles egaux ABC , DEF, foit
l'angle AGC au centre G, plus grand
que l'angle DHF au centre H. Item
l'angle ABC en la circonference, plus
grand que l'angle DEF en la circonference. Ie dis que l'arc AC eft plus
grand que l'arc DF. Car ayant fait
l'angle AGI egal à l'angle DHF, &
l'angle ABI egal à l'angle DEF; par
ce qui a efté demonftré cy deffus, les

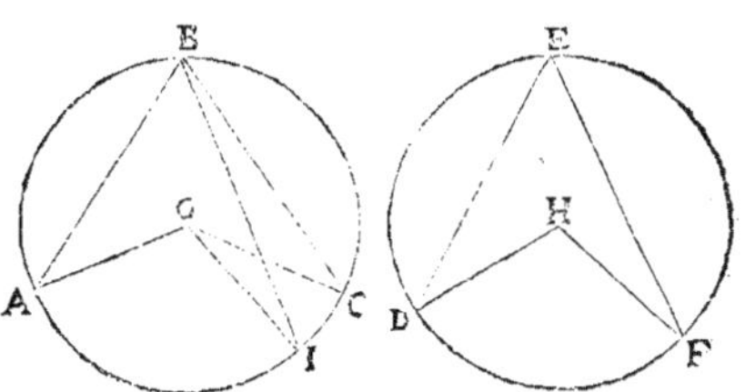

arcs AI , DF feront egaux ; & partant AC fera plus grand que DF.
Or ce qu'Euclide dit des cercles egaux en cefte propofition, & aux trois prochaines fuiuantes , fe doit auffi entendre d'vn mefme cercle ; c'eft à dire qu'en vn mefme cercle , les
angles egaux s'appuyent fur circonferences egales , &c. Car toufiours la mefme demonftration qui fe fera en deux ou plufieurs cercles egaux, aura auffi lieu en vn mefme cercle.

S ij

THEOR. 24. PROP. XXVII.

Aux cercles egaux, les angles qui s'appuyent deſſus circonferences egales, ſont egaux entr'eux, ſoit qu'ilss'appuyent
eſtans conſtituez aux centres, ou aux circonferences.

Soient deux cercles egaux ABC & DEF, les centres deſquels ſont G &
H,& ſur les circonferences egales AC & DF, ſoient les angles A B C &
D E F, tous deux en la circonference. Item A G C & DHF au centre : ie
dis premierement qu'iceux angles AGC & D H F, ſeront egaux.

Autrement, l'vn d'iceux angles ſera plus grand que l'autre: Soit donc AGC
plus grand que D H F, s'il eſt poſſible, &
par la 23. pr. 1. ſur A G ſoit fait l'angle A G I
egal à D H F, & par la precedente prop. les
circonferences A I & D F ſeront egales; ce
qui eſt contre noſtre hypotheſe ; car nous
auons poſé AC egale à DF. Il faudroit
doncques que A C & AI fuſſent egales,
contre la 8. com. ſent. Donc l'angle A G C
n'eſtoit point plus grand que l'angle D H F, & partant egal: ce qui eſtoit
propoſé.

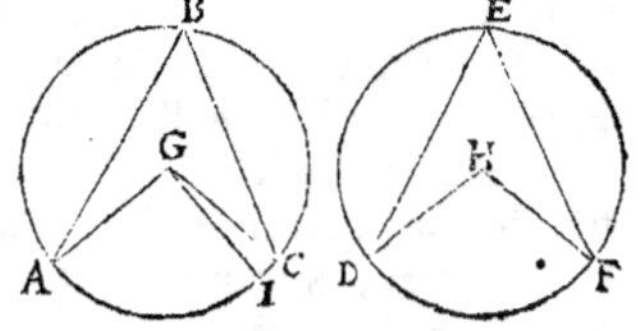

Or l'egalité des angles du centre eſtant prouuee, les angles de la circonference ſont entendus egaux, puis qu'ils ſont moitiez d'iceux par la 20. propoſition de ce liure. Donc aux cercles egaux les angles qui s'appuyent deſſus circonferences egales, ſont egaux , &c. Ce qu'il falloit demonſtrer.

*Que ſi les arcs eſtoient inegaux, l'angle inſiſtant ſur le plus grand arc ſeroit
plus grand que celuy du moindre.
Comme en la figure du ſcholie precedent, ſoit l'arc AC plus grand que
l'arc D F : Ie dis que l'angle AGC
eſt plus grand que l'angle DHF, &
l'angle ABC, plus grand que l'angle DEF. Car ayant faict l'arc AI
egal à l'arc D F, & tiré les lignes
droictes G I, B I ; tant les angles
AGI, DHF, que les angles ABI, DEF, ſeront egaux ; comme il a eſté demonſtré
cy deſſus : & partant l'angle AGC ſera plus grand que l'angle DHF, & l'angle ABC plus grand que l'angle DEF.*

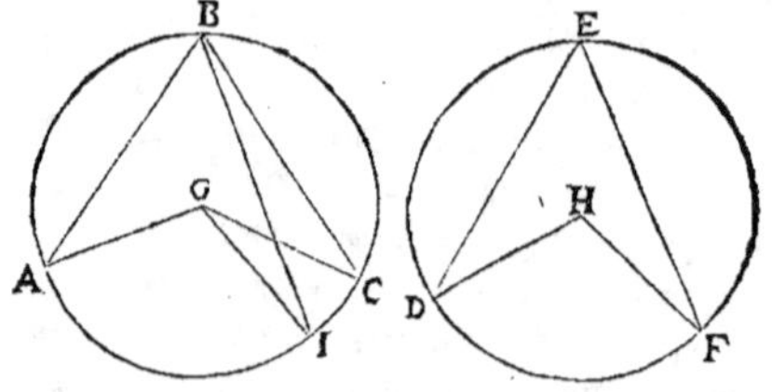

THEOR. 25. PROP. XXVIII.

Aux cercles egaux, les lignes droictes egales prennent circonferences egales, sçauoir la plus grande à la plus grande, & la plus petite à la plus petite.

Soient deux cercles egaux A B C & D E F, desquels les centres sont G
& H, & dans ces cercles soient deux lignes droictes egales AC & DF : Ie
dis que les circonferences qu'elles couppent, sont egales, sçauoir la petite A I C à la petite D K F, & la grande ABC à la grande DEF.

Qu'il ne soit ainsi ; des centres G & H, soient menees les lignes GA, GC,
HD, HF, qui seront egales par la 1. def. de ce liure, estans les cercles egaux ;
& la ligne droicte A C estant egale
à la ligne droicte D F, les deux triangles A G C & D H F, auront les trois
costez egaux aux trois costez, chacun
au sien : & par la 8. pr. 1. l'angle G sera
egal à l'angle H, & par la 26. p. de ce liu.
ils s'appuyeront dessus circonferences egales AIC, DKF ; & qui de cer-
cles egaux oste icelles circonferences egales, resteront les circonferences
ABC, DEF, aussi egales. Donc aux cercles egaux, les lignes droictes egales prennent circonferences egales, &c. Ce qu'il falloit demonstrer.

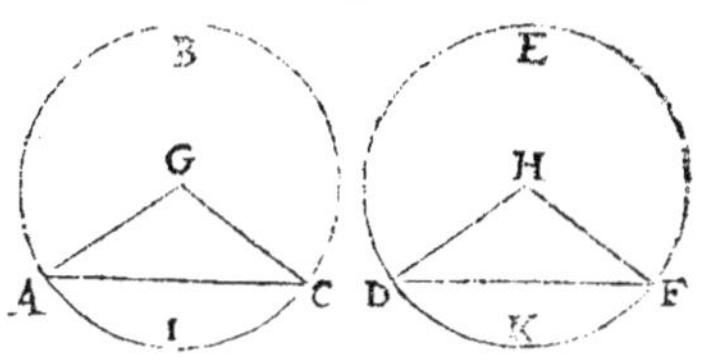

S C H O L I E.

*Que si les lignes droictes estoient inegales, la plus grande prendroit aux segmens
mineurs vne plus grande circonference que la moindre : mais vne moindre aux segmens maieurs. Comme aux cercles egaux
ABC, D E F, desquels les centres sont G
& H, soit la ligne droicte A C, plus
grande que la ligne droicte D F : Ie dis que
la circonference A C moindre que le demy
cercle, est plus grande que la circonference
D F : & que la circonference ABC est moindre que la periphere DEF. Car estans tirees
les lignes droictes A G, G C, D H & H F : les costez A G, G C du triangle A G C,
seront egaux aux costez D H, H F du triangle D H F : & la base A C est posee plus
grande que la base D F : Donc l'angle A G C sera plus grand que l'angle D H F
par la 25. pr. 1. Parquoy soit faict l'angle A G I egal à l'angle D H F par la 23. prop. 1. &
par la 26. p. 3. l'arc A I sera egal à l'arc D F, & partant la circonference A I C sera
plus grande que la circonference D F, & consequemment le reste A B C sera moindre que
le reste D E F.*

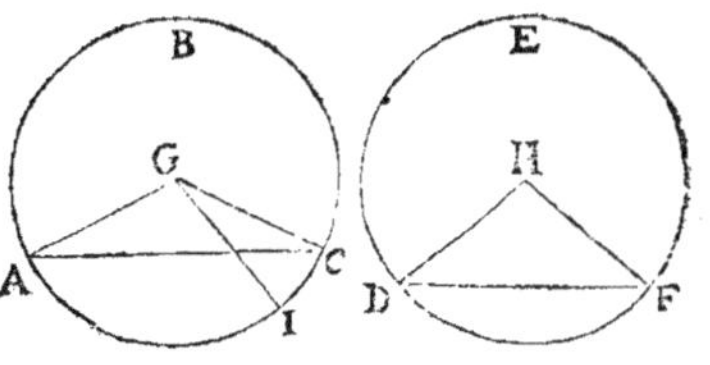

THEOR. 26. PROP. XXIX.

Aux cercles egaux , les circonferences egales, souſtendent lignes droictes egales.

ES cercles egaux ABC & DEF, deſquels les centres ſont G & H, ſoient les circonferences ABC , DEF egales : item les circonferences AIC, DKF auſſi egales & ſouſtenduës des lignes droictes AC & DF. Ie dis qu'icelles lignes ſouſtendantes ſont egales.

Qu'ainſi ne ſoit ; des centres G & H ſoient menees les lignes droictes GA, GC, HD, HF Or d'autant que l'on poſe les circonferences AIC, DKF egales, les angles G & H qui s'appuyent deſſus icelles circonferences, ſeront egaux par la 27. pro. de ce liure : pareillement les coſtez GA & GC, eſtans egaux aux coſtez HD & HF par la 1. d. 3. la baſe AC ſera egale à la baſe DF par la 4. propoſ. 1. Donc aux cercles egaux les circonferences, &c. Ce qui eſtoit à prouuer.

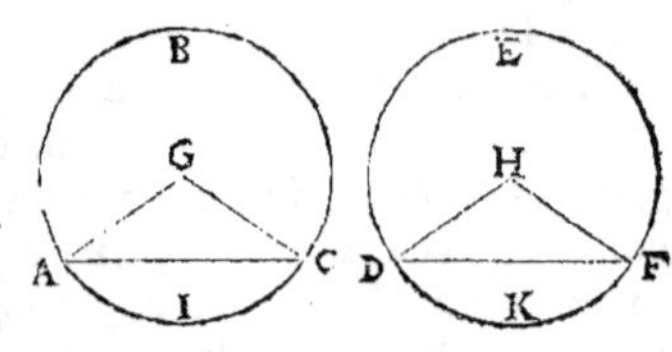

SCHOLIE.

Mais ſi les circonferences eſtoient inegales, la plus grande ſeroit ſouſtendue d'vne plus grande ligne que la moindre , leſdites circonferences eſtans moindres que le demy cercle: Car ſi elles eſtoient plus grandes, la moindre d'icelles circonf. ſeroit ſouſtendue d'vne plus grande ligne que la plus grande. Comme aux cercles egaux ABC, DEF, deſquels les centres ſont G & H, ſoient les circonferences AC, DF, chacune moindre que le demy cercle, & ſoit AC plus grande que DF, & partant ABC moindre que DEF: Ie dis que la ligne droicte AC eſt plus grande que la ligne droicte DF. Car eſtans tirees les lignes droictes AG, GC, DH, & HF, l'angle AGC ſera plus grand que l'angle DHF par le Scholie de la 27. prop. de ce liure; & puis que les coſtez AG, GC, du triangle AGC ſont egaux aux coſtez DH, HF du triangle DHF, par la 24. prop. 1. la baſe AC ſera plus grande que la baſe DF.

Clauius, apres Commandin, demonſtre en ce lieu les quatre Theoremes ſuiuants.

1. Les cercles , deſquels les lignes droictes egales retranchent ſemblables circonferences, ſont egaux.

Soient deux cercles ABC, DEF, deſquels les lignes droictes egales AC, DF, couppent ſemblables circonferences ABC, DEF: Ie dis qu'iceux cercles ſont egaux. Car ſi les ſegmens ABC, DEF ſont ſemblables, les ſegmens reſtans AIC, DKF, ſeront auſſi ſemblables, côme nous auons demonſtré au Scholia de la 22. prop. de ce liure. Derechef, pour ce que ſur les lignes droictes egales AC, DF, ſont conſtituez les ſemblables ſegmens ABC, DEF, ils ſeront egaux par la 24. p. 3. Par meſme raiſon ſeront auſſi egaux les ſemblables ſegmens AIC, DKF. Donc les cercles entiers ABC, DEF, ſeront egaux: Ce qui eſtoit propoſé.

2. Des cercles inegaux , les lignes droictes egales couppent circonferences diſſemblables.

En la mesme figure precedente les lignes droictes A C, D F *soient posees egales, & les cercles* ABC, DEF, *inegaux. Ie dis que les circonferences* A B C, D E F, *sont dissemblables. Car si elles estoient semblables, les cercles seroient egaux, comme nous auons demonstré cy-dessus, contre l'hypothese. Donc les circonferences* ABC, DEF, *sont dissemblables. Par mesme raison les circonferences* AIC, DKF, *seront aussi dissemblables. Ce qu'il falloit demonstrer.*

3. Les lignes droictes, qui prennent circonferences semblables de cercles inegaux, font inegales.

En la mesme figure soient posez les cercles inegaux, & les circonferences ABC, DEF *semblables : Ie dis que les lignes droictes* AC, D F *sont inegales. Car si elles estoient egales, les cercles seroient egaux par le* 1. *Theor. cy-dessus, contre l'hypoth. icelles lignes droictes* AC, DF, *sont donc inegales.*

4. Les lignes droictes, qui de quelconques cercles prennent circonferences semblables & inegales, font inegales.

En la mesme figure, soient posées les circonferences ABC, DEF *semblables & inegales. Ie dis que les lignes droictes* AC, DF *sont inegales. Car les cercles sont ou egaux, ou inegaux : Soient premierement egaux. Si donc les lignes droictes* AC, DF, *sont dictes egales, par la* 28. *prop.* 3. *les circonferences* ABC, DEF, *seront egales : ce qui est contre l'hypoth. Icelles lignes droictes* AC, DF, *ne sont donc pas egales. Soient puis apres les cercles inegaux. Donc les lignes droictes* AC, DF, *estans les circonferences* ABC, DEF, *semblables, seront inegales, comme il a esté demonstré au precedent Theor. En la mesme maniere nous demonstrerons les lignes droictes* A C, DF *estre inegales, si les circonferences* AIC, DKF, *sont posées semblables & inegales.*

PROB. 4. PROP. XXX.

Coupper vne circonference donnée en deux egalement.

Soit la circonference donnée AB C, laquelle il faut couper en deux egalement.

Soit menee la ligne droicte A C, laquelle soit couppee en deux egalement au poinct D, duquel poinct soit esleuee la perpendiculaire DB par la 11. prop. 1. qui rencontre la circonference en B. Ie dis que la circonference ABC est couppee en deux egalement en B.

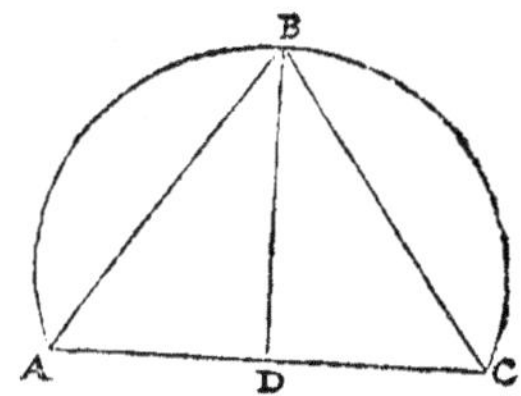

Qu'il ne soit ainsi : soient menees les lignes droictes AB & BC. D'autant que les deux costez AD & DB du triangle ADB, font egaux aux deux costez CD & DB du triangle CDB, chacun au sien, & les deux angles au poinct D egaux : par la 4. p. 1. la base AB sera egale à la base B C, & par la 28. prop. de ce liure les circonferences AB & BC seront egales. Nous auons donc couppé la circonference donnee en deux egalement. Ce qu'il falloit faire.

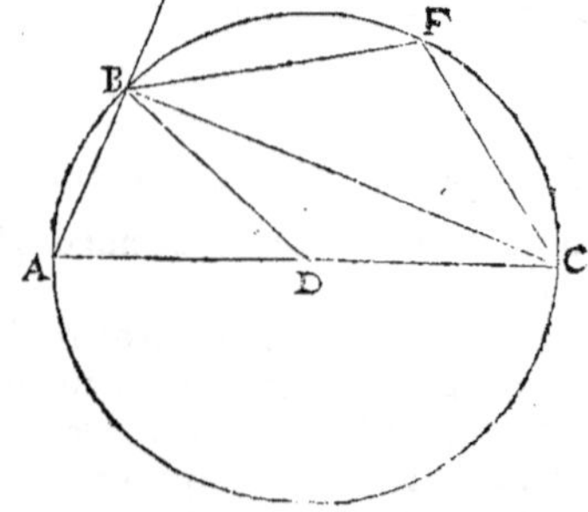

La practique de ceste proposition est fort aisee, car il n'y a
qu'à descrire deux arcs de cercles de chaque extremité de la
circonference donnée A & B, qui s'entrecouppent és poincts C
& D, desquels poincts, estant menee vne ligne droicte CD, elle
couppera la circonference donnée A B en deux egalement au poinct E.

THEOR. 27. PROP. XXXI.

Au cercle, l'angle qui est au demy cercle est droict : & celuy
　　qui est en la plus grande portion, est plus petit qu'vn droict;
　　mais celuy qui est en la plus petite, est plus grand qu'vn
　　droict. Et d'auantage, l'angle de la plus grande portion,
　　est plus grand qu'vn droict : mais l'angle de la plus petite
　　portion est moindre qu'vn droict.

Au cercle ABC, duquel D est le centre, & AC le diametre, soit constitué au demy cercle ABC, l'angle recti-
ligne ABC; & en la plus grande portion
BAC, l'angle BAC: mais en la moindre
portion BFC, l'angle C F B. Ie dis en premier lieu que l'angle A B C au demy
cercle, est droict.

Car apres auoir mené la ligne BD , &
continué AB iusques en E : il est euident
que les triangles ABD & CBD sont Isosceles, & par la 5. p.1.ils auront les angles
sur la base egaux, sçauoir B A D à ABD,
& CBD à BCD : & partant les deux ensemble A B D, C B D, seront egaux aux
deux ensemble BAD & BCD. Mais par la 32. p.1.l'exterieur CBE est egal à i-
ceux deux angles BAD, BCD :& partant les deux au poinct B, faisant le seul
ABC, seront aussi egaux à l'exterieur CBE, & par la 10. def. 1. les deux angles ABC & CBE, seront deux droicts.

Ie dis en second lieu, que l'angle BAC , qui est en la plus grande portion
C A B, est plus petit qu'vn droict : ce qui est aisé à prouuer par la 32. pr.1.
d'autant qu'au triangle BAC, l'angle ABC, estant droict, les deux autres ensemble ne vaudront qu'vn droict : & partant le seul angle B A C est plus petit qu'vn angle droict, & ainsi des autres.

Ie dis tiercement, que l'angle BFC, qui est en la petite portion CFB, est plus
grand qu'vn droict : car par la 22. p. de ce liure la figure de quatre costez
A B F C inscrite au cercle, a les deux angles opposez A & F, egaux à deux
　　　　　　　　　　　　　　　　　　　　　　　　　　　droicts.

droicts. Mais nous auons prouué A eftre plus petit qu'vn droict, par confequent F fera plus grand.

Ie dis en quatriefme lieu, que l'angle de la plus grande portion, fçauoir
CBA, compris de la ligne droicte BC, & de la periphere BAC, eft plus grand
qu'vn angle droict : ce qui eft euident ; car l'angle droict rectiligne ABC
n'eft que partie d'iceluy angle mixte CBA.

Finalement, ie dis que l'angle de la petite portion, compris de la ligne
droicte BC & de la circonference BFC, c'eft à dire l'angle mixte CBF eft
moindre qu'vn droict, car iceluy n'eft que partie de l'angle droict CBE.
Donc au cercle, l'angle qui eft au demy cercle eft droict, &c. Ce qu'il falloit
demonftrer.

COROLLAIRE.

De ce que deffus, eft manifefte qu'vn angle d'vn triangle eftant egal aux deux au-
tres, eft droict.

SCHOLIE.

La conuerfe de cette prop. eft manifeftement vraye, c'eft à fçauoir, que

Le fegment de cercle, auquel eft conftitué vn angle droict, eft demy cercle; & celuy auquel eft vn angle aigu, eft fegment maieur : mais celuy auquel
eft vn angle obtus, eft fegment mineur : Et le fegment duquel l'angle eft
plus grand qu'vn droict eft plus grand que le demy cercle ; mais celuy duquel l'angle eft moindre que le droict, eft ou demy cercle, ou moindre que le
demy cercle.

Car l'angle eftant droict, fi le fegment n'eft pas vn demy cercle, il fera ou plus grand,
& ainfi l'angle fera aigu ; ou moindre, & ainfi l'angle fera obtus : contre l'hypothefe.
Derechef, l'angle eftant aigu, fi le fegment n'eft pas plus grand que le demy cercle, il
fera ou demy cercle, & ainfi l'angle en iceluy fera droict : ou moindre que le demy
cercle, & ainfi l'angle en iceluy fera obtus : Ce qui eft auffi contre l'hypothefe. Finale-
ment, l'angle eftant obtus, fi le fegment n'eft moindre que le demy cercle, il fera ou
demy cercle, & ainfi l'angle en iceluy fera droict ; ou plus grand, & ainfi l'angle fera
aigu : Ce qui eft femblablement contre l'hypothefe. Dauantage, quand l'angle du feg-
ment eft plus grand qu'vn droict, fi le fegment n'eft pas plus grand que le demy cer-
cle, il fera ou demy cercle, ou moindre que le demy cercle, & ainfi l'angle d'iceluy fera
moindre qu'vn droict, contre la pofition. Et quand l'angle du fegment eft moindre qu'vn
droict, fi le fegment n'eft pas demy cercle, ou moindre que le demy cercle, il fera plus
grand, & par ainfi l'angle d'iceluy fera pareillement plus grand que le droict : Ce qui
eft contre l'hypothefe.

Clauius demonftre en ce lieu le theoreme fuiuant.

Si le cofté oppofé a l'angle droict d'vn triangle rectangle eft couppé en deux
egalement, & du poinct de la fection eft defcrit vn cercle de l'interualle de
la moitié d'iceluy cofté; iceluy cercle paffera par l'angle droict du triangle.

Au triangle rectangle A B C, le cofté A C oppofé à l'angle droict B, foit couppé en
deux egalement au poinct D, duquel & de l'interualle D A, ou D C, foit defcrit le cercle
A E C, lequel ie dis paffer par B. Car s'il paffoit au deffus de B, ou au deffoubs, eftans

*tirées les lignes droictes AE, CE, tellement qu'el-
les ne couppent les lignes droictes AB, BC, ains
qu'elles tombent au deçà d'icelles, ou au delà: l'angle AEC au demy cercle sera droict par la 31.
p.3. & consequemment les angles B & E seront
egaux, estans droicts: ce qui est absurde, veu que
l'angle E par la 21. prop. 1. est necessairement ou
plus grand, ou plus petit que l'angle B. Le cercle
AEC passera donc par le poinct de l'anglé droict
B. Ce qui estoit proposé.*

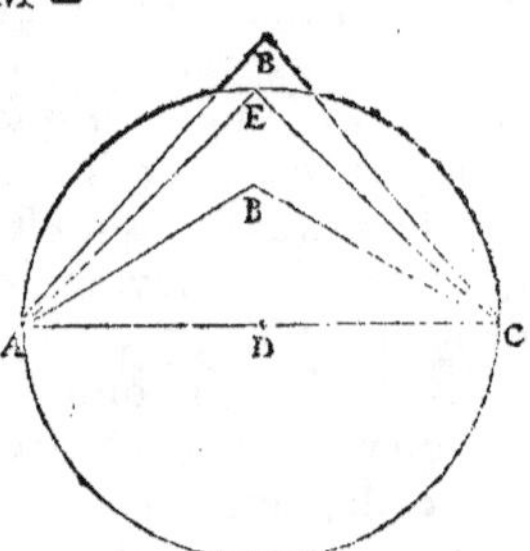

*Or de la demonstration de la premiere partie de cette pr. nous colligeons vn facile
moyen pour d'vn poinct donné hors vn cercle mener vne, ou deux lignes droictes qui touchent iceluy cercle, ce qui se fait ainsi. Soit donné le
poinct A hors du cercle BC, le centre duquel est D:
& il faut mener de A vne ligne droicte, qui touche
iceluy cercle donné. Ayant mené la ligne AD, soit couppee icelle en deux egalement en E par la 10. p.1. &
de E comme centre, & de l'interualle EA soit descrit
vn cercle ACD qui couppe le donné en C, auquel poinct*

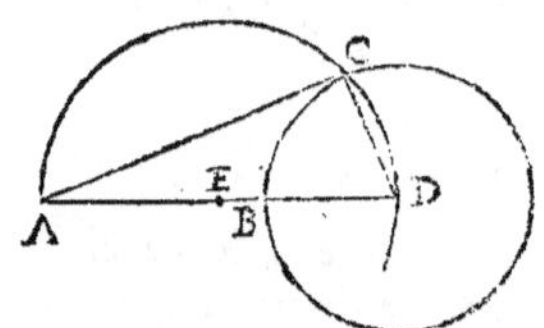

*C soit menee la ligne droicte AC, & icelle touchera le cercle donné en C. Car estant ti-
ree la ligne droicte CD, l'angle ACD au demy cercle sera droict par ladite 31. pr.3. &
partant la ligne droicte AC, touchera le cercle BC en C par le Cor. de la 16. p.3. Et si
du mesme poinct A, on vouloit encore tirer vne autre ligne qui touche semblablement ledit
cercle BC, il n'y auroit qu'à descrire le cercle entier ACD, & il coupperoit encore la
circonference BC à vn autre poinct au dessoubs de AD, &c.*

THEOR. 28. PROP. XXXII.

Si quelque ligne droicte touche le cercle, & de l'attouchement on meine vne autre ligne droicte coupant le cercle,
les angles qu'elle faict à la touchante sont egaux à ceux
qui sont aux segmens alternes du cercle.

Soit la ligne droicte AB touchant le cercle CDE, au poinct C, & d'iceluy
poinct soit menee la ligne droicte CE, coup-
pant le cercle en deux portions CDE, CFE. Ie
dis que l'angle ECB, est egal à tout angle qui
peut estre fait en la portion alterne CDE, &
que l'angle ECA est aussi egal à tout angle qui
peut estre fait en la portion alterne CFE.

Qu'il ne soit ainsi, apres auoir mené par le
centre le diametre CD, soient menees les lignes
droictes DE, EF, FC. Maintenant par la prop.
precedente l'angle DEC dans le demy cercle
est droict, & par la 32. p.1. les deux autres D &

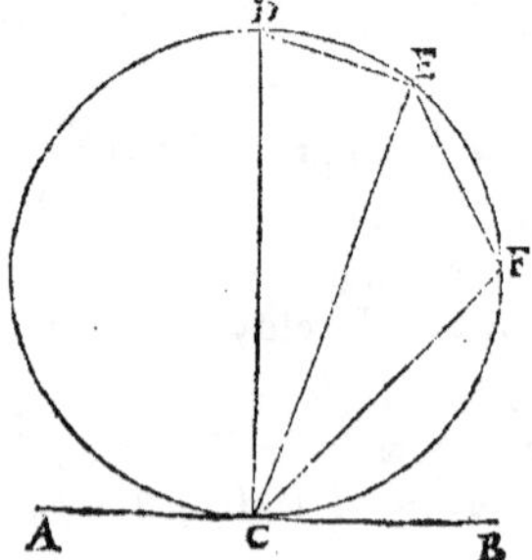

ECD font egaux à vn droiæt, c'eſt à dire à DCB, lequel eſt droiæt par la
18. prop. de ce liure, deſquels ſi on oſte l'angle commun ECD, le demeurant ECB ſera egal au demeurant D. Pareillement par la 22. prop. la figure
de quatre coſtez inſcrite au cercle CFED, aura les angles oppoſez F & D,
egaux à deux droiæts : c'eſt à dire aux deux ECA, ECB, deſquels ſi on oſte
choſes egales, c'eſt à ſçauoir les angles egaux D & ECB, les demeurans
F & ECA feront egaux.

Que ſi la ligne couppant le cercle eſtoit le diametre d'iceluy, tous les angles qui ſe feroient tant en l'vn qu'en l'autre demy cercle, feroient droiæts
par la prop. prec. & partant appert ce qui eſt propoſé. Si donc quelque ligne
droiæte touche le cercle, &c. Ce qu'il falloit prouuer.

PROBL. 5. PROP. XXXIII.

Deſſus vne ligne droiæte donnee, deſcrire vne portion de
cercle capable d'vn angle egal à vn angle rectiligne donné.

Soit la ligne donnee AB, & l'angle rectiligne C : il faut ſur icelle ligne
deſcrire vne portion de cercle compre-
nant vn angle egal à l'angle donné C.

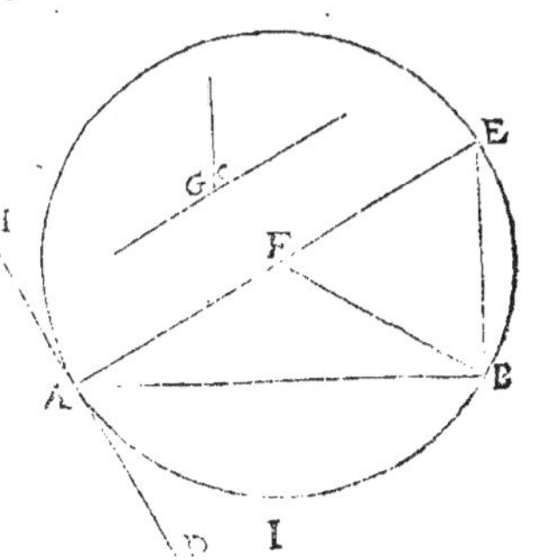

Soit conſtruit ſur icelle ligne AB. & à l'ex
tremité A, l'angle BAD egal à l'angle donné C par la 23. prop. 1. & au poinæt A
ſoit leuee AE perpendiculaire à AD ; puis
ſur la ligne AB, & au poinæt B, ſoit faiæt
l'angle ABF egal à l'angle BAE par la 23.
prop. 1. tirant la ligne BF iuſques à ce
qu'elle rencontre la perpendiculaire AE
au poinæt F : donc par la 6. p. 1. les coſtez
FA, FB, feront egaux : Partant le cercle de-
ſcrit du centre F & de l'interuale FA, paſſera auſſi par le poinæt B ; & apres a-
uoir mené la ligne droiæte BE, ie dis que l'angle E, qui eſt en la portion
AEB eſt egal à l'angle donné C. Car d'autant que la ligne droiæte AE
paſſe par le centre F, & qu'à icelle AE, la ligne DA eſt perpendiculaire ;
par le Corol. de la 16. prop. de ce liure le cercle touchera icelle DA en A. Par
quoy par la preced. prop. l'angle BAD, qui par la conſtruction eſt egal à
l'angle C, ſera egal à l'angle E, deſcrit dans la portion alterne AEB ; par
conſequent iceluy angle E ſera egal à l'angle C : Nous auons donc deſcrit vne portion de cercle ſur la ligne donnee AB, capable d'vn angle egal
à vn angle donné C.

Que ſi l'angle donné euſt eſté obtus, comme G, il euſt fallu conſtruire l'angle BAH egal à iceluy, & chercher le centre F comme deſſus, pour deſcrire
le cercle AEBI, & par la prop. precedente la portion mineure AIB euſt compris vn angle egal à l'angle donné G.

Que ſi l'angle donné euſt eſté droiæt, il n'euſt fallu que deſcrire vn demy cercle sur la ligne donnée, attendu que tout angle faict au demy cercle est droict par la 31. p. 3. Or nous auons donc construit sur la ligne donnée AB, vn segment de cercle, &c. Ce qu'il falloit faire.

PROB. 6. PROP. XXXIV.

D'vn cercle donné, oster vne portion capable d'vn angle egal à vn angle rectiligne donné.

Soit le cercle donné ABC; duquel il faut oster vne portion capable d'vn angle rectiligne egal à l'angle donné D.

Soit menee la ligne droicte E F touchant le cercle en A : puis par la 23. prop. 1. soit faict sur icelle ligne, & au poinct A, l'angle rectilgne FAC egal au donné D, faisant que la ligne droicte AC couppe le cercle en deux portions. Ie dis que tout angle qui sera fait en la portion alterne ABC sera egal au donné D. Car il sera egal à l'angle FAC par la 32. pr. de ce liure, lequel est egal à D par la construction. Nous auons donc du cercle donné ABC couppé vne portion &c. Ce qu'il falloit faire.

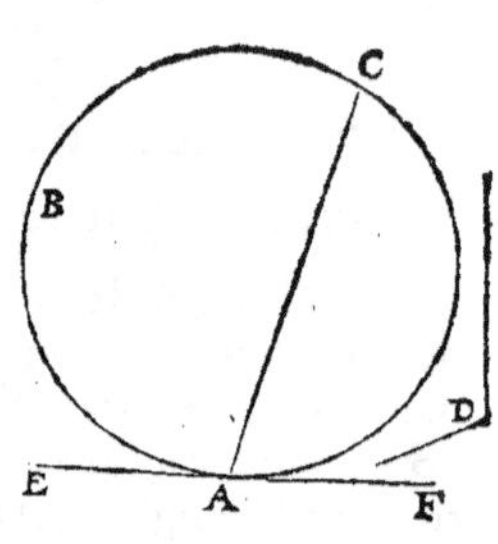

THEOR. 29. PROP. XXXV.

Si dans vn cercle, deux lignes droictes se coupent l'vne l'autre; le rectangle contenu des deux parties de l'vne, est egal au rectangle compris des deux parties de l'autre.

Soient deux lignes droictes A B, C D dans le cercle ACBD, s'entrecouppans en E. Ie dis que le rectangle compris des deux parties AE & EB, est egal au rectangle contenu des deux parties CE & ED.

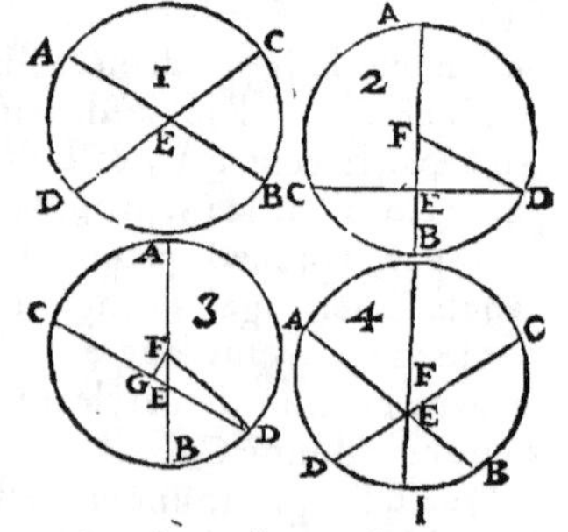

Or les lignes qui se couppent dans le cercle, ou elles passent toutes deux par le centre, ou bien l'vne d'icelles seulement, ou ny l'vne ny l'autre. Que si elles passoient toutes deux par le centre comme en la premiere figure, les quarre parties seront egales ; & par ainsi la proposition est euidente.

Que si la seule AB, passe par le centre F, & diuise D C en deux egalement, comme en la seconde figure, elle la diuisera aussi à droicts angles, par la 3. prop. de ce liure. Et apres auoir mené FD, il est euident par la 5. pr. 2. que le rectangle de AE & EB auec le quarré de EF, sera egal au quarré de FB, ou FD, (car la ligne AB est couppee en deux egalement au poinct F,

& en deux inegalement en E) & pa la 47. prop. 1. le quarré de FD eſtant
egal aux deux quarrez de FE & ED, en oſtant le quarré commun de FE, le
demeurant rectangle de AE & EB, ſe trouuera egal au quarré de ED, c'eſt à
dire au rectangle de CE & ED, puis que CD eſt couppee en deux egalement en E.

Que ſi la ligne AB paſſant par le centre F (comme en la troiſieſme figure)
diuiſe inegalement CD, ne paſſant point par le centre, il s'enſuiura la
meſme choſe. Car apres auoir mené la perpendiculaire FG, & la ligne droicte
FD : pourautant que AB eſt couppee en deux egalement en F, & en deux
inegalement en E, le rectangle de AE & EB, auec le quarré de EF, ſera egal
au quarré de FB, ou de ſon egale FD par la 5. prop 2. Mais le quarré de FE
eſt egal aux deux de FG & GE par la 47 pr. 1. Pareillement le quarré de FD,
eſt egal aux deux de FG & GD par la 47. prop. 1. Donc auſſi le rectangle
de AE & EB, auec les deux quarrez de FG & G E, ſera egal aux deux quarrez de FG & GD : & partant en oſtant le quarré commun de FG, le demeurant quarré de GD, ſera egal au rectangle de AE & EB, & quarré de GE.
Mais le meſme quarré de GD eſt auſſi egal au rectangle de CE & ED, auec
le quarré de GE ; par la 5. prop. 2. puis que CD eſt couppee en deux egalement en G, par la perpend. FG & en deux inegalement en E. Parquoy iceluy rectangle de CE & ED auec le quarré de GE ſera egal au rectangle de
AE & EB auec le quarré de GE : en oſtant donc le quarré commun de GE, le
rectangle de AE, EB, ſe trouuera egal au rectangle de CE & ED.

Que ſi ny l'vne ny l'autre des deux lignes ne paſſe par le centre F, (comme en la 4. figure) il s'enſuiura le meſme : car ſi on meine le diametre HI,
paſſant par le poinct commun E de la 4. figure, le rectangle de IE & EH,
ſera egal au rectangle de CE & ED, comme cy-deſſus a eſté dit ; & par meſme raiſon il ſera auſſi egal au rectangle de AE & EB ; & par la 1. com. ſent. les
deux rectangles de AE, EB ; item de CE, ED, ſeront egaux. Si donc dans
vn cercle, deux lignes droictes, &c. Ce qu'il falloit demonſtrer.

SCHOLIE.

Nous conuertirons cette 35. prop. ainſi.

Si deux lignes droictes s'entrecouppent, tellement que le rectangle compris des ſegmens de l'vne ſoit egal au rectangle contenu ſous les ſegmens
de l'autre, le cercle deſcrit par trois des poincts extremes d'icelles lignes
quels qu'ils ſoient, paſſera auſſi par le 4. poinct.

Que les lignes droictes A B, C D s'entrecouppent
en E, & que le rectangle compris ſous AE, EB ſoit
egal au rectangle compris des parties CE, ED. Ie dis
que les quatre poincts A, D, B, C, tombent en la cir-
conference d'vn cercle, c'eſt à dire qu'eſtant deſcrit
vn cercle paſſant par les trois poincts A, D, B, il paſſe-
ra neceſſairement par l'autre poinct C. Car s'il n'y paſſe,
il paſſera, ou au delà de C, ou au deçà, comme par le
poinct F. D'autant que par la 35. prop. 3. le rectangle

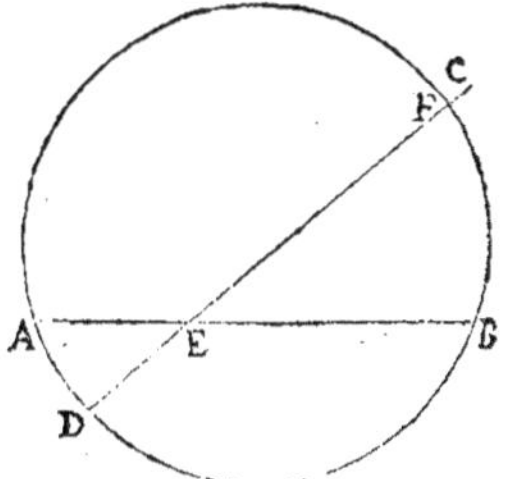

compris ſous FE, ED eſt egal au rectangle compris de AE, EB, & que le rectangle
contenu ſous CE, ED eſt auſſi poſé egal au meſme rectangle de AE, EB; les rectan-

gles compris fous CE, ED, & fous FE, ED, feront egaux, la partie au tout : ce qui eft
abfurde. Par mefme raifon le cercle ne paffera pas au delà du poinct C. Donc le cercle
defcrit par les trois poincts A, D, B, paffera par le quatriefme poinct C. Ce qu'il fal-
loit demonftrer.

THEOR. 30. PROP. XXXVI.

Si dehors le cercle on prend quelque poinct , & d'iceluy
vers le cercle tombent deux lignes droictes, l'vne defquelles couppe le cercle , & l'autre le touche; le rectangle contenu de toute la couppante, & de fa partie prife
dehors entre le poinct & la circonference conuexe , eft
egal au quarré de la touchante.

Hors le cercle ABC foit pris le poinct D , duquel foit menee la ligne DA,
coupant le cercle en C, & la ligne
DB touchant iceluy cercle en B.
Ie dis que le rectangle de la toute AD & de la partie CD, prife
entre le poinct donné &le cercle,
eft egal au quarré de la touchante BD.

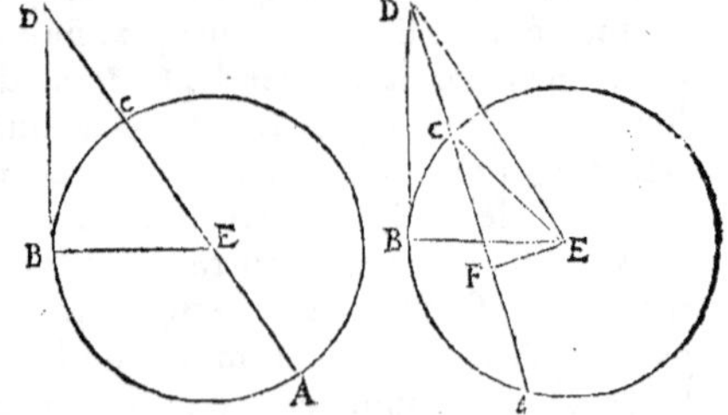

Premierement que la ligne AD,
paffe par le cente E, comme en
la premiere figure , & d'iceluy
centre E au poinct d'attouchement B , foit menee la ligne EB, laquelle par
la 18. prop. de ce liure fera perpendiculaire à icelle touchante BD: &
pourautant que la ligne AC eft couppee en deux egalement au poinct E,
& à icelle eft adiouftee directement CD, le rectangle de la totale AD, &
de fa partie CD auec le quarré de CE, ou BE fon egale, eft egal au quarré de ED par la 6.p.2.ou aux deux de DB & BE par la 47. p. 1. Que fi on ofte
le quarré commun de BE, le demeurant quarré de BD, fera egal au demeu-
tant rectangle de AD & CD, par la 2. com.fent.

Que fi la ligne AD ne paffe par le centre du cercle propofé, comme en
la feconde figure, il faudra demonftrer en cefte forte : du centre E foient
menees les lignes EB, EC, ED, & la perpendiculaire EF, laquelle couppera
AC en deux egalement par la 3. prop. de ce liure. Et par la 6. p. 2. comme cy
deffus, le rectangle de AD & CD, auec le quarré de CF, fera egal au quarré
de DF, aufquelles chofes egales fi on adioufte le quarré commun de EF, le
rectangle de AD & DC, auec les deux quarrez de CF & FE, ou le feul de
CE par la 47.p.1.fera egal aux deux quarrez de DF & FE, ou au feul de DE
par la 47.p.1. ou aux deux de DB & BE par la mefme 47. p. 1. Que fi on ofte
les quarrez egaux de CE & BE, les demeurans quarré de DB , & le rectangle de AD & CD, feront egaux. Parquoy fi hors le cercle on prend

quelque poinct, &c. Ce qu'il falloit demonstrer.

COROLLAIRE.

*Par ces choses est manifeste, que si d'vn poinct pris hors le cercle, sont tirees plu-
sieurs lignes droictes, coupant le cercle ; les rectangles compris sous chacune d'icelles
& sa partie exterieure, seront egaux entr'eux : pource que chacun de ces rectangles-
là, sera egal au quarré de la ligne touchante.*

*Appert aussi que deux lignes droictes tirees d'vn mesme poinct, & touchant le
cercle, sont egales entr'elles : puis que le quarré de chacune d'icelles sera egal au rectangle de la ligne tiree du mesme poinct, & couppant le cercle, & de la partie exterieure d'icelle.*

*Est aussi euident que d'vn mesme poinct pris hors le cercle, peuuent estre seule-
ment tirees deux lignes droictes qui touchent le cercle : Car il faudroit qu'elles fussent
toutes egales entr'elles : & partant du poinct D pourroient estre menees plus de deux
lignes droictes egales de part & d'autre de DE, contre la 8. prop. de ce troisiesme liure.*

THEOR. 31. PROP. XXXVII.

Si dehors le cercle on prend quelque poinct, & d'iceluy poinct
tombent deux lignes droictes au cercle, l'vne desquelles
couppe le cercle, & l'autre l'atteint : Si le rectangle compris de toute la couppante, & de la partie prise entre le
poinct & la circonference conuexe, est egal au quarré de
celle qui atteint ; celle qui atteint touchera le cercle.

Hors le cercle ABC soit pris le poinct D, & d'iceluy soit menee la ligne
droicte DA qui couppe le cercle au poinct C, & la ligne DB qui atteint le
cercle au poinct B : & soit le rectangle de la toute
AD & de la partie CD, egal au quarré de DB. Ie
dis que DB touche le cercle en B.

Car du poinct D, estant menee la ligne DF
touchant le cercle au poinct F, & du centre E les
lignes EB, ED, EF, par la proposition precedente, le quarré de D F sera egal au rectangle de AD
& CD. Mais par l'hypothese le quarré de DB, est
aussi egal à iceluy rectangle : & partant les quarrez,
& les lignes DF & BD, seront egales. Item EF &
EB, sont aussi egales par la def. du cercle, & ED
à soy mesme : ainsi les deux triangles D B E &
DFE, ayans les trois costez egaux aux trois costez,
chacun au sien, les angles B & F, seront egaux par
la 8. p. 1. & F estant droict par la 18. prop. de ce liure, aussi B sera droict ; &
par le Cor. de la 16. prop 3. la ligne DB touchera le cercle. Parquoy si dehors le cercle on prend quelque poinct, &c. Ce qu'il falloit prouuer.

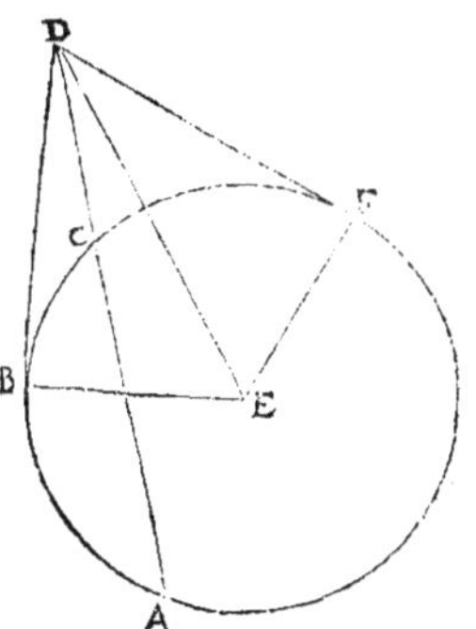

Fin du troisiesme Element.

ELEMENT
QVATRIESME·
DEFINITIONS.

Ne figure rectiligne se dict estre inscrite en vne figure rectiligne, lors qu'vn chacun des angles de la figure inscrite, touche vn chacun costé de la figure en laquelle elle est inscrite.

2. Semblablement aussi vne figure se dict estre circonscrite à vne figure, quand vn chacun costé de la circonscrite touche vn chacun angle de l'inscrite.

Ainsi le triangle ABC, duquel chaque angle touche vn chacun costé du triangle DEF est dit estre inscrit en iceluy triangle DEF. Et au contraire, à cause que chaque costé d'iceluy triangle DEF touche chaque angle du triangle ABC, il est dit estre circonscrit à iceluy triangle ABC.

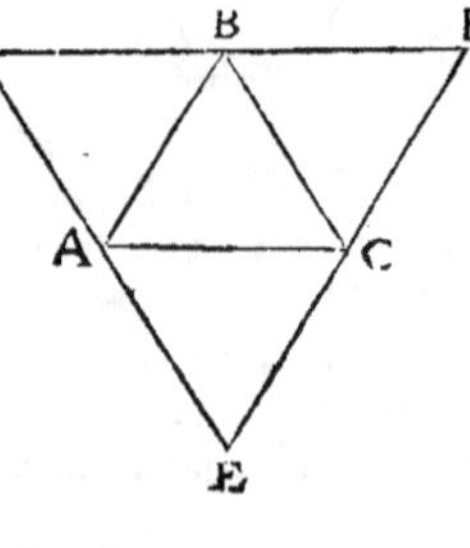

Il faut entendre le mesme des inscriptions & circonscriptions des autres figures rectilignes : & iaçoit qu'elles soient proprement dites estre inscrites, ou circonscrites quand le nombre des costés de l'inscrite est egal au nombre des costez de la circonscrite, & le nombre des angles aussi egal: si est-ce toutesfois qu'il n'est pas du tout necessaire, veu que plusieurs Geometres ont enseigné à inscrire vn quarré, vn pentagone, &c. dedans vn triangle, &c.

3. Mais vne figure rectiligne se dit estre inscrite au cercle, quand vn chacun angle de la figure inscrite, touche la circonference du cercle.

4. Et

4. Et vne figure rectiligne se dit estre circonscrite au cercle, quand vn chacun des costez de la figure circonscrite , touche la circonference du cercle.

Ainsi le triangle A B C sera dit estre inscrit au cercle A B C, à cause que chaque angle d'iceluy triangle touche la circonference dudit cercle ABC. Mais le triangle D E F sera dit estre circonscrit au cercle A B C, pource que chaque costé d'iceluy triangle D E F touche la circonference dudit cercle ez poincts A B C.

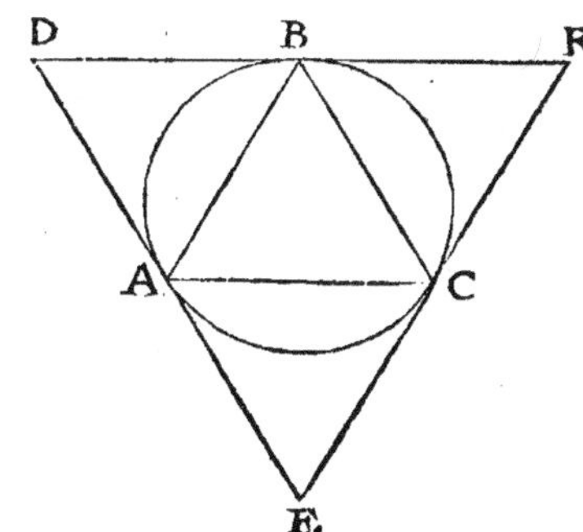

5. Semblablement aussi le cercle se dit estre inscrit en vne figure rectiligne, quand la circonference du cercle touche vn chacun costé de la figure en laquelle il est inscrit.

6. Mais le cercle se dit estre circonscrit à vne figure, quand la circonference du cercle touche vn chacun des angles d'icelle figure à l'entour de laquelle il est descrit.

Comme par exemple , en la figure prec. le cercle A BC est dit estre inscrit au triangle D EF, à cause qu'il touche chaque costé d'iceluy triangle és poincts A, B, C : mais le mesme cercle A B C est dit estre circonscrit au triangle ABC, pour ce qu'il touche chaque angle d'iceluy triangle.

7. Vne ligne droicte se dit estre accommodee au cercle , quand les extremitez d'icelle sont en la circonference du cercle.

Ainsi la ligne droicte AC sera dicte estre accommodee au cercle A B C, à cause que les extremitez d'icelle ligne AC sont en la cir-conference dudit cercle.

PROBL. 1. PROP. I.

Au cercle donné, accommoder vne ligne droicte egale à

vne ligne droicte donnee, laquelle ne soit pas plus grande que le diametre du cercle.

Soit le cercle donné ABC, dans lequel il faut accommoder vne ligne
droicte egale à la ligne droicte donnee D, qui n'est pas plus grande que le
diametre d'iceluy cercle.

Soit mené le diametre AC, & si la ligne donnee est egale à iceluy diametre, on aura accommodé au cercle ABC
la ligne A C egale à la donnee D. Mais si
D est moindre que le diametre AC, d'iceluy soit retranchee la partie AE egale à
ladite ligne D. En apres du centre A, & dé
l'interuale AE soit descrit le cercle BE
couppant le cercle donné au poinct B, &
soit menee la ligne droicte AB : icelle sera
accommodee au cercle, &egale à D.

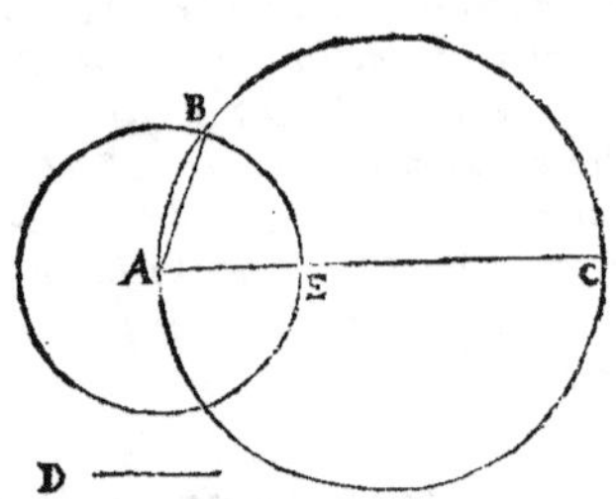

Car les extremitez d'icelle AB sont en la
circonference du cercle ABC, estant me-
nee de l'extremité du diametre A au poinct de l'intersection B. Mais par la
def. du cercle les lignes droictes AB & AE sont egales, & par la construction, icelle AE est egale à D:donc par la 1.com.sent. AB & D seront egales
entr'elles. Nous auons donc accommodé au cercle donné vne ligne droicte,
&c. Ce qu'il falloit faire.

SCHOLIE.

Commandin adiouste en cet endroit le probl. suiuant

En vn cercle donné accommoder vne ligne droicte egale à vne ligne
droicte donnée, qui ne soit pas plus grande que le diametre du cercle, &
parallele à vne autre ligne droicte donnée.

*Soit le cercle donné A BC, duquel le centre est D, auquel il faut accommoder vne
ligne droicte egale à vne donnee EF, qui n'est pas plus grande que le diametre du cercle, & laquelle soit parallele à la ligne droicte donnee G. Par le centre D soit tiré le
diametre A D C parallele à la ligne donnee G. Que
si EF est egale au diametre A C, sera fait ce qui
estoit requis : Mais si elle n'est egale à iceluy diametre, soit icelle couppee en deux egalement au
poinct H, & soit prise DI egale à EH, & DK
egale à HF, afin que la toute IK soit egale à la
toute EF : puis par les poinctes I, K, soient tirees à
angles droicts LM, NO, & soit ioinct MO : Icelle
MO accommodee au cercle sera egale à EF, & parallele à G. Car puis que LM, NO, sont egalement
distantes du centre D,elles seront egales entr'elles par la 14.p. 3. & par la 3 prop. 3.*

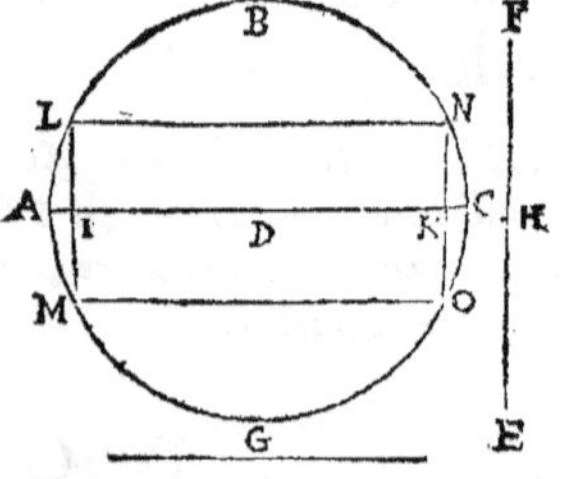

*elles seront couppees en deux egalement en I & K,estans couppees à angles droicts
par le diametre A C ; & partant IM,KO sont egales entr'elles ; & pource qu'elles*

font außi paralleles par la 28. p. 1. semblablement IK, MO seront egales & paral-
leles par la 33. p. 1. Parquoy veu que IK est egale à EF & parallele à G, außi
MO sera egale à icelle EF, & parallele à G par la 30. p. 1. Par mesme raison, si on
tire LN, elle sera egale à EF, & parallele à G. Donc au cercle ABC, est accommodee
la ligne droicte MO, ou LN, egale à E F & parallele à G. Ce qu'il falloit faire.

PROBL. 2. PROP. II.

Dans 'vn cercle donné, inscrire vn triangle equiangle à vn triangle donné.

Soit le cercle donné ABC, dans lequel il faut inscrire vn triangle equiangle au donné DSF.

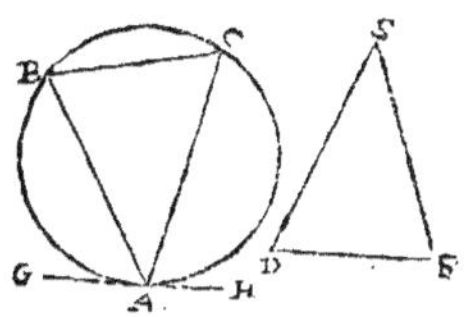

Soit menee la ligne droicte GH, qui touche le cercle au poinct A, auquel poinct soient faicts les deux angles GAB egal à l'angle D, & HAC egal à l'angle F, par la 23. pr. 1. tirant les lignes AB, AC, iusques à ce qu'elles rencontrent la circonference en B & C: puis soit menee BC. Ie dis que le triangle inscrit ABC est equiangle au donné DSF.

Car puis que la ligne GH touche le cercle, & la ligne AB le couppe en deux portions, l'angle C en la portion BCA sera egal à l'angle de l'attouchement GAB, & par consequent à l'angle D son egal par la 32. p. 3. & par la mesme raison, la ligne AC couppant le cercle, l'angle B sera aussi egal à l'angle F, & par la 32. p. 1. le troisiesme angle A sera aussi egal à l'angle S : & par consequent les triangles DSF, BAC seront equiangles. Au cercle donné nous auons donc descrit vn triangle equiangle à vn triangle donné. Ce qu'il falloit faire.

PROB. 3. PROP. III.

A l'entour d'vn cercle donné, descrire vn triangle equiangle à vn triangle donné.

Soit le cercle donné ABC, à l'entour duquel il faut descrire vn triangle equiangle au triangle donné DEF.

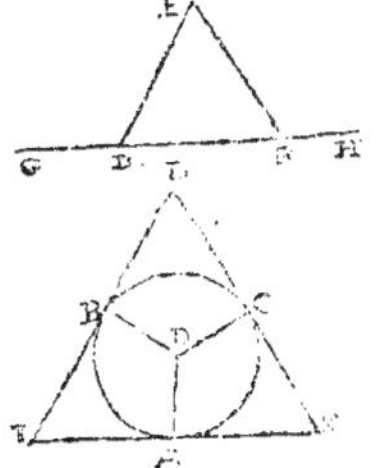

Soit prolongé le costé DF de part & d'autre iusques en G & H, & du centre D soit mené comme on voudra la ligne DA, sur laquelle & au poinct D, soient construits les deux angles ADB egal à EDG, & ADC egal à l'angle HFE par la 23. pr. 1. & aux trois lignes DA, DB, DC, soient menees les trois lignes perpendiculaires IK, IL, KL. lesquelles toucheront le cercle és poincts A, B, C, par le Corol. de la 16. p. 3. & icelles se rencontrans aux trois poincts I, K, L, feront le triangle I K L, lequel ie dis estre le triangle demandé.

Car il appert desia qu'il est circonscrit au cercle : puis que tous les costez

d'iceluy le touchent és poincts A, B, C. Et d'autant que toute figure de quatre
coftez a les quatre angles egaux à quatre angles
droicts comme nous auons demonftré à la 32.p.1.)
le trapeze A D B I aura les quatre angles egaux à
quatre droicts. Mais les deux A & B eftans droicts
par la conftruction, les deux autres D & I, feront
egaux à deux droicts, c'eft à dire egaux aux deux
GDE & FDE, qui font egaux à deux angles droicts
par la 13.pr.1. & par la conftruction ADB eft egal à
GDE : donc l'angle I fera egal à l'angle EDF. Par
mefme difcours l'angle K fe trouuera egal à l'angle DFE. Et par la 32. p. 1. le troifiefme L fera egal

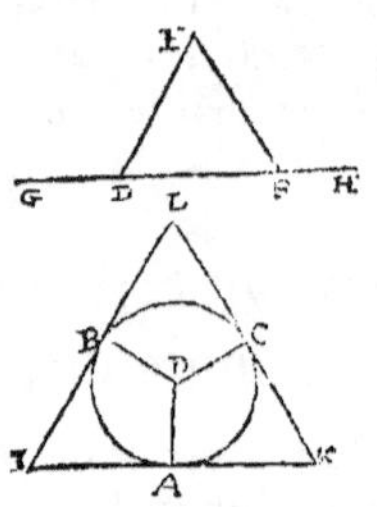

au troifiefme E : ainfi le triangle circonfcrit IKL fera equiangle au triangle
donné DEF: Parquoy nous auons fait ce qui eftoit requis.

PROB. 4. PROP. IV.

Dans vn triangle donné, defcrire vn cercle.

 Soit le triangle donné A B C, dans lequel il faut defcrire vn cercle.
 Par la 9.pr.1.les deux angles B & C foient
couppez en deux egalement par les deux
lignes BD & CD, fe rencontrans au poinct
D : Item d'iceluy poinct de rencontre D,
foient menees les trois perpendiculaires
DE, DF, DG, par la 12. p.1. & du centre
D, & interualle DE foit defcrit le cercle
EFG. Ie dis qu'iceluy cercle eft infcrit au
triangle donné A B C.

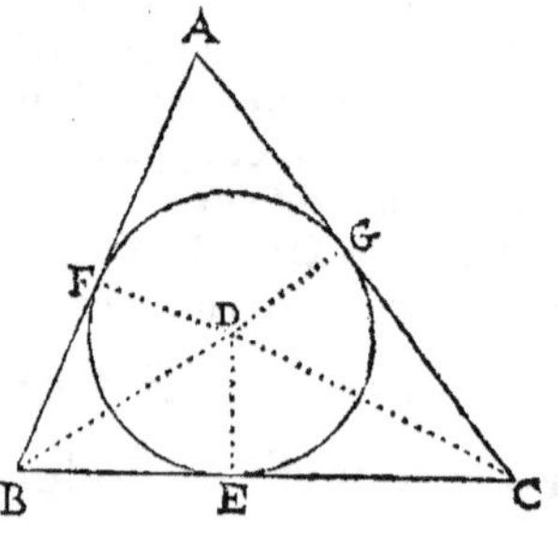

 Car d'autant que l'angle DEB eft droict,
il fera egal à l'angle DFB, qui eft pareillement droict, & le total B eftant couppé en
deux egalement, les deux DEB & DBE, feront egaux aux deux DFB & FBD,
& le cofté DB eftant commun, le cofté FD fera egal au cofté DE par la 26. p. 1.
Par mefme difcours DG fe prouuera egale à DE, & par la 1. com. fent. les
trois lignes D E, DF, DG, feront egales entr'elles : ainfi le cercle EFG defcrit
de l'interualle DE, le fera auffi de l'interualle des deux autres : & partant il
paffera par les poincts E, F, G, & en iceux touchera les trois coftez du triangle par le Cor. de la 16.p.3.pource qu'à iceux coftez font perpendiculaires les
demy diametres DE, DF, DG. Donc par la 5.d. de ce liure, le cercle EFG fera infcrit au triangle donné: Ce qu'il falloit faire.

PROB. 5. PROP. V.

A l'entour d'vn triangle donné, defcrire vn cercle.

 Soit le triangle donné ABC, à l'entour duquel il faut defcrire vn cercle.

Soient couppez en deux egalement les deux coſtez AB & AC aux poinẟs
D & E par la 10. p. 1. & par la 11. pr. 1. d'iceux poinẟs D & E, ſoient leuees les
perpendiculaires DF, E F, ſe rencontrans au poinẟ F, lequel ſera ou dans
le triangle, ou au coſté BC, ou hors le triangle : & apres auoir mené les trois

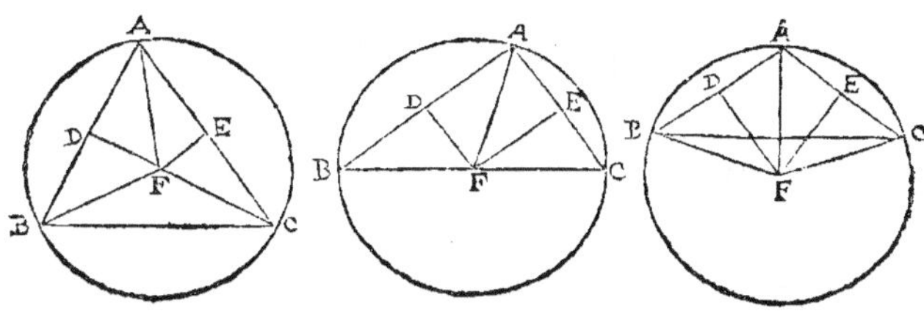

lignes FA, FB, FC, les deux triangles ADF, BDF, auront les coſtez AD,
BD egaux, & DF commun, & les deux angles au poinẟ D egaux pour eſtre
droiẟs : donc les baſes AF, BF, ſeront egales par la 4. prop. 1. Par meſme diſcours A F, CF, ſeront auſſi egales : & par la 1. com. ſent. les trois lignes FA, FB,
FC, ſeront egales entr'elles : & partant le cercle deſcrit de F, & de l'interuale FA, paſſera auſſi par les poinẟs B & C. Nous auons donc deſcrit vn
cercle à l'entour du triangle donné ABC : Ce qu'il falloit faire.

COROLLAIRE.

*Par ces choſes eſt manifeſte, que ſi le centre tombe dans le triangle, les trois
angles ſont aigus : car ils ſont tous en vne grande portion de cercle : mais s'il
tombe en l'vn des coſtez, l'angle oppoſé à iceluy ſera droiẟ, attendu qu'il ſera au
demy cercle : ſi finalement il tombe hors le triangle, l'angle oppoſé ſera obtus,
car il ſera en vne moindre portion de cercle.*

*Et au contraire, il eſt euident que ſi le triangle eſt oxigone, le centre tombera
dedans iceluy : mais s'il eſt reẟangle, il tombera au coſté oppoſé à l'angle droiẟ :
& finalement s'il eſt ambligone, le centre tombera dehors.*

SCHOLIE.

*On peut auſſi colliger de ce Probl. la maniere de deſcrire vn cercle par trois poinẟs
donnez, leſquels ne ſoient en vne ligne droiẟe : car ayant ioinẟ iceux poinẟs par lignes droiẟes, on aura vn triangle, à l'entour duquel il faudra deſcrire vn cercle,
comme il eſt enſeigné en ce Prob. Cecy ſe praẟique auſſi plus facilement, comme nous
auons enſeigné en noſtre Geometrie praẟique, Probl. 21.*

PROBL. 6. PROP. VI.

Dans vn cercle donné, deſcrire vn quarré.

Soit le cercle donné A B C, dans lequel il faut deſcrire vn quarré.

Soient menez les deux diametres A C & B D se couppans au centre E en
angles droicts, & soient menees les quatre lignes
droictes AB, BC, DC & DA. Ie dis que le quadrilatere ABCD est vn quarré inscrit au cercle
donné.

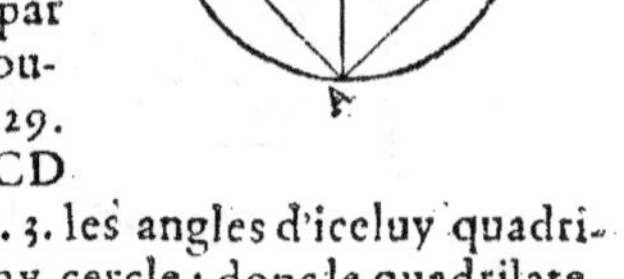

Car d'autant que les quatre angles au poinct
E sont droicts, & egaux par la construction, les
quatre arcs ausquels ils insistent seront egaux par
la 26. pr. 3. & partant les lignes droictes qui sou-
stendent iceux arcs seront aussi egales par la 29.
p.3 donc tous les costez du quadrilatere ABCD
seront egaux entr'eux.   Mais par la 31. prop. 3. les angles d'iceluy quadrilatere sont droicts, chcun d'iceux estant au demy cercle : donc le quadrilatere ABCD est vn quarré inscrit au cercle proposé. Ce qu'il falloit faire.

PROBL. 7. PROP. VII.

A l'entour d'vn cercle donné descrire vn quarré.

Soit le cercle donné FGSI à l'entour duquel il faut descrire vn quarré.
Soient menez les deux diametres FS & GI se cou-
pans à angles droicts au centre E, & par la 31. p. 1. des
poincts G & I, soient menees les deux lig. B C, AD
paralleles au diametre FS : Item par les poincts F &
S; soient aussi menees les deux lignes AB, D C paralleles à G I : & icelles quatre lignes paralleles se
rencontrans aux poincts A, B, C, D, feront le quadrilatere ABCD, lequel ie dis estre le quarré demandé.

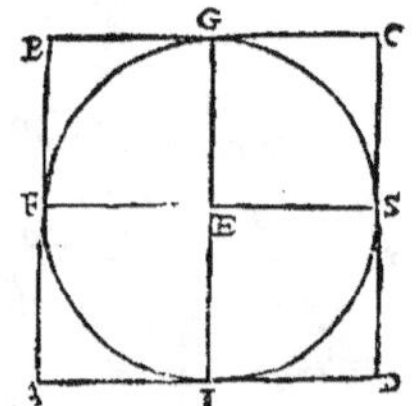

Car en premier lieu, il est euident par la construction qu'il est parallelogramme, & par la 34. prop. 1.
les quatre costez seront egaux, chacun d'iceux estant egal à l'vn des deux
diametres FS, GI, qui sont egaux entr'eux. Pareillement par la mesme 34.
prop. 1. les quatre angles A, B, C, D, sont egaux aux quatre qui sont au
poinct E, chacun à son opposé, d'autant que ce sont parallelogrammes.
Mais chacun d'iceux angles du poinct E estant droict, aussi chacun des
quatre A, B, C, D, sera droict ; & par consequent le parallelogramme
ABCD, aura les quatre costez egaux, & les quatre angles droicts, & partant
il sera quarré, les costez duquel touchent le cercle és poincts F, G, S, I, par le
Corol. de la 16. prop. 3. Parquoy nous auons descrit vn quarré à l'entour
d'vn cercle donné. Ce qu'il falloit faire.

PROBL. 8. PROP. VIII.

Dans vn quarré donné, descrire vn cercle.

Soit le quarré donné A B CD, (en la fig. prec.) dans lequel il faut descrire vn cercle.

Soientcouppez en deux egalement les quatre coſtez du quarré aux poinĉts
F, G, S, I ; & apres auoir menées les deux lignes F S & G I s'entrecouppans
au poinĉt E, d'iceluy poinĉt E, & de l'interualle EF, ſoit deſcrit vn cercle
FGSI, lequel ſera le demandé.

Car d'autant que AD, BC ſont egales & paralleles, leurs moitiez AI, BG
feront auſſi egales & paralleles, & par la 33. prop. 1. A B ſera egale & parallele à IG. Semblablement C D ſera egale & parallele à la meſme I G:
& par meſmes raiſons on demonſtrera que AD, B C ſont egales & paralleles à FS. Donc le quarré donné ſera auſſi diuiſé en quatre parallelogrammes, leſquels par la 34. prop. 1. auront les coſtez oppoſez eſgaux : ainſi AF &
IE feront egaux; Item FE & AI; FB & EG; ID & ES : mais toutes icelles moitiez des coſtez du quarré ſont egales entr'elles; partant EF, EG, ES, EI, ſeront
auſſi egales entr'elles. Parquoy le cercle deſcrit du poinĉt E, & de l'interuale
de l'vne d'icelles, comme EF, paſſera auſſi par les poinĉts G, S, I, & touchera le quarré aux meſmes poinĉts F, G, S, I, par le Corol. de la 16. prop. 3. pour
ce que les angles à iceux poinĉts ſont droiĉts. Nous auons donc deſcrit
vn cercle dans le quarré donné ABCD : Ce qu'il failloit faire.

PROBL. 9. PROP. IX.

A l'entour d'vn quarré donné, deſcrire vn cercle.

Soit le quarré donné ABCD, à l'entour duquel il faut deſcrire vn cercle.

Soient menees les deux diagonales A C & B D, s'en-
trecoupans au poinĉt E: puis du centre E, & de l'interuale EA, ſoit deſcrit le cerle ADCB. Ie dis qu'il ſera le
demandé, c'eſt a dire qu'il paſſera par les quatre angles
du quarré donné ABCD.

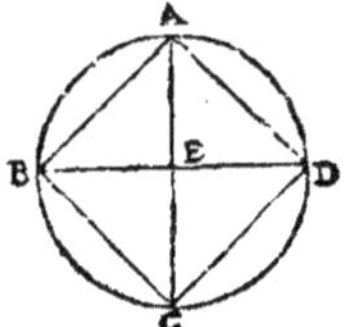

Car le coſté A B eſtant egal au coſté AD, le triangle
BAD ſera Iſoſcelle : & par la 5. prop. 1. les angles ABD
& ADB, ſur la baſe BD ſeront egaux, & chacun demy
droiĉt par la 32. prop. 1. eſtant l'angle BAD droiĉt par la def. du quarré. Par
meſme diſcours, nous demonſtrerons que tous les autres angles des poinĉts
A, B, C, D, feront auſſi demy droiĉts : & partant egaux entr'eux : ainſi au
triangle AED les deux angles EAD & EDA ſeront egaux, & par conſequent les lignes droiĉtes E A, ED, auſſi egales par la 6. prop. 1. & par meſme diſcours E D ſera egale à EC, & EC à EB; comme auſſi E B à EA : &
partant les quatre lignes droiĉtes E A, ED, EC & EB, ſeront egales entr'elles. Parquoy le cercle deſcrit du centre E, & de l'interualle de l'vne d'i-
celles lignes paſſera par l'extremité des autres, qui ſont les angles du quarré donné A B CD. Nous auons donc d'eſcrit vn cercle à l'entour d'vn quarré donné : ce qu'il falloit faire.

PROBL. 10. PROP. X.

Deſcrire vn triangle Iſoſcelle, ayant vn chacun des angles
de deſſus la baſe double de l'autre.

Soit prife quelconque ligne droicte AB,laquelle par la 11.p. 2.foit couppée
en C, en forte que le rectangle compris de AB, BC, foit egal au quarré de
AC : puis du centre A, & de l'interualle AB foit defcrit vn cercle, dans
lequel foit accommodee la ligne droicte BD egale à AC : & apres foit
menée la ligne AD. Ie dis que ABD eft vn triangle Ifofcelle ayant chacun
des angles ABD, ADB double de l'autre angle A, ainfi qu'il eftoit requis.

Car en premier lieu,il appert affez qu'iceluy
triangle ABD eft Ifofcelle, puis que les deux
coftez AB,AD, procedent du centre A à la circonference BD :& apres auoir menéCD,à l'entour du triangle ACD, foit defcrit le cercle
ACD par la 5 p. 4. D'autant que par la conftruction le rectangle de AB & BC eft egal au quarré de CA, ou de fon egale DB; par la 37.'pr.3.
la ligne DB touchera le cercle ACD en D,
& par la 32. pr. 3. l'angle CDB fera egal à l'angle A, qui eft au fegment alterne CAD: & fi
à iceux angles on adioufte le commun ADC,

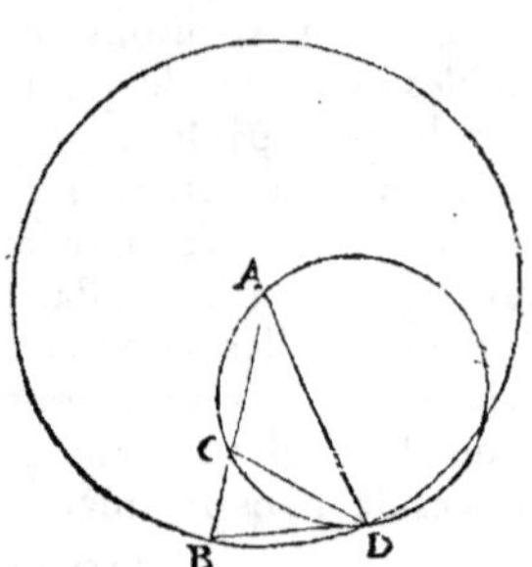

les touts feront egaux; fçauoir le total ADB, aux deux CAD & ADC : mais
l'angle exterieur DCB,eft auffi egal aux deux oppofez interieurs CAD &
ADC par la 32. pr.1. partant il fera auffi egal à l'angle ADB, ou à ABD,qui
luy eft egal par la 5.p.1.puis que le triangle eft Ifofcele:& par la 6.p.1. le triangle DCB fera auffi Ifofcele,& le cofté CD egal à DB : partant auffi egal à
CA ; & le triangle DCA eftant Ifofcele, il aura les deux angles fur la bafe
AD egaux par la 5. prop.1. & l'angle exterieur DCB,(qui eft egal à tous les
deux) fera double du feul A; auffi fera fon egal B, & partant auffi fon autre egal ADB. Nous auons donc conftruict le triangle Ifofcele ABD, ayant
chacun des angles de deffus la bafe BD double du troifiefme : Ce qu'il falloit faire.

COROLLAIRE.

*Pource que les trois angles du triangle ABD, font egaux à deux droicts, c'eft à
dire à cinq cinquiefmes de deux droicts : Il eft euident que l'angle A eft la cinquiefme partie de deux droicts, & chacun des autres B & D, les deux cinquiefmes parties : item A eftre les deux quints d'vn droict; & chacun des deux B & D
les quatre quints, puis que tous les trois font egaux à deux droicts, c'eft à dire à dix
quints d'vn droict.*

SCHOLIE.

*Or par quelle maniere on doit conftruire vn triangle Ifofcele, ayant vn chacun
des angles de deffus la bafe,non feulement double de l'autre, comme fait icy Euclide,mais auffi felon quelconque raifon donnee, nous l'auons enfeigné (apres Pappus
& Clauius) en noftre Geometrie practique Prob.37. & Scholie du 126.*

PROBL.

PROBL. 11. PROP. XI.

Dans vn cercle donné, defcrire vn pentagone equiangle, & equilateral.

Soit le cercle donné ABCDE, dans lequel il faut infcrire le pentagone demandé.

Soit par la prec. prop. conftruit le triangle FGH Ifofcelle, qui ait chacun des angles G & H double de l'angle F: puis au cercle donné foit infcrit le triangle ACD equiangle au triangle FGH par la 2. p. 4. Et ayant couppé les angles ACD, ADC en deux egalement par les lignes droictes CE & DB par la 9. p. 1. foient menées les lignes droictes CB, BA, AE, ED. Ie dis que le pentagone ABCDE infcrit au cercle donné, eft equiangle & quilateral.

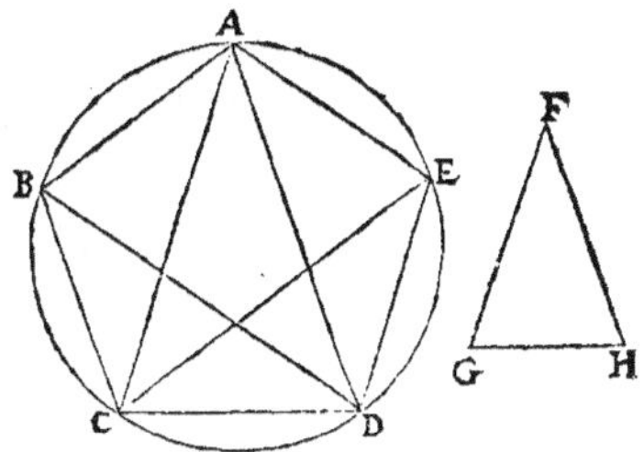

Car puifque le triangle FGH à chacun des deux angles fur la bafe GH, double du troifiefme F; le triangle ACD, qui eft equiangle à iceluy FGH, aura auffi chacun des angles de deffus la bafe CD double du troifiéme A, lefquels eftans couppez en deux egalement par les lignes droictes CE & DB, les cinq angles ADB, BDC, CAD, DCE, ACE feront egaux, & par la 26. prop. 3. ils auront circonferences egales pour baffes: mais les egales circonferences comprennent lignes droictes egales par la 29. pr. 3. donc tous les cinq coftez AB, BC, CD, DE & EA, eftans egaux, le pentagone fera equilateral.

Auffi eft-il manifefte par la 27. prop. 3. qu'il eft equiangle, d'autant que chaque angle d'iceluy eft fouftenu de circonferences egales, fçauoir de trois arcs comprenans trois coftez du pentagone, veu que nous auons prouué que tous iceux arcs font egaux. Nous auons donc defcrit dans vn cercle donné vn pentagone equiangle, & equilateral : ce qu'il falloit faire.

COROLLARE.

De cecy il s'enfuit, que l'angle du pentagone equilateral & equiangle, comprend les trois cinquiefmes parties de deux droicts, ou bien les 6 quints d'vn droict. Car puis que les trois angles BAC, CAD, DAE font egaux par la 27. prop. 3, & CAD eft le quint de deux droicts, ou les deux quints d'vn droict; le total BAE, qui eft compofé de ces trois, fera les trois quints de deux angles droicts, ou bien les fix quints d'vn droict.

SCHOLIE.

Clauius enfeigne en ce lieu-cy deux manieres pour defcrire vn pentagone equilateral, & equiangle fur vne ligne droicte donnee & terminee, la plus facile defquelles nous auons enfeignee en noftre Geometrie practique Prob. 38. c'eft pourquoy nous n'en ferons icy repetition.

X

PROB. 12. PROP. XII.

A l'entour d'vn cercle donné, defcrire vn Pentagone équi-
angle, & equilateral.

Soit le cercle donné ABCDE, à l'entour duquel il faut defcrire vn pentagone equileteral & equiangle.

Dans iceluy cercle foit defcrit le pentagone ABCDE par la prec.
prop. & apres auoir mené du centre F les
cinq lignes FA, FB, FC, FD, FE, foient
menees fur icelles les cinq lignes perpendiculaires GH, HI, IK, KL, LG par
la 11. prop. 1. fe rencontrans aux cinq poinɗs
G, H, I, K, L: (elles fe doiuent rencontrer;
car puis que les angles GAE, GEA font
moindres que deux droiɗs, eftans parties des
angles droiɗs GAF, GEF par la 11. com.
fent. les lignes droiɗes AG, EG fe rencontreront de la part de G, & ainfi des autres.)
Ie dis que GHIKL eft le pentagone demandé.

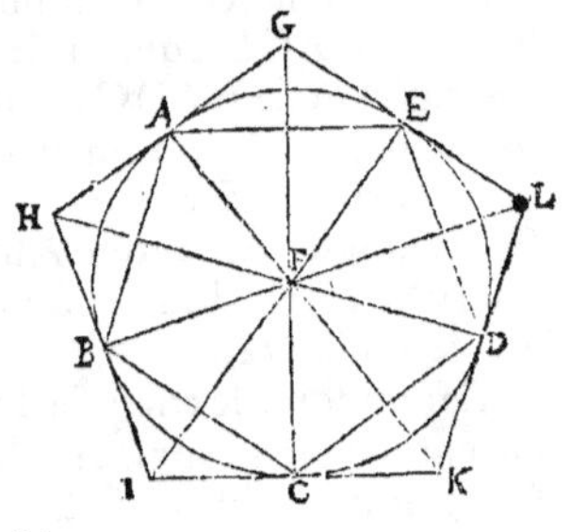

Car il eft euidemment circonfcrit au cercle donné, puis que par le Coroll. de la 16. p. 3. les lignes droiɗes GH, HI, IK, KL, LG touchent ledit cercle és poinɗs A, B, C, D, E: En apres fi on meine les cinq lignes
FG, FH, FI, FK, FL ; d'autant que les angles FAG, FEG font droiɗs
par la 47. prop. 1. le quarré de FG fera egal aux deux quarrez de FA,
AG; il fera auffi egal aux deux de FE, EG, & par confequent les deux
quarrez de FA, AG, feront egaux aux deux de FE, EG. Mais les quarrez de FA, FE font egaux (eftans defcrits fur lignes egales,) Donc ceux
de AG, & EG feront auffi egaux; & les lignes AG & EG egales : Parquoy les deux coftez AF, FG du triangle AGF font egaux aux deux
coftez EF, FG du triangle EGF, chacun au fien, & la bafe AG egale à la
bafe GE : & par la 8. prop. 1. les angles AFG, EFG feront egaux : &
partant AFE fera double de AFG. Par mefme difcours AFB, qui eft
egal à AFE par la 27. p. 3. (car ils ont egales circonferences pour bafes)
fera auffi double de AFH, & par confequent AFG & AFH feront egaux:
Donc les triangles AGF, AHF ont deux angles egaux à deux angles, chacun au fien, & le cofté AF commun : & par la 26. prop. 1. AG fera egale
à AH. Par mefme difcours GE & EL fe trouueront egales : mais AG &
EG eftans egales, auffi leurs doubles GH & GL feront egales. Par mefme difcours on prouuera tous les autres coftez egaux , & partant le pentagone GHIKL fera equilateral.

Qu'il foit auffi equiangle, il eft euident: car nous auons monftré que les
angles des triangles AGF, EGF font egaux, fçauoir eft, les angles AGF,
EGF : Item AGF, AHF : & qu'on en pouuoit dire autant des autres:

donc les deux angles fous le poinct G , feront egaux aux deux angles fous
le poinct H, & ainfi des autres: partant le pentagone fera equiangle & equilateral. Nous auons donc defcrit à l'entour d'vn cercle donné vn pentagone, &c. Ce qu'il falloit faire.

PROBL. 13.   PROP. XIII.

Dans vn pentagone donné equiangle,& equilateral, defcrire vn cercle.

Soit donné vn pentagone equiangle, & equilateral ABCDE, dans lequel
il faut infcrire vn cercle.

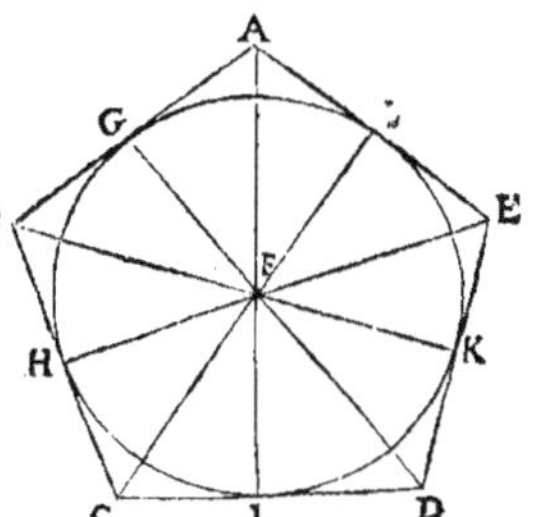

Par la 9. prop. 1. foient couppez en deux egalement deux des angles d'iceluy A & B,par les
lignes A F & B F fe rencontrans au poinct F,
& par la 12.pr.1.d'iceluy poinct F foient menées
FG, FI, FH, FK, FL, perpendiculaires fur les
coftez du pentagone ; puis du centre F, & interuale FG foit defcrit le cercle GHIKL. Ie dis
qu'il eft infcrit au pentagone donné.

Car ayant mené les lignes droictes FC, FD
& FE: dautant que les deux coftez AB, BF, du
triangle ABF font egaux aux deux coftez CB,
BF du triangle BFC , chacun au fien , & les angles ABF, CBF, contenus
d'iceux coftez, egaux par la conftruction ; les bafes AF, CF feront egales,
& les angles BAF, BCF auffi egaux par la 4. p. 1. Mais puis que les angles du
pentagone A & C font pofez egaux , & que par la conftruction l'angle
BAF eft moitié de BAE;l'angle BCF fera auffi moytié de BCD,& confequemment iceluy BCD , eft diuifé en deux egalement par la ligne FC. Par mefme raifon nous monftrerons que les deux autres angles du pentagone D &
E, font diuifés en deux egalement par les lignes FD & FE. Maintenant
puifque par la conftruction les deux angles foubs le poinct A font egaux,
ayant efte le total coupé en deux egalement,& que l'angle droict G eft egal à
l'angle droict L, & le cofte FA commun aux deux triangles AGF, ALF, par
la 26. prop. 1. les deux autres coftez feront egaux, fçauoir A G à A L,
& FG à FL : par mefme difcours FH, FI, FK, fe trouueront egales: & partant le cercle defcrit de F & interualle FG, paffe par les poincts G, H, I, K, L,
efquels il touche les coftez du pentagone propofé par le Cor. de la 16.p 3. Le
cercle GHIKL eft donc infcrit au pentagone donné. Ce qu'il falloit faire.

PROBL. 14. PROP. XIV.

A l'entour d'vn pentagone donné, lequel eft equiangle, & equilateral, defcrire vn cercle.

Soit le pentagone equiangle, & equilateral donné ABCDE, à l'entour
duquel il faut defcrire vn cercle.

E ij

Soient couppez les deux angles A & B en deux egalement par la 9. p. 1. auec
les lignes droictes AF & BF se rencontrans au poinct F, & d'iceluy poinct
F, & interuale de l'vne d'icelles deux lignes, soit descrit le cercle ABCDE. Ie
dis qu'il sera circonscrit au pentagone donné.

Car ayant mené les trois lignes FC, FD, FE, nous
demonstrerons comme au precedent Probl. qu'elles
coupperont en deux egalement les angles C, D, E.
En apres, puis que le pentagone est equiangle, &
chaque angle d'iceluy est couppé en deux egalement,
au triangle AFB les deux angles sur la base BA seront
egaux, & par la 6. prop. 1. les deux costez AF & BF,
seront aussi egaux : par le mesme discours BF & FC
seront aussi egales, & ainsi des autres couppantes;
& par la 1. com· sent. il est euident qu'icelles cinq lignes FA, FB, FC, FD,
FE seront egales entr'elles, & partant que le cercle descrit de l'interuale
de l'vne d'icelles, passera par les extremitez des autres, qui sont aussi les
cinq angles du pentagone donné. Parquoy nous auons descrit vn cercle à
l'entour d'vn pentag. equiangle, & equilateral donné. Ce qu'il falloit faire.

PROB. 15. PROP. XV.

Dans vn cercle donné, inscrire vn hexagone equiangle, & equilateral.

Soit le cercle donné ABCDEF, dont le centre est G ; dans lequel cercle il
faut inscrire vn hexagone equiangle, & equilateral.

Soit mené le diametre AD, puis du centre D, & interuale DG, soit descrit
le cercle GCE couppant le donné aux poincts C & E,
desquels poincts soient menées les deux lignes CGF,
EGB : finalement soient menées les lignes droictes AB,
BC, CD, DE, EF, FA; & on aura descrit au cercle donné l'hexagone ABCDEF, que ie dis estre equilateral,
& equiangle.

Car il est euident (demonstrant comme en la 1. p. 1.)
que les deux triangles CDG, DEG construicts sur la
ligne DG sont equilateraux, & par le Cor. de la 5. p. 1.
chacun d'iceux sera aussi equiangle, & par la 32. p. 1. vn
chacun de leurs angles vaudra le tiers de deux angles
droicts ; & puis que par la 13. p. 1. les deux angles CGE,
EGF sont egaux à deux droicts, l'angle EGF vaudra aussi le tiers de deux
angles droicts : donc tous les angles du poinct G seront egaux entr'eux, valant
chacun vn tiers de deux angles droicts ; puis que par la 15. p. 1. les opposez au
sommet sont egaux : partant les six bases AB, BC, CD, DE, EF, FA, seront,
egales, & les angles sur icelles aussi egaux par la 4. p. 1. Donc l'hexagone
ABCDEF sera equilateral : mais il est aussi equiangle. Car puis que tous les
angles des six triangles sont egaux, les deux du poinct A seront egaux aux

deux du poinct B,& ainſi des autres. Nous auons donc deſcrit dans vn cercle
donné vn hexagone equiangle & equilateral: ce qu'il falloit faire.

COROLLAIRE.

*Par cecy eſt manifeſte que le coſté de l'hexagone eſt egal au demy diametre du
cercle ; car le coſté de l'hexagone DC, eſt egal au ſemidiametre DG par la def. du
cercle.*

PROB. 16. PROP. XVI.

Dans vn cercle donné , deſcrire vn quindecagone equiangle & equilateral.

Soit le cercle donné ABC, dans lequel il faut inſcrire vn quindecagone
equiangle & equilateral.

Soit premierement deſcrit dans iceluy cercle le triangle equilateral ABC
par la 2. p. de ce liure ; les trois coſtez eſtans egaux,la circonference ſera diuiſee en trois egalement par les 26. ou 28. pr. 3. pareillement, ſoit en iceluy
cercle inſcrit le pentagone ADEFG par la 11. prop. de ce liure , ayant l'vn
des angles au poinct A. Ie dis qu'ayant mené la ligne droicte BE, ce ſera le
coſté du quindecagone demandé.

Car , comme il a eſté dit, l'arc A D B eſt le tiers de toute la circonference; partant doit contenir cinq coſtez du quindecagone. Item la ligne droicte AD, coſté du pentagone, ſouſtient l'arc AD, cinquieſmé partie de la
circonference : partant doit contenir trois coſtez du quindecagone : & conſequemment les deux arcs A D & D E contiendront ſix coſtez du quin-
decagone.Mais l'arc ADB en contient
cinq: donc l'arc BE ſera la quinzieſme
partie de toute la circonference : &
partant la ligne droicte BE ſera le coſté
du quindecagone,& ſi par la 1.p. de ce
liure on accommode au cercle encores 14 lignes droictes egales à icelle
BE, ſera inſcrit au cercle vn quindecagone equilateral,& auſſi equiangle par
la 27. pr.3. puis que tous ſes angles
ſouſtendent arcs egaux, chacun d'i-
ceux angles eſtant compoſé de 13 arcs
egaux. Nous auons donc au cercle
donné deſcrit vn quindecagone, &c.
Ce qu'il falloit faire.

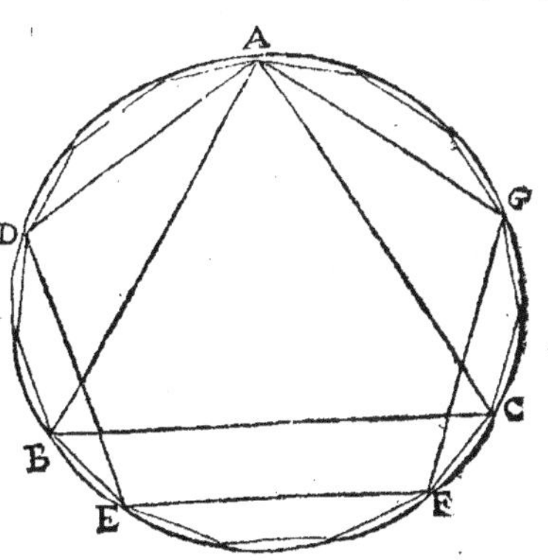

Pareillement auſſi, tout ainſi qu'au pentagone,ſi par les quinze poincts des
diuiſions egales du cercle , nous tirons des lignes droictes qui le touchent, ſe
deſcrira vn quindecagone equilateral & equiangle à l'entour dudit cercle :
& dauantage nous deſcrirons & circonſcrirons vn cercle à vn quindecagone
equilateral & equiangle donné , ſuiuant la meſme methode practiquee au
pentagone.

Fin du quatrieſme Element.

ELEMENT
CINQVIESME.

DEFINITIONS.

PArtie, est vne grandeur tiree d'vne autre plus grande, lors que la plus petite mesure la plus grande.

C'est à dire que lors qu'vne grandeur en mesure vne autre plus grande, elle est dicte partie d'icelle : Comme A qui est contenu 3 fois en B, est dit partie d'iceluy. Or entre les Mathematiciens il y a deux sortes de partie : car il y en a vne qui mesure son tout ; comme A, lequel repeté 3 fois constitue son tout B : & l'autre sorte ne mesure pas son tout : mais prise ie ne sçay combien de fois excede iceluy, ou deffaut au mesme, comme A lequel estant pris 3 fois excede C, mais estant pris seulement 2 fois, il est excedé par le mesme C : Or la premiere est dicte partie aliquote ; & l'autre, partie aliquante : de ceste là seulement parle icy Euclide, puis que ceste-cy ne mesure son tout, & aussi ne l'appelle-il pas partie au 7. liure, mais parties.

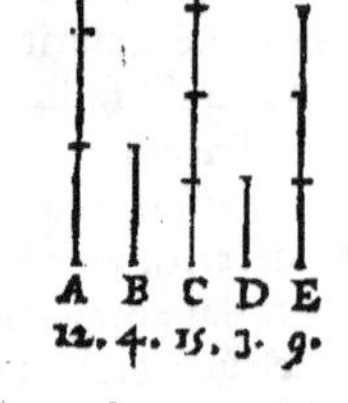

2. Multiplice, est vne grandeur plus grande qu'vne autre plus petite, quand la plus grande est mesuree de la plus petite.

C'est à dire que si la grandeur A est mesuree par B, moindre grandeur qu'icelle A, elle est dicte multiplice de B : Ainsi aussi la grandeur C, qui est mesuree 5. fois par D, est dicte multiplice d'icelle D.

Or quand deux petites grandeurs en mesurent egalement deux autres plus grandes, c'est à dire, qu'vne moindre est contenue autant de fois en vne plus grande, qu'vne autre moindre en vne autre plus grande, ces deux plus grandes là sont dictes equimultiplices d'icelles moindres : comme les grandeurs A & E sont dictes equimultiplices de B & D, pource que tout ainsi que A contient trois fois B, ainsi aussi E contient trois fois D. Et le mesme se doit entendre, si plusieurs moindres grandeurs en mesurent egalement plusieurs grandes.

3. Raiſon, eſt vne habitude de deux grandeurs de meſme genre, comparees l'vne à l'autre ſelon la quantité.

C'eſt à dire que quand deux quantitez de meſme genre, comme deux nombres, deux lignes, deux ſuperficies, deux ſolides, &c. ſont comparez entr'eux ſelon la quantité, c'eſt à dire ſelon que l'vne eſt plus grande que l'autre, ou moindre, ou egale, telle comparaiſon eſt appellée raiſon, & par quelqu'vns proportion : Parquoy on ne peut pas dire, qu'il y ait quelque raiſon d'vne ligne à vne ſuperficie; ou d'vn nombre à vne ligne, puis que ny la ligne & la ſuperficie, ny le nombre & la ligne, ne ſont pas quantitez de meſme genre. Semblablement ſi on confere vne ligne auec vne ligne ſelon la qualité, c'eſt à dire, ſelon que l'vne eſt blanche, & l'autre noire; ou bien que l'vne eſt chaude, & l'autre froide, &c. encore que l'vne & l'autre ſoient de meſme genre, ceſte comparaiſon n'eſt pas diſte raiſon, pource qu'elle n'eſt pas faiſte ſelon la quantité.

Or iaçoit que la raiſon ſe trouue proprement és ſeules quantitez, ſi eſt-ce toutesfois que toutes autres choſes, qui en quelque maniere prennent la nature de la quantité, comme ſont les temps, les ſons, les voix, les lieux, les mouuemens, les pois, & les puiſſances, ſont auſſi diſtes auoir raiſon, ſi leur habitude eſt conſideree ſelon la quantité, comme quand nous diſons vn temps eſtre plus grand qu'vn autre temps, ou moindre; ou deux temps eſtre egaux,&c. telle habitude ſera dite raiſon, pource qu'alors les temps ſont conſiderez ainſi que certaines quantitez.

En toute raiſon ceſte quantité-là, qui eſt referee à vne autre, eſt diſte par Euclide, & autres Geometres, antecedant de la raiſon; & celle-là à laquelle elle eſt referee, eſt diſte conſequent d'icelle raiſon: Comme en la raiſon de A à B; A eſt diſt antecedant de la raiſon, & B conſequent : Que ſi au contraire B eſt   A———— comparé à A; B ſera appellé antecedant, & A conſequent.   B————

Or ceſte raiſon definie par Euclide, eſt diuiſee en raiſon rationelle, & irrationelle.

La rationelle, eſt celle qui ſe peut exprimer en nombres: comme la raiſon d'vne ligne de 10 pieds à vne autre de 5 pieds, laquelle eſt exhibee par ces nombres 10 & 5. Mais l'irrationelle, eſt ceſte raiſon-là qui ne ſe peut exprimer en nombres : comme la raiſon du diametre d'vn quarré au coſté d'iceluy, laquelle ne ſe peut trouuer ny exprimer en nombre : comme eſt demonſtré par Euclide, en la derniere prop. du 10. liure.

Autres diſent que la raiſon ou proportion rationelle, eſt celle qui a les deux quantitez commenſurables; c'eſt à dire, qui ont vne commune partie aliquote, ou bien qui ſont meſurees par vne meſme commune meſure : comme la raiſon d'vne ligne de 20 pieds à vne autre de 8 pieds: car vne ligne de 4 pieds ou de 2, eſt partie aliquote de l'vne & l'autre de ces deux-là, & par conſequent meſure icelles. Mais la raiſon ou proportion irrationelle, eſt celle (diſent-ils) qui a les deux quantitez incommenſurables, c'eſt à dire, qui n'ont nulle partie aliquote, ou deſquelles on ne peut trouuer aucune commune meſure. Comme la raiſon du coſté d'vn quarré à ſa diagonalle, & de pluſieurs autres lignes dont eſt traiſté au 10. liure.

Ceſte raiſon ſe diuiſe auſſi en raiſon d'egalité, & d'inegalité : La raiſon d'egalité, eſt quand deux quantitez egales ſe comparent entr'elles, comme 10 à 10; vne ligne de 12 pieds à vne autre ligne de 12 pieds, &c. Mais la raiſon d'i-

negalité , est quand deux quantitez inegales se comparent entr'elles, comme 10 à 4 est raison d'inegalité; telle est aussi celle de 5 à 9; celle d'vne ligne de 7 pieds à vne autre de 15 pieds, &c.

Ceste raison d'inegalité, est subdiuisee en raison d'inegalité maieure, & d'inegalité mineure. La raison d'inegalité maieure, est quand la plus grande quantité est comparee à la moindre : comme la raison de 8 à 5, est dicte raison d'inegalité maieure : item la raison d'vne ligne de 10 pieds à vne de 4, &c. Mais la raison d'inegalité mineure, est quand on compare la moindre quantité à la plus grande : comme la raison de 7 pieds à 9, s'appelle raison de moindre inegaleté : item celle d'vne ligne de 9 pieds à vne autre de 12 pieds, &c.

La raison rationelle d'inegalité maieure, est diuisee en cinq genres, sçauoir raison multiple, superparticuliere, superpartiente, multiple superparticuliere, & multiple superpartiente : les trois premieres desquelles sont simples, & les deux dernieres composees d'icelles premieres.

La raison multiple, est quand l'antecedant d'icelle contient le consequent plusieurs fois precisément : & ceste raison contient sous soy diuerses especes. Car si l'antecedant contient le consequent deux fois precisement, elle est ditte double : si trois fois, triple : si 4, quadruple : si dix, decuple, &c. Comme la raison de 20 à 4 est dicte quintuple, pource que l'antecedant 20 contient le consequent 4, cinq fois, & la raison d'vne ligne de 18 pieds à vne autre de 3 pieds, est dicte sextuple, d'autant que 18 contient 3 six fois, & ainsi des autres.

La raison superparticuliere, est quand l'antecedant contient le consequent vne fois, & en outre vne partie aliquote d'iceluy consequent : & ceste raison a diuerses especes. Car si ceste partie aliquote est moitié d'iceluy consequent, est constituee vne raison sesquialtere, comme la raison de 3 à 2, en laquelle l'antecedant 3, contient le consequent 2, vne fois & encore $\frac{1}{2}$ d'iceluy ; si elle est tierce partie, sesquitierce : si vne quarte partie, sesquiquarte : si vne cinquiesme partie, sesquiquinte, &c. commençant tousiours le nom de ladite raison par sesqui, & se terminant par le denominateur de la partie aliquote.

La raison superpartiente, est quand l'antecedant contient le consequent vne fois, & en outre plus d'vne partie aliquote d'iceluy : & a aussi ceste raison plusieurs especes. Car si l'antecedant contient le consequent vne fois, & encore $\frac{2}{3}$ parties d'iceluy, est constituee vne raison superbipartiente tierces, comme la raison de 20 à 12, en laquelle le nombre 20 contient 12, vne fois & $\frac{2}{3}$ d'iceluy : si $\frac{3}{4}$, sera constituée vne raison supertripartiente quarte, comme la raison d'vne ligne de 63 pieds à vne de 36, & ainsi des autres ; le nom d'icelles commençant tousiours par super, & prenant à son milieu le numerateur de la partie aliquote, & le denominateur à la fin d'iceluy.

La raison multiple superparticuliere, est quand l'antecedant contient le consequent plusieurs fois, & encore vne partie aliquote d'iceluy : ceste-cy est composee de la premiere & de la deuxiesme : & tout ainsi que chacune d'icelles contient plusieurs especes, aussi fait celle-cy. Car si l'antecedant contient le consequent 2 fois, & encore $\frac{1}{2}$ d'iceluy, ceste raison sera appellee double sesquialtere, comme la raison de 5 à 2, en laquelle 5 contient 2, deux fois & $\frac{1}{2}$ d'iceluy : si $\frac{1}{3}$, comme d'vne ligne de 7 pieds à vne autre de 3 pieds, ceste raison s'appellera double sesquitierce : & la raison de 29 à 7 s'appellera quadruple sesquiseptuple, d'autant qu'en 29, 7 est contenu 4 fois & $\frac{1}{7}$ d'iceluy, & ainsi des autres.

La

La raison multiple superpartiente, est quand l'antecedant contient le consequent plusieurs fois, & plusieurs parties aliquotes d'iceluy: ceste raison est composee de la premiere & troisiesme; & tout ainsi que chacune d'icelles contient sous soy plusieurs especes, aussi faict ceste-cy: comme si l'antecedant contient le consequent, 2 fois, & encore $\frac{2}{3}$ parties d'iceluy, ceste raison sera appellee double superbipartiente tierce, comme est la raison de 8 à 3 : mais s'il le contient 3 fois, & encore $\frac{3}{4}$ d'iceluy, elle s'appellera triple superpartiente quarte, comme est la raison de 15 à 4 : s'il le contient 4 fois, & encore $\frac{6}{7}$ d'iceluy, elle sera dicte quadruple supersextupartiente septuple, comme est la raison de 34 à 7, & ainsi des autres.

Or tout ce qui a esté dit cy-dessus des cinq especes de raison rationele d'inegalité maieure, se doit aussi entendre des cinq especes de l'inegalité mineure, excepté qu'il faut tousiours apposer ceste syllabe sub, disant submultiple au lieu de multiple, subsuperparticuliere, au lieu de superparticuliere, & ainsi des autres.

Et pource que les denominateurs des raisons rationelles cy-dessus exposees sont assez vtiles, nous enseignerons icy par quels nombres elles se denomment. Nous appellons denominateur d'vne raison, le nombre qui exprime distinctement & apertement la quantité de la grandeur antecedante au respect de la consequente: comme le dominateur de la raison quintuple est 5, pource que ce nombre là monstre que la grandeur ou quantité antecedante contient 5 fois la consequente. Semblablement le denominateur de la raison sesquiquarte est $1\frac{1}{4}$, pource qu'iceluy nombre signifie que la quantité antecedante contient la consequente vne fois & $\frac{1}{4}$ d'icelle: Item le denominateur de la raison subtriple, est $\frac{1}{3}$, car il demonstre que l'antecedant est la tierce partie du consequent: & ainsi des autres. C'est pourquoy, comme i'estime, Euclide au 6. liure, & autres Mathematiciens, appellent le denominateur de quelconque raison la quantité d'icelle, car il denomme & exprime comme nous auons dit, combien vne grandeur est au respect d'vne autre auec laquelle elle est conferee, ainsi qu'il appert par les exemples proposez.

Or de ces choses on peut facilement colliger le denominateur de quelconque raison. Car le denominateur de la raison multiple, est le nombre entier, contenant autant d'vnitez, que l'antecedant de la raison contient de fois le consequent. Comme le denominateur de la raison double, est 2, de la sextuple, 6; de la centuple 100, &c. Mais le denominateur de quelconque raison submultiple, est vn nombre rompu, duquel le numerateur est tousiours l'vnité: mais le denominateur est le nombre denommant la raison multiple correspondante. Comme le denominateur de la raison subdouble est $\frac{1}{2}$: de la subsextuple $\frac{1}{6}$: de la subcentuple $\frac{1}{100}$, &c. Il est donc facile de trouuer le denominateur de quelconque raison multiple ou submultiple, puis que la prolation monstre le denominateur de la raison, comme il est euident par les exemples proposez cy-dessus.

Le denominateur de quelconque raison superparticuliere est l'vnité auec la partie aliquote que l'antecedant doit comprendre outre le consequent. Comme le denominateur de la raison sesquialtere, est $1\frac{1}{2}$: de la sesquitierce $\frac{1}{3}$; &c. Il n'est donc pas difficile de trouuer le denominateur d'vne raison superparticuliere, puis que la prolation d'icelle raison exprime le denominateur par sa partie aliquote, comme il appert par les exemples proposez. Et le denominateur de quelconque raison subsuperparticuliere est vn nombre rompu, duquel le numerateur est moindre que le denominateur seulemen à une unité. Comme le denominateur de la raison subsesquialtere, est $\frac{2}{3}$: et celuy de la subsesquitierce, est $\frac{3}{4}$ etc. Donc le denominateur de telle raison sera aisément trouué, car il n'y a qu'à prendre pour numerateur de la fraction, le denominateur de la partie aliquote : et pour le denominateur d'icelle fraction, le nombre plus grand de l'unité. Comme le denominateur de la raison subsesquiquinte est $\frac{5}{6}$: et celuy de la raison subsesquiseptiesme est $\frac{7}{8}$: mais celuy-là de la raison subsesquineufiesme, est $\frac{9}{10}$.

Le denominateur de quelconque raison superpartiente, est une unité auec les parties aliquotes que l'antecedant doit contenir outre le consequant. Comme le denominateur de la raison supertripartiente quarte, est $1\frac{3}{4}$: celuy de la raison superquadripartiente quintes, est $1\frac{4}{5}$; et ainsi des autres. Or les denominateurs de telles raisons sont faciles à trouuer, pource que la prolation mesme de la raison exhibe le propre denominateur d'icelle, comme il appert és exemples cy-dessus. Mais le denominateur de quelconque raison subsuperpartiente, est un nombre rompu, duquel le numerateur est moindre que le denominateur, d'autant d'unitez, que la quantité consequente contient de parties aliquotes par dessus l'antecedante. Comme le denominateur de la raison subsupertripartiente quarte est $\frac{4}{7}$: celuy de subsuperquadripartiente quinte, est $\frac{5}{9}$ etc. On trouuera donc le denominateur de telle raison, si pour le numerateur de la fraction on prend le denominateur des parties aliquotes exprimees en la raison proposee, auquel si on adiouste le nombre d'icelles parties, on aura le denominateur d'icelle fraction : comme le denominateur de la raison subsupertripartiente quinte est $\frac{5}{8}$, pource que le numerateur de ceste fraction est le nombre denommant les quintes, sçauoir 5, auquel est adiousté le nombre 3, des trois parties, a fin de faire 8, denominateur de la fraction : mais le denominateur de la raison subsuperquadripartiente neufiesme est $\frac{9}{13}$: et ainsi des autres.

Le denominateur de quelconque raison multiple superparticuliere est le nombre entier, denommant la raison multiple proposee auec la partie que la quantité antecedante doit contenir outre la consequente. Comme le denominateur de la raison triple sesquiseptiesme est $3\frac{1}{7}$: mais celuy de la raison quadruple sesquiquinte, est $4\frac{1}{5}$, etc. Le denominateur de telle raison est aisé à exhiber, pource que la prolation de la raison exprime distinctement tant le denominateur de la multiple raison, que la partie aliquote, comme il se voit ez exemples proposez. Et le denominateur de quelconque raison submultiple superparticuliere est une fraction dont le numerateur est le nombre denommant les parties aliquotes contenues en la raison. Comme le denominateur de la raison subtriple sesquiquarte, est $\frac{4}{13}$: de subquintuple sesquineufiesme, $\frac{9}{46}$, etc. On trouuera le denominateur de telle raison, si pour le numerateur de la fraction on prend le denominateur de la partie aliquote, et iceluy estant multiplié par le denominateur de la raison multiple, si on adiouste 1 au produit, on aura le denominateur de la fraction, comme il est manifeste par les exemples cy-dessus.

Le denominateur de quelconque raison multiple superpartiente, est le nombre entier, denommant la raison multiple obtenuë en icelle, auec les parties aliquotes que la quantité antecedante doit contenir de la consequente. Comme le denominateur de la raison triple superbipartiente tierces, est $3\frac{2}{3}$: de quadruple supertripartiente quintes, $4\frac{3}{5}$, etc. Il est facile de trouuer le denominateur de telles raisons, pource que la prolation exprime distinctement, tant le denominateur de la raison multiple, que les parties aliquotes, *comme appert és exemples cy-deſſus : & le denominateur d'vne raiſon ſubmultiple ſuperpartiente, eſt vne fraction, dont le numerateur eſt le nombre denommant les parties aliquotes d'icelle raiſon : comme le denominateur de la raiſon ſubtriple ſuperbipartiente tierces, eſt $\frac{3}{17}$: de ſubquadruple ſupertripartiente quintes $\frac{5}{23}$, &c. Le denominateur de telles raiſons ſera trouué, ſi pour le numerateur de la fraction on prend le denominateur des parties aliquotes : lequel eſtant multiplié par le denominateur de la raiſon multiple, & au nombre produict adiouſté le nombre des parties aliquotes, viendra le denominateur de la fraction, ainſi qu'il appert és exemples poſez cy deſſus.*

Finalement le denominateur de la raiſon d'egalité eſt touſiours l'vnité, pource que les termes ou quantitez d'icelle raiſon ſont egales entr'elles ; & partant l'vne contient l'autre vne fois preciſément.

4.   Proportion, eſt vne ſimilitude de raiſons.

Tout ainſi que la comparaiſon de deux quantitez entr'elles eſt dicte raiſon, ainſi la comparaiſon & reſſemblance de deux ou pluſieurs raiſons entr'elles, eſt dicte proportion : comme ſi la raiſon de A à B, eſt ſemblable à la raiſon de C à D, l'habitude d'entre ces raiſons ſera dicte proportion. Et c'eſt ce que les Grecs appellent analogie, *& quelques Latins* proportionalité : *ſelon Boëtius & Iordanus il y en a de pluſieurs ſortes, dont les principales qu'ils appellent* Medietez, *ſont la proportion Arithmetique, la Geometrique, & l'Harmonique : Mais Euclide ne traicte icy que de la Geometrique, laquelle eſt ou continue, ou diſcrete : la proportion continuë, eſt celle de laquelle les grandeurs entre moyennes ſont priſes deux fois, tellement qu'il ne ſe faict nulle interruption de raiſons, ains chaque quantité entre moyenne eſt antecedant & conſequent, ſçauoir antecedant de la quantité ſubſequente, mais conſequent à la quantité antecedante : comme ſi on dit, que telle qu'eſt la raiſon de A à B, telle eſt celle de B à C, où la quantité B eſt antecedant de la quantité C, & conſequent de la quantité A. Mais la proportion diſcrette ou non continuë, eſt celle en laquelle chaque quantité entremoyenne eſt priſe ſeulement vne fois, tellement qu'il ſe faict interruption de raiſons, & aucune quantité n'eſt antecedant & conſequent : mais ſeulement antecedant ou conſequent : comme quand on dit que la raiſon de A à B, eſt comme celle de C à D.*

A. B.   C.   D.
8. 12. 18. 27.

5. Les grandeurs ſont dictes auoir raiſon l'vne à l'autre, leſquelles eſtans multipliees ſe peuuent exceder l'vne l'autre.

Euclide ayant en la 3. def. appellé raiſon l'habitude de deux grandeurs de meſme genre, il explique en ceſte-cy quelle choſe requierent deux quantitez de meſme genre, afin qu'elles ſoient dictes auoir raiſon, ſçauoir eſt, que l'vne ou l'autre d'icelles eſtant multipliee, elles s'augmente en ſorte, que finalement elle ſurpaſſe l'autre : ainſi il y a raiſon entre le coſté d'vn quarré, & le diametre d'iceluy, puis que le coſté multiplié par 2, c'eſt à dire pris deux fois, excede le diametre. Car d'autant que deux coſtez du quarré & le diametre, conſtituent vn triangle Iſoſcelle, par la 20. p. 1. les deux coſtez du quarré ſeront plus grands que le diametre. Ainſi pareillement entre la circonference d'vn

cercle & le diametre d'iceluy, il y a raiſon (laquelle toutesfois n'eſt encore cogneuë) puis
que le diametre multiplié par 4, c'eſt a dire pris 4 fois, excede la circonference : car tou-
te la circonference, comme il eſt demonſtré par Archimede, ne contient que trois fois le
diametre, & encore vne particule peu moindre qu'vne ſeptieſme partie d'iceluy diame-
tre. Mais il s'enſuit de ceſte def. qu'vne ligne finie n'aura raiſon à vne infinie, encores
qu'icelles deux lignes ſoient de meſme genre de quantité : car en quelque ſorte que ſoit
multipliée la ligne finie elle ne pourra ſurpaſſer l'infinie. S'enſuit auſſi qu'il n'y a point
de raiſon entre vn angle rectiligne, & vn angle contingent. Car il appert de la 16. pr. 3.
qu'iceluy angle contingent, ne peut iamais exceder vn angle rectiligne.

6. Les grandeurs ſont dites eſtre en meſme raiſon, la premiere à la ſeconde, comme la troiſieſme à la quatrieſme, quand
les equimultiplices de la premiere & troiſiéme, aux equemultiplices de la ſeconde & quatriéme, en quelque multiplication que ce ſoit, deffaillent enſemble, ſont egaux, ou excedent, vn chacun à vn chacun, prenant ceux là qui s'entre reſ-
pondent.

Ayant eſté dit par Euclide, que c'eſt que raiſon, & quelles grandeurs ſont dites auoir
raiſon l'vne à l'autre, maintenant il declare quelle condition requierent les grandeurs
pour eſtre en meſme raiſon, ſçauoir eſt, que les equemultiplices de la premiere & troi-
ſieſme grandeur excedent, ſoient egaux ou defaillent
aux equemultiplices de la deuxieſ. & quatrieſme en
quelque multiplication que ſoient pris iceux equemul-
tiplices, comme appert en ces quatre quátitez A, B,
C, D, ou les equemultiplices de A & C, premiere &
3.e ſont E & F, & les equemultiplices de B & D,
2.e & 4.e quantitez ſont G & H : tellement qu'il
ſe voit qu'ayant multiplié A & C, par vn meſme
nombre ; & B, D, par quelconque meſme nombre, ſi
le multiplice E excede le multiplice G qui luy cor-
reſpond, auſſi le multiplice F excede le multiplice H ;
s'il eſt egal, l'autre ſera auſſi egal ; s'il defaut auſſi
fera l'autre, & ce en quelconque multiplication qu'on
prenne les equemultiplices : & partant il y a meſme
raiſon de A premiere quantité à B ſeconde, que de
C troiſieſme à D quatrieſme.

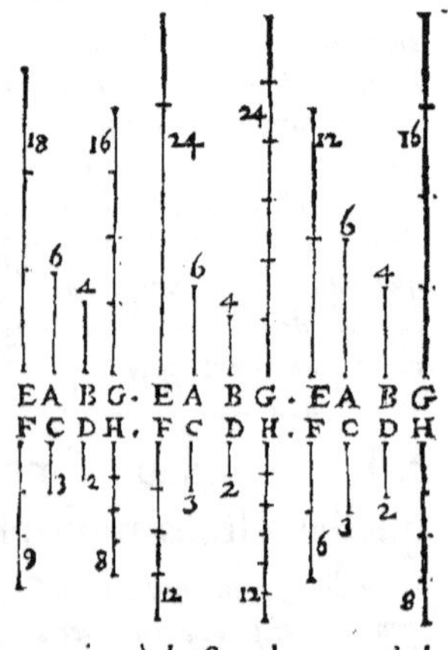

Par la conuerſe de ceſte def. s'il y a telle raiſon de la premiere à la ſeconde, que de la
troiſieſme à la quatrieſme, il s'enſuit que les equimultiplices de la premiere & troiſieſme
excedent, ſont egaux, ou defaillent aux equemultiplices de la deuxieſme & quatrieſ-
me, engendrees de quelque multipliplication que ce ſoit.

Et auſſi s'il n'y a meſme raiſon de la premiere à la ſeconde, que de la tierce à la qua-
trieſme, il s'enſuiura que les equemultiplices de la premiere & troiſiéme n'excederont, ne

feront egaux, ou ne defaudront aux equemultiplices de la deuxiefme & quatriefme produictes de quelque multiplication que ce foit.

Or ce qui eft dit icy de quatre grandeurs fe doit außi entendre de trois, prenant celle du milieu deux fois, a fin qu'il y en ait quatre.

7. Les grandeurs qui font en mefme raifon font appellees proportionnelles.

Comme fi des grandeurs A, B, C, D, il y a mefme raifon de A à B, que de C à D, icelles grandeurs font dites proportionnelles.

Et les grandeurs E, F, G, lefquelles font en proportion continue, font außi dites continuellement proportionnelles.

A ——————— 12
B ——————— 8
C —————— 6
D ——— 4
E ——————— 12
F —————— 6
G ——— 3

8. Quand des equemultiplices, celuy de la premiere grandeur excede celuy de la feconde, & le multiplice de la troifiefme n'excede celuy de la quatriefme, lors il y aura plus grande raifon de la premiere grandeur à la feconde, que de la troifiefme à la quatriefme.

Euclide declare icy quelle condition doiuent auoir 4 grandeurs, à fin que la premiere foit dicte auoir plus grande raifon à la feconde que la tierce à la 4ᵉ, difant qu'ayant pris les equemultiplices de la premiere & de la 3ᵉ, & les equemultiplices de la deuxiefme & 4ᵉ, fi la multiplice de la premiere excede la multiplice de la 2ᵉ mais la multiplice de la 3ᵉ n'excede la multiplice de la 4ᵉ il y aura plus grande raifon de la premiere grandeur à la feconde, que de la 3ᵉ à la 4ᵉ, comme il appert en l'exemple icy pofé, auquel font prinfes E & F, doubles de A & C, premiere & 3ᵉ grandeurs, mais G & H triples de B & D, deuxiefme & 4ᵉ grandeurs: & pource que E multiplice de A premiere eft plus grand que G multiple de B 2ᵉ, & F multiplice de C 3ᵉ n'eft pas plus grand que H multiplice de D 4ᵉ, la raifon de A premiere grandeur à B 2ᵉ, eft dicte plus grande que la raifon de C 3ᵉ à D 4.

Or afin que quatre grandeurs foient dictes eftre en mefme raifon, il eft neceffaire que les equemultiplices d'icelles, pris felon quelconques multiplications, excedent, foient egaux, ou defaillent, comme il a efté expofé en la 6. def. Mais à fin que la premiere grandeur foit dicte auoir plus grande raifon à la 2ᵉ, que la 3ᵉ à la 4ᵉ: c'eft affez que des equemultiplices pris felon quelque multiplication, celuy de la premiere grandeur excede celuy de la deuxiefme: & le multiplice de la troifiefme n'excede celuy de la quatriefme, encore que felon plufieurs autres multiplications ces equemultiplices ne foient tels. Parquoy pour conclurre en quelque demonftration qu'il

y a plus grande raison d'vne grandeur à vne autre, que d'vne troisiesme à vne qua-
triesme. Il suffira de demonstrer que selon quelque multiplication, le multiplice de la
premiere grandeur excedant celuy de la seconde, le multiplice de la troisiesme n'excede
celuy de la quatriesme.

Et conuertissant cette 8. def. s'il y a plus grande raison de la premiere grandeur à la
deuxiesme, que de la troisiesme à la quatriesme, le multiplice de la premiere excedant
celuy de la deuxiesme, il se peut faire quelque multiplication par laquelle le multi-
plice de la troisiesme n'excede celuy de la quatriesme.

Que si au contraire d'icelle def. le multiplice de la premiere grandeur ne surmonte
celuy de la deuxiesme, & le multiplice de la tierce excede celuy de la quarte, la
premiere grandeur sera dicte auoir moindre raison à la deuxiesme que la tiere à la
quarte. La conuerse a aussi lieu.

9. Proportion ne peut estre constituée sur moins de trois termes.

Puis qu'il a esté dit en la 3. def. que raison est l'habitude de deux quantitez, &
que proportion par la 4. def. est vne similitude de deux ou plusieurs raisons : il s'en-
suit qu'il n'y peut auoir moins de trois quantitez, ou termes en vne proportion, si elle est
proportion continue, mais il en faut quatre au moins, si elle est proportion discrette.

10. Quand trois grandeurs sont proportionnelles, la premiere est dicte auoir à la troisiesme la raison doublee de la premiere à la seconde : mais s'il y en a quatre, la premiere est dicte estre à la quatriesme, en raison triplee de la premiere à la seconde : & tousiours d'vn mesme ordre vne plus, iusques à ce que la proportion soit acheuee.

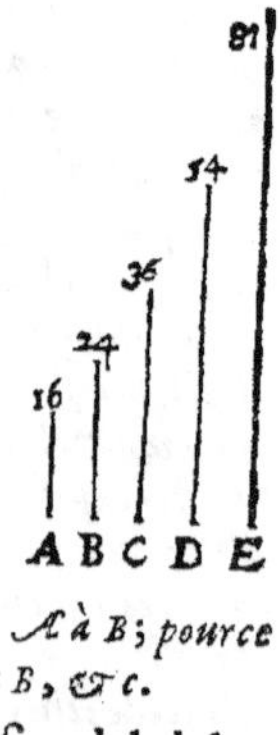

Comme si les grandeurs A, B, C, D, E, sont continuellement pro-
portionnelles, la premiere quantité A est dicte auoir à la 3ᵉ quantité
C, la raison doublee de celle de A à la 2ᵉ B, pource qu'entre A & C
sont deux raisons, qui sont egales à la raison de A à B, sçauoir est
la raison de A à B, & celle de B à C, tellement que la raison de A
à C, prend par ce moyen la raison doublee de A à B, c'est à dire
posee deux fois d'ordre. Mais la raison de la premiere grandeur A
à la 4ᵉ D, est dicte triplee de celle de A à B, pource qu'entre A
& D se trouuent trois raisons, lesquelles sont egales à celle de A
à B; c'est à sçauoir la raison de A à B, celle de B à C, & celle
de C à D : & partant la raison de A à D enclost par ce moyen la
raison triplee de A à B, c'est à dire posee trois fois d'ordre. Et ainsi
pareillement la raison de A à E, est dicte quadruplee de la raison de A à B; pource
qu'entre A & E sont encloses 4 raisons, qui sont egales à celle de A à B, &c.

11. Les grandeurs sont dictes homologues, ou de semblables

raiſons, les antecedans aux antecedans, & les conſequens
aux conſequens.

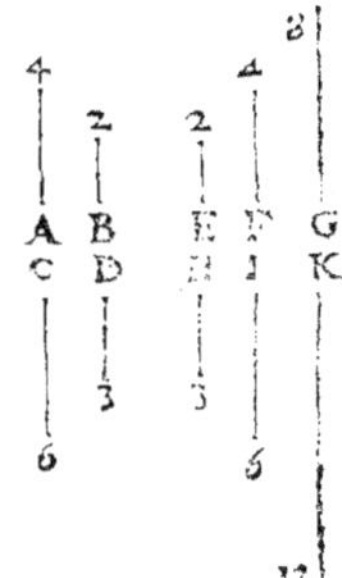

*C'eſt à dire que ſi pluſieurs quantitez ſont proportionnelles,
comme A, B, C, D, ſçauoir que comme A eſt à B, ainſi
C ſoit à D, les quantitez A & C, antecedantes de chaſque
raiſon, ſeront dictes homologues, ou de ſemblable raiſon, comme
auſſi les quantités conſequentes B & D. Ainſi pareillement, ſi
les quãtitez E, F, G, ſont proportionnelles aux quantitez H, I, K:
les termes E & H, ſeront dicts homologues, ou de ſemblable
raiſon: comme auſſi le terme F ſera dict homologue au terme I:
& auſſi G à K: ainſi les coſtez des figures eſtans comparez
entr'eux, on entend quels coſtez doiuent eſtre antecedans des
raiſons, & quels conſequens.*

12. Raiſon alterne, eſt prendre l'antecedant comparé à l'antecedant, & le conſequent au conſequent.

*Euclide explique en ceſte def. & és ſuiuantes, aucuns moyens d'argumenter és proportions, deſquels l'uſage eſt fort frequent en la Geometrie. Il dit donc
icy que la raiſon alterne ou permutee, eſt quand de quatre grandeurs proportionnelles propoſees, comme A, B, C, D, ſçauoir que comme A
eſt à B, ainſi C eſt à D; on vient à conclurre qu'il y a meſme raiſon
de l'antecedant A à l'antecedant C, que du conſequent B au conſequent D: & ceſte maniere d'argumenter (laquelle eſt demonſtree à la
16. p. de ce liu.) ſe couche ordinairement ainſi: comme A eſt à B, ainſi
C eſt à D: Donc en permutant comme A ſera à C, ainſi B à D. Et eſt à
noter qu'en ceſte maniere d'argumenter, les quatre grandeurs doiuent eſtre de meſme genre.*

13. Raiſon inuerſe ou tranſpoſee, eſt lors qu'on prend le conſequent comme antecedant pour le comparer à l'antecedant, comme ſi c'eſtoit le conſequenr.

*Comme ſi A eſt à B, ainſi que C à D, nous infererons que par raiſon inuerſe,
comme B eſt à A, ainſi D eſt à C, c'eſt à dire les conſe-
quens aux antecedans. En cette ſorte d'argumenter les
autheurs parlent preſques touſiours ainſi: comme A eſt
à B, ainſi C eſt à D: donc en changeant, ou au contraire, B
ſera à A, comme D à C. Cette maniere d'argumenter
ſera demonſtrée au Corrolaire de la 4. propoſition de ce liure.*

14. Compoſition de raiſon, eſt lors qu'on prend l'antecedant auec le conſequent, comme vne ſeule choſe, pour le comparer au meſme conſequent.

Comme si AC *est à* CB, *comme* DF *à* FE, *& on vient à conclure que la toute* AB
est à CB, *comme la toute* DE *à* FE; *c'est à dire que la composee de l'antecedant* AC
& du consequent CB, *est au mesme conse-*
quent CB, *comme la composee de l'antece-*
dant DF, *& du consequent* FE, *est à iceluy*
consequent FE; *cette maniere d'argumen-*
ter sera dicte composition de raison, *& se prononce ainsi*; *comme* AC *est à* CB, *ainsi*
DF *à* FE: *donc en composant* AB *sera à* CB, *comme* DE *à* FE: *laquelle sorte d'ar-*
gumenter sera demonstrée en la 18. *pr. de ce liure.*

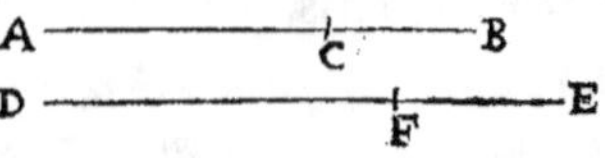

A ce moyen d'argumenter, par la composition de raison, en peuuent estre adioustez
deux autres: le premier peut estre dict composition conuerse de raison: sçauoir quand
on prend l'antecedant & le consequent comme vn seul, pour le comparer à l'antece-
dant. Comme si AC *est à* CB, *comme* DF *à* FE; *& nous inferons, donc comme* AB
composee de l'antecedant & du consequent, est à l'antecedant AC, *ainsi* DE *com-*
posee de l'antecedant & du consequent est à l'antecedant DF: *laquelle façon d'argu-*
menter nous demonstrerons estre valable sur la 18. p. 5.

L'autre moyen d'argumenter peut estre dit composition contraire de raison; c'est à
sçauoir quand l'antecedant est comparé à l'antecedant & consequent comme vn
seul. Comme si AC *est à* CB, *ainsi que* DF *à* FE, *& nous inferons par composition*
contraire de raison: donc comme AC *antecedant sera à la toute* AB, *composee de l'an-*
tecedant, & du consequent, ainsi DF *antecedant sera à la toute* DE, *composee de l'an-*
tecedant & du consequent. Nous demonstrerons sur la 18. p. *de ce liure que cette for-*
me d'argumenter est vallable.

15. Diuision de raison, est lors qu'on prend l'exçez par lequel l'antecedant surpasse le consequent, pour le compa-rer à iceluy mesme consequent.

Comme si on dit qu'il y a telle raison de AB *à* CB, *que de* DE *à* FE: *donc*
aussi AC, *excez par lequel l'antecedant surpasse*
le consequent, sera à CB *consequent, comme* DF *ex-*
cez par lequel l'antecedant excede le consequent,
sera à FE *consequent. Or les autheurs concluent or-*
dinairement auec cette raison ainsi: comme AB
est à CB, *ainsi* DE *est à* FE: *donc en deuisant* AC *sera aussi à* CB, *comme* DF
à FE. *Ce qui sera demonstré en la* 17. p. *de ce liure.*

A ce moyen d'argumenter en peuuent aussi estre adioustez deux autres: le pre-
mier peut estre appellé diuision conuerse de raison, c'est à sçauoir quand le conse-
quent est comparé à l'excez par lequel l'antecedant surpasse le consequent: Comme
si AB *est à* CB, *comme* DE *à* FE, *& nous inferons: donc aussi par diuision conuer-*
se de raison, comme CB *consequent sera à* AC, *excez par lequel l'antecedant surmon-*
te le consequent, ainsi FE *consequent sera à* DF, *excez par lequel l'antecedant sur-*
passe le consequent: laquelle maniere d'argumenter nous demonstrerons pouuoir estre
sur la 17. pr. 5. *Il est manifeste qu'en l'vne & l'autre d'icelles argumentations par*
diuision de raison, l'antecedant doit estre plus grand que le consequent.

L'autre

L'autre moyen d'argumenter peut estre dit diuision contraire de raison, c'est à sçauoir quand l'antecedant est conferé à l'excez, par lequel le consequent excede l'antecedant. Comme quand on dit, AC estre à AB, comme DF à DE: Donc aussi par diuision contraire de raison AC antecedant sera à CB, excez par lequel le consequent surmonte l'antecedant, comme DF antecedant sera à EF, excez par lequel le consequent surpasse l'antecedant: lequel moyen d'argumenter nous demonstrerons sur la 17. prop. de ce liure.

Il est euident qu'en ceste diuision contraire de raison, le consequent doit estre plus grand que l'antecedant.

16. Conuersion de raison, est comparer l'antecedant à l'excez, par lequel l'antecedant surpasse le consequent.

Comme si on dit, que comme AB est à CB, ainsi DE à FE: & on vient à conclurre, que AB antecedant sera aussi à AC, excez par lequel il surmonte le consequent comme DE antecedant sera à DF, excez par lequel l'antecedant excede le consequent, cela sera dit conuersion de raison. En ceste sorte d'argumenter les autheurs parlent ordinairement ainsi: comme AB est à CB, ainsi DE est à FE: Donc par conuersion de raison AB sera à AC, comme DE à DF: laquelle sorte d'argumenter sera demonstree au Cor. de la 19. pr. de ce liure.

17. Raison egale, est lors qu'il y a plusieurs grandeurs d'vn costé, & autant de l'autre en multitude, prise de deux en deux en mesme raison, & que la premiere des premieres grandeurs, est à la derniere des mesmes, comme la premiere des secondes est à la derniere des mesmes.

Autrement, c'est lors qu'on prend les extremes par la souftraction des moyennes.

Comme s'il y-a d'vn costé quatre quantitez, A, B, C, D: & autant d'vn autre E, F, G, H, lesquelles soient prises deux à deux en mesme raison, c'est à dire que A soit à B, comme E à F; & B à C, comme F à G; & C à D, comme G à H: si on infere que comme A est à D, premiere & derniere des premieres grandeurs, ainsi E est à H, premiere & derniere des secondes. Ceste maniere d'argumenter est dicte raison egale, ou bien d'egalité. Et d'autant que ceste maniere d'argumenter se prend ordinairement en deux sortes, sçauoir est quand les grandeurs qui sont en mesme raison sont prises d'ordre: & quand l'ordre est peruerty: Euclide explique és deux def. suiuantes que c'est que proportion ordonnée, & perturbée.

Z

18. Proportion ordonnée, est quand l'antecedant est au
consequent, comme l'antecedant est au consequent:& que
le consequent est à quelque autre, comme le consequent est
aussi à quelque autre.

Cecy est aisé à entendre par l'exemple de la def. precedente, où nous auons posé A
estre à B, comme E à F;& B à C, comme F à G, & C à D, comme G à H : Car ainsi les
termes des 4 premieres quantitez sont pris d'vn mesme ordre, que ceux des 4 dernieres ;
& partant ceste proportion est dicte ordonnee. Or que le moyen d'argumenter par rai-
son d'egalité, la proportion d'ordre estant obseruee, soit bon, il sera demonstré en la 22.
p. de ce liure.

19. Proportion troublée, est quand trois grandeurs estans
d'vn costé, & autant d'vn autre, la premiere est à la seconde, comme la cinquiesme à la sixiesme, & comme la seconde à la troisiesme, ainsi la quatriesme à la cinquiesme.

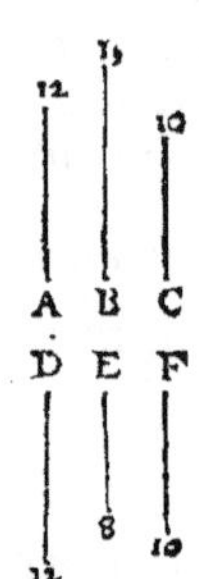

Comme si A est à B, ainsi que E est à F; &
comme B est à C, ainsi D à E : ceste proportion sera
dicte troublee ou perturbée, d'autant qu'vn mesme
ordre n'est pas gardé en la comparaison des premieres
grandeurs entr'elles, qu'és secondes aussi entr'elles.
Car és premieres quantitez, la premiere est compa-
rée à la seconde, & ceste-cy à la 3e: mais és secon-
des quantitez la 2e est comparée à la 3e, & la pre-
miere à la seconde. Or que le moyen d'argumenter par
raison egale, la proportion troublée estant gardée, soit
bon, il sera demonstré en la 23. p. de ce liure.

THEOR. 1. PROP. I.

S'il y a tant de grandeurs qu'on voudra equemultiplices
d'autant d'autres grandeurs, chacune à la sienne ; comme
l'vne sera multiplice de l'vne, ainsi les toutes seront multiplices des toutes.

Soient tant de grandeurs qu'on
voudra A B & CD, equemultiplices
d'autant d'autres grandeurs E & F. Ie
dis que les grandeurs AB & CD en-

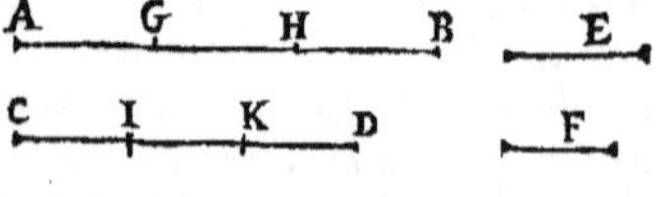

semble, seront autant multiplices de E & F ensemble, comme AB l'est de E,
ou CD de F.

Car puis que AB est multiplice de E ; E mesurera AB certain nombre
de fois par la 2. def. de ce liure, qu'elle la mesure donc trois fois, & soit icelle

A B couppee en trois parties egales, AG, GH, HB, chacune defquelles
fera egale à E. Le mefme fe peut dire de la grandeur CD, laquelle on coupe-
ra auffi en trois parties egales, CI, IK, KD, eftant chacune d'icelles egale à F:
mais qui a chofes egales, fçauoir à AG & E, adioufte chofes egales, fçauoir
CI & F, les toutes AG, CI enfemble, feront egales aux toutes E & F
enfemble. Par mefme raifon GH & IK enfemble, feront egales à icelles
E & F enfemble : pareillement HB & KD, aux mefmes E & F. Autant
donc qu'il y a de grandeurs en AB, egales à E ; & en CD d'egales à F:
autant y en a-il en AB & CD prifes enfemble, qui font egales à E & F
prifes enfemble : Parquoy les deux AB & CD enfemble, feront triples
des deux enfemble E & F, comme la feule AB eft triple de la feule E, ou
la feule CD de la feule F. S'il y a donc tant de grandeurs qu'on voudra
equemultiplices, &c. Ce qu'il falloit demonftrer.

THEOR. 2. PROP. II.

Si la premiere eft autant multiplice de la feconde, que la
troifiefme de la quarte, & la cinquiefme autant multiplice de la feconde, que la fixiefme de la quarte ; la compofee de la premiere & cinquiefme, fera autant multiplice de la feconde, comme la compofee de la troifiefme
& fixiefme, le fera de la quarte.

Soit la premiere grandeur AB, autant multiplice de la feconde C, comme
la 3e DE l'eft de la 4e F : & foit la 5e BG autant multiplice de la 2e C, comme la 6e EH de la 4e F : Ie dis que AG compofee de la
premiere & cinquiefme AB & BG, fera autant multiplice de
la 2e C, comme DH compofee de la tierce & fixiefme
DE & EH, le fera de la quarte F.

Car puis que AB eft autant multiplice de C, comme
DE de F, il y a en AB autant de grandeurs egales à C, qu'il
y en a en DE d'egales à F. Par mefme raifon, il y aura
auffi en BG autant de grandeurs egales à C, comme il
y en a en EH d'egales à F. Il y aura donc en AG autant de
grandeurs egales à C, qu'il y en a en DH d'egales à F : parquoy AG compofee de la premiere & cinquiefme eft autant multiplice de la feconde C, comme DH compofee de
la tierce & fixiefme l'eft de la quarte F. Parquoy fi la premiere eft autant
multiplice de la feconde, que la troifiefme de la quarte, &c. Ce qu'il falloit
demonftrer.

THEOR. 3. PROP. III.

Si la premiere eft autant multiple de la feconde, comme

la tierce de la quarte ; & on prend des equimultiplices
de la premiere, & troisiesme : aussi le multiplice de la
premiere sera autant multiplice de la seconde , que le
multiplice de la tierce le sera de la quarte.

Soit A autant multiplice de B , comme C l'est de D ; & de la premiere &
tierce A, C , soient pris les equemultiplices E & F.
Ie dis que E sera autant multiple de B 2e, que F de
D 4e.

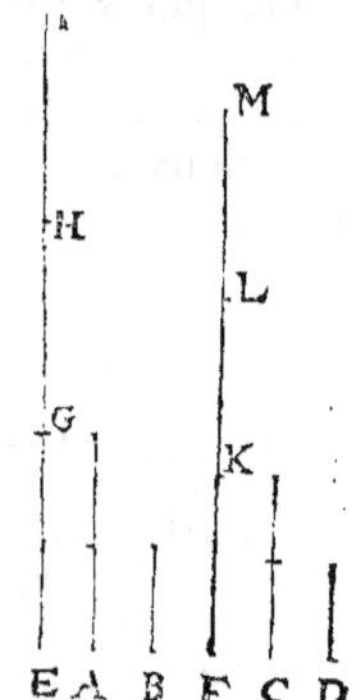

Car puis que E est autant multiplice de A, que
F l'est de C : E contiendra autant de parties egales
à A , comme F de parties egales à C. Soit donc E
diuisee en EG, GH & HI, chacune egale à A : Item
F diuisee en FK, KL & LM, chacune egale à C :
& d'autant que EG & FK sont egales à A & C ,
lesquelles sont equemultiplices de B & D par l'hypothese , aussi EG & FK seront equemultiplices des
mesmes B & D. Par mesme raison GH & KL : item
HI & LM, seront equemultiplices d'icelles B & D.
Veu donc que EG premiere grandeur est autant mul-
tiplice de la seconde B, que FK tierce l'est de D quarte. Item GH cinquiesme autant multiplice de la mesme seconde B , que KL sixiesme de la
quatriesme D ; aussi EH composee de la premiere & cinquiesme sera autant multiplice de la seconde B , que FL composee de la tierce & sixiesme l'est de la quatriesme D, par la prec. prop. Derechef puis que EH premiere grandeur est autant multiplice de la seconde B, que FL tierce l'est
de D quarte, & HI cinquiesme est aussi autant multiplice de la seconde B,
que LM sixiesme l'est de la quatriesme D : EI composee de la premiere
& cinquiesme sera aussi autant multiplice de la seconde B , que FM composee de la tierce & sixiesme l'est de D quatriesme par la 2. p. de ce liure.
Si donc la premiere est autant multiplice de la seconde, &c. Ce qu'il
falloit demonstrer.

THEOR. 4. PROP. IV.

Si la premiere est à la seconde , en mesme raison que la
tierce à la quarte : aussi les equemultiplices de la premiere & tierce, auront mesme raison aux equemultiplices de la seconde & quarte , en quelque multiplication que ce soit , si elles sont prises ainsi qu'elles s'en-
trerespondent.

Soit A à B en mesme raison que C à D, & soient prises E & F equemulti-

plices de A premiere & C tierce: Item G & H equemulr plices de B seconde & D quarte, selon quelque multiplication que ce
soit. Ie dis qu'il y a mesme raison de E à G, que de F à H.

Car si on prend I & K equemultiplices de E & F, pareillement L & M equemultiplices de G & H : d'autant que
E premiere, est autant multiplice de A seconde, que F
tierce l'est de C quarte, & I, K sont prinses equemultiplices d'icelles E, F, premiere & tierce ; aussi par la 3. prop.
de ce liure I & K, serōt equemultiplices de A & C, seconde & quarte. Par mesme raison L & M, seront aussi equimultiplices de B & D : & puis que A est à B comme C à
D : & d'icelles A & C, premiere &tierce, ont esté demonstrees I & K equemultiplices; mais de B & D seconde
& quarte, autres equemultiplices L & M : par la conuerse
de la 6. def. de ce liure, si I deffaut, est egal, ou plus
grand que L, aussi K deffaudra, sera egal, ou plus
grand que M, selon quelconque multiplication que soient
pris iceux equemultiplices. Et pour autant que I & K,
sont equemultiplices de E & F ; pareillement L & M de
G & H: par la mesme 6. def. il y aura mesme raison de E à
G, comme de F à H. Si donc la premiere est à la seconde en mesme raison que la tierce à la quarte, &c. Ce qu'il
falloit demonstrer.

COROLLAIRE.

Par cecy est manifeste la preuue de la raison inuerse, qu'Euclide a expliquee en la 13.
def. de ce liure, sçauoir est que si 4 grandeurs sont proportionelles, elles le seront aussi
estans prises à rebours, c'est à dire que E estant à G comme F à H, aussi en changeant G
sera à E comme H à F. Car puis qu'il a esté demonstré que si I defaut, est egal ou
plus grand que L, aussi K defaudra, sera egal, ou plus grand que M, selon quelcon-
ques multiplices. Il appert aussi que si L defaut, est egal, ou plus grand que I, aussi M
defaudra, sera egal, ou plus grand que K, selon quelconques multiplications: Et par-
tant par la 6. def. il y aura mesme raison de G à E que de H à F.

THEOR. 5. PROP. V.

Si vne grandeur est autant multiplice d'vne grandeur, que
la retranchee de la retranchee : aussi le reste sera autant
multiplice du reste, que la toute de la toute.

Soit la toute AB, autant multiplice de la toute CD, comme la retranchee AE, de la retranchee CF. Ie dis que le reste EB sera autant multiplice
du reste FD, que la toute AB l'est de la toute CD.

Car A G estant faicte autant multiplice de FD comme AE l'est de CF,
ou comme la toute AB l'est de la toute CD : d'autant que AE, AG sont

equemultiplices de CF, FD : par la 1. pr. de ce liure, la toute GE, sera autant multiplice de la toute CD, comme A E de C F : Mais aussi A B, est
autant multiplice de CD comme A E de CF :
donc GE, AB, sont equemultiplices de CD,
& partant egales entr'elles par la 6. com.
sent. Parquoy en ostant ce qui est commun,
sçauoir AE, demeureront egales GA, EB; & partant seront equemultiplices
de FD, puis que GA a esté posée multiplice d'icelle FD, & autant comme
A B l'est de C D : donc aussi le reste E B, sera autant multiplice du reste FD,
que la toute AB l'est de la toute CD. Parquoy si vne grandeur est autant
multiplice d'vne grandeur, &c. Ce qu'il falloit demonstrer.

THEOR. 6. PROP. VI.

Si deux grandeurs sont equemultiplices de deux autres grandeurs, & d'icelles on retranche des equemultiplices : ou
les restes seront egaux aux mesmes, ou equemultiplices d'i-
celles.

Soient les grandeurs AB, CD, equemultiplices des grandeurs E, F, &
les retranchees AG, CH aussi equemultiplices des mesmes grandeurs E, F. Ie
dis que les restes GB, HD, seront ou egaux aux mesmes E, F, ou equemultiplices d'icelles.

Car d'autant que AB & CD, sont equemultiplices de E & F ; en AB il y
aura autant de grandeurs egales à E, comme en CD de grandeurs egales à F. Pareillement d'autant que la retranchee
AG est autant multiplice de E, que la retranchee CH l'est de
F; AG contiendra autant de grandeurs egales à E, que CH de
grandeurs egales à F, par la 1. & 2. def. de ce liure. Si donc
d'egales multitudes de grandeurs AB & CD, on oste egales
multitudes de grandeurs A G & C H, les multitudes restantes G B & H D seront egales : c'est à dire que G B contiendra autant de fois E, comme HD contiendra F ; ou bien
si GB est egale à E, aussi H D sera egale à F : & par ainsi
iceux restes GB, HD seront egales à E & F, chacune à la
sienne, ou bien seront equemultiplices d'icelles. Parquoy
si deux grandeurs sont equemultiplices de deux autres grandeurs, &c. Ce
qu'il falloit demonstrer.

THEOR. 7. PROP. VII.

Les grandeurs egales, ont mesme raison à vne mesme grandeur; & cestecy aura mesme raison aux grandeurs egales.

Soient deux grandeurs egales A & B, & vne autre quelle qu'elle soit C. Ie

dis que A & B ont mefme raifon l'vne que l'autre à C, & que C aura mefme
raifon à A qu'à B.

Qu'il ne foit ainfi ; foient pris D & E equemultiplices de A premiere, & B tierce, foit
auffi pris F quelconque multiplice de C,
feconde & quarte : donc puis que D eft au-
tant multiplice de A, que E eft multiplice de B ; & que A & B font pofees
egales : auffi D & E feront egales par la 6. com. fent. Si donc D eft plus
grande, egale, ou plus petite que F, auffi E fera plus grande, egale, ou plus petite que la mefme F, & par la fufdite 6. def. de ce liure, il y aura telle raifon de
A à C, comme de B à la mefme C.

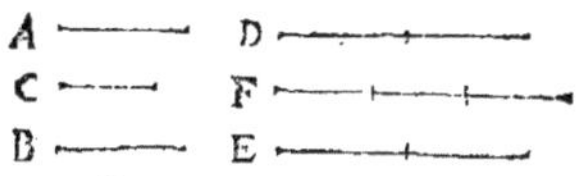

Quant à l'autre partie, elle fe prouue tout de mefme par la fufdite def. en
prenant les mefmes equemultiplices, & monftrant l'excez, &c, ou bien plus
facilement par la raifon inuerfe. Car puis qu'il a efté demonftré que A eft à C
comme B à C, en changeant C fera à A, comme C à B par le Corol. de la
4. prop. de ce liure. Donc les grandeurs egales ont mefme raifon à vne
mefme, &c Ce qu'il falloit demonftrer.

THEOR. 8. PROP. VIII.

**Des grandeurs inegales, la plus grande a plus grande raifon
à vne mefme grandeur, que la plus petite : & vne mefme grandeur a plus grande raifon à la plus petite grandeur, qu'à la plus grande.**

Soient deux grandeurs inegales A B & C , defquelles AB eft la plus
grande, & vne troifiefme quelle qu'elle foit D. Ie dis que AB
a plus grande raifon à la troifiefme D, que non pas C : item,
que D a plus grande raifon à C, qu'à AB.

Qu'il ne foit ainfi : foit entendue AB premiere grandeur, D feconde, C tierce, & D quarte. D'autant que AB eft plus grande
que C, foit retranchee AE egale à icelle C, & foient pris des equemultiplices , à fçauoir F G de BE , & GH de E A, en forte que
chacune d'icelles FG & GH foit plus grande que D : & puis que
les deux FG, GH, font equemultiplices des deux BE, EA, par la
1. prop. de ce liure, la toute HF fera autant multiple de la toute
AB, comme HG de AE , ou de C fon egale : Maintenant foit prife I K auffi multiplice de D, en forte qu'elle foit plus petite que
HF, mais plus grande que HG : (ce qui eft facile, puis que D
eft plus petite que ny FG, ny GH : fi bien qu'il faut feulemens adioufter tant de fois la grandeur D, iufques à ce que l'on ait ce que
l'on cherche.) D'autant que HF, GH font equemultiplices de
AB premiere, & C troifiefme, fi IK eft prife pour l'equemultiplice, tant de D feconde, que D quatriefme, il eft euident que HF multiplice
de AB premiere, eftant plus grande que IK multiplice de D feconde, FG

multiplice de C tierce, n'eſt pas plus grande que IK multiplice de D quarte:
& partant par la huictieſme def. de ce liure, il y aura plus grande raiſon de
AB à D, que de C à la meſme D.

Quant à la ſeconde partie : d'autant que I K multiplice de la premiere D,
(car il faut maintenant poſer D premiere & troiſieſme, C ſeconde, & A B
quatrieſme) eſt plus grande que H G multiplice de la ſeconde C; & I K
multiplice de la troiſieſme D, eſt moindre que F H multiplice de A B qua-
trieſme:Il y aura plus grande raiſon de D à C, que de D à A B, par la 8. def.
de ce liure.Parquoy des grandeurs inegales,&c. Ce qu'il falloit demonſtrer.

THEOR. 9. PROP. IX.

Les grandeurs qui ont meſme raiſon à vne meſme grandeur,
ſont egales entr'elles : & celles-là auſſi ſont egales, auſquelles vne meſme grandeur a meſme raiſon.

Soient premierement deux grandeurs A & B,leſquelles ayent meſme raiſon l'vne que l'autre à la troiſieſme C. Ie dis qu'elles ſont egales
entr'elles.

Car ſi elles n'eſtoient egales, il faudroit que l'vne ou l'autre
fuſt plus grande ; & par la precedente prop. icelle plus grande
auroit plus grande raiſon a C, que la plus petite : ce qui eſt contre l'hypotheſe : donc A & B ne ſont pas inegales, mais egales.

Soient maintenant A & B,à chacune deſquelles C ait vne meſ-
me raiſon. Ie dis qu'icelles A & B ſont auſſi egales entr'elles:car   A B C
autrement il faudroit que l'vne fuſt plus petite que l'autre : & par
la meſme 8. prop. à icelle plus petite , C auroit plus grande raiſon qu'à la
plus grande : ce qui eſt contre l'hypotheſe: A & B ne ſont donc pas inegales, mais egales. Donc les grandeurs qui ont meſme raiſon, &c. Ce qu'il
falloit demonſtrer.

THEOR. 10. PROP. X.

Des grandeurs qui ont raiſon à vne meſme grandeur, celle
qui a plus grande raiſon eſt la plus grande : & celle là à
laquelle vne meſme grandeur a plus grande raiſon, eſt la
plus petite.

Soient trois grandeurs A, B,C : & en premier lieu la raiſon de A à C ſoit
plus grande que de B à la meſme C. Ie dis que A ſera plus
grande que B.

Autrement,ſi A n'eſtoit plus grande que B, elle ſeroit
egale , ou plus petite, ce qui eſt impoſſible : car ſi elles
eſtoient egales, elles auroient meſme raiſon l'vne que l'autre à C, par la 7. prop. de ce liure , ce qui ſeroit contre   A B C
l'hypotheſe : ſi auſſi elle eſtoit plus petite, elle auroit plus petite raiſon à C

que nōn pas B, par la 8. prop. de ce mesme liure, ce qui est pareillement contre l'hypothese. Donc A ne sera pas moindre ny egale à B : & par consequent sera plus grande.

Maintenant que C ave plus grande raison à B, que non pas à A : Ie dis que B sera plus petite que A. Autrement si B n'estoit moindre que A, elle seroit egale, ou plus grande, ce qui est impossible : car si A & B estoient egales, C auroit mesme raison à l'vne qu'à l'autre par la susdite 7. prop. de ce liure : ce qui est contre nostre hypothese : si aussi elle estoit plus grande, C auroit plus grande raison à A qu'à B par la susdite 8. pr. ce qui est aussi contre l'hypothese. Donc B sera moindre que A. Parquoy des grandeurs qui ont raison à vne mesme grandeur, &c. Ce qu'il falloit demonstrer.

THEOR. 11. PROP. XI.

Les raisons qui sont de mesme à vne autre, sont aussi de mesme entr'elles.

Soit A à B, comme C à D, & comme C à D, ainsi E à F : Ie dis que comme A est à B, ainsi E sera à F.

Qu'il ne soit ainsi : de toutes les antecedantes A, C, E, soient prises quelconques equemultiplices, G, H, I. Pareillement, des consequentes B, D, F, quelconques equemultiplices, K, L, M. D'autant que A est à B comme C à D, par la conuerse de la 6. def. de ce liure, si G multiplice de A, est egale, plus grande, ou plus petite que K multiplice de B : aussi H multiplice de C, sera egale, plus grande, ou plus petite que L, multiplice de D. Item, puis que comme C est à D, ainsi E est à F, si H multiplice de C est egale, plus grande, ou plus petite que L multiplice de D, aussi I multiplice de E, sera egale, plus grande, ou plus petite que M multiplice de F : Parquoy si G multiplice de A premiere, est plus grande, egale, ou plus petite que K multiplice de B seconde, aussi I multiplice de E tierce, sera plus grande, egale, ou plus petite que M multiplice de F quarte; & par la susdite 6. def. comme A sera à B, ainsi E sera à F. Parquoy les raisons qui sont de mesme, &c. Ce qu'il falloit demonstrer.

SCHOLIE.

Clauius demonstre en suitte de ce, que les raisons qui sont de mesme à d'autres, sont aussi de mesme entr'elles : Comme si A est à B, ainsi que C à D, & que E soit à F, comme A à B; & G à H, comme C à D; Aussi comme E sera à F, ainsi G sera à H. Car d'autant que les raisons de E à F, & de C à D sont de mesme à la raison de A à B, par la 11. p. 5. comme E sera à F, ainsi C à D. Derechef, pour ce que les raisons de E à F, & de G à H sont de mesme à la raison de C à D : aussi par la mesme 11. prop. 5. comme E sera à F, ainsi G sera à H.

A	B	C	D
3.	2.	6.	4.
E	F	G	H
9.	6.	12.	8.

Derechef, si les raisons de A à B, de C à D & de E à F sont de mesme entr'elles ; & que comme A est à B, ainsi G soit à H ; & comme C à D, ainsi I à K & ; comme E est à F, ainsi L soit à M : aussi les raisons de G à H, de I à K, & de L à M sont de mesme entr'elles : Car suivant ce que nous auons demonstré cy - dessus de quatre raisons, comme G est à H, ainsi I est à K, pour ce que ces raisons sont semblables aux raisons de A à B, & de C à D. Et cela mesme maniere, côme I sera à K, ainsi L sera à M, d'autant qu'icelles raisons sont de mesme aux raisons de C à D, & de E à F, lesquelles sont semblables. Item, comme G sera à H, ainsi L à M ; puis que ces raisons sont de mesme que les raisons de A à B, & de E à F, qui sont posées egales : Le mesme seroit encores demonstré s'il y auoit dauantage de raisons.

A	B	C	D	E	F
3.	2.	6.	4.	9.	6.
G	H	I	K	L	M
12.	8.	18.	12.	30.	20.

THEOR. 12. PROP. XII.

Si tant de grandeurs qu'on voudra sont proportionnelles : comme l'vne des antecedantes sera à sa consequente, ainsi toutes les antecedantes seront à toutes les consequentes.

Soient six grandeurs proportionnelles A, B, C, D, E, F, sçauoir que A soit à B, comme C est à D, & E à F : le dis que comme l'vne des antecedantes est à sa consequente ; sçauoir est A à B, ainsi toutes les antecedantes ensemble A, C, E, seront à toutes les consequentes ensemble B, D, F.

Car estans prises des antecedantes A, C, E, les equemultiplices G, H, I : item des consequentes B, D, F, les equemultiplices K, L, M ; toutes les trois multiplices G, H, I ensemble, seront autant multiplice des trois grandeurs A, C, E ensemble, comme la seule G est multiplice de la seule A, par la premiere prop. de ce liure. Aussi par la mesme raison toutes les trois multiplices K, L, M ensemble, seront autant multiplice des trois grandeurs B, D, F ensemble, comme K sera multiplice de B. Partant puis que A, B, C, D, E, F sont proportionnelles, si G multiplice de A premiere, est plus grande, egale, ou plus petite que K multiplice de B seconde, aussi H multiplice de C troisiesme, sera plus grande, egale, ou plus petite que L, multiplice de D quatriesme, par la conuerse de la 6. def. de ce liure, & ainsi des deux autres : Partant si G est plus grande, egale, ou plus petite que K, le composé des trois G, H, I, sera aussi plus grand, egal, ou plus petit que le composé des trois K, L, M. Donc par la mesme 6. def. comme A sera à B, ainsi les trois A, C, E ensemble, seront aux trois B, D, F ensemble. Parquoy si tant de grandeurs qu'on voudra sont proportionnelles, &c. Ce qui estoit à prouuer.

THEOR. 13. PROP. XIII.

Si la premiere eft à la feconde comme la tierce à la quarte : mais la tierce a plus grande raifon à la quarte, que
la cinquiefme à la fixiefme : auffi la premiere aura plus
grande raifon à la feconde, que la cinquiefme à la fixiefme.

Soit A premiere à B feconde, *(en la prec. fig.)* comme C tierce à D quarte,
& qu'il y ait plus grande raifon de C tierce à D quarte, que de E cinquiefme
à F fixiefme. Ie dis qu'il y aura auffi plus grande raifon de A premiere à
B feconde, que de E cinquiefme à F fixiefme.

Car eftans prifes des antecedantes A, C, E, les equemultiplices G, H, I, &
des confequentes B, D, F, les equemultiplices K, L, M : D'autant que A eft
à B, comme C à D, fi G multiplice de A eft egale, plus grande, ou plus
petite que K multiplice de B, auffi par la conuerfe de la 6. def. de ce liure, H multiplice de C, fera egale, plus grande, ou plus petite que L multip li-
ce de D. Pareillement, d'autant qu'il y a plus grande raifon de C premiere
à D feconde, que de E tierce à F quatriefme, fi H multiplice de C, eft plus
grande que L multiplice de D, il n'eft pas neceffaire que I multiplice de E excede M multiplice de F, par la 8. def. de ce liure conuertie : donc auffi fi G
excede K, neceffairement I n'excede pas M : & partant par ladite 8. def. il
y a plus grande raifon de A à B, que de E à F. Si donc la premiere eft à la
feconde, comme la tierce à la quatte, &c. Ce qu'il falloit demonftrer.

SCHOLIE.

*Que fi la tierce C a moindre raifon à la quarte D, que la cinquiefme E à la fixiefme
F : auffi la p emiere A aura moindre raifon à la feconde B, que la cinquiefme E à la
fixiefme F. Car fi la raifon de C à D eft moindre que celle de E à F, c'eft à dire, que
la raifon de E premiere à F feconde eftant plus grande que celle de C tierce à D quarte, fi I excede M, il n'eft pas neceffaire que H excede I, car quelquesfois elle defaut,
ou eft egale à icelle par la 8. def. de ce liu. conuertie. Mais fi H defaut, ou eft egale à
I, auffi G defaudra, ou fera egale à K par la 6. def. conuertie, parce qu'on a pofé C 1.
eftre à D 2. comme A 3. à B 4. Parquoy fi I excede M, neceffairement G n'excedera
pas K : & partant par la fufdicte 8. def, il y aura plus grande raifon de E à F, que
de A à B, c'eft à dire que la raifon de A à B fera moindre que de E à F : ce
qui eftoit propofé.*

*En la mefme maniere fera demonftré, que s'il y a plus grande raifon de la premiere
à la feconde, que de la tierce à la quarte : mais la tierce a plus grande raifon à la quarte, que la cinquiéme à la fixiéme ; pareillement la premiere aura beaucoup plus grande
raifon à la feconde, que la cinquiéme à la fixiéme.*

*Que fi la premiere a moindre raifon à la feconde, que la tierce à la quarte, & la tier-
ce à moindre raifon à la quatriéme que la cinquiémé à la fixiéme : auffi la premiere
aura beaucoup moindre raifon à la feconde, que la cinquiefme à la fixiefme.*

THEOR. 14. PROP. XIV.

Si la premiere est à la seconde, comme la tierce à la quarte,
& que la premiere soit plus grande que la tierce : aussi la
seconde sera plus grande que la quarte : & si egale, egale :
si plus petite, plus petite.

Soit A à B, comme C est à D, & que A
premiere soit plus grande, egale, ou plus petite que C troisiesme ; Ie dis que B seconde
sera aussi plus grande, egale, ou plus petite
que D quatriesme.

Soit premierement A plus grande que C :
il y aura donc plus grande raison de A à B, que
de C à la mesme B, par la 8. prop. de ce
liure, & par consequent plus grande raison
de C à D, que de C à B, estant icelle la mes-
me raison que de A à B, & par la 10. prop. de ce mesme liure B sera
plus grande que D.

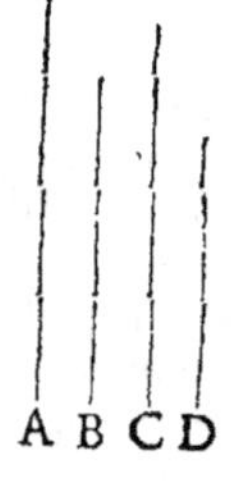

Soit puis apres A egale à C, & par la 7. prop.
de ce mesme liure A sera à B, comme C à B :
& puis que les raisons de C à D, & C à B,
sont les mesmes que de A à B, les raisons de
C à D & de C à B, seront de mesme entr'elles,
par la 11. pr. de ce liure, & partant par la 9. pr.
B & D seront egales.

Finalement soit A moindre que C, & par la
susdite 8. prop. il y aura plus grande raison de
C à D, que de A à D ; & par consequent plus
grande raison de A à B, que de A à D, puis
qu'il y a mesme raison de A à B, que de C à D,
& par la 10. prop. de ce mesme liure B sera
moindre que D. Si donc la premiere est à la seconde, comme la tierce à la quarte, &c. Ce
qu'il falloit prouuer.

SCHOLIE.

*Que si la seconde est plus grande, ou egale, ou moindre que la quarte : aussi la
premiere sera plus grande, ou egale, ou moindre que la tierce. Car puis que A
est à B comme C à D, en changeant B sera à A comme D à C par le Cor. de la 4. p.
de ce liure. Donc si B est plus grande, ou egale, ou moindre que D, aussi A sera
plus grande, ou egale, ou moindre que C par la susdite 14. prop.*

*Or Euclide n'a pas demonstré que si la premiere est plus grande, egale, ou plus
petite que la seconde : aussi la tierce sera plus grande, egale, ou moindre que la*

quarte ; pource que cela est euident à cause de la similitude des raisons. Ce que nous pourrions neantmoins demonstrer apres Commandin : mais d'autant que sa demonstration ne compete qu'aux grandeurs de mesme genre , nous nous tiendrons à ce que la nature des proportions nous monstre, encore que les grandeurs soient de diuers genres.

THEOR. 15. PROP. XV.

Les grandeurs sont entr'elles , comme font leurs eque-multiplices entr'elles, estans prises comme elles s'entre-respondent.

Soit AB autãt multiplice de C comme DE est multiplice de F. Ie dis que AB sera à DE , comme C à F. Car puis que A B & DE sont equemultiplices d'icelles C & F , il y aura en AB autant de parties egales à C, comme DE contient de parties egales à F: soit donc diuisee A B és parties AG , GB egales à C, & DE és parties DH, HD egales à F; & par la 7. prop. de ce liure vne chacune partie de AB, sera à vne chacune partie de DE, comme C est à F ; & par la 12. prop. toutes les antecedentes AB, feront à toutes les consequentes DE, comme AG l'vne des antecedantes , est à DH sa consequente, c'est à dire comme C à F, puis que c'est la mesme raison. Parquoy les grandeurs font entr'elles,&c. Ce qu'il falloit prouuer.

THEOR. 16 PROP. XVI.

Si quatre grandeurs sont proportionnelles, elles le feront aussi estans permutees.

Soit A à B , comme C à D. Ie dis qu'en permutant A fera à C , comme B est à D.

Car si on prend E & F equemultiplices de A & B ; item G & H equemultiplices de C & D ; E sera à F, comme A à B par la prop. precedente,& G à H comme C à D ; & par consequent E estant à F,& C à D, en mesme raison que A à B , elles font de mesme entr'elles par la 11. prop. de ce liure. Derechef puis que les raisons de E à F , & G à H font les mesmes que de C à D , elles seront aussi de mesme entr'elles par la susdite 11. prop. c'est à dire, que comme E premiere est à F seconde , ainsi fera G tierce à H quarte : parquoy par la 14. prop. de ce mesme liure si, E premiere est plus grande, egale, ou moindre que G tierce, aussi F seconde fera plus grande, egale, ou moindre que H quatriesme , en quelconque multiplicatior. que soient prises les equemultiplices; & par la 6. def. d'iceluy cinquiesme liure A fera à C, comme B à D: (puisque

E & F sont equemultiplices de A premiere, & B troisiesme ; & G & H
equemultiplices de C seconde & D quatriesme, & celles-là defaillent, sont
egales, ou excedent celles cy, &c.) Parquoy si quatre grandeurs sont proportionnelles, &c. Ce qu'il falloit demonstrer.

SCHOLIE.

*Or la demonstration de ceste proposition a seulement lieu quand les quatre grandeurs
sont de mesme genre. Car si les deux A & B estoient d'vn genre, & les deux C & D
d'vn autre : aussi les equemultiplices E & F seroient d'vn genre, c'est à sçauoir duquel sont A & B, & les equemultiplices G & H d'vn autre genre, c'est à sçauoir
de celuy duquel sont C & D : Parquoy on ne pourroit pas dire E estre plus grande,
egale, ou moindre que G: & partant rien ne se concluroit par la 6. def. de ce liure.
La raison permutée a donc seulement lieu quand les quatre grandeurs sont d'vn mesme genre.*

THEOR. 17. PROP. XVII.

Si les grandeurs composees font proportionnelles ; icelles estans diuisees, seront aussi proportionnelles.

Soient les grandeurs composees AB, CB, & DE, FE, proportionnelles,
c'est à dire, que AB soit à CB, comme DE à FE. Ie dis que les mesmes
grandeurs estans diuisees sont aussi proportionelles, c'est à dire que comme AC est à CB, ainsi DF est à FE.

Car d'icelles AC, CB, DF, FE soient prises les equemultiplices GH,
HL, IK, KM, chacune à chacune, & par la 1. prop. de ce
liure GL sera autant multiplice de AB, que GH de AC,
c'est à dire comme IK de DF. Mais icelle IK est autant multiplice de DF, que IM de DE par la mesme 1. prop. donc
GL, IM sont equemultiplices de AB, DE. Derechef soient
prises IN, MO equemultiplices de CB, FE. Pour autant
que HL premiere est autant multiplice de CB seconde, que
KM tierce de la quarte FE, & LN cinquiesme autant multiplice de CB seconde, que MO sixiesme de la quarte FE, par
la 2. p. de ce liure, HN sera autant multiplice de CB seconde, que KO de FE quatriéme. Et puis que AB est à CB,
comme DE à FE : & ont esté prises GL, IM equemultiplices de AB, DE, mais HN, KO de CB, FE: par la 6. def.
conuertie si GL multiplice de AB premiere excede, est egale,
ou moindre que HN multiplice de CB seconde, aussi IM,
multiplice de DE tierce, excedera, sera egale, ou moindre,
que KO multiplice de FE quarte : ostant donc les choses
communes HL, KM, si GH excede LN, aussi IK excedera MO ; & si egale,
egale ; & si moindre, moindre. Et d'autant que GH, IK sont equimultiplices de AC premiere & DF tierce. Item LN, MO equemultiplices de CB
seconde & FE quarte, & il a esté demonstré (en quelconque multiplication
qu'ayent esté prises icelles equemultiplices) que les equemultiplices de la

premiere & troifiefme excedent, font egales, ou moindres, que les equemultiplices de la feconde & quatriefme, par la fufdite 6. def. de ce cinquiefme liure AC fera à CB, comme DF à FE: ce qui eftoit propofé. Si donc les
grandeurs compofees font proportionnelles. &c. Ce qu'il falloit demonftrer.

S C H O L I E.

Nous demonftrerons icy ce moyen là d'argumenter, lequel en la 15. def. nous auons
dict conuerfe de la raifon diuifee: c'eft à dire que fi AB eft à CB, comme DE à FE,
außi CB fera à AC, comme FE à DF. Car d'autant que comme AB à CB, ainfi
DE à FE, en diuifant par la 17. p. 5. comme AC fera à CB, ainfi DE à FE: & en
changeant, comme CB fera à AC, ainfi FE fera à DF: ce qui eftoit propofé.

Par mefme maniere, fera demonftré ce moyen-là d'argumenter, lequel en la mef-
me 15. def. nous auons appellé contraire diuifion de raifon: c'eft à dire que fi AC eft
à AB, comme DF à DE: außi AC fera à CB, ainfi que DF à FE. Car puis que AC
eft à AB, comme DF à DE: en changeant, comme AB fera à AC, ainfi DE à DF:
donc en diuifant par la 17. p. 5. comme CB à AC: ainfi FE à DF: & en changeant
derechef, comme AC à CB, ainfi DF à FE: ce qui eftoit à demonftrer.

THEOR. 18. PROP. XVIII.

Si les grandeurs diuifees font proportionnelles; icelles eftans compofees feront aufsi proportionnelles.

Soient les grandeurs diuifees AB, BC, & DE, EF proportionnelles. Ie
dis qu'en compofant, AC eft à CB, comme DF à EF.

Car fi comme AC eft à BC, ainfi DF n'eft pas à EF; DF aura à quelque
grandeur moindre ou plus grande que EF, mefme raifon que
AC à BC. Soit donc premierement DF à GF, moindre que EF,
en mefme raifon que AC à BC, s'il eft poffible : & en diuifant par la precedente propofition, DG fera à GF comme AB
à BC. Mais comme AB à BC, ainfi DE eft à EF: donc aufsi
comme DG fera à GF, ainfi DE fera à EF par la 11. prop. de ce
liure. Mais DG premiere eft plus grande que DE troifiefme:
donc par la 14. propofition de ce mefme liure GF feconde, fera
aufsi plus grande que EF quatriefme, la partie que le tout : ce
qui eft abfurde. Il n'y aura donc pas de DF à GF, moindre que
EF, mefme raifon que de AC à BC.

Par mefme difcours on demonftrera que DF n'aura pas à
vne grandeur plus grande que EF, mefme raifon que AC à BC. Donc comme AC eft à BC, ainfi DF eft à EF, puifque DF ne peut eftre à vne grandeur
moindre, ou plus grande que EF, en mefme raifon que AC à BC. Parquoy fi les grandeurs diuifées font proportionnelles, &c. Ce qu'il falloit
demonftrer.

S C H O L I E.

Nous demonftrerons icy ces deux moyens-là d'argumenter és proportions, lefquels nous auons defcrits en la 14. def. de ce liure. Quant au premier, que nous auons nommé conuerfe compofition de raifon : foit comme AB à BC ainfi DE à EF. Ie dis , que comme AC eft à AB, ainfi DF à DE. Car puis que comme AB eft à BC, ainfi DE à EF, en changeant comme BC fera à AB, ainfi EF à DE : donc en compofant par la 18. p. cy deffus, comme AC fera à AB, ainfi DF à DE : Ce qu'il falloit prouuer.

Quant à l'autre moyen que nous auons appellé contraire compofition de raifon : foit derechef comme AB à BC, ainfi DE à EF : Ie dis que par le contraire de compofition de raifon, comme AB à AC, ainfi DE à DF. Car puis que comme AB eft à BC, ainfi DE à EF, en changeant comme BC fera à AB, ainfi EF à DE : donc auffi en compofant par la mefme prop. comme AC fera à AB, ainfi DF à DE : & partant en changeant derechef, comme AB fera à AC , ainfi DE fera à DF : Ce qui eftoit propofé à prouuer.

THEOR. 19. PROP. XIX.

Si le tout eft au tout , comme le tetranché au retranché; le refte fera auffi au refte, comme le tout eft au tout.

Soit la toute AB à la toute DE , comme le retranché AC, au retranché DF. Ie dis que le refte CB eft auffi au refte FE, comme la toute AB à la toute DE.

Car puis que AB eft à DE, comme AC à DF, auffi en permutant par la 16. prop. de ce liure AB fera à AC, comme DE à DF; & par la 17. prop. de ce mefme liure , en diuifant comme CB fera à AC , ainfi FE fera à DF : parquoy en per mutant derechef par la fufdicte 16. prop. CB fera à FE, comme AC à DF, c'eft à dire

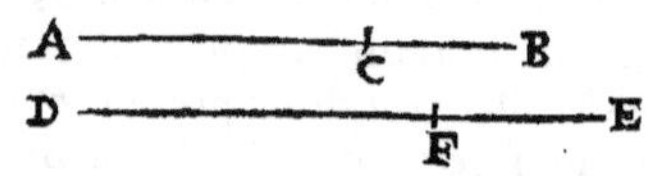

comme la toute AB à la toute DE , puis que AB, DE, & AC, DF, ont efté pofees en mefme raifon. Parquoy fi le tout eft au tout comme le retranché au retranché, &c. Ce qu'il falloit demonftrer.

SOCHLIE.

Nous demonftrerons icy ce moyen-là d'argumenter és proportions , qui eft pris par la conuerfion de raifon. Car foit comme AB à CB, ainfi DE à FE. Ie dis par conuerfion de raifon, AB eftre auffi à AC, comme DE à DF. Car puis que comme AB eft à CB, ainfi DE eft à FE en diuifant par la 17. prop. de ce liure, comme AC à CB, ainfi DF à FE : donc auffi en changeant comme CB à AC , ainfi EF à DF : & partant en compofant par la 18. prop. de ce cinquiefme liure, comme AB fera à AC, ainfi DE fera à DF : ce qui eftoit propofé.

THEOR. 20. PROP. XX.

Si trois grandeurs d'vn cofté , & trois d'vn autre , eftans
prife

priſes de deux en deux , ſont en meſme raiſon , & qu'en
raiſon egale la premiere ſoit plus grande que la troiſieſme ; auſſi la quatrieſme ſera plus grande que la ſixieſme;
& ſi egale , egale ; ſi plus petite , plus petite.

Soient trois grandeurs d'vn coſté A , B , C , & trois d'vn autre D, E, F,
& comme A à B, ainſi D à E, & comme B à C, ainſi E à F:
& que A premiere ſoit plus grande que C troiſieſme.
Ie dis que D 4ᵉ ſera tuſſi plus grande que F 6ᵉ.

Car puis que A eſt plus grande que C, il y aura plus
grande raiſon de A à B que de C à B par la 8. prop. de ce
cinquieſme liure. Mais comme A eſt à B ainſi D à E, &
par la 13. p. 5. il y aura plus grande raiſon de D à E, que de
C à B. Item comme C eſt à B, ainſi F à E : (car puis que B
eſt à C, comme E à F, en changeant comme C ſera à B , ainſi   A B C D E F
F à E.) il y aura donc auſſi plus grande raiſon de D à E   que de F à E , &
par la 10. pr. 5. D ſera plus grande que F.

Que ſi A eſt egale à C, ie dis auſſi que D ſera egale
à F. Car puis que A eſt egale à C , par la 7. p. de ce liure,
A ſera à B comme C à B. Mais comme A eſt à B, ainſi D
à E : & par la 11. pr. 5. D ſera à E , comme C à B : &
comme C eſt à B , ainſi F à E. Donc D ſera auſſi à E comme F à E. & partant D & F ſeront egales par la 9. prop.
de ce meſme liure.   A B C   E D F

En troiſieſme lieu , ſi A eſt moindre que C, ie dis auſſi que D eſt moindre que F. Car puiſque A eſt moindre que C, il y aura moindre raiſon de A à B, que de C à B par la 8. p. 5. Mais comme
A eſt à B, ainſi D eſt à E : il y aura donc auſſi moindre raiſon
de D à E, que de C à B , par la 13. prop. de ce cinquieſme liure.
Mais en changeant comme deſſus, C eſt à B, comme F à E. Il
y a donc pareillement moindre raiſon de D à E, que de F à E :   A B C D E F
& partant par la 10. p. 5. D ſera moindre que F. Parquoy ſi
trois grandeurs d'vn coſté , & trois d'vn autre, &c. Ce qu'il falloit demonſtrer.

THEOR. 21. PROP. XXI.

Si trois grandeurs d'vn coſté , & trois d'vn autre , priſes
de deux en deux ſont en meſme raiſon , eſtant leur proportion ſans ordre , & qu'en raiſon egale la premiere ſoit
plus grande que la troiſieſme ; auſſi la quatrieſme ſera

plus grande que la fixiefme ; & fi egale , egale ; fi plus
petite , plus petite.

Soient trois grandeurs d'vn cofté A, B, C, & trois d'vn autre D, E, F , lefquelles prifes de deux en deux foient en mefme raifon , eftant leur proportion troublée , fçauoir que comme A à B, ainfi E à F , & comme B à C, ainfi
D à E. Ie dis que comme A fera egale , plus grande, ou plus
petite que C , auffi D fera egale, plus grande, ou plus petite
que F.

Car fi A eft plus grande que C , il y aura plus grande raifon de A à B, que de C à B par la 8. pr. de ce liure. Mais comme A à B, ainfi E à F ; il y aura donc plus grande raifon de E à
F, que de C à B par la 13. prop. d'iceluy cinquiefme liure. Et
d'autant que comme B eft à C, ainfi D eft à E, en changeant   ABCD EF
comme C fera à B, ainfi E à D. Il y aura donc auffi plus grande
raifon de E à F, que de E à D : & partant par la 10. prop. 5. D fera plus grande que F.

On peut prouuer comme en la precedente , fi A eft egale, ou plus petite
que C; auffi D eftre egale, ou moindre que F. Parquoy fi trois grandeurs d'vn
cofté, & trois d'vn autre, &c. Ce qu'il falloit demonftrer.

THEOR. 22. PROP. XXII.

**S'il y-a tant de grandeurs qu'on voudra , & autant d'autres,
lefquelles eftans prifes de deux en deux foient en mefme
raifon; icelles en raifon egale feront proportionnelles.**

Soient trois grandeurs d'vn cofté A, B, C, & trois d'vn autre D, E, F, &
foit A à B comme D à E, & B à C comme E à F. Ie dis qu'en raifon egale
comme A eft à C, ainfi D à F.

Car eftans prifes G, H equemultiplices de A,
D: Item I, K, equemultiplices de B, E: Item L,
M , equemultiplices de C, F : puifque A eft à B,
comme D à E, auffi G multiplice de A premiere
fera à I multiplice de B deuxiefme, comme H multiplice de D troifiefme à K multiplice de E quatriefme par la 4. p. de ce cinquiefme liure. Par mefme raifon I fera à L, comme K à M. Veu donc que
les trois grandeurs, G, I, L, & les trois autres H, K,
M, eftans prifes de deux en deux font en mefme
raifon , par la 20. pr. 5. fi G excede L, auffi H excedera M ; & fi egale, egale ; & fi plus petite, plus petite : & partant puis que G, H, equemultiplices de
A & D defaillent, font egales, ou excedent L, M, equemultiplices quelcon-

ques de C & F, par la 6. def. A sera à C, comme D à F : ce qu'il falloit prouuer.

Maintenant soient plus de trois grandeurs, tellement que C soit aussi à N,
comme F à O. Ie dis que A est encore à N comme D à O. Car puisque nous
venons de demonstrer que A est à C, comme D à F; & on a posé C estre à N,
comme F à O, il y aura trois grandeurs A, C, N, & trois autres D, F, O, lesquelles sont prises de deux en deux en mesme raison. Donc comme il a esté
demonstré és trois grandeurs cy dessus, A sera derechef à N, comme D à O.
En la mesme maniere sera demonstré en tant de grandeurs qu'on voudra.
Si donc il y-a tant de grandeurs qu'on voudra, &c. Ce qu'il falloit demonstrer..

S C H O L I E.

Le docte Steuin en la 19. def. de ses Probl. Geomet. explique vne sorte d'argu-
menter és proportions, qu'il appelle proportion transformée, qui peut estre redui-
te en vn tel theoreme que le suiuant.

S'il y-a deux grandeurs, desquelles chacune soit couppée en tant de parties
qu'on voudra egales en multitude, & proportionnelles : la composée de
tant de parties qu'on voudra de la premiere grandeur, sera à la composée
des parties restantes, en mesme raison que la composée, d'autant de parties
de la derniere grandeur, sera à la composée des parties restantes d'icelle.
Et si quelconque partie de l'vne est couppée en deux autres parties, & la partie
de l'autre correspondante à ceste partie-là, est aussi couppée en deux autres
parties proportionnelles â ces deux-là : les totales grandeurs seront aussi couppées proportionnellement.

Soit vne grandeur A B couppée en tant de parties qu'on voudra A C, C D,
D E, E F, F B; & vne autre grandeur G H, couppée en autant de parties que
A B, sçauoir és cinq G I, I K, K L, L M, M H, proportionnelles à celles là de A B.
Ie dis que A D composée des deux parties A C, C D, est à D B composée des trois par-
ties restantes, comme G K composée des deux
parties G I, I K, est à K H composée des trois autres
parties restantes. Car puis que comme A C est à
C D, ainsi G I est à I K, en composant par la 18. p.
de ce liure A D sera à C D, comme G K à I K.

<pre>
A   C   D   N   E   F   B
|----|------|--------|---|------|-------|

      G   I   K   O L   M   H
      |---|------|------|--|------|---|
</pre>

Mais comme C D à D E, ainsi I K à K L : donc par la 22. prop. de ce mesme liure, en
raison egale, comme A D sera à D E, ainsi G K sera à K L. Derechef, pource qu'en
changeant, B F est à F E, comme H M à M L, aussi en composant B E sera à F E, com-
me H L à M L. Mais F E est à E D, comme M L à L K : donc en raison egale, B E sera à
E D comme H L à L K; & en composant, B D sera à E D, comme H K à L K; & en chan-
geant, D E à D B, comme K L à K H. Parquoy puis qu'il a esté demonstré que A D est
a D E, comme G K à K L, & D E est à D B, comme K L à K H, par la susdicte 22.
prop. 5. en raison egale comme A D sera à D B, ainsi G K sera à K H.

Nous demonstrerons en la mesme maniere, que comme A C est à C B, ainsi G I est à
I H. Car derechef en changeant, composant, & par egalité de raison, comme B C sera
à D C, ainsi H I à K I : & en changeant, comme C D sera à C B, ainsi I K sera à I H.

B ij

veu donc que comme AC est à CD, ainsi GI est à IK, & comme CD à CB, ainsi IK à IH : en raison egale, comme AC sera à CB, ainsi GI sera à IH.

Par mesme raison, comme AF sera à FB, ainsi GM sera à MH : Car derechef en composant, & par egalité de raison, comme AF sera à EF, ainsi GM sera à LM, par les susdictes 18, & 21. prop. de ce liure. Mais aussi comme EF est à FB, ainsi LM à MH : Donc en raison egale, comme AF est à FB, ainsi GM est à HM, & ainsi des autres : appert donc ce qui estoit premierement proposé.

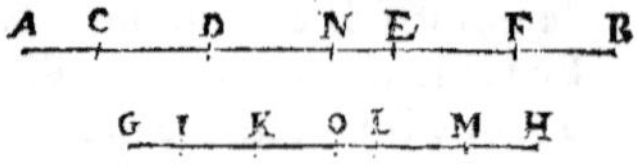

Maintenant soit couppée, (comme pour exemple) la troisiesme partie DE en deux quelconques parties DN, NE ; & aussi la troisiesme KL en deux parties KO, OL proportionnelles à celle-là. Ie dis que comme AN à NB, ainsi GO à OH. Car en changeant, comme EN sera à ND, ainsi LO à OK : & en composant par la 18. prop. 5. comme ED sera à DN, ainsi LK à KO. Parquoy puis que comme CD est à DE, ainsi IK à KL : & comme DE à DN, ainsi KL à KO : par la 22. prop. 5. en raison egale, comme CD sera à DN, ainsi IK à KO : donc les parties AC, CD, DN, sont proportionnelles aux parties GI, IK, KO. Derechef, pource qu'en changeant, comme FE est à ED, ainsi ML à LK : & en composant, comme DE à NE, ainsi KL à OL, en raison egale, comme FE sera à EN, ainsi ML, à LO, & en changeant, comme NE à EF, ainsi OL à LM : & partant toutes les parties AC, CD, DN, NE, EF, FB, sont proportionnelles à toutes les parties GI, IK, KO, OL, LM, MH. Donc comme il a esté demonstré en la premiere partie, AN sera à NB comme GO à OH : appert donc ce qui estoit proposé en second lieu.

A ce Theoreme nous en ioindrons deux autres, le premier desquels est tel.

S'il y a tant de grandeurs qu'on voudra, & autant d'autres, lesquelles prises de deux en deux, soient en mesme raison : toutes les grandeurs d'vn ordre, seront à laquelle on voudra d'icelles en mesme raison, que toutes les grandeurs de l'autre ordre seront à la correspondante.

Soient trois grandeurs d'vn costé A, B, C, & trois d'vn autre D, E, F, & soit A à B, comme D à E, & B à C, comme E à F : ie dis, que comme toutes les grandeurs A, B, C ensemble, seront a laquelle on voudra d'icelles, par exemple à la derniere C, ainsi toutes les grandeurs D, E, F ensemble, seront à la derniere F. Car puisque comme A est à B, ainsi D à E, en composant A, B sont à B, comme D, E, à E. Mais B est à C, comme E à F : donc en raison egale A, B, seront à C, comme D, E à F : & en composant A, B, C, seront à C, comme D, E, F à F. Ce qu'il falloit prouuer.

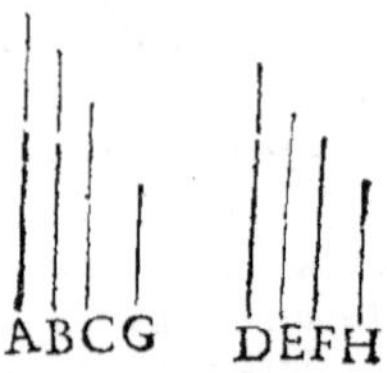

ABCG   DEFH

Que s'il y auoit dauantage de grandeurs, la demonstration ne seroit dissemblable à celle-cy dessus : car il n'y auroit qu'à repeter la composition & egalité de raison autant de fois qu'il seroit de besoin : Comme par exemple, soient encore G & H, tellement que C soit à G, comme F à H. D'autant que A, B est à C, comme D, E est à F, & C à G, comme F à H : en raison egale A, B, sont à G, comme D, E à H. & en composant A, B, G, sont à G, comme D, E, H à H. Mais puis que comme C est à G, ainsi F à H, en changeant, comme G ſera à C, ainſi H à F: donc en raiſon egale, comme A, B, G ſont à C, ainſi D, E, H à F; & en compoſant comme toutes les grandeurs A, B, G, C enſemble, ſeront à la ſeule C, ainſi toutes les grandeurs D, E, H, F enſemble, ſeront à la ſeule F.

Mais ſi on vouloit prouuer, que comme toutes les quatre grandeurs A, B, C, G, ſont à la derniere G, ainſi les quatres autres D, E, F, H, ſont à la derniere H, il ſeroit bien plus bref: Car puiſque nous auons demonſtré, que comme A, B, C, ſont à C, ainſi D, E, F à F, & que comme C eſt à G, ainſi F eſt à H en raiſon egale, comme A, B, C ſeront à G, ainſi D, E, F à H: donc en compoſant, toutes les grandeurs A, B, C, G, ſeront à G, comme toutes les grandeurs D, E, F, H ſeront à H.

En la meſme ſorte on demonſtrera, que toutes leſdites grandeurs A, B, C, G ſeront à A, comme toutes les grandeurs D, E, F, H, ſeront à D, n'y ayant autre difference, ſinon qu'il faut prendre au contraire de ce que deſſus.

Et de ce eſt manifeſte, que comme laquelle on voudra des grandeurs du premier ordre, eſt à ſa correſpondante du ſecond ordre, ainſi toutes les grandeurs du premier ordre ſeront à toutes les grandeurs de l'autre ordre.

Le ſecond Theoreme eſt demonſtré par Clauius au Scholie de cette 22. prop. & eſt tel.

Si la premiere eſt à la ſeconde en meſme raiſon que la tierce à la quarte: les equemultiplices de la premiere & troiſieſme auront auſſi vne meſme raiſon à la ſeconde & quatrieſme. Item les equemultiplices de la ſeconde & quatrieſme, auront vne meſme raiſon à la premiere & troiſieſme. Et au contraire, la ſeconde & quatrieſme auront vne meſme raiſon aux equemultiplices de la premiere & troiſieſme. Item la premiere & troiſieſme auront vne meſme raiſon aux equemultiplices de la deuxieſme & quatrieſme.

Soit A à B, comme C à D, & ſoient F, H, equemultiplices de A, C: item G, I equemultiplices de B, D. Ie dis que F eſt à B, comme H à D: item que G eſt à A, comme I à C. Et au contraire que B eſt à F, comme D à H: item A à G, comme C à I. Car puis que F eſt autant multiplice de A, que H l'eſt de C, comme F eſt à A, ainſi H à C, & par l'hypotheſe A eſt à B, comme C à D; donc en raiſon egale par la 22. pr. 5. comme F ſera à B, ainſi H ſera à D. Derechef, pource que G eſt à B, comme I à D, & comme B à A, ainſi D à C: (car puis que A eſt à B comme C à D par l'hypotheſe, en changeant comme B à A, ainſi D à C) en raiſon egale, comme G ſera à A, ainſi I à C par la ſuſdicte 22. prop. 5.

Maintenant pource que B eſt à A, comme D à C par raiſon inuerſe: & comme A à F, ainſi C à H: en raiſon egale, comme B ſera à F, ainſi D à H. Derechef, puis que A eſt à B, comme C à D: & comme B eſt à G, ainſi D à I; en raiſon egale, comme A ſera à G, ainſi C à I, par ladicte 22. pr. 5. Ce qui eſtoit propoſé.

F ——————|——   H ————|—
A ————   C ——
B ————   D ——
G ————————|—   I —|——

Par cecy eſt manifeſte vn moyen d'argumenter, dont les Geometres s'aident ſouuent, principalement Archimedes, Apolonius Pergeus, & autres: ſçauoir eſt comme A à B, ainſi C eſt à D: donc comme F double, ou triple, ou quadruple, &c. de

A est à B, ainsi aussi H double, ou triple, ou quadruple, &c. de C est à D : Item com-
me A est à B, ainsi C à D : donc comme A est au double, triple, ou quadruple, &c. de
B, sçauoir à G ; ainsi aussi C sera au double, au triple, ou quadruple, &c. de D, sça-
uoir à I.

THEOR. 23. PROP. XXIII.

Si trois grandeurs, & autant d'autres, prises de deux en deux sont en mesme raison , & en proportion troublee : icelles en raison egale seront proportionnelles.

Soient trois grandeurs A, B, C, & trois autres D, E, F, & soient prises de deux en deux en mesme raison, estant leur proportion troublee, sçauoir que comme A à B, ainsi E à F, & comme B à C, ainsi D à E. Ie dis qu'en raison egale A sera à C, comme D à F.

Car estans prises G, H, I , equemultiplices de A, B, D : item K, L, M, quelconques autres equemultiplices de C, E, F. Par la 15. p. de ce liure comme A sera à B, ainsi G à H, puis que G, H, sont equemultiplices d'icelles A, B, Mais comme A est à B, ainsi est E à F : donc par la 11. p. 5. comme G est à H, ainsi E est à F. Mais comme E est à F, ainsi aussi L est à M, par la susdite 15. pr. 5. pource que L, M, sont equemultiplices d'icelles E, F : donc aussi comme G est à H, ainsi L est à M, par la 11. p. 5. & puis que comme B est à C, ainsi D à E, par la 4. pr. 5. comme H multiplice de la premiere B, sera à K multiplice de la seconde C, ainsi I multiplice de la troisiesme D , sera à L multiplice de la quatriesme E : donc les trois grandeurs G, H, K, & les trois autres I , L , M , estans prises de deux en deux sont en mesme raison, & la proportion d'icelles sans ordre, puis qu'il a esté demonstré, que comme G est à H, ainsi L est à M, & comme H est à K , ainsi I à L ; & partant par la 21. p. 5. si G est plus grande, egale, ou moindre que K, aussi I sera plus grande, egale, ou moindre que M , & par la 6. def. 5. comme A sera à C, ainsi sera D à F. Parquoy si trois grandeurs, & autant d'autres, &c. Ce qu'il falloit demonstrer.

A B C N   D E F O
G H K   I L M

SCHOLIE.

Que s'il y auoit plus de trois grandeurs, & que leur proportion soit troublee, sça-
uoir est que comme A est à B, ainsi F soit à O, & comme B est à C, ainsi E soit
à F, & comme C à N, ainsi D à E. Ie dis que A sera à N, comme D à O.
D'autant qu'il a esté demonstré en trois grandeurs que comme A est à C, ainsi F
est à O, & que par l'hypothese comme C est à N, ainsi D est à E, il y aura
trois grandeurs d'vn costé A, C, N, & trois d'vn autre D, E, O, lesquelles pri-
ses de deux en deux sont en mesme raison, & en proportion troublee. Donc dere-

*chef en raison egale demonstree en trois grandeurs A sera à N, comme D à O. Le
mesme sera aussi demonstré en cinq grandeurs par quatre, comme il a esté demonstré
en quatre par trois, & ainsi semblablement de dauantage.*

THEOR. 24. PROP. XXIV.

Si la premiere est à la seconde, comme la troisiesme à la quatriesme, & la cinquiesme à la seconde, comme la sixiesme à la quatriesme ; la composée de la premiere & cinquiesme, sera à la seconde, comme la composée de la
troisiesme & sixiesme, sera à la quatriesme.

Soit la premiere AB à la seconde C, comme la troisiesme DE est à la quatriesme F ; & la cinquiesme B G à la deuxiesme C, comme la sixiesme EH
à la quatriesme F. Ie dis que la toute AG,
sera à C, comme la toute DH à F.

Car puisque comm BG à C, ainsi EH à F,
aussi en changeant, comme C sera à BG,
ainsi F à EH. Veu donc que A B est à C,
comme D E à F, & C à BG, comme F à EH, en raison egale, A B sera à B G,
comme DE à EH, par la 22. p. 5. & en composant, comme la toute AG sera à
BG, ainsi la toute DH sera à EH, par la 18. pr. d'iceluy 5. liure : & derechef
puis que A G est à B G, comme D H à E H, & BG à C, comme EH à F, en
raison egale, AG sera à C, comme DH à F. Si donc la premiere est à la seconde, comme la troisiesme à la quatriesme, &c. Ce qui estoit à prouuer.

SCHOLIE.

*Presque en la mesme maniere sera demonstré en tout genre de proportion, ce qui
a esté demonstré à la 6. pr. de ce 5. liure, tant seulement aux grandeurs multiplices, sçauoir est,*

Si deux grandeurs ont mesme proportion à deux autres grandeurs, & que
des retranchees ayent mesme proportion à icelles ; les restantes auront aussi
mesme proportion à icelles.

*Que AG & DH ayent mesme proportion à C & F, c'est à dire que comme AG
est à C, ainsi DH soit à F. Item les retranchez AB & DE ayent mesme proportion à icelles C & F, tellement que comme AB est à C, ainsi DE soit aussi à
F : Ie dis que les restantes BG, EH ont mesme proportion à icelles C, F, c'est a
dire que comme BG est à C, ainsi EH est à F. Car d'autant que comme AB est
à C, ainsi DE est à F, par raison inuerse, comme C à AB, ainsi F à DE : donc
puis que A G est à C, comme DH à F, & C à AB, comme F à DE, en raison
egale AG sera à AB, comme DH à DE : & en diuisant comme BG sera à AB,
ainsi DH à DE. Et derechef, puis que BG est à AB comme EH à DE ; & AB
à C, comme DE à F, en raison egale BG sera à C, comme EH à F. Ce qui est
proposé.*

CINQVIESME

THEOR. 25. PROP. XXV.

Si quatre grandeurs sont proportionnelles, la plus grande & la plus petite, sont plus grandes que les deux autres.

Soient quatre grandeurs proportionnelles AB, CD, E, F, desquelles AB soit la plus grande & F la plus petite. Ie dis que AB & F ensemble, sont plus grandes que les deux autres CD & E ensemble.

Car si de A B on retranche AG egale à F, & de CD on retranche CH egale à E: AG sera à CH, comme E à F, c'est à dire comme AB à CD. Et puisque la toute AB est à la toure CD, comme la retranchée A G à la retranchée CH; par la 19. prop. de ce liure, comme la toute AB sera à la toute CD, ainsi le reste G B sera au reste HD : Parquoy iceluy reste GB sera plus grand que le reste HD, comme la toute AB est plus grande que la toute CD. Et pour autant que A G & E sont egales, si on adiouste à icelles, les grandeurs egales F & CH, c'est à sçauoir, F à icelle A G, & C H à E; viendront AG & F ensemble, egales à E & CH ensemble. Et adioustant à ces choses egales, les inegales GB, & HD, seront faictes A B & F ensemble plus grandes que G E & CD ensemble, puis que G B est plus grande que HD. Parquoy si quatre grandeurs sont proportionnelles, &c. Ce qu'il failloit demonstrer.

SCHOLIE.

Or il s'ensuit necessairement que si la grandeur antecedante d'vne raison, est la plus grande de toutes celles de la propotion, que la consequente de l'autre raison, sera la plus petite de toutes, comme on peut voir en l'exemple proposé. Car d'autant que comme AB est à CD, ainsi E à F; & que AB premiere est plus grande que E tierce, par la 14. p. 5. CD seconde sera aussi plus grande que F quatriesme.

Semblablement, pource que A B est plus grande que CD, aussi E sera plus grande que F a cause de la similitude des raisons, comme nous auons dit au scholie de la mesme 14. prop. Que si au contraire la grandeur antecedante d'vne raison est la plus petite de toutes, la consequente de l'autre sera la plus grande, comme il appert, si on dit que F est à E, comme CD à AB.

Commandin adiouste en ce lieu, le theoreme suiuant.

Si trois grandeurs sont proportionnelles, la plus grande & la plus petite d'icelles, seront plus grandes que le double de l'autre.

Soient trois grandeurs proportionnelles A, B, C, tellement que comme A est à B, ainsi B à C, & soit A la plus grande, & D la plus petite: Ie dis que A & D ensemble, sont plus grandes que le double de B. Car ayant pris D egale à B, comme A sera à B, ainsi D sera à C ; & partant A & C ensemble, seront plus grandes que B & D ensemble par la 25. prop. 5. c'est adire que le double de B. Ce qui est proposé.

Euclide finit icy son 5. liure des Elemens; mais d'autant que Campanus, Commandin

*Commandin & Clauius y adiouſtent quelques autres propoſitions, dont les bons Au-
theurs s'aident fort ſouuent, & les citent, comme ſi elles eſtoient d'Euclide, nous les
adiouſterons auſſi icy.*

THEOR. 26. PROP. XXVI.

Si la premiere a plus grande raiſon à la ſeconde, que la troiſieſme à la quatrieſme : en changeant, la ſeconde aura
moindre raiſon à la premiere, que la quatrieſme à la tierce.

Que A ait plus grande raiſon à B que
C à D : Ie dis que la raiſon de B à A eſt
moindre que la raiſon de D à C. Car
ſoit entendu E eſtre à B, comme C eſt à D.
Donc auſſi la raiſon de A à B ſera plus
grande que celle de E à B ; & par la 10.
prop. 5. A ſera plus grande que E ; &
partant B aura moindre raiſon à A qu'à E
par la 8. prop. 5. Mais comme B eſt à E,
ainſi eſt en changeāt D à C. Donc auſſi la

raiſon de B à A eſt moindre que celle de D à C. Ce qu'il falloit demonſtrer.

SCHOLIE.

*Nous demonſtrerons preſque en la meſme maniere que ſi la premiere a moindre
raiſon à la ſeconde, que la troiſieſme à la quatrieſme ; en changeant, la ſeconde
aura plus grande raiſon à la premiere, que la quarte à la tierce.*

*Que A ait moindre raiſon à B, que C à D : Ie dis qu'en chan-
geant B a plus grande raiſon à A, que D à C. Car ſoit entendu
E eſtre à B, comme C à D : & la raiſon de A à B ſera pareillement moindre que celle de E à B, parce que nous auons demonſtré au Scholie de la 13. prop. 5. Donc par la 10. prop. 5. A ſera
moindre que E : & par la 8. prop. 5. la raiſon de B à A ſera
plus grande que de B à E. Mais comme B eſt à E, ainſi eſt en changeant D à C : Donc auſſi la raiſon de B à A ſera plus grande que
de D à C.*

*Autrement. Dautant que la raiſon de A à B, eſt moindre que de C à D : la rai-
ſon de C à D ſera plus grande que celle de A à B : donc en changeant par la 26.
prop. 5. la raiſon de D à C, ſera moindre que de B à A : & partant il y aura
plus grande raiſon de B à A que de D à C. Ce qui eſtoit propoſé.*

THEOR. 27. PROP. XXVII.

Si la premiere a plus grande raiſon à la ſeconde, que la tierce à la quarte ; auſſi en permutant la premiere aura plus
grande raiſon à la tierce, que la ſeconde à la quarte.

Que A ait plus grande raiſon à B que C à D. Ie dis qu'en permutant A
aura plus grande raiſon à C, que B à D. Car
ſoit entendu E eſtre à B, comme C à D:
& la raiſon de A à B ſera auſſi plus grande que de E à B : & partant A ſera plus
grande que E par la 10 prop. 5. donc la
raiſon de A à C ſera plus grande que de E
à C par la 8. prop. 5. Mais pour ce qu'en
changeant comme E eſt à C, ainſi B eſt
à D. (car E eſt poſée à B, comme C à D,)
il y aura auſſi plus grande raiſon de A à C,
que de B à D. Ce qui eſt propoſé.

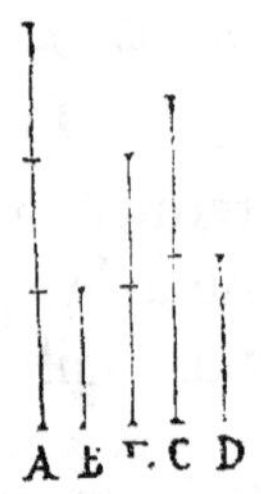

SCHOLIE

*Nous demonſtrerons ſemblablement, que ſi la premiere a moindre raiſon à la ſe-
conde, que la troiſiefme à la quatriefme; en permutant la premiere aura moindre raiſon à la tierce, que la ſeconde à la quarte.*

*Car ſoit la raiſon de A à B moindre que de C à D : Ie dis
qu'en permutant A aura moindre raiſon à C, que B à D. Car
ſoit entendu E eſtre à B, comme C à D, & la raiſon de A à B
ſera pareillement moindre que de E à B : & par la 10. prop. 5.
A ſera moindre que E: parquoy la raiſon de A à C ſera moindre que de E à la meſme C par la 8. prop. 5. Et puis que E
eſt poſée eſtre à B, comme C à D : en permutant comme E à C,
ainſi B a D. Donc auſſi la raiſon de A à C ſera moindre que de
B à D. Ce qui eſt propoſé.*

*Autrement. D'autant qu'il y a moindre raiſon de A à B,
que de C à D, il y aura plus grande raiſon de C à D que de A à B: donc en permutant par la 27. p. 5. il y aura auſſi plus grande raiſon de C à A que de D à B:
& par la 26. prop. 5. en raiſon inuerſe, il y aura moindre raiſon de A à C, que
de B à D. Ce qui eſt propoſé.*

THEOR. 28. PROP. XXVIII.

Si la premiere a plus grande raiſon à la ſeconde que la tierce à la quarte : la compoſée de la premiere & de la
ſeconde aura auſſi plus grande raiſon à la ſeconde, que la
compoſée de la tierce & de la quarte à la quarte.

Que AB premiere ait plus grande raiſon à BC ſeconde, que D E tierce à EF
quarte : le dis qu'en compoſant A C aura plus grande raiſon à BC, que DF à
EF. Car ſoit entendu comme AB eſt à BC,
ainſi quelque autre GE ſoit à EF ; & il y aura auſſi plus grande raiſon de

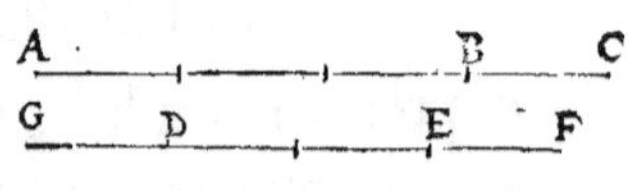

GE à EF, que de DE à EF; & par la 10. prop. 5. GE fera plus grande que
DE. Donc puis que comme AB eft à BC, ainfi GE eft à EF: en compofant comme AC fera à BC, ainfi GF fera à EF: Mais il y a plus grande raifon de GF à EF, que de DF à EF, par la 8. p. 5. (car GF eft plus grande que
DF) Donc auffi AC aura plus grande raifon à BC que DF à EF. Ce qu'il
falloit demonftrer.

SCHOLIE.

*Que fi AB a moindre raifon à BC que DE à EF, auffi en compofant AC aura
moindre raifon à BC que DF à EF. Car de-
rechef fi côme AB eft à BC, ainfi quelque autre
GE eft à EF: Icelle GE fera moindre que DE
par la 10. prop. 5. Et en compofant AC fera à
BC, comme GF, à EF. Mais GF a moindre
raifon à EF que DF à EF par la 8. pr. 5.
attendu que GF eft moindre que DF: donc auffi AC aura moindre raifon à CB,
que DF à EF.*

*Autrement. D'autant qu'il y a moindre raifon de AB à BC, que de DE à
EF, il y aura plus grande raifon de DE à EF, que de AB à BC; & par la 28.
p. 5. en compofant il y aura auffi plus grande raifon de DF à EF, que de AC à
BC: & partant il y aura moindre raifon de AC à BC, que de DF à EF.*

THEOR. 29. PROP. XXIX.

Si la compofee de la premiere & feconde a plus grande raifon à la feconde, que la compofee de la tierce & quarte à la quatriefme: Auffi en diuifant, la premiere aura plus
grande raifon à la deuxiefme, que la troifiefme à la
quatriefme.

Que AC ait à BC plus grande raifon que DF à EF: Ie dis qu'en diui-
fant AB, aura auffi à BC plus grande raifon
que DE à EF. Car foit entendu que com-
me DF eft à EF, ainfi quelque autre GC foit à
CB; & il y aura auffi plus grande raifon de
AC à BC que de GC à BC: & partant AC
fera plus grande que GC par la 10. p. 5. Oftant donc BC commun, reftera
AB plus grande que GB: & par la 8. p. 5. il y aura plus grande raifon de
AB à BC, que de GB à BC. Mais en diuifant par la 17. p. 5. comme GB eft à
BC, ainfi DE eft à EF: (car on a pofé GC eftre à BC, comme DF à EF.)
Donc auffi la raifon de AB à BC fera plus grande, que celle de DE à
EF. Ce qu'il falloit demonftrer.

SCHOLIE.

Que fi AC a moindre raifon à BC que DF à EF, auffi en diuifant AB aura

C c ij

moindre raison à BC que DE à EF. Car si on entend GC estre à BC, comme DF à EF, la raison de AC à BC sera pareillement moindre que celle de GC à BC : & par la 10. p. 5. AC sera moindre que GC. ostant donc BC commune, restera AB moindre que GB ; & par la 8. pr. 5. la raison de AB à BC sera moindre que de GB à BC : Mais puis que GC est à BC comme DF à EF, en diuisant GB sera à BC comme DE à EF : Il y aura donc aussi moindre raison de AB à BC que de DE à EF.

Autrement. D'autant que la raison de AC à BC est moindre que de DF à EF, il y aura plus grande raison de DF à EF, que de AC à BC : donc aussi en diuisant, il y aura plus grande raison de DE à EF, que de AB à BC par la 29. p. 5. & partant la raison de AB à BC sera moindre que de DE à EF.

THEOR. 30. PROP. XXX.

Si la composee de la premiere & seconde a plus grande raison à la seconde, que la composee de la tierce & quarte à la quarte : par conuersion de raison, la premiere & seconde aura moindre raison à la premiere, que la tierce & quarte à la tierce.

Que AC ait plus grande raison à BC que DF à EF : Ie dis par conuersion de raison, que AC a moindre raison à AB, que DF à DE. Car AC ayant plus grande raison à BC que DF à EF, en diuisant AB aura plus grande raison à BC que DE à EF par la 29. p. 5. Donc par raison inuerse, il y aura moindre raison de BC à AB que de EF à DE par la 26. pr. 5. Et partant en composant, il y aura aussi moindre raison de la toute AC à AB, que de la toute DF à DE. Ce qui estoit à demonstrer.

SCHOLIE.

Semblablement si AC a moindre raison à CB que DF à EF, aussi par conuersion de raison AC aura plus grande raison à AB que DF à DE. Car puis qu'il y a moindre raison de AC à BC que de DF à EF, par la 29. p. 5. en diuisant il y aura moindre raison de AB à BC que de DE à EF, & en changeant par la 26. p. 5. il y aura pareillement moindre raison de BC à AB, que de EF à DE : donc en composant par la 28. p. 5. il y aura plus grande raison de AC à AB que de DF à DE.

Autrement. D'autant que la raison de AC à BC est moindre que celle de DF à EF, il y aura plus grande raison de DF à EF que de AC à BC : donc par conuersion de raison, il y aura moindre raison de DF à DE, que de AC à AB, c'est à dire qu'il y aura plus grande raison de AC à AB, que de DF à DE.

THEOR. 31. PROP. XXXI.

S'il y a trois grandeurs d'vn cofté, & trois d'vn autre,
& qu'il y ait plus grande raifon de la premiere des premieres à la feconde, que de la premiere des dernieres à la feconde, & auffi plus grande raifon de la feconde des premieres à la tierce, que de la feconde des dernieres à la tierce:
En raifon egale, il y aura pareillement plus grande raifon
de la premiere des premieres à la tierce, que de la premiere
des dernieres à la tierce.

Soient trois grandeurs A, B, C, & trois autres D, E, F, & la raifon de
A à B foit plus grande que celle de D à E: Item, la raifon de B à C foit auffi
plus grande que de E à F : Ie dis qu'en raifon egale, il y
aura plus grande raifon de A à C que de D à F.

Car foit entendu G eftre à C, comme E à F; & il y
aura plus grande raifon de B à C, que de G à C : Donc
par la 10. p. 5. B fera plus grande que G; & par la 8. p. 5. il y
aura plus grande raifon de A à G, que de A à B : Mais la
raifon de A à B eft pofee plus grãde que de D à E : Il y aura
donc beaucoup plus grande raifon de A à G, que de D à E.
Soit derechef pofée H eftre à G, comme D à E : Il y aura
donc auffi plus grande raifon de A à G, que de H à G : &
par la 10. p. 5. A fera plus grande que H : & partant A aura plus grande raifon à C, que H à la mefme C, par la 8. p. 5.
Mais comme H eft à C, ainfi eft en raifon egale D à F,
(pource que comme D eft à E, ainfi H à G, & comme E
eft à F, ainfi G à C.) Il y aura donc auffi plus grande raifon de A à C, que
de D à F. Ce qu'il falloit prouuer.

SCHOLIE.

*Nous demonftrerons en la mefme maniere, que fi la raifon de A à B eft la mefme
que de D à E, & celle de B à C plus grande que de E à F : ou au contraire, fi la
raifon de A à B eft plus grande que de D à E, & celle de B à C la mefme que de E
à F : en raifon egale, il y aura pareillement plus grande raifon de A à C, que de
D à F : car foit premierement A à B, comme D à E, mais la raifon de B à C plus grande que de E à F. Soit pofée G à C comme E à F; & la raifon de B à C fera plus
grande que de G à C, & confequemment B plus grande que G, par la 10. p. 5. Parquoy il y aura plus grande raifon de A à G que de A à B. Mais A eft pofée à B,
comme D à E. Donc auffi la raifon de A à G fera plus grande que de D à E. Soit
pofée derechef H à G, comme D à E; & il y aura plus grande raifon de A à G que de
H à G; & par la 10. p. 5. A fera plus grande que H : Parquoy la raifon de A à*

C sera plus grande que de H à C. Mais comme H est à C, ainsi est en raison egale D à F: (attendu que comme D à E, ainsi H à G, & comme E à F, ainsi G à C.) Il y aura donc aussi plus grande raison de A à C que de D à F.

Maintenant la raison de A à B soit plus grande que celle de D à E, mais B soit à C, comme E à F. Soit posée G à C, comme E à F; & B sera aussi à C, comme G à C: & par la 9. p. 5. B sera egale à G. Parquoy A sera à G, comme A à B par la 7. p. 5. Mais la raison de A à B est posée plus grande que de D à E. Donc aussi la raison de A à G sera plus grande que de D à E. soit derechef posée H à G, comme D à E; & il y aura plus grande raison de A à G, que de H à G: & partant A sera plus grande que H par la 10. p. 5. & il y aura plus grande raison de A à C que de H à C. Mais comme H est à C, ainsi en raison egale D est à F: (car comme D à E, ainsi H à G, & comme E est à F, ainsi G à C.) Il y aura donc pareillement plus grande raison de A à C que de D à F.

Nous demonstrerons semblablement que si A a moindre raison à B, que D à E; & B à C moindre raison que E à F: aussi en raison egale A aura moindre raison à C, que D à F. Et le mesme aduiendra encore, si A estant à B comme D à E, la raison de B à C est moindre que de E à F: Ou au contraire, si la raison de A à B estant moindre que de D à E, B est à C comme E à F: Car il est manifeste que la demonstration sera tousiours la mesme que dessus.

THEOR. 32. PROP. XXXII.

S'il y a trois grandeurs d'vn costé, & trois d'vn autre, & qu'il y ait plus grande raison de la premiere des premieres à la seconde, que de la seconde des dernieres à la tierce: Semblablement, qu'il y ait plus grande raison de la seconde des premieres à la tierce, que de la premiere des dernieres à la seconde: En raison egale, il y aura pareillement plus grande raison de la premiere des premieres à la tierce, que de la premiere des dernieres à la tierce.

Soient trois grandeurs A, B, C, & trois autres D, E, F, & que A ait plus grande raison à B, que E à F, & B à C que D à E: Ie dis qu'en raison egalle, A aura plus grande raison à C, que D à F.

Car soit entendu que G est à C, comme D à E; & il y aura aussi plus grande raison de B à C, que de G à C: partant B sera plus grande que G, par la 10. p. 5. Parquoy la raison de A à G sera plus grande que de A à B, par la 8. p. 5. Mais la raison de A à B est plus grande que de E à F: il y aura donc encore beaucoup plus grande raison de A à G que de E à F. Soit derechef entendu H estre à G, cóme E est à F, & il y aura aussi plus grande raison de A à G, que de H à G. &

par la 10. p. 5. A fera plus grande que H : parquoy il y aura plus grande raifon de A à C que de H à la mefme C. Mais comme H eft à C, ainfi eft en
raifon egale D à F : (car comme D eft à E, ainfi G eft à C, & comme E eft à
F, ainfi H à G.) Il y aura donc aufli plus grande raifon de A à C que de D à F.
Ce qu'il falloit demonftrer.

S C H O L I E.

On demonftrera femblablement, que fi A a mefme raifon à B que E à F, & B à C
plus grande que D à E : Ou au contraire, fi la raifon de A à B eft plus grande que de
E à F, mais celle de B à C la mefme que de D à E ; en raifon egale, la raifon de A à C
fera plus grande que de D à F.

Par mefme raifon on demonftrera aufli, que fi les raifons des premieres grandeurs
font moindres ; aufli la raifon des extremes fera moindre ; c'eft à dire , que fi A a
moindre raifon à B que E à F, & B à C que D à E : aufli A aura moindre raifon à C,
que D à F.

THEOR. 33. PROP. XXXIII.

S'il y a plus grande raifon du tout au tout, que du retranché au retranché, il y aura aufli plus grande raifon du refte au refte, que du tout au tout.

Que la toute AB ait plus grande raifon à la toute CD, que la retranchée
AE à la retranchée CF : Ie dis que le refte EB
aura plus grande raifon au refte FD, que la
toute AB à la toute CD.

Car d'autant qu'il y a plus grande raifon
de AB à CD, que de AE à CF, en permutant,
il y aura aufli plus grande raifon de AB à AE, que de CD a CF par la 27. p. 5.
& par conuerfion de raifon il y aura moindre raifon de AB à EB , que de
CD à FD, par la 30. p. 5. Donc en permutant, il y aura aufli moindre raifon
de AB à CD, que de EB à FD par la 27. p. 5. c'eft à dire, que le refte EB
aura plus grande raifon au refte FD, que la toute AB , à la toute CD. Ce
qu'il faloit demonftrer.

S C H O L I E.

Que fi la toute AB a moindre raifon à la toute CD, que la retranchée AE à la
retranchée CF : aufli le refte E B aura moindre raifon au refte F D, que la toute AB
à la toute CD , comme il appert par la demonftration cy-deffus.

THEOR. 34. PROP. XXXIV.

S'il y a tant de grandeurs qu'on voudra d'vn cofté, & autant
d'vn autre , & qu'il y ait plus grande raifon de la premiere
des premieres à la premiere des dernieres, que de la fecon-

de à la seconde; & ceste cy soit aussi plus grande que de la tierce à la tierce, & ainsi de suitte : Toutes les premieres ensemble auront plus grande raison à toutes les dernieres ensemble, que toutes les premieres, la premiere ostée, à toutes les dernieres, la premiere aussi ostée ; mais moindre raison que la premiere des premieres à la premiere des dernieres ; & finalement aussi plus grande raison que la derniere des premieres à la derniere des dernieres.

Soient premierement trois grandeurs A, B, C, & trois autres D, E, F; & la raison de A à D soit plus grande que celle de B à E, & celle-cy plus grande que celle de C à F : Ie dis que A, B, C ensemble, ont plus grande raison à D, E, F ensemble, que B, C ensemble à E, F ensemble : mais moindre que A à D, & aussi plus grande que C à F.

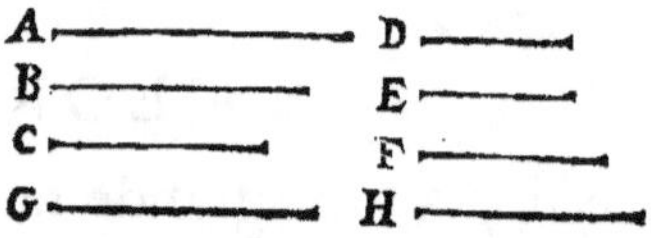

A ——————— D
B ——————— E
C ——— F
G ——————— H

Car puis qu'il y a plus grande raison de A à D que de B à E, en permutant, il y aura aussi plus grande raison de A à B que de D à E par la 27. p. 5. Donc en composant A & B ensemble, auront plus grande raison à B, que D & E ensemble à E par la 28. p. 5. Et en permutant derechef, A & B ensemble, auront plus grande raison à D & E ensemble que B à E. Et puis que la toute A, B, à plus grande raison à la toute D, E, que la retranchée B à la retranchée E, la restante A aura aussi plus grande raison à la restante D, que la toute A, B, à la toute D, E, par la prec. prop. Par mesme raison, il y aura plus grande raison de B à E, que de la toute B, C, à la toute E, F. Il y aura donc encore bien plus grande raison de A à D, que de la toute B, C à la toute E, F. Donc en permutant, il y aura plus grande raison de A à B, C ensemble, que de D à E, F ensemble par la 27. p. 5. Et en composant, il y aura plus grande raison de A, B, C à B, C, que de D, E, F à E, F, par la 28. p. 5. Et en permutant derechef il y aura plus grande raison des toutes A, B, C ensemble, aux toutes D, E, F ensemble, que de B, C à E, F : ce qui est premierement proposé.

Et puis qu'il y a plus grande raison de la toute A, B, C à la toute D, E, F, que de la retranchee B, C à la retranchee E, F, il y aura aussi plus grande raison de la restante A à la restante D, que de la toute A, B, C, à la toute D, E, F, par la prop. prec. Ce qui est secondement proposé.

Mais d'autant qu'il y a plus grande raison de B à E, que de C à F : en permutant il y aura aussi plus grande raison de B à C, que de E à F par la 27. prop. 5. Et en composant, la toute B, C aura plus grande raison à C, que la toute E, F, à F par la 28. p. 5. Donc en permutant derechef, il y aura plus grande raison de B, C à E, F, que de C à F. Mais il a esté demonstré que

A, B, C,

A,B,C enſemble ont plus grande raiſon à D,E,F, enſemble, que B,C, à E, F:
Il y aura donc encore bien plus grande raiſon des toutes A,B,C, aux toutes
D, E, F, que de la derniere C à la derniere F. Ce qui eſt tiercement propoſé.

Soient maintenant quatre grandeurs de part & d'autre, auec la meſme
hypotheſe, c'eſt à dire, que la raiſon de C tierce à F tierce ſoit plus
grande, que de G quarte à H quatrieſme. Ie dis que la meſme choſe s'enſuit. Car comme il a deſia eſté demonſtré en trois grandeurs, il y a plus
grande raiſon de B à E que de B,C,G enſemble à E, F, H enſemble. Donc il
y aura encore plus grande raiſon de A à D, que de B,C,G, à E,F, H. Et en
permutant il y aura plus grande raiſon de A à B,C,G que de D à E,F, H.
Parquoy en compoſant il y aura auſſi plus grande raiſon de A, B, C, G à
B,C,G, que de D, E, F, H à E,F,H : & en permutant il y aura plus grande
raiſon de A, B, C, G à D,E,F, H, que de B,C,G à E,F,H,. Ce qui eſt premierement propoſé.

Et veu qu'il y a plus grande raiſon de la toute A, B, C, G, à la toute
D,E,F,H, que de la retranchee B, C, G, à la retranchee E, F, H, la reſtante
A aura plus grande raiſon à la reſtante D, que la toute A,B,C,G, à la toute
D,E,F,H. Ce qui eſt ſecondement propoſé.

Mais comme il a eſté demonſtré en trois grandeurs,B,C,G ont plus grande raiſon à E,F,H, que G à H : & A, B, C, G plus grande à D, E, F, H que
B, C, G ,à E,F,H : Il y aura donc beaucoup plus grande raiſon de A.B,C,G
à D, E, F, H, que de la derniere G à la derniere H : ce qui eſt tiercement
propoſé.

En la meſme maniere on conclurra le meſme en 5 grandeurs par 4: & en 6
par 5, &c. tout ainſi qu'il eſt demonſtré en 4 par 3. Parquoy s'il y a tant de
grandeurs qu'on voudra,& c. Ce qu'il falloit demonſtrer.

Fin du cinquieſme liure.

ELEMENT
SIXIESME.

DEFINITIONS.

EMBLABLES figures rectilignes , font celles qui ont les angles egaux, vn chacun au fien , & les coftez qui contiennent les angles egaux, proportionnaux.

C'eſt à dire, que toutes figures rectilignes ſont dittes ſemblables , ſi eſtans equian-gles elles ont les coſtez d'alentour leurs angles egaux proportionnaux : comme les deux triangles ABC , DEF, ſeront dits ſem-blables, ſi l'angle A eſtant egal à l'an-gle D, l'angle B egal à l'angle E , & l'angle C à l'angle F ; les coſtez qui font & conſtituent iceux angles egaux, font proportionnaux ; c'eſt à ſçauoir, que com-me AB eſt à AC, ainſi DE ſoit à DF, & comme AB eſt à BC, ainſi DE ſoit à EF, & comme AC eſt à BC, ainſi DF ſoit à EF.

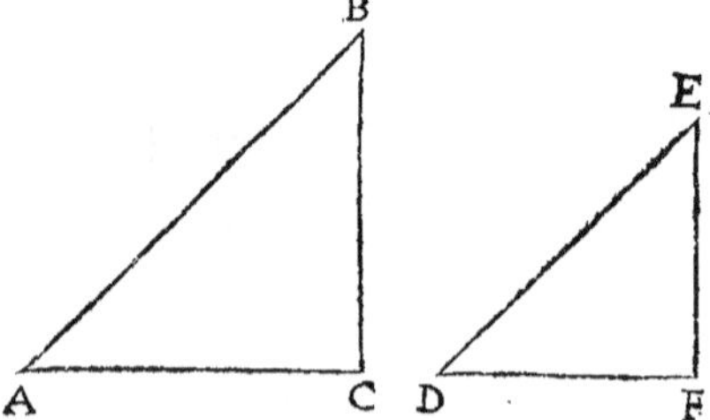

Que ſi l'vne ou l'autre des deux con-ditions ſuſdites manque, c'eſt à dire, que chacun des angles de l'vne des figures eſtant egal à chacun des angles de l'autre , ſi les coſtez d'alentour leurs angles egaux ne font proportionnaux ; ou au contraire : telles figures ne ſeront dittes ſemblables, comme font le quarré, & le quarré long : car ces deux figures ont bien les angles egaux, ſçauoir droicts : mais les coſtez de l'vne ne font pas en meſme raiſon que les coſtez de l'au-tre : car ceux du quarré font en raiſon d'egalité, & ceux d'alentour l'angle droict du quarré long, font en raiſon d'inegalité, puis que l'vn eſt plus grand que l'autre. D'où eſt manifeſte, que toutes figures rectilignes equiangles & equilaterales, leſquelles ont les angles & les coſtez egaux en nombre, font ſemblables, combien qu'elles ſoient inegales.

2. Les figures sont reciproques, quand les termes antecedans & consequens des raisons, sont en l'vne & en l'autre
figure.

C'est à dire, que s'il y a deux figures semblables ou non, dont le premier & der-
nier des termes proportionnaux
soient en l'vne des figures, &
le second & troisiesme terme en
l'autre; icelles figures seront di-
ctes reciproques. Comme si aux
deux parallelogrammes ABCD,
EFGH, les costez AB, BC, sont
proportionnaux aux costez EF,
FG; tellement qu'il y ait mesme
raison de AB à EF, que de FG

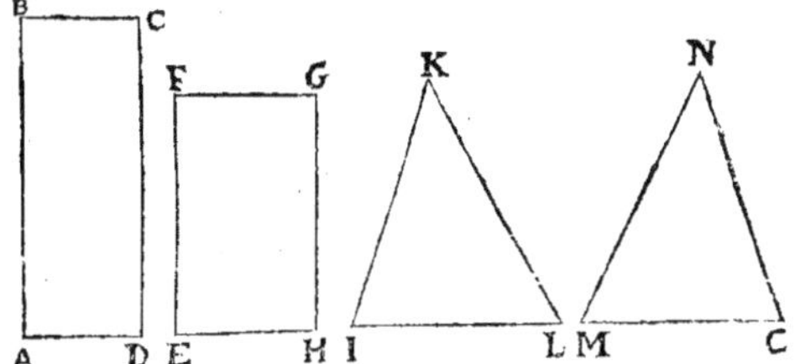

à BC; ou bien que AB soit à FG   comme EF à BC: Iceux parallelogrammes seront
dicts figures reciproques, d'autant qu'en chacun d'iceux est le terme antecedant de
l'vne des raisons, & le consequent de l'autre. Item les triangles IKL, MNC, seront
aussi dicts reciproques, si IK est à MN, comme MC à IL; ou bien IK à MC, comme
MN à IL.

3. Vne ligne droicte est dicte estre diuisee en la moyenne
& extreme raison, quand la toute est au plus grand segment,
comme le plus grand segment est au moindre.

Quand quelque ligne droicte, comme AB, est couppee inegalement en C, de telle
sorte que la toute AB, soit au plus grand segment AC, comme iceluy plus grand
segment AC, est au moindre segment BC: ceste ligne
AB sera dicte estre couppee en C selon la moyenne &
extreme raison. Or comme cela se fait, Euclide l'ensei-
gnera en la 30. p. de ce liure, combien que sous autres paroles il l'ait desia enseigné à
la II. p. 2.

4. La hauteur d'vne chacune figure, est la perpendiculaire tirée du sommet à la base.

si de A sommet du triangle ABC, l'on mene AD perpendiculaire à la base
BC, icelle perpendiculaire sera la hauteur d'ice-
luy triangle ABC; tellement que ledict triangle
sera dict auoir autant de hauteur qu'est icelle
perpendiculaire AD. semblablement la perpen-
diculaire EH tiree de E, sommet du triangle
EFG, sur la base FG, prolongee de la part de G,
sera la hauteur d'iceluy triangle EFG. Parquoy si
les perpendiculaires de deux figures menees des
sommets d'icelles sur leurs bases (soit qu'icelles bases soient prolongees, ou non) sont

egales; icelles figures feront dittes auoir mefme hauteur. Or telles perpendiculaires feront egles, quand les bafes des figures & leurs fommets feront conftituez en mefmes paralleles : Comme font les perpendiculaires AD, EH, des triangles ABC, FEG, conftituez entre mefmes paralleles. Car puis que les deux angles ADH, EHD, interieurs, & de mefme part, font droicts, les lignes AD, EH, feront paralleles par la 28. p. 1. Mais AE, DH, font auffi paralleles, puis que les triangles ABC, EFG, font pofez eftre conftituez entre mefmes paralleles : Donc le quadrilatere $ADHE$, fera parallelogramme, & partant les coftez oppofez AD, EH, feront egaux par la 34. prop. 1. Ce qui eftoit à prouuer.

5. Vne raifon eft dicte eftre compofee de raifons, quand les quantitez des raifons multipliées entr'elles font quelque raifon.

C'eft à dire, que quand les quantités de deux ou plufieurs raifons multipliées entr'elles, produifent quelque quantité de raifon : icelle raifon eft dicte eftre compofee de celles-là. Or la quantité d'vne raifon eft le denominateur d'icelle, comme nous auons ia dit fur la 3. def. 5. tellement que la quantité de la raifon triple eft 3 : mais de la fubtriple c'eft $\frac{1}{3}$, &c. Ainfi la raifon double fe dit eftre compofee de la fefquialtere, & de la fefquitierce, pource que les quantitez ou denominateurs d'icelles, fçauoir eft $1\frac{1}{2}$ & $1\frac{1}{3}$, eftans multipliés entr'eux produifent 2, denominateur ou quantité de la raifon double.

Derechef, la mefme raifon double fera dicte eftre compofee de la double fefquialtere, & de la fubfefquiquarte : car les quantitez ou denominateurs de ces deux raifons, eftans multipliez entr'eux, produifent encore 2, denominateur de la mefme raifon double. Pareillement la raifon trigecuple fe dit eftre compofee des raifons double, triple & quintuple; d'autant que les denominateurs d'icelles raifons, fçauoir eft 2, 3, & 5, eftans multipliez entr'eux produifent 30, denominateur d'icelle raifon trigecuple. Parquoy eftans pofees tant de grandeurs qu'on voudra par ordre, la raifon des extremes fera compofee des raifons entre-moyennes, pource que le denominateur ou quantité de la raifon de la premiere grandeur a la derniere, eft produite & procreée par les denominateurs des raifons entre-moyennes multipliés entr'eux : comme pour exemple, foit A à B en raifon fefquialtere; B à C en raifon double; & C à D en raifon fuperbipartiente tierce : la raifon des extremes AD, qui eft quintuple, eft compofee des trois raifons fufdites. Car il eft euident A. B. C. D. que multipliant le denominateur de la raifon de A à B, par celuy de   30. 20. 10. 6. B à C, fçauoir $1\frac{1}{2}$ par 2 viendront 3 : & partant A eft à C en raifon triple, & multipliant le denominateur d'icelle, fçauoir eft 3 par le denominateur de la raifon de C à D, qui eft $1\frac{2}{3}$ prouiennent 5; & partant A qui eft à D en raifon quintuple, eft produite & compofee des raifons entremoyennes.

Quelques interpretes afin de rendre plus intelligibles, tant les 27, 28 & 29 prop. de ce liure, que plufieurs du 10. adiouftent icy cefte def.

6. Vn parallelogramme eftant appliqué felon quelque ligne droicte donnee, eft dict defaillir d'vn parallelogramme,

lors qu'il n'occuppe pas toute ladicte ligne : mais il est dit exceder, quand il en occuppe vne plus grande ; en sorte toutesfois qu'iceluy parallelogramme defaillant, ou excedant ait deux angles communs auec le parallelogramme appliqué sur toute la ligne proposee ; & la difference de ces deux parallelogrammes est dicte defaut, ou excez.

Soit vne ligne droicte AB sur laquelle soit constitué le parallelogramme ACDE, qui n'occupe pas toute ladite ligne A B, ains laisse CB ; & soit acheué le parallelogramme ABFE tirant BF parallele à CD iusques à ce qu'elle rencontre ED prolongee en F. Or le parallelogramme A D appliqué selon la ligne droicte A B, ayant les deux angles A, E communs auec le parallelogramme AF, appliqué & descrit sur toute ladite ligne AB, est dict defaillir du parallelogramme CF ; & iceluy parallelogramme CF sera appellé le defaut.

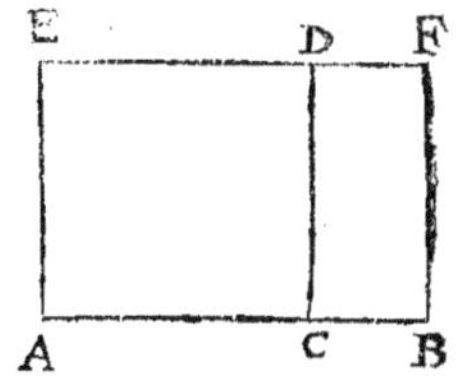

Derechef, soit vne ligne droicte AC, sur laquelle soit constitué le parallelogramme AF, ayant le costé AB plus grand que la ligne proposee AC, & soit tiree CD parallele à B F. Donc le parallelogramme AF appliqué selon la ligne droicte AC, & qui auec le parallelogramme AD descrit sur toute ladicte ligne AC a les deux angles A, E communs, sera dit exceder AD du parallelogramme CF, tellement qu'iceluy CF est dit l'excez.

THEOR. 1. PROP. I.

Les triangles, & les parallelogrammes de mesme hauteur, sont l'vn à l'autre comme leurs bases.

Soient deux triangles ABC & ACD de mesme hauteur, sur les bases BC & CD : soient aussi deux parallelogrammes CE, CF de mesme hauteur, les bases desquels soient les mesmes BC, CD.
Ie dis premierement que le triangle ABC, est au triangle ACD, comme la base BC, est à la base CD : c'est à sçauoir que si on pose pour premiere grandeur la base B C, pour seconde la base C D, pour troisiesme le triangle ABC, & pour quatriesme le triangle ACD ; les equemultiplices de la premiere & troisiesme seront plus petites, egales, ou plus grandes, que les equemultiplices de la seconde & quatriesme, ainsi que le requiert la 6. definition du 5. liure.

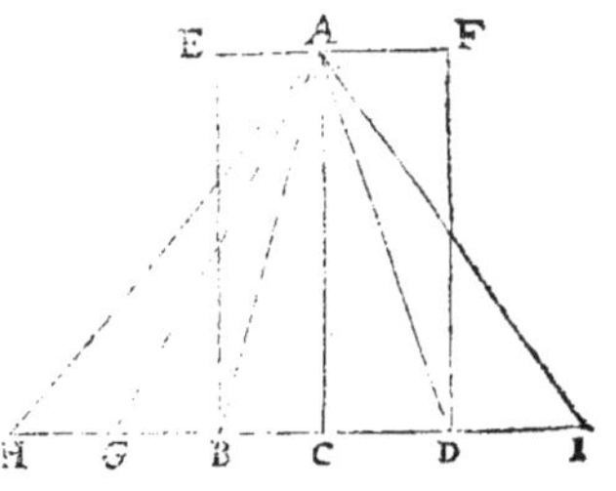

Qu'il ne soit ainsi ; qu'on prolonge BD de part & d'autre, & apres auoir

pris d'vn coſté BG & GH, chacune egale à BC: item de l'autre coſté, DI
egale à CD, ſoient menees les lignes droictes AG, AH, AI. Donc par
la 38. pr. 1. les trois triangles ABC, ABG, AGH, eſtans ſur baſes egales &
entre meſmes paralleles, ſeront egaux: auſſi par les meſmes raiſons les deux
triangles ACD & ADI ſeront egaux; ainſi il eſt euident qu'autant de fois
que la baſe HC contiendra la baſe BC, autant de fois le triangle ACH contiendra le triangle ABC. Pareillement, autant de fois que la baſe CI contiendra la baſe CD, autant de fois le triangle ACI contiendra le triangle
ACD. Parquoy ſi la baſe CH, eſt egale à la baſe CI, le triangle ACH ſera
auſſi egal au triangle ACI, par la 38. p. 1. Mais ſi la baſe eſt plus grande, conſequemment le triangle ſera plus grand; ſi plus petite, plus petit, & par la
6. def. 5. comme la baſe BC ſera à la baſe CD, ainſi le triangle A B C
ſera au triangle A C D : ce qui eſtoit à demonſtrer pour la premiere partie.

Quant à la ſeconde partie touchant les parallelogrammes CE, CF, le
meſme ſe peut dire que des triangles, parce qu'iceux parallelogrammes
ſont doubles des triangles ABC, ACD par la 41. prop. 1 & par la 15. pr. 5.
ce qui eſt prouué d'iceux triangles s'entendra des parallelogrammes. Donc
les triangles, & les parallelogrammes de meſme hauteur, ſont entr'eux comme leurs baſes. Ce qu'il falloit demonſtrer.

SCHOLIE.

Commandin adiouſte en ce lieu ceſt autre Theoreme.

Les triangles, & les parallelogrammes, deſquels les baſes ſont egales, ou
vne meſme, ſont entr'eux, comme leurs hauteurs.

*Soient deux triangles ABC, DEF, & les parallelogrammes AGBC, DEFH,
ayans les baſes BC, EF egales : Ie di que le triangle ABC eſt au triangle DEF, &
le parallelogramme AGBC au parallelogramme DEFH, comme la hauteur AI
eſt à la hauteur DK. Car ſi on prend les lignes IL, KM egales aux baſes BC, EF,
& on tire les lignes LA, MD, le triangle ALI ſera egal au triangle ABC par la
38. p. 1. puis qu'ils ſont ſur baſes egales LI, BC, & entre meſmes paralleles AG, IB : Par*

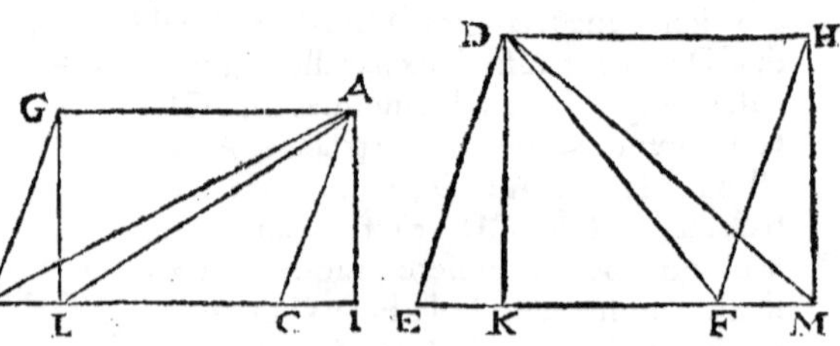

*meſme raiſon le trian-
gle DKM ſera egal
au triangle DEF.
Parquoy par la 7. p. 5.
comme ABC ſera à
DEF, ainſi ALI ſera
à DKM. Mais par la
1. p. 6. comme ALI
eſt à DKM, ainſi AI*
à DK. (car ſi AI, DK ſont poſees les baſes, les lignes droictes egales LI, KM ſeront les hauteurs.) Donc auſſi ABC ſera à DEF, comme AI à DK.

*Et d'autant que par la 15. p. 5. comme ABC eſt à DEF, ainſi le parallelogr. AGBC
au parallelogramme DEFH: (car iceux parallelogrammes ſont doubles des triangles
par la 41. p. 1.) auſſi AGBC ſera à DEFH, comme AI à DK. Le meſme s'enſuiura
ſi les triangles, & les parallelogrammes ont vne meſme baſe.*

THEOR. 2. PROP. II.

Si on meine vne ligne droicte parallele à l'vn des coftez d'vn
triangle, laquelle couppe les deux autres coftés ; elle les
couppera proportionnellement : & fi deux coftés d'vn
triangle font couppez proportionnellement, la ligne couppante fera parallele à l'autre cofté.

Soit le triangle ABC, dans lequel foit menee la ligne droicte DE parallè-
le au cofté BC, couppant les deux autres coftez AB & AC aux poincts D &
E. Ie dis que les coftez AB, AC font couppez proportionnellement aux
poincts D & E, c'eft à dire que AD fera à DB, comme AE eft a EC.

Car eftans menees les deux lignes BE & CD : par la 37. p. 1. les deux triangles DEB & EDC, eftans fur mefme bafe, & entre
mefmes paralleles, font egaux ; & par la 7. p. 5. ils auront mefme raifon l'vn comme l'autre au troifiefme
ADE. Mais par la 1. p. 6. les triangles DEB & DEA,
eftans de mefme hauteur, font l'vn à l'autre comme la
bafe BD à la bafe DA : & par la mefme propofition, le
triangle CDE, eftant de mefme hauteur qu'iceluy triangle EDA, ils feront auffi l'vn à l'autre, comme CE eft
à EA : & partant par la 11. p. 5. BD fera à DA, comme
CE à EA : (puifque ces deux raifons font les mefmes
que du triangle BED au triangle DEA, & du triangle
CDE au mefme triangle DEA.) Ce qui eftoit propofé.

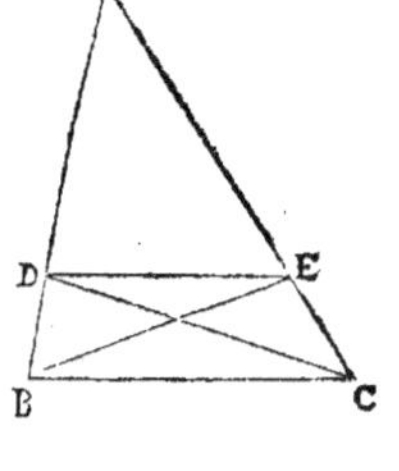

Pour la feconde partie : ie dis que fi DB eft à DA, comme CE à EA, la ligne couppante DE fera parallele au cofté BC.

Car les triangles DEB & DEA, feront par la 1. p. 6. l'vn à l'autre, comme
DB à DA. Item les deux autres triangles CDE, EDA, feront auffi l'vn à
l'autre, comme CE à EA : & par la 11. p. 5. le triangle DEB fera au triangle
DEA, comme le triangle CDE eft au mefme triangle DEA : & par la 9. p. 5.
les deux triangles BED, & EDC feront egaux, lefquels eftans fur mefme bafe DE, par la 39. p. 1. ils feront entre mefmes paralleles : & partant DE fera
parallele à BC. Parquoy fi l'on meine vne ligne parallele à l'vn des coftez
d'vn triangle, &c. Ce qu'il falloit demonftrer.

THEOR. 3. PROP. III.

Si l'angle d'vn triangle eft couppé en deux egalement par
vne ligne droicte, laquelle couppe auffi la bafe ; les fegmens de la bafe feront l'vn à l'autre comme les autres coftez du triangle : Et fi les fegmens de la bafe font l'vn à l'autre comme les autres coftez du triangle : la ligne droicte

tiree du sommet à la section de la base, couppe l'angle
en deux egalement.

Au triangle A B C, soit l'angle B A C couppé en deux egalement par la
ligne AD, laquelle couppe aussi la base BC au poinct
D : ie dis premierement, que BD est à DC, comme
AB à AC.

Qu'il ne soit ainsi: apres auoir du poinct C mené
CE parallele à DA, soit continué BA directement
iusques à ce qu'il rencontre CE en E; (Or BA, CE
se rencontreront, d'autant que les deux angles B
& BCE sont moindres que deux droicts, estans e-
gaux aux deux B & BDA, qui sont moindres que deux
droicts par la 17. p. 1.) & parce que DA & CE sont

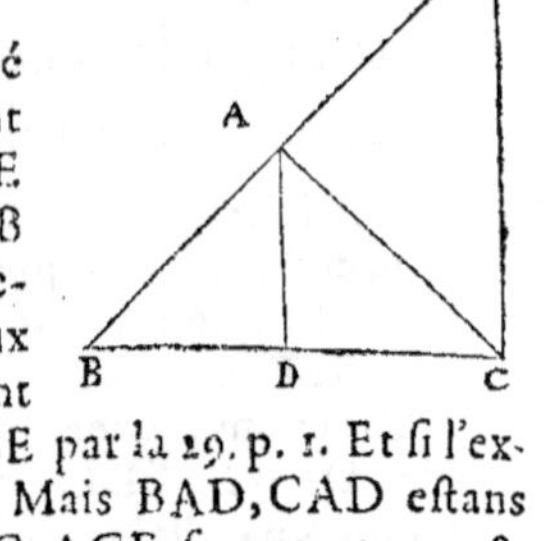

paralleles, l'angle CAD sera egal à son alterne ACE par la 29. p. 1. Et si l'exterieur DAB sera egal à l'opposé interieur AEC. Mais BAD, CAD estans
egaux par l'hypothese, aussi par les com. sent. AEC, ACE seront egaux : &
partant par la 6. p. 1. les costez AE & AC seront egaux. Mais par la precedente prop. BA est à AE, comme BD à DC; (estant AD parallele à CE)
& par consequent BA sera aussi à AC, (egale à AE) comme BD à DC.
Ce qui estoit proposé.

Pour la seconde partie : ie dis que si BA est à AC, comme BD à DC, que
l'angle CAB sera couppé en deux egalement par la ligne droicte AD.

Car apres auoir construit comme dessus, BA sera à AE, comme BD à DC,
par la precedente prop. Et partant par la 11. p. 5. BA sera à AE, comme le
mesme BA est à AC, & par la 9. p. 5. AE & AC seront egaux ; & partant
par la 5. p. 1. les deux angles AEC, ACE, seront aussi egaux ; & par la 29.
p. 1. ils sont egaux, l'vn à DAB, & l'autre à DAC, lesquels par ce moyen
seront aussi egaux; ce qui estoit proposé. Parquoy si l'angle d'vn triangle est
couppé en deux egalement, &c. Ce qu'il falloit demonstrer.

THEOR. 4. PROP. IV.

Des triangles equiangles, les costez qui sont au long des angles egaux, sont proportionnaux; & les costez qui sou-
stiennent les angles egaux, sont de mesme raison.

Soient deux triangles ABC, DCE, equiangles : c'est à dire, que l'angle
ABC soit egal à l'angle DCE, & l'angle ACB à l'angle E, & le troisiesme
au troisiesme. Ie dis que comme AB est à BC, ainsi DC à CE; & comme
BC à CA, ainsi CE à ED; & finablement comme AB à AC, ainsi DC à DE.
Car ainsi les costez d'alentour les angles egaux, sont les proportionnaux,
& les costez homologues, ou de mesme raison, sont ceux-là qui soustien-
nent les angles egaux, c'est à dire, que tous les antecedans, & semblablement
les consequens regardent les angles egaux.

                                                              Soient

Soient conftituez les coftez BC, CE felon vne ligne droicte, tellement
que l'angle externe DCE foit egal à l'interne ABC, & pareillement l'externe ACB à l'interne DEC : & d'autant que par la
17. p. 1. les deux angles ABC, ACB font moindres
que deux droicts , & l'angle DEC eft egal à l'angle ACB, auffi les angles B & E feront moindres
que deux droicts : & partant les lignes BA & ED
eftans produittes de la part de A & D, fe rencon-
reront : Qu'elles foient donc prolongees & conuiennent en F. Il eft euident que l'angle exterieur
ECD, eftant par l'hypothefe egal à fon oppofé interieur CBA; DC feraparallele à FB par la 28. p. 1.

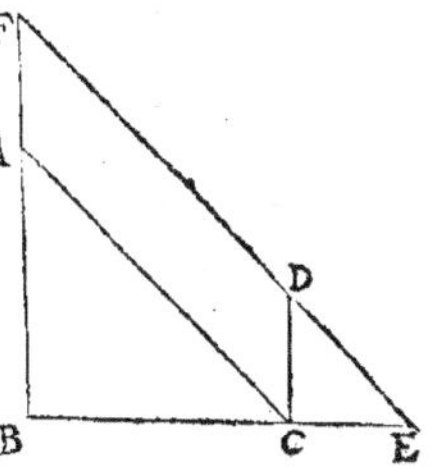

Pareillement l'angle exterieur ACB eftant egal à fon oppofé interieur DEC,
auffi par la mefme 28. p. 1. CA & EF feront paralleles. Partant ACDF fera parallelogramme, & par la 34. p. 1. il aura les angles , & les coftez oppofez egaux. Mais AC eftant parallele à EF, par la 2. p. 6. AB fera à AF, ou
CD fon egale, comme BC à CE ; & en permutant par la 16. p. 5. AB fera à BC, comme DC à CE. Pareillement CD eftant parallele à BF, comme
BC fera à CE, ainfi FD, ou CA fon egale, fera à ED par la 2. p. 6. & en
permutant BC fera à AC, comme CE à ED.

Veu donc que AB eft à BC, comme DC à CE, & BC à CA comme CE
à ED, auffi en raifon egale AB fera à AC, comme DC à ED. Parquoy des
triangles equiangles, &c. Ce qu'il falloit prouuer.

COROLLAIRE.

De cecy refulte, que fi vne ligne droicte parallele a vn cofté d'vn triangle, couppe les
deux autres coftez d'iceluy, elle oftera vn triangle femblable au tout. Comme au triangle
BFE eftant menée la ligne droicte AC parallele au cofté FE, qui couppe les deux
autres coftez en A & C : Ie dis que le triangle ABC retranché par icelle ligne AC,
eft femblable au triangle BFE. Car d'autant que par la 29. p. 1. l'angle externe BAC
eft egal à l'interne de mefme cofté F, & que l'angle B eft commun a tous les deux
triangles BAC, BFE, ils feront equiangles par le Corol. de la 32. p. 1. Parquoy, com-
me il a efté demonftré cy-deffus, ils ont les coftez autour des angles egaux proportion-
naux : & partant felon la 1. def. 6. iceux triangles BAC & BEF feront fembla-
bles.

THEOR. 5. PROP. V.

Si deux triangles ont les coftez proportionnaux, ils feront e-
quiangles, & auront les angles egaux, foubs lefquels les
coftez de mefme raifon feront fubtendus.

Soient deux triangles ABC, & DEF, ayans les coftez proportionnaux,
& foit AB à BC comme DE à EF, & BC à CA, comme EF à FD, &
encore AB à AC comme DE à DF. Ie dis que les triangles font equiangles, fçauoir l'angle A eftre egal à l'angle D, & l'angle B à l'angle E, &
l'angle C à l'angle F : car ainfi les angles egaux regardent les coftez de mefme raifon.   E e

Qu'il ne foit ainfi : fur la ligne EF, & aux deux poincts E & F foient conſtruits deux angles, fçauoir FEG egal à l'angle B, & EFG egal à l'angle C, tirant les lignes EG, & FG iufques à ce qu'elles fe rencontrent en G : Et par la 32. p. 1. le troifiefme angle G fera egal au troifiefme angle A. Parquoy les triangles ABC , GEF font equiangles : & par la 4. prop. 6. comme AB eſt à BC, ainſi GE à EF. Mais comme AB eſt à BC, ainſi auſſi a eſté poſé DE à EF: Donc par la 11. p. 5. comme GE à EF, ainſi DE à la meſme EF : & partant par la 9. p. 5. GE, DE feront egales.

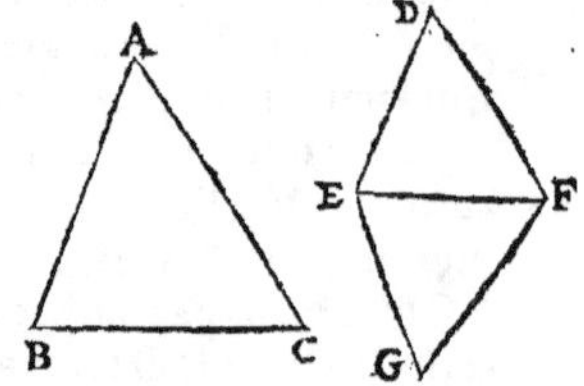

Et d'autant que par la propofition precedente, comme BC eſt à CA, ainſi EF eſt à FG ; & par l'hypotheſe comme BC eſt à CA, ainſi EF eſt à FD : par la 11. p. 5. comme EF fera à FG, ainſi la meſme EF fera à FD : & par la 9. p. 5. FG, FD feront egales. Veu donc que les coſtez EG, FG du triangle GEF, font egaux aux coſtez DE, DF du triangle DEF, chacun au fien, & la baſe EF commune aux deux triangles, les angles G & D feront egaux par la 8. p. 1. & partant par la 4. p. 1. les autres angles GEF, GFE feront auſſi egaux aux autres DEF, DFE, chacun au fien. Parquoy l'angle G eſtant egal à l'angle A, auſſi l'angle D fera egal au meſme angle A : & ainſi l'angle DEF fera egal à l'angle B, & l'angle DFE à l'angle C, ainſi qu'il eſtoit propoſé. Si donc deux triangles ont les coſtez proportiónaux, &c. Ce qu'il falloit prouuer.

THEOR. 6. PROP. VI.

Si deux triangles ont vn angle egal à vn angle, & les coſtez au long d'iceux angles egaux, proportionnaux ; ils feront equiangles, & auront les angles egaux fous leſquels les coſtez de meſme raiſon font fubtendus.

Soient les deux triangles ABC & DEF, ayans l'angle B egal à l'angle E, & comme AB à BC, ainſi DE foit à EF. Ie dis que les triangles font equiangles, fçauoir que l'angle A eſt egal à l'angle D, & l'angle C à l'angle F, car ainſi les angles egaux font fubtendus des coſtez homologues.

Qu'il ne foit ainſi ; fur la ligne EF foit conſtruit, comme en la propoſit. & fig. precedente, le triangle GEF equiangle au triangle ABC : & par la 4. p. 6. GE fera à EF, comme AB à BC, ou DE à EF, (car ils font en la meſme raiſon) & par la 9. p. 5. GE & DE (qui ont vne meſme raiſon à EF) feront egaux ; & partant les deux triangles GEF & DEF, auront deux coſtez egaux à deux coſtez, fçauoir GE, EF, à DE, EF, chacun au fien, & les deux angles au poinct E, egaux (car ils font chacun egal à l'angle B) & par la 4. p. 1. ils auront la baſe egale à la baſe, & les autres angles egaux aux autres angles, chacun au fien · & partant iceux triangles feront equiangles. Mais l'vn d'iceux triangles, fçauoir GEF, eſt equiangle au triangle ABC par la conſtruction. Donc l'autre triangle DEF fera auſſi equiangle au meſme triangle ABC. Parquoy si deux triangles ont vn angle egal à vn angle, &c. Ce qu'il falloit prouuer.

THEOR. 7. PROP. VII.

Si deux triangles ont vn angle egal à vn angle, & les coftez au long d'vn autre angle, proportionnaux, eftans les troifiefmes angles de mefme efpece : Iceux triangles feront equiangles, & auront les angles egaux, au long defquels les coftez feront proportionnaux.

Soient deux triangles ABC, & DEF, defquels les deux angles A & D foient gaux , & les coftez AB, BC d'alentour l'angle ABC , proportionnaux aux coftez DE, EF d'alentour l'angle E, c'eft à dire que comme AB eft à BC, ainfi DE foit à EF : mais les autres angles C & F foient de mefme efpece, c'eft à dire aigus, droicts, ou obtus : & foient premierement aigus. Ie dis que les triangles

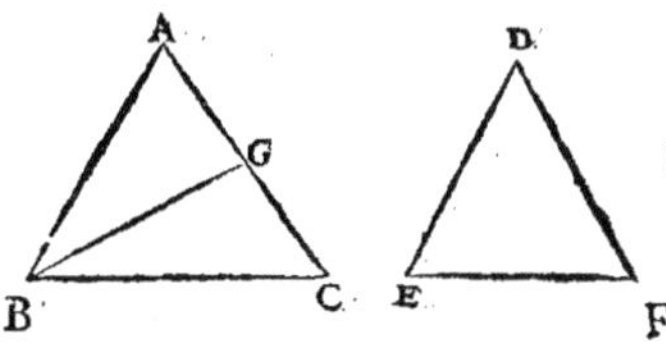

font equiangles, fçauoir eft, que les angles ABC & E, à l'entour defquels font les coftez proportionnaux, & les angles C & F, font egaux.

Car fi l'angle B eft egal à l'angle E, il appert par la precedente prop. que les triangles feront equiangles. Mais fi lefdits angles ne font egaux, foit B plus grand que E, & foit fait ABG egal à E par la 23. p. 1. Donc le troifiefme angle AGB, fera egal au troifiefme F, & partant aigu comme iceluy; & les deux triangles ABG & DEF feront equiangles ; & par la 4. p. 6. comme AB fera à BG, ainfi DE à EF. Mais par l'hypothefe, comme AB eft à BC, ainfi DE à EF: donc par la 11. p. 5. comme AB fera à BG, ainfi le mefme AB fera à BC ; & partant par la 9. p. 5. BG, & BC feront egaux, & par la 5. p. 1. les deux angles C & BGC fur la bafe CG ferôt egaux, & tous deux aigus, & par confequent l'angle BGA fera plus grand qu'vn droict, puis que par la 13. p. 1. les deux BGC, AGB font egaux à deux droicts : Mais l'angle AGB a efté demonftré egal à l'angle F : donc F feroit auffi plus grãd qu'vn droict, & on l'a pofé auffi moindre : ce qui eft abfurde. Maintenant, tant l'angle C que F ne foit aigu; & comme deffus l'angle C fera egal à l'angle BGC; & partant iceluy BGC ne fera auffi aigu, & les deux C & BGC ne feront moindres que deux droicts, mais egaux, ou plus grands que deux droicts : ce qui eft abfurde : car par la 17. p. 1. ils font moindres que deux droicts. Les angles ABC & E ne font donc pas inegaux, ains egaux; & partant par la 32. p. 1. le troifiefme C fera auffi egal au troifiefme F : ce qui eft propofé. Si donc deux triangles ont vn angle egal à vn angle; &c. Ce qu'il falloit prouuer.

THEOR. 8. PROP. VIII.

Si de l'angle droict d'vn triangle rectangle on tire vne per-

pendiculaire fur labafe ; elle couppera iceluy triangle en
deux autres triangles femblables entr'eux, & au total.

Soit le triangle rectangle ABC, & l'angle droict A, duquel foit menée à la
bafe BC la perpendiculaire AD. Ie dis que les triangles
ABD & ADC, aufquels eft diuifé iceluy triangle ABC
par la perpendicul. AD, font femblables entr'eux, & au
total ABC.

Qu'ainfi ne foit : d'autant que AD eft perpendiculaire, l'angle BDA eft droict, & egal à l'angle droict BAC,
du triangle total ABC, & l'angle B eft commun à tous
les deux triangles BAD & ABC, & par la 32. p. 1. le troifiefme angle BAD, fera egal au troifiefme ACB : & partant les deux triangles BAD & ABC, feront equiangles ; & par la 4. p. 6. ils auront les coftez
au long des angles egaux proportionnaux, c'eft à dire, que comme CB
fera à AB, ainfi AB à BD ; & comme BA à AC, ainfi BD à DA ; & comme
BC à CA, ainfi BA à AD : & partant par la 1. def. de ce liure les triangles
ABC, ABD feront femblables.

Par mefme difcours, on prouuera que les deux triangles ABC & ADC,
font auffi equiangles, & femblables : car l'angle C eftant commun à tous les
deux triangles, & l'angle droict BAC egal à l'angle droict ADC, le troifiefme angle CAD fera egal au troifiefme angle B, par la 32. p. 1. & par la 4. p. 6.
comme BC fera à CA, ainfi CA à CD : & comme CA à AB, ainfi CD à DA,
& comme CB à BA, ainfi CA à AD.

On demonftrera en la mefme maniere, les triangles ADB, ADC eftre
femblables entr'eux, puifque les angles au poinct D font droicts, & tant
les angles ABD, CAD, que BAD, ACD, ont efté demonftrez egaux : &
partant par la 4. p. 6. comme BD fera à DA, ainfi DA à DC : & comme
DA à AB, ainfi DC à CA : & comme AB à BD, ainfi CA à AD. Si donc
de l'angle droict d'vn triangle rectangle, &c. Ce qu'il falloit demonftrer.

COROLLAIRE.

*De cecy eft manifefte, que la perpendiculaire tirée de l'angle droict d'vn triangle
rectangle à la bafe, eft moyenne proportionnelle entre les deux fegmens de la bafe : &
chacun des coftez comprenant l'angle droict, eftre auffi moyen proportionnel entre toute
la bafe, & le fegment qui le touche.*

*Car il a efté demonftré, que comme BD eft à DA, ainfi DA eft à DC : & partant
DA eft moyenne prop. entre BD & DC : item que comme CB eft à BA, ainfi BA à
BD : & par ainfi BA eft moyenne prop. entre CB & BD : finalement que comme BC eft
à CA, ainfi CA à CD : & partant CA eft moyenne proportionnelle entre BC & CD.*

PROB. 1. PROP. IX.

D'vne ligne droicte donnée, ofter vne partie demandée.

Soit la ligne droicte donnée AB, de laquelle il faut ofter la cinquiefme
partie, ou autre telle qu'on voudra.

Du poinct A soit menée la ligne droicte AC interminement, faisant quelconque angle auec AB, comme BAC, & en
icelle AC, soient prises à l'aduanture autant
de parties egales que denotte la partie qu'on
veut oster, comme en l'exemple proposé, il
faut prendre cinq parties egales AD, DE,
EF, FG, GH: & apres auoir conjoinct les
poincts B & H par la ligne BH, du poinct
D soit menée DI, parallele à HB : Ie dis que
AI est la cinquiesme partie requise de A B.

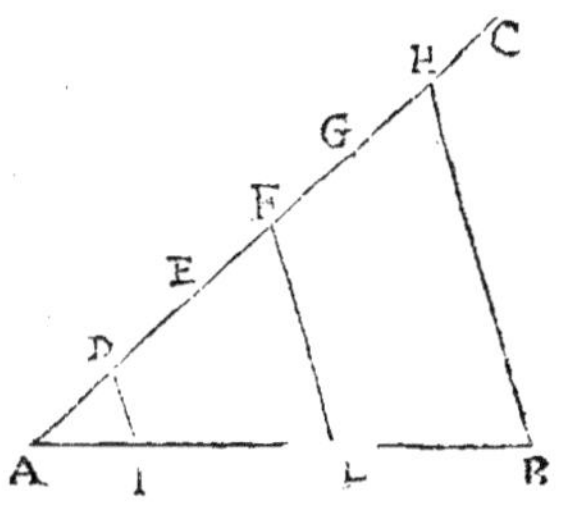

Car puis qu'au triangle ABH, la ligne DI
est parallele au costé HB, par la 2. p. 6. com-
me HD sera à DA, ainsi BI à IA : & en composant par la 18. p. 5. comme HA
sera à DA, ainsi BA à IA : mais par la construction HA est quintuple de AD:
donc aussi BA sera quintuple de AI: & partant AI sera la cinquiesme partie
de la ligne droicte A B, laquelle auoit esté demandée. Donc d'vne ligne
droicte donnée, &c. Ce qu'il faloit faire.

SCHOLIE.

Que si de AB il falloit coupper plusieurs parties, comme pour exemple les trois cinquies-
mes, il est euident par ce qui a esté demonstré cy dessus, qu'estant tirée la ligne F L
parallele à HB, le segment AL sera les trois cinquiesmes de AB, tout ainsi que AF
est les trois cinquiesmes de AH. Et pour promptement practiquer cecy, il faut des-
crire du centre F, & de l'interualle HB vn arc au dessous de la ligne donnee AB,
mais de B & de l'interualle FH, d'escrire vn autre arc qui couppe le precedent,
puis tirer vne ligne droicte de la section d'iceux arcs à F, & icelle couppera la par-
tie requise AL.

PROBL. 2. PROP. X.

Coupper vne ligne droicte donnée non couppée, sembla-blement à vne autre ligne droicte donnée & couppée.

Soient données les lignes droictes AB, AC, desquelles AC est couppée
en D & E : & il faut coupper AB en parties sem-
blables & proportionnelles à celles de AC.

Soient accommodees icelles lignes données en
sorte qu'elles facent quelconque angle BAC ;
& apres auoir mené BC, des poincts D & E, soient
menees DF, EG, paralleles à icelle BC, par la 31.
p. 1. Ie dis que la ligne AB est semblablement
couppée en F & G, comme la ligne AC est couppée en D & E. Car par la 2. p. 6. comme AD est
à DE, ainsi AF à FG. Que si on tire DH parallele

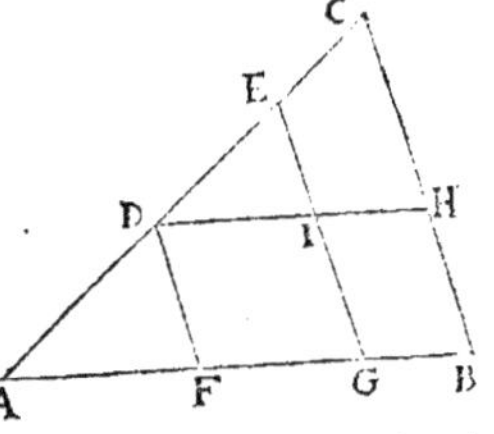

à AB couppât EG en I. Derechef, par la susdicte 2. p. 6. comme DE sera à
EC, ainsi DI à IH, c'est à dire, ainsi FG à GB, pource que par la 34. p. 1. FG est

E e iij

egale à DI, & GB à IH. Parquoy les parties FG, GB feront auſſi proportionnelles aux parties DE, EC. Les trois parties AF, FG, GB, font donc proportionnelles aux trois parties AD, DE, EC : & partant AB eſt couppée
ſemblablement à AC, ainſi qu'il falloit faire.

SCHOLIE.

Nous adiouſterons icy deux Probl. fort vtiles, & neceſſaires aux choſes geome-
triques.

1. Eſtant donnée vne ligne droicte, la coupper en tant de parties egales
qu'on voudra.

Soit la ligne donnée AB, qu'il faut coupper en cinq parties egales. De l'extremité
A, ſoit menée la ligne AC,
tant qu'il ſera de beſoin, fai-
ſant quelconque angle auec
AB ; puis de l'extremité B,
ſoit menée BD parallele à
AC, & d'icelle AC ſoient
couppées quatre parties ega-
les AE, EF, FG & GH,
qui eſt vne partie moins que

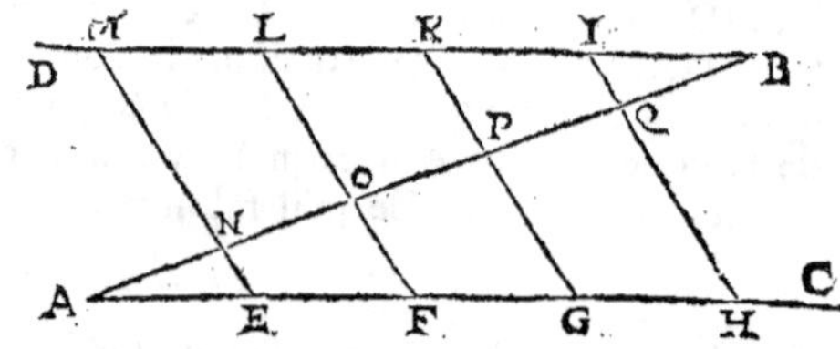

le nombre des parties eſquelles il faut coupper la ligne donnée ; en apres, du poinct
B en BD, ſoient auſſi priſes les quatre parties BI, IK, KL, & LM egales a celles de
la ligne AC ; puis eſtans menées les lignes EM, FL, GK, & HI, elles coupperont
la ligne donnée AB en cinq parties egales. Car puis que par la conſtruction les lignes EF,
ML, ſont egales & paralleles entr'elles, par la 33. p. 1. ME, LF, ſeront auſſi paralleles
entr'elles : Et par meſme raiſon LF, KG, HI, ſeront pareillement paralleles. Veu donc que
AH eſt couppée en quatre parties egales, AQ le ſera auſſi. Par meſme raiſon BN
ſera encore diuiſée en quatre parties egales, parce que BM a eſté couppée en autant de
parties egales. Parquoy veu que tant AN que BQ ſont egales à chaſque partie NO,
OP, PQ ; toutes les cinq parties AN, NO, OP, PQ, & QB, ſeront egales entr'elles. Ce
qu'il falloit faire.

2. Coupper vne ligne droicte donnée en deux parties, qui ſoient entr'elles
ſelon vne raiſon donnée.

Soit la ligne droicte donnée AB, qu'il faut
coupper en deux parties, qui ayent telle raiſon
entr'elles que C à D : Du poinct A, ſoit menée
AE faiſant quelconque angle auec AB ; &
d'icelle AE, ſoit couppée AF egale à C, &
puis FG egale à D : en apres ſoit menée BG,
& du poinct F tirée FH parallele à icelle BG,
laquelle couppe AB en H : & icelle AB ſe-
ra couppée à iceluy poinct H, ſelon la raiſon
de C à D, puis que par la 2. prop. de ce li-
ure, AH eſt à HB, comme AF à FG, qui
ſont egales à C & D. Ce qu'il falloit faire.

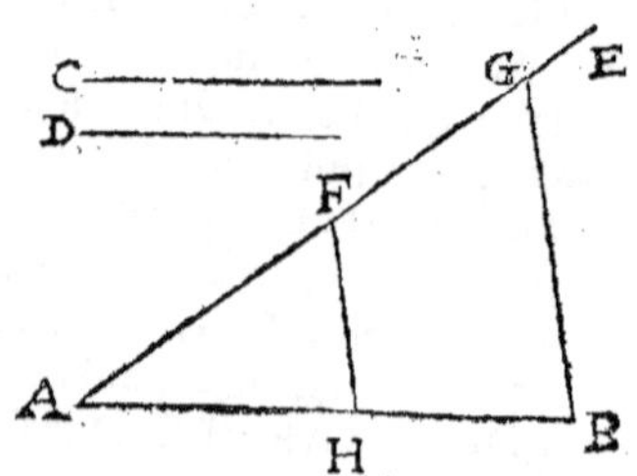

PROBL. 3. PROP. XI.

A deux lignes droictes données, en trouuer vne troisiesme
proportionnelle.

Soient deux lignes droictes données AB & AC, ausquelles il en faut trouuer vne troisiesme proportionnelle.

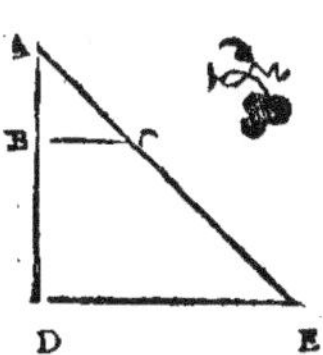

Soient disposées icelles lignes en vn angle CAB ; &
apres auoir prolongé A B interminement, soit faicte
BD egale à AC, & mené CB; puis du poinct D, soit tirée DE parallele à BC, rencontrant AC prolongée en
E. Ie dis que CE est la troisiesme proportionnelle requise, c'est à dire que comme AB est à AC, ainsi AC
à CE. Car puis qu'au triangle ADE, la ligne droicte
BC est parallele au costé DE, par la 2. p. 6. comme AB
fera à BD, ainsi AC à CE : mais par la 7. p. 5. comme AB est à BD, ainsi la
mesme AB est à AC, egale à icelle BD. Donc comme AB est à AC, ainsi AC
à CE. Partant à deux lignes droictes données, nous en auons trouué vne troisiesme proportionnelle. Ce qu'il falloit faire.

PROB. 4. PROP. XII.

A trois lignes droictes donnees, en trouuer vne quatriesme
proportionnelle.

Soient les trois lignes droictes données AB, BC, & D, ausquelles il en
faut trouuer vne quatriesme proportion-
nelle.

Soient disposées les deux premieres AB,
BC, selon vne ligne droicte AC ; & ayant
tiré de A vne ligne droicte interminée
AE, faisant auec la premiere AB, quelconque angle , comme A ; d'icelle A E, soit
couppée AF egale à D, & menée BF : en
apres, de C, soit menée CE parallele à icelle BF, rencontrant AE en E. Ie dis que FE
est la quatriesme proportionnelle requise.
Car puis qu'au triangle AEC, la ligne BF

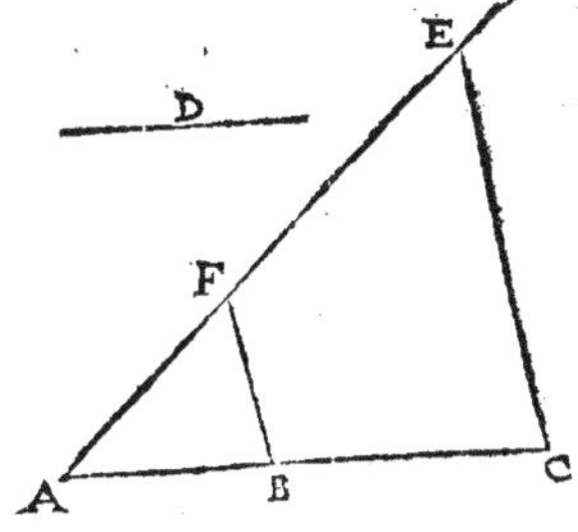

est parallele à CE, par la 2. p. 6. comme AB est à BC, ainsi AF, où D son egale
est à FE. Nous auons donc trouué vne quatriesme ligne proportionnelle à
trois données : Ce qu'il falloit faire.

PROB. 5. PROP. XIII.

Entre deux lignes droictes données, trouuer vne moyenne
proportionnelle.

Soient deux lignes droictes données A C & C B, entre lesquelles il en faut trouuer vne moyenne proportionnelle.

Soient icelles lignes AC, CB, disposées en vne ligne droicte AB, sur laquelle soit descrit vn demy cercle ADB : & apres auoir du poinct C leué la perpendiculaire CD, qui rencontre la circonference en D : le dis qu'icelle CD est la moyenne proportionnelle demandée.

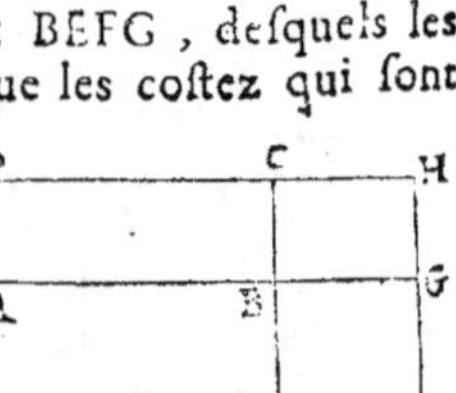

Car estans menées les deux lignes droictes AD & BD, l'angle ADB dans le demy cercle, sera droict par la 31.p. 3. Veu donc que de l'angle droict ADB du triangle rectangle ADB, est tirée DC perpendiculaire à la base A B, par le Corol. de la 8. pr. 6. icelle CD sera moyenne proportionnelle entre AC, CB. Nous auons donc trouué vne moyenne proportionnelle entre deux lignes données : Ce qu'il falloit faire.

THEOR. 9. PROP. XIV.

Des parallelogrammes egaux, qui ont vn angle egal à vn angle ; les costez au long des angles egaux, sont reciproques : & les parallelogrammes qui ont vn angle egal à vn angle, & les costez au long des angles egaux reciproques, sont egaux.

Soient deux parallelogrammes egaux ABCD, & BEFG, desquels les deux angles ABC & EBG soient egaux : Ie dis que les costez qui sont autour d'iceux angles egaux, sont reciproques : c'est à dire, que AB est à BG, comme EB à BC.

Car les parallelogrammes AC, BF, estans disposez de telle façon que les deux costez AB & BG, facent vne ligne droicte AG ; les deux costez EB, BC, feront aussi vne ligne droicte EC, à cause des angles egaux ABC, EBG, comme il est euident par les 2. com. sent. 13. & 14. p. 1. & soient

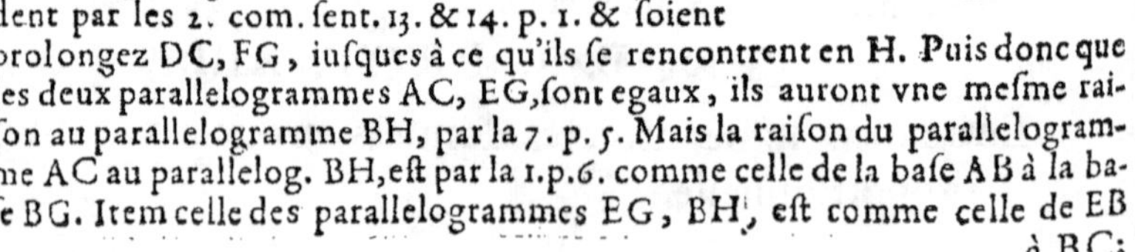

prolongez DC, FG, iusques à ce qu'ils se rencontrent en H. Puis donc que les deux parallelogrammes AC, EG, sont egaux, ils auront vne mesme raison au parallelogramme BH, par la 7. p. 5. Mais la raison du parallelogramme AC au parallelog. BH, est par la 1.p. 6. comme celle de la base AB à la base BG. Item celle des parallelogrammes EG, BH, est comme celle de EB à BC :

à BC :

à BC : & partant par la 11. p. 5. comme AB à BG, ainsi EB à BC. Ce qui estoit proposé.

Pour la seconde partie ; si AB est à BG, comme EB à BC, & que les angles ABC & EBG soient egaux : Ie dis que les parallelogrammes AC & EG feront aussi egaux.

Car ayant fait la mesme construction que deuant, on prouuera par la 1. p. 6. qu'il y a mesme raison du parallelogramme AC au parallelogramme BH, que de la base AB à la base BG : pareillement qu'il y a mesme raison du parallelogramme EG au parallelogramme BH, que de EB à BC : mais les raisons des bases sont posees semblables : donc aussi les raisons des parallelogrammes AC & EG, au troisiefme BH feront semblables par la 11. p. 5. & partant par la 9. p. 5. ils feront egaux. Parquoy des parallelogrammes egaux, &c. Ce qu'il falloit demonstrer.

THEOR. 10. PROP. XV.

Les triangles egaux ayans vn angle egal à vn angle, ont les costez au long des angles egaux reciproques : & les triangles qui ont vn angle egal à vn angle, & les costez au long des angles egaux reciproques, font egaux.

Soient deux triangles egaux ABC, & DBE, ayans les angles au poinct B egaux : Ie dis que les costez qui font au long d'iceux angles egaux, font reciproques : c'est à dire, que comme AB est à BE, ainsi DB sera à BC.

Car les triangles estans disposez en sorte que les deux lignes AB & BE se rencontrent directement, & facent vne seule ligne droicte AE, les deux lignes DB, BC, feront aussi vne ligne droicte CD par les 2. com. sent. 13. & 14. p. 1. & soit menée la ligne CE. Pour autant que les deux triangles ABC & DBE font egaux, ils auront

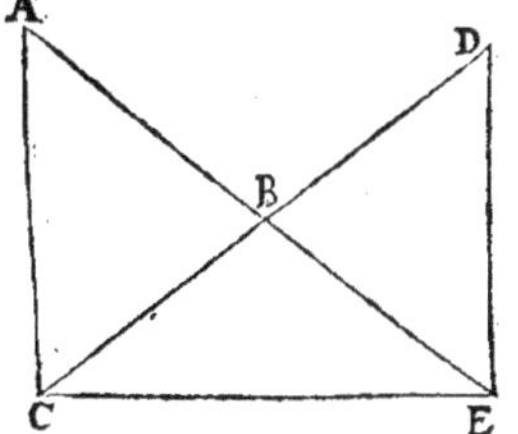

vne mesme raison au triangle BEC par la 7. p. 5. mais par la 1. p. 6. la raison du triangle ABC au triangle BEC, (estant de mesme hauteur) est comme de la base AB à la base BE : pareillement par la mesme 1. p. 6. le triangle DBE sera au triangle ECB, comme DB est à BC : & partant par la 11. p. 5. AB sera à BE, comme DB à BC. Ce qui a esté proposé.

Pour la seconde partie : soient les costez d'alentour les angles egaux au poinct B, reciproques, c'est à scauoir, que comme AB est à BE, ainsi DB à BC. Ie dis que les triangles ABC, DBE, font egaux. Car ayant fait la mesme construction que cy-dessus, par la 1. p. 6. comme AB sera à BE, ainsi le triangle ACB au triangle BCE, & comme DB à BC, ainsi le triangle BED au mesme triangle BEC : mais par l'hypothese les raisons des bases sont semblables : donc aussi les raisons des triangles ACB, BED, au troisiesme CBE feront semblables par la 11. p. 5. & partant ils feront egaux par la 9. pr. 5. Donc

les triangles egaux ayans vn angle egal à vn angle, &c. Ce qu'il falloit demonſtrer.

THEOR. 11. PROP. XVI.

Si quatre lignes droictes ſont proportionnelles ; le rectangle
compris des extremes, eſt egal à celuy des moyennes : &
ſi le rectangle compris des extremes, eſt egal au rectangle compris des moyennes ; les quatre lignes ſont proportionnelles.

Soient quatre lignes droictes proportionnelles AB, FG, EF, BC, ſcauoir
eſt que AB ſoit à FG, comme EF à BC, & ſoit le rectangle ABCD compris
des extremes AB, BC ; & le rectangle EFGH compris ſous les moyennes EF,
FG. Ie dis qu'iceux rectangles AC, EG, ſont egaux.

Car puis que les angles droits B & F
ſont egaux, & que comme AB eſt à FG,
ainſi EF à BC ; les coſtez au long des angles egaux B & F, ſeront reciproques par
la 2. def. 6. & partant par la 14. p. 6. les
parallelogrammes A C & E G ſeront e-
gaux. Ce qui a eſté propoſé.

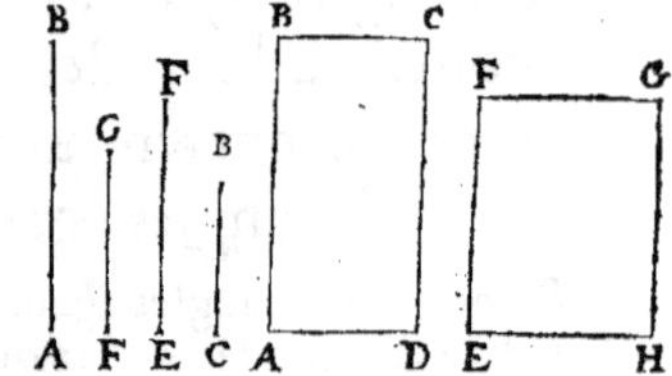

Quant à la ſeconde partie : ſoient les
rectangles AC, EG egaux. Ie dis que les quatre lignes AB, FG, EF, BC, ſont
proportionnelles : c'eſt à dire, que comme AB eſt à FG, ainſi EF à BC. Car
puis que les rectangles ſont egaux, & ont les angles B & F auſſi egaux, ſcauoir droicts, ils auront les coſtez au long d'iceux angles egaux, reciproques
par la 14. p. 6. ſcauoir eſt, que comme AB eſt à FG, ainſi EF à BC. Si donc
quatre lignes droictes ſont proportionnelles, &c. Ce qu'il falloit prouuer.

THEOR. 12. PROP. XVII.

Si trois lignes droictes ſont proportionnelles ; le rectangle
compris des extremes, ſera egal au quarré de la moyenne : & ſi le rectangle compris des extremes eſt egal au
quarré de la moyenne ; les trois lignes ſeront proportionnelles.

Soient trois lignes droictes proportionnelles AB, EF, BC, & ſoit le
rectangle ABCD compris ſoubs les extremes AB, BC, & le quarré de la
moyenne EF ſoit EFGH. Ie dis que le rectangle AC eſt egal au quarré EG.

Car eſtant priſe FG egale à EF, les quatre lignes AB, EF, FG, BC, ſeront proportionnelles, & le quarré EG ſera compris ſoubs les moyennes
EF, FG, à cauſe de l'egalité d'icelles. Parquoy par la prec. prop. le rectangle

AC compris des deux extremes AB, BC, est egal au rectangle des moyennes EF, FG, c'est à dire au quarré EG. Ce qui estoit proposé.

Pour la seconde partie; le rectangle AC soit egal au quarré EG : Ie dis que comme AB est à EF, ainsi EF à BC. Car puis que les rectangles A C, E G sont egaux, par la 16. pr. 6. comme AB sera à FE, ainsi FG à BC : mais par la 7. pr. 5. comme FG est à BC, ainsi EF, egale à icelle FG, est à la mesme BC : & partant comme AB est à EF, ainsi EF est à BC. Si donc trois lignes droictes sont proportionnelles, &c. Ce qu'il falloit de monstrer.

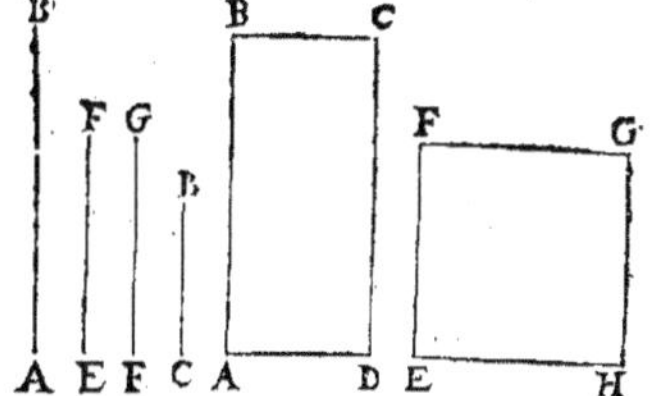

COROLLAIRE.

Il est manifeste par la derniere partie de ce Theoreme, qu'vne ligne droicte est moyenne proportionnelle entre deux autres lignes droictes, qui comprennent vn rectangle egal au quarré d'icelle ligne. Car pource que le rectangle de AB, BC est egal au quarré de EF, il a esté demonstré, que comme AB à EF, ainsi EF à BC ; & partant EF est moyenne prop. entre AB & BC.

PROBL. 6. PROP. XVIII.

Sur vne ligne droicte donnee, descrire vne figure rectiligne semblable, & semblablement posee à vne figure rectiligne donnee.

Soit la ligne droicte donnee AB, sur laquelle il faut construire vne figure semblable, & semblablement posee à la figure rectiligne donnee CDEF.

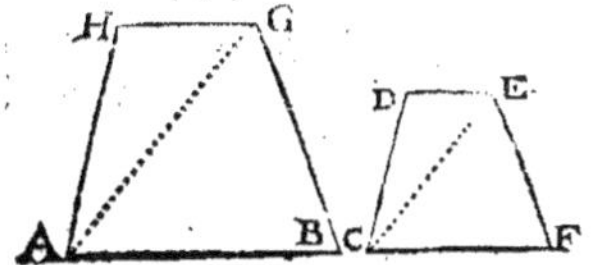

De quelque angle que ce soit de la figure donnee soient menees des lignes droictes à chacun des angles opposez, afin de diuiser icelle figure en triangles; comme icy de l'angle C, soit menee à l'angle opposé E, la ligne droicte CE, laquelle diuise la figure donnee en deux triangles CEF, CDE : en apres par la 23. p. 1. soit descrit sur la ligne AB, & aux poincts extremes A & B, les deux angles BAG & ABG, egaux, sçauoir l'vn à l'angle FCE, & l'autre à l'angle CFE. Il est euident par la 32. p. 1. que le troisiesme AGB sera egal au troisiesme CEF, & les triangles CEF, AGB seront equiangles, & auront les costez au long des angles egaux proportionnaux par la 4. p. 6. Pareillement sur la ligne AG, & aux deux poincts A & G, soient descrits les deux angles GAH & AGH, egaux aux deux DCE & CED, chacun au sien : aussi par la 32. p. 1. le troisiesme H sera egal au troisiesme D, & les triangles CDE & AHG seront equiangles, & par la 4. p. 6. ils auront les costez au long des angles egaux proportionnaux: ainsi l'angle D estant egal à l'angle H, & l'angle F à l'angle B, les deux de C

aux deux de A , & les deux de E aux deux de G : les deux figures CDEF,
ABGH, feront equiangles : & pourautant qu'elles font compofees de triangles equiangles, lefquels ont les coftez au
long des angles egaux proportionnaux ,
comme CF fera à FE, ainfi AB à BG : item
comme CF eft à CE, ainfi AB à AG ; & comme CE à CD, ainfi AG a AH : & en raifon
egale, comme CF fera à CD , ainfi AB fera à

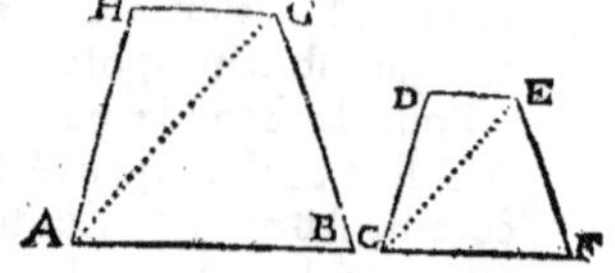

AH ; par ainfi les coftez au long des angles egaux F, B, & FCD, BAH, feront
proportionnaux, & ainfi des autres. Parquoy les figures CDEF, AHGB feront femblables, & femblablement defcrites. Nous auons donc faict ce qui
eftoit requis.

SCHOLIE.

*Il eft euident par ce que nous auons dit fur la 32. pr. 1. que fi la figure donnée auoit
plus de quatre coftez, elle feroit diuifee en plus de deux triangles : & alors il faudroit pour les deux premiers operer ainfi que deffus , puis apres proceder de triangle en
triangle iufques à la fin, defcriuant toufiours fur & aux extremitez de la derniere
ligne deux angles egaux aux deux de deffus la diagonalle correfpondante, ainfi qu'il a
efté fait icy fur AG , homologue & correfpondante à la diagonale CE.*

THEOR. 13. PROP. XIX.

Les triangles femblables, font l'vn à l'autre en raifon doublee de leurs coftez de mefme raifon.

Soient deux triangles femblables ABC & DEF, ayans les angles B & E
egaux : item C & F ; mais cóme AB eft à BC ainfi DE à EF , &c. Ie dis qu'ils
feront l'vn à l'autre en raifon doublee de leurs coftez de mefme raifon AB
& DE, ou AC & DF, ou BC & EF, c'eft à dire que fi à deux quelconques de
ces coftez de mefme raifon, comme par exemple BC & EF, on trouue la
troifiefme proportionnelle BG ; le triangle ABC fera au triangle DEF, comme la ligne BC eft à la troifiefme proportionnelle BG : car telle eft la raifon
doublee par la 10. def. 5.

Car eftant tiree la ligne AG : d'autant que les triangles ABC, DEF font
femblables, & que comme AB eft à BC ainfi DE eft à EF, en permutant
par la 16. p. 5. comme AB fera à DE, ainfi BC fera à EF : mais comme BC
eft à EF, ainfi EF eft à BG par la conftruction. Donc comme AB fera à DE,
ainfi EF feraà BG par la 11. p. 5. & par ainfi les
deux triangles ABG, DEF, auront les coftez
au long des angles egaux B & E , reciproques : & par la 15. p. 6. iceux triangles ABG,
DEF, ferôt egaux entr'eux : & partant comme le triangle ABC fera au triangle DEF,
ainfi fera le mefme triangle ABC au triangle ABG par la 7. p. 5. Mais comme le trian-
gle ABC eft au triangle ABG de mefme hauteur, ainfi eft la bafe BC à la ba-

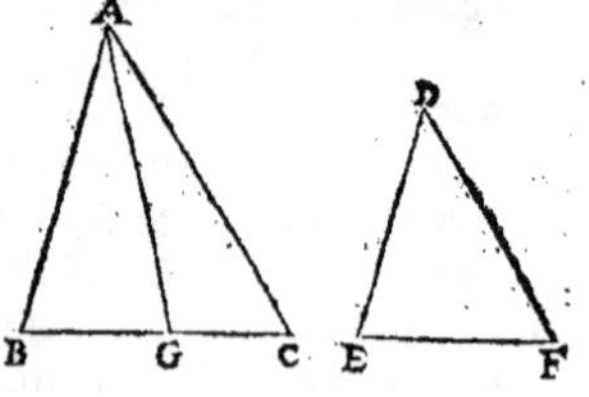

ſe BG par la 1.p. 6. Donc comme le triangle ABC eſt au triangle DEF, ainſi eſt
BC à BG. Mais BC, EF, BG, eſtans continuellement proportionnelles, BC
eſt à BG en raiſon doublee de BC à EF par la 10. def. 5. donc auſſi le triangle ABC eſt au triangle DEF en raiſon doublee du coſté BC au coſté EF.
Donc les triangles ſemblables &c. Ce qu'il falloit demonſtrer.

COROLLAIRE.

*De cecy eſt manifeſte , qu'eſtans trois lignes droiĉtes proportionnelles , comme la
premiere ſera à la troiſieſme, ainſi le triangle deſcrit ſur la premiere ſera au triangle ſemblable, & ſemblablement poſé ſur la ſeconde. Car il a eſté demonſtré, que comme BC 1. eſt à BG 3. ainſi le triangle ABC au triangle DEF.*

THEOR. 14 PROP. XX.

Les polygones ſemblables peuuent eſtre diuiſez en nombre
egal de triangles ſemblables entr'eux, & proportionnaux
à leur tout : & les polygones ſont l'vn à l'autre en raiſon
doublee de leurs coſtez de meſme raiſon.

Soient deux polygones ſemblables AB CD E, & FGH IK, ayans les
angles A , F, egaux. Item B, G, &c. Ie dis premierement qu'iceux polygones
peuuent eſtre diuiſez en nombre egal de triangles ſemblables.

Car apres auoir mené les lignes AC, AD, FH, FI, il eſt euident que l'vne
des figures eſt diuiſee en autant de
triangles que l'autre. Et d'autant
que l'angle B eſt poſé egal à l'angle
G, & que comme BA eſt à BC , ainſi
GF à GH: par la 6. pr. de ce liure, les
triägles ABC & FGH ſeront equiangles,& par la 4. pr. de ce meſme liure,
ils auront les coſtez au long des angles egaux proportionnaux , & par

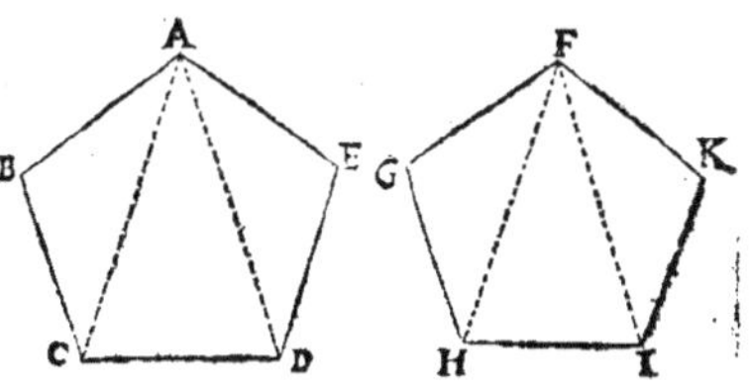

conſequent ils ſeront ſemblables : par meſme diſcours, les triangles AED
& FKI, ſeront auſſi ſemblables. Pareillement par ce qui a eſté dit cy deſſus
AC eſt à CB, comme FH à HG: mais BC eſt à CD comme GH à HI : car ce
ſont coſtez de figures ſemblables : donc en raiſon egale par la 22. p. 5. AC ſera
à CD, comme FH à HI : & d'autant que les angles BCD, GHI ſont egaux,
& les angles BCA, GHF auſſi egaux ; ceux-cy eſtans oſtez de ceux-là,
les reſtans ACD, FHI, ſeront pareillement egaux : & partant par la 6. p. 6.
les triangles ACD, & FHI, ſeront equiangles, & par conſequent ſemblables.

Ie dis ſecondement, qu'iceux triangles ſont proportionnaux à leur tout :
c'eſt à dire, que chaſque triangle de l'vn des polygones a telle raiſon à ſon
triangle correſpondant de l'autre polygone, que tout le polygone a tout le
polygone. Car d'autant que les trois triangles de l'vne des figures ſont ſemblables aux trois triangles de l'autre, chacun au ſien, & que par la prop. pre-

F f iii

ced. ils font l'vn à l'autre, en raifon doublée de leurs coftez de mefme raifon: les triangles ABC & FGH, feront l'vn à l'autre en raifon doublée de AC à FH : auffi en la mefme raifon doublée feront les triangles ACD, FHI :
& le troifiefme AED eftant au troifiefme FKI en raifon doublée de AD à
FI, qui eft la mefme que de AC à
FH, eftans coftez de triangles femblables : auffi les triangles ACD, FKI,
feront l'vn à l'autre en raifon doublée de AC à FH : & par la 12. p. 5.

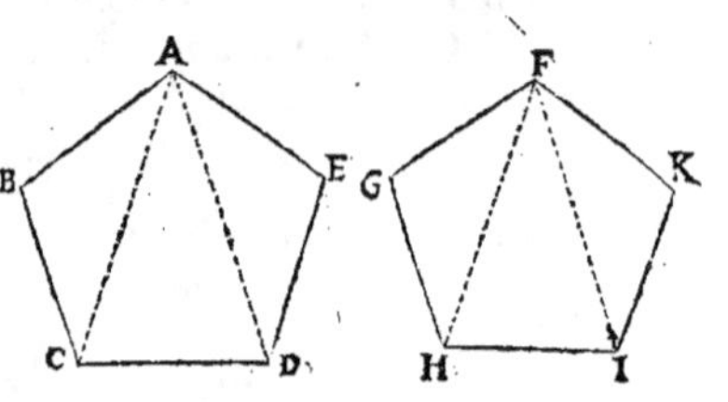

tous les triangles du premier polygone, feront à tous les triangles de l'autre polygone, comme l'vn des triangles de l'vn d'iceux, fera à fon refpondant de l'autre.

Ie dis tiercement, que le polygone eft au polygone en raifon doublée des coftez de mefme raifon, comme CD & HI : car puifque toute la figure ABCDE, eft à toute la figure FGHIK, comme l'vn des triangles de l'vne, fçauoir ACD, eft à l'vn des triangles de l'autre, fçauoir FHI, lefquels trian-gles par la prop. prec. font en raifon doublée de CD à HI, par la 11. p. 5. le polygone fera au polygone, en raifon doublée des mefmes coftez CD & HI. Parquoy les polygones femblables, &c. Ce qu'il falloit demonftrer.

C O R O L L A I R E.

Par cecy eft manifefte, qu'eftans trois lignes droictes proportionnelles, comme la premiere fera à la tierce, ainfi le polygone defcrit fur la premiere fera au polygone fem-blable, & femblablement defcrit fur la feconde; puis qu'il a efté demonftré que les po-lygones font entr'eux en raifon doublée de leurs coftez de mefme raifon, c'eft à dire, comme le cofté du premier a vne troifiefme proportionnelle aufdits coftez de mefme raifon.

THEOR. 15. PROP. XXI.

Les figures rectilignes femblables à vne mefme figure re-ctiligne, font auffi femblables entr'elles.

Soit la figure rectiligne A femblable à la figure rectiligne B, & la figure rectiligne C, auffi femblable à la mefme B : Ie dis que les figures A & C feront femblables entr'elles.

Car d'autant que chacune d'icelles fi-gures A & C eft femblable à B, elle a les angles egaux aux angles de B, & les coftez d'autour iceux angles egaux, proportion-naux par la 1. def. 6. & partant par la 1. com. fent. les angles de A, feront auffi egaux aux angles de C ; & par la 11. prop. 5. les coftez au long des angles egaux feront proportionnaux : & par la 1. def. 6. A & C feront femblables : donc les figures rectilignes femblables, &c. Ce qu'il falloit demonftrer.

THEOR. 16. PROP. XXII.

Si quatre lignes droictes sont proportionnelles ; les figures rectilignes semblables, & semblablement descrites sur icelles,
seront aussi proportionnelles : & si icelles figures ainsi descrites sont proportionnelles, icelles lignes droictes seront
aussi proportionnelles.

Soient quatre lignes droictes proportionnelles AB, CD, EF, GH : & sur
AB, CD, soient
constituees deux
quelconques figu-
res rectilignes
ABI, CDK sem-
blables, & sembla-
blement descrites

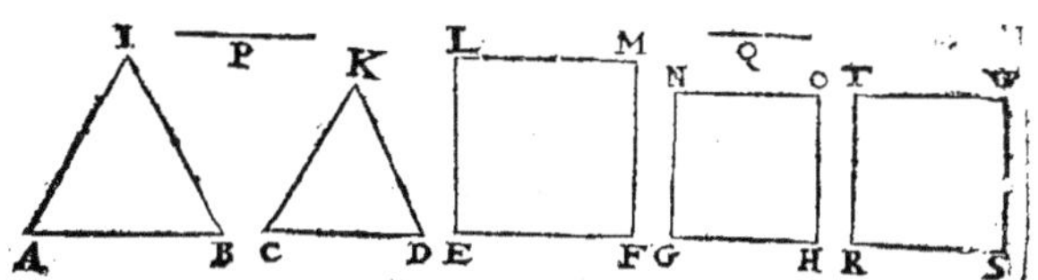

tes : item sur EF & GH deux autres quelconques figures rectilignes semblab-
bles, & semblablement descrites EFML, GHON. Ie dis premierement que
ces quatre figures rectilignes sont proportionnelles, c'est à dire, que comme
ABI est à CDK, ainsi EFML est à GHON.

Qu'il ne soit ainsi : aux deux lignes AB & CD, soit trouuée P troisiesme
proportionnelle par la 11. p. 6. & aux deux EF & GH, soit trouuée Q aussi
troisiesme proportionnelle : & d'autant que AB est à CD, comme EF est à
GH : Item CD à P, comme GH à Q : en raison egale AB sera à P, comme
EF à Q par la 22. p. 5. Mais comme AB est à P, ainsi le rectiligne ABI est au
rectiligne CDK par le coroll. de la 19. ou 20. p. 6. Item comme EF est à Q,
ainsi le rectiligne EM est au rectiligne GO. Donc comme ABI est à CDK,
ainsi EM est à GO par la 11. p. 5.

Ie dis pour la seconde partie, que si icelles figures semblables, & semblablement descrites sont proportionnelles, que les lignes sur lesquelles elles sont descrites, seront aussi proportionnelles, c'est à scauoir, que comme
AB est à CD, ainsi EF est à GH.

Car ayant trouué RS quatriesme proportionnelle aux trois lignes AB, CD,
EF par la 12. p. 6. sur icelle RS soit descrit le rectiligne RV semblable, & semblablement posé au rectiligne EM par la 18. p. 6. & partant aussi semblable
au rectiligne GO par la prop. prec. & d'autant que comme AB est à CD, ainsi EF est à RS, par ce qui a esté demonstré cy dessus, comme le rectiligne ABI
sera au rectiligne CDK, ainsi le rectiligne EM sera au rectiligne RV. Mais
comme ABI est à CDK, ainsi aussi a esté posé EM à GO : donc par la 11.
p. 5. comme EM sera à RV, ainsi EM sera à GO ; & partant par la 9. p. 5.
les rectilignes RV, GO seront egaux : lesquels estans semblables, & semblablement descrits, consistent necessairement (comme nous demonstrerons incontinent) sur lignes droictes egales RS, GH. Parquoy par la 7.
p. 5. comme EF sera à RS, ainsi EF sera à GH. Mais par l'hypothese EF est

à RS, comme AB à CD : donc par la 11. p. 5. comme AB sera à CD, ainsi
aussi EF sera à GH. Parquoy si quatre lignes sont proportionnelles, les figures rectilignes semblables, &c. Ce qu'il falloit demonstrer.

LEMME.

*Or que les rectilignes egaux semblables & semblablement descrits, tels que sont GO,
RV, consistent sur lignes droictes egales, on le prouuera ainsi. si les lignes GH, RS
peuuent estre inegales, soit GH la plus grande : & puis que les rectilignes sont semblables, comme GH est à HO, ainsi RS à SV : & GH ayant esté posée plus grande
que RS, par la 14. p. 5. HO sera aussi plus grande que SV : & partant le rectiligne GO plus grand que le rectiligne RV; puis que cesluy cy peut estre constitué dans
celuy-là : ce qui est absurde, ayans esté posez egaux. Les lignes GH, RS ne sont donc
pas inegales, mais egales. Ce qui estoit proposé.*

SCHOLIE.

*Il est euident, que s'il y a aussi trois lignes droictes proportionnelles, les figures re-
ctilignes semblables, & semblablement descrites sur icelles, seront pareillement proportionnelles, &c. Car la ligne moyenne, & son rectiligne estant prise deux fois, on aura quatre lignes proportionnelles : donc aussi quatre rectilignes proportionnaux, comme
il a esté cy dessus demonstré. Veu donc que le rectiligne qui sera descrit sur la seconde ligne, sera egal à celuy descrit sur la troisiesme; est manifeste ce qui estoit proposé.*

THEOR. 17. PROP. XXIII.

Les parallelogrammes equiangles, sont l'vn à l'autre en la raison composee de celles de leurs costez.

Soient deux parallelogrâmes equiangles ABCD, & CEFG, ayans les deux
angles BCD, ECG egaux: Ie dis que la raison du parallelogr. AC au parallelogramme CF est composee de celles de leurs costez, scauoir est composée
de la raison qui est de BC à CG, & de celle qui est de DC à CE.

Car soient disposez les deux parallelogrammes
l'vn contre l'autre, en sorte que BC & CG se rencontrent directement, & ne fassent qu'vne seule ligne droicte, & alors DC & CE feront aussi vne ligne droicte, puis que les angles BCD, ECG sont
egaux, comme il est euident par les 2. com. sent.13.
& 14. p. 1. Soient prolongez les costez AD, FG, qui
se rencontrant en H, fassent le parallelogramme
DCGH ; puis soit prise quelconque ligne droicte
I ; & aux trois BC, CG & I, soit trouuée la 4.
proportionnelle K. Item aux trois DC, CE & K,

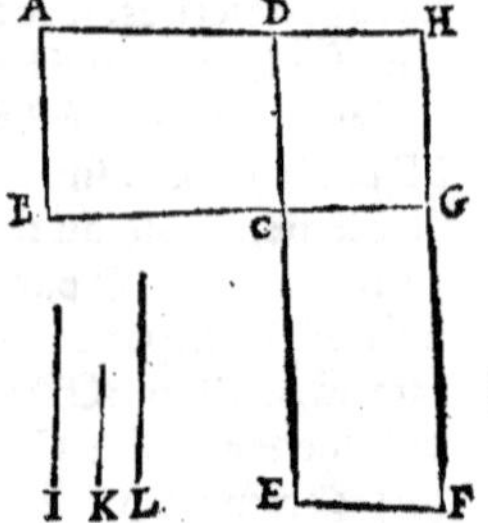

la 4. prop. L. Veu donc que par la 1. p. 6. comme BC est à CG, ainsi AC à
DG ; & comme BC à CG, ainsi aussi I est à K par l'hypothese : pareillement
comme AC sera à DG, ainsi sera I à K, par la 11. p. 5. Mais par mesme raison
DG est à CF, comme K à L, (attendu que comme DG à CF, ainsi DC à CE,
par la

par la 1. p. 6. qui est la mesme raison que de K à L.) Donc en raison egale, comme AC sera à CF, ainsi I sera à L par la 22. p. 5. Mais la raison de I à L est composee de la raison de BC à CG, & de celle de DC à CE par la 5. def. de ce liure. Donc aussi d'icelles raisons est composee la raison du parallelogramme AC au parallelogramme CF. Parquoy les parallelogrammes equiangles sont l'vn à l'autre, &c. Ce qu'il falloit prouuer.

SCHOLIE.

Le mesme sera encore demonstré plus briefuement, ainsi qu'il ensuit. Les parallelogrammes AC, CF estans disposez comme auparauant, AC sera à CH, comme BC à CG ; & CH à EG comme DC à EC par la 1. p. 6. Mais la raison de AC à EG, est composee des raisons entre-moyennes, sçauoir de AC à CH, & de CH à EG par la 5. def. 6. Donc la mesme raison de AC à EG sera aussi composée des raisons de EC à CG, & de DC à CE, qui sont egales à icelles entre-moyennes. Ce qui est proposé.

Or il est facile de colliger des choses cy-dessus dittes & demonstrees par Euclide en cette 23. p. comment on compose en lignes, ou en nombres vne raison de deux ou de dauantage de raisons. Car des raisons de BC à CG, & de DC à CE, a esté composée la raison de I à L en lignes : mais de 3 à 2 en nombres. Que s'il faut composer vne raison de trois autres proposees ; ayant trouué celle composee de deux, d'icelle & de la troisiesme nous en composerons vne autre en la mesme maniere, laquelle sera composee de trois : & ainsi consequemment des autres.

Cette 23. prop. est aussi veritable en nombres, comme le demonstre Euclide au 8. l. p. 5. C'est pourquoy nous enseignerons icy comme il faut trouuer la raison du parallelogramme AC au parallelogramme CF, les raisons de leurs costez, estans cognues en nombres. Comme par exemple, si la raison de BC à CG est la mesme que de 5 à 2, & celle de DC à CE, la mesme que de 3 à 5, nous trouuerons la raison d'iceux parallelogrammes ainsi. Ayant posé la premiere raison estre 5 à 2, soit fait que comme 3 est à 5, (qui est la derniere raison) ainsi 2 soit à vn autre nombre, qui sera trouué estre $3\frac{1}{3}$: Cela fait, nous aurons les trois nombres 5, 2, $3\frac{1}{3}$, lesquels auront entr'eux les deux raisons proposees, & consequemment en delaissant le nombre entre-moyen 2, demeurera 5 à $3\frac{1}{3}$ pour la raison composee d'icelles : & telle sera la raison du parallelogramme AC au parallelogramme CF, laquelle reduite en nombres entiers sera 15 à 10, ou 3. à 2, qui est raison sesquialtere.

On peut aussi en la mesme maniere que dessus oster vne raison d'vne autre raison plus grande : comme par exemple, soit la raison de A à B, qu'il faut oster d'vne plus grande raison C à D. Soit fait que comme A est à B, ainsi C soit à quelque autre, sçauoir E, qui soit posée moyenne entre C & D : & la raison de E à D sera la raison restante de la soustraction requise. Car puisque la raison de C à D est composee de celle de C à E, & de E à D ; si on en oste celle-là de C à E, ou de A à B, qui luy est egale, restera la susdite raison de E à D.

Qu'il faille encore oster la raison de 4 à 3, de celle de 6 à 2, soit fait que comme 4 est à 3, ainsi 6 soit à vn autre nombre, sçauoir $4\frac{1}{2}$: & la raison de $4\frac{1}{2}$ à 2, sera le reste requis. Car il est euident que la raison de 6 à 2, est composee de celles de 6 à $4\frac{1}{2}$, & de $4\frac{1}{2}$ à 2 : & partant en ostant de ces deux raisons celle de 6 à $4\frac{1}{2}$, ou de 4 à 3, *qui luy eſt egale, reſtera la ſuſdite raiſon de 4½ à 2, qui eſt double ſeſquiquarte.*

Commandin demonſtre en ce lieu les trois Theor. ſuiuans.

1. Les triangles qui ont vn angle egal à vn angle, ſont en raiſon compoſee des coſtez, qui comprennent l'angle egal.

Soient les triangles ABC, DEF, ayans l'angle B egal à l'angle E : Ie dis que le triangle ABC eſt au triangle DEF en raiſon compoſee des coſtez comprenans les angles egaux B & E. Car ayant acheué les parallelogrämes AG, DH, ils ſeront equiangles : & partant par la 23.

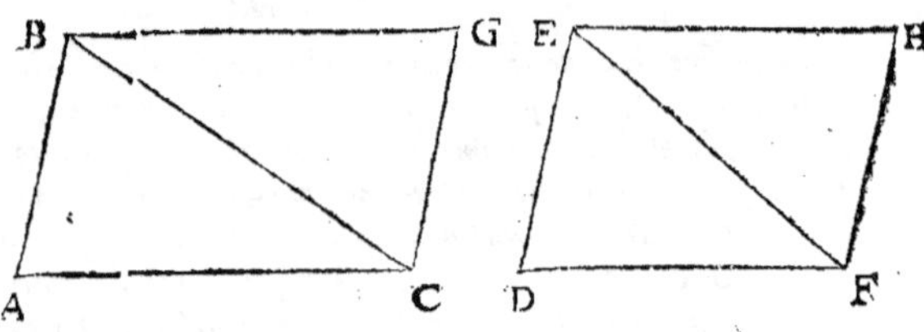

p. 6. la raiſon d'iceux ſera compoſee de celle de leurs coſtez : veu donc que les triangles ABC, DEF, deſquels ils ſont moitiez par la 34. p. 1. ſont en la meſme raiſon qu'iceux par la 15. p. 5. auſſi iceux triangles ſeront l'vn à l'autre en icelle raiſon compoſee des coſtez.

2. Les triangles qui ont vn angle egal à vn angle, ſont l'vn à l'autre, en la meſme raiſon que les rectangles compris ſous les coſtez, qui contiennent l'angle egal.

Soient les triangles ABC, DEF, ayans l'angle A egal à l'angle D : Ie dis que le triangle ABC eſt au triangle DEF, comme le rectangle de AB, AC, eſt au rectangle de DE, DF. Car eſtans tirees ſur AC, DF, les perpendiculaires BG, EH ; les triangles ABG, DEH, ſeront equiangles, comme appert par le Corol. de la 32. p. 1.

Donc par la 4. p. 6. comme GB eſt à BA, ainſi HE à ED. Mais par la 1. p. 6. comme GB eſt à BA, ainſi le rectangle de BG, AC, au rectangle de BA, AC, pource que poſant GB, BA, baſes, la hauteur d'iceux rectangles ſera vne meſme, ſçauoir AC. ſemblablement comme HE à ED ainſi eſt le rectangle de EH, DF au rectangle de DE, DF. Donc par la 11. p. 5. le rectangle de BG, AC, eſt au rectangle de AB, AC, comme le rectangle de EH, DF au rectangle de DE, DF ; & en

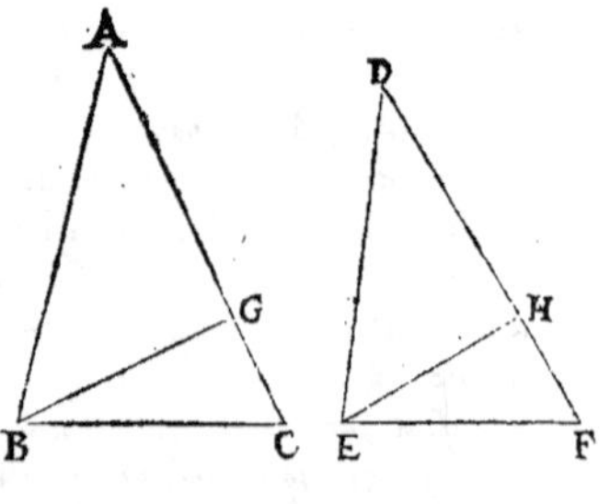

permutant le rectangle de BG, AC ſera au rectangle de EH, DF, comme le rectangle de AB, AC au rectangle de DE, DF. Mais le rectangle de BG, AC, eſt au rectangle de EH, DF, ainſi que le triangle ABC au triangle DEF par la 15. p. 5. pource que ces triangles ſont moitiez d'iceux rectangles, par la 41. p. 1. (Car ils ont meſmes baſes qu'iceux AC, DF, & meſmes hauteurs BG, EH : & partant entre meſmes paralleles) donc auſſi le triangle ABC ſera au triangle DEF, comme le rectangle de AB, AC, eſt au rectangle de DE, DF. Ce qui eſtoit propoſé.

COROLLAIRE.

De cecy resulte que les parallelogrammes equiangles sont aussi entr'eux, en la mesme raison que les rectangles compris sous les costez des angles egaux, puis qu'ils sont doubles d'iceux triangles.

3. Les triangles, & les parallelogrammes, sont entr'eux en la raison composée de la raison des bases, & de celle des hauteurs.

Soient les triangles ABC, DEF; & les parallelogrammes BG, EH, & les hauteurs d'iceux soient AI, DK. Ie dis que la raison tant d'iceux triangles, que des parallelogrammes, est composee de la raison de la base BC à la base EF, & de celle de la hauteur AI à la hauteur DK. Car premierement soient les hauteurs egales, mais les bases, ou aussi egales, ou inegales: & soit faict comme BC à EF, ainsi L à M: & comme AI à DK, ainsi M à

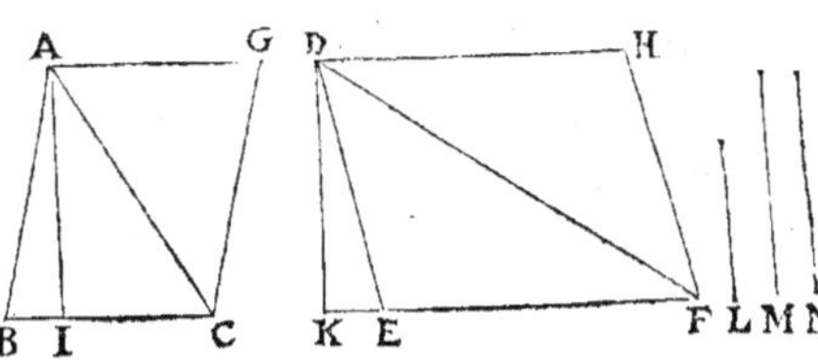

N, lesquelles seront egales, puis que AI, DK, sont posees egales: & partant par la 7. p. 5. L sera à N, comme L à M, c'est à dire comme BC à EF. Mais par la 1. p. 6. comme BC est à EF, ainsi est le triangle ABC au triangle DEF; & le parallelogramme BG au parallelogramme EH: Donc par la 11. p. 5. comme L sera à N, ainsi le triangle au triangle, & le parallelogramme au parallelogramme: Mais la raison de L à N est composee de la raison de L à M, c'est à dire de la raison de BC à EF, & de la raison de M à N, c'est à dire de AI à DK: donc la la raison du triangle ABC au triangle DEF, & du parallelogramme BG au parallelogramme EH, est aussi composee des mesmes raisons.

Soient maintenant les hauteurs AI, DK inegales, & AI la plus grande : mais les bases BC, EF, egales, ou aussi inegales. Soit fait que comme AI est à DK, ainsi O à P; & comme BC à EF, ainsi P à Q: puis ayant couppé IL egale à DK, par L, soit tiree MN parallele à BC, & ioinct CM. D'autant que le triangle ABC est au triangle MBC, & le parallelogramme BG au parallelogramme BN, comme la hauteur AI à la hauteur IL ou DK qui luy est egale, c'est à dire comme O à P, par le Scholie de la 1. p. 6. & comme le triangle MBC est au triangle DEF, & le parallelogramme BN au parallelogramme FH, ainsi est la base BC à la base EF. (pource qu'ils sont de mesme hauteur) c'est à dire ainsi P à Q; en raison egale ABC sera à DEF, & BG à FH, comme O à Q. Parquoy puis que la raison de O à

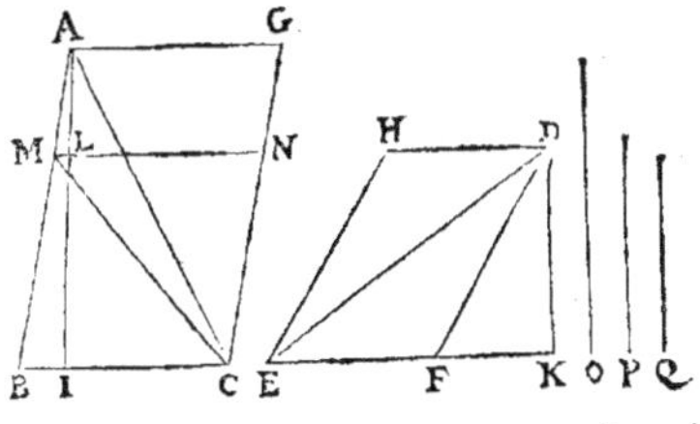

Q est composee de la raison de O à P, c'est à dire de AI à DK, & de la raison de P à Q, c'est à dire de la base BC à la base EF: la raison du triangle ABC au triangle DEF, & du parallelogramme BG au parallelogramme FH, sera composee des mesmes raisons. Ce qui estoit proposé.

On peut demonstrer en la mesme maniere, que le triangle DEF, qui a la moindre
hauteur, est au triangle ABC, & le parallelogramme FH au parallelogramme BG
en la raison composee de celle de la base EF à la base BC, & de celle de la hauteur DK
à la hauteur AI; & ce en faisant que comme EF à BC ainsi Q à P; & puis com-
me DK à AI, ainsi P à O; & tout le reste comme dessus. Appert donc ce qui estoit
proposé.

THEOR. 18. PROP. XXIV.

En tout parallelogramme, les parallelogrammes qui sont à
l'entour du diametre, ayans vn angle commun au total,
sont semblables entr'eux, & au total.

Soit le parallelogramme ABDC, duquel le diametre est BC, & à l'entour
d'iceluy diametre soient les deux parallelogrammes GE
& FH, ayans les angles B & C communs auec le total :
Ie dis qu'iceux parallelogrammes GE & FH sont semblables entr'eux, & au total ABDC.

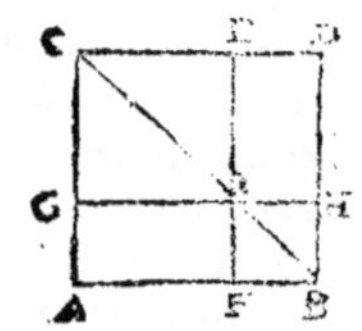

Car d'autant que les lignes AB & GH sont paralleles,
sur lesquelles tombent les lignes CB & CA par la 29.
p. 1. l'angle externe CIG sera egal à l'interne IBF, &
l'externe CGI à l'interne A, auquel est aussi egal l'externe IFB, attendu
que BA tombe sur les deux paralleles EF & CA. Parquoy les trois triangles
CAB, CGI & IFB ayans chacun deux angles egaux à deux angles, chacun au sien, les troisiesmes angles seront aussi egaux, & consequemment
iceux triangles seront equiangles entr'eux. Et par mesme raison les trois autres triangles CDB, CEI & IHB, qui par la 34. pr. 1. sont egaux aux trois precedents seront aussi equiangles entr'eux : Donc les parallelogr. composez d'i-
ceux triangles, sçauoir AD, GE & FH, seront pareillement equiangles entr'eux. Dauantage, puis que le triangle CAB est equiangle au triangle CGI,
& le triangle CDB au triangle CEI, par la 4. pr. 6. comme CA sera à AB,
ainsi CG à GI : & par ainsi les costez d'autour les angles egaux A & G, sont
proportionnaux. Derechef, comme AB est à BC, ainsi GI est à IC, & comme CB est à BD, ainsi CI est à IE. Donc en raison egale, comme AB sera à
BD, ainsi GI sera à IE : & partant les costez d'alentour les angles egaux ABD,
GIE sont proportionnaux. On prouuera en la mesme maniere que les costez
d'al'entour les autres angles egaux d'iceux parallelogrammes AD & GE
sont aussi proportionnaux. Donc par la 1. def. 6. le parallelogramme GE sera
semblable au parallelogramme total AD. Et par mesmes raisons, le parallelogramme FH se prouuera aussi semblable au mesme parallelogramme
AD. Donc par la 21. p. 6. tous les trois parallelogrammes AD, GE & FH seront
semblables entr'eux. Parquoy en tous parallelogrammes ; les parallelogrammes qui sont à l'entour du diametre, &c. Ce qu'il falloit demonstrer.

PROB. 7. PROP. XXV.

Descrire vne figure rectiligne, semblable à vne figure rectiligne donnee, & egale à vne autre propofee.

Soient deux figures rectilignes A B C & D : il faut faire vne autre figure rectiligne egale à D, & femblable à ABC.

Sur la ligne AC(qui eft l'vn des coftez du rectiligne ABC, auquel on en doit faire vn femblable) foit faict le rectangle ACFE egal à ladite figure ABC : Item fur la ligne AE, foit conftruit le rectangle GE egal à la figure donnee D, le tout par les 44. & 45. p. 1. & apres auoir trouué AI, moyenne proportionnelle entre GA & AC : Sur icelle AI, foit defcrite la figure AIK femblable & femblablement pofee à la figure ACB, par la 18. p. 6. Ie dis qu'icelle figure AKI fera aufli egale à la figure donnee D.

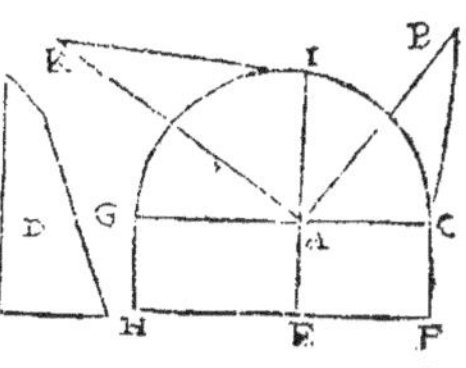

Car par la conftruction le rectangle GE eft egal au rectiligne D, & le rectangle AF au rectiligne ABC, & par la 1. pr. 6. AF eft à GE, comme CA à AG : Mais les deux figures femblables ABC & AKI font l'vne à l'autre en la mefme raifon de AC à AG, par le Corol. de la 19. ou 20. p. 6. attendu qu'icelles figures font defcrites fur les deux premieres lignes des trois proportionnelles CA, AI, & AG. Donc par la 11. p. 5. ACB fera à IKA, comme AF à GE : & en permutant ACB fera à AF, comme IKA à GE, par la 16. p. 5. & partant ACB eftant egal à AF : aufli IKA fera egal à GE, & par confequent egal à D : & par la conftruction, iceluy rectiligne IKA eft aufli femblable, & femblablement pofé au rectiligne ABC. Nous auons donc defcrit vne figure rectiligne femblable à vne autre donnee, & egale à vne propofee. Ce qu'il falloit faire.

THEOR. 19. PROP. XXVI.

Si d'vn parallelogramme on ofte vn parallelogramme femblable & femblablement pofé au tout, ayant vn angle commun auec le tout; l'ofté fera auec le tout à l'entour d'vn mefme diametre.

Du parallelogramme ABCD foit retranché le parallelogramme AEFG femblable & femblablement pofé au total BD, & ayant l'angle A commun auec iceluy : Ie dis qu'ils font tous deux conftituez à l'entour d'vn mefme diametre, c'eft à dire qu'ayant mené au parallelogramme total BD le diametre AC, il paffera par F, comme AFC.

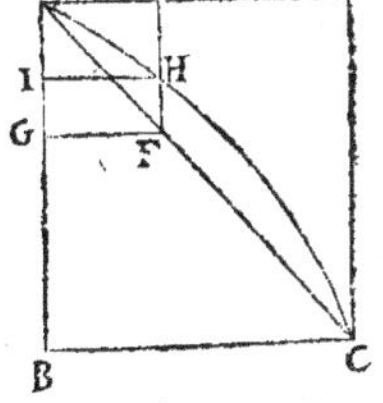

Autrement, foit (s'il eft poffible) vn autre diametre AHC, qui ne paffe par l'angle F du parallelogramme retranché EG : ains couppe le cofté EF en H, & d'iceluy poinct foit menee HI parallele à AE, par la 31. prop 1. donc le parallelogramme IE eftant à l'entour d'vn mefme diametre auec le total DB

fera femblable à iceluy, par la 24. p. 6. auquel total, GE eft auffi femblable par
l'hypothefe : & partant par la 21. p. 6. les parallelogrammes GE & IE feront
femblables entr'eux : & par le 1. def. 6. AE fera à EF comme AE à EH : mais
AE eftant egal à foy mefme, il faudroit auffi par la 14. prop. 5. que EF 2e fuft
egale à EH 4e. c'eft à fçauoir le tout à la partie, ce qui eft abfurde : donc le
parallelogramme total BD, & le retranché GE, eftoient conftituez à l'entour
d'vn mefme diametre : car il aduiendra toufiours la mefme abfurdité, fi on
dit que le diametre de BD couppe à quelconque autre poinct, foit le cofté EF ou FG, du parallelogramme retranché GE. Si donc d'vn parallelogramme on ofte vn parallelogramme, &c. Ce qu'il falloit demonftrer.

THEOR. 20. PROP. XXVII.

De tous les parallelogrammes appliquez felon vne mefme
ligne droicte, & defaillans de parallelogrammes femblables & femblablement pofez à vn autre defcrit fur la
moitié de la mefme ligne ; le plus grand eft celuy - là
qui eft defcrit fur l'autre moitié de la ligne , & femblable au defaut.

Soit la ligne droicte AB couppee en deux egalement en C, & fur CB
moitié d'icelle, foit conftitué quelconque parallelogramme B C D E, duquel le diametre eft BD : Si donc on accom-
plit tout le parallelogramme ABEH, le parallelogramme AD conftitué fur la moitié A C,
fera appliqué felon la ligne AB, & defaillant
du parallelogramme C E, & femblable à iceluy defaut CE. Ie dis que de tous les parallelogrammes qui peuuent eftre appliquez felon icelle ligne AB, & defaillans d'vne figure
femblable & femblablement pofée à C E, le
plus grand eft AD, qui eft defcrit fur la moitié AC, & defaillant du parallelogramme CE.

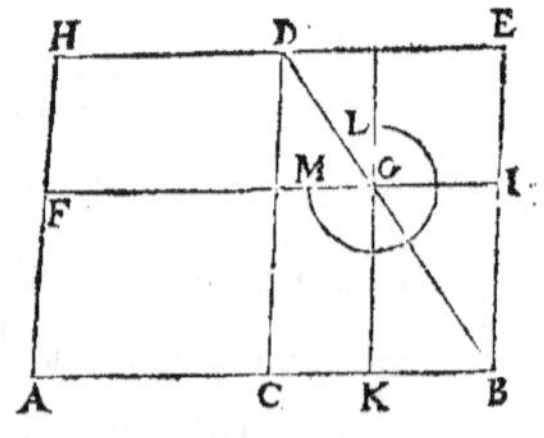

Car eftant pris au diametre BD quelconque poinct G, & tirees par
iceluy poinct les lignes droictes FGI, KG, paralleles aux lignes droictes
AB, BE ; le parallelogramme AKGF appliqué felon la ligne AB, fera
defaillant du parallelogramme KI, lequel par la 24. prop. 6. eft femblable & femblablement pofé à CE. Et d'autant que par la 43. prop. 1. les
complemens CG, GE, font egaux, fi on leur adioufte KI commun ; auffi
CI, K E feront egaux. Mais CI, CF, eftans fur bafes egales, font pareillement egaux par la 36. prop. 1. donc auffi CF, KE feront egaux, & leur
adiouftant CG commun, le parallelogramme AG fera egal au gnomon LM.
Parquoy puis que CE eft plus grand qu'iceluy gnomon LM : (car CE,
outre le gnomon, contient encore le parallelogramme DG) auffi A D
qui eft egal à CE, par la 36. prop. 1. fera plus grand que le parallelogram-

me AG, du mefme parallelogramme DG. Et en la mefme maniere fera demonftré que AD eft plus grand que tous autres parallelogrammes, qui feront appliquez felon la mefme ligne droiɛte AB, & defaillans de figures parallelogrammes femblables & femblablement pofees à CE. Parquoy de
tous les parallelogrammes appliquez felon vne mefme ligne droiɛte, &c.
Ce qu'il falloit demonftrer.

PROB. 8. PROP. XXVIII.

A vne ligne droiɛte donnee, appliquer vn parallelogramme egal à vne figure reɛtiligne donnee, & defaillant d'vn
parallelogramme femblable à vn autre donné, mais il
faut que la figure reɛtiligne donnee ne foit plus grande
que le parallelogramme, qui eftant appliqué à la moitié de la ligne donnee, eft femblable au parallelogramme donné.

Soit la ligne droiɛte donnee AB, à laquelle il faut appliquer vn parallelogramme egal à la figure reɛtiligne donnee C, defaillant d'vn parallelogramme femblable au parallelogramme donné D.

Ayant couppé AB en deux egalement en E, fur la moitié EB foit defcrit le parallelogramme E F G B femblable &
femblablement pofé à iceluy D, par la 18. pr. 6.
& foit accomply le parallelogramme AHGB.

Maintenant, fi AF eft egal à C, on a ce
que l'on demande: car il eft appliqué felon la ligne AB, & defaillant du parallelogramme EG,
qui eft fait femblable à D. Mais fi C eft plus petit
que AF,(car par l'hypothefe il ne peut eftre plus
grand) il fera auffi plus petit que EG egal à iceluy AF : foit donc trouué l'excez de EG par
deffus C, (cefte egalité ou inegalité, & excez fera cogneu par ce que nous auons dit à la 45.
p.1.) lequel excez par la 25. p. 6. foit reduit en

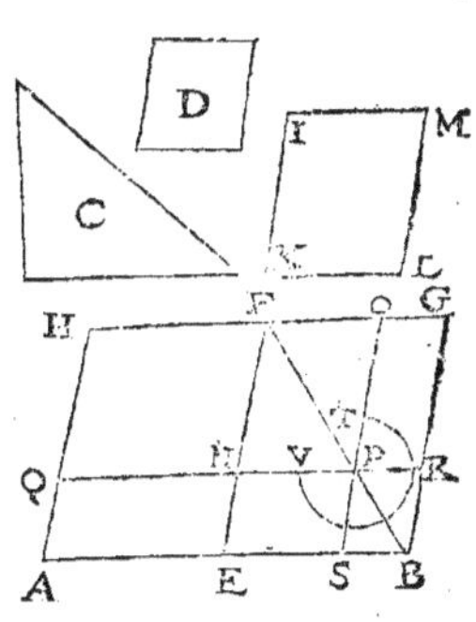

parallelogramme IKLM, femblable & femblablement pofé à EG : & veu
que EG eft plus grand que KM, il eft euident que les coftez EF, FG, feront auffi plus grands que les coftez homologues KI, IM : parquoy d'i-
ceux EF,FG foient couppez FN, FO, egaux à iceux KI, IM, à fin qu'eftant
accomply le parallelogramme N FOP, il foit egal à KM, & femblable & femblablement pofé au mefme KM ; & partant auffi à EG : & par confequent
qu'eftant tiré le diametre BF, iceux parallelogrammes EG, NO, foient autour d'iceluy diametre par la 26. p. 6. & apres auoir continué de part & d'autre les coftez NP, OP, tant qu'il fera de befoin, fera conftitué le parallelogramme AP, lequel ie dis eftre le parallelogramme demandé.

Car il est appliqué à la ligne AB, & defaillant du parallelogramme SR, lequel par la 24. p. 6. est semblable à EG, partant aussi à D. Item puis que IL est
l'excez par lequel EG excede C, & qu'à iceluy excez est egal NO : Il est euident que le gnomon TV sera egal à la figure C. Mais il est aussi egal à AP,
comme il a esté prouué à la precedente : donc aussi AP sera egal à C : Mais il
est appliqué à la ligne donnée AB, & defaillant du parallelogramme SR semblable au donné D. Nous auons donc à vne ligne droicte donnée appliqué
vn parallelogramme, &c. Ce qu'il falloit faire.

PROBL. 9. PROP. XXIX.

A vne ligne droicte donnée, appliquer vn parallelogramme
egal à vne figure rectiligne donnée, excedant d'vn parallelogramme semblable à vn autre donné.

Soit la ligne droicte donnée AB, à laquelle il faut appliquer vn parallelogramme egal au rectiligne donné C, mais excedant d'vn parallelogramme semblable au parallelogramme donné D.

La ligne AB soit couppée en deux egalement au poinct E, & sur la moitié
EB soit descrit le parallelogramme EFGB semblable, & semblablement posé à D par la 18. p. 6. En apres, soit descrit le parallelogramme HK egal aux
deux figures C & EG, & semblable, & semblablement posé à EG par la
25. p. 6. & partant à cause de
la similitude d'iceux parallelogrammes HK, EG, comme HI
sera à IK, ainsi EF sera à FG ;
& par consequent HK estant
plus grand que EG, aussi les
costez HI, IK seront plus
grands que les costez EF, FG : estans donc prolongez les costez FE, FG, telle-

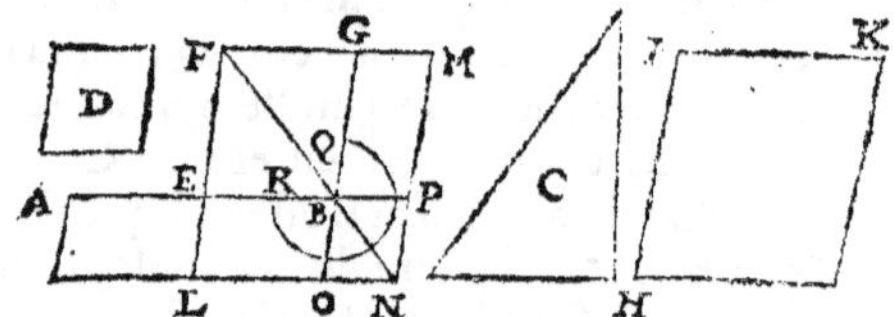

ment que FL, FM, soient egales aux lignes IH, IK, & acheué le parallelogramme LFMN, il sera semblable, & semblablement posé à EG. Parquoy
par la 26. p. 6. les parallelogrammes LM, & EG seront constituez à
l'entour d'vn mesme diametre, lequel soit FN. Maintenant estant prolongez AB & GB iusques en P & O ; & acheué le parallelogramme LA : le
parallelogramme AN sera appliqué à la ligne AB, l'excedant du parallelogramme OP, qui est semblable à EG par la 24. p. 6. & partant à D. Mais
ie dis aussi qu'iceluy parallelogramme AN est egal au rectiligne C ; car puisque par la 36. p. 1. AL, EO sont egaux, & par la 43. p. 1. EO est egal au
complement BM, aussi AL sera egal à iceluy BM : leur adioustant donc LP
commun ; le parallelogr. AN sera egal au gnomon QR, lequel est egal au rectiligne C : (car puisque HK, c'est à dire LM, est egal aux rectilignes C &
EG ensemble : si on oste EG commun, resteront egaux le gnomon QR, & le
rectiligne C.) Donc aussi le parallelogramme AN sera egal au rectiligne C.
A la ligne droicte AB, nous auons donc appliqué le parallelogramme AN
                                                                           egal

egal au rectiligne C, excedant du parallelogramme OP, qui est semblable à
vn autre donné D : Ce qu'il falloit faire.

PROB. 10. PROP. XXX.

Coupper vne ligne droicte donnée & terminée, selon la
moyenne & extreme raison.

Soit la ligne droicte donnée AB, laquelle il faut coupper selon la moyenne & extreme raison.

Ayant descrit sur icelle ligne AB, le quarré AC, au costé DA soit appliqué par la 29. p. 6. le rectangle DH egal à ice-
luy quarré AC, excedant du parallelogramme
AH, semblable à iceluy AC; & la ligne AB
sera couppée en G, selon la moyenne & extreme raison.

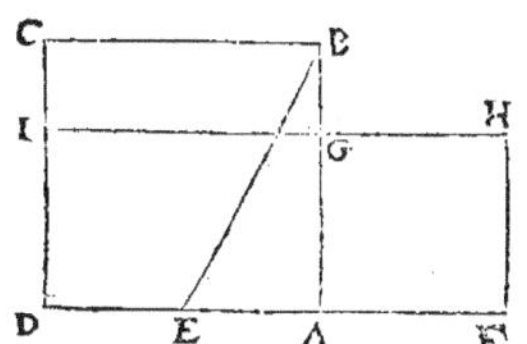

Car premierement l'exceds AH sera quarré,
puis qu'il est semblable au quarré AC; & d'autant que DH est fait egal à AC, si d'iceux on
oste le parallelogramme commun AI, resteront egaux les parallelogrammes
CG & AH, lesquels ont aussi les angles au poinct G egaux. Donc par la 14.
p. 6. les costez d'alentour iceux angles seront reciproques; tellement que
comme IG est à GH, ainsi AG est à GB. Mais par la 34. p. 1. IG est egale à
BC, c'est à dire à AB; & GH à AG : Donc comme AB sera à AG, ainsi AG
sera à GB. Et puisque AB 1. est plus grande que AG 3. par la 14. p. 5. AG 2.
est aussi plus grande que GB 4. Veu donc que la toute AB est au plus grand
segment AG, comme iceluy plus grand segment AG est au plus petit GB;
icelle AB est couppée en G, selon la moyenne & extreme raison, par la
3. def. 6. Ce qu'il falloit faire.

Autrement. La ligne donnée AB soit couppée en G, par la 11. p. 2. en sorte
que le quarré de la partie AG soit egal au rectangle de la toute AB, & de la
partie GB. Ie dis que AB sera couppée selon la moyenne & extreme raison au poinct G.

Car puis que le quarré de AG est egal au rectangle de AB & GB, les trois
lignes AB, AG & GB, seront continuellement proportionnelles, par la 17.
p. 6. c'est à dire que la toute AB sera au plus grand segment AG, comme iceluy segment AG est au plus petit segment GB; & par la 3. d. 6. AB est couppée
en G, selon la moyenne & extreme raison. Ce qu'il falloit faire.

THEOR. 21. PROP. XXXI.

Aux triangles rectangles, la figure descrite sur le costé qui
soustient l'angle droict, est egale aux deux autres figures
qui luy sont semblables, & semblablement descrites sur
les deux autres costez.

Soit le triangle rectangle ABC, ayant l'angle BAC, droict, & sur le co-

ſté BC, qui ſouſtient iceluy angle, ſoit deſcrite quelconque figure rectiligne
BD, & ſur les deux autres coſtez AB, AC, ſoient conſtituees les deux figures AF, AI ſemblables, & ſemblablement poſees à BD : Ie dis qu'icelle
figure BD eſt egale aux deux autres AF, AI.

Car ſi du poinct A, on meine ſur BC la perpendiculaire AK, par la 8.
p. 6. elle fera deux triangles ſemblables en-
tr'eux, & au total ; & par ainſi les trois
triangles BAK, ABC, CAK, ſeront ſemblables entr'eux, & par la 19. p. 6. ils ſeront
l'vn à l'autre en raiſon doublée des coſtez
de meſme raiſon AB, BC, CA. Mais par la
20. p. 6. les trois figures AF, BD & AI,
eſtans ſemblables, & ſemblablement poſees,
elles ſeront auſſi l'vne à l'autre en raiſon
doublee de leurs coſtez de meſme raiſon
AB, BC, CA, qui ſont les meſmes coſtez

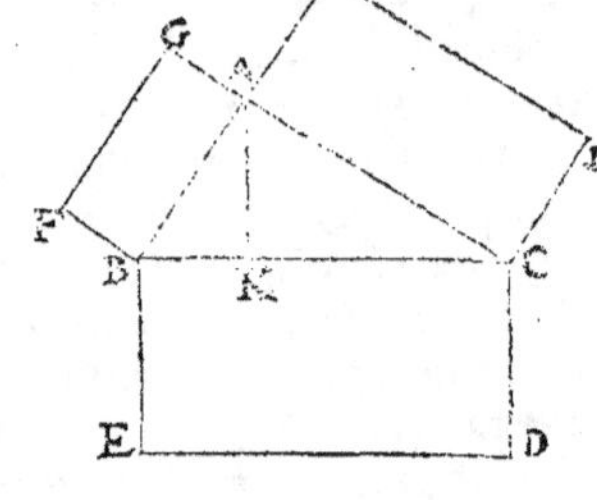

des triangles : donc par la 11. p. 5. les rectilignes AF, BD, AI, ſeront entr'eux, comme les triangles BAK, BAC, CAK entr'eux, c'eſt à dire, que comme le triangle BAK eſt au triangle ABC, ainſi le rectiligne AF eſt au rectiligne BD, & comme le triangle CAK eſt au triangle ABC, ainſi le rectiligne AI
eſt au rectiligne BD : Donc par la 24. p. 5. comme le compoſé des triangles
BAK, CAK, 1. & 5. grandeurs, ſera au triangle ABC, 2. grandeur, ainſi le
compoſé des rectilignes AF, AI, 3. & 6. grandeurs, ſera au rectiligne BD,
4. grandeur : mais le triangle BAC, eſt egal aux deux autres ABK, ACK :
donc la figure BD ſera auſſi egale aux deux autres AF, AI. Parquoy aux
triangles rectangles, &c. Ce qu'il falloit demonſtrer.

Autrement. D'autant que par la 20. p. 6. les figures ſemblables ſont en raiſon doublee de leurs coſtez homologues, comme le quarré de AB 1. grandeur, eſt au quarré de BC 2. grandeur, ainſi la figure AF 3. grandeur, eſt à la
figure BD 4. grandeur : Mais auſſi comme le quarré de AC 5. grandeur, eſt
au quarré de BC 2. grandeur, ainſi la figure AI 6. grandeur, eſt à la figure BD 4. grandeur. Donc par la 24. p. 5. le compoſé de la 1. & 5. grandeur,
ſçauoir le quarré de AB auec celuy de AC, ſera à la 2. grandeur BC, comme le compoſé de la 3. & 6. grandeur, ſçauoir la figure AF auec la figure AI,
ſera à la 4. grandeur BD. Mais par la 47. p. 1. les deux quarrez de AB, AC,
ſont egaux au ſeul quarré de BC : donc auſſi les deux figures AF, AI enſemble, ſeront egales à la figure BD. Ce qu'il falloit prouuer.

THEOR. 22. PROP. XXXII.

Si deux triangles ayans deux coſtez proportionnaux à deux
coſtez, ſont diſpoſez ſelon vn angle, tellement que les
coſtez de meſme raiſon ſoient parallels ; les deux autres
coſtez ſe rencontreront directement.

Soient deux triangles ABC & CDE, ayans les coſtez BA & AC pro-

portionnanx aux coſtez CD & DE, diſpoſez de telle façon qu'ils facent
l'angle ACD, & que BA ſoit parallele à CD,
& AC à DE: Ie dis que les deux autres coſtez
BC & CE ſe rencontreront directement.

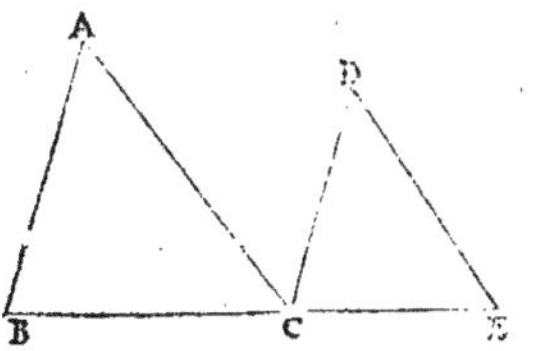

Car puiſque BA & CD ſont paralleles,
l'angle ACD ſera egal à ſon alterne A, par la
29. p. 1. auſſi AC eſtant parallele à DE, l'angle D ſera egal à ſon alterne ACD : parquoy
l'angle D ſera egal à l'angle A. Mais par l'hy-
potheſe les coſtez qui conſtituent iceux angles egaux, ſont proportionnaux:
donc par la 6. p. 6. les deux triangles ABC, DCE, feront equiangles ; & auront les angles B & DCE egaux : leur adiouſtant donc les egaux A & ACD,
les deux B & A enſemble, feront egaux aux deux DCE, & ACD enſemble ;
c'eſt à dire au ſeul angle ACE : parquoy adiouſtant derechef à ces angles
egaux, le commun ACB; les deux angles ACE, ACB, feront egaux aux trois
angles du triangle BAC, c'eſt à dire à deux droicts par la 32. p. 1. & par la 14.
p. 1. les deux lignes BC & CE ſe rencontreront directement. Si donc deux
triangles ayans deux coſtez proportionnaux à deux coſtez, &c. Ce qu'il
falloit prouuer.

THEOR. 23. PROP. XXXIII.

Aux cercles egaux, les angles conſtituez tant aux centres
qu'aux circonferences, ſont entr'eux, comme les circonferences qui les ſouſtiennent. Et les ſecteurs ſont auſſi de
meſme entr'eux.

Soient deux cercles egaux ABC & EFG, deſquels les centres ſont D &
H ; & ſoient les deux angles BDC, FHG aux centres ; mais les deux BAC,
FEG, aux circonferences. Ie dis premierement, que comme la circonference
BC eſt à la circonference FG,
ainſi l'angle BDC eſt à l'angle FHG, & l'angle BAC
à l'angle FEG.

Car ayant mené les deux lignes droictes BC, FG, ſoient
accommodees aux cercles des
lignes droictes, ſçauoir
CI egale à BC ; & GK, KL
chacune egale à FG : puis
ſoient menées les lignes ID,

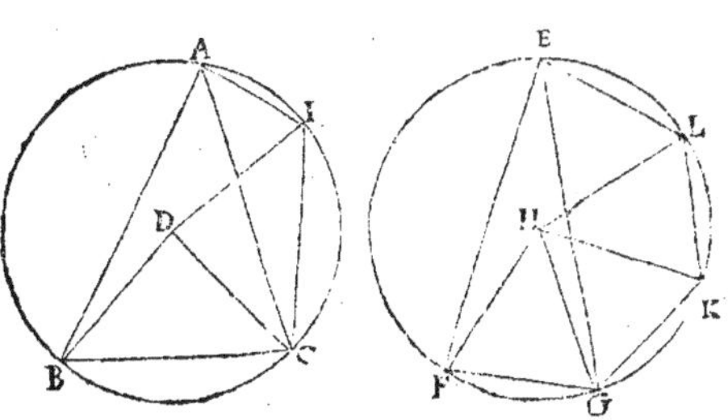

KH & LH. Veu donc que les deux lignes droictes BC & CI ſont egales,
les arcs BC & CI feront auſſi egaux par la 28. p. 3. & partant les angles BDC
& CDI, feront egaux par la 27. p. 3. Pour meſmes raiſons, tant les trois arcs
FG, GK & KL, que les trois angles FHG, GHK, & KHL ſont egaux en-

tr'eux : donc l'arc FGKL eſt autant multiplice de l'arc FG, comme l'angle FHL eſt multiplice de l'angle FHG : & l'arc BCI autant multiplice de l'arc BC, comme l'angle BDI, eſt multiplice de l'angle BDC, puiſque les angles BDI, FHL ſont diuiſez chacun en autant de parties egales, que les arcs BCI, FGKL, ſur leſquels ils s'appuient : partant ſi l'arc BCI eſt egal à l'arc FGKL, l'angle BDI ſera egal à l'angle FHL par la 27. p. 3. ſi plus grand, plus grand ; & ſi plus petit, plus petit : donc puiſque BCI, BDI, ſont equemultiplices de B C. B D C, premiere & troiſieſme grandeur ; & F G K L, F H L equemultiplices de FG, FHG 2ᵉ & 4ᵉ grandeur ; par la 6. d. 5. comme l'arc BC eſt à l'arc FG, ainſi l'angle BDC eſt à l'angle FHG.

Et d'autant que par la 15. p. 5. l'angle BDC eſt à l'angle FHG, comme l'angle BAC eſt à l'angle FEG ; (car ceux-là ſont doubles de ceux cy par la 20 p. 3.) il eſt euident par la 11. prop. 5. que l'angle BAC eſt auſſi à l'angle FEG, comme l'arc BC eſt à l'arc FG. Ce qu'on peut encore demonſtrer par les meſmes

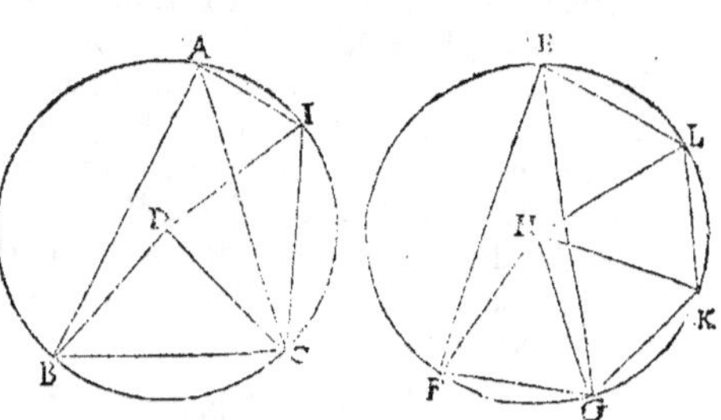

raiſons, & argumens employez pour les angles du centre, ſi on tire les lignes droictes IA, KL, LE, &c.

Secondement, Ie dis que le ſecteur BDC eſt au ſecteur FHG, comme l'arc BC eſt à l'arc FG : Car (demeurant la meſme conſtruction que deſſus) il eſt manifeſte que les cordes BC & CI eſtans egales, & leurs arcs auſſi egaux, les angles BAC, & CAI ſeront pareillement egaux par la 27. p. 3. & conſequemment que les ſegmens ſur leſquels ils inſiſtent & s'appuient, ſont ſemblables & egaux entr'eux. Mais les deux triangles BDC, CDI, ſont auſſi egaux par la 4. p. 1. leur adiouſtant donc les deux ſegmens egaux, les deux ſecteurs BDC, CDI ſeront egaux : Parquoy l'arc BCI ſera autant multiplice de l'arc BC, que le ſecteur BDI le ſera du ſecteur BDC : & par meſme diſcours, l'arc FGKL ſera monſtré autant multiplice de l'arc FG, que le ſecteur FHL l'eſt du ſecteur FHG. Partant ſi l'arc BCI eſt egal à l'arc FGKL, auſſi le ſecteur BDI ſera egal au ſecteur FHL ; & ſi plus grand, plus grand ; & ſi plus petit, plus petit. Donc les deux arcs BC, FG, auec les deux ſecteurs BDC, FHG, ſont quatre grandeurs, de la 1. & 3ᵉ deſquelles BCI, BDI, ſont equimultiplices, mais de la 2ᵉ & 4ᵉ ſont auſſi equimultiplices FGKL, FHL. Et puis que nous auons prouué que ſi l'arc BCI eſt egal à l'arc FGKL, auſſi le ſecteur BDI eſt egal au ſecteur FHL ; & ſi plus grand, plus grand ; & ſi moindre, moindre : par la 6. def. 5. comme l'arc BC ſera à l'arc FG, ainſi le ſecteur BDC, ſera au ſecteur FHG. Parquoy aux cercles egaux, les angles conſtituez tant aux centres qu'aux circonferences, &c. Ce qu'il falloit demonſtrer.

COROLLAIRE.

De cecy il s'enfuit que comme le secteur est au secteur, ainsi l'angle est à l'angle Car l'vne & l'autre raison est la mesme que de l'arc à l'arc ; & partant par la 11. p. 5. ils seront aussi entr'eux en la mesme raison.

Il est aussi euident que comme vn angle au centre, est à quatre angles droicts, ainsi est l'arc soustendant iceluy angle, à toute la circonference : & au contraire, que comme quatre angles droicts sont à vn angle au centre, ainsi toute la circonference est à l'arc soustendant iceluy angle.

Car comme l'angle au centre est à l'angle droict au centre, ainsi l'arc qui soustient iceluy angle, est au quadrant qui soustient l'angle droict par la 33. p. 6. Parquoy comme l'angle au centre sera au quadruple de l'angle droict, c'est à sçauoir à quatre angles droicts, ainsi l'arc soustendant iceluy angle, sera au quadruple du quadrant, c'est a dire à toute la circonference, par les choses demonstrées à la fin du Scholie de la 22. p. 5. Puis apres, d'autant qu'vn angle au centre est à quatre angles droicts, comme l'arc qui soustient iceluy angle, est à toute la circonference ; aussi en permutant, comme quatre angles droicts seront à vn angle au centre, ainsi toute la circonference sera à l'arc soustendant l'angle au centre : Ce qui a esté proposé.

Fin du sixiesme Element.

ELEMENT
SEPTIESME.
DEFINITIONS.

'VNITE , est selon laquelle vne chacune des choses qui sont, est appellee vne.

Euclide ayant traicté és 6 .liures precedents de la premiere partie de Geometrie, sçauoir est de celle-là qui considere les plans, auparauant que venir à l'autre partie, laquelle traicte des solides, il explique en ce septiesme liure & és deux suiuants, les proprietez & affections des nombres, pour puis apres traicter au 10. liure des lignes commensurables & incommensurables, necessaires pour auoir entiere & parfaicte cognoissance des proprietez des solides. Eucli-de commenceant donc selon sa coustume par les principes, il definit premierement que c'est que l'vnité,& dit que c'est cela selon quoy toute chose qui est se nomme vne : & selon ceste vnité nous auons de coustume de dire vne pierre , vn animal , vn corps, &c. Mais est à noter que tout ainsi qu'en la Geometrie le poinct n'a aucune partie estat indi-uisible , aussi és nombres l'Ynité ne reçoit aucune diuision, mais est indiuisible selon no-stre autheur, lequel n'a esgard en ces Elemens-cy qu'aux nombres entiers : mais nous y ioindrons aussi quelque chose des fractions & nombres rompus, afin de faire voir que tou-tes les regles enseignees en nostre Arithmetique practique, ne sont moins veritables & certaines, que si elles estoient restraintes seulement aux nombres entiers dont traicte icy Euclide.

2. Nombre, est vne multitude composee de plusieurs vni-tez.

C'est à dire qu'estans assemblees plusieurs vnitez ensemble, leur aggregé & collection s'appelle nombre : dont s'ensuit qu'en tout nombre il y a autant de parties qu'il y a d'v-nitez qui le constituent. de sorte que l'vnité est la partie de chaque nombre desnommée par le mesme nombre duquel elle est partie : comme le nombre 4 composé de quatre vni-tez, se diuise en autant de parties, sçauoir est en quatre vnitez , chacune desquelles est dicte quatriesme partie du nombre 4. Ainsi aussi le nombre 20 composé de vingt vni-

tez se diuise en autant de parties, chacune desquelles est dicte vingtiesme partie d'ice-
luy nombre 20, &c. D'où resulte que tous les nombres sont commensurables entr'eux,
puis qu'ils sont tous mesurez par vne mesme & commune mesure, sçauoir par l'vnité,
comme il est dit : ce qui ne peut pas conuenir à toutes les grandeurs, puis que plusieurs
d'icelles n'ont point de commune mesure, mais sont incommensurables, comme il sera
demonstré au 10. liure.

3   Vn nombre est partie d'vn autre nombre, le plus petit du
plus grand, lors que le plus petit mesure le plus grand.

C'est à dire, que lors qu'vn nombre en mesure ou diuise exactement vn plus grand,
sans qu'il reste rien, il est dit partie d'iceluy : comme 4 est dit partie de 12, d'autant
qu'iceluy nombre 12 est diuisé exactement par 4 sans qu'il reste rien : semblablement
chacun de ces nombres 2, 3, 6 & 9, est partie du nombre 18, puis que chacun le mesure ou
diuise exactement. Or toute partie, cóme nous auons dit a la 1. def. 5. est appellee aliquote,
& prend son nom du nombre par lequel elle en mesure vn autre; tellement que 2 est dit
partie aliquote de 4; & se nomme ½; pource que 2 mesure 4 par 2 : & cinq est dit
partie aliquote de 15, c'est à sçauoir ⅓, pource que 5 mesure 15 par 3 : ainsi 4 qui me-
sure 28 par 7, est dit ⅐, &c.

4.   Mais vn nombre est dit parties d'vn autre plus grand, lors
que le plus petit ne mesure pas le plus grand.

C'est à dire que lors qu'vn petit nombre n'en mesure pas vn plus grand, il n'est pas
dict partie d'iceluy, mais parties. Comme 6 est dict parties de 9 : car il ne le mesure pas
precisément, mais est deux parties d'iceluy, sçauoir est ⅔ : ainsi 12 est parties de 16,
sçauoit ¾ pource que 4, qui mesure l'vn & l'autre nombre, est 3 fois en 12, & 4 fois en
16 : aussi 15 est parties de 24, sçauoir est ⅝, puis que 3, qui est commune mesure, est 5
fois en 15, & 8 fois en 24. Semblablement 5 est parties de 7, sçauoir est ⅗ : & 4 est
parties de 9, sçauoir est 4/9, &c.

5.   Mais vn grand nombre est dit multiple d'vn petit, lors que
le petit mesure le grand.

Tout ainsi que tout petit nombre n'est pas dict partie d'vn plus grand, ains seulement
de celuy là qu'il mesure precisément; ainsi aussi tout grand nombre n'est pas dit multiple,
ou le plusieurs fois de tout autre nombre plus petit, mais seulement de ceux-là qui le peu-
uent precisément mesurer : tellement que de deux nombres inegaux, si le petit mesure pre-
cisément le grand, cé moindre est dict partie du grand, mais celuy-cy est aussi dict mul-
tiple de cestuy-là : Ainsi 4 est bien dict partie de 12, mais aussi iceluy 12 est dit mul-
tiple de 4. Pareillement 30 est dict multiple tant de 5 que de 6, qui sont parties d'ice-
luy, puis que l'vn & l'autre le mesure.

6.   Nombre pair, est celuy qui peut estre diuisé en deux egalement.

Comme tous ces nombres 2, 4, 8, 20, 50, sont appellez nombres pairs, pource que cha-

cun d'iceux peut estre diuisé en deux egalement, c'est à dire en deux parties egales, car leurs moitiez sont 1, 2, 4, 10, 25. &c.

7. Mais l'impair, est celuy qui ne peut estre diuisé en deux egalement: ou bien celuy qui est different du nombre pair de l'vnité.

Comme tous ces nombres-cy 3, 5, 7, 9, 11, 13, 51, sont nommez impairs, pource qu'ils ne peuuent estre diuisez en deux egalement: Ou bien d'autant qu'ils sont differens de l'vnité des nombres pairs, 2, 4, 6, 8, 10, 12, 50. &c.

8. Nombre pairement pair, est celuy qu'vn nombre pair mesure par vn nombre pair.

C'est à dire, que si vn nombre pair en mesure vn autre par vn nombre qui soit aussi pair, le nombre mesuré sera dit pairement pair: comme 32, lequel 8 mesure par 4, est dict nombre pairement pair: Semblablement 24 sera dit nombre pairement pair, pource que 6 nombre pair le mesure par 4 nombre pair, &c.

9. Et pairement impair, est celuy qu'vn nombre impair mesure par vn nombre pair.

C'est à dire, que si vn nombre pair en mesure vn autre par vn nombre impair, le mesuré sera dit pairement impair: comme 42 est dit nombre pairement impair, pource que 6, nombre pair le mesure par 7, nombre impair. semblablement 24 sera dit nombre pairement impair, d'autant que 3, nombre impair le mesure par 8, nombre pair. Et est à noter, qu'il y-a plusieurs nombres qui sont pairement pair, & pairement impair, comme 12, 24, 48, 96, &c. Et que ce soit l'intention d'Euclide, les 32, 33, & 34. prop. 9. le monstrent assez.

10. Mais nombre impairement impair, est celuy qui est mesuré d'vn nombre impair par vn nombre impair.

Comme 15, lequel est mesuré de 5 par 3, est dict nombre impairement impair: & tels sont aussi les nombres suiuans, 9, 21, 25, 27, 33, 35, &c.

11. Nombre premier, est celuy qui est mesuré par la seule vnité.

C'est à dire, que si vn nombre n'est mesuré par aucun autre nombre, mais seulement par soy-mesme, & l'vnité, il est nombre premier, & tels sont tous ceux-cy 2, 3, 5, 7, 11, 13, 17, 19, 23, 29, 31, &c. Car chacun d'iceux n'est mesuré par aucun autre nombre, mais par la seule vnité.

12. Nombres premiers entr'eux, sont ceux-là qui n'ont autre commune mesure que l'vnité.

C'est à dire, que si deux ou dauantage de nombres n'ont autre commune mesure
que

que l'vnité, ils feront dits premiers entr'eux, iaçoit que chacun d'iceux puiffe eftre mefuré par quelque nombre outre l'vnité. Comme ces deux nombres 15 & 8, font dits premiers entr'eux, pource qu'il n'y-a que l'vnité qui les puiffe mefurer tous deux: car encore que le premier foit mefuré par 5 & 3; & le dernier par 4 & 2, fi eft-ce toutesfois qu'aucun d'iceux quatre nombres ne peut mefurer l'vn & l'autre des propofez, ains la feule vnité eft leur commune mefure.

13. Nombre compofé, eft celuy qui eft mefuré par quelque autre nombre.

Comme 15 eft appellé nombre compofé, pource qu'il eft mefuré par 5 & 3: Auffi 27 eft nombre compofé, d'autant qu'il eft mefuré par 9 & 3. &c.

14. Mais les nombres compofez entr'eux, font ceux-là qui ont autre commune mefure que l'vnité.

C'eft à dire, que fi deux ou dauantage de nombres font mefurez par quelque nombre outre l'vnité, comme par leur commune mefure, ils feront dicts nombres compofez entr'eux: ainfi les nombres 9 & 15 font compofez entr'eux; d'autant que 3 mefure l'vn & l'autre d'iceux, comme leur commune mefure. Auffi 7, 21, & 28, font compofez entr'eux, pource que le premier d'iceux mefure foy-mefme, & les deux autres.

15. Vn nombre eft dict multiplier vn nombre, lors qu'il en eft procreé vn autre, qui eft autant de fois compofé de celuy qui eft multiplié qu'il y-a d'vnitez au multiplia nt.

Comme 4 fera dit multiplier 6, fi iceluy nombre 6 eft prins ou compofé quatre fois, c'eft à fçauoir autant de fois qu'il y-a d'vnitez au multipliant 4; & le nombre procreé, qu'on appelle vulgairement produict, *fera 24. Auffi le nombre 6 fera dit multiplier le nombre 4, fi nous prenons iceluy nombre 4, fix fois; c'eft affauoir autant de fois qu'il y-a d'vnitez en 6 nombre multipliant; & en fera procreé le mefme nombre 24. Ainfi vn nombre fera dit eftre procreé ou produict de deux nombres, quand il fera produict en multipliant l'vn d'iceux nombres par l'autre. Comme le nombre 36 fera dit eftre le produict de ces deux nombres 4 & 9, pource qu'il eft procreé en multipliant le nombre 4 par le nombre 9, ou au contraire le nombre 9 par le nombre 4.*

Or de ce que deffus il s'enfuit que le nombre produict de la multiplication d'vn nombre par vn autre, a mefme raifon auquel on voudra d'iceux nombres que l'autre à l'vnité. Car puis que felon la def. d'Euclide, pour auoir le produict de deux nombres il faut prendre autant de fois l'vn d'iceux, qu'il y-a d'vnités en l'autre, iceluy produict contiendra autant de fois l'vn ou l'autre des nombres multiplians qu'il y-a d'vnitez en l'autre: & partant il y aura mefme raifon du nombre produict à l'vn ou l'autre des multiplians, que de l'autre multipliant à l'vnité: parquoy la multiplication d'vn nombre en vn autre peut eftre definie ainfi:

La multiplication d'vn nombre par vn autre, eft l'inuention d'vn nombre qui ait mesme raison auquel on voudra des nombres multiplians, que l'autre à l'vnité.

Ainsi tu vois que de la multiplication de 5 par 7, est produict le nombre 35, lequel est à 5, comme 7 à 1 ; ou à 7, comme 5 à 1.

A ceste definition Clauius adioutte la suiuante.

Vn nombre est dict diuiser vn nombre, quand on en prend vn autre, qui contient autant d'vnitez que le nombre diuisant est contenu de fois au nombre diuisé.

Comme le nombre 6 sera dit diuiser le nombre 24, si on prend le nombre 4 ; qui monstre par ses quatre vnitez, que le nombre 6 est contenu 4 fois au nombre diuisé 24. Ainsi le nombre 4 sera dit diuiser le mesme nombre 24, si on prend le nombre 6, lequel denotte par ses six vnitez, que le nombre diuisant est contenu six fois au diuisé 24.

De cecy il aduient que le nombre prouenant de la diuision, lequel on appelle vulgairement quotient, a mesme raison à l'vnité, que le nombre diuisé au diuiseur. Car puis que, comme nous auons dit en la def. le quotient doit monstrer & indiquer par ses vnitez, combien de fois le nombre diuiseur est contenu au diuisé, iceluy quotient contiendra autant de fois l'vnité, que le nombre diuisé contient le diuiseur ; & partant il y aura mesme raison du quotient à l'vnité, que du nombre diuisé au diuiseur. Parquoy la diuision d'vn nombre par vn autre se peut auss. definir ainsi.

La diuision d'vn nombre par vn nombre, est l'inuention d'vn nombre qui ait mesme raison à l'vnité, que le nombre diuisé au diuisant.

Ainsi appert que de la diuision du nombre 24 par six, est prouenu le nombre 4, lequel est à 1, comme 24 à 6. Item de la diuision du mesme nombre 24, par 4, est produict le nombre 6, qui est à 1, comme 24 à 4.

De cecy il aduient qu'estant diuisé vn nombre par vn nombre, le nombre diuisé sera procreé de la multiplication du nombre trouué, c'est à dire du quotient, par le nombre diuiseur. Car ayant diuisé le nombre A par B, le quotient soit C. Ie dis que le nombre A sera produict de la multiplication du nombre C par le nombre B. D'autant que par la def. de la multiplication le nombre procreé de C multiplié par B, est à B, comme C à l'vnité D ; & que par la

A.   B.   C.   D.
48.   8.   6.   1.

def. de la diuision A est aussi à B, comme C à l'vnité D ; il est manifeste que le nombre procreé par la multiplication de C en B est le nombre A, veu que tant iceluy nombre procreé, que le diuisé A, a mesme raison à B, que C à l'vnité D.

Or ce que nous auons dict cy-dessus touchant la multiplication & diuision des nombres entiers, conuient aussi aux nombres rompus ; tellement que le nombre $\frac{1}{2}$ sera dit multiplier le nombre 20, si le nombre 20 est pris autant de fois qu'il y-a d'vnitez en $\frac{1}{2}$, & sera procreé le nombre 10 : car d'autant que l'vnité est seulement par sa moitié en $\frac{1}{2}$, il faut aussi prendre le nombre 20 par sa moitié, qui est 10. Semblablement le nombre 20, sera dit multiplier $\frac{1}{2}$, si $\frac{1}{2}$ est pris vingt fois, c'est à sçauoir autant de fois que l'vnité est en 20 ; & le produict sera le mesme nombre 10. Item, $\frac{1}{2}$ & $\frac{1}{3}$ seront dits s'entremultiplier, si on prend la troisiesme partie de $\frac{1}{2}$, tout ainsi que $\frac{1}{3}$ contient seulement la troisiesme partie de l'vnité : ou bien si on prend la *moitié de $\frac{1}{3}$, parce que $\frac{1}{2}$ contient seulement la moitié de l'unité : & par ainsi le produict sera $\frac{1}{6}$; car c'est la troisiesme partie du nombre $\frac{1}{2}$, ou de $\frac{3}{6}$, & la moitié du nombre $\frac{1}{3}$, ou $\frac{2}{6}$.*

Mais le nombre $\frac{1}{2}$ sera dit diuiser le nombre 10, si on prend le nombre 20, qui monstre que le nombre diuisant $\frac{1}{2}$ est contenu vingt fois au nombre diuisé 10; tellement qu'il y ait la mesme raison du nombre procreé 20 à 1, que du nombre diuisé 10 au diuisant $\frac{1}{2}$. Ainsi aussi $\frac{1}{2}$ sera dit diuiser $\frac{1}{6}$, si on prend le nombre $\frac{1}{3}$, lequel monstre que le nombre diuisant $\frac{1}{2}$, n'est pas tout contenu au diuisé $\frac{1}{6}$, ains seulement la troisiesme partie d'iceluy : car puis que le nombre $\frac{1}{2}$ est le mesme que $\frac{3}{6}$, il est euident que la troisiesme partie d'iceluy, c'est à sçauoir $\frac{1}{6}$, est contenu en $\frac{1}{6}$. Or comme il faut faire & prattiquer non seulement la multiplication & diuision en nombres rompus, mais aussi toutes les autres regles & operations d'Arithmetique, nous l'auons enseigné en nostre Pratique d'Arithmetique, & à la fin de ce 7. liure d'Euclide nous en ferons les demonstrations.

16. Lors que deux nombres se multiplient l'vn l'autre, le produict est appellé plan ; & les nombres multiplians sont dicts costez d'iceluy plan.

C'est à dire que tout nombre produict de la mutuelle multiplication de deux nombres est appellé nombre plan : d'autant que chaque vnité de l'vn d'iceux nombres estant posée & estendue d'ordre autant de fois qu'il y-a d'vnité en l'autre nombre, est representé vn parallelogramme rectangle, duquel les costez sont les deux nombres se multiplians, comme il a esté dict au 2. liure. Ainsi le nombre 20 produict de 5 par 4 est dict nombre plan, & iceux nombres 5 & 4 sont dicts costez diceluy plan.

5

4

17. Mais quand trois nombres se multiplient l'vn l'autre, le produict est appellé solide, & les multiplians sont dicts costez d'iceluy.

Comme si on multiplie 6 par 5, & leur produict 30 par 4, sera procreé le nombre 120; lequel s'appellera nombre solide, & les trois nombres multiplians 6, 5 & 4, seront dicts costez d'iceluy solide.

18. Nombre quarré, est celuy qui est egalement egal : ou bien c'est le produict de deux nombres egaux.

Comme le nombre plan 16 est appellé quarré, pource qu'il est procreé de la multiplication de 4 par 4, & consequemment egal de tous costez. Ainsi aussi 49, produict de la multiplication de 7 par 7, sera appellé nombre quarré.

19. Nombre cube, est celuy qui est egalement egal egalement : ou bien c'est le produict de trois nombres egaux.

Comme si le nombre 4 est multiplié par 4, & puis leur produict 16 encore par 4, sera procreé le nombre 64, qui s'appellera nombre cube.

20. Les nombres sont proportionnaux, quand le premier est autant multiple, ou mesme partie, ou mesmes parties du second, comme le troisiesme du quatriesme.

C'est à dire, que quand vn nombre est mesme partie, ou mesmes parties d'vn nombre, qu'vn autre d'vn autre, iceux quatre nombres sont dits proportionnaux. Ainsi pource que le nombre A est mesme partie du nombre B, que le nombre C du nombre D, c'est à sçauoir la moitié, iceux quatre nombres A, B, C, D, sont proportionnaux. Aussi les quatre nombres E, F, G, H sont proportionnaux, puis que E est mesmes parties de F, que G de H, c'est à sçauoir deux troisiesmes parties. Item les quatre nombres I, K, L, M, sont aussi proportionnaux, d'autant que comme I est quadruple de K, aussi L est quadruple de M; ou bien pource que M est telle partie de L que K de I: Car il est euident que si le premier nombre I est autant multiple du second K, que le troisiesme L, l'est du quatriesme M: en prenant les mesmes nombres par ordre contraire, M sera telle partie de L, que K de I, c'est à sçauoir le quart. Parquoy on peut asseurement conclurre que quatre nombres sont proportionnaux, quand le moindre des deux premiers est mesme partie, ou mesmes parties de l'autre, que le moindre des deux derniers est de l'autre, moyennant qu'ils soient pris d'vn mesme ordre, c'est à dire que si le moindre nombre des deux premiers est antecedant, le moindre des deux derniers soit aussi antecedant; & si consequent, consequent. Et c'est à mon aduis ainsi qu'il faut entendre ceste 20. def. pour la rendre vniuerselle, car autrement on ne pourroit pas conclurre par icelle la proportionnalité de plusieurs nombres, comme par exemple de ces quatre N, O, P, Q, veu que les prenant selon l'ordre qu'ils sont posez, le premier N n'est pas multiple du second O, ny aussi partie ou parties, puis qu'il est plus grand qu'iceluy; & neantmoins ils sont proportionnaux, veu que le moindre des deux premiers, c'est assauoir O, contient autant de parties de l'autre N, que le moindre des deux autres, qui est Q, en contient de l'autre P, c'est assauoir quatre cinquiesmes parties. Semblablement ces quatre autres nombres R, S, T, V, sont proportionnaux, puis que V contient autant de parties de T, que S en contient de R; ou bien à cause que S est mesmes parties de R, que V de T, c'est à sçauoir les trois quarts.

A	B	C	D
5.	10.	4.	8.

E	F	G	H
6.	9.	4.	6.

I	K	L	M
20.	5.	8.	2.

N	O	P	Q
15.	12.	25.	20.

R	S	T	V
36.	27.	24.	18.

Clauius estimant que ceste def. a esté corrompue, pour la restituer y-a adiousté ces mots: Ou bien quand le premier contient egalement le second, & le troisiesme le quatriesme, & en outre vne mesme partie, ou mesmes parties d'iceluy. Mais ie n'estime pas que cette addition y soit necessaire, puis que le moindre nombre de chaque raison estant conferé à l'autre ladite def. conuient à toutes sortes de proportions: & que ce soit l'intention, d'Euclide, il appert assez par les demonstrations des 5, 6, 7, 8, 9, 10, 11, 12 & 13. prop. de ce 7. liure.

Or Euclide definit seulement icy les nombres proportionnaux, qui ont vne mesme raison d'inegalité : Car de la raison d'egalité, il est euident que le premier nombre estant egal au second, aussi le troisiesme doit estre egal au quatriesme, afin qu'ils soient dits proportionnaux.

De ceste 20. def. resulte appertement, que les nombres egaux ont mesme raison à vn mesme nombre ; & au contraire qu'vn mesme nombre a aussi mesme raison à des egaux : Ce qui a esté demonstré en toutes grandeurs à la 7. p. 5. Il en resulte encore que les nombres qui ont mesme raison à vn mesme nombre, ou ausquels vn mesme nombre a mesme raison, sont egaux entr'eux. Ce qui a aussi esté demonstré en toutes sortes de grandeurs en la 9. p. 5.

De ceste mesme def. on collige aussi que de deux nombres inegaux, le plus grand a plus grande raison à vn mesme nombre, que le plus petit ; & au contraire qu'vn mesme nombre a plus grande raison à vn petit nombre, qu'à vn plus grand. Item que des nombres inegaux, celuy qui a plus grande raison à vn mesme, est le plus grand : & celuy auquel vn mesme nombre a plus grande raison, est le plus petit : Toutes lesquelles choses sont claires, & euidentes, si ceste def. est bien entendue. Cecy a aussi esté demonstré és grandeurs au 5. liure prop. 8. & 10.

Or cette definition, & tout ce que nous auons dit cy-dessus, conuient aussi aux nombres rompus : Car ces quatre nombres $\frac{3}{4}$, $\frac{3}{8}$, $\frac{1}{2}$, $\frac{1}{4}$, sont proportionnaux, attendu que le premier est autant multiple du second, que le troisiesme du quatriesme, sçauoir double ; ainsi qu'il appert en reduisant les deux premiers en mesme denomination, sçauoir à $\frac{6}{8}$ & $\frac{3}{8}$, mais les deux autres à $\frac{2}{4}$ & $\frac{1}{4}$. Semblablement ces quatre nombres $2\frac{3}{8}$, $4\frac{3}{4}$. $1\frac{1}{4}$. $2\frac{1}{2}$ sont proportionnaux, puis que le premier est telle partie du second, que le troisiesme du quatriesme, sçauoir la moitié, &c.

21. Les nombres semblables plans, ou solides, sont ceux qui ont les costez proportionnaux.

Comme 24 & 6, sont nombres plans semblables, pource que 6 & 4, costez de cestuy-là sont proportionnaux à 3 & 2, costez de celuy-cy : ainsi aussi 192 & 24. sont nombres solides semblables, pource que 8, 6, 4, costez de cestuy-là sont proport. à 4, 3, 2, costez de celuy-cy. Et est à noter que ces nombres plans, & solides semblables peuuent bien estre aussi compris sous des costez non proportionnaux ; mais toutesfois nous ne les considerons icy qu'entant qu'ils sont contenus sous leurs costez proportionnaux.

22. Nombre parfaict, est celuy qui est egal à toutes ses parties aliquotes.

Comme 6 est dict nombre parfaict, pource que les parties aliquotes d'iceluy, sçauoir 1, 2, 3, prises ensemble, luy sont egales. Ainsi aussi 28, duquel les parties aliquotes, sçauoir est 1, 2, 4, 7, 14, estans prises ensemble, luy sont egales ; sera dict nombre parfaict : & tels sont aussi 496, 8128, &c.

Mais quand toutes les parties aliquotes d'vn nombre prises ensemble, sont plus grandes qu'iceluy, il est dict abondant ; & quand elles sont moindres, il est appellé diminué.

A ces definitions d'Euclide, Clauius en adiouste quelques autres, touchant les

raisons & proportions des nombres, comme de la raison egale, de l'alterne, de l'inuerse,
& autres dont est traicté en general au 5. liure: Mais pource que nous les auons tel-
lement expliquees en ce lieu-là, qu'on les peut entendre & adapter, non seulement
aux lignes, superficies & solides, mais aussi aux nombres, & en general à toutes
sortes de grandeurs & quantitez soient continues ou discrettes; ie n'estime pas qu'il
soit besoin de les repeter icy, c'est pourquoy nous viendrons aux

PETITIONS OV DEMANDES.

1. Qu'à tout nombre donné on en puisse prendre tant qu'on voudra d'egaux ou multiples.

2. Qu'à tout nombre donné on en puisse prendre vn plus grand.

Combien que selon nostre Autheur le nombre ne puisse estre diminué infiniment,
ains seulement iusques à l'vnité qu'il fait indiuisible, si est-ce toutesfois qu'il peut
estre augmenté infiniment par la continue addition de l'vnité: Parquoy estant pro-
posé quelconque nombre, on en peut trouuer vn plus grand, c'est assauoir celuy qui
est produict de l'addition d'vne ou de plusieurs vnitez au nombre donné.

AXIOMES OV COMMVNES SENTENCES.

1. LEs nombres equemultiplices de nombres egaux, ou d'vn mesme nombre, sont egaux entr'eux.

2. Et ceux desquels vn mesme nombre est equemultiplice, ou desquels les equemultiplices sont egaux, sont aussi egaux entr'eux.

3. Mais les nombres qui sont vne mesme partie, ou mesmes parties de nombres egaux, ou d'vn mesme, sont egaux en-tr'eux.

4. Et ceux desquels vn mesme nombre, ou nombres egaux, sont mesme partie, ou mesmes parties: sont aussi egaux en-tr'eux.

5. L'vnité mesure tout nombre par les vnitez qui sont en iceluy, c'est à dire par le mesme nombre.

6. Tout nombre mesure soy-mesme par l'vnité.

7. Si vn nombre multipliant vn nombre, en produict quelqu'vn, le multipliant mesurera le produict par le mul-

tiplié : mais le multiplié mesurera le mesme produict par le
multipliant.

8. Si vn nombre mesure vn nombre ; aussi celuy par lequel
il le mesure, mesurera le mesme par les vnitez qui sont au
mesurant, c'est à dire par iceluy nombre mesurant.

9. Si vn nombre mesurant vn nombre, multiplie celuy par
lequel il le mesure, ou est multiplié par iceluy, sera produict
celuy lequel est mesuré.

10. Le nombre qui en mesure deux ou dauantage, mesure
aussi le composé d'iceux.

11. Mais celuy qui mesure le mesureur, mesure aussi le mesuré.

12. Et celuy qui mesure le tout, & le retranché, mesure
aussi le reste.

THEOR. 1. PROP. I.

Si de deux nombres inegaux proposez, on soustraict tousiours
    alternatiuement le plus petit du plus grand, & que le plus
    petit reste ne mesure iamais le precedant iusques à ce
    qu'on ait pris l'vnité ; les nombres proposez au commen-
    cement, seront premiers entr'eux.

Soient deux nombres inegaux AB & CD, tels que si on soustraict continuellement le plus petit du plus grand ;
le plus petit reste ne mesure iamais le precedant, iusques à ce qu'on paruienne à
l'vnité : Ie dis qu'iceux nombres AB & CD,
seront premiers entr'eux, c'est à dire qu'ils
ont pour commune mesure la seule vnité.

```
A.....5 F..2 G.1 B
C...3 H..2 D
E..2
```

Autrement, s'ils ne sont premiers, il seront composez, & par la 14. def. de
ce liure ils seront mesurez par quelque nombre : soit iceluy E commune mesure à tous les deux : ainsi CD plus petit nombre estant soustraict de AB, soit
le reste FB plus petit que CD : item FB estant soustraict de CD, soit le
reste HD plus petit que FB : Pareillement HD estant soustraict de FB, soit
le reste GB, vnité. Puis donc que E mesure CD, il mesurera aussi son egal AF ;
& d'autant qu'il mesure le tout AB, par la 12. com. sent. il mesurera aussi le reste FB, lequel mesure CH ; & partant par la 11. com. sent. E mesurera aussi
CH ; & puis qu'il mesure le tout CD, par la 12. com. sent. il mesurera aussi
le reste HD, & par consequent son egal FG : mais il mesure aussi le tout FB ;

E meſurera donc pareillement l'vnité reſtante GB, ſçauoir le tout la partie:
ce qui eſt impoſſible. Donc AB & CD ne peuuent eſtre meſurez par aucun
nombre, ains par l'vnité ſeulement : & partant ils ſont nombres premiers entr'eux par la 12 def. de ce liure. Si donc de deux nombres inegaux, &c. Ce
qu'il falloit demonſtrer.

SCHOLIE.

Commandin demonſtre icy la propoſition ſuiuante.

Eſtant propoſez deux nombres compoſez entr'eux, ſi on ſouſtraict touſiours alternatiuement le moindre du plus grand, la ſouſtraction ne paruiendra pas iuſques à l'vnité.

*Ce qui eſt euident, car ſi on paruenoit à l'vnité, les nombres propoſez ſeroient
premiers entr'eux, comme il a eſté demonſtré en la prop. cy-deſſus : & ils ſont poſez
compoſez.*

*Or il eſt manifeſte par ces choſes, qu'eſtans propoſez deux nombres, nous cognoi-
ſtrons facilement s'ils ſont premiers entr'eux ou non. Car eſtant faicte la ſouſtraction, comme dit eſt, ſi on paruient iuſques à l'vnité, leſdicts nombres propoſez ſeront premiers entr'eux : mais ſi on n'y paruient pas, ils ſeront compoſez.*

PROBL. 1.   PROP. II.

Eſtans donnez deux nombres non premiers entr'eux ; trou-uer la plus grande commune meſure d'iceux.

Soient donnez deux nombres non premiers entr'eux A B & C D, deſquels C D ſoit le moindre : il faut trouuer la plus grande commune meſure
d'iceux.

Soit ſouſtraict le plus petit nombre CD,
tant de fois que faire ſe pourra du plus
grand AB : s'il reſte quelque choſe, comme E B, iceluy ſoit oſté de C D, tellement
qu'il reſte encor FD ; & ainſi ſoit ſouſtraict

A . . . . .9 E	. . . . . .6 B	
C . . . . . .6 F	. . .3 D	
G 4		

continuellement le plus petit du plus grand, iuſques à ce qu'on paruienne à vn nombre qui meſure le precedent ; ce qui aduiendra neceſſairement :
car ſi on paruenoit iuſques à l'vnité, les nombres AB, CD, par la prec. prop.
ſeroient premiers entr'eux, contre l'hypotheſe. Donc que FD meſurant EB,
il ne reſte rien. Ie dis que F D eſt la plus grande commune meſure de
A B & C D.

Car qu'il les meſure tous deux, nous le prouuerons ainſi. D'autant que
FD meſure EB, & EB meſure CF, par la 11. com. ſent. FD meſurera auſſi le
meſme CF ; & meſurant ſoy meſme, il meſurera le tout CD, compoſé des
deux CF, FD par la 10. com. ſent. Mais iceluy CD meſure AE : donc FD
meſurera auſſi A E : Et puis qu'il meſure auſſi EB ; il meſurera le tout AB
compoſé d'iceux AE, EB. Par ainſi FD meſure tous les deux nombres AB
& C D.

Il eſt auſſi leur plus grande commune meſure ; autrement en ſoit (s'il
eſt poſſible)

eſt poſſible) vne autre plus grande, comme G. Veu donc que G meſure CD,
il meſurera auſſi A E ; & meſurant le tout AB, par la 12. com. ſent. il meſurera
auſſi le reſte E B ; & par conſequent il meſurera CF. Mais il meſure auſſi le
tout C D ; il meſurera donc auſſi le reſte FD, ſçauoir le plus grand nombre le
plus petit: ce qui eſt impoſſible. Donc vn plus grand nombre que F D ne meſure pas les nombres AB, CD : partant iceluy nombre FD eſt leur plus grande commune meſure.

Que ſi le moindre nombre CD meſuroit le plus grand
AB ; il eſt manifeſte qu'il ſeroit la plus grande commune
meſure, attendu qu'il meſure ſoy-meſme ainſi qu'il appert
icy. Nous auons donc trouué la plus grande commune meſure de deux nombres, &c. Ce qu'il falloit faire.

```
| A . . . . . . . .8 B |
| C . . . .4 D         |
```


De cecy eſt euident que qui meſure deux nombres, il meſure auſſi leur plus grande commune meſure, puis qu'il a eſté demonſtré que ſi G meſure AB, & CD, il meſurera auſſi F D leur plus grande commune meſure.

Par les choſes cy-deſſus dictes, nous cognoiſtrons facilement ſi trois ou dauantage de
nombres propoſez ſont premiers entr'eux, ou non. Car ſoient donnez les trois nombres
A, B, C. Premierement donc ſoit veu par ce qui eſt dict
à la 1. prop. ſi les deux nombres A & B ſont premiers entr'eux, ou non : Que s'ils ſont premiers, il eſt euident que
les trois nombres A, B, C, ne ſeront compoſez entr'eux.
Mais ſi A & B eſtoient compoſez entr'eux, ſoit trouuée par
la 2. prop. leur plus grande commune meſure D ; que ſi
elle meſure auſſi le nombre C, il eſt manifeſte que les

```
| A . . . . . . . . . .12 |
| B . . . . . . .9         |
| C . . . . .6             |
| D . . .3                 |
```

trois nombres A, B, C, ſont compoſez entr'eux, puis qu'ils ont le nombre D pour commune meſure.

Que ſi D plus grande commune meſure de A & B, ne meſure C ; C & D ſeront premiers entr'eux, ou non : s'ils ſont
premiers, les trois nombres A, B, C, ne ſeront compoſez entr'eux,
mais premiers : Car s'ils eſtoient compoſez, ils auroient vne commune meſure, laquelle meſureroit auſſi le nombre D plus grande
commune meſure de A & B, par le Corol. de ceſte prop. & partant C & D ne ſeroient

```
| A . . . . . . . .9 |
| B . . . . .6        |
| C . . . .5          |
| D . . .3            |
```

premiers entr'eux, contre l'hypotheſe. Mais ſi C & D ne ſont
premiers entr'eux, les trois nombres A, B, C, ſeront compoſez
entr'eux. Car eſtant trouuee par la 2. p. 7. E la plus grande
commune meſure de C & D, iceluy nombre E meſurera auſſi
A & B par la 11. com. ſent. puis que D les meſure. Par-

```
| A . . . . . . . . . .12 |
| B . . . . . . .8         |
| C . . . . . .6           |
| D . . .4      E . .2     |
```

quoy veu que le meſme E meſure auſſi C ; il meſurera les
trois A, B, C : & partant iceux ſeront compoſez entr'eux. Ce qui eſtoit propoſé.

En la meſme maniere ſera examiné & cogneu ſi plus de trois nombres ſont premiers
entr'eux, ou non. Car s'il y a quatre nombres donnez, il en faudra trouuer premier-
ment trois ; ſi cinq, quatre, &c. & acheuer comme nous auons dict, de trois nombres propoſez.

Kk

PROBL. 2.   PROP. III.

Estans donnez trois nombres, non premiers entr'eux ; trouuer leur plus grande commune mesure.

Soient donnez trois nombres non premiers entr'eux A,B,C; desquels il faut trouuer la plus grande commune mesure.

Soit trouué par la prec. prop. la plus grande commune mesure des deux nombres

A............12	D....4
B........8	E..2
C......6	F...3

A & B, qui soit D. Si donc D mesure aussi C, nous auons ce que nous demandons : car si vn plus grand nombre que D mesuroit A,B,C, par le Corol. de la prop. precedente, il mesureroit aussi D, la plus grande commune mesure de A & B, scauoir est, vn grand nombre, vn moindre : ce qui est absurde. Que si D ne peut mesurer C, si est-ce que D & C seront composez entr'eux, tant par l'hypothese, que par le susdit Cor. de la 2. prop. donc par icelle mesme proposition soit trouuee E plus grande commune mesure de C & D. Il est euident par la 11. com. sent. que E mesurera tous les trois nombres A,B,C, d'autant qu'elle mesure C & D; lequel D mesure B & A. Ie dis dauantage que E est aussi la plus grande commune mesure. Autrement si elle n'est la plus grande, en soit vne autre plus grande, scauoir F, s'il est possible : Or mesurant A, & B, elle mesurera aussi D, leur plus grande commune mesure par le mesme Corol. de la 2. prop. & par la mesme raison mesurant C & D, elle mesurera aussi leur plus grande commune mesure E, scauoir le plus grand, le plus petit : ce qui est impossible. Donc vn plus grand nombre que E ne mesure pas les nombres donnez A, B, C; & partant iceluy nombre E sera leur plus grande commune mesure. Parquoy nous auons trouué la plus grande commune mesure de trois nombres proposez, non premiers entr'eux. Ce qu'il falloit faire.

COROLLAIRE.

Par cecy il est manifeste qu'vn nombre qui en mesure trois, mesurera aussi la plus grande commune mesure d'iceux.

SCHOLIE.

En la mesme maniere, estans donnez plus de trois nombres non premiers entr'eux, sera trouuee leur plus grande commune mesure ; C'est à dire, que s'il y-a quatre nombres, il faudra premierement trouuer la plus grande commune mesure de trois : si 5, de quatre : si 6, de cinq, &c. puis acheuer, comme il a esté dict de trois nombres donnez. Et aura aussi lieu le Corol. precedent ; tellement que le nombre qui en mesure quatre, mesurera aussi leur plus grande commune mesure, &c.

THOR. 2. PROP. IV.

Tout nombre moindre, est partie ou parties de tout nombre plus grand.

Soient deux nombres A & B inegaux, defquels
A foit le plus grand. ie dis que le plus petit B, eft
ou partie ou parties du plus grand A.

```
| A . . . . . .6 |
| B . . .3      |
```

Car ou B mefure A, ou non. S'il le mefure, il
eft partie par la 3. def. de ce liure : s'il ne le mefure pas, ou bien A & B, feront entr'eux nombres premiers, ou compofez.

Premierement qu'ils foient premiers : d'autant que
chaque vnité de B eft partie de A, il eft euident que
B eft parties de A, affauoir autant de parties qu'il y-a
d'vnitez en B.

```
| A . . . . . .6 |
| B . . . . .5  |
```

Secondement A & B foient compofez entr'eux : & puis que B ne mefure
pas A, foit trouuée C leur plus grande commune me-
fure par la 2. p. 7. & foit diuifé B, en parties BD, DE,
chacune egale à C. Veu donc que C eft partie de A,
car il le mefure, BD fera auffi partie de A; item DE.
Partant tout le nombre B eft parties de A, affauoir

```
| A . . . . . .6    |
| B . .2 D . .2 E   |
| C . .2            |
```

autant de parties que C eft autant de fois en BE. Parquoy tout nombre
moindre eft partie, &c. Ce qu'il falloit demonftrer.

THEOR. 3.   PROP. V.

Si de quatre nombres, le premier eft telle partie du fecond,
que le tiers du quart ; le premier & tiers enfemble, feront
telle partie du fecond & du quart enfemble, qu'eft le premier du fecond.

Soient quatre nombres A, BC, D & EF, defquels A 1. eft telle partie de BC 2,
que D 3, l'eft de EF 4. Ie dis que A & D enfemble
font telle partie de BC & EF enfemble, comme A
l'eft de BC.

```
| A . . .3              |
| B . . .3 G . . .3 C   |
| D . . . .4            |
| E . . . .4 H . . . .4 F |
```

Car puis que A eft telle partie de BC, que D de
EF ; BC contiendra A autant de fois, comme E F
contiendra D par la 3. def. Ayant donc diuifé B C
en autant de parties qu'il contient de fois A, fça-
uoir en BG & GC ; EF fe diuifera auffi en autant de parties egales à D, fçauoir en EH & HF : & d'autant que BG eft egal à A. & EH à D, fi à chofes
egales A & BG, on adioufte chofes egales, D & EH : A & D enfemble, feront
egaux à BG & EH enfemble : femblablement A & D enfemble, feront egaux
à GC & HF enfemble, & ainfi de fuitte, s'il y auoit dauantage de parties en
BC & EF : & partant autant de fois que BC contient A, autant de fois BC
& EF enfemble, contiendront A & D enfemble : Parquoy fi de quatre nombres le premier eft telle partie du fecond, &c. Ce qu'il falloit prouuer.

Kk ij

SCHOLIE.

Le mesme est aussi veritable en nombres rompus, ainsi qu'il appert en cet exemple, où le nombre A est telle partie du nombre BC, que le nombre D du nombre EF : & partant sera demonstré comme dessus A, D, ensemble estre la mesme partie de BC, EF ensemble que A de BC : sçauoir est, si B C, EF sont diuisez és parties BG, GC ; EH, HF, egales à iceux nombres A & D, &c.

```
| A 2/7                 D 3/8          |
| B 2/7 G 2/7 C     E 3/8 H 3/8 F      |
```

Or ceste 5. prop. peut estre transferée à tant de nombres qu'on voudra ainsi :

S'il y-a tant de nombres qu'on voudra, qui soient mesme partie d'autant d'autres nombres, chacun du sien correspondant ; aussi les touts seront mesme partie des touts, que l'vn sera de l'vn son correspondant.

Soient les nombres A, B, C, une mesme partie des nombres DE, FG, HI, chacun de son correspondant : Ie dis que tous les nombres A, B, C, ensemble sont la mesme partie de tous les nombres DE, FG, HI ensemble, que A de DE. Car estans diuisez les nombres DE, FG, HI en parties egales à iceux A, B, C ;

```
| A....4          B...3          C..2        |
| D....4K...4E  F...3L...3G  H..2M..2I        |
```

il y aura en DE autant de parties egales à A qu'en FG d'egales à B, & qu'en HI d'egales à C. Veu donc que A & DK, sont egaux, si on leur adiouste les egaux B & FI ; A, B ensemble seront egaux à DK, FL ensemble ; & si à iceux on adiouste encores les egaux C & HM ; aussi A, B, C ensemble, seront egaux à DK, FL, HM, ensemble. Par mesme raison A, B, C ensemble seront egaux à KE, LG, MI ensemble ; & ainsi de suitte, s'il y auoit dauantage de parties en DE, FG, HI : donc l'aggregé des nombres A, B, C sera autant de fois egal à l'aggregé des parties des nombres DE, FG, HI, que A sera contenu de fois en DE. Parquoy A, B, C ensemble, seront la mesme partie de DE, FG, HI ensemble, que A de DE.

Or cecy conuient aussi aux nombres rompus, soit qu'ils le soient tous, soit qu'auec iceux il y ait aussi quelque nombre entier, voire mesme l'vnité, ainsi qu'en ceste autre figure.

```
| A 2/5              B.1            C.1 1/2        |
| D 2/5 K 2/5 E   F..1L.1G     H.1 1/2 M.1 1/2 I   |
```

Car il est euident que ceste diuersité de nombres ne peut apporter aucun changement en la demonstration cy-dessus.

Commandin a demonstré en ce lieu le theoreme suiuant.

Si vn nombre est autant multiple d'vn nombre qu'vn autre l'est d'vn autre ; l'vn & l'autre ensemble sera autant multiple de l'vn & l'autre ensemble, qu'vn seul l'est d'vn seul.

Soit le nombre A autant multiple du nombre B, que le nombre C, l'est du nombre D : Ie dis que A & C ensemble sera autant multiple de B & D ensemble, que A de B. Car puis que A est multiple de B, & C autant multiple de D ; B sera telle partie de A, que D de C : & par la 5. prop. 7. B & D ensemble sera telle partie de A & C ensemble, que A de B : partant A & C ensemble sera autant multiple de B & D ensemble, que A de B. Ce qu'il falloit demonstrer.

```
| A........8 |
| B....4     |
| C......6   |
| D...3      |
```

Ce qui est icy demonstré de deux nombres, se doit aussi entendre de dauantage; tellement que la prop. se peut rendre vniuerselle disant ainsi:

S'il y a tant de nombres qu'on voudra equemultiples d'autant d'autres nombres, chacun du sien correspondant; les touts seront autant multiple des touts, que l'vn sera multiple de l'vn, son correspondant.

Ce qui correspond à ce qui a esté demonstré en toutes sortes de grandeurs à la 1. p. 5. Et neantmoins nous le demonstrerons encor ainsi. Soient trois nombres A, B, C, equemultiplices de trois autres D, E, F, chacun de son correspondant: Ie dis que les touts A, B, C,

```
| A........8   B.....6   C....4 |
| D....4       E...3     F..2   |
```

ensemble, sont autant multiples des touts D, E, F ensemble, que A est multiple de D. Car puis que A est autant multiple de D, que B de E, & C de F: au contraire D sera telle partie de A, que E de B, & F de C. Donc par les choses cy-dessus demonstrees, D, E, F ensemble, seront telle partie de A, B, C ensemble, que D de A: & par le contraire les toutes A, B, C ensemble, seront autant multiples des toutes D, E, F ensemble, que A de D. Et n'importe que les nombres proposez soient nombres entiers, ou nombres rompus car il est euident que la demonstration des vns est la mesme que des autres.

THEOR. 4.   PROP. VI.

Si de quatre nombres, le premier contient telles parties du second, que le tiers du quart: le premier & tiers ensemble, feront telles parties du second & quart ensemble, que le premier du second.

Soient quatre nombres A B, C, D E & F, desquels le premier A B contient autant de parties du second C, que le troisieme D E en contient du quatriesme F. Ie dis que A B & D E ensemble, contiennent autant de parties de C & F ensemble, que A B de C.

```
| A...3 G...3 B      |
| C.........9        |
| D...4 H...4 E      |
| F...........12     |
```

Car d'autant que A B contient telles parties de C, que D E de F; estans AB & DE diuisez en AG, GB; & DH, HE, selon qu'ils sont parties de C & F, il y aura autant de parties de C en AB, comme de F en DE, & par la prop. preced. AG & DH ensemble fera telle partie de C & F ensemble, que AG de C. Item GB & HE ensemble, fera telle partie de C & F ensemble, que GB de C; & ainsi de suite, s'il y auoit dauantage de parties en AB & DE. Parquoy iceux AB & DE ensemble, feront telles parties de C & F ensemble, que AB de C. Donc si de quatre nombres le premier contient telles parties, &c. Ce qu'il falloit demonstrer.

Ceſte meſme prop. auec ſa de-
monſtration a auſſi lieu en nom-
bres rompus, comme il appert en
cet exemple.

A $\frac{1}{9}$ G $\frac{1}{9}$ B	D $\frac{2}{7}$ H $\frac{2}{7}$ E
C $\frac{3}{9}$	F $\frac{6}{7}$

Mais ceſie 6. prop. peut auſſi eſtre eſtendue à tant de nombres qu'on voudra, ſoient
entiers, ou rompus, ainſi qu'il enſuit.

S'il y a tant de nombres qu'on voudra, qui ſoient meſmes parties, d'autant
d'autres nombres, chacun d'vn chacun; auſſi les touts ſeront meſmes parties des touts, que l'vn de l'vn ſon correſpondant.

Car c'eſt la meſme demonſtration que deſſus; obſeruant ſeulement qu'au lieu de la
5. prop. il ſe faut ſeruir icy de l'vniuerſelle demonſtree au ſcholie d'icelle 5. prop.

THEOR. 5. PROP. VII.

Si vn nombre eſt telle partie d'vn autre nombre, que le retranché du retranché; le reſte ſera auſſi telle partie du reſte,
comme le tout eſt du tout.

Soit le nombre A B telle partie du nombre CD que le retranché AE
eſt du retranché CF. Ie dis que le reſ-
te EB, ſera telle partie du reſte F D,
que le tout AB eſt du tout CD.

A . . . . . 4 E . . 2 B	
G . . . . 4 C . . . . 8 F . . . 4 D	

Car eſtant pris le nombre G C, en
ſorte que telle partie qu'eſt le retran-
ché AE du retranché CF, telle partie le reſte EB ſoit d'iceluy GC; par la 5. pr.
les deux nombres A E & EB enſemble ſeront telle partie des nombres GC &
CF enſemble, qu'eſt AE de CF, c'eſt à dire qu'eſt le tout AB du tout CD : &
partant puis que le nombre AB eſt telle partie du nombre CF que de CD:
iceux nombres GF, CD ſeront egaux entr'eux par la 4. com. ſent. en oſtant
donc le nombre commun CF, les demeurans GC & FD ſeront egaux : & partant le reſte EB ſera telle partie du reſte FD, que de GC : c'eſt à dire que le
tout AB du tout CD puis que EB a eſté poſé telle partie de GC, que AE de
CF ; qui par l'hypotheſe eſt la meſme que AB de CD. Si donc vn nombre
eſt telle partie d'vn autre nombre, &c. Ce qu'il falloit demonſtrer.

Ceſte prop. auec ſa demonſtration conuient auſſi aux nombres rompus : Et encore le
theoreme ſuiuant, lequel Commandin demonſtre en ceſt endroiƈt.

Si vn nombre eſt autant multiple d'vn autre nombre que le retranché du
retranché ; auſſi le reſte ſera autant multiple du reſte, que le tout du tout.

Soit le nombre A B autant multiple du nombre CD, que le retranché A E du re-
tranché CF : Ie dis auſſi que le reſte EB eſt autant
multiple du reſte F D, que le tout A B l'eſt du
tout CD. Car puis que A B, A E ſont equemulti-
plices de CD, CF, par le contraire le tout CD ſera
telle partie du tout A B, que le retranché CF du retranché A E : & partant par

A . . . . . 6 E . . . . 4 B	
C . . . 3 F . . 2 D	

la ſuſdite prop. 7. auſſi le reſte FD, ſera telle partie du reſte EB, que le tout CD du tout AB : donc au contraire EB ſera autant multiple de FD, que le tout AB eſt multiple du tout CD. Ce qui eſtoit propoſé à demonſtrer.

THEOR. 6. PROP. VIII.

Si vn nombre contient telles parties d'vn autre nombre, que le retranché du retranché : auſſi le reſte contiendra telles parties du reſte, que le tout du tout.

Si le nombre total AB contient telles parties du total CD, que le retranché A E du retranché C F : Ie dis que le reſte EB contiendra telles parties du reſte FD, que le total AB, du total CD.

```
G . . 2 A . . . . . . . 6 E . . 2 B
C . . . . . . . . . . 9 F . . . 3 D
```

Car ſi on poſe GA contenir telles parties de FD, que AE de CF, ou AB de CD, par la 6. prop. les deux nombres GA, AE enſemble, ſeront telles parties des deux CF, FD enſemble, (c'eſt à dire le tout GE du tout CD) que GA de FD, ou AB de CD : & partant puis que GE & AB contiennent telles parties de CD, l'vn que l'autre, ils ſeront egaux : parquoy en oſtant le nombre commun AE, reſteront GA & EB egaux. Mais GA contient telles parties de FD, que AB de CD : Donc auſſi EB contiendra telles parties d'iceluy FD, que AB de CD. Parquoy ſi vn nombre contient telles parties d'vn autre nombre, &c. Ce qu'il falloit prouuer.

S C H O L I E.

Que ſi aux nombres entiers cy-deſſus appoſez l'on ſubſtitue des nombres rompus, tu demonſtreras en la meſme maniere ceſte 8. prop. eſtre auſſi veritable en fractions; & ſemblablement les 9, 10, 11, 12, 13, 14, 16, &c.

THEOR. 7. PROP. IX.

Si de quatre nombres, le premier eſt telle partie du ſecond, que le tiers du quart ; auſſi en permutant le premier ſera telle, ou telles parties du tiers, que le ſecond du quart.

Soient quatre nombres A, BC, D & EF, deſquels A ſoit telle partie de BC, que D eſt de EF. Ie dis qu'en permutant, A ſera telle partie, ou contiendra telles parties de D, que BC de EF, pourueu que A & B C ſoient plus petits que D & E F, chacun au ſien ; car ainſi ſe doit entendre ceſte propoſition.

```
A . . . 3
B . . . 3 G . . . 3 C
D . . . . 4
E . . . . 4 H . . . . 4 F
```

Qu'ainſi ne ſoit : d'autant que par l'hypotheſe, A eſt telle partie de B C comme D de EF : BC contiendra autant de parties egales à A que EF en contient d'egales à D : ſoit donc diuiſé le nombre B C és parties BG, G C,

chacune egale à A ; & le nombre E F és parties E H, H F chacune egale à D.
Et puis que A est posé moindre que D, par la 4. prop. de ce liure, A est partie
ou parties de D, & ainsi consequemment des autres, sçauoir BG de EH, &
GC de HF : mais parce que BG est egale à GC, & EH à HF ; BC sera telle ou
telles parties de EH, que GC de HF : & partant par la 5. ou 6. prop. BG, GC
ensemble, c'est à dire BC, sera telle ou telles parties de E H, HF ensemble,
sçauoir EF, que BG de E H, c'est à dire que A de D. Parquoy si de quatre
nombres le premier est telle partie, &c. Ce qu'il falloit prouuer.

THEOR. 8. PROP. X.

Si de quatre nombres, le premier contient telles parties du
second, que le tiers du quart; aussi en permutant le premier contiendra telle ou telles parties du tiers, que le second du quart.

Soient quatre nombres AB, C, DE & F, desquels AB contienne telle parties de C, que DE de F. Ie dis qu'en permutant,
AB sera telle ou telles parties de DE, que C est
de F, moyennant que AB & C soient plus petits
que DE & F, chacun au sien, car ceste prop. aussi
bien que la precedente se doit ainsi entendre.

```
A . .2 G . .2 B
C . . . . . . 6
D . . . . .5 H . . . . .5 E
F . . . . . . . . . . . . . . .15
```

Car AB estant diuisé en AG, GB parties de
C ; & DE en DH, HE parties de F ; AB sera diuisé en autant de parties que
DE, & tant AG que GB sera telle partie de C, que DH & HE de F : donc en
permutant par la 9. prop. de ce liure, AG sera telle partie ou parties de DH,
& GB de HE, que C de F : & partant AG sera telle partie, ou parties de DH,
que GB de HE. Donc par la 5. ou 6. prop. A G, GB ensemble, sçauoir est le
premier nombre AB, sera aussi telle partie, ou parties de DH, HE ensemble,
c'est à dire du troisiesme nombre DE, que AG de DH, c'est à dire que le second nombre C du quart F : Parquoy si de quatre nombres, le premier contient telles parties du second, &c. Ce qu'il falloit prouuer.

THEOR. 9 PROP. XI.

Si le tout est au tout, comme le retranché au retranché; aussi
le reste sera au reste, comme le tout au tout.

Soit le tout AB au tout CD, comme le retranché AE au retranché CF : ie
dis que le reste EB est au reste FD, comme le tout
AB au tout CD.

Car puis que AB est à CD, comme AE à CF; AB
estant plus petit nombre que CD, sera telle ou
telles parties d'iceluy CD, que AE de CF, & par la

```
A . . . .4 E . .2 B
C . . . .6 F . .3 D
```

7 ou 8. prop. le reste EB sera telle ou telles parties du reste F D, que le tout
du tout.

du tout : & partant par la 20. def. le reste EB sera au reste FD , comme le tout
AB au tout CD. Ce qu'il falloit demonstrer.

SCHOLIE.

Or combien qu'en ceste demonstration Euclide pose le nombre AB plus petit que
le nombre CD , si est-ce toutesfois qu'elle auroit
aussi lieu, si AB estoit plus grand que CD. Car
ou iceluy nombre CD mesureroit AB, ou il ne le
mesureroit pas. Que CD mesure donc premiere-
ment AB; & d'autant que comme AB est à CD,

```
A........8E......6B
C....4F...3D
```

ainsi AE est à CF, par la 20.def. AB, AE, seront equemultiplices de CD,CF,c'est
à dire que CD sera telle partie de AB, que CF de AE ; & par la 7. prop.
le reste FD sera aussi mesme partie du reste EB, que le tout CD du tout AB: donc
par le contraire AB, EB, seront equemultiplices d'icelles CD, FD : & par la 20. def.
conuertie, comme le tout AB sera au tout CD, ainsi le reste EB sera au reste FD.

Maintenant que CD ne mesure pas AB : derechef puis
que comme AB est à CD, ainsi AE est à CF, telles parties
que CD est de AB, telles parties CF est aussi de AE par
la susdite 20. def. & par la 8. prop. le reste FD sera mes-
me parties du reste EB, que le tout CD du tout AB:

```
A......6E...3B
C.....4F..2D
```

donc par la mesme def. conuertie, le reste EB sera au reste FD , comme le tout
AB sera au tout CD. Ce qu'il falloit demonstrer.

THEOR. 10. PROP. XII.

S'il y-a tant de nombres qu'on voudra proportionnaux ; comme l'vn des antecedans sera à son consequent, ainsi tous
les antecedans feront à tous les consequens.

Soient tant de nombres qu'on voudra proportionnaux A, B; C, D; E, F;
c'est à sçauoir qu'il y ait telle raison de
A à B, que de C à D, & que de E à F.
Ie dis que tous les antecedans A, C, E
ensemble, feront à tous les consequens
B, D, F ensemble, comme A, l'vn des
antecedans, est à B son consequent.

```
A......6   C....4 E..2
B.........9 D......6 F...3
```

Car puis que les susdits nombres sont proportionnaux, & A, C, E, sont
moindres que B, D, E; par la 20. def. A sera telle ou telles parties de B, que C
de D, & E de F; & par la 5. ou 6. prop. de ce mesme liure A & C ensemble
feront telle, ou telles parties de B & D ensemble , que A de B, ou E de F. Derechef, puis que A, C ensemble comme vn seul, est telle partie, ou parties de
B, D ensemble, comme vn seul, que E de F, aussi par les mesmes prop. A, C
ensemble auec E, feront telle ou telles parties de B, D ensemble auec F, que
A de B: parquoy par la susdite 20. def. conuertie tous les antecedans A, C, E
ensemble, auront mesme raison à tous les consequens B, D, F ensemble, que

Ll

A à B: Si donc il y-a tant de nombres qu'on voudra proportionnaux, comme l'vn des antecedans, &c. Ce qu'il falloit prouuer.

SCHOLIE.

Euclide n'ayant demonstré ceste prop. qu'en quatre nombres, nous auons delaissé sa demonstration pour prendre celle-cy, qu'on peut estendre à tant de nombres qu'on voudra : & combien qu'en ceste demonstration nous ayons posé, comme il a faict les nombres antecedens moindres que les consequens, si est-ce toutesfois qu'estans plus grands la demonstration n'en sera differente, sinon en ce qu'il faudra, comme au Scholie precedent, prendre iceux antecedans equemultiples des consequens ; & puis apres iceux consequens mesmes parties desdicts antecedans, &c.

THEOR. II.   PROP. XIII.

Si quatre nombres sont proportionnaux : aussi en permutant ils seront proportionnaux.

Soient quatre nombres proportionnaux A,B,C,D, sçauoir qu'il y-ait telle raison de A à B, que de C à D : Ie dis qu'en permutant, il y aura telle raison de A à C, que de B à D.

Car puis que comme A est à B, ainsi C à D, par la 20. def. A estant plus petit que B, & C que D ; A sera telle ou telles parties de B, que C est de D ; & partant en permutant par la 9. ou 10. prop. de ce liure A sera telle ou telles parties de C, que B est de D, & par la susdite 20. def. conuertie, il y aura mesme raison de A à C que de B à D. Parquoy si quatre nombres sont proportionnaux,&c. Ce qu'il falloit demonstrer.

A	6
B	9
C	8
D	12

SCHOLIE.

Ceste demonstration d'Euclide a seulement lieu, quand les nombres antecedans sont moindres que les consequens, & que A est moindre que C: mais s'ils sont plus grands, & que A soit plus grand que B, & moindre que C, la demonstration s'en fera ainsi. D'autant que comme A est à B ainsi C est à D, par la 20. def. B sera mesme partie, ou mesmes parties de A, que D de C: donc en permutant par la 9. ou 10. prop. 7. B sera mesme partie ou parties de D, que A de C: & par la susdite 10. def. A sera à C, comme B à D.

A	4
B	...3
C	8
D	6

Que si A est plus grand que B, & que C ; on argumentera ainsi. D'autant que comme A est à B ainsi C est à D, par la 20. def. D sera mesme partie ou parties de C que B de A: donc en permutant par la 9. ou 10. prop. 7. C sera telle partie, ou telles parties de A, que D de B; & partant par la mesme def. A sera à C, comme B à D.

A	9
B	6
C	...3
D	..2

Finalement si A est moindre que B,
& plus grand que C, on dira ainsi:
d'autant que comme A est à B, ainsi
C est à D, par la 20. def. 7. C est mes-
me partie ou parties de D, que A de B:
donc en changeant par la 9. ou 10. p. 7.
C sera mesme partie, ou parties de A,
que D de B; & par la susdicte 20. def. conuertie, A sera à C, comme B à D.

A 4	
B 8	
C . . 2	
D 4	

THEOR. 12. PROP. XIV.

S'il y a tant de nombres qu'on voudra d'vn costé, & autant d'vn autre, qui soient prins de deux en deux, & en mesme raison; iceux en raison egale, seront aussi en mesme raison.

Soient tant de nombres qu'on voudra A, B, C, & autant d'autres D, E, F; & qu'il y ait telle raison de A à B, que de D à E, & de B à C, que de E à F. Ie dis qu'en raison egale, il y aura telle raison de A à C, que de D à F.

A 9	D 6
B 6	E 4
C . . . 3	F . . 2

Car puis que comme A est à B, ainsi D à E, en permutant par la preced. prop. comme A sera à D, ainsi B à E : semblablement aussi puis que comme B est à C, ainsi E à F, en permutant comme B sera à E, ainsi C à F. Donc comme A sera à D, ainsi C sera à F (car puis que A est à D, & C à F, en mesme raison que B à E, aussi A sera à D en la mesme raison que C à F, comme sera incontinent demonstré) & partant en permutant, comme A sera à C, ainsi D sera à F : ce qu'il falloit prouuer.

LEMME.

Or que A estant à D, & C à F, en mesme raison que B à E, ils soient de mesme
raison entr'eux, nous le demonstrerons ainsi. D'autant que comme A est à D, ainsi B à
E; E plus petit sera telle ou telles parties de B, que D de A: Derechef puis que
comme B à E, ainsi C à F; F moindre sera telle, ou telles parties de C, que E de B: Par-
quoy F sera telle ou telles parties de C, que D de A: & partant par la 20. def.
conuertie, comme A sera a D, ainsi C sera à F. Donc les raisons des nombres qui
sont de mesme à vne, sont aussi de mesme entr'elles. Ce qui a esté demonstré en
toutes grandeurs au 5. liure prop. 11.

THEOR. 13. PROP. XV.

Si l'vnité mesure quelque nombre autant de fois qu'vn tiers mesure vn quart; aussi en permutant le second mesurera le quart autant de fois que l'vnité mesure le tiers.

Soit l'vnité A, qui mesure BC autant de fois que D mesure EF : Ie dis qu'en permutant BC mesurera EF autant de fois que A mesure D.

Car ayant diuisé B C selon les vnitez B G, G H, H C; il y aura en E F
autant de parties egales à D, lesquelles soient
EI, IK, KF; & partant BG sera mesme partie de
EI, que GH de IK, & HC de KF: donc par la
20. def. BG est à EI, comme G H à IK, & HC à
KF: & partant par la 12. prop. tous les antecedans BC seront à tous les consequents EF, comme BG à EI, ou leurs egaux A à D: & par la sus-
dite 20. def. conuertie BC sera mesme partie de EF que A de D; & par consequent BC mesure EF autant de fois que A mesure D. Parquoy si l'vnité
mesure quelque nombre, &c. Ce qui estoit à prouuer.

$$\begin{array}{|l|} \hline A \; . \; 1 \\ B \; . \; 1\,G \; . \; 1\,H \; . \; 1\,C \\ D \; . \; . \; 2 \\ E \; . \; . \; 2\,I \; . \; . \; 2\,K \; . \; . \; 2\,F \\ \hline \end{array}$$

THEOR. 14.   PROP. XVI.

Si deux nombres se multiplient l'vn l'autre, leurs produicts
seront egaux entr'eux.

Soient deux nombres A & B; & que A multipliant B produise C; & B
multipliant A produise D. Ie dis qu'iceux deux
produicts C & D sont egaux entr'eux.

Car puis que A multipliant B produict C; B sera autant de fois en C, que l'vnité en A par la 15.
def. & partant mesurera C autant de fois que l'v-
nité mesure A, & par la 15. prop. en permutant
A mesurera C autant de fois que l'vnité mesurera
B. Item B multipliant A & produisant D; A sera autant de fois en D, qu'il y
a d'vnitez en B par la mesme 15. def. & par consequent mesurera D autant de
fois que l'vnité mesure B: mais nous auons prouué que A mesureroit aussi C
autant de fois que l'vnité mesure B: donc A mesure C & D egalement, &
partant par la 1. com. sent. C & D seront egaux entr'eux: Parquoy si deux
nombres se multiplient l'vn l'autre, &c. Ce qu'il falloit demonstrer.

$$\begin{array}{|l|} \hline \qquad \textit{Vnité.} \\ A \; . . . 3 \qquad B \; . . . . 4 \\ C \; . . . . 12 \\ D \; . . . . 12 \\ \hline \end{array}$$

*On demonstrera ceste prop. en nombres rompus ainsi. D'autant que A multipliant
B produict C; par la def. de la multiplication C sera à B
comme A à l'vnité: & en permutant C sera à A comme
B à l'vnité. Mais par la mesme def. comme B est à l'vnité,
ainsi aussi D est à A, pource que B multipliant A a
produict D. Donc comme C sera à A ainsi D sera au mes-
me A, par le Lemme de la 14. prop. &c. partant C & D sont egaux entr'eux.*

$$\begin{array}{|l|} \hline \qquad \textit{Vnité.} \\ A\,\tfrac{2}{3} \qquad B\,4\,\tfrac{5}{7} \\ D\,3\,\tfrac{1}{7} \quad C\,3\,\tfrac{1}{7} \\ \hline \end{array}$$

THEOR. 15.   PROP. XVII.

Si vn nombre en multiplie deux autres, les produicts seront
entr'eux en mesme raison que les multipliez.

Soit le nombre A, lequel multipliant les nombres B & C faſſe D & E:
Ie dis que les deux produicts D & E ſont entr'eux,
comme B à C.

Car par la 15. def. B multiplié par A eſt autant
de fois contenu en ſon produict D, que l'vnité en A;
& C dans ſon produict E, comme la meſme vnité
en A : & partant B meſurera autant de fois D, que
C meſure E. Donc B ſera telle partie de D, que C de
E: & par la 20. def. B ſera à D, comme C à E; & en
permutant par la 13. prop. 7. comme B ſera à C, ainſi D ſera à E: Si donc vn
nombre en multiplie deux autres,&c. Ce qu'il falloit prouuer.

	Vnité.
A . . 2	
B . . 3	C 4
D 6	
E 8	

S C H O L I E.

*Cette prop. a auſſi lieu en nombres rompus; & ſe
demonſtre ainſi. D'autant que A multipliant B &
C, produict D & E; par la def. de la multiplication il y aura telle raiſon tant de D à B, que de E à
C, comme de A à l'vnité, & partant par le Lemme
de la 14. prop. 7. comme D ſera à B, ainſi E à C: donc en permutant comme D ſera
à E, ainſi B à C.*

A $\frac{1}{2}$	
B $\frac{3}{4}$	C $7\frac{1}{5}$
D $\frac{3}{8}$	E $3\frac{3}{5}$

THEOR. 16.   PROP. XVIII.

Si deux nombres en multiplient vn autre, les produicts ſeront entr'eux, en meſme raiſon que les multiplians.

Soient deux nombres A & B, qui multiplians C produiſent D & E. Ie dis
que comme A eſt à B, ainſi D eſt à E.

Car puis que A multipliant C produict
D, auſſi C multipliant A produict le meſme
D par la 16. prop. Semblablement, puis
que B multipliant C produict E, auſſi C
multipliant B produira le meſme E: veu

A . . . 3	B 4
C . . 2	
D 6	E 8

donc qu'vn meſme nombre C multipliant A & B, produict D & E, comme A
eſt à B, ainſi D eſt à E par la prop. prec. Parquoy ſi deux nombres en multiplient vn autre, &c. Ce qui eſtoit à prouuer.

S C H O L I E.

*Veu que la demonſtration tant de ceſte prop. que des deux ſuiuantes, eſt la meſme
en nombres rompus, qu'en nombres entiers, nous ne nous y arreſterons dauantage; mais
dirons icy que Clauius a accommodé (apres Campanus) tant ceſte prop. que la precedente à tant de nombres qu'on voudra; en ceſte ſorte,*

Si vn nombre multiplie tant de nombres qu'on voudra, ou quelconques
nombres en multiplient quelque autre ; les produicts ſeront entr'eux en meſmes raiſons que les multipliez, ou multiplians.

*Car le nombre A multipliant les nombres B, C, D, ou estant multiplié par iceux,
soient produicts les nombres E, F, G. Ie dis que E, F, G, sont entr'eux comme les
nombres multipliez ou mul-
tiplians B, C, D; c'est à dire
que comme B est à C, ainsi
E à F; & comme C à D, ainsi
F à G. Car puis que E, F
sont produicts de A mul-
tipliant B, C; ou de B, C, multipliez par A, comme B sera à C, ainsi E sera à F par
la 17. ou 18. prop. Semblablement pource que F, G, sont produicts de A en C, D, ou de
C, D par A, aussi comme C sera à D, ainsi F sera à G, & ainsi des autres. Appert donc ce qui estoit proposé.*

```
| A ...3
| B ..2      C ...3        D ....4
| E ......6 F ..........9 G .............12
```

THEOR. 17. PROP. XIX.

Si quatre nombres sont proportionnaux, le produict du premier multiplié par le quart, sera egal au produict du second par le tiers : Et si le produict du premier multiplié
par le quart, est egal au produict du second par le tiers ;
iceux quatre nombres sont proportionnaux.

Soient quatre nombres proportionnaux A, B : C, D, sçauoir que comme
A est à B, ainsi C est à D ; & que le premier A
multiplié par le dernier D produise E, &
le second B par le tiers C produise F. Ie dis
que E & F sont egaux.

```
| A ......6 B ....4
| C ...3    D ..2
| E ............12
| F ............12
| G ...............18
```

Qu'ainsi ne soit : Soit multiplié A par C,
& le produict soit G : d'autant que A multiplié par C & D, produict G & E, il y aura
telle raison de G à E, que de C à D, par la
prop. prec. Pareillement d'autant que C multipliant A & B, produict G & F,
il y aura telle raison de G à F, que de A à B, par la 17. prop. ou de C à D, qui
sont en mesme raison que A & B. Parquoy G estant à E, & G à F en mesme
raison que C à D, par le Lemme de la 14. prop. comme G sera à E, ainsi G sera à F; parquoy G aura mesme raison à E qu'à F; & partant E & F seront nombres egaux, ainsi que nous auons dit sur la 20. def.

Pour la seconde partie, soit E produict de A multiplié par D, egal à F, produict de B multiplié par C : Ie dis que A est à B comme C est à D.

Car si G est produict de A multiplié par C; E & F nombres egaux auront
mesme raison à G, comme nous auons dit en la suitte de la 20. def. Mais il
y a telle raison de G à E, comme de C à D, par la preced. prop. & telle raison
de G à F, comme de A à B par la 17. prop. & partant par le Lemme de la 14. p.
A sera à B, comme C à D : si donc quatre nombres sont proportionnaux, le
produict du premier & quart, &c. Ce qu'il falloit prouuer.

SCHOLIE.

Clauius adiouste icy cet autre Theoreme, la demonstration duquel a lieu tant en nombres entiers qu'en fractions.

Si de quatre nombres, le premier a plus grande raison au second, que le troisiesme au quatriesme; le produict du premier multiplié par le quatriesme sera plus grand que le produict du second multiplié par le troisiesme; & si le nombre produict du premier & quatriesme est plus grand, que celuy du second & troisiesme; il y aura plus grande raison du premier au second que du troisiesme au quatriesme.

Soient quatre nombres A, B, C, D, & qu'il y ait premierement plus grande raison du premier A au second B, que du troisiesme C au quatriesme D : Ie dis que le nombre procreé de A en D est plus grand que celuy fait de B en C. Car si on pose que E soit à B, comme C à D; il y aura aussi plus grande raison de A à B, que de E à B; &

```
A . . . . . . .7    E . . . . . .6
B . . . .4
C . . . . . . . . . .9
D . . . . . .6
```

partant A sera plus grand que E, comme nous auons annotté sur la 20. def. 7. Parquoy il se fera vn plus grand nombre de A en D, que de E par le mesme D. Mais par la 19. prop. 7. le produict de E en D est egal à celuy de B en C: donc aussi le nombre procreé de A en D sera plus grand que celuy fait de B en C. Ce qu'il falloit prouuer.

Maintenant que le nombre procreé de A en D, soit plus grand, que celuy faict de B en C: Ie dis qu'il y-a plus grande raison de A à B, que de C à D. Car si on entend que le nombre E en D fasse le mesme nombre, que de B en C; le produict de A en D sera aussi plus grand que celuy de E par le mesme D: & partant A sera plus grand que E. Parquoy il y aura plus grande raison de A à B, que de E au mesme B. Mais

```
A . . . . .5    E . . . . . .6
B . . . .4
C . . .3
D . .2
```

par la 19. prop. 7. comme E est à B, ainsi C est à D : donc aussi la raison de A à B sera plus grande que de C à D. Ce qu'il falloit prouuer.

Que s'il y auoit moindre raison du premier nombre au second, que du troisiesme au quatriesme, le nombre faict du premier multiplié par le quatriesme seroit moindre, que celuy faict du second par le troisiesme : Et si le nombre procreé du premier multiplié par le quatriesme estoit moindre, que celuy fait du second par le troisiesme; il y auroit moindre raison du premier nombre au second, que du troisiesme au quatriesme. La demonstration n'est differente à la precedente, sinon en ce qu'il faut changer plus grand en moindre.

A ce Theoreme nous en adiousterons vn autre fort vtil, qui est tel.

Si trois ou dauantage de nombres se multiplient entr'eux, le produict sera tousiours le mesme, en quelque facon & ordre qu'on les multiplie.

Soient trois nombres A, B, C, & le produict de A multiplié par B soit D, le

quel multiplié par C produise E : Mais changeant d'ordre le produict de B par C soit
F, & iceluy multiplié par A produise G : Changeant derechef d'ordre, le produict
de A en C soit H, qui multiplié par B fasse I. Ie
dis que les trois produicts E, G, I, sont vn mesme
nombre. Car puis que B multipliant A & C produict D, F, par la 17. prop. 7. comme A est à C,
ainsi D à F, & par la 19. prop. 7. le produict
de A en F, qui est G, sera egal au produict de
C en D, qui est E. Item puisque C multipliant

A 3.	B 4.	C 5.
D 12.	F 20.	H 15.
E 60.	G 60.	I 60.

A & B, produict H & F, comme A est à B, ainsi H à F ; & partant le produict de A en F, qui est G, sera egal au produict de B en H, qui est I. Par ainsi les
deux nombres E & I estans egaux au nombre G, tous les trois E, G, I, sont egaux
entr'eux, c'est à dire vn mesme nombre : Ce qu'il falloit prouuer.

Maintenant soient quatre nombres A, B, C, D, & multipliant A par B, & le produict par C, soit faict E, qui multiplié par D produise F : Mais changeant d'ordre, & multipliant D par C, & le produict
par B, soit faict G, qui multiplié par A, fasse H : Ie dis que F & H sont vn mesme nombre, & qu'en quelque autre façon qu'on multiplie entr'eux les quatre nombres proposez
A, B, C, D, sera tousiours produict le mesme
nombre. Car puis que multipliant d'vn costé

A 2.	B 3.	C 4.	D 5.
E 24.	I 12.	G 60.	
F 120.		H 120.	

les trois nombres A, B, C entr'eux, & d'vn autre costé les trois D, C, B, aussi entr'eux
sont produicts les deux E & G, soient multipliez B & C entr'eux, & le produict
soit I. Or par ce qui a esté demonstré cy-dessus de trois nombres, le nombre E qui
se fait multipliant A par B, & le produict par C, se fera aussi multipliant B
par C, & le produict (sçauoir I) par A. Par mesme discours, on prouuera que G
seroit produict multipliant D par I. Veu donc que I multipliant A & D, produict
E & G, comme A est à D, ainsi E est à G, par la 17. prop. 7. & partant le produict
des extremes A & G sera le mesme que des moyens D & E par la 19. prop. 7. donc
F & H sont vn mesme nombre. Et par semblable discours on prouuera tousiours le
mesme : Car de quatre nombres en multipliant trois entr'eux d'vn costé, & trois
d'vn autre, il se rencontrera que de trois pris d'vn costé, & d'autre, il y en aura
tousiours deux qui seront communs de part & d'autre, & par ainsi la mesme demonstration aura tousiours lieu.

Que si l'on propose cinq nombres, on en prendra quatre d'vn costé, & quatre
d'vn autre, & s'en trouuera tousiours trois qui seront commun d'vn costé & d'autre : tellement que s'aydant de ce qui a esté demonstré en trois, & en quatre nombres,
on accomplira la demonstration en la mesme sorte. Et si on propose six nombres, l'on
se seruira de ce qui aura esté demonstré en cinq, & ainsi tousiours en augmentant
de nombre en nombre, si on en propose dauantage. Ce que le docte Bachet a aussi
demonstré en ses Problemes plaisans ; & est ueritable en toutes sortes de nombres
soient entiers ou fractions.

THEOR.

THEOR. 18. PROP. XX.

Si trois nombres sont proportionnaux, le produict des extremes est egal au produict du milieu : & si le produict des extremes est egal à celuy du milieu, iceux trois nombres seront proportionnaux.

Soient trois nombres proportionnaux A, B, C, sçauoir que comme A est à B, ainsi B à C : Ie dis que le produict de A 1, multiplié par C, 3e, est egal au produict du moyen B multiplié par soy-mesme.

Car estant pris D egal à B, comme A sera à B, ainsi D sera à C ; & par la prec. prop. le produict de A par C, sera egal au produict de B par D, c'est à dire, de B par soy-mesmes.

```
A.........9
B......6
D......6
C....4
```

Pour la seconde partie ; soit le produict de A, 1. multiplié par C, 3e, egal au produict de B moyen multiplié par soy-mesme : Ie dis que les nombres A, B, C, sont proportionnaux.

Car derechef estant pris D egal à B, comme A sera à B, ainsi D sera à C, & par la prop. prec. le produict de A par C sera egal au produict de B par D, c'est à dire de B par soy-mesme, puis que D luy est egal : partant les trois nombres A, B, C, sont proportionnaux. Si donc trois nombres sont proportionnaux, &c. Ce qu'il falloit demonstrer.

SCHOLIE.

Que s'il y-a plus grande raison du premier nombre au second, que du second au troisiesme ; le nombre procreé du premier multiplié par le troisiesme sera plus grand, que celuy faict du second multiplié par soy-mesme : & si le nombre faict du premier multiplié par le troisiesme est plus grand que du second en soy mesme, il y aura plus grande raison du premier au second, que du second au troisiesme. Item s'il y-a moindre raison du premier au second, que du second au troisiesme, le produict du premier par le troisiesme sera moindre que le produict du second par soy-mesme : & si un moindre nombre est faict du premier multiplié par le troisiesme, que du second en soy ; il y aura moindre raison du premier nombre au deuxiesme, que du deuxiesme au troisiesme : Ce qui sera

```
A........8        A....4
B......6          B......6
D......6          D......6
C......5          C........7
```

euident par ce qui est demonstré au scholie precedent, ayant posé le nombre D egal au second nombre B, afin qu'il y ait quatre nombres : Car alors il y aura plus gra-

de raiſon du premier au deuxieſme, que du troiſieſme au quatrieſme, ou moindre, &c. comme il appert aux exemples cy appoſés, ſoit que les nombres ſoient entiers ou rompus.

THEOR. 19. PROP. XXI.

Les plus petits nombres de tous ceux qui ont la meſme raiſon auec iceux, meſurent egalement les nombres qui ont la meſme raiſon, ſçauoir le plus grand, le plus grand; & le plus petit.

Soient deux nombres A & B, les plus petits en leur raiſon, & deux autres nombres plus grands C & D en meſme raiſon qu'iceux A & B, c'eſt à dire que comme A eſt à B, ainſi C à D : Ie dis que A & B meſurent egalement C & D, c'eſt à dire que A meſure C autant de fois que B meſure D.

A . . . 3	B 4
C 6	D 8

Car puis que iceux A, B, C, D, ſont proportionnaux, en permutant par la 13. prop. A ſera à C comme B à D ; & puis que A & B ſont plus petits que C & D, par la 20. def. ils ſeront meſme partie ou parties d'iceux C & D. Or ils ne peuuent eſtre parties : car il eſt euident qu'ils ne ſeroient les plus petits nombres de leur raiſon ; contre l'hypotheſe: Donc A eſt meſme partie de C, que B de D : & partant A meſure C, autant de fois que B meſure D : parquoy les plus petits nombres de tous ceux qui ont vne meſme raiſon, &c. Ce qu'il falloit demonſtrer.

THEOR. 20. PROP. XXII.

S'il y a trois nombres d'vn coſté, & autant d'vn autre, leſquels pris de deux en deux ſoient en meſme raiſon, la proportion eſtant troublée, en raiſon egale, ils ſeront proportionnaux.

Soient trois nombres d'vn coſté A, B, C, & trois d'vn autre D, E, F, leſquels pris de deux en deux ſoient en meſme raiſon, & leur proportion troublee, ſçauoir que A ſoit à B, comme E à F, & B à C, comme D à E : Ie dis qu'en raiſon egale A ſera à C, comme D à F.

A 4	D 12
B . . . 5	E 8
C . . 2	F 6

Car puis que A eſt à B, comme E à F le produict de A multiplié par F, ſera egal au produict de B multiplié par E, par la 19. prop. Item, puis que B eſt à C comme D à E; le meſme produict de B multiplié par E, ſera egal au produict de C multiplié par D, par la meſme prop. & partant le produict de A par F, ſera egal au produict de C par D, & par la ſuſdite 19. prop. il y aura

mesme raison de A à C que de D à F: Parquoy s'il y a trois nombres d'vn costé, & autant d'vn autre, &c. Ce qu'il falloit prouuer.

SCHOLIE.

Il est euident que ceste demonstration conuient aussi aux nombres rompus. Et
d'autant que de six moyens d'argumenter és proportions, lesquels Euclide a expliqué en grandeur, & demonstré au 5. liure, il en demonstre en celuy-cy seulement deux en nombres; il ne sera hors de propos de demonstrer aussi en nombres
les quatre autres moyens, comme ont faict plusieurs Interprettes.

1. Si quatre nombres sont proportionnaux; par raison inuerse, ou en changeant, ils seront aussi proportionnaux.

Soit A à B comme C à D. Ie dis qu'en changeant
comme B à A, ainsi D à C. Car puis que comme A à
B, ainsi C à D, en permutant par la 13. prop. comme A
sera à C, ainsi B à D. Derechef puis que B est à D com-
me A à C, par la mesme prop. B sera à A comme D à C. Ce qui estoit proposé.

<pre>
| A . . . . . . 6 C . . . 3 |
| B 4   D . . 2 |
</pre>

2. Si les nombres composez sont proportionnaux; iceux diuisez seront
aussi proportionnaux.

Soit AB à CB comme DE à EF. Ie dis qu'aussi en diuisant, comme AC à CB,
ainsi DF à FE. Car puis que comme AB à CB, ainsi DE à FE: en permutant par la
13. prop. comme le tout AB au tout DE, ainsi le re-
tranché CB au retranché FE: & partant par la 11. p.
comme le tout AB est au tout DE, ainsi le reste AC
sera au reste DF: c'est à dire AC à DF comme CB à
FE: donc en permutant comme AC sera à CB, ainsi
DF sera à FE. Ce qui estoit proposé.

<pre>
| A . . . . . . 6 C . . . 3 B |
| D . . . . 4 F . . 2 E |
</pre>

Par la mesme maniere nous demonstrerons comme au liure 5. la diuision conuerse, &
contraire de raison. Car soit premierement comme AB à CB, ainsi DE à FE; Ie dis
que, par diuision conuerse de raison, comme CB à AC, ainsi FE à DF. Car puis
que comme AB à CB, ainsi DE à FE; en diuisant, comme AC sera à CB, ainsi DE
à FE: & en changeant, comme CB sera à AC, ainsi FE sera à DF.

Soit maintenant comme AC à AB, ainsi DF à DE. Ie dis par diuision contraire
de raison, que comme AC est à CB, ainsi DF à FE. Car puis que comme AC à AB,
ainsi DF à DE: en changeant comme AB sera à AC, ainsi DE à DF. Donc en
diuisant comme CB à AC, ainsi FE à DF: & en changeant, comme AC sera à
CB, ainsi DF à FE. Ce qui estoit proposé.

3. Si les nombres diuisez sont proportionnaux: iceux composez seront
aussi proportionnaux.

Soit AB à BC, comme DE à EF. Ie dis qu'en composant comme AC est à BC, ainsi DF, à EF. Car puis
que comme AB à BC, ainsi DE à EF; en permutant
par la 13. prop. comme AB à DE, ainsi BC à EF, &
partant par la 12. prop. comme AB, BC ensemble, à DE, EF, ensemble, c'est à dire

<pre>
| A . . . . . . 6 B . . . 3 C |
| D . . . . 4 E . . 2 F |
</pre>

M m ij

le tout AC au tout DF, comme BC à EF : & en permutant par la 13. prop. comme AC à BC, ainſi DF à EF. Ce qui eſtoit propoſé.

Semblablement nous demonſtrerons icy comme au 5. liure la compoſition conuerſe & contraire de raiſon. Car ſoit premierement comme AB à BC, ainſi DE à EF. Ie dis par compoſition conuerſe de raiſon, que comme AC eſt à AB, ainſi DF à DE. Car veu que AB eſt à BC, comme DE à EF : en changeant comme BC ſera à AB, ainſi EF à DE : & en compoſant comme AC ſera à AB, ainſi DF ſera à DE.

Maintenant ſoit derechef AB à BC, comme DE à EF. Ie dis que par compoſition contraire de raiſon, comme AB eſt à AC, ainſi DE à DF : car puis que comme AB à BC, ainſi DE à EF : en changeant comme BC ſera à AB, ainſi EF à DE. Donc en compoſant, comme AC à AB, ainſi DF à DE, & en changeant comme AB ſera à AC, ainſi DE à DF.

4. Si les nombres compoſez ſont propotionnaux; ils le ſeront auſſi par conuerſion de raiſon.

Soit comme AB à CB, ainſi DE à FE. Ie dis que par conuerſion de raiſon, comme AB eſt à AC, ainſi DE à DF. Car puis que comme AB à CB, ainſi DE à FE : en permutant par la 13. prop. comme le tout AB ſera au tout DE, ainſi le retranché CB ſera au retranché FE : & partant par la 11. prop. comme le tout AB au tout DE, ainſi le reſte AC au reſte DF. Donc en permutant comme AB ſera à AC, ainſi DE à DF. Ce qui eſtoit propoſé.

A......6C...3B		
D....4F..2E		

A ces quatre theoremes nous adiouſterons les quatre ſuiuans.

5. S'il y-a tant de nombres qu'on voudra d'vn coſté, & autant d'vn autre leſquels prins de deux en deux ſoient en meſme raiſon; comme tous les nombres du premier ordre enſemble ſe ront à l'vn d'iceux, ainſi tous les nombres de l'autre ordre enſemble ſeront au correſpondant à iceluy pris du premier ordre.

Soient quatre nombres A, B, C, D d'vn coſté, & quatre d'vn autre E, F, G, H, & que A ſoit à B, comme E à F; & B à C comme F à G; & C à D comme G à H: Ie dis que comme tous les nombres A, B, C, D, enſemble, ſeront au dernier D, ainſi tous les nombres E, F, G, H, enſemble ſeront au dernier H. Car d'autant que comme A, eſt à B, ainſi E eſt à F; en compoſant comme A, B, enſemble ſeront à B, ainſi E, F enſemble ſeront à

A...3	B....4	C..2	D.....5
E......6F........8G....4H.........10			

F. Mais comme B eſt à C, ainſi F à G: donc en raiſon egale, comme A, B, enſemble ſont à C. ainſi E, F enſemble ſont à G; parquoy, en compoſant comme A, B, C enſemble ſeront à C, ainſi E, F, G, enſemble ſeront à G. Mais comme C à D, ainſi G à H: donc en raiſon egale comme A, B, C enſemble ſeront à D, ainſi E, F, G enſemble ſeront à H: Et en compofant comme A, B, C, D enfemble font à D, ainfi E, F, G, H enfemble feront à H. Ce qu'il falloit prouuer.

D'où eft manifefte que comme l'vn des nombres du premier ordre eft à fon correfpondant de l'autre ordre, ainfi tous les nombres du premier ordre enfemble feront à tous ceux du fecond ordre enfemble. Car puifque comme A, B, C, D enfemble font à D, ainfi E, F, G, H enfemble font à H; en permutant A, B, C, D enfemble fout font à E, F, G, H enfemble, comme D à H.

6. Si le premier a mefme raifon au fecond, que le troifiefme au quatriefme, & que le cinquiefme ayt aufsi mefme raifon au fecond, que le fixiefme au quatriefme: le compofé du premier & cinquiefme aura mefme raifon au fecond, que le compofé du troifiefme & fixiefme au quatriefme.

Soit AB premier à C deuxiefme, comme D E troifiefme à F quatriefme. Item foit BG cinquiefme à C deuxiefme, comme EH fixiefme à F quatriefme. Ie dis que AG, compofé du premier & du cinquiefme eft à C deuxiefme comme DE compofé du troifiefme & fixiefme eft à F quatriefme.

|A . . . . . . 6 B . . 2 6   D . . . . 9 E . . . 3 H|
|C 4   F . . . . . 6 |

Car puis que comme B G eft à C, ainfi E H à F, en changeant comme C fera à BG, ainfi F à EH. Veu donc que comme A B à C, ainfi D E à F, & comme C à B G, ainfi F à E H; en raifon egale, comme A B eft à BG, ainfi D E eft à E H: & en compofant, comme A G à B G, ainfi D H à E H, partant puis que derechef comme A G à B G, ainfi D H à E H, & comme B G à C, ainfi E H à F; en raifon egale, comme A G fera à C, ainfi D H à F. Ce qui eft propofé.

7. Si le premier a mefme raifon au fecond, que le troifiefme au quatriefme; & que le premier ayt aufsi la mefme au cinquiefme, que le troifiefme au fixiefme; aufsi le premier aura mefme raifon au compofé du fecond & cinquiefme que le troifiefme au compofé du quatriefme & fixiefme.

Soit le tout AB à C, comme le tout DE à F: Item le retranché AG foit à C, comme le retranché D H à F : Ie dis que le refte G B eft à C, comme le refte H E à F. Car puis que comme A G à C ainfi D H à F, en changeant comme C fera à A G ainfi F à D H. Veu

|A . . . . . 6 G . . 2 B   D . . . . 9 H . . . 3 E|
|C 4   F . . . . . . 6 |

donc que comme A B à C, ainfi D E à F, & comme C à A G, ainfi F à D H; en raifon egale; comme A B à A G, ainfi D E à D H. Parquoy en diuifant comme G B à A G, ainfi H E à D H. Mais puis que derechef, comme G B à A G, ainfi H E à D H, & comme A G à C, ainfi D H à F; en raifon egale, comme G B fera à C ainfi H E fera à F: ce qui eft propofé.

8. Si deux nombres, & des retranchés d'iceux, ont vne mefme raifon à deux nombres : aufsi les reftes auront mefme raifon aux mefmes nombres.

Soit A premier à BC deuxiefme, comme D troifiefme à EF quatriefme: & comme A premier CG cinquiefme, ainfi D troifiefme à FH fixiefme. Ie dis que côme A premier eft à

BG, composé du deuxiesme & cinquiesme, ainsi D, troisiesme à EH composé du quatries-
me & sixiesme. Car puis que
comme A est à BC, ainsi D à EF,
en changeant comme BC sera à
A, ainsi EF à D. D'autant donc
que comme BC à A, ainsi EF à
D, & comme A à CG, ainsi D
à FH ; en raison egale, comme BC à CG, ainsi EF à FH : & en composant comme BG à
CG, ainsi EH à FH, & en changeant comme CG à BG, ainsi FH à EH. Veu donc que
comme A à CG, ainsi D à FH, & comme CG à BG, ainsi FH à EH ; en raison egale,
comme A sera à BG, ainsi D à EH. Ce qui est proposé.

```
| A.......6        D.........9          |
| B....4 C..2 G   E......6 F....4 H     |
```

THEOR. 21. PROP. XXIII.

Les nombres premiers entr'eux, sont les plus petits de tous ceux qui ont la mesme raison auec iceux.

Soient deux nombres premiers entr'eux A & B. Ie dis qu'ils sont les plus petits de tous ceux qui ont la mesme raison
qu'eux.

Car s'il n'est ainsi, soient, s'il est possible,
C & D plus petits en la mesme raison ; &
par la 21. prop. ils mesureront A & B, l'vn
comme l'autre : qu'ils les mesurent donc par

```
| A......6   B......5 |
| C---       D--  E-   |
```

le nombre E. Donc E sera commune mesure des nombres A & B, ainsi ils ne
seroient pas premiers entr'eux, mais composez, contre l'hypothese. A & B sont
donc les plus petits de tous ceux qui sont en mesme raison qu'eux. Parquoy les
nombres premiers entre'eux, &c. Ce quil falloit prouuer.

THEOR. 22. PROP. XXIIII.

Les plus petits nombres de tous ceux qui ont vne mesme raison, sont premiers entr'eux.

Soient les nombres A & B, les plus petits de tous ceux qui ont la mesme raison : Ie dis qu'ils sont premiers entr'eux.

Autrement ; s'ils ne sont premiers, que C les mesure tous deux, s'il est possible, sçauoir A autant de
fois qu'il y-a d'vnitez en D, & B autant de fois qu'il
y-a d'vnitez en E. Veu donc que C mesure A par les
vnitez qui sont en D, & B par les vnitez qui sont
en E ; C multipliant D & E, produira A & B par

```
| A......6 D--  |
|          C-   |
| B.....5 E--   |
```

la 9. com. sent. Parquoy par la 17. prop. il y aura mesme raison de A à B que
de D à E : & partant puis que D & E sont parties d'iceux A & B, ils sont moin-

dres, ainſi A & B ne feront pas les plus petits nombres de tous ceux qui ont la meſme raiſon : ce qui eſt contre noſtre hypotheſe : A & B ſont donc nombres premiers entr'eux. Parquoy les plus petits nombres de tous ceux, &c. Ce qu'il falloit prouuer.

THEOR. 23. PROP. XXV.

Si deux nombres ſont premiers entr'eux, celuy qui en meſurera l'vn ſera premier à l'autre.

Soient deux nombres premiers entr'eux A & B, l'vn ou l'autre deſquels, ſçauoir A, ſoit meſuré par le nombre C. Ie dis que C eſt premier à l'autre B.

Autrement, ſi B & C ne ſont premiers entr'eux, que D les meſure tous deux, s'il eſt poſſible. Veu donc que D meſure C, & C meſure A, par la 11. com. ſent. D meſurera auſſi A: mais il meſure pareillement B. Donc A & B ne ſont premiers entr'eux, contre l'hypotheſe. C eſt donc premier à B. Si quelque nombre meſure B, on prouuera en la meſme maniere qu'il ſera premier à l'autre A. Parquoy ſi deux nombres ſont premiers entr'eux, &c. Ce qu'il falloit demonſtrer.

A 6	B 5
C ... 3	D .

THEOR. 24. PROP. XXVI.

Si deux nombres ſont premiers à quelque autre; le produit des deux ſera auſſi premier à cet autre.

Soient deux nombres A & B, tous deux premiers à C; & que A multiplié par B produiſe D. Ie dis que D eſt auſſi premier à C.

Autrement, ſi D & C ne ſont premiers entr'eux qu'ils ſoient compoſez, & que E les meſure tous deux, ſçauoir D par le nombre F. Donc E multipliant F, produict D

A .. 2	B ... 3	C 5
D 6	E .. 2	F ... 3

par la 9. com. ſent. comme fait auſſi A par B : Parquoy A, E, F, B, ſeront proportionnaux par la 19. prop. Et d'autant que A & C ſont premiers entr'eux, E meſurant C ſera premier à A par la prop. precedente ; & par la 23. prop. A & E eſtans premiers, ils ſeront les plus petits de leur raiſon ; & partant ils meſureront egalement F & B, qui ſont en la meſme raiſon, ſçauoir A meſurera F, & E meſurera B par la 21. prop. Mais il meſure auſſi C: donc B & C ne ſeroient pas premiers, contre l'hypotheſe. Parquoy D ſera premier à C. Si donc deux nombres ſont premiers à quelque autre, &c. Ce qu'il falloit prouuer.

THEOR. 25. PROP. XXVII.

Si deux nombres sont premiers entr'eux, le produict de l'vn
d'iceux multiplié par soy, est premier à l'autre.

Soient deux nombres premiers A & B, & que l'vn ou l'autre d'iceux, sçauoir A, multiplié par soy produise C. Ie dis que
B & C sont premiers entr'eux.

Car si on prend D, egal à A, B sera aussi premier à D. Ainsi A & D estans premiers à B par la
26. p. 7. A multiplié par D, c'est à dire par soy-
mesme, produira C premier au mesme B. Si
donc deux nombres sont premiers entr'eux, &c. Ce qu'il falloit prouuer.

```
| A....3        B....4 |
| C.........9 D...3    |
```

THEOR. 26. PROP. XXVIII.

Si deux nombres sont premiers à deux autres ; (l'vn & l'autre
à l'vn & à l'autre) leurs produicts seront aussi premiers entr'eux.

Soient deux nombres A & B premiers à deux autres C & D, & que E soit
le produict de A multiplié par B,
& F produict de C multiplié par
D : Ie dis que E, & F sont premiers entr'eux.

Car A & B estans premiers à C,
leur produict E sera aussi premier
au mesme C par la 26. prop. Pat le

```
| A..2        B....4        |
| C...3    D.....5          |
| E.........8 F...........15 |
```

mesme discours E sera aussi premier à D ; ainsi C & D estans premiers à E,
leur produict F sera aussi premier à E par la mesme 26. prop. Si donc deux
nombres sont premiers à deux autres, &c. Ce qu'il falloit demonstrer.

THEOR. 27. PROP. XXIX.

Si deux nombres premiers entr'eux sont multipliez chacun
par soy, leurs produicts seront premiers entr'eux:Et si iceux
produicts sont encore multipliez par les nombres proposez au commencement, leurs produicts seront encores premiers entr'eux : & cecy aduiendra tousiours enuiron les extremes.

Soient deux nombres premiers entr'eux A & B, & que A multiplié par soy-
mesme produise C, mais B multiplié aussi par soy produise D. Ie dis que C &
D, seront premiers entr'eux. Item si A multipliant C produict E, & B multipliant

pliant D produict F. Ie dis que E & F feront auffi premiers entr'eux.

Car par la 27 pr. A & B eſtans premiers, C produict de A multiplié par ſoy, ſera premier au reſtant B : par

A..2	B...3
C....4	D........9
E........8	F..............27
G 16	H 81.

meſme raiſon B & C eſtans premiers entr'eux, D ſera auffi premier à C. Derechef, puis que A & B ſont premiers, par la meſme 27. prop. C ſera auffi premier à B ; & D à A : Mais il a eſté demonſtré que C eſt auſi premier à D : parquoy l'vn & l'autre nombre A, C, ſera premier à l'vn & à l'autre nombre B, D; & partant par la 28. prop. E produict de A en C, ſera premier à F, produict de B par D.

Que ſi encore A multipliant E produict G ; & B multipliant F produict H: G & H feront auſi premiers entr'eux. Car puis que A & C ſont premiers à B, leur produict E ſera auſsi premier à B par la 26. prop. Par meſme raiſon F ſera auſsi premier à A : Ainſi les deux nombres A, E, feront premiers aux deux B, F, ſçauoir l'vn & l'autre, à l'vn & à l'autre; & partant par la 28. prop. G produict de A en E, ſera auſsi premier à H produict de B en F, & ainſi à l'infiny. Parquoy ſi deux nombres premiers entr'eux, &c. Ce qu'il falloit demonſtrer.

THEOR. 28. PROP. XXX.

Si deux nombres ſont premiers entr'eux, le compoſé d'iceux ſera premier à chacun d'eux : & ſi le compoſé de deux nombres eſt premier à quelqu'vn d'iceux, ils feront premiers entr'eux.

Soient deux nombres premiers entr'eux A B & B C : Ie dis que le compoſé des deux A C, ſera premier à chacun d'iceux AB, B C.

Car ſi A C, A B ne ſont premiers, ſoit D leur commune meſure, s'il eſt poſible: ſi donc D meſure le tout AC, & la partie AB ; il meſurera auſsi le reſte BC, par la 12. com. ſent. Ainſi AB & BC ne ſeroient premiers entr'eux, contre l'hypotheſe. Parquoy AC ſera premier à AB: on demonſtrera par la meſme maniere que AC eſt auſsi premier à BC.

| A ...3 | B ....4 | C |
| D — | | |

Secondement, ſi le tout A C eſt premier à AB ou à BC. Ie dis qu'iceux AB & B C feront premiers entr'eux. Autrement, que D les meſure s'ils ne ſont premiers; il meſurera auſsi le compoſé des deux AC, par la 10. com. ſent. Ainſi AC ne ſeroit premier à AB, & BC, ce qui eſt contre l'hypotheſe. AB & BC ſont donc premiers entr'eux. Si donc deux nombres ſont premiers entr'eux &c. Ce qu'il falloit demonſtrer.

COROLLAIRE.

Il s'enfuit de cecy, que si vn nombre composé de deux, est premier à l'vn d'iceux, il sera aussi premier à l'autre. Car si A C est premier à A B; A B, B C seront premiers entr'eux par la seconde partie de ceste prop. Donc aussi A C sera premiere à B C par la premiere partie de la mesme prop. ce qui a esté proposé,

THEOR. 29. PROP. XXXI.

Tout nombre premier, est premier à tout autre nombre qu'il ne mesure pas.

Soit vn nombre premier A, qui ne mesure le nombre B : Ie dis que A & B sont premiers entr'eux.

Car s'ils ne le sont, ils auront vne commune mesure autre que l'vnité; laquelle soit C, s'il est possible. Or C ne peut estre egal à A puis que nous auons posé que A ne mesure pas B: & par ainsi A estant mesuré par quelque autre nombre, il ne seroit premier contre l'hypothese. Parquoy A & B sont premiers entr'eux. Donc tout nombre premier, &c. Ce qu'il falloit demonstrer.

$$A \ldots \ldots 5 \quad B \ldots \ldots \ldots 8$$
$$C—$$

THEOR. 30. PROP. XXXII.

Si deux nombres se multiplient l'vn l'autre, & que quelque nombre premier mesure leur produict, il mesurera aussi l'vn d'iceux nombres posez au commencement.

Soient deux nombres A & B, de la multiplication desquels soit produict C, & que D nombre premier mesure iceluy C. Ie dis qu'il mesurera aussi l'vn ou l'autre d'iceux A & B, s'il ne les mesure tous deux.

Autrement, s'il ne mesure l'vn ny l'autre, qu'il mesure C par le nombre E : Si donc D ne mesure A, par la prop. prec. il sera premier à iceluy, & par la 23. prop. ils seront les plus petits de leur raison. Mais d'autant que D multiplié par E faict C,

$$A \ldots 4 \qquad\qquad B \ldots \ldots 6$$
$$C \ldots\ldots\ldots\ldots\ldots\ldots 24$$
$$D \ldots 3 \qquad\qquad E \ldots \ldots 8$$

aussi bien que A multiplié par B, par la 19. prop. A sera à D, comme E à B, & par la 21. prop. A & D mesureront egalement E & B, c'est à dire que A mesurera E; & D mesurera B. En la mesme maniere sera demonstré que si D ne mesure pas B, qu'il mesurera A. Si donc deux nombres se multiplient l'vn l'autre, &c. Ce qu'il falloit demonstrer.

THEOR. 31. PROP. XXXIII.

Tout nombre composé est mesuré par quelque nombre premier.

Soit le nombre composé A. Ie dis qu'il sera mesuré par quelque nombre premier.

Car puis qu'il est composé, il sera mesuré de quelque nombre par la 13. def. & soit de B, lequel sera composé ou non : s'il est premier, la prop. est manifeste : mais s'il est composé, il sera mesuré par vn autre nombre , & soit C, lequel sera premier ou non : s'il est premier, puis qu'il mesure B ; & B mesure A, aussi C mesurera A par la 11. com. sent. Mais si C est composé, il sera mesuré par quelque nombre : Et pource qu'vn nombre ne se diminue infiniement, nous viendrons finalement à quelque nombre que nul autre ne mesurera ; & partant à vn nombre premier, lequel mesurant tous les precedents, mesurera aussi le composé A. Parquoy tout nombre composé est mesuré par quelque nombre premier. Ce qu'il falloit trouuer.

```
A . . . . . . . . 8
B . . . . 4
C . . 2
```

THEOR. 32. PROP. XXXIV.

Tout nombre est premier, ou bien mesuré par quelque nombre premier.

Soit quelconque nombre A : Ie dis qu'iceluy est ou nombre premier , ou que quelque nombre premier le mesure.

```
A . . . . . 5
A . . . . . 6
```

Car s'il n'est nombre premier , il est nombre composé, & par la prec. prop. tout nombre composé, est mesuré par quelque nombre premier. Parquoy tout nombre est premier, &c. Ce qu'il falloit démonstrer.

PROBL. 3. PROP. XXXV.

Tant de nombres qu'on voudra estans donnez , trouuer les plus petits nombres de tous ceux qui auront mesme raison.

Soient donnez tant de nombres qu'on voudra A, B, C : & il faut trouuer les plus petits en la mesme raison.

Lesdicts nombres A, B, C sont ou nombres premiers, ou nombres composez : s'ils sont premiers entr'eux, on a ce que l'on cherche par la 23. prop. mais s'ils sont composez , soit trouué D plus grande commune mesure d'iceux A, B, C, par la 3. p. laquelle mesure A selon E ; B selon F ; & C selon G. Ie

dis que E, F & G font les plus petits nombres qui foient en la raifon de A, B,
& C.

Car il eft euident qu'iceux E, F, G font és mefmes raifons que A, B, C, d'autant que D mefurant iceux
A, B, C par les nombres E, F, G;
D multipliant iceux E, F, G, feront produicts A , B , C , par
la 9. com. fent. & par ce que
nous auons demonftré à la 18.
prop. E, F, G, auront la mefme
proportion entr'eux que les

```
| A . . . . . . . 6    B . . . . 4    C . . . . . . . . . 8
|                     D . . 2
| E . . . 3           F . . 2      G . . . . 4
| H -                 I -          K - -      L -
```

multipliez A, B, C. Et qu'ils foient les plus petits, on le demonftrera ainfi.
S'ils ne font tels, foient H, I, K, les plus petits nombres ayans mefme proportion qu'iceux A, B, C : ils les mefureront donc egalement par la 21. pr.
& foit par le nombre L ; ce qu'eftant, par la 9. com. fent. L multipliant
H, I, K, feront produits les nombres A, B, C. Veu donc que D multipliant
E, fait A ; & L multipliant H, faict le mefme A ; par la 19. prop. il y aura telle
raifon de D à L, que de H à E : mais H eft moindre que E : donc D fera auffi
moindre que L : & puis que H, I, K mefurent A, B, C par L ; L mefurera auffi
iceux A, B, C par la 8. com. fent. & ainfi D ne fera pas la plus grande commune mefure d'iceux A, B, C : ce qui eft contre l'hypothefe. Il n'y-a donc point
d'autres nombres moindres que E, F, G, qui foient en mefme raifon, que les
propofez A, B, C. Parquoy eftans donnez quelconques nombres, nous auons
trouué les plus petits, &c. Ce qu'il falloit faire.

COROLLAIRE.

Il appert icy que la plus grande commune mefure de quelconques nombres, mefu-
re iceux par les nombres qui font les plus petits de tous ceux qui font en la mefme rai-
fon qu'iceux propofez.

SCHOLIE.

Par ces chofes appert le moyen de trouuer les deux plus petits nombres qui ont la
mefme raifon, que tant de nombres qu'on voudra donner continuellement proportion-
naux. Comme fi on propofe les nombres A , B, C, continuellement proportionnaux,
nous trouuerons les deux moindres en la mefme raifon, fi par ce prob. nous prenons E &
F en la mefme raifon des deux A & B, c'eft à fçauoir ces nombres-là, par lefquels D
plus grande commune mefure d'iceux A & B, mefure iceux. Car par le corol. cy def-
fus, E & F feront les plus petits de tous ceux qui font en la mefme raifon que A à B,
c'eft à dire en la raifon des continuellement proportionaux A, B, C.

Or il aduient quelquefois qu'vn des nombres E, F, G, trouuez par cette 35. prop. eft
l'vnité, c'eft à fçauoir quand D, plus grande commune mefure des nombres propofez,
A, B, C, eft egal à l'vn diceux : & alors les nombres trouuez E, F, G font les plus petits
en la continuation de leur proportion, puis qu'il ne fe peut donner vn nombre moindre
que l'vnité.

PROBL. 4. PROP. XXXVI.

Trouuer le plus petit nombre que peuuent mesurer deux nombres donnez.

Soient les nombres donnez A & B : il faut trouuer le plus petit nombre mesuré par iceux.

Si le plus petit nombre des deux donnez mesure le plus grand, il est euident qu'iceluy plus grand sera le nombre que nous cherchons : que si l'vn ne mesure l'autre, ou A & B seront premiers entr'eux, ou non ; si premiers, soit multiplié A par B, & le produict soit C. Ie dis que C est le plus petit nombre mesuré par A, & par B. Car par la 7. com. sent. il est euident que C sera mesuré par l'vn & par l'autre, & s'il n'est le moindre nombre mesuré par iceux A, B, en soit vn autre plus petit D, s'il est possible,

```
A...3  B...4
C..............12
D-----
E--  F-
```

lequel A mesure selon le nombre E, & B selon le nombre F. Ce qu'estant, D sera produict tant de A multiplié par E, que de B par F, par la 9. com. sent. & partant par la 19. pr. A sera à B comme F à E. Item A & B, estans premiers, ils seront les plus petits de leur raison par la 23. prop. & A mesurera F par la 21. prop. & d'autant que B multipliant A produict C, & multipliant F produict D, il y aura telle raison de C à D, que de A à F, par la 17. prop. Mais nous auons monstré que A mesuroit F : donc C mesurera aussi D, sçauoir le plus grand mesurera le plus petit, ce qui est impossible. C estoit donc le moindre nombre que A & B peuuent mesurer.

Soient maintenant les deux nombres A & B composez, & par la prec. prop. soient trouuez C & D les plus petits nombres de la mesme raison, tellement que ces 4. nombres A, B, C, D, soient proportionnaux : Quoy posé par la 19. prop. le produict de A multiplié

```
A....4  B......6
C..2  D....3  E............12
```

par D, sera egal au produict de B multiplié par C : iceluy produict soit E. Donc E sera mesuré par B, & par A : & par le mesme discours de la precedente demonstration, on monstrera qu'il est le plus petit nombre mesuré par A, & par B. Nous auons donc trouué le plus petit nombre, &c. Ce qu'il falloit faire.

COROLLAIRE.

De cecy il s'enfuit, que si deux nombres multiplient les plus petits de leur raison, sçauoir le plus grand, le plus petit, & le plus petit le plus grand, le produict sera le plus petit nombre qu'ils mesurent. Car C & D estans posez les plus petits en la raison de A à B, il a esté prouué que E produict de A plus petit multiplié par D, plus grand ; & de B plus grand par C plus petit, est le plus petit nombre mesuré par A & B.

THEOR. 33. PROP. XXXVII.

Si deux nombres mesurent vn autre nombre, le plus petit qu'ils mesurent, mesurera aussi cet autre nombre.

Soient deux nombres A, & B, qui en mesurent vn autre C D, & que le plus petit nombre qu'ils mesurent soit E. Ie dis que E mesurera aussi CD.

Autrement, si E ne mesure CD ; apres auoir osté E de C D, tant de fois que l'on pourra, il restera vn nombre moindre que E : qu'il laisse donc F D plus petit que E, s'il est possible : A & B mesurans E, ils mesure-ront aussi CF par la 11. com. sent. Mais ils mesurent le tout C D par la 12. com. sent. ils mesureront donc aussi le reste F D plus petit que E, ce qui est impossible, estant le plus petit qu'ils mesurent. Parquoy E mesurera C D : Si donc deux nombres mesurent vn autre nombre, &c. Ce qu'il falloit prou-uer.

```
A . . 2      B . . . 3
C . . . . . . F . . . . D
E . . . . . . 6
```

PROBL. 5. PROP. XXXVIII.

Trouuer le plus petit nombre que peuuent mesurer trois nom-bres donnez.

Soient trois nombres donnez A, B, C ; il faut trouuer le plus petit nombre qu'ils peuuent mesurer.

Soit trouué D plus petit nombre que peuuent mesurer A & B, par la 36. p. Or C mesure aussi D, ou il ne le mesurera pas : s'il le mesure ; Ie dis qu'il est aussi le plus petit qu'iceux A, B, C, peuuent me-surer : car s'il ne l'est, en soit quelque autre plus petit E, s'il est possible, lequel tous les trois A, B, C mesurent. D'autant que A & B mesurent E moindre que D, iceluy D, ne sera le moindre que A & B mesurent ; ce qui est contre l'hypothese. D est donc le moindre nombre que peuuent mesurer les nombres propo-sez A, B, C.

```
A . . 2   B . . 3   C . . . . . . 6
D . . . . . 6
E —
```

Que si D n'est aussi mesuré par C : par la mesme 36. pr. soit trouué E plus petit nombre mesuré par C & D : Ie dis que E sera le plus petit nombre me-suré par A, B, C.

Car premierement E est mesuré par A, B, C : d'autant que C & D le mesu-rent ; & A & B mesurant D, par la 11. com. sent. ils mesureront aussi E mesuré par D. Que si on dit que E n'est le plus petit nombre mesuré par A,B,C, soit F plus petit, s'il est possible : donc A & B mesurant F, D le plus petit mesuré par eux, mesurera aussi F par la prec. prop. Mais C mesure aussi F ; (car A,B & C le mesurent) donc C & D mesureront F. Et par la mesme prop. E plus petit mesuré par C & D, mesurera aussi F ; le plus grand vn plus petit ; ce qui est impossible. Donc E estoit le plus petit nombre mesuré par A, B, C. Estant donc donnez trois nombres nous auons trouué le plus petit qu'ils peuuent mesurer : Ce qu'il falloit faire.

```
A..2 B...3 C....4
     D......6
E...........12
F------
```

COROLLAIRE.

De cecy est manifeste, que si trois nombres en mesurent quelque autre ; le plus petit qu'ils mesureront, mesurera aussi cet autre. Car il a esté demonstré que A,B, C mesurant F ; aussi E le plus petit nombre mesuré par A,B,C, mesure le mesme nombre F.

SCHOLIE.

Par mesme raison estans donnez plus de trois nombres, nous trouuerons le plus petit nombre qu'ils mesurent. Car si 4. nombres sont donnez, il faudra trouuer le moindre que trois mesurent : si 5, il faudra trouuer le plus petit que 4 mesurent, &c. procedant au reste tout ainsi qu'il a esté dict de trois nombres.

THEOR. 34. PROP. XXXIX.

Si vn nombre mesure vn autre nombre ; le mesuré aura vne partie denommee par le mesurant.

Soit le nombre A, lequel mesure le nombre B. Ie dis qu'iceluy B contiendra vne partie denommee par A.

Qu'ainsi ne soit ; que A mesure B selon C, c'est à dire, autant de fois qu'il y a d'vnitez en C ; par la 15. prop. C mesurera B autant de fois que l'vnité mesure A ; & C sera telle partie de B que l'vnité de A. Mais l'vnité est vne partie de A, denommee par iceluy A, comme nous auons dict

```
          Vnité.
A...3 B......6 C..2
```

en la 2. def. de ce 7. liure : donc aussi C sera vne partie de B denommee par A. Si donc vn nombre, &c. Ce qu'il falloit demonstrer.

THEOR. 35. PROP. XL.

Si vn nombre a vne partie quelle qu'elle soit, le nombre nommant ceste partie le mesurera.

Soit le nombre A, ayant la partie B denommee par le nombre C. Ie dis que C mesure A.

Car puis que B eſt partie denommee par C ; &
l'vnité eſt vne partie de C, denommée par le
meſme C ; comme l'vnité meſure C, ainſi B meſure A : & par la 15. prop. en permutant comme
l'vnité meſurera B, ainſi C meſurera A. Parquoy ſi vn nombre a quelconque partie, &c. Ce qu'il falloit demonſtrer.

A 12
B . . . 3   C 4

PROBL. 6. PROP. XLI.

Trouuer le plus petit nombre, qui ayt les parties donnees.

Soient les parties donnees A, B, C ; il faut trouuer le plus petit nombre
qui ait icelles parties.

Soient pris les trois nombres D, E, F, denommez par icelles parties A, B, C ;
& par la 38. prop. ſoit trouué G, le plus petit
nombre que peuuent meſurer D, E, F : Ie dis
qu'iceluy nombre G contient les parties
A, B, C.

Car puis que D, E, F meſurent G ; par la 39.
prop. G aura les parties denommees par
D, E, F, c'eſt à dire les parties A, B, C. Ie dis
auſſi que G eſt le plus petit nombre qui ait icelles parties. Car s'il ne l'eſt, ſoit H plus petit,

A *deuxieſme* D . . 2
B *tiers*   E . . .3
C *quart.*   F 4
G 12
H - - - - -

s'il eſt poſſible, ayant icelles parties. Et H ſera meſuré par les nombres
D, E, F denommees par les parties A, B, C, par la precedente propoſition :
& partant puis que H eſt moindre que G ; iceluy nombre G ne ſera pas le
plus petit que peuuent meſurer les nombres D, E, F, contre l'hypotheſe.
Donc G eſt le moindre nombre, ayant les parties donnees A, B, C. Parquoy
nous auons trouué le plus petit nombre ayant les parties donnees : Ce qu'il
falloit faire.

SCHOLIE.

*Combien que nous ayons remarqué en ce 7. liure les prop. & demonſtrations qui
conuiennent & ont lieu auſſi bien aux nombres rompus qu'aux entiers ; ſi eſt-ce neantmoins que pour donner vne entiere & parfaiƈte intelligence des regles & preceptes enſeigne en noſtre Praƈtique d'Arithmetique touchant les fractions, nous auons eſtimé
eſtre beſoin d'adiouſter icy les prop. ſuiuantes.*

DEMONSTRATIONS DES FRACTIONS,
ou nombres rompus.

1. Si deux fraƈtions ont vn meſme denominateur, & que l'vnité ſoit le numerateur de l'vne d'icelles fraƈtions ; elles auront meſme raiſon entr'elles
que les numerateurs.

Soient

Soient deux fractions AB, CB, ayans vn mesme denominateur B, & le numerateur C
soit l'vnité : Ie dis que le nombre rompu AB est au nombre rompu
CB, comme le numerateur A est au numerateur C. Car veu que la
fraction AB se diuise en autant de fractions egales à la fraction CB
qu'il y a d'vnitez en A, chacune d'icelles fractions ayant le numerateur C, & le denominateur B ; autant de fois que l'vnité C est contenuë en A, autant de fois la fraction CB est contenuë en la fraction
AB : parquoy l'vnité C est mesme partie du nombre A, que la fraction CB de la fraction AB ; & partant par la 20. def. 7. comme l'vnité C est à A, ainsi la fraction
CB est à la fraction AB ; & en changeant, le numerateur A sera au numerateur C,
comme la fraction AB sera à la fraction CB. Ce qui estoit à prouuer.

$$\frac{A\ 5}{B\ 8} \qquad \frac{C\ 1}{B\ 8}$$

2. Le numerateur de quelconque fraction a mesme raison au denominateur,
qu'icelle fraction a à l'entier duquel elle prouient.

Soit quelconque fraction AB : Ie dis que le numerateur A est au denominateur B
comme la fraction AB est à son entier. Soit pris vne fraction CB dont le numerateur
C est l'vnité, & le denominateur est le mesme B ; mais soit vne
autre fraction DB, de laquelle le numerateur D soit egal au
mesme denominateur B, afin qu'icelle fraction DB soit egale à
l'entier de la fraction AB. D'autant que par la prop. prec. comme A est à C, ainsi la fraction AB est à la fraction CB : & comme C est à D, ainsi la fraction CB est à la fraction DB ; en raison

$$\frac{A\ 5}{B\ 8} \qquad \frac{C\ 1}{B\ 8} \qquad \frac{D\ 8}{B\ 8}$$

egale, comme A sera à D, c'est à dire le numerateur A au denominateur B, (car B
est egal à D) ainsi la fraction AB sera à la fraction DB, c'est à dire à l'entier : ce qui a
esté proposé.

3. Les fractions qui ont vn mesme denominateur sont entr'elles en mesme
raison que leurs numerateurs.

Soient quelconques fractions AB, CB, ayans vn mesme denominateur B : Ie dis que la
fraction AB est à la fraction CB, comme le numerateur A est au
numerateur C. Car puis que par la prop. prec. comme A est à B,
ainsi la fraction AB est à son entier, & que comme B est à C, ainsi
l'entier est à la fraction CB ; (car par la mesme prop. prec. comme
C à B, ainsi la fraction CB à son entier, & en changeant comme B à
C, ainsi l'entier à la fraction CB) en raison egale, comme le numerateur A sera au numerateur C, ainsi la fraction AB sera à la fraction CB. Ce qui
estoit à demonstrer.

$$\frac{A\ 7}{B\ 21} \qquad \frac{C\ 5}{B\ 21}$$

S'il y auoit plus de deux fractions, on prouueroit en la mesme maniere que la seconde
seroit à la troisiesme, comme le numerateur au numerateur ; & puis apres la troisiesme
à la quatriesme, & ainsi consecutiuement de fraction en fraction.

4. S'il y a tant de fractions qu'on voudra, & qu'on multiplie le numerateur
de chacune d'icelles par les denominateurs de toutes les autres, les nombres
produits seront entr'eux, en mesme proportion que les fractions.

Nous disons le numerateur d'vne fraction estre multiplié par le denominateur de toutes les autres,
quand iceluy numerateur est multiplié par le denominateur de l'vne des autres fractions , & puis en-

core le produit par le denominateur de l'vne des restantes, & ainsi continuellement tant qu'il y aura
de fraction : & n'importe par quel ordre on les prenne, puis que le produit est tousiours le mesme,
comme nous auons demonstré au Scholie de la 19. p. 7.

Soient premicrement deux fractions AB, CD, & de A en D soit faict E, mais
de C en B soit faict F : Ie dis que le produit E est au produit F, comme la fraction AB,
est à la fraction CD. Qu'ainsi ne soit; de B en D soit fait G : donc
puis que D multipliant A & B, a faict E & G, par la 17. p. 7.
comme A sera à B, ainsi E sera à G : Mais par la 2. prop. comme
A est à B, ainsi la fraction AB est à son entier. Donc aussi comme la fraction AB sera à son entier, ainsi E sera à G. Derechef,
pour ce que B multipliant D & C a faict G & F, par la mesme
17. p. 7. comme D sera à C, ainsi G sera à F. Mais comme D est à
C, ainsi l'entier est à la fraction CD : (car puis que par la 2. prop.
comme C à D, ainsi la fraction CD à son entier, en changeant com-
me D à C, ainsi l'entier à la fraction CD.) Donc comme G sera à F, ainsi l'entier sera à
la fraction CD. Parquoy la fraction AB, l'entier, & la fraction CD seront en mesme
proportion que les trois produits E, G, F. Donc en raison egale comme E sera à F, ainsi
la fraction AB sera à la fraction CD. Ce qui a esté proposé.

$$\begin{array}{cc} E8 & F9 \\ \dfrac{A2}{B3} & \dfrac{C3}{D4} \\ & G12 \end{array}$$

Soient maintenant les trois fractions AB, CD, HI, & que de A en D soit faict
E, & de E en I soit produit L : mais que de C en B soit faict F, & de F en I, vienne
M : finablement que de B en D soit faict G, & de G en H vienne N : ie dis que les trois
produits L, M, N sont entr'eux en mesme proportion que les fractions proposées AB, CD,
HI. Car puis que I multipliant E & F faict L & M,
par la 17. p. 7. comme E est à F, ainsi est le produit L au
produit M : par la demonstration prec. comme E est à F,
ainsi la fraction AB est à la fraction CD. Donc le produit
L est au produit M comme la fraction AB à la fraction
CD. Derechef puis que B multipliant C & D a faict F
& G, comme C à D, ainsi F à G : Mais aussi I multipliant
F & G a fait M & K. Donc iceux produits M & K seront entr'eux comme F à G, c'est à dire comme C à D. Mais
par la 2. prop. comme C à D, ainsi la fraction CD à son

$$\begin{array}{ccc} L40 & M45 & \\ E8 & F9 & N24 \\ \dfrac{A2}{B3} & \dfrac{C3}{D4} & \dfrac{H1}{I5} \\ & G12 & K60 \end{array}$$

entier : Donc aussi comme la fraction CD sera à l'entier, ainsi sera M à K. semblablement G multipliant I & H, fait K & N ; partant comme I à H, ainsi K à N.
Mais il appert par ce qui a esté demonstré cy dessus, que comme I est à H, ainsi est l'entier à la fraction HI. Donc comme l'entier sera à la fraction HI, ainsi K sera à N.
Parquoy la fraction CD, l'entier, & la fraction HI, seront en mesme proportion que les
produits M, K & N: donc en raison egale, comme la fraction CD sera à la fraction HI,
ainsi le produit M sera au produit N. Mais nous auons desia demonstré cy dessus, que
comme la fraction AB est à la fraction CD, ainsi est le produit L au produit M : donc
les trois produits L, M, N seront entr'eux en mesme proportion que les trois fractions AB,
CD, HI. Ce qu'il falloit prouuer.

Que s'il y a quatre fractions, on demonstrera en la mesme sorte que comme la troisiesme sera à la quatriesme, ainsi le produit correspondant à cette là sera au produit correspondant à cette-cy ; & ainsi continuellement de fraction en fraction, repetant tousiours la demonstration cy-dessus.

Or il appert de ceste demonstration que si les susdicts produicts estoient egaux, les fractions seroient aussi egales : & au contraire que les fractions estans egales, lesdicts produicts seront pareillement egaux : Mais qu'estans inegales, le produict de la plus grande sera le plus grand, & de la moindre, le moindre, & ainsi des autres.

5. L'entier a mesme raison à la somme de deux ou dauantage de fractions, que le nombre produict des denominateurs multipliez entr'eux à la somme des produicts du numerateur de chaque fraction multiplié par les denominateurs de toutes les autres fractions.

Soient trois fractions AB, CD, EF, & que de B en D & F soit procreé K ; & de A en D & F soit faict G ; mais de C par B & F soit produict H ; & de E par B & D soit faict I : Ie dis que l'entier est à la somme des fractions AB, CD, EF, comme le produit K est à la somme des produits G, H, I. Car puisque par la prop. prec. les fractions A B, CD, EF, sont entr'elles comme les produits G, H, I, par le 5. theor. du scholie de la 22. p. 7. comme la somme d'icelles fractions AB, CD, EF est à la fraction EF, ainsi la somme des produits G, H, I est au produit I. Mais comme la fraction EF est à l'entier, ainsi I est à K : (car par la 2. prop. comme la fraction E F est à l'entier, ainsi E est à F, & par la 18. p. 7. comme E à F, ainsi I à K, pour ce que E, F multipliant le produit de B en D ont faict I & K.) Donc en raison egale comme la somme des fractions AB, CD, EF est à l'entier, ainsi la somme des produits G, H, I est a K : & au contraire, comme l'entier est à la somme des fractions AB, CD, EF, ainsi K est à la somme des produits G, H, I. Ce qu'il falloit demonstrer.

G 16	H 12	I 18
$\frac{A\,2}{B\,3}$	$\frac{C\,1}{D\,2}$	$\frac{E\,3}{F\,4}$
	K 24	

6. Si deux fractions ont vn mesme numerateur, comme la premiere fraction sera à la seconde, ainsi le denominateur de la seconde sera au denominateur de la premiere.

Soient deux fractions AB, AC, ayans vn mesme numerateur A : Ie dis que la fraction AB est à la fraction AC, comme le denominateur C est au denominateur B. Car de A en C soit fait D, & de A en B soit produict E. Or puis que A multipliant C & B, fait D & E, par la 17. p. 7. comme C sera à B, ainsi D sera à E. Mais par la 4. prop. comme D est à E, ainsi la fraction A B est à la fraction AC : Donc aussi la fraction AB sera à la fraction AC, comme C sera à B. Ce qu'il falloit prouuer.

D 10	E 6
$\frac{A\,2}{B\,3}$	$\frac{A\,2}{C\,5}$

7. Les fractions desquelles les numerateurs ont vne mesme raison aux denominateurs sont egales entr'elles : Et des fractions egales, les numerateurs ont vne mesme raison aux denominateurs : Mais des inegales, celles dont le numerateur a plus grande raison au denominateur, est la plus grande : Et de la plus grande, le numerateur a plus grande raison au denominateur.

Soient deux fractions AB, CD, & qu'il y ait mesme raison du numerateur A au denominateur B, que du numerateur C au denominateur D : Ie dis qu'elles fractions

AB, CD, sont esgales. Car ayant fait E de A en D, & F de B en C; comme la fraction AB est à la fraction CD, ainsi E à F, par la 4. prop. Mais puis que comme A est à B, ainsi C est à D; par la 19. p. 7. les deux produits E & F seront esgaux: donc aussi la fraction AB sera esgale à la fraction CD. Ce qu'il falloit prouuer.

$$\begin{array}{|cc|} E12 & F12 \\ \frac{A2}{B2} & \frac{C4}{D2} \end{array}$$

Soient maintenant deux fractions esgales AB, CD: Ie dis que comme A est à B, ainsi C à D: Car comme à la prec. demonst. ayant fait E de A en D; & F de B en C, comme AB sera à CD, ainsi E à F. Mais AB est esgale à CD: donc aussi E sera esgal à F; & par la 19. p. 7. comme A sera à B, ainsi C sera à D: Ce qu'il falloit demonstrer.

En troisiesme lieu, qu'il y ait plus grande raison de A à B, que de C à D: Ie dis que la fraction AB est plus grande que la fraction CD. Car ayant fait E de A en D, & F de B en C, par la 4. prop. comme la fraction AB sera à la fraction CD, ainsi E à F. Mais par le scholie de la 19. p. 7. le nombre E est plus grand que le nombre F : donc aussi la fraction AB sera plus grande que la fraction CD. Ce qu'il falloit prouuer.

$$\begin{array}{|cc|} E14 & F9 \\ \frac{A2}{B3} & \frac{C3}{D7} \end{array}$$

Finablement, que la fraction AB soit plus grande que la fraction CD: Ie dis que la raison de A à B est plus grande que celle de C à D. Car comme dessus la fraction AB sera à la fraction CD, comme E à F. Mais par l'hypothese la fraction AB est plus grande que la fraction CD: donc aussi E sera plus grand que F. Et puis que E est le produit de A en D, & F celuy de B en C, par le Scholie de la 19. p. 7. il y aura plus grande raison de A à B, que de C à D. Ce qu'il falloit prouuer.

8.　Les fractions dont les numerateurs sont en mesme raison que les denominateurs, sont esgales entr'elles. Et des fractions esgales, les numerateurs ont mesme raison entr'eux, que les denominateurs. Mais des fractions inegales, celle dont le numerateur a plus grande raison au numerateur, que le denominateur au denominateur, est la plus grande; & de la plus grande, le numerateur a plus grande raison au numerateur, que le denominateur au denominateur.

Soient deux fractions AB, CD, & qu'il y ait mesme raison du numerateur A au numerateur C, que du denominateur B au denominateur D: Ie dis qu'icelles fractions AB, CD, sont esgales. Car en raison permutee A sera à B, comme C à D; & partant par la prop. prec. les fractions sont esgales. Ce qu'il falloit prouuer.

$$\begin{array}{|cc|} \frac{A2}{B3} & \frac{C4}{D6} \end{array}$$

Mais soient les fractions AB, CD, esgales: Ie dis que comme A est à C, ainsi B est à D. Car par la prop. prec. comme A sera à B, ainsi C sera à D; & en permutant, comme A sera à C, ainsi B sera à D. Ce qui estoit à prouuer.

Maintenant, qu'il y ait plus grande raison de A à C, que de B à D: Ie dis que la fraction AB est plus grande que la fraction CD. Car en permutant il y aura plus grande raison de A à B, que de C à D; & par la prec. prop. la fraction AB, sera plus grande que la fraction CD: ce qu'il falloit prouuer.

$$\begin{array}{|cc|} \frac{A5}{B6} & \frac{C2}{D3} \end{array}$$

En dernier lieu, soit la fraction AB plus grande que la fraction CD : Ie dis qu'il y a plus grande raison de A à C que de B à D. Car par la prec. prop. il y aura plus grande raison de A à B, que de C à D ; & partant en permutant, la raison de A à C sera plus grande que de B à D. Ce qu'il falloit prouuer.

9   Reduire les fractions de diuerses denominations a autant d'autres fractions de mesme denomination, qui leur soient egales, chacune à la sienne.

Soient premierement les deux fractions AB, CD, ayans diuers denominateurs B, D : & il faut les reduire à deux autres fractions qui leurs soient esgales, & d'vne mesme denomination. Soit fait E de A en D ; & F de B en C ; mais G de B en D : Ie dis que les fractions E G, F G, qui ont vn mesme denominateur G, sont esgales aux fractions AB, CD, chacune à la sienne, c'est à dire que E G est esgale à AB, & FG à CD. Car d'autant que A & B multipliant D, ont faict E & G ; par la 18. p. 7. comme A à B, ainsi E à G ; & par la 7. prop. les fractions E G, A B sont esgales. Par mesme raison on prouuera que la fraction FG est esgale à la fraction CD.

E8	F9
A2	C3
B3̄	D4̄
G12	

Maintenant, soient trois fractions de diuerses denominations AB, CD, EF, lesquelles il faut reduire à trois autres d'vne mesme denomination, qui leur soient esgales, chacune à la sienne. Tout ainsi que dessus soit faict G de A en D, & H de B en C ; mais I de B en D : puis apres soit faict K de G en F ; L de H en F ; M de I en E ; & N de I en F. Ie dis que les trois fractions K N, L N, & M N, qui ont vn mesme denominateur N, sont esgales aux trois fractions AB, CD, EF, chacune à la sienne. Car premierement, il appert par ce qui a esté demonstré cy dessus, que G I est esgale à AB, & H I à C D : Mais puis que F multipliant G, H I, a produit K, L, N, par le scholie de la 18. p. 7. iceux produits sont entr'eux en mesme proportion, que G, H, I. Parquoy K N sera aussi esgale à AB, & L N à C D. Semblablement, pource que I multipliant E & F, fait M & N, comme E est à F, ainsi M à N, & par la 7. prop. la fraction M N sera esgale à la fraction E F. Par ainsi nous auons trouué les trois fractions K N, L N & M N, qui ont vn mesme denominateur N, & sont esgales aux trois proposées A B, C D, E F, chacune à la sienne. Ce qu'il falloit faire.

K12	L16	
G3	H4	M18
A1	C2	E3
B2̄	D3̄	F4̄
16	N24	

Que s'il y auoit quatre fractions, il faudroit en reduire premierement trois comme dessus, puis multiplier chaque numerateur d'icelles par le denominateur de la quatriesme fraction, & leur denominateur commun tant par le numerateur que denominateur d'icelle quatriesme fraction : & ainsi on auroit quatre fractions d'vne mesme denomination esgales aux proposées. Bref, il appert assez que quelque nombre qu'il y ait de fractions de diuerses denominations à reduire à vne mesme denomination, que multipliant le numerateur de chacune d'icelles fractions par les denominateurs de toutes les autres, viendra le numerateur de chacune, & puis multipliant tous les denominateurs entr'eux, sera procreé le denominateur commun : & ce est

quelconque ordre & façon qu'on faſſe leſdites multiplications, puis que par le 2. Theor.
& ſcholie de la 19. p. 7. lors que trois ou dauantage de nombres ſe multiplient entr'eux, le produiſt eſt touſiours vn meſme, en quelque façon, & ordre qu'on les multiplie.

10. Reduire quelque entier que ce ſoit à vne fraction dont le denominateur eſt donné.

Premierement l'entier ſoit l'vnité A, qu'il faut reduire à vne
fraction dont le denominateur eſt B. Soit pris le numerateur C egal
au denominateur B : Ie dis que la fraction CB eſt egale à l'vnité A;
Car par la 2. prop. comme C eſt à B, ainſi la fraction CB eſt à l'entier A. Mais C eſt egal à B; donc auſſi la fraction CB eſt egale à l'entier A, c'eſt à
dire à l'vnité.

$$\begin{array}{|c|c|} \hline & C\,\dfrac{4}{\,} \\ A\ 1 & B\,\dfrac{\,}{4} \\ \hline \end{array}$$

Maintenant que l'entier ſoit le nombre A, lequel il faut reduire à la fraction dont
le denominateur eſt B. De A en B ſoit faict le numerateur C : Ie dis que la fraction CB eſt
egale au nombre entier A. Soit poſee l'vnité D au deſſous de A, afin que la fraction
AD ſoit egale à autant d'vnitez qu'il y en a au nombre A. Or d'autant que de la multiplication de A en B eſt faict C, par la 15. d. 7. le nombre B ſera auſſi
autant de fois en C, qu'il y a d'vnitez en A. Donc comme A ſera à D,
ainſi C ſera à B. Parquoy des fractions AD, CB les numerateurs A &
C, ont vne meſme raiſon aux denominateurs D & B : partant elles
ſeront egales entr'elles par la 7. prop. Mais la fraction AD eſt egale
à l'entier A, à cauſe que le denominateur D eſt l'vnité; Donc auſſi
la fraction CB ſera egale au meſme entier A. Nous auons donc faict ce qui eſtoit requis.

$$\begin{array}{|c|c|} \hline A\,5 & C\,\dfrac{35}{\,} \\ D\,\dfrac{\,}{1} & B\,\dfrac{\,}{7} \\ \hline \end{array}$$

11. Doubler & medier vne fraction donnee.

Premierement qu'il faille doubler la fraction AB. Soit doublé le numerateur A,
afin que ſoit fait le numerateur C demeurant le meſme denominateur B : Ou bien lors
que le denominateur B eſt pair en ſoit pris la moitié, afin d'auoir
le denominateur D, demeurant le meſme numerateur A. Ie
dis que chaque fraction CB, AD, eſt double de la fraction AB.
Car puis que les fractions AB, CB, ont vn meſme denominateur B, par la 2. prop. comme le numerateur C ſera au numerateur A, ainſi la fraction CB ſera à la fraction AB. Mais
par la conſtruction C eſt double de A : donc auſſi la fraction CB ſera double de la
fraction AB.

$$\begin{array}{|c|c|c|} \hline A\,5 & C\,\dfrac{10}{\,} & A\,5 \\ B\,\dfrac{\,}{12} & B\,\dfrac{\,}{12} & D\,\dfrac{\,}{6} \\ \hline \end{array}$$

Derechef, pource que les fractions AB, AD, ont vn meſme numerateur A, par
la 6. prop. comme le denominateur B ſera au denominateur D, ainſi la fraction AD
ſera à la fraction AB. Mais par la conſtruction B eſt double d'iceluy D : donc auſſi la
fraction AD ſera double de la fraction AB.

Maintenant qu'il faille prendre la moitié de la fraction
AB. Soit doublé le denominateur B, afin qu'il en vienne le
denominateur C, demeurant le meſme numerateur A : Ou
bien quant le numerateur A eſt pair, en ſoit pris la moitié,
qui ſoit D, auec le meſme denominateur B. Ie dis que chaque fraction AC, DB eſt

$$\begin{array}{|c|c|c|} \hline A\,8 & A\,8 & D\,\dfrac{4}{\,} \\ B\,\dfrac{\,}{9} & C\,\dfrac{\,}{18} & B\,\dfrac{\,}{9} \\ \hline \end{array}$$

moitié de la fraction *AB*. Car puis que les fractions *AB*, *AC* ont vn mesme numerateur par la 6. prop. comme *B* sera à *C*, ainsi la fraction *AC* sera à la fraction *AB*. Mais par la construction *B* est la moitié de *C* : Donc aussi la fraction *AC* sera moitié de la fraction *AB*.

Derechef, puis que les fractions *AB*, *DB*, ont vn mesme denominateur, par la 3. prop. comme *D* sera à *A*, ainsi la fraction *DB* sera à la fraction *AB*. Veu donc que par la construction *D* est moitié de *A*, aussi la fraction *DB* sera moitié de la fraction *AB*. Nous auons donc doublé, & pris la moitié de la fraction donnee *AB*. Ce qu'il falloit faire.

En la mesme maniere vne fraction donnee sera triplee, quadruplee, &c. si on triple, quadruple, &c. le numerateur demeurant le mesme denominateur : Ou bien si on prend (quand il se peut faire) le tiers, le quart, &c. du denominateur, demeurant le mesme numerateur. Pareillement on aura le tiers, le quart, &c. D'vne fraction donnee, si on triple, quadruple, &c. le denominateur, demeurant le mesme numerateur : Ou bien si on prend (lors qu'il se peut faire) le tiers, le quart, &c. du numerateur, le mesme denominateur demeurant : Ce qu'on demonstrera en la mesme maniere que dessus.

12. La fraction de fraction est égale à la fraction simple, de laquelle le numerateur est procreé de la multiplication des numerateurs entr'eux, & le denominateur est produict des denominateurs aussi multipliés entr'eux.

Soit premierement *AB* vne fraction de la fraction *CD*, la valeur de laquelle au respect de l'vnité, ou du nombre entier *E*, soit exprimee par *F* ; mais de *A* en *C* soit fait *G*, & de *B* en *D* soit produit *H* : Ie dis que la fraction de fraction donnee est esgale à la simple fraction *GH*, au respect de l'entier *E*. Car soit encore faict *I* de *B* en *C* ; & par la 2.pr. comme *A* est à *B*, ainsi la fraction *AB* est à son entier, c'est à sçauoir à la fraction *CD*, de laquelle l'entier est *E*. Mais par la 18. p. 7. comme *A* est à *B* ainsi *G* à *I*, pour ce que *A*, *B*, multiplians *C*, produisent iceux *G*, *I* : donc aussi comme la fraction *AB* sera à la fraction *CD*, ainsi sera *G* à *I*. Derechef, pour ce que par la 2. prop. comme *C* est à *D*, ainsi la fraction *CD* est à son entier *E*, & que par la 17. p. 7. comme *C* à *D*, ainsi *I* à *H* : aussi la fraction *CD* sera à son entier *E*, comme *I* à *H*. Veu donc que comme la fraction *AB* est à la fraction *CD*, ainsi *G* est à *I* ; & comme la fraction *CD* est à son entier *E*, ainsi est *I* à *H* ; en raison esgale comme *AB* fraction de la fraction *CD* est à l'entier *E*, ainsi *G* est à *H* : Mais nous auons posé qu'à icelle fraction de fraction soit esgale la simple fraction *F* : donc aussi la fraction *F* sera à l'entier *E*, comme *G* à *H*. Mais par la 2. prop. comme *G* est à *H*, ainsi la fraction *GH* est au mesme entier *E* : Donc les fractions simples *F* & *GH* seront esgales ; & partant puis que la fraction *F* est esgale à la fraction de fraction donnee, aussi la fraction *GH* sera esgale à la fraction *AB* au respect de la fraction *CD*, duquel l'entier est *E*. Ce qu'il falloit prouuer

Soit maintenant *AB* fraction de *CD*, qui est aussi fraction de la fraction *EF* : & soit faict *G* de *A* en *C* ; & *H* de *B* en *D* : Item *I* de *G* en *E* ; & *K* de *H* en *F* : Ie

G6	I9		
A²/B₃	C₃/D₅	E₁/E₂₀	F²/₅
H15			

dis que la fraction I K est esgale à la fraction de fraction donnee. *Ce qui est mani-*
feste, veu que par la demonstration prec. la fract. GH est esgale
à AB, fraction de la fraction C D ; tellement qu'icelle GH
est fraction de la fraction EF, à laquelle est aussi esgale la fraction I K, par la mesme demonstration.

    Que s'il y auoit dauantage de fractions, c'est à dire que EF
fust encore fraction d'vne autre fraction, le produict de I, K,
par ceste autre fraction, donneroit pareillement la fraction simple esgale à la fraction de fraction donnee ; & ainsi continuellement s'il y auoit dauantage de fractions.

    Il appert donc qu'estant donnee vne fraction de tant de fractions qu'on voudra,
on la reduira en vne simple fraction, multipliant tous les numerateurs entr'eux, & puis
aussi tous les dominateurs entr'eux.

G10		I30
A5	C2	E3
B6	D3	F4
H18		

13.   Reduire vne fraction donnée à minimes termes.

    Soit vne fraction AB, qu'il faut reduire aux plus petits termes d'icelle. Or les nom-
bres A, B, seront premiers entr'eux, ou non ; s'ils sont premiers, la
fraction AB ne pourra estre reduitte à plus petite denomination. Car
soit reduitte, s'il est possible, à moindres termes C, D, tellement que
la fraction CD soit egale à la fraction AB. D'autant que par la 7.
prop. comme A est à B, ainsi C à D, & que les nombres C, D, sont
moindres que les nombres A, B ; iceux A, B, ne seront les moindres
termes de ceste raison : Mais par la 23. p. 7. ils sont aussi les plus petits, veu qu'ils
sont premiers entr'eux : Ce qui est absurde.

A7	C.
B8	D.

    Maintenant que A, B, ne soient premiers entr'eux : & par la 2. p. 7. la plus gran-
de mesure d'iceux soit C, qui mesure A par D ; & B par E : Ie dis
que la fraction DE est egale à la fraction AB, & constituee aux
plus petits termes qu'elle puisse estre. Car puis que C mesure A &
B par D & E ; par la 7. com. sent. 7. Iceux A, B, seront produits de C en D, E ; & par la 19. p. 7. comme A sera à B, ainsi D
à E, & partant par la 7. pr. les fractions AB, DE, seront esgales. En
apres, pour ce que C, plus grande mesure des nombres A, B, les mesure par D, E ; par le corol. de la 35. p. 7. iceux D, E, seront les plus
petits nombres de tous ceux qui ont mesme raison que A à B. Nous auons donc reduit
la fraction donnee A B en sa plus petite denomination D E : Ce qu'il falloit faire.

A6	D2
B9	E3
C3	

14.   Estant donnee vne fraction, la reduire (si faire se peut) à vne autre
esgale de denomination donnee.

    Soit donnee la fraction A B, qu'il faut reduire à vne autre esgale, de laquelle le
denominateur soit C. De A en C, soit faict D, lequel B mesure par
E : Ie dis que la fraction EC, qui a le denominateur donné C est
esgale à la fraction donnee AB. Car puis que B mesure D par E,
par le 9. ax. 7. D sera faict de B en E : Mais il a aussi esté faict
de A en C Donc par la 19. prop. 7. comme A sera à B, ainsi E
sera à C ; & par la 7. prop. les fractions A B, E C seront esgales.

A2	E6
B3	C9
D18	

Que si B ne mesure D procreé de A en C, la fraction donnee ne se pourra reduire à la denomination donnee C. Car soit reduitte, s'il est possible, à la fraction EC. Donc puisque les fractions AB, EC sont esgales, comme A sera à B, ainsi E sera à C par la 7. prop. & partant par la 19. p. 7. le nombre produit de B en E sera esgal à celuy faict de A en C, c'est à sçauoir D. Donc par le 7. ax. 7. B mesurera D par E: Ce qui est absurde, puis qu'on a posé que B ne mesure D.

A_2	$E.$
B_5	C_7
D_{14}	

Or la reduction de fraction, qui en l'Arithmetique pratique, est vulgairement appellee Eualuation, despend de cette prop. veu qu'eualuer vne fraction n'est autre chose, que trouuer vne fraction esgale à la donnee, qui ait pour denominateur le nombre & valeur de l'entier proposé. Comme par exemple, quand on veut eualuer les $\frac{2}{5}$ d'vne liure, ce n'est autre chose que trouuer vne autre fraction egale à $\frac{2}{5}$, qui ait pour denominateur le nombre 20, qui est la valeur de la liure : & suiuant ce qui est icy demonstré, si ayant multiplié ledit nombre 20 par 2, numerateur de la fraction donnee, on diuise le produict 40 par le denominateur 5, viendra 8 pour le numerateur de ladite fraction cherchee, c'est à dire, que la fraction $\frac{8}{20}$ sera egale à la donnee $\frac{2}{5}$; au lieu de laquelle fraction $\frac{8}{20}$, on peut aussi dire 8 sols, puis que l'entier auquel se referoit la fraction donnee vaut 20 sols.

A_2	E_8
B_5	C_{20}
D_{40}	

15.   Quand vn nombre est diuisé par vn autre plus grand, le quotient est vne fraction de laquelle le nombre à diuiser est numerateur, & le diuiseur denominateur.

Soit le nombre A, qu'il faut diuiser par vn plus grand nombre B : Ie dis que le quotient est la fraction AB, de laquelle le nombre à diuiser A, est numerateur, & le diuiseur B denominateur. Car d'autant que par la 7. prop. comme A est à B, ainsi la fraction A B est à l'entier, c'est à dire a l'vnité par la def. de la diuision (La diuision d'vn nombre par vn nombre est l'inuention d'vn nombre qui ait mesme raison à l'vnité que le nombre diuidande au diuiseur) la fraction AB sera quotient du nombre A diuisé par le nombre B. Ce qu'il falloit prouuer.

A_5	B_7	$\frac{A_5}{B_7}$

16.   Adiouster plusieurs fractions en vne somme.

Qu'l faille premierement adiouster ensemble deux fractions AB, CB d'vne mesme denomination. Soient adioustez ensemble les numerateurs A, C, la somme desquels soit D, au dessous de laquelle soit posé le mesme denominateur B : Ie dis que la fraction DB, est la somme de l'addition des fractions AB, CB. Car d'autant que les fractions ont vn mesme denominateur, par la 3. prop. comme A sera à C, ainsi la fraction AB sera à la fraction CB ; & en composant, comme A, C, ensemble à C, ainsi les fractions AB, CB ensemble à la fraction CB. Mais par la mesme 3. prop. comme C à D, ainsi la fraction CB à la fraction DB. Donc en raison esgale, comme A C, ensemble à D, ainsi les fractions AB, CB ensemble à la fraction DB. Veu donc que par la construction A, C, ensemble sont es-

A_2	C_3	D_5
B_7	B_7	B_7

gales à D; aussi les fractions AB, CE ensemble, seront esgales à la fraction
D 3.

Soient maintenant trois fractions de diverses denominations AB, CD, EF, lesquelles il faut adiouster ensemble. Les fractions proposees soient reduittes à autant
d'autres fractions de mesme denomination GK, HK, IK, par la 9. prop. puis
soient adioustez ensemble les numerateurs G, H, I,
dont la somme soit L, à laquelle soit supposé le
denominateur commun K, & la fraction LK, sera
la somme des trois fractions proposees. Car d'autant que par la 3. prop. les numerateurs G, H, I,
sont en mesme proportion que les fractions GK, HK,
IK, par le 5 Theor. du Scholie de la 22. prop.
7. G, H, I ensemble, seront à I, comme les trois
fractions AB, CD, EF ensemble seront à la fraction

G 12	H 16	I 18	
$\frac{A\,1}{B\,2}$	$\frac{C\,2}{D\,3}$	$\frac{E\,3}{F\,4}$	$\frac{L\,16}{K\,24}$
	K 24		

EF. Mais par la 3. prop. comme I est à L, ainsi aussi la fraction EF est à la fraction LK. Donc en raison esgale, comme les trois nombres G, H, I ensemble seront à L
ainsi les trois fractions AB, CD, EF ensemble seront à LK. Mais par la construction
le nombre L est esgal aux trois G, H, I: Donc aussi la fraction L K sera esgale aux
trois proposees AB, CD, EF. Nous auons donc faict ce qui estoit requis.

Or ayant reduict les fractions proposees à vne mesme denomination, & adiousté
ensemble les numerateurs trouuez, puis à la somme L, supposé le denominateur commun K; on prouuera encore que la fraction LK est esgale aux proposees en ceste sorte.
D'autant que par la 5. prop. comme l'entier est à la somme des fractions AB, CD,
EF, ainsi le denominateur commun K est à la somme des produits G, H, I, c'est à
dire L; en changeant, comme la somme des fractions AB, CD, EF, sera à l'entier,
ainsi L sera à K. Mais par la 2. prop. comme L est à K, ainsi aussi la fraction LK est au
mesme entier. Donc comme la somme des fractions AB, CD, EF, est à l'entier, ainsi
la fraction LK est au mesme entier: & partant la somme des fractions AB, CD, EF,
sera esgale à la fraction LK. Ce qui estoit proposé.

Que si les fractions proposees à adiouster ne se referoient à l'vnité, ains à quelque nombre entier, la somme d'icelles se rapporteroit au mesme nombre. Par exemple s'il
falloit adiouster $\frac{2}{3}$ du nombre 60 auec les $\frac{3}{5}$ du mesme nombre, la somme d'icelles fractions seroit $\frac{19}{15}$ qui se refereroient aussi au mesme nombre 60; tellement que ce seroit 76:
car les $\frac{2}{3}$ de 60 sont 40, & les $\frac{3}{5}$ sont 36; lesquels deux nombres adioustez ensemble, font le susdit nombre 76.

17.   Oster vne petite fraction d'vne plus grande.

De la fraction AB, qu'il en faille oster vne moindre fraction CB, laquelle est
de mesme denomination. soit osté le numerateur C du numerateur A, & au dessous
du reste D, soit posé le mesme denominateur B: Ie dis que la
fraction D B est ce qui reste apres auoir soustraict la fraction
CB de la fraction AB. Car puisque C osté de A, reste D; A
est composé de C & D: donc la fraction AB, de laquelle le
numerateur A est l'aggregé des numerateurs C, D, est la somme des deux fractions CB, DB, comme il a esté demonstré en
la prec. prop. Parquoy ayant osté la fraction CB de la fraction AB, restera la fraction D B.

$\frac{A\,3}{B\,4}$	$\frac{C\,1}{B\,4}$	$\frac{D\,2}{B\,4}$

Mais ſi de AB, il faut oſter vne moindre fraction CD, qui a vn autre denomi-nateur que AB: par la 9. prop. icelles fractions AB, CD, ſoient reduittes à deux au-tres d'vne meſme denomination EG, FG: puis ſoit oſté le numerateur F du numera-teur E, & reſte H, au deſſous duquel ſoit appoſé le denominateur commun G: Ie dis qu'apres auoir oſté la fraction CD de la plus grande fraction AB, reſte la fra-ction HG, ainſi qu'il appert par la demonſtration cy deſſus. Ce qu'on peuſt encore de-monſtrer ainſi, d'autant que D multipliant A, B faict E, G, par la 17. p. 7. comme A ſera à B, ainſi E ſera à G. Mais par la 2. prop. comme A eſt à B, ainſi la fraction AB eſt à l'entier. Donc auſſi comme E à G, ainſi la fraction A B eſt à l'entier. Dere-chef, pour ce que B multipliant C, D, faict F, G, comme C ſera D, ainſi F à G. Mais auſſi comme C à D, ainſi la fraction C D eſt à l'entier. Donc comme F à G, ainſi la fraction CD eſt à l'entier. Veu donc que comme F premiere eſt à G deuxieſme, ainſi la fraction C D troiſieſme eſt à l'entier quatrieſme, & que par la 2. prop, comme H cin-quieſme eſt au meſme G deuxieſme, ainſi la fraction H G ſixieſme eſt au meſme entier quatrieſme par le 6. Theor. du Schol. de la 22. p. 7. comme F, H, premiere &

E 15	F 8	
A 3 / B $\overline{4}$	C 2 / D $\overline{5}$	H 7 / G $\overline{10}$
G 20		

cinquieſme enſemble ſera à G deuxieſme, ainſi les fractions CD, HG, troiſieſme & ſixieſme enſemble, ſera à l'entier quatrieſme. Mais comme E, H, enſemble ſont à G, ainſi E eſgal à iceux F, H (Car F oſté de E reſte H) eſt au meſme nombre G. Donc auſſi comme E ſera à G, ainſi les fractions CD, H G enſemble ſeront à l'entier. Mais il a eſté demonſtré que comme E à G, ainſi la fraction AB à l'entier. Donc auſſi com-me la fraction A B ſera à l'entier, ainſi les fractions C D, H G enſemble ſeront au meſme entier : Et partant les fractions C D, H G enſemble ſeront eſgalles à la fra-ction AB. Parquoy ayant oſté la fraction CD de la fraction AB, le reſte ſera la fra-ction H G. Ce qu'il falloit faire.

Or ſi les fractions propoſées ne ſe referoient à l'vnité, ains à quelque nombre entier, le reſte ſe refereroit auſſi au meſme nombre. Par exemple, ſ'il falloit ſouſtrai-re $\frac{2}{5}$ du nombre 40, des $\frac{3}{4}$ du meſme nombre, le reſte $\frac{7}{20}$ ſe refereroit au meſme nom-bre 40: & partant ce ſeroit 14 : car par la 15. prop. les $\frac{2}{5}$ de 40, ſont 16, & les $\frac{3}{4}$ ſont 30.

18. Multiplier vne fraction par vne fraction.

Soit vne fraction AB, qu'il faut multiplier par la fraction CD: de la multipli-cation des numerateurs A, C, entr'eux ſoit faict E, au deſſous duquel ſoit poſé F pro-duit des denominateurs B, D, multipliez entr'eux: Ie dis que la fraction EF eſt le produit des fractions AB, CD, multipliées entr'elles. Car ſoit faict G de E en D; & H de C en F: Et par la 4. prop. comme la fraction E F ſera à la fraction CD, ainſi G à H. Mais pour ce que C multi-pliant A, F, faict E, H, par la 17. p. 7. comme A ſera à F, ainſi E à H; & en permutant, comme A ſera à E, ainſi F ſera à H. Derechef, pour ce que D multipliant E, ... faict G, F, par la 17. p. 7. comme E ſera à B ainſi G à F. Parquoy les trois

H 45	G 30	
A 2 / B $\overline{3}$	C 3 / D $\overline{5}$	E 6 / F $\overline{15}$

nombres *A*, *E*, *B* sont proportionnels aux trois *G*, *F*, *H* en proportion troublee : donc en raison esgale, comme *A* sera à *B*, ainsi *G* à *H*. Mais nous auons demonstré que comme *G* est à *H*, ainsi la fraction *EF* est à la fraction *CD* ; & par la 2. prop. comme *A* est à *B*, ainsi la fraction *AB* est à l'entier, c'est à dire à 1. Donc aussi comme la fraction *EF* est à la fraction *CD*, ainsi la fraction *AB* est à 1. Et par la def. de la multiplication (La multiplication d'vn nombre en vn nombre est l'inuention d'vn nombre qui ait mesme raison à l'vn des multiplians que l'autre à l'vnité) la fraction *EF* est produicte de la multiplication de la fraction *AB* en la fraction *CD* : parquoy nous auons faict ce qui estoit requis.

Or quand on multiplie des fractions, qui ne se rapportent pas à l'vnité, ains à quelque nombre entier donné ; il ne faut pas referer le nombre produict de la multiplication d'icelles fractions, au nombre entier proposé, ainsi qu'en l'addition & soustraction ; mais il le faut comparer au quarré d'iceluy nombre donné : Car veu que la comparaison se doit faire entre choses semblables, & que de la multiplication de deux nombres est produit vn nombre plan : il faudra referer le nombre produict de la multiplication auec le plan du nombre entier proposé, c'est à dire auec son quarré, si toutes les deux fractions se referent à vn mesme nombre entier, pour ce qu'iceluy nombre (suiuant ce que nous auons dit à la 14. prop.) leur est comme denominateur, & par consequent il le faut multiplier par soy mesme afin d'auoir le denominateur du produit desdites fractions. Mais si les fractions se referoient à diuers nombres entiers, il faudroit referer le produit de leur multiplication au nombre plan faict des nombres entiers proposez. Ainsi lors qu'on multiplie les $\frac{2}{5}$ d'vne liure, c'est à dire les $\frac{2}{5}$ de 20 sols, par $\frac{1}{2}$ du mesme nombre 20, le produit est ceste fraction $\frac{2}{10}$, laquelle il ne faut pas rapporter au nombre entier proposé 20, mais à son quarré 400 ; tellement que ce produit $\frac{2}{10}$ est 80, & il ne seroit que 4, si on le referoit seulement au nombre proposé 20. Ce qui est apparent, car par la 14. prop. les $\frac{2}{5}$ du nombre 20. sont 8 & $\frac{1}{2}$ du mesme nombre 20, est 10 ; & de 8 en 10, est faict 80, qui est $\frac{2}{10}$ du nombre 400, quarré du nombre 20 entier proposé. Nous dirons donc que $\frac{2}{5}$ d'vne liure multipliez par $\frac{1}{2}$ liure, ne produisent pas $\frac{2}{10}$ d'vne liure, qui sont seulement 4 sols, mais produisent $\frac{2}{10}$ de 400, qui sont 80 s. ou 4 liures. Mais lors qu'on multiplie les $\frac{2}{5}$ du nombre entier 20, par les $\frac{3}{4}$ du nombre entier 24, le produit est $\frac{6}{10}$, ou $\frac{3}{10}$ du nombre 480, c'est à dire 144 : Car par la 14. prop. les $\frac{2}{5}$ du nombre entier 20 sont 8, ou $\frac{8}{10}$, & les $\frac{3}{4}$ de 24 sont 18, ou $\frac{18}{24}$, qui multipliez comme dit est cy-dessus, produisent 144, ou la fraction $\frac{144}{480}$: tellement que les $\frac{6}{10}$ trouuez ne se doiuent referer à l'vn ny à l'autre entier proposé 20 & 24, ains au nombre plan 480, produit d'iceux entiers.

19 Diuiser vne fraction par vne fraction.

Soit la fraction *AB*, qu'il faut diuiser par la fraction *CD* : & premierement que les nombres de cette-cy *C*, *D*, mesurent les nombres de celle-là *A*, *B*, par *E*, *F* ; tellement que *A* estant diuisé par *C* le quotient soit *E*, & ayant diuisé *B* par *D*, le quotient soit *F* : Ie dis que la fraction *EF*, est le quotient de la fraction *AB* diuisee par la fraction *CD*. Car d'autant que *C* mesure *A* par *E*, & *D* mesure *B* par *F* par le 9. ax. 7. *A* est procreé de *C* en *E* ; & *B* de *D* en *F*. Donc par la prec. prop. la fraction *AB*, est produicte de la multiplication de la fraction *EF* par la fraction *CD* : & partant par

A 5 / B 12	C 5 / D 6	E 1 / F 2
A 4 / B 9	C 2 / D 9	E 2 / F 1
A 9 / B 10	C 3 / D 5	E 3 / F 2

la def. de la multiplication , comme la fraction AB sera à la fraction CD , ainsi la fraction EF sera à l'vnité. Parquoy puis que comme AB , fraction diuisee, est à CD, fraction diuisante, ainsi la fraction EF est à l'vnité , par la def. de la diuision , la fraction EF sera le quotient de la diuision de la fraction AB par la fraction CD. Ce qui estoit proposé.

Maintenant , que les nombres de la fraction CD, ne mesurent les nombres de la fraction AB : Par la 9. prop. les fractions proposées AB , CD , soient reduittes à deux autres esgales de mesme denomination EG , FG ; puis des deux numerateurs E & F, soit faict à part la fraction EF. Ie dis qu'icelle fraction EF est le quotient de la fraction AB diuisee par la fraction CD. Car par la 3. prop. la fraction EG est à la fraction FG , comme le numerateur E est au numerateur F ; & par la 2. prop. comme
E est à F, ainsi la fraction EF est à son
entier , c'est à dire à l'vnité. Donc aussi
comme la fraction EF est à l'vnité , ainsi
la fraction EG est à la fraction FG , c'est
à dire la fraction AB à la fraction CD,
puis qu'elles leurs sont esgales par la
construction ; & partant par la def. de la
diuision , la fraction EF sera le quotient
de la fraction AB diuisee par la fraction CD. Ce qui estoit proposé.

E12	F10		E8	F9	
A4	C2	E12	A2	C3	E8
B5	D3	F10	B3	D4	F9
	G15			G12	

Or il appert assez que ceste demonstration a lieu en toutes fractions , soit que les nombres de la fraction diuisante mesurent ou non les nombres de la fraction à diuiser ; & aussi que le denominateur commun G n'entre point au quotient de la diuision, ains seulement les deux numerateurs E, F ; c'est pourquoy en la practique d'Arithmet. il suffit de multiplier le numerateur de la fraction à diuiser par le denominateur de la fraction diuisante , pour auoir le numerateur du quotient ; mais le numerateur de la fraction diuisante par le denominateur de la fraction à diuiser pour auoir le denominateur d'iceluy quotient.

Il est aussi manifeste que si les nombres de la fraction diuisante sont changez de lieu à autre , que la diuision se fera comme la multiplication , c'est à sçauoir en multipliant les numerateurs entr'eux , & puis apres les denominateurs. Comme par exemple , voulant diuiser $\frac{5}{6}$ par $\frac{2}{3}$, nous changerons les nombres de ceste fraction $\frac{2}{3}$, & aurons $\frac{3}{2}$, par lesquels nous multiplierons $\frac{5}{6}$, c'est à sçauoir 5 par 3 ; & 6 par 2 , & viendront $\frac{15}{12}$ pour le quotient de $\frac{5}{6}$ diuisez par $\frac{2}{3}$.

Fin du septiesme Element.

ELEMENT
HVICTIESME.

THEOR. 1. PROP. I.

S'il y a tant de nombres qu'on voudra continuellement proportionnaux, & que les extremes soient premiers entr'eux,
ils seront les plus petits de leur raison.

OIENT tant de nom-
bres que l'on voudra
continuellement pro-
portionnaux A , B , C ;
& que les extrémes A

A 4	D—
B 6	E—
C 9	F—

& C, soient premiers entr'eux : Ie dis que A, B, C, sont
les plus petits qui soient en la mesme raison.

Car s'ils ne sont tels, soient D, E, F, plus petits en la mesme raison, s'il
est possible. Par ainsi il y a d'vn costé les trois nombres A , B, C, & d'vn autre
les trois D, E, F, qui prins de deux en deux sont en mesme raison : Donc en
raison egale , D sera à F, comme A est à C par la 14. p. 7. & parce que A & C
sont premiers entr'eux , ils seront les plus petits de leur raison, par la 23. p. 7.
& par la 21. p. 7. ils mesureront egalement D & F : ce qui est impossible, pour
estre plus petits qu'iceux. Donc A , B, C, estoient les plus petits en la mesme
raison. Parquoy s'il y a tant de nombres qu'on voudra continuellement proportionnaux, &c. Ce qu'il falloit demonstrer.

PROBL. 1. PROP. II.

Trouuer tant de nombres qu'on voudra continuellement

proportionnaux , les plus petits en vne raison donnee.

Soient deux nombres A & B , les plus petits de tous ceux qui ont la
mesme raison : il faut premierement
trouuer trois nombres continuellement proportionnaux, & les plus petits en la raison donnee de A à B.

Que A multiplié par soy-mesme
produise C ; A par B produise D ; &
B par soy produise E : Ie dis premierement que C, D, E, sont continuellement proportionnaux en la raison de
A à B. Car puis que A multipliant A
& B, produict C & D; comme A sera
à B, ainsi C sera à D par la 17. p. 7. Derechef, puis que B multipliant A & B,
produict D & E, comme A sera à B, ainsi D sera à E : Parquoy C, D, E , seront continuellement proportionnaux en la raison de A à B. Ie dis aussi qu'ils
sont les plus petits d'icelle raison donnee. Car d'autant que A & B sont les plus
petits de leur raison, par la 24. p. 7. ils sont premiers entr'eux , & par la 29.
p. 7. C & E seront aussi premiers entr'eux : & par la precedente prop. les
trois nombres C , D , E , seront les plus petits en la raison donnee de
A à B.

Maintenant, qu'il en faille trouuer quatre. Que A multipliant les trois
trouuez C, D, E , produise F, G, H ; & B multipliant le dernier E fasse I : Ie
dis que les quatres nombres F, G, H, I, sont continuellement proportionnaux , & les plus petits en la raison de A à B. Car d'autant que A multipliant
C, D, E a faict F, G, H ; iceux sont en la mesme raison que C , D , E, c'est à
dire en la raison de A à B. Derechef, puis que A & B multipliant E ont faict
H & I, par la 18. p. 7. comme A sera à B, ainsi H sera à I : & partant F, G, H, I,
feront continuellement proportionnaux en la raison donnee de A à B. Dauantage, puis que A & B estans les plus petits de leur raison, sont premiers entr'eux par la 24. p. 7. aussi les extremes F & I seront premiers entr'eux par la
29. p. 7. attendu que A & B multipliez par eux mesme, ont produict C & E ,
& iceux multipliez par les mesmes A & B, ont produict les extremes F & I.
Donc par la prop. prec. les quatres nombres F, G, H, I, seront les plus petits
de leur raison. Et en ceste façon on en trouuera tant que l'on voudra. Nous
auons donc trouué des nombres continuellement proportionnaux, &c. Ce
qu'il falloit faire.

C O R O L L A I R E.

*Il resulte de cecy que trois nombres continuellement proportionnaux, estans les
plus petits de leur raison ; les extremes seront quarrez : s'il y en a quatre, qu'iceux extremes seront Cubes. Car des trois C, D, E, les extremes C & E, ont esté produits de*

A & B multipliez par eux-mesmes; & des quatre F, G, H, I, les extrémes F & I, ont esté produits de la multiplication de A & B par leurs quarrez C & E.

Il resulte encore que les extrémes des nombres continuellement proportionnaux trouuez selon ceste prop. sont premiers entr'eux. Car il a esté demonstré par les 24. & 29. p. 7. que les extremes C, E; & F, I , sont premiers entr'eux.

THEOR. 2. PROP. III.

S'il y a tant de nombres qu'on voudra continuellement proportionnaux, & les plus petits de tous ceux qui ont la mesme raison : les extrémes seront premiers entr'eux.

Soient quatre nombres A , B, C, D continuellement proportionnaux, les plus petits de tous ceux qui sont en la mesme raison : Ie dis que les extrémes A & D, sont premiers entr'eux.

Car soient trouuez par la 35. p. 7. les plus petits qui soient en la raison de A à B, sçauoir F & G : ils seront premiers entr'eux par la 23. p. 7. & comme il a esté enseigné en la preced. soient trouuez des nombres continuellement proportionnaux, & les plus petits en la raison de F à G, sçauoir premierement les trois H, I, K ; puis apres les quatre L , M , N , O ; & ainsi consecutiuement vn plus , iusques à ce que on en ait autant qu'il y en aura de proposez: il ne faut donc icy que ces quatre L , M , N , O. Or iceux estans les plus petits en la raison de F à G, ils seront esgaux aux quatre A , B , C , D, qui sont aussi les plus petits en la mesme raison. Et comme les extrémes L & O, sont premiers entr'eux par le corol. de la preced. les extremes A & D seront aussi premiers entr'eux. Parquoy s'il y a tant de nombres qu'on voudra continuellement proportionnaux, &c. Ce qu'il falloit prouuer.

A 8.			L 8.
		H 4.	
B 12.	F 2.		M 12.
		16.	
C 18.	G 3.		N 18.
		K 9.	
D 27.			O 27.

PROBL. 2. PROP. IV.

Estans donnees tant de raisons qu'on voudra en nombres les plus petits d'icelles raisons; trouuer tant de nombres qu'on voudra les plus petits continuellement proportionnaux selon les raisons donnees.

Soient donnees les deux raisons de A à B, & de C à D, aux plus petits termes

termes d'icelles : il faut trouuer trois nombres en continuelle proportion, les plus petits de ceux qui font felon les raifons donnees.

Soit trouué par la 36. p. 7. le plus petit nombre qui foit mefuré par B , & par C ; lequel foit F : en apres, foit trouué G, autant de fois mefuré par A , que F par B : Pareillement H autant de fois mefuré par D que F par C. Ie dis que les trois nombres G, F, H font continuellement proportionnaux, les plus petits qui foient felon les raifons données.

```
| A 2.
|           G 8. L—
| B 3.
|           F 12. M——
| C 4.
|           H 15. N——
| D 5.
```

Car d'autant que A mefure autant de fois G, que B mefure F ; & par confequent A & B multiplians vn mefme nombre (fçauoir celuy par lequel ils mefurent G & F) ont produict G & F : par la 18. p. 7. G eft à F, en mefme raifon que A à B. Et par mefme difcours F fera à H, comme C à D : Donc G , F, H, font continuellement proportionnaux, felon les raifons donnees. Mais ils font auffi les plus petits, felon icelles raifons données : car f'il n'eft ainfi, en foient trouuez de plus petits L, M, N, f'il eft poffible, & qui refpondent aux raifons donnees, comme les trois G, F, H. Or veu que A & B font les plus petits en leur raifon , par la 21. p. 7. ils mefureront également L & M , iceux eftans en la mefme raifon, c'eft à fçauoir le confequent B, le confequent M : Par mefme difcours C & D mefureront egalement M & N, fçauoir l'antecedant C l'antecedant M. Parquoy B & C mefurans M; par la 37. p. 7. F, qui eft le plus petit nombre qu'ils mefurent, mefurera auffi M, fçauoir eft, le plus grand, le plus petit : ce qui eft impoffible. Partant les nombres G, F, H, eftoient les plus petits felon les raifons donnees.

Maintenant foient donnees trois raifons aux plus petits termes A à B ; C à D, & F à G, felon lefquelles il faut trouuer quatre nombres tels que requiert la propofition.

Soient trouuez les trois nombres I, H, K, comme deffus : ce faict, ou F mefurera K , ou non. S'il le mefuroit, il faudroit prendre L autant de fois mefuré par G , que K par F : & par la precedente demonftration, il eft euident qu'on auroit fatisfaict. Que fi F ne mefure K, foit trouué O le plus petit nombre mefuré par F , & par K , par la 36. p 7. Et que G mefure autant de fois P, que F mefure O. Item que comme K mefure

```
| A 2.
|           18.        M 16.
| B 3.
|           H 12.      N 24.
| C 4.
|           K 15.      O 30.
| D 5.
| F 6.      L—         P 35.
| G 7.
```

O, ainfi H mefure N ; & I mefure M. Ie dis que M, N, O, P font les quatre nombres continuellement proportionnaux requis.

Car puifque I, H, K mefurent également M, N, O , comme dit eft cy deffus, I fera à H ainfi que M à N, & comme H fera à K, ainfi N à O. Mais il y a mefme raifon de I à H que de A à B, & de H à K que de C à D, pource que A & B mefurent egalement iceux I & H ; & C, D, egalement H & K.

Donc comme A à B, ainsi M à N; & comme C à D, ainsi N à O; aussi comme
F à G ainsi O à P, à cause que F, G mesurent egalement O, P. Les quatre
nombres M, N, O, P, sont donc continuellement proportionnaux és raisons
donnees. Et qu'ils soient les plus petits, on le demonstrera en la mesme façon qu'on a faict cy dessus de trois nombres.

Or en la mesme maniere sera procedé si 4, ou dauantage de raisons sont
données aux plus petits termes. Parquoy estans données tant de raisons qu'on
voudra, &c. Ce qu'il falloit faire.

THEOR. 3. PROP. V.

Les nombres plans sont l'vn à l'autre en la raison composee de leurs costez.

Soient deux nombres plans A & B; les costez de A, soient C & D; & les
costez de B, soient E & F. Ie dis que le plan
A est au plan B, en la raison composée de C
à E, & de D à F.

Qu'il ne soit ainsi. Que D multiplié par
E produise G. Donc D multipliant C & E,
produira A & G, qui seront en mesme raison
que C à E, par la 17. p. 7. Et par mesme discours E multipliant D & F, produira G & B,
qui seront aussi en mesme raison que D à F.
Parquoy les trois nombres A, G, B sont continuellement proportionnaux és raisons de
C à E, & de D à F, costez. Mais par la 5. d. 6. la raison de A à B est composee
de A à G, & de G à B. Donc la raison du nombre plan A au nombre plan B,
sera composee de la raison des costez C à E, & D à F. Parquoy les nombres
plans sont l'vn à l'autre, &c. Ce qu'il falloit prouuer.

		C 3.
A 12.		
		D. 4.
G 8.		
		E 2.
B 18.		
		F 9.

THEOR. 4. PROP. VI.

S'il y a tant de nombres qu'on voudra continuellement pro-portionnaux, & que le premier ne mesure le second, aussi pas vn autre ne mesurera pas vn autre.

Soient tant de nombres que l'on voudra continuellement proportionnaux
A, B, C, D, E; & que A premier ne me-
sure B 2e. Ie dis que pas vn autre n'en mesurera pas vn autre.

Car premierement, comme A ne mesure B, ainsi B ne mesurera C; ny C ne
mesurera D; ny D . E, d'autant qu'ils

| A 16. B 24. C 36. D 54. E 81. |
| F 4. G 6. H 9. |

sont en mesme raison : par ainsi aucun d'iceux nombres ne mesure son prochain suiuant. Ie dis aussi qu'en passant quelqu'vn, les extremes ne se pour-

ront mesurer, comme A ne pourra mesurer C. Car ayant trouué trois nombres F, G, H les plus petits en la raison de A à B, ou de A, B, C par la 35. p.
7. en raison egale A sera à C comme F à H, par la 14. p. 7. & puis que par l'hypothese, A ne mesure B, aussi F ne mesurera G ; & partant F ne sera pas l'vnité,
autrement il mesureroit G, veu que l'vnité mesure tout nombre. Et d'autant
que par la 3. prop. de ce liure F & H sont nombres premiers, & que F n'est pas
l'vnité, iceluy F ne mesurera pas H : Mais nous auons demonstré que comme A
est à C, ainsi F est à H. Donc comme F ne mesure H, aussi A ne mesurera C.
Par mesme discours on prouuera que B ne mesurera D ; ny C, ne mesurera E.
Que si on prend quatre nombres les plus petits en la raison de A à B, on demonstrera en la mesme maniere que A ne mesurera le quatriesme D ; ny B vn
quatriesme E, & ainsi des autres. Parquoy s'il y a tant de nombres qu'on voudra continuellement proportionnaux, &c. Ce qu'il falloit demonstrer.

THEOR. 5. PROP. VII.

S'il y a tant de nombres que l'on voudra continuellement proportionnaux, & que le premier mesure le dernier, il mesurera aussi le second.

Soient tant de nombres qu'on voudra continuellement proportionnaux A, B, C, D ; & que le premier A mesure
le dernier D. Ie dis qu'il mesurera aussi le second B.

A 3.	B 9.	C 12.	D 24.

Car par la precedente, si A ne mesuroit
B, aussi pas vn autre ne mesureroit pas vn
autre, & par consequent A ne mesureroit pas
D, contre l'hypothese. A mesurera donc B. Parquoy s'il y a tant de nombres
qu'on voudra continuellement proportionn. &c. Ce qu'il falloit prouuer.

THEOR. 6. PROP. VIII.

Si entre deux nombres tombent quelques nombres moyens
proportionnaux, il en tombera autant entre deux autres,
estans en la mesme raison.

Soient les nombres A & B, entre lesquels tombent C & D continuellement proportionnaux : & qu'il y ait telle rai-
son de E à F, que de A à B. Ie dis qu'entre E &
F se trouueront autant de nombres moyens continuellement proportionnaux, qu'entre A & B.

A 3. C 9. D 27. B 81.	
G 1. H 3. I 9. K 27.	
E 2. L 6. M 18. F 54.	

Car ayant trouué par la 2. p. 8. les quatre
nombres G, H, I, K, continuellement propor-
tionnaux, & les plus petits en la raison de A, C, D, B ; en raison esgale, com-

me A ſera à B , ou E à F (car c'eſt la meſme raiſon) ainſi G à K par la 14. p. 7.
Mais G & K ſont premiers entr'eux par la 3. p. 8. & les plus petits nombres
de leur raiſon par la 23. prop. 7. & par la 11. p. 7. ils meſureront eſgalement
E & F. Donc autant de fois que G & K meſureront E & F; qu'autant de fois
H & I meſurent d'autres nombres L & M : tellement que les nombres G, H,
I, K, meſurent eſgalement les nombres E, L, M, F, par la 9. com. ſent. G , H,
I , K, multiplians le nombre par lequel ils meſurent E , L , M , F , produiſent
iceux E, L, M, F, leſquels ſeront entr'eux comme G, H, I , K, ainſi que nous
auons demonſtré à la 8. p. 7. Mais G, H, I, K, ſont continuellement proportionnaux : donc auſſi E, L, M, F, ſeront continuellement prop. & partant
puis que la multitude E, L, M, F, eſt eſgale à la multitude A, C, D, B, il tombera autant de moyens proportionnaux entre E & F, qu'entre A & B. Parquoy ſi entre deux nombres tombent quelques nombres moyens proportionnaux, &c. Ce qu'il falloit prouuer.

S C H O L I E.

*De ceſte demonſtration appert non ſeulement , qu'il tombe autant de moyens prop.
entre E & F, qu'entre A & B , mais auſſi que la proportion des nombres E, L, M, F,
eſt la meſme que des nombres A, C, D, B. Car il a eſté demonſtré que la proportion de
E, L, M, F, eſt la meſme que celle des nombres G, H, I, K : Mais iceux ſont par la conſtruction en la meſme proportion que A, C, D, B : donc auſſi E, L, M, F, ſont en meſme
proportion que A, C, D, B.*

*Il appert auſſi de ce Theoreme, qu'entre nombres de raiſon double, ou ſuperparticuliere,
ou ſuperbipartiente , ne peut tomber vn nombre moyen proportionnel. Car puis que la raiſon double , és moindres nombres, eſt trouuee entre le binaire & l'vnité ; mais la ſuperparticuliere , entre les nombres differens ſeulement de l'vnité, & la ſuperbipartiente,
entre les nombres, deſquels la difference eſt le binaire : ſi entre deux nombres de raiſon
double, ou ſuperparticuliere, ou ſuperbipartiente , tombe vn moyen prop. il en tombera
pareillement vn (par ce Theor.) entre le binaire & l'vnité, ou entre les nombres differens de la ſeule vnité, ou au binaire ; c'eſt à ſçauoir entre les plus petits nombres qui ont
la meſme raiſon que ceux là ; ce qui eſt impoſſible. Car il eſt tout euident qu'entre le binaire & l'vnité, ny entre deux nombres differens ſeulement de l'vnité, ne peut tomber
aucun nombre moyen prop. Et quant aux nombres differens ſeulement du binaire, tombe
ſeulement vn nombre, qui differe à l'vn & l'autre de l'vnité : lequel nous demonſtrerons
ne pouuoir eſtre milieu prop. entre iceux. Soient*

<table>
<tr><td>

les nombres A B & C D , differens du binaire,
entre leſquels tombe le nombre EF moindre que
AB de l'vnité, mais plus grand que C D, auſſi
de l'vnité. Ie dis que E F n'eſt moyen prop. entre
AB, CD. Car ſi on dit que comme AB à EF,
ainſi EF à CD : eſtant oſté de AB, le nombre

</td><td>

```
A . . . . . . 6 G . B      A . . G . B
E . . . . . 5 H  F .       E . H . F
C . . . . . 5 D            C . D
```

</td></tr>
</table>

A G eſgal à E F , afin qu'il reſte l'vnité GB ; & de EF, le nombre EH eſgal à C D,
afin qu'il reſte auſſi l'vnité HF ; pareillement comme AB ſera à EF, ainſi le retran-
ché AG ſera au retranché EH. Donc auſſi le reſte GB ſera au reſte HF ; c'eſt à dire

l'vnité à l'vnité, comme le tout A B au tout EF, le plus grand au moindre : Ce qui est absurde ; dont EF n'est pas moyen prop. entre A B & CD.

Parquoy entre les nombres de raison triple ne peut tomber vn nombre moyen prop. Autrement il en tomberoit aussi vn entre entre 3 & 1, les plus petits nombres de la raison triple, qui different entr'eux du binaire : Ce qui est impossible, comme nous venons de demonstrer.

Par mesme raison, ne peut aussi tomber vn moyen prop. entre deux nombres de quintuple raison. Car s'il y en tomboit vn, il en tomberoit aussi vn (par ce Theor.) entre 5 & 1, les plus petits nombres de la raison quintuple : ce qui ne se peut faire. Car s'il est possible qu'entre le quinaire A B & l'vnité C, tombe vn moyen prop. D binaire, ou ternaire ; tellement que A B soit à D, comme D à E : en changeant C sera à D comme D à A B. Et pour ce que l'vnité C mesure D, aussi D mesurera A B. Mais le binaire, ou ternaire D mesure pareillement le senaire A E : donc D mesurera le tout A E, & le retranché A B ; & partant par la 11. com. sent. aussi D mesurera le reste B E vnité. Ce qui est absurde. La mesme absurdité aduiendra tousiours, si on dit qu'vn nombre quartenaire soit moyen prop. entre iceluy quinaire A B, & l'vnité C. il ne tombera donc point de milieu prop. entre 5, & 1. & par consequent entre quelconques nombres de raison quintuple.

```
A . . . . . B. E
D .. D ...
C.
```

THEOR. 7. PROP. IX.

Si deux nombres sont premiers entr'eux, autant de nombres continuellement proportionnaux qui tomberont entre iceux, autant en tombera-il entre chacun d'iceux, & l'vnité.

Soient deux nombres premiers entr'eux A & B, entre lesquels tombent quelques nombres continuellement proportionnaux C & D. Ie dis qu'entre chacun d'iceux A, B, & l'vnité, il tombera autant de nombres cotinuellement proportionnaux, qu'entre A & B.

Car ayant posé l'vnité, soient pris E & F, les plus petits nombres qui soient en la raison de A à C, par la 35. p. 7. puis par la 2. p. 8. soient trou-

A 8	C 12.	D 18.	B 27.
	Vnité.		
	E 1.	F 3.	
G 4	H 6.	I 9.	
K 8.	L 12.	M 18.	N 27.

uez les trois plus petits en la mesme raison G, H, I : puis les quatre K, L, M, N; & ainsi consequemment iusques à ce que la multitude des pris soit esgale à la multitude A, C, D, B. D'autant que les extrémes A, B, sont premiers entre eux, par la 1. p 8. A, C, D, B, seront les plus petits en la raison de E à F. Mais leurs esgaux en multitude K, L, M, N, sont aussi les plus petits en la mesme raison par la construction. Donc K, L, M, N, sont esgaux à iceux A, C, D, B, chacun au sien, comme K à A, & N à B. Et pour ce que (comme il appert par la demonstration de la 2. p. 8.) E multipliant soy-mesme a produict G; & multipliant G a faict K, par la 7. com. sent. E mesurera G par E; & G iceluy K par le mesme E: mais par la 5. com. sent. l'vnité mesure iceluy E par E. Donc l'vnité mesurera egalement E; & E iceluy G; & G iceluy K: & partant l'vnité sera mesme partie de E, que E de G, & G de K. Donc par la 10. d. 7. l'vnité & les nombres E, G, K, sont continuellement proportionnaux. Par mesme discours l'vnité & les trois nombres F, I, N, seront aussi prouuez continuellement proportionnaux. Et puis que tant la multitude E, G, K, que F, I, N, auec l'vnité, est esgale à la multitude K, L, M, N, ou A, C, D, B; il s'ensuiura qu'entre l'vnité & le nombre K ou A, qui luy est esgal; & aussi entre l'vnité & le nombre N ou B, tomberont autant de nombres continuellement proportionnaux, qu'entre les nombres A & B. Parquoy si deux nombres sont premiers entr'eux, &c. Ce qu'il falloit prouuer.

THEOR. 8. PROP. X.

Autant de nombres qui tomberont continuellement proportionnaux entre l'vnité & chacun de deux nombres proposez; autant en tombera-il entre iceux deux nombres.

Soient deux nombres proposez A & B, & qu'entre l'vnité C, & chacun d'iceux, tombent quelques nombres continuellement proportionnaux, comme D & E, entre C & A: Item F & G, entre C & B. Ie dis qu'il en tombera aussi deux continuellement proportionnaux entre A & B.

Car si on vient à multiplier, comme en la 2. prop. 8. pour trouuer les trois nombres H, I, K, c'est à sçauoir que H soit le produict de D multiplié par F; I le produict de D, par H: & K, le produict de F par H. Puis que comme C à D, ainsi D à E, & E à A; & que par la 5. com. sent. C vnité mesure D, par les vnitez qui sont en D; aussi D mesurera E, par les vnitez qui sont en D; & E mesurera A, par les mesmes vnitez de D; ainsi il est euident que D multiplié par soy-mesme produict E, & E multiplié par D, a produict A. Par mesme discours se prouuera que F multiplié par soy-mesme, a produict G, & que G par F a produict B.

A 8.	I 12.	K 18.	B 27.
E 4.	H 6.	G 9.	
D 2.	F 3.		
C 1.			

Maintenant, puis que D multiplié par soy-mesme, & par F a produict E & H, par la 17. prop. 7. comme D à F, ainsi E à H. Pareillement F multiplié par D, & par soy mesme, a produict H & G; aussi H sera à G comme D à F: parquoy les trois nombres E, H, G, seront continuellement proportionnaux. Dauantage D multipliant E & H, produict A & I; & partant comme E sera à H, ainsi A sera à I, par la 17. prop. 7. & puis que D & F multipliant H, produisent I & K; I sera à K, comme D à F. par la 18. prop. 7. Par mesme discours

K fera à B, comme H à G, eſtans les produicts de H & G multipliez par F.
Parquoy A, I, K, B, ſont continuellement proportionnaux; & partant les deux
nombres I & K ſont tombez en continuelle proportion entre A & B, c'eſt à
ſçauoir autant qu'il y en a entre chacun d'iceux A & B, & l'vnité C· Parquoy
autant de nombres qui tomberont continuellement proportionnaux entre
l'vnité, &c. Ce qu'il falloit prouuer.

THEOR. 9. PROP. XI.

Entre deux nombres quarrez tombe vn moyen proportionnel : & le quarré eſt au quarré en raiſon doublee du coſté
au coſté.

Soient deux nombres quarrez A & B, deſquels les coſtez ſoient C & D. Ie
dis qu'entre iceux quarrez A & B, tombera vn moyen proportionnel : & que
le quarré A eſt au quarré B en la raiſon
doublee du coſté C au coſté D.

Car le nombre C muliplié par D, produiſe E : Et puis que C eſt le coſté de A;
iceluy C multiplié par ſoy-meſme produit A ; & par D faict E : donc comme

A 4.	E 6.	B 9.
C 2.	D 3.	

C à D, ainſi A à E par la 17 p. 7. Derechef, puis que D multipliant C produit
E, & multipliant ſoy-meſme fait le quarré B, par la 17. prop. 7. comme C à D,
ainſi E à B. Partant E eſt moyen proportionnel entre A & B.

Pour la ſeconde partie : puis que A, E, B ſont continuellement proportionnaux, A 1. eſt à B 3. en raiſon doublee de A 1. à E 2. par la 10. deff. 5. qui eſt la
meſme raiſon que de C à D, ainſi qu'il a eſté demonſtré cy-deſſus. Parquoy
entre deux nombres quarrez tombe vn moyen proportionnel, &c. Ce qu'il
falloit prouuer.

THEOR. 10. PROP. XII.

Entre deux nombres cubes tombent deux moyens proportionnaux : & le cube eſt au cube en raiſon triplee du coſté
au coſté.

Soient deux nombres cubes A & B, deſquels les coſtez ſoient C & D. Ie
dis que entre iceux cubes A & B,
tomberont deux moyens proportionnaux : & que la raiſon du cube A
au cube B, eſt la raiſon triplee du
coſté C au coſté D.

A 17.	H 36.	I 48.	B 64.
E 9.	G 12.	F 16.	
C 3.	D 4.		

Qu'il ne ſoit ainſi. Que C ſe multi-
pliant ſoy-meſme produiſe E ; & D par ſoy produiſe F ; mais C & D l'vn par

l'autre produise G : & iceluy G multiplié par l'vn & l'autre C & D , produise
H & I. Or puis que C multipliant C & D a faict E & G ; comme C sera à D,
ainsi E à G par la 17. p. 7. Item puis que D multipliant C & D a faict G & F ;
aussi G sera à F comme C à D : Partant E , G , F , sont continuellement proportionnaux en la raison de C à D. Derechef, pour ce que C multiplant E fait
le cube A , & multiplant G a faict H , par la mesme prop. A sera à H, comme
E à G, c'est à dire , comme C à D. Item puis que D multipliant G a faict
I, & multipliant F est produit le cube B ; par la 17. p. 7. I sera à B, comme G à F,
c'est à dire comme C à D. Mais par la 18. p. 7. H est aussi à I, comme C à D, attendu que C, D, multiplians G , ont faict H & I : donc A,H,I,B seront continuellement proprtionnaux selon la raison de C à D. Partant H & I, seront
deux moyens proportionnaux entre les nombres cubes A & B.

    Quant à la seconde partie, elle est manifeste , car d'autant que A, H, I, B
sont continuellement proportionnaux, A 1. est à B 4e en raison triplee de A 1.
à H 2e par la 10. deff 5. Mais comme A est à H , ainsi C est à D. Donc le cube
A est au cube B en raison triplee du costé C au costé D. Parquoy entre deux
nombres cubes,&c. Ce qu'il falloit demonstrer.

THEOR. 11. PROP. XIII.

Si tant de nombres qu'on voudra sont continuellement proportionnaux , iceux estans multipliez chacun par soy, leurs
produicts seront aussi continuellement proportionnaux :
& si chacun multiplie encores son produict , les derniers
produicts seront aussi continuellement proportionnaux : &
cela aduiendra tousiours enuiron les extremes.

    Soient trois nombres continuellement proportionnaux A ,B,C, lesquels
multipliez chacun par soy-mesme, produisent D , E , F ; & que les mesmes
A,B C, multiplians chacun son produict facent G,H, I , & ainsi continuellement. Ie dis que D,
E, F, & G, H, I, sont
côtinuellement pro-
portionnaux.

		A 2.	B 4.	C 8.		
	D 4.	N 8.	E 16.	O 32.	F 64.	
G 8.	P 16.	Q 32.	H 64.	R 128.	S 256.	I 512.

    Qu'il ne soit ainsi,
que N soit le pro-
duict de A multiplié
par B : & O celuy de B par C. Pareillement que A multipliant N, E face
P & Q : mais B multipliant O, F produise R , S. Donc par la 17. p. 7. A multipliant soy mesme, & B, les produicts D & N seront en la mesme raison de A
à B : & par mesme discours B multipliant A & soy mesme, les produicts N &
E seront aussi en la mesme raison de A à B, & ainsi des autres : Partant D, N,
E, O, F, seront continuellement proportionnaux en la raison de A à B :

par

par ainſi D, N, E; & E, O, F, ſont continuellement proportionnaux en vne
meſme raiſon; & partant en raiſon eſgale, comme D ſera à E, ainſi E à F: parquoy D, E, F, ſeront continuellement proportionnaux.

Pareillement d'autant que A multipliant D, N, E a faict G, P, Q; par ce
que nous auons demonſtré à la 18. prop. 7. G, P, Q ſeront entr'eux, comme
les proportionnaux D, N, E; c'eſt à dire comme A à B. Item pource que A &
B multiplians E ont produit Q & H, auſſi par la 18. prop. 7. comme A ſera à
B, ainſi Q à H. Donc G, P, Q, H, ſont proportionnaux en la raiſon de A à B.
Par meſme diſcours H, R, S, I, ſeront prouuez proportionnaux en la meſme
raiſon de A à B: & partant en raiſon eſgale, comme G ſera à H, ainſi H à I:
parquoy G, H, I ſeront continuellement proportionnaux. S'il y a donc tant
de nombres qu'on voudra continuellement proportionnaux, &c. Ce qu'il
falloit prouuer.

THEOR. 12. PROP. XIV.

Si vn nombre quarré meſure vn nombre quarré; auſſi le coſté
meſurera le coſté: que ſi le coſté meſure le coſté, auſſi le
quarré meſurera le quarré.

Soit le nombre quarré A qui meſure le nombre quarré B; & d'iceux quarrez les coſtez ſoient C & D. Ie dis en premier lieu
que le coſté C meſurera auſſi le coſté D.

Car ayant multiplié C par D, il eſt euident par la
demonſtration de la 11. prop. 8. que le produict E
eſt moyen proport. entre A & B, en la raiſon de
C à D: mais de ces trois nombres A, E, B, le pre-
mier A meſure le dernier B: donc par la 7. prop. 8. il meſurera auſſi le ſecond
E. Parquoy puis que comme A à E, ainſi C à D: auſſi le coſté C meſurera le
coſté D.

A 4.	E 12.	B 36.
C 2.	D 6.	

Ie dis en ſecond lieu, que ſi le coſté C meſure le coſté D, auſſi le quarré A
meſurera le quarré B. Car comme deſſus A, E & B ſeront continuellement
proportionnaux en la raiſon de C à D: Et puiſque C meſure D, auſſi A meſurera E; & E meſurera B, & par conſequent A meſurera auſſi B, car qui
meſure le meſureur, meſure auſſi le meſuré, par la 11. com. ſent. Parquoy
ſi vn nombre quarré meſure vn nombre quarré, &c. Ce qu'il falloit demonſtrer.

THEOR. 13. PROP. XV.

Si vn nombre cube meſure vn nombre cube: auſsi le coſté
meſurera le coſté: & ſi le coſté meſure le coſté; auſsi le cube
meſurera le cube.

Soit vn nombre cube A, qui meſure vn autre nombre cube B, & d'iceux

cubes les coftez foient C & D. Ie dis premierement que le cofté C mefurera
auffi le cofté D.

Car que chaque cofté C, D multipliant foy-mefme face E, F, mais fe
multipliant l'vn l'autre facent G, &
multipliant derechef G, produifent
H, I. Il eft éuident par la demonftr.
de la 12. p. 8. que tant E, G, F, que

A 8.	H 24.	I 72.	B 216.
E 4.	G 12.	F 36.	
C 2.	D 6.		

A, H, I, B, font continuellement proportionnaux en la raifon de C à D. Et
puis que par l'hypothefe A, 1. mefure B dernier, il mefurera auffi H 2e. par
la 7. prop. 8. Mais A eftant à H, comme C à D, auffi le cofté C mefurera le cofté D.

Secondement, que le cofté C mefure le cofté D: Ie dis que le cube A mefurera le cube B. Car comme il a efté dit cy-deffus A, H, I, B, feront continuellement proportionnaux en la raifon de C à D : Parquoy le cofté C
mefurant le cofté D, auffi le cube A mefurera fon prochain moyen proport.
H, lequel mefurera l'autre moyen proport. I, & iceluy l'autre cube B ; & par
confequent le cube A mefurera l'autre cube B par la 11. com. fent. Si donc vn
nombre cube, &c. Ce qu'il falloit demonftrer.

THEOR. 14. PROP. XVI.

Si vn nombre quarré ne mefure vn nombre quarré, auffi le
cofté ne mefurera le cofté: que fi le cofté ne mefure le cofté,
auffi le quarré ne mefurera le quarré.

Soient les nombres quarrez A & B, defquels les coftez font C & D ; mais
que le quarré A ne mefure le quarré B : Ie dis premierement que le cofté C ne mefurera pas le cofté D.

Car par la 14. prop. de ce liure, fi ledit cofté C mefuroit le cofté D, auffi le quarré A mefureroit le quarré
B, contre l'hypothefe. Secondement, que le cofté C ne
mefure pas le cofté D: Ie dis que le quarré A ne me-

A 16.	B 81.
C 4.	D 9.

furera pas auffi le quarré B. Cecy eft auffi manifefte, car fi le quarré A mefuroit le quarré B, auffi le cofté C mefureroit le cofté D par la fufdite 14. prop. 8.
contre l'hypothefe. Si donc vn nombre quarré, &c. Ce qu'il falloit demonftrer.

THEOR 15. PROP. XVII.

Si vn nombre cube ne mefure vn nombre cube, auffi le cofté
ne mefurera le cofté: que fi le cofté ne mefure le cofté,
auffi le cube ne mefurera le cube.

Soient les nombres cubes A & B, dont les coftez font C & D ; & que A

ne mefure B : Ie dis que le cofté C ne mefure pas auffi le coftéD : & dauantage que fi le cofté C ne mefure pas le cofté D, auffi le
cube A ne mefurera pas le cube B.

Cefte demonftration fe faict par l'impoffible de la
15. prop. 8. Car par icelle, fi le cofté mefuroit le cofté ,
auffi le cube mefureroit le cube, ce qui eft contre l'hypothefe. Et pour le fecond : Si le cube mefuroit le cube,
auffi le cofté mefureroit le cofté, par la fufdite 15. p. 8. ce qui eft auffi contre
l'hypothefe. Parquoy fi vn nombre cube ne mefure vn nombre cube, &c. Ce
qu'il falloit prouuer.

A 8. B 27.
C 2. D 3.

THEOR. 16.   PROP. XVIII.

Entre deux nombres plans femblables, il y a vn moyen proportionnel : & le plan eft au plan en raifon doublée des
coftez de femblable raifon.

Soient deux nombres plans femblables A & B , & leurs coftez foient C
D, & E, F. Ie dis qu'entre iceux plans A & B
fe trouuera vn moyen proportionnel; & que A
eft à B en raifon doublee de C à E, ou de D à F,
coftez de mefme raifon.

A 12.	G 18.	B 27.	
C 6.	D 2.	E 9.	F 3.

Car puis que les plans A & B font fembla-
bles, par la 21. def 7. C fera à D comme E à F ; & fi A fera le produict de C
par D : Item B le produict de E par F, par la 17. def. 7. Maintenant que D
multipliant E produife G: par la 17. p. 7 puis que D multipliant C & E produict A & G : A fera à G, comme C à E, ou D à F (car puis que comme C à D,
ainfi E à F, en permutant, comme C à E, ainfi D à F.) Item E multipliant D
& F, produict G & B : partant iceux G & B feront l'vn à l'autre comme D
à F : ainfi A, G, B, feront continuellement proportionnaux en la raifon de C
à E, & partant G fera vn moyen proportionnel entre A & B.

Quant à la feconde partie, elle eft euidente : car puis que A, G, B, font
continuellement proportionnaux en la raifon de C à E : par la 10. def. 5. A
eft à B en raifon doublée de A à G, qui eft la mefme raifon que de C à E , ou
de D à F, coftez de femblable raifon. Parquoy entre deux nombres plans
femblables, &c. Ce qu'il falloit demonftrer.

THEOR. 17.   PROP. XIX.

Entre deux nombres folides femblables, tombent deux moyens proportionnaux ; & le folide eft au folide en raifon
triplee des coftez de femblable raifon.

Soient deux nombres folides femblables A & B; & de A les coftez foient

C, D, E, mais ceux de B soient F, G, H. Ie dis qu'entre A & B, on trouuera deux moyens proportionnaux , & que A est à B en raison triplee de C à F, ou de D à G , ou E à H , costez de mesme raison.

<table>
<tr><td>A 30.</td><td>M 60.</td><td>N 120.</td><td>B 240</td></tr>
<tr><td>I 6.</td><td></td><td>L 12.</td><td>K 4.</td></tr>
<tr><td>C 2.</td><td>D 3.</td><td>E 5.</td><td>F 4. G 6. H 10.</td></tr>
</table>

Car I soit le produict de C multiplié par D: K le produict de F par G: L le produict de F par D, & finalement M & N, soient les produicts de L par E & H.

Maintenant puis que par la 21. def. 7. les costez C,D,E, sont proportionnaux aux costez F,G,H : en permutant, ils seront aussi proportion. c'est à dire que comme C sera à F, ainsi D sera à G, & E à H. Et puis que D multipliant C & F, a produict I & L, par la 17. p. 7. I sera à L comme C à F, c'est à dire comme D à G, ou E à H. Semblablement F multipliant D & G, a produict I & K; parquoy I sera à K comme D à G : & partant I, L, K sont continuellement proportionnaux en la raison de D à G, ou C à F, ou E à H. Pareillement puis que le solide A, est le produict de la multiplication des trois nombres C, D, E: & I, le produict de C par D : aussi A sera le produict de I par E : Item le solide B estant produict de la multiplication des trois nombres F,G,H: & K le produict de F en G : aussi B sera le produict de K par H. Donc puis que par la 17. prop. 7. E multipliant I & L, produict A & M en la raison de I à L : & semblablement que L multipliant E & H, produict M & N en la raison de E à H, qui est la mesme que de I à L: aussi H multipliant L & K, les produits N & B seront en la raison de L à K, qui est la mesme que de I à L. Et partant les quatre nombres A, M N, B, sont continuellement proportionnaux en la raison de I à L, c'est à dire de C à F : & M, N seront deux moyens proportionnaux entre A & B.

Pour la seconde partie, elle est euidente : car puis que les quatre nombres A, M, N, B, ont esté prouuez continuellement proportionnaux en la raison de C à F, par la 10. def. 5. A est à B en raison triplée de A à M : Mais A est à M, comme C à F, ou D à G, ou E à H : donc A sera à B en raison triplee de C à F, ou D à G, ou E à H, costez de semblable raison. Parquoy entre deux nombres solides semblables, &c. Ce qu'il falloit demonstrer.

THEOR. 18. PROP. XX.

Si entre deux nombres , tombe vn moyen proportionnel: iceux seront nombres plans semblables.

Soient deux nombres A & B, entre lesquels tombe vn moyen proportionnel C. Ie dis que A & B sont nombres plans semblables.

Car ayant pris D & E , les plus petits termes en la raison de A, C, B : par la 21. p. 7. iceux D & E mesureront egalement A & C; qu'ils les mesurent par F : Ils mesureront aussi egalement C & B , qui

<table>
<tr><td>A 12.</td><td>C 18.</td><td>B 27.</td></tr>
<tr><td>D 2.</td><td>E 3.</td><td>F 6. G 9.</td></tr>
</table>

sont en la mesme raison : qu'ils les mesurent par G. Donc F multipliant D

& E, fera produict A & C par la 9. com. fent Item G multipliant les m efmes
D & E, feront produicts C & B. Veu donc que E multipliant F & G a faict
C & B, comme C fera à B, ainfi F à G par la 17. p. 7. Mais comme C eft à B,
ainfi eftoit D à E. Donc comme D fera à E, ainfi F fera à G; & en permutant
comme D fera à F, ainfi E à G. Et puis que F multipliant D a faict A, iceluy
A fera vn plan duquel les coftez font D, F. Item pour ce que G multipliant E
a faict B; B fera le plan duquel E & G font les coftez. Mais ces coftez ont efté
demonftrez proportionnaux, c'eft à dire D eftre à F, comme E à G. Donc par
la 21. def. 7. A & B feront plans femblables. Parquoy fi entre deux nombres
tombe vn moyen proportionnel, &c. Ce qui eftoit à prouuer.

THEOR. 19. PROP. XXI.

Si entre deux nombres, tombent deux moyens continuellement proportionnaux; iceux feront nombres folides femblables.

Soient deux nombres A & B, entre lefquels tombent deux moyens continuellement proportionnaux C & D. Ie dis que A & B font nombres folides
femblables.

Qu'il ne foit ainfi. Soient trouuez par la 2. prop. 8. les trois nombres E, F,
G, les plus petits en la raifon de A, C, D, B.
Veu donc qu'entre E & G tombe vn moyen
proportionnel F, par la preced. prop. E &
G feront plans femblables : Soient leurs
coftez H, I; & K, L, lefquels feront proportionnaux par la 21. def. 7. & puifque E, F, G font les plus petits en la raifon

A 16.	C 24.	D 36.	B 54.
	E 4.	F 6.	G 9.
H 2. I 2.	M 4.	K 3. I. 3.	N 6

de A, C, D, ils les mefureront efgalement par la 21. prop. 7. foit felon
le nombre M : c'eft à dire que E, F, G, eftans multipliez par M produifent
A, C, D. Item par le mefme difcours E, F, G, mefureront efgalement les
trois nombres C, D, B, chacun le fien : foit felon le nombre N c'eft à dire,
que N multipliant E, F, G, produife C, D, B. Il eft donc euident, que A & B
font nombres folides, defquels les coftez font H, I, M, & K, L, N. Mais d'autant que M & N multiplians F, produifent C & D, par la 18. p. 7. M fera à
N en la raifon de C à D, & C eft à D en mefme raifon que E à F par la 17. p. 7.
pource que N multipliant E & F a produict iceux C & D; mais auffi F eft à F
en la mefme raifon que H à K, ou I à L : Donc auffi H fera à K, ou I à L, comme M à N; & en permutant, H fera à I, comme K à L; & I à M comme L à N:
& partant les coftez H, I, M font proportionnaux aux coftez K, L, N; & par
la 21. def. 7. A & B feront nombres folides femblables : Parquoy fi entre deux
nombres tombent, &c. Ce qu'il falloit prouuer.

THEOR. 20. PROP. XXII.

Si trois nombres sont continuellement proportionnaux, &
que le premier soit quarré; le troisiesme sera aussi quarré.

Soient trois nombres continuellent proportionnaux A, B, C, desquels le
premier A soit quarré: Ie dis que le troisiesme C
est aussi quarré.

Car puisque entre A & C tombe vn moyen proportionnel, par la 20. prop. de ce liure, ils seront
plans semblables ; & partant l'vn d'iceux estant
quarré, aussi sera l'autre. Si donc trois nombres
sont continuellement proportionnaux, &c. Ce qu'il falloit demonstrer.

A 4. B 6. C 9.

THEOR. 21. PROP. XXIII.

Si quatre nombres sont continuellement proportionnaux, &
que le premier soit cube, aussi le quart sera cube.

Soient quatre nombres continuellement proportionnaux, A, B, C & D,
le premier desquels A soit cube : Ie dis que le
quatriesme D est aussi cube.

Car puisque entre A & D tombent deux
moyens proportionnaux B & C, par la 21.
prop. de ce liure, iceux A & D seront solides
semblables : mais l'vn est cube, & partant
aussi sera l'autre. Parquoy si quatre nombres sont continuellement proportionnaux, &c. Ce qu'il falloit demonstrer.

A 8. B 12. C 18. D 27.

THEOR. 22. PROP. XXIV.

Si deux nombres sont l'vn à l'autre comme nombre quarré à
nombre quarré, & que l'vn d'iceux soit quarré, aussi sera
l'autre.

Soient deux nombres A & B, lesquels soient entr'eux, comme le quarré
C au quarré D, & soit A quarré. Ie dis que B est
aussi quarré.

Car puisque A est à B comme C à D; & par la 11.
p. 8. il tombe entre C & D, vn moyen proportionnel, sçauoir est E ; il en tombera aussi vn entre A
& B par la 8. prop. 8. & soit F. Veu donc que les
trois nombres A, F, B, sont continuellement proportionnaux, & le premier
A est quarré; aussi par la 22. prop. 8. le troisiesme B sera quarré. Parquoy si

A 16. F. 24. B 36.
C 4. E 6.   D 9.

quatre nombres font continuellement proportionnaux, & c. Ce qu'il falloit
prouuer.

C O R O L L A I R E.

Il appert des choses cy-dessus dites, que la raison de quelque nombre quarré que ce soit
à quelconque nombre non quarré, ne peut estre exhibee en deux nombres quarrez : Car
si elle y estoit exhibee, par la 24. proposit. 8. les deux premiers nombres ayans la mesme
raison que les quarrez de la raison exhibee seroient aussi quarrez, puis que l'vn est posé
quarré. Ce qui est absurde : car l'vn est posé non quarré. D'où vient que les nombres
ayant la raison double, ne sont comme nombre quarré à nombre quarré. Car tous ces
nombres cy 4. 8. 16. 32. &c. seroient quarrez ; d'autant que 4 estant quarré, par la
24. proposi. 8. aussi 8 seroit quarré : donc aussi 16 & 32. &c. Ce qui est absurde. Car
entre 4 & 8 ; & entre 8 & 16 ; & entre 16 & 32, &c. tomberoit vn moyen proportion-
nel, s'ils estoient quarrez, par la 11. prop. 8. & nous auons demonstré au scholie de
la 8. prop. 8. qu'il ne peut tomber de moyen proportionnel entre quelconques nombres de
la raison double.

Semblablement les nombres en raison quintuple, ne sont aussi comme nombre quar-
ré à nombre quarré. Car s'ils y estoient, par la 11. proposit 8. il tomberoit entre iceux
vn milieu proportionnel : donc aussi entre 5 & 1, les plus petits nombres de la raison
quintuple par la 8. prop. 8. Ce qui est impossible, comme nous auons demonstré au
scholie de la mesme proposition.

THEOR. 23. PROP. XXV.

Si deux nombres sont l'vn à l'autre comme nombre cube
à nombre cube, & que l'vn d'iceux soit cube, aussi sera
l'autre.

Que A soit à B, comme le cube C au cube D, & que A soit cube : Ie dis
que B est aussi cube.

Car puisque A est à B comme C à D, il
tombera deux moyens proportionnaux entre
les deux cubes C & D par la 12. prop. de ce liure, lesquels soient E & F : Mais par la 8. prop.
8. il en tombera aussi deux entre A & B, &
soient iceux G & H. Veu donc que les quatre

A 8.	G 12.	H 18.	B 27.
C 64.	E 96.	F 144.	D 216.

nombres A, G, H, B sont continuellement proportionnaux, & que le premier A est cube, aussi sera le quatriesme B par la 23. prop. 8. Parquoy si deux
nombres sont l'vn à l'autre, &c. Ce qu'il falloit demonstrer.

C O R O L L A I R E.

Il appert aussi des choses cy-dessus, que la raison de quelque nombre cube
que ce soit à quelconque nombre non cube, ne se peut exhiber par deux nombres
cubes.

THEOR. 24. PROP. XXVI.

Les nombres plans semblables, sont l'vn à l'autre, comme nombre quarré à nombre quarré.

Soient deux nombres plans semblables A & B. Ie dis que A sera à B comme nombre quarré à nombre quarré.

Car par la 18. p.8. il tombera entre A & B vn moyen prop. & soit C: si donc on prend les trois nombres D,E,F, les plus petits en la raison conti-nuë de A,C,B, les extremes D & F seront quarrez

A 20.	C 30.	B 45.
D 4.	E 6.	F 9.

par le corol. de la 2. prop. 8. Parquoy puis qu'en raison egale A est à B, comme D à F, il est manifeste que A est à B comme nombre quarré à nombre quarré, c'est à sçauoir comme le nombre quarré D au nombre quarré F. Parquoy les nombres plans semblables, &c. Ce qu'il falloit demonstrer.

S·CHOLIE.

Clauius à demonstré apres Commandin la conuerse de ceste prop. c'est à sçauoir:

Que les nombres qui sont l'vn à l'autre, comme nombre quarré à nombre quarré, sont plans semblables.

Car les nombres A & B estans entr'eux, comme les quarrez D & F, par la 11. prop. 8. Il tombera vn moyen prop. entre iceux quarrez: & aussi vn entre A & B, par la 8. prop. 8. & partant A & B sont plans semblables.

Et par cecy est manifeste que les nombres plans qui ne sont semblables, ne sont entr'eux, comme nombre quarré à nombre quarré.

THEOR. 25. PROP. XXVII.

Les nombres solides semblables, sont l'vn à l'autre comme nombre cube à nombre cube.

Soient deux nombres solides semblables A, B. Ie dis que A sera à B, comme nombre cube à nombre cube.

Car par la 16. prop. 8. entre A & B tom-beront deux moyens proportionnaux, & so-ient iceux C & D. Que si on prend les plus pe-tits termes de la raison de A à C, & qu'en la

A 16.	C 24.	D 36.	B 54.
E 8.	F 12.	G 18.	H 27.

raison d'iceux on trouue, par la 2. prop. 8. les quatre nombres E, F, G, H, en continuelle proportion, les extremes E & H seront cubes par le corol. de la 2. prop. 8. & en raison egale comme E à H, ainsi A à B : Parquoy les nombres solides semblables sont l'vn à l'autre, &c. Ce qui estoit à demon-strer.

S C H O L I E.

*Clauius demonstre aussi apres Commandin la conuerse de ceste proposition sça-
uoir est :*

Que les nombres qui sont l'vn à l'autre comme nombre cube à nombre
cube, sont solides semblables.

*Car les nombres A & B, estans entr'eux, comme les cubes E & H, par la 12. p. 8.
il tombera deux moyens prop. entre les nombres cubes E & H; il en tombera aussi
deux entre A & B par la 8. prop. 8. & partant par la 21. prop. 8. A & B sont solides semblables.*

Il est euident par toutes les choses cy-dessus dictes, qu'aucuns nombres ayans raison double, ou superparticuliere, ou superbipartiente, ne sont plans, ou solides semblables.
Car s'ils estoient plans semblables, par la 18 prop. 8. vn moyen proportionnel tomberoit
entr'eux, ce qui ne se peut faire, comme il a esté demonstré au scholie de la 8. p. 8.
ils ne seront pas aussi solides semblables, puis qu'entre iceux ne peuuent tomber
deux moyens prop. car autrement il en tomberoit aussi deux entre les plus petits nombres
des mesmes raisons par la 8. p. 8. Ce qui ne se peut faire, pource qu'iceux sont seulement
distans entr'eux de l'vnité ou du binaire, comme il a esté dict au susdit Scholie, entre
lesquels il est certain que deux nombres moyens proport. ne peuuent tomber.

Semblablement deux nombres premiers, quels qu'ils soient, ne peuuent estre plans,
ou solides semblables, pource qu'ils ne peuuent auoir les costez proportionnaux. Car
quelque nombre plan que ce soit estant nombre premier, a seulement soy-mesme & l'v-
nité pour costez, encore improprement. Comme ces nombres plans 7 & 13, desquels les
costez sont 7, 1; & 13, 1, puis qu'ils sont produits de la multiplication d'iceux costez,
lesquels appert n'estre proportionnaux. Et le nombre solide, qui aussi est nombre premier, a seulement pour costez soy-mesme, & deux vnitez : & par consequent il est
manifeste qu'ils ne peuuent estre proportionnaux.

Pareillement deux nombres premiers entr'eux, n'estans quarrez, ou cubes, ne peuuent estre plans, ou solides semblables : Car s'ils estoiens tels, par la 18 ou 19. p. 8.
tomberoit entre iceux, vn ou deux moyens prop. & puis que les extrémes sont posez premiers entr'eux; tous les trois, ou les quatre seroient premiers entr'eux, pource que aucun nombre ne sera commune mesure d'iceux, les extrémes n'en ayans point : Parquoy
il est euident par la 23. p. 7. qu'ils seront les plus petits en leur prop. Et partant par le
corol. de la 2. p. 8. les deux extrémes seront quarrez, ou cubes. Ce qui est absurde :
car ils ont esté posez n'estre quarrez ny cubes.

De ces choses s'ensuit que s'il y a deux nombres plans, ou solides semblables, desquels le moindre soit premier, il mesurera le plus grand. Car autrement par la 31. p. 7.
iceux deux nombres proposez seroient premiers entr'eux : & partant (comme nous venons de prouuer) ils ne seroient plans ou solides semblables. Ce qui est absurde : car ils
ont esté posez tels.

De cecy est euident que deux nombres premiers entr'eux, desquels le moindre est
premier, ne peuuent estre plans, ou solides semblables. Car s'ils l'estoient, le moindre mesureroit le plus grand, comme appert cy dessus. Veu donc qu'il se mesure aussi soy-mesme, ils ne seroient premiers entr'eux, mais composez; Ce qui est contre l'hypothese.

Parquoy il est facile de trouuer deux nombres plans, ou solides non semblables.
Car si on prend deux nombres ayans raison double, ou superparticuliere, ou superbipartiente; ou certainement deux nombres premiers, ou deux premiers entr'eux, desquels
l'vn ny l'autre soit quarré, ou cube; il est euident par ce que dessus, qu'ils seront plans,
ou solides dissemblables.

Derechef, s'il y a deux nombres, desquels l'vn soit quarré, & l'autre non quarré,
comme 16 & 20; ils ne sont plans semblables. Car autrement par la 26. p. 8. ils seroient comme quarré à quarré: & 16 estant quarré, par la 24. p. 8. 20 seroit aussi
quarré, contre l'hypothese. Par mesme raison, si de deux nombres, l'vn est cube, & l'autre ne l'est pas; comme 27 & 40; ils ne sont pas solides semblables. Car s'ils l'estoient,
par la 27. p. 8. ils seroient comme cube à cube: & 27 estant cube, par la 25. p. 8. 40
seroit aussi cube, contre l'hypothese.

Fin du huictiesme Element.

ELEMENT
NEVFIESME.
THEOR. 1.   PROP. I.

Si deux nombres plans semblables se multiplient l'vn l'autre,
le produict sera quarré.

OIENT deux nombres plans semblables A & B ,lesquels
se multiplians mutuellement, produisent C. Ie dis que
C est quarré. Car A se multipliant soy-mesme produict
D quarré. Et puis que A mul-
tipliant A & B a produict D &
C,comme A sera à B , ainsi D à
C par la 17.p. 7. Mais A & B
estans plans semblables ,   il

A 4.		B 9.
D 16	E 24.	C 36.

tombera entr'eux vn moyen proportionnel par la 18. p.8. Il en tombera donc
aussi vn entre D & C, par la 8. p. 8. & soit E. Et puisque des trois nombres
continuellement proportionnaux D,E,C,le premier D est quarré par la construction; le tiers C sera aussi quarré par la 22. p. 8. Parquoy si deux nombres
plans semblables &c. Ce qui estoit à prouuer.

THEOR. 2.   PROP. II.

Si deux nombres se multiplians l'vn l'autre produisent vn
nombre quarré , iceux seront plans semblables.

Soient deux nombres A & B qui se multiplians l'vn l'autre,produisent C
quarré. Ie dis que A & B sont plans semblables.

Car que A se multipliant soy-mesme produise D quarré. Veu donc que A multipliant A & B a produict D &
C, comme A sera à B, ainsi D à C par la 17. p. 7. Et par la
11. p. 8. entre les quarrez D & C tombe vn moyen pro-

A 4.	B 9.
D 16.	C 36.

portionnel : il en tombera donc auſſi vn entre A & B, par la 8. p. 8. & partant
par la 20. pr 8. A & B ſeront plans ſemblables. Parquoy ſi deux nombres ſe
multiplians l'vn l'autre, &c. Ce qu'il falloit prouuer.

THEOR. 3.   PROP. III.

Si vn nombre cube ſe multiplie ſoy-meſme, le produict ſera cube.

Soit le nombre cube A, lequel ſe multipliant ſoy-meſme produiſe B. Ie
dis que B eſt nombre cube.

Car ſoit C coſté du cube A : & de C multiplié en
ſoy, ſoit produict D ; il eſt manifeſte que C multipliant
D, produict le cube A. Veu donc que C multipliant
ſoy-meſme a faict D, par la 7. com. ſent. C meſurera D
par C. Mais par la 5. com. ſent. l'vnité meſure auſſi C
par C. L'vnité ſera donc meſme partie de C, que C de

	A 8.		
E 16.		D 4.	
F 32.		C 2.	
B 64.		*Vnité.*	

D ; & partant comme l'vnité eſt à C, ainſi C à D par la 20. d. 7. Derechef
puiſque C multipliant D a faict A, par la 7. com. ſent. D meſurera A par C.
Mais auſſi C meſure D par C. Donc C eſt meſme partie de D, que D de A ;
& partant comme C à D, ainſi D à A ; mais comme C à D, ainſi eſtoit l'vnité à
C. Donc comme l'vnité à C, ainſi C à D, & D à A : ainſi entre l'vnité & le
nombre A tombent deux moyens proportionnaux C & D. Derechef, pource
que A meſure B par A ; (car B a eſté faict de A multiplié en ſoy) & que l'v-
nité meſure auſſi A par A ; l'vnité ſera meſme partie de A, que A de B : partant comme l'vnité ſera à A, ainſi A ſera à B. Parquoy puis qu'entre l'vnité &
le nombre A tombent deux moyens proportionnaux C & D ; par la 8. p. 8. il
en tombera auſſi deux entre A & B, & ſoient iceux E & F. Et veu que les 4
nombres A, E, F, B ſont continuellement proportionnaux, & que A premier
eſt cube, auſſi B quatrieſme ſera cube par la 23. prop. 8. Parquoy ſi vn nombre
cube, &c. Ce qui eſtoit à prouuer.

THEOR. 4. PROP. IV.

Si vn nombre cube multiplie vn nombre cube, le produict ſera cube.

Soit le nombre cube A, lequel multipliant le nombre cube B, produiſe C.
Ie dis que C eſt auſſi nombre cube.

Car ſi on prend D, produict de A multiplié par ſoy-
meſme, il ſera cube par la prop. precedente : & pource que
A multipliant B & ſoy-meſme, a produict C & D ; il y aura
telle raiſon de D à C, que de A à B, par la 17. p. 7. Et par

A 8.	B 27.
D 64.	C 216.

la 12. p. 8. il tombera deux moyens proportionnaux entre A & B : il en tombera donc auſſi deux entre D & C, par la 8. p. 8. Et partant D eſtant cube,

par la 23. pr. 8. C sera aussi cube. Si donc vn nombre cube, &c. Ce qui
estoit à prouuer.

THEOR. 5. PROP. V.

Si vn nombre cube multipliant quelque autre nombre, pro-duict vn nombre cube, le multiplié sera aussi cube.

Soit le nombre cube A, lequel multipliant quelque nombre B, produise
le nombre cube C. Ie dis que B multiplié est aussi nombre cube.

Car si on prend D, produict de A multiplié par soy-
mesme, il sera cube par la 3. p. 9. & d'autant que A multipliant A & B, a faict D & C, par la 17. p. 7. A sera à B
comme D à C, & par la 8. p. 8. entre A & B i trouueront deux moyens proportionnaux, comme entre les deux nombres cubes
D & C. Et par la 23. p. 8. A estant cube, B multiplié sera aussi nombre cube.
Parquoy, si vn nombre cube, &c. Ce qu'il falloit demonstrer.

A 8.	B 27.
D 64.	C 216.

THEOR. 6. PROP. VI.

Si vn nombre se multipliant soy-mesme produict vn nom-bre cube; iceluy nombre sera aussi cube.

Soit le nombre A, lequel multiplié par soy-mesme produise le nombre
cube B. Ie dis que A est aussi nombre cube.

Car si on prend C produict de A multiplié par B,
il sera cube par la definition du nombre cube; & par
la 5. p. 9. A sera aussi cube. Si donc vn nombre se
multipliant soy-mesme, &c. Ce qu'il falloit demonstrer.

A 8. B 64. C 512.

THEOR. 7. PROP. VII.

Vn nombre composé estant multiplié par quelque autre nombre le produict sera solide.

Soit le nombre composé A, lequel estant multiplié par quelque nombre B produise C. Ie dis que C est nombre so-
lide.

Car puisque A est composé, quelque nombre
outre l'vnité le mesurera par la 13. d. 7. Que D mesure donc A par E. Ce qu'estant posé, D multipliant
iceluy E, produira A par la 9. com. sent. Et puisque
B multipliant A a produict C, iceluy C sera procreé de la mutuelle multiplication des trois nombres D, E, B; partant par la 17. p. 7. il sera nombre solide, duquel les costez sont D, E, B. Parquoy vn nombre composé, &c. Ce
qu'il falloit prouuer.

A 6. B 5. C 30.
D 2. E 3.

THEOR. 8. PROP. VIII.

Si depuis l'vnité, il y a tant de nombres qu'on voudra continuellement proportionnaux, le troisiesme depuis l'vnité sera quarré, & tous les autres qui en laisseront vn: Mais le quatriesme sera cube, & tous les suyuans qui en laisseront deux : & le septiesme sera cube & quarré ensemble, & tous les suiuans qui en laisseront cinq.

Soient tant de nombres qu'on voudra continuellement proportionnaux depuis l'vnité, A, B, C, D, E, F, G, H, I. Ie dis que le troisiesme B sera quarré, ensemble tous les autres qui

Vnité.	A.	B.	C.	D.	E.	F.	G.	H.	I.
1.	3.	9.	27.	81.	243.	729.	2187.	6561.	19683.

en laisseront vn de l'ordre, comme D, F & H : en apres, que le quatriesme C est cube, & tous les autres nombres qui en intermettent ou laissent deux, comme F & I : Pareillement que le septiesme nombre F est cube & quarré ensemble, comme aussi tous les autres qui pourroient suiure en laissant tousiours cinq nombres.

Pour la premiere partie: puis que les nombres sont continuellement proportionnaux, comme l'vnité mesure A selon les vnitez qui sont en A, par la 5. com. sent. ainsi chacun mesurera son suiuant selon les vnitez de A : partant B troisiesme, qui sera en ce faisant le produict de A multiplié par soy, sera quarré : & par la 22. p. 8. puis que B, C, D, sont continuellement proportionnaux, & B est quarré, aussi D sera quarré. Par mesme discours en prenant les trois continuellement proportionnaux D, E, F; veu que D est quarré, aussi F sera quarré ; & ainsi de tous les autres nombres qui en laissent vn.

Pour la seconde partie : puis que A multiplié par soy produict B ; & B par A produict C ; Il est euident par les definitions du 7. que C sera cube, & par la 23. p. 8. C, D, E, F, estans continuellement proportionnaux, F sera aussi cube : par mesme raison, estans prins les quatre continuellement proportionnaux F, G, H, I, puis que F est cube, aussi I sera cube ; & ainsi de tous les autres nombres, en laissant deux, si dauantage y en auoit.

Pour la troisiesme partie. D'autant que par les deux precedentes parties F a esté prouué quarré & cube ; iceluy sera cube & quarré ensemble : Et il en sera ainsi de tous les autres. Si donc depuis l'vnité, il y a tant de nombres qu'on voudra, &c. Ce qu'il falloit demonstrer.

THEOR. 9. PROP. IX.

Si depuis l'vnité, il y a tant de nombres qu'on voudra conti-

nuellement proportionnaux, & que celuy qui suit l'vnité
soit quarré, aussi tous les autres feront quarrez : & s'il est
cube, aussi tous les autres feront cubes.

Soient tant de nombres qu'on voudra continuellement proportionnaux
depuis l'vnité A, B, C, D, E, F, Ie
dis premierement que si le premier
A est quarré, que tous les autres seront aussi quarrez.

Vnité.	A.	B.	C.	D.	E.	F.
1.	4.	16.	64.	256.	1024.	4096.

Car puis qu'iceux nombres A, B,
C, D, E, F, sont continuellement pro-
portionnaux depuis l'vnité, par la prec. prop. le troisiesme nombre B sera
nombre quarré, comme aussi tous les autres qui en laissent vn, sçauoir D & F.
Mais pour ce que A, B, C sont continuellement proport. & que A est quarré par l'hypothese ; par la 22. p. 8. C sera aussi quarré : & par la mesme raison
prenant les continuellement proportionnaux C, D, E, le premier C estant
quarré, aussi le sera le troisiesme E : partant tous les nombre A, B, C, D, E,
F sont quarrez : Et ainsi de tous autres.

Ie dis en second lieu, que si A est cube, aussi tous les autres feront cubes :
Car d'autant que A, B, C, D, E, F sont continuellement proport. depuis l'vnité,
C quatriesme est cube, & tous
les autres qui en laissent deux,
sçauoir F, par la prec. prop. Or
que les autres nombres B, D,
E, soient aussi cubes, nous le
prouuerons ainsi.　D'autant

Vnité	A.	B.	C.	D.	E.	F.
1.	8.	64.	512.	4096.	32768.	262144.

que par l'hypothese l'vnité est à A, comme A à B; l'vnité mesurera A, & iceluy
A le nombre B egalement. Mais par la 5. com. sent. l'vnité mesure A par le
mesme A : donc A mesurera aussi B par le mesme A : & par la 9. com. sent.
A multiplié en soy produira B, lequel A estant cube, B sera aussi cube par la
3. p. 9. Mais tous les autres nombres suiuans sont en la raison de A à B, & par
tant par la 23. p. 8. ils feront tous cubes. Si donc depuis l'vnité il y a tant de
nombres, &c. Ce qu'il falloit demonstrer.

THEOR. 10.　PROP. X.

Si depuis l'vnité, il y a tant de nombres qu'on voudra continuellement proportionnaux, & que celuy qui suit l'vnité,
ne soit nombre quarré : aussi pas vn autre ne sera quarré,
sinon le troisiesme depuis l'vnité, & tous les autres qui en
l'ordre en laissent vn.　Que si celuy qui suit l'vnité n'est
nombre cube, aussi pas vn autre ne sera cube, sinon le qua-

328

triefme depuis l'vnité, & tous les autres qui en l'ordre en laiſſent deux.

Soient depuis l'vnité tant de nombres qu'on voudra continuellement proportionnaux A,B,C,D,E,F; & premierement que A qui ſuit l'vnité, ne ſoit nombre quarré. Ie dis que pas vn autre ne ſera quarré, ſinon le troiſieſme B, & tous les autres qui en l'ordre en laiſſent vn, ſçauoir D & F.

Vnité,	A.	B.	C.	D.	E.	F.
1.	3.	9.	27.	81.	243.	729.

Car par la 8. prop. 9. B , D , F ſont quarrez : Et ſi quelqu'vn veut dire qu'il y en à auſſi d'autres, comme C, il faudroit par la 22. p.8. que A fuſt auſſi nombre quarré, (eſtans C , B, A, continuellemant proportionnaux & C quarré) ce qui eſt contre l'hypotheſe. Par meſme raiſons on demonſtrera qu'aucun autre ne peut eſtre quarré, ſinon les ſuſdits.

Maintenant, que A proche de l'vnité ne ſoit nombre cube : Ie dis qu'aucun autre ne ſera cube, ſinon C quatrieſme depuis l'vnité, & tous les autres qui en laiſſeront deux, comme F, &c.

Car par la 8. p. 9. C & F ſont cubes : Et ſi quelqu'vn veut dire que D ſoit auſſi cube ; d'autant que D, C, B, A ſont continuellement proportionnaux, il faudroit par la 23. p. 8. que A fut pareillement cube ; ce qui eſt contre l'hypotheſe : donc D n'eſt pas cube. Par meſme raiſons on demonſtrera qu'aucun autre, outre les ſuſdits, ne peut eſtre cube. Si donc depuis l'vnité, il y a tant de nombres , &c. Ce qu'il falloit demonſtrer.

T H E O R. 11.   P R O P. XI.

Si depuis l'vnité, il y a tant de nombres qu'on voudra continuellement proportionnaux : le plus petit meſurera le plus grand ſelon quelqu'vn de ceux qui ſont entre les proportionnaux.

Depuis l'vnité A, ſoient tant de nombres qu'on voudra continuellement proportionnaux B, C, D, E, F. Ie dis que le plus petit nombre B meſurera le plus grand F par quelqu'vn des nombres C, D E.

A.	B.	C.	D.	E.	F.
1.	3.	9.	27.	81.	243.

Car d'autant que A , B , C , D, E ſont en meſme raiſon que B, C, D, E, F, en raiſon eſgale, l'vnité A ſera à E , comme B eſt à F. Et par la 20. def. du 7. l'vnité meſurera E ; & le nombre B le nombre F, egalement. Mais par la 5. com. ſent. l'vnité A meſure E par E : donc auſſi B meſurera F par E. Le meſme peut on dire des autres. Parquoy ſi depuis l'vnité, il y a tant de nombres, &c. Ce qu'il falloit demonſtrer.

S C H O-

SCHOLIE.

Il appert par ce que deſſus, que le plus grand nombre eſt autant eſloigné du grand qui le meſure, que l'vnité eſt diſtante d'iceluy nombre par lequel le moindre meſure le grand : & ce d'autant qu'il y doit auoir vne meſme raiſon du moindre nombre au plus grand, que de l'vnité à celuy par lequel le moindre meſure le grand, comme il appert icy.

Ainſi B meſurera F par D ; & C meſurera F par C, c'eſt à dire par ſoy-meſme, &c. Pour ce que tant entre B & F, qu'entre l'vnité & D ſe trouuent trois nombres : & tant entre C & F, qu'entre l'vnité & C ſont interpoſez deux nombres.

Vnité	A.	B.	C.	D.	E.	F.
1.	3.	9.	27.	81.	243.	729.

Il appert encore que quelconque de ces nombres multiplié par ſoy-meſme, en produiſt vn autre, qui entre les proportionnaux eſt autant eſloigné d'iceluy, comme il eſt diſtant de l'vnité. Mais ſi vn petit nombre en multiplie vn grand, celuy qui en prouiendra ſera autant eſloigné du grand que le moindre de l'vnité : Car ſi vn nombre qui en meſure vn autre, multiplie celuy par lequel il le meſure, ſera produiſt celuy-là qui eſt meſuré, par la 9. com. ſent. Ainſi C multipliant ſoy-meſme produiſt F, qui eſt autant eſloigné de C, qu'iceluy C de l'vnité. Pareillement B multipliant D, ſera le meſme F, pource que D meſure iceluy nombre F par B, &c.

THEOR. 12.   PROP. XII.

Si depuis l'vnité, il y a tant de nombres qu'on voudra continuellement proportionnaux : tous les nombres premiers
qui meſurent le dernier, meſureront auſſi celuy qui eſt
proche de l'vnité.

Soient depuis l'vnité A, tant de nombres qu'on voudra continuellement proportionnaux, B, C, D, E. Ie dis que tout les nombres premiers qui
ſe trouueront meſurer le dernier E, meſureront auſſi
B, lequel ſuit l'vnité, c'eſt à dire que ſi quelque nombre premier que ce ſoit, comme F, meſure iceluy dernier nombre E, il meſurera auſſi B.

A.	B.	C.	D.	E.	F.
1.	3.	9.	27.	81.	3.

Car ſi ledict nombre premier F meſurant E der-
nier, ne meſure pas auſſi B ; B & F ſeront nombres premiers par la 31. p. 7. Et
d'autant que B multiplié par ſoy produiſt C ; comme nous auons dit au Scholie de la prop. preced. C & F ſeront auſſi premiers par la 27. p. 7. Item B
multipliant C produiſt D : D & F ſeront donc auſſi premiers par la 26. p. 7.
Pareillement B multipliant D produiſt E : partant E & F ſeroient auſſi nombres premiers, & par ainſi F ne meſureroit pas E : ce qui eſt contre l'hypotheſe : Donc F meſuroit auſſi B. Parquoy ſi depuis l'vnité il y a tant de nombres, &c. Ce qu'il falloit demonſtrer.

THEOR. 13.   PROP. XIII.

Si depuis l'vnité, il y a tant de nombres qu'on voudra continuellement proportionnaux, & que celuy d'apres l'vnité
soit premier : Le plus grand ne sera mesuré par aucun autre
nombre, sinon par ceux qui sont entre les proportionnaux.

Depuis l'vnité A soient tant de nombres qu'on voudra continuellement
proportionnaux B,C,D,E,& que B qui suit l'vnité soit premier. Ie dis que le
plus grand nombre E ne sera mesuré par
aucun autre que d'iceux B,C,D.

Autrement, s'il est possible, que quelque autre nombre, comme G, mesure E:
Or G sera premier ou composé : s'il est
premier, & mesurant E extreme, par la prec. prop. il mesurera aussi B, premier
proche de l'vnité: ce qui est absurde. Donc G n'est premier, mais composé,
& mesuré par quelque nombre premier par la 33. p. 7. qui ne peut estre autre
que B: d'autant qu'il mesurera E, par la 11. com. sent. & par la prop. preced.
il faudroit qu'il mesurast aussi B nombre premier : ce qui est absurde. Il n'y a
donc point d'autre nombre premier que B, qui mesure G.   Que maintenant
B mesure G par H : & puis que par les choses dictes au Scholie de la 11. prop.
de ce liure, B multipliant D & H produict E & G, par la 17. p. 7. comme E sera
à G, ainsi D à H : mais G mesure E : donc aussi H mesurera D.   On prouuera
comme dessus qu'il ne peut estre premier ny mesuré par vn autre nombre
premier que B : Car si H estoit premier, mesurant D, il mesureroit aussi B:
ce qui ne se peut faire, ayant esté posé premier. Que si H est composé, celuy
nombre premier qui le mesurera sera B, ou si c'est vn autre, c'est autre mesurera
aussi D, & celuy qui mesure D, c'est à sçauoir B, par la 11. com. sent. ce qui est
absurde. Il n'y a donc que le nombre premier B qui mesure H: & posant que
ce soit par le nombre I. On prouuera aussi comme dessus, que comme H
mesure D, ainsi I mesure C, & que I ne peut estre nombre premier, ny mesuré
par aucun autre nombre premier sinon B.   Donc que I mesure C par le nombre K: par mesmes raisons, comme I mesure C, ainsi K mesurera B nombre
premier: il faut donc qu'à tout le moins il luy soit egal, ce qui est impossible:
d'autant que B est moyen proportionnel entre K & I, par la 20. p. 7. puis que
C est produict de K multiplié par I, & qu'il est aussi le produict de B multiplié
par soy-mesme.   Partant aucun nombre ne mesurera E, sinon B,C,D, qui le
mesurent, par la 11. p. 9. Parquoy si depuis l'vnité, il y a tant de nombres qu'on
voudra, &c.   Ce qu'il falloit prouuer.

A 1.	B 3.	C 9.	D 27.	E 81.
K --	I --	H --	G --	

THEOR. 14.   PROP.   XIV.

Le plus petit nombre de tous ceux qui peuuent estre mesurez

par certains nombres premiers, ne sera mesuré par aucun autre nombre premier, que par ceux qui le mesuroient au commencement.

Soit A le plus petit nombre de tous ceux qui peuuent estre mesurez par les trois nombres premiers B, C, D. Ie dis qu'aucun nombre premier autre que B, C, D, ne mesurera A.

Autrement, s'il est possible, que E autre nombre premier mesure A par F: donc par la 9. com. sent. E multiplié par F produira A, lequel est mesuré par B, C, D; & par la 32. p. 7. iceux B, C, D, mesureront l'vn des deux E, F: Or ils ne mesureront pas E, autre nombre premier que pas vn d'iceux; ils mesureront donc F, qui est plus petit que A : ce qui est absurde; puis que A est posé le plus petit de tous ceux qui peuuent estre mesurez par B, C, D. Donc E ne pouuoit mesurer A. Parquoy le plus petit nombre de tous ceux qui peuuent estre mesurez, &c. Ce qu'il falloit demonstrer.

A.	B.	C.	D.
30.	2.	3.	5.
E---	F--		

S C H O L I E.

Nous demonstrerons icy en nombres (apres Commandinus & Clauius) les 10 premiers theoremes, qui sont demonstrez en lignes au second liure.

1. S'il y a deux nombres, l'vn ou l'autre desquels soit couppé en tant de parties qu'on voudra, le nombre plan compris sous iceux deux nombres, est egal aux nombres plans contenus du nombre indiuisé, & de chaque partie de celuy qui est couppé.

Soient deux nombres, A B & C, desquels A B est diuisé en A D, D E, E B, & soit faict F de C en A B : Item G H de C en A D, & H I, de C en D E, & I K de C en E B: Ie dis que F est egal aux nombres G H, H I, I K, c'est à dire à tout le nombre G K composé d'iceux. Car puisque C multipliant A B, a produict F : A B mesurera F par C, c'est à dire que A B sera la partie d'iceluy F, denommée par C. Par la mesme raison A B sera la partie de G H; & D E de H I; & E B de I K, denommée par C, sçauoir est, la mesme que A B de F. Mais il est euident par la 5.

A ... D .. E . B		C ..	
F 12			
G ...... H .... I .. K			

prop. 7. que A B est la mesme partie de G K, que A D de G H, parquoy aussi A B sera mesme partie de G K, que A B de F : & partant par la 4. com. sent. F & G K seront egaux entr'eux. Ce qui estoit proposé.

2. Si vn nombre est couppé en deux parties, les nombres plans compris sous le tout, & vne chacune partie, sont egaux au nombre quarré du tout.

Car le nombre A B soit diuisé en A C, C B. Ie dis que les nombres qui seront produicts du total A B, és parties A C, C B seront ensemble egaux au quarré de A B. Car estant pris le nombre D egal à A B, par le 1. theo. le nombre faict de D, c'est à dire de A B, en A B, sçauoir est le quarré d'iceluy A B, sera egal aux nombres qui seront produicts de D, c'est à dire de A B, en A C, & en C B : ce qui estoit proposé.

A .... C .. B	
D	

Le meſme ſera demonſtré, ſi A B eſt couppé en plus de deux parties, comme en peut voir par la ſeconde figure icy appoſée. Car par la meſme raiſon, le nombre faict de E, c'eſt à dire de A B, en A B, c'eſt à ſçauoir le quarré de A B, ſera egal aux nombres, qui ſeront produicts de E, c'eſt à dire de A B, en chaſque partie A C, C D & D B.

A . . . C . . D . B
E . . . . . .

3. Si vn nombre eſt couppé en deux parties; le nombre plan compris du total, & de l'vne des parties, eſt egal à celuy-là contenu des parties, & au quarré faict d'icelle partie premierement priſe.

Soit le nombre A B diuiſé en A C, C B. Ie dis que le nombre plan produict de A B en la partie A C, eſt egal à celuy faict des parties A C, C B, & au quarré d'icelle partie A C. Car eſtant pris le nombre D egal à la ſuſdicte partie A C; par le 1. theor. le nombre faict de D, c'eſt à dire de A C, en A B; ou (qui eſt le meſme) de A B en A C, ſera egal aux nombres faicts de D, c'eſt à dire de A C, en C B, & de D, c'eſt à dire de A C, en A C, ſçauoir eſt le quarré de A C. Ce qui eſtoit propoſé.

A . . . . C . . . . . . B
D . . . .

4. Si vn nombre eſt diuiſé en deux parties; le quarré faict du tout eſt egal aux deux quarrez faicts des deux parties, & à deux fois le nombre plan contenu d'icelles paties.

Soit le nombre A B diuiſé en A C, C B. Ie dis que le nombre quarré faict de A B, eſt egal aux quarrez des parties A C, C B, auec deux fois le nombre plan faict de A C en C B. Car par le 2. theor. le nombre quarré de A B, eſt egal aux nombres faicts de A B en A C, & en C B. Mais par le 3. theor. le nombre faict de A B en A C, eſt egal au nombre produict de A C en C B, & au quarré d'iceluy A C: Item le nombre produict de A B en C B, eſt par meſme raiſon egal au nombre produict de A C en C B, & au quarré de C B. Donc le nombre quarré faict de A B, eſt pareillement egal aux nombres quarrez des parties A C, C B, & a deux fois le nombre faict de A C en C B. Ce qui ſtoit propoſé.

A . . . . . C . . . . B

5. Si vn nombre eſt diuiſé en deux parties egales, & en deux inegales; le nombre plan contenu des parties inegales, auec le quarré du nombre qui eſt entre les deux ſections, eſt egal au quarré faict de la moictié du nombre total.

Soit le nombre A B, couppé en deux parties egales A C, C B, & en deux inegales A D, D B. Ie dis que le nombre plan compris des parties inegales A D, D B, auec le quarré du nombre C D, eſt egal au quarré du nombre E C. Car puis que par le theor. preced. le nombre quarré de C B, eſt egal aux quarrez des parties C D, D B, auec deux fois le nombre faict de C D, D B; & par le 3. theor. le nombre plan compris de C D, D B, enſemble auec le quarré de D B, eſt egal au nombre produict de C B en D B, ſera faict que ſi ce nombre faict de C B, en D B, eſt pris pour le quarré de D B, auec le nombre faict de C D, en D B, auſſi le nombre quarré de C B, eſt egal à l'autre quarré de C D, enſemble

A . . . . . C . . . D . . B

à l'autre nombre faict de C D en D B, & au nombre produict de C B, c'est à dire de A C
en D B: & partant par le 1. theor. le nombre faict du total A D en D B, est egal aux
nombres produicts de C D en D B, & de A C en D B. Donc le quarré de C B, sera egal
au quarré de C D, & au nombre faict de A D en D B. Ce qui estoit proposé.

6. Si vn nombre est diuisé en deux parties egales, & à iceluy est adiousté
quelque autre nombre; le nombre qui est fait du tout auec l'adiousté en l'adiousté, auec le quarré de la moitié du nombre, est egal au quarré du nombre
composé de la moitié & de l'adiousté.

Soit le nombre A B couppé en deux parties egales A C, C B, & à iceluy soit adiousté le nombre B D. Ie dis que le nombre faict du tout A B & de l'adiousté B D comme vn seul, sçauoir est de A D en l'adiousté B D, auec le quarré de la moitié C B, est
egal au quarré faict de la moitié C B & adiousté B D
comme vn seul, c'est à dire au quarré de C D. Car puis
que par le 4. theor. le quarré de C D est egal aux quarrez
des parties C B, B D, auec deux fois le nombre plan compris de C B, B D, c'est à dire aux quarrez des parties C B,
B D, & aux nombres contenus de C B, B D, & de A C, B D: Mais par le premier theor.
le nombre faict de A D en B D, est egal aux nombres contenus sous C B, B D, & sous
A C, B D, & sous A D, B D, c'est à dire au quarré de B D. Donc prenant le nombre
faict de A D en D B, pour le quarré de la partie B D, auec les nombres faicts de C B
en B D, & de A C en B D, le quarré de C D sera egal à l'autre quarré de C B, ensemble auec le nombre faict de A D en B D: c'est à dire que le nombre faict de A D en
B D, auec le quarré de C B, est egal au quarré de C D: ce qui estoit proposé.

7. Si vn nombre est diuisé en deux parties, le quarré du tout auec le
quarré de l'vne des parties, est egal à deux fois le nombre faict du tout en icelle partie, ensemble auec le quarré de l'autre partie.

Soit le nombre A B couppé és parties A C, C B. Ie dis que le quarré de A B, auec
celuy de la partie C B, est egal à deux fois le nombre faict de A B en C B, ensemble auec
le quarré de l'autre partie A C. Car puisque par le 4. theor. le quarré de A B est egal
aux quarrez des parties A C, C B, & a deux fois le nom-
bre faict d'icelles A C, C B; si on adiouste le commun quarré de C B, les quarrez de A B, C B, seront ensemble egaux
aux quarrez de A C, C B, C B, auec deux fois le nombre
produict de A C en C B: mais par le 3. theor. le nombre
faict de A C en C B auec le quarré de C B, est egal au nombre produict de A B en
C B; & partant le double de l'vn est egal au double de l'autre. Donc si pour le double
du nombre faict de A C en C B, & quarré de C B, on prend le double du nombre produict de A B en C B, les quarrez des nombres A B, C B seront ensemble egaux à deux
fois le nombre de A B en C B, auec le quarré de l'autre partie A C. Ce qui estoit
proposé.

8. Si vn nombre est diuisé en deux parties, quatre fois le nombre faict du
tout en vne partie, auec le quarré de l'autre partie, est egal au quarré du nombre composé du tout & de la partie premierement prise.

Soit le nombre A B couppé és parties A C, C B. Ie dis que le nombre faict de A B
en la partie C B, ensemble auec le quarré de l'autre partie A C, est egal au quarré du

nombre composé de *A B* & de la partie *C B*. Car estant adiousté le nombre *B D* egal
à *C B*, par le 4. theor. le quarré du tout *A D* est egal
aux quarrez des nombres *A B*, *B D*, ensemble auec le
nombre double de *A B* en *B D*, c'est à dire aux quarrez des nombres *A B*, *C B*, ensemble auec deux fois le
nombre de *A B* en *C B*: Mais par le 7. theor. les quar-
rez de *A B*, *C B*, sont egaux à deux fois le nombre contenu de *A B*, *C B*, auec le quarré
de *A C*: donc si pour les quarrez de *A B*, *C B*, on prend le nombre double de *A B* en
C B, & le quarré de *A C*; le quarre faict de *A D* est egal à 4 fois le nombre faict de
A B en *C B*, ensemble auec le quarré de l'autre partie *A C*: ce qui estoit proposé.

    9. Si vn nombre est couppé en deux parties egales, & en deux inegales;
les quarrez faicts des parties inegales, sont doubles des quarrez faicts de la
moitié, & de la partie du milieu.

    Soit le nombre *A B* diuise es parties egales *A C*, *C B*, & ès inegales *A D*, *D B*.
Ie dis que les quarrez des parties inegales *A D*, *D B*, sont doubles des quarrez de la
moitié *A C*, & du nombre entre-moyen *C D*. Car puisque par le 4. theor. le quarré
du nombre *A D* est egal aux quarrez des nombres
A C, *C D*, ensemble auec deux fois le nombre faict de
A C en *C D*; si on adiouste le commun quarré de *D B*,
les quarrez des parties *A D*, *D B*, seront egaux aux
quarrez des parties *A C*, *C D*, *B D*, ensemble auec deux
fois le nombre produict de *A C* en *C D*, c'est à dire de *C B* en *C D*. Mais par le 7. theor.
les quarrez de *C B*, c'est à dire de *A C*, & *C D*, sont egaux au quarré de *D B*, & à
deux fois le nombre de *C B* en *C D*. Donc si pour le quarré de *D B*, & deux fois le nombre faict de *C B* en *C D*, on prend les quarrez de *A C*, *C D*, les quarrez de *A D*, *D B*
seront egaux au double des quarrez des parties *A C*, *C D*; & partant ces quarrez-là
sont doubles de ceux-cy. Ce qui estoit proposé.

    10. Si vn nombre est diuisé en deux parties egales, & à iceluy on adiouste
quelque autre nombre; le quarré du nombre composé d'iceux, & le quarré
de l'adiousté, sont ensemble doubles des quarrez de la moitié, & de celuy
faict du nombre composé d'icelle moitié & de l'adiousté.

    Soit le nombre *A B* diuise en deux parties egales *A C*, *C B*, & à iceluy soit adiousté
le nombre *B D*. Ie dis que le quarré du nombre *A D* composé du tout *A B*, & de l'adiousté *B D*, & le quarré d'iceluy nombre adiousté *B D*, sont ensemble doubles des quarrez faicts de la moitié *A C*, & de *C D*, composé
de la moitié *C B* & de l'adiousté *B D*. Car puisque par le 4. theor. le quarré de *A D* est egal aux
quarrez de *A C*, *C D*, & a deux fois le nombre
produict de *A C*, c'est à dire de *C B*, en *C D*; si
on adiouste le commun quarré du nombre *B D*, les quarrez des nombres *A D*, *B D*, seront egaux aux quarrez des parties *A C*, *C D*, *B D*, ensemble auec deux fois le nombre produict de *C B* en *C D*. Mais par le 7. theor. les quarrez de *C B*, ou *A C*, &
C D sont egaux au quarré de *B D*, & a deux fois le nombre fait de *C B* en *C D*. Donc si
pour le quarré de *B D*, & deux fois iceluy nombre produict de *C B* en *C D*, on prend
les quarrez des nombres *C B*, *C D*, c'est à dire des nombres *A C*, *C D*: les quarrez

des nombres AD, BD *seront egaux à deux fois les quarrez des nombres* AC, CD: *& partant ceux-là sont doubles de ceux-cy: ce qui estoit proposé.*

Or voila quant aux 10. *premieres prop. du* 2.l. *mais la* 11e. *ne se peut accommoder aux nombres, c'est à dire qu'on ne peut pas diuiser vn nombre proposé, en telle sorte que le nombre plan faict du tout & de l'vne des parties, soit egal au nombre quarré de l'autre partie.*

Car, s'il est possible, soit diuisé AB en AC, CB, en sorte que le nombre plan faict du tout AB, & de la partie CB, soit egal au quarré de l'autre partie AC. Donc quatre fois le nombre de AB en CB, sera quadruple du quarré de AC : & partant quatre fois le nombre plan d'iceluy AB en CB, auec le qurré de AC, sera quintuple d'iceluy quarré de AC. Mais quatre fois le nombre plan de AB en CB, auec le quarré de AC,

A———————— C———— B

est quarré, veu que par le 8. *theor. il est egal au nombre quarré, qui est faict du nombre composé de AB & de CB. Donc deux nombres quarrez (sçauoir celuy qui est faict de AB en CB quatre fois auec le quarré de AC ; & le quarré de AC) ont mesme raison, que* 5 *à* 1, *ou* 25 *à* 5. *Ce qui est absurde, ainsi qu'il appert du corol. de la* 24. p. 8. *Le nombre AB ne peut donc pas estre diuisé, en sorte que le nombre plan faict du tout en vne des parties soit egal ou quarré de l'autre partie. Ce qui estoit proposé.*

THEOR. 15. PROP. XV.

Si trois nombres sont continuellement proportionnaux, & les plus petits de tous ceux qui ont mesme raison auec iceux: le composé de deux tels que l'on voudra d'iceux, sera premier à l'autre.

Soient trois nombres continuellement proportionnaux A , B, C, les plus petits de tous ceux qui ont la mesme raison : Ie dis que le composé de deux quels on voudra d'iceux, comme de A & B, est premier à l'autre C ; & le composé de B , C, premier à A ; & de A, C, premier à B.

A 9.	B 12.	C 16.
	D 3.	E 4.

Car si on prend D & E les plus petits qui soient en la mesme raison par le Scholie de la 35. prop. 7. il est euident par ce qui a esté demonstré à la 2. prop. 8. que A & C sont les quarrez de D & E, & que B est le produict de D multiplié par E : & par le 3. Theor. du Scholie precedent le composé de D , E, multiplié par D, produira vn nombre esgal au composé de A & B. Mais D & E estans premiers entr'eux par la 24. prop. 7. aussi leur composé sera premier à E, par la 30. prop. 7. & partant aussi a son quarré C, par la 27. prop. 7. Et par mesme raison D sera premier à C, & par la 26. prop. 7. le produict du composé de D & E multiplié par D, sera aussi premier à C. Mais nous auons monstré que ce produict est esgal au nombre composé de A & B : Donc aussi le composé de A & B sera premier à C.

En apres, puifque comme deſſus le compoſé des deux nombres D, E eſt
premier à chacun d'iceux ; par la 26. prop. 7. le produit du compoſé de D , E,
multiplié par E ſera premier à D. Mais par le ſuſdict Theor. iceluy produit
eſt eſgal à C faict de E en ſoy, & au nombre B faict de D en E. Donc le nombre compoſé de ces deux B & C ſera auſſi premier à D ; & partant auſſi à A par
la 27. proposition 7.

Finablement D & E eſtans premiers entr'eux par la 24. prop. 7. & premiers
au compoſé de deux par la 30. prop. 7. leur produict B ſera premier au compoſé des deux par la 26. prop. 7. & par la 27. prop. 7. le produict de D, E comme vn ſeul nombre, multiplié par ſoy, ſera premier à B. Mais par le 4. Theor.
du Scholie precedent, iceluy produict de D E comme vn ſeul nombre multiplié en ſoy, eſt eſgal à A & C & deux fois B enſemble: donc A & C auec deux
fois B, ſont premiers à B. Or en oſtant les deux fois B ; il eſt manifeſte que le
reſte compoſé de A & C, ſera premier à B. Car autrement ils ſeroient compoſez, & leur commune meſure meſureroit auſſi deux fois B ; & par conſequent auſſi le compoſé de A & C & deux fois B, qui ne ſeroit en ce faiſant premier à B, contre ce qui a eſté demonſtré cy-deſſus. Donc le compoſé de A & C
eſt premier à B. Parquoy ſi trois nombres ſont continuellement proportionnaux, &c. Ce qui eſtoit à prouuer.

THEOR. 16. PROP. XVI.

Si deux nombres ſont premiers entr'eux, il ne ſera pas comme le premier au ſecond, ainſi le ſecond à quelque autre.

Soient deux nombres premiers entr'eux , A & B. Ie dis que comme A eſt
à B, ainſi B n'eſt pas à quelque autre, c'eſt à dire qu'à
A & B, on ne peut trouuer vn troiſieſme proportionnel,

Autrement, ſ'il eſt poſſible, ſoit que comme A eſt à
B, ainſi B ſoit à vn autre, ſçauoir C. Par la 23. prop.
7. A & B eſtans premiers, ils ſeront les plus petits qui ſoient en la meſme raiſon, & par 21. prop 7. A meſurera B, & B meſurera C. Mais auſſi A meſure
ſoy-meſme ; donc A meſure iceux A & B. Ainſi A & B ne ſeroient premiers,
contre l'hypotheſe. Donc il n'eſt pas comme A à B, ainſi B à C. Par meſme
raiſon, il ne ſera pas comme B à A , ainſi A à quelque autre. Si donc deux
nombres ſont premiers entr'eux, &c. Ce qu'il falloit demonſtrer.

$$A\,3.\quad B\,5.\quad C\text{--}$$

SCHOLIE.

*Ce qui eſt dict & demonſtré tant en cette 16. prop. qu'aux trois ſuiuantes, ſe doit
entendre des nombres entiers : car ſi on les vouloit eſtendre aux fractions, il eſt certain
& manifeſte qu'à deux nombres quels qu'ils ſoient, on en peut trouuer vn troiſieſme proportionnel ; puis que le quarré du ſecond nombre eſtant diuiſé par le premier, en eſt produict vn troiſieſme proportionnel. Comme aux deux nombres premiers 3 & 5, ſi le quarré du ſecond nombre 5, ſçauoir 25 eſt diuiſé par le premier 3, prouiendra 8 $\frac{1}{3}$ pour le
troiſieſme proportionnel, &c.*

THEOR.

THEOR. 17. PROP. XVII.

Si tant de nombres qu'on voudra sont continuellement proportionnaux, desquels les extrémes soient premiers entr'eux,
il ne sera pas comme le premier au second, ainsi le dernier à
quelque autre.

Soient A, B, C, continuellement proportionnaux, desquels les extremes A
& C soient premiers entr'eux. Ie dis qu'il ne
se peut faire que comme A est à B, ainsi C
soit à quelque autre.

Car s'il est possible, comme A est à B, ainsi
soit C à D. En permutant comme A sera à C,
ainsi B à D : & par la 23. prop. 7. A & C estans premiers, ils seront les plus petits en leur raison : & par la 21. p. 7. ils mesureront egalement B & D ; sçauoir
est A iceluy B ; & C iceluy D. Et pource que comme A à B, ainsi B à C ; & A
mesure B, aussi B mesurera C : & par la 11. comm. sent. A mesurera aussi C;
& iceuy A mesurant soy-mesme, il mesurera iceux A & C premiers entr'eux:
ce qui est absurde. A n'est donc pas à B, comme C à D. Par mesmes raisons,
il ne sera pas comme C à B, ainsi A à quelque autre. Parquoy si tant de nombres qu'on voudra sont continuellement proportionnaux, &c. Ce qu'il falloit demonstrer.

A 4.	B 6.	C 9.	D---

PROBL. 1. PROP. XVIII.

Deux nombres estans donnez, considerer si on pourra trouuer
vn troisiesme proportionnel à iceux.

Soient donnez les deux nombres A & B : Il faut considerer si à iceux on
peut trouuer vn troisiesme nombre propor-
tionnel.

La solution de ceste proposition est aisee:
Car il n'y a qu'à considerer si C, produict du
second nombre B multiplié par soy-mesme,
peut estre mesuré, c'est à dire diuisé par le

A 4.	B 6.	D 9.	C 36.
A 6.	B 7.	D---	C 49.

premier A : car s'il peut estre mesuré ou diuisé, comme en la premiere formule, il est euident par la 20. prop. 7. que le quotient D sera troisiesme nombre proportionnel; sinon, on n'en trouuera point, puis que par la susdite
20. prop. 7. trois nombres estans prop. le produict des extremes doit estre
esgal au produict du milieu.

PROB. 2. PROP. XIX.

Eſtans donnez trois nombres, conſiderer ſi on pourra trouuer vn quatrieſme proportionnel à iceux.

Soient donnez trois nombres A , B, C ; & il faut conſiderer ſi à iceux on peut trouuer vn quatrieſme proportionnel.

La ſolution de ceſte prop. eſt auſſi aiſée. Car il faut ſeulement conſiderer ſi D, qui eſt le produict des ſecond

A 3.	B 6.	C 5.	E 10.	D 30.

& troiſieſme nombres B & C, peut eſtre meſuré par le premier A : ſil peut eſtre meſuré ou diuiſé., il eſt euident par la 19. prop. 7. que le quotient E ſera quatrieſme proport. ſinon, on n'en trouuera point, puis que par la ſuſdicte 19. prop. 7. quatre nombres eſtans proport. le produict du ſecond & troiſieſme doit eſtre eſgal au produict du premier & quatrieſme.

THEOR. 18. PROP. XX.

Quelque multitude de nombres premiers qu'on propoſe, il s'en trouuera encores d'autres.

Soit quelconque multitude de nombres premiers , A , B , C. Ie dis qu'il s'en trouuera encores d'autres.

Car ſi on trouue le nombre D E, le plus petit de tous ceux qui peuuent eſtre meſu-
rez par les trois nombres A, B, C, par la 37. prop. 7. & à iceluy D E on adiouſte l'vnité E F , le tout D F ſera premier ou non : S'il eſt premier, on a vn nombre premier autre

A .. 2	B ... 3	C 5
D ------------------ 30 E. F		
G ------		

que pas vn des propoſez : Mais ſi DF n'eſt premier, il ſera meſuré par quel-
que nombre premier, par la 34. prop. 7. Soit donc meſuré par G ; il eſt euident que G ne peut pas eſtre vn des trois A, B, C : car s'il eſtoit quelqu'vn d'iceux, il meſureroit comme eux DE. Donc G meſurant le tout D F , & le retranché D E , par la 12. comm, ſent. il meſureroit auſſi le reſte DF, ſçauoir vn nombre l'vnité : Ce qui eſt abſurde. Donc G eſt autre nombre premier que pas vn des propoſez. Et en ceſte façon on en peut trouuer infiny autres. Parquoy quelque multitude de nombres premiers qu'on propoſe , &c. Ce qu'il falloit demonſtrer.

THEOR. 19. PROP. XXI.

Si tant de nombres pairs que l'on voudra ſont adiouſtez ; le tout ſera pair.

Soient adiouſtez tant de nombres pairs que l'on voudra AB , BC, CD : Ie dis que tout le compoſé AD, eſt pair.

Car d'autant que par la 6. def. 7. tout nombre pair a moitié, iceux AB, BC, CD, auront chacun moitié: Soit donc E F moitié de A B; & F G de B C; & GH de CD. D'autant que comme A B à EF, ainfi BC à FG; & CD à G H (la raifon eftant toufiours double) auffi

```
A . . . . . . . 6 B . . . . 4 C . . . . . . . . . 8 D
E . . . 3 F . . 2 G . . . . 4 H
```

par la 12. p. 7. comme AB fera à EF, ainfi AD à EH. Mais AB eft double d'iceluy E F : Donc auffi AD fera double de EH; & partant iceluy nombre AD ayant moitié eft pair par la fufd. 6. def. Parquoy fi tant de nombres pairs, &c. Ce qu'il falloit prouuer.

THEOR. 20. PROP. XXII.

Si tant de nombres impairs que l'on voudra font adiouftez, & que la multitude d'iceux foit pair; le tout fera pair.

Soient adiouftez tant de nombres impairs que l'on voudra, defquels la multitude AB, BC, CD, DE, foit pair : Ie dis que le tout AE eft pair.

Car d'autant que AB, BC, CD, DE, font impairs, par la 7. def. 7. chacun fera different du nombre

```
A . . . 3 B . . . . . 5 C . . . . . . . 7 D . . . . . . . . . 9 E
```

pair de l'vnité : & partant fi de chacun d'iceux l'on retranche l'vnité on les rendra tous pairs, & par la 21. propofit. 9. le compofé d'iceux fera pair : Et d'autant que leur multitude eft en nombre pair, les vnitez retranchees feront auffi vn nombre pair, lequel adioufté auec tout le refte, qui eft defia nombre pair, le tout AE fera pareillement pair par la fufdite 21. prop. 9. Parquoy fi tant de nombres impairs, &c. Ce qu'il falloit prouuer.

THEOR. 21. PROP. XXIII.

Si tant de nombres impairs que l'on voudra font adiouftez, & que la multitude d'iceux foit impair, le tout fera impair.

Soient adiouftez tant de nombres impairs que lon voudra, la multitude defquels comme AB, BC, CD foit impair : Ie dis que le tout AD eft impair.

Car puis que par la def. du nombre impair, il differe du nombre pair de l'vnité, ayant retranché l'vnité E D du

```
A . . . B . . . . . C . . . . . E . D
```

nombre impair CD, le refte C E fera pair. Mais par la prec. prop. A C compofé des impairs AB, BC, pairs en multitude, eft pair : Donc auffi AE compofé des pairs AC, CE, fera pair : Et partant fi a iceluy AE, lon adioufte l'vnité ED, le tout AD fera impair, puis que par la fufd. def. le nombre impair differe du pair de l'vnité. Parquoy fi tant de nombres impairs, &c. Ce qu'il falloit prouuer.

THEOR. 22, PROP. XXIV.

Si d'vn nombre pair, on oste vn nombre pair, le reste sera pair.

Soit vn nombre pair A B, duquel soit retranché vn nombre pair CB : Ie dis que le reste A C est aussi pair.

Ce qui est euident : Car s'il n'estoit pair, en ostant l'vnité AD on le rendroit pair : Et le retranché auec iceluy, sçauoir D B, seroit aussi vn nombre pair par la 21. prop. 9. & partant luy adioustant l'vnité ostee A D, le tout A B seroit impair ; ce qui est absurde ; puis qu'il a esté posé pair. Si donc d'vn nombre pair, &c. Ce qu'il falloit demonstrer.

A. D . . . . . C . . . . B

THEOR. 23. PROP. XXV.

Si d'vn nombre pair, on oste vn nombre impair, le reste sera impair.

Du nombre pair AB, soit retranché le nombre impair C B : Ie dis que le reste AC est impair.

Car ayant retranché l'vnité CD du nombre impair CB, le reste D B sera pair. Et d'autant que le tout A B est posé pair, par la preced. le reste A D sera aussi pair. Et partant si on en oste l'vnité CD, le reste AC sera impair. Si donc d'vn nombre pair, &c. Ce qu'il falloit demonstrer.

A . . . . C . D . . . . B

THEOR. 24. PROP. XXVI.

Si d'vn nombre impair on oste vn nombre impair, le reste sera pair.

Soit vn nombre impair AB, duquel soit retranché vn nombre impair CB : Ie dis que le reste AC est pair.

Car ayant retranché des nombres impairs AB, CB, l'vnité DB, les nombres restans A D, CD, seront pairs. Et d'autant que du nombre pair AD, est retranché le nombre pair C D ; par la 24. p. 9. le reste AC sera pair. Parquoy si d'vn nombre impair, &c. Ce qu'il falloit demonstrer.

A . . . . C . . . . . . D . B

THEOR. 25. PROP. XXVII.

Si d'vn nombre impair on oste vn nombre pair, le reste sera impair.

Du nombre impair AB, soit retranché vn nombre pair CB : Ie dis que le reste
AC est impair.

Car ayant retranché de l'impair AB, l'vnité
AD, le reste DB sera pair ; duquel estant retranché le pair CB, par la 24. p. 9. le reste D C sera
aussi pair : & partant l'vnité A D y estant adiou-
stee, AC sera impair. Parquoy si d vn nombre impair, &c. Ce qu'il falloit
demonstrer.

```
| A . D . . . C . . . . |
```

THEOR. 26. PROP. XXVIII.

Si vn nombre impair multiplie vn nombre pair, le produit
sera pair.

Soit vn nombre impair A, lequel multipliant le nombre pair B, fasse C :
Ie dis qu'iceluy produict C est pair.

Car d'autant que C est produict de A en B ; iceluy produict C sera composé d'autant de nombres
esgaux à B, qu'il y a d'vnitez en A. Mais B est pair ;
& partant C sera composé d'autant de nombres
pairs esgaux à B qu'il y a d'vnitez en A : & par la 21.
p. 9. C sera pair. Parquoy si vn nombre impair, &c. Ce qu'il falloit demonstrer.

```
| A . . . 3    B . . . . 4 |
| C . . . . . . . . . . . 12 |
```


On demonstrera en la mesme maniere, que si vn nom-
bre pair multiplie vn nombre pair, le produit sera
aussi pair. Car derechef C sera composé d'autant de
nombres pairs esgaux à B qu'il y a d'vnitez en A, &c.

```
| A . . 2    B . . . . 4 |
| C . . . . . . . .8 |
```


De ce que dessus, il s'ensuit qu'vn nombre pair multiplié par soy-mesme produira
vn nombre pair ; comme il est manifeste, en posant les nombres pairs A & B
esgaux.

THEOR. 27. PROP. XXIX.

Si vn nombre impair multiplie vn nombre impair ; le produit
sera impair

Que le nombre impair A, multipliant le nombre impair B, fasse C : Ie
dis qu'iceluy produit C est impair.

Car puis que C est le produit de A en B, il
sera composé d'autant de nombres esgaux à B
qu'il y a d'vnitez en A : Et partant puis que
tant A que B est nombre impair, leur dit produit C sera composé d'autant de

```
| A . . . 3      B . . . . . 5 |
| C . . . . . . . . . . . . 15 |
```

nombres impairs egaux à B, qu'il y a d'vnitez au nombre impair A : parquoy la
multitude d'iceux sera impair, & par la 23. p. 9. ledit produict C sera nombre
impair. Si donc vn nombre impair, &c. Ce qu'il falloit demonstrer.

COROLLAIRE.

*De cecy est manifeste qu'vn nombre impair multiplié par soy-mesme produict vn
nombre impair.*

SCHOLIE.

Clauius demonstre en cet endroit (apres Campanus) les deux theoremes suiuans.
1. Vn nombre impair mesurant vn nombre pair, il le me-
sure par vn nombre pair.

 *Soit le nombre impair A, lequel mesure le nombre pair B par C.
Ie dis que C est pair. Car s'il est impair ; B produict de A
impair multiplié par C impair, sera impair , par la 29. p. 9. ce
qui est absurde : car il a esté posé pair. Donc C est pair.*

                A...3 C..2
                B......6

2. Vn nombre impair mesurant vn nombre impair, il le mesure par vn nombre impair.

 *Soit le nombre impair A, qui mesure le nombre impair
B par C. Ie dis que C est impair. Car s'il est pair ; B faict
de A impair par C pair, sera pair par la 28. p. 9. ce qui est contre l'hypothese ; donc C
est impair.*

               A...3 C.....5
               B..............15

 A ces deux theor. nous adiousterons le suiuant.

Tout nombre qui mesure vn nombre impair,
est aussi impair.

 *Soit le nombre impair A, lequel B mesure par C. Ie
dis que B est impair. Car C estant multiplié par B produi-
ra A par la 9. com. sent. & si B n'est impair, mais pair, le produict A sera pair par
la 28. p. 9. ce qui est absurde, puis qu'il a esté posé impair. Donc B qui mesure A impair, n'est pas nombre pair, mais impair.*

               A..............15
               B....5 C...3

THEOR. 28. PROP. XXX.

Si vn nombre impair mesure vn nombre pair, il mesurera aussi
sa moitié.

 Soit le nombre impair A, qui mesure le nombre pair B. Ie dis qu'il mesurera aussi sa moitié C.

 Car puis que A mesure B , soit par le nombre
D : iceluy D sera pair, comme nous auons demonstré au Schol. prec. theor. 1. & partant il se pourra diuiser en deux egalement par la 6. def. du 7.
E soit donc la moitié de D. Parquoy comme D

             A...3 D....4 E..2
             B.............12
             C......6

sera à sa moitié E, ainsi B sera à sa moitié C : & en permutant, comme D sera
à B, ainsi E sera à C. Mais A mesurant B par D , aussi D mesurera B par A par
la 8. com. sent. & partant D sera la partie de B denommée par A : donc aussi

E ſera la partie de C denommée par le meſme A : & partant A meſurera C, par la 40. p. 7 Si donc vn nombre impair meſure vn nombre pair, &c. Ce qu'il falloit demonſtrer.

THEOR. 29. PROP. XXXI.

Si vn nombre impair eſt premier à quelque nombre, il ſera auſſi premier à ſon double.

Soit le nombre impair A, premier à quelque nombre B, duquel le double ſoit C. Ie dis que A eſt auſſi premier à C. Car ſi A & C ne ſont premiers entre-eux, quelque nombre les meſurera, & ſoit D, lequel ſera impair, comme nous auons demonſtré au Scholie de la 29. p. 9. Et puis qu'il meſure le nombre pair C (car C eſt pair puis qu'il a

A . . . 3	B 4
C 3	D --

moitié B) il meſurera auſſi ſa moitié B par la pr. prec. Mais il meſure auſſi A. Donc D meſure iceux A & B premiers entr'eux : ce qui eſt abſurde. Il n'y aura donc point de nombre qui meſure A & C ; & partant ils ſeront premiers entr'eux. Si donc vn nombre impair & premier à quelque nombre, &c. Ce qu'il falloit prouuer.

THEOR. 30. PROP. XXXII.

Tous les nombres qui ſuiuent le binaire en progreſſion double, ſont ſeulement pairement pairs.

Soient depuis le binaire A tant de nombres qu'on voudra B, C, D, E, continuellement proportionnaux en raiſon double. Ie dis que B, C, D, E ſont tant ſeulement pairement pairs.

Qu'il ne ſoit ainſi. Soit priſe l'vnité, & puiſque depuis l'vnité, A, B, C, D, E, ſont continuellement prop. le plus petit

Vnité. A 2. B 4. C 8. D 16. E 32.

meſurera le plus grand ſelon quelqu'vn de ceux qui ſont entre les proportionnaux par la 11. p. 9. leſquels eſtans tous pairs, il eſt euident par les def. du 7. que B, C, D, E, ſeront pairement pairs, & tous les autres qui pourroient ſuiure en la meſme progreſſion. Mais d'autant que A prochain de l'vnité eſt nombre premier, à ſçauoir binaire, par la 13. p. 9. aucun autre nombre ne meſurera aucun de tous ceux qui ſont en la progreſſion, ſinon ceux de la meſme progreſſion, leſquels eſtans tous pairs, vn nombre pair meſurera chacun d'iceux par vn nombre pair ; & partant iceux nombres ſeront ſeulement pairement pairs. Parquoy tous les nombres qui ſuiuent le binaire, &c. Ce qu'il falloit demonſtrer.

THEOR. 31. PROP. XXXIII.

Si la moitié d'vn nombre eſt impair, iceluy nombre ſera ſeulement pairement impair.

Soit le nombre A, duquel la moitié B est impair: Ie dis que A est seulement pairement impair.

Car puisque B impair est moitié de A, il le mesurera par le nombre binaire C, & par la 9. def. 7. A sera pairement impair. Mais qu'il soit seulement pairement impair, on le prouuera ainsi. S'il estoit pairement pair, vn nombre pair, comme D, le mesureroit par quelque nombre pair, comme E. Et par la 9. com. sent. A est fait de D en E : mais le mesme A est aussi fait de la moitié B par le binaire C. Parquoy par la 19. p. 7. le produict de C par B, estant egal au produict de E en D, comme C sera à E, ainsi D à B. Mais C nombre binaire mesure E : Il faudroit donc aussi que D pair mesurast B impair : ce qui est impossible. Donc A n'est pairement pair : & partant il est seulement pairement impair. Parquoy si la moitié d'vn nombre est impair,&c. Ce qu'il falloit demonstrer.

```
|            A 30.              |
| B15.              C 2.        |
| D--               E--         |
```

THEOR. 32. PROP. XXXIV.

Si vn nombre pair n'est de ceux qui sont doubles depuis le binaire, & que sa moitié ne soit nombre impair, il sera pairement pair, & pairement impair.

Le nombre pair A , ne soit de ceux qui sont doubles depuis le binaire, & que sa moitié soit pair : Ie dis que A est pairement pair, & pairement impair.

Qu'il soit pairement pair, il est euident. Car d'autant que sa moitié est pair , le binaire, qui est pair , le mesurera par icelle moitié ; & par la 9. def. 7. il sera pairement pair.

```
| A . . . . . . . . . . . . . . . . . . . . . 20 |
```

Or il est aussi pairement impair : car puis que iceluy nombre A n'est de ceux qui sont doubles depuis le binaire, si on le diuise tousiours en deux egalement on viendra en fin à vn nombre impair auparauant que patuenir iusques au binaire, lequel nombre impair mesurera A par vn nombre pair: Car si c'estoit par vn impair, attendu que par la 29. p. 9. vn nombre impair multipliant vn nombre impair produit vn nombre impair, A seroit impair: ce qui est absurde, estant posé pair. Veu donc qu'vn nombre impair mesure A par vn, nombre pair, & qu'vn nombre pair le mesure aussi par vn nombre pair ; iceluy nombre A sera pairement pair, & pairement impair. Parquoy si nombre pair, &c. Ce qu'il falloit demonstrer.

THEOR. 33. PROP. XXXV.

S'il y a tant de nombres qu'on voudra continuellement proportionnaux, & que l'on retranche du second, & du dernier,

nier,

nier, vn nombre egal au premier; comme le reste du second
sera au premier, ainsi le reste du dernier sera à tous les precedens.

Soient quatre nombres continuellement proportionnaux A, B, C, D , &
que du second B l'on retranche F G egal au premier A : Et du dernier D l'on
retranche K L aussi egal à A : Ie dis que comme
le reste B F sera à A , ainsi l'autre reste D K sera à
tous les trois precedens A, B, C, ensemble.

Car si de D L on retranche L I egal à B G, il
est euident que K I sera egal à B F, (estant K L
egal à F G) & si on retranche L H egal à C; comme les quatre nombres D, C, B, A, sont continuel-
lement proportionnaux, aussi seront leurs egaux D L, H L, I L, K L: & en
diuisant, D H sera à H L, comme H I à I L, ou I K à K L; & partant par la 12.
p. 7. tous les antecedans D H, H I, I K, (c'est à dire D K) seront à tous les
consequents H L, I L, K L, (c'est à dire A, B, C,) comme l'vn des antecedans
I K, est à l'vn des consequens K L, ou leurs egaux B F à A. Parquoy s'il y a tant
de nombres qu'on voudra continuellement proportionnaux, &c. Ce qu'il
falloit prouuer.

A 8		
B . . . . 4 F . . . . 8 G		
C 18		
D 9 H 6 I 4 K 8 L		

THEOR. 34. PROP. XXXVI.

Si depuis l'vnité on prend tant de nombres qu'on voudra continuellement proportionnaux en raison double, iusques à
ce que le tout composé soit nombre premier : iceluy tout
multiplié par le dernier produira vn nombre parfaict.

Soient depuis l'vnité tant de nombres qu'on voudra A, B, C, D, continuellement proportionnaux en raison double, la somme desquels & de l'vnité soit
E nombre premier , & que E multiplié par le
dernier D fasse F G : Ie dis que le produict
F G est nombre parfaict.

Car ayant pris H I double de E; K double de
H I ; & L double de K , & ainsi de suitte tant
qu'il y aura de nombres proposez : iceux
nombres E, H I, K, L , seront continuellement
proportionnaux en la raison de A, B, C, D;
& partant en raison egale , A sera à D comme
E à L ; & par la 19. p. 7. le produict de A multiplié par L, sera egal au produict de D par E,
sçauoir F G : mais A estant binaire , F G sera
double de L : ainsi E, H I, K, L, F G, seront
continuellement proportionnaux en raison
double. Maintenant de H I second soit retranché HM egal à E premier; &

Vnité.		
A . . 2		
B 4		
C 8		
D 16		
E 31		
H 31 M 31 I		
K 124		
L 248		
F 31 N 465 G		
O ..	P ..	

de F G dernier, soit retranché F N, aussi egal à E premier : par la prec. prop.
comme M : est egal à E, (d'autant que HI estoit double de E) aussi N G sera
egal à E HI, K L ensemble. Mais FN egal à E. est aussi egal à l'vnité & à
A, B, C, D ensemble. Et par consequent F G sera egal à l'vnité & à A, B, C, D,
E, HI K, L ensemble : & puis que F G a esté faict de E multiplié par D par la
7. com. sent. D mesurera F G ; & partant par la 11. com. sent. l'vnité, & les
nombres A, B, C, qui par la 11. p. 9. mesurent D, mesureront le mesme F G.
Derechef puis que L mesure F G ; aussi par la 11. com. sent. les nombres E,
HI, K, lesquels par la 11 prop. 9. mesurent L à cause de la raison double : mesureront le mesme F G : ainsi l'vnité & tous les nombres, A, B, C, D, E, HI, K, L
mesurent iceluy F G, lequel ne peut estre mesuré par aucun autre nombre
que ceux cy, comme nous monstrerons incontinent : & partant par la 22.
def. du 7. il sera nombre parfaict, estant egal à toutes ses parties aliquotes.

Que si on pense que F G puisse estre mesuré par quelque autre nombre que
les susdicts ; que O le mesure, s'il est possible, selon P : donc O multipliant P
produira F G par la 9. com. sent. Mais le mesme F G est aussi produict de E en
D. Donc vn mesme nombre est faict de E premier par D 4e, & de P second en
O 3e ; & partant comme E à P, ainsi O à D par la 19. prop. 7. & puis que A, B,
C, D, sont continuellement proportionnaux depuis l'vnité, & que A proche
de l'vnité est premier, par la 13. p. 9. nul autre nombre que A, B, C mesurera
le dernier D : & O est posé n'estre le mesme qu'aucuns d'iceux A, B, C ; O ne
mesurera donc pas iceluy D. Mais comme O à D, ainsi estoit E à P : Donc
aussi E ne mesurera P : & puis que E est premier par la 31. p. 7. E & P seront
premiers entr'eux : & partant les moindres en leur raison par la 23. p. 7. &
par la 21. p. 7. E mesurera O, comme P mesurera D. Mais nul autre que A, B, C
mesure iceluy D. Donc P sera le mesme que l'vn d'iceux A, B, C. Soit donc
le mesme que B : & d'autant que B, C, D, & E, HI, K, sont continuellement
proportionnaux en raison double, par raison egale comme B sera à D, ainsi
E à K, & partant par la 19. p. 7. le produict de B par K, sera egal au produict
de D en E. Mais le produict de D en E est egal à celuy de P en O. Donc vn
mesme nombre sera faict de P en O, que de B en K ; & partant par la 19. p. 7.
comme P sera à B, ainsi K à O. Mais P estoit le mesme que B : Donc aussi K sera le mesme que O : Ce qui est absurde, car O a esté posé autre que tous ceux-
cy A, B, C, D, E, HI, K, L. Il n'y aura donc point d'autres nombres que
A, B, C, D, E, HI, K, L, qui mesurent F G, & lequel ils composent. Iceluy est
donc nombre parfaict. Parquoy si depuis l'vnité on prend tant de nombres
qu'on voudra continuellement proportionnaux en raison double, &c. Ce
qu'il falloit demonstrer.

SCHOLIE.

*Il appert de ce theor. que pour trouuer des nombres parfaicts, & leurs parties ali-
quottes, il faut poser d'ordre tant de nombres qu'on voudra continuellement doubles depuis l'vnité, puis adiouster tous ces nombres la ensemble, & si la somme d'iceux est
nombre premier, icelle estant multipliée par le dernier nombre, le produict sera nombre
parfaict. Mais si la susdicte somme n'est nombre premier, il faudra poursuiure la pos-*

tion des nombres doubles iufques a ce que ladicte fomme de tous les nombres pofez vien-
ne a eftre nombre premier, laquelle eftant, comme dict eft cy-deßus, multipliée par le der-
nier des nombres doubles fera procreé vn nombre parfaict. Et fi on prend autant de nom-
bres continuellement doubles du fufdict nombre premier (iceluy compté) qu'on en aura
pofé depuis l'vnité, (icelle excluse) tous ces nombres auec ladicte vnité, feront les par-
ties aliquottes que peut auoir le nombre parfaict trouué. Ce qui eft euident par la de-
monftration de cette prop. & neantmoins nous ioindrons encore icy quelques exemples.
Ayant pofé 1 & 2, leur fomme 3 eft nombre premier, lequel eftant multiplié par 2, pro-
duict 6, nombre parfaict, duquel les parties aliquottes font 1,2,3. Item 1, 2, 4, font en-
femble 7, nombre premier : parquoy iceluy eftant multiplié par le dernier nombre 4, le
produict 28 eft nombre parfaict, & les parties aliquottes d'iceluy font 1, 2, 4, 7 & 14.
Mais d'autant que la fomme de ces nombres 1,2,4,8, fçauoir 15, n'eft pas nombre pre-
mier, il faut continuer la proportion double, & on aura 1,2,4,8,16, dont la fomme 31,
eft vn nombre premier, qui multiplié par le dernier nombre 16, produict le nombre par-
faict 496, duquel les parties aliquottes font 1, 2, 4,8,16, 31, 62, 124, & 248.

Fin du neufiefme Element.

ADVERTISSEMENT.

D'Autant que les doctes Commandin, Steuin, & Dibua-
dius, ont eftimé que le 10. liure d'Euclide, feroit rendu
beaucoup plus clair & intelligible, y ioignant les nombres, ie
les ay adiouttez aux endroits plus difficiles & obfcurs, me fer-
uant quelquefois du trauail des fufdicts autheurs. Et de plus,
voyant que chacun n'entend pas les operations des nombres
radicaux & fourds, lefquelles neantmoins font neceffaires pour
l'intelligence de ces applications de nombres, i'ay adioufté icy
vn fommaire & abbregé de l'Algebre, auquel font enfeignés
non feulement les Algorithmes, & autres operations de nombres radicaux & fourds, mais auffi toutes les autres reigles & o-
perations Algebraiques. Si quelqu'vn en defire voir les demonftrations, il les trouuera au fecond traicté de noftre Collection
Mathematique.

SOMMAIRE DE L'ALGEBRE.

Que c'est qu'Algebre, qui en est l'inuenteur, de quelles figures & caracteres on se sert en icelle, & leur signification.

CHAPITRE I.

A LGEBRE est vne Arithmetique de nombres figurez: ou bien parlant plus intelligiblement, c'est vne science par laquelle on peut rendre manifeste & cogneuë en nombre vne quantité incogneuë.

Quant à l'inuenteur de cette science, il est incertain: car les vns l'attribuent à Geber Arabe; les autres à vn Mahomet fils de Moyse Arabe : & les autres à Diophante d'Alexandrie.

Et quant aux figures d'icelle science, outre les figures numerales de l'Arithmetique vulgaire, il y a plusieurs autres figures & caracteres, dont on se sert en ceste science, lesquels sont figurez, & nommez diuersement par les autheurs qui ont escrit d'icelle science : mais entre ceste diuersité de caracteres, nous auons choisi les suiuans, les iugeant plus propres & aisez à representer ce qu'ils signifient qu'aucuns autres.

N. ℞. *q. c. qq. ß. qc. bß. qqq. cc. qß. cß. qqc. dß. qbß.* &c.

Le premier caractere N, a l'appellation du nombre absolu & simple: tellement que le nombre auquel ledit caractere sera apposé, est absolu & simple: comme 4 N, ne signifie autre chose que 4 vnitez simples; toutefois ce caractere N defaut le plus souuent aux nombres simples; c'est pourquoy les nombres ausquels est apposé ledit caractere N, ou bien ausquels il n'y a aucun signe, doiuent estre pris pour simples & absolus.

Le second caractere ℞, s'appelle racine : tellement que le nombre auquel est apposé ledit caractere, sera dénommé par racine, comme 7 ℞, signifient 7 racines.

Le troisiesme caractere *q*, represente quarré ; tellement que 5 *q*, signifient cinq quarrez.

Le quatriesme caractere *c*, signifie cube; comme 7 *c*, signifient sept cubes.

Le cinquiesme caractere *qq*, signifient quarré de quarré, comme 8 *qq*, s'appellent huict quarrez de quarré.

Le sixiesme *ß*, denotte sursolide ; tellement que 4 *ß*, signifient quatre sursolides.

Le septiesme caractere *qc*, denotte quarré de cube, comme 7 *qc*, signifient sept quarrez de cube.

Le huictiesme *bß*, s'appelle second sursolide; tellement que 4 *bß*, signifient quatre second sursolide.

Le neufiefme caractere *qqq*, denotte quarré quarré de quarré: comme 3 *qqq*, fignifient trois quarrés de quarré de quarré.

Le dixiefme *cc*, fignifie cube de cube; tellement que 8 *cc*, fignifient huict cubes de cube. Et ainfi faut-il entendre des autres caracteres en l'ordre cy deffus, tous lefquels font appellez fignes ou caracteres coffiques.

Il y a encore ce caractere *V*, par lequel font nottez certains nombres qu'on appelle radicaux, irradicaux, ou fourds, dont fera parlé cy apres: comme auffi de quelques autres fignes ou caracteres.

Des nombres coffiques, ou denommez.

CHAP. II.

LEs nombres vfitez en l'Algebre font de trois genres: Ceux du premier, font nommez nombres coffiques, ou denommez: ceux du fecond, font appellez nombres radicaux, ou irrationnaux: & les troifiefmes font nommez nombres radicaux coffiques. Quant aux nombres coffiques, ou denommez, ce font tous nombres de quelconque progreffion Geometrique, commençant à l'vnité: pour l'intelligence defquels doiuent eftre diligemment confiderées les deux progreffions fuiuantes, au milieu defquelles font pofez les caracteres coffiques cy-deffus declarez.

O.	I.	2.	3.	4.	5.	6.	7.	8.	9.	10.	II.	12.	&c.
N.	℞.	*q*.	*c*.	*qq*.	*ß*.	*qc*.	*bß*.	*qqq*.	*cc*.	*cß*.	*cß*.	*qqc*.	&c.
I.	2.	4.	8.	16.	32.	64.	128.	256.	512.	1024.	2048.	4096.	&c.

Le premier ordre eft la progreffion naturelle des nombres commençant à o, lefquels s'appellent expofans, tant des fignes coffiques defcrits au deffous, que des termes de la progreffion Geometrique commençant à l'vnité: tellement que le premier terme de ladite progreffion naturelle, qui eft o, au-deffous duquel eft N & 1, eft expofant du nombre fimple & abfolu: Le fecond terme 1, au deffous duquel eft ℞ & 2, monftre le fecond terme de la progreffion Geometrique, eftre la premiere denomination és nombres coffiques, & s'appelle racine: Le tiers terme 2, expofe que le tiers nombre de la progreffion Geometr. eft la feconde denomination, & s'appelle quarré: ainfi pareillement 6, demonftre la fixiefme denomination eftre le nombre quarré de cube, & ainfi des autres.

Puis apres, les mefmes nombres expofans de la progreffion naturelle des nombres, enfeignent combien il y a de raifons entre chacun nombre de la progr. Geometr. & l'vnité, comme 1, qui eft au-deffus de ℞ & 2, fignifie qu'entre 2, ou bien la racine de la progr. Geometr. & l'vnité, il y a la feule raifon de 2 à 1: & 2, qui eft au deffus de *q* & 4, montre qu'entre 4, ou bien le quarré & l'vnité, doiuent eftre 2 raifons, comme 4 à 2; & 2 à 1: de mefme 3, qui eft au deffus de *c* & 8, monftre qu'entre le cube, ou 8 & l'vnité, font les trois raifons 8 à 4; 4 à 2; & 2 à 1, & ainfi des autres.

D'auantage, chafque deux nombres expofans multipliez entr'eux, produifent l'expofant du caractere coffique qui fera compofé des caracteres defdits

deux expofans multipliez entr'eux, comme 2 eftant multiplié par 3 fait 6, expofant du caractere *qc.* qui eft compofé de *q* & de *c.* De mefme, 4 eftant
multiplié par 3 fait 12, expofant du caractere *qqc,* qui eft compofé de *qq,* & de *c*;
& ainfi des autres.

Pareillement eftant diuifé quelque nombre expofant par vn autre moindre, le quotient monftrera (s'il eft nombre entier) l'expofant du caractere
coffique qui reftera, fi du caractere du nombre expofant diuifé, eft ofté le
caractere du nombre expofant par lequel eft faicte la diuifion : comme fi 6,
expofant du caractere *qc,* eft diuifé par 2, expofant du caractere *q,* le quotient
fera 3, expofant du caractere *c,* qui reftera, fi du caractere *qc,* expofant de 6,
eft ofté le caractere *q* de l'expofant 2. De mefme, fi 12, nombre expofant du
caractere *qqc,* eft diuifé par 4, expofant du caractere *qq,* le quotient fera 3, expofant du caractere *c,* lequel reftera, fi de *qqc,* eft ofté *qq*; & ainfi des autres.

Derechef, cefte figure 2, qui eft pofee fur 4 & *q* enfeigne que le quarré,
ou bien la 2e. denomination eft produite de la multiplication de la racine deux
fois pofee : car fi la racine 2 eft pofee deux fois, en cefte maniere 2, 2, & foit
faite la multiplication de 2 par 2, fera procreé le quarré 4 : en la mefme maniere cefte figure 3, qui eft pofee fur 8 & *c,* fignifie que le cube, ou bien la 3e.
denomination eft produicte de la racine, trois fois pofee & multipliee : Car
fi la racine 2 eft pofee trois fois, comme icy 2. 2. 2. & foit faict la multiplication de 2 par 2, & du nombre produict d'iceux par 2, viendra le cube 8 ; & y a
mefme raifon de tous les autres.

Or par ces chofes feront facilement definis les nombres coffiques. Car fi
pour exemple eft demandé que c'eft qu'vn nombre fecond furfolide, nous
dirons eftre vn nombre, lequel eft engendré par quelque nombre fept fois pofé & multiplié, comme 128, eft engendré de la multiplic. de cefte racine 2, pofee fept fois en cefte maniere 2. 2. 2. 2. 2. 2. 2. Semblablement le quarré de quarré
fera vn nombre, lequel eft engendré par quelque nombre, quatre fois pofé
& multiplié ; comme 16 eft procreé de la multiplication de la racine 2, quatre
fois pofee àinfi 2. 2. 2. 2. & ainfi des autres. Mais toufiours le nombre tant de
fois pofé, lequel engendre quelque nombre par fa multiplication, eft dit racine du nombre produict, comme 2 eftant pofé fix fois en cefte maniere 2. 2.
2. 2. 2. 2. & multiplié, faict ce nombre 64, qui eft *qc.* partant 2 eft dit racine
quarree cubique de ce nombre 64 ; & ainfi faut-il entendre des autres.

Or non feulement font quelquesfois produicts les nombres de la progreffion Geometrique, pofez par la multiplication de la racine, comme eft cy-
deffus dit, mais auffi par la multiplication des autres nombres entr'eux, ainfi
que les fignes coffiques d'iceux demonftrent : comme ce nombre quarré de
furfolide 1024, eft procreé de la racine dix fois pofee en cefte maniere 2. 2. 2. 2.
2. 2. 2. 2. 2. 2. ainfi que monftre fon expofant 10 : toutesfois pource que fon figne
coffique *qß* eft compofé de ces deux fignes coffiques *q* & *ß,* les expofans defquels font 2 & 5, fi la mefme racine 2 eft deux fois pofee en cefte maniere 2, 2,
à caufe de 2 expofant du figne *q,* & puis foit multipliee, afin que 4 foit produit, & ce produict cinq fois pofé en cefte maniere 4. 4. 4. 4. 4. (à caufe de 5,
expofant du figne *ß,*) foit multiplié, fera procreé le mefme nombre 1024.

Par la mesme maniere, si la racine 2 est posee cinq fois, à cause du signe ß, &
pareillement multipliée, & le nombre 32 produict, soit posé deux fois, à cause du signe q, sera encore procreé le mesme nombre : Car la racine ainsi posee
2, 2, 2, 2, 2, & puis multipliee faict 32 : mais ce nombre cy 32 posé deux fois ainsi
32 , 32, & multiplié procree 1024. Le mesme doit estre dit des autres dont, les
signes cossiques sont composez de plusieurs signes cossiques.

Pareillement és superieures progressions , est bien considerable que l'addition des nombres de la progression Arithmetique respond à la multiplication des nombres de la progression Geometrique, & la substraction à la divi-
sion. Car pour exemple, ainsi que 2 & 5. (qui sont exposans de q & ß.) adioustez
ensemble font 7, ainsi aussi leurs correspondans 4 & 32, estans multipliez entre
eux produisent 128, c'est à dire bß, l'exposant duquel est 7. Item ainsi que 3 &
9. adioustez ensemble font 12, ainsi aussi c & cc, c'est à sçauoir 8 & 512, les exposans desquels font 3 & 9, multipliez entr'eux produisent 4096, c'est à dire
qqc, duquel l'exposant est 12 : & ainsi des autres.

Derechef tout ainsi qu'en foustrayant 5 de 7 reste 2, ainsi en divisant bß,
c'est à sçauoir 128, duquel 7 est exposant, par ß, c'est à dire par 32, duquel l'exposant est 5, prouient 4, c'est à sçauoir q, duquel l'exposant est 2: Semblablement, ainsi qu'en foustrayant 3 de 12 restent 9, ainsi aussi en divisant qqc, c'est
à dire 4096, duquel l'exposant est 12. par c; c'est à dire par 8, duquel l'exposant est 3, prouient c; c'est à sçauoir 512, duquel l'exposant est 9, & ainsi des
autres.

Or ce qui a esté dit iusques à present de la progression Geometrique en
raison double qui commence à l'vnité, le mesme doit estre entendu en quelqu'autre progression Geometrique que ce soit, le commencement de laquelle est l'vnité.

Reste à monstrer par quelle raison tous les nombres proposez de quelconque progression Geometrique, commençant à l'vnité, doiuent estre denommez, ou (ce qui est le mesme) quels signes cofiques doiuent estre attribuez
& inscrits ausdits nombres : ce que nous monstrerons facilement , si premierement nous denommons les nombres , desquels les exposans font nombres premiers ; de laquelle forte font les suiuans, auec leurs caracteres cossiques.

2. 3. 5. 7. 11. 13. 17. 19. 23. 29. 31. 37. 41. 43. 47. 53. 59. &c.
q. c. ß. bß. cß. dß. eß. fß. gß. hß. iß. kß. lß. mß. nß. oß. pß. &c.

Or les lettres de l'alphabet aposees aux caracteres de ß font au lieu de chif-
fres, comme bß signifie 2ß ; cß, cß ; dß , 4ß, &c. & ce d'autant qu'iceux chif-
fres apporteroient de la confusion.

Sçachant donc ainsi que dessus les nombres premiers, & leurs caracteres,
nous trouuerons les caracteres des autres nombres cossiques, desquels les exposans ne font nombres premiers, ains composez, en resoluant l'exposant du
nombre composé, dont la denomination & caractere est desiree en ses parties
aliquottes incomposees, lesquelles estans multipliees par ordre entr'elles,
constituent & produisent iceluy : ce que vous ferez en ceste maniere.

Diuiſez premierement le nombre compoſé donné par le moindre nombre
premier, par lequel il ſe peut diuiſer, ſemblablement le quotient, s'il eſt nombre compoſé; & derechef ſoit diuiſé ce quotient par le moindre nombre, &
ainſi conſequemment ſoit faicte continuellement la diuiſion, iuſques à ce que
le quotient ſoit nombre premier, c'eſt à ſçauoir n'ayant aucune partie aliquot-
te; & tous les diuiſeurs, enſemble le dernier quotient, ſeront parties aliquottes incompoſees, leſquelles eſtans multipliees par ordres entr'elles produiront le nombre compoſé donné, & les caracteres de toutes leſdictes parties
aliquottes ioincts enſemble, feront le caractere dudit nombre compoſé donné. Comme pour exemple, ſi vous voulez trouuer le charactere de ce nombre compoſé 24, vous diuiſerez iceluy par 2, qui eſt le moindre nombre premier, & viendra 12 au quotient, lequel quotient vous diuiſerez derechef par
2, & viendra 6 au quotient, que vous diuiſerez encore derechef par 2, & viendra 3, au quotient, qui eſt nombre premier : tellement que vous aurez pour
les parties incompoſees de 24, ces quatre nombres 2, 2, 2, 3, dont les caracteres ſont q. q. q. c. & partant le caractere appartenant à ce nombre compoſé
24 ſera qqc. Et c'eſt expoſant 30 (duquel les parties incompoſees ſont 2, 3, 5,)
ſera ce ſigne qcß, & ainſi des autres.

 On fera encore la meſme choſe, prenant deux quelconques nombres qui
multipliés entr'eux, produiſent le nombre expoſant propoſé : Car les ſignes
coſſiques d'iceux, compoſent le ſigne coſſique dudit nombre expoſant propoſé. Comme 3 & 4, deſquels les ſignes coſſiques ſont c. & q. multipliez entr'eux produiſent 12, dont le ſigne coſſique ſera qqc.

 Or le contraire de ce que deſſus, ſe fera rendant à chaſque caractere im-
compoſé ſon expoſant; puis multipliant iceux expoſans enſemble. Comme
pour exemple, ſi nous voulons auoir l'expoſant de qqc. nous rendrons à chaſque caractere ſon expoſant particulier, c'eſt à ſçauoir, 2, 2, 3, leſquels multipliez enſemble font 12, qui ſera l'expoſant dudit ſigne coſſiques qqc. & ainſi
faut-il entendre des autres.

De la numeration des nombres coſſiques.

C H A P. III.

LA numeration des nombres coſſiques eſt facile, les choſes cy-deuant
dictes eſtans bien entendues : Car quand ils ſont poſez ſeuls, comme 5 ℞,
ou 8 q. ou 20 c. &c. ils s'expriment ainſi, 5 racines, ou 8 quarrez, ou 20 cubes, &c; mais quand ils ſont propoſez conioincts entr'eux par ce ſigne + au
milieu, ou par celuy-cy —; comme 5 ℞ + 8 q; ou 8 q — 5 ℞; ou 20 c + 8 q — 5;
leſquels deux ſignes + & — ont leur ſignification contraire : car ceſtuy-cy +,
eſt dict ſigne d'adiouſter, & ſignifie plus; mais celuy-cy —, eſt appellé ſigne
de ſouſtraire, & denote moins : & les nombres auſquels eſt interpoſé le ſigne
+, ſont dits compoſez : mais ceux auſquels interuient le ſigne —, ſont nommez diminuez : & finablement ceux auſquels l'vn & l'autre ſigne eſt interpoſé, ſont appellez mixtes : jaçoit que tous pourroient eſtre dits compoſez;

Partant

Partant donc ce compofé 5℞+8q. s'exprime 5 racines plus 8 quarrez; mais
ce diminué 8q—5℞; 8 quarrez moins 5 racines: & ce mixte-cy 20c+8q—5,
20 cubes plus 8 quarrez moins 5 vnitez; car comme il a efté dit, le nombre qui
n'a point de caractere coffique apres foy, fignifie vn nombre abfolu compofé
d'vnitez.

Or ces fignes + & — font toufiours referez aux nombres qui les fuiuent,
& le nombre qui precede n'eft à l'vn n'y à l'autre defdits fignes. Or le fens
des nombres compofez, diminuez, ou mixtes eft facile: car quand nous difons 5℞+8q, nous entendons 5 racines enfemble auec 8 quarrez, c'eft à dire
42 vnitez, fi la racine eft 2, & le quarré 4:ainfi auffi quand nous difons 8q—5℞,
nous entendons que de 8 quarrez, font oftez 5 racines; c'eft à dire que le nombre propofé eft 22 vnitez,fi la racine eft 2, & le quarré 4; & le mefme faut il
dire des autres.

De l'addition, & fouftraction des nombres coffiques.

CHAP. IV.

QVand il faut adioufter vn nombre coffique à vn nombre coffique d'autre denomination ou caractere, l'addition fe fait mettant ce figne + au
milieu, & vient vn nombre compofé: comme ces deux nombres 6℞ & 8, adiouftez enfemble font 6℞ + 8: de mefme 6℞ & 8c, font 6℞ + 8c. &c.

Mais quand il faut adioufter vn nombre coffique à vn autre nombre coffique de mefme appellation ou caractere, les nombres fe doiuent adioufter,
& à la fomme appofer le mefme caractere coffique: comme ces nombres
4q & 9q adiouftez enfemble,font 13q,de mefme 5℞ & 4℞, font 9℞,&c.

Par mefme raifon,quand il faut fouftraire vn nombre coffique d'vn nombre coffique d'autre denomination, la fouftraction fe fait mettant ce figne —
au milieu, & fait vn nombre diminué: comme pour exemple, ce nombre 6℞
ofté de 8q,refte 8q—6℞; de mefme 12 de 6℞,reftent 6℞—12. &c.

Mais quand il faut fouftraire vn nombre coffique d'vn autre nombre coffique de mefme caractere,on doit fouftraire le nombre du nombre,& au refte
appofer le mefme caractere: comme 4℞ de 9℞, reftent 5℞: & 9c de 20c, reftent 11c.

Mais quand il faut adioufter des nombres coffiques compofez, diminuez,
& mixtes,ou ofter l'vn de l'autre, il les faut pofer l'vn au deffous de l'autre,
tellement que les nombres de mefme appellation fe refpondent entr'eux.
Que fi en l'vn ou l'autre d'iceux n'eft trouué vn nombre refpondant à quelqu'vn, au lieu de fa figure fera pofé o auec le figne +, & eftans ainfi conftituez, feront adiouftez les nombres de mefme appellation, ou oftez l'vn de
l'autre, & les fommes, ou nombres reftez, foufcrits en leurs propres lieux,
auec les mefmes fignes + ou —, qui feront trouuez és nombres adiouftez,
ou fouftraits.

Y y

Exemples de l'addition.

℞.		N.
6	+	8.
7	+	10.
13	+	18.

q.		℞.	N.
7	+	8 —	5.
8	+	9 —	8.
10	+	17 —	13.

c.		N.	q.
7	+	8 —	3
4	+	11 —	5
11	+	19 —	8.

c.	q.	℞.	N.
4 +	11. +	0 —	6.
3 +	0 +	8 —	4.
7 +	11 +	8 —	10.

β.	qq.	℞.	N.	q.
7 +	0 +	8 —	5 +	4.
4 +	9 +	6 —	9 +	0.
11 +	9 +	14 —	14 +	4.

Exemples de la soustraction.

c.	q.	℞.	N.
7 +	11 +	8 —	10.
3 +	0 +	8 —	4.
4 +	11 +	0 —	6.

c.		N.	q.
11	+	19 —	8.
4	+	11 —	5.
7	+	8 —	3.

β.	qq.	℞.	N.	q.
11 +	9 +	14 —	14 +	4.
7 +	0 +	8 —	5 +	4.
4 +	9 +	6 —	9 +	0.

q.		℞.	N.
10	+	17 —	13.
7	+	8 —	5.
3	+	9 —	8.

Quand il reste + o , ou — o , il n'en faut tenir compte, comme au premier exemple, où il reste $4c + 11q + 0℞ — 6N$, sera seulement $4c + 11q — 6$.

Que si en l'addition ou soustraction, l'vn des nombres auoit le signe +, & l'autre —, il faudroit changer d'espece : c'est à dire qu'en l'addition , il faut soustraire le moindre du plus grand, & au nombre restant donner le signe du plus grand nombre duquel a esté faicte la soustraction.

Exemples.

q.		℞.
6	+	8.
2	—	10.
8	—	2.

qc.	β.	qq.	c.	℞.	N.
7 +	0 +	8 +	0 —	4 +	8.
7 +	5 —	11 —	11 +	0 +	0.
14 +	5 —	3 —	11 —	4 +	8.

Mais s'il falloit adiouster ces deux nombres $12c + 6q — 8℞ + 7$, & $12℞ — 5c — 3q — 9$, il les faudroit poser comme ensuit.

	c.	*q.*	℞.	N.
	+ 12	+ 6	− 8	+ 7.
	− 5	− 3	+ 12	− 9.
	7	+ 3	+ 4	− 2.

Mais en la fouftraction, il faut adioufter les nombres enfemble, & donner à la fomme le figne du nombre fuperieur, duquel doit eftre faite la fouftraction.

Exemples.

q.	℞.
8	− 2.
6	+ 8.
2	− 10.

qc.	*β.*	*qq.*	*c.*	℞.	N.
14	+ 5	− 5	− 11	− 4	+ 8.
7	+ 0	+ 8	+ 0	+ 4	+ 8.
7	+ 5	− 11	− 11	− 0	+ 0.

Que s'il aduenoit qu'aux deux nombres de la fouftraction fuffent mefme figne, & que le nombre à fouftraire fuft plus grand que celuy duquel il faut fouftraire, il faudroit ofter le moindre nombre du plus grand, & au refte donner le figne contraire, comme il appert és exemples fuiuans.

q.	℞.
6	+ 8.
2	+ 10.
4	− 2.

q.	℞.	N.
9	+ 4	− 5.
4	+ 7	− 8.
5	− 3	+ 3.

c	*q.*	N.
6	+ 5	+ 3.
7	− 9	+ 10.
− 1	+ 4	− 7.

Et d'autant que le figne — n'eft pas bien difpofé au premier nombre, le refte du dernier exemple doit eftre pofé ainfi 4 *q* ⋯ 1 *c* — 7.

Or tous les preceptes de l'addition & fouftraction enfeignez cy deffus, au regard des fignes — + & —, peuuent eftre retenus en memoire par les deux reigles fuiuantes.

1 *A mefmes fignes on doit pofer le mefme figne, finon en la fouftraction, quand les nombres font pofez à rebours: car alors le fuperieur eft fouftrait de l'inferieur, & de + eft fait —: mais de — eft fait +.*

2 *Les fignes diuers changent l'efpece de l'operation: & en l'addition eft pofé le figne du plus grand nombre: mais en la fouftraction eft pofé le figne du nombre fuperieur.*

Quant à la preune de l'addition & fouftraction, elle fe fait en deux manieres: Pour la premiere, l'addition preuue la fouftraction, & la fouftraction l'addition, tout ainfi qu'on fait és nombres abfolus.

Yy ij

Exemples de la preuue des trois dernieres additions &
souſtractions.

q.	℞.
8	— 2.
2	—10.
6	+ 8.

qc.	ß.	qq.	c.	℞.	N.
14	+ 5	— 3	— 11	— 4	+ 8.
7	+ 5	— 11	— 11	+ 0	+ 0.
7	+ 0 +	8 +	0	— 4	+ 8.

c.	q.	℞.	N.
7	+ 3	+ 4	— 2.
— 5	— 3	+ 12	— 9.
12	+ 6 —	8	+ 7.

Preuue de la souſtraction.

c.	℞.
4	— 2.
2	+10.
6	+ 8.

q.	℞.	N.
5	— 3	+ 3.
4	+ 7	— 8.
9	+ 4	— 5.

c.	q.	N.
— 1	+ 4	— 7.
+ 7	— 9	+ 10.
6	— 5	+ 3.

Pour faire autrement ladite preuue, il faut conſtruire vne table auec quelques progreſſions Geometriques, commençant à l'vnité, comme il appert cy-deſſous.

N	℞	q.	c.	qq.	ß.	qc.	bß.	qqq.	cc.
1	2	4	8	16	32	64	128	256	512
1	3	9	27	81	243	729	2187	6561	19683
1	4	16	64	256	1024	4096	16384	65536	262144
1	$\frac{1}{2}$	$\frac{1}{4}$	$\frac{1}{8}$	$\frac{1}{16}$	$\frac{1}{32}$	$\frac{1}{64}$	$\frac{1}{128}$	$\frac{1}{256}$	$\frac{1}{512}$

Par apres, il faut reſoudre les nombres coſſiques à adiouſter ſelon aucunes d'icelle progreſſions en nombres abſolus, puis les adiouſter enſemble, ou ſouſtraire l'vn de l'autre, ſelon les ſignes + ou —, & puis apres ſoient ſemblablement reſouls les nombres coſſiques de la ſomme recueillie; & ſi l'addition a eſté bien faite, leſdits nombres reſouls de la ſomme recueillie ſeront égaux aux nombres reſouls propoſez à adiouſter; comme pour exemple, nous auons trouué cy deuant que $6q + 8℞$ adiouſtez auec $2q — 10℞$ font $8q — 2℞$: pour en faire donc la preuue, nous reſoudrons en nombres abſolus les deux nombres à adiouſter, ſçauoir eſt $6q + 8℞$, & $2q — 10℞$; & prenant la reſolution en la progreſſion dont la racine eſt 2, $6q$ font 24, & $8℞$ font 16, leſquels 24 & 16 ioincts enſemble, à cauſe du ſigne + font 40: de meſme $2q$ font 8, qui adiouſtez à 40 (car le ſigne + eſt touſiours entendu eſtre au nombre qui n'a nul ſigne appoſé) font 48, & $10℞$ font 20, qui ſouſtraits de 48, à cauſe du ſigne —, reſte pour la ſomme de l'addition 28: & reſoluant $8q — 2℞$, qui eſt la ſomme recueillie de l'addition, viendront auſſi 28 : & partant l'addition a eſté bien faite.

Quant à la preuue de la souftraction, elle se faict en la mesme maniere : car les nombres cossiques d'icelle estans reduits en nombres absolus, & les nombres à souftraire estans adioustez aux restans, doiuent estre esgaux aux nombres dont la souftraction a esté faite : comme pour exemple, nous auons cy-deuant trouué que $7c - 9q + 10$ N, souftraits de $6c - 5q + 3$ N, laissent $4q - 1c - 7$ N : donc $7c - 9q + 10$ N, resouls en nombres absolus selon la progression dont la racine est 3 font 118; & $4q - 1c - 7$, font 2, qui adioustez à 118, font 120; & $6c - 5q + 3$ N font aussi 120 : & partant la souftraction a esté bien faite.

De la multiplication & diuision des nombres cossiques.

CHAP. V.

QVand vn nombre cossique est multiplié, ou diuisé par vn nombre absolu, le produict a mesme denomination cossique ; comme pour exemple 4 ℞ ou $8q$ estans multipliez par 3, prouiennent 12 ℞, ou $24q$, &c. Item $12q$, ou 4 ℞ estans diuisez par 4, viennent $3q$, ou 6 ℞.

Mais quand le nombre cossique est multiplié, ou diuisé par vn nombre cossique, le produict est d'autre denomination, sçauoir est de celle qui se faict des exposans ioincts ensemble, quant à la multiplication : comme pour exemple 4 ℞ multipliez par 7 ℞ font $28q$, car l'vnité qui est exposant de ce caractere cossique ℞, estant adioustee à l'vnité, faict 2, exposant de ce caractere q. Pareillement 4 ℞ multipliez par $5q$ font $20c$: car 1 est exposant de ℞, & 2 de q, lesquels adioustez ensemble, font 3 exposans de c. Et quant à la diuision, le quotient à la denomination du nombre restant, l'exposant du diuiseur estant osté de l'exposant du diuisé : Comme pour exemple, $36qc$, diuisé par $4qq$, le quotient est $9q$: car 4 exposant de qq estant osté de 6 exposant de qc, reste 2 exposant de q; ainsi aussi $18qq$ estans diuisez par $3c$, vient 6 ℞; & $8q$ par $8q$, vient 1 N, &c.

Quand le nombre cossique composé, ou diminué, est multiplié ou diuisé par vn nombre absolu ou cossique, tant simple que composé ou diminué, outre ce qui est dit cy dessus, il faut sur tout auoir esgard aux signes + & — : Car quand les nombres se multiplians ou diuisans ont vn mesme signe, il faut apposer au produict le signe + : mais quand l'vn d'iceux est +, & l'autre —, il faut donner au produict le signe — : ce qui est aisé à retenir en memoire par la regle suiuante.

Aux signes semblables faut poser + ; mais aux dissemblables faut poser —.

Exemples de la multiplication.

$7q - 4$ ℞.	$7q + 4$ ℞	$7q - 4$ ℞.
$9c$	9 N.	9 ℞.
$63q - 36$ ℞.	$63q + 36$ ℞.	$63c - 36q.$

$$8q+9.$$
$$8q+9.$$
$$\overline{}$$
$$72q+81.$$
$$64qq+72q$$
$$\overline{}$$
$$64qq+144q+81.$$

$$8q-9.$$
$$8q-9.$$
$$\overline{}$$
$$-72q+81.$$
$$64qq-72q$$
$$\overline{}$$
$$64qq-144q+81$$

$$6q+8℞-6N.$$
$$2q-4\,N.$$
$$\overline{}$$
$$-24q-32℞+24N.$$
$$12qq+16c-12q.$$
$$\overline{}$$
$$12qq+16c-36q-32℞+24\,N$$

$$9q+8N-3℞.$$
$$7c-4qq-8q.$$
$$\overline{}$$
$$-72qq-64q+24c.$$
$$-36qc-32qq+12ß.$$
$$63ß+56c-21qq.$$
$$\overline{}$$
$$-36qc+75ß-125qq+80c-64q.$$

Et d'autant que comme il a desia esté dit, le signe — n'est bien au commencement, on doit colloquer le produit de ce dernier exemple, ainsi qu'il ensuit,
$$75ß-36qc-125qq+80c-64q.$$

Exemples de la diuision.

Diuiser ℞ 6℞ + 2 ✿   [9℞+6.
par   ✿   ✿

Item ✿ 8 c + ℞ 6 q + 2 7 ℞   [5q+4℞+3 N.
par   6 ℞   6 ℞   8 ℞

Item ✿ 5 c + ℞ 6 q — 2 7 ℞   [5⁵⁄₈ q + 4½ ℞ — 3⅜ N.
par   8 ℞   8 ℞   8 ℞

diuiser encore ℞ 6 q — 8 8 ℞ + 2 ✿   [6 ℞ — 8 N.
par   8 ℞ — ℞ N.
                    8 ℞ — ℞ N.

Item 12qq + 8 6 c — ℞ 6 q — ℞ 2 ℞ + 2 4 N   [6 q + 8 ℞ — 6 N
par   2 q + 6 ℞ — 4 N
          2 q + 6 ℞ — 4 N.
              2 q + 6 ℞ — 4 N.

Diuiser encore 2 c + o q + 6 ℞ + 2   [1 q — 1 ℞ + 1.
par   1 ℞ + 1
                    1 ℞ + 1
                        1 ℞ + 1

Et conuient notter qu'en toutes diuisions des nombres cossiques, les denominations doiuent estre continuees d'ordre : & partant quand il y a quelque denomination de manque, il faut poser o au lieu d'icelle, comme il appert és deux precedentes exemples, la derniere desquelles i'ay faict en ceste maniere. Premierement i'ay posé le diuiseur 1 ℞ ─+ 1 au dessous du diuidande 1 ─+ 0 q, & trouue que 1 ℞ est en 1 c ; 1 q que ie pose au quotient, & multiplie ledit 1 q par mon diuiseur, & vient, 1 c ─+ 1 q, que i'oste de 1 c ─+ 0 q, & reste de tout le nombre à diuiser ─ 1 q ─+ 0 ℞ ─+ 1 : puis apres i'aduance mon diuiseur soubs ─ 1 q ─+ 0 ℞, & trouue qu'il y est ─ 1 ℞, que ie pose au quotient, & multiplie ladite 1 ℞ par ledit diuiseur, & vient ─ 1 q ─ 1 ℞, que ie soustraits de ─ 1 q ─+ 0 ℞ ; & reste de tout le nombre à diuiser 1 ℞ ─+ 1, sous lequel ie pose le diuiseur, & trouue qu'il y est 1 N precisément.

Or quand le diuiseur est nombre composé ou diminué, & qu'il ne peut diuiser precisément, alors il faut seulement interposer vne ligne entre-deux, ainsi qu'és fractions, comme és deux exemples suiuans.

$$8 ß \text{ diuisez par } 2 q \text{ ─+ } 4 N. \qquad 8 q \text{ ─ } 9 ℞ \text{ diuisez par } 4 ℞ \text{ ─+} 3 N.$$

Les quotiens sont

$$\frac{8 ß}{2 q \text{ ─+ } 4 N.} \qquad\qquad \frac{8 q \text{ ─ } 9 ℞.}{4 ℞ \text{ ─+} 3 N.}$$

Il faut faire en la mesme maniere, quand vn nombre cossique, simple ou composé doit estre diuisé par vn nombre cossique simple de plus grande denomination : comme 8 q diuisez par 2 q c constituent ceste fraction $\frac{8q}{2qc}$. De mesme 9 q ─+ 4 estans diuisez par 3 c, font $\frac{9q \text{─+} 4}{3c}$ &c.

Reste à enseigner à faire la preuue de la multiplication & diuision, laquelle se faict en deux manieres. Premierement la diuision preuue la multiplication ; & la diuision se preuue par la multiplication, tout ainsi qu'en l'Arithmetique vulgaire.

L'autre sorte de preuue se faict par la resolution des nombres cossiques, selon quelque racine des progressions Geometriques contenuës au chapitre precedent. Car les nombres cossiques resous, estans multipliez entr'eux, doiuent produire vn mesme nombre que le produict des nombres cossiques aussi resoult selon la mesme racine : & le nombre cossique qu'il faut diuiser resoult, doit produire autant diuisé par le diuiseur resoult, que le quotient aussi resoult. Comme pour exemple, nous auons trouué cy-deuant que 6 q ─+ 8 ℞ ─ 6 N multipliez par 2 q ─ 4 N, produisent 12 qq ─+ 16 c ─ 36 q ─ 32 ℞ ─+ 24 N. Pour donc en faire la preuue, nous resoudrons les deux nombres cossiques en nombres absolus, & viendront (selon la progression dont 2 est racine) 34, & 4, qui multipliez entr'eux produisent 136 : mais la resolution du produict 12 qq ─+ 16 c ─ 36 q ─ 32 ℞ ─+ 24 N, est aussi 136 : & partant la multiplication a esté bien faicte. Nous auons aussi trouué que 1 c ─+ 1, diuisez par 1 ℞ ─+ 1, Le quotient est 1 q ─ 1 ℞ ─+ 1, lequel quotient donne, par la resolution de la progression, dont la racine est 2 : mais les deux nombres cossiques reſolus par la meſme progreſsion, ſont 9 & 3 ; & 3 diuiſant 9, le quotient eſt auſsi 3 : & partant la diuiſion a eſté bien faite.

Des fractions des nombres coßiques.

C H A P. VI.

EN l'Algorithme des fractions coſsiques, les operations ſont preſque ſemblables qu'és fractions vulgaires : il n'y a qu'à adiouſter ce qui concerne les caracteres coſsiques, & les ſignes + & —. Et premierement quant à la numeration, ceſte fraction $\frac{3}{8\,\text{℞}}$ ſignifie 3 vnitez eſtre diuiſees par 8 ℞ ; & $\frac{7q}{9}$ denote 7 quarrez eſtre diuiſez par 9 vnitez : Item $\frac{9qq-+8q}{6c}$ ſignifie que ce nombre 9qq —+8q, eſt diuiſé par 6c, &c.

Quant à l'abbreuiation elle ſe faict en deux manieres : Car ou les nombres ſeront abbreuiez, comme és fractions vulgaires, ſans toucher aux caracteres coſsiques ; ou bien ſeront auſsi abbreuiez leſdits caracteres coſsiques : comme ceſte fraction $\frac{15}{5\,\text{℞}}$, quant aux nombres, elle ſera reduicte à ceſte-cy $\frac{3}{\text{℞}}$: car la plus grande commune meſure des nombres d'icelle fraction eſt 5. Semblablement ceſte autre fraction $\frac{9q-+16}{81}$ ſera reduite à ceſte cy $\frac{1q-+4}{9}$ pour ce que la plus grande commune meſure eſt 9 : Item $\frac{35\text{℞}-+28}{7q-+14}$ ſera reduite à $\frac{5\text{℞}-+4}{1q-+2}$: Item $\frac{18q-9\text{℞}}{\text{℞}-+3q}$ ſera reduite à $\frac{6q-3\text{℞}}{2\text{℞}-+1q}$, &c.

Et quant à l'abbreuiation des caracteres coſsiques, elle eſt faite ſouſtrayant l'expoſant du moindre caractere, des expoſans des autres caracteres : car ſi aux nombres reſtans ſont appoſez les propres caracteres, l'abbreuiation ſera acheuee, quant aux caracteres. Comme ceſte fraction $\frac{8q}{2qc}$, quant aux characteres, ſera reduitte en celle-cy $\frac{8}{2qq}$; car l'expoſant du moindre caractere q, eſt 2, qui oſté de 6, expoſant de l'autre caractere qc, reſte le nombre abſolu 8 au numerateur, & 4 pour l'expoſant du denominateur, qui partant ſera qq : puis apres quant aux nombres, elle ſera reduitte à ceſte cy $\frac{4}{1qq}$: Item $\frac{18q-9\text{℞}}{6\text{℞}-+3q}$ quant aux nombres & caracteres, ſera reduitte à $\frac{6q-3}{2-+1\text{℞}}$, &c.

Quant à la reduction des fractions coſsiques à vn meſme denominateur, elle s'obtient multipliant en croix les numerateurs par les denominateurs ; & les denominateurs entr'eux, tout ainſi qu és fractions vulgaires : comme ces fractions $\frac{3\text{℞}}{4q}$ & $\frac{4c}{5qc}$ eſtans reduictes en meſme denomination, feront $\frac{15\,ßß}{20\,qqq}$ & $\frac{16\,ß}{20\,qqq}$, &c.

Que s'il faut reduire quelque nombre entier, & vne fraction à meſme denomination ; il faudra ſuppoſer l'vnité eſtre denominateur du nombre entier, & pourſuiure ainſi que deſſus. Comme 6 & $\frac{4\text{℞}}{7q}$, ſeront poſez ainſi $\frac{6}{1}$ & $\frac{4\text{℞}}{7q}$; puis eſtans reduictes comme deſſus, elles feront $\frac{42q}{7q}$ & $\frac{4\text{℞}}{7q}$: Item $\frac{5q}{1}$ & $\frac{4c}{3q}$ ſeront reduittes à $\frac{15qq}{3q}$ & $\frac{4c}{3q}$, &c.

Mais ſi aux entiers eſt ioincte quelque fraction, il faudra premierement reduire les entiers en icelle fraction ; ce qui ſe fait multipliant les entiers par le denominateur de la fraction, & adiouſtant au produict le numerateur. Comme ſi

me ſi

me fi nous voulons reduire $4q + \frac{2\text{R}}{1c}$ & $\frac{3q}{1\beta}$ à vne mefme denomination, nous multiplierons premierement $4q$ par $1c$, afin que nous ayons ces deux fractions $\frac{4q + 2\text{R}}{1c}$ & $\frac{3q}{1\beta}$, lefquelles nous reduirons à ces deux-cy $\frac{4q\beta + 2q c}{1q q}$ & $\frac{3\beta}{1q q}$; & ainfi des autres.

Quant aux autres quatre operations des fractions coffiques, fçauoir eft, addition, fouftraction, multiplication & diuifion, elles ne different à celles que nous auons enfeignees és fractions de noftre Arithmetique, finon à raifon des caracteres coffiques, & des fignes + & —. Parquoy nous mettrons feulement icy des exemples de chaque operation.

Exemples de l'addition.

Adiouftant $\frac{3\text{R}}{5q}$ auec $\frac{7c}{5q}$, viendront $\frac{3\text{R} + 7c}{5q}$: car pource que les denominateurs font femblables, il n'y-a qu'à adioufter les numerateurs entr'eux, & à la fomme d'iceux foufcrire le mefme denominateur. Item fi on adioufte $\frac{3\text{R}}{2N}$ auec $\frac{4q}{3c}$ viendront pour leur fomme $\frac{9q + 8q}{6c}$, c'eft à dire $\frac{2q + 8}{6\text{R}}$: Item $\frac{48}{7q}$ adiouftez auec $\frac{48}{12\text{R} - 3q}$ font $\frac{192q + 576\text{R}}{84c - 21q q}$, qui eftans reduicts tant au regard des nombres que des fignes, font $\frac{64\text{R} + 19c}{28q - 7c}$. Item $\frac{9\text{R} + 2q}{36c}$ adiouftez auec $\frac{21q q - 8q}{36c}$ font $\frac{21q q - 6q + 9\text{R}}{36c}$, qui reduicts comme deffus font $\frac{7c - 2q + 3}{12q}$. Item $\frac{5q - 3\text{R}}{7c - 2}$ adiouftez auec $\frac{3c + 1}{2q q + 4\text{R}}$ font $\frac{31qc - 6\beta + 21c - 12q - 2}{14b\beta + 24qq - 8\text{R}}$.

Exemples de la fouftraction.

Oftant $\frac{3N}{2q}$ de $\frac{5c}{2q}$, refteront $\frac{5c - 3}{2q}$: car d'autant que les denominateurs font femblables, il n'y-a qu'à fouftraire le numerateur 3 du numerateur $5c$, & au refte $5c - 3$, appofer le mefme denominateur : mais fi on ofte $\frac{3\text{R}}{2N}$ de $\frac{2q q + 8q}{6c}$ refteront $\frac{16q}{21c}$, c'eft à dire $\frac{4N}{3\text{R}}$: Item $\frac{1}{2q}$ de $\frac{3\text{R}}{4N}$, refteront $\frac{6c - 4}{8q}$: Item $\frac{2\text{R} - 3}{4N}$ de $\frac{4}{2\text{R} + 3}$, refteront $\frac{25 - 4q}{8\text{R} + 12}$: Item $\frac{9q + 8\text{R}}{2c - 6N}$ de $\frac{11c + 16q + 8}{2c - 6N}$, refteront $\frac{11c + 7q}{2c - 6N}$.

Exemples de la multiplication.

Multipliant $\frac{3}{4\text{R}}$ par $\frac{1}{2\text{R}}$ viennent $\frac{3}{8c}$: Item $\frac{1}{2q}$ par $\frac{1\text{R}}{4}$, vient $\frac{1\text{R}}{8q}$: Item $\frac{3\text{R}}{4q}$ par $\frac{1q}{2c}$, viendront $\frac{3c}{8\beta}$: Item $\frac{2\text{R}}{3}$ par $1\text{R} - 5$, viendront $\frac{2q - 10\text{R}}{3}$: Item $\frac{3\text{R} + 1}{4q - 1\text{R}}$ par $\frac{2\text{R} - 4}{12 + 3}$ viendront $\frac{6q - 8\text{R} - 8}{48qq - 1c + 12q - 3\text{R}}$: Item $\frac{7q + 8\text{R}}{5c - 1}$ par $\frac{4\text{R}}{5q} - 8N$, viendront $\frac{21c - 28qq - 29c}{25c - 5\beta}$.

Exemples de la diuifion.

Diuifant $\frac{3}{8q}$ par $\frac{1}{2\text{R}}$, viendront $\frac{6\text{R}}{8q}$, ou $\frac{3}{4\text{R}}$: Item $\frac{1\text{R}}{8q}$ par $\frac{1}{4\text{R}}$, viendront $\frac{4q}{8q}$, ou $\frac{1}{2}$: Item, $\frac{3c}{8q}$ par $\frac{3N}{4q}$, viendront $\frac{12\beta}{24qc}$, ou $\frac{1}{2\text{R}}$: Item $\frac{2q - 10\text{R}}{3}$ par $\frac{2\text{R}}{3}$, viendront $1\text{R} - 5$: Item $\frac{6q - 8\text{R} - 3}{4qq - 1c + 12q - 3\text{R}}$ par $\frac{2\text{R} - 4}{4q + 3}$, viendront $\frac{3\text{R} + 2}{4q - 1\text{R}}$.

Quant à la preuue de ces quatres operations , elle se fait en la mesme maniere que celle des entiers.

De la reigle d'Algebre.

CHAP. VII.

Estant proposée quelque question , soit posé pour le nombre incogneu 1Ɍ, (on peut aussi quelquesfois poser plusieurs racines, comme deux , ou trois , ou dauantage pour la commodité de la question proposée) laquelle soit examinée selon la teneur de la question, iusques à ce qu'on ait trouué quelque equation : soit icelle reduite , s'il en est besoin, puis apres , par le nombre du plus grand caractere cossique soit diuisé l'autre nombre de l'equation : Car ou le quotient sera le nombre qui estoit cherché , sçauoir est la valeur de la racine posée au commencement , ou bien quelque racine du quotient rendra cogneu le nombre cherché. Or le diuiseur demonstrera par son caractere cossique , quand & quelle racine il faudra extraire du quotient.

Or il appert que ceste regle a quatre parties , dont la premiere est l'inuention d'vne Equation; la seconde, la reduction de l'Equation trouuee; la troisiesme , la diuision d'vn nombre de l'Equation par le nombre du plus grand
caractere cossique ; & la derniere, l'extraction de quelque racine du quotient de ladite diuision. Mais de ces quatres parties il y en a seulement deux du
tout necessaires: sçauoir est la premiere & troisiesme: & quant aux deux autres,
il n'en est pas tousiours besoin. Et auant que de traicter particulierement de
chacune d'icelles, nous les exposerons icy, proposant ce probleme.

*Trouuer vn nombre, duquel la tierce & quarte partie estans ostez, le nombre re-
stant soit 10.*

Ie pose le nombre incogneu estre 1Ɍ; c'est à dire que ie pose 1Ɍ estre egale
au nombre incogneu que nous cherchons. I'examine donc 1Ɍ selon la teneur
de la question, c'est à dire que ie prends d'icelle $\frac{1}{3}$ & $\frac{1}{4}$ sçauoir est $\frac{1}{3}$ Ɍ, & $\frac{1}{4}$ Ɍ,
qui font ensemble $\frac{7}{12}$ Ɍ que i'oste de 1Ɍ, & restent $\frac{5}{12}$ Ɍ. Maintenant ie ratio-
cine ainsi: puisque 1Ɍ est posée esgale à tout le nombre incogneu; $\frac{1}{3}$ Ɍ sera esgal au tiers d'iceluy, & $\frac{1}{4}$ Ɍ esgal au quart du mesme ; & puisque la tierce &
quarte partie du nombre total estant soustraicte, le nombre restant est 10, il
s'ensuit que $\frac{1}{3}$ Ɍ & $\frac{1}{4}$ Ɍ, c'est à dire $\frac{7}{12}$ Ɍ estans ostez de 1Ɍ, le nombre restant
$\frac{5}{12}$ Ɍ estre egal au nombre restant 10, pource que si de choses egales sont
ostees choses egales , les restes sont egaux. Est donc trouuee equation , ou
bien egalité entre $\frac{5}{12}$ Ɍ, & ce nombre 10: car equation n'est autre chose qu'vne
egalité de valeur entre deux quantitez, ou choses diuersement denommees :
& voila quant à la premiere partie de la regle cy-dessus. Et pour le regard de la
seconde partie, qui est la reduction , il n'en est besoin en l'equation de nostre
exemple : mais nous monstrerons cy-apres , quand & comment l'equation se
doit reduire. Et pour le regard de la diuision qui est la troisiesme partie de la
reigle; en nostre equation trouuee entre $\frac{5}{12}$ Ɍ & 10 N, le plus grand caractere
cossique est Ɍ (c'est à dire que Ɍ a plus grand exposant que N) parquoy ie diuise ce nombre 10 par $\frac{5}{12}$, reste du caractere Ɍ, & vient au quotient 24, qui est le

nombre cherché. Parquoy la quatriefme partie de la reigle d'Algebre n'a lieu en noftre exemple : mais quand, & quelle racine du quotient manifeftera le nombre incogneu, il fera enfeigné cy-apres. Maintenant fi du nombre trouué 24 on prend ⅓, fçauoir eft 8 : puis ¼, fçauoir eft 6: icelles deux parties font enfemble 14, qui oftez des 24, refte le nombre 10, ainfi qu'il eftoit requis en la propofition.

De la reduction d'equation.

CHAP. VIII.

POur l'intelligence de la reduction des equations, eft à noter, que fi on adioufte ou fouftraict chofes egales de chafque terme de l'equation, ou bien qu'on les multiplie ou diuife par vn mefme nombre, qu'il y aura pareillement equation entre les produicts. Comme pour exemple, s'il y-a equation entre 12℞, & 72; oftant 4℞ de chafque terme, reftera encore equation entre 8℞, & 72—4℞ : car puis que 12℞ font egales à 72, 1℞ fera egale à 6, & partant 8℞ feront egales à 48, & 4℞ à 24, qui oftez de 72, reftera auffi 48. Item fi à chafque terme de l'equation d'entre 8℞, & 72—4℞, on adioufte 10, viendra equation entre 8℞+10, & 82—4℞. Car il eft manifefte que chafque terme vaut 58. Item s'il y-a equation entre 3℞+ 12, & 72—7℞; multipliant chafque terme par 2, viendra auffi equation entre 6℞+24, & 144—14℞ : car l'vn & l'autre terme faict 60. Ainfi auffi fi nous diuifons par 6 chafque terme de cefte derniere equation, fera produict equation entre 1℞+4, & 24—2⅓℞ : car l'vn & l'autre terme fait 10.

Maintenant quand en la folution de quelque queftion on eft paruenu à l'equation; fi le plus grand caractere coffique, par le nombre duquel (felon la reigle d'Algebre) on doibt diuifer l'autre terme de l'equation n'eft pofé feul en l'vn & l'autre terme d'icelle equation, ou qu'eftant feul en l'vn il ne le foit en l'autre, alors la diuifion ne fe peut faire. Comme pour exemple, fi l'equa-tion eft trouuee entre 9℞+12, & 78—2℞, la diuifion ne fe peut faire, pource qu'en chafque terme eft trouué ce caractere ℞, & ceftuy-cy N : Semblable-ment fi l'equation eft trouuee entre 9℞—12, & 42 : tu vois que la diuifion ne fe peut auffi faire par 9 nombre du plus grand caractere coffique ℞, pource que 9℞ ne font pas pofees feules, ains 9℞—12.

Ainfi auffi, fi l'equation eft trouuee entre 9℞, & 72—3℞: Item entre 1q—3℞, & 108 : Item entre 1q—48, & 8℞ : Item entre 108+8℞, & 2q—12℞+60, &c. il eft manifefte qu'en toutes ces equations la diuifion ne fe peut faire com-me requiert la regle d'Algebre. Parquoy aduenant femblables equations, elles doiuent eftre reduittes en autres, efquelles le plus grand caractere coffi-que foit feul en vn terme de l'equation, & ne foit repeté en l'autre, & efquel-les auffi aucun caractere coffique ne foit pofé deux fois. Or cefte reduction fe fera ainfi qu'il enfuit.

Si vne particule de l'equation a le figne —, il la faut tranfpofer, c'eft à dire adioufter à l'autre terme : comme fi vne equation eft trouuee entre 9℞

—12,&42,nous adiousterons 12 à chaque terme, & nous aurons l'equation entre 9℞, & 54: Item vne equatiou estant trouuee entre 9℞ & 72—3℞; adioustant 3℞ à chasque terme, nous aurons l'equation entre 12℞,& 72: Item vne equation estant trouuee entre 2q—3℞, & 104; adioustant 3℞ à chasque terme, l'equation sera entre 2q,& 3℞+104: Item vne equation estant entre 5q—40, & 10℞; adioustant 40,nous aurons vne equation entre 5q.& 10℞+40. Mais quand vne particule a le signe +, il la faut soustraire: comme si l'equation est trouuée entre 11℞+12, & 78, nous soustrairons +12, & restera l'equation entre 11℞, & 66: Item l'equation estant trouuee entre 3℞+6,& 24; ostant +6, restera l'equation entre 1℞, & 18: Item si vne equation est trouuee entre 5q+20,& 100,nous osterons +20,& restera l'equation entre 5q & 80: Item vne equation estant entre 3q+2℞,& 56;ostant +2℞, l'equation restera entre 3q,& 56—2℞. Que si l'vn & l'autre signe+ &—sont en vne equation, il faut adiouster la particule du ſigne —, mais soustraire celle du signe +: comme si vne equation est trouuee entre 9℞+12,&78—2℞, nous adiousterons premierement—2℞, & l'equation sera entre 11℞+12, & 78: puis soustrayant d'icelle +12, restera l'equation entre 11℞, & 66: Item si vne equation est entre 5q—3℞,& 3q+20, nous adiousterons 3℞, & l'equation sera entre 5q,& 3q+3℞+20: & ostant de ceste cy 3q,restera l'equation entre 2q, & 3℞+20: Item si vne equation est trouuee entre 108+8℞, & 2q—12℞+60: nous adiousterons premierement 12℞,& l'equation viendra entre 108+20℞, & 2q—60: & d'icelle estans ostez 60, restera l'equation entre 2q, & 20℞+48. Que s'il aduient quelque equation, comme entre 6℞—10,& 10℞—34, en laquelle les nombres 10,& 34 ont mesme signe —, il faut oster 10 de chasque terme, & restera l'equation entre 6℞, & 10℞—24: & d'autant qu'en icelle les nombres 6℞ & 10℞ ont aussi vn mesme signe +, il faut oster le moindre nombre 6℞ du plus grand 10℞, & restera l'equation entre 0℞, & 4℞—24: & adioustant 24 à chasque terme d'icelle, viendra l'equation entre 24, & 4℞. Soit derechef equation entre 54+4℞, & 1q—6℞+30: Premierement pource que +4℞, & —6℞ ont signes diuers, il faut adiouster 4℞ à 6℞, & viendront—10℞, & sera equation entre 54, & 1q—10℞+30: puis apres, d'autant que 54 & 30 ont vn mesme signe, il faut soustraire 30 de 54, & restera equation entre 24, & 1q—10℞: Tiercement ie transpose—10℞,afin que l'equation soit entre 1q, & 10℞+24: & ainsi des autres.

Quant à la reduction des equations qui sont trouuees en fractions, elle se faict la reduisant en equation d'entier par la multiplication en croix. Comme si vne equation est trouuee entre $\frac{3℞+12}{5}$ & $\frac{36q—198℞}{3℞}$: multipliant ces fractions en croix, sçauoir est le numerateur de la premiere par le denominateur de la seconde, mais le numerateur de la deuxiesme par le denominateur de la premiere, sera faict equation entre 9q+36℞ & 180q—990℞,c'est à dire entre 1℞+4,& 20℞—110,qui estant reduite, comme dict est cy-dessus, l'equation sera entre 19℞, & 114: Item vne equation estant trouuee entre $\frac{4℞+18}{1℞}$, & $\frac{12℞—58}{2}$: estant reduite par la multiplication en croix, viendra equation entre 8℞+36, & 12q—58℞, qui reduite par transposition sera entre 6℞+36, & 12q.

Que si vne equation est trouuée entre vne fraction, & quelque autre cho-
se : comme entre $\frac{5}{4+1\text{\tiny \textbf{R}}}$ & vn escu, ou vn degré, ou vne heure, ou vne minute,
&c. Il faut poser vne vnité pour ceste chose, ainsi $\frac{1}{1}$, afin que l'equation soit
entre $\frac{5}{4+1\text{\tiny \textbf{R}}}$ & $\frac{1}{1}$, laquelle par la multiplication en croix, sera reduite à l'e-
quation d'entre 5, & 4+1℞.

Quant à la reduction d'equation d'entre nombres cossiques irrationaux,
& vn nombre absolu, nous l'enseignerons à la fin du chapitre 22.

S'il se rencontre aussi quelque equation en laquelle il n'y ait aucun nombre
absolu, il faudra abbreuier les caracteres cossiques : Comme pour exemple,
l'equation d'entre 2q, & 12℞ sera reduite à l'equation d'entre 2℞ & 12 : Item
l'equation d'entre 1qc, & 1ß+2qq sera reduite à l'equation d'entre 1q, &
1℞+2, &c. Mais ceste reduction n'est du tout necessaire deuant l'extraction
des racines des nombres cossiques simples, comme nous dirons au chap. 10.

De la diuision que requiert la regle d'Algebre.

CHAP. IX.

L A reduction estant faite, la regle d'Algebre dit que par le nombre du plus
grand caractere cossique (laissant iceluy caractere) on diuise l'autre
nombre de l'equation : comme si l'equation est trouuée entre 7℞ & 42 ; diuisant 42 par 7, nombre du caractere cossique ℞, viendra au quotient 6, qui
sera la valeur d'vne racine : Item vne equation estant trouuée entre 12q, &
66℞+36 : diuisant 66℞+36 par 12, le quotient donnera 5½℞+3, pour la va-
leur d'vn quarré : Item si vne equation est entre $\frac{1}{3}$q, & 6℞+13$\frac{1}{3}$, nous diuiserons 6℞+13$\frac{1}{3}$ par $\frac{1}{3}$, & le quotient donnera 18℞+40, pour la valeur d'vn
quarré : Item vne equation estant entre 3qc, & 9c+120, nous diuiserons
9c+120 par 3, & le quotient donnera 3c+40 pour la valeur d'vn quarré de
cube, &c.

De l'extraction des racines dont est faict mention en la
regle d'Algebre.

CHAP. X.

A Yant fait la reduction des caracteres cossiques, si le plus grand caractere
cossique est ℞, le quotient de la diuision mentionnée cy-dessus manife-
stera le nombre que vaut vne seule racine, comme il a esté dit au chapitre precedent : ou bien toutes & quantesfois qu'vn nombre cossique de grande denomination sera égal à vn nombre cossique de la prochaine moindre denomination ; estant diuisé le nombre de la moindre denomination par le nombre de la plus grande, le quotient donnera la valeur d'vne seule racine, encore que l'abreuiation des caracteres ne soit faite. Comme si 5ß
sont égaux à 30qq ; 30 estans diuisez par 5, le quotient 6 sera la valeur d'vne
seule racine. Mais si le plus grand caractere cossique, estant seul d'vne part

SOMMAIRE

de l'equation, eſt plus grand que racine , & de l'autre part ſoit vn nombre abſolu , il faudra extraire du quotient la racine qu'iceluy caractere ſignifie: comme ſi le caractere eſt q, il faudra extraire la racine quarree ; ſi c, la cubique ; ſi qq, la quarree de quarree, &c. laquelle ſera la valleur d'vne ſeule racine. Comme pour exemple, Si vne equation eſt entre $5q$, & 720 ; ayant fait la diuiſion, il faudra cercher la racine quarree du quotient 144: Item ſi $10c$ ſont egaux à 270, il faudra ayant fait la diuiſion extraire la racine cubique du quotient 27: Semblablement ſi $8qq$ ſont egaux à 128, il faudra trouuer la racine quarree de quarré du quotient. Et afin qu'on ſçache generalement quelle racine il faut tirer du quotient, quand deux nombres coſſiques non collateraux ſont egaux entr'eux, deſquels l'vn ny l'autre n'eſt nombre abſolu, il faut abbreuier les caracteres, afin que l'equation ſe face entre N, & nombre coſſique ; comme ſi vne equation eſt entre $10qc$ & $80q$, ſoit reduitte icelle à l'equation d'entre $10c$, & 80 : la diuiſion eſtant donc faicte , il faudra tirer la racine cubique du quotient 8, & ainſi des autres.

Or la maniere d'extraire les racines des nombres abſolus eſt ſuffiſamment enſeignee en noſtre Practique d'Arithmetique ; c'eſt pourquoy nous enſeignerons ſeulement icy la maniere d'extraire les racines des nombres coſſiques. Si donc il faut extraire quelque racine d'vn nombre coſſique ſimple ſoit priſe la racine d'iceluy nombre, delaiſſant le caractere, l'expoſant duquel ſoit diuiſé par l'expoſant du caractere qui denomme la racine qu'il faut extraire, & viendra l'expoſant du caractere, par lequel ſera denommée la racine cherchee. Comme s'il faut trouuer la racine quarree de ce nombre $144q$; ayant pris la racine quarree d'iceluy nombre 144, qui eſt 12 , ſoit diuiſé l'expoſant de ce caractere q, par l'expoſant du caractere q, ſçauoir eſt 2 par 2, & viendra 1, qui eſt expoſant du caractere ℞ : 12℞ eſt donc racine quarree du nombre $144q$. Car ſi ce nombre 12℞ eſt multiplié en ſoy , ſera produict le nombre propoſé $144q$.

Derechef, qu'il faille trouuer la racine quarrée de $144qc$; ayant pris la racine quarree d'iceluy, qui eſt 12, ſoit diuiſé l'epoſant de ce caractere qc, ſçauoir eſt 6, par l'expoſant de racine quarree, qui eſt 2, & viendra 3, expoſant du caractere c : donc $12c$ eſt racine quarree du nombre $144qc$. Ainſi auſſi la racine cubique de ce nombre $64c$, ſera 4℞. Car la racine cubique du nombre 64 eſt 4, & l'expoſant du caractere cube, ſçauoir eſt 3, eſtant diuiſé par 3, produict l'vnité expoſant de ℞. Item la racine quarree de ce nombre $25qq$, ſera $5q$. Et la racine quarree de quarree de ce nombre $16qqq$, ſera $2\overline{q}$. Semblablement la racine ſurſolide de ce nombre $32q\beta$, ſera $2q$. Mais la racine quarree de quarree de ce nombré $81qq$, ſera 3℞, &c.

Que ſi vn nombre n'a la racine cherchee, ou que par la diuiſion des expoſans ne ſoit pas produict vn nombre expoſant entier, le nombre coſſique propoſé n'a pas la racine deſiree. Comme par exemple, ce nombre $16c$, n'a pas de racine quarree ou cubique , car encore que le nombre 16 ait racine quarree, ſçauoir 4, ſi eſt-ce neantmoins qu'icelle racine ne ſe peut prendre à cauſe que diuiſant 3, expoſant du caractere c, par 2 expoſant de la racine quarree, prouient $1\frac{1}{2}$, qui ne correſpond à aucun caractere coſſique. Derechef, encore que diuifant 3, expofant de ce caractere c, par 3, expofant de la racine cubique, prouienne 1, expofant de ce caractere ℞, toutesfois icelle racine cubique ne fe peut prendre, parce que le nombre 16 n'eft nombre cube, &c.

Quant à l'extraction des racines de nombres coffiques compofez & diminuez, il eft à notter qu'on n'a point encore trouué (au moins que ie fçache) de maniere certaine & vniuerfelle pour ce faire, finon que les expofans des trois nombres coffiques de l'equation ayent vn mefme excez entr'eux, c'eft à dire qu'ils foient en proportion Arithmetique; & telles font les equations fuiuantes.

q.	$6℞+72$.	les expofans font	2. 1. 0.
$1q$.	$72-6℞$.	les expofans font	2. 0. 1.
$1q$.	$14℞-48$.	les expofans font	2. 1. 0.
$1qq$.	$18q+648$.	les expofans font	4. 2. 0.
$1qq$.	$725-4q$.	les expofans font	4. 0. 2.
$1qq$.	$433q-41616$.	les expofans font	4. 2. 0.
$1qc$.	$200c+3456$.	les expofans font	6. 3. 0.
$1qc$.	$5120-16c$.	les expofans font	6. 0. 3.
$1qc$.	$80cc-156751$.	les expofans font	6. 3. 0.
$1qqq$.	$200qq+185076881$.	les expofans font	8. 4. 0.
$1qqq$.	$214651701-20qq$.	les expofans font	8. 0. 4.
$1qqq$.	$200qq-78461119$.	les expofans font	8. 4. 0.
$1qß$.	$80ß+39609$.	les expofans font	10. 5. 0.
$1qß$.	$7424-200ß$.	les expofans font	10. 0. 5.
$1qß$.	$2000ß-999424$.	les expofans font	10. 5. 0.
&c.			

Quand les expofans gardant la progreffion Arithmetique font tous plus grands que 0, il les faut abbreuier par la fouftraction du moindre nombre expofant; comme les fuiuantes équations.

$1cß$.	$725bß-4cc$	les expofans font	11. 7. 9.
$1cß$.	$200qqq+3456ß$.	les expofans font	11. 8. 5.
$1qß$.	$200qc+14336q$.	les expofans font	10. 6. 2.

Seront reduittes à celles-cy.

$1qq$.	$725-4q$	les expofans font	4. 0. 2.
$1qc$.	$200c+3456$.	les expofans font	6. 3. 0.
$1qqq$.	$200qq+14336$.	les expofans font	8. 4. 0.

Et ainfi faut-il faire de toutes autres, afin de cognoiftre quelle racine il faut extraire.

Or pour extraire la racine quarree des nombres coffiques, dont les expofans font 2, 1, 0, ou bien 2, 0, 1, vous ferez ainfi qu'il enfuit.

Premierement, prenez la moitié du nombre des racines, puis au quarré d'icelle moitié, adiouftez-y le nombre abfolu, s'il a le figne+, ou l'oftez s'il a le figne—: & finalement à la racine quarrée de ce produict, adiouftez la moitié du nombre des racines, fi

elles ont le signe ✛ , ou l'ostez si elles ont le signe — : & ce qui viendra donnera l'esti-
mation & valeur d'vne seule racine quarrée.

Comme pour exemple, vne équation estant trouuée entre 1q, & 72 — 6℞,
la diuision estant faite de 72 — 6℞, par 1, comme veut la regle d'Algebre, vient
le mesme nombre pour la valeur d'vn quarré, duquel il faut trouuer la racine.
Premierement donc ie prends la moitié du nombre des racines, sçauoir 3;
puis au quarré d'icelle moitié, sçauoir est à 9 , i'adiouste le nombre absolu 72,
à cause du signe ✛ , & viennent 81; dont ie prend la racine quarrée, qui est 9;
& d'icelle i'oste 3, moitié du nombre des racines,& reste le nombre 6, pour
la valeur de la racine cherchée.

Soit derechef vne équation trouuée entre 1q, & 6℞ ✛ 72 : & il faut trouuer la racine quarrée de ce nombre 6℞ ✛ 72. Ie prends premierement la
moitié du nombre des racines, sçauoir est 3: puis au quarré d'icelle moitié,
qui est 9, i'adiouste 72, à cause du signe ✛ , & sont 81 , dont la racine quarrée
est 9, à laquelle i'adiouste 3 moitié du nombre des racines, & font 12, qui est la
valeur d'vne racine.

Soit encore vne équation entre 1q, & 18 ℞ — 72: & il faut trouuer la racine
d'iceluy nombre 18℞ — 72. Ie prends donc la moitié des racines, sçanoir est 9;
puis du quarré d'icelle moitié, qui est 81, ie soustrais 72 , à cause du signe —, &
restent 9, dont la racine quarée est 3, à laquelle i'adiouste la moitié des racines,
sçauoir est 9, à cause du signe ✛ , & font 12 pour la valeur d'vne racine.

Mais il est à notter que tels nombres cossiques diminuez, esquels le nom.
bre absolu à le signe —, ont double racine, sçauoir est, l'vne grande & l'autre
petite; la grande est trouuée comme dit est cy dessus: mais on aura la moindre,
si la racine quarrée du reste de la soustraction est ostée de la moitié du nombre des racines : comme au dernier exemple proposé, si 3 , racine quarrée du
reste 9, est osté de 9, moitié du nombre des racines, resteront 6 , pour l'autre
& moindre racine d'iceluy nombre cossique 18℞ — 72. Et faut noter que l'v-
ne & l'autre racine n'est pas tousiours propre à la solution d'vn probleme,
ains seulement l'vne ou l'autre : c'est pourquoy aduenant tels nombres, si l'e-
xamen fait par l'vne d'icelles racines ne respond à la question, il faudra prendre l'autre racine.

Or il y a encore vne autre maniere d'extraire la racine quarrée de tels nombres cossiques composez, laquelle est fort commode , quand le nombre des
racines est impair, ou rompu, laquelle extraction se fait ainsi:

Au quarré du nombre des racines , adioustez le quadruple du nombre absolu, s'il a le
signe ✛ , ou l'ostez s'il a le signe — : puis a la racine quarrée de ce produit adioustez
ou soustrayez le nombre des racines, selon qu'il sera noté, & viendra l'estimation ou va-
leur du double de la racine quarrée, parquoy la moitié sera la valeur d'vne seule racine.

Comme pour exemple , qu'il faille extraire la racine de ce nombre cossique 72 — 6℞ : Au quarré du nombre des racines , qui est 36, i'adiouste 288,
quadruple du nombre absolu 72, & viennent 324 , dont la racine quarrée est
18, de laquelle i'oste le nombre des racines, sçauoir est 6 , & restent 12 pour la
valeur de deux racines, & partant vne racine vaudra 6.

Pour le regard de l'extraction des racines des nombres cossiques, qui co 1-
stituent

ftituent équation, ayans les expofans conftituez en telle progreffion Arithmetique que ceux-cy , 4, 2, 0 : ou 4, 0, 2 : ou 6, 3, 0 : ou 6, 0, 3 : ou 8, 4, 0 :
ou 8, 0, 4 : ou 10, 5, 0 : ou 10, 0, 5, &c. efquels le plus grand caractere eft toufiours compofé de q, & d'vn autre caractere coffique : il faut premierement
extraire la racine quarrée, à caufe du caractere q, felon qu'il eft enfeigné cy-
deffus, accommodant au nombre qui eft affecté au caractere coffique, en cefte partie là de l'equation, de laquelle il faut tirer la racine, tout ce que nous
auons dit du nombre des racines, comme fi l'équation eftoit entre trois nombres coffiques affectez aux caracteres q. $\mathbb{R}$. & N. puis apres de cette racine
quarrée trouuée, foit qu'elle foit rationelle ou irrationelle, il en faut tirer vne
autre racine, felon l'autre partie du plus grand caractere coffique, ce caractere q eftant ofté. Comme pour exemple, fi vne équation eft trouuée entre $1qq$,
& $18q$—648 : Il faudra extraire la racine quarrée de ce nombre $18q$—648, à
caufe de la premiere partie du figne coffique q, tout ainfi que fi l'equation
eftoit trouuée entre $1q$, & $18\mathbb{R}$—648, laquelle racine quarrée fera 36 : & d'i-
celle il faut derechef tirer la racine quarrée qui fera 6 : parquoy 6 fera la racine du nombre coffique propofé.

En la mefme maniere, fi vne equation eft entre $1qc$, & 5120—$16c$: il faudra
prendre la racine quarrée du nombre 5120—$16c$, & de cefte-cy prendre la racine cubique. Ainfi auffi, fi l'équation eft entre $1qqq$, & $20000qq$—7846119,
il faudra premierement prendre la racine quarrée : & puis-apres de cefte-cy
la racine quarrée de quarrée. Et ainfi des autres.

Or afin de tant plus faciliter l'intelligence des regles & preceptes iufques
icy enfeignez, nous leur adioindrons les 12 queftions fuiuantes.

1. *Trouuer deux nombres, defquels la difference foit donnée, & en raifon donnée.*

Quil faille trouuer deux nombres dont la difference foit 20, & leur raifon
quintuple. Soit pofé le moindre nombre eftre $1\mathbb{R}$. Donc le plus grand fera $5\mathbb{R}$,
fçauoir eft le quintuple d'iceluy : l'excez d'iceux eft $4\mathbb{R}$. Il y a donc équation
entre $4\mathbb{R}$. & 20 : & diuifant 20 par 4, viendra 5 pour $1\mathbb{R}$. Parquoy le moindre
nombre requis fera 5, & le plus grand 25, qui eft quintuple d'iceluy 5, & l'excede de 20.

2. *Trouuer trois nombres continuellement proportionnaux en vne raifon donnée, defquels les quarrez enfemble faßent vn nombre donné.*

Qu'il faille trouuer trois nombres continuellement proportionnaux en
raifon fefquitierce, defquels les quarrez faffent 4329. Soient pofez les nom-
bres cherchez eftre $9\mathbb{R}$, $12\mathbb{R}$, $16\mathbb{R}$, qui font en proportion fefquitierce. Les
quarrez d'iceux, fçauoir $81q$, $144q$, $256q$, font enfemble $481q$, egaux à 4329.
Diuifant donc 4329 par 481, viendra 9 pour la valeur de $1q$, & par confequent
$1\mathbb{R}$ fera 3. Donc le premier nombre pofé $9\mathbb{R}$, fera 27 : le fecond 36, & le tiers 48,
defquels les quarrez 729, 1296, 2304 font enfemble 4329.

3. *Trouuer deux nombres en raifon donnée, & qui multipliez entr'eux facent vn
nombre ayant raifon donnée à la fomme d'iceux.*

Qu'il faille donc trouuer deux nombres en raifon fefquialtere, tels que leur
produict foit dodecuple de la fomme d'iceux. Soient pofez les deux nom-
bres eftre $2\mathbb{R}$, & $3\mathbb{R}$, qui eft raifon fefquialtere. Eftans multipliez entr'eux ils

font 6q,& leur somme est 5℞. Afin donc que 6q ayent raison dodecuple
à 5℞, l'equation sera entre 6q & 60℞. Diuisant donc 60 par 6, viendront 10
pour la valeur de 1℞, pource que les denominations cossiques q. & ℞. sont
collaterales. Veu donc que le premier nombre a esté posé 2℞,& le second 3℞,
celuy-là sera 20, & cestuy cy 30: & iceux multipliez entr'eux font 600,qui est
dodecuple de 50, somme d'iceux.

4. *Trouuer deux nombres en raison donnée, tels que le moindre multiplié par le
quarré du plus grand, produise vn nombre donné.*

Qu'il faille trouuer deux nombres en raison sesquiquinte,tels que le moindre multiplié par le quarré du plus grand, fasse le nombre 4860. Posons que
les nombres cherchez soient 5℞ & 6℞, lesquels sont en raison sesquiquinte.
Or le moindre 5℞ estant multiplié par le quarré du plus grand, sçauoir est par
36q, faict 180c, qui partant sont egaux au nombre donné 4860. Diuisant
donc 4860 par 180, viendront 27 pour 1c, & prenant la racine cubique dudict
nombre 27, à cause du caractere c, icelle racine sera 3. Parquoy le moindre
nombre que nous auons posé estre 5℞ sera 15 : & le plus grand 6℞, sera 18: Or
le quarré d'iceluy, qui est 324, estant multiplié par le moindre nombre 15, produict le nombre quarré 4860.

5. *Estans donnez deux nombres inegaux, en trouuer deux autres en raison donnée,
tels que le plus grand osté du plus grand donné, & le moindre du moindre, les restes
soient egaux.*

Soient deux nombres donnez 100 & 60: & il en faut trouuer deux autres,
en raison septuple, & que le plus grand osté de 100, & le moindre de 60, les
restes soient egaux.

Soient posez pour les nombres en raison septuple 1℞ & 7℞. Les nombres egaux restans seront 100—7℞, & 60—1℞. Adioustant donc 7℞ à chacun,
l'equation sera entre 100, & 60+6℞: & ostant 60 de chacun, elle sera entre
40, & 6℞. Et diuisant 40 par 6, viendra pour 1℞, 6⅔ moindre nombre, & le
plus grand septupule de cestuy-cy sera 46⅔. Et ostant celuy là de 60, & celuy-cy de 100, les nombres restans seront egaux, sçauoir 53⅓.

6. *Estant donnez deux nombres, en trouuer vn autre, auquel estant adiousté l'vn
des donnez, & soustraict l'autre, la somme soit au reste en raison donnée.*

Les nombres donnez soient 100 & 20: & il faut premierement trouuer vn
nombre auquel si on adiouste 100, & du mesme on oste 20, la somme soit
triple du reste. Soit posé ce nombre là estre 1℞; la somme sera 1℞+100, &
le reste 1℞—20. Afin donc que ceste somme-là soit triple de ce reste, l'equation sera entre 1℞+100, & 3℞—60. Et adioustant à chacun 60, elle sera entre 1℞+160, & 3℞: & ostant 1℞, icelle equation sera entre 160 & 2℞. Diuisant donc 160 par 2, sera trouué 80 pour 1℞, qui est le nombre cherché. Car si
à iceluy on adiouste 100, on aura 180: mais si on en oste 20, resteront 60:& 180
est à 60 en raison triple.

Qu'il faille maintenant trouuer vn nombre, auquel si on adiouste 20, & du
mesme on soustraict 100, ceste somme-là soit triple de ce reste-cy. Soit posé
ce nombre-là estre 1℞, & sera fait la somme 1℞+20, & restera 1℞—100. Afin
donc que ceste somme soit triple de ce reste, l'equation sera entre 1℞+20,

& 3℞—300. Et adiouſtant 300 à chacun, elle ſera entre 1℞+320, & 3℞: &
oſtant 1℞ de chacun, l'equation ſera entre 320, & 2℞. Diuiſant donc 320 par 2
viendra 60 pour 1℞, qui eſt le nombre cherché. Car ſi à iceluy on adiouſte 10,
on aura 180, & ſi on en oſte 100, reſteront 60 : & iceux deux nombres 180 &
60 ſont entr'eux en raiſon triple.

7. *Trouuer deux nombres en raiſon donnée, & que le quarré du plus grand ſoit au*
moindre auſſi en raiſon donnée.

Que les nombres cherchez ayent raiſon triple, & le quarré du plus grand
ait au moindre la raiſon ſextuple. Soit poſé le moindre 1℞, & le plus grand
3℞. Le quarré du plus grand, ſçauoir 9q, doit auoir raiſon ſextuple au moindre 1℞ : Donc l'equation ſera entre 9q, & 6℞. Et diuiſant 6 par 9 viendra $\frac{2}{3}$
pour 1℞, pource que les nombres coſſiques ſont collateraux. Les nombres
cherchez ſont donc $\frac{2}{3}$ & 2, ayans raiſon triple, & le quarré du plus grand, ſçauoir 4, eſt en raiſon ſextuple au moindre, ſçauoir à $\frac{2}{3}$.

8. *Eſtant donné vn nombre compoſé de deux quarrez, le diuiſer en deux autres*
quarrez.

Soit le nombre donné 34, compoſé des deux quarrez 9 & 25, qu'il faut diuiſer en deux autres quarrez. Les coſtez des quarrez donnez ſont 3 & 5 : ſoit
poſé le coſté du premier quarré cherché eſtre 1℞+3, ſçauoir vne racine plus
que le coſté du premier quarré donné : mais le coſté du ſecond quarré cherché, ſoit poſé quelconque nombre de racines moindre que le coſté du ſecond
quarré donné, ſçauoir 2℞—5. Les quarrez d'iceux coſtez ſeront 1q+6℞+9,
& 4q—20℞+25, qui adiouſtez enſemble, font 5q+34—14℞, egal au nombre donné 34 : adiouſtant donc 14℞ à chacun, l'equation ſera entre 5q+34,
& 14℞+34. & oſtant 34 de chacun, reſtera l'equation entre 5q, & 14℞. Diuiſant donc 14 par 5, viendront $\frac{14}{5}$ pour 1℞, pource que les nombres coſſiques
ſont collateraux. Donc le coſté du premier quarré, lequel nous auons poſé
eſtre 1℞+3 ſera $\frac{29}{5}$: & le coſté du ſecond quarré, lequel a eſté poſé de 2℞—5,
ſera $\frac{28}{5}$—5, c'eſt à dire $\frac{3}{5}$. Les quarrez d'iceux coſtez trouuez ſont $\frac{841}{25}$ & $\frac{9}{25}$, qui
font enſemble $\frac{850}{25}$, c'eſt à dire 34 nombre donné.

9. *Eſtans donnez deux nombres, en trouuer vn autre, qui adiouſté à l'vn d'i-*
ceux, & la ſomme multipliée par iceluy trouué, produiſe le quarré de l'autre
nombre donné.

Soient les deux nombres donnez 10 & 12 ; & il en faut trouuer vn autre, qui
adiouſté au premier 10 faſſe vn nombre, qui multiplié par iceluy adiouſté, produiſe le quarré de l'autre nombre 12, ſçauoir 144. Soit poſé le nombre cherché 1℞, l'adiouſtant à 10, viendra 1℞+10, qui multiplié par 1℞, fait 1q+10℞,
lequel doit eſtre egal à 144. Oſtant donc 10℞ de chacun, l'equation ſera entre
1q, & 144—10℞, laquelle ſe reſoudra ainſi : La moitié du nombre des racines 5, fait le quarré 25, auquel adiouſtant 144, vient 169, dont la racine quarrée
eſt 13, de laquelle ſoit oſtée la ſuſdite moitié 5, à cauſe du ſigne —, & reſtera la
valeur de 1℞, ſçauoir 8, nombre cherché. Car iceluy eſtant adiouſté à
10, fait 18, qui multipliez par 8, le produict eſt 144, quarré de l'autre
nombre 12.

10. *Trouuer vn nombre, duquel le cube ioint auec vn nombre donné, fasse le quarré de cube d'iceluy.*

Soit donné vn nombre 702; & il en faut trouuer vn autre, duquel le cube estant adiousté à iceluy nombre dōné, fasse le quarré de cube d'iceluy nombre trouué. Posons que le nombre cherché soit $1℞$; le cube d'iceluy sera donc $1c$, & le quarré de cube $1qc$; qui partant sera egal à $1c+702$. Parquoy il faut prendre la racine censicubique de ce nombre composé $1c+702$, en cette sorte. La moitié du nombre affecté au caractere c, est $\frac{1}{2}$, dont le quarré est $\frac{1}{4}$, qui estant adiousté au nombre 702, à cause du signe $-$, vient $702\frac{1}{4}$, dont la racine quarré est $\frac{53}{2}$, a laquel soit adioustée la susdite moitié du nombre affecté au caractere c, & viendront $\frac{54}{2}$, c'est à dire 27 : qui sera la racine quarrée dudit nombre $1c+702$, prise a cause du caractere q, qui est ioint au plus grand caractere cossique qc. Maintenant de cette racine quarré 27, soit prise la cubique à cause de l'autre caractere c, & icelle sera 3 : qui est le nombre requis : Car le cube d'iceluy, sçauoir 27 estant adiousté au nombre donné **702**, fait 729, qui est le quarré de cube dudict nombre 3.

11 *Trouuer deux nombres tels que le nombre produict de la multiplication d'iceux, estant diuisé par leur difference, le quotient soit esgal à vn nombre donné.*

Qu'il faille trouuer deux nombres, tels que leur produict estant diuisé par leur difference, le quotient soit 30. Soit posé pour le moindre nombre, quelconque nombre moindre que le quotient donné 30, sçauoir est 20, & soit posé le plus grand estre $20+1℞$, afin que la difference d'iceux soit $1℞$: de 20 en $20+1℞$, sera faict le nombre $400+20℞$, lequel diuisé par $1℞$ difference d'iceux, le quotient est $\frac{400+20℞}{1℞}$, esgal au nombre proposé 30. Ceste equation sera reduitte par la multiplication en croix, à l'egalité d'entre $30℞$, & $400+20℞$, ostant donc $20℞$ de chacun, l'equation sera entre $10℞$ & 400 : & 400 estans diuisez par 10, viendront 40 pour la valeur de $1℞$, difference des nombres cherchez. Veu donc que le moindre est 20, le plus grand sera 60, c'est à sçauoir $20+1℞$. Maintenant 60 multipliez par 20, font 1200, qui diuisez par 40 difference d'iceux nombres, le quotient est 30.

12. *Diueser vn nombre donné en deux parties, telles que la plus grande, diuisee par la moindre, & la moindre par la plus grande, la somme des quotiens soit donnee.*

Qu'il faille donc diuiser le nombre 10, en deux telles parties que chacunes d'icelles diuisee par l'autre, les deux quotiens fassent ensemble $4\frac{1}{4}$ Posons que l'vne des parties soit $1℞$: donc l'autre sera $10-1℞$: ceste-cy estant diuisee par celle-là, le quotient sera $\frac{10-1℞}{1℞}$; & celle-là diuisee par ceste-cy, le quotient est $\frac{1℞}{10-1℞}$. La somme de ces deux quotiens sera donc $\frac{2q+100-20℞}{10℞-1q}$ qui doit estre egale à $4\frac{1}{4}$: laquelle equation sera reduitte par multiplication croisee à cette autre $8q+400-80℞$, & $170℞-17q$; tellement qu'adioustant de part & d'autre $17q$, & $80℞$; l'equation viendra entre $25q+400$, & $250℞$; mais ostant 400, l'equation demeurera entre $25q$, & $250℞-400$; & chaque nombre estant diuisé par le nōbre 25 affecté au caractere q, l'egalité sera entre $1q$ & $10℞-16$; Parquoy la racine quarree en sera prise ainsi. La moitié du nombre des racines est 5, & le quarré 25, duquel ostant le nombre 16, à cause du signe $-$, resteront 9, dont la racine quarree est 3, à laquelle soit adioustee la susdite

moitié des racines, sçauoir 5, & viendront 8, pour la valleur de 1℞, qui est
la plus grande partie cherchee, & partant l'autre sera 2. Ce qui est euident;
car chaque partie diuisant l'autre, les deux quotients sont 4 & ¼, qui sont ensemble le nombre donné 4¼.

Or és 12 questions cy-dessus expliquees les nombres sont abstraicts de la
matiere, mais à la fin de ce traicté nous en joindrons quelques autres ou les
nombres seront ioincts & appliquez aux choses materielles.

Des secondes racines.

CHAPITRE XI.

D'Autant qu'en plusieurs operations sont cherchez deux, ou trois, ou dauantage de nombres soubs vne proportion incertaine, il est necessaire
pour euiter confusion, qu'ayant posé 1℞ pour le premier nombre, on ne posé derechef 1℞ pour le second, & encore 1℞ pour le 3ᵉ. C'est pourquoy on a
excogité les secondes racines, lesquelles sont nommees & figurees diuersement par les Autheurs : mais suiuant Stifel, Pellerier & Clauius, nous retien-
drons le nom de secondes racines, & les notterons ainsi : 1A, signifie 1℞ seconde ; 1B, denotte 1℞ tierce ; 1C, signifie 1℞ quarte, &c. Et quand vn nombre a
deux signes, il faut entendre que le nombre auec le premier signe a esté multiplié par l'vnité du signe posterieur. Comme 1℞A, signifie 1℞ multipliée par
1A ; & 3℞A, signifie 3℞ multipliees par 1A : ainsi 1qAq, monstre que 1q a esté
multiplié en 1Aq, &c.

Or ces racines ont leur Algorithme particulier, aussi bien que les premieres
racines. Et premierement quant à l'addition, elle est aisee : car si elles sont de
mesme genre, il faut seulement adiouster les nombres entr'eux, & au produict
appofer le mesme caractere d'icelles racines. Comme 3A, & 4A, font ensemble 7A : Item 5B, & 3B, font 8B. Mais quand icelles racines ne sont de mesme
genre, l'addition se fait par le signe + : comme 3A, & 4B, font 3A + 4B :
Item 3℞, & 4A, font 3℞ + 4A.

La soustraction est aussi aisee : Car quand les racines sont de mesme genre
il n'y a qu'à soustraire vn nombre de l'autre, & appofer au reste le mesme
caractere. Comme 3A oftez de 5A, restent 2A : Item 2B oftez de 5B, restent
3B. Mais quand icelles sont de genres differens, la soustraction se fait par le signe — : comme 3A oftez de 4B, restent 4B — 3A.

Pour le regard de la multiplication, elle se fait ainsi : Si vn nombre de racine premiere, doit estre multiplié par vn nombre de racine seconde, ayant feulement la lettre A ou B, &c. Il faut multiplier les nombres entr'eux, & appofer au produict les mesmes signes. Comme 2℞ multipliees par 2A, font 4℞A,
c'est à dire 4℞ multipliees par 1A : Item 2A par 2℞, font 4A℞ ; c'est à dire 4A
multipliez par 1℞ : Item 3q multipliez par 4B, font 12qB ; c'est à dire 12q multipliez par 1B.

Mais quand vn nombre absolu est multiplié auec vn nombre de seconde racine, il faut appofer au produict le signe de la seconde racine.

Comme 6 multipliant 4B, le produict est 24B : Item 5C multipliant 7, le produict est 35 C.

Que si vn nombre de seconde racine doit estre multiplié par vn nombre de seconde racine de mesme lettre, il faut multiplier les nombres entr'eux, & au produict apposer la mesme lettre auec le caractere q. Comme 3A multipliez par 4A, feront 12 A q.

Quand vn nombre de seconde racine est multiplié en soy quarrément, ou cubiquement, &c. Il faut apposer au produict la mesme lettre auec le caractere q, ou c, &c. Comme 2A multipliez en soy quarrément, le produict est 4 A q ; mais cubiquement, est produict 8 A c : Item 2 ℞ A par 2 ℞ A, font 4 q A q ; c'est à dire 4 q de première racine multipliez par 1 q de seconde racine.

Mais quand vn nombre de seconde racine est multiplié en vn autre de la mesme racine seconde, qui a aussi vn caractere cossique ; il faut imaginer que le premier nombre ait pareillement le signe cossique ℞. Comme 1 A multiplié par 1 A q, le produict est 1 A c : Item 3 B par 4 B c, font 12 B qq.

Que si vn nombre cossique simple sans lettre de seconde racine doit estre multiplié auec vn nombre marqué de lettre & signe cossique ; il faut multiplier les nombres entr'eux, & au produict apposer les mesmes signes. Comme 2 c multipliez par 4 A q, feront 8 c A q ; c'est à dire 8 c multipliez en 1 A q : Item 1 c multiplié par 1 ℞ A q, fait 1 qq A q ; c'est à dire 1 qq multiplié par 1 A q : Autant fait aussi 1 q A multiplié en soy : Car 1 q multiplié en soy fait 1 qq ; & 1 A en soy fait 1 A q.

Quand vn nombre ayant apres la lettre de seconde racine vn signe cossique, est multiplié par vn nombre qui a pareillement apres la lettre de seconde racine vn signe cossique, le produict doibt auoir outre la lettre, ou les lettres de seconde racine, le caractere cossique que donnent les exposans des caracteres. Comme 2 A q, en 5 A c, produisent 10 A $ß$: Item 3 A q multipliez par 4 B c, feront 12 A B $ß$.

Mais si vn nóbre ayant vn caractere cossique apres la lettre de seconde racine, est multiplié par vn nombre, qui apres le caractere cossique a aussi la lettre de seconde racine, il faut apposer au produict le dernier caractere cossique, suiuy par la lettre de seconde racine, puis aussi du caractere cossique produict du premier caractere cossique multiplié par la lettre de seconde racine, comme si elle auoit ce signe ℞. Comme 1 A c multiplié par 1 q A, fera 1 q A qq, qui sera aussi produict de 1 ℞ A q multipliee en soy : Item 3 A q multipliez par 4 c A, feront 12 c A c, c'est à dire 12 c multipliez par 1 A c.

Quant à la diuision des secondes racines : soit fait premierement reduction des signes cossiques par la soustraction des signes semblables. Comme pour diuiser 8 c A q par 4 A q : Ie soustrais les signes semblables A q, & restent 8 c, & 4 : puis ie diuise 8 c par 4, & viennent 2 c, pour le quotient de 8 c A q diuisez par 4 A q : ainsi 8 c A q diuisez par 4 c, le quotient est 2 A q.

Mais diuisant vn nombre ℞ par vn nombre de secondes racines, le quotient sera nombre rompu. Comme 2 ℞ diuisees par 4 A, le quotient est $\frac{2 ℞}{4 A}$

Quant à l'extraction des secondes racines il faut tirer la racine du nombre, s'il en a, & apposer à icelle la lettre de seconde racine, reiettant le caractere cossique. Comme la racine quarree du nombre 25Aq, est 5A : Item la racine cubique du nombre 27Ac, est 3A ; & la racine quarree du nombre 16Dqq, est 2D.

Mais si le nombre n'a telle racine, ou que le caractere ne soit de mesme appellation que la racine qu'il faut extraire : il faut seulement apposer à iceluy nombre, lettre & caractere, le signe radical. Comme la racine cubique du nombre 3Aq, est √c3Aq. Item la racine quarree du nombre 4Ac, est √4Ac.

Quant à la preuue des operations de cet Algorihme des secondes racines, elle se fera tout ainsi qu'és premieres racines ; sçauoir est, que l'addition & souftraction se prouueront l'vne l'autre : comme aussi la multiplication & diuision ; ou bien plus intelligiblement par les progressions Geometriques commençant à l'vnité, mises à la page 356, prenant celle de la raison double pour les premieres racines : mais celles de la raison triple pour les secondes racines : tellement que 1℞ vale 2 : mais 1A, 3 ; 1q, 4 ; 1Aq, 9 ; 1Ac, 27 ; 1℞A, 6 ; 1℞Aq, 18, &c.

Or comme au chapitre precedent nous auons adiousté plusieurs questions pour faciliter par leur solution l'intelligence des regles & preceptes aupara-uant enseignés, aussi en adiousterons-nous icy quelques vnes appartenans aux secondes racines, afin de faire voir par leur solution le moyen de se seruir & mettre en pratique les choses enseignees en ce chapitre.

1. *Diuiser vn nombre donné en trois parties, telles que les deux moindres soient ensemble egales à l'autre, & les deux plus grandes quintuples de la moindre.*

Qu'il faille donc diuiser le nombre 24, en trois parties, telles que les deux moindres ensemble fassent la plus grande, mais les deux plus grandes soient ensemble quintuple de la moindre. Posons que la moindre partie soit 1℞, & la moyenne 1A : donc la plus grande sera 1℞+1A, & partant la somme de ces deux-cy sera 1℞+2A, qui doit estre quintuple de la moindre partie ; parquoy 1℞+2A seront egales à 5℞ : ostons de part & d'autre 1℞, & resteront 2A egales à 4℞, & consequemment 2℞ egales à 1A. Donc la moyenne partie sera double de la plus petite qui a esté posee 1℞, & la plus grande triple. Parquoy il n'y a qu'à coupper le nombre donné 24, selon cette proportion 1, 2, 3, quoy faisant la plus grande partie sera 12, la moyenne 8, & la plus petite 4.

2. *Il y-a trois nombres, tels que les deux derniers adioustez auec 100, le produit est double du premier nombre : mais le premier & dernier adioustez auec le mesme nombre 100, font triples du second : & le premier & deuxiesme aussi auec 100 font quadruple du troisiesme : à sçauoir quels sont ces trois nombres-là ?*

Posons 1℞ pour le premier nombre, & 1A pour les deux autres ensemble. Or puis que les deux derniers auec 100 doiuent estre doubles du premier, il y aura equation entre 2℞ & 1A+100 : & ostant 100 de part & d'autre restera 1A egal à 2℞—100 : partant la somme du second & troisiesme nombre, qui faifoit 1A fera $2R$—100; & fi on y adioufte le premier nombre, fçauoir $1R$, la fomme de tous les trois nombres fera $3R$—100. Maintenant pofons 1B pour le fecond nombre : douc le premier & troifiefme feront $3R$—100—1B, puis que tous les trois faifoient enfemble $3R$—100. Et puis que la fomme du premier & troifiefme auec 100 fait le triple du fecond, il y aura equation entre $3R$—1B, & 3B : adiouftons 1B de part & d'autre, & l'equation viendra entre $3R$ & 4B : donc auffi entre $\frac{3}{4}R$, & 1B. Parquoy le fecond nombre que nous auons pofé eftre 1B, fera $\frac{3}{4}R$. Finalement pour le troifiefme nombre foit pofé 1C : Donc puis que tous les trois font enfemble $3R$—100, la fomme des deux premiers fera $3R$—100—1C, qui auec 100, doibt faire le quadruple du troifiefme. Il y aura donc equation entre 4C, & $3R$—1C : Adiouftons 1C de part & d'autre, & viendront $3R$ egales à 5C ; partant auffi $\frac{3}{5}R$ à 1C. Parquoy le troifiefme nombre fera $\frac{3}{5}R$. Et puis que le premier nombre eft $1R$, le fecond $\frac{3}{4}R$, & le troifiefme $\frac{3}{5}R$, la fomme de tous les trois fera $\frac{47}{20}R$: Mais nous auons trouué cy-deffus qu'ils faifoient auffi $3R$—100. Il y a donc equation entre $3R$—100, & $\frac{47}{20}R$: Adioutant 100 de part & d'autre ; nous aurons $3R$ egalés à $\frac{47}{20}R$ +100 : oftons-en $\frac{47}{20}R$, & refteront $\frac{13}{20}R$ egales à 100. Diuifant donc 100 par $\frac{13}{20}$, viendront $153\frac{11}{13}$, pour la valleur de $1R$, qui eft le premier nombre, mais le fecond fera $115\frac{7}{13}$, & le troifiefme $92\frac{4}{13}$.

3. *Il y-a deux nombres, dont la fomme des quarrez eft 208, & multipliez entr'eux leur produict eft les $\frac{4}{9}$ du plus grand quarré ; à fçauoir quels font ces deux nombres-là ?*

Pofons que le plus grand nombre foit $1R$, & le moindre 1A : leurs quarrez feront $1q$, & $1Aq$, qui doiuent faire enfemble 208 ; & partant $1q$ fera 208—$1Aq$; & $1Aq$ fera 208—$1q$. Mais les deux nombres $1R$ & 1A multipliez entr'eux font $1RA$, qui eft egal à $\frac{4}{9}q$, c'eft à dire à $\frac{4}{9}$ du plus grand quarré, qui eft $1q$. Si donc il y-a equation entre $1RA$ & $\frac{4}{9}q$, il y-aura auffi equation entre les quarrez d'iceux nombres, c'eft à fçauoir entre $1qAq$, & $\frac{16}{36}qq$, laquelle equation fera reduite par multiplication en croix à $36qAq$, & $16qq$, & par depreffion du figne q de la premiere racine, l'equation viendra entre $36Aq$, & $16q$: & par regle de trois fi $16q$, vallent $36Aq$, $1q$ vaudra $\frac{36Aq}{16}$, (pource qu'il faut laiffer le figne q des premier & troifiefme termes de la regle.) Et d'autant que cy-deffus $1Aq$ eftoit egal à 208—$1q$, il y aura aura auffi equation entre $1Aq$, & 208—$\frac{36Aq}{16}$, puis que $1q$ eft egal à $\frac{36Aq}{16}$. Adiouftons donc à chacun $\frac{36Aq}{16}$, & l'equation viendra entre $1Aq$ +$\frac{36Aq}{16}$ & 208. Or veu que $1Aq$ fait $\frac{16}{16}Aq$, ladite equation fera entre $\frac{52Aq}{16}$ & 208. Parquoy diuifant 208 par $\frac{52}{16}$, viendront 64, pour la valleur de $1Aq$, la racine duquel nombre 64. qui eft 8, fera le moindre nombre cherché, lequel nous auós pofé eftre 1A ; & pource que le quarré du plus grand eftoit 208—$1Aq$, fi de 208, on ofte la valeur de $1Aq$, fçauoir 64, refteront 144, pour le quarré d'iceluy plus grand nombre, qui par confequent fera 12.

4. *Il y-a deux nombres, la fomme defquels eftant oftee de la fomme de leurs quarrez, reftent 8, mais adiouftee au nombre produict de leur multiplication faict 11. A fçauoir quels font ces deux nombres-là.*

Pofons que le moindre nombre foit $1R$, & le plus grand 1A : mais pour la
fomme

ſomme d'iceux nombres poſons 1B. Or puis que la ſomme des deux nombres cherchez eſtant oſtee de la ſomme de leurs quarrez, reſtent 8, iceux quarrez ſeront 8+1B. (Car ſi d'iceux on oſte 1B, reſteront 8.) Mais le quarré de 1℞, qui eſt le moindre nombre, eſt 19 : donc le quarré de 1A, qui eſt l'autre nombre ſera 8+1B—19. Et d'autant que la ſomme deſdits nombres cherchez, c'eſt à ſçauoir 1B, eſtant adiouſtee au produict de leur multiplication fait 11 ; iceluy produict ſera 11—1B. Et pource que 1B eſt couppé en deux parties, ſçauoir 1℞ & 1A, le quarré de 1B, c'eſt à dire 1Bq, ſera egal aux deux quarrez de 1℞, & 1A, ſçauoir 8+1B, auec deux fois le produict d'iceux, ſçauoir 22—2B. Parquoy il y-aura equation entre 1Bq, & 30—1B. Or la racine de ce nombre 30—1B, ſe trouuera tout ainſi que de 30—1℞ ; car 1B tient icy lieu de ℞ : & partant nous adiouſterons le quarré des racines, ſçauoir 1, au quadruple du nombre 30, ſçauoir 120, & viendront 121, dont la racine quarree eſt 11, de laquelle oſtons 1, à cauſe du ſigne—, & reſteront 10, dont la moitié 5, eſt la valleur de 1B, c'eſt à dire la ſomme des deux nombres cherchez : & partant la ſomme de leurs quarrez que nous auons trouué eſtre 8+1B ſera 13. Il faut donc maintenant diuiſer 5 en deux telles parties que la ſomme de leurs quarrez faſſe 13 ; ce que nous ferons ainſi qu'il enſuit.

Poſons que l'vn des nombres ſoit 1℞ : donc l'autre ſera 5—1℞, & leurs quarrez ſeront 19, & 19+25—10℞, tellement que leur ſomme, qui eſt 29+25—10℞ ſera egale à 13. Adiouſtons 10℞ de part & d'autre, & l'equation viendra entre 29+25, & 13+10℞ ; oſtons-en 25, & l'equation reſtera entre 29, & 10℞—12, & conſequemment entre 19, & 5℞—6. Parquoy de 25, quarré des racines, oſtons 24 quadruple du nombre 6, & reſtera 1, dont la racine quarree eſt 1, à laquelle ſoit adiouſté 5, nombre des racines, à cauſe de leur ſigne +, & viendront 6, dont la moitié 3 eſt la valleur de 1℞, qui eſt l'vn des nombres cherchez, & partant l'autre ſera 2.

Or i'eſtime que ces quatre queſtions auec celles que nous adiouſterons encore à la fin de ce liure ſuffiront pour l'intelligence des ſecondes racines ; c'eſt pourquoy nous viendrons maintenant à traitter

Des nombres irrationnaux, ou ſourds.

CHAP. XII.

Nombres irrationnaux ou ſourds, ſont les racines des nombres, leſquelles ne ſe peuuent exprimer par nombres ; tellement que pour expliquer telles racines on ſe ſert de ces ſignes V, Vc, VV, Vß, Vqc, &c. Comme la racine quarrée de 5, eſt dicte ſourde ou irationnelle, pource qu'on ne peut trouuer aucun nombre qui multiplié en ſoy produiſe 5 : tellement que ceſte racine quarrée de 5, ſera marquée ainſi V5 : ou ainſi Vq5. Item la racine cubique de 7, ſera marquee ainſi Vc7. Item la racine quarree de quarree de 12, ainſi VV12, ou ainſi Vqq12 ; & ainſi des autres.

Eſt toutes-fois à noter que tout nombre qui a le ſigne V n'eſt pas pourtant irrationel ; car quelquesfois pour la commodité de l'operation, au lieu de tirer la racine de quelque nombre, on luy appose seulement le signe de la racine requise.

Or il y a deux genres de racines sourdes : car les vnes sont simples : comme √q de quelque nombre non quarré : √c de quelque nombre non cube, &c. & ces racines simples sont aussi appelées par quelqu'vns nôbres mediaux. Les autres racines sourdes sont composées par l'interposition des signes + & — : & icelles sont appellees par aucuns multinomies radicales ; & par d'autres, nombres irrationnaux composez, ou diminuez ; composez, quand les nombres sont liez par le signe +, comme √7 + √10 : mais diminuez, quand les nombres sont liez par le signe —, comme √5 — √13, ou √10 — √c7.

De la reduction des simples racines sourdes, à vne mesme denomination.

CHAP. XIII.

AFin que les simples racines sourdes se puissent multiplier & diuiser entr'elles, il est necessaire qu'elles soient reduites en vne mesme denomination, si elles sont diuerses, laquelle reduction se fait presque en la mesme maniere que la reduction des fractions de diuerses denominations à vne mesme : Car ayant posé les signes radicaux, chacun sous leur nombre, il faut multiplier vn chacun nombre en soy, selon le signe radical de l'autre : puis apres multiplier les exposans des signes entr'eux, afin d'auoir l'exposant du signe commun.   Comme pour exemple, soient les deux racines √7, & √c5, qu'il faut reduire en racines de mesme espece. Ayant posé ces deux racines ainsi qu'il appert icy, ie multiplie 7 cubiquement à cause du signe c, & viennent 343 aulieu de 7 ; puis ie multiplie 5 quarrément à cause du signe √ du nombre 7, & viennent 25, pour & au lieu de 5 : & finalement ie multiplie les exposans des signes √ & √c entr'eux : sçauoir est 2 par 3, & viennent 6, qui est exposant du caractere qc : tellement que √7, & √c5 seront reduites à √qc343, & √qc25. Ainsi aussi √c2, & √√3 estans reduites à mesme espece ou denomination, seront 16qqc, & 27qqc, comme il appert en ceste figure.

$$\frac{343}{7} \; \times \; \frac{25}{5}$$

$$\sqrt{} \qquad \sqrt{c}$$

$$2 \; \underline{} \; 3$$

$$6$$

$$\frac{16}{2} \; \times \; \frac{27}{3}$$

$$\sqrt{c} \qquad \sqrt{\sqrt{}}$$

$$3 \; \underline{} \; 4$$

$$12$$

Il y a quelques abbreuiations en ceste operation, comme quand il faut reduire vn nombre absolu, & vn radical en mesme espece : car alors il n'y a qu'à multiplier en soy quarrément ou cubiquement, &c. le nombre absolu, & au produict apposer le signe radical de la racine. Comme 6, & √5, estans reduits à mesme espece feront √36, & √5. Item 2 & √c4, feront √c8, & √c4.

Item voulant reduire ces deux racines √c8, & √√25. Ie prends de 8 la ra-

cine cubique 2 : puis apres la racine quarree de 25, qui eſt 5, à laquelle i'appoſe le ſigne radical reſtant γ, ainſi $\gamma 5$. I'ay donc maintenant pour les deux
racines propoſees vn nombre abſolu 2, & vn nombre radical $\gamma 5$, qui reduits
comme dit eſt cy-deſſus, font $\gamma 4$ & $\gamma 5$.

Item, voulant reduire ces deux racines $\gamma c 2$ & $\gamma q c 4$ en meſme eſpece, ie
multiplie 2 en ſoy quarrément, à cauſe du ſigne q, qui eſt en l'autre racine, outre le ſigne c, & fait 4, auquel i'appoſe le ſigne q, & ſera faite la reduction à
$\gamma q c 4$, & $\gamma q c 6$.

Item, voulant reduire $\gamma \gamma 19$, & $\gamma 3$ en meſme denomination, ie multiplie le
nombre de la moindre denomination, ſçauoir eſt 3, en ſoy quarrément, à cauſe du ſigne γ, qui eſt en la plus grande denomination, outre γ, & viennent
$\gamma \gamma 19$, & $\gamma \gamma 9$ pour la reduction en meſme eſpece des deux racines propoſees. Ainſi $\gamma q c 8$, & $\gamma 9$ ſeront reduites à $\gamma q c 8$, & $\gamma q c 729$, multipliant le nombre 9 de la moindre denomination en ſoy cubiquement, à cauſe du caractere
c, qui outre q, eſt en la plus grande denomination.

Or auparauant que venir à l'Algorithme d'icelles racines ſourdes, il eſt neceſſaire que nous enſeignions le probleme ſuiuant.

Cognoiſtre ſi deux racines ſourdes ſont commenſurables ou incommenſurables, & quelle raiſon elles ont entr'elles.

Soit diuiſé le nombre de la plus grande racine, par celuy de la moindre,
(icelles eſtans reduites en meſme eſpece, ſi elles n'y ſont) & ſi au quotient
vient vn nombre qui ayt la racine denotée par le ſigne radical d'icelles racines propoſées, elles ſeront commenſurables entr'elles, autrement non : & auront telle raiſon l'vne à l'autre, que le quotient à l'vnité : ou ſi le quotient eſt
vne fraction, elles ſeront entr'elles comme le numerateur au denominateur.
Comme $\gamma 12$ & $\gamma 3$, ſont commenſurables entr'elles : Car 12 eſtans diuiſez par 3,
le quotient eſt 4, dont la racine quarree eſt 2, & ſeront l'vne à l'autre comme
2 à 1. Item $\gamma 320$ & $\gamma c 135$ ſont commenſurables; car 320 eſtans diuiſez par 135,
le quotient eſt $2\frac{10}{27}$, ou $\gamma c \frac{64}{27}$, c'eſt à dire $\frac{4}{3}$: & leur raiſon eſt comme 4 a 3.
Item $\gamma q c 64$ & $\gamma c 27$ ſont commenſurables, & leur raiſon eſt comme 3 à 2 :
car icelles eſtans reduites en meſme eſpece, feront $\gamma q c 64$ & $\gamma q c 729$, & la diuiſion faite, le quotient ſera $\gamma q c 11 \frac{25}{64}$, ou $\gamma q c \frac{729}{64}$, c'eſt à dire $\frac{3}{2}$.

Mais $\gamma 5$ & $\gamma 30$ ſont incommenſurables : car 30 eſtans diuiſez par 5, le quotient eſt 6, qui eſt nombre irrationel, pource qu'il n'a pas de racine quarree;
toutefois ils ont meſme raiſon que $\gamma 6$ à 1. Item $\gamma c 32$ & $\gamma c 24$, ſeront auſſi incommenſurables : car diuiſant 32 par 24, le quotient ſera $1\frac{1}{3}$ ou $\frac{4}{3}$, qui n'a
point de racine cube; & toutesfois ils ſeront entr'eux comme $\gamma c 4$ à $\gamma c 3$, ou
comme $\gamma c \frac{4}{3}$ à 1.

De la multiplication & diuiſion des ſimples racines ſourdes.
CHAPITRE XIV.

Ombien que l'addition & ſouſtraction precedent ordinairement la multiplication & la diuiſion, ſi eſt-ce toutesfois qu'aux racines ſourdes, on

commence par la multiplication & diuision, à cause que l'addition & souſtraction ne ſe peuuent paracheuer ſans la multiplication. Quand donc deux
racines de meſme genre doiuent eſtre multipliées, ou diuiſées entr'elles, il
faut multiplier, ou diuiſer les nombres entr'eux, & appoſer au nombre produict le meſme ſigne radical. Comme pour exemple, voulant multiplier √7
par √10, ie multiplie 7 par 10, & viennent 70, auſquels i'appoſe le ſigne radical, & ſont √70. Ainſi √3 par √12, produict √36, c'eſt à dire 6. Ainſi √2 ¼ par
√8, le produict eſt √18. Ainſi Vc3 par Vc7, viennent Vc21. Ainſi V V4, par
V V8, viennent V V32. Mais pour diuiſer √70, par √10, ie diuiſe 70 par 10, &
viennent 7, auſquels i'appoſe le ſigne radical, & ſont √7. Ainſi √18 par √8, le
quotient ſera √2 ¼, c'eſt à dire ½, ou 1 ½. Ainſi Vc21 par γc3, le quotient ſera Vc7.

Mais quand les deux racines propoſées ſont de differente eſpece, il les faut
reduire à vne meſme, puis-apres faire la multiplication, ou diuiſion comme
deſſus. Comme pour exemple, voulant multiplier √3 par 4, ie reduits le
nombre abſolu 4, & ſont √16, puis ie les multiplie comme deſſus, & viennent √48. Ainſi √5 multipliee par Vc10, le produict ſera Vqc12500. Ainſi auſſi V½ par V V⅔, produict V V 1/12, ou V V⅙. Mais diuiſant √48 par 4,
le quotient ſera √3. Ainſi Vqc12500, diuiſee par Vc10, le quotient
ſera √5.

Mais ſi quelque racine doit eſtre multipliee en ſoy quarrément, ou cubiquement, &c. ſelon le ſigne radical qui luy ſera appoſé, il faut ſeulemét prédre
le meſme nombre pour le produict, delaiſſant le ſigne radical. Comme √3
eſtant multipliee quarrément, produira 3 : & Vc5 multipliee en ſoy cubiquement, ſera 5.

Et s'il falloit multiplier quelque racine en ſoy ſelon l'exigence d'vn autre ſigne radical, il faudroit multiplier le nombre en ſoy ſelō que le requerroit cet
autre ſigne radical, & appoſer au produict le ſigne radical du nombre multiplié. Ainſi de √6 multipliee en ſoy cubiquement eſt faict √216; d'où
aduient que la racine cubique de ce produit ſera √6. Item de Vc8 multipliee en ſoy quarrément eſt faict γc64, c'eſt à dire 4; d'où aduient
que la racine quarree de ce nombre γc64, eſt γc8, c'eſt à dire 2.
Semblablement de Vqc6 en ſoy quarrément eſt faict Vqc36, c'eſt à
dire Vc6. &c.

De l'addition des ſimples racines ſourdes.

CHAP. XV.

PRemierement ſi deux ou pluſieurs racines egales doiuent eſtre adiouſtees enſembles, il n'y a qu'a les multiplier par 2, ou par 3, ou par 4,
&c ſelon le nombre d'icelles racines à adiouſter comme par exemple,
voulant adiouſter √6 & γ6; ie double √6, & ſont γ24, pour la ſomme d'icelles deux racines. Item Vc6, Vc6 & Vc6, ſour enſemble Vc162,
car Vc6, triplee, c'eſt à dire multipliee par 3. qui ſoue γc27, faict ledit nombre γc162. Semblablement √3, √3, √3. & √3, adiouttées enſemble ſont √80, car le quarré de 4, eſt 16, qui multipliant 5, ſont 80. &c.

Mais quand deux racines inegales doiuent estre adioustees ensemble, icelles soient premierement reduittes à mesme espece, si elles n'y sont; puis soit aduisé, si elles sont commensurables ou incommensurables : Que si lesdites racines sont commensurables, ayant diuisé la plus grande par la moindre, soit adioustée vne vnité au quotient rationel, & la somme estant multipliée par la moindre racine, sera donnee la somme de l'addition des deux racines proposees. Comme pour exemple, soient proposees adiouster √18 & √8: diuisant la plus grande par la moindre, le quotient est √$2\frac{1}{4}$, c'est à dire $\frac{3}{2}$, & adioustant 1, c'est $\frac{5}{2}$, qui multipliez par √8, le produict est √50, pour la somme des deux racines proposees. Ainsi √12 adioustee à √3, la somme est √27: Item √c320, adioustee à √c135, fait la somme √c1715 : Item √4 adioustee à √c8, fait 4 : Item √$\frac{1}{2}$ adioustee à √$\frac{8}{9}$, fait √$\frac{49}{18}$.

Que si les racines proposees sont incommensurables, il faut seulement interposer entre - deux le signe +; comme √6 adioustee à √11, fait √6 + √11.

Or il y a encore plusieurs autres manieres d'adiouster les racines commensurables, desquelles la suiuante me semble aysée. Ayant trouué la raison des racines proposees, soit posé au premier terme d'vne reigle de trois, l'vn des nombres d'icelle raison; au second terme, la somme d'iceux nombres de la raison; & au troisiesme, la racine correspondante au terme de la raison, posé au premier terme; & faisant la reigle comme il appartient, le quatriesme nombre qui viendra sera la somme des racines proposees. Comme au premier exemple cy dessus, la raison des racines a esté trouuee comme 3 à 2; posant donc 3 ou 2 au premier terme de la regle de trois, mais 5 au second, & √18, ou √8 au troisiesme, le quatriesme sera √50; & se fait la reigle de trois, ainsi qu'il appert cy - dessous.

si 3 donnent 5, que donneront √18 ? Ou bien si 2 donnent 5, combien √8 ?

√9.   √25.   25   √4   √25
                                         ――   8
                                         90   ――
                                         36   200
                                        ――――
                                         450   200 [√50.

0

[√50, somme des racines √18 & √8 proposees à adiouster.

De la soustraction des simples racines sourdes.

C H A P. XVI.

SI les racines sont incommensurables, il n'y a qu'à interposer le signe —. Comme √2 ostee de √10, restera √10 — √3. Item √c20, ostee de √c50, restera √c50 — √c20.

Mais quand les racines sont commensurables, ayant diuisé la plus grande par la moindre, soit osté du quotient rationnel vne vnité; puis le reste soit multiplié par la moindre racine, & le produict sera le reste desiré. Comme pour exemple, qu'il faille soustraire $\sqrt{8}$ de $\sqrt{50}$. Ie diuise donc 50 par 8, le quotient est $6\frac{1}{4}$, dont la racine quarrée est $\frac{5}{2}$, de laquelle i'oste vn entier, & reste $\frac{3}{2}$, que ie multiplie par $\sqrt{8}$, & vient $\sqrt{18}$, pour le reste desiré. Item, qui de $\sqrt{27}$ oste $\sqrt{3}$, reste $\sqrt{12}$. Semblablememt qui de $\sqrt{c}1715$ oste $\sqrt{c}320$, reste $\sqrt{c}135$. Ainsi aussi qui de $\sqrt{\frac{49}{18}}$ oste $\sqrt{\frac{1}{2}}$, reste $\sqrt{\frac{8}{9}}$.

Ceste operation se fait aussi par la regle de trois, mettant au premier & troisiesme terme les nombres specifiez au chapitre precedent; mais au deuxiesme la difference des termes de la raison, comme il appert cy-dessous.

si 5 donnent 3, combien donneront $\sqrt{50}$? ou si 2 donnent 3, combien donneront $\sqrt{8}$?

$$\sqrt{25}. \qquad \sqrt{9} \qquad\qquad \underline{9} \qquad \sqrt{4}. \qquad \sqrt{9}. \qquad\qquad \underline{9}$$
$$450 \qquad\qquad\qquad\qquad 72$$

$$4$$
$$2\phi$$
$$45\phi\;[\sqrt{18} \qquad\qquad 7\;\;\;\quad 7\cancel{2}\;[\sqrt{18}\text{ reste}; \sqrt{8}\text{ estant osté de }\sqrt{50}.$$
$$288 \qquad\qquad\qquad\qquad\quad 44$$
$$2$$

De l'addition des nombres irrationaux composez, & diminuez.

CHAP: XVII.

POUR adiouster nombres irrationnaux composez & diminuez, il les faut disposer l'vn au dessous de l'autre; puis adiouster chaques racines simples, comme il a esté dit en l'Algorithme precedent, obseruant les reigles de + & —, que nous auons enseignez au chapitre 4; c'est à sçauoir *qu'aux signes semblables, il faut adiouster sans changer le signe; mais qu'aux dissemblables, il faut soustraire, & poser le signe du plus grand nombre.*

Or d'autant qu'il ne se fait rien en ceste operation, qui n'ait desia esté enseigné cy-deuant, la chose sera assez manifeste par exemples sans dauantage de discours.

$$\begin{array}{llll} 6+\sqrt{18} & \sqrt{27}+\sqrt{8}. & \sqrt{162}-2. & \sqrt{50}+5. \\ 4+\sqrt{8} & \sqrt{12}+\sqrt{2}. & \sqrt{200}-3. & \sqrt{32}-5. \\ \hline 10+\sqrt{50}. & \sqrt{75}+\sqrt{18}. & \sqrt{722}-5. & \sqrt{162}-2. \end{array}$$

$$\begin{array}{lll} \sqrt{50}-3. & 8-\sqrt{50}. & \sqrt{50}+6. \\ \sqrt{32}+5. & \sqrt{242}-12. & 24-\sqrt{242}. \\ \hline \sqrt{162}+2. & \sqrt{72}-4. & 30+\sqrt{72}. \end{array}$$

$$\begin{array}{ll} \sqrt{c}216-\sqrt{}\sqrt{}405. & \sqrt{}\sqrt{}256-\sqrt{c}27. \\ \sqrt{c}64-\sqrt{}\sqrt{}80. & \sqrt{}\sqrt{}81+\sqrt{c}8. \\ \hline 10-\sqrt{}\sqrt{}3125. & 7-\sqrt{1}. \end{array}$$

Et est à noter pour briefueté, que les deux particules d'vn nombre composé se rencontrans totalement egales aux deux particules d'vn nombre diminué, il n'y a qu'à doubler la premiere particule de l'vn d'iceux nombres.
Comme pour adiouster $15 + √8$ à $15 — √8$: Ie double seulement 15 & font
30 pour la somme de l'addition. Item $√20 + 6$ adioustez à $√20 — 6$ font $√80$,
& ce d'autant que les dernieres particules se destruisent l'vne l'autre, à cause
des signes $+$ & $—$.

De la soustraction des nombres irrationaux composez & diminuez.
Chap. XVIII.

POur soustraire tels nombres, il les faut disposer l'vn au dessus de l'autre
puis soustraire chasques racines comme il a esté dit au chap. 16. obseruant
les regles des signes $+$ & $—$ enseignees au chap. 4. *sçauoir est qu'aux signes
semblables, il faut soustraire (si faire se peut) sans changer le signe : mais si on
ne peut soustraire, il faudra oster le superieur de l'inferieur, & changer le signe.
Mais aux signes dissemblables, il faut adiouster, & apposer le signe superieur.*

Ceste operation peut estre facilement entendue par les exemples suiuans,
sans autres preceptes.

$√50 — 5$	$√√1875 + √√1250.$	$√50 + 2.$	$√50 — 2.$
$√8 — 2$	$√√243 + √√162.$	$√18 + 4.$	$√18 — 4.$
$√18 — 3$	$√√48 + √√32.$	$√8 — 2.$	$√8 + 2.$

$√162 + 2.$	$√162 — 2.$	$√72 — 4.$	$30 — √72.$	$√0 + 16.$
$√50 — 3.$	$√50 + 3.$	$8 — √50.$	$√50 + 6.$	$√320 — 8.$
$√32 + 5.$	$√52 — 5.$	$√242 — 12.$	$24 — √242$	$24 — √320.$

$√√2401 — √c 1.$	$√c 1000 + √√3125.$	$√180 + 0$
$√√256 — √c 27.$	$√c 216 — √√405.$	$√320 — 8$
$√√81 + √c 8.$	$4 + √√20480.$	$8 — √20$

Et est à noter pour briefueté, que les deux particules d'vn nombre composé se rencontrans du tout egales à deux particules d'vn nombre diminué, il
faut seulement doubler la derniere particule de l'vn des nombres. Comme
pour soustraire $√12 — 5$, de $√12 + 5$; ie double la derniere particule 5, & vient
le nombre 10, pour reste de la soustraction. Ainsi $10 — √4$, ostez de $10 + √4$,
resteront $√16$, c'est à dire 4 : Item $√12 — √5$ ostee de $√12 + √5$, restent $√20$.
Et ce d'autant que $+$ destruit $+$; mais $+$ & $—$ se doiuent adiouster.

De la multiplication des nombres irrationaux composez & diminuez.
Chap. XIX.

POur faire ceste operation, & aussi la suiuante il faut retenir la regle de $+$
& $—$ enseignee au chap. 5. *sçauoir est qu'aux signes semblables faut poser $+$,*

mais aux dissemblables ——. Ayant donc posé l'vn des deux nombres au dessous de l'autre, soit faicte la multiplication comme és nombres absolus, obseruant toutesfois ce que nous auons dit au chap. 14. de la multiplication des racines simples, & au chap 15. de l'addition & soustraction des mesmes racines. Ce qui sera enseigné és exemples descrits cy-dessous. Comme en l'exemple suiuant, ——√45 en ——√20, fait +√900, c'est à dire +30, & —√45 par +6, c'est à dire en +√36, fait—√1620, & —√20 par +8, c'est à dire par +√64, fait—√1280. Et finalement +8 en +6, fait +48 : Et partant tout le nombre produict sera 48 —— √1280 —√1620 +30 ; qui reduit par addition de + 48 à 30; & de —√1280 à —√1620 : sera 78—√5780.

Multiplicande 6—√20.
Multiplicateur 8—√45.
_____
Pr. 48.—√1280—√1620+30
qui par reduction sera 78—
√5780.

En cet autre exemple, ie multiplie—√√648 par —√√162, & vient —+ √√104976, c'est à dire —+18 : & —+ √√288 par —√√162, fait—√√46656, c'est à dire —√216 : & —√√648 par —+√128, fait—√√82944, c'est à dire —√288 : & finalement —+√√288 par +√√128 fait +√C36864, c'est à dire —+√192 ; & partant tout le nombre produict de la multiplication sera √192 —√288—√216+18, ou bien 18+√192—√288—√216.

Multiplicande √√288 — √√648.
Multiplicateur √√128 — √√162.
_____
Produict √192—√288—√216+18
ou 18—+√192—√288—√216.

En ce troisiesme exemple nous reduirons premierement √ß6, & √3 en vne mesme denomination, c'est à sçauoir à √qß36, & √qß243, & ces deux nombres multipliez entr'eux, le produict est —+ √qß8748 : puis apres nous reduirons √c7, & √3 à qc49, & √qc27 de mesme espece, & ces deux-cy estans multipliez entr'eux, le produict est √qc1323.

Multiplicande √c7+√ß6.
Multiplicateur   √3.
_____
Produict √qc1323+√qß8748.

Au premier de ces deux exemples est multiplié vn nombre composé en soy, dont le produit est 49+√245+√245+5, c'est à dire 54 + √980, pource que 49 & +5, font 54, & √245 auec √245, c'est à dire le double de √245, faict √980. Mais au 2e. exemple est multiplié vn nombre diminué en soy, dont le produit est 49—√245—√245+5, c'est à dire 54—√980. Or pour briefuement faire telle multiplication, c'est à dire multiplier vn nombre composé de racines quarrees en soy, ou par vn autre egal, il ne faut qu'adiouster ensemble les quarrez des particules, puis à ceste somme adiouster le double du produit d'vne particule en l'autre. Comme és deux exemples cy-dessus, les quarrez des particules font 54, & le produit d'vne particule

$$7 + √5$$
$$7 + √5$$
_____
$$49 + √245 + √245 + 5,$$

$$7 — √5.$$
$$7 — √5.$$
_____
$$49 — √245 — √245 + 5.$$

cule

cule en l'autre. Comme és deux exemples cy-deſſus, les quarrez des particules font 54, & le produit d'vne particule en l'autre eſt $\sqrt{245}$, ou $-\sqrt{245}$,
dont le double eſt $\sqrt{980}$, ou $-\sqrt{980}$. Tout le produict eſt donc $54+\sqrt{980}$,
ou $54-\sqrt{980}$.

Mais multipliant vn nombre compoſé ou diminué de racines quarrees,
comme $6+\sqrt{8}$ par ſon reſpondant contraire,
c'eſt à dire par $6-\sqrt{8}$, viendra au produit vn ſimple nombre 28, comme il appert en l'operation.
Car $+\sqrt{288}$ ruine $-\sqrt{288}$; & partant reſte $36-8$,
qui ſont 28. Ce produit ſera encore trouué plus
facilement & promptement: car 8, quarré de la
derniere particule $\sqrt{8}$, eſtant oſté de 36, quarré de la premiere particule 6,
reſtera le meſme produit 28.

$$6+\sqrt{8}.$$
$$6-\sqrt{8}.$$
$$\overline{36+\sqrt{288}-\sqrt{288}-8.}$$

Ainſi auſſi $\sqrt{10}+\sqrt{2}$ eſtant multiplié par ſon reſpondant con-
traire $\sqrt{10}-\sqrt{2}$, le produit ſera
$10+\sqrt{20}-\sqrt{20}-2$, c'eſt à dire 8:
lequel nombre 8 eſt auſſi produit
en oſtant 2, quarré de la derniere particule, de 10 quarré de la premiere
particule.

$$\sqrt{10}+\sqrt{2}$$
$$\sqrt{10}-\sqrt{2}$$
$$\overline{10+\sqrt{20}-\sqrt{20}-2}$$

Et ſi le nombre de la derniere particule eſt le plus grand, ſera produit
vn nombre diminué, comme appert
en cet exemple, où eſt multiplié
$2+\sqrt{16}$ par ſon reſpondant contraire $2-\sqrt{16}$, & eſt produict $4-16$.

$$2+\sqrt{16}$$
$$2-\sqrt{16}$$
$$\overline{4-16}$$

Mais ſi on multiplie $\sqrt{3}+\sqrt{2}+1$, par ſon reſpondant $\sqrt{3}+\sqrt{2}-1$, où tu
vois que le ſigne $+$ de la derniere particule eſt
changé en $-$, le produit ſera $4+\sqrt{24}$: lequel
produit eſtant derechef multiplié par ſon reſpondant contraire $-4+\sqrt{24}$, viendra vn ſimple nombre 8. Ce dernier produict ſera encore trouué plus facilement & promptement comme enſuit. Soient multipliees les deux premie-
res particules $\sqrt{3}$ & $\sqrt{2}$ entr'elles, & viendra $\sqrt{6}$,
qui doublee ſera $\sqrt{24}$; puis de la ſomme des
deux nombres d'icelles particules, ſçauoir eſt
5, ſoit oſté le nombre de la derniere particule, &
reſtera 4, dont le quarré 16 ſoit oſté du nombre 24, & reſteront 8 comme
deſſus.

$$\sqrt{3}+\sqrt{2}+1.$$
$$\sqrt{3}+\sqrt{2}-1.$$
$$\overline{-\sqrt{3}-\sqrt{2}-1}$$
$$+\sqrt{6}+2+\sqrt{2}$$
$$3+\sqrt{6}+\sqrt{3}$$
$$\overline{produit\ 4+\sqrt{24}.}$$
$$-4+\sqrt{24}$$
$$\overline{-16-\sqrt{384}+\sqrt{384}+24}$$

Ainſi auſſi, ſi on multiplie $\sqrt{3}+\sqrt{5}+\sqrt{6}$ par ſon reſpondant $\sqrt{3}+\sqrt{5}-\sqrt{6}$,
ſera produit $\sqrt{60}+2$, qui multipliez par $\sqrt{60}-2$, le produit ſera ſimple nombre 56; lequel produit on aura auſſi auec la meſme briefueté que deſſus.

Et par ceſte maniere peuuent eſtre reduits tous tels nombres compoſez ou
diminuez en ſimple nom: ſçauoir eſt multipliant touſiours par le reſpondant
contraire, ainſi que dit eſt cy-deſſus, iuſques à ce que l'on ſoit paruenu à vn
ſimple nombre.

SOMMAIRE

De la diuision des nombres irrationaux composez & diminuez,

CHAP. XX.

POur diuiser vn nombre irrationnel composé par vn simple nombre radical, il faut diuiser chasque particule par ledit simple nombre radical, obseruant la regle de + & de —. Comme pour diuiser √24 + √9 par √6, ie diuise chasque particule du diuidande par le diuiseur √.6, & le quotient est √4 + √²⁄₆, ou 2 + √1½, comme il appert en ceste formule.

$$\frac{\sqrt{24}+\sqrt{9}}{\sqrt{6}\quad\sqrt{6}}\left[\sqrt{4}+\sqrt{1\tfrac{1}{2}}\right.$$

Ainsi aussi diuisant √c28 + √c20, par √c4, vient au quotient √c7 + √c5.

Que s'il faut diuiser vn nombre irrationel composé par vn nombre simple & absolu. Comme pour exemple, √20 — √c10 par le nombre absolu 3; il faut premierement reduire iceluy nombre 3 en l'espece de la premiere particule √20, & seront √9; par lesquels estât diuisée ladite particule, viendra au quotient √2²⁄₉: en apres il faudra aussi reduire ledit diuiseur 3 en l'espece de la racine de la seconde particule √c10; & seront √c27, qui diuisant icelle particule, le quotient sera √c¹⁰⁄₂₇: tellement que tout le quotient de la diuision sera √2²⁄₉ — √c¹⁰⁄₂₇. Ainsi aussi pour diuiser √√8 + √ß3 par √2, il faut reduire iceluy diuiseur en la mesme denomination que chaque particule du diuidande, & on trouuera pour le quotient de la diuision √√2 + √qß²⁄₃: Car √√8 & √2 estant reduites à mesme denomination, seront √√√64, & √√√16: & celle-là diuisée par ceste cy donne √√√4, c'est à dire √√2. Et pour la seconde particule seront reduits √ß2 & √2, à √qß9 & √qß32; & celle-là estant diuisee par ceste cy, le quotient est √qß²⁄₃₂.

Mais pour diuiser vn simple nombre par vn composé ou diminué de racines quarrees, ou censicensiques; comme pour exemple, 42 par √25 + √4, c'est à dire 7; il faut multiplier l'vn & l'autre nombre par √25 — √4, le correspondant contraire du diuiseur, & viendront √44100 — √7056, & 21, ou √441: puis apres soit diuisé √44100 — √7056 par √441, & viendront √100 — √16, c'est à dire 6, qui sera le quotient de 42 diuisé par √25 + √4. Qu'il faille encore diuiser 54 par 2 + √16, c'est à dire par 6: soit donc multiplié le diuiseur 2 + √16, par 2 — √16, & sera produit le nombre diminué 4 — 16, pourc e que la derniere particule est plus grande que la premiere: parquoy soient transposees les particules dudit diuiseur en ceste maniere √16 + 2, afin qu'estant multiplié par son respondant contraire √16 — 2, soit fait vn nombre simple 12. En apres soit aussi multiplié le nombre diuidande 54 par le mesme nombre √16 — 2, & viendra pour nouueau diuidande √46656 — 108, qui diuisé par le nouueau diuiseur 12, le quotient sera √324 — 9, c'est à dire 18 — 9, qui font 9. Voulant encore diuiser 20 par √√16 + √√81, c'est à dire par 5: seront premierement transposees les particules d'iceluy diuiseur, afin que la plus grande soit la premiere: puis sera trouué vn nouueau diuiseur & diuidande, qui sera 5, & √√12960000 — √√2560000, & la diuision faicte, le quo...

tient sera $\sqrt{\sqrt{10736}} - \sqrt{\sqrt{4096}}$, c'est à dire $12 - 8$, c'est assauoir 4.

Que si tant le diuidáde que le diuiseur, sont nombres composez, ou diminuez de racines quarrees, il faut reduire le diuiseur en simple nombre, comme il a esté dit au chap. precedent : puis multiplier le diuidande par les mesmes nombres par lesquels on aura multiplié le diuiseur pour le conuertir à simple nombre, & ce qui viendra soit diuisé par le simple nombre trouué, comme dit est cy-dessus, & ainsi qu'il appert aux exemples suiuans.

Estant proposé à diuiser $18 + \sqrt{36}$, qui sont 24, par $7 - \sqrt{16}$, (c'est à dire par 3.) Il faut premierement multiplier le diuiseur $7 - \sqrt{16}$ par son respondant contraire $7 + \sqrt{16}$, & viendront 33 pour vn nouueau diuiseur : puis par le mesme nombre $7 + \sqrt{16}$ soit aussi multiplié le diuidande $18 + \sqrt{36}$, & viendront $198 + \sqrt{4356}$, pour le nouueau diuidande, qui diuisé par les 33 trouuez, viendront au quotient $6 + \sqrt{4}$, c'est à dire 8.

Soit encore proposé à diuiser $\sqrt{41} + \sqrt{3} - \sqrt{2}$, par $\sqrt{5} + \sqrt{2}$. Il faut donc premierement multiplier le diuiseur $\sqrt{5} + \sqrt{2}$ par son respondant contraire $\sqrt{5} - \sqrt{2}$, & viédra vn simple nombre 3 pour nouueau diuiseur : en apres soit multiplié le nombre diuidande $\sqrt{41} + \sqrt{3} - \sqrt{2}$ par le mesme nombre $\sqrt{5} - \sqrt{2}$, afin d'auoir vn nouueau diuidande, & le produit sera $\sqrt{205} + \sqrt{15} - \sqrt{10} - \sqrt{82} - \sqrt{6} + \sqrt{4}$. Lequel il faut diuiser par 3, c'est à dire par $\sqrt{9}$, & le quotient sera $\sqrt{22\frac{7}{9}} + \sqrt{1\frac{6}{9}} - \sqrt{1\frac{1}{9}} - \sqrt{9\frac{1}{9}} - \sqrt{\frac{6}{9}} + \frac{2}{3}$, ou bien $\sqrt{\frac{205}{9}} + \sqrt{\frac{15}{9}} - \sqrt{\frac{10}{9}} - \sqrt{\frac{82}{9}} - \sqrt{\frac{6}{9}} + \sqrt{\frac{4}{9}}$.

Que si le diuiseur auoit deux parcelles de racines cubiques, il faudroit aussi trouuer vn diuiseur simple, comme sera dit en ceste exemple. Qu'il faille diuiser 10 par $\sqrt{c5} + \sqrt{c3}$. Premierement il faut trouuer suiuant ce qui est enseigné en la 2. prop. 8. trois nombres continuellement proportionnaux (à cause de 3 exposant du cube) en la raison des particules du diuiseur, c'est assauoir de $\sqrt{c5}$ à $\sqrt{c3}$, & ce comme il ensuit. Premierement soit multiplié $\sqrt{c5}$ en soy, & viendra $\sqrt{c25}$ pour le premier nombre ; puis apres soit multiplié $\sqrt{c5}$ en $\sqrt{c3}$, & viendront $\sqrt{c15}$ pour le second nombre ; tiercement soit multiplié $\sqrt{c3}$ en soy, & sera produit $\sqrt{c9}$ pour l'autre nombre : & par ainsi nous aurons ces trois nombres $\sqrt{c25}$, $\sqrt{c15}$, & $\sqrt{c9}$, continuellement proportionnaux, en la raison de $\sqrt{c5}$ à $\sqrt{c3}$, comme il est demonstré en la susdite 2. p. 8. Or estant apposé le signe $+$ aux deux nombres extremes, & le signe $-$ à celuy du milieu, en ceste sorte $\sqrt{c25} - \sqrt{c15} + \sqrt{c9}$ soit multiplié par ce nombre, tant le diuidande proposé 10, que le diuiseur $\sqrt{c5} + \sqrt{c3}$, & viendra $\sqrt{c25000} - \sqrt{c15000} + \sqrt{c9000}$ pour le nouueau diuidande ; mais pour nouueau diuiseur $\sqrt{c125} + \sqrt{c27}$, c'est à dire 8 : lequel simple diuiseur on obtiendra aussi en adioustant seulement les nombres des parcelles du diuiseur 5 & 3.

Il faut proceder en la mesme maniere lors que le diuiseur est composé de deux racines censicensiques, sursolides, quarrees cubiques, &c. trouuant autant de nombres continuellement proportionnaux, en la raison des parcelles du diuiseur qu'il y a d'vnitez en l'exposant du signe cossique qq, β, qc, &c. c'est assauoir quatre au diuiseur des racines censicensiques ; cinq pour le diuiseur des sursolides &c. Lesquels nombres estans trouuez, soit apposé

le ſigne + au premier, & le ſigne — au ſecond:mais au troiſieſme derechef +,
au quatrieſme encore — , & ainſi alter-
natiuement iuſques au dernier; tellement que tous les nombres des lieux
impairs ſoient nottez du ſigne + , &
ceux des lieux pairs, du ſigne —. Nous

$$\gamma\gamma 5 + \gamma\gamma 3$$
$$\gamma\gamma 25 - \gamma\gamma 15 + \gamma\gamma 9$$
$$\gamma\gamma 125 - \gamma\gamma 75 + \gamma\gamma 45 - \gamma\gamma 27$$

poſerons pour exemple qu'il faille diuiſer 10 par $\gamma\gamma 5 + \gamma\gamma 3$. D'autant que
l'expoſant de qq eſt 4, il faut trouuer quatre nombres continuellement proportionnaux en la raiſon de $\gamma\gamma 5$ à $\gamma\gamma 3$, en la ſorte cy-deſſus.

Maintenant, ſi par ce monbre de quatre particules on multiplie tant le diuidande 10 , que le diuiſeur $\gamma\gamma 5 + \gamma\gamma 3$, on trouuera pour nouueau diuidande
$\gamma\gamma 1250000 - \gamma\gamma 750000 + \gamma\gamma 450000 - \gamma\gamma 270000$, & pour nouueau diuiſeur $\gamma\gamma 625 - \gamma\gamma 81$, c'eſt à dire 2 : lequel diuiſeur 2 on obtiendra auſſi ſans
multiplication, en ſouſtrayant ſeulement le nombre de la moindre particule
du diuiſeur de la plus grande, c'eſt aſſauoir 3 . de 5. Car les Algebraiſtes enſei-
gnent que quand le nombre expoſant des racines eſt pair, comme q, qq, &c. le
ſimple diuiſeur eſt donné en oſtant le nombre de la moindre particule de celuy de la grande : mais en les adioutant enſemble lors que ledit expoſant eſt
impair , comme c, β, &c.

Mais il eſt à noter que les particules du diuiſeur eſtans denommées de
diuerſes racines , il les faut reduire à vne meſme denomination auparauant
que proceder à l'operation.

Eſt pareillement à noter que l'on peut donner le quotient de la diuiſion en
fraction, faiſant numerateur le nombre diuidande : & denominateur le nom-
bre diuiſeur. Comme le quotient de $\gamma 41 + \gamma 3 - \gamma 2$, diuiſé par $\gamma 5 + \gamma 2$, ſe
peut donner ainſi $\frac{\gamma 41 + \gamma 3 - \gamma 2}{\gamma 5 + \gamma 2}$. Semblablement s'il faut diuiſer $\gamma 48 + \gamma c 3$ par
$\gamma 15 + \gamma c 6 - \gamma 3$, le quotient ſera ceſte fraction $\frac{\gamma 48 + \gamma c 3}{\gamma 15 + \gamma c 6 - \gamma 3}$.

Or d'autant qu'il eſt quelquefois neceſſaire de cognoiſtre quel de deux
nombres irrationnaux compoſez eſt le plus grand, nous enſeignerons icy la
maniere de ce faire, lors que la choſe ſera douteuſe. Soit pour exemple les
deux nombres compoſez $3 + \gamma 8$, & $8 - \gamma 5$, le plus grand deſquels ie deſire ſçauoir. Ie ſouſtrais 3 de chaque nombre, & reſtent $\gamma 8$, & $5 - \gamma 5$, deſquels ie
prend les quarrez, ce ſont 8 & $30 - \gamma 500$, de chacun deſquels i'oſte 8, &
reſtent 0 : & $22 - \gamma 500$: & à chacun d'iceux i'adiouſte $\gamma 500$, & viennent
$\gamma 500$, & 22, c'eſt à dire $\gamma 484$, qui ſont moindre que $\gamma 500$: & partant ie dis
que $3 + \gamma 8$ eſt plus grand que $8 - \gamma 5$.

Des fractions des nombres irrationnaux , & de leur Algorithme.

CHAP. XXI.

LA numeration d'icelles fractions eſt facile : Car quand le ſigne radical
eſt poſé deuant le milieu de la fraction, iceluy ſigne eſt referé à l'vn & à
l'autre terme, c'eſt à ſçauoir, tant au numerateur qu'au denominateur.
Comme ceſte fraction $\gamma \frac{9}{16}$, ſignifie $\gamma 9$ eſtre diuiſee par $\gamma 16$; & vaut $\frac{3}{4}$. Ainſi

√c 8/27 signifie √c8 estre diuisee par √c27 : & icelle equiuale à 2/3. Ainsi aussi √ 6/8 denote √6 estre diuisee par √8.

Mais quand le signe radical est posé deuant vn nombre entier auec la fraction, il faut reduire tout le nombre à vne seule fraction, afin de pouuoir exprimer sa valeur. Comme √c1 67/125 sera reduit à √c 192/125, & signifie √c192 estre diuisee par √c125, c'est à dire par 5; & peut estre representee ainsi √c192/5, tellement qu'il signifie √c192 estre diuisee par 5. Que si les termes de ceste fraction √c 192/125 sont multitipliez par vn mesme nombre, c'est à sçauoir par √c192, sera produit la fraction √c 16864/24000 equiuallant à la fraction 192/125. Et si derechef les termes produits de la fraction sont multipliez par la mesme √c192, sera produit la fraction √c 7077888/4608000, c'est à dire 192/√c4608000, & signifie le cube 192 (qui est produit de √c192 multipliee en soy cubiquement) estre diuisé par √c 4608000; pource que la racine cubique du numerateur 7077888 est 192. Derechef la fraction √ 16/64, signifie √16, c'est à sçauoir 4, estre diuisee par √64, c'est à dire par 8; & est equiualente à 1/2. Et la fraction √16/64 signifie √16, c'est à dire 4 estre diuisé par 64; & est equiualente à 4/64, ou 1/16. Ainsi 16/√64, signifie que le nombre 16 est diuisé par √64, c'est à dire par 8: & est equiualente au nombre 2.

Quand la raison des numerateurs aux denominateurs est vne mesme, les fractions sont egales, tout ainsi qu'és fractions vulgaires. Parquoy toutes ces fractions √ 64/4, √64/2, 64/√256 sont de mesme valeur : pource qu'en toutes, le numerateur est quadruple du denominateur.

Les fractions irrationelles se reduisent à minimes termes (quand elles peuuent estre reduites,) tout ainsi qu'és fractions vulgaires. Comme ceste fraction √qc 4/8 se reduira à ceste-cy √qc 1/2 : & √ 36/144 à √ 1/4. Elles peuuent aussi estre quelquefois reduites à moindres signes radicaux : Comme √qc 4/8 se reduit à √c2/√2. Pource que le numerateur 4 a racine quarree 2, mais il n'a pas racine cubique : Et le denominateur 8 a racine cubique 2, mais il n'a pas la quarree.

Quant à l'addition & soustraction, elles se font en ceste maniere. Si le denominateur est vn mesme, soient adioustez les numerateurs, comme il a esté dit cy-deuant, ou soit soustrait l'vn de l'autre, & à la somme, ou au reste, soit apposé le denominateur commun, ainsi qu'il appert és exemples suiuans.

Addition	*soustraction*
√4/7 adioustez à √9/7	√4/7 ostee de √9/7
font √25/7 ou 5/7	reste √1/7 ou 1/7

Mais quand les denominateurs sont diuers, soit faicte la reduction à vn mesme denominateur par la multiplication en croix, ainsi qu'és fractions vulgaires : puis soit fait ainsi que cy-dessus, & comme il appert en ces formules.

Reduction.	*Addition*	*soustraction*
√144 √196	√144/441 & √196/441	√144/441 de √196/441
√16/49 & √4/9	font √676/441, ou 1 5/21	reste √4/441, ou 2/21
√441.		

En la mesme maniere s'il faut adiouster $\frac{\sqrt{50}+\sqrt{24}}{5}$ à $\frac{\sqrt{24}+\sqrt{8}}{2}$, on reduira premierement icelles fractiós à mesme denomination, c'est à sçauoir à $\frac{\sqrt{100}+\sqrt{192}}{10}$ & $\frac{\sqrt{3000}+\sqrt{100}}{10}$: puis apres adioustant les numerateurs, on aura $\frac{\sqrt{1000}+\sqrt{8232}}{10}$: Mais si on soustraict la moindre d'icelles fractions de la plus grande, restera $\frac{\sqrt{648}}{10}$.

Quand les numerateurs sont incommensurables, l'addition d'iceux se faict par l'interposition du signe +, mais la soubstraction par l'interiection du signe —. Comme la somme de $\sqrt{\tfrac78}$ & $\sqrt{\tfrac58}$ est $\sqrt{\tfrac78} + \sqrt{\tfrac58}$. Et $\sqrt{\tfrac58}$ ostée de $\sqrt{\tfrac78}$ reste $\sqrt{\tfrac78} - \sqrt{\tfrac58}$.

En la multiplication & diuision des fractions irrationnelles, il faut seulement les reduire à mesme signe radical, & acheuer comme és fractions vulgaires. Parquoy multipliant $\sqrt{\tfrac34}$ par $\sqrt{\tfrac67}$ viendra $\sqrt{\tfrac{18}{28}}$. Et $\sqrt{\tfrac{36}{28}}$ diuisée par $\sqrt{\tfrac{27}{2}}$ sera $\tfrac43$: & aussi $\sqrt{\tfrac34}$ diuisée par $\sqrt{\tfrac67}$, viendra $\sqrt{\tfrac{147}{96}}$ c'est à dire $\sqrt{1\tfrac{51}{96}}$.

Quant à la preuue de chacune de ces operations, elle se fait par sa contraire, c'est à dire que l'addition se preuue par la soubstraction : & la soubstraction par l'addition, &c.

Or voila quant à ce qui concerne l'Algorithme des nombres sourds, reste que pour en monstrer quelque vsage nous adioustions icy quelques questions en la solution desquelles on se sert desdits nombres sourds & irrationnels.

1. *Trouuer deux nombres en vne raison donnee, tels que l'vn multiplié par l'autre produise vn nombre donné.*

Qu'il faille trouuer deux nombres en raison sesquialtere, tels que le produit de leur multiplication soit 40. Posons qu'iceux nombres soient 2℞ & 3℞ : leur produit sera $6q$, qui doit estre egal à 40. Diuisant donc 40 par 6, viendront $\tfrac{40}{6}$ ou $\tfrac{20}{3}$ pour la valeur de $1q$, & consequemment 1℞, sera $\sqrt{\tfrac{20}{3}}$: Et pour ce que le premier nombre a esté posé 2℞, & le second 3℞, iceux nombres seront $\sqrt{\tfrac{80}{3}}$ & $\sqrt{1\tfrac{80}{3}}$, lesquels multipliez entr'eux produisent $\sqrt{\tfrac{14400}{9}}$, c'est à dire $\tfrac{120}{3}$ ou 40, ainsi qu'il estoit requis.

2. *Trouuer deux nombres en raison donnée, tels que le plus grand estant diuisé par le moindre, le quotient & le quarré d'iceluy moindre, soient aussi en raison donnée.*

Qu'il faille trouuer deux nombres en raison quadruple, tels que le quarré du moindre aye raison double au quotient du plus grand diuisé par iceluy moindre. Posons qu'iceux nombres soient 1℞ & 4℞ : Or le plus grand estant diuisé par le moindre, le quotient sera 4, & le quarré du moindre est $1q$: & puis que ce quarré doit auoir raison double au quotient 4 : il y aura Equation entre $1q$, & 8 : parquoy 1℞ sera $\sqrt{8}$, qui est le moindre nombre, & par consequent le plus grand qui est en raison quadruple sera $\sqrt{128}$: & diuisant iceluy par le moindre $\sqrt{8}$, le quotient est $\sqrt{16}$, c'est à dire 4, auquel 8 quarré dudit moindre nombre à raison double.

3. *Trouuer trois nombres en progression arithmetique, tels qu'estans multipliez entr'eux, le produit ait vne raison donnée à la somme d'iceux.*

Qu'il faille donc trouuer trois nombres constituans vne progression arithmetique, tels que le nombre produit de la multiplication d'iceux soit triple de leur somme. Posons que les trois nombres cherchez soient 1℞, 2℞ & 3℞ ayans vn mesme excez 1℞. De la multiplication d'iceux est faict le nombre $6c$,

lequel doit eftre triple de leur fomme 6℞ : & partant egal à 18℞. Diuifant
donc 18 par 6, viendra 3 pour 1℞; (car d'autant que le caractere *q*, eft au milieu
de *c* & ℞, il vient le mefme qu'en deprimât les fignes.) Partant 1℞ fera $\sqrt{3}$, &
par confequent les trois nombres cherchez feront $\sqrt{3}$, $\sqrt{12}$, & $\sqrt{27}$, qui ont
mefme excez $\sqrt{3}$, & multipliez entr'eux font $\sqrt{972}$, qui eft le triple de la fomme des mefmes, c'eft à fçauoir du nombre $\sqrt{108}$.

Notez que quand le denominateur de la raifon que doit auoir le produict
de la multiplication à la fomme, eft nombre quarré : la queftion fe refoult
en nombres rationnaux. Comme les mefmes chofes que deffus eftans pofees,
fi le nombre produit deuoit auoir à la fomme la raifon quadruple, l'equation viendroit entre 6*c* & 24℞ : parquoy diuifant 24 par 6 viendroit 4 pour
1℞, & confequemment 1℞ feroit 2, & les trois nombres cherchez feroient 2, 4,
& 6, lefquels multipliez entr'eux produifent 48, qui eft le quadruple de leur
fomme 12.

4. *Trouuer trois nombres continuellement proportionnaux en vne raifon donnée, tels que
la fomme de leurs quarrez faffe vn nombre donné.*

Qu'il faille donc trouuer trois nombres continuellement proport. en raifon double, defquels la fomme de leurs quarrez faffe 600. Pofons que les
trois nombres foient 1℞, 2℞, & 4℞, qui font en raifon double : leurs quarrez
feront 1*q*, 4*q*, & 16*q*. Mais la fomme d'iceux quarrez fera 21*q*, qui eft
egale à 600. Diuifant donc 600 par 21 viendront $\frac{200}{7}$ pour vn quarré, &
partant 1℞ fera $\sqrt{\frac{200}{7}}$, qui eft le premier nombre cherché, & le fecond double
d'iceluy fera $\sqrt{\frac{800}{7}}$: mais le troifiefme auffi double de ceftuy-cy fera $\sqrt{\frac{3200}{7}}$,
& leurs quarrez font enfemble $\frac{4200}{7}$, c'eft à dire 600.

5. *Trouuer vn nombre, qui auec vn nombre donné faffe fon quarré.*

Le nombre donné foit 50, & il faut trouuer vn autre nombre qui adioufté
auec 50 faffe fon quarré. Pofons que le nombre cherché foit 1℞ : donc
fon quarré fera 1*q*, qui doit eftre egal à 1℞ + 50. Or le quadruple de 50
eftant adioufté au quarré des racines, faict 201, dont la racine quarree eft
$\sqrt{201}$: à icelle foient adiouftees les racines & viendroit $\sqrt{201} + 1$, dont la moitié, qui eft $\sqrt{\frac{201}{4}} + \frac{1}{2}$, eft la valeur de 1℞, & confequemment le nombre
cherché : tellement que fi à iceluy nombre on adioufte le donné 50, le nom-
bre qui en prouiendra, fçauoir $\sqrt{\frac{201}{4}} + 50\frac{1}{2}$, fera le quarré du mefme
nombre $\sqrt{\frac{201}{4}} + \frac{1}{2}$, ainfi qu'il eftoit requis.

6. *Diuifer vn nombre donné felon la moyenne & extreme raifon.*

Le nombre donné foit 12, lequel il faut coupper en deux parties telles
que la moindre, la plus grande, & ledit nombre 12, foient continuellement
proportionnaux, c'eft à dire que le quarré de la plus grande partie foit egal
au produit de tout le nombre 12 multiplié par la moindre partie. Pofons que
la plus grande partie foit 1℞ : donc la moindre fera 12 — 1℞, & partant ces trois
nombres 12 — 1℞, 1℞, & 12 feront proport. tellement que le quarré du moyen,
fçauoir 1*q*, fera eg. al au produict des deux extremes, qui eft 144 — 12℞. Or la
moitié du nombre des racines eft 6, & fon quarré 36 auquel adiouftant le
nombre 144, viendront 180, dont la racine quarree eft $\sqrt{180}$, de laquelle eftant
oftee la fufdite moitié des racines, à caufe du figne — le reftefera $\sqrt{180} - 6$,

qui est la plus grande partie cherchee, laquelle ostee du nombre donné 12, resteront 18 — $\sqrt{180}$ pour la moindre partie.

Or d'autant que nous rapporterons à la fin de ce liure beaucoup d'autres questions esquelles les nombres seront ioincts & appliquez aux choses materielles, afin qu'au moyen d'icelles on voye mieux l'vsage & practique de tous les preceptes & documens enseignez en ce traicté, nous ne nous arresterons d'auantage sur semblables questions abstraittes de la matiere.

Des nombres cossiques & irrationnaux, & de leur Algorithme.

CHAP. XXII.

TOut ainsi que les nombros absolus se font irrationnaux, estans precedez de signes radicaux : comme de 5, se fait $\sqrt{c5}$: Ainsi aussi les nombres cossiques se font irrationnaux, quand on leur propose quelqu'vn d'iceux signes radicaux. Comme de 20℞, se fait $\sqrt{20℞}$, nombre cossique irrationnel, qui se prononce, la racine quarrée de 20 racines : Item de 6c, se fait $\sqrt{6c}$: qui signifie la racine quarrée de 6c. Item de 9℞, se fait $\sqrt{\sqrt{9℞}}$, &c. Or tels nombres peuuent estre quelquesfois rationnaux, & quelquefois irrationnaux selon la valeur d'vne racine. Car si 1℞ vaut 5, 20℞ vaudront 100, duquel la racine quarree est 10 : partant $\sqrt{20℞}$ est vn nôbre rationel equiuallant 10 : Et $\sqrt{c20℞}$ sera irrationnel, puis que 100 n'a pas racine cubique. Il est donc euident qu'on ne peut iuger si tels nombres sont rationnaux ou irrationnaux, iusques à ce que l'estimation & valeur d'vne seule racine apparoisse.

Or l'addition & soustraction d'iceux nombres se fait par l'interposition des signes + & — Comme $\sqrt{36℞}$ adioustee à $\sqrt{12q}$, fait $\sqrt{36℞}$ + $\sqrt{12q}$, ou $\sqrt{12q}$ + $\sqrt{36℞}$. Et 36 estans ostez de $\sqrt{36℞}$, restera $\sqrt{36℞}$ — 36 : & ainsi des autres.

que si les signes cossiques sont semblables, & les nombres irrationnaux (considerez sans leurs signes cossiques) commensurables ; l'addition & soubstraction se fera en la mesme maniere que des simples racines sourdes, apposant apres l'operation le mesme signe cossique. Ainsi $\sqrt{8℞}$ adioustee à $\sqrt{18℞}$, fera $\sqrt{50℞}$. Mais ostant $\sqrt{8℞}$ de $\sqrt{18℞}$, restera $\sqrt{2℞}$.

La preuue sera facile & euidente, si on pose la valeur d'vne seule racine estre quelque nombre, comme 2. Car 8℞ seront 16, dont la racine quarree est 4 : & 18℞ seront 36, dont la racine quarree est 6 : Or 4 & 6 font 10 : comme aussi $\sqrt{50℞}$, puis que 50℞ font 100, dont la racine est 10. Mais 4 ostez de 6, restent 2, valeur de $\sqrt{2℞}$, puis que 2℞ font 4, dont la racine est 2.

Mais afin que les nombres cossiques irrationaux soient multipliez entr'eux, ou diuisez, ils doiuent estre premierement reduits à mesme signe radical par multlplication en croix, comme nous auons enseigné au chap. 13. Comme s'il faut multiplier $\sqrt{c4℞}$ par $\sqrt{8℞}$: icelles estans reduites à mesme signe radical, seront $\sqrt{qc16q}$, & $\sqrt{qc512c}$, ainsi qu'il appert en ceste formule : lesquels deux nombres multipliez entre eux pro-

$$\frac{\sqrt{qc16q}}{4℞} \times \frac{\sqrt{qc512c}}{8℞}$$

$$\sqrt{c} \qquad \sqrt{q}$$

$$\frac{3.}{} \qquad \frac{2.}{}$$

$$6.$$

duisent

duifent V qc 8192 ß : mais V qc512c diuifee par Vqc169, le quotient fera Vqc32Ψ. Item le nombre Vqc 131072 b ß eftant diuifé par V q c 512c, le quotient fera Vqc 25679.

Semblablement pour multiplier 1R par V4, il n'y a qu'à quarrer 1R, & à fon quarré prepofer le figne radical, afin d'auoir V19 : puis le multiplier par V4, & viendra pour le produit V49. Par mefme moyen 3R multipliees par V16, le produit fera V1449 : c'eft à dire la racine quarree de 1449, qui fera 24, la racine eftant 2. Et tels produits V49, & V1449 font appellez par Clauius Nombres des Racines, ainfi qu'il appert és 12 & 28 queftions du 32. chap. de fon Algebre.

Or la preuue de toutes ces operations fe fera, pofant la valeur d'vne racine, comme dit eft cy deffus : ou bien chaque operation par fa contraire.

Quant aux fractions de ces nombres coffiques irrationaux, il n'eft befoin d'en traicter particulierement, pource qu'elles fuiuent l'Algorithme de leurs entiers, ioinct à celuy des nombres communs.

Or eft icy à noter qu'vne equation fe rencontrant entre vn nombre coffique irrationel, & vn nombre abfolu, il la faudra reduire en cefte maniere. Soit pour exemple vne equation entre V 24 R & 12. Il y aura pareillement equation entre leurs quarrez, fçauoir 24R & 144 : foit donc diuifé 144 par 24, & viendront 6 au quotient pour la valeur d vne racine. Item, s'il y a equation entre V109 & 20 ; il y aura auffi equation entre 109 & 400 : diuifant donc 400 par 10, viendront 40 pour la valeur d'vne racine. Finalement fi vne equation eft trouuee entre Vc129, & 30 : il y aura auffi equation entre 129 & 27000, les cubes d'iceux : parquoy diuifant 27000 par 12, viendront 2250 pour la valeur d'vne feule racine.

Que fi quelqu'vn propofoit vne equation entre Vc 8 & 3, il y auroit auffi equation entre leurs cubes 8 & 27 : Ce qui eft impoffible. Parquoy en ces equations il eft neceffaire que le nombre abfolu foit la racine du nombre auec lequel eft le figne radical : telle qu'eft l'equation d'entre Vc 8 & 2. Item entre Vc 64 & 4 : Item entre V81 & 9, &c. Autrement l'equation fera impoffible.

Des racines vniuerfelles, & de leur Algorithme.

CHAP. XXIII.

LA racine d'vn nombre compofé ou diminué eft appellee racine vniuerfelle : Comme la racine quarree de ce nombre compofé V9+22, eft dicte racine vniuerfelle, d'autant que de tout le nombre il faut extraire la racine, laquelle fera 5 ; car V9, qui eft 3, eftant adiouftee à 22 fait 25, dont la racine quarree eft 5. Ainfi auffi par la racine vniuerfelle de cet autre nombre compofé 10+V7, il faut entendre que la racine quarree du nombre 7, fi elle fe peut auoir, eftant adiouftee à 10, on doit prendre la racine de tout le nombre.

Or ces racines sont notees diuersement par les Autheurs : mais nous les figurerons apposant le signe radical √, ou √c au deuant du nombre dont la racine devra estre extraicte, & enfermant tout ledit nombre entre deux parentheses, en ceste maniere, √(√9+22), ou ainsi √(22+√9), qui est le mesme. Item √c(10+√7). Item √(49+18½). Item √(10+√16+3+√64). Item √c(√25−√4+24). Item √(10+√36)+√(70+√121), laquelle vaut 13.

Or tout ainsi que le quarré d'vne simple racine quarree sourde est le mesme nombre, delaissant seulement le signe radical √, tellement que le quarré de √5 est 5, & celuy de √12 est 12 : mais le cube d'vne racine cubique simple est le mesme nombre, delaissant le signe radical √c, tellement que le cube de √c9 est 9, & le cube de √c12 est 12 : Ainsi aussi, le quarré de la racine quarree de quelque nombre composé, est le mesme nombre, estant delaissé le signe radical √. Comme le quarré de √(11+√9+√4) est 11+√9+√4, c'est à dire 16 ; tellement qu'icelle racine valoit 4. Le quarré de √(√c216+√c27) est √c216+√c27, c'est à dire 9, dont la racine est 3. Le quarré de √(√c216−√c27) est √c216−√c27, c'est à dire 3, & la valeur de sa racine est √3. Et semblablement le cube de la racine cubique d'vn nombre composé est le mesme nombre, estant osté le signe radical √c. comme le cube de √c(√25+√9) est √25+√9, c'est à dire 8, tellement que ceste racine-là valoit 2. Le cube de √c(√25−√9) est √25−√9, c'est à dire 2, & la racine d'iceluy est √c2. Le cube de √c(√c64+√c27) est √c64+√c27, c'est à dire 7, dont la racine est √c7. Et faut entendre le mesme de quarré de quarrez, & sursolides, &c. En ceste maniere on multiplie la racine de quelconque nombre composé en soy, c'est à dire qu'on a le produict de son quarré, ou cube, &c.

Mais pour multiplier la racine d'vn nombre composé, par vne racine simple, ou par vn nombre simple, ou composé, ou finalement par vne autre racine de nombre composé : il faut reduire l'vn & l'autre nombre à quarré, ou cube : puis faire la multiplication comme dit est cy dessus.

$$7+\sqrt{3}.$$
$$4.$$
$$\overline{28+\sqrt{48}.}$$

Comme pour exemple, soit √(7+√3) qu'il faut multiplier par 2. Les quarrez sont 7+√3, & 4. Multipliant donc 7 par 4 viendront 28 ; mais √3 par 4, c'est à dire par √16, viendront √48. Donc tout le nombre produit est √(28+√48).

Item √c(√c64+√c27) multipliée par 2, le produict est √c(√c32768+√c13824), ou √c(32+24), c'est à dire √c56.

$$\sqrt{c}64+\sqrt{c}27.$$
$$8.$$
$$\overline{\sqrt{c}32768+\sqrt{c}13824}$$

Item soit √(7+√4) qu'il faut multiplier par √9. Les quarrez des nombres sont 7+√4, & 9. Ie multiplie donc √4 par 9, c'est à dire par √81, & vient √324 : puis 7 par 9, & font 63. Donc le nombre produit sera √(63+√324), c'est à dire √81, ou 9.

$$7+\sqrt{4}$$
$$9$$
$$\overline{63+\sqrt{324}.}$$

Soit aussi √(6+√9), qu'il faut multiplier par le nombre composé √4+√16. Le quarré du premier nombre est 6+√9; & du posterieur 20+√256: estant donc faicte la multiplication, comme il se void icy, le produit sera √(√9216+√3600+√2304+120), c'est à dire √324 ou 18.

$$\begin{array}{r} 6+\sqrt{9} \\ 20+\sqrt{256} \\ \hline \sqrt{9216}+\sqrt{2304} \\ 120+\sqrt{3600} \\ \hline \sqrt{9216}+\sqrt{3600}+\sqrt{2304}+120. \end{array}$$

Item qu'il faille multiplier √(13+√9) par √(5+√16), c'est à dire 4 par 3. Les quarrez des nombres sont 13+√9, & 5+√16: & multipliant √9 par √16, est fait √144; & 13, c'est à dire √169 par √16, vient √2704; puis apres √9 par 5, c'est à dire par √25, est fait √225; & 13 par 5, donnent 65. Donc tout le nombre produit est √(√2704+√225+77), c'est à dire 12. Car la racine de √2704 est 52, & celle de √225 est 15; & ces trois nombres 77, 52 & 15 adioustez ensemble font 144, dont la racine quarrée est 12.

$$\begin{array}{r} 13+\sqrt{9} \\ 5+\sqrt{16} \\ \hline \sqrt{2704}+\sqrt{144} \\ 65+\sqrt{225} \\ \hline \sqrt{2704}+\sqrt{225}+77 \end{array}$$

Qu'il faille encore multiplier √(√18000+30)—√(√450+15) par √(√450+15.) Ayant posé ces nombres comme tu vois icy, multiplie premierement √(√450+15) en soy, & viendra son quarré √450+15, auquel il faut preposer le signe — à cause que de + en — est faict —. En apres, de √(√1800+30) en √(√450+15) sera faict √810000+√1620000+450; (c'est à sçauoir en multipliant leurs quarrez entr'eux) c'est à dire 1350+√1620000, pource que √810000 vaut autant que 900, lequel nombre adiousté à 450, fait 1350, & preposant le signe √, le produit sera le nombre √(1350+√1620000):Mais la racine de ce nombre sera √900+√450, (comme il apparoistra au chapitre suiuant) c'est à dire 30+√450; duquel nombre estant osté le premier produit —√450+15, faict de √(√450+15) en soy, restera seulement 15 pour tout le produit de la multiplication proposee.

$$\begin{array}{r} \sqrt{(\sqrt{1800}+30)}-\sqrt{(\sqrt{450}+15)} \\ \sqrt{(\sqrt{450}+15)}+\sqrt{(\sqrt{450}+15)} \\ \hline \sqrt{4050000}+450-\sqrt{450}+15 \\ \sqrt{810000}+\sqrt{4050000} \\ \hline \sqrt{810000}+\sqrt{1620000}+450 \end{array}$$

Et afin de rendre cecy plus manifeste, nous adiousterons encore vn exemple en nombres rationaux. Soit proposé à multiplier √(√4+14)—√(√9+6) par √(√9+6) c'est à dire 1 par 3, & viendront 3. Car de √(√9+6) en √(√9+6) est faict son quarré √9+6 auec le signe —, qui luy doit estre preposé: puis apres, de √(√4+14) en √(√9+6) est faict √144,

$$\begin{array}{r} \sqrt{(\sqrt{4}+14)}-\sqrt{(\sqrt{9}+6)} \\ \sqrt{(\sqrt{9}+6)}+\sqrt{(\sqrt{9}+6)} \\ \hline \sqrt{144}+84-\sqrt{9}+6 \\ \sqrt{36}+\sqrt{1764} \\ \hline \sqrt{144}-9 \end{array}$$

c'eſt à dire 12 : Car √36 eſt 6, & √144 eſt 12, & √1764 eſt 42 ; tous leſquels nombres auec 84 font iceluy nombre 144 , & luy prepoſant le ſigne √, ſera le produit √144, c'eſt à ſçauoir 12, duquel nombre eſtant oſté l'autre produit √9+6, ſçauoir 9, reſtera 3 pour tout le nombre produit ainſi qu'il deuoit eſtre.

Or quand il faut multiplier la racine quarree d'vn nombre compoſé enſemble, auec la racine quarree d'vn nombre diminué ſemblable, en ſoy-meſme, comme √(12+√6)+(12—√6) ; ſoit poſé le nombre deux fois, ainſi qu'il appert icy, & ſoient pris les quarrez des parties, leſquels feront 12+√6, & 12—√6, qui font enſemble 24 : (car +√6 ruine —√6) Et ſoit multipliee vne partie par l'autre, & ſera fait √138, (pource que 6, quarré de √6, oſté de 144, quarré du nombre 12, reſte 138, auquel faut appoſer le ſigne √) dont le double eſt √552 : & 24+√552 ſera le nombre produit cherché. Or la racine de ce produit eſt auſſi la ſomme des deux racines √(12+√6) & √(12—√6) recueillie en vne ſeule ſom-

$$\sqrt{(12+\sqrt6)} +\sqrt{(12-\sqrt6)}$$
$$\sqrt{(12+\sqrt6)} +\sqrt{(12-\sqrt6)}$$
$$\overline{\qquad\qquad\qquad}$$
$$12+\sqrt6+12-\sqrt6.$$
$$\sqrt{138}.$$
$$\sqrt{138}.$$
$$\overline{\qquad\qquad\qquad}$$
$$\sqrt{552}.$$
$$24+\sqrt{552}.$$

me. Car quand la ſomme de deux nombres eſt multipliee en ſoy, la racine quarree du nombre produit eſt la ſomme des meſmes deux nombres : & partant puis que les deux racines propoſees enſemble, multipliees en ſoy, font 24+√552, la racine de ce produit, ſçauoir eſt √(24+√552) ſera la ſomme de ces deux racines-là. Ce que nous rendrons manifeſte par vn autre exemple en nombres rationnaux. Soit √(10+36)+√(10—√36) c'eſt à dire 6, qu'il faut multiplier en ſoy. Il eſt euident que le nombre qui ſera produict doit eſtre 36.

Soient donc trouuez les quarrez des parties, leſquels feront 10+√36, & 10—√36, qui adiouſtez enſemble font 20 : & ſoit multipliée vne partie en l'autre, & viendra √64, dont le double ſera √256, c'eſt à dire 16 ; & partant le nombre produit eſt 20+16, c'eſt à dire 36 : & la racine de ce nombre, ſça-uoir 6, eſt pareillement la ſomme de l'addition de ces deux racines-là propoſees, comme il eſt manifeſte.

$$\sqrt{(10+\sqrt{36})} +\sqrt{(10-\sqrt{36})}$$
$$\sqrt{(10+\sqrt{36})} +\sqrt{(10-\sqrt{36})}$$
$$\overline{\qquad\qquad\qquad}$$
$$10+\sqrt{36}+10-\sqrt{36}.$$
$$\sqrt{64}$$
$$\sqrt{64}$$
$$\overline{\qquad\qquad\qquad}$$
$$\sqrt{256}$$
$$20+\sqrt{256}.$$

Or quand il faut multiplier vn nombre compoſé de racine ſimple, & de racine vniuerſelle, par vn nombre diminué ſemblable ; a auſſi lieu le compendium que nous auons enſeigné au chapitre 19. Comme pour exemple, s'il faut multiplier le nombre √20+√(20—√5) par le nombre √20—√(20—√5) : Il n'y a qu'à ſouſtraire 20—√5, quarré de la derniere particule du nombre compoſé ou diminué, de 20 quarré de la premiere particule, & le reſte √5, ſera le produit de la multiplication.

Mais s'il falloit multiplier √(29+8)+5 enſoy, il n'y auroit qu'à quarrer

chaque particule, & viendroient $2q+8$, & 25: puis multiplier l'vne par l'autre, & le double du produit estant adiousté auec les susdits deux quarrez des
particules, donneroit $2q+33+\sqrt{}$ $(200q+800)$ pour tout le produit de la
multiplication.

Si on vouloit encor multiplier $\sqrt{}$ $(5q-4\mathcal{R})+8$ en soy, il ne faudroit
aussi que prendre les quarrez de chaque particule, qui seroient $5q-4\mathcal{R}$, &
64, puis les adiouster au double du produit d'vne particule en l'autre, &
viendroient $5q-4\mathcal{R}+\sqrt{}$ $(1280q-1024\mathcal{R})$ pour tout le produit de la multiplication.

Semblablement s'il faut multiplier $\frac{1}{2}q+\sqrt{}(\frac{1}{4}qq+1q)$ par $\frac{1}{2}q-\sqrt{}(\frac{1}{4}qq-1q)$: Il
n'y a qu'à soustraire le quarré de la derniere particule, du quarré de la
premiere particule, sçauoir est $\frac{1}{4}qq+1q$, de $\frac{1}{4}qq$, & le reste $-1q$, sera le produit de la multiplication.

Pour faire la diuision des racines vniuerselles, soit reduit à quarré, tant
le nombre diuidande que diuiseur: puis apres soit faite la diuision comme
il a esté enseigné cy deuant, & la racine du nombre
produit sera le quotient. Comme pour exemple, soit
$\sqrt{}(13+\sqrt{7})$ qu'il faut diuiser par $\sqrt{5}$. Les quarrez des
nombres, sont $13+\sqrt{7}$, & 5. Ie diuise donc 13 par 5, &
vient $2\frac{3}{5}$, & $\sqrt{7}$ par 5, c'est à dire par $\sqrt{25}$, & vient $\sqrt{\frac{7}{25}}$: tellement que tout le
quotient est $\sqrt{}(2\frac{3}{5}+\sqrt{\frac{7}{25}})$.

$$13+\sqrt{7}\ [\ 2\tfrac{3}{5}+\sqrt{\tfrac{7}{25}}.$$
$$5\quad \sqrt{25}$$

Item soit $\sqrt{}(432+\sqrt{7776})$ qu'il
faut diuiser par 6. Les quarrez des
nombres sont $432+\sqrt{7776}$, & 36: le
nombre 432 estant diuisé par 36, viennent 12; & $\sqrt{7776}$ estant diuisée par
36, c'est à dire par $\sqrt{1296}$, vient $\sqrt{6}$:
& partant tout le quotient sera $\sqrt{}(12+\sqrt{6})$.

$$432+\sqrt{7776}\ [\ 12+\sqrt{6}$$

Item soit $\sqrt{15}$, qu'il faut diuiser par $\sqrt{}(3+\sqrt{5})$. Afin de trouuer vn nouueau
diuiseur nous multiplierons $\sqrt{}(3+\sqrt{5})$ par $\sqrt{}(3-\sqrt{5})$ & viedra vn nouueau
diuiseur $\sqrt{4}$. Que si le diuidande $\sqrt{15}$, est aussi multiplié par $\sqrt{}(3-\sqrt{5})$, nous
aurons vn nouueau diuidande $\sqrt{}(45-\sqrt{1125})$: le quarré d'iceluy sera
$45-\sqrt{1125}$, & le quarré du nouueau diuiseur sera 4. Si donc on diuise 45 par
4, le quotient sera $11\frac{1}{4}$: si nous diuisons $-\sqrt{1125}$ par 4, c'est à dire par $\sqrt{16}$, le
quotient sera $-\sqrt{70\frac{5}{16}}$. Donc tout le quotient est $\sqrt{}(11\frac{1}{4}-\sqrt{70\frac{5}{16}})$.

Item soit diuisé 20 par $\sqrt{}(10-\sqrt{5})$. Nous multiplierons l'vn & l'autre nombre par $\sqrt{}(10+\sqrt{5})$, afin d'auoir vn nouueau diuidāde $\sqrt{}(4000+\sqrt{800000})$,
& vn nouueau diuiseur $\sqrt{95}$: les quarrez d'iceux nombres sont $4000+$
$\sqrt{800000}$, & 95. Si donc on partit 4000 par 95, seront dónez $42\frac{2}{19}$: & de la
diuision de $\sqrt{800000}$ par 95, c'est à dire par $\sqrt{9025}$, sera produit $\sqrt{88\frac{232}{361}}$.
Donc tout le quotient de la diuision est $\sqrt{}(42\frac{2}{19}+\sqrt{88\frac{232}{361}})$.

Item soit diuisée $\sqrt{c}(\sqrt{c}32768+\sqrt{c}13824)$ par 2. Les cubes de ces nombres
sont $\sqrt{c}32768+\sqrt{c}13824$, & 8. Ie diuise donc $\sqrt{c}32768$ par 8, c'est à dire par
$\sqrt{c}512$, & vient au quotient $\sqrt{c}64$: & de la diuision de $\sqrt{c}13824$ par 8, c'est à
dire par $\sqrt{c}512$, vient $\sqrt{c}27$. Tout le quotient est donc $\sqrt{c}(\sqrt{c}64+\sqrt{c}27)$, c'est
à dire $\sqrt{c}7$.

Item ſoit √(588+√34848), qu'il faut diuiſer par √(12+√8). Les quarrez des nombres ſont 588+√34848, & 12+√8. Nous multiplierons l'vn & l'autre nôbre par 12—√8, afin d'auoir nouueau nombre diuidande, & diuiſeur: le diuidande ſera √(7056+√1018112—√2765952—√278784), ou pluſtoſt par reduction √(6528+√332928), & le diuiſeur ſera 136. Si donc on diuiſe 6528 par 136, viendront 48: & √332928 par 136, c'eſt à dire par √18496, viendront √18:& partant tout le quotient ſera √(48+√18).

Nous auons dit cy-deſſus comment il faut adiouſter vne racine vniuerſelle à vne ſemblable ayant le ſigne contraire : comme √(2+√3) auec √(2—√3) dont la ſomme eſt √6. Mais telles racines ſe peuuent encore adiouſter enſemble comme enſuit.

Le quarré de la derniere particule de l'vne ou l'autre d'icelles racines ſoit oſté du quarré de la premiere particule, & à la racine quarree du reſte ſoit adiouſtee la premiere particule ; puis ſoit doublé ce qui viendra, & la racine de ce double là, ſera la ſomme de l'addition. Comme en l'exemple cy-deſſus, le quarré de la derniere particule eſt 3, lequel i'oſte de 4, quarré de la premiere particule, & reſte 1, que i'adiouſte à icelle premiere particule, & ſont 5, dont le double eſt 6, & la racine de 6, eſt √6, & autant eſt la ſomme de l'addition des deux racines propoſees.

Mais quand les deux racines qu'il faut adiouſter ſont diſſemblables, il faut diuiſer la plus grande par la moindre, & au quotient adiouſter 1; (ſinon que leſdites racines fuſſent incommenſurables : car alors l'addition d'icelles ſe fera plus commodément par l'interpoſition du ſigne —) puis par le produict ſoit multipliee la plus petite racine ; & le produict de la multiplication ſera la ſomme de l'addition. Comme pour exemple: ſoit √(8+√48) à laquelle il faut adiouſter √2+√3). Ie diuiſe celle là par ceſte-cy, & vient au quotient √4, c'eſt à dire 2, auquel i'adiouſte 1, & font 3, par leſquels ie multiplie √(2+√3), & vient √(18—√243) pour la ſomme des deux racines propoſees à adiouſter.

Item ſoit √(10+√36), qu'il faut adiouſter à √(11+√25): Ie diuiſe ceſte-cy par celle-là, & vient 1 au quotient, auquel i'adiouſte vne vnité, & ſont 2, par leſquels ie multiplie √(10+√36), & vient √64, c'eſt à dire 8, pour la ſomme de l'addition des deux racines propoſees.

Maintenant ſi d'vne racine vniuerſelle de nombre compoſé, il en faut ſouſtraire vne autre ſemblable de nombre diminué : Le quarré de la derniere particule ſoit oſté du quarré de la premiere, & la racine du reſte ſoit oſtee d'icelle premiere particule, puis ſoit doublé ce dernier reſidu, & la racine de ce double ſera le reſte requis. Comme pour exemple, ſoit √(12—√6). Le quarré de la premiere particule eſt 144, duquel i'oſte 6, quarré de la derniere particule, & reſte 138, dont la racine eſt √138, que ie ſouſtrais de la premiere particule 12, & reſte 12—√138, que ie double, & viennent 24—√552, dont la racine eſt √(24—√552), qui eſt le reſte requis.

Mais ſi les racines ſont diſſemblables : pour faire la ſouſtraction, il faut diuiſer la plus grande par la moindre, & du quotient oſter 1 ; (ſinon que les racines propoſees fuſſent incommenſurables : Car alors la ſouſtraction ſe fera plus commodément par l'interpofition du figne—). Puis par le refte foit multipliee la moindre racine, & le produit fera le refte requis. Comme pour exemple, foit $\gamma(2+\gamma 3)$ qu'il faut fouftraire de $\gamma(8+\gamma 48)$. Ie diuife cefte-cy par celle-là, & vient au quotient $\gamma 4$, c'eft à dire 2, dont i'ofte vne vnité, & refte 1, par lequel ie multiplie la moindre racine $\gamma(2+\gamma 3)$, & vient la mefme $\gamma(2+\gamma 3)$ pour le refte de la fouftraction.

Item foit $\gamma(486-\gamma 162)$, de laquelle faut fouftraire $\gamma(\gamma 6-\gamma 2)$: ie diuife celle-là par celle-cy, & vient au quotient $\gamma 9$, c'eft à dire 3, dont i'ofte 1, & refte 2, par lefquels ie multiplie la moindre racine $\gamma(\gamma 6-\gamma 2)$, & vient au produict $\gamma(\gamma 96-\gamma 32)$ pour le refte de la fouftraction requis.

De l'extraction des racines des binomes, & refidus.

C H A P.   XXIIII.

QVand deux quelconques nombres font conioints par le figne +, ils font ordinairement nommez Binome : comme $\gamma 12 + \gamma 3$: & $\gamma 18 + \gamma 8$. Mais eftans accouplez par le figne —, ils font appellez Apoteme ou Refidu : Comme $\gamma 12 - \gamma 3$: & $\gamma 18 - \gamma 8$. Et plus de deux nombres ainfi accouplez, font nommez Trinome, Quatrinome, &c. Comme $\gamma 17 + \gamma 10 - \gamma 3$: ou $\gamma 17 - \gamma 10 + \gamma 3$, font dits Trinome : & $\gamma 17 + \gamma 10 + \gamma 3 + \gamma 2$: ou $\gamma 17 - \gamma 10 + \gamma 3 + \gamma 2$, font appellez Quatrinome, &c. Mais Euclide au 10. liure, prop. 37 & 74 appelle feulement Binome, ou refidu, quand les deux nombres conioints par le figne + ou —, font rationnels commenfurables en puiffance feulement : il conftitue de fix fortes de Binome, & autant de refidu ; chacun defquels il definit, & enfeigne à trouuer au mefme liure. Or pour extraire la racine quarree d'iceux Binomes & refidus, il y a diuerfes manieres, deux defquelles nous enfeignerons icy, & au prealable le probleme fuiuant.

Coupper vn nombre donné en deux parties, telles que le nombre produit d'icelles foit egal à vn nombre donné, qui ne foit plus grand que le quarré de la moitié d'iceluy nombre propofé à diuifer, ou (qui eft le mefme) que la quatriefme partie du quarré dudit nombre.

Qu'il faille coupper le nombre 20 en deux parties, telles que multipliées entr'elles, leur produict foit 75, qui eft moindre que 100, quart du quarré d'iceluy nôbre propofé 20. Soit ofté 75 de 100, quarré de la moitié de 20, & refteront 25, dont foit pris la racine quarree, laquelle fera 5, & foit icelle adiouftee à 10, moitié du nombre propofé à diuifer, & viendra 15, qui fera le plus grand nombre cherché, mais icelle racine 5 eftant oftée d'icelle moitié 10, refteront 5, qui fera le moindre nombre requis : tellement donc que les deux nombres 15 & 5, font parties du nombre 20, telles que multipliees entr'elles, elles produifent 75, ainfi qu'il eftoit requis.

Maintenant foit le binome $38 + \gamma 288$, duquel il faut extraire la racine quarrée. Soit couppé le plus grand nom 38 en deux parties, telles que leur produit soit le nombre 72, quatriesme partie du quarré du moindre nom, sçauoir de 288, lesquelles parties seront trouuees par le prob. cy-dessus, estre 36 & 2: d'iceux deux nombres soient prises les racines quarrees, & icelles seront 6 & $\sqrt{2}$, qui conioinctes par le signe + feront $6 + \sqrt{2}$, qui sera la racine quarree du binome proposé. Mais icelles racines 6 & $\sqrt{2}$ estans accouplees par le signe — feront $6 - \sqrt{2}$, qui sera la racine quarree du residu $38 - \sqrt{288}$. Item la racine quarree du binome $\sqrt{32} + \sqrt{24}$, sera trouuee en la mesme maniere estre $\sqrt{\sqrt{18}} + \sqrt{\sqrt{2}}$. Car $\sqrt{32}$ plus grand nom d'iceluy binome estant coupé en deux parties, telles que leur produit soit 6, quatriesme partie de 24, quarré du moindre nom: icelles parties seront trouuees estre $\sqrt{18}$, & $\sqrt{2}$, dont les rcines conioinctes par le signe +, sont $\sqrt{\sqrt{18}} + \sqrt{\sqrt{2}}$.

Pour autrement extraire la racine quarree du binome $38 + \sqrt{288}$, il faut du quarré du plus grand nom, oster le quarré du moindre nom, & resteront 1156, desquels soit pris le quart, qui sera 289, duquel soit pris la racine quarree, laquelle sera 17, qu'il faut adiouster, & soustraire de la moitié du plus grand nom, sçauoir de 19, & viendront 36, & 2, desquels deux nombres soient prises les racines quarrees, & seront 6, & $\sqrt{2}$, qui accouplees par le signe +, feront $6 + \sqrt{2}$ pour la racine quarree du binome $38 + \sqrt{288}$, comme deuant. Par la mesme maniere la racine quarree du residu $\sqrt{60} - \sqrt{12}$, sera trouuee estre $\sqrt{(\sqrt{15} + \sqrt{12})} - \sqrt{(\sqrt{15} - \sqrt{12})}$.

Quant à la preuue, elle se fait comme en l'extraction des nombres absolus, sçauoir est, multipliant la racine trouuée par soy-mesme.

Or voila sommairement les operations plus ordinaires & vsitees en l'Algebre numeralle: Et afin de donner aux apprentifs & peu versez en ceste science, tant plus de cognoissance de sa pratique, nous finirons ce traicté par quelques problemes ou questions, auec leurs solutions, au moyen desquelles & des preceptes cy-deuant enseignez on en pourra souldre infinis autres.

Diuerses questions & problemes, auec leurs solutions.

CHAP. XXV.

1. *EN vne armée de 24000 hommes, il y a de trois nations, sçauoir, François, Suisses & Allemans: mais le nombre des François & des Suisses ensemble est septuple du nombre des Allemans: & le nombre des François ioinct à celuy des Allemands est quintuple des Suisses: On demande quel est le nombre de chaque nation?*

Premierement posons 1 ℞, pour le nombre des Allemans: donc le nombre des François & des Suisses ensemble sera 24000 — 1 ℞; & partant 7 ℞ seront egales à 24000 — 1 ℞. Adioutons donc 1 ℞ de part & d'autre, & nous aurons 8 ℞ egales à 24000; par consequent 1 ℞, qui est le nombre des Allemands sera 3000: parquoy le nombre des Francois & des Suisses ensemble est 21000. Or posons 1 ℞ pour les Suisses: & les François seront 21000 — 1 ℞: Et puis que le nombre des François & des Allemands ensemble, est quintuple de celuy des Suisses, 24000 — 1 ℞ seront egales à 5 ℞: adiouttons de part & d'autre 1 ℞, & viendront 6 ℞ egales à 24000: partant 1 ℞ vaudra 4000, qui est le nombre des Suisses: & par consequent il y a 17000 François.

2. Il y a

2 *Il y a vne armee composee de François, Allemans & Anglois: les François sont 25000: les Allemans sont moitié des François & Anglois, & les Anglois sont la huictiesme partie des François & Allemans: il faut trouuer le nombre tant des Allemans que des Anglois, & combien il y a d'hommes en toute l'armee.*

Soit posé 1℞ pour les Allemans: donc les François & les Anglois ensemble seront 2℞, & toute l'armee sera 3℞. Et puis que les Anglois sont la huictiesme partie des François & des Allemans ensemble; & que les Allemans & François sont ensemble 1℞+25000: les Anglois seront $\frac{1}{8}$℞+3125. Parquoy veu que les François sont 25000, les Allemans 1℞, & les Anglois $\frac{1}{8}$℞+3125, toute l'armee sera 1$\frac{1}{8}$℞+28125 egale à 3℞. Ostant donc 1$\frac{1}{8}$℞ de part & d'autre, l'equation sera entre 28125, & 1$\frac{7}{8}$℞: parquoy diuisant 28125 par 1$\frac{7}{8}$, viendra le nombre 15000, pour la valeur de 1℞, qui est le nombre des Allemans; & partant les François & Allemans seront ensemble 40000, dont la huictiesme partie est 5000 pour le nombre des Anglois: & par consequent toute l'armée sera de 45000 hommes.

3. *Il y-a vne colomne quadrangulaire restangle de laquelle la base a les costez en raison sesquitierce, & sa hauteur est au plus grand costé de la base en raison double superbipartiente tierce, & la solidité d'icelle colomne contient 93312 toises: il faut trouuer chacune des dimensions susdictes.*

Le moindre costé de la base soit posé 3℞, & le plus grand 4℞: mais la hauteur 10$\frac{2}{3}$℞ afin qu'elle soit au plus grand costé 4℞, en raison double superbipartiente tierce, & le plus grand costé au moindre en raison sesquitierce. Ces trois nombres multipliez entr'eux produisent 128c, egaux à 93312 solidité de la colomne. Diuisant donc 93312 par 128, viennent 729 pour 1c, & 9 pour 1℞: donc le moindre costé de la base, lequel nous auons posé estre 3℞, sera 27 : & le plus grand 4℞, sera 36; & la hauteur 10$\frac{2}{3}$℞ sera 96. Et ces trois nombres 27,36,96 multipliez entr'eux produisent la solidité proposée 93312.

4. *Il y-a vn rectangle, duquel l'aire est 30, & les costez d'iceluy sont en raison sesquialtere: il faut trouuer iceux costez, & le diametre.*

Soit posé le moindre costé 2℞, & partant le plus grand qui doit estre sesquialtere à iceluy sera 3℞: de la multiplication des costez entr'eux, sera produit 6q egaux à 30, aire donné. Diuisant donc 30 par 6, viendront 5 pour 1q; & partant 1℞, sera $\sqrt{5}$. Et pource que nous auons posé le moindre costé estre 2℞, iceluy sera $\sqrt{20}$, nombre double de $\sqrt{5}$; & le plus grand costé 3℞. sera $\sqrt{45}$, nombre triple de $\sqrt{5}$. Et pource que les quarrez des costez 20 & 45 sont ensemble egaux au quarré du diametre, le quarré d'iceluy diametre sera 65, & iceluy diam. $\sqrt{65}$.

5. *Il y a vn rectangle dont la difference des costez est $\sqrt{32}$, & leur raison triple: trouuer tant iceux costez, que l'aire d'iceluy rectangle.*

Posons que le moindre costé soit 1℞: Donc l'autre sera 3℞, puis qu'ils sont en raison triple: Mais puis que leur difference est 2℞, & la donnee est $\sqrt{32}$: icelles 2℞ seront egales à $\sqrt{32}$; & consequemment 1℞ vaudra $\sqrt{8}$, qui est le moindre costé, & partant le plus grand qui luy est triple sera $\sqrt{72}$: Et puis que l'aire d'vn rectangle s'obtient en multipliant vn costé par l'autre, si on multiplie $\sqrt{72}$ par $\sqrt{8}$, viendront $\sqrt{576}$, c'est à dire 24 pour l'aire du rectangle proposé.

6. *Il y a vn rectangle duquel les costez sont en raison septuple, & les quarrez d'iceux pris ensemble, ont raison centuple à la somme d'iceux costez: Trouuer les costez, l'aire, & le diam. dudit rectangle.*

Soit posé le moindre costé estre 1℞ , & le plus grand 7℞: donc la somme d'iceux costez sera 8℞, & leurs quarrez, sçauoir 1q & 49q, adioustez ensemble feront 50q, centuple de 8℞. Il y a donc equation entre 50q & 800℞. Et diuisant 800 par 50, viendront 16 pour 1℞, moindre costé: le plus grand qui est en raison septuple sera donc 112, & l'aire sera 1792, car c'est le produit d'vn costé multiplié par l'autre: Mais le diametre sera √12800. Car les quarrez des costez sont 256, & 12544, la somme desquels est 12800, centuple de 128, qui est la somme d'iceux costez, & partant le quarré du diametre sera 12800, dont la racine quarree, sçauoir est √12800 sera ledit diametre.

7. *Il y a vn rectangle, duquel l'aire est 80, & la difference des costez est 2: trouuer le diametre, & les costez d'iceluy rectangle.*

Soit posé le moindre costé de 1℞; & partant le plus grand sera 1℞+2. Ces costez multipliez entr'eux donnent pour l'aire 1q+2℞, lequel est egal à l'aire donné 80. Ostant donc 1℞ de chacun, l'equation sera entre 1q, & 80—2℞. La moitié du nombre des racines est 1, dont le quarré est 1, qui adiousté à 80, sera 81, dont la racine quarree est 9, de laquelle ostant la susdite moitié 1, restera 8, estimation de 1℞, qui est pour le moindre costé: Donc le plus grand excedant iceluy de 2 sera 10. Iceux costez multipliez entr'eux produisent 80 aire donné, & les deux quarrez des costez sont 64 & 100, egaux au quarré du diametre: & partant le quarré du diametre sera 164, & iceluy diametre √164.

8. *Il y a vn rectangle duquel le diametre est 30, & la somme des costez 42: trouuer iceux costez, & l'aire du rectangle.*

Soit posé vn costé de 1℞, & partant l'autre sera 42—1℞: donc leurs quarrez seront 1q, & 1764—84℞+1q, qui sont ensemble egaux au quarré du diametre. Parquoy l'equation sera entre 2q+1764—84℞ & 900. Et adioustant 84℞ à chacun, elle sera entre 84℞+900, & 2q+1764. Et ostant 900 de chacun, restera equation entre 84℞, & 2q+864. Et derechef ostant 864 de chacun, elle sera entre 2q, & 84℞—864. Parquoy diuisant tout par 2, l'equation viendra entre 1q & 42℞—432. La moitié du nombre des racines est 21, dont le quarré est 441, duquel ostant 432, resteront 9, dont la racine quarree est 3, qui adioustee à la susdite moitié 21, viendront 24 pour le plus grand costé: & partant resteront 18 pour le moindre: & iceux costez multipliez entr'eux, produisent 432 pour l'aire du rectangle.

9. *Il y a vn quarré duquel le diametre & le costé ensemble font 6: trouuer iceux costé & diametre.*

Soit posé 1℞ pour le costé, & partant le diametre sera 6—1℞. Et pource que le quarré du diametre est double du quarré du costé; & le quarré du costé est 1q; & le quarré du diametre est 36—12℞+1q: il y aura equation entre 2q, & 36—12℞+1q: parquoy ostant 1q de chacun, demeurera equation entre 1q, & 36—12℞: maintenant la moitié du nombre des racines est 6, dont le quarré est 36, qui adioustez au nombre 36, viennent 72, dont la racine est √72, de laquelle estant ostee la susdite moitié 6, restera √72—6, pour la valeur de 1℞; & autant sera le costé du quarré; lequel estant osté de 6, resteront 12—√72 pour le diametre.

10. *Il y a vn autre quarré duquel le diametre surpasse le costé de 3: trouuer lesdits costé, & diametre.*

Pour le costé soit posé 1℞, & partant le diametre sera 1℞+3. Et pource que le

quarré du diametre eſt double du quarré du coſté ; lequel le quarré du coſté eſt 1*q*;
le quarré du diametre ſera 1*q*+6℞+9: L'equation ſera donc entre 2*q*,& 1*q*+6℞+9;
& oſtant 1*q* de chacun, reſtera l'equation entre 1*q*, & 6℞+9. La moitié du nombre des racines eſt 3,dont le quarré eſt 9 , qui adiouſté au nombre 9, faict 18, dont
la racine eſt $\sqrt{18}$, à laquelle ſoit adiouſtée la ſuſdite moitié 3, & ſera faict $\sqrt{18}+3$,
valeur de 1℞, qui eſt pour le coſté du quarré: & partant le diametre ſera $\sqrt{18}+6$.

11. *Il y a vn quarré duquel le coſté multiplié par le diametre faiɗ 10 : trouuer leſdits coſté, & diametre.*

Soit poſé le coſté de 1℞: & puis qu'iceluy coſté multipliant le diametre fait 10:
par le contraire diuiſant 10, le quotient donnera, ledit diametre, & par conſequent
iceluy diametre ſera $\frac{10}{1℞}$. Et pource que le quarré du diametre eſt double du quarré
du coſté,ſçauoir eſt de 1*q*, & le quarré dudit diametre eſt $\frac{100}{1q}$; il y aura equation entre 2*q*, & $\frac{100}{1q}$. laquelle par la multiplication croiſee ſera reduitte à celle d'entre 2*qq*,
& 100. Diuiſant donc 100 par 2, viendront 50 pour la valeur de 1*qq* : & partant
1℞ ſera $\sqrt{\sqrt{50}}$, & tel eſt le coſté du quarré propoſé. Parquoy ſi on diuiſe 10 par
$\sqrt{\sqrt{50}}$, viendront au quotient $\sqrt{\sqrt{200}}$ pour le diametre dudit quarré.

12. *Il y a vn quarré duquel le coſté multiplié par la difference d'entre iceluy coſté, & le diametre fait 15 : trouuer le diametre, & le coſté dudit quarré.*

Soit poſé le coſté eſtre 1℞, & partant la difference d'entre le coſté & le diametre
ſera $\frac{15}{1℞}$, laquelle eſt trouuee diuiſant 15 par 1℞, ſçauoir eſt afin que le quotient
multiplié par le diuiſeur 1℞, produiſe le nombre diuiſé 15. Et pource que le diametre excede le coſté de ceſte difference, le diametre ſera 1℞$+\frac{15}{1℞}$. Et d'autant que
le quarré du diametre eſt double du quarré du coſté: & le quarré d'iceluy coſté
eſt 1*q*, & le quarré du diametre eſt $\frac{1qq-30q+225}{1q}$, il y aura equation entre 2*q*, &
$\frac{1qq+30q+225}{1q}$, qui par multiplication en croix ſera reduite à l'equation d'entre 2*qq*,
& 1*qq*+30*q*+225. Oſtant donc 1*qq* de chacun, l'equation ſera entre 1*qq* & 30*q*+225.
La moitié du nombre des quarrez eſt 15, dont le quarré eſt 225, qui adiouſté à 225,
viennent 450, dont la racine quarree eſt $\sqrt{450}$, à laquelle adiouſtant la ſuſdite
moitié 15,viendra $\sqrt{450}+15$ pour 1*q*; & partant 1℞ ſera $\sqrt{(\sqrt{450}+15)}$: & autant eſt
le coſté requis, dont le quarré $\sqrt{450}+15$ eſtant doublé donnera $\sqrt{1800}+30$, pour
le quarré du diametre: & partât iceluy diametre ſera $\sqrt{(\sqrt{1800}+30)}$,duquel eſtant
ſouſtraict le coſté, reſtera la difference $\sqrt{(\sqrt{1800}+30)}-\sqrt{(\sqrt{450}+15)}$, qui multipliee par le coſté $\sqrt{(\sqrt{450}+15)}$ ſera produiɗ le nombre 15.

13. *Il y a vn triangle duquel les ſegmens de la baſe faits par la perpendiculaire ſont 16 &
5 , mais l'aggregé des deux coſtez eſt 33 : On demande combien eſt chacun deſdits coſtez, &
conſequemment l'aire d'iceluy triangle?*

Ie poſe que le moindre coſté ſoit 1℞: donc l'autre coſté ſera 33—1℞, & partant
les quarrez d'iceux coſtez ſeront 1*q*, & 1*q*—66℞+1089:du moindre d'iceux quarrez
ſoit oſté le quarré du moindre ſegment, & reſtera 1*q*—25 pour le quarré de la perpendiculaire. Mais du quarré du plus grand coſté ſoit auſſi oſté le quarré du grand
ſegment,& reſteront encore 1*q*—66℞+833 pour le quarré de la perpend. Partant il
y a equation entre 1*q*—25, & 1*q*—66℞+833. Parquoy adiouſtant & ſouſtraiant de
part & d'autre ſelon les preceptes des Equations, viendront 66℞ egales à 858.
Donc la valeur de 1℞ ſera 13, qui eſt le moindre coſté requis, & partant l'autre ſera
20, & la ſuperficie 126.

14. *Il y a vn triangle rectangle, duquel vn costé de l'angle droict est √18+3, mais l'autre costé & l'hypotenuse font ensemble √162+9: on demande combien est chaque costé.*

Posons, 1℞ pour le costé de l'angle droict requis; & partant l'hypotenuse sera √162+9—1℞: donc les quarrez des deux costez dudit angle droict seront 27+√648, & 1q; lesquels deux quarrez ensemble sont egaux au quarré de l'hypotenuse, c'est assauoir à 243—18℞+1q+√52488—√648q: Parquoy si on oste de part & d'autre √648, viendra equation entre 1q+27, & 243—18℞+1q+√41472—√648q: (car ostant √648 de √52488, qui sont commensurables, restera √41472) & si de chaque terme d'icelle equation on osté 1q, & 27, restera encore equation entre 0, & 216—18℞+√41472—√648q: mais adioustant de part & d'autre 18℞, & √648q, l'equation viendra entre √648q+18℞, & 216+√41472. Or d'autant que le nombre √648q a esté procreé multipliant deux fois √162 par 1℞ il doit estre pris pour nombre de racines, suiuant ce que nous auons dit à la page 393: & partant tout ce nombre √648q+18℞ est le nombre des racines, & consequemment il faut par iceluy nombre (delaissant les signes cossiques q & ℞) diuiser l'autre nombre de l'equation 216+√41472, afin d'auoir la valeur d'vne racine: pour faire laquelle diuision il faut, suiuant ce qui est enseigné au chap. 20. multiplier tant le diuiseur √648+18, que le diuidande 216+√41472, par √648—18: quoy faisant viendront 324 pour nouueau diuiseur, & √3359232+1296 pour nouueau diuidande: & la diuision faite, le quotient sera √32+4, qui est la valeur de 1℞: & autant est le costé cherché, que nous auons posé estre 1℞, lequel costé estant soustrait de √162+9, restera √50+5 pour l'hypotenuse, puis que l'aggregé d'iceluy costé, & de ladite hypotenuse est √162+9.

15. *Il y a vn iardin rectangulaire, dont la diagonalle excede la longueur dudit iardin de 4 perches, & la largeur de 8. On demande combien est la longueur & la largeur dudit iardin, & consequemment l'aire d'iceluy.*

Ie pose que la largeur dudit iardin soit 1℞: donc la diagonalle sera 1℞+8, & son quarré 1q+16℞+64, duquel estant osté le quarré de la largeur, sçauoir 1q, restent 16℞+64 pour le quarré de la longueur dudit iardin, & partant icelle longueur sera √(16℞+64), qui ostee de la diagon. resteront 1℞+8—√(16℞+64), qui sont egaux à l'excez donné 4: adioustant donc & soustraiant de part & d'autre ainsi qu'il appartient, viendra 1q egal à 8℞+48. Parquoy la valeur de 1℞ sera 12: & autant est la largeur du iardin, & consequemment la diagonalle d'iceluy sera 20, la longueur 16, & la superficie 192.

16. *Il y a vn autre iardin rectangulaire, dont les quatre costez auec la diagonalle font ensemble 38, & la superficie d'iceluy est 48. Assauoir combien est la longueur & la largeur dudit iardin.*

Ie pose 1℞ pour la somme de la longueur & de la largeur dudit iardin, & consequemment les quatre costez seront 2℞, & la diagon. 38—2℞: partant son quarré est 1444—152℞+4q: à iceluy quarré soit adiousté le double de la superficie donnee, (pource que par la 4. p. 2. le quarré de l'aggregé des costez comprenant l'angle droict d'vn rectangle, est egal aux quarrez d'iceux costez auec deux fois leur rectangle) & viendront 1540—152℞+4q, qui sont egaux au quarré de la somme de la longueur & largeur, qui est 1q. Adioustons & soustraions de part & d'autre ainsi qu'il appartient, & viendra 1q egal à $50\frac{2}{3}$℞—$513\frac{1}{3}$. Parquoy 1℞ vaut 14: Et autant est

la somme de la longueur & de la largeur du iardin proposé. Parquoy les quatre coftez feront enfemble 28. & la diagonalle 10. Nous auons donc maintenant l'aggregé
des deux coftez d'vn rectangle, fçauoir 14, & la diagon. d'iceluy 10 : Partant nous
trouuerons fuiuant ce qui eft enfeigné cy-deuant en la 8. queftion que la longueur
du iardin propofé eft 8, & fa largueur 6.

17. Il y a vne piece de terre en forme de Rhombe, dont chaque cofté eft de 20 perches, & la diffe-
rence des diagon. 4 : Affauoir combien eft chacune defdites diag. & la fuperficie de ladite piece.

Ie pofe que la moitié de la moindre diagon. foit 1℞ : Donc la moitié de l'autre fera
1℞+2 : & partant les quarrez d'icelles moitiez feront 1*q*, & 1*q*+4℞+4, lefquels
quarrez font enfemble 2*q*+4℞+4, & font egaux au quarré du cofté donné, qui
eft 400. Parquoy procedant à la reduction de cefte equation ainfi qu'il appartient,
fera trouué 1*q* egal à 198—2℞, & partant la valeur de 1℞ fera $\sqrt{199}$—1, & par confequent la moindre diagon. requife fera $\sqrt{796}$—2, & y adiouftant la difference donnee, viendront $\sqrt{796}$+2 pour la plus grande diagonalle, laquelle multipliee par la
fufdite moitié $\sqrt{199}$—1, donne 396 pour la fuperficie de ladite piece de terre.

18. Il y a vne autre piece de terre en Rhombe, dont chaque cofté eft de 15 perches, & la fuperficie
216 : On demande combien eft chaque diagonalle de ladite piece.

Ie pofe que la moitié de la petite diagonalle foit 1℞ : Donc fon quarré eft 1*q*, qui
ofté de 225, quarré du cofté donné 15, reftent 225—1*q* pour le quarré de la moitie
du grand diametre, qui partant eft $\sqrt{(225-1q)}$, & icelle moitié eftant multipliee
par tout l'autre diam. fçauoir eft par 2℞, viendront $\sqrt{(900q-4qq)}$ pour la fuperficie de la piece. Mais elle a efté propofee de 216 : Il y a donc equation entre 216,
& $\sqrt{(900q-4qq)}$, & confequemment entre leurs quarrez 46656, & 900*q*—4*qq*.
Donc auffi entre 1*qq*, & 225*q*—11664 : partant 1℞ vaut 9, & confequemment la
moindre diagonalle eft 18, & la grande 24.

19. Il y a encore vn Rhombe, duquel la fomme des quatre coftez & des deux diagonalles eft 68,
& la difference d'icelles diagonalles 4 : On demande combien eft chaque cofté dudit Rhombe,
chacune des diagonalles, & la fuperficie.

Ie pofe que le cofté dudit Rhombe foit 1℞ : Donc les quatre coftez enfemble feront
4℞, & les diagonalles enfemble 68—4℞. Et puis que la difference d'icelles eft propofee 4, la moindre defdites diagonalles fera 32—2℞, & la plus grande 36—2℞.
Parquoy leurs moitiez feront 16—1℞, & 18—1℞, dont les quarrez font enfemble
2*q*—68℞+580, & font egaux au quarré du cofté dudit Rhombe, c'eft à dire à 1*q*.
Parquoy adiouftant & fouftraiant de part & d'autre ainfi qu'il appartient, on trouuera 1*q* egal à 68℞—580 : & partant la valeur de 1℞ fera 10, la moindre diagon. 12,
& la plus grande 16. Mais multipliant l'vne d'icelles diagonalles par la moitié de
l'autre viendront 96 pour la fuperficie dudit Rhombe propofé.

20. Trois marchans s'affocians enfemble le premier met 140 liures plus que le fecond : mais
le fecond & le troifiefme enfemble mettent 336 liures : Eft aduenu qu'il ont gagné 264 liures,
dont le troifiefme en a eu 84 liures pour fa part. On demande combien ils ont mis chacun, &
combien le premier & le fecond ont eu chacun du gain.

Pofons que le fecond ait mis en la focieté 1℞ : donc la mife du premier fera
1℞+140, & celle du troifiefme 336—1℞; confequemment la mife de tous les trois
fera 476+1℞. Et puis que le gain du 3. eft 84 liures, & le gain total 264, pofez les
fufdits nombres en ordre de regle de trois ainfi :

si 476+1℞ *donnent* 264, *combien donneront* 336—1℞ ? 84.

Or d'autant que de quatre nombres proportionaux le produict du premier par le quatriesme doit estre egal au produit du second par le tiers ; il y aura equation entre 39984+84℞ & 88704—264℞ : laquelle equation estant reduite ainsi qu'il appartient, viendra entre 348℞ & 48720, & par consequent 1℞ vaut 140 liures, qui est la mise du second : partant la mise du premier sera 280 liures, & celle du troisiesme 196 : tellement que toute la mise sera 616 liures. Parquoy nous trouuerons le gain du premier disant par regle de trois,

si 616 *donnent* 264, *combien donneront* 280?

Et viendront 120 liures pour le gain du premier : qui auec celuy du troisiesme fait 204 liures, & partant le gain du second sera 60 liures.

21. *Deux Marchands s'estans associez ensemble ont gaigné* 100 *liures,* ꝯ *le premier, tant pour le principal qui a demeuré trois mois en la societé, que pour son gain prend* 100 *liures. Et l'autre duquel le principal n'a demeuré que deux mois en ladite societé prend* 125 *liures. Assauoir combien ils auoient mis chacun.*

Premierement, adioustons les deux sommes qui ont esté prises, & viendront 225 : ostons en tout le gain, & resteront 125 liures pour toute la mise. Posons 1℞ pour la mise du premier, & par consequent la mise de l'autre sera 125—1℞ : Chacune de ces mises soit multipliee par son temps : viendra au premier 3℞ & à l'autre 250—2℞ : mais l'aggregé sera 250+1℞ : Disons donc par regle de trois, Si 250+1℞ donnent 100 de gain, que donneront les 3℞ du premier? & la regle faite on aura pour son gain $\frac{300℞}{250+1℞}$ tellement que l'aggregé de sa mise & gain sera 1℞+$\frac{300℞}{250+1℞}$, qui est egal à 100 : & par consequent $\frac{300℞}{250+1℞}$ seront egaux à 100—1℞, qui reduits par multiplication croisee, viendront 30℞ egales à 25000—150℞—1*q* : & partant 1*q* sera egal à 25000—450℞ : parquoy prenant la racine quarree dudit nombre 25000—450℞ on trouuera 50 pour la valeur de 1℞, qui est la mise du premier, laquelle ostee de 125 resteront 75 pour la mise de l'autre.

Or est à noter que quand telles questions se font de trois marchans, elles tombent aux equations cubiques : de quatre aux quarrez de quarré : & ainsi de suitte : desquelles equations nous n'auons estimé estre à propos de parler en ce sommaire & abbregé d'Algebre, mais les auons reseruees pour estre traitees amplement en vn autre lieu.

22. *Vn marchand estant allé traffiquer à trois foires ; il a autant gaigné à la premiere qu'il y auoit porté d'argent, tellement qu'apres ceste premiere negotiation il auoit le double de son argent : à la seconde son gain estoit* 6 *liures dauantage que la racine quarree de ce double ; mais à la troisiesme son gain estoit* 4 *liures dauantage que le quarré du gain fait à la seconde foire : ꝯ apres toutes ces negotiations, il trouue qu'il a gaigné à ces trois foires* 1786 *liures. On demande quelle somme d'argent ce marchand auoit au commencement, ꝯ combien il a gaigné à chaque foire.*

Supposons qu'à la seconde foire il aye gaigné 1℞ : donc puis que ce gain est 6 dauantage que la racine quarree du double de ce qu'il auoit porté ou gaigné à la premiere foire ; si nous multiplions 1℞—6 en soy, viendront 1*q*—12℞+36, pour iceluy double ; & pourtant le gain... la premiere foire sera ½*q*—6℞+18 : mais le gain de la troisiesme est 4 dauantage que le quarré du gain de la seconde que nous auons posé estre 1℞ : donc iceluy gain sera 1*q*+4. Adioustons ces trois gains ensemble

1q+4, 1℞, & ½q—6℞+18, & viendront 1½q—5℞+22 pour tous lesdits gains, qui partant sont egaux à 1786. Ostons de part & d'autre 22, & l'equation viendra entre 1½q—5℞, & 1764; adioustons les 5℞, & nous aurons l'equation entre 1½q, & 5℞+1764. Puis à cause de la fraction, reduisons & multiplions en croix, & l'equation viendra entre 3q, & 10℞+3528: & diuisons tout par 3, viendra equation entre 1q, & 3⅓℞+1176. Parquoy prenant la racine quarrée de ce nombre, nous trouuerons 36 pour la valeur d'vne racine: Et partant la somme du gain fait à la seconde foire sera 36 liures; & puis qu'elle vaut 6 liures dauantage que la racine quarree du double de la somme gaignee à la premiere foire, ostons 6 liures, & resteront 30, dont le quarré 900, est le double de la somme, tant de l'argent porté à la premiere foire, que du gain fait à icelle, parquoy le marchand auoit porté 450 liures à ladite foire, & y gaigna autant. Mais puis que le gain fait à la troisiesme foire est 4 liures dauantage que le quarré de la somme du gain fait à la seconde, multiplions le gain 36 en soy, & viendront 1296, à quoy adioustons 4, & nous aurons 1300 liures pour le gain fait à ladite troisiesme foire: & que cela soit, adioustons ensemble tous ces trois gains 450, 36 & 1300 liures; viendront 1786 liures pour tout le gain fait aux trois foires susdites, ainsi que veut la proposition.

Que si on disoit qu'ayant gaigné à la troisiesme foire 4 liures dauantage que le quarré de toute la somme qu'il auoit au precedent; tout son argent est 877036: Nous poserions qu'apres la seconde foire il eut 1℞: Donc le gain de la troisiesme foire seroit 1q+4: & partant tout ce qu'il auroit apres ces negotiations seroit 1q+1℞+4, egaux à 877036: Ostons donc 1℞ & 4 de part & d'autre, & restera 1q egal à 877032—1℞. Or la moitié du nombre des racines est ½, dont le quarré est ¼, qui adiousté à 877032, font 877032¼, dont la recine quarree est 936½, de laquelle soit ostée la susdite moitié du nombre des racines, & resteront 936 pour la valeur de 1℞. Et partant le marchand auoit autant d'argent apres la seconde foire: Mais ostons en 6 qu'il auoit gaigné plus que la racine de ce qu'il auoit apres la premiere foire; & pour ce gain posons 1℞: Donc il auoit 1q apres ladite premiere foire: Parquoy 1q+1℞ seront egaux à 930; & ostant 1℞, l'equation se trouuera entre 1q, & 930—1℞; & procedant à l'extraction, nous trouuerós 30 pour la valeur de 1℞: partant 36 est le gain de la seconde foire, qui osté des 936, restent 900 pour ce qu'il auoit apres la premiere foire, dont la moitié 450, est ce qu'il y auoit apporté, ainsi que deuant.

23. *Deux hommes mettant leur argent ensemble, la somme est 200 escus, mais diuisant l'argent du second par celuy du premier, le quotient est 1½: Il faut trouuer l'argent de chacun.*

Soit posé 1℞ pour le premier, & pour le second 1A: il faut donc resoudre la seconde racine en premiere ainsi. Pource que les deux ensemble ont 200 escus; il y aura equation entre 1℞+1A, & 200. Ostant 1℞ de chacun, restera l'equation entre 1A, & 200—1℞: donc 1A sera reduite en 200—1℞. Parquoy ie pose derechef le nombre du premier estre 1℞, & celuy du second 200—1℞, qui font ensemble 200 escus. Ie diuise maintenant le nombre du second par celuy du premier, & vient $\frac{200—1℞}{1℞}$ egal à 1½, laquelle equation, par la multiplication en croix, sera reduite à l'equation d'entre 400—2℞, & 3℞. Et adioustant 2℞ à chacun, l'equation sera entre 400, & 5℞: diuisant donc 400 par 5, le quotient sera 80 pour le nombre du premier: & partant le second aura 120, qui diuisez par 80, le quotient est 1½.

24. *Trois hommes ayans de l'argent, le premier dit aux deux autres, que s'il auoit encore*

100 *escus, il auroit autant qu'eux: le second dit aussi aux deux autres, que s'il auoit encore 100 escus il auroit le double de leur argent: pareillement le troisiesme dit aux deux autres, que s'il auoit encore 100 escus, il auroit le triple de leur argent: sçauoir combien a chacun.*

Soit posé l'argent du premier estre 1℞: donc auec 100, il aura 1℞+100, & autant sera la somme du second & du troisiesme, & tous les trois auront 2℞+100. Or soit posé la somme du second estre 1A: Donc auec 100, il aura 1A+100, lequel nombre est double de la somme du premier & du tiers, laquelle est 2℞+100—1A: (Pource que ayans tous trois 2℞+100, si on oste 1A, c'est à sçauoir l'argent du second, restera 2℞+100—1A pour la somme du premier & du troisiesme) Partant il y aura equation entre 1A+100, & 4℞+200—2A. Et adioustant 2A à chacun, l'equation sera entre 3A+100, & 4℞+200: & ostant 100 de chacun, demeurera l'equation entre 3A, & 4℞+100. Si donc les touts sont diuisés par 3, l'equation viendra entre 1A, & $\frac{4}{3}$℞+$\frac{100}{3}$: & partant puis que le second est posé auoir 1A, la somme d'iceluy sera $\frac{4}{3}$℞+$\frac{100}{3}$. Finalement la somme du troisiesme soit posee estre 1B. Donc auec 100, il aura 1B+100, qui est nombre triple de la somme du premier & du second, laquelle est $\frac{7}{3}$℞+$\frac{100}{3}$, composee de 1℞ somme du premier, & de $\frac{4}{3}$℞+$\frac{100}{3}$ somme du second: Il y aura donc equation entre 1B+100, & $\frac{21}{3}$℞+$\frac{100}{3}$; c'est à dire entre 1B+100, & 7℞+100, & ostant 100 de chacun, l'equation sera entre 1B, & 7℞: & partant la somme du tiers, qui a esté posee 1B, sera 7℞. Parquoy puis que le premier a 1℞, le second $\frac{4}{3}$℞+$\frac{100}{3}$: & le tiers 7℞: tous les trois ensemble auront $9\frac{1}{3}$℞+$\frac{100}{3}$. Mais tous les trois auoient aussi 2℞+100: Il y a donc equation entre $9\frac{1}{3}$℞+$\frac{100}{3}$, & 2℞+100: & ostant 2℞ de chacun, restera equation entre $7\frac{1}{3}$℞+$\frac{100}{3}$, & 100: & ostant derechef $\frac{100}{3}$, c'est à dire $33\frac{1}{3}$ de chacun, demeurera equation entre $7\frac{1}{3}$℞, & $66\frac{2}{3}$: diuisant donc $66\frac{2}{3}$ par $7\frac{1}{3}$, viendra $9\frac{1}{11}$ pour 1℞, somme du premier: & le second ayant $1\frac{1}{3}$℞+$33\frac{1}{3}$, aura $45\frac{5}{11}$: & le tiers ayant 7℞, aura $63\frac{7}{11}$. Car ainsi le premier auec 100, aura $109\frac{1}{11}$, egale à la somme du second & tiers: & le second auec 100, aura $145\frac{5}{11}$, qui est le double de la somme du premier & tiers: & finalement le tiers auec 100, aura $163\frac{7}{11}$, qui est le triple de la somme du premier & second.

Fin du Sommaire de l'Algebre.

ELEMENT

ELEMENT
DIXIESME.

1 GRANDEVRS commensurables, sont celles là qui
sont mesurees par vne mesme mesure.

*Ainsi les deux lignes droictes A & B,
estans mesurees par vne mesme ligne
C, seront dictes commensurables. Ainsi aussi vne ligne de 6 pieds est commensurable à vne autre ligne de 7 pieds, pource qu'elles sont toutes deux mesurees tant par la ligne d'vn pied, que par celle d'vn demy pied, d'vn tiers de pied, &c. Semblablement les superficies, qui sont mesurees par vne mesme superficie, sont dites commensurables : Item les corps, ou solides qui sont mesurés par vn mesme corps, sont aussi dits commensurables.*

2   Mais les grandeurs incommensurables, sont celles-là qui
n'ont aucune commune mesure.

Telles grandeurs sont le diametre & le costé de quelconque quarré : car icelles grandeurs n'ont aucune commune mesure, comme il sera demonstré à la derniere prop. de ce liure. Il y a encores plusieurs autres lignes incommensurables, sçauoir est ausquelles on ne peut donner aucune commune mesure, beaucoup desquelles seront expliquees en ce 10. liure ; & enseigné par quelles manieres elles peuuent estre trouuees : derechef, les superficies sont dites incommensurables, & les solides incommensurables, qui n'ont aucune commune mesure.

EEe

3   Les lignes droictes commensurables en puissance, sont celles là desquelles les quarrez peuuent estre mesurez par vne mesme superficie.

Les lignes droictes sont considerees ou selon leur longueur, ou selon leur puissance; & en l'vne & l'autre sorte elles sont dites commesurables, & incommensurables. Aux deux premieres definitions Euclide a expliqué quelles sont les lignes commensurables, & incommensurables considerees selon leurs longitudes, mais en ceste-cy, & en la suiuante, il declare quelles sont celles dites commensurables, & incommensurables en puissance. Il dit donc icy que les lignes droictes dont les quarrez peuuent estre mesurez par vne mesme superficie sont commensurables en puissance: Ainsi les lignes droictes AB & CD seront dites commensurables en puissance, d'autant que leurs quarrez AG & CH peuuent estre mesurez par vne mesme superficie AG: Item les lignes droictes CD & EF, seront aussi dites commensurables en puissance, pource que leurs quarrez CH & EI peuuent estre mesurez par l'espace ou quarré AG. semblablement, appliquant les nombres aux lignes; vne ligne de 3 pieds sera dite commensurable en puissance à vne autre ligne de 6 pieds, parceque leurs quarrez 9 & 36 peuuent estre mesurez par vne mesme superficie: Ainsi aussi vne ligne ayant 2 pieds en longueur, & vne autre √8

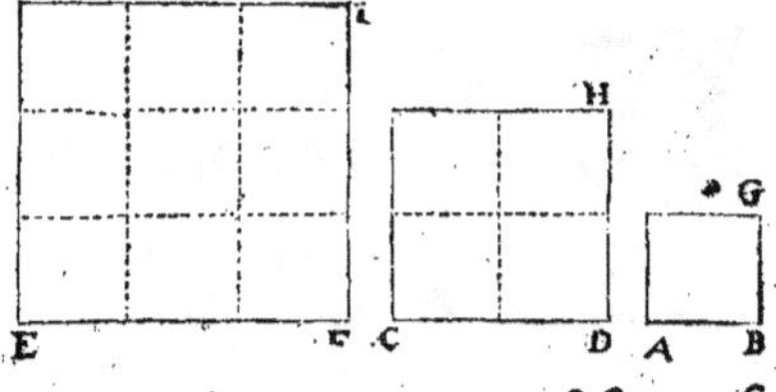

seront dites commensurables en puissance, pource que leurs quarrez 4 & 8 sont mesurez par vn mesme espace superficiel: derechef, vne ligne estant √√20, & vne autre √√125 seront pareillement dites commensurables en puissance, pource que leurs quarrez √20 & √125 sont mesurez par vne mesme superficie √5: car elle est deux fois en √20, & 5 fois en √125.

Or est à noter que toutes lignes droictes commensurables en longitude, le sont aussi en puissance; car les quarrez d'icelles lignes sont mesurez par le quarré de leur commune mesure, ainsi qu'il appert aux trois premiers exemples cy-dessus.

4   Mais les lignes droictes incommensurables en puissance, sont celles-là desquelles les quarrez n'ont aucune commune superficie qui les puisse mesurer.

Comme par exemple, vne ligne estant de 2 pieds, & vne autre √√6, icelles deux lignes seront dites incommensurables en puissance, pource qu'il n'y a aucune superficie qui mesure leurs quarrez 4 & √6: de mesme √8 & √√12 seront aussi dictes incommensurables en puissance, car nul espace superficiel ne mesure leurs quarrez 8 & √12.

Or est icy à noter que toutes lignes (ou nombres) incommensurables en puissance, le sont aussi en longitude, mais non pas au contraire. Ainsi vne ligne de 2 pieds sera bien incommensurable en longitude à vne autre ligne de √8: mais non pas en puissance: & 2 qui est incommensurable en puissance à √√8, l'est aussi en longitude.

5. Cela eſtant ainſi, il eſt euident qu'à toute ligne droicte
propoſee, on trouuera infinies lignes droictes commenſurables, & infinies incommenſurables : les vnes en longitude &
puiſſance, les autres en puiſſance ſeulement. Or ceſte ligne
droicte propoſee, eſt appellee rationelle.

C'eſt à dire que quand on propoſe quelque ligne droicte de grandeur cogneuë & deter-
minee, icelle eſt appellee rationelle, pource que c'eſt ſelon elle que nous ratiocinons : &
appliquant les nombres à telles lignes, nous les poſerons touſiours d'vn de ces nombres ab-
ſolus, 1, 2, 3, 4, 5, 6, 7, 8, 9, &c.

6 Et les lignes droictes commenſurables à ceſte ligne rationelle, ſoit en longitude & puiſſance, ſoit en puiſſance ſeulement ſont auſſi appellees rationelles.

7 Mais les lignes incommenſurables à ceſte ligne rationelle,
ſont dictes irrationelles.

Si comparant quelque ligne droicte, à la ligne prinſe pour rationelle, & ſur la-
quelle nous ratiocinons, elle eſt trouuee commenſurable à icelle rationelle, ſoit en longueur,
& puiſſance, ſoit en puiſſance ſeulement, telle ligne eſt auſſi rationelle ; mais ſi elle
eſt incommenſurable à icelle ligne rationelle propoſee, tant en longitude qu'en puiſſance,
ceſte dicte ligne eſt appellee irrationelle.

8 Le quarré deſcrit ſur vne ligne rationelle propoſee, eſt appellé rationel.

Tout ainſi que ceſte ligne-là, laquelle eſt cogneuë & determinee de certaine quantité
eſt dicte rationelle ; ainſi auſſi le quarré deſcrit ſur icelle ligne, eſt appellé rationel,
pource qu'iceluy eſt certain & cogneu : & les ſuperficies comparees à iceluy quarré, ſont
auſſi dictes rationelles, ou bien irrationelles, ſelon qu'elles ſeront trouuees commenſura-
bles ou incommenſurables à iceluy quarré rationel, ainſi qu'il eſt dit és deux definitions
ſuiuantes.

9 Les figures commenſurables à ce quarré rationel, ſont
auſſi rationelles.

10 Mais celles qui luy ſont incommenſurables, ſont irrationelles & ſourdes.

11 Et les lignes droictes qui peuuent icelles figures irrationelles, ſont irrationelles & ſourdes.

Or vne ligne droicte eſt dicte pouuoir vne figure, quand le quarré deſcrit ſur icelle eſt

egal à icelle figure, d'autant que tout quarré est la puissance de sa racine ou de son costé.
Ainsi il a esté dit cy-dessus que deux lignes sont commensurables en puissance, lors que
non pas les lignes, mais les quarrez d'icelles lignes, peuuent estre mesurez par vne mes-
me superficie.

Or à ces definitions nous adiousterons (apres Clauius) vne demande, & quelques
communes sentences, dont l'vsage sera trouué en ce liure

DEMANDE.

Qu'on puisse multiplier quelconque grandeur tant de fois qu'elle excede quelconque grandeur proposee de mesme genre.

COMMVNES SENTENCES.

1   Vne grandeur mesurant tant de grandeurs qu'on voudra, mesure aussi la composee d'icelles.

2   Vne grandeur mesurant quelconque grandeur, mesure pareillement toute grandeur que celle-là mesure.

3   Vne grandeur qui mesure toute vne grandeur, & vne retranchee d'icelle, mesure aussi le reste.

THEOR. 1. PROP. I.

Estans proposees deux grandeurs inegales, si de la plus grande l'on retranche plus de la moitié, & du reste encore plus de la moitié, & qu'en continuant cela se fasse tousiours ainsi: Il demeurera en fin vne grandeur plus petite que la moindre des deux proposees.

Soient proposees deux grandeurs inegales AB & C, desquelles AB est la plus grande: Ie disque si d'icelle AB on retranche plus de la moitié, & du reste encores plus de la moitié, & qu'on continue tousiours ainsi, il restera en fin quelque grandeur plus petite que C.

Qu'il ne soit ainsi. Soit la grandeur C multipliee tant de fois que le produict excede la plus grande AB, & la produite d'icelle multiplication soit D E, laquelle sera multiplice de C, & plus grande que AB: qu'elle soit donc diuisee en parties egales à C, comme en DF, F G, GE: Item de AB soit retranché plus de la moitié, AH, & du reste HB encore plus de la moitié HI, & en continuant tousiours cecy iusques à ce que

A B ſoit diuiſee en autant de parties que DE, ſçauoir AH, HI, & IB. D'autant que DE eſt plus grande que AB, & que le retranché DF n'eſt pas plus
grand que la moitié de DE : comme le retranché A H, eſt plus grand que
la moitié de AB, le reſte FE ſera plus grand que le reſte HB: ſemblablement
ſi du plus grand reſte FE, on oſte FG, qui n'eſt pas plus que la moitié, & du
plus petit reſte HB on oſte plus de la moitié HI; le reſte IB ſera plus petit
que le reſte GE egal à C: & par conſequent IB derniere partie de AB, ſera plus petite que C. Eſtans donc propoſees deux grandeurs inegales, &c. Ce
qu'il falloit demonſtrer.

On demonſtrera ſemblablement que le meſme aduiendra ſi de A B, on
oſte la moitié A H, & du reſte H B la moitié H I.

A V T R E M E N T. Ayant fait la meſme conſtruction que deſſus, ſoit priſe
KL autant multiple de IB que DE eſt multiple de C. Donc
icelle KL eſtant diuiſee en K M, M N, NL, parties egales
chacune à IB, il y aura autant de parties en KL, qu'en DE.
Mais d'autant que AH eſt plus grande que HB, (ou egale
ſi on a oſté ſeulement la moitié de AB) & icelle HB plus
grande que IB: auſſi AH ſera plus grande que IB, c'eſt à dire
que KM. Derechef, puis que HI eſt plus grande que I B,
(ou egale à icelle) & que icelle IB, eſt egale à MN; auſſi HI
ſera plus grande que MN: (ou egale) & partant la toute AI
ſera plus grande que la toute KN. Adiouſtant donc les egales IB, NL, la toute AB ſera plus grande que la toute K L.
Mais DE eſt encore plus grande que A B: Donc D E ſera
bien plus grande que KL. Et puis que comme DE eſt à C,
ainſi KL eſt à IB; (car K L eſt priſe autant multiple de I B,
que DE de C) auſſi C ſera plus grande que IB par la 14. p. 5. & partant le
reſte I B eſt moindre que C. Ce qu'il faloit demonſtrer.

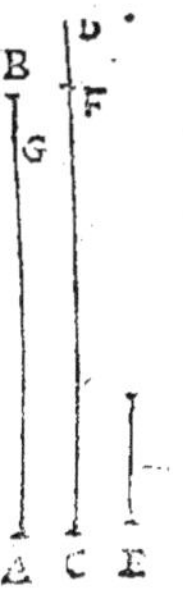

THEOR. 2. PROP. II.

Si de deux grandeurs inegales propoſees on retranche touſ-
jours alternatiuement la plus petite de la plus grande, ſans
que le reſte meſure la grandeur precedente : telles grandeurs ſeront incommenſurables.

Soient propoſees deux grandeurs inegales AB & C D,
deſquelles la moindre AB ſoit retranchee de la plus grande
CD: puis le reſte CD ſoit oſté de AB, & qu'ainſi continuellement & alternatiuement la plus petite eſtant oſtee de la plus
grande, le reſte ne meſure iamais ſa grandeur precedente,
c'eſt à dire que le plus petit reſte ne meſure iamais le plus grãd
reſte : Ie dis que AB & CD ſont incommenſurables.

Autrement, il faudra qu'elles ſoient commenſurables: &
partant qu'elles ayent vne commune meſure, laquelle ſoit

E, s'il est possible. Maintenant, de la plus grande CD soit retranchee CF egale à AB: Et s'il se peut faire, soit continué ce retranchement iusques à ce que le reste DF soit plus petit que AB. Donc E commune mesure, mesurera la toute CD & la retranchee CF, egale à AB, ou multiplice d'icelle, par la 2. com. sent. & elle doit aussi mesurer le reste DF par la 3. còm. sent. Item soit retranchee DF de AB tant de fois que faire se pourra, iusques à ce que le reste GB soit plus petit que E, qui mesure FD, & par consequent sa multiplice AG, par la 2. comm. sent. donc aussi le reste GB, par la 3. comm. sent. ce qui est absurde. Partant AB & CD n'auoient point de commune mesure; & par consequent sont incommensurables. Parquoy si de deux grandeurs inegales propose es, &c. Ce qu'il falloit demonstrer.

SCHOLIE.

Nous conuert irons ceste prop. ainsi:

Si de deux grandeurs incommensurables proposees l'on retranche tousiours alternatiuement la plus petite de la plus grande, le reste ne mesurera iamais la grandeur precedente.

Soient proposees deux grandeurs incommensurable, AB, DE, dont la moindre AB soit ostee de DE, & le reste soit FE: Item de AB soit ostee FE, & le reste soit BC, & ainsi continuellement la plus petite de la plus grande: Ie dis que le reste ne mesurera iamais la grandeur prec. Car si faire se peut que CB mesure la preced. FE. Donc puis que CB mesure FE, & icelle FE mesure A C, aussi CB mesurera A C par la 2. com. sent. Mais elle mesure aussi soy-mesme. Donc C B mesurera pareillement la toute AB par la 1. comm. sent. Mais AB mesure DF: Donc par la 2. com. sent. CB mesurera la mesme DF: Et puis qu'on a posé qu'elle mesure aussi FE, elle mesurera la toute DE par la 1. com. sent. Mais il a esté demonstré qu'icelle CB mesure aussi AB: elle mesure donc AB & DE: ce qui est absurde, puis qu'elles ont esté posees incōmensurables.

A ce theor. Clauius adiouste cestuy-cy.

Si de deux grandeurs commensurables proposees, on oste tousiours alternatiuement la moindre de la plus grande, quelque grandeur restante mesurera la precedente.

Car si iamais le reste ne mesuroit la grandeur precedente, les proposees seroient incommensurables par ceste 2. prop. ce qui est absurde, puis qu'elles sont posees commensurables.

Parquoy il est facile de cognoistre, si deux quelconques grandeurs proposees sont commensurables, ou non: Car retranchant alternatiuement la moindre de la plus grande, si quelque reste mesure le precedent, les grandeurs proposees seront commensurables, comme il appert de la demonstration du premier theor. de ce scholie: Mais si le reste ne mesure iamais la grandeur precedente, les grandeurs proposees seront incommensurables, comme Euclide a demonstré en ceste 2. prop.

PROBL. 1. PROP. III.

Estans donnees deux grandeurs commensurables, trouuer la plus grande commune mesure d'icelles.

Soient donnees deux grandeurs commensurables AB, CD, & il faut trouuer leur plus grande commune mesure. Or AB, qui est moindre que CD,
mesurera icelle, ou elle ne la mesurera point : Si elle la mesure, il est euident qu'elle sera la plus grande commune
mesure. Si elle ne la mesure point, soit alternatiuement retranchee la plus petite de la plus grande iusques à ce que le
reste mesure le reste : (ce qui doit aduenir, d'autant que
les grandeurs donnees sont commensurables) donc
que AB soit retranchee de CD, & que le reste ED mesure AB. Ie dis qu'icelle ED sera la plus grande commune mesure d'icelles grandeurs AB, CD.

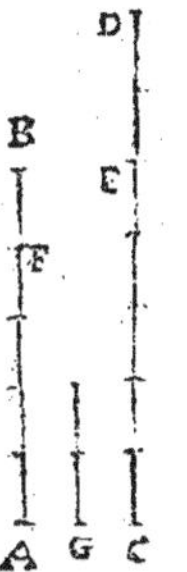

Car puis qu'elle mesure AB, elle mesurera aussi CE son
egale : & le mesurant soy-mesme, elle mesurera aussi la
toute CD, par la 1. com. sent. Que si on nie qu'elle soit la
plus grande commune mesure, qu'on en trouue vne autre
plus grande, sçauoir G (s'il est possible) donc par les communes sentences G mesurera AB, CD, & le retranché C E egal à AB, & par
consequent le reste ED, qui est plus petit; ce qui est impossible : donc vne plus
grande magnitude que ED, n'est commune mesure d'icelles AB, CD : Partant ED estoit la plus grande commune mesure. Estans donc donnees deux
grandeurs commensurables, nous auons trouué leur plus grande commune mesure. Ce qu'il falloit faire.

*De cecy est manifeste que si vne grandeur mesure deux grandeurs, qu'elle mesu-
rera aussi la plus grande commune mesure d'icelles. Car il a esté demonstré que si G
mesure A B & C D, qu'elle mesurera aussi leur plus grande commune mesure E D.*

PROBL. 2. PROP. IIII.

Trois grandeurs commensurables estans donnees, trouuer la
plus grande commune mesure d'icelles.

Soient donnees trois grandeurs commensurables A, B, C, desquelles
il faut trouuer la plus grande commune mesure. Soit premierement trouuee
D plus grande commune mesure de A & B par la 3. proposition 10. Or si
D mesure aussi C, il est manifeste que D est la plus grande commune mesure de toutes les trois grandeurs A, B, C. Car si vne plus grande magnitude que D mesure les grandeurs A, B, C, par le corollaire de la precedente prop. elle mesurera aussi la plus gran-
de commune mesure d'icelles A & B, c'est à
dire D, qui est moindre grandeur, ce qui est impossible. Que si D ne mesure pas C, au moins
D, C, seront commensurables : car veu que
les grandeurs A, B, C sont commensurables, quelque commune mesure d'i-

celles mefurera, D plus grande mefure d'icelles A & B, par le corol. de la 3. prop. 10 mais cefte mefme mefure-là mefurera auffi C : donc D & C, feront commenfurables. Soit donc trouuee par la fufdicte 3. propofition 10. E plus grande commune mefure d'icelles D, C : & icelle E fera la plus grande mefure des grandeurs donnees A, B, C. Car d'autant que E mefure D & C; & D mefure A & B, par la 2. com. fent. E mefurera auffi icelles A & B. Mais elle mefure auffi C. Donc E eft mefure commune d'icelles A, B, C. Que fi on nie qu'elle foit la plus grande commune mefure, qu'on en trouue vne autre plus grande, fçauoir F, s'il eft poffible. Donc puis que F mefure A & B, par le fufdit coroll. de la 3. prop. 10. elle mefurera auffi leur plus grande commune mefure D. Mais elle mefure auffi C : donc F mefurant D & C, mefurera pareillement E plus grande mefure d'icelles : ce qui eft abfurde. Donc vne plus grande grandeur que E ne mefure pas les grâdeurs A, B, C : Et partant E eft la plus grande commune mefure d'icelles. Parquoy eftans donnees trois grandeurs commenfurables, nous auons trouué leur plus grande commune mefure. Ce qu'il falloit faire.

COROLLAIRE.

Par cecy eft euident que fi vne grandeur mefure trois grandeurs, qu'elle mefure auffi la plus grande commune mefure d'icelles. Car il a efté demonftré que fi F mefure A, B, C, qu'elle mefurera pareillement E plus grande commune mefure d'icelles.

Par femblable maniere, eftans donnees plus de trois grandeurs commenfurables, nous trouuerons leur plus grande commune mefure : & ce mefme corollaire aura auffi lieu.

THEOR. 3. PROP. V.

Les grandeurs commenfurables, font entr'elles comme nombre à nombre.

Soient deux grandeurs commenfurables A & B. Ie dis qu'elles font entr'elles comme nombre à nombre.

Car puis qu'elles font commenfurables, elles auront vne commune mefure, laquelle foit C : & autant de fois que C mefure A, que l'vnité F mefure le nombre D; & autant de fois que C mefure B, que l'vnité mefure auffi le nombre E. Or puis que la grandeur C & l'vnité F, mefurent egallement la grandeur A & le nombre D; la grandeur A contiendra la grandeur C autant de fois que le nombre D contient l'vnité F; & partant comme A eft à C, ainfi le nombre D eft à l'vnité F. Mais puis que la grandeur C mefure la grandeur B, & l'vnité F le nombre E, egalement; comme C eft à B, ainfi l'vnité F eft au nombre E. Donc en raifon egale, A fera à B, comme le nombre D eft au nombre E par la 22. p. 5. Donc les grandeurs commenfurables font entr'elles comme nombre à nombre. Ce qu'il falloit demonftrer.

A————————	D. 4
C———	F. 1.
B———————	E. 3.

THEOR.

THEOR. 4. PROP. VI.

Si deux grandeurs font l'vne à l'autre comme nombre à nombre, elles feront commenfurables.

Soient deux grandeurs A & B, qui foientl'vne à l'autre comme le nombre C eft au nombre D : Ie dis qu'elles feront commenfurables.

Car la grandeur A foit entendue eftre diuifee en autant de parties egales qu'il y a d'vnitez au nombre C, & l'vne d'icelles parties foit egale à E : donc E eft à A, ainfi que l vnité F eft au nombre C. Mais par l'hypothefe A eft à B, comme le nombre C eft au nombre D : donc en raifon egale, E fera à B, comme l'vnité F à D, par la 22. prop. 5. Mais l'vnité F mefure le nombre D : donc auffi E mefure B : mais E mefure pareillement A. Donc E eft commune mefure de A & B : & partant par la premiere deff. de ce liure A & B font commenfurables. Parquoy fi deux grandeurs font entr'elles comme nombre à nombre, &c. Ce qu'il falloit demonftrer.

COROLLAIRE.

Par cecy eft euident qu'eftant propofez deux nombres comme C & D, & vne ligne droitte comme A, qu'il fera aifé de trouuer vne autre ligne droitte, à laquelle foit A comme le nombre C eft au nombre D: Car diuifant A en autant de parties egales qu'il y a d'vnitez au nombre C, & on prend vne ligne droitte B, contenant autant d'icelles parties qu'il y a d'vnitez au nombre D, alors A fera à B, comme le nombre C au nombre D ainfi qu'il eft manifefte, parce qui a efté demonftré en cefte prop.

De cecy appert derechef, par quelle maniere on peut, eftans donnez deux nombres, & vne ligne droitte, trouuer vne autre ligne droitte, le quarré de laquelle foit au quarré de la donnee comme nombre à nombre. Car s'il faut trouuer vne ligne droitte, au quarré de laquelle foit le quarré de la ligne A, comme le nombre C eft au nombre D: Il faudra trouuer ainfi que deffus la ligne B, à laquelle foit A comme le nombre C eft au nombre D: puis foit trouuee par la 13. prop. 6. la moyenne prop. entre icelles A & B: & le quarré de A fera au quarré d'icelle moyenne prop. comme le nombre C au nombre D. Car le quarré de A fera (par le corol. de la 20. prop. 6.) au quarré de ladite moyenne prop. comme A à B: & partant comme le nombre C au nombre D.

THEOR. 5. PROP. VII.

Les grandeurs incommenfurables, ne font pas entr'elles comme nombre à nombre.

Soient deux grandeurs incommenfurables A & B: Ie dis qu'elles ne font pas entr'elles comme nombre à nombre.

A————
B————

Ce qui eft manifefte: car fi elles eftoient entr'elles comme nombre à nombre, elles feroient commenfurables par la 6 prop. 10. ce qui eft contre l'hypothefe, ayans efté pofées incommenfurables. Parquoy les grandeurs incommenfurables, &c. Ce qu'il falloit demonftrer.

FFf

THEOR. 6. PROP. VIII.

Si deux grandeurs ne sont entr'elles comme nombre à nombre, elles seront incommensurables.

Que les grandeurs A & B ne soient entr'elles comme nombre à nombre : Ie dis qu'elles sont incommensurables.

Ce qui est euident : car si elles estoient commensurables, il faudroit qu'elles fussent comme nombre à nombre par la 5.prop. 10. Ce qui est contre nostre hypothese, puis qu'elles ont esté posees n'estre entr'elles comme nombre à nombre. Parquoy si deux grandeurs ne sont entr'elles comme nombre à nombre, &c. Ce qu'il falloit demonstrer.

THEOR. 7. PROP. IX.

Les quarrez descrits sur lignes droictes commensurables en longitude, sont entr'eux comme nombre quarré à nombre quarré : Et les quarrez qui sont entr'eux comme nombre quarré à nombre quarré, ont les costez commensurables en longitude. Mais les quarrez descrits de lignes droictes incommensurables en longitude, ne sont entr'eux comme nombre quarré à nombre quarré : Et les quarrez n'estans entr'eux comme nombre quarré à nombre quarré, ont les costez incommensurables en longitude.

Soient les lignes droictes A & B commensurables en longitude : Ie dis que leurs quarrez sont entre eux comme nombre quarré à nombre quarré.

Car puis que les lignes A & B sont commensurables en longitude, elles seront entr'elles comme nombre à nombre, par la 5.prop. 10. Soit donc A à B, comme le nombre C au nombre D : & les quarrez d'iceux C & D soient E & F. Or les quarrez de A & B sont en raison doublee de leurs costez, par la 20. prop. 6. Item les nombres quarrez E & F sont aussi en raison doublee de leurs costez, par la 11. prop. 8. Donc le quarré de A est au quarré de B, comme le nombre quarré E est au nombre quarré F : C'est à sçauoir en raison doublee des costez A & B, ou des nombres C & D, qui sont en la mesme raison que les lignes A & B.

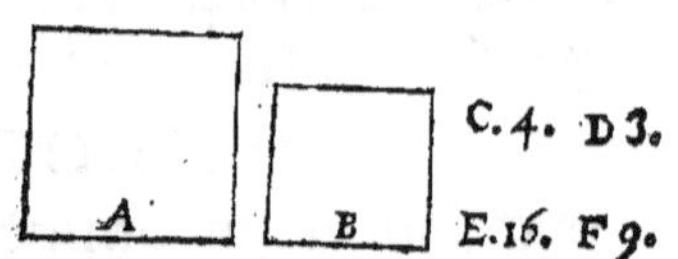

Pour la seconde partie. Soit le quarré de A au quarré de B, comme le nombre quarré E au nombre quarré F : Ie dis que les lignes A & B seront commensurables en longitude. Car par la 20. pr. 6. & 11. prop. 8. la raison des quarrez aux quarrez, est la raison doublee de leurs costez : & partant comme le costé A au costé B, ainsi le nombre C au nombre D, puis que leurs raisons doublees sont egales. Donc par la 6. prop. 10. A & B sont commensurables en longitude.

Pour la troisiesme partie, soient les lignes droictes A & B incommensurables en longitude. Ie dis que leurs quarrez ne sont entr'eux, comme nombre quarré à nombre quarré. Car si les quarrez de A & B estoient ainsi que nombre quarré à nombre quarré, icelles A & B seroient commensurables en longitude contre l'hypothese.

Finalement, les quarrez de A & B n'estans entre eux comme nombre quarré à nombre quarré. Ie dis qu'elles sont incommensurables en longitude. Car autrement leurs quarrez seroient (par la premiere partie) comme nombre quarré à nombre quarré, contre l'hypothese. Parquoy les quarrez descrits de lignes droictes commensurables en longitude, &c. Ce qu'il falloit demonstrer.

C O R O L L A I R E.

Il est manifeste par les choses cy-dessus demonstrees, que les lignes commensurables en longitude, le sont aussi en puissance: mais que celles qui sont commensurables en puissance ne le sont pas tousiours en longitude. Que les incommensurables en longitude, ne le sont pas pourtant en puissance: & que celles incommensurables en puissance, le sont aussi en longitude.

Car d'autant que les quarrez d'icelles lignes commens. en longitude, sont entr'eux comme nombre quarré à nombre quarré, c'est à dire simplement comme nombre à nombre: iceux quarrez seront commensurables par la 6. prop. 10. & partant les lignes commensurables en longitude le sont aussi en puissance.

Puis apres, veu que les lignes dont les quarrez ne sont entr'eux comme nombre quarré à nombre quarré, ains seulement comme nombre à nombre, sont commens. en puissance (car leurs quarrez sont commensurables par la 6. prop. 10.) & non en longitude, comme il a esté demonstré: il appert que les lignes commensurables en puissance ne le sont pas pourtant en longitude, sinon que les quarrez d'icelles lignes soient entr'eux, comme nombre quarré à nombre quarré.

Derechef, puis que les lignes desquelles les quarrez ne sont entr'eux comme nombre quarré à nombre quarré, mais toutesfois comme nombre à nombre sont incommensurables en longititude, & commensurables en puissance: il appert que les lignes incommensurables en longitude ne le sont pas tousiours en puissance: ains qu'il n'y a que celles dont les quarrez ne sont entr'eux comme nombre à nombre, qui soyent aussi incommens. en puissance, veu que leurs quarrez sont incommens. par la 8. prop. 10.

Finalement est manifeste que les lignes incommens. en puissance, le sont aussi en longitude: car si elles estoient commens. en longit. elles le seroient aussi en puissance, comme appert par la premiere partie de ce corollaire: ce qui est contre l'hypothese.

S C H O L I E.

Il est à noter qu'és deux premieres parties de ceste proposition s'entend aussi des lignes inexplicables par nombre, pourueu qu'elles soient commensurables en longitude, com-

me si les quarrez de A & B estoient 12 & 3, leurs costez seroient √12 & √3, qui sont nexplicables par nombres, toutesfois commens. Car par la 20. prop. 6. 12 seroit à 3 en raison doublee de √12 à √3. Mais 12 est quadruple de 3: Ainsi le costé A sera double du costé B, par la 10. def. 5. Car la double raison doublee est quadruple.

THEOR. 8. PROP. X.

Si quatre grandeurs sont proportionnelles, & que la premiere soit commensurable à la seconde, la troisiesme, sera aussi commensurable à la quatriesme. Que si la premiere est incommensurable à la seconde, la troisiesme sera aussi incommens. à la quatriesme.

Soient quatre grandeurs prop. A, B, C, D: & soit A 1, commensurable à B 2e. Ie dis que C 3e. sera aussi commens. à D 4e.

Car A estant commensurable à B, elles seront entr'elles comme nombre à nombre, par la 5. p. 10. Mais comme A à B, ainsi C à D; Partant C est à D, comme nombre à nombre: & par consequent commensurable par la 6. prop. 10.

que si A estoit incommens. à B. Ie dis que C seroit aussi incommensurable à D: Car A & B ne seroient pas comme nombre à nombre par la 7. pr. 10. Mais comme A à B, ainsi C à D: donc C n'est pas à D comme nombre à nombre: & par consequent incommensurable par la 8. prop. 10. Si donc quatre grandeurs sont proportionnelles, &c. Ce qu'il falloit demonstrer.

A B C D

LEMME.

Trouuer deux nombres plans dissemblables, c'est à dire, qui ne soient entr'eux comme nombre quarré à nombre quarré.

Soit pris quelconque nombre quarré A, & vn autre non quarré B.   A 16. B 20. *Ie dis qu'iceux nombres A & B sont plans dissemblables. Car s'ils estoient plans semblables, ils seroient comme nombre quarré à nombre quarré, par la 26. pr. 8. & partant A estant nombre quarré, aussi B seroit quarré par la 24. pr. 8. contre l'hypothese. Donc A & B, ne sont entr'eux comme nombre quarré à nombre quarré.*

PROBL. 3. PROP. XI.

Trouuer deux lignes droictes incommensurables à vne ligne rationelle proposee, sçauoir vne en longitude seulement, & l'autre en longitude & puissance.

Soit la ligne rationelle proposee A, à laquelle il faut trouuer deux autres lignes incommensurables, l'vne seulement en longitude, & l'autre en longitude & puissance.

Soient trouuez par le lemme precedent deux nôbres B, & C, qui ne soient

entr'eux comme nombre quarré à nombre quarré : Item par le corol. de la
6. prop. 10. soit trouuee la ligne D, de laquelle le quarré soit au quarré de la ligne A, comme le nombre C est au nombre B. Or
d'autant qu'iceux quarrez de A & D sont comme
nombre à nombre, ils seront commensurables
entr'eux par la 6. prop. 10. Mais n'estans pas comme nombre quarré à nombre quarré, ils n'auront
pas les costez A & D commens. en longitude, par la 9. prop. 10. Donc les lignes droictes A & D sont commensurables en puissance seulement : la ligne
D est donc la premiere requise.

A———————— B 20.
E———
D——— C 16.

Maintenant soit trouuée la ligne E moyenne prop. entre A & D, par la
13. prop. 6. & icelle E sera la seconde ligne demandee : car puis que par le
corol. de la 20. prop. 6. le quarré de A est au quarré de E comme A est à D, &
icelles A & D sont incommensurables en longitude, comme il a esté demonstré : le quarré de A sera aussi incommens. au quarré de E, par la 10. prop. 10.
Parquoy les lignes A & E sont incommens. en puissance, & par le corol. de la
9. prop. 10. elles sont aussi incommens. en longitude. Nous auons donc trouué deux lignes droictes incommensurables, &c. Ce qu'il falloit faire.

S C H O L I E.

*La ligne A soit 5 : donc la ligne D sera √20, laquelle il appert estre incommensurabl
en longitude à A, mais commensurable en puissance. Mais la ligne E estant moyenne prop. entre A 5, & D √20, elle sera √√500, qui est incommens. tant en longit. que
puissance à A 5.*

THEOR. 9. PROP. XII.

Les grandeurs commensurables à vne autre, sont aussi commensurables entr'elles.

Soient les deux grandeurs A & B, commens. chacune à la grandeur C : Ie dis
qu'elles sont commensurables entr'elles.

Car puis que A & C sont commensur. icelles seront comme nombre à nombre par la 5. p. 10. & soit comme le nombre D
au nombre E. Derechef puis que C & B sont
commens. C sera à B, comme nombre à nombre,
& soit comme le nombre F au nombre G. Soient
pris par la 4. prop. 8. les trois nombres H, I,
K, les plus petits continuellement proportionnaux, selon les raisons de D à E, & F à G : tellement que H soit à I comme D à E, c'est à dire
comme A à C, & I à K, comme F à G, c'est à dire
comme C à B. Donc puis que A est à C, comme
H à I, & C à B, comme I à K ; en raison egale,

D 10, E 8.
F 2, G 3.
H 5, I 4. K 6.

A C B

A sera à B, comme H à K, c'est à dire comme nombre à nombre : & partant A

& B font commenf. par la 6. prop. 10. Donc les grandeurs commensurables à vne autre, &c. Ce qu'il falloit demonftrer.

THEOR. 10. PROP. XIII.

Si de deux grandeurs, l'vne eft commenfurable à vne troisiefme, & l'autre incommenf. icelles grandeurs feront incommensurables entr'elles.

Soient deux grandeurs A & B, defquelles A foit commenf.
à C; & B incommenf. à la mefme C. Ie dis que A & B font
incommenf. entr'elles. Car fi B eftoit commenf. à A, lequel
A eft pofé auffi commenf. à C, par la 12. pr. 10. B & C feroient
commenf. contre l'hypothefe. Donc A & B ne font commenf. Parquoy fi
de deux grandeurs, &c. Ce qu'il falloit demonftrer.

THEOR. 11. PROP. XIV.

Si de deux grandeurs commenf. l'vne eft incommenf. à vne
tierce grandeur, auffi fera l'autre à la mefme.

Soient deux grandeurs commensurables A & B, & que A foit incommenfurable à la tierce C : Ie dis que B & C font auffi incommensurables.

Autrement, fi B eft commenfurable à C, elle fera auffi commenfurable à A, par la 12. prop. 10. contre noftre hypothefe : donc B eft
incommenfurable à C : Parquoy fi de deux grandeurs commensurables, &c. Ce qu'il falloit demonftrer.

SCHOLIE.

*Les Interpretes d'Euclide colligent de cefte prop. le theoreme fuivant, vtile aux chofes
demonftrees en ce liure.*

Les grandeurs commensurables à des incommenfurables, font auffi incommensurables entr'elles.

*Soient deux grandeurs A & B incommenfurables, auf-
quelles C & D foient commenfurables, fçauoir eft C à
A, & D à B. Ie dis que C & D font incommenfurables entr'elles. Car puis que A & C font pofees commenfurables, & A incommenfurable à B, l'autre C
fera auffi incommenf. à A par la 14. prop. 10. Derechef, puisque D & B font pofees commenfurables, &
B a efté demonftree incommenfurable à C; D fera auffi
incommenfurable à la mefme C par la 14. prop. 10. Ce
qui eftoit propofé.*

LEMME.

Eftans donnees deux lignes droictes inegales, trouuer combien la plus
grande peut plus que la plus petite.

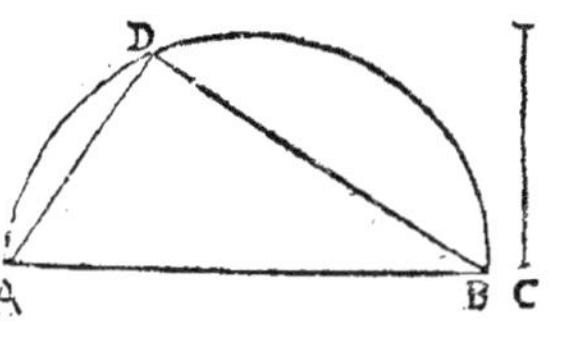

Soient données les deux lignes droictes AB & C,
desquelles AB est la plus grande : & il faut trou-
uer combien la ligne AB peut plus que la ligne
C. Soit descrit sur AB le demy cercle ADB, &
dans iceluy soit accommodée AD egale à C, par la
1. pr. 4. & soit menee DB. Ie dis que AB peut plus
que C du quarré de BD. Car d'autant que l'angle D
est au demy cercle, il est droict par la 31. p. 3. & par
la 47. p. 1. le quarré de AB: sera egal aux quarrez de AD, BD: & partant AB pour-
ra plus que AD, c'est à dire que C, du quarré de BD. Ce qui estoit proposé.

Semblablement estans données deux lignes droictes, en trouuer vne autre
pouuant icelles.

Soient données les deux lignes droictes AD, BD: & il faut trouuer vne ligne droicte
qui puisse icelles. Soient posees icelles AD, BD à angle droict D, & tiré AB. Il est eui-
dent qu'icelles AB peut les deux AD & BD, puis que par la 47. p. 1. le quarré d'icelle
AB, est egal aux deux quarrez de AD, BD.

THEOR. 12. PROP. XV.

Si quatre lignes droictes sont proportionnelles, & la premiere
peut plus que la seconde du quarré d'vne ligne qui luy est
commensurable en longitude: aussi la troisiesme pourra
plus que la quatriesme du quarré d'vne ligne qui luy sera
commensurable en longitude. Que si la premiere peut
plus que la seconde du quarré d'vne ligne qui luy soit incommensurable en longitude: aussi la troisiesme pourra plus
que la quatriesme du quarré d'vne ligne qui luy sera incommensurable en longitude.

Soient 4. lignes droictes proportionnelles A, B, C, D, & que A
puisse plus que B du quarré de E; & C plus que D du quarré de
F. Ie dis que comme A sera commensurable ou incommens. en
longitude à E, ainsi C sera commensurable, ou incommensurable en longitude à F.

Car puis que A, B, C, D, sont proportionneles, comme le
quarré de A sera au quarré de B, ainsi le quarré de C sera au
quarré de D, par la 22. prop. 6. Mais le quarré de A est egal aux
quarrez de B, E, par l'hypothese, & le quarré de C aux quarrez
de D, F : donc aussi les quarrez de B, E, seront au quarré de B,   ABECDF
comme les quarez de D, F, au quarré de D; & en diuisant, cóme le quarré de E
sera au quarré de B, ainsi le quarré de F au quarré de D; & par la 22. p. 6. cómo
la ligne E sera à la ligne B, ainsi la ligne F sera à la ligne D ; & en changeant,

comme B à E, ainſi D à F. Donc puis que comme A à B, ainſi C à D, & comme
B à E ainſi D à F; en raiſon egale, côme A ſera à E, ainſi C à F:Et par la 10. p. 10.
ſi A eſt commenſ. ou incommenſurable à E, auſſi C ſera commenſ. ou incommenſurable à F: Parquoy ſi quatre lignes droictes ſont proportionnelles, &c.
Ce qu'il falloit demonſtrer.

THEOR. 13. PROP. XVI.

Si deux grandeurs commenſurables ſontconioinctes, la compoſee ſera commenſurable à chacune de ſes parties : Et ſi
la compoſee eſt commenſurable à vne de ſes parties, icelles
ſeront commenſurables entr'elles.

Soient iointes deux grandeurs commenſur. AB &
BC: Ie dis que la compoſee AC, eſt auſſi commenſ.
à chacune d'icelles A B & B C.

   A   B   c

                     D

Car puis que A B & B C ſont commenſurables,el-
les auront vne commune meſure, laquelle ſoit D.
Donc puis que D meſure A B & B C, elle meſurera auſſi la toute A C, par la
1. c. ſent. Partant la toute A C eſt commenſ. à ſes parties.

Pour la ſeconde partie. Que la toute A C ſoit commenſ. à vne de ſes parties, ſçauoir à A B: Ie dis qu'icelles parties A B, B C ſeront commenſurables
entr'elles. Car puis que A C & A B ſont commenſurables, elles auront vne
commune meſure, comme D, laquelle meſurant la toute A C & la retranchee
A B, elle meſurera auſſi le reſte B C par la 3. commune ſent. Partant A B & B C
ſeront commenſurables entr'elles, puis qu'elles ont vne commune meſure D.
Parquoy ſi deux grandeurs commenſurables, &c. Ce qu'il falloit prouuer.

COROLLAIRE.

*De cecy reſulte que ſi vne grandeur compoſee de deux, eſt commenſurable à l'vne d'icel-
les, qu'elle le ſera auſſi à l'autre. Comme ſi AC eſt commenſurable à AB, elle le ſera
auſſi à BC:Car par la ſeconde partie de ceſte prop. AB, BC ſont commenſurables : donc
par la premiere partie AC ſera commenſurable à chaſque partie, AB, BC.*

SCHOLIE.

*Soit AB √18, & BC √8, leſquelles ſont commenſ. La compoſee AC ſera √50, la-
quelle eſt commenſ. tant à √18, que à √8. Car √50 eſt à √18, comme 5 à 3: &
à √8 comme 5 à 2.*

THEOR. 14. PROP. XVII.

Si on conioinct deux grandeurs incommenſurables, la compoſee ſera incommenſurable à chacune de ſes parties: Et ſi la
compoſee eſt incommenſurable à l'vne de ſes parties, icelles
parties ſeront incommenſurables entr'elles.

Soient

Soient conioinctes deux grandeurs incommenſ. AB & BC : Ie dis que la toute AC eſt incommenſ. à vne chacune de ſes parties AB & BC.

Autrement, ſi AC eſtoit commenſ. à AB, elle le ſeroit auſſi à BC : car la commune meſure qui meſureroit AC & le retranché AB, meſureroit auſſi le reſte BC, par la 3. c. ſent.

Et partant AB & BC ſeroient commenſ. (ce qui eſt contre l'hypotheſe.) Donc AC & AB ſont incommenſ. Il s'enſuiura le meſme inconuenient ſi on nie que AC & BC ſoient incommenſurables

Pour la ſeconde partie : Ie dis que ſi AC & BC, ſont incommenſ. que AB & BC ſeront auſſi incommenſ. Autrement ſi elles eſtoient commenſurables : La toute AC, ſeroit auſſi commenſurable à ſa partie BC par la 16. p. 10. contre noſtre hypotheſe. Donc AB & BC ſont incommenſ. Par meſme argument nous demonſtrerons que ſi AC & AB ſont incommenſ. que AB & BC ſont auſſi incommenſurables. Parquoy ſi on conioinct deux grandeurs incommenſurables, &c. Ce qu'il falloit demonſtrer.

COROLLAIRE.

Il reſulte de ces choſes, que ſi vne grandeur compoſee de deux, eſt incommenſurable à l'vne d'icelles, qu'elle le ſera auſſi à l'autre. Comme ſi AC compoſee de AB & BC eſt incommenſurable à AB, elle le ſera auſſi à BC. Car ſi AC eſtoit commenſ. à icelle BC, elle le ſeroit auſſi à AB, par le coroll. de la precedente prop. ce qui eſt contre l'hypotheſe. Donc AC & BC ne ſont commenſurables, mais incommenſurables.

SCHOLIE.

Soit AB 8, & BC √28, leſquelles ſont incommenſurables. La compoſee AC ſera 8 + √28 incommenſurable à chacune d'icelles AB 8, & BC √28.

THEOR. 15. PROP. XVIII.

S'il y a deux lignes droictes inegales, & à la plus grande on applique vn rectangle egal au quart du quarré de la plus petite, deffaillant d'vne figure quarrée, & que le rectangle diuiſe icelle plus grande ligne en parties commenſurables en longitude ; la plus grande ligne pourra plus que la plus petite du quarré d'vne ligne qui luy ſera commenſ. en longitude : Et ſi la plus grande peut plus que la plus petite du quarré d'vne ligne qui luy ſoit commenſ. en longitude, eſtant appliqué vn rectangle ſur la plus grande ligne, egal au quart du quarré de la plus petite, & deffaillant d'vne figure quarrée ; le rectangle diuiſera icelle plus grande ligne en parties commenſurables en longitude.

GGg

D I X I E S M E

Soient deux lignes inegales AB & C, & par la 28. p. 6. sur la plus grande AB soit appliqué vn rectangle egal au quart du quarré de C, defaillant d'vne figure quarrée, c'est à dire d'vne ligne egale à son autre costé. Et soit iceluy rectangle contenu sous AD & DB commensurables en longitude. Ie dis que AB peut plus que C du quarré d'vne ligne qui luy sera commens. en longitude.

Qu'il ne soit ainsi. Soit la ligne AB couppee en deux egalement en E, & soit faicte EF egale à ED : Il est euident que AF sera egale à DB, puis que les toutes AE, EB sont egales, & aussi les retranchees EF, ED. Maintenant, puis que AB est couppee en deux egalement en E, & en deux inegalement en D, par la 5. p. 2. le rectangle de AD & DB auec le quarré de ED, seront egaux au quarré de BE, lequel n'estant par l'hypothese que le quart du quarré de AB, quatre fois le rectangle de AD & DB, & quatre fois le quarré de ED, sont egaux au quarré de AB. Mais quatre fois le rectangle de AD & DB valent le quarré de C, d'autant que par l'hypothese le rectangle de AD & DB est le quart du quarré de C. Donc le quarré de AB est plus grand que le quarré de C, de quatre fois le quarré de ED, ou du seul de FD egal à iceux par le Schol. de la 4. p. 2. puisque FD est double de ED. Dauantage, puis que AD & DB sont posees commens. en longitude, la toute AB sera aussi commens. en longitude à sa partie DB par la 16. p. 10. Et partant à son egale AF, & à toutes les deux ioinctes en vne: & par consequent au reste de la ligne FD par la mesme 16. p. 10. Donc la ligne droicte AB peut plus que C, du quarré de FD, qui luy est commensurable en longitude.

Pour la seconde partie, que AB puisse plus que C du quarré d'vne ligne qui luy soit commens. en longitude, & qu'à icelle AB soit appliqué vn rectangle egal au quart du quarré de C, & defaillant d'vne figure quarree, lequel rectangle diuise AB és parties AD, DB : Ie dis qu'icelles parties AD & DB seront aussi commens. en longitude. Car demeurant la mesme construction que dessus, il sera demonstré comme là que AB peut plus que C du quarré de FD. Mais AB a esté posee pouuoir plus que C du quarré d'vne ligne qui luy est commens. en longitude: & partant AB sera commens. en longitude à icelle FD. Et puis que AB composee de FD, AF, & DB comme d'vne, est commensurable en longitude à la partie FD; la mesme AB sera aussi commensurable en longitude à l'autre partie composee de AF, DB par le coroll. de la 16. p. 10. Mais icelle composee de AF, DB, est aussi commens. en longit. à DB, puis qu'elle est double d'icelle : donc puis que chacune d'icelles AB, DB est commensurable en longit. à la composee de AF, DB ; aussi AB, DB seront commensurables entr'elles en longitude par la 12. p. 10. & partant veu que la toute AB composee de AD, DB est commensurable en longitude à icelle DB ; aussi icelles AD, DB seront commensurables en longitude entr'elles par la 16. p. 10. Parquoy s'il y a deux lignes droictes inegales, &c. Ce qu'il falloit demonstrer.

S C H O L I E.

L'application mentionnee au commencement de la demonst. cy-dessus se fera bien plus briefuement par le 60. de nos Problemes geometriques, posant A B somme des extremes de trois proportionnelles, & la moitié de C, moyenne.

Quant à l'application des nombres soit A B 30, & C 24 : donc les segmens A D & D B, seront 24 & 6, desquels le produict, c'est à dire le rectangle, est 144, qui est egal au quart de 576, quarré de C 24, & deffaillant du quarré de D B 6, c'est à dire 36 : & sont icelles parties A D 24, D B 6, commens. en longitude : car l'vne est quadruple de l'autre. Ainsi F D, qui peut auec C le quarré de A B, sera 18 : car le quarré de A B est 900, & celuy de C 576 ; & partant reste pour le quarré de F D, 324, dont la racine quarree est 18, commensurable en longitude à A B. L'autre partie sera aussi euidente par l'adaption des nombres cy dessus.

La proposition suiuante sera aussi facilement entenduë, si en pose A B 12, & C √ 96 : car les segmens A D, D B, seront 6 + √ 12. & 6 — √ 12 : & F D √ 48, qui est à 12 incommensurable en longitnde, &c.

THEOR. 16. PROP. XIX.

S'il y-a deux lignes droictes inegales, & à la plus grande on applique vn rectangle egal au quart du quarré de la plus petite, & defaillant d'vne figure quarree, & qu'iceluy rectangle diuise icelle plus grande ligne en parties incommens. en longitude; la plus grande ligne pourra plus que la plus petite du quarré d'vne ligne qui luy sera incommens. en longitude. Que si la plus grande peut plus que la plus petite du quarré d'vne ligne qui luy soit incómensurable en longitude, estant appliqué vn rectangle sur la plus grande ligne, egal au quart du quarré de la plus petite, & defaillant d'vne figure quarree, le rectangle diuisera la plus grande ligne en parties incommensurables en longitude.

Soient deux lignes inegales A B & C, & sur la plus grande A B soit appliqué (par la 28. prop. 6.) vn rectangle egal au quart du quarré de C, defaillant d'vne figure quarree : & soit iceluy rectangle contenu sous AD, DB incommensurables en longitude. Ie dis que A B peut plus que C du quarré d'vne ligne qui luy est incommensurable en longitude. Car ayant construit comme en la preced. prop. nous demonstrerons semblablement que A B peut plus que C du quarré de FD. Il faut donc demonstrer que AB & FD sont incommens. en longit. D'autant que les lignes AD, DB sont posees incommens. en longitude, la toute AB sera aussi incommens. en long. à la partie DB par la 17. p. 10. Mais DB est commensurable en longitude à la composee de AF, DB, veu que ceste cy est double de celle-là : donc

puis que de ces deux lignes commenſ. icelle DB eſt incommenſ. en longitude à
AB;la compoſee de AF, DB ſera auſſi incommenſ. en long. à la meſme AB par
la 14. prop. 10. Et d'autant que AB compoſee de AF,DB comme vne,& de FD,
eſt incommenſ. en longit. à la compoſee de AF, DB; la meſme AB ſera auſſi
incommenſ. en long. à FD, par le corol. de la 17 p. 10. Donc AB peut plus que
C du quarré de FD,qui luy eſt incommenſurable en longitude.

Maintenant , ſi AB peut plus que C du quarré d'vne ligne qui luy eſt incom.
en longitude, & ſur icelle AB eſt appliqué vn rectangle egal au quart du quarré
de C, & defaillant d'vne figure quarrée,lequel rectangle diuiſe AB és parties
AD, DB. Ie dis qu'icelles AD, DB ſont incommenſ. en long. Car nous demonſtrerons comme deuant (les meſmes choſes eſtans conſtruictes) que AB peut
plus que C du quarré de FD,& qu'icelles AB & FD ſont incommenſurables en
longitude: & puis que AB eſt compoſee de FD,& de AF, DB ioinctes en vne,
icelle AB ſera auſſi incommenſ. en longitude à la compoſee de AF, DB par le
corol. de la 17. p. de ce liure. Mais la compoſee de AF, DB eſt commenſ. en
longit. à icelle DB, puis que celle - là eſt double de ceſte-cy. Donc puis que AB
eſt incommenſurable en longit. à la compoſee de AF, DB, icelle AB ſera auſſi
incommenſ. en long. à DB,par la 14. p. 10. Et partant puis que AB compoſee
de AD,DB eſt incommenſ. en long. à DB, icelles AD, DB ſeront auſſi incomm.
en long. entr'elles par la 7. p. 10. Parquoy s'il y a deux lignes droictes inegales,
& ſur la plus grande , &c. Ce qu'il falloit demonſtrer.

L E M M E.

*Puis qu'il a eſté demonſtré que les lignes commenſurables en longitude, le ſont auſſi
en puiſſance ,mais que celles commenſ. en puiſſance ne le ſont pas touſiours en longitude:
il eſt manifeſte que s'il y a quelque ligne comm. en longitude à vne propoſee rationnelle: elle
doit eſtre appellee rationnelle & commenſurable à icelle, non ſeulement en longitude, mais
auſſi en puiſſance:car les lignes commenſ. en long. le ſont touſiours auſſi en puiſſance. s'il
y a auſſi quelque ligne droicte commenſ. en puiſſance & longitude à l'expoſee rationele,
elle ſera auſſi dite rationele commenſ. en longitude & puiſſance. Que ſi derechef il y-a
quelque ligne commenſ. en puiſſance à icelle, mais incommenſ. en longitude, elle ſera auſſi
dicte rationelle commenſ. à icelle en puiſſance ſeulement.*

S C H O L I E.

*Il appert par ce que deſſus, qu'il y a de trois ſortes de lignes rationeles commenſ. entr'elles
en longitude. Car de deux lignes rationeles commenſurables entr'elles
en longitude,ou l'vne eſt egale à l'expoſee rationele ; & partant l'vne
& l'autre commenſ. en longitude à la rationele: ou l'vne ny l'autre
n'eſt egale à l'expoſee rationele, & toutesfois commenſ. en longit. à
icelle : ou finablement l'vne & l'autre eſt commenſ. à l'expoſee rationele en puiſſance ſeulement. Or nous trouuerons ces trois genres de
lignes rationeles en ceſte maniere. Soit vne rationele propoſee A diuiſee en quatre parties egales: c'eſt à ſçauoir en autant qu'il y a d'vnitez
au nombre B: puis apres eſtant pris quelque autre nombre C, la ligne D ſoit vne partie de A: & qu'autant de fois que D meſure A,
autant de fois elle meſure quelque ligne E : Item autant de fois que
'vnité eſt en C, qu'autant de fois la meſme D meſure quelque autre ligne F. Donc*

puis que *A* & *E* sont composées de parties egales en nombre, qui sont egales à *D*, elles
seront egales. Derechef, puis que *D* mesure toutes les trois lignes *A*, *E*, *F*, elles seront
commensurab. en longitude : parquoy *E* & *F* sont rationeles commens. en longitude à la
rationele *A* : mais elles ont esté demonstrées estre aussi commens. entr'elles en longitude.
Nous auons donc trouué deux rationeles *E* & *F* commens. en longitude, tant entr'elles
qu'à la rationele exposée *A*, & desquelles l'vne sçauoir *E*, est egale à *A*.

Or maintenant, que *D* mesure deux lignes *C* & *E* par deux nombres *F* & *G*
differens de *B*, tellement que l'vne &
l'autre ligne *C* & *E* soit inegale à *A*.
Donc comme dessus les trois lignes *A*,
C, *E*, ayans *D* pour mesure commune,
seront commensurables en longitude : parquoy *C* & *E* sont rationeles commens. en
longit. à la rationelle *A* : mais elles le sont
aussi entr'elles. Nous auons donc trouué
deux rationeles *C* & *E* commens. en longi-
tude, tant entr'elles qu'à la rationele proposée *A* : l'vne ny l'autre desquelles n'est egale à
icelle *A*.

Finalement par la 11. prop. 10. à l'exposée rationele *A* soit trouuee la
ligne *B*, incommensurable en longitude seulement, laquelle soit couppee en tant
de parties egales qu'on voudra, & soit prise *C*, composée de quelconque nombre d'icelles parties de *B* : & icelles *B* & *C* seront commens. en longitude.
Ie dis qu'elles sont aussi commens. en puissance seulement à l'exposée rationele
A. Car puis que *A* & *B* sont commensurable en puissance ; le quarré de
A sera commens. au quarré de *B* : Mais au mesme quarré de *B*, est aussi
commens. le quarré de *C*, pource que *B*, *C* estans commens. en longitude, elles
le seront aussi en puissance. Donc par la 12. prop. 10. les quarrez de *A* & *C*,
sont pareillement commens. entr'eux. Parquoy *C* est commens. en puissance
à icelle *A*. Et pource que des deux lignes *B* & *C* commens. en longitude, *B* est incommens.
en longitude à *A* : par la 14. pr. 10. *G* sera aussi incommens. en longitude à la mesme *A*.
Donc *C* est commens. à *A* seulement en puissance. Et pource que *B* & *C*, commensurables
en puissance à l'exposée rationele *A*, sont rationeles ; elles seront deux rationeles commens.
en longit. entr'elles, mais en puissance seulement à l'exposée rationele *A* : elles sont donc les
deux lignes requises à trouuer.

Que si quelqu'vn desire trouuer tant qu'on voudra de lignes rationeles commensurables en
longitude entr'elles, cela se fera ainsi qu'il ensuit : soit pris quelconque mesure *D*, (regar-
dez la premiere figure de ceste page) & soient composées autant qu'on voudra de lignes *A*, *C*, *E*, d'autant de parties egales à icelle *D* ; qu'il y a d'vnitez en autant de nombres inegaux *B*, *F*, *G* : car les lignes *A*, *C*, *E*, ayans la commune mesure *D*, seront commensurables en longitude.

Or il est aussi euident que toutes lignes rationeles, sont commens. non seulement à vne
exposée rationele, mais aussi entr'elles. Car puis que par la 6. d. 10. les lignes rationeles sont
celles qui sont commens. à l'exposée rationele, soit en longitude & puissance, ou en puissance seulement, & que par la 12. p. 10. les commensurables à vne mesme, sont aussi com-

menſurables entr'elles ; il eſt manifeſte que toutes lignes rationeles, ſont commenſ. entr'elles.

THEOR. 17. PROP. XX.

Le rectangle compris de deux lignes rationeles commenſ. en longitude ſelon quelqu'vne des manieres cy-deuant dites, eſt rationel.

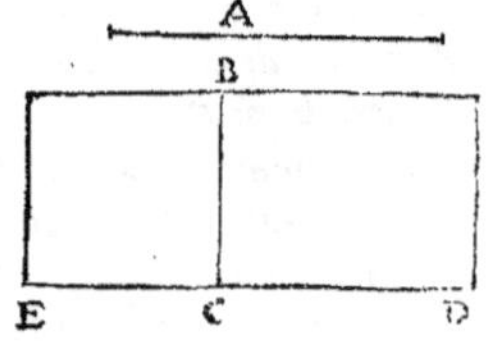

Soit vne expoſee rationele A, & le rectangle BD compris ſous BC, CD rationeles commenſ. en longitude, ſelon quelqu'vne des manieres cy-deſſus dites : Ie dis qu'iceluy rectangle eſt rationel.

Car ſi ſur l'vne d'icelles BC, CD, ſçauoir BC, on faict le quarré BE, il ſera commenſurable au quarré de la rationele A par la 3. def. 10. puis que BC eſt rationele commenſurable à la rationele expoſee A, ou en longitude & puiſſance, ou en puiſſance ſeulement. Et puis que BC, ou CE, CD ſont commenſ. en longitude ; (car BC, CD ont eſté poſees rationeles commenſurables en longitude entr'elles) & par la 1. p. 6. comme EC eſt à CD, ainſi EB à BD, par la 10. p. 10. EB, BD ſeront auſſi commenſ. tellement donc que le quarré de A, & le rectangle BD ſont commenſurables au quarré EB; & partant commenſ. entr'eux par la 12. prop. 10. Mais le quarré de A eſt rationel par la 8. d. 10. Donc par la 9. d. 10. le rectangle BD ſera auſſi rationel : Parquoy le rectangle compris de deux lignes rationeles, &c. Ce qu'il falloit demonſtrer.

S C H O L I E.

Soit BC 3; & CD 4 : donc le rectangle BD ſera 12. Derechef ſoit BC $\sqrt{3}$ & CD $\sqrt{12}$: Le rect. BD ſera $\sqrt{36}$, c'eſt à dire 6. Et derechef ſi BC eſt $\sqrt{8}$, & CD $\sqrt{18}$: Le rectangle BD ſera $\sqrt{144}$, c'eſt à dire 12. Par ainſi iceluy rectangle eſt rationel.

THEOR. 18. PROP. XXI.

Si vn rectangle rationel a l'vn des coſtez rationel, il aura auſſi l'autre coſté rationel : & iceux coſtez ſeront entr'eux commenſurables en longitude.

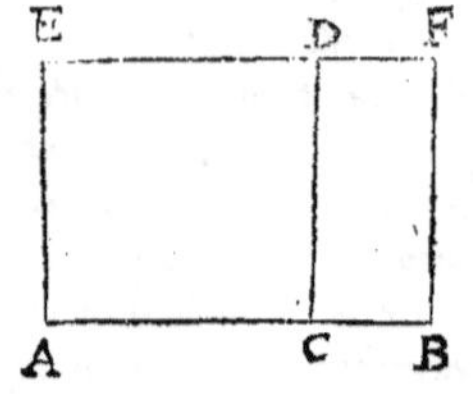

Soit le rectangle rationel DB ayant le coſté CD rationel : Ie dis que BC ſera auſſi rationel commenſurable en longitude à CD.

Car ſur DC, ſoit faict le quarré AD, lequel ſera rationel par la 8. d. 10. Et comme le rectangle eſt au quarré, ainſi CB eſt à CA par la 1. prop. 6. Mais le quarré & le rectangle ſont rationnaux, & partant commenſurables. Donc par la 10. prop. 10. CB & CA, ou CD ſon egale, ſeront rationeles & commenſurables en longitude. Parquoy ſi vn rectangle rationel a l'vn des coſtez rationel,&c. Ce qu'il falloit demonſtrer.

SCHOLIE.

Soit le rectangle DB 6, & la ligne CD √3 : BC ſera donc √12, qui eſt commenſ. en longitude à √3 : Car elle eſt double d'icelle. Soit derechef DB 12, & la ligne droicte CD √8, l'autre coſté BC ſera √18, qui eſt commenſ. en longitude à CD √8. Car ſi on diuiſe √18 par √8, prouiendra √2¼ c'eſt à dire √9/4 qui eſt 3/2 : & partant √18 eſt à √8, comme 3 à 2, c'eſt à dire comme nombre à nombre ; & par conſequent commenſ. en longitude.

LEMME.

Trouuer deux lignes droictes rationeles commenſurables en puiſſance ſeulement.

Soit trouué par la 11. p.10. quelque ligne droicte incommenſurable en longitude ſeulement à vne ligne droicte rationele propoſee, & icelles ſeront les requiſes : car puis qu'elles ſont comm. en puiſſance ſeulement par la conſtruction, elles ſeront auſſi rationeles par la 6. d. 10.

Que ſi à la ligne trouuee, on en trouue encore vne autre, moindre ou plus grande que la propoſee rationele, il eſt manifeſte par la 12. prop. 10. que toutes les trois ſeront commenſurables entr'elles en puiſſance ſeulement, & partant rationeles.

THEOR. 19. PROP. XXII.

Le rectangle compris de deux lignes droites rationeles commenſ. en puiſſance ſeulement, eſt irrationel : & la ligne droicte qui peut iceluy eſt irrationelle. Soit icelle appellee Mediale.

Soit le rectangle AD, compris de deux lignes rationelles DC & CA commenſurables en puiſſance ſeulement. Ie dis que le rectangle eſt irrationel : & la ligne qui peut iceluy, pareillement irrationelle, qui doit eſtre appelle Mediale.

Car ſi ſur la rationelle CD on deſcrit le quarré DB, il ſera rationel, & ſera au rectangle AD, comme BC ou CD ſon egale, eſt à CA, par la 1. prop. 6. Mais DC & CA ſont incommenſ. en longitude : donc par la 10. prop. 10. le quarré BD, & le rectangle AD ſeront incommenſ. Or le quarré eſt rationel : donc par la 10. def. 10. le rectangle ſera irrationel ; & par la 11. la ligne qui peut iceluy ſera auſſi irrationelle : & ſoit icelle ligne appellee Mediale, pource que le quarré d'icelle eſt egal au rectangle compris ſous les rationelles DC, CA commenſurables entr'elles en puiſſance ſeulement, & par conſequent moyenne prop. entre icelles rationelles par la 17. p. 6. Donc le rectangle compris de deux lignes droictes rationelles commenſurables, &c. Ce qu'il falloit demonſtrer.

SCHOLIE.

Pour donc facilement definir la ligne mediale, nous dirons icelle eſtre vne ligne irrationelle, moyenne proportionelle entre deux lignes rationelles, entr'elles commenſurables en puiſſance ſeulement. Ou bien celle qui peut vn rectangle contenu ſous deux lignes rationelles commenſurables entr'elles en puiſſance ſeulement.

Et faut noter que le quarré d'icelle ligne mediale, ou le rectangle irrationnel qu'elle peut, est aussi nommé medial, pource qu'il est moyen prop. entre les quarrez d'icelles lignes rationelles commens. entr'elles en puissance seulement, non qu'il faille pourtant entendre que tout rectangle medial soit tousiours contenu sous deux lignes droictes rationelles commensurables en puissance seulement, tel qu'est le medial CF : car il en aduient quelquesfois autrement, comme se verra cy-apres.

La ligne DC soit 2, & BC√8. Le rectangle BD sera √32, qui est irrationel; & sera dict medial, mais la ligne pouuant iceluy est √√32, laquelle on appelle mediale.

THEOR. 20. PROP. XXIII.

Le quarré d'vne ligne mediale appliqué sur vne ligne rationelle, faict l'autre costé rationel commens. en puissance seulement à la ligne à laquelle se faict l'application.

Auparauant que venir à ce qui est icy proposé, est à notter que pour appliquer sur vne ligne rationele vn rectangle egal au quarré d'vne ligne mediale, autrement & plus facilement que par la 45. prop. 1. Il faut en premier lieu poser quelconque ligne rationelle, en second lieu la mediale, & chercher la tierce proportionelle, laquelle sera l'autre costé du rectangle : car par la 17. proposition 6, le quarré de la moyenne est egal au rectangle des extremes.

Venons maintenant à la demonstration de la proposition.

Soit la mediale A, le quarré de laquelle soit appliqué sur la ligne rationelle BC, faisant le rectangle BD : Ie dis que BC & CD sont rationelles commens. en puissance seulement.

Car A estant mediale, elle peut vn rectangle compris de deux lignes rationelles commens. en puissance seulement, autrement elle ne seroit dicte mediale : Soit donc iceluy rectangle EG, contenu sous les rationelles EF, FG commensurables en puissance seulement. Et pource que A,

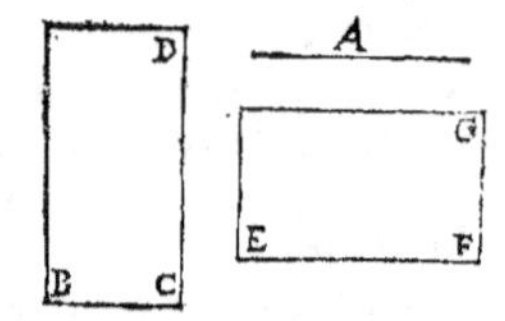

par l'hypothese peut aussi le rectangle BD : Iceux rectangles BD, EG seront egaux, & par la 14. prop. 6. ils auront les costez reciproques, sçauoir que comme BC à EF, ainsi FG à CD, & par la 22. prop. 6. les quarrez d'icelles lignes seront proport. Mais le quarré de BC ligne rationelle, est commens. au quarré de EF, aussi ligne rationelle : donc par la 10. pr. 10. le quarré de FG sera aussi commens. au quarré de CD; & partant les lignes FG, CD seront com. au moins en puissance, & le quarré de FG estant rationel, le quarré de CD sera aussi rationel; & par consequent les lignes CB & CD seront rationelles. Or qu'icelles BC & CD soient commens. en puissance seulement, il est euident par ce qui a esté demonstré à la 21. prop. 10. Car si elles estoient commensurables en longitude, le rectangle BD seroit rationel, & nous l'auons posé medial, c'est à dire egal au quarré de la mediale A. Donc les lignes BC & CD sont incommensurables en longitude. Parquoy le quarré d'vne ligne mediale appliqué sur vne ligne rationelle, &c. Ce qu'il falloit demonstrer.

SCHOLIE.

SCHOLIE.

Soit le quarré de A √ 40, mais BC soit 2. Si donc à BC on applique √ 40, l'autre costé CD sera √ 10. qui est incommens. en longitude à BC, mais commens. en puissance. Que si BC est √ 5, CD sera √ 8, aussi comm. en puissance seulement. Mais si la mediale A estoit √√ 35, & BC √ 5 : le quarré de A seroit √ 35 : & CD √ 7, commens. en puissance seulement à BC.

THEOR. 21. PROP. XXIV.

Vne ligne droicte commensurable à vne ligne mediale, est aussi mediale.

Soit la mediale A, à laquelle soit commensurable la ligne droicte B. Ie dis qu'icelle B est aussi mediale.

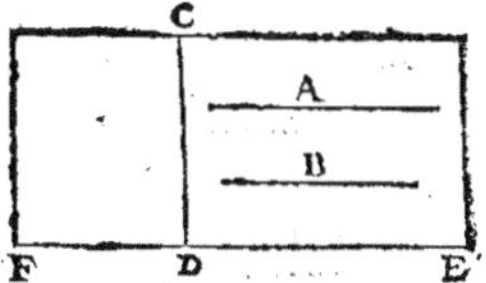

Car soit proposee la rationelle CD, & sur icelle appliqué le rectangle CE egal au quarré de A : Item sur la mesme rationelle CD soit appliqué le rectangle CF egal au quarré de B. D'autant que le quarré de la mediale A, est appliqué sur la rationelle CD, l'autre costé DE est rationel commensurable en puissance seulement à CD, par la 23. prop. 10. Mais A & B estans commensurables, leurs quarrez (ou leurs egaux rectangles CE, & CF) seront aussi commens. Mais par la 1.prop. 6. comme CE est à CF, ainsi la ligne droicte E D est à la ligne droicte D F : Donc par la 10. prop.10. E D, D F, seront commens.en longit. Mais la ligne ED est rationnelle, & incommensurable en longitude à la ligne CD : donc aussi DF est rationelle & incommens. en longit. à la mesme CD, par la 14. prop. 10. & partant puis qu'icelles CD, DF sont rationelles, elles seront commensurables en puissance seulement, & par la 22.pr.10. le rectangle CF compris sous icelles CD, DF sera medial, & la ligne B qui peut iceluy rectangle, sera aussi mediale : ce qu'il falloit demonstrer.

COROLLAIRE.

De cecy resulte que toute figure commensurable à vne figure mediale, est aussi mediale: d'autant que les quarrez egaux à icelles figures seront aussi commensurables, & par consequent commensurables les lignes qui les pourront, à tout le moins en puissance, & l'vne d'icelles estant mediale, l'autre qui luy sera commens. sera aussi mediale par ceste proposition.

SCHOLIE.

Soit A √√ 200, B √√ 128, CD 4. Donc DE sera √ 12½ & DF √ 8 commens. entr'elles: car elles sont comme 5 à 4: & DF est commens.en puiss. seulement à CD; & par consequent le rectangle CF, qui est √ 128, est medial, & la ligne B √√ 128, qui peut iceluy, aussi mediale.

LEMME I.

Or ce qui a esté dit des lignes rationeles au lemme de la 19. prop. de ce liure, nous le dirons aussi des mediales: sçauoir est que les lignes droictes commens. en long. à vne mediale, est dite mediale, & comm. à icelle, non seulement en longit. mais aussi en puissance. Car *vniuerſellement les lignes droiɛtes commenſ. en longit. le ſont auſſi en puiſſance. Et s'il y a quelque ligne comm. en puiſſance & longit. à vne mediale, elle ſera pareillement dite mediale, & à icelle commenſ. en longit. & puiſſance. Que ſi derechef il y a quelque ligne commenſ. en puiſſance à vne mediale, mais incomm. en longit. elle ſera auſſi dite mediale commenſ. à icelle en puiſſance ſeulement.*

LEMME 2.

Trouuer deux lignes mediales commenſurables en longitude: Item deux commenſurables en puiſſance ſeulement.

Soient trouuees les deux lignes A & B commenſ. à la mediale C, c'eſt à ſçauoir A en longit. & B en puiſſance ſeulement: & chacune d'icelles A & B ſeront auſſi mediales par la 24. prop. 10. Veu donc que A & C ſont commenſ. en longit. & B, C en puiſſance ſeulement, eſt manifeſte ce qui eſtoit propoſé.

Or il eſt à noter qu'encore que toute ligne droiɛte commenſ. à vne mediale, ſoit mediale, neantmoins toute ligne mediale n'eſt pas commenſ. à quelque mediale que ce ſoit. Car deux mediales ſe peuuent donner incomm. en longit. & puiſſance, comme apparoiſtra par la 36. prop. de ce liure, où nous enſeignerons auſſi à trouuer deux telles lignes mediales.

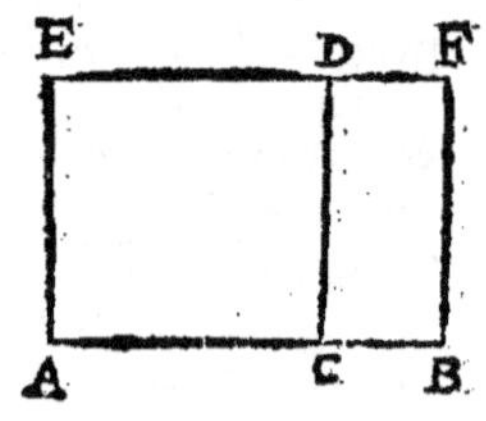

THEOR. 22. PROP. XXV.

Le rectangle compris de deux lignes mediales commenſurables en longitude, eſt auſſi medial.

Soit le rectangle DB, compris de deux mediales commenſ. en longitude DC & BC: Ie dis qu'il eſt medial.

Car ſi ſur la ligne DC on deſcrit le quarré DA, il ſera medial, eſtant deſcrit ſur vne ligne mediale: & par la 1. prop. 6. comme AC eſt à CB, ainſi AD eſt à DB: mais CD, ou CA ſon egale, eſt commenſurable en longitude à BC: Partant par la 10. prop. 10. le quarré medial AD, ſera commenſurable au rectangle DB: & par le corollaire de la 24. prop. 10. icelny rectangle ſera medial. Donc le rectangle compris de deux lignes mediales, &c. Ce qu'il falloit demonſtrer.

SCHOLIE.

Si les mediales DC, CB commenſ. en longitude ſont √√2 & √√32: le rectangle d'icelles, ſçauoir DB, ſera √√64, c'eſt à dire √8, qui eſt medial.

THEOR. 23. PROP. XXVI.

Le rectangle compris de deux lignes mediales commenſurables en puiſſance ſeulement, eſt rationel, ou medial.

Soient les deux mediales commenſ. en puiſſance ſeulement AB & BC, comprenant le rectangle AC: Ie dis qu'icelny rectangle eſt rationel ou medial.

Qu'ainſi ne ſoit: Sur AB & BC ſoient deſcrits les quarrez AD & CE, leſquels eſtans faits ſur lignes mediales ſeront mediaux. Maintenant ſoit propoſee la ligne rationelle F G, & ſur icelle ſoient deſcrits les trois rectangles F H, I K, L M, egaux aux trois figures AD, AC, CE, par la 45. pr. 1. Et d'autant que les quarrez AD & CE ſont mediaux, leurs egaux rectangles FH, LM ſeront mediaux: leſquels appliquez ſur la rationelle FG, leurs autres coſtez GH & KM, ſeront rationnaux commenſ. en puiſſance ſeulement à FG par la 23. prop. 10. Mais d'autant que les quarrez AD & CE ſont commenſ.

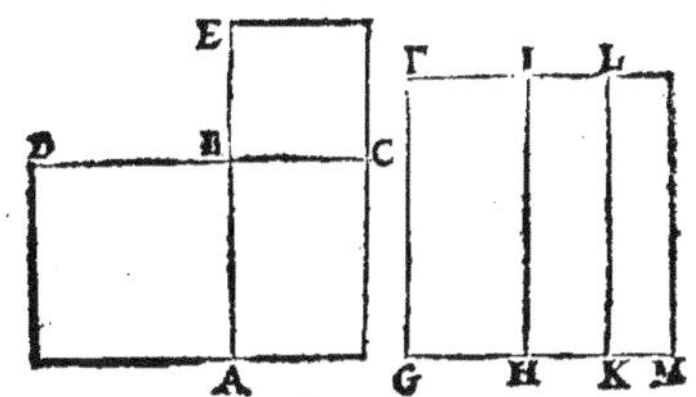

(eſtans faicts ſur lignes commenſ. en puiſſance) leurs egaux rectangles FH & LM ſeront auſſi commenſ. mais par la 1. p. 6. comme FH eſt à LM, ainſi la ligne droicte GH eſt à la ligne droicte KM: donc par la 10. prop. 10. GH & KM ſeront commenſ. en longitude; & par la 20. prop. 10. le rectangle de GH & KM ſera rationel. Et pource que AB, BD ſont egales, & BC, BE auſſi egales, comme DB eſt à BC, ainſi AB à BE. Mais comme DB à BC, ainſi AD à AC par la 1. prop. 6. & comme AB eſt à BE, ainſi AC à CE: donc comme AD à AC, ainſi AC à CE: & partant AD, AC, CE ſont proportionnaux: & par conſequent leurs egaux FH, HL, LM ſeront auſſi proportionnaux. Mais par la 1. prop. 6. les lignes GH, HK, KM ſont entr'elles, comme les rectangles FH, HL, LM: elles ſeront donc proportionelles: & par la 17. pr. 6. le rectangle de GH, KM, ſera egal au quarré de HK. Or le rectangle d'icelles GH, KM a eſté demonſtré rationel: donc auſſi le quarré de HK ſera rationel: & par conſequent la ligne HK ſera auſſi rationelle: & par la 6. def. 10. elle ſera pareillement commenſurable à la rationelle propoſee FG, ou à ſon egale HI, ſoit en longitude & puiſſance, ou en puiſſance ſeulement: Si en longitude, le rectangle HL contenu ſous icelles HI, HK, ou le rectangle AC qui luy eſt egal, ſera rationel par la 20. prop. 10. mais ſi HK eſt commenſurable en puiſſance ſeulement à HI, iceluy rectangle HL ou AC ſera medial par la 22. prop. 10. Parquoy le rectangle compris de deux lignes mediales commenſ. en puiſſance, &c. Ce qu'il falloit demonſtrer.

SCHOLIE.

Soient les mediales AB & BC, $\sqrt{\sqrt{8}}$, & $\sqrt{\sqrt{2}}$: (deſquelles les puiſſances ſont commenſurables, car elles ſont en raiſon double.) Le rectangle d'icelles AC ſera $\sqrt{\sqrt{16}}$, c'eſt à dire 2, qui eſt rationel. Mais ſi AB eſt $\sqrt{\sqrt{12}}$, & BC $\sqrt{\sqrt{3}}$, (deſquelles les puiſſances ſont commenſ. eſtans en raiſon double.) Le rectangle AC ſera $\sqrt{\sqrt{36}}$, c'eſt à dire $\sqrt{6}$, qui eſt vn medial.

THEOR. 24. PROP. XXVII.

Vne figure mediale n'eſt pas plus grande qu'vne figure mediale, d'vne figure rationelle.

Soit la figure mediale AB qui excede le medial AC du rectangle DB: ie dis que DB n'eſt pas figure rationelle.

Qu'il ne ſoit ainſi: Sur vne propoſee rationelle EF ſoient faicts les rectangles EG & EH, egaux aux rectangles AB & AC par la 45. prop. 1. tellement que HI ſera egal à DB: partant iceux rectangles EG, EH ſeront mediaux, leſquels eſtans appli-

HHh ij

quez sur la rationelle EF, les autres costez FG & FH seront lignes rationelles commens. en puissance seulement à EF par la 23. prop. 10.

Maintenant si on dit que HI est rationel; estant appliqué sur la rationelle KH, l'autre costé GH sera rationel commensurable en longit. à KH par la 21. prop. 10. mais FH est incom. en long. à KH, ou EF: donc par la 14. pr. 10. FH & GH seront incomm. en longit. mais comme FH à GH, ainsi le rectangle de FH & GH au quarré de GH par la 1. prop. 6. (car ils sont de mesme hauteur.) Partant par la 10. prop. 10. le quarré de GH est incomm. au rectangle de FH & GH. Il le sera aussi à deux fois le rectangle 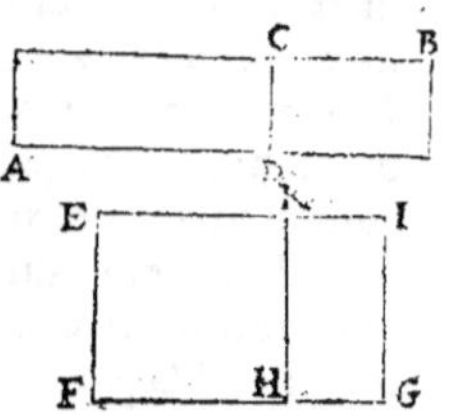 de FH & GH par la 14. pr. 10. Or le mesme quarré de GH est comm. au quarré de FG, (icelles lignes GH, FG estans rationelles) & par la 16. pr. 10. les deux quarrez de FH & GH, ensemble seront commensurables au seul quarré de GH : mais iceluy quarré est incommensurable à deux fois le rectangle de FH & GH : donc par la 13. prop. 10. les deux quarrez de FH & GH seront ensemble incommensur. à deux fois le rectangle de FH & GH. Mais iceux deux quarrez, & deux fois le rectangle de FH & GH sont egaux au quarré de FG par la 4. pr. 2. donc par la 17. p. 10. le quarré de FG sera incomm. aux deux quarrez de FH & GH ensemble: lesquels estans rationaux, (car ils sont faicts sur lignes rationelles) le quarré de FG sera irrationel, par la 10. def. 10. & par consequent la ligne FG irrationelle : Ce qui est absurde, car nous auons monstré qu'elle est rationelle : donc le rectangle HI, ou son egal DB, n'estoit pas rationel. Parquoy vne figure mediale n'est pas plus grande, &c. Ce qu'il falloit demonstrer.

SCHOLIE.

soit le rectangle medial AB √50, & le rectangle AC √18 : le rectangle restant DB sera √8, qui est medial. Derechef AB estant √32, & AC √20 ; le restant DB sera √32—√20, qui n'est pas rationel.

PROBL. 4. PROP. XXVIII.

Trouuer deux mediales commensurables en puissance seulement, comprenant vn rectangle rationel.

Soient deux lignes rationelles commens. en puissance seulement A & B, (trouuees par le lemme qui precede la 22. prop. de ce liure) entre lesquelles (par la 13. prop.) soit trouuée la moyenne proportionelle C; puis (par la 12. prop. 6.) aux trois A, B, C, soit trouuée la quatriesme proportionelle D : Ie dis que C & D sont les deux mediales demandees.

Car puis que C est moyenne proport. entre A & B, le rectangle de A & B (lequel par la 22. p. 10. est medial) sera egal au quarré de C par la 17. p. 6. & par la 22. prop. 10. C qui peut le rectangle medial, est mediale : Item, puis que comme A à B, ainsi C à D, & que A est commensurable en puissance seulement à B, aussi le sera C à D par la 10. prop. 10. Mais C est ligne mediale: donc D qui luy est commens. en puissance seulement sera aussi ligne medialle par la 24. prop. 10. Ie dis en outre que le rectangle contenu d'icelles medialles C & D est rationel. Car d'autant que comme A est à B, ainsi C à D, en permuttant, comme A à C, ainsi B à D: mais comme A est à C, ainsi C à B. Donc C sera aussi à B, comme B à D par la 11. prop. 5. parquoy B est moyenne prop. entre C & D, & par la 17. prop. 6. le quarré d'icelle B sera egal au rectangle de C & D. Mais iceluy quarré de B, ligne rationelle, est rationel: donc le rectangle comprins de C & D est aussi rationel. Nous auons donc trouué C & D mediales comm. en puissance seulement qui comprennent vn rectangle rationel: Ce qu'il failloit faire.

SCHOLIE.

Soit A√20, & B√12. donc la moyenne prop. C sera √√240. & puis que comme A à B, ainsi C à D; D sera √√86⅖. Or les puissances de √√240, & √√86⅖ sont commens. car elles sont comme 5 à 3: & le rectangle contenu d'icelles est √√20736, c'est à dire 12, egal au quarré de √12, qui est aussi 12: & partant iceluy rectangle de C & D, commens. en puissance seulement est rationel.

PROBL. 5. PROP. XXIX.

Trouuer deux lignes mediales commensurables en puissance seulement, comprenant vn rectangle medial.

Soient trois lignes rationelles commens. en puissance seulement A, B, C, trouuees comme il est enseigné au lemme qui precede la 22. pr. 10. & par la 13. prop. 6. entre A & B soit trouuee la moyenne proportionelle D: puis par la 12. pr. 6. soit fait comme B à C, ainsi D à E: Ie dis que D & E sont les deux mediales demandées.

Car en premier lieu, il est euident que D est mediale par la 22. prop. 10. d'autant que par la 17. proposit. 6. elle peut le rectangle irrationel de A & B: mais comme B à C, ainsi D à E, & B est commens. en puissance seulement à C, aussi par la 10. pr. 10. D sera commens. en puissance seulement à E: Et par la 24. prop. 10. D estant mediale, E sera aussi mediale commens. en puissance seulement à D.

A D B C E

D'auantage, ie dis que le rectangle d'icelles deux mediales D & E est aussi medial. Car puis que comme B à C, ainsi D à E, en permutant B sera à D comme C à E: mais B est à D comme D à A; partant comme D est à A, ainsi C est à E: & par la 16. prop. 6. le rectangle des extremes D & E sera egal au rectangle des moyennes A & C. Mais le rectangle de A & C, rationnelles commens. en puissance seulement, est medial par la 22. prop. 10. Donc par le corollaire de la 24. prop. 10. le rectangle de D & E sera aussi medial. Parquoy nous auons trouué deux lignes medialles commens. en puissance seulement, comprenant vn rectangle medial. Ce qu'il falloit faire.

SCHOLIE I.

Soit A20, B√200, & C√80. Donc la moyenne prop. D, sera √√80000. Et puis que comme B à C, ainsi D à E; icelle E sera √√12800. Or les puissances de D & E, sont commensurables, car elles sont comme 5 à 2: & le rectangle d'icelles est √√1024000000, c'est à dire √32000, egal au rectangle de A & C; qui est √32000.

H H h iiij

Or és choſes ſuiuantes nous aurons beſoin de ce probleme cy.

Trouuer deux nombres plans ſemblables.

Soient pris quatre nombres proportionnaux A, B, C, D, c'eſt à dire que comme A eſt à B, ainſi C ſoit à D. Mais A & B ſe multiplians entr'eux faſſent E: Item C & D ſe multiplians faſſent F. Donc E & F ſeront nombres ſemblables, puis qu'ils ont les coſtez proportionnaux.

<table>
<tr><td>A 6.</td><td>C 12.</td></tr>
<tr><td>B 4.</td><td>D 8.</td></tr>
<tr><td>E 24.</td><td>F 96.</td></tr>
</table>

Or d'autant qu'il a eſté demonſtré és 28 & 29. p. 9. que ſi on multiplie vn nombre impair ou pair, par vn pair, eſt produit vn nombre pair : mais vn impair, ſi on multiplie vn impair par vn impair : il appert par quelle maniere peuuent eſtre trouuez deux plans ſemblables, l'vn & l'autre deſquels ſoit pair ou impair ; ou vn ſeul pair, & l'autre impair : ſar ſi les coſtés pris ſont nombres pairs, les plans d'iceux ſeront auſſi pairs ; mais ſi les nombres ſont impairs, les plans d'iceux ſeront auſſi impairs. Que ſi les coſtez de l'vn ſont nombres impairs, mais de l'autre pairs, le plan de ceux-là ſera impair, mais de ceux-cy pair : ſemblablement les plans ſeront pairs, ſi chacun a vn coſté nombre pair, & l'autre impair, &c.

L E M M E I.

Trouuer deux nombres quarrez, tels que le compoſé d'iceux ſoit auſſi nombre quarré.

Soient trouuez par les choſes cy-deſſus dictes deux plans ſemblables AB & C, chacun deſquels ſoit pair ou impair. Et d'autant que par les 24 & 26. prop. 9. ſi d'vn nombre pair on en oſte vn pair, ou bien vn impair d'vn impair, le reſte eſt pair : eſtant oſté BD egal à C de AB, le reſte AD ſera pair ; & iceluy AD eſtant diuiſé en deux egalement en E : Ie dis que le nombre fait de AB en BD (qui eſt vn quarré par la 1. prop. 9.) auec le quarré du nombre ED, fait vn quarré. Car puis que le nombre AD eſt diuiſé en deux egalement en E, & à iceluy eſt adiouſté DB ; le nombre qui eſt fait de AB en BD, auec le quarré du nombre DE, ſera egal au quarré du nombre EB, par le 6. theor. de ceux que nous auons demonſtré à la 14. p. 9. Parquoy les deux nombres quarrez, ſçauoir celuy fait de AB en DB, & celuy du nombre DE adiouſtez enſemble feront vn quarré, ſçauoir celuy qui ſera produict de BE. Ce qui eſtoit propoſé.

<table>
<tr><td>A.....E.....D........B</td></tr>
<tr><td>C........</td></tr>
</table>

C O R O L L A I R E.

De ces choſes eſt manifeſte que quand AB & C ſont ſemblables, eſtre trouuez en la meſme maniere les deux nombres quarrez des nombres BE, ED, deſquels l'excez, ſçauoir le nombre fait de AB en BD, eſt auſſi quarré.

Que ſi les nombres AB & C ne ſont prins ſemblables, l'vn & l'autre toutesfois pair, ou impair, ſeront trouuez en la meſme maniere les deux quarrez des nombres BE, ED, deſquels l'excez, ſçauoir le nombre fait de AB en DB n'eſt quarré. Car s'il eſtoit quarré, par la 2. propoſit. 9. les nombres AB, BD, c'eſt à dire AB & C, ſeroient plans ſemblables. Ce qui eſt abſurde, puis qu'ils ont eſté poſez diſſemblables.

S C H O L I E 2.

Parquoy s'il faut trouuer deux nombres quarrés, deſquels l'excez ſoit auſſi nombre quarré, nous prendrons comme cy-deſſus, deux plans ſemblables, l'vn & l'autre deſquels ſoit pair, ou impair, ſçauoir AB & C, & acheuerons comme il eſt dict au precedent lemme.

Que s'il faut trouuer deux quarrez, deſquels l'excez ne ſoit quarré, il faudra prendre deux nombres plans diſſemblables, & paracheuer comme deſſus. Ce qu'on obtiendra plus facile-

ment, diuiſant vn nombre quarré en deux nombres, l'vn deſquels ſoit quarré, & l'autre non:
Comme 16 en 4 & 12 : ou 36 en 16 & 20 : & ainſi des autres.

LEMME 2.

Trouuer deux nombres quarrez, tels que le compoſé d'iceux ne ſoit nombre
quarré.

Soient deux nombres plans ſemblables AB, & C
pairs, ou impairs, & ſoit fait meſme conſtruction qu'au
lemme precedant : tellement que le quarré fait de la multiplication des nombres ſemblables AB, DB entr'eux,

```
A..H..I.E.F.G...D.......B
C........
```

auec le quarré de DE, ſoit egal au quarré de BE : en apres, de DE ſoit oſtee l'vnité EF.
Donc le quarré de DF ſera moindre que le quarré de DE, à cauſe de l'inegalité des coſtez. Ie
dis que le nombre compoſé des nombres quarrez, deſquels l'vn eſt fait de AB en BD, & l'autre de DF en ſoy, n'eſt pas quarré. Car ſi ce compoſé eſtoit nombre quarré, il ſeroit plus grand,
ou egal, ou moindre que le quarré de BF : Soit premierement plus grand, s'il eſt poſſible ; donc le
coſté d'iceluy ſera plus grand que le coſté BF ; partant egal, ou plus grand que le nombre BE :
(car il ne ſera moindre, pource qu'entre BE, BF, nombres differens de l'vnité, ne tombe aucun
milieu, & le ſuſdit coſté ſeroit milieu entre iceux, s'il eſtoit poſé plus grand que BF, mais moindre
que BE.) Si on dit qu'il eſt egal, tellement qu'au quarré de BE, ſoit egal le nombre quarré compoſé du quarré de AB en BD, & du quarré de DF ; puis qu'au meſme quarré de BE, a eſté demonſtré au lemme precedent eſtre egal le nombre fait de AB en BD, auec le quarré de DE ;
auſſi celuy fait de AB en BD, auec le quarré de DF, ſera egal à celuy là fait de AB en
BD, auec le quarré de DE. Oſtant donc le commun quarré fait de AB en DB, le reſte quarré
de DF, ſera egal au reſte quarré de DE ; & partant le coſté DF auſſi egal au coſté DE, la partie
au tout : ce qui eſt abſurde. Donc le coſté du quarré compoſé des quarrez, deſquels l'vn eſt fait de
AB en BD, & l'autre de DE en ſoy, n'eſt pas egal au nombre BE. Mais il n'eſt pas plus grand.
Car ſi faire ſe peut, le coſté d'iceluy ſoit egal au nombre BI, qui eſt plus grand que BE. Donc
puis que le quarré de BI plus grand coſté, eſt plus grand que le quarré de BE moindre coſté ; pareillement le compoſé des quarrez, deſquels l'vn eſt fait de AB en BD, & l'autre de DF en ſoy,
(puis que ce compoſé eſt poſé egal au quarré de BI) ſera plus grand que le quarré de BE. Mais
au preced. lemme le quarré de BE a eſté demonſtré egal au nombre fait de AB en BD, auec
le quarré de DE : oſtant donc le commun nombre fait de AB en BD, reſtera le quarré de
DF, plus grand que le quarré de DE ; & partant le coſté DF plus grand que le coſté DE,
la partie que le tout. Ce qui eſt abſurde. Donc le coſté du quarré compoſé des quarrez, deſquels l'vn eſt fait de AB en BD, & l'autre de DE en ſoy, n'eſt pas plus grand que le coſté BF :
mais il a eſté demonſtré qu'il n'eſt pas auſſi egal, ny moindre. Donc iceluy quarré compoſé
n'eſt pas plus grand que le quarré de BF.

Soit maintenant, ſi faire ſe peut, le nombre fait de AB en BD, auec le quarré de DF, egal
au quarré de BF : & ſoit poſé AH double de l'vnité EF. Donc puis que le tout AD eſt double du tout ED, (car AD a eſté diuiſé en deux egalement en E) & l'oſté AH double de l'oſté
EF, auſſi le reſte HD ſera double du reſte FD par la 7. prop. 7. & partant HD eſt diuiſé en
deux egalement en F : Parquoy par le 6. theor. de ceux que nous auons demonſtré ſur la 14.
prop. 9. le nombre fait de HB en BD, auec le quarré de DF, ſera egal au quarré de BF.
Mais au meſme quarré de BF, eſt poſé egal le nombre fait de AB en BD auec le quarré
de DF. Donc le nombre fait de HB en BD, auec le quarré du nombre DF, eſt egal à celuy
fait de AB en DB, auec le quarré de DF. Oſtant donc le commun quarré de DF,

resterale nombre fait de *HB* en *BD*, egal à celuy fait de *AB* en *DB*. Parquoy puis que
HB, *AB* multiplians le mesme *BD*, produisent nombres egaux, & que par la 18. p. 7. les multiplians ont mesme raison que les produicts: *HB* sera egal à *AB*, la partie au tout. Ce qui est
absurde. Donc le nombre fait de *AB* en *DB*, auec le quarré de *DF*, n'est pas egal au
quarré de *BF*.

Soit finalement, si faire se peut, le nombre fait de *AB* en *BD*, auec le quarré de *DF*, moindre
que le quarré de *BF*; & partant le costé d'iceluy, moindre que le costé *BF*, lequel soit *BG*, tellement que le nombre fait de *AB* en *BD*, auec le quarré de *DF*, soit egal au quarré de *BG*:
Soit pris *AI* double d'iceluy *EG*. Donc puis que le tout *AD* est double du tout *FD*, & l'osté
AI double de l'osté *EG*; par la 7. prop. 7. le reste *ID* sera aussi double du reste *GD*: & partant *ID* est diuisé en deux egalement en *G*. Parquoy par le 6. theor. demonstré sur la 14. pr. 9.
le nombre fait de *IB* en *BD* auec le quarré de *DG*, est egal au quarré de *BG*. Mais au mesme
quarré de *BG* a esté posé egal le nombre fait de *AB* en *BD*, auec le quarré de *DF*: Donc
le nombre fait de *IB* en *BD*, auec le quarré de *DG*, est egal à celuy fait de *AB* en *BD*,
auec le quarré de *DF*. Ostant donc les quarrez de *DG* & *DF*, desquels celuy de *DG* est
moindre, restera le nombre fait de *IB* en *BD*, plus grand que celuy fait de *AB* en *BD*, la partie que le tout. Ce qui est absurde. Donc le nombre fait de *AB* en *BD*, auec le quarré
de *DF*, n'est pas moindre que le quarré de *BF*: mais il a esté demonstré qu'il n'est pas aussi plus
grand, ny egal. Donc le nombre produit de *AB* en *BD*, auec le quarré de *DF*, n'est pas
quarré. Ce qui estoit proposé à demonstrer.

SCHOLIE 3.

Par cecy nous trouuerons facilement deux nombres, tels que le composé d'iceux ne soit à l'vn
ny à l'autre comme nombre quarré à nombre quarré. Car si par le Lemme precedent on trouue
deux quarrés, tels que le composé d'iceux ne soit quarré, ce composé non quarré ne sera à l'vn ny
à l'autre d'iceux comme nombre quarré à nombre quarré. Nous obtiendrons le mesme, diuisant quelconque nombre quarré en deux nombres non quarrez: Car ainsi le quarré total ne sera
à l'vn ny à l'autre d'iceux nombres esquels il est diuisé, en raison de nombre quarré à nombre quarré.

PROB. 6. PROP. XXX.

Trouuer deux lignes rationeles commensurables en puissance
seulement, & que la plus grande puisse plus que la plus petite
du quarré d'vne ligne qui luy soit commensurable en longitude.

Soit proposee la rationele, *AB*, & soient trouuées (comme
il a esté enseigné au 2. Scholie de la preced. prop.) les deux
nombres quarrez *CD*, *CE*, l'excez desquels *DE* ne soit quarré: puis par le corol. de la 6. prop. 10. soit trouuée *AF*, au
quarré de laquelle soit le quarré de *AB*, comme le nombre
CD est au nombre *DE*; & apres auoir descrit vn demy cercle
sur *AB*, en iceluy soit accommodee la ligne droite *AF*: &
ioinct *BF*. Iedis que *AB* & *AF* sont les deux lignes requises.

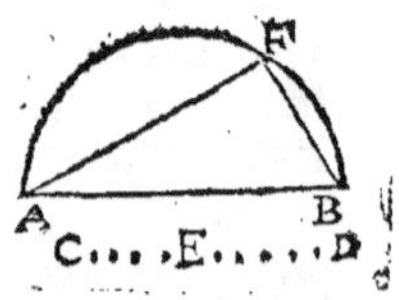

Car d'autant que le quarré de *AB* est au quarré de *AF* comme le nombre *CD* est
au nombre *DE*, ils seront commensurables par la 6. prop. 10. & partant aussi leurs

costez

AB & AF, au moins en puiſſance : mais AB eſt rationnele, & par conſequent auſſi
rationele AF qui luy eſt commenſurable : mais les quarrez de AB & AF n'eſtans
entr'eux comme nombre quarré à nombre quarré, par la 9. pr.10. les lignes AB &
AF feront incommenſurables en longitude : elles feront donc rationeles commenſurables en puiſſance ſeulement.

Maintenant veu que l'angle F au demy cercle eſt droict par la 31.pr.3. le quarré de
AB ſera egal aux deux quarrez de AF & FB, c'eſt à dire que la ligne AB peut plus
que la ligne AF du quarré de FB. Et d'autant que comme CD eſt à DE, ainſi le
quarré de AB ſera au quarré de AF, par conuerſion de raiſon, comme le nombre
quarré CD ſera au nombre quarré CE, ainſi le quarré de AB ſera au quarré de FB,
(car ainſi que CD excede DE du quarré de CE, ainſi auſſi le quarré de AB ſurpaſſe
le quarré de AF du quarré de FB.) Parquoy les lignes droictes AB, FB ſont commenſurables en longitude par la 9.pr.10. Nous auons donc trouué deux rationeles
AB, AF commenſurables en puiſſance ſeulement, & laplus grande AB peut plus
que AF du quarré de la ligne FB, qui luy eſt commenſurable en longitude : Ce
qu'il falloit faire.

SCHOLIE.

La rationele AB ſoit 6: AF ſera √20: & partant BF ſera 4, commenſ. en longitude à AB.

PROB. 7. PROP. XXXI.

Trouuer deux lignes rationeles commenſ. en puiſſance ſeulement,
& que la plus grande puiſſe plus que la plus petite du quarré
d'vne ligne qui luy ſoit incommenſurable en longitude.

Soit expoſée la rationele AB, & ſoient trouuez (comme il a eſté enſeigné au
lemme 2. de la pr. 29. de ce liure) deux nombres quarrez tels que le compoſé d'iceux
ne ſoit quarré ; ou pluſtoſt ſoit diuiſé quelque nombre quarré CD, en deux nombres non quarrez CE, ED, afin que le tout CD ne ſoit à l'vn
ou à l'autre d'iceux CE, ED, comme nombre quarré à nombre quarré puis ſur AB ſoit deſcrit le demy cercle AFB ; &
par le corollaire de la 6. pr. 10. ſoit trouuee la ligne droicte
AF, au quarré de laquelle ſoit le quarré de AB, comme le
nombre CD eſt au nombre CE : & finalement icelle AF eſtant
accommodee au cercle ſoit menee BF. Ie dis que AB & AF
ſont les deux lignes demandees.

Car on prouuera tout ainſi qu'à la precedente, que AB &
AF ſont rationeles commenſurables en puiſſance ſeulement, (car leurs quarrez ne
ſont entr'eux comme nombre quarré à nombre quarré ;) & que AB peut plus que
AF du quarré de BF. Et d'autant que comme CD eſt à CE, ainſi le quarré de
AB eſt au quarré de AF ; par conuerſion de raiſon comme CD ſera à DE, ainſi le
quarré de AB ſera au quarré de BF. Mais CD n'eſt pas à DE comme nombre
quarré à nombre quarré : donc auſſi le quarré de AB ne ſera pas au quarré de
BF comme nombre quarré à nombre quarré. Parquoy les lignes droictes AB, BF
ſeront incommenſurables en longitude, par la 9. prop. 10. Nous auons donc
trouué deux rationeles AB, AF commenſurables en puiſſance ſeulement, telles

que la plus grande AB peut plus que AF, du quarré de la ligne BF, qui luy est incommensurable en longitude : Ce qu'il falloit faire.

SCHOLIE.

Si la rationele AB est 3, AF sera √6, & BF √3.

PROB. 8. PROP. XXXII.

Trouuer deux mediales commensurables en puissance seulement, comprenant vn rectangle rationel ; & que la plus grande puisse plus que la plus petite du quarré d'vne ligne qui luy soit commensurable en longitude.

Soient trouuées par la 30. prop. de ce liure deux lignes rationeles A & B commensurables en puissance seulement, & que la plus grande A puisse plus que la plus petite B du quarré d'vne ligne qui luy soit commensurable en longitude : Item par la 13. pr. 6. soit trouuee C moyenne proportionnele entre A & B; & finalement par la 12. prop. 6. aux trois lignes A, B, C, soit trouuee la 4. proportionele D. Ie dis que C & D sont les deux lignes demandees.

A ——————
C ————
B —————
D ———

Car puis que A & B sont rationeles commensurables en puissance seulement, par la 22. pr. 10. le rectangle d'icelles A & B sera irrationel ; & la ligne C pouuant iceluy par la 17. prop. 6. (car elle est moyenne prop. entre A & B) sera mediale. Et d'autant que comme A est à B, ainsi C à D; & A est commensurable en puissance seulement à B, aussi C sera commensurable en puissance seulement à D, par la 10. proposition 10. Mais puis que C est mediale, par la 24. proposition 10. D sera aussi mediale. Et d'autant que comme A est à B, ainsi C à D : en permutant comme A sera à C, ainsi B sera à D : mais par la construction comme A est à C, ainsi C est à B : pareillement donc comme C sera à B, ainsi B sera à D : & partant le rectangle de C & D sera egal au quarré de B, par la 17. prop. 6. & puis que le quarré de la rationele B est rationel, le rectangle compris sous C & D, qui luy est egal, sera aussi rationel. Et veu que comme A est à B, ainsi C à D ; & peut plus que B du quarré d'vne ligne qui luy est commensur. en longitude, aussi par la 15. pr. 10. C poutra plus que D du quarré d'vne ligne qui luy sera commensur. en longitude. Nous auons donc trouué deux mediales C & D, commens. en puissance seulement, comprenant vn rectangle rationel, C pouuant plus que D du quarré d'vne ligne qui luy est commens. en longitude : Ce qu'il falloit faire.

Que si on vouloit que C pûst plus que D du quarré d'vne ligne qui luy fust incommens. en longitude, il ne faudroit que trouuer A & B, telles qu'elles sont requises par la precedente prop. au lieu que cy dessus elles ont esté trouuées par la 30. pr. 10. & acheuer le tout comme dessus.

SCHOLIE.

Soit A8, B √28 : le rectangle d'icelles sera √1792, & la ligne C √√1792, qui est mediale. Et puis que comme A8, est à B √28, ainsi C √√1792 est à D, icelle sera √√343 : donc C & D sont deux mediales comm. en puissance seulement, lesquelles contiennent vn rationel 28, & la plus grande C peut plus que la moindre D, d'vne ligne qui luy est commens. en longitude.

Car si du quarré d'icelle C, on oste le quarré de D, restera √ 567, & seront commens. en longit. les deux mediales √√ 1792 & √√ 567. Car elles sont comme 4 à 3. Derechef soit A 8, & B √ 20 : le rectangle d'icelles sera √ 1280, & la ligne C √√ 1280, & partant D sera √√ 125, donc C & D sont mediales comprenant vn rationel. 20, & C peut plus que D du quarré d'vne ligne qui luy est incommens. en longitude.

PROB. 9. PROP. XXXIII.

Trouuer deux mediales commensurables en puissance seulement, comprenant vn rectangle medial, & que la plus grande puisse plus que la plus petite du quarré d'vne ligne qui luy soit commensurable en longitude.

Soient trouuées trois lignes rationneles commens. en puissance seulement, A, B, C, & que A puisse plus que C du quarré d'vne ligne qui luy soit commens. en longitude : (ce qu'on obtiendra trouuant premierement par la 30. p. 10. les deux rationelles A & C commensurables en puissance seulement, & que A puisse plus que C du quarré d'vne ligne qui luy soit commensurable en longitude : puis à C & A soit trouuée B commens. en puissance seulement, par ce qui est enseigné au lemme qui precede la 22. p. 10.) Item par la 13. p. 6. soit trouuée D moyenne prop. entre A & B : puis par la 12. p. 6. soit faict comme D à B, ainsi C à E. Ie dis que D & E sont les deux lignes demandées.

Car puis que D est moyéne prop. entre A & B, par la 17. p. 6. elle peut le rectangle d'icelles A & B, qui est irrationel, & par consequent D est mediale par la 22. p. 10. Mais d'autant que comme D à B, ou A à D, ainsi C à E, en permutant comme A sera à C, ainsi D sera à E. Mais A & C sont commens. en puissance seulement : donc aussi D & E : & par la 24. p. 10. D estant mediale, E le sera aufsi. Et derechef puis que comme D à B ainsi C à E, par la 16. p. 6. le rectangle des extrémes D & E sera egal au rectangle des moyennes B & C. Mais par la 22. p. 10. le rectangle de B & C rationneles commens. en puissance seulement est medial. Donc par le corol. de la 24. p. 10. le rectangle de D & E sera aussi medial. Finalement, puis que comme A à C, ainsi D à E; & A peut plus que C du quarré d'vne ligne qui luy est commens. en longitude, par la 15. p. 10. D pourra aufsi plus que E du quarré d'vne ligne qui luy sera commensurable en longitude. Nous auons donc trouué deux mediales D & E commensurables en puissance seulement, &c. Ce qu'il falloit faire.

Que si on trouue A, B, C, rationeles commens. en puissance seulement, tellement que B puisse plus que C du quarré d'vne ligne qui luy soit incomm. en longitude, & on acheue de construire comme deffus; on demonstrera semblablement que D & E sont mediales commensurables en puissance seulement, comprenant vn rectangle medial, & que la plus grande D, peut plus que E du quarré d'vne ligne qui luy est incommens. en longitude.

S C H O L I E.

Soit A 8, B √ 48, & C √ 28 : le rectangle compris de A & B sera donc √ 3072, & la ligne droicte D √√ 3072, qui est mediale, & A estant à C, comme D à E, icelle sera √√ 88. Donc D & E, sont mediales commensurables en puissance seulement, comprenant vn medial, & la

plus grande D peut plus que la moindre E du quarré d'vne ligne, qui luy est commensurable
en longitude. Car si du quarré d'icelle D, on oste le quarré de E, le reste sera $\sqrt{972}$, qui
est commensurable en longitude à icelle D $\sqrt{\sqrt{3072}}$. Derechef si A est 8, B $\sqrt{48}$, & C $\sqrt{20}\frac{1}{3}$.
D sera encore $\sqrt{\sqrt{3072}}$. mais E sera $\sqrt{\sqrt{300}}$. Donc D & E sont deux mediales commensu-
rables en puissance seulement, qui contiennent vn medial, & la plus grande D, peut plus que
la moindre E, du quarré d'vne ligne qui luy est incommensurable en longitude.

PROB. 10. PROP. XXXIV.

Trouuer deux lignes droictes incommensurables en puissance,
qui facent le composé de leurs quarrez rationel, mais le rectangle contenu d'icelles, medial.

Soient deux lignes rationeles commensurables en puissance seulement AB & BC, & que
la plus grande AB puisse plus que la plus petite BC du quarré d'vne ligne qui luy soit incommensurable en longitude, trouuée comme il à esté enseigné en la 31. prop. 10. & apres

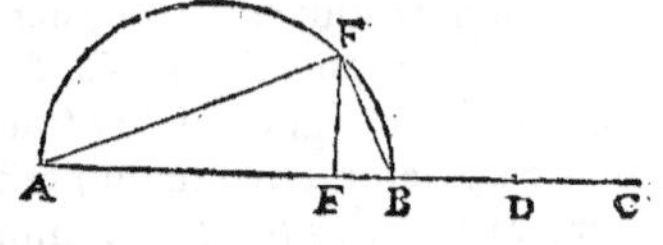

auoir couppé en deux egalement CB au poinct D, soit appliqué vn rectangle sur
BA egal au quarré de BD defaillant d'vne figure quarrée par la 28. p. 6. & soit iceluy rectangle compris de AE & EB; & apres auoir fait vn demy cercle sur la ligne
AB, & mené la perpendiculaire EF, soient menées BF & FA : Ie dis qu'icelles
lignes sont les requises

Car puis que AB & BC sont inegales, & que la plus grande AB peut plus que
la moindre BC du quarré d'vne ligne qui luy est incommensurable en longitude, &
que le rectangle de AE, EB appliqué sur AB, & defaillant d'vne figure quarrée, est
egal au quart du quarré de BC, (c'est à dire au quarré de DB; car nous auons demonstré au scholie de la 4. p. 2. que le quarré de BC est quadruple du quarré de
BD) les deux lignes AE & EB seront incommens. en longitude par la 19. p. 10 Mais
par le scholie de la 13. p. 6. EF est moyenne proport. entre icelles AE, EB; & partant
comme il a esté demonstré à la 11. p. 10. elle sera incommens. en puissance à EA.
Mais comme FE à EA, ainsi BF à FA par la 4. p. 6. (car iceux triangles sont equiangles par la 8. p. 6.) donc puis que FE, EA sont incommens. en puissance, par la 10.
p. 10. BF & FA seront aussi incōmens. en puissance. Item le quarré de AB, est egal
aux deux de BF & FA par la 47. p 1. lequel quarré de BA est rationel, estant la ligne
AB rationele; partant le composé des quarrez de BF & FA, sera aussi rationel. Et
d'autant que par l'hypothese le rectangle de AE, EB, est egal au quarré de BD, &
qu'il est aussi egal au quarré de la moyenne prop. EF, par la 17. prop. 6. le quarré de
EF sera egal au quarré de BD : partant la ligne EF est egale à BD : & par la 16. p. 6.
le rectangle de BF & FA sera egal au rectangle de BA & EF, ou BD son egale. (car
par la 8. & 4. prop. 6. AB est à BF comme FA à EF.) Or par la 1. pr. 6. le rectangle
de AB & DC est double du rectangle de AB & BD : (car la base BC est double
de la base BD.) Mais le rectangle de AB & BC est medial par la 22. prop. 10. donc
aussi sa moitié rectangle de AB & BD : & par consequent medial son egal rectagle de BF & FA. Nous auons donc trouué les deux lignes AF, FB, incommensu-

ɛables en puiſſance, qui font le compoſé de leurs quarrez rationel, mais le rectangle compris d'icelles, medial : ce qu'il falloit faire.

S C H O L I E.

Si AB eſt 6, & BC √12: BD ou EF ſera √3: & par conſequent AE ſera 3 + √6, &
EB 3 — √6.: & puis que le quarré de AF eſt egal aux quarrez de AE, EF: icelle AF
ſera √(18 + √216) : mais BF ſera √(18 — √216). Donc icelles AF, FB ſont incommenſurables en puiſſance, & le compoſé de leurs quarrez, ſçauoir 36, eſt rationel, mais le rectangle
compris d'icelles, ſçauoir eſt √108, eſt medial.

PROB. 11. PROP. XXXV.

Trouuer deux lignes droictes incommenſurables en puiſſance,
qui facent le compoſé de leurs quarrez medial : mais qu'elles
comprenent vn rectangle rationel.

Soient deux mediales comment en puiſſance ſeulement *(voyez la figure precedente)*
AB & BC, comprenant vn rectangle rationel, & que AB puiſſe plus que BC du quarré d'vne ligne qui luy ſoit incommenſurable en longitude, trouuées comme il a
eſté enſeigné en la 31. p. 10. & ſoit acheuée la conſtruction comme en la precedente. Ie dis que BF & FA ſont les deux lignes demandées.

Car nous demonſtrerons ainſi qu'en la precedente prop. qu'icelles BF & FA
ſont incommenſ. en puiſſance: & que le quarré de BA eſt medial, eſtant deſcrit ſur
vne ligne mediale, & egal aux deux de BF & FA par la 47 p. 1. Partant le compoſé
des deux quarrez de BF & FA eſt medial. Et dautant que le rectangle de AB, BC
(comme il a eſté demonſtré en la preced. prop.) eſt double du rectangle de AB,
BD; & qu'il eſt rationel par la conſtruction, auſſi iceluy rectangle de AB, BD ſera
rationel. Mais il a eſté demonſtré en la precedente qu'il eſt egal au rectangle de BF
& FA : & par conſequent iceluy eſt auſſi rationel. Nous auons donc trouué deux
lignes AF & BF incommenſurables en puiſſance, qui font le compoſé de leurs
quarrez medial, mais le rectangle compris d'icelles rationel : ce qu'il falloit faire.

S C H O L I E.

Si AB eſt √√432, & BC √√48: BD ou EF ſera √√3, & AF √(√108 + √72); mais BF
eſt √(√108 — √72): & partant icelles AF, BF ſont incommenſurables en puiſſance, & le compoſé de leurs quarrez, ſçauoir eſt √432, eſt medial : mais le rectangle compris d'icelles, ſçauoir eſt √36, c'eſt à dire 6, eſt rationel.

PROB. 12. PROP. XXXVI.

Trouuer deux lignes droictes incommenſurables en puiſſance,
qui facent le compoſé de leurs quarrez medial, & auſſi le rectangle d'icelles medial, & incommenſurable au compoſé de leurs
quarrez.

Soient deux mediales commenſurables en puiſſance ſeulement AB & BC, comprenant vn rectangle medial, & que la plus grande AB puiſſe plus que la plus pe-

tite BC du quarré d'vne ligne qui luy soit incommens. en longitude, trouuées comme nous auons enseigné à la fin de la 33. prop. 10. & apres auoir acheué la construction comme en la 34. p. 10. Ie dis que BF & FA sont les lignes demandées.

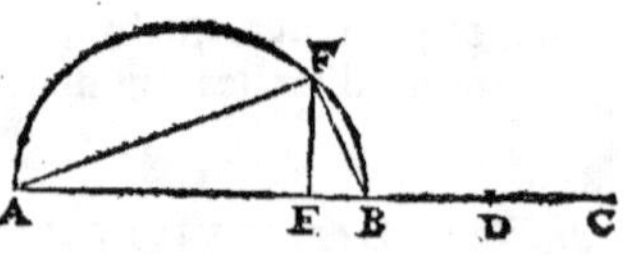

Car premierement elles sont incommensurables en puissance, comme en la demonstration de la 34. p. 10. & le quarré de BA estant medial, comme en la precedente, le composé des quarrez de BF & FA sera aussi medial : Item le rectangle de AB & BC estant medial par l'hypothese, le rectangle de AB, & BD (ou EF son egale) qui est sa moitié, sera aussi medial par le corollaire de la 24. p. 10. & par consequent medial le rectangle de BF & FA qui luy est egal, comme il a esté demonstré en la 34. prop. 10. Et d'autant que par l'hypothese AB est incommensurable en longitude à BC, & qu'à icelle BC est commensurable en longitude sa moitié BD, par la 13. p. 10. BD sera aussi incommensurable en longitude à AB, & par la 1. prop. 6. le quarré de AB sera au rectangle de AB & BD (d'autant qu'ils sont tous deux de la hauteur de AB) comme AB à BD, c'est à dire incommensurable, par la 10. prop. 10. & par consequent le rectangle de BF & FA egal au rectangle de AB & BD, sera incómensurable au quarré de BA, c'est à dire au composé des quarrez de BF & FA. Nous auons donc trouué deux lignes droites AF, BF incommensurables en puissance, faisant le composé de leurs quarrez medial, & le rectangle contenu sous icelles, medial & incommensurable au composé d'iceux quarrez : ce qu'il falloit faire.

SCHOLIE.

Si AB est $\sqrt{\sqrt{192}}$, & BC $\sqrt{\sqrt{48}}$; BD ou son egale EF sera $\sqrt{\sqrt{3}}$, & AF $\sqrt{(\sqrt{48} + \sqrt{24})}$, & BF $\sqrt{(\sqrt{48} - \sqrt{24})}$: Parquoy icelles AF, BF sont incommensurables en puissance, & le composé de leurs quarrez, sçauoir est $\sqrt{192}$, est medial incommens. à $\sqrt{24}$, rectangle medial compris d'icelles AF, BF.

Or de ce probleme est manifeste le suiuant.

Trouuer deux mediales incommensurables en longitude & puissance.

Car puis que tant le composé des quarrez des lignes AF, BF, que le rectangle compris d'icelles, est medial, & qu'iceluy rectangle est incommens. à ce composé, aussi les lignes pouuans iceluy composé, & rectangle, serout pareillement mediales incommens. tant en longitude que puissance. Car si elles estoient commens. en puissance, aussi les quarrez d'icelles, c'est à dire le composé des quarrez des lignes, AF, BF, & le rectangle sous icelles AF, FB, seroient commens. ce qui n'est pas. Parquoy si on prend AB pouuant le composé des lignes AF, FB; & vne autre ligne pouuant le rectangle d'icelles AF, FB, c'est à dire vne moyenne proportionnelle entre AF, FB, serent trouuees deux mediales incommensurables en longit. & puissance.

ICY COMMENCENT LES SIXAINES
des lignes rationnelles par compofition.

THEOR. 25.   PROP. XXXVII.   Six. I.

Si deux lignes rationelles commenfurables en puiffance feulement font compofées, la toute fera irrationnelle : & foit icelle
appellée Binome.

Soient compofées deux lignes rationelles
commenf. en puiffance feulement AB & BC,
trouuées par le lemme qui precede la 22.
prop. 10 Ie dis que la toute AC eft irrationnelle.

Car par la 1. prop. 6. le rectangle de AB & BC eft au quarré de BC, comme AB à
BC: mais AB, BC font incommenf. en longit. par l'hypothefe. Donc par la 10. pr.
10. le rectangle de AB, BC fera incommenf. au quarré de BC : & partant par la
14. prop. 10. deux fois le rectangle de AB & BC fera incommenf au quarré de BC.
Mais d'autant que les lignes AB & BC font rationnelles commenf. en puiffance
feulement, leurs quarrez feront commenfurables entr'eux, & le compofé de tous
deux fera commenfurable au feul de BC, par la 16. prop. 10. & partant par la 14.
prop. 10. les deux quarrez d'icelles AB & BC feront incommenf. à deux fois le rectangle de AB & BC, & par la 17. prop. 10. le compofé de deux fois le rectangle &
des deux quarrez, c'eft à dire le quarré de la toute AC (car par la 4. prop. 2. ce
quarré eft egal aux quarrez de AB, BC, & deux fois le rectangle d'icelles AB, BC)
eft incommenf. aux deux quarrez de AB & BC, lefquels eftans rationnaux, & le
compofé d'iceux rationnel, le quarré de AC qui luy eft incommenfurable fera irrationel, par la 10. def. 10. & par confequent la ligne AC irrationelle : or icelle fera
appellée binome, pource qu'elle eft compofée de deux noms, c'eft à dire de deux
lignes rationelles AB, BC, commenfurables en puiffance feulement. Si donc deux
lignes rationelles commenfurables en puiffance feulement, &c. Ce qu'il falloit
demonftrer.

SCHOLIE.

Soit AB 2, BC √3 : la toute AC fera 2+√3, & fon quarré eft 7+√48.

Or il appert de ce que deffus, que de deux lignes rationelles commenf. en puiffance feule-
ment, font procreées deux lignes irrationelles. Car la ligne moyenne prop. entre icelles rationelles
eft irrationelle par la 22. prop. de ce liure, laquelle eft appellée mediale. Et la compofée d'i-
celles, par la 37. prop. 10. eft vne irrationelle, qui eft dite bimome.

THEOR. 26.   PROP. XXXVIII.

Si deux lignes mediales commenfurables en puiffance feulement, comprenant vn rectangle rationel font compofées,

la toute sera irrationelle : & soit icelle appellee bimedialle premiere.

Soient composées deux mediales AB &
BC commensurables en puissance seulement,
comprenant vn rectangle rationel trouuees,
par la 28. prop. 10. Ie dis que la toute AC est irrationelle.

Car puis que par la 1. prop. 6. comme AB est à BC, ainsi le rectangle compris sous AB, BC est au quarré de BC; & que AB, BC sont incommensurables en longitude; par la 10. prop. de ce liure, iceluy rectangle de AB, BC sera aussi incommensurable au quarré de AB. Mais le rectangle de AB, BC est commensurable à deux fois iceluy: & au quarré de BC est commens. le composé des quarrez d'icelles AB, BC (car puisque AB, BC sont commensurables en puissance, leurs quarrez seront commensur. & partant le composé d'iceux quarrez sera aussi commensurable au quarré de BC par la 16. prop. 10.) Donc le composé des deux quarrez de AB, BC sera incommensurable à deux fois le rectangle compris d'icelles lignes AB, BC par la 14. prop. 10. Parquoy le composé d'iceux deux quarrez & rectangles, c'est à dire le seul quarré de AC, qui leur est egal par la 4. prop. 2. sera aussi incommensurable à deux fois le rectangle de AB, BC par la 17. prop. 10. Mais à deux fois iceluy rectangle de AB, BC est commensurable vn seul rectangle d'icelles AB, BC : donc par la 13. prop. 10. le quarré de AC sera incommensurable au rectangle compris sous AB, BC : & iceluy rectangle estant rationel par l'hypothese, iceluy quarré de AC sera irrationel par la 10. def. 10. & pource la ligne AC sera aussi irrationelle par la 11. def. 10. Et icelle ligne soit appellée bimediale premiere. Si donc deux lignes mediales comm. en puissance seulement, &c. Ce qu'il falloit demonstrer.

S C H O L I E.

Soit $AB\sqrt{\sqrt{54}}$, & $BC\sqrt{\sqrt{24}}$: La toute AC sera donc $\sqrt{\sqrt{54}}+\sqrt{\sqrt{24}}$, irrationelle nommee bimediale premiere.

THEOR. 27. PROP. XXXIX.

Si deux mediales commensurables en puissance seulement, comprenant vn rectangle medial sont composées, la toute sera irrationelle : & soit icelle appellee bimediale seconde.

Soient composées les deux mediales AB & BC commens. en puissance seulement, comprenant vn rectangle medial, trouuees par la 29. prop. 10. Ie dis que la toute AC est irrationelle.

Car soit vne ligne rationelle proposee DE, sur laquelle soit appliqué le rectangle DF egal au quarré de AC, & le rectangle DG egal au composé des quarrez de AB & BC par la 45. prop. 1. Et d'autant que par la 4. prop. 2. le quarré de AC, c'est à dire le rectangle DF, est egal aux deux quarrez de AB, BC auec deux fois le rectangle d'icelles AB, BC; le rectangle HF sera egal à deux fois le rectangle de AB, BC : & puis que par l'hypothese le rectangle

 ctangle de AB, BC, est medial, par le coroll. de la 24. prop. 10. le double rectangle de AB, BC, qui luy est commensurable, c'est à dire le rectangle HF, sera aussi
medial. Derechef, puis que les quarrez des mediales AB, BC sont comment. le
composé d'iceux, c'est à sçauoir le rectangle DG, sera aussi commensurable à vn
chacun d'iceux par la 16. prop. 10. Mais chacun d'iceux quarrez des mediales AB,
BC, est medial : Donc par le coroll. de la 24. prop. 10. le rectangle DG sera aussi
medial: Ainsi les deux rectangles DG & HF estans mediaux, & appliquez sur la rationelle DE, (car GH est egale à la rationelle DE,) leurs autres costez EG & FG
seront rationaux commensurables en puissance seulement à DH, par la 23. pr. 10.
Maintenant le rectangle de AB & BC est au quarré de BC comme AB est à BC,
par la 1. prop. 6. c'est à dire incommensurable par la 10. prop. 10. & partant le
double du rectangle de AB & BC sera aussi incommens. au quarré de BC : & les
deux quarrez de AB & BC estans commensurables entr'eux, les deux ensemble seront commensurables au seul de BC, par la 16. prop. 10. & par la 14. prop 10. les
deux quarrez de AB & BC seront incommensurables à deux fois le rectangle de
AB & BC : & par consequent aussi leurs egaux rectangles DG & HF : & par la
1. p. 6. & 10. p. 10. EG & FG lignes rationelles seront incommensurables en longitude : elles seront donc commensurables en puissance seulement ; (car autrement
elles ne seroient rationelles si elles estoient incommensurables,) & par la 37. p. 10.
la toute composee EF sera irrationelle : & le rectangle DF sera irrationel : car s'il
estoit rationel la ligne DE estant rationelle, il faudroit par la 21. prop. 10. que
l'autre costé EF fut aussi rationel, ce qui n'est pas : DF est donc irrationel : & partant aussi irrationel son egal quarré de AC ; & par consequent la ligne AC irrationelle, qui sera appellee bimediale seconde. Si donc deux mediales commensurables en puissance seulement, &c. Ce qu'il falloit demonstrer.

COROLLAIRE.

*Il est manifeste par cecy que le rectangle compris d'vne ligne rationelle & d'vne irratio-
nelle, est aussi irrationel. Car il a esté demonstré que le rectangle DF compris de la rationelle
DE, & irrationelle EF, ne peut estre rationel.*

SCHOLIE.

*Soit AB √√18, & BC √√8: La toute AC sera √√18 + √√8, qui est irrationelle,
appellee bimediale seconde.*

THEOR. 28. PROP. XL.

Si on adiouste ensemble deux lignes droictes incommensurables
en puissance, comprenant vn rectangle medial, mais le composé de leurs quarrez soit rationel ; la toute sera irrationelle: &
soit icelle appellee ligne majeure.

Soient assemblees les deux lignes AB & BC incommensur. en puissance, comprenant vn rectangle medial,
& le composé de leurs quarrez rationel, trouuees par la 34. prop. 10. Ie dis que
la toute AC est irrationelle.

                  A   B   C

Car d'autant que le rectangle compris sous AB & BC est posé medial, deux fois le mesme rectangle sera aussi medial par le corollaire de la 24. prop. 10. & partant irrationel. Mais par l'hypothese le composé des quarrez de AB & BC est rationel : partant incommensurable à deux fois le rectangle de AB & BC par la 10. def. 10. Et par la 17. prop. 10. le composé des deux rectangles, & des deux quarrez (qui est le quarré de AC par la 4. prop. 2.) sera incommens. au composé des deux quarrez de AB & BC, qui est rationel : partant le quarré de AC sera irrationel, & son costé AC aussi irrationel : lequel sera appellé ligne Majeure. Parquoy si on adiouste deux lignes droictes incommensurables, &c. Ce qu'il falloit demonstrer.

S C H O L I E.

Soit AB$\sqrt{(18+\sqrt{216})}$, & BC$\sqrt{(18-\sqrt{216})}$: la toute AC sera donc $\sqrt{(18+\sqrt{216})}+\sqrt{(18-\sqrt{216})}$, qui est irrationelle nommee ligne majeure.

THEOR. 29. PROP. XLI.

Si deux lignes droictes incommensurables en puissance, comprenant vn rectangle rationel, & le composé de leurs quarrez medial, sont assemblees ; la toute sera irrationelle : & soit icelle appellee ligne pouuant vn rationel, & vn medial.

Soient composées les deux lignes AB & BC, telles que demande la propos. & qu'enseigne à trouuer la 31. prop. de ce liure. Ie dis que la toute AC est irrationelle.

A ——————— C
B

Car puis que le composé des quarrez de AB & BC est medial, & leur rectangle rationel ; deux fois iceluy rectangle sera aussi rationel, & incommensurable au composé des quarrez de AB & BC, lequel estant medial, par la 17. prop. 10. le composé des deux quarrez, & des deux rectangles, sçauoir le quarré de AC par la 4. prop. 2. sera incommens. à deux fois le rectangle de AB & BC, lequel est rationel : Ainsi par la 10. def. 10. le quarré de AC sera irrationel : & par consequent la ligne AC aussi irrationelle : laquelle sera appellee ligne pouuant vn rationel & vn medial. Parquoy si deux lignes droictes incommensurables en puissance, &c. Ce qu'il falloit prouuer.

S C H O L I E.

Soit AB$\sqrt{(\sqrt{108}+\sqrt{72})}$, & BC$\sqrt{(\sqrt{108}-\sqrt{72})}$: La toute AC sera donc $\sqrt{(\sqrt{108}+\sqrt{72})}+\sqrt{(\sqrt{108}-\sqrt{72})}$.

THEOR. 30. PROP. XLII.

Si deux lignes droictes incommensurables en puissance, comprenant vn rectangle medial, incommensurable au composé de leurs quarrez aussi medial, sont composées ; la toute sera irrationnelle : Soit icelle appellee ligne pouuant deux mediaux.

Soient compofées les deux lignes AB & BC, telles que demande la prop. &
qu'enfeigne à trouuer la 36. prop. 10. Ie dis que la
toute AC eft irrationelle.

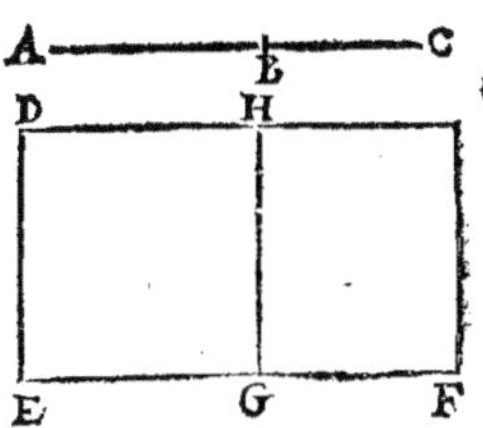

Soit expofee la rationnelle DE, fur laquelle foit
faite mefme conftruction qu'en la 39. prop. 10. fçauoir que le rectangle DF foit egal au quarré de AC:
DG aux deux quarrez de AB & BC, lequel fera medial, comme le compofé d'iceux quarrez, & incommenf. au rectangle H F, egal à deux fois le rectangle
de AB & BC, auffi medial, ainfi qu'il a efté
demonftré en la 39. prop. 10. & par la 1. prop. 6. & 10. prop. 10. EG & GF feront
auffi incommenfurables en longitude. Mais les deux rectangles DG & HF eftans
mediaux, & appliquez fur la rationelle DE, feront les deux autres coftez EG &
FG rationnaux par la 23. prop. 10. Ainfi EG & FG feront rationelles commenf.
en puiffance feulement, & par la 37. prop. 10. la toute EF fera irrationelle. Mais
DE eftant rationelle, le rectangle DF fera irrationel par le coroll. de la 39. pr. 10.
Partant la ligne qui peut iceluy rectangle, fçauoir AC fera irrationelle : laquelle
on appellera ligne pouuant deux mediaux. Si donc deux lignes droictes incommenfurables en puiffance, &c. Ce qu'il falloit demonftrer.

SCHOLIE.

Soit $AB\sqrt{(\sqrt{48}+\sqrt{24})}$ & $BC\sqrt{(\sqrt{48}-\sqrt{24})}$. Donc la toute AC fera $\sqrt{(\sqrt{48}+\sqrt{24})}$
$+\sqrt{(\sqrt{48}-\sqrt{24})}$.

LEMME I.

Si vne ligne droicte eft couppee en deux inegalement en vn poinct, & derechef
en deux inegalement en vn autre poinct, & que les parties de l'vne des diuifions
foient inegales aux parties de l'autre diuifion, chacune à la fienne : les quarrez des
deux parties de la plus inegale diuifion feront enfemble plus grands que les quarrez des parties de la moins inegale.

Soit la ligne droicte AC diuifee inegalement
en B : & encores inegalement en E, & les premieres
parties AB, BC foient plus inegales que les pofte-
rieures CE, AE : (c'eft à dire que AE foit plus grande que BC.) Ie dis que les quarrez de AB
& BC, font plus grands enfemble que ceux de AE & EC enfemble.

Car fi AC eft couppee en deux egalement en D; d'autant que AB, & BC font plus inegales
que CE, AE, & que AE eft plus grande que BC, il appert que ED fera plus petite que BD : or
par la 5. p. 2. le rectangle de AB & BC, auec le quarré de BD, eft egal au quarré de DC : Item
le rectangle de AE & EC, auec le quarré de DE, eft auffi egal au quarré de DC : partant le
rectangle de AE & EC auec le quarré de DE, eft egal au rectangle de AB & BC, auec le
quarré de BD. Et en oftant les quarrez inegaux des lignes inegales DE, BD, le rectangle
de AE & EC demeurera plus grand que le rectangle de AB & BC : & partant fon double
fera auffi plus grand que le double du rectangle de AB & BC. Maintenant les deux quarrez
de AB & BC, auec deux fois le rectangle de AB & BC, font egaux au quarré de AC par
la 4. p. 2. auquel font auffi egaux les deux quarrez de AE & EC, & deux fois le rectangle

de AE & EC: & par consequent les composez des quarrez & rectangles sont egaux entr'eux:
mais les deux rectangles de AE & EC, ont esté demonstrez plus grands que les deux de AB
& BC : partant les deux quarrez de AB & BC seront plus grands que les deux quarrez de
AE & EC : Ce qui estoit proposé.

L E M M E 2.

Vne figure rationelle excede vne figure rationelle, d'vne figure rationelle.

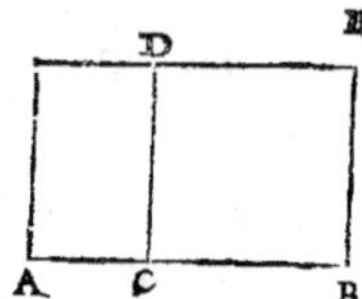

   Soient les deux figures rationelles A E
& A D, estant A E plus grande que
A D de C E : Ie dis que C E est figure
rationelle.

   Car A E & A D estans rationelles,
elles seront aussi commens. & par la 16.
prop. 10. A D & C E seront commensu-
rables entr'elles, & par consequent ratio-
nelles.

THEOR. 31. PROP. XLIII.

La ligne binome ne peut estre diuisee en ses noms, qu'en vn poinct seulement.

Soit le binome AB diuisé en ses noms au poinct C : tellement que A C, CB soient rationelles commensurables en puissance seule-ment, comme veut la 37. prop. Ie dis qu'on ne peut diuiser AB en ses noms en vn autre poinct, sçauoir est que les lignes soient rationeles commens. en puissance seulement.

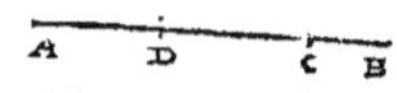

Car s'il se peut faire, soit diuisee derechef AB en ses noms au poinct D. Or il appert que AB n'est couppee en deux egalement és poincts C & D. Car A C & CB, ou AD &: DB, seroient commens. en longitude contre l'hypothese : il faut donc que AB soit couppée inegallement esdits poinct C & D ; & que les parties AD & DB soient inegalles aux parties AC & CB, chacune à la sienne : car si elles estoient egales, icelle AB seroit diuisee à la seconde diuision au mesme poinct qu'à la premiere. Si donc AD & DB sont parties moins inegales que AC & CB, par le lemme qui suit la 42. prop. 10. le composé des quarrez de AC & CB sera plus grand que le composé des quarrez de AD & DB: Et d'autant qu'iceux compo-sez sont rationnaux (car ce sont quarrez construicts sur lignes rationelles) leurs excez sera aussi rationel par le lemme preced. Or est-il que le composé des quar-rez de AC & CB, auec deux fois le rectangle de AC & CB, est egal au composé des quarrez de AD & DB, auec deux fois le rectangle de AD & DB: (car iceux sont chacun egaux au quarré de AB par la 4. prop. 2.) Il faudra donc que d'autant que les quarrez de AC & CB, sont plus grands que les quarrez de AD & DB, d'autant les rectangles de A C, CB soient plus petits que les rectangles de AD & DB: mais il a esté demonstré que l'excez des quarrez est rationel : donc l'excez des

rectangles fera auffi rationel: (puis que ces excez font egaux) qui eft contre la
27. prop. 10. Car iceux rectangles par la 22. prop. 10. font mediaux , d'autant que
les lignes AC & CB : ou AD & DB, font rationnelles commenf. en puiffance feulement. Donc le binome AB n'a pû eftre diuifé, en fes noms qu'en C : car en quelque autre poinct qu'on le diuife, il s'enfuiura toufiours la mefme abfurdité. Ce
qu'il falloit demonftrer.

SCHOLIE.

*Il eft à notter qu'és cinq fortes de lignes irrationelles qui fuyuent, iamais les deux noms
d'icelles ne peuuent eftre egaux : car comme il a efté dict cy-deffus, ils feroient commenf. en
longitude, & ils ont efté demonftrez incommenfurables en long. faut auffi remarquer que
quand on dict qu'icelles lignes ne peuuent eftre diuifees en leurs noms qu'au poinct propofé
faut entendre que le contredifant apportant vne autre diuifion, les parties d'icelles doiuent eftre,
inegales aux parties de la propofee.*

THEOR. 32. PROP. XLIV.

La bimediale premiere eft diuifee en fes noms en vn poinct
feulement.

Soit la bimediale premiere AB, diuifee en
fes noms au poinct C , tellement que AC &
BC foient mediales commenf. en puiffance
feulement, comprenant vn rectangle rationel, comme veut la 38. prop. 10. Ie dis
qu'on ne la peut diuifer en fes noms en vn autre poinct.

Car s'il fe peut faire, foit AB derechef diuifee en D, fçauoir que AD & DB
foient mediales commenfurables en puiffance feulement, comprenant vn rectangle rationel. Nous demonftrerons tout ainfi qu'en la precedente propofition, que deux fois le rectangle de AD & DB feront autant plus grands que
deux fois le rectangle de AC & BC, que les quarrez de AD & DB font plus petits
que les quarrez de AC & BC : Or tous ces rectangles font rationnaux par l'hypothefe. Donc leurs excez fera rationel par le lemme qui precede la 43. prop. 10.
& par confequent l'excez des quarrez fera auffi rationel, ce qui eft abfurde : car
iceux quarrez, eftans defcrits fur lignes mediales, font mediaux, ainfi qu'il appert
par la 16. propofition 10. & coroll. de la 24. propofition 10. partant l'excez d'iceux
ne fera rationel par la 27. prop. 10. Donc la ligne bimediale premiere AB ne pouuoit eftre diuifee en fes noms, finon au poinct C. Ce qu'il falloit demonftrer.

LEMME.

Si vne ligne droicte eft couppee inegallement, les quarrez des deux parties feront plus grands enfemble que deux fois le rectangle d'icelles parties.

*Soit la ligne droicte AB couppee inegallement en C : Ie dis
que les quarrez de AC, CB, font plus grands que deux fois le
rectangle d'icelles AC, CB.*

Car ayant pris CD egale à la moindre partie CB, par la 7. pr.
2. les quarrez de AC, CD, c'eft à dire de AC, CB , font egaux à deux fois le rectangle de

AC, CD, (c'est à dire de AC, CB) auec le quarré de AD : & partant les deux quarrez de AC, CB sont plus grands que deux fois le rectangle d'icelles AC, CB: ce qui estoit proposé.

THEOR. 33.   PROP. XLV.

La bimediale seconde, est diuisee en ses noms en vn poinct seulement.

Soit la bimediale seconde AB diuisee en ses noms au poinct C, en sorte que AC & BC soient mediales commensurables en puissance seulement, comprenant vn rectangle medial, comme veut la 37. prop. de ce liure: Ie dis qu'elle ne peut estre diuisee en ses noms en vn autre poinct que C.

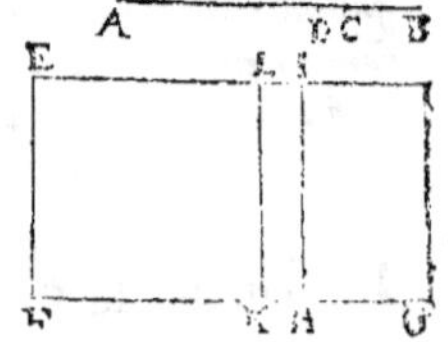

Car si faire se peut qu'elle soit encore diuisee en AD & DB, en sorte que dessus : & soit vne ligne rationelle proposee EF, sur laquelle (par la 45. prop. 1.) soit construit le rectangle EG, egal au quarré de AB. Item EH egal aux deux quarrez de AC, CB : le reste IG sera egal à deux fois le rectangle de AC, CB, puis que par la 4. prop. 2. le quarré de AB est egal aux deux quarrez de AC, CB, auec deux fois le rectangle d'icelles AC, CB. En la mesme maniere si sur EF on applique EK égal aux quarrez de AD, DB : le reste LG sera egal à deux fois le rectangle de AD, DB. Et pour autant que les quarrez de AC, CB, sont inegaux aux quarrez de AD, DB : leurs egaux rectangles EH, EK seront aussi inegaux: & partant les lignes FH, FK, seront inegales. Et derechef puis que les quarrez de AC, CB sont plus grands que deux fois le rectangle de AC, CB par le lemme precedent ; EH sera aussi plus grand que IG : & partant EH plus grand que la moitié de EG : & consequemment la ligne FH plus grande que la moitié de la ligne FG. Nous demonstrerons par mesmes raisons que FK, est aussi plus grande que la moitié de FG. Donc les parties FH & HG, sont inegales aux parties FK, KG, chacune à la sienne. Et pource que AC, CB sont mediales, & commensurables en puissance ; les quarrez d'icelles seront aussi mediaux & commensurables; & par la 16. prop. 10. le composé d'iceux sera aussi commensurable à vn chacun d'eux; lesquels estans mediaux, leur composé, c'est à sçauoir le rectangle EH, sera aussi medial par le corol. de la 24. prop. 10. Par mesme raison EK sera demonstré medial: parquoy EH, EK appliquez sur la rationelle EF, auront les costez FH, FK rationaux commensurables en puissance seulement à la rationele EF, par la 23. prop. 10.   Pareillement, puis que le rectangle de AC, CB est posé medial ; le double d'iceluy, sçauoir est IG, sera aussi medial par le corol. de la 24. prop. 10. & estant appliqué sur la rationele HI, l'autre costé HG sera aussi rationel commensurable en puissance seulement à icelle HI, par la 23. p. 10. Et puis que AC, CB sont incommensurables en longitude, & par la 1. prop. 6. comme AC est à CB, ainsi le quarré de AC est au rectangle de AC, CB : (car ils ont AC pour hauteur,) par la 10. prop. 10. le quarré sera incommensurable au rectangle. Mais au quarré de AC est commensurable le composé des quarrez de AC, CB ;

(car d'autant que AC, CB font commenfurables en puiſſance , & partant les quarrez d'icelles commenfurables , le compofé d'iceux quarrez fera auſſi commenfurable au quarré de AC , par la 16. prop. 10.) & le rectangle de AC, CB, eſt commenfurable à fon double. Donc auſſi le compofé des quarrez de A C, CB, c'eſt à dire le rectangle EH, eſt incommenfurable au double du rectangle de AC, CB, c'eſt à dire à IG, par le fcholie de la 14. prop. 10. & d'autant que par la 1. prop. 6. comme EH eſt à IG, ainſi FH eſt à HG, par la 10. prop. 10. icelles FH, HG feront incommenfurables en longitude. Mais elles ont eſté demonſtrees rationeles : Donc les lignes FH, HG font rationeles commenfurables en puiſſance feulement. Et par la 37. prop. 10. la toute FG fera binome, & diuiſée en fes noms au poinct H. En la meſme maniere nous demonſtrerons auſſi FG binome eſtre diuiſee en d'autres noms à vn autre poinct K; ce qui eſt abfurde : car par la 43. p. 10. elle ne peut eſtre diuifee en fes noms qu'en vn feul poinct. Donc AB bimediale feconde ne peut eſtre diuiſee en fes noms qu'au poinct C. Ce qu'il falloit demonſtrer.

THEOR. 34. PROP. XLVI.

La ligne majeure, eſt diuiſee en fes noms en vn poinct feulement.

Soit la ligne majeure AB, diuiſée en fes noms au poinct C, tellement que A C & B C foient incommenfurables en puiſſance : & le compofé de leurs quarrez foit rationel : mais le rectangle compris d'icelles, medial, comme veut la 40. prop. de ce liure. Ie dis qu'on ne pourra diuiſer icelle AB en fes noms en vn autre poinct que C.

Car fi faire fe peut, qu'elle foit diuifee en fes noms en vn autre poinct D. Donc en quelque lieu que foit le poinct D, nous demonſtrerons tout ainſi qu'en la 45. p. de ce liure, que les compofez des quarrez de AC & BC; & de AD & DB ont vn meſme excez que les doubles rectangles de AC, BC : & de AD, DB. Mais d'autant que les compofez quarrez font rationaux par l'hypothefe, & par confequent leur excez rationel : il faudroit donc que l'excez des doubles rectangles (lefquels font mediaux par le corol. de la 24. prop. 10.) fut rationel; ce qui eſt contraire à la 27. prop. 10. Donc la ligne majeure AB, ne fera diuifee en fes noms en autre poinct qu'en C. Ce qu'il falloit demonſtrer.

THEOR. 35. PROP. XLVII.

La ligne pouuant vn rationel & vn medial, eſt diuiſee en fes noms en vn poinct feulement.

Soit la ligne pouuant vn rationel & vn medial AB, diuiſée en fes noms au poinct C, en forte que AB & BC foient incommenfurables en puiſſance, comprenant vn rectangle rationel, & que le compofé de leurs quarrez foit medial : mais le rectangle d'icelles, rationel, comme veut la 41. prop. 10. Ie dis qu'on ne pourra diuiſer icelle AB en ſes noms en vn autre poinct que C.

Car il s'enſuiuroit meſme abſurdité qu'en la precedente prop. ſçauoir que ſi on la diuiſoit encores au poinct D , il s'enſuiuroit comme là , que l'excez tant des quarrez , que des rectangles ſeroit rationel, & medial. Parquoy la ligne pouuant vn rationel, & vn medial , &c. Ce qu'il falloit demonſtrer.

THEOR. 36.   PROP. XLVIII.

La ligne pouuant deux mediaux , eſt diuiſee en ſes noms en vn poinct ſeulement.

Soit la ligne pouuant deux mediaux AB , diuiſee en ſes noms au poinct C, en ſorte que AC & BC ſoient incommenſ. en puiſſance, comprenant vn rectangle medial incommenſ. au compoſé de leurs quarrez auſſi medial, comme veut la 41. prop. 10. Ie dis qu'on ne peut diuiſer icelle AB en ſes noms en vn autre poinct que C.

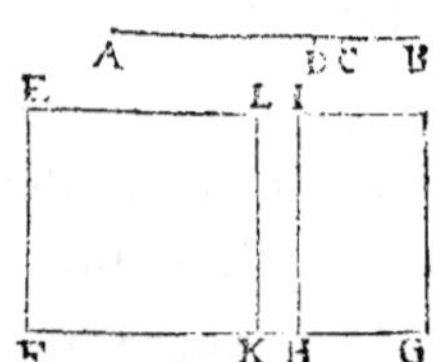

Car ſi faire ſe peut, qu'icelle AB ſoit encore diuiſee au poinct D : & ſur la rationele propoſee EF ſoit faite pareille conſtruction qu'en la 45. p. 10 ſçauoir eſt le rectangle EG egal au quarré de AB , & EH egal aux deux quarrez de AC & CB : & partant IG, egal au double du rectangle de AC & BC , (comme il a eſté demonſtré en ladite 45. p. 10.) & les deux rectangles EH & IG, qui ſont mediaux par la ſuſdite demonſtra- tion, feront les lignes FH & HG rationeles : mais le compoſé des quarrez de AC & BC eſt incommenſurable au double de leur rectangle : (car par l'hy- potheſe il eſt incommenſurable à iceluy rectangle de AC, CB,) partant auſſi les rectangles EG & EH ſeront incommenſurables. Ainſi les lignes rationeles FH & HG ſeront commenſurables en puiſſance ſeulement : & par la 37. prop. 10. AB ſera binome diuiſé en ſes noms au poinct H. Que ſi on veut dire que AB peut encore eſtre diuiſé en ſes noms au poinct D : il s'enſuiura, comme en icelle 45. prop. 10. que le binome FG , diuiſé en ſes noms au poinct H , ſe pourroit encore diuiſer en ſes noms au poinct K, contre la 42. pr. 10. Ainſi AB ne pou- uoit eſtre diuiſee en ſes noms qu'au ſeul poinct C. Ce qu'il falloit demonſtrer.

SECONDES DEFINITIONS.

Vne ligne rationele eſtant propoſee , & vn binome diuiſé en ſes noms ; lors que le plus grand nom peut plus que le plus petit du quarré d'vne ligne qui luy eſt commenſurable en longitude :

1. Si le plus grand nom eſt commenſurable en longitude à la rationele propoſee : toute la ligne ſoit appellée Binome premier.

2. Mais

2. Mais fi le plus petit nom eft commenfurable en longitude à la rationele propofée : toute la ligne foit appellée Binome fecond.

3. Que fi ny l'vn ny l'autre nom n'eft commenfurable en longitude à la rationele propofée : toute la ligne foit appellée Binome troifiefme.

Et lors que le plus grand nom peut plus que le plus petit du quarré d'vne ligne qui luy eft incommenfurable en longitude.

4. Si le plus grand nom eft commenfurable en longitude à la rationele propofee : toute la ligne foit appellee Binome quatriefme.

5. Mais fi le plus petit nom eft commenfurable en longitude à la rationele propofee : toute la ligne eft appellee Binome cinquiefme.

6. Que fi ny l'vn ny l'autre nom n'eft commenfurable en longitude à la rationele propofee ; la toute foit appellee Binome fixiefme.

Il n'eft rien dit icy des lignes, defquelles les deux noms foient commenfurables en longitude à la rationele propofee : parce que telles lignes ne font binomes : car par la 37. p. 10. tout binome eft compofé de deux lignes rationeles commenfurables en puiffance feulement.

PROB. 13. PROP. XLIX. Six. 3.

Trouuer vn Binome premier.

Eftans trouuez deux nombres quarrez AB, CB (comme nous auons enfeigné au 2. fcholie de la 29. prop. 10.) defquels l'excez AC ne foit quarré, à fin que AB, CB foient entr'eux comme nombre quarré à nombre quarré, & AB, AC ne foient ent'eux comme nombre quarré à nombre quarré ; à vne rationele propofée D, foit pris E F commenf. en longit. & icelles D & E F

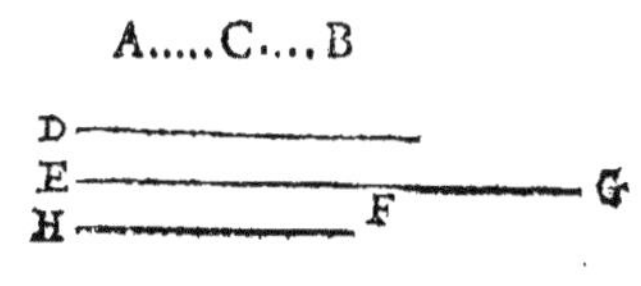

feront rationeles commenfurables en longitude. En apres, par le corol. de la 6. prop. 10. foit faict que comme le nombre AB eft au nombre AC, ainfi le quarré de EF foit au quarré de F G. Ie dis que la toute EG eſt binome premier.

Car puis que les quarrez de EF, FG, qui ſont entr'eux comme les nombres AB, AC, ſont commenſurables par la 6.prop. 10. auſſi les lignes EF, FG ſeront commenſurables, au moins en puiſſance : Et d'autant que EF eſt rationele, auſſi FG ſera rationele. Mais pource que AB, AC ne ſont comme nombre quarré à nombre quarré, les quarrez d'icelles rationeles EF, FG ne ſont comme nombre quarré à nombre quarré ; & partant les lignes EF, FG ſont incommenſurables en longitude par la 9. pr. 10. elles ſont donc rationeles commenſ. en puiſſance ſeulement: & par la 37. pr. 10. la toute EG ſera binome. Ie dis auſſi qu'il eſt premier. Car puis que les quarrez de EF, FG ſont entr'eux comme les nombres AB, AC : & AB eſt plus grand que AC, auſſi le quarré de EF ſera plus grand que le quarré de FG : que ce ſoit donc du quarré de H : (iceluy quarré ſera trouué par le lemme qui ſuit la 14.prop. 10.) Et puis que comme le nombre AB eſt au nombre AC, ainſi le quarré de EF eſt au quarré de FG : par conuerſion de raiſon comme AB à CB, ainſi le quarré de EF ſera au quarré de H. Mais AB eſt à CB comme nombre quarré à nombre quarré: donc le quarré de EF ſera au quarré de H, comme nombre quarré à nombre quarré : & partant les lignes EF, H ſont commenſ. en longitude par la 9. pr. 10. Veu donc que le plus grand nom EF eſt commenſ. en longit. à la rationele D, & peut plus que le moindre nom FG du quarré de H, qui luy eſt commenſ en longitude; EG ſera binome premier par la 1. des ſecondes def. Nous auons donc trouué vn binome premier : Ce qu'il falloit faire.

Soit la rationele propoſee D8, & EF 6; faiſant donc que comme AB 9 eſt à AC 5, ainſi 36 quarré de EF, ſoit au quarré de FG; icelle FG ſera $\sqrt{20}$: & partant la toute EG, ſera 6 + $\sqrt{20}$, qui eſt binome premier : car le plus grand nom eſt commenſurable à nombre abſolu, qui tient icy lieu de rationele, & peut plus que le moindre nom d'vn quarré dont la racine eſt commenſurable en long. à iceluy plus grand nom. Iceluy binome premier ſera trouué plus briefuement que deſſus, poſant quelconque nombre pour le plus grand nom, & pour le moindre la racine quarree des trois quarts de ſa puiſſance. Ainſi poſant 8 pour le plus grand nom, ſon quarré ſera 64, dont le quart ſouſtrait reſte 48; & partant 8 + $\sqrt{48}$ ſera binome premier.

PROB. 14.   PROP. L.

Trouuer vn Binome ſecond.

Eſtans trouuez les deux nóbres quarrez AB, CB, comme en la prop. precedente, & pris FG commenſurable en longitude à vne rationele propoſée D : icelles D & FG ſeront rationeles commenſurables : puis apres par le corol. de la 6. pr. 10. ſoit fait que comme le nombre A C eſt au nombre AB, ainſi le quarré de FG ſoit au quarré de EF. Ie dis que EG eſt binome ſecond.

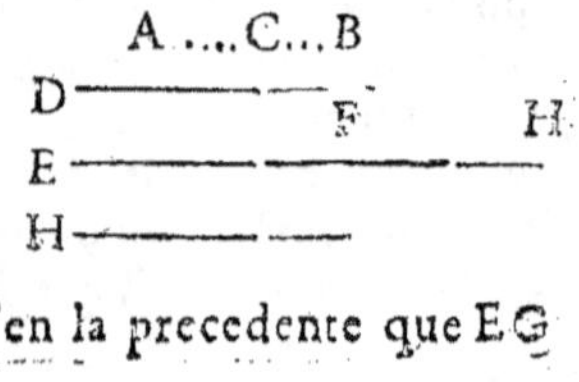

Car on demonſtrera premierement tout ainſi qu'en la precedente que EG est binome. Et puis que comme le nombre AC est au nombre AB, ainsi le quarré de FG est au quarré de EF, en changeant comme AB à AC, ainsi le quarré de EF est au quarré de FG. Mais AB est plus grand que AC: Donc aussi le quarré de EF sera plus grand que le quarré de FG, & soit du quarré de H. Nous demonstrerons maintenant comme en la precedente prop. que H & EF sont commensurables en longitude. Et partant que le plus grand nom EF, peut plus que le moindre nom FG du quarré de H, qui luy est commens. en longitude, & le moindre nom FG commensurable en longitude à la rationele D: & par les sec. def. EG, sera binome second. Nous auons donc trouué vn binome second, ainsi qu'il estoit requis.

SCHOLIE.

La rationele proposée D soit 7, & FG 5: faisant donc que comme AC 5 est à AB 9, ainsi 25 quarré de FG soit au quarré de EF; icelle EF sera $\sqrt{45}$: & partant la toute EG sera $\sqrt{45}+5$, qui est binome second: pource que le plus grand nom d'iceluy peut plus que le moindre d'vn quarré, dont la racine est commens. en longitude à iceluy plus grand nom, & que le moindre nom est aussi commensur. au nombre rationel proposé. Or pour trouuer plus briefuement que dessus iceluy binome second, il faut prendre pour le moindre nom quelconque nombre, & au quarré d'iceluy adiouster le tiers, & la racine quarree de ce qui en viendra sera le plus grand nom. Ainsi prenant pour le moindre nom 6, son quarré est 36, dont le tiers luy estant adiousté sera 48: & partant $\sqrt{48}+6$ sera binome second.

PROB. 15. PROP. LI.

Trouuer vn binome troisiesme.

Estans trouuez deux nombres AB, CB comme en la 49. prop. 10. soit pris vn autre nombre I qui ne soit à l'vn ny à l'autre d'iceux AB, AC, comme nombre quarré à nombre quarré: (ce qui se fait prenant I nombre non quarré prochainement plus grand que AC. Car puis qu'il n'est quarré, il ne sera au quarré AB, comme nombre quarré à nombre quarré. Derechef, puis qu'il est non quarré prochainement plus grand que AC, il differe d'iceluy par l'vnité, ou par le binaire: & partant il ne tombera pas entre I & AC vn moyen proportionel, comme nous auons demonstré au scholie de la 8. p. 8. Ils ne seront donc pas plans semblables : & partant ne seront entr'eux comme nombres quarrez.) & apres auoir exposé la rationele D, par le corol. de la 6. p. 10. soit fait que comme I à AB, ainsi le quarré de D soit au quarré de EF: par ainsi les quarrez de D & E F, estans entr'eux comme nombre à nombre, seront commensurables par la 6. prop. 10. & partant les lignes D & EF le seront aussi, au moins en puissance. Parquoy D estant rationele, EF le sera, aussi. Mais parce que I n'est pas à AB, c'est à dire le quarré de D au quarré de EF comme nombre quarré à nombre quarré: D & EF seront incommensurables en longitude par la 9. prop. 10. Derechef soit fait par le susdict corol. que comme AB est à AC, ainsi le quarré de EF soit au quarré de FG: & par la 6. prop. 10. iceux

quarrez de EF, FG, estans comme nombre à nombre, seront commensurables
entr'eux : & partant les lignes EF, FG aussi commensurables au moins en puissance : & EF estant rationele, FG le sera aussi. Et d'autant que AB n'est pas à AC, c'est
à dire le quarré de EF au quarré de FG, comme nombre quarré à nombre quarré, les lignes EF, FG seront incommensurables en longitude par la 9. prop. 10. &
partant icelles EF, FG sont rationeles commensurables en puissance seulement : &
par la 37. prop. 10. la toute EG sera binome. Ie dis aussi qu'elle est binome troisiesme. Car d'autant que comme I est à AB, ainsi le quarré de D est au quarré de
EF ; & comme AB à AC, ainsi le quarré de EF au quarré de FG : par raison
egale comme I sera à AC, ainsi le quarré de D sera au quarré de FG. Mais
I n'est pas à AC, comme nombre quarré à nombre quarré : donc les quarrez
de D & FG ne seront aussi comme nombre quarré à nombre quarré : & partant
les lignes D & FG, seront incommensurables en longitude par la 9. p. 10. Et puis
que comme AB est à AC, ainsi le quarré de EF est au quarré de FG ; & AB
est plus grand que AC, aussi le quarré de EF sera plus grand que le quarré
de FG : soit donc plus grand du quarré de H. Maintenant nous demonstrerons
comme en la 49. prop. de ce liure, que EF & H sont commensurables en longitude. Donc le plus grand nom EF, peut plus que le moindre FG du quarré
de H, qui luy est commensurable en longitude, & l'vne ny l'autre d'icelles
EF, FG n'est commensurable en longitude à la proposee rationele D, comme
il a esté demonstré : partant EG sera binome troisiéme par les secondes definitions. Nous auons donc trouué vn binome troisiesme. Ce qu'il falloit faire.

SCHOLIE.

La rationele proposee D soit 6 : faisant donc que comme 16, est à AB 9, ainsi 36 quarré de
D soit au quarré de EF ; icelle EF sera $\sqrt{54}$: & faisant que comme AB 9 est à AC 5,
ainsi 54 quarré de EF soit au quarré de FG ; icelle FG sera $\sqrt{30}$: & partant la toute EG
sera $\sqrt{54} + \sqrt{30}$, qui est binome troisiesme, parce que l'vn ny l'autre nom est commensurable
en longitude au nombre rationel proposé, & que le plus grand nom peut plus que le moindre
d'vn quarré, duquel la racine est commensurable en longitude au plus grand nom. Or pour
trouuer ce binome plus promptement que dessus, on posera la racine quarree de quelconque
nombre non quarré pour le plus grand nom, & la racine quarree des trois quarts du mesme
nombre pour le moindre nom : Ainsi posant pour le plus grand nom $\sqrt{20}$, l'autre nom sera $\sqrt{15}$,
& partant $\sqrt{20} + \sqrt{15}$, sera binome troisiesme.

PROB. 16. PROP. LII.

Trouuer vn binome quatriesme.

Estans trouuez deux nombres AC, CB, tels que le composé d'iceux AB, ne soit à l'vn ny à l'autre comme nombres
quarrez (suiuant ce que nous auons enseigné au 3. scholie
de la 29. prop. de ce liure) soit exposé la rationele D, & pris
EF commens. en long. à icelle rationele D ; & par con-
sequent EF sera aussi rationele : Et ayant construit le reste comme en la 49. pr. 10.

Nous demonſtrerons comme là que la toute EG eſt binome. Item que le quarré de EF peut plus que le quarré de FG du quarré de H; & que par conuerſion de raiſon, comme AB eſt à CB, ainſi le quarré de EF au quarré de H. Mais AB n'eſt à CB comme nombre quarré à nombre quarré: Donc le quarré de EF ne ſera au quarré de H, comme nombre quarré à nombre quarré: & par la 9. prop. 10. les lignes EF & H, ſont incommenſ. en longitude: parquoy puis que le plus grand nom EF peut plus que le moindre nom FG au quarré de H, qui luy eſt incommenſurable en longitude, & qu'icelle EF eſt commenſurable en longitude à la rationele propoſee D : EG ſera binome quatrieſme par les def. ſecondes. Nous auons donc trouué vn binome quatrieſme : Ce qu'il falloit faire.

La rationele expoſee D ſoit 8, & EF 6: faiſant donc que comme AB 9 eſt AC 6, ainſi le quarré de EF, ſçauoir 36, ſoit au quarré de FG ; icelle FG ſera trouuee de √24: & partant la toute EG ſera 6 + √24, qui eſt binome quatrieſme : pource que le plus grand nom eſt commenſurable en longitude au nombre rationel propoſé, & qu'iceluy nom peut plus que le moindre nom d'vn quarré dont la racine eſt incommenſurable en longitude à iceluy plus grand nom. On trouuera ce binome plus promptement que deſſus poſant pour le plus grand nom quelconque nombre: & pour le moindre la racine quarree de la moitié du quarré d'iceluy. Ainſi poſant 6 pour le plus grand nom, ſon quarré ſera 36, dont la moitié ſera 18, & partant 6 + √18 ſera binome quatrieſme.

PROB. 17. PROP. LIII.

Trouuer vn binome cinquieſme.

Eſtans trouuez les deux nombres AC, CB comme en la precedente prop. & fait la conſtruction comme en la 50. p. on demonſtrera comme en ladite 50. prop. que EG eſt binome. Item que le quarré de EF eſt plus grand que le quarré de FG du quarré de H : Et comme en la precedente, qu'icelles EF & H ſont incommenſurables en longitude: & partant par les ſecondes def. EG eſt binome cinquieſme. Nous auons donc trouué vn binome cinquieſme. Ce qu'il falloit faire.

La rationele propoſee D ſoit 7, & FG 6: donc faiſant que comme AC 6 eſt à AB 9, ainſi le quarré de GF, ſçauoir eſt 36, ſoit au quarré de EF: icelle EF ſera trouuee de √54 : partant la toute EG ſera √54 + 6, qui eſt binome cinquieſme : car le moindre nom eſt commenſ. en longitude au nombre rationel propoſé, & le plus grand nom peut plus que le moindre d'vn quarré dont la racine eſt incommenſ. en long. à iceluy plus grand nom. Pour autrement trouuer tel binome, ſoit poſé pour le moindre nom quelconque nombre, & la moitié du quarré d'iceluy eſtant adiouſtee au meſme quarré, la racine du tout ſera le plus grand nom: Ainſi poſant 4 pour le moindre nom, ſon quarré ſera 16, dont la moitié 8 luy eſtant adiouſtee ſeront 24, dont la racine ſera √24; & partant √24 + 4 ſera binome cinquieſme.

PROB. 18. PROP. LIV.

Trouuer vn Binome ſixieſme.

Soient trouuez deux nombres AC, CB, tels que le compoſé d'iceux AB ne ſoit

à l'vn ny à l'autre comme nombre quarré à nombre quarré : (ce qu'on fera
adiouſtant enſemble deux nombres premiers : Car par la 30. p. 7. le total ſera
auſſi premier à chacun d'eux : & partant ne ſera
à l'vn ny à l'autre comme nombre quarré à
nombre quarré par les choſes demonſtrées à la
fin du 8. liure) puis ſoit pris quelque autre nombre non quarré I, afin qu'iceluy ne ſoit à AB, ny
à AC, comme nombre quarré à nombre quarré. En apres, ſoit vne rationele propoſee D : &
par le corol. de la 6. pr. 10. ſoit fait que comme I eſt à AB, ainſi le quarré de D
ſoit au quarré de EF : & ayant acheué comme en la 51. pr. 10. nous demonſtrerons
comme là que EG eſt binome : Item que D & FG ſont incommenſ. en longitude,
& que le quarré de EF eſt plus grand que le quarré de FG du quarré de H. Finalement nous demonſtrerons comme en la 49. pr. que par converſion de raiſon,
comme AB à CB, ainſi le quarré de EF au quarré de H. Mais AB n'eſt pas à CB,
comme nombre quarré à nombre quarré, ny par conſequent le quarré de EF au
quarré de H : donc par la 9. pr. 10. les lignes droictes EF & H, ſeront incommenſ.
en longitude. Parquoy puis que le plus grand nom EF peut plus que le moindre FG, du quarré de la ligne H, qui luy eſt incommenſ. en longitude : & que
l'vn ny l'autre d'iceux noms n'eſt commenſ. en longitude à l'expoſee rationele
D, par les ſecondes def. EG ſera binome ſixieſme. Nous auons donc trouué vn
binome ſixieſme. Ce qu'il falloit faire.

SCHOLIE.

La rationele propoſee D ſoit 6 : faiſant que comme 16 eſt à AB8, ainſi le quarré de D, c'eſt
à ſçauoir 36, au quarré de EF : icelle EF ſera trouuee de √48 : & faiſant que comme AB8
eſt à AC5, ainſi 48 quarré de EF ſoit au quarré de FG : icelle FG ſera trouuee de √30 : par-
tant la toute EG ſera √48 + √30, qui eſt binome ſixieſme : car l'vn & l'autre nom eſt incom-
menſurable en longitude au nombre rationel propoſé, & le plus grand nom peut plus que le
moindre d'vn quarré, dont la racine eſt incommenſ. à iceluy plus grand nom. Or pour trou-
uer plus promptement que deſſus tel binome il n'y a qu'à prendre les racines quarrees de deux
nombres non quarrez, dont l'vn ſoit double de l'autre : Ainſi poſant √12 pour le plus grand
nom, l'autre ſera √6 ; & partant √12 + √6 ſera binome ſixieſme.

LEMME.

Les quarrez AB, BC eſtans conioincts à
l'angle B, tellement que les coſtez DB, BE
facent vne ſeule ligne droicte DE ; & par
conſequent les coſtez FB, BG auſſi vne ſeule
ligne droicte FG : eſtant acheué le parallelogramme HK : Ie dis qu'iceluy eſt quarré ; & le rectangle FE moyen proportionnel
entre les quarrez AB, BC ; & DC moyen proportionnel entre les quarrez AC,
BC.

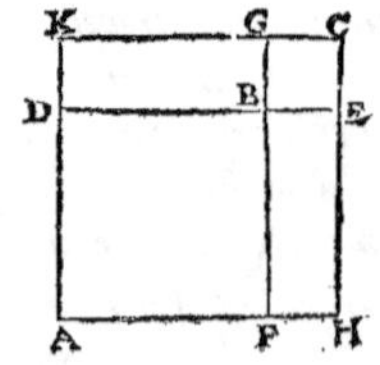

Car d'autant que DB eſt egale à FB, & BE à BG : la toute DE ſera egale à la toute FG.
Mais par la 34. pr. 1. la ligne DE eſt egale à l'vne & à l'autre d'icelles AH, KC : & FG

à *AK*, *HC* : *& par consequent chacune d'icelles AH, KC est egale à l'vne & à l'autre AK, HC : donc le parallelogramme HK est equilateral. Mais par la 29. prop. 1. il est aussi rectangle, & partant quarré. Derechef, puis que DB, BE, sont egales à FB, BG, chacune à sa correspondante, comme DB est à BE, ainsi FB à BG. Mais par la 1. prop. 6. comme DB à BE, ainsi AB à FE : & comme FB à BG, ainsi FE à BC : donc comme AB à FE, ainsi FE à BC : & partant FE est moyen prop. entre AB, BC. Et finalement, veu que comme AD à DK, ainsi KG à GC, icelles estans egales chacune à la sienne : en composant comme AK à DK, ainsi KC à GC. Mais comme AK à DK, ainsi AC à DC : & comme KC à GC, ainsi DC à BC par la 1. prop. 6. Donc comme AC à DC, ainsi DC à BC : & par consequent DC est moyen prop. entre AC, BC.*

Or voila comme *Commandin* propose *&* demonstre ce lemme : mais *Clauius* le propose ainsi.

Si vne ligne droicte est couppee comme on voudra, le rectangle contenu sous les parties, est moyen proportionnel entre les quarrez d'icelles. Item le rectangle contenu sous la toute, & vne des parties, est moyen prop. entre le quarré de la toute, & le quarré de ladite partie.

Ce qui est la mesme chose que dessus.

THEOR. 37. PROP. LV. Six. 4.

Si vn rectangle est compris d'vne ligne rationelle, & d'vn binome premier; la ligne pouuant iceluy rectangle est binome.

Soit le rectangle AD, compris de la rationelle AB & du binome premier AC. Ie dis que la ligne qui peut iceluy rectangle est l'irrationelle appellee binome.

Car d'iceluy binome AC, le plus grand nom soit AE : donc par la def. AE, EC sont rationelles commens. en puissance seulement, & AE pourra plus que EC du quarré d'vne ligne qui luy est commens. en longit. & aussi AE sera commens. en longit. à la rationelle proposee AB. Soit couppee EC en deux egalement en F. Donc puis que AE peut plus que EC du quarré d'vne ligne qui luy est commens. en long. si sur icelle AE on applique vn rectangle egal au quart du quarré de EC, c'est à dire au quarré de EF, & defaillant d'vne figure quar-ree, il diuisera icelle AE en parties commens. en long. par la 18. prop. 10. soient donc icelles parties AG, GE : & par les poincts G, E, F soient menees GH, EI, FK paralleles à icel-les AB. CD : puis par la 14. p. 2. soient descrits les quarrez LM, MN egaux aux deux rectangles AH, GI, & disposez en sorte que OM, MP facent vne ligne droicte : puis soit acheué le rectangle ST, lequel sera quarré par le lemme precedent.

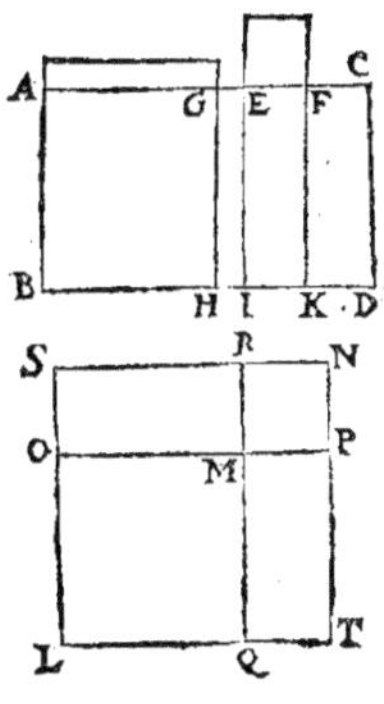

Maintenant, d'autant que par la construction le rectan-gle de AG, GE est egal au quarré de EF : les lignes AG, EF, GE seront proport. par la 17. pr. 6. Donc par la 1. prop. 6. les rectangles AH, EK, GI seront aussi proportionnaux : parquoy EK sera moyen proport. entre AH, GI, ou leurs egaux quarrez LM, MN. Mais par le lemme precedent OR est aussi moyen prop. entre iceux quarrez LM, MN : donc OR, EK seront egaux.

Mais par la 43. prop.1. OR, QP font auſſi egaux : & par la 36. p. 1. EK eſt egal à
FD : donc QP ſera auſſi egal à FD : & par conſequent tout le quarré LN egal à
tout le rectangle AD : & par ainſi la ligne OP peut le rectangle AD : Ie dis donc
qu'icelle OP eſt binome.

Car puis que AG, GE ont eſté demonſtrees commenſ. en longitude, la toute AE
ſera auſſi commenſ. en longitude à chacune d'icelles par la 16. prop. 10. Mais AE
eſt auſſi commenſ. en longitude à AB : donc par la 12. prop. 10. icelle AB eſt auſſi
commenſ. en long. à chacune d'icelles AG, GE : & partant AB eſtant rationelle,
AG, GE ſeront auſſi rationelles : & par la 20. prop. 10. les rectangles AH, GI contenus ſous icelles rationelles, ſeront rationaux : donc auſſi rationaux leurs egaux
quarrez LM, MN : & par conſequent les lignes OM, MP ſeront auſſi rationelles. Et d'autant que AE eſt incomm. en long. à EC, mais commenſ. à AG, &
EC à ſa moitié EF, par le ſcholie de la 14. prop. 10. AG, EF ſeront incommenſ. en
long. parquoy AH, EK qui ont meſme raiſon que AG, EF par la 1. p. 6. ſont auſſi
incommenſ. par la 10. p. 10. & par conſequent leurs egaux LM, QP : donc par la
10. pr. 10. les lignes OM, MP ſont auſſi incommenſ. en long. puis que par la 1. p.
6. elles ſont en meſme raiſon que LM, QP. Mais OM, MP, ont eſté demonſtrees
rationelles : & partant elles ſont rationelles commenſ. en puiſſance ſeulement :
donc la toute OP pouuant le rectangle AD eſt binome par la 37. p. 10. Parquoy
ſi vn rectangle eſt compris d'vne ligne rationelle, & d'vn binome premier, &c.
Ce qu'il falloit prouuer.

SCHOLIE.

*La rationelle AB ſoit 5, & AC 4 + √12. Donc le rectangle AD ſera 20 + √300 : Et
puis que AE plus grand nom du binome eſt 4, & EF moitié du plus petit nom EC, eſt
√3, AG ſera 3, & GE 1. Donc le rectangle AH ſera 15, & la ligne OM qui peut iceluy
rectangle ſera √15 : Ainſi GI eſt 5, & MP √5. Mais EF eſt √3, & EI egale à AB : donc
EK ſera √75, & ſon double ED √300. Or ſi on multiplie OM, MP entr'elles, ſera produict
MT √75, egal à EK. Mais à iceluy MT eſt egal MS : donc MS, MT enſemble ſeront auſſi
√300. Or les quarrez LM 15, MN 5, font enſemble 20 : Partant tout le quarré LN eſt
20 + √300, & ſon coſté OP ou LT √15 + √5, qui eſt binome ſixieſme.*

THEOR. 38. PROP. LVI.

Si vn rectangle eſt compris d'vne ligne rationelle & d'vn binome ſecond, la ligne qui peut iceluy rectangle, eſt bimediale
premiere.

Soit le rectangle AD, compris de la rationelle AB & du binome ſecond AC :
Ie dis que (apres auoir fait pareille conſtruction & demonſtration qu'en la
precedente) la ligne OP qui peut iceluy rectangle AD, eſt l'irrationelle appellee
bimediale premiere.

Car puis que AC eſt binome ſecond, AE ſera incommenſ. en longit. à la rationelle AB : Item AG & EG (qu'on prouuera eſtre commenſurable en longitude

icude entr'elles, comme en la precedente, & par la 16.prop. 10. à leur toute AE
feront par la 14. pr.10. auffi incommenfurables en longitude à icelle AB, laquelle
eftant rationelle, icelles AG, GE fe-
ront auffi rationelles: & par confequent commenf. en puiffance feulement à icelle rationelle AB. Donc par
la 22. prop. 10. les rectangles AH, GI
feront mediaux: & leurs egaux quarrez LM, MN auffi mediaux: Et partant les lignes OM, MP mediales,
lefquelles on prouuera eftre com-

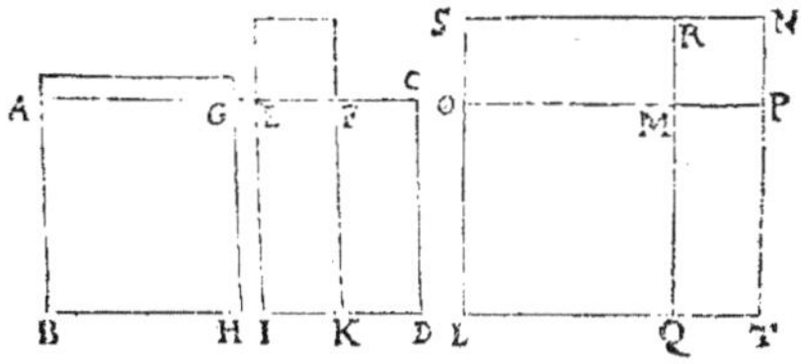

menf. en puiffance feulement, tout ainfi qu'en la precedente prop. Et d'autant
que EC eft commenf. en longitude à la rationelle AB, le rectangle ED fera rationel par la 10. prop. 10. auffi fera fa moitié IK : & par confequent fon egal QP
compris des deux mediales OM, MP : & par la 38. prop. 10. OP eft bimediale
premiere. Si donc vn rectangle eft compris d'vne ligne rationelle, &c. Ce qu'il
falloit demonftrer.

S C H O L I E.

*La rationelle AB foit 5, & AC √48+6 : donc le rectangle AD fera √12000+30.
Et puis que AE eft √48, & EC 6: EF fera 3, & fon quarré 9. auquel eftant pofé egal
le rectangle de AG, GE, icelles feront √27, & √3 : parquoy le rectangle AH fera √675,
& par confequent la ligne OM, qui peut iceluy fera √√675 : ainfi GI fera √75, & MP
√√75. Or EC eft 6 : partant ED double de MS √√ 50625, c'eft à dire 15, eft 30 ; & par
confequent MS, MT, feront auffi 30. Parquoy tout le quarré LN compofé des quarrez
LM √675, MN √75, & des deux rectangles MS, MT 30, fera √1200+30, & fon cofté OP
ou LT √√675+√√75, qui eft bimediale premiere.*

THEOR. 39. PROP. LVII.

Si vn rectangle eft compris d'vne ligne rationele, & d'vn binome troifiefme, la ligne qui peut iceluy rectangle eft l'irrationele nommee bimediale feconde.

Soit le rectangle AD, compris de la rationelle AB & du binome troifiefme AC;
(apres auoir conftruict comme aux precedentes.) Ie dis que la ligne OP, qui peut
iceluy rectangle AD, eft l'irrationele appellée bimediale feconde.

Car on prouuera comme en la precedente, que les deux lignes OM, MP font
mediales commenf. en puiffance feulement: Item, d'autant que AC eft binome
troifiefme, EC eft commenfurab'e en puiffance feulement à la rationele AB ; &
par la 22.p 10. le rectangle ID fera medial, auffi fera fa moitié EK : Et par confequent medial fon egal QP (compris des deux mediales OM & MP). Ainfi
OM, MP font deux mediales commenfurables en puiffance feulement, compre-
nat vn rectangle medial, & par la 39. p. 10. OP fera bimediale feconde. Parquoy fi vn rectangle eft compris d'vne ligne rationele, &c. Ce qu'il falloit demonftrer.

MMm

SCHOLIE.

La rationele AB soit 5, & AC √32 + √24: Donc le rectangle AD sera √800 + √600. Mais d'autant que AE est √32, & EC √24; EF sera √6, au quarré de laquelle est posé egal le rectangle de AG, GE; & partant AG sera √18, & GE √1. Parquoy le rectangle AH sera √450, & GI √50; & par consequent la ligne OM est √√450, & MP √√50. Et puis que EI est 5, & EC √24, le rectangle ED sera √600, lequel est double de MT √150. Donc tout le quarré LN, qui est composé des quarrez LM √450, MN √50, & des rectangles MS, MT √600; sera √800 + √600: & partant son costé OP est √√450 + √√50, qui est bimediale seconde.

THEOR. 40.   PROP. LVIII.

Si vn rectangle est compris d'vne ligne rationele, & d'vn binome quatriesme ; la ligne qui peut iceluy rectangle est ligne Majeure.

Soit le rectangle AD, compris du binome quatriesme AC, & de la rationelle AB : (apres auoir construict & demonstré comme en la 55. prop.) Ie dis que la ligne OP, qui peut iceluy rectangle AD, est l'irrationelle qu'on appelle ligne majeure.

Car puis que AC est binome quatriesme, le plus grand nom AE est commensur. en longitude à la rationele AB, & peut plus que EC du quarré d'vne ligne qui luy est incommens. en longitude, & par la 19. pr. 10. le rectangle defaillant compris soubs AG, GE, (qui est egal au quart du quarré de EC) diuisera AE en AG & EG incommens. en longitude : & les rectangles AH & GI seront incommens. par la 1. prop. 6. & 10. pr. 10. Donc aussi incommens. leurs egaux quarrés LM & MN : & par consequent les lignes OM, MP seront incommens. en puissance. Mais le rectangle AI compris des rationeles AB, AE, (qui est egal aux quarrez LM, MN) est rationel par la 20. prop. 10. Et le rectangle QP compris d'icelles lignes OM, MP est medial, car son egal EK est medial, comme son double EC par la 22. prop. 10. estant ED rationelle commens. en puissance seulement à AB : & par la 40. prop. 10. OP est ligne majeure. Si donc vn rectangle est compris d'vne ligne rationele, &c. Ce qu'il falloit demonstrer.

SCHOLIE.

La rationelle AB soit 5, & AC 4 + √8 : Donc le rectangle AD sera 20 + √200. Et puis que AE est 4, & EC √8 : EF sera √2, au quarré de laquelle, sçauoir 2, ayant esté posé egal le rectangle de AG, GE : la ligne AG sera 2 + √2, & GE 2 − √2 : partant le rectangle AH sera 10 + √50, & GI 10 − √50 : & par consequent OM est √(10 + √50) & MP √(10 − √50). Or EC estoit √8 : donc ED double du rectangle MT √50, sera √200. La somme des quarrez LM, MN, sera donc 20, à laquelle si on adiouste les plans TMS √200, on aura pour tout le quarré LN 20 + √200 : & partant son costé OP sera √(10 + √50) + √(10 − √50), ou √(20 + √200) qui est ligne majeure.

THEOR. 41. PROP. LIX.

Si vn rectangle eſt compris d'vne ligne rationele, & d'vn binome cinquieſme ; la ligne qui peut iceluy rectangle , eſt ligne irrationele pouuant vn rationel & vn medial.

Soit le rectangle A D, compris de la rationelle AB, & du binome cinquieſme AC : Ie dis, (apres auoir conſtruict & demonſtré comme en la 55.p.) que OP qui peut iceluy rectangle AD, eſt ligne irrationelle, pouuant vn rationel & vn medial.

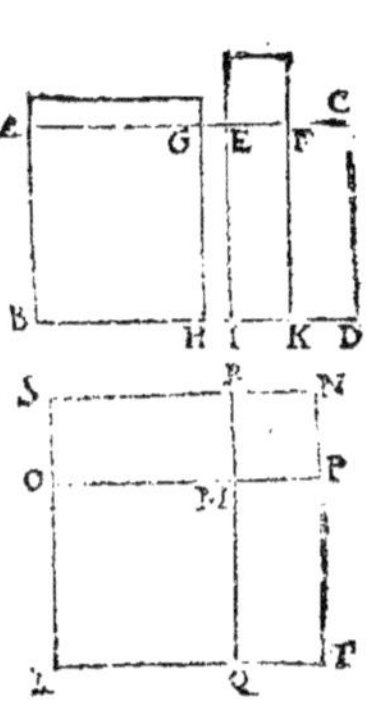

Car puis que AC eſt binome cinquieſme, le plus grand nom AE peut plus que le moindre EC du quarré d'vne ligne qui luy eſt incommenſ. en longit. & comme en la precedente, AG & GE ſeront incomm. en long. Et les lignes OM, MP ſeront incommenſ. en puiſſance, & l'egal au compoſé de leurs quarrez, ſçauoir le rectangle AI , eſt medial par la 22. pr.10. car les lignes AB & AE ſont rationeles commenſ. en puiſſance ſeulement. Et d'autant que AB, & le plus petit nom EC, ſont comm. en longit. par la 20. p. 10. ED eſt rationel : auſſi ſera ſa moitié EK, & ſon egal QP compris des lignes OM, MP, & par la 41. prop.10. OP eſt ligne irrationele pouuant vn rationel, & vn medial. Si donc vn rectangle eſt compris d'vne ligne rationele & d'vn binome cinquieſme, &c. Ce qu'il falloit demonſtrer.

La rationelle AB ſoit 5, & AC √8+2. Donc le rectangle AD ſera √200+10. Et d'autant que AE eſt √8, & EC 2; EF ſera 1, au quarré de laquelle eſtant egal le rectangle de AGE, le coſté AG ſera √2+1, & GE √2—1 : & partant le rectangle AH ſera √50+5, & la ligne OM √(√50+5) : & MP √(√50—5), puis que GI eſt √50—5. Et pource que EI eſt 5, & EC 2; le rectangle ED ſera 10 : & par conſequent ſa moitié MT eſt 5. Donc la ſomme des quarrez LM, MN, eſt √200, à laquelle adiouſtant les rectangles SMT 10, tout le quarré LN ſera √200+10 : & par conſequent ſon coſté OP, eſt √(√50+5) +√(√50—5), ou bien √(√200+10), qui eſt ligne pouuant vn rationel, & vn medial.

THEOR. 42. PROP. LX.

Si vn rectangle eſt compris d'vne ligne rationelle, & d'vn binome ſixieſme la ligne pouuant iceluy rectangle, eſt ligne qui peut deux mediaux.

Soit le rectangle AD, compris de la rationelle AB, & du binome ſixieſme AC : (apres auoir conſtruit & demonſtré comme en la 55. prop. que OP peut iceluy rectangle AD.) Ie dis qu'icelle OP eſt ligne pouuant deux mediaux.

Car puis que AC eſt binome ſixieſme, le plus grand nom AE peut plus

que le moindre EC du quarré d'vne ligne qui luy est incommensurable en
longitude, & si les deux noms sont incommensur. en longitude à la rationelle AB : Et comme il a esté demonstré à
la 58. prop. 10. OM, MP seront incommensurables en
puissance: aussi par la 22. prop. 10. le rectangle AI, qui est
egal au composé de leurs quarrez est medial : Item ED
qui est compris de deux rationelles commensurables en
puissance seulement, est aussi medial par la mesme propos.
aussi medial sa moitié EK, & son egal QP compris d'icelles
lignes OM, MP. Et de plus, iceluy rectangle QP, ou son
egal EK, est incommens. au composé des quarrez LM, MN,
sçauoir AI : car les lignes AE & EC estans incommens.
en longitude, aussi AE & EF le seront : & partant par la
1. prop. 6. & 10. prop. 10. les rectangles AI & EK seront
incommens. & par la 42. prop. 10. OP sera ligne pouuant
deux mediaux. Parquoy, si vn rectangle est compris, &c.
Ce qu'il falloit prouuer.

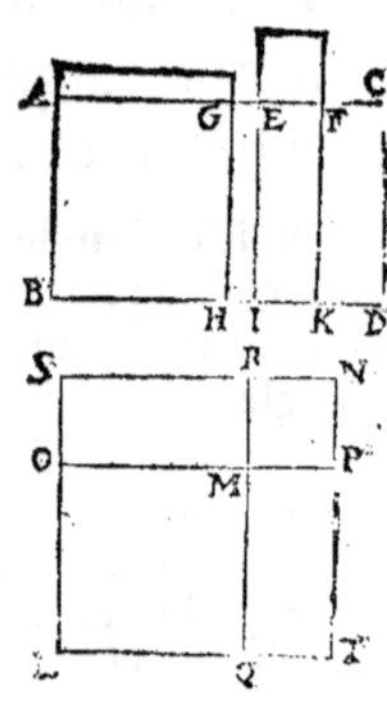

SCHOLIE.

La rationelle AB soit 5, AC √12 + √8. Donc le rectangle AD sera √,00 + √200. Et
pource que AE est √12, & EC √8 : EF sera √2, au quarré de laquelle estant egal
le rectangle de AGE ; le costé AG sera √3 + 1, & le costé GE √3 — 1: Parquoy le rectangle
AH sera √75 + 5, & la ligne OM √ (√75 + 5): & GI estant √75 — 5, MP sera
√ (√75 — 5). Mais EC estant √8, le rectangle ED, qui est double de MT √50, sera
√200. Donc les quarrez LM, MN, seront ensemble √300 ; & les rectangles SMT √200:
& partant tout le quarré LN sera √300 + √200: & par consequent son costé OP sera
√ (√75 + 5) + √ (√75 — 5): ou bien √ (√300 + √200), qui est ligne pouuant deux
mediaux.

THEOR. 43. PROP. LXI. Six. 5.

Le quarré d'vn binome appliqué sur vne ligne rationelle, fait l'autre costé binome premier.

Soit le binome AB, le plus grand nom duquel est AC ; & sur la rationelle DE
soit appliqué par la 45. prop. 1. le rectangle DF egal au quarré de AB : Ie dis
que l'autre costé DG est binome premier.

Car sur la mesme DE soit construit le rectangle DH egal au quarré de AC : &
sur HI vn autre rectangle IK egal au quarré de CB : Il est donc euident par la
4 prop. 2. que le reste LF est egal à deux fois le rectangle de AC, CB : & en diuisant LG egalement en M, & en menant MN parallele à DE, chasque rectangle LN, MF sera egal au rectangle de AC, CB. Et d'autant que AB est binome,
AC, CB sont rationelles commens. en puissance seulement : & leurs quarrez
seront rationnaux, & leurs egaux rectangles DH & IK aussi rationaux : &
par la 21. prop. 10. les costez DI & IL seront rationelles commens. en longitude
à la rationelle DE, & entr'elles par la 12. prop. 10. Et par la 16. pr. 10. la toute

DL fera commenf. en longitude à chacune DI, IL, & par la 11. prop. 10. elle
fera rationelle & commenf. en longitude à DE rationelle : Et d'autant que
par la 22. pr. 10. le rectangle de AC, CB eft medial, fon double LF fera auffi
medial : & par la 23. prop. 10. iceluy medial LF eftant appliqué fur la rationelle LK, l'autre cofté LG fera auffi rationel incommenf. en longit. à icelle LK, c'eft à dire à DE, à laquelle DL eftant commenf. en longit. par la
13 prop. 10. DL, LG font incommenf. en longit. mais elles font rationelles :
elles feront donc commenf. en puiffance feulement ; & par la 37. prop. 10.
DG eft binome. le dis en outre que c'eft binome premier.

Car il appert par le lemme de la 54. prop. de ce liure, que le rectangle de
AC, CB eft moyen proport. entre les quarrez d'icelles AC, CB : donc
auffi LN moyen prop. entre DH, IK: & par confequent la ligne LM moyenne prop. entre les lignes DI, IL par la 1. p. 6.
& par la 17. p. 6. le rectangle de DI, IL fera
egal au quarré de LM : Et d'autant que les
quarrez de AC, CB font commenf. (car
icelles AC, CB font pofees commenf. en
puiffance) leurs egaux rectangles DH, IK
feront auffi commenf.   Donc auffi commenf. en longitude les lignes DI, IL par
les 1. prop. 6. & 10. pr. 10. Et d'autant que
les deux quarrez de AC & CB font plus
grands que deux fois leur rectangle, par le

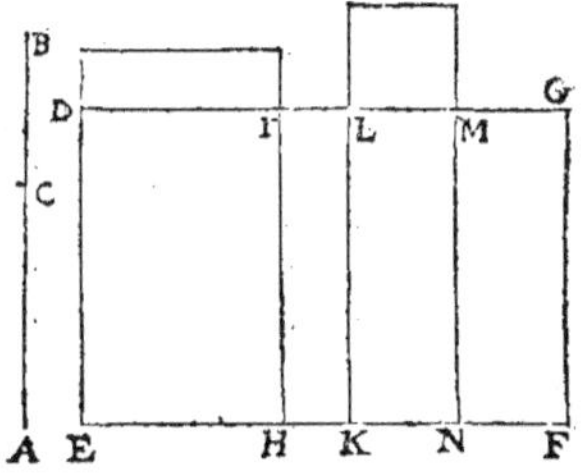

lemme qui fuit la 44. prop. de ce liure : DK fera plus grand que LF ; & par
confequent DL plus grand nom que LG : car icelles lignes font entr'elles
comme DK à LF par la 1. p 6.   Et puifque le rectangle de DI, IL appliqué
fur DL, eft egal au quarté de LM, c'eft à dire au quart du quarré de LG,
& defaillant d'vne figure quarree, & que les parties DI, IL font commenf.
en longitude : icelle DL peut plus que LG du quarré d'vne ligne qui luy eft
commenf. en longit. par la 18. prop. 10. & partant icelle DL ayant efté de-
monftrée commenf. en longit. à la rationelle DE, par les fecondes def. DG
fera binome premier. Donc le quarré d'vn binome appliqué fur vne ligne
rationele, &c. Ce qu'il falloit demonftrer.

SCHOLIE.

Le binome AB foit V 45 + 3, & la rationelle DE 6 : d'autant que le plus grand nom.
AC eft V 45, fon quarré eft 45, lequel appliqué fur DE 6, fait l'autre cofté DI de 7 ½ :
Et le moindre nom CB eftant 3, fon quarré eft 9, qui appliqué fur IH 6, fait IL de 1½,
& partant la toute DL eft 9. Or le rectangle de ACB eft V 405, & fon double LF
V 1620. Donc la ligne FG fera V 45 : & par confequent la toute DG fera 9 + V 45, qui
eft binome premier.

THEOR. 44. PROP. LXII.

Le quarré d'vne bimediale premiere appliqué fur vne ligne
rationelle, fait l'autre cofté binome fecond.

Soit la bimediale premiere AB diuiſee en ſes noms en C, dont le plus grand ſoit AC : (apres auoir conſtruit comme en la precedente). Ie dis que DG eſt binome ſecond.

Car puis que AB eſt bimediale premiere, par la 38. prop. 10. AC, CB, ſont mediales commenſ. en puiſſance ſeulement, comprenant vn rectangle rationel, duquel le double LF ſera auſſi rationel, & par la 21. prop. 10. LG ſera rationelle commenſ. en longitude à DE. Mais icelles deux lignes AC & CB eſtans mediales, leurs quarrez ſont mediaux: & partant leurs egaux rectangles DH, IK ſeront auſſi mediaux & commenſ. Et d'autant que par la 16. p. 10. le total DK eſt commenſ. à chacun d'iceux DH, IK. par le coroll. de la 24. prop. 10. iceluy DK ſera auſſi medial : Et par la 23. prop. 10. ſon autre coſté DL ſera rationel incommenſ. en longitude à la rationelle DE: & par la 13. prop. 10. DL, LG ſeront incommenſ. en longit. & partant rationelles commenſ. en puiſſance ſeulement : & par la 37. prop. 10. DG ſera binome. Ie dis d'auantage qu'il eſt binome premier. Car il ſe prouuera comme en la precedente, que DL eſt le plus grand nom, & qu'il peut plus que le moindre LG du quarré d'vne ligne qui luy eſt commenſ. en longitude. Nous auons auſſi monſtré que LG plus petit nom, eſt commenſ. en longitude à la rationelle DE : & partant par les ſecondes def. DG eſt binome ſecond. Parquoy le quarré d'vne bimediale premiere, &c. Ce qu'il falloit demonſtrer.

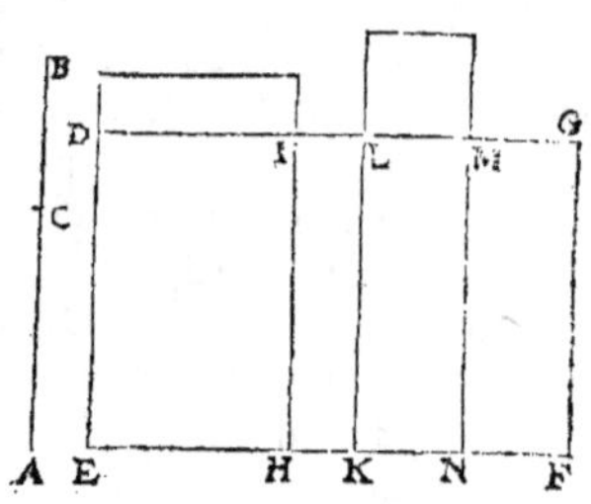

SCHOLIE.

La bimediale AB ſoit $\sqrt{\sqrt{108}} + \sqrt{\sqrt{12}}$, & la rationelle DE 4. D'autant que le plus grand nom AC eſt $\sqrt{\sqrt{108}}$, ſon quarré eſt $\sqrt{108}$, lequel eſtant appliqué ſur la rationelle DE 4, le coſté DI ſera $\sqrt{6\frac{3}{4}}$. Ainſi auſſi le moindre nom eſtant $\sqrt{\sqrt{2}}$, ſon quarré eſt $\sqrt{12}$: & par conſequent IL, eſt $\sqrt{\frac{3}{4}}$, & la toute DL $\sqrt{12}$. Or le rectangle de ACB eſt 6: & partant le rectangle KG double d'iceluy eſt 12, & le coſté LG 3. Donc la toute DG ſera $\sqrt{12} + 3$, qui eſt binome ſecond.

THEOR. 45. PROP. LXIII.

Le quarré d'vne bimediale ſeconde appliqué ſur vne ligne rationelle, fait l'autre coſté binome troiſieſme.

Soit la bimediale ſeconde AB, diuiſee en ſes noms en C, deſquels AC ſoit le plus grand. (Apres auoir conſtruit comme en la 61. pr.) Ie dis que DG eſt binome troiſieſme.

Car puis que AB eſt bimediale ſeconde, par la 39. prop. 10. AC, BC ſont mediales commenſ. en puiſſance ſeulement, comprenant vn rectangle

medial; partant les quarrez d'icelles AC, CB seront commens. & mediaux :
& aussi leurs egaux rectangles DH, IK : & par la 16. prop. 10. le total DK
est commens. à chacun d'iceux DH, IK : donc par le coroll. de la 24. pr. 10.
DK sera aussi medial, & estant appliqué sur la rationelle DE, par la 23. pr. 10.
son autre costé DL sera rationnel incommens. en longitude à icelle DE. Derechef, puis que le rectangle de AC, CB est medial, son double LF le sera
aussi : & iceluy LF estant appliqué sur la rationelle LK, son autre costé LG
sera rationel incommens. en longitude à LK : c'est à dire à DE. Donc l'vne &
l'autre d'icelles lignes DL, LG, est rationelle & incommens. en longit. à la
rationelle DE. Et d'autant que comme AC à CB, ainsi le quarré de AC au
rectangle de AC & CB, par la 1. prop. 6. Il est euident par la 10. pr. 10. que
le quarré sera incomm. au rectangle (estans
les deux lignes incommens. en longit.) Mais
par la 16. prop. 10. au quarré de AC est
commens. le composé des quarrez de AC,
CB : & au rectangle de AC, CB est commensur. son double : Donc le composé des
quarrez de AC, CB, c'est à dire le rectangle
DK, est incommens. au double du rectangle
de AC, CB : c'est à dire au rectangle LF, par le
scholie de la 14. prop. 10. parquoy les lignes
DL, LG qui sont en mesme raison que DK,

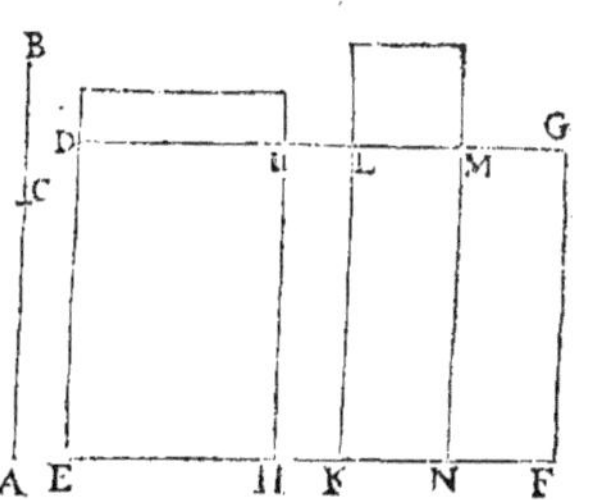

FL sont incomm. en long. par la 10. p. 10. mais elles sont rationeles, & partant comm. en puissance seulement : & par la 37. prop. 10. DG est binome.

Ie dis d'auantage, qu'il est binome troisiesme. Car il a esté demonstré que
les deux noms sont incommensurables en longitude à la rationele DE : Et
se prouuera comme à la 61. prop. que DL peut plus que LG du quarré d'vne
ligne qui luy est commensurable en longitude : & par les secondes def. DG
est binome troisiesme. Donc le quarré d'vne bimediale seconde, &c. Ce
qu'il falloit démonstrer.

S C H O L I E.

AB soit $\sqrt{\sqrt{72}} + \sqrt{\sqrt{8}}$, *& DE 4. Donc DH sera* $\sqrt{72}$, *IK* $\sqrt{8}$, *& LN ou MF* $\sqrt{24}$,
qui appliquez sur DE ; DI sera $\sqrt{4\frac{1}{2}}$, *IL* $\sqrt{\frac{1}{2}}$ *& LM ou MG* $\sqrt{1\frac{1}{2}}$: *& partant la*
toute DL sera $\sqrt{8}$, *& LG* $\sqrt{6}$. *Parquoy la toute DG est* $\sqrt{8} + \sqrt{6}$, *qui est binome*
troisiesme.

THEOR. 46.   PROP. LXIV.

Le quarré d'vne ligne majeure appliqué sur vne ligne rationele, fait l'autre costé binome quatriesme.

Soit la ligne majeure AB, diuisee en ses noms en C, dont le plus grand soit
AC : (apres auoir construict comme en la 61. p. de ce liure) ie dis que DG
est binome quatriéme.

Car puis que AB est ligne majeure, par la 40. p. AC, & CB sont incommens.
en puissance, comprenant vn rectangle medial, & le composé de leurs quar-

rez rationel; le rectangle D K egal au compoſé d'iceux quarrez eſt auſſi rationel, lequel eſtant appliqué ſur la rationelle DE, ſon autre coſté DL ſera auſſi rationel commenſ. en longit. à icelle DE par la 21. pr. 10. Item le rectangle LF, double du rectangle de AC, CB, ſera medial, lequel appliqué ſur LK, c'eſt à dire ſur la rationele DE par la 23. prop. 10. LG ſera rationele incommenſ en longit. à DE. Et partant par la 13. pr. 10. les rationeles DL & LG ſeront incommenſurables en long. Donc commenſ. en puiſſance ſeulement : & par la 37. p. 10. DG eſt binome.

Ie dis dauantage qu'il eſt binome quatrieſme. Car puis que les lignes AC & CB ſont incommenſ. en puiſſance, leurs quarrez ſeront incommenſ. partant auſſi leurs egaux rectangles DH, IK, & les lignes DL, IL incommenſ. Et d'autant que l'on demonſtrera comme en la 61. prop. que DL eſt plus grande que LG, & que ſur icelle DL eſt appliqué le rectangle de DI, IL egal au quarr du quarré de LG, & defaillant d'vne figure quarrée, lequel diuiſe icelle DL à I en parties incomm. en long. par la 19. p. 10. DL, qui eſt commenſ. en longit. à la rationele DE, peut plus que GL du quarré d'vne ligne qui luy eſt incommenſurable en longit. & par les ſecondes def. DG eſt binome quatrieſme. Donc le quarré d'vne ligne majeure, &c. Cé qu'il falloit demonſtrer.

S C H O L I E.

La ligne maieure AB ſoit $\sqrt{(10+\sqrt{37\frac{1}{2}})}+\sqrt{(10-\sqrt{37\frac{1}{2}})}$, & la rationele DE ſoit 5. Donc le rectangle DH ſera $10+\sqrt{37\frac{1}{2}}$, IK $10-\sqrt{37\frac{1}{2}}$, & LN ou MF $\sqrt{62\frac{1}{2}}$; qui appliquez ſur DE, le coſté DI ſera $2+\sqrt{1\frac{1}{2}}$, IL $2-\sqrt{1\frac{1}{2}}$, & LM ou MG $\sqrt{2\frac{1}{2}}$. Parquoy DL ſera 4, & LG $\sqrt{10}$: & par conſequent la toute DG eſt $4+\sqrt{10}$, qui eſt binome quatrieſme.

THEOR. 47. PROP. LXV.

Le quarré d'vne ligne pouuant vn rationel & vn medial appliqué ſur vne ligne rationele, fait l'autre coſté binome cinquieſme.

Soit la ligne pouuant vn rationel & vn medial AB, diuiſée en ſes noms au poinct C, dont le plus grand eſt AC : (apres auoir conſtruit comme en la 61. prop.) Ie dis que DG eſt binome cinquieſme.

Car puis que AB eſt ligne pouuant vn rationel & vn medial, AC, CB, par la 41 pr. 10. ſont incommenſ. en puiſſance, comprenant vn rectangle rationel, & le compoſé de leurs quarrez medial: Partant le rectangle DK egal au compoſé d'iceux quarrez eſt auſſi medial, lequel eſtant appliqué ſur la rationele DE, ſon autre coſté DL ſera auſſi rationel commenſ. en puiſſance ſeulement à icelle DE par la 23. prop. 10. Item le rectangle de AC, CB eſtant rationel, ſon double LF ſera auſſi rationel, & par la 21. prop. 10. iceluy LF eſtant appliqué ſur LK, c'eſt à dire ſur la rationele DE, ſon autre coſté LG, ſera ligne rationele commenſ. en longit. à icelle DE : & par la 13. prop. 10. les rationeles DL, LG ſeront commenſ. en puiſſance ſeulement, & par la 36. p. 10. DG ſera binome. Ie dis de plus, qu'il eſt binome cinquieſme. Car LG eſt commenſurable en longitude à la rationele DE, & ſi on prouuera

comme

comme aux precedentes, que DL peut plus que LG, du quarré d'vne ligne qui luy est incommensurable en longitude, & par les secondes definitions DG est binome cinquiesme. Donc le quarré d'vne ligne pouuant vn
rationel & vn medial, &c. Ce qu'il falloit demonstrer.

S C H O L I E.

La ligne AB soit $\sqrt{(\sqrt{125}+5)}+\sqrt{(\sqrt{125}-5)}$, *& la rationelle DE 5. Donc le re-*
ctangle DH sera $\sqrt{125}+5$*, IK* $\sqrt{125}-5$*, & LN ou MF 10, qui appliquez sur DE,*
le costé DI sera $\sqrt{5}+1$*, IL* $\sqrt{5}-1$*, & LM ou MG 2. Parquoy DL sera* $\sqrt{20}$*, &*
LG 4, & par consequent la toute DG est $\sqrt{20}+4$*, qui est binome cinquiesme.*

THEOR. 48. PROP. LXVI.

Le quarré d'vne ligne pouuant deux mediaux appliqué sur
vne ligne rationele, fait l'autre costé binome sixiesme.

Soit la ligne pouuant deux mediaux AB, diuisee en ses noms au poinct C,
dont le plus grand est AC. (Apres auoir construit comme aux preced.) ie
dis que DG est binome sixiesme.

Car puis que AB est ligne pouuant deux mediaux, par la 42. prop. 10.
AC, CB sont incommens. en puissance, comprenant vn rectangle medial,
incommens. au composé de leurs quarrés
aussi medial : par ainsi il est euident que
DK & LF sont mediaux & incommens.
& par la 23 p. 10. iceux rectang. estans appliquez sur lignes rationelles, leurs autres
costez DL, LG feront rationaux commens.
en puissance seulement à la rationele DE.
Mais iceux costez DL, LG estans entr'eux
comme les parallelogrammes DK, LF
lesquels sont incommens. seront aussi incommens. en longitude, par la 10. pr. 10.

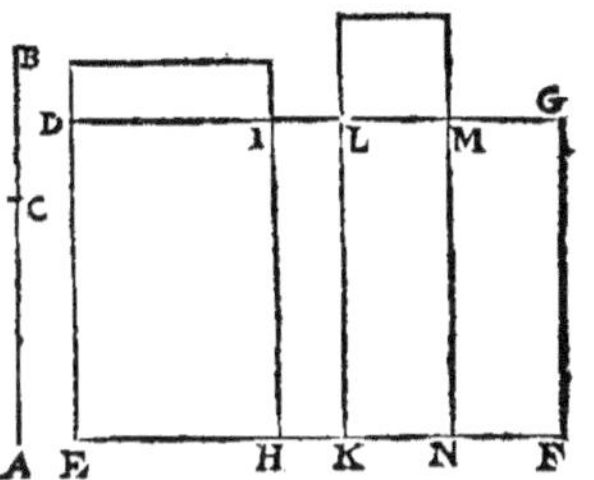

Donc les rationeles DL, LG seront commens. en puissance seulement, & par
la 37. prop. 10. DG est binome, duquel les deux noms sont incommens. en
longitude à la rationele DE : & comme il a esté demonstré aux precedentes,
le plus grand d'iceux DL peut plus que le moindre LG, du quarré d'vne
ligne qui luy est incommens. en longitude, & par les secondes def. DG est
binome sixiesme. Parquoy le quarré d'vne ligne pouuant deux mediaux, &c.
Ce qu'il falloit demonstrer.

S C H O L I E.

La ligne AB soit $\sqrt{(\sqrt{252}+\sqrt{72})}+\sqrt{(\sqrt{252}-\sqrt{72})}$*, & DE 6. Le rectangle DH*
sera donc $\sqrt{252}+\sqrt{72}$*, IK* $\sqrt{252}-\sqrt{72}$*, & LN, ou MF* $\sqrt{180}$*, qui appliquez à DE,*
le costé DI est $\sqrt{7}+\sqrt{2}$*, IL* $\sqrt{7}-\sqrt{2}$*, & LM ou MG* $\sqrt{5}$*. Partant DL est* $\sqrt{28}$*, &*
LG $\sqrt{20}$*; & par consequent la toute DG est* $\sqrt{28}+\sqrt{20}$*, qui est binome sixiesme.*

NNn

THEOR. 49. PROP. LXVII. Six. 6.

La ligne commenſurable en longitude au binome, eſt auſſi binome de meſme ordre.

Soit quelconque binome AB diuiſé en ſes noms au poinct C, deſquels AC eſt le plus grand, & CB le moindre : ſoit la ligne droicte DE commenſurable en longitude au binome AB. Ie dis que DE eſt auſſi binome, & de meſme ordre que AB.

Car ayant fait par la 12. prop. 6. que comme la toute AB eſt à la toute DE, ainſi la retranchee AC ſoit à la retranchee DF, par la 19.p.5. le reſte CB ſera au reſte FE, comme la toute AB à la toute DE. Et pource que AB, DE, ſont commenſ. en longit. par la 10. pr. 10. AC, DF, & CB, FE, ſeront auſſi commenſ. en longitude. Mais par la 37. pr. 10. AC, CB, ſont rationeles. Donc auſſi DF, FE ſont rationeles. Et puis que comme AC à DF, ainſi CB à FE, en permutant, comme AC ſera à CB, ainſi DF à FE. Mais AC, CB ſont rationeles commenſ. en puiſſance ſeulement : donc auſſi DF, FE ſeront rationeles commenſ. en puiſſance ſeulement. Et partant par la 37. prop. 10. DE eſt binome. Maintenant ie dis qu'il eſt auſſi binome de meſme ordre que AB.

Car ſi AC peut plus que CB du quarré d'vne ligne qui luy ſoit commenſ. en longitude, auſſi par la 15. prop. 10. DF pourra de meſme plus que FE. Et ſi AC eſt commenſurable en longitude à la rationele propoſee, auſſi ſera DF par la 12. prop. 10. veu que l'vne & l'autre eſt commenſurable en longitude à la meſme AC ; & partant chacune d'icelles AB & DE ſera binome premier. Que ſi CB eſt commenſurable en longitude à la rationelle propoſee, auſſi ſera FE : ainſi AB & DE ſeront binome ſecond : mais ſi AC & CB ſont incommenſ. en longitude à la rationele, auſſi ſeront DF & FE : & par les def. AB & DE ſeront binome troiſieſme. Que ſi AC peut plus que CB du quarré d'vne ligne qui luy ſoit incommenſ. en longit. auſſi par la 15. pr. 10. DF pourra de meſme plus que FE. Parquoy nous demonſtrerons comme deſſus, que AB, DE ſeront binome 4e. ou 5e. ou 6e. Partant AB, DE, ſeront binomes de meſme ordre. Donc la ligne commenſ. en longitude, &c. Ce qu'il falloit demonſtrer.

THEOR. 50. PROP. LXVIII.

La ligne commenſurable en longitude à vne bimediale, eſt auſſi bimediale de meſme ordre.

Soit quelconque bimediale AB, diuiſee en ſes noms au poinct C, deſquels AC eſt le plus grand, & CB le plus petit ; & à icelle AB ſoit commenſ. en longitude la ligne DE. Ie dis qu'icelle DE eſt auſſi bimediale de meſme ordre qu'icelle AB.

Car (apres auoir conſtruit comme en la precedente) le reſte CB ſera au

reste FE, comme la toute AB à la toute DE : & partant par la 10.p.10. AC sera
commensurable en longitude à DF ; & CB à FE. Mais AC, CB sont mediales:
donc par la 24.pr.10. DF, FE commensurables à icelles, sont aussi mediales. Et
puis que comme AC à DF, ainsi CB à FE : en permu-
tant, comme AC à CB ainsi DF à FE. Mais AC, CB
sont commens. en puissance seulement, par la 38.p.10.
Donc aussi DF, FE seront commens. en puissance seulement, par la 10.p.10. mais elles sont aussi mediales : &
partant par la 38 ou 39. prop. 10. DE sera bimediale.
Dauantage ie dis qu'elle est en mesme ordre que AB. Car d'autant que comme
AC est à DF, ainsi BC à FE, par la 22.pr.6. le quarré de AC sera au quarré de DF,
comme le rectangle de AC, BC est au rectangle de DF, FE : (estans iceux rectangles semblables, d'autant qu'ils ont les costez proport.) Mais le quarré de AC est
commensurable au quarré de DF, (pource que les lignes AC, DF ont esté demonstrees commens. en long.) Donc par la 10. pr. 10. les rectangles seront aussi
commens. Que si l'vn est rationel, l'autre le sera aussi : & par ainsi AB, &
DE seroient bimediales premieres, par la 38. prop. 10. Que si l'vn des rectangles
est medial, l'autre sera aussi medial, & consequemment AB & DE seront bimediales secondes, par la 39.prop.10. Ainsi DE sera bimediale, & en mesme ordre
que AB. Parquoy la ligne commensurable en longitude à vne bimediale, &c.
Ce qu'il falloit demonstrer.

THEOR. 51. PROP. LXIX.

La ligne commensurable à vne ligne majeure est aussi ligne
majeure.

Soit la ligne majeure AB, diuisee en ses noms en C, & à icelle soit commens.
DE. Ie dis qu'icelle DE est aussi ligne majeure.

Car (apres auoir construit comme aux precedentes) AC sera à CB comme
DF à FE, & AC commensurable à DF, & CB à FE : mais par la 41. prop. 10. AC
& CB sont incommens. en puissance ; les lignes DF & FE le seront donc aussi.
Item puis qu'icelles lignes AC, CB, DF, FE sont proport. par la 22. pr. 6. leurs
quarrez seront porportionnaux : & en composant, les deux de AC & BC seront
au seul de CB, comme les deux de DF & FE sont au seul de FE : & en permutant,
les deux quarrez de AC & CB, seront aux deux de DF & FE, comme le seul
de CB est au seul de FE. Mais les lignes CB, FE estans commens. leurs quarrez seront aussi commensurables ; & partant les deux de DF & FE, seront par
la 10. prop. 10. commens. aux deux de AC & BC : & seront rationaux comme
iceux. Item, on prouuera comme en la precedente, que le rectangle de DE & FE
est commensurable au rectangle de AC & BC ; lequel estant medial par la
40. prop. 10. aussi sera celuy de DF & FE par le corol. de la 24. prop. 10. Parquoy DE sera ligne majeure. Donc la ligne commens. à vne ligne majeure, est
aussi majeure. Ce qu'il falloit demonstrer.

THEOR. 52. PROP. LXX.

La ligne commensurable à vne ligne pouuant vn rationel & vn
medial, est aussi ligne pouuant vn rationel & vn medial.

Soit la ligne A B pouuant vn rationel & vn medial, diuisée en ses noms
en C, & à icelle soit commensurable la ligne DE. Ie dis qu'icelle DE est aussi
ligne pouuant vn rationel & vn medial.
Car (apres telle construction qu'aux precedentes) on prouuera que comme
AC & BC sont incommensur. en puissance, aussi le seront DF & FE. Item que le
composé des quarrez de AC & BC sera com-
mens. au composé des quarrez de DF & FE :
& le rectangle de AC & BC aussi commensur.
au rectangle de DF & FE. Mais par la 41 p.10.
le composé des quarrez de AC & BC est medial, & leur rectangle rationel : Partant le composé des quarrez de DF & FE sera aussi medial, & leur rectangle rationel : & par ainsi la toute DE sera ligne pouuant vn rationel & vn medial, par
la susdite 41. prop. de ce liure. Parquoy la ligne commens. à vne ligne pouuant
vn rationel, &c. Ce qu'il falloit demonstrer.

THEOR. 53. PROP. LXXI.

La ligne commensurable à vne ligne pouuant deux mediaux,
est aussi ligne pouuant deux mediaux.

Soit la ligne AB pouuant deux mediaux, diuisee en ses noms au poinct C, &
à icelle soit comm. DE. Ie dis qu'icelle DE est aussi ligne pouuant deux mediaux.
Car (apres auoir construit comme aux precedentes) on prouuera tout de mesme que DF & FE sont incommens. en puissance ; que le composé de leurs quarrez est medial, & leur rectangle aussi medial : Mais on prouuera aussi comme
en la 69. pr. que le composé des quarrez de AC & BC, est au composé des quarrez de DF & FE, comme le quarré de CB au quarré de FE : & encore comme en
la 68. p. que le quarré de CB est au quarré de EF, comme le rectangle de AC &
BC, est au rectangle de DF & FE : donc par la 11. prop. 5. le composé sera au composé, comme le rectangle au rectangle : Et en permutant, comme le composé des
quarrez de AC & BC est incommens. à leur rectangle, aussi le composé des
quarrez de DF & FE est incommens. à leur rectangle , & par la 42. pr. 10. DE
est ligne pouuant deux mediaux. Parquoy la ligne commens. à vne ligne pouuant
deux mediaux, &c. Ce qu'il falloit demonstrer.

THEOR. 54. PROP. LXXII. Six. 7.

Si vne superficie rationele, & vne mediale sont ioinctes ; la
ligne qui peut tout le composé est binome, ou bimediale
premiere, ou ligne majeure, ou ligne pouuant vn rationel &
vn medial.

Soient ioinctes deux superficies A rationele, & B mediale: ie dis que la ligne qui peut toutes les deux est binome, ou bimediale premiere, ou ligne majeure, ou ligne pouuant vn rationel & vn medial.

Car premierement les deux superficies ne sçauroient estre egales (car ou elles seroient toutes deux rationeles, ou toutes deux mediales.) Soit donc premierement A plus grande que B: Et sur la rationele CD soit appliqué le rectangle CE egal à A: & sur EF vn autre rectangle FI egal à B, afin que tout le rectangle CI soit egal aux deux superficies proposees A & B. Et puis que A est rationele, & B mediale, aussi le rectangle CE sera rationel, & FI medial, lesquels estans appliquez à la rationele CD; CF sera rationele commens. en longitude à icelle CD par la 21.prop.10. & FK aussi rationele, mais incommens. en longitude à la mesme CD par la 23. pr.10. & par la 13. prop. 10. les rationeles CF, FK seront incommens. en longitude: donc commensurables en puissance seulement: & par la 37. pr.10. CK sera binome diuisé en ses noms

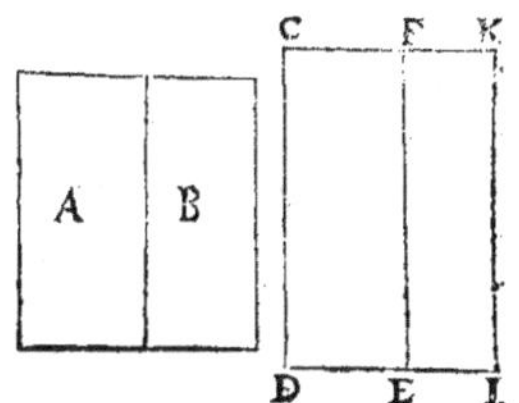

en F. Mais puis que A a esté posee plus grande que B, aussi CE sera plus grand que FI; & partant CF sera plus grande que FK par la 1 p.6. Parquoy CF sera le plus grand nom du binome CK. Or iceluy plus grand nom CF, peut plus que le moindre nom FC du quarré d'vne ligne qui luy est commensurable, ou incommensurable en longitude. Si commens. (estant CF commens. en longitude à la rationele CD) CK sera binome premier par la 1. des secondes def. Et par la 55. p.10. la ligne qui peut le rectangle CI est binome. Si incommens. CK sera binome quatriesme, par la 4. des secondes def. & par la 58. p. 10. la ligne qui peut iceluy rectangle CI est ligne maieure.

Que si la figure A estoit plus petite que B, aussi le rectangle CE seroit plus petit que le rectangle FI; & CF seroit le plus petit nom commens. à la rationele CD: & par ce moyen CK seroit binome second, ou cinquiesme: si binome second, par la 56. p. 10. la ligne qui peut le rectangle CI est bimediale premiere. Si binome cinquiesme, par la 59. p. 10. la ligne qui peut le rectangle CI est ligne pouuant vn rationel & vn medial. Si donc vne superficie rationele, & vne mediale, &c. Ce qu'il falloit demonstrer.

SCHOLIE.

Si la superficie rationelle A est 7, & la mediale B $\sqrt{48}$, la ligne pouuant icelles adioustees ensemble sera $2 + \sqrt{3}$, qui est binome premier: si A & B sont 21 & $\sqrt{432}$, la ligne pouuant icelles sera $\sqrt{12} + 3$, qui est binome second: mais elle sera $\sqrt{8} + \sqrt{6}$, qui est binome troisiesme, si A est 14 & B $\sqrt{192}$: mais si A est 6, & B $\sqrt{32}$, elle sera $2 + \sqrt{2}$, qui est binome quatriesme: si A est 3 & B $\sqrt{8}$, elle sera $\sqrt{2} + 1$ qui est binome cinquiesme: & si A est 5, & B $\sqrt{24}$, la ligne pouuant le composé d'icelles sera $\sqrt{3} + \sqrt{2}$, qui est binome 6: mais si A est 4, & B $\sqrt{18}$, la ligne pouuant la superficie composee d'icelles sera $\sqrt{\sqrt{8}} + \sqrt{\sqrt{2}}$, qui est mediale premiere: mais si A est 6, & B $\sqrt{12}$, la ligne pouuant le composé d'icelles sera $\sqrt{(6 + 12)}$ ou $\sqrt{(3 + \sqrt{6})} + \sqrt{(3 - \sqrt{6})}$: & finalement si A est 2, & B $\sqrt{8}$, la ligne pouuant icelles sera $\sqrt{(\sqrt{8} + 2)}$, ou $\sqrt{(\sqrt{2} + 1)} + \sqrt{(\sqrt{2} - 1)}$, qui est ligne pouuant vn rationel & vn medial.

THEOR. 55. PROP. LXXIII.

Si deux superficies mediales incommensurables sont iointes, la
ligne qui peut le composé d'icelles est bimediale seconde, ou
ligne pouuant deux mediaux.

Soient ioinctes ensemble deux superficies mediales incommens. A & B : Ie dis que la ligne
droicte qui peut le composé d'icelles superficies A & B est bimediale seconde, ou ligne pouuant deux mediaux.

Ayant fait sur la rationele CD pareille construction qu'en la prec. prop. les rectangles C E &
FI seront mediaux & incomm. Et par la 23. p. 10.
CF, FK seront rationeles commens. en puissance seulement entr'elles, & à la rationele CD : &
par la 37. p. 10. CK sera binome. Soit donc CF

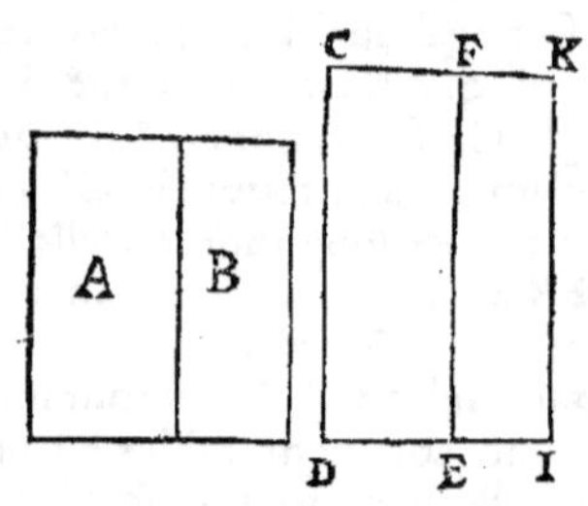

le plus grand nom: Car CF & FK ne sçauroient estre egales, d'autant qu'elles sont
incommens. en longit. Donc CF peut plus que CG du quarré d'vne ligne qui luy
est commens. ou incommens. en longit. Si commens. CK est binome troisiesme
par la 3. d. sec. (estans les deux noms CF, FK incomm. en long. à la rationele CD)
& par la 57. prop. 10. la ligne qui peut le rectangle CI est bimediale seconde: Si
incommens. par la 6. des sec. def. CK sera binome sixiesme: & la ligne qui peut le
rectangle CI est par la 60. p. 10. ligne pouuant deux mediaux. Parquoy si deux superficies mediales incommens. sont ioinctes, &c. Ce qu'il falloit demonstrer.

SCHOLIE.

Si A est $\sqrt{}$ 50, & B $\sqrt{}$ 48 : la ligne pouuant le composé d'icelles sera $\sqrt{}\sqrt{}$ 18 + $\sqrt{}\sqrt{}$ 8, qui est
bimediale seconde: mais si A est $\sqrt{}$ 12, & B $\sqrt{}$ 8, ladite ligne pouuant icelles sera $\sqrt{}$ ($\sqrt{}$ 12 + $\sqrt{}$ 8),
ou bien $\sqrt{}$ ($\sqrt{}$ 3 + 1) + $\sqrt{}$ ($\sqrt{}$ 3 − 1), qui est ligne pouuant deux mediaux.

COROLLAIRE.

De toutes ces choses on peut facilement colliger que le binome & les autres lignes irrationeles qui suiuent icelle sont differentes entr'elles & à la mediale. Car le quarré d'vne
ligne mediale, appliqué sur vne ligne rationele, fait l'autre costé rationel commensurable en
puissance seulement à la rationele à la quelle il est appliqué par la 23. p. 10.

Mais le quarré d'vn binome, faict l'autre costé binome premier par la 61. p. 10.

Le quarré d'vne bimediale premiere, faict l'autre costé binome second, par la 62. p. 10.

Le quarré d'vne bimediale seconde, faict l'autre costé binome troisiesme, par la 63. p. 10.

Le quarré d'vne ligne maieure, faict l'autre costé binome quatriesme, par la 64. p. 10.

Le quarré d'vne ligne pouuant vn rationel & vn medial fait l'autre costé binome cinquiesme, par la 65. p. 10.

Le quarré d'vne ligne pouuant deux mediaux, faict l'autre costé binome sixiesme, par la
66. p. 10.

Mais il faut tousiours entendre qu'ils soient appliquez sur vne ligne rationele. Et puis que
tous ces costez sont differens entr'eux, il est manifeste que toutes icelles lignes irrationeles sont
differentes entr'elles.

ICY COMMENCENT LES SIXAINES
des lignes irrationeles par le retranchement.

THEOR. 56. PROP. LXXIV.

Si d'vne ligne rationele , eſt retranchée vne ligne rationele
commenſurable en puiſſance ſeulement à la toute ; le reſte
eſt irrationel : & ſoit appelé Reſidu.

Soit retranchée de la rationele AB la rationele AC, en ſorte que AB & AC, ſoient rationeles commenſurables en puiſſance ſeulement:
Ie dis que le reſte CB eſt irrationel.

Car par la 1. p. 6. comme AB eſt à AC, ainſi le quarré de AB eſt au rectangle de
AB & AC : mais AB eſt incommenſ. en longitude à AC. Donc par la 10. pr.10.
le quarré de AB eſt incommenſ. au rectangle de AB & BC : Partant auſſi à ſon
double : mais les quarrez de AB & AC , ſont poſez commenſ. Donc par la
16. prop. 10. les deux enſemble ſeront commenſ. au ſeul de AB : & partant puis
que le quarré de AB eſt incommenſ. au double du rectangle de AB, AC, par la
14. prop. 10. les quarrez de AB & AC, ſeront auſſi incommenſ. à deux fois le
rectangle de AB & AC , leſquels auec le quarré de CB, eſtans egaux aux deux
quarrez de AB & AC par la 7. pr. 2. il s'enſuiura que le quarré de CB auec deux
fois le rectangle de AB & AC ſeront incommenſ. à iceux deux rectangles: Et par
le coroll. de la 17. pr. 10. deux fois le rectangle auec le quarré de CB , (ou les
deux quarrez de AB & AC) ſeront incommenſ. au quarré de CB : Mais iceux
quarrez de AB, AC, eſtans rationaux ; (car ils ſont deſcrits ſur lignes rationelles)
le quarré de CB ſera irrationel : Partant la ligne CB ſera auſſi irrationelle : Et
icelle ſoit appellee Apotome ou Reſidu. Si donc d'vne ligne rationelle eſt retranchee, &c. Ce qu'il falloit demonſtrer.

SCHOLIE.

La rationelle AB ſoit 2 , & AC √3 : Donc le reſte BC ſera 2—√3. Or en ceſte prop. &
és 5 ſuiuantes , où Euclide monſtre l'origine des Apotomes ou reſidus , il ne veut dire autre
choſe , ſinon que ſi des lignes dont il s'agit és prop. 37. 38. 39. 40. 41. & 42. on retranche le
plus petit nom du plus grand, le reſte ſera irrationel, qu'on appellera Apotome, ou reſidu, &c.

THEOR. 57. PROP. LXXV.

Si d'vne ligne mediale , eſt retranchee vne mediale commenſ.
en puiſſance ſeulement à la toute , comprenant auec icelle
vn rectangle rationel , le reſte eſt irrationel : Soit appellé
reſidu medial premier.

Soit la bimediale AC, de laquelle eſt retranchee la mediale AB , en ſorte que
AB & AC ſont mediales commenſurables en puiſſance ſeulement , compre-

nant vn rectangle rationel : Ie dis que le reste B C est irrationel.

Car puis que AB & AC sont mediales, leurs quarrez seront mediaux, & partant incommens. au double du rectangle de AB & AC, lequel est rationel, vn seul rectangle ayant esté posé rationel. Mais par la 7. prop. 2. deux fois le rectangle de AB & AC, auec le quarré de BC sont egaux aux quarrez de AB & AC : donc aussi deux fois le rectangle de AB, AC, auec le quarré de BC seront incommens. au double du rectangle de AB & AC, & par la 17. pr. 10. le quarré de BC sera incommens. au double du rectangle de AB & AC : mais iceluy double est rationel : donc le quarré de BC sera irrationel; & partant la ligne BC aussi irrationelle, qu'on appellera residu medial premier. Parquoy si d'vne ligne mediale, &c. Ce qu'il falloit prouuer.

SCHOLIE.

La mediale A C soit √√54, & la retranchee A B √√24 : donc le reste BC sera √√54—√√24.

THEOR. 58. PROP. LXXVI.

Si d'vne ligne mediale est retranchee vne ligne mediale commensurable en puissance seulement à la toute, comprenant auec icelle vn rectangle medial; le reste est irrationel : Soit appellé residu medial second.

Soit la mediale AB, de laquelle est retranchee la mediale A C, en sorte que A B & AC soient commens. en puissance seulement, comprenant vn rectangle medial : Ie dis que le reste CB est irrationel.

Car puis que les quarrez de AB & AC sont commens. par la 16. prop. 10. le composé d'iceux sera aussi commens. à vn chacun d'eux : & chacun d'iceux estant medial, (pource que les lignes AB, AC sont posees mediales) aussi le composé d'iceux quarrez est medial par le coroll. de la 24. prop. 10. comme aussi le double du rectangle de AB, AC, puis que le seul rectangle de AB, AC est posé medial. Veu donc que par la 7. prop. 2. le composé des quarrez de AB, AC, est egal au double du rectangle de AB, AC, auec le quarré de CB : le composé des quarrez de AB, AC, qui est medial, excedera le double du rectangle de AB, AC, qui est aussi medial, du quarré de CB. Mais par la 27. p. 10. vn medial n'excede pas vn medial, d'vn rationel : donc le quarré de CB n'est pas rationel; & partant il est irrationel : & consequemment la ligne BC aussi irrationelle, qu'on appellera residu medial second. Parquoy si d'vne ligne mediale on retranche vne ligne mediale, &c. Ce qu'il falloit prouuer.

SCHOLIE.

La mediale A B soit √√18, & AC √√8 : donc le reste CB sera √√18—√√8.

THEOR.

THEOR. 59. PROP. LXXVII.

Si d'vne ligne droicte eſt retranchee vne ligne droicte incommenſurable en puiſſance à la toute, faiſant auec icelle vn
rectangle medial, & le compoſé de leurs quarrez rationel ; le
reſte ſera irrationel : Soit appellé ligne mineure.

Soit la ligne droicte AC, de laquelle eſt retranchee
AB incommenſ. en puiſſance à la toute AC, comprenant auec icelle vn rectangle medial, & que le compoſé
de leurs quarrez ſoit rationel : Ie dis que le reſte BC eſt irrationel.

A —————————— B —————————— C

Car puiſque le compoſé des quarrez de AB, & AC eſt rationel, il eſt incommenſ. au rectangle de AC & AB, lequel eſt medial: partant auſſi au double d'iceluy
rectangle. Mais par la 7. prop. 2. le compoſé des quarrez de AB, AC eſt egal au
double du rectangle de AB, AC, enſemble au quarré de CB : donc par le coroll. de
la 17. prop. 10. le compoſé d'iceux quarrez de AB, AC ſera auſſi incommenſ. au
quarré de CB. Et puis qu'iceluy compoſé eſt poſé rationel, par la 10. def. le quarré
de BC eſt irrationel, & la ligne BC irrationelle, qu'on appellera ligne mineure.
Parquoy ſi d'vne ligne droicte eſt retranchee vne ligne droicte, &c. Ce qu'il falloit
demonſtrer.

SCHOLIE.

Soit la ligne AC γ (18 + γ 108), & AB γ (18 — γ 108): le reſte BC ſera donc γ (18 + γ 108)
— γ (18 — γ 108).

THEOR. 60. PROP. LXXVIII.

Si d'vne ligne droicte eſt retranchee vne ligne droicte incommenſurable en puiſſance à la toute, faiſant auec icelle vn rectangle rationel, & le compoſé de leurs quarrez medial ; le
reſte ſera irrationel : Soit appellé ligne faiſant auec vne ſuperficie rationele vn tout medial.

Soit la ligne droicte AC, de laquelle eſt retranchee AB
incommenſ. en puiſſance à la toute, comprenant auec
icelle vn rectangle rationel, & que le compoſé de leurs
quarrez ſoit medial : Ie dis que le reſte BC eſt irrationel.

A —————————— B ——— C

Car puis que le rectangle de AB & AC eſt rationel, auſſi ſera ſon double, & partant par la 10. def. il ſera incommenſ. au compoſé des quarrez d'icelles AB, AC,
lequel eſt medial, c'eſt à dire irrationel. Mais le compoſé d'iceux quarrez par la
7. pr. 2. eſt egal au double du rectangle de AB, AC, auec le quarré de BC. Donc
auſſi le double du rectangle de AB, AC eſt incommenſur. au double d'iceluy rectangle auec le quarré de BC : Et par la 17. pr. 10. iceluy double rectangle ſera auſſi
incommenſ. au quarré de BC. Et puis qu'iceluy double rectangle eſt rationel, par
la 10. definit. le quarré de BC ſera irrationel, & la ligne BC auſſi irrationelle : la-

quelle soit appellee ligne faisant auec vne superficie rationelle, vn tout medial : & ce d'autant que le quarré d'icelle ligne estant adiousté auec vne superficie rationele fait vn tout medial, comme il apparoistra à la 109. prop. 10. Parquoy si d'vne ligne droicte est retranchee, &c. Ce qu'il falloit demonstrer.

S C H O L I E.

si AC est $\sqrt{}$ *(*$\sqrt{216}+\sqrt{72}$*),* & *AB* $\sqrt{}$ *(*$\sqrt{216}-\sqrt{72}$*); le reste BC sera* $\sqrt{}$ *(*$\sqrt{216}+\sqrt{72}$*)* $-\sqrt{}$ *(*$\sqrt{216}-\sqrt{72}$*).*

THEOR. 61. PROP. LXXIX.

Si d'vne ligne droicte, est retranchee vne ligne droicte incommensurable en puissance à la toute, comprenant auec icelle vn rectangle medial, & incommensurable au composé de leurs quarrez aussi medial; le reste est irrationel : soit appellé ligne faisant auec vne superficie mediale vn tout medial.

Soit la ligne doicte AB, de laquelle est retranchée la ligne AC incommensurable en puissance à la toute, comprenant auec icelle vn rectangle medial incommens. au composé de leurs quarrez aussi medial : Ie dis que le reste BC est irrationel.

A—————— c —— B

Car puis que par la 7. proposit. 2. le composé des quarrez de AB, AC, est egal au double du rectangle de AB, AC auec le quarré de BC : iceluy composé des quarrez excedera le double du rectangle du quarré de BC. Mais par la 27. prop. 10. vn medial n'excede pas vn medial d'vn rationel : Donc le quarré de BC n'est pas rationel; & partant est irrationel, & la ligne BC aussi irrationelle; laquelle on appellera ligne faisant auec vne superficie mediale vn tout medial; parce que le quarré d'icelle ligne auec vne superficie mediale fait vn tout medial. Parquoy si d'vne ligne droicte est retranchee vne ligne droicte, &c. Ce qu'il falloit demonstrer.

S C H O L I E.

si AB est $\sqrt{}$ *(*$\sqrt{180}+\sqrt{60}$*),* & *AC* $\sqrt{}$ *(*$\sqrt{180}-\sqrt{60}$*), le reste CB sera* $\sqrt{}$ *(*$\sqrt{180}+\sqrt{60}$*)* $-\sqrt{}$ *(*$\sqrt{180}-\sqrt{60}$*).*

L E M M E.

S'il y a quatre grandeurs AB, C, DE, F, & que GB excez d'entre AB & C soit egal à HE excez d'entre DE & F; aussi en permuttant l'excez d'entre AB & DE sera egal à l'excez d'entre C & F. Car puis que GB est l'excez d'entre AB & C, AG sera egal à C : En la mesme maniere DH sera egal à F. Donc l'excez d'entre AG & DH sera egal à l'excez d'entre C & F, puis que ces grandeurs cy sont egales à celles-là, chacune à la sienne, & partant adioustant à AG & DH choses egales GB & HE, l'excez d'entre les toutes AB & DE sera tousiours egal à l'excez d'entre C & F. Ce qui estoit proposé.

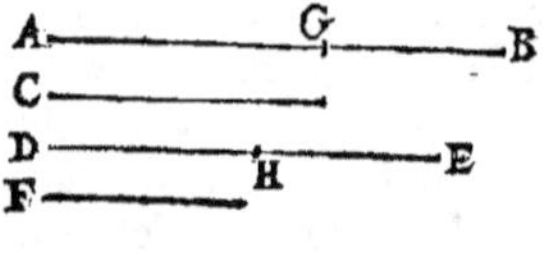

C O R O L L A I R E.

De ces choses appert que quatre grandeurs ayant proportion Arithmetique, en permutant elles seront aussi en proportion Arithmetique.

THEOR. 62. PROP. LXXX.

Au refidu ne peut conuenir qu'vne feule ligne droicte rationele commenfurable en puiffance feulement à la toute.

Soit le refidu AB, auquel conuienne la ligne droicte BC, rationele commenf. en puiffance feulement à la toute AC : Ie dis qu'à icelle AB ne peut conuenir autre ligne en la mefme forte.

Car s'il eft poffible, foit vne autre ligne BD, s'accordant auec icelle AB, en forte que AD & BD foient rationeles commenf en puiffance feulement. Maintenant par la 7. pr. 2. les deux quarrez de AC, BC font plus grands que deux fois le rectangle de AC, BC du quarré de AB. Pareillement les deux quarrez de AD, & BD font plus grands que deux fois le rectangle de AD, BD, du mefme quarré de AB; & en permutant, par le lemme precedent les quarrez excederont autant les quarrez, que les rectangles excedent les rectangles: & d'autant que les quarrez font rationaux, leur excez fera rationel, par le lemme qui precede la 43. p. 10. & partant les rectangles eftans mediaux, (pource que par la 22. p. 10. vn feul d'iceux rectangles eft medial, & par le corol. de la 24. prop. 10. fon double eft auffi medial) leur excez fera rationel contre la 27. prop. 10. Donc à AB ne peut conuenir autre ligne que BC, rationele commenf. en puiffance feulement à la toute. Parquoy au refidu ne peut conuenir, &c. Ce qu'il falloit demonftrer.

THEOR. 63. PROP. LXXXI.

Au refidu medial premier, ne s'accorde qu'vne feule ligne mediale commenfurable en puiffance feulement à la toute, & comprenant auec icelle vn rectangle rationel.

Soit le refidu medial premier AB, auquel la mediale BC s'accorde en forte que AC & BC, foient mediales commenf. en puiffance feulement, comprenant vn rectangle rationel : Ie dis qu'à icelle AB ne peut conuenir autre ligne droicte que BC en la mefme forte.

Car fi faire fe peut, en foit vne autre BD. Maintenant par la 7. prop 2. il fe prouuera comme en la preced. que l'excez d'entre le compofé des quarrez de AC, BC, & le compofé des quarrez de AD, BD, eft tel que l'excez d'entre deux fois le rectangle de AC, BC, & deux fois le rectangle de AD, BD. Mais l'excez d'entre ces rectangles eft rationel par le lemme qui precede la 43. prop. 10. pource que chacun d'iceux eft rationel : & partant l'excez d'entre les quarrez qui font mediaux, (eftans defcrits fur lignes mediales) feroit auffi rationel, contre la 27. pr. 10. Donc à AB ne peut conuenir autre ligne mediale que BC, qui foit commenf. en puiffance feulement à la toute, & comprenant auec icelle vn rectangle rationel. Ce qu'il falloit prouuer.

THEOR. 64. PROP. LXXXII.

Au refidu medial fecond, ne peut eftre conioincte qu'vne feule

ligne mediale commensurable en puissance seulement à la toute, & comprenant auec icelle vn rectangle medial.

Soit conioincte au residu medial second AB la mediale BC, commensurable
en puissance seulement à la toute AC, & faisant auec icelle vn rectangle medial. Ie
dis qu'à icelle AB ne peut pas conuenir vne autre ligne que BC, en la mesme sorte.

Car si faire se peut, en soit conioincte vne autre BD en la sorte requise. Et sur
la rationele proposee EF, soit appliqué le rectangle EG egal aux deux quarrez de
AC, BC; & à la mesme EF soit encore appliqué
EI egal au quarré de AB : parquoy par la 7. pr. 2.
le reste KG sera egal à deux fois le rectangle de
AC, BC. Item sur la mesme rationele soit encore appliqué le rectangle EL egal aux deux
quarrez de AD, BD : Et puisque le rectangle EI
est egal au quarré de AB, aussi KL sera egal à
deux fois le rectangle de AD, DB, par la susdite
7. prop. 2.

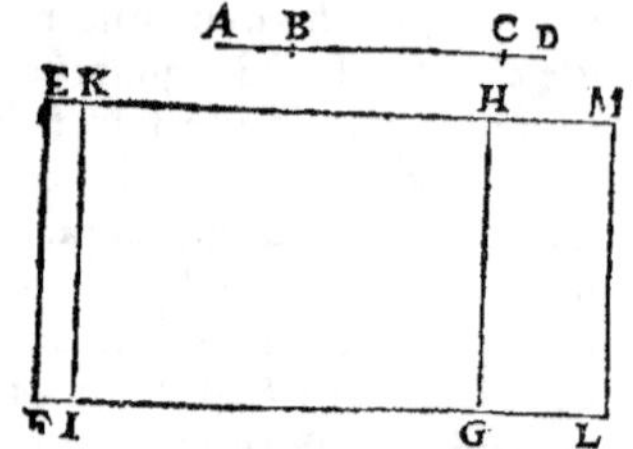

Maintenant les quarrez de AC & BC sont mediaux (estans faits de lignes mediales) & si le
double rectangle de AB & BD doit estre medial : partant leurs egaux rectangles
EG & KG seront mediaux : lesquels appliquez sur la rationele EF, auront les
autres costez EH & KH rationaux comm. en puiss. seulement à EF par la 23. p. 10.
en apres, le quarré de AC estant au rectangle de AC & BC, par la 1. p. 6. comme
AC est à BC, qui sont incommens. en long. par la 10. p. 10. le quarré de AC sera incommens. au rectangle de AC & BC : & partant aussi à son double KG. Item le
quarré de BC est commens. au quarré de AC, & par la 16. p. 10. le rectangle EG
egal à iceux quarrez, sera incomm. au seul quarré de AC, auquel KG est incommens. Et par la 14. p. 10. EG & KG seront incommens. aussi seront les lignes EH &
KH par la 1. p. 6. & 10 pr. 10. lesquelles estans rationeles seront incommens. en puissance seulement : & par la 74. p. 10. EK sera residu & KH sa conuenable. Par mesme
discours (si on maintient que DC soit aussi adiointe à AB selon le requis) EK se
trouuera residu, & KM sa conuenable : ce qui seroit contre la 80. pr. 10.   Donc au
residu medial AB ne peut s'adioindre autre conuenable que BC. Ce qu'il falloit
demonstrer.

THEOR. 65.   PROP. LXXXIII.

A la ligne mineure, conuient vne seule ligne droicte incommens.
en puissance à la toute, comprenant auec icelle vn rectangle
medial, & le composé de leurs quarrez rationel.

Soit la ligne mineure AB, à laquelle conuienne BC incommens. en puissance à la toute AC, & faisant le composé de
leurs quarrez rationel, & le rectangle compris d'icelles AC,
BC, medial. Ie dis qu'à icelle AB ne peut estre adiointe autre ligne que BC qui fasse
le mesme.

Car fi faire fe peut en foit adiouftee vne autre B D , qui foit pareillement incommenf. en puiffance à la toute AD , & faifant le compofé des quarrez de AD,
BD rationel, & le rectangle compris fous icelles AD , BD, medial. Il fe prouuera
comme en la 80. prop. 10. qu'il y a mefme excez entre le compofé des quarrez de
AC , BC, & le compofé des quarrez de AD, BD, qu'entre deux fois le rectangle
de AC, BC, & deux fois le rectangle de AD, BD. Mais l'excez d'entre les quarrez
eft rationel par le lemme qui fuit la 42. prop. 10. pource que l'vn & l'autre compofé
eft rationel : donc auffi l'excez d'entre les rectangles fera rationel , contre la
27. pr. 10. Car iceux rectangles eftans mediaux, l'excez d'iceux ne peut eftre rationel. Donc à la ligne mineure AB on ne peut adioufter autre ligne conuenable que
BC. Parquoy à la ligne mineure s'accorde vne feule ligne, &c. Ce qu'il falloit
prouuer.

THEOR. 66. PROP. LXXXIIII.

A la ligne faifant auec vne fuperficie rationele vn tout medial ,
s'accorde vne feule ligne incommenf. en puiffance à la toute,
& faifant auec icelle vn rectangle rationel : mais le compofé
de leurs quarrez medial.

Soit la ligne AB faifant auec vne fuperficie rationelle vn tout medial, à laquelle AB s'accorde la
ligne BC, incommenf. en puiffance à la toute AC,
& comprenant auec icelle vn rectangle rationel , mais que le compofé de leurs
quarrez foit medial. Ie dis qu'à icelle AB ne peut s'accommoder autre ligne que
BC, qui faffe la mefme chofe.

Car s'il eft poffible, en foit encore vne autre BD : il fe prouuera comme en la
80. pr. 10. que les quarrez de AC, & BC , excedent les quarrez de AB & BD d'vn
mefme excez, que deux fois le rectangle de AC & BC, excedent deux fois le rectangle de AB & BD , lequel excez comme en la precedente feroit rationel & irrationel, fi à la ligne AB on pouuoit encore ioindre BD incommenf. en puiffance à
la toute AD, &c. Parquoy à vne ligne faifant auec vne fuperficie rationelle vn tout
medial, &c. Ce qu'il falloit demonftrer.

THEOR. 67. PROP. LXXXV.

A la ligne faifant auec vne fuperficie mediale vn tout medial, fe
conioint vne feule ligne incommenfurable en puiffance à la
toute, comprenant auec icelle vn rectangle medial , & incommenf. au compofé de leurs quarrez qui eft auffi medial.

Soit la ligne AB faifant auec vne fuperficie mediale vn tout medial, à laquelle
AB s'accorde BC incommenf. en puiffance à la toute AC , & comprenant auec
icelle vn rectangle medial , incommenfurable au compofé de leurs quarrez , qui
eft auffi medial. Ie dis qu'à icelle AB ne peut s'adioindre autre ligne que BC, qui
faffe le propofé.

Car si faire se peut, en soit adioustee vne autre BD. Puis soit fait mesme construction qu'en la 82. prop. 10. Donc le composé des
quarrez de AC & BC estant medial, & incommens. à
deux fois le rectangle de AC & BC, aussi medial, leurs
egaux rectangles EG & KG seront mediaux, & incommensurables: Et par la 23. prop. 10. estans appliquez
sur la rationele EF, leurs autres costez EH & KH seront lignes rationeles, & par la 1. prop. 6. & 10. pr. 10.
commens. en puissance seulement; (puis que leurs rectangles sont incommens.) & par la 74. prop. 10. EK
sera residu auquel KM sera conuenablement adioustee: Par mesme discours (si on dit que BD soit aussi
conuenable à AB, & fasse ce qui est proposé) EK se
trouuera residu, & KM sa conuenable: ainsi le residu
EK n'auroit pas vne seule conuenable, contre la 80.
prop. 10. On ne pouuoit donc pas adioindre à AB, au-

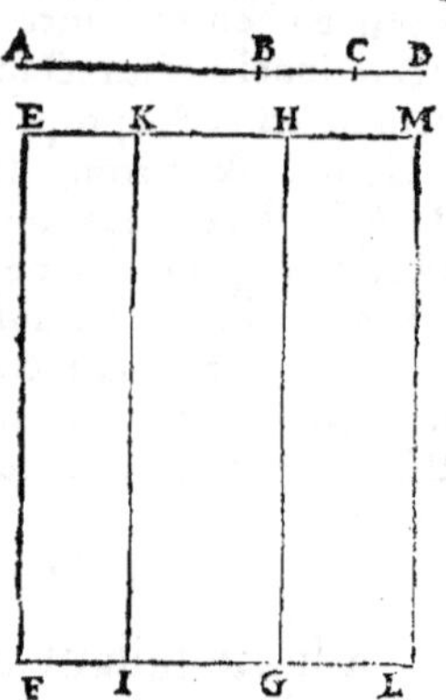

tre ligne conuenable que BC, incommensurable en puissance à la toute, &c. Ce
qu'il falloit demonstrer.

DEFINITIONS TROISIESMES.

*Estant proposee vne ligne rationele, & vn residu: Lors que la toute composee du residu & de sa
conuenable ou adioustée, peut plus que la conuenable, du quarré d'vne ligne qui luy est commensurable en longitude;*

1. Si la toute est commensurable en longitude à la rationele
proposée; le residu soit appellé residu premier.

2. Mais si la conuenable ou adioustée est commensurable en
long. à la rationelle proposée; soit appellé residu second.

3. Que si l'vne ny l'autre n'est commensurable en longitude à
la rationele proposée; soit appellé residu troisiesme.

*Derechef, lors que la toute peut plus que l'adioustée, du quarré d'vne ligne qui luy est
incommensurable en longitude.*

4. Si la toute est commensurable en longitude à la rationele
proposée; soit appellé residu quatriesme.

5. Mais si l'adioustée est commensurable en longitude à la rationele; soit appellé residu cinquiesme.

6. Que si ny l'vne ny l'autre n'est commensurable en longitude
à la rationele; soit appellé residu sixiesme.

PROBL. 19. PROP. LXXXVI.

Trouuer vn Apotome ou residu premier.

Eſtans trouuez deux nombres quarrez AB, CB, (comme nous auons enſeigné
au ſecond ſcholie de la 29. prop. de ce liure) deſquels l'excez AC ne ſoit quarré, ſoit
poſée la rationele D, à laquelle EF ſoit commenſ. en
longit. & partant icelle E F ſera auſſi rationele : puis
apres par le corol. de la 6. prop. 10. ſoit faict que comme
le nombre AB eſt au nombre AC, ainſi le quarré de EF
ſoit au quarré de GF. Ie dis que EG eſt reſidu premier.

Car puis que les quarrez de EF, GF, qui ſont comme
nombre à nombre, ſont commenſ. par la 10. pr. auſſi les lignes EF, GF ſeront commenſ. au moins en puiſſance : & EF eſtant rationele, GF le ſera auſſi. Mais d'autant que les deux nombres AB, AC ne ſont entr'eux comme nombres quarrez: auſſi
les quarrez de EF, GF ne ſeront entr'eux comme nombres quarrez : & partant par la
9. prop. 10. les lignes EF, GF ſont incommenſ. en longit. elles ſont donc rationeles
commenſ. en puiſſance ſeulement: & partant le reſte EG ſera reſidu par la 74. pr. 10.

Ie dis dauantage qu'il eſt reſidu premier : car EF eſtant plus grande que GF, elle
pourra plus qu'icelle GF: ſoit du quarré de H. Et puis que comme le nombre AB
eſt au nombre AC, ainſi le quarré de EF eſt au quarré de GF, par conuerſion de raiſon, comme AB ſera à CB, ainſi le quarré de EF ſera au quarré de H. Mais AB, CB
ſont nombres quarrez: Donc les quarrez de EF & H ſont entr'eux comme nombres quarrez : & partant par la 9. p. 10. les lignes EF & H ſont commenſ. en longitude. Par ainſi la toute EF commenſurable en longitude à la rationelle D, peut
plus que la conuenable GF, du quarré de la ligne H, qui luy eſt commenſurable en
longitude : & partant par la 1. des troiſieſmes def. EG ſera reſidu premier. Nous
auons donc trouué vn reſidu premier. Ce qu'il falloit faire.

SCHOLIE.

*La rationele D ſoit 9, EF 6 : AB 9, CB 4, & par conſequent AC eſt 5 : faiſant donc que
comme 9 eſt à 5, ainſi le quarré de EF, c'eſt à dire 36, ſoit au quarré de FG; icelle FG ſera
$\sqrt{10}$: & partant le reſte EG ſera 6—$\sqrt{20}$, qui eſt reſidu premier.*

*Or il appert par les def. preced. que Apotome ou reſidu n'eſt autre choſe que ce qui reſtera ſi
de deux nombres poſez rationaux commenſurables en puiſſance ſeulement on ſouſtraict le moindre du plus grand ; ce qui ſe fait par l'interpoſition du ſigne—: & par ainſi il n'y a aucune difference entre le binome & le reſidu, ſinon qu'en celuy-là les deux noms ſont conioincts par le
ſigne +, & en ceſtuy cy, l'vn eſt ſouſtraict de l'autre par le ſigne—. Parquoy pour promptement
trouuer vn reſidu de quelque eſpece que ce ſoit, il n'y a qu'à trouuer le binome de meſme eſpece,
ainſi qu'il a eſté dit cy-deuant, puis au lieu du ſigne + appoſer le ſigne—. Comme au ſcholie
de la 49. prop. nous auons trouué ce binome premier 8+$\sqrt{48}$; mais en changeant ſeulement le
ſigne nous aurons 8—$\sqrt{48}$, pour reſidu premier : & ainſi des autres.*

PROBL. 20.   PROP. LXXXVII.

Trouuer vn reſidu deuxieſme.

Eſtans trouuez deux nombres quarrez AB, CB. (comme en la precedente propoſition) & l'expoſee rationele D, ſoit priſe GF commenſ. en longitude à icelle D,
laquelle ſera auſſi rationele: puis ſoit fait que comme le nombre AC eſt au nombre
AB, ainſi le quarré de GF ſoit au quarré de EF par le corol. de la 6. pr. 10. Ie dis
que EG eſt reſidu ſecond.

Car puis que les quarrez de GF, EF, ayans la raiſon des nombres AC, AB, ſont
commenſ. par la 6. prop. 10. les lignes GF, EF ſeront auſſi commenſ. au moins en
puiſſance: & GF eſtant rationele, EF le ſera auſſi. Et d'au-
tant que les nombres AC, AB, & partant auſſi les quarrez de GF, EF, ne ſont entr'eux comme nombres quarrez,
par la 9. pr. 10. GF, EF, ſeront incommenſ. en longitude:
donc les rationeles GF, EF, ſont commenſ. en puiſſance
ſeulement: & partant par la 74. p. 10. le reſte EG eſt reſidu.

   Ie dis auſſi qu'il eſt reſidu ſecond. Car EF eſtant plus grande que GF, elle pourra
plus qu'icelle, & ſoit du quarré de H. Donc puis que comme AC eſt à AB, ainſi le
quarré de GF au quarré de EF; en changeant, comme AB ſera à AC, ainſi le quarré
de EF ſera au quarré de GF. Maintenant nous demonſtrerons comme en la preced.
que la ligne H eſt commenſ. en longitude à icelle EF. Parquoy puis que la toute EF,
peut plus que l'adiouſtee GF, du quarré de H, qui luy eſt commenſ. en longitude,
comme auſſi à la rationele propoſee D: par les troiſieſmes def. EG ſera reſidu ſecond. Nous auons donc trouué vn reſidu ſecond, ainſi qu'il falloit faire.

SCHOLIE.

*La rationele D ſoit 9, FG 5 : AB 9, CB 4 : & par conſequent AC 5 : faiſant donc que comme
AC 5 eſt AB 9, ainſi le quarré de GF ſoit au quarré de EF : icelle EF ſera √45 : & partant
EG ſera √45 — 5, qui eſt reſidu ſecond.*

PROBL. 21.   PROP. LXXXVIII.

Trouuer vn reſidu troiſieſme.

   Ayant trouué les deux nombres quarrez AB, CB,
comme en la propoſition 86, ſoit pris vn autre nombre I, (comme nous auons enſeigné en la 51. prop.
de ce liure) qui ne ſoit à l'vn ny à l'autre d'iceux AB,
AC, comme nombre quarré à nombre quarré: puis
eſtant expoſee la rationele D, ſoit fait que comme I
eſt à AB, le quarré de D ſoit au quarré de EG, leſ-
quels quarrez par la 6. pr. 10. ſeront commenſurables : & partant les lignes D & EG
auſſi commenſ. au moins en puiſſance. Donc D eſtant rationele, auſſi EG ſera
rationele. Et d'autant que les nombres I & AB, & partant les quarrez de D & EG,
ne ſont en raiſon de nombres quarrez, par la 9. prop. 10. les lignes D & EG ſeront
incommenſ. en longitude. Derechef, ſoit fait que comme AB eſt à AC, ainſi le
quarré de EG ſoit au quarré de GF. Ie dis que EF eſt reſidu troiſieſme.

   Car puis que les quarrez de EG, GF, eſtans comme nombre à nombre, ſont commenſurables par la 6. prop. 10. les lignes EG, GF ſeront auſſi commenſ. au moins en
puiſſance. Mais EG eſtant rationele, GF le ſera auſſi. Et puis que AB, AC, & partant auſſi les quarrez de EG, GF, ne ſont entr'eux comme nombres quarrez, par
la 9. prop. 10. les lignes EG, GF ſeront incommenſ. en longitude. Donc EG, FG
ſont rationeles commenſurables en puiſſance ſeulement: & partant puis que de EG
eſt oſtee GF commenſ. en puiſſance à icelle, par la 74. pr. 10. le reſte EF ſera reſidu.

   Ie dis qu'il eſt auſſi reſidu troiſieſme: Car puis que comme I eſt à AB, ainſi le quarré de D eſt au quarré de EG, & comme AB à AC, ainſi le quarré de EG au quarré
de FG;

de GF ; en raison egale, comme I sera à AC, ainsi le quarré de D au quarré de GF. Or les nombres I & AC ne sont entr'eux comme nombres quarrez, ny par consequent aussi les quarrez de D & GF : parquoy par la 9. prop. 10. les lignes D & GF sont incommens. en longitude. Donc l'vne & l'autre d'icelles EG, GF est incommens. en longitude à la rationele proposee D. Et comme en la 86. pt. on prouuera que EG peut plus que GF du quarré de la ligne H, qui luy est commens. en longitude : Et par les tierces def. EF sera residu troisiesme, qu'il falloit trouuer.

SCHOLIE.

La rationele D soit 6, & soit fait que comme le nombre 16, est à AB 9, ainsi le quarré de D, sçauoir 36, soit au quarré de EF, & iceluy sera 54, & par consequent la ligne EF √ 54 : Mais faisant que comme AB 9, est à AC 5, ainsi le quarré de EF soit au quarré de FG ; icelle FG sera √ 30, & par consequent EG sera √ 54 — √ 30, qui est residu troisiesme.

PROBL. 22. PROP. LXXXIX.

Trouuer vn residu quatriesme.

Estans trouuez (comme nous auons enseigné au 3. scholie de la 29. prop.) deux nombres AC, CB tels que le composé d'iceux AB ne soit à l'vn ny à l'autre AC, CB, comme nombre quarré à nombre quarré : soit proposee la rationele D, à laquelle soit commensurable en longitude EF, laquelle sera par consequent aussi rationele. Que si on acheue de construire comme en la 86. prop. on demonstrera comme là que EG est residu : & d'auantage, ie dis qu'il est residu quatriesme.

Car EF estant plus grande que GF, elle pourra plus qu'icelle, soit du quarré de H. Et puis que comme AB est à AC, ainsi le quarré de EF au quarré de GF ; par conuersion de raison, comme AB à CB, ainsi le quarré de EF au quarré de H. Mais les nombres AB, CB, ne sont comme nombre quarré à nombre quarré : donc par la 9. prop. 10. les lignes EF & H seront incommens. en longitude. Parquoy la toute EF peut plus que l'adioustee GF du quarré de H, qui luy est incommens. en longitude, & la mesme EF est commensurable en longitude à la rationele D : partant par les 3. def. EG sera residu quatriesme. Nous auons donc trouué vn Apotome ou residu quatriesme. Ce qu'il falloit faire.

SCHOLIE.

La rationele D soit 9, EF 6 : faisant donc que comme AB 9 est à AC 6, ainsi 36 quarré de EF soit au quarré de FG, icelle sera √ 24, & par consequent le reste EG sera 6 — √ 24, qui est residu quatriesme.

PROBL. 23. PROP. XC.

Trouuer vn residu cinquiesme.

Estans trouuez les deux nombres AC, CB, comme en la prop. prec. soit fait mesme construction qu'en la 87. puis soit demonstré comme en icelle que GE est residu. Ie dis en outre qu'il est residu 5e. Car FE peut plus que GF du quarré de H : Et comme en la 86. prop. nous demonstrerons par conuersion de raison, que comme AB est à CB, ainsi le quarré de EF est au quarré de H ; & comme en la precedente , les lignes E F & H feront incommenfurables en longitude : & la conuenable GF commenfurable en longitude à la rationele D. Parquoy par les 3. def. EG fera refidu cinquiefme. Nous auons donc trouué vn refidu cinquiefme. Ce qu'il falloit faire.

SCHOLIE.

La rationele D foit 9, FG 6, faifant que comme AC 6, eſt à AB 9, ainſi le quarré de GF foit au quarré de EF, iceluy fera 54, & par confequent la ligne EF √54 ; & le reſte EG √54—6, qui eſt refidu cinquiefme.

PROBL. 24.   PROP. XCI.

Trouuer vn refidu fixiefme.

Eſtans trouuez les trois nombres AC, CB, & I, comme en la 54. prop. tels que AB ne foit à l'vn ny à l'autre d'iceux AC, CB : & I à l'vn ny à l'autre d'iceux AB, AC, comme nombre quarré à nombre quarré : foit expofee la rationele D, & acheuee laconſtruction comme en la 88. prop. Nous demonſtrerons donc comme là, que D & EG font incommenf. en longitude, & que EF eſt refidu : en apres, que D & FG feront auffi incommenf. en longitude ; & partant l'vne & l'autre d'icelles EG, FG eſt incommenfurable en longitude à la rationele propofee D. Maintenant, que EG puiſſe plus que FG du quarré de la ligne H,

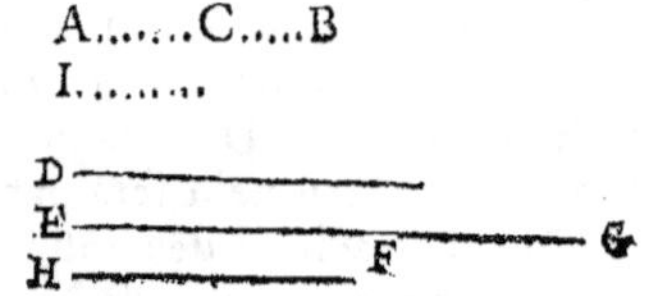

laquelle nous demonſtrerons comme en la 89. prop. eſtre incommenfurable en longitude à icelle EG. Donc puis que la toute EG peut plus que la conuenable FG, du quarré de H qui luy eſt incommenfurable en longitude , & que EG ny FG n'eſt commenf. en long. à la rationele propofee D , par la derniere des 3. def. EF fera refidu fixiefme. Nous auons donc trouué vn refidu fixiefme. Ce qu'il falloit faire.

SCHOLIE.

La rationele D foit 9 ; & foit fait que comme 19 eſt à AB 12, ainſi 81 quarré de D foit au quarré de EF ; lequel fera trouué de 108, & par confequent icelle EF fera √108 ; & faifant que comme AB eſt à AC 7, ainſi 108 foit au quarré de FG ; icelle FG fera √63 , & par confequent le reſte EG fera √108—√63, qui eſt refidu fixiefme.

Or nous trouuerons encores (comme enfeigne Theon) les ſix refidus fufdits, ainſi qu'il enfuit.

S'il faut trouuer pour exemple le refidu premier : foit trouué par la 49. pr. 10. le binome premier AD, duquel le plus grand nom eſt AC, & le moindre CD ; puis foit couppé de AC la ligne CB egale à CD. Ie dis que AB eſt refidu premier. Car d'autant que AC, CD, font rationeles commenfurables en puiſſance feulement ; auſſi AC, BC feront rationeles commenf. en puiſſance feulement :

A ——————————————————
B   C   D

Donc par la 74. pr. 10. AB eſt refidu. Et pource que AC peut plus que CD, ou CB du quarré d'vne ligne qui luy eſt commenf. en longitude, & AC eſt commenfurable en longitude à la rationele propofee par la def. du binome premier ; AB fera refidu premier par la 1. des tierces def. Par la mefme maniere feront trouuez tous les autres refidus, ſçauoir eſt le 2°, ſi du fecond binome nous oſtons le moindre nom du plus grand, &c.

Ainſi ayant trouué le binome premier AD 9+√45, ſi du plus grand nom AC 9, on oſte le moindre nom, reſtera le refidu AB de 9—√45. & ainſi des autres.

THEOR. 68. PROP. XCII. Six. 4.

Si vn rectangle eft compris d'vne ligne rationele & d'vn refidu
premier, la ligne qui peut iceluy rectangle eft refidu.

Soit le rectangle AC compris de la rationele AB, & du refidu premier AD: Ie dis
que la ligne qui peut iceluy rectangle eft refidu.

Au refidu AD foit fa conuenable DE, laquelle foit couppee en deux egalement au poinct F, puis fur la ligne AE foit appliqué vn rectangle defaillant d'vne
figure quarree, & egal au quart du quarré de DE, qui eft le quarré de FE, & foit
iceluy rectangle compris fous AG, GE: en apres, foient menees les lignes FK, GH,
EI paralleles à AB, qui rencontrent la ligne BC prolongee en K, H & I : puis foit
fait le quarré LM egal au rectangle AH, & le quarré NO 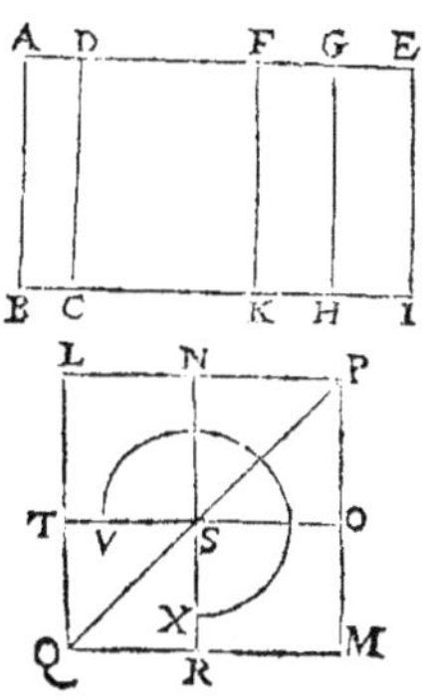
egal au rectangle EH, ayant auec LM l'angle LPM com-
mun. Donc les quarrez LM, NO, par la 26.prop. 6. feront au long d'vn mefme diametre, lequel foit PQ:
foient continuees les lignes NS, OS, afin d'acheuer le
gnomon VX. Maintenant, FE eft moyenne proport. entre
AG & GE, par la 17.pr. 6. car par l'hypothefe le quarré de
EF eft egal au rectangle de AG & GE, & par la 1.pr.6. le
rectangle KE fera milieu porport. entre les deux rectangles AH & HE : il le fera auffi entre leurs egaux quarrez
LM & NO. Mais par le lemme de la 54.pr. 10. le rectangle
LO, eft auffi milieu proport. entre iceux quarrez: Donc
KE, ou DK fon egal, fera egal au rectangle LO ; & par
confequent KG à LS, (eftant HE egal à NO.) Iceluy GK
fera auffi egal à SM : par ainfi le rectangle DH fera egal au
gnomon VX. Mais tout le quarré LM eft egal au rectangle AH. Donc le rectangle
AC fera egal au quarré TR. Maintenant, ie dis que la ligne TS, qui peut le rectangle AC eft refidu.

Car puifque AD eft refidu premier, & DE fa conuenable : les deux lignes AE &
DE font rationeles commenf. en puiffance feulement, eftant la toute AE commenf.
en longitude à la rationele AB, & pouuant plus que l'adiouftee DE, du quarré
d'vne ligne qui luy eft commenf. en longitude : Et par la 18.pr.10. le rectangle defaillant aura les deux coftez AG & GE commenf. en longit. & par la 16.pr.10. ils feront commenf. en longit. à la totale AE, laquelle eftant commenfurable en longit.
à la rationele AB, par la 12. prop. 10. AE, AG, GE, AB, feront toutes rationeles
commenf. en longitude : & par la 20. pr. 10. les rectangles AH & HE feront rationaux, & par confequent leurs egaux quarrez LM & NO auffi rationaux, & les
lignes TO & SO rationeles. Pareillement, les deux lignes DF & FE eftans egales & commenf. elles le feront auffi à leur toute DE, par la 16.pr. 10. laquelle DE
eftant rationele, DF & FE feront aufsi rationeles commenf.en puiffance feulement
à AB, comme leur toute DE : & par la 22.pr.10. leurs rectangles CF & KE feront
mediaux. Mais le rectangle LO eft egal au medial KE, partant aufsi medial &
incommenf. au quarré rationel NO, donc par la 1.p.6. & 10.p.10. leurs coftez TO

& SO seront incommenst. en longit. & pour autant qu'ils sont rationaux, ils seront commenst. en puissance seulement, & par la 74. pr. 10. TS est residu. Si donc vn rectangle est compris d'vne ligne rationele, &c. Ce qu'il falloit demonstrer.

SCHOLIE.

La rationele AB soit 8, & AD 9—√45: DE est donc √45, & sa moitié DF √11¼ : mais AG sera 7½, & GE 1½. Donc le rectangle BE est 72, AH 60, HE 12, CF √720 & AC 72 —√2880, & le rectangle de AG, GE est 11¼. Parquoy le quarré LM sera 60, & NO 12 : & partant la ligne LP est √60, & NP √12 : & par conséquent LN, ou TS sera √60—√12, qui est residu ; & son quarré TR est 72—√2880, egal au rectangle AC.

THEOR. 69. PROP. XCIII.

Si vn rectangle est compris d'vne ligne rationele & d'vn residu second, la ligne qui peut iceluy rectangle, est residu medial premier.

Soit le rectangle AC, compris de la rationele AB, & du residu second AD. Ie dis (apres auoir construir comme en la precedente, & demonstré comme là que le rectangle AC est egal au quarré TR) que la ligne TS qui peut iceluy rectangle AC, est residu medial premier.

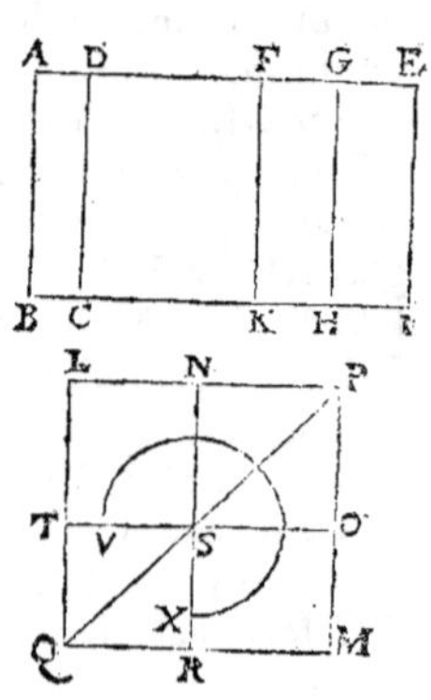

Car puis que AD est residu second, & DE sa conuenable, les deux lignes AE & DE sont rationeles commensurables en puissance seulement, la conuenable DE estant commensurable en longitude à la rationele AB, & AE peut plus que DE du quarré d'vne ligne qui luy est commensurable en longitude, & par la 18. p. 10. le rectangle defaillant aura les deux costez AG & GE commensurables en longitude, & par la 16. prop. 10. ils seront aussi commensurables à la totale AE, & par la 14. prop. 10. icelle totale estant commensurable en longitude à la rationele AB, aussi le seront AG & GE, qui sont rationeles (car elles sont commensurables à leur totale AG, qui est rationele) commenst. en puissance seulement à la rationele AB, & par la 22. pr. 10. les rectangles AH & HE seront mediaux ; partant mediaux leurs egaux quarrez LM & NO, & leurs costez TO & SO seront lignes mediales. Pareillement DE estant commensurable en longitude à la rationele AB, aussi le sera sa moitié FE, & par la 20. prop. 10. le rectangle KE sera rationel : partant aussi rationel son egal rectangle LO, compris des deux mediales TO & SO, lesquelles sont incommensurables en longitude : (autrement leur rectangle seroit medial par la 25. pr. 10.) & par la 75. pr. 10. TS est residu medial premier. Si donc vn rectangle compris d'vne ligne rationele, &c. Ce qu'il falloit demonstrer.

SCHOLIE.

La rationele AB soit 4, AD √45—5 : DE est donc 5, & sa moitié DF 2½, & par conséquent le quarré d'icelle DF ou FE est 6¼, auquel estant egal le rectangle de AG, GE, icelles seront √31¼ & √1¼ : parquoy le rectangle HE, ou le quarré NO sera √20 : & partant son coſté SO eſt √√20. *Mais puis que la ligne AE eſt* √45, *& AG* √31¼ : *le reſtangle BE ſera* √720, *& AH, ou le quarré LM* √500 : *& par conſequent la ligne TO eſt* √√500 : *de laquelle eſtant oſtee SO, reſtera TS* √√500—√√20, *qui eſt reſidu medial premier, & ſon quarré TR eſt* √720—√20. *Mais le reſtangle AC eſt autant : car multipliant AB* 4 *par AD* √45—5, *viendra auſſi* √720—√20. *Donc ST reſidu medial premier peut le reſtangle AC.*

THEOR. 70. PROP. XCIV.

Si vn reſtangle eſt compris d'vne ligne rationele, & d'vn reſidu troiſieſme; la ligne pouuant iceluy reſtangle, eſt reſidu medial ſecond.

Soit le reſtangle AC, compris de la rationele AB, & du reſidu troiſieſme AD : (apres auoir conſtruiſt comme en la 92. prop. 10.) ie dis que la ligne TS qui peut iceluy reſtangle AC, (comme nous auons demonſtré en la ſuſdite prop.) eſt reſidu medial ſecond.

Car puis que AB eſt reſidu troiſieſme, & DE ſa conuenable, les lignes AE & DE ſont rationeles commenſ. en puiſſance ſeulement, tant entr'elles, qu'à la rationele AB : mais AE peut plus que DE du quarré d'vne ligne qui luy eſt commenſ. en long & par la 18. prop. 10. AG & GE ſeront commenſ. en longit. & à leur totale AE par la 16 pr. 10. Et ſeront rationeles comme icelle : mais AE eſt commenſ. en puiſſance ſeulement à la rationele AB, & par la 14. pr. 10. AG & GE ſeront commenſurables en puiſſance ſeulement à AB : Et par la 22. propoſ. 10. les reſtangles AH & HE ſeront mediaux : donc auſſi mediaux leurs egaux quarrez LM & NO, & leurs coſtez TO & SO ſeront lignes mediales. Pareillement DE eſtant incommenſ. en longit. à la rationele AB, auſſi le ſera ſa moitié FE, par la 14. p. 10. & par la 22. p. 10. EF eſtant rationele comme ſa double DE, le reſtangle KE ſera medial, partant auſſi medial ſon egal LO, compris des deux mediales commmenſ. en puiſſance ſeulement TO & SO : car leurs quarrez LM, NO ſont commenſ. l'eſtans leurs egaux reſtangles AH & HE. Or ils ne ſçauroient eſtre commenſ. en longit. car il faudroit par la 1. pr. 6. & 10. pr. 10. que LO & NO fuſſent auſſi commenſurab. & par conſequent leurs egaux reſtangles KE & HE : ce qui n'eſt pas. Donc par la 76. p. 10. TS eſt reſidu medial ſecond. Parquoy ſi vn reſtangle eſt compris d'vne ligne rationele, &c. Ce qu'il falloit demonſtrer.

SCHOLIE.

La rationele AB ſoit 4, *& AD* √54—√30 : *donc DE eſt* √30; *ſa moitié DF* √7½, *& ſon quarré* 7½, *lequel eſtant appliqué ſur la ligne AE* √54, *& defaillant d'vne figure quarrée, les coſtez du reſtangle appliqué, ſçauoir AG, GE, ſeront* √;7½. *& γ* 1½. *Parquoy le reſtangle AC ſera* √864—√480, *BE* √864, *CE* √480, *AH* √600, *DK* √120, *& HE* √24. *Mais le quarré LM eſtant egal à AH, il ſera auſſi* √600, *NO egal à HE* √24 : *& partant les coſtez d'iceux quarrez, ſçauoir TO, SO ſont* √√600, √√24 : *& par conſequent TS eſt* √√600—√√24, *& ſon quarré TR* √864—√480, *egal au reſtangle AC.*

THEOR. 71. PROP. XCV.

Si vn rectangle est compris d'vne ligne rationele & d'vn residu quatriesme, la ligne qui peut iceluy rectangle est ligne mineure.

Soit le rectangle AC compris de la rationele AB, & du residu quatriesme AD: (apres auoir construict comme en la 92.p.10. & demonstré comme là que la ligne TS peut le rectangle AC). Ie dis qu'icelle ligne TS est ligne mineure.

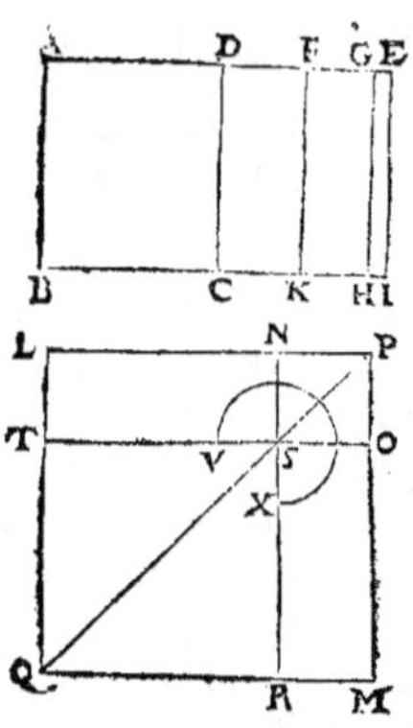

Car puis que AD est residu quatriesme, & DE sa conue-nable, les lignes AE & DE sont rationelescommens. en puissance seulement; & A E qui est commenf. en longit. à la rationele AB, peut plus que DE du quarré d'vne ligne qui luy est incomm. en long. & par la 19. p. 10. AG & GE seront incommens. en longitude : partant par la 1. pr. 6. & 10. prop. 10. les rectangles AH & HE seront incommensurables, aussi seront donc leurs egaux quarrez LM & NO : partant les lignes TO & SO seront incommens. en puissance: Mais AE estant commens. en long. à la ratio-nele AB, par la 20. p. 10. le rectangle AI sera rationel: par-tant aussi rationel sera le composé de leurs egaux quarrez LM & NO. Pareillement DE estant commensurable en puissance seulement à AB, le rectangle CE sera medial par la 22. prop. 10. aussi sera la moitié KE : & par consequent son egal LM sera aussi medial: partant les deux lignes TO & SO, qui comprennent iceluy rectangle, mediales, (car elles font incommensur. en puissance) & le composé de leurs quarrez estant rationel, par la 77. p. 10. TS est ligne mineure. Parquoy si vn rectangle est compris d'vne ligne rationele, &c. Ce qu'il failoit prouuer.

SCHOLIE.

La rationelle AB soit 6, AD 9—$\sqrt{54}$: donc DE est $\sqrt{54}$, & sa moitié DF $\sqrt{13\frac{1}{2}}$, son quarré 13$\frac{1}{2}$, lequel appliqué sur AE 9, & defaillant d'vne figure quarrée, les costez AG, GE seront 4$\frac{1}{2}$+$\sqrt{6\frac{1}{4}}$, & 4$\frac{1}{2}$—$\sqrt{6\frac{1}{4}}$. Parquoy le rectangle AC sera 54—$\sqrt{1944}$, BE 54, AH 27+$\sqrt{243}$, DK $\sqrt{486}$, & HE 27—$\sqrt{243}$. Mais le quarré LM estant egal à AH, sera aussi 27+$\sqrt{243}$, & NO egal à HE 27—$\sqrt{243}$: & partant leurs costez TO, SO sont $\sqrt{(27+\sqrt{243})}$, & $\sqrt{(27-\sqrt{243})}$: & par consequent TS est $\sqrt{(27+\sqrt{243})}$—$\sqrt{(27-\sqrt{243})}$, & son quarré TR 54—$\sqrt{1944}$, egal au rectangle AC.

THEOR. 72. PROP. XCVI.

Si vn rectangle est compris d'vne ligne rationele & d'vn residu cinquiesme, la ligne qui peut iceluy, est ligne faisant auec vne superficie rationele vn tout medial.

Soit le rectangle AC, compris de la rationele AB, & du residu cinquiesme AD: (apres auoir construict comme en la 91. pr. 10. & demonstré comme là que la ligne TS peut iceluy rectangle AC). Ie dis qu'icelle TS est ligne faisant auec vne super-ficie rationele, vn tout medial.

Car puis que AD est residu cinquiesme, & DE sa conuenable, les lignes AE &
DE sont rationeles commens. en puissance seulement, & DE est commensurable
en longitude à la rationele AB, & AE peut plus que DE du quarré d'vne ligne qui
luy est incommens. en longit. & par la 19. p. 10. les lignes AG & GE sont incomm.
en longit. & comme en la precedente TO & SO seront incommens. en puissance.
Mais AE estant incommens. en longitude à la rationele AB, le rectangle AI sera medial par la 22. prop. 10. partant aussi medial le composé de leurs egaux quarrez LM &
NO. Pareillement, DE estant commensur. en longitude à la rationele AB, par la
20 prop. 10. le rectangle CE sera rationel, aussi le sera sa moitié KE, & son egal
LO, compris de deux lignes incommens. en puissance TO & SO, desquelles le composé de leurs quarrez fait vn tout medial, & par la 78. prop. 10. TS sera ligne faisant
auec vne superficie rationele vn tout medial. Parquoy si vn rectangle est compris
d'vne ligne rationele, &c. Ce qu'il falloit demonstrer.

SCHOLIE.

*La rationele AB soit 4, AD $\sqrt{54}-6$: donc DE est 6, & sa moitié DF 3, son quarré 9, auquel
estant egal le rectangle de AGE : AG sera $\sqrt{13\frac{1}{2}}+\sqrt{4\frac{1}{2}}$, & GE $\sqrt{13\frac{1}{2}}-\sqrt{4\frac{1}{2}}$. Mais le rectangle AC sera $\sqrt{864}-24$, BE $\sqrt{864}$, AH $\sqrt{216}+\sqrt{72}$, DK 12, & HE $\sqrt{216}-\sqrt{72}$: ainsi
le quarré LM sera $\sqrt{216}+\sqrt{72}$, NO $\sqrt{216}-\sqrt{72}$, & leurs costez TO, SO, $\sqrt{(\sqrt{216}+72)}$, &
$\sqrt{(\sqrt{216}-\sqrt{72})}$, & par consequent TS est $\sqrt{(\sqrt{216}+\sqrt{72})}-\sqrt{(\sqrt{216}-\sqrt{72})}$, & son quarré
TR sera $\sqrt{864}-24$.*

THEOR. 73. PROP. XCVII.

Si vn rectangle est compris d'vne ligne rationele, & d'vn residu sixiesme, la ligne qui peut iceluy, est ligne faisant auec vne superficie mediale vn tout medial.

Soit le rectangle AC compris de la rationele AB, & du residu sixiesme AD : (apres
auoir construict comme en la 92. p. 10.) Ie dis que TS qui peut iceluy rectangle AC,
(comme il a esté demonstré en la susdite prop.) est ligne faisant auec vne superficie
mediale vn tout medial.

Car puis que AD est residu sixiesme, & DE sa conuenable, AE & DE sont rationeles commensur. en puissance seulement entr'elles, & à la rationele AB ; & AE peut
plus que DE du quarré d'vne ligne qui luy est incommens en long. Et par la 19. p 10,
AG & GE seront incommens. en longit. Et comme en la 95. pr. 10. TO & SO seront incommens. en puissance ; & tout ainsi qu'en la precedente, le rectangle AI
estant medial, le composé de leurs egaux quarrez LM & NO, sera aussi medial :
Item OE estant commens. en puissance seulement à la rationele AB, par la 22. p. 10.
le rectangle CE sera medial : aussi le sera donc sa moitié KE, & son egal LO. Et
AE, DE estans incomm. en longit. par la 1. p. 6. & 10. p. 10. les rectangles AI, CE,
seront incommens. & puis que CE est commens. à sa moitié KE, par la 1. p. 10. KE
sera incommens. à AI : & partant le medial LO (egal à KE) compris des lignes TO
& SO incomm en puissance, est incomment. au composé des quarrez d'icelles TO
& SO (egal à AI) medial : Parquoy par la 79. prop. 10. le reste TS sera ligne faisant
auec vne superficie mediale vn tout medial. Parquoy si vn rectangle est compris
d'vne ligne rationele, &c. Ce qu'il falloit prouuer.

S C H O L I E.

La rationele AB soit 6, AD √108—√63 : donc DE est √63, & sa moitié DE √15¾, son quarré 15¾, AG √27+√11¾, GE √27—√11¾ : mais le rectangle AC sera √3888—√2268, BE √3888, AH √972+√405, DK √567, & HE √972—√405 : ainsi le quarré LM sera √972+√405, NO √972—√405, & leurs costez TO, SO, seront √(√972+√405), & √(√972—√405) : & par consequent TS est √(√972+√405)—√(√972—√405), & son quarré TR √3888—√2268.

THEOR. 74.   PROP. XCVIII.   Six. 5.

Le quarré d'vn residu appliqué sur vne rationelle, fait l'autre costé residu premier.

Soit le residu AB, & BC sa conuenable, tellement que AC, BC soient rationeles commens. en puissance seulement : & sur la rationele DE soit appliqué le rectangle DF egal au quarré de AB. Ie dis que l'autre costé DG est residu premier.

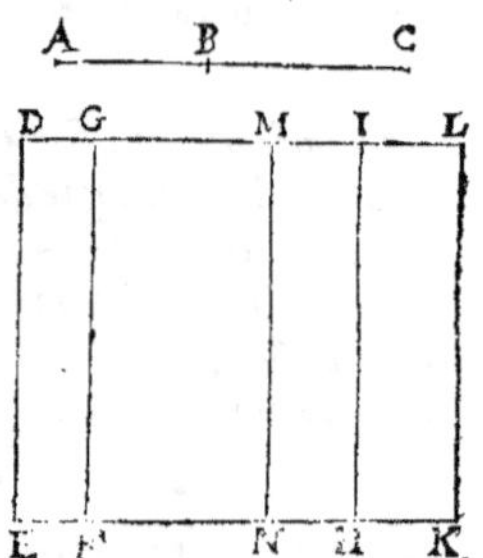

Car à la mesme rationele DE soit appliqué le rectangle DH egal au quarré de AC : & sur IH vn autre rectangle IK egal au quarré de BC, tellement que le total DK est egal au composé des quarrez de AC, BC : lequel estant egal par la 7. prop. 2. à deux fois le rectangle de AC, CB, ensemble auec le quarré de AB si on oste le quarré de AB, & le rectangle DF; restera GK egal à deux fois le rectangle de AC, CB : partant GL estant couppée en deux egalement en M, & tiré MN parallele à DE : MK sera egal au rectangle de AC, CB. Et pource que AC, CB sont rationeles, leurs quarrez seront aussi rationaux, & partant commens. & par la 16. prop. 10. le composé d'iceux quarrez est commens. à vn chacun d'eux : & partant iceluy composé, ou DK son egal, est rationel, lequel estant appliqué à la rationele DE, par la 21. prop. 10. DL sera rationele commens. en longit. à icelle DE. Derechef, puis que AC, CB sont rationeles commens. en puissance seulement, le rectangle d'icelles, & partant aussi son double GK, sera medial : & iceluy estant appliqué à la rationele GF, par la 23. pr. 10. GL sera rationele incommens. en longitude à GF, ou DE : Et puis que DK rationel, & GK medial, c'est à dire irrationel, sont incommens. par la 1. prop. 6. & 10. prop. 10. les lignes DL, GL, seront aussi incommens. en longitude. Parquoy puis qu'elles ont esté demonstrees rationeles, elles seront commens. en puissance seulement : & partant par la 74. prop. 10. le reste DG sera aussi residu. Ie dis dauantage qu'il est residu premier.

Car puis que par le lemme de la p. 54. le rectangle de AC, CB, ou son egal MK, est moyen prop. entre les quarrez de AC, CB, c'est à dire entre DH, IK : DH, MK, IK seront continuellement proportionaux : & par consequent aussi les lignes DI, ML, IL, & par la 17. p. 6. le rectangle de DI, IL est egal au quarré de ML, c'est à dire au quart du quarré de GL, par le scholie de la 4. p. 2. Et puis que les quarrez de AC, CB, ou leurs egaux rectangles DH, IK, sont commens. par la 1. prop. 6. & 10. prop. 10.

les

les lignes DI, IL, feront commenf. en longit. Parquoy puis que les lignes DL, LG font inegales, & à la plus grande DL eſt appliqué le rectangle de DI. IL, egal à la quarte partie du quarré de LG, & defaillant d'vne figure quarree, par la 18. pr. 10. DL pourra plus que GL du quarré d'vne ligne qui luy eſt commenf. en longitude: & par la 1. des 3. def. DG fera refidu premier. Parquoy le quarré d'vn refidu appliqué fur vne rationele, &c. Ce qu'il falloit prouuer.

Le refidu AB foit $\sqrt{60}$—$\sqrt{12}$, & BC $\sqrt{12}$: donc la toute AC eſt $\sqrt{60}$: mais la rationele DE foit 8, fur laquelle eſtant appliqué le quarré de AB, qui eſt 72—$\sqrt{2880}$, l'autre coſté DG fera 9—$\sqrt{45}$: auſſi DI fera $7\frac{1}{2}$, IL $1\frac{1}{2}$, DL 9, & GL $\sqrt{45}$, & GM $\sqrt{11\frac{1}{4}}$: Ainſi le rectangle DK fera 72, DH 60, IK 12, GN $\sqrt{720}$, GK $\sqrt{2880}$, & DF 72—$\sqrt{2880}$.

THEOR. 75.   PROP. XCIX.

Le quarré d'vn refidu medial premier, appliqué fur vne ligne rationele, fait l'autre coſté refidu fecond.

Soit le refidu medial premier AB, duquel la conuenable foit BC, tellement que AC, BC, foient mediales commenf. en puiſſance feulement, & contiennent vn rectangle rationel: & fur la rationele DE foit appliqué le rectangle DF egal au quarré de AB. Ie dis que l'autre coſté DG eſt refidu fecond.

Car foit conſtruit ainſi qu'en la precedente, tellement que derechef DH, IK, foient egaux aux quarrez de AC, BC, & GK double du rectangle compris d'icelles lignes AC, BC, & partant MK egal à vne fois le rectangle de AC, BC. Veu donc que les lignes AC, CB, font mediales commenf. en puiſſance feulement: les quarrez d'icelles, ou leurs egaux rectangles DH, IK, feront auſſi mediaux & commenf. & partant par la 16. prop. 10. le tout DK fera auſſi commenf. à chacun d'iceux: Donc auſſi medial, par le coroll. de la 24. prop. 10. Et par la 23. prop. 10. DL fera rationele commenf. en puiſſance feulement à DE: & d'autant

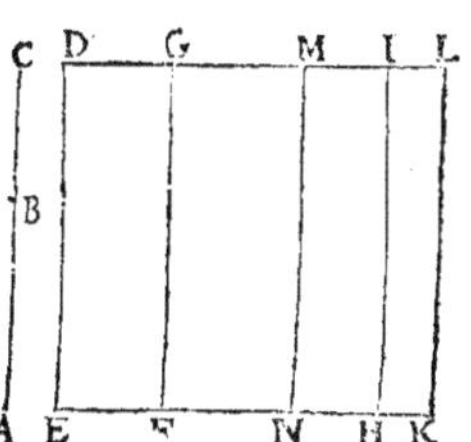

que le rectangle de AC, BC eſt rationel, fon double GK fera auſſi rationel: & par la 21. pr. 10. GL fera rationele commenf. en longitude à DE rationele, & les deux rectangles DK, & GK eſtans incommenfur. (car l'vn eſt rationel, & l'autre medial) les rationeles DL & GL feront commenf. en puiſſance feulement, & par la 74. prop. 10. DG fera refidu: lequel ie dis eſtre auſſi fecond. Car on prouuera de mefme qu'en la precedente, que la toute DL, peut plus que la conuenable GL, du quarré d'vne ligne qui luy eſt commenf. en longitude; & partant par les tierces definitions, DG eſt refidu fecond. Parquoy le quarré d'vn refidu medial premier, &c. Ce qu'il falloit demonſtrer.

Le refidu medial premier AB foit $\sqrt{\sqrt{500}}$—$\sqrt{\sqrt{20}}$, & BC $\sqrt{\sqrt{20}}$: la toute AC fera donc $\sqrt{\sqrt{500}}$: & eſtant appliqué fur la rationele DE 4, le quarré de AC, qui eſt $\sqrt{500}$, l'autre coſté DI fera $\sqrt{31\frac{1}{4}}$, & ſi à la mefme DE eſt appliqué IK egal au quarré de BC, qui eſt $\sqrt{20}$,

IL ſera $\sqrt{1\frac{1}{4}}$: ainſi la toute DL ſera $\sqrt{45}$. Derechef appliquant à DE le rect. GN egal au rect. de ACB, qui eſt 10, l'autre coſté GM ſera $2\frac{1}{2}$, & ſon double GL5: parquoy DG ſera $\sqrt{45}-5$, qui eſt reſidu ſecond.

THEOR. 76. PROP. C.

Le quarré d'vn reſidu medial ſecond, appliqué ſur vne ligne rationele, fait l'autre coſté reſidu troiſieſme.

Soit le reſidu medial ſecond AB, auquel conuienne BC, tellement que AC, CB, ſoient mediales commenſ. en puiſſance ſeulement, & contiennent vn rectangle medial: Et ſur la rationele DE, ſoit appliqué le rectangle DF. Ie dis que l'autre coſté DG eſt reſidu troiſieſme.

Car ayant conſtruit comme en la 98. prop. on demonſtrera comme en la prec. que le rectangle DK eſt medial, & partant par la 23. prop. 10. ſon autre coſté DL ſera rationel commenſ. en puiſſance ſeulement à la rationele DE. Item le rectangle de AC, BC, eſtant medial, auſſi le ſera ſon double GK, & par la 23. pr. 10. GL ſera auſſi rationele commenſ. en puiſſance ſeulement à la rationele DE : Et puis que AC, BC ſont incommenſ en longitude, le quarré de AC ſera incommenſ. au rectangle de AC, BC, par la 1. prop. 6. & 10. prop. 10. partant auſſi à ſon double GK : Mais le quarré de AC eſt auſſi commenſ. au quarré de BC : (pource qu'iceux quarrez ſont deſcrits ſur lignes commenſ en puiſſance:)

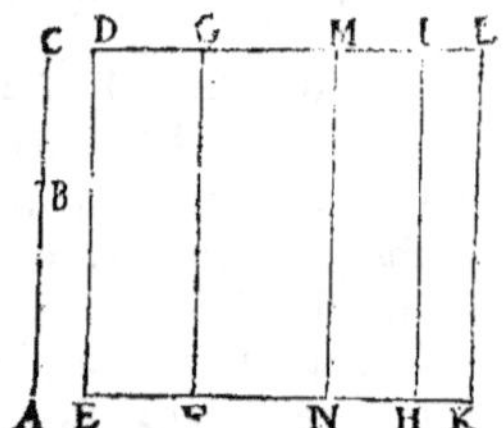

& partant par la 16. prop. 10. le compoſé d'iceux quarrez, c'eſt à dire DK, ſera auſſi commenſ. au quarré de AC, auquel eſt incommenſ. GK; donc par la 13. prop. 10. DK ſera incommenſ. à GK : & par la 10. prop. 10. les lignes DL, GL, ayant meſme raiſon que DK, GK ſeront incommenſ. en longitude. Mais eſtans rationeles, elles ſeront commenſ. en puiſſance ſeulement, & par la 74. pr. 10. BG ſera reſidu. Mais ny DL, ny GL ne ſont commenſ. en longitude à la rationele DE, & ſi on prouuera comme en la 98. prop. que DL peut plus que GL du quarré d'vne ligne qui luy eſt commenſ. en longitude: Et par les tierces def. DG eſt reſidu troiſieſme. Parquoy le quarré d'vn reſidu medial ſecond, &c. Ce qu'il falloit demonſtrer.

SCHOLIE.

Le reſidu medial ſecond AB ſoit $\sqrt{\sqrt{600}}-\sqrt{\sqrt{24}}$, & BC $\sqrt{\sqrt{24}}$: la toute AC ſera donc $\sqrt{\sqrt{600}}$: & appliquant ſur la rationele DE 4, le rect. DH egal au quarré de AC, qui eſt $\sqrt{600}$, l'autre coſté DI ſera $\sqrt{37\frac{1}{2}}$, mais appliquant à la meſme DE le rectangle IK egal au quarré de BC, l'autre coſté IL ſera $\sqrt{1\frac{1}{2}}$: & partant la toute DL ſera $\sqrt{54}$: & ſi derechef on applique ſur la meſme DE le rect. GN egal au rectangle de ACB, qui eſt $\sqrt{120}$, l'autre coſté GM ſera $\sqrt{7\frac{1}{2}}$, & ſon double GL $\sqrt{30}$: parquoy DG eſt $\sqrt{54}-\sqrt{30}$, qui eſt reſidu troiſieſme.

THEOR. 77. PROP. CI.

Le quarré d'vne ligne mineure, appliqué ſur vne ligne rationele, fait l'autre coſté reſidu quatrieſme.

Soit la ligne mineure AB, à laquelle BC conuienne, en sorte que AC, BC, soient incommens. en puissance, comprenant vn rectangle medial, & le composé de leurs quarrez rationel: & le quarré d'icelle AB soit appliqué à la rationele DE: ie dis que l'autre costé DG est residu quatriesme.

Car apres auoir construit comme en la 98. p. le rectangle DK sera rationel, & GK medial, par le discours des precedentes: & par la 21. prop. 10. DL sera rationele commens. en longitude à la rationele DE: & GL, par la 23. prop. 10. sera rationele commens. en puissance seule-ment à icelle rationele DE: & puis que DK est rationel, & GK medial, ils sont incommens. & par la 10. prop. 10. les lignes DL, GL, qui sont en mesme raison que D K, GK, seront incommens. en longitude. Mais elles sont rationeles: elles seront donc commens. en puissance seule-ment: & par la 74. pr. 10. DG sera residu.

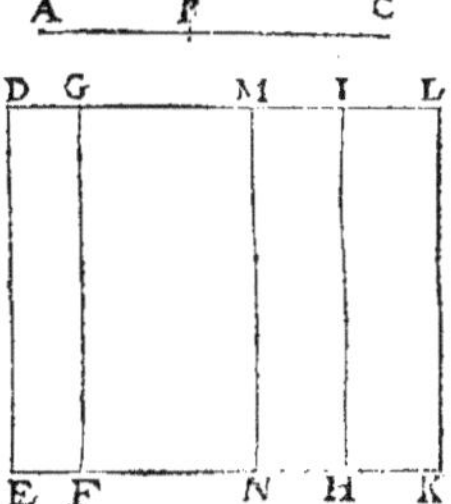

Ie dis dauantage qu'il est residu quatriesme. Car puis que les lignes AC, BC, sont incomm. en puissance, leurs quarrez seront incommens. Aussi incommens. leurs egaux rectangles DH, IK, & par consequent incommens. les lignes DI, IL, costez du rectangle defaillant d'vne figure quarree egale au quarré de ML, c'est à dire à la quarte partie du quarré de GL, comme il a esté demonstré en la 98. prop. & par la 19. prop. 10. DL (qui est commens. en longitude à la ratio-nele DE) peut plus que la conuenable GL, du quarré d'vne ligne qui luy est incom-mens. en longitude : & par les tierces definitions DG est residu quatriesme. Donc le quarré d'vne ligne mineure, &c. Ce qu'il falloit demonstrer.

SCHOLIE.

La ligne mineure AB soit $\sqrt{(27+\sqrt{243})} - \sqrt{(27-\sqrt{243})}$, & BC $\sqrt{(27-\sqrt{243})}$: la toute AC sera donc $\sqrt{(27+\sqrt{243})}$, le quarré de laquelle appliqué sur la rationele DE 6, l'autre costé DI sera $4\frac{1}{2}+\sqrt{6\frac{3}{4}}$: mais estant appliqué sur la mesme DE, le rectangle IK, egal au quarré de BC, qui est $27-\sqrt{243}$, l'autre costé IL sera $4\frac{1}{2}-\sqrt{6\frac{3}{4}}$: & partant la toute DL sera 9. Que si à la mesme DE on applique le rectangle GN egal au rectangle de ACB; qui est $\sqrt{486}$, l'autre costé GM sera $\sqrt{13\frac{1}{2}}$, & son double GL $\sqrt{54}$: & partant DG est $9-\sqrt{54}$, qui est residu quatriesme.

THEOR. 78. PROP. CII.

Le quarré d'vne ligne faisant auec vne superficie rationelle, vn tout medial, appliqué sur vne ligne rationelle, fait l'autre costé residu cinquiesme.

Soit la ligne faisant auec vne superficie rationelle vn tout medial AB, de laquelle le quarré soit appliqué sur la rationele DE : Ie dis que l'autre costé DG est residu cinquiesme.

Car (apres auoir construit comme en la 98. prop. 10.) AB estant ligne faisant auec vne superficie rationelle vn tout medial, & BC sa conuenable, les deux lignes AC, BC sont incommens. en puissance; comprenant vn rectangle rationel, & le com-posé de leurs quarrez medial : partant le rectangle DK sera medial, & GK rationel,

& par la 23. prop. 10. DL sera rationelle incommensur. en longitude à la rationelle
DE: & par la 21. prop 10. GL sera aussi rationelle, mais commens. en longitude à la
rationelle DE: Item les rectangles DK, GK estans in-
commensurables (car l'vn est rationel, & l'autre medial) les lignes DL, GL seront aussi incommensurables
en longitude. Mais icelles sont rationelles: elles sont
donc commensurables en puissance seulement, & par
la 74. proposition DG sera residu. Mais il a esté demonstré que GL est commensurable en longitude à la
rationelle DE, & on prouuera comme en la precedente, que la toute DL peut plus que la conuenable
GL, du quarré d'vne ligne qui luy est incommensurable en longitude: & partant par les tierces def. DG est

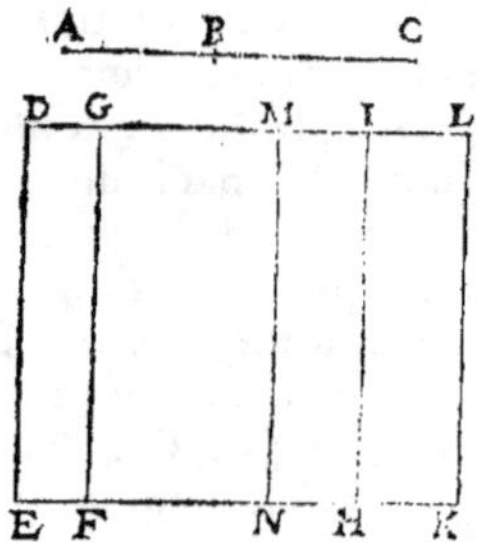

residu cinquiesme. Donc le quarré d'vne ligne faisant auec vne superficie rationelle, &c. Ce qu'il falloit demonstrer.

SCHOLIE.

La ligne AB soit $\sqrt{(\sqrt{216}+\sqrt{72})} - \sqrt{(\sqrt{216}-\sqrt{72})}$, & $BC \sqrt{(\sqrt{216}-\sqrt{72})}$; la toute
AC sera donc $\sqrt{(\sqrt{216}+\sqrt{72})}$, le quarré de laquelle soit appliqué sur la rationelle DE, &
l'autre costé DI sera $\sqrt{13\frac{1}{2}}+\sqrt{4\frac{1}{2}}$: mais estant appliqué sur la mesme rationelle, le rectangle
IK egal au quarré de BC, qui est $\sqrt{216}-\sqrt{72}$, l'autre costé IL sera $\sqrt{13\frac{1}{2}}-\sqrt{4\frac{1}{2}}$: &
partant la toute DL sera $\sqrt{54}$: Que si à la mesme rationelle on applique le rectangle GN ou NK,
egal au rectangle de ACB, qui est 12, l'autre costé ML sera 3, & son double GL 6: Parquoy
DG sera $\sqrt{54}-6$, qui est residu cinquiesme.

THEOR. 79. PROP. CIII.

Le quarré d'vne ligne faisant auec vne superficie mediale vn tout
medial, appliqué sur vne ligne rationele, fait l'autre costé residu sixiesme.

Soit la ligne AB, faisant auec vne superficie mediale vn tout medial, le quarré de
laquelle AB soit appliqué sur la rationele DE: Ie dis que l'autre costé DG est residu
sixiesme.

Car (apres auoir construict comme en la 98. pr.) AB estant ligne faisant auec vne
superficie mediale vn tout medial, & BC la conuenable à icelle AB; les deux lignes
AC, BC sont incommens. en puissance, comprenant vn rectangle medial, incommens. au composé de leurs quarrez aussi medial: partant les deux rectangles DK
& GK sont mediaux & incommens. & par la 23. prop. 10. DL, GL seront rationeles incommens. en longitude entr'elles, & à la rationele DE: & par consequent
commens. en puissance seulement: & par la 74. prop. BG sera residu. Mais on peut
prouuer comme en la 101. prop. 10. que la toute DL peut plus que sa conuenable
GL, du quarré d'vne ligne qui luy est incommens. en longitude, & partant par les
tierces def. GD est residu sixiesme. Donc le quarré d'vne ligne faisant auec vne superficie mediale, &c. Ce qu'il falloit demonstrer.

SCHOLIE.

La ligne AB soit $\sqrt{(\sqrt{972}+\sqrt{405})} - \sqrt{(\sqrt{972}-\sqrt{405})}$, & $BC \sqrt{(\sqrt{972}-\sqrt{405})}$;

donc la toute AC sera √(√972 + √405), au quarré de laquelle soit egal le rectangle DH, appliqué sur la rationele DEG: l'autre costé DI sera donc √27 + √11¼: mais estant appliqué sur la mesme rationele, le rectangle IK egal au quarré de BC, qui est √972 — √405, l'autre costé IL sera √27 — √11¼: & partant la toute DL sera √108: si derechef on applique sur la mesme rationele le rectangle MK, ou GN, egal au rectangle de ACB, qui est √567, l'autre costé GM sera √15¾, & son double √63: parquoy DG sera √108 — √63, qui est residu sixiesme.

THEOR. 80. PROP. CIIII. Six. 6.

La ligne droicte commensurable en longitude à vn residu, est aussi residu, & de mesme ordre.

Soit le residu A C, auquel soit commensurable en longitude la ligne droicte DF. Ie dis que DF est residu de mesme ordre que AC.

Car CB soit la conuenable au residu AC, tellement que AB, CB soient rationeles commens. en puissance seulement, & par la 12. prop. 6. soit fait que comme AC est à DF, ainsi CB soit à FE. Donc par la 12. prop. 5. la toute A B sera à la toute DE, comme AC à DF, ou CB à FE: & par la 10. p. 10. comme AC est commens. en long à DF, ainsi AB à DE, & BC à FE. Et en permutant, comme AB à BC, ainsi DE à FE. Maintenant, comme AB & BC sont rationeles, aussi seront DE & FE: (car elles sont commens. à icelles, par la 10. p. 10.) Mais AB & BC sont commens. en puissance seulement: partant DE & EF seront aussi rationeles commens. en puissance seulement, & par la 74. prop. DF est residu.

Ie dis dauantage qu'il est residu de mesme ordre que AC. Car la ligne AB peut plus que BC du quarré d'vne ligne qui luy est commensurable ou incommensurable en longitude: si commensur. aussi DE pourra plus que FE de mesme façon par la 15. p. 10 (estans les quatre lignes proport.) Que si AB est commensurable en longitude à vne ligne rationele proposee, aussi DE qui luy est commensur. en longitude sera commens. en longitude à la mesme rationele proposee par la 12. prop. 10. Parquoy AC & DF seront residus premiers: Que si BC est commens. en longitude à la rationele, aussi sera FE; & AC, DF seront residus seconds: Et si AB & BC sont incommens. en longitude à la rationele, aussi seront DE & FE; & AC, DF seront residus troisiesmes. Que si AB peut plus que BC du quarré d'vne ligne qui luy soit incommens. en longitude aussi DE pourra plus de mesme que FE par la 15. pr. 10. Et si AB est commens. en longitude à la rationele, aussi sera DE: & AC, DF seront residus quatriesmes. Mais si BC est commens. en longitude à la rationele, aussi sera FE: & AC, DF seront residus cinquiesmes. Si AB & BC sont incommens. en longitude à la rationele, aussi seront DE & FE: partant AC & DF seront residus sixiesmes: par ainsi DF est residu de mesme ordre que AC. Parquoy la ligne commens. en long. à vn residu. Ce qu'il falloit demonstrer.

S C H O L I E.

Le residu AC soit √60 — √12, & DF √15 — √3, lesquelles sont commens. en longitude l'vne estant double de l'autre, & la conuenable CB soit √12: Donc la toute AB est √60: & puis que comme AC est à DF, ainsi CB √12 est à FE; icelle FE sera √3: & la toute DE √15, commens. seulement en puissance à DF.

THEOR. 81. PROP. CV.

La ligne droicte commensurable à vn residu medial, est aussi residu medial de mesme ordre.

Soit la ligne DF commens. au residu medial AC: ie dis que icelle DF est aussi residu medial, & de mesme ordre que AC.

Car ayant faict mesme construction qu'en la prec. prop. AB & BC seront commens. à DE, EF lesquelles sont mediales commens. en puissance seulement, & par la 24. p. 10. DE & FE seront mediales commensurables en puissance seulement, par la 10. p. 10. Et partant par la 75. ou 76. prop. DF est residu medial : Ie dis dauantage qu'il est de mesme ordre que AC.

Car par la 1. p. 6. le quarré de AB est au rectangle de AB, BC comme AB à BC : Item le quarré de DE est aussi au rectangle de DE, FE comme DE à FE. Mais le quarré de AB est commens. au quarré de DE, estant AB & DE commens. & par la 10. prop. 10. les deux rectangles seront aussi commens. & comme l'vn sera rationel ou medial, aussi l'autre sera rationel ou medial : partant si les rectangles sont rationaux, AC & DF seront residus mediaux premiers : & si les rectangles sont mediaux, AC & DF seront residus mediaux seconds. Donc la ligne commens. à vn residu medial, &c. Ce qu'il falloit prouuer.

SCHOLIE.

Le residu medial AC soit $\sqrt{\sqrt{500}} - \sqrt{\sqrt{20}}$, *& DF* $\sqrt{\sqrt{31\frac{1}{4}}} - \sqrt{\sqrt{1\frac{1}{4}}}$: *BC sera* $\sqrt{\sqrt{20}}$, *& la toute AB* $\sqrt{\sqrt{500}}$: *mais FE sera* $\sqrt{\sqrt{1\frac{1}{4}}}$, *& la toute DE* $\sqrt{\sqrt{31\frac{1}{4}}}$.

THEOR. 82. PROP. CVI.

La ligne droicte commensurable à vne ligne mineure, est aussi ligne mineure.

Soit la ligne DF, commensurable à vne ligne mineure AC : Ie dis qu'icelle DF est aussi ligne mineure. Car CB estant conuenable à icelle AC, apres auoir faict mesme construction qu'en la 104. pr. 10. AB & BC seront incommens. en puissance, comprenant vn rectangle medial, & le composé de leurs quarrez rationel. Mais comme AB à CB, ainsi DE à FE, & par la 10. p. 10. DE & FE seront incommens. en puissance. Item puis que comme AB à BC, ainsi DE à FE, par la 22 pr. 6. leurs quarrez seront proportionaux : & en composant, comme le composé des quarrez de AB, BC sera au quarré de BC, ainsi le composé des quarrez de DE, FE, sera au quarré de FE : & en permutant, comme le composé des quarrez de AB, BC sera au composé des quarrez de DE, FE, ainsi le quarré de CB sera au quarré de FE : lesquels quarrez de CB & FE sont commens. (car les lignes BC & FE sont commensur. comme AC & DF, ainsi qu'il a esté demonstré à la 104. p.) & partant par la 10. pr. 10. le composé des quarrez de AB & BC, (lequel est rationel) sera commens. au composé des quarrez de DE & FE, lequel sera aussi rationel. Pareillement, puis que comme à la prop. prec. le quarré de AB est au rectangle de AB & CB, comme le quarré de DE est au rectangle de DE & FE : en permutant, comme le quarré

au quarré, ainſi le rectangle au rectangle : c'eſt à dire commenſur. Car les lignes AB
& DE ſont commenſ. par la 10. prop. 10. & par le corol. de la 24. p. 10. le rectangle
de AB & BC eſtant medial, celuy de DE & FE ſera auſſi medial : partant DE & FE
eſtant incommenſ. en puiſſance comprenant vn rectangle medial, & le compoſé de
leurs quarrez rationel, par la 77. p. 10. DF ſera ligne mineure. Donc la ligne commenſ. à vne ligne mineure eſt auſſi ligne mineure. Ce qu'il falloit demonſtrer.

THEOR. 83.   PROP. CVII.

La ligne droicte commenſurable à vne ligne faiſant auec vne ſuperficie rationele vn tout medial , eſt auſſi ligne faiſant auec
vne ſuperficie rationele vn tout medial.

Soit la ligne DF commenſ. à la ligne AC, faiſant auec
vne ſuperficie rationele vn tout medial. Ie dis que DF
eſt auſſi ligne faiſant auec vne ſuperficie rationele vn
tout medial.

Car ſoit CB conuenable à AC, tellement que AB, CB ſoient incommenſ. en
puiſſance, & facent le compoſé de leurs quarrez medial, mais le rectangle compris
d'icelles, rationel : Et eſtant faict meſme conſtruction qu'en la 104. prop. on demonſtrera comme en la precedente que les lignes DE, & FE ſont incommenſ. en
puiſſance ; & que le compoſé des quarrez de AB, CB eſt commenſur. au compoſé
des quarrez de DE, FE. Mais celuy-là eſt medial : auſſi ſera donc ceſtuy-cy, par le
corol. de la 24. p. 10. Derechef, comme nous auons demonſtré en la 105. prop. le
rectangle de AB, CB eſt commenſurable au rectangle de DE, FE : mais ceſtuy-là eſt
poſé rationel : auſſi ſera donc ceſtuy-cy par la 9. d. 10. Veu donc que DE, FE, ſont
incommenſ. en puiſſance, & font le compoſé de leurs quarrez medial , mais leur
rectangle rationel, par la 78. pr. 10. DF ſera ligne faiſant auec vne ſuperficie rationele vn tout medial. Parquoy la ligne commenſurable à vne ligne, &c. Ce qu'il
falloit prouuer.

THEOR. 84. PROP. CVIII.

La ligne commenſurable à vne ligne faiſant auec vne ſuperficie mediale vn tout medial , eſt auſſi ligne faiſant auec vne ſuperficie
mediale vn tout medial.

Soit la ligne DF commenſ. à la ligne AC, faiſant auec vne ſuperficie mediale vn
tout medial : Ie dis que DF eſt auſſi ligne faiſant auec vne ſuperficie mediale vn tout
medial.

Car à AC ſoit CB conuenable, tellement que AB, CB ſoient incommenſ. en
puiſſance, & facent le compoſé de leurs quarrez medial, & leur rectangle auſſi medial, & incommenſ. au compoſé de leurs quarrez : & ayant fait ſemblable conſtruction qu'aux precedentes, on prouuera comme en la 106. prop. que les lignes DE,
FE, ſont incommenſ. en puiſſance , & que le compoſé des quarrez de AB & BC, eſt
commenſ. au compoſé des quarrez de DE & FE : & comme en la 105. p. que le rectangle de AB & BC, eſt commenſ. au rectangle de DE & EF. Mais le rectangle de AB

& CB, est medial, & incommensurable au composé des quarrez de AB & CB, aussi
medial : partant par le scholie de la 14.p.10. le rectangle de DE & FE, sera medial, &
incommens. au composé des quarrez de DE & FE aussi medial : & DF sera ligne
faisant auec vne superficie mediale vn tout medial. Donc la ligne commens. à vne
ligne faisant auec vne superficie mediale, &c. Ce qu'il falloit demonstrer.

THEOR. 85. PROP. CIX.

Si d'vne superficie rationele, est retranchee vne superficie mediale : la ligne qui peut le reste est residu, ou ligne mineure.

Soit la superficie rationele AB, de laquelle soit retranchee la mediale A : Ie dis
que la ligne qui peut le reste B, est residu, ou ligne mineure.

Car sur vne rationele proposee CD soit descrit le rectangle CE egal à A, &
sur FE le rectangle FI egal à B. Il est euident que CI egal au rationel AB, sera aussi
rationel, & par la 21. pr.10. son autre costé CK sera ra-
tionel commens. en longitude à CD. Item par la 23.p.10.
CE estant medial, CF sera rationele commens. en puissance seulement à CD, & par la 13. pr. 10. CK & CF
seront rationeles commens. en puissance seulement : &
par tant par la 74.pr.10. FK sera residu, & FC sa conuenable. Parquoy CK peut plus que CF du quarré d'vne
ligne qui luy est commens. ou incommens. en longit. Si
commensurable, FK sera residu premier : & partant la
ligne qui peut le rectangle FI (ou son egal B) est residu

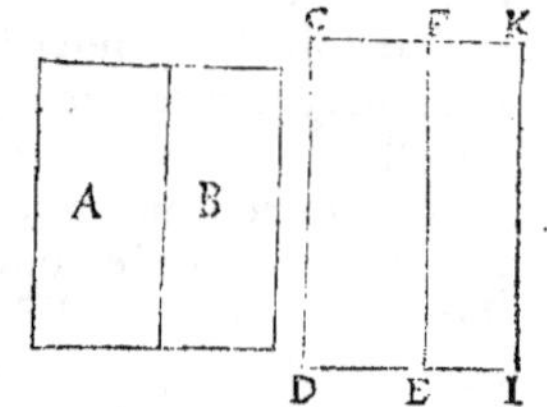

par la 92. pr. 10. Si incommensurable, FK est residu quatriesme : & consequemment
la ligne qui peut le rectangle FI (ou son egal B) est ligne mineure par la 95. pr. 10.
Parquoy si d'vne superficie rationele, &c. Ce qu'il falloit demonstrer.

SCHOLIE.

*Si l'espace rationel AB est 32, le medial A√320; & la ligne rationele CD 6, sur laquelle
est descrit le rectangle CE egal à A, & FI egal à B: les costez CF, & FK, seront √8⅛, &
5⅓—√8⅛ : & partant la toute CK sera 5⅓ : & le rectangle CI 32, duquel ostant CE, qui est
√320, le reste rectangle FI sera 32—√320 : & la ligne pouuant iceluy sera √(16+√176)
—√(16—√176), qui est ligne mineure.*

THEOR. 86. PROP. CX.

Si d'vne superficie mediale est retranchee vne superficie rationele,
la ligne qui peut le reste, est residu medial premier, ou ligne
faisant auec vne superficie rationele vn tout medial.

Soit la superficie mediale AB, de laquelle soit retranchee la rationele A. Ie dis
que la ligne qui peut le reste B, est residu medial premier, ou ligne faisant auec vne
superficie rationele vn tout medial.

Car, ayant construit comme en la preced. puis que la superficie totale AB est
mediale, aussi la totale CI est mediale, & par la 23. prop. 10. le costé CK est rationel
commens.

commenf. en puiffance feulement à la rationele CD. Item puis que le retranché A
eft rationel, aufli fera fon egal CE, & par la 21.p.10.
CF fera rationele commenf. en longitude à la
rationele CD: & par la 13 pr.10. CK & CF feront
rationeles commenf. en puiffance feulement; &
partant par la 74. prop.10. FK fera refidu, & FC fa
conuenable. Donc CK peut plus que CF du quarré d'vne ligne qui luy eft commenfurable ou incommenfurable en longitude, & confequemment
FK fera refidu fecond, ou refidu cinquiefme. Si
refidu fecond; la ligne qui peut le rectangle FI
(ou fon egal B) eft refidu medial premier par la

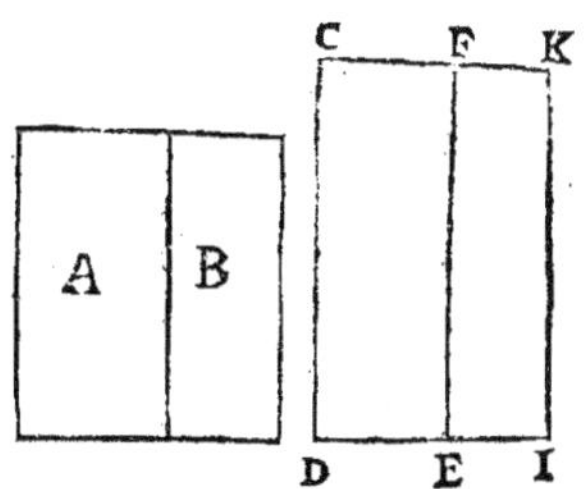

93.pr.10. Si refidu cinquiefme, la ligne qui peut le rectangle FI, eft ligne faifant
auec vne fuperficie rationele vn tout medial par la 96. pr.10. Parquoy fi d'vne fuperficie mediale, &c. Ce qu'il falloit prouuer.

SCHOLIE.

Si la fuperficie mediale AB eft √800, & la rationele A 12: le reste B fera √800—12, &
la ligne pouuant iceluy fera √(√200+√164)—√(√200—√164), qui eft ligne faifant
auec vne fuperficie rationele vn tout medial.

THEOR. 87. PROP. CXI.

Si d'vne fuperficie mediale, eft retranchee vne fuperficie mediale incommenfurable à la toute ; la ligne qui peut le refte
eft ou refidu medial fecond, ou ligne faifant auec vne fuperficie mediale vn tout medial.

Soit la fuperficie mediale AB, de laquelle foit retranchee la fuperficie mediale A,
incommenf. à la toute AB. Ie dis que la ligne qui peut le refte B, eft refidu medial
fecond, ou ligne faifant auec vne fuperficie mediale vn tout medial.

Car ayant fait mefme conftruction qu'aux precedentes, les rectangles CI, CE feront mediaux & incommenfurables entr'eux; & par la 23 pr. 10. les lignes CK, CF
feront rationeles incommenf. en longitude à CD. Et puis que CI, CE font incommenf. les rationeles CK, CF, qui par la 1. pr.6. font en mefme raifon que CI, CE,
feront aufli incommenf. en longitude, par la 10 pr. 10. & par confequent elles font
feulement commenf. en puiffance : Donc FK fera refidu par la 74. prop.10. & FC fa
conuenable. Partant CK peut plus que FK, du quarré d'vne ligne qui luy eft commenfurable ou incommenf. en longitude : fi commenf. FK fera refidu troifiefme,
par la def. Parquoy la ligne qui peut le rectangle FI (ou fon egal B) eft refidu medial
fecond, par la 94. prop. Si incommenf. FK fera refidu 6e. par la def. Parquoy la
ligne qui peut le rectangle FI (ou B fon egal) eft ligne faifant auec vne fuperficie
mediale vn tout medial, par la 97. prop. Si donc d'vne fuperficie mediale, &c. Ce
qu'il falloit demonftrer.

SCHOLIE.

Si la fuperficie mediale AB eft √279, & A √40: la fuperficie reftante B fera √279—√40.

& la ligne pouuant icelle sera $\sqrt{(\sqrt{69\frac{3}{4}} + \sqrt{59\frac{3}{4}})} - \sqrt{(\sqrt{69\frac{3}{4}} - \sqrt{59\frac{3}{4}})}$ *, qui est appellee ligne faisant auec vne superficie medial vn tout medial.*

THEOR. 88.   PROP. CXII.

La ligne appellee residu, n'est pas la mesme que Binome.

Soit quelconque residu A. Ie dis qu'elle n'est pas mesme ligne que binome.

Car soit la rationele proposee BC, sur laquelle soit appliqué le rectangle CD egal au quarré du residu A: par la 98. prop. BD sera residu premier, auquel si on adiouste sa conuenable DE ; BE & DE seront rationeles commens. en puissance seulement : & BE commens. en longitude à la rationele BC.

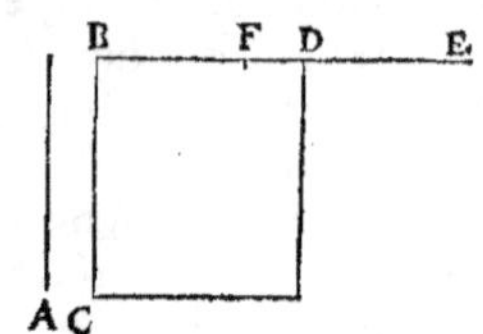

Maintenant si on pose A estre binome ; BD sera binome premier par la 61. pr. 10. lequel estant diuisé en ses noms au poinct F ; (estant BF le plus grand nóm) BF & FD seront rationeles commens. en puissance seulement, & BF commensurable en longitude à la rationele BC : & par la 12. pr. 10. BE & BF, seront commens. en longitude. Veu donc que la toute BE est commens. en longitude à la partie BF, par le coroll. de la 16. pr. 10. l'autre partie FE sera aussi commens. en longit. à BE : partant aussi rationele comme icelle BE. Mais DE qui est aussi rationele, n'est pas commensurable en longitude à BE, & par la 14. pr. 10. FE, DE sont rationeles commens. en puissance seulement : & partant par la 74. p. 10. FD est residu, & par consequent irrationele ; ce qui est absurde : car elle a esté prouuee rationele : donc le residu A sera differend du binome. Parquoy la ligne appellee residu n'est pas la mesme que binome. Ce qu'il falloit demonstrer.

COROLLAIRE.

De ces choses on peut facilement colliger que la ligne appellee residu, & les cinq sortes de lignes irrationeles suiuantes, sont differentes de la mediale, & entr'elles. Car le quarré de la mediale appliqué à vne ligne rationele, fait l'autre costé rationel commensurable en puissance seulement à icelle rationele, par la 23. p. 10.

Le quarré du residu, fait l'autre costé residu premier, par la 98. p. 10.

Le quarré du residu medial premier, fait l'autre costé residu second, par la 99. p. 10.

Le quarré du residu medial second, fait l'autre costé residu troisiesme, par la 100. p. 10.

Le quarré de la ligne mineure, fait l'autre costé residu quatriesme, par la 101. p. 10.

Le quarré de la ligne faisant auec vne superficie rationele vn tout medial, fait l'autre costé residu cinquiesme, par la 102. p. 10.

Le quarré de la ligne faisant auec vne superficie mediale vn tout medial, fait l'autre costé residu sixiesme par la 103. pr. 10.

Puis donc que tous ces costez, (qui sont les latitudes des rectangles) sont differens ; les lignes qui les peuuent seront aussi differentes. Mais les quarrez des binomes, & des cinq lignes irrationeles suiuantes, estans appliquez à vne ligne rationele font l'autre costé binome de quelque ordre: partant le binome, & les cinq suiuantes sont differentes du residu, & des cinq suiuantes.

Ainsi toutes les lignes irrationeles cy-deuant dictes sont treize : sçauoir celles-cy.

1. Mediale.
2. Binome.

3. Bimediale premiere.
4. Bimediale feconde.
5. Ligne majeure.
6. Ligne pouuant vn rationel & vn medial.
7. Ligne pouuant deux mediaux.
8. Refidu.
9. Refidu medial premier.
10. Refidu medial fecond.
11. Ligne mineure.
12. Ligne faifant auec vne fuperficie rationele vn tout medial.
13. Ligne faifant auec vne fuperficie mediale vn tout medial.

THEOR. 89. PROP. CXIII.

Le quarré d'vne ligne rationele eftant appliqué à vn binome, fait l'autre cofté refidu, les noms duquel font proportionaux, & commenf. aux noms du binome: en outre le refidu eft de mefme ordre que le binome.

Soit la rationele A . & le binome BC, duquel le plus grand nom foit BD : & à icelle BC foit appliquéle rectangle BE egal au quarré de la rationele A . Ie dis que l'autre cofté CE eft refidu duquel les noms, c'eft à dire la ligne totale & fa conuenable, font proportionnaux & commenf. aux noms BD, DC du binome BC : & en outre qu'iceluy refidu eft de mefme ordre que ledit binome.

Car au moindre nom CD foit appliqué le rectangle DF auffi egal au quarré de la rationele A : donc les deux rectangles BE, DF, feront egaux, & par la 14.pr.6. leurs coftez feront reciproques, fçauoir que comme BC à DC, ainfi CF à CE; & en diuifant, comme BD à DC, ainfi FE à EC. Mais BD eft plus grande que CD: donc auffi FE fera plus grande que EC. Maintenant de EF foit retranchee EG egale à EC, & foit fait que comme FG à GE, ainfi EC foit à CH par la 12. pr.6. & en compofant, comme FE fera à EG, (ou EC fon egale) ainfi EH à CH, & par la 12.pr.5. les deux antecedens F E H feront aux deux confequens E C H, comme l'vn des antecedens EH à l'vn des confequens CH: & partant les trois lignes FH, EH, CH, feront continuellement proportioneles en la raifon de FE à EC, ou

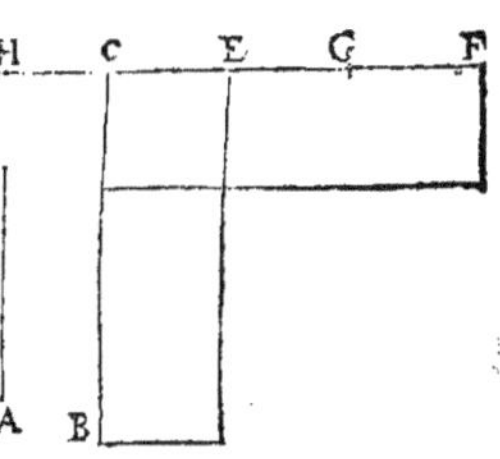

BD à DC : & par la 22.prop.6. & 10.pr.10. comme le quarré de BD eft commenf. au quarré de DC, (car iceux quarrez font commenf. puis que BD, DC font les noms du binome BC) ainfi le quarré de EH fera commenf. au quarré de CH : & par le coroll. de la 20.p.6. & 10.p.10. CH fera commenf. en longitude à la troifiefme proportionele FH, & par la 16.p.10. CH & GF feront commenf. en longitude. Et d'autant que le rectangle DF eft rationel (eftant egal au quarré de la ligne rationele A) & DC ligne rationele : CF fera auffi ligne rationele commenf. en longitude à CD par la 21.p.10. Et CH fera auffi rationele commenf. en longitude à CD, par la 12.p.10.

& par la 10. pr. 10. comme CD & DB sont rationeles commens. en puissance seulement, aussi CH, EH, seront rationeles commens. en puissance seulement: & partant
par la 74. pr. 10. CE sera residu, duquel les noms EH, CH sont proportionaux, &
commens. aux noms BD, DC, du binome BC : Car il a esté demonstré que comme
BD est à DC, ainsi EH à CH ; & partant en permutant, comme BD sera à EH, ainsi
DC à CH. Mais DC, CH ont esté demonstrees commens. en longitude par la
10. p. 10. BD, EH seront donc aussi commens. en longitude.

Reste donc à prouuer que le residu CE est de mesme ordre que le binome BC : Or
les noms de l'vn estans proportionnaux, & commens. aux noms de l'autre : par la
15. p. 10. comme le plus grand nom du binome pourra plus que le plus petit du
quarré d'vne ligne qui luy sera commens. ou incommens. en longitude : aussi le
plus grand nom du residu pourra plus de mesme. Que si le plus grand nom du binome est commens. en longitude à la rationele, aussi sera le plus grand nom du residu par la 12. p. 10. & ils seront binome premier, & residu premier. Que si le plus
petit nom du binome est commens. en longitude à la rationele, aussi sera le plus petit
du residu ; & ils seront binome & residu second. Que si ny l'vn ny l'autre nom du
binome est commens. à la rationele: semblablement l'vn ny l'autre nom du residu ne
sera commens. à la mesme rationele par la 14. p. 10. & partant ils seront binome, &
residu troisiesme: & ainsi des autres. Parquoy le quarré d'vne ligne rationele estant
appliqué sur vn binome, &c. Ce qu'il falloit demonstrer.

Si la rationele A est 8, le binome BC 9 + √45, tellement que BD soit 9, & CD √45: Le quar-
ré de A estant appliqué sur BC, l'autre costé du rectangle CE sera 16 — √142$\frac{2}{9}$, qui est residu:
& puis que comme DC est à CB, ainsi CE à CF, icelle CF sera √91$\frac{1}{45}$; & EF √460$\frac{4}{5}$ — 16.
Mais EG estant egale à CE, est 16 — √142$\frac{2}{9}$; GF √1115$\frac{1}{45}$ — 32 : & d'autant que comme FG
est à GE, ainsi EC à CH, icelle sera √142$\frac{2}{9}$, & EH 16 : Ainsi est manifeste que CE est residu
de mesme ordre que le binome BC, & que les noms EH, CH, sont proportion. aux noms BD, CD.

THEOR. 90. PROP. CXIIII.

Le quarré d'vne ligne rationele, estant appliqué à vn residu, faict
l'autre costé binome, les noms duquel sont proportionaux, &
commensurables aux noms du residu : En outre le binome
est de mesme ordre que le residu.

Soit la rationele A, & le residu BC, auquel conuienne
CD, & sur BC soit descrit le rectangle CE egal au quar-
ré de la rationele A : Ie dis que l'autre costé BE est bino-
me, dont les noms sont proport. & commens. à BD,
CD, noms du residu BC ; & en outre qu'iceluy binome
BE est de mesme ordre que ledit residu BC.

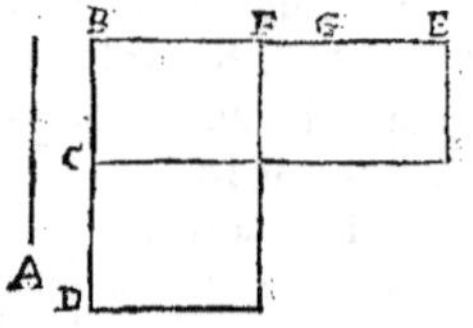

Car sur BD soit descrit le rectangle DF egal au mesme
quarré de la rationele A : Donc les rectangles CE & DF
seront egaux, & ayans les costez reciproques par la
14. pr. 6. BD sera à BC comme BE à BF ; & par conuersion de raison, BD sera à CD

comme BE à FE. Maintenant soit couppée EF en G, par la 10.prop.6. tellement que comme BE est à FE, ainsi EG soit à GF : Veu donc que comme la toute BE est à la toute FE, ainsi EG retranchée de BE, est à GF retranchee de FE, aussi par la 19. p. 5. le reste BG sera au reste EG, comme la toute à la toute, c'est à dire comme la retranchee EG à la retranchee GF : & partant EG est moyenne proportionele entre BG & GF. Parquoy:comme BG sera à GF, ainsi le quarré de BG sera au quarré de EG, par le corollaire de la 20.p.6. Et puis que comme BD à CD,ainsi BE à FE,c'est à dire BG à GE; & BD,CD noms du residu BC sont rationeles commens. en puissance seulement: par la 10. p. 10 BG, GE seront aussi commens. en puissance seulement : & partant les quarrez d'icelles BG, GE sont commens. & par consequent les lignes BG,FG qui ont mesme raison qu'iceux quarrez, sont commens. en longit. par la mesme 10. p. 10. Et par le corol. de la 16. prop. 10. BG, BF seront aussi commens. en longit. Et d'autant que BD plus grand nom du residu BC est rationele, & le rectangle DF egal au quarré de la rationele A, est rationel; par la 21. p. 10. BF sera aussi rationele commens. en longit. à BD. Donc par la 12. pr. 10. BG sera aussi rationele commens.en longit.à la mesme BD. Et puis que EG, GE, ont esté demonstrees commens. en puissance seulement,& BG rationele ; GE sera aussi rationele. Donc BG, GE sont rationeles commens. en puissance seulement: Et partant par la 37.p.10. BE est binome:duquel les noms BG,GE,sont proportionaux,& commens.aux noms BD,CD,du residu BC. Car il a esté demonstré que comme BD à CD, ainsi BG à GE : & partant en permutant, comme BD à BG, ainsi CD à GE : mais BD a esté demonstré commensurable en longitude à BG: donc aussi CD sera commens. en longitude à GE, par la 10. p. 10. Reste donc à prouuer que BE est binome de mesme ordre que le residu BC: ce qu'on fera procedant tout ainsi qu'en la precedente. Parquoy le quarré d'vne ligne rationele estant appliqué sur vn residu, &c. Ce qu'il falloit demonstrer.

SCHOLIE.

Si la rationele A est 4, & le residu BC $9 - \sqrt{45}$, $CD \sqrt{45}$, & BD 9, le rectangle DF sera 16, & aussi CE 16 : ainsi le costé BF sera $1\frac{1}{9}$, & BE $4 + \sqrt{8\frac{8}{9}}$: & par consequent FE sera $\sqrt{8\frac{8}{9}} + 2\frac{2}{9}$; & GE $8\frac{8}{9}$, FG $2\frac{2}{9}$, BG 4 : ainsi est euident que BE est binome en mesme ordre que le residu BC, & que les noms d'iceux sont proportionaux.

THEOR. 91. PROP. CXV.

Si vn rectangle est compris d'vn residu, & d'vn binome, desquels les noms sont proportionaux & commensurables ; la ligne droicte pouuant iceluy rectangle est rationele.

Soit le rectangle AB compris sous le residu AC, & le binome CB, duquel les noms CD, DB soient proportionaux, & commensurables aux noms CE, AE du residu AC : & soit la ligne droicte F pouuant iceluy rectangle AB. Ie dis que F est rationele.

Car soit vne rationele proposee G, le quarré de laquelle estant appliqué sur le binome CB, face le rectangle CH. Donc par la 113. prop. l'autre costé BH sera refidu, duquel les noms HI, BI font commenfur. & proportionaux aux noms CD, DB, fçauoir eft que comme HI à BI, ainfi CD à DB, & partant ainfi CE à AE : & en permutant, comme la toute HI à la toute CE, ainfi la retranchee BI à la retranchee AE ; & par la 19. prop. 5. le refte BH fera auffi au refte AC, comme la toute à la toute. Mais icelles toutes font commenf. en longitude par la 12. prop. 10. pource que l'vne & l'autre eft commenf. à CD : donc auffi BH, AC feront commenfurables

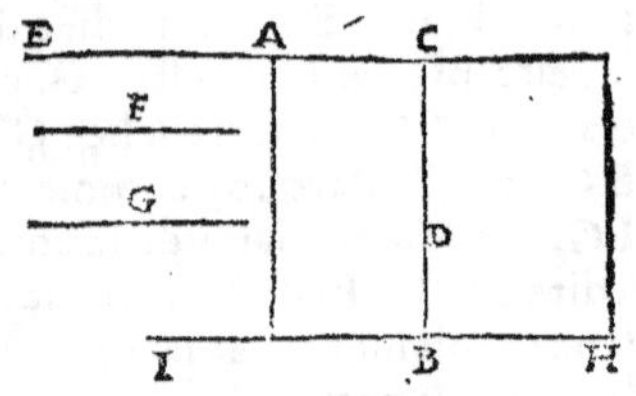

en longitude par la 10. prop. 10. & par confequent les rectangles HC & BA eftans par la 1. prop. 6. en mefme raifon que BH, & AC, ils feront auffi commenfurables. Mais HC, egal au quarré de la rationele G, eft rationel : donc auffi AB fera rationel ; & partant la ligne F qui peut iceluy AB, fera auffi rationele. Si donc vn rectangle eft compris d'vn refidu, & d'vn binome, &c. Ce qu'il falloit demonftrer.

COROLLAIRE.

De cecy eft manifefte qu'vn rectangle rationel, peut eftre compris de lignes irrationeles.

SCHOLIE.

Si le refidu AC eft $4 - \sqrt{8\frac{8}{9}}$, tellement que les noms d'iceluy CE, & AE foient 4, & $\sqrt{8\frac{8}{9}}$, mais le binome BC foit $9 + \sqrt{45}$, le rectangle AB fera 16, qui eft rationel : & partant la ligne F qui peut iceluy eft 4, & par confequent rationele. Or la rationele G eftant 8, le rectangle CH fera 64, & le cofté BH $16 - \sqrt{142\frac{2}{9}}$, HI 16, & BI $\sqrt{142\frac{2}{9}}$.

THEOR. 92. PROP. CXVI.

De la ligne mediale naiffent infinies lignes irrationeles, toutes differentes des deuant dites.

Soit la ligne mediale AB : ie dis que d'icelle naiffent infinies lignes irrationeles toutes differentes des treize lignes deuant dites.

Car fi fur l'extremité de la mediale on meine la perpendiculaire AC qui foit rationele, & on acheue le rectangle AD, iceluy rectangle fera irrationel par le corol.

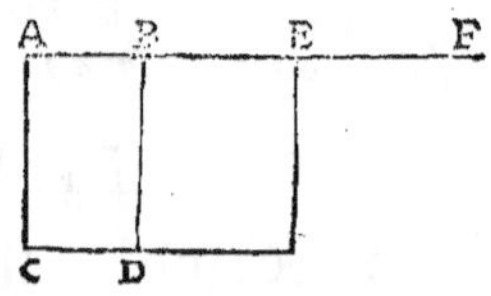

de la 39. p. 10. & par la 11. def. 10. la ligne qui peut iceluy rectangle eft irrationele, foit icelle BE laquelle fera differente de toutes les lignes deuant dites. Car fon quarré appliqué à vne ligne rationele AC, fait l'autre cofté AB medial : Ce que ne faifoit pas vne des 13 lignes deuant dictes. Item fi on accomplit le rectangle DE, il fera auffi irrationel par le mefme coroll. & la ligne qui le peut, auffi irrationele : & foit EF, laquelle fera differente de toutes les lignes deuant dites. Car le quarré de pas vne d'icelles, appliqué à vne ligne rationele, ne fait l'autre cofté tel que BE : & procedant de cefte façon, on trouuera infinies autres lignes irrationeles differentes entr'elles & des precedentes. Parquoy de la ligne mediale, &c. Ce qu'il falloit prouuer.

si la mediale AB est √√2, & la rationele AC2, le rectangle AD sera √√ 32, & la ligne BE qui peut iceluy sera √√√32 : Ainsi le rectangle DE sera √√√ 512, & la ligne EF qui peut iceluy sera √√√√ 512, & ainsi à l'infiny.

THEOR. 93. PROP. CXVII.

Au quarré, la diagonale est incommensurable en longitude au costé.

Soit le quarré ABCD, duquel AC soit diagonale. Ie dis qu'icelle diagonale AC est incommens. en longitude au costé AB.

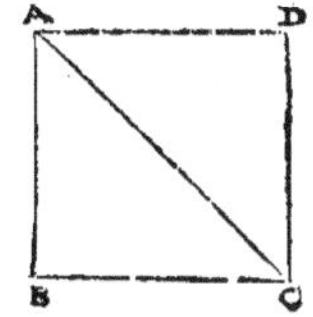

Car par la 47. prop. 1. le quarré de AC est double du quarré de AB : mais toûte grandeur double d'vne autre est comme 2 à 1, ou 4 à 2, ou 8 à 4, &c. Donc le quarré de AC est au quarré de AB, comme 2 à 1, ou 4 à 2, ou 8 à 4, &c. qui n'est pas comme nombre quarré à nombre quarré, comme nous auons demon-stré au corol. de la 24. prop. 8. & partant par la 9. pr. 10. la diagonale AC, & le costé AB, sont incommens. en longitude. Donc au quarré, la diagonale est incommens. en longitude au costé. Ce qu'il falloit demonstrer.

Si AB costé du quarré est 1, la diagonale AC sera √ 2 : tellement que la raison du costé au diametre est comme 1 à √ 2, c'est à dire incommens. en longitude.

Fin du dixiesme Element.

ELEMENT
VNZIESME·
DEFINITIONS.

1.   Olide, est ce qui a longueur, largeur & profondeur.

2.   Mais les termes d'vn solide, sont superficies.

3.   Vne ligne droicte est perpendiculairement esleuee sur vn plan, quand toutes les lignes droictes constituees sur iceluy plan, & menees vers elle la rencontrent en angles droicts.

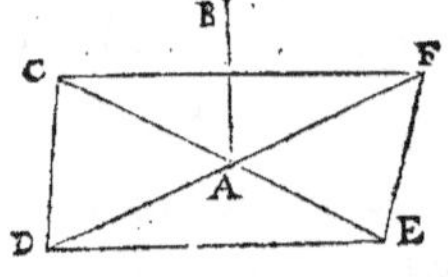

Soit la ligne droicte AB esleuee au dessus du plan CDEF, sur lequel soient menees tant de lignes droictes que l'on voudra CA, DA, EA & FA, qui rencontrant en A ladite ligne AB facent les angles droicts CAB, DAB, EAB & FAB: Nous dirons donc qu'icelle ligne AB est perpendiculaire, ou esleuee à angles droicts sur ledit plan proposé CDEF.

4.   Vn plan est esleué perpendiculairement sur vn plan, quand les lignes menees sur l'vn d'iceux perpendiculairement à la ligne de commune section, sont aussi perpendiculaires à l'autre plan.

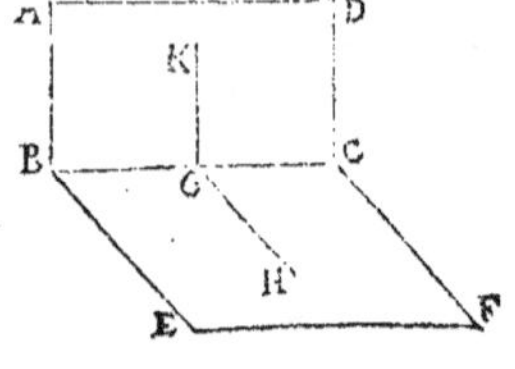

Soit le plan ABCD esleué sur le plan BEFC, tellement que la ligne AD soit en l'air, & la ligne BC leur commune section: mais au plan BEFC, soit tirée la ligne droicte GH perpendiculaire à icelle commune section BC. Maintenant si la mesme ligne GH est aussi perpend. à l'autre plan ABCD, c'est à dire qu'ayant mené en iceluy du poinct G, quelque ligne droicte, comme GK, l'angle HGK soit droict : iceluy plan ABCD sera esleué perpendiculairement ou à angles droicts sur l'autre plan BCEF. Partant lors qu'vn plan est esleué à angles droicts sur quelque autre plan, aussi les lignes droictes menees en l'vn d'iceux à angles droicts à leur commune section, seront perpendiculaires à l'autre plan : tellement que si on dit que le plan ABCD est esleué à angles droicts sur le plan BCEF, & qu'en celuy-là soient menees les lignes droictes AB, KG, DC perpendic. à la commune section BC, nous conclurons qu'icelles lignes sont aussi perpend. à l'autre plan BCEF, & font les angles ABE, KGH, DCF droicts.

5.   **L'inclination**

5.   L'inclination d'vne ligne droicte à vn plan, eſt l'angle aigu contenu d'icelle ligne, & d'vne autre ligne droicte menee au plan de l'inclinante, par le poinct auquel tombe vne perpendiculaire tiree du ſommet d'icelle inclinante ſur ledit plan.

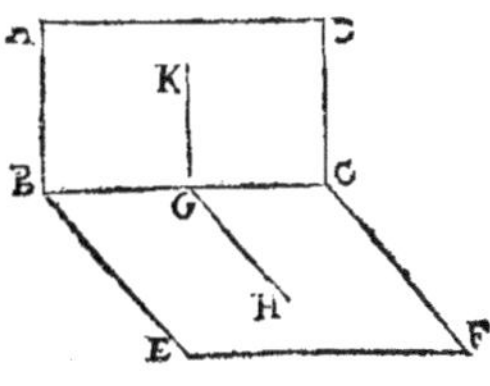

Soit la ligne droicte AB inclinee au plan CD, & du poinct du ſommet B, ſoit menee BE perpendic. au meſme plan CD, & tiree AE : l'angle aigu BAE ſera l'inclination de ladite ligne AB au plan CD.

6. Vn plan eſt incliné ſur vn plan, quand les lignes menees ſur l'vn & l'autre plan perpendiculaires à la ligne de commune ſection, & vers vn meſme poinct d'icelle, ne ſont point perpendiculaires les vnes aux autres : & l'inclination d'iceux plans, eſt l'angle aigu compris d'icelles perpendiculaires.

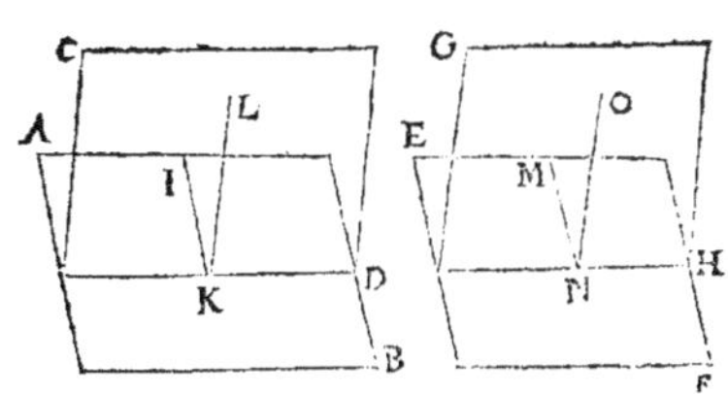

Soit le plan ABCD eſleué au deſſus du plan BCFE, tellement que la ligne AD eſt en l'air, & BC leur commune ſection : mais de quelque poinct d'icelle comme G, ſoient menees GH au plan CE, & GK au plan AC, chacune perpendiculaire à ladite BC. Or ſi leſdites perpendiculaires GH & GK, ne ſont perpendiculaires entr'elles, c'eſt à dire que l'angle KGH ne ſoit droict, le plan ABCD ſera incliné au plan BCFE, & l'angle aigu KGH contenu ſous icelles perpendiculaires GH, GK ſera l'inclination d'iceux plans.

7. Vn plan eſt dit eſtre ſemblablement incliné à vn plan, & vn autre à vn autre, lors que les ſuſdicts angles d'inclinations ſont egaux entr'eux.

Soient deux plans AB, CD, inclinez entr'eux, & deux autres plans EF, GH, auſſi inclinez entr'eux; mais que l'angle d'inclination de ceux-là, qui eſt IKL, ſoit egal à l'angle d'inclination de ceux-cy, qui eſt MNO : Le plan AB ſera ſemblablement incliné au plan CD, que le plan EF au plan GH, c'eſt à dire que l'inclination de ces deux plans-là ſera ſemblable & egale à l'inclination de ces deux-cy.

8. Plans parallels, ſont ceux leſquels eſtans continuez ne ſe rencontrent point.

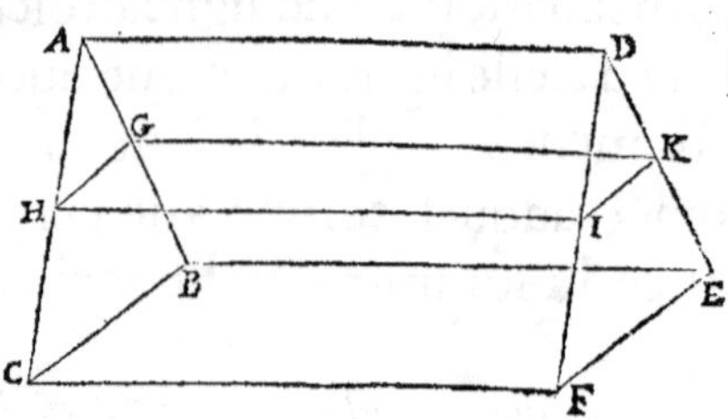

Comme si les deux plans ABC, DEF, estans prolongez de part & d'autre, ne se rencontrent point : iceux plans seront parallels entr'eux. Item, les deux plans BCFE, GHIK ne se pouuant iamais rencontrer estans prolongez seront aussi dicts plans parallels, mais non pas les deux plans CHIF, BGKE, lesquels estans continuez se rencontrent en AD.

9. Solides semblables, sont ceux qui sont compris de plans semblables, egaux en nombre.

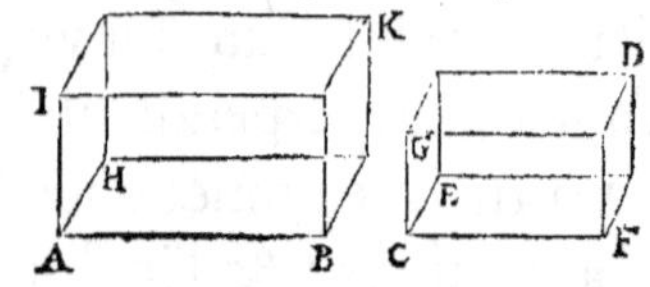

Comme les solides AK, & CD, chacun desquels est contenu & enuironné de six plans ou superficies semblables, seront dicts solides semblables.

10. Solides egaux & semblables, sont ceux qui sont compris & enuironnez de semblables plans, egaux en nombre & grandeur.

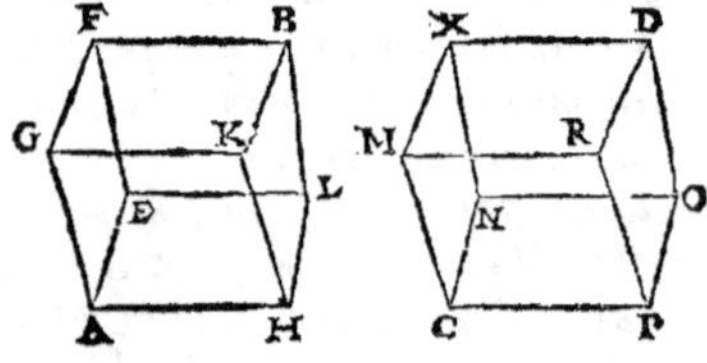

C'est à dire que si les plans semblables, qui suiuant la precedente definition contiennent les corps semblables, sont egaux chacun au sien : tels solides ne seront pas seulement dicts semblables, mais aussi egaux : Comme chacun des corps AB, CD, estant contenu de six plans semblables & egaux, chacun à son correspondant, seront dicts corps ou solides egaux & semblables.

11. Angle solide, est l'inclination ou rencontre de plus de deux lignes, qui se touchans en vn mesme poinct, ne sont constituees sur vn mesme plan. *ou bien,* Angle solide, est celuy qui est contenu sous plus de deux angles plans, qui se rencontrans à vn mesme poinct sont constituez sur plans differens.

Nous auons dit au premier liure que quand deux lignes droictes constituees à vn mesme plan se rencontrent indirectement à vn poinct, elles font vn angle plan, tel qu'est l'angle BAC contenu des deux lignes AB, AC, constituees en vn mesme plan : Mais s'il y interuient vne troisiesme ligne comme AD, qui ne soit constituee au mesme plan, ains que le poinct D soit en l'air hors le plan d'icelles, sera fait au poinct A vn angle solide : Lequel est aussi constitué par les trois angles plans BAC, EAD, & CAD, qui se rencontrent au mesme poinct A, & sont constituez sur plans differens.

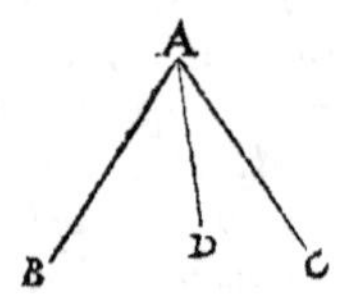

Mais est icy à noter que ceste def. ne comprend que les angles solides qui sont contenus sous plus de deux lignes droictes, ou plus de deux angles plans rectilignes : car elle ne comprend pas

l'angle du cone, qui eſt contenu d'vne ſeule ſuperficie courbe; ny celuy fait de deux ſuperficies l'vne plaine & l'autre courbe, tel qu'eſt l'angle fait lors qu'vn Cone eſt couppé par le ſommet. Comme eſt auſſi à noter que les angles ſolides contenus d'angles plans egaux en multitude & grandeur, ſont egaux entr'eux.

12. Pyramide, eſt vn ſolide compris de pluſieurs plans , ſe rencontrans en vn meſme poinct, & ayans vn autre plan pour baſe.

Comme la figure ſolide ABCD conſtituee ſur le plan ABC auec les trois autres plans ADB, ADC, & CDB, qui ſe rencontrent & terminent au poinct D, eſt appellee Pyramide.

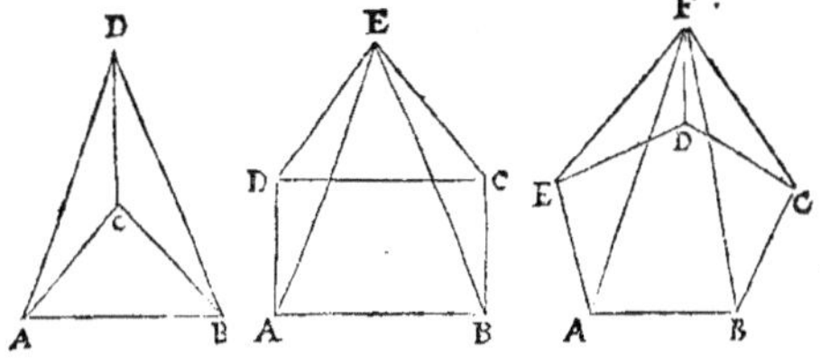

Comme auſſi la figure ſolide ABCDE conſtituee ſur la baſe ABCD, les autres plans ſe rencontrans au ſommet E: Item la figure ſolide ABCDEF: Chacune deſquelles Pyramides prend ſa denomination ſelon la figure de ſa baſe: tellement que celle qui a vn triangle pour baſe, comme la premiere des trois cy-deſſus , s'appelle Pyramide triangulaire: celle qui a vn quadrangle comme la 2.e. ſe nomme Pyramide quadrangulaire: celle qui a vn pentagone pour baſe , comme la 3.e. s'appelle Pyramide pentagonalle , &c.

13. Priſme , eſt vn ſolide compris de pluſieurs plans , deſquels deux qui ſont oppoſez ſont egaux, ſemblables & parallels , & les autres ſont parallelogrammes.

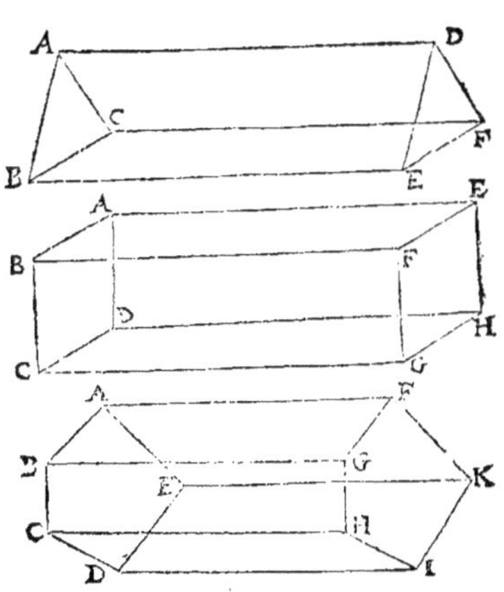

Comme la figure ſolide ABCDEF s'appelle priſme , car elle eſt contenue de deux triangles oppoſez ABC, DEF qui ſont egaux ſemblables & parallels , & de trois parallelogrammes BCFE, BADE, ACFD. ſemblablement la figure ſolide ABCDHEFG , en laquelle les plans oppoſez, egaux , ſemblables & parallels ſont les quadrilateres ABCD, EFGH, & les autres plans ſont parallelogrammes, eſt nommee Priſme : Comme auſſi l'autre figure ſolide ABCDEKFGHC, dont deux des plans qui la contiennent ſont oppoſez, egaux ſemblables & parallels , ſçauoir les pentagones ABCDE, FGHIK, & les autres plans ſont parallelogrammes, eſt nommee Priſme. Parquoy vn priſme n'eſt autre choſe qu'vne colomne d'egale groſſeur qui a les baſes oppoſees egales , ſemblables & paralleles , ſoit qu'icelles baſes ſoient triangulaires , quadrangulaires , pentagonales, &c. ainſi qu'il appert és figures cy deſſus.

14. Sphere, eſt vne figure contenue de la ſuperficie deſcrite par vn demy cercle, lors que ſon diametre demeurant immobile, iceluy de-

my cercle eſt tourné iuſques à ce qu'il reuienne où il a commencé de mouuoir.

Encore que nous ayons ſupplé quelque choſe en ceſte def. de la ſphere, ſi eſt-ce toutesfois que
celle de Theodoze rapportée en noſtre Coſmographie ſemble plus claire & intelligible : & des
deux nous en auons faict vne autre, qui eſt au commencement de noſtre Geometrie practique, la-
quelle eſt telle qu'il enſuit,

La ſphere eſt vn corps compris d'vne ſeule ſuperficie, à laquelle toutes les lignes
droictes menees d'vn ſeul poinct de ceux qui ſont au dedans d'iceluy corps ſont egales entr'elles : & icelle ſphere eſt deſcrite par vn demy cercle tournant vn tour ſur
ſon diametre immobile.

15. L'axe de la ſphere, eſt iceluy diametre immobile à l'entour duquel tourne le demy cercle.

16. Le centre de la ſphere, eſt le meſme que celuy du demy cercle.

17. Mais le diametre de la Sphere, eſt vne ligne droicte, laquelle
paſſant par le centre d'icelle, eſt terminee à la ſuperficie de la ſphere.

18. Cone, eſt vn ſolide compris ſous deux ſuperficies deſcrites par vn
triangle rectangle, lors que l'vn des coſtez qui comprennent l'angle
droict demeurant immobile, le triangle fait vn tour à l'entour d'i-
celuy coſté. Et ſi ledit coſté immobile eſt egal à
l'autre coſté comprenant l'angle droict, le cone
ſera rectangle : mais ſi plus petit, il ſera ambligone : & ſi plus grand, il ſera oxigone.

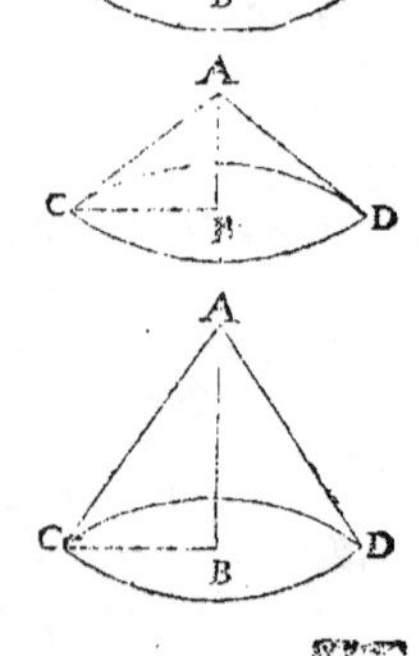

Soit le triangle ABC, dont l'angle B eſt droict, & le coſté AB de-
meurant fixe, ſoit imaginé ledit triangle ABC eſtre meu à l'entour
dudit coſté AB iuſques à ce qu'il ait fait vne entiere reuolution :
alors ſera deſcrite vne figure ſolide contenue ſoubs deux ſuperficies,
l'vne plane & circulaire deſcrite par le coſté BC, & l'autre courbe
& conuexe deſcrite par le coſté AC oppoſé à l'angle droict : laquelle
figure eſt appellee Cone par Euclide & autres Geometres, mais
pluſieurs l'appellent auſſi Pyramide ronde.

Que ſi le coſté immobile AB eſt egal à BC autre coſté de l'angle
droict, comme en la premiere figure, le Cone ſera dit Orthogonel ou
rectangle, pource que l'angle au ſommet A ſera droict, chacun des
deux CAB & DAB, qui le compoſent eſtant demy droict, à cauſe que l'angle B eſt droict,
& les coſtez AB & BC egaux. Mais ſi le coſté immobile AB eſt moindre que l'autre coſté de
l'angle droict BC, comme en la 2. figure, le Cone deſcrit ſera dit Ambligone, pource que l'an-
gle au ſommet A ſera obtus, attendu que chacun des angles egaux BAC, BAD, qui le
compoſent eſt plus grand qu'vn demy droict, l'angle ACB qui fait vn droict auec BAC eſtant
moindre qu'iceluy. Et finalement ſi le coſté immobile AB eſt plus grand que l'autre coſté BC,

comme en la 3. figure, le Cone descrit sera appellé Oxigone, parce que l'angle au sommet A sera aigu, puis que l'angle ACB sera plus grand qu'vn demy droict, & chacun des angles BAC, BAD qui composent ledit angle A, moindre qu'vn demy droict.

19. L'axe du cone est icelle ligne immobile à l'entour de laquelle tourne le triangle.

Comme en chacun des trois Cones descrits cy-dessus, l'axe est la ligne droicte immobile AB.

20. Mais la baze du cone, est le cercle descrit par l'autre costé comprenant l'angle droict qui tourne.

Comme és Cones cy-dessus, la base est le cercle descrit par le costé BC.

21. Cylindre, est vn solide compris de trois superficies descrites par vn parallelogramme rectangle, lors que l'vn des costez demeurant immobile, le parallelogramme fait vn tour à l'entour d'iceluy costé.

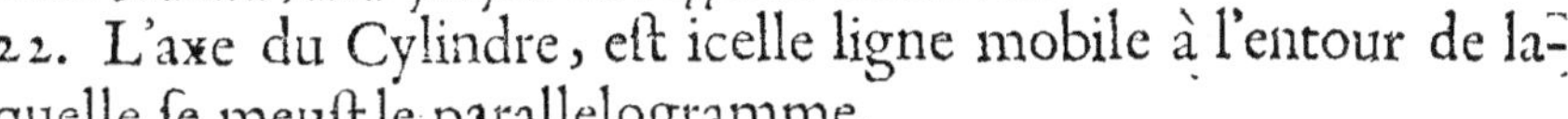

Soit vn parallelogramme rectangle ABCD, & le costé AB demeurant fixe & immobile soit conceu ledict parallelogramme estre meu allentour dudit costé AB, iusques à ce qu'il soit reuenu au lieu où il a commencé de mouuoir: alors sera descrite vne figure solide CDEF contenue soubs trois superficies, c'est à sçauoir deux planes & circulaires descrites par les costez AD, BC, & l'autre courbe & conuexe descrite par le costé DC: laquelle figure CDEF est appellée Cylindre par Euclide & plusieurs autres Geometres; mais quelques vns l'appellent Colomne ronde.

22. L'axe du Cylindre, est icelle ligne mobile à l'entour de laquelle se meust le parallelogramme.

Comme en la figure precedente la ligne droicte AB qui est demeuree immobile est dicte Axe du Cylindre CDEF.

23. Mais les bases du cylindre, sont les cercles descrits par les deux costez opposez, meus allentour.

Ainsi en la figure cy-dessus les cercles DE & CF descrits par les costez opposez AD, BC, seront les bases du Cylindre CDEF.

24. Semblables Cones, & Cylindres, sont ceux desquels les axes & les diametres de leurs bases sont proportionnaux.

Soient deux Cones ABC, EFG: Item deux Cylindres; & AD, EH soient leurs Axes; & BC, FG les diametres des bazes. Or si l'axe AD est à l'axe EH, comme le diametre BC est au diametre FG; tant les Cones, que des Cylindres seront semblables entr'eux.

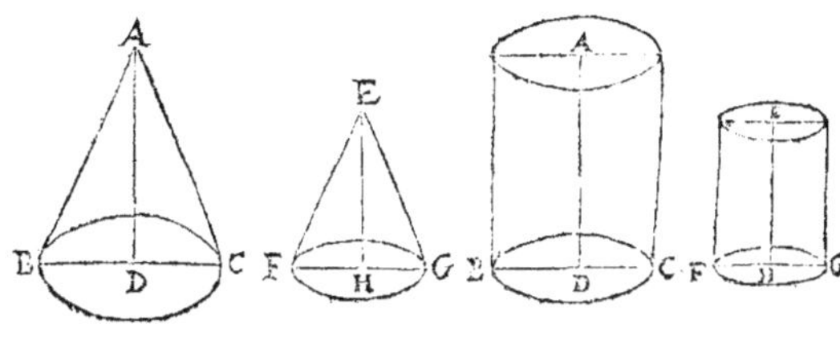

Mais est icy à noter qu'en ceste def. & autres preced. des Cones & des Cylindres, Euclide

*ne definit, & n'entend parler cy apres que des Cones & Cylindres droicts, c'est à sçauoir de
ceux dont l'axe est perpendiculaire & à angles droicts sur la baze : mais Appolonius Pergeus,
& Serenus en traictent vniuerselement, c'est à sçauoir tant des Ortogones, que des inclinez, ou
scalenes.*

25. Cube est vn solide compris de six quarrez egaux.

26. Tetraedre, est vne figure solide comprise de quatre triangles egaux, & equilateraux.

27. Octaedre, est vn solide compris de huict triangles egaux, & equilateraux.

28. Dodecaedre, est vn solide compris de douze pentagones egaux, equilateraux, & equiangles.

29. Icosaedre, est vn solide compris de vingt triangles egaux, & equilateraux.

30. Parallelipipede, est vn solide compris de six quadrangles plans, desquels les opposez sont parallels.

31. Vne figure solide, est dicte inscrite en vne figure solide, lors que tous les angles de la figure inscrite sont constituez, ou és angles, ou és costez, ou finablement és plans de la figure en laquelle elle est inscrite.

32. Mais vne figure solide, est dicte circonscrite à vne figure solide, quand ou les angles, ou les costez, ou les plans de la figure circonscrite, touchent tous les angles de la figure à l'entour de laquelle elle est descrite.

THEOR. 1. PROP. I.

Vne partie d'vne ligne droicte ne peut estre sur vn plan, & l'autre partie en l'air.

Car soit, s'il est possible, vne partie de la ligne droicte AB, sçauoir AC sur le plan DE, & l'autre partie CB en l'air. Donc puis que AC est ligne droicte posée au plan DE, elle peut estre prolongee directement sur iceluy plan, lequel prolongement soit CF, qui sera autre que CB, icelle ayant esté posee en l'air, & hors dudit plan DE : Et partant les deux lignes droictes CB, ACF auront vn commun segment AC : Ce qui ne peut estre par la 10. comm. sent. Parquoy vne partie d'vne ligne droicte, &c. Ce qu'il falloit demonstrer.

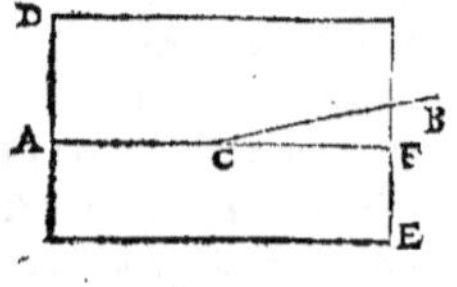

THEOR. 2. PROP. II.

Si deux lignes droictes se couppent l'vne l'autre, elles seront sur vn mesme plan: & tout triangle est en vn mesme plan.

Soient deux lignes droictes AB & CD se coupans l'vne l'autre au poinct E; & en EB, ED soient pris quelconques poincts B & D, & soit tiree la ligne droicte BD, afin de faire le triangle EBD. Ie dis que les deux lignes droictes AB, CD, sont constituees en vn seul & mesme plan : Item, que le triangle EBD est pareillement en vn mesme plan.

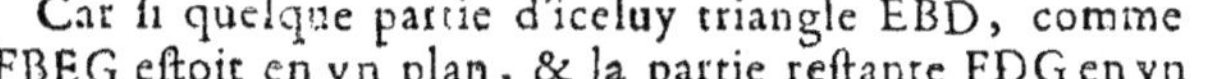

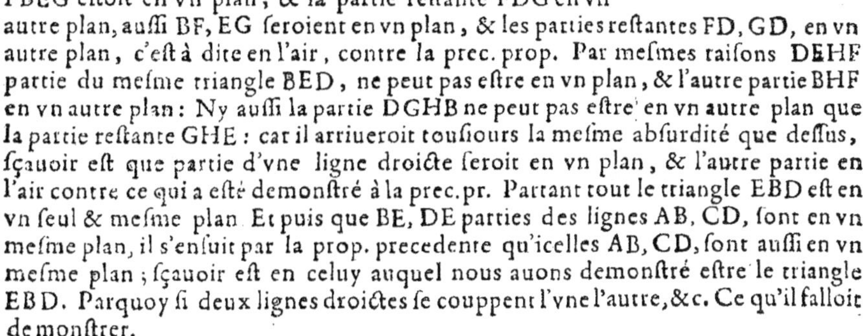

Car si quelque partie d'iceluy triangle EBD, comme FBEG estoit en vn plan, & la partie restante FDG en vn autre plan, aussi BF, EG seroient en vn plan, & les parties restantes FD, GD, en vn autre plan, c'est à dire en l'air, contre la prec. prop. Par mesmes raisons DEHF partie du mesme triangle BED, ne peut pas estre en vn plan, & l'autre partie BHF en vn autre plan: Ny aussi la partie DGHB ne peut pas estre en vn autre plan que la partie restante GHE : car il arriueroit tousiours la mesme absurdité que dessus, sçauoir est que partie d'vne ligne droicte seroit en vn plan, & l'autre partie en l'air contre ce qui a esté demonstré à la prec. pr. Partant tout le triangle EBD est en vn seul & mesme plan. Et puis que BE, DE parties des lignes AB, CD, sont en vn mesme plan, il s'ensuit par la prop. precedente qu'icelles AB, CD, sont aussi en vn mesme plan ; sçauoir est en celuy auquel nous auons demonstré estre le triangle EBD. Parquoy si deux lignes droictes se couppent l'vne l'autre, &c. Ce qu'il falloit demonstrer.

THEOR. 3. PROP. III.

Si deux plans se coupent l'vn l'autre, leur commune section sera vne ligne droicte.

Soient deux plans se coupans l'vn l'autre AB & CD, & leur commune section, soit la ligne EF. Ie dis que icelle commune section EF est vne ligne droicte.

Car si elle n'est telle, des poincts extremes E & F, qui sont communs à tous les deux plans on pourra tirer sur chacun d'iceux plans vne ligne droicte qui sera autre qu'icelle commune section EF : soit donc menee au plan AB vne ligne droicte EGF, & au plan CD la ligne droicte EHF. Donc puisque ces deux lignes droictes EGF, EHF ont mesmes termes E & F, elles encloront vn espace : ce qui est absurde. Donc la commune section EF sera ligne droicte. Parquoy si deux plans, &c. Ce qu'il falloit prouuer.

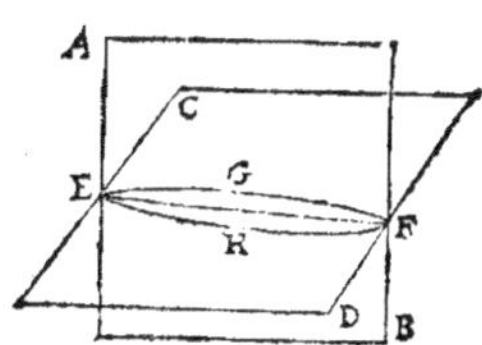

THEOR. 4. PROP. IV.

Si deux lignes droictes se couppent l'vne l'autre, & au poinct de leur commune section on esleue perpendiculairement vne au-

tre ligne droicte, elle fera auſſi eſleuee perpendiculairement
ſur le plan d'icelles.

Soient deux lignes droictes AB & CD, ſe coupans l'vne l'autre au poinct E, &
d'iceluy poinct de ſection E; ſoit eſleuee EF perpendiculaire à chacune d'icelles
AB, CD: ie dis qu'elle eſt auſſi perpendiculaire à leur plan.

Car ſoient poſees egales les lignes droictes AE, EB, & CE, ED; puis ſoient ti_
rees les lignes droictes AD, BC; & par le poinct E ſoit menee quelconque ligne
droicte GH couppant les lignes AD, BC, és poincts G & H: Item du poinct en
l'air F ſoient tirees les lignes droictes FA, FG, FD, FB, FH & FC. D'autant que
les coſtez EA, ED du triangle AED, ſont egaux
aux coſtez EB, EC du triangle BEC, chacun au ſien,
& les angles AED, BEC contenus par iceux coſtez
auſſi egaux par la 15. pr. 1. les baſes AD, BC ſeront pareillement egales, par la 4. prop. 1. Derechef puis que
les angles AEG, BEH ſont egaux par la 15. p. 1. les deux
angles AEG, EAG du triangle AGE ſeront egaux aux
deux angles BEH, EBH, du triangle BHE, & le coſté
A E eſt egal au coſté BE: donc par la 26. prop. 1. les
deux coſtez AG, GE, ſeront egaux aux deux coſtez
BH, HE. Et puis que les deux coſtez FE, EA du triangle

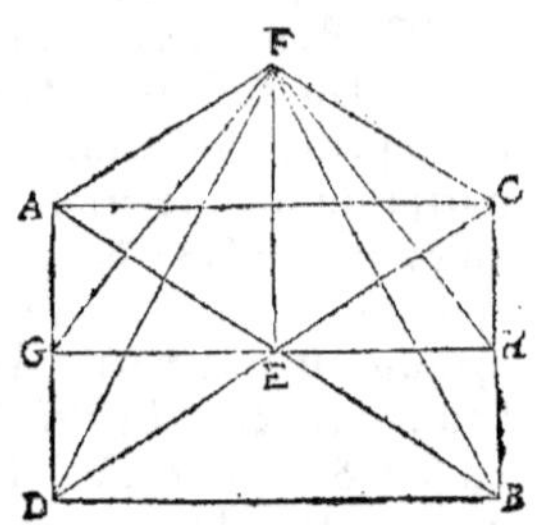

FEA ſont egaux aux coſtez FE, EB du triangle FEB, & les angles contenus d'iceux
coſtez auſſi egaux, ſçauoir droicts par l'hypotheſe, par la 4. prop. 1. les bazes FA,
FB ſeront egales. Par meſme raiſon ſeront auſſi egales les lignes FD, FC. Dauantа-
ge, veu que les coſtez FA, AD du triangle FAD, ſont egaux aux coſtez FB, BC du
triang. FBC, & la baſe FC egale à la baſe FD, par la 8. pr. 1. les angles FAD, FBC ſeront auſſi egaux: Parquoy les coſtez FA, AG du triangle FAG, eſtans egaux aux coſtez FB, BH, du triangle FBH, les baſes FG, FH, ſeront pareillement egales par la
4. prop. 1. Et finalement, puis que les coſtez FE, EG, du triangle FEG, ſont egaux
aux coſtez EF, EH du triangle FEH, & les baſes FG, FH auſſi egales, les angles
FEG, FEH ſeront pareillement egaux par la 8. pr. 1. & partant par la 10. d. 1. la ligne droicte FE ſera perpendiculaire à la ligne GH, qui la touche en E, & conſtituee
au meſme plan que les lignes AB, CD, par la 2. prop. 11.

On pourra ſemblablement mener tant de lignes droictes qu'on voudra ſur le
meſme plan, leſquelles rencontrant la perpendiculaire FE en E, y feront angles
droicts, par les meſmes raiſons que deſſus: & par la 2. def. 11. icelle FE ſera perpendiculaire au plan des lignes AB & CD. Si donc deux lignes droictes ſe couppent l'vne l'autre, &c. Ce qu'il falloit demonſtrer.

THEOR. 5. PROP. V.

Si vne ligne droicte rencontre en vn poinct perpendiculairement trois autres lignes droictes, icelles trois lignes droictes
feront en vn meſme plan.

Soit la ligne droicte A B perpendiculaire à trois autres lignes droictes AC, AD,
AE,

AE, au poinct de leur rencontre A. Ie dis qu'icelles trois lignes A C, A D, A E,
font fur vn mefme plan.

Car puis que deux d'icelles quelles qu'elles foient font
en vn mefme plan par la 2. prop. 11. foient A C, A D,
au plan FC: Si donc on dit que AE n'eft point fur le
mefme plan FC, mais qu'elle eft efleuee en l'air, elle pourra eftre au mefme plan que AB par la 2. p. 11. & foient toutes deux au plan BE. Ainfi FC, & BE font deux plans

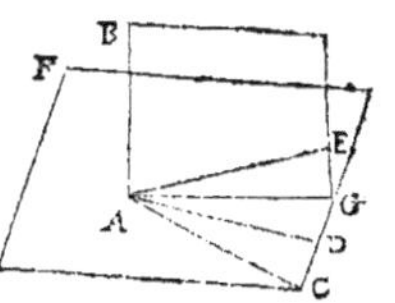

differens, lefquels fe touchans au poinct A, ne font pas
parallels, partant eftans continuez tant qu'il fera de befoin ils fe coupperont, & leur
commune fection fera vne ligne droicte par la 3. p. 11. foit la ligne AG, laquelle par
ce moyen fera au mefme plan que AC; & partant par la 4. d. 11. BA, & GA fe rencontreront en angles droicts: mais par l'hypothefe AB & AE fe rencontrent auffi en angles droicts: par ainfi les angles BAE, BAG eftans au plan BG tiré par les lignes
BA, AG, feroient egaux, la partie au tout: ce qui eft impoffible: Donc AE n'eftoit
pas efleuee en l'air, ains eftoit au mefme plan que AC & AD. Parquoy fi vne ligne
droicte rencontre en vn poinct, &c. Ce qu'il falloit demonftrer.

THEOR. 6.   PROP. VI.

Si deux lignes droictes font efleuees perpendiculairement fur vn
mefme plan, elles feront paralleles.

Soient deux lignes droictes AB, CD efleuees perpendiculairement fur vn mefme plan EF, & aux poincts A & D.
Ie dis qu'icelles AB, CD, font paralleles entr'elles.

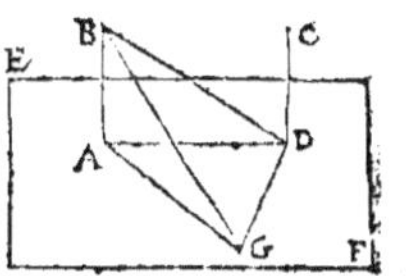

Car des fufdits poincts A & D du plan EF, foit menee
la ligne droicte AD, & du poinct D la ligne droicte DG perpendiculaire à icelle AD par la 11. prop. 1. puis ayant pofé
icelle DG egale à AB, foient menees les lignes BD, BG, AG.
D'autant que les deux triangles ABD & AGD ont les deux coftez AB, DG egaux,
& AD commun, & l'angle BAD egal à l'angle GDA (car ceftuy-là eft droict par
la 3. def. 11. & celuy cy eft auffi droict par la conftruction) par la 4. pr. 1. la bafe BD
fera egale à la bafe AG. Item les deux triangles AGB & GDB ayans les deux coftez
AB, AG egaux aux deux coftez DG, BD, chacun au fien, & la bafe BG commune,
par la 8. prop. 1. les deux angles BAG, BDG feront egaux. Mais l'angle BAG eft
droict par la 3. def. 11. donc BDG fera auffi droict: & partant la ligne DG eft perpendiculaire à BD: Mais elle eft auffi perpendiculaire à chacune d'icelles AD, CD
par la 3. def. 11. Parquoy GD touche perpendiculairement en vn poinct D, les trois
lignes DA, DB, DC: & partant par la 5. pr. 11. icelles trois lignes feront en vn mefme plan, c'eft à dire que CD fera au plan mené par les lignes AD, DB. Mais par la
2. pr. 11. les trois lignes AB, BD, AD qui conftituent le triangle ABD font en vn
mefme plan: partant AB & CD feront auffi en vn mefme plan. Mais par la 3. def. 11.
elles font les deux angles BAD, CDA droicts: Donc par la 28. pr. 1. icelles lignes
AB, DC font paralleles entr'elles. Parquoy fi deux lignes droictes font efleuees, &c.
Ce qu'il falloit demonftrer.

TTt

THEOR. 7. PROP. VII.

Si deux lignes droictes sont paralleles, & de l'vne à l'autre on mene
vne ligne droicte, elle sera au mesme plan des lignes paralleles.

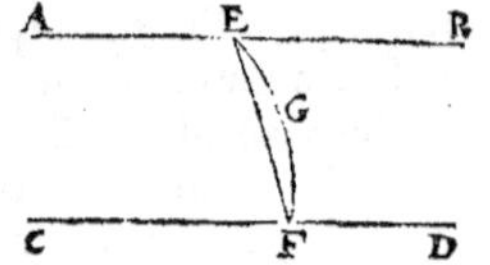

Soient deux lignes droictes paralleles AB & CD, &
de l'vne à l'autre soit menee la ligne droicte EF. Ie dis
qu'icelle ligne EF est au mesme plan des lignes paralleles AB & CD.

Car si elle n'est au mesme plan, ains en vn autre :
que celuy-cy couppe cestuy-là és poincts E & F, & la
commune section d'iceux plans soit EGF, laquelle sera ligne droicte par la 3. pr.
11. donc les deux lignes droictes EF, EGF, ayans mesmes termes E & F, enfer-
meront vn espace : ce qui est absurde. Donc la ligne droicte EF n'est pas en vn autre plan que celuy auquel sont les paralleles AB, CD. Parquoy si deux lignes droictes sont paralleles, &c. Ce qu'il falloit demonstrer.

*Ceste mesme proposition est aussi veritable, encore que les deux lignes AB, CD ne soient
paralleles, pourveu qu'elles soient en vn mesme plan, comme il est manifeste par la demonstration.*

THEOR. 8. PROP. VIII.

S'il y a deux lignes droictes paralleles, desquelles l'vne soit à angles
droicts à quelque plan : aussi l'autre sera à angles droicts sur le
mesme plan.

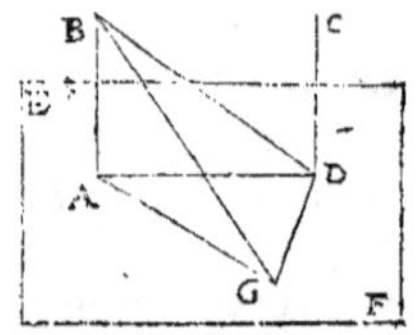

Soient deux lignes droictes paralleles AB & CD, & que
l'vne d'icelles AB soit éleuée perpendiculairement sur le plan
EF. Ie dis que l'autre CD est aussi esleuce perpendiculairement sur le mesme plan EF. Car estant menee au plan EF la
ligne droicte A D, l'angle B A D sera droict par la 3. d. 11.
Mais les deux lignes AB, CD estans paralleles, les deux angles BAD, CDA sont egaux à deux droicts par la 29. pr. 1.
donc l'angle CDA sera droict. Maintenant au mesme plan EF soit menee DG
perpendiculaire à AD, & ayant posé icelle DG egale à AB ; soient menees les lignes
AG, BG, BD. D'autant que les costez BA, AD du triangle ABD sont egaux aux costez GD, DA du triangle ADG, chacun au sien, & les angles BAD, ADG contenus
d'iceux costez aussi egaux, estans droicts ; les bazes BD, AG seront egales par la
4. prop. 1. Item, les costez BA, AG du triangle GBA estans egaux aux costez GD,
DB du triangle BDG, & la baze BG commune à tous les deux triangles ; les angles BDG, BAG contenus desdicts costez seront egaux par la 8 prop. 1. Mais BAG
est droict par la 3. def. 11. donc BDG sera aussi droict. Parquoy GD sera perpendiculaire à chacune d'icelles AD, BD, lesquelles faisant angle à D s'y entrecouperont
estans prolongees : & par la 4. prop. 11. icelle GD sera esleuee perpendiculairement
au plan mené par les lignes AD & BD : mais par la preced. prop. icelles deux lignes
BD & AD sont au mesme plan des paralleles AB & CD : donc GD est perpendicu-

laire fur le plan où eft la ligne CD : partant l'angle CDG fera droit. Mais nous auons demonftré que l'angle ADC eft auffi droit : donc par la 4. prop. 11. CD fera perpendiculaire au plan de GD & AD, c'eft à dire au plan EF. Parquoy s'il y a deux lignes droictes paralleles, &c. Ce qu'il falloit demonftrer.

THEOR. 9.   PROP. IX.

Les lignes droictes paralleles à vne mefme, lefquelles ne font en vn mefme plan qu'icelle, font auffi paralleles entr'elles.

Soient les lignes droictes AB, CD, paralleles à la ligne EF, & ne foient en vn mefme plan qu'icelle. Ie dis que AB, CD, font auffi paralleles entr'elles.

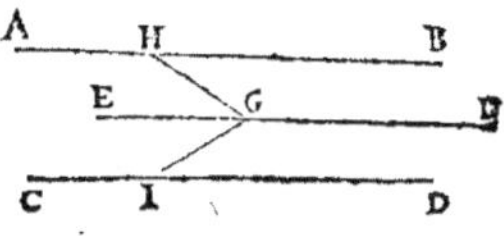

Soit pris en EF quelconque poinct G, duquel foient tirees à icelle EF deux perpendiculaires, fçauoir GH au plan des paralleles AB, EF; & GI au plan des paralleles CD, EF. D'autant que EF eft perpendiculaire aux deux lignes GH, GI, qui s'entretouchent en G ; elle le fera auffi au plan tiré par icelles par la 4. prop. 11. Parquoy puis que AB, EF, font paralleles ; & EF eft perpendiculaire au plan mené par GH, GI : auffi AB fera perpendiculaire au mefme plan par la 8. pr. 11. Par mefme raifon CD fera perpendiculaire au plan paffant par GH, GI: & partant par la 6. p. 11. AB, CD eftans perpendiculaires à vn mefme plan, font paralleles entr'elles. Ce qu'il falloit prouuer.

THEOR. 10.   PROP. X.

Si deux lignes droictes s'entretouchans, font paralleles à deux autres lignes droictes s'entretouchans, & ne font en vn mef-me plan, elles comprendront angles egaux.

Soient deux lignes droictes AB & AC s'entretouchans en A, lefquelles foient paralleles à deux autres lignes droictes DE & DF fe touchans l'vne l'autre en D : & AB, AC ne foient au mefme plan que DE, DF. Ie dis que les angles BAC, EDF, comprins par icelles font egaux.

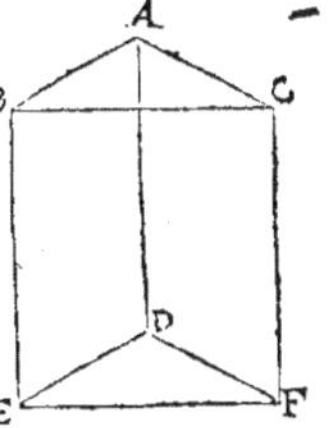

Car eftans prifes egales les quatre lignes AB, AC, DE, DF, foient menees les lignes AD, BE, CF, BC, EF. Donc AB & DE eftans egales & paralleles, AD & BE feront auffi egales & paralleles par la 33. prop. 1. & par mefme raifon AD & CF feront auffi egales & paralleles: & partant par la prec. prop. BE & CF feront auffi egales & paralleles entr'elles : & par la 33. p. 1. BC & EF feront pareillement egales & paralleles entr'elles. Parquoy les deux triangles ABC & DEF auront les trois coftez egaux aux trois coftez chacun au fien, & par la 8. prop. 1. les angles BAC, EDF, feront egaux. Si donc deux lignes droictes, &c. Ce qu'il falloit demonftrer.

PROBL. 1. PROP. XI.

D'vn poinct donné en l'air, mener vneligne droicte perpendiculaire fur leplan qui eft au deffous d'iceluy poinct.

Soit le poinct A en l'air, duquel il faut tirer vne perpendiculaire au plan BC, qui
eft au deffous d'iceluy poinct A. Au plan BC,
foit menee comme on voudra la ligne DE; à
laquelle de A foit tiree la perpendiculaire AF
par la 12. pr. 1. Et au plan BC par F, foit tirée
GH perpendiculaire à DE par la 11. p. 1. Et à
icelle GH foit tiree de A la perpendiculaire AI
par la 12. prop. 1. Ie dis qu'icelle AI eftperpen-
diculaire au plan BC.

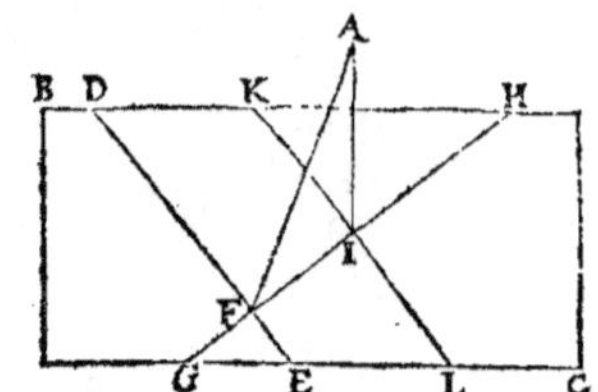

Car au plan BC, foit tiree par I, la ligne KIL
parallele à DFE par la 31. prop. 1. Donc puis que DF eft perpendiculaire aux deux
lignes FA, FH, par la conftruction; & partant auffi perpendiculaire au plan tiré
par icelles FA, FH par la 4. prop. 11. pareillement KI fera perpendiculaire au mefme
plan par la 8. pr. 11. Et d'autant que par la 2. prop. 11. AI eft en vn mefme plan que
FA, FH, & touche la ligne KI en I, l'angle KIA fera droict par la 2. def. 11. & AI
fera perpendiculaire aux deux KI, IF. Donc par la 4. p. 11. AI fera perpendic. au plan
où font les lignes KI, IF, fçauoir au plan BC. Nous auons donc d'vn poinct donné
en l'air abaiffé vne perpendiculaire au plan d'au deffous d'iceluy poinct : Ce qu'il
falloit faire.

PROBL. 2. PROP. XII.

A vn plan donné, & d'vn poinct donné en iceluy, efleuer vne ligne
perpendiculaire.

Soit le plan donné BC, & le poinct donné en iceluy
foit A : il faut d'iceluy poinct A efleuer vne ligne perpendiculaire audit plan BC.

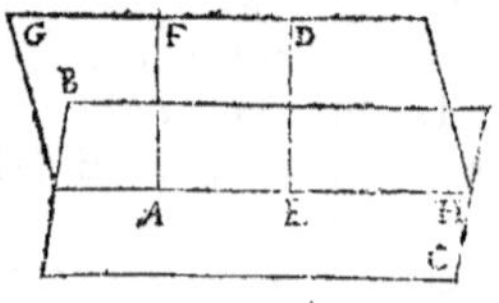

Soit pris en l'air comme on voudra le poinct D, &
d'iceluy foit menee fur le plan BC, la perpendiculaire DE par la preced. prop. laquelle rencontrant
le plan BC au poinct A, on aura faict ce qui eftoit
requis : Mais fi elle ne rencontre iceluy poinct A, ains quelque autre poinct E,
dudict poinct A foit menee AF parallele à ED, par la 31. prop. 1. Ie dis qu'icelle AF
fera perpendiculaire au plan BC. Car DE, AF eftans paralleles, & DE perpendic.
au plan BC par la conftruction, par la 8. pr. 11. AF fera auffi perpendiculairement
efleuee fur le mefme plan BC. Parquoy à vn plan donné, &c. Ce qu'il falloit faire.

THEOR. 11. PROP. XIII.

D'vn plan donné, & d'vn mefme poinct d'iceluy, on ne leuera pas en l'air d'vn mesme costé, deux lignes droictes perpendiculaires.

Soit donné le plan AB, & le poinct en iceluy C :
Ie dis que du poinct C, on n'esleuera pas en l'air
deux lignes droictes perpendiculaires sur iceluy
plan, & de mesme costé.

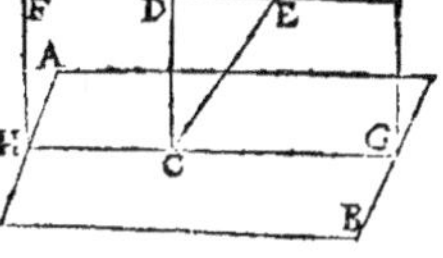

Car, s'il est possible, du poinct C, soient esleuees en l'air les deux perpendiculaires CD & CE :
par la 2. p. 11. elles seront en vn mesme plan, & soit
iceluy FG, lequel d'autant qu'il touche le plan AB au poinct C, n'est point parallele à iceluy AB : partant iceux plans estans continuez se coupperont, & leur
commune section sera vne ligne droicte, laquelle soit GCH. Et parce que les lignes
CD & CE sont perpendiculaires à iceluy plan AB, les angles ECG & DCG seront
droicts, & partant egaux : la partie au tout : ce qui est impossible. Il ne se peut
donc esleuer du poinct C, deux lignes perpendiculaires au plan AB, & de mesme
costé. Ce qu'il falloit prouuer.

THEOR. 12. PROP. XIV.

Si vne ligne droicte est perpendiculaire à deux plans, iceux plans
seront parallels.

Soit la ligne droicte AB perpendiculaire à chacun
des plans CD, & EF : ie dis qu'iceux plans sont parallels entr'eux.

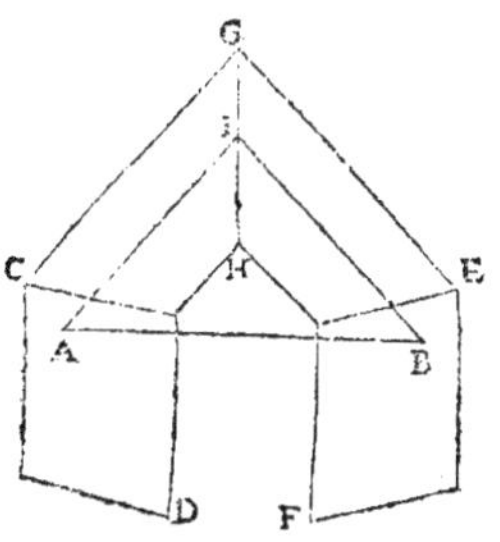

Car s'ils ne sont parallels, estans continuez il se rencontreront : que ce soit donc de la part de C,E, & que
GH soit la ligne de leur commune section, en laquelle
soit pris comme on voudra le poinct I, & d'iceluy
soient menees les lignes IA, IB és plans GCD, GEF.
Maintenant puis que la ligne AB est posee perpendiculaire à chacun d'iceux plans GCD, GEF, au triangle AIB les angles IAB & IBA, seront droicts, con-
tre la 17. pr. 1. donc les deux plans CD, EF prolongez ne se rencontreront point;
& partant ils sont parallels. Si donc vne ligne droicte, &c. Ce qu'il falloit prouuer.

Comme aussi in demonstre la conuerse de ceste prop. qui est telle.

S'il y a deux plans parallels, la ligne droicte qui est perpendiculaire à l'vn d'iceux,
sera aussi perpendiculaire à l'autre.

Soient deux plans parallels, CD, EF, & la ligne droicte AB soit
perpendiculaire au plan CD : Ie dis qu'icelle AB est aussi perpendiculaire au plan EF : car si elle n'est perpendiculaire soit tirée audit
plan EF, la ligne droicte BG de la part que AB fait l'angle moindre qu'vn droict; & par AB, BG soit mené vn autre plan, duquel
& du plan CD la commune section soit la ligne droicte AH. Et
d'autant que l'angle ABG est aigu, les plans estans prolongez, les
lignes droictes BG, AH se rencontreront, & partant aussi les plans,
lesquels ont esté posez parallels : ce qui est absurde. Donc AB est perpendiculaire au plan EF.
Ce qu'il falloit prouuer.

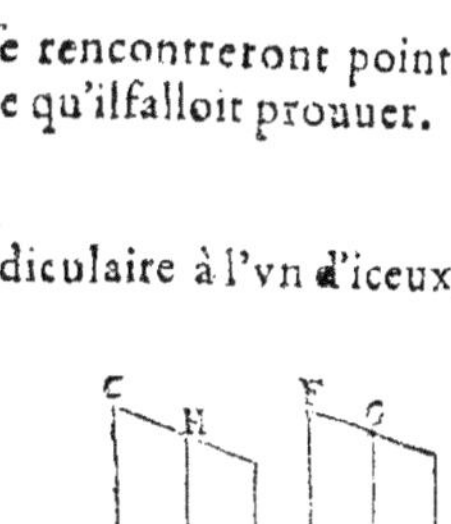

VNZIESME

THEOR. 13.   PROP. XV.

Si deux lignes droictes s'entretouchans sont paralleles à deux autres lignes droictes s'entretouchans, n'estans toutesfois en vn
mesme plan: les plans passans par icelles, seront aussi paralleles.

Soient deux lignes droictes AB & AC, s'entretouchans en A, paralleles à deux
autres lignes DE, DF, s'entretouchans en D, & ne soient en vn mesme plan qu'i-
celles. Ie dis que le plan BC mené par icelles AB, AC est parallel au plan EF tiré
par les lignes DE, DF.

Car par la 11. prop. 11. de A soit tiree sur le plan EF la perpendiculaire AG, rencontrant le plan EF en G: puis par la 31 pr. 1. audit plan EF, soient tirees de G, les lignes
GH, GI paralleles à DE, DF. Maintenant d'autant que AB,
GH sont paralleles à DE, icelles AB, GH seront paralleles
entr'elles par la 9. prop. 11. & partant par la 29. pr.1. les angles
BAG, AGH sont egaux à deux droicts. Mais AGH est droict,
par la 3. def. 11. Donc BAG sera aussi droict. Par mesme raison
on prouuera l'angle CAG estre droict. Parquoy, veu que la
ligne GA est perpendiculaire aux deux AB, AC; par la 4. pr. 11.
elle sera aussi perpendiculaire à leur plan BC : Mais par la
construction elle l'est aussi au plan EF. Donc par la prec. prop. les plans BC, EF seront paralleles. Parquoy si deux lignes droictes s'entretouchans, &c. Ce qu'il falloit
demonstrer.

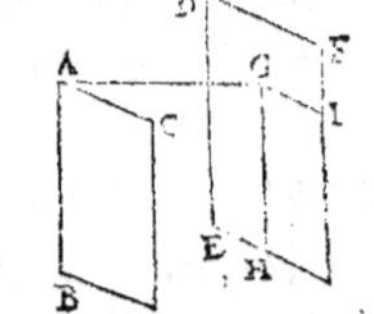

THEOR. 14.   PROP. XVI.

Si deux plans parallels sont couppez par vn autre plan; les lignes
de communes sections seront paralleles.

Soient deux plans parallels AB & CD, couppez par le plan EF, & les communes sections d'iceux soient EH, GF. Ie dis qu'icelles HE &
FG sont paralleles entr'elles.

Car si elles ne sont paralleles, estans prolongees elles se
rencontreront au plan couppant EF : Que ce soit donc au
poinct I. Or d'autant que toute la ligne droicte HEI est en
vn mesme plan, sçauoir en AB prolongé; & aussi toute la
ligne droicte FGI en vn mesme plan, sçauoir en CD prolongé; les plans AB, CD estans prolongez se rencontreront
aussi en I : ce qui est absurde, ayans esté posez paralleles. Donc
HE, FG estans continuées ne se rencontrent point ; & partant sont paralleles entr'elles. Parquoy, Si deux plans parallels sont couppez, &c. Ce qu'il falloit
demonstrer.

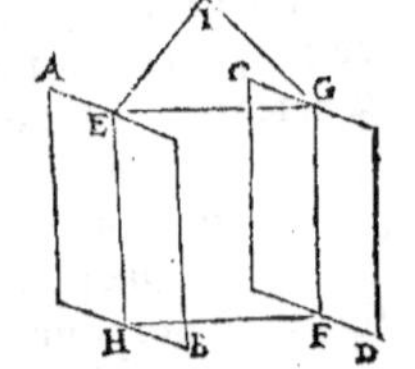

THEOR. 15.   PROP. XVII.

Si deux lignes droictes sont couppees par des plans parallels, elles
seront couppees proportionnellement.

Soient les deux lignes AB, CD, trauerfans les trois plans parallels EF, GH, IK, tellement qu'icelles lignes font couppees par iceux plans és poincts A, L, B, C, M, D. Ie dis qu'elles font couppees proportionellement, c'eft à dire que les fegmens d'icelles compris entre les fufdicts plans font proportionaux, fçauoir que comme AL eft à LB, ainfi CM à MD.

Car és plans EF, IK foient menees les lignes droictes A C, B D : & tiré AD rencontrant le plan GH au poinct N, duquel foient meneés les lignes L N, N M, au mefme plan GH : & le triangle ABD, par la 2. prop. 11. fera en vn mef-me plan : femblablement le triangle ADC auffi en vn mefme plan. Et d'autant que les plans parallels GH, IK font couppez par le plan du triangle ABD : leurs communes fections LN, BD feront paralleles par la prec. prop. Par mefme raifon MN, AC, feront auffi paralleles. Parquoy par la 2. p. 6. comme AL fera à LB, ainfi AN fera à ND : Item comme AN à ND, ain-fi C M à MD : Et partant par la 11. prop. 5. comme AL fera à LB, ainfi CM fera à MD. Si donc deux lignes droictes font couppees par des plans paralleles, &c. Ce qui eftoit à prouuer.

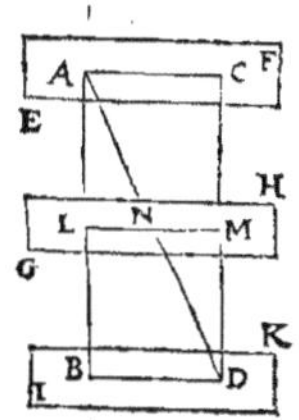

THEOR. 16. PROP. XVIII.

Si vne ligne droicte eft efleuee perpendiculairement fur vn plan, auffi tous les plans procedans d'icelle, feront perpendiculai-res au mefme plan.

Soit la ligne AB perpendiculaire fur quelque plan CD : Ie dis que tous les plans menez de la ligne AB, vers quelle part on voudra, feront efleuez perpen-diculairement fur le mefme plan CD.

Car par AB foit tiré le plan EF, couppant le plan CD par la ligne droicte EG : & en icelle foit pris quelconque poinct H, duquel au plan EF foit menee HI parallele à AE par la 31. prop. 1. Donc puis que AB, IH font paralleles, & AB a efté pofee perpendiculaire au plan CD ; auffi IH fera perpendiculaire au mefme plan CD, par la 8. prop. 11. & partant auffi perpendiculaire à la commune fection EG, par la 3.d 11. Par mefme difcours toutes autres lignes qui feront tirees au

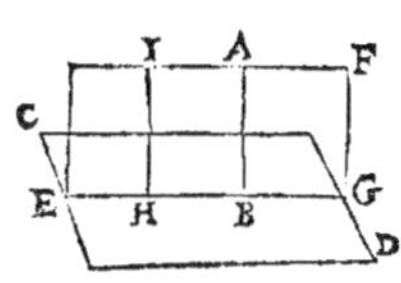

plan EF paralleles à icelle AB, feront perpendiculaires au plan CD : & par confe-quent à la ligne EG. Parquoy par la 4. def. 11. le plan EF fera perpendiculaire au plan CD. Par mefme raifon feront demonftrez tous autres plans tirez par la li-gne AE, eftre perpendiculaires au plan CD. Si donc vne ligne droicte eft efleuee perpendiculairement fur vn plan, &c. Ce qu'il falloit demonftrer.

THEOR. 17. PROP. XIX.

Si deux plans efleuez perpendiculairement fur vn autre plan

s'entrecoupent, leur ligne de commune section est perpendiculaire sur iceluy plan.

Soient les deux plans se couppans l'vn l'autre AB & CD, esleuez perpendiculairement sur le plan GH, & soit la ligne de leur commune section EF : ie dis qu'icelle
EF est perpendiculaire au mesme plan GH.

Car, ou EF est perpendic. à BF, DF, communes sections des plans AB, CD auec
ledit plan GH, ou non : Que si elle leur est perpend. par la 4. p. 11. elle le sera aussi
audit plan GH, mené par icelles BF, DF.
Mais si on dit que EF est seulement perpend.
à l'vne ou l'autre desdites sections BF, DF;
qu'elle le soit à BF. Donc puis que le plan AB
est perpendic. au plan GH, par la 4. def. 11. la
ligne EF (qui au plan AB est menee perpend.
à BF, commune section d'iceluy auec le plan
GH) sera perpendic. au plan GH. L'on con-
clura le mesme si ladite EF est concedee perpendiculaire à la section DF : car alors icelle

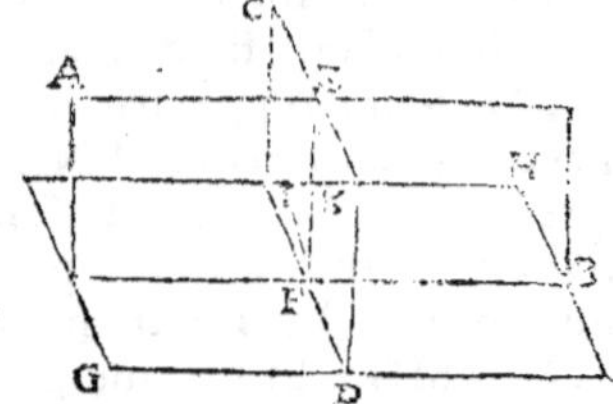

EF sera perpend. au plan GH par ladite 4. def. puis qu'elle est posee perpendicul. à
DF commune section du plan CD auec le plan GH, & menee audit plan CD qui
est perpendic. à iceluy plan GH. Finalement, si on croit EF n'estre perpendic.
à l'vne ny l'autre d'icelles communes sections BF, DF, du poinct F soit menee au
plan AB la ligne FI perpendic. à BF par la 11. pr. 1. & au plan CD, la ligne FK perpendiculaire à la section DF. Donc puis que le plan AB est perpend. au plan GH,
par la 4. def. 11. la ligne FI (laquelle est perpendic. à DF commune section d'iceux
plans AB, GH) sera aussi perpendic. à iceluy plan GH. Par mesme raison FK sera
encore perpend. au mesme plan GH. Par ainsi FI, FK seront d'vn mesme poinct F
donné au plan GH esleuees perpendiculairement sur iceluy plan : Ce qui est contre la 13. pr. 11. Parquoy EF sera perpendiculaire au plan GH. Si donc deux plans
esleuez perpendicul. &c. Ce qu'il falloit demonstrer.

THEOR. 18.   PROP. XX.

Si vn angle solide est compris de trois angles plans, deux d'iceux
pris comme on voudra, sont plus grands que le troisiesme.

Soit l'angle solide A, compris des trois angles plans BAC,
CAD, DAB. Ie dis que deux d'iceux lesquels on voudra, comme BAD & DAC sont plus grands ensemble que le troisiesme BAC.

Car si on dit que BAC est plus grand que les deux autres: au
plan tiré par AB, AC, soit fait l'angle BAE egal à l'angle
DAB par la 23. prop. 1. & la ligne AE egale à la ligne AD : puis
au mesme plan soit menee par E la ligne droicte BC, couppant les lignes AB, AC, en B & C: & tirees les lignes BD, DC. Maintenant puis que les deux costez AB & AD du triangle ABD sont egaux aux deux costez

ftez AB & AE du triangle ABE, chacun au fien, & les angles contenus d'iceux
coftez aussi egaux; la bafe DB fera egale à la bafe BE, par la 4. pr. 1. Item puis que
l'on pofe l'angle BAC plus grand que les deux autres BAD, CAD, & que le retranché BAE eft egal à l'vn d'iceux BAD, le refte CAE fera plus grand que l'autre
CAD : mais les deux coftez EA & AC du triangle ACE, font egaux aux deux
coftez AD & AC du triangle CAD, & l'angle CAE eft plus grand que l'angle
DAC : & partant par la 24.p.1. la bafe EC fera plus grande que la bafe DC : adiouftant donc les egales EB & DB, les deux CE, EB, c'eft à dire la toute BC, fera toufiours plus grande que les deux CD, DB : & partant au triangle ABC le cofté
BC eft plus grand que les deux autres : ce qui eft contre la 20. pr. 1. Donc l'angle
BAC n'eft point plus grand que les deux autres BAD, CAD. Que fi on dit qu'il
eft egal, il s'enfuiura par le mefme difcours que BC eft egal à BD & CD : ce qui
contreuient toufiours à la 20. pr. 1. Il eft donc plus petit que les deux autres. Parquoy fi vn angle folide eft compris de trois angles plans, &c. Ce qu'il falloit
prouuer.

THEOR. 19.   PROP. XXI.

Tous les angles plans d'vn angle folide, font plus petits que
quatre angles droicts.

Soit l'angle folide A, compris des trois angles plans CAB, BAD, DAC. Ie
dis qu'iceux trois angles plans font plus petits que quatre angles droicts.

Car eftans tirees les trois lignes droictes BC, CD, BD, feront conftituez trois
angles folides B, C, D, defquels chacun eft contenu fous trois angles plans, fçauoir
B, fous ABC, ABD, CBD : & C fous ACB, ACD, BCD :
& D fous ADB, ADC, BDC. Et d'autant que par la 20. pr. 11.
de chacun d'iceux angles folides, deux angles plans lefquels on
voudra font plus grands que le troifiefme, les deux angles ABC,
ABD, feront plus grands que le troifiefme DBC ; & les deux
ACB, ACD, feront plus grands que le troifiefme BCD : Item
les deux CDA, & BDA, font plus grands que BDC : & par-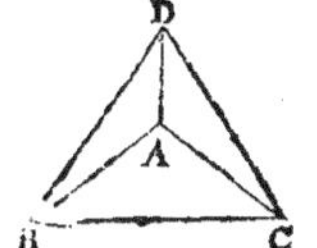
tant les fix angles ABC, BCA, ACD, CDA ADB, DBA enfemble, feront plus
grands que les trois de la bafe triangulaire BCD. c'eft à dire que deux droicts : (car
iceux trois angles vallent autant par la 32. p. 1.) Mais d'autant qu'iceux fix angles
auec les trois qui font l'angle folide A, vallent fix droicts, par la 32. prop. 1. (Car
ce font les angles de trois triangles plans ABC, ACD, ABD.) fi on ofte ces fix-là,
qui font plus grands que deux droicts ; les trois qui font l'angle folide A, demeureront plus petits que quatre droicts. Parquoy tous les angles plans, &c. Ce
qu'il falloit prouuer.

THEOR. 20.   PROP. XXII.

S'il y a trois angles plans, defquels deux pris comme on voudra
foient plus grands que l'autre, & les lignes droictes compre-

nant iceux, egales; il se peut faire que des lignes droictes qui
conioignent icelles egales, soit constitué vn triangle.

Soient trois angles plans ABC, DEF, GHK contenus de lignes droictes egales
BA, BC, ED, EF, HG & HK: deux desquels pris comme on voudra sont plus grands
que l'autre. Ie dis que des trois lignes droictes AC, DF, GK, qui conioignent
icelles lignes egales, peut estre constitué vn triangle, c'est à dire que deux d'icelles lignes AC, DF, GK de quelque façon qu'elles soient prises, sont plus grandes
que la troisiesme.

Car premierement si les trois angles B, E, H sont egaux, puis que les lignes qui
les contiennent sont egales, par la 4. pr. 1. les bases AC, DF, GK seront egales : &
partant deux d'icelles lesquelles on voudra
seront ensemble plus grandes que la troisiesme. Mais si lesdits angles proposez sont
egaux, puis que deux d'iceux pris comme on
voudra sont plus grands que le troisiesme, si
on en met deux ensemble tels qu'on voudra,
comme si à GHK on adiouste KHL egal à E
par la 23. pr. 1. & ayant fait HL egale à EF on

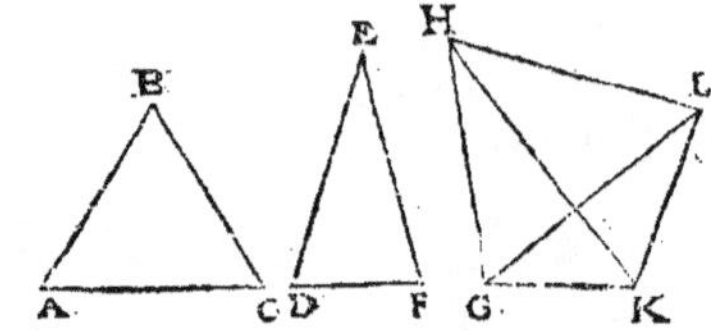

tire LK & GL : l'angle total GHL sera plus grand que le troisiesme ABC, & la base
GL par la 24. pr. 1. sera plus grande que la base AC : (car les deux costez sont egaux
aux deux costez) & à plus forte raison les deux GK, KL, qui par la 20. pr. 1. sont
plus grandes qu'icelle GL, seront plus grandes que la troisiesme AC. Et par mesme discours on monstrera tousieurs que deux d'icelles bases AC, DF, GK, prises
comme on voudra, sont plus grandes que la troisiesme : Partant d'icelles on
pourra faire vn triangle par la 22. prop. 1. S'il y-a donc trois angles plans, &c. Ce
qui estoit à demonstrer.

PROBL. 3. PROP. XXIII.

Faire vn angle solide de trois angles plans, desquels deux pris comme on voudra sont plus grands que le tiers. Mais il faut qu'i-
 ceux trois angles soient moindres que quatre droicts.

Soient trois angles plans A, B, C, moindres que quatre droicts, & desquels
deux quels qu'ils soient
sont plus grands que l'autre. Il faut faire vn angle
solide de trois angles plans
egaux à iceux A, B, C.

Soient posees egales les
six lignes droictes A D,
AE, BE, BF, CF, & CG
qui comprennent les an-

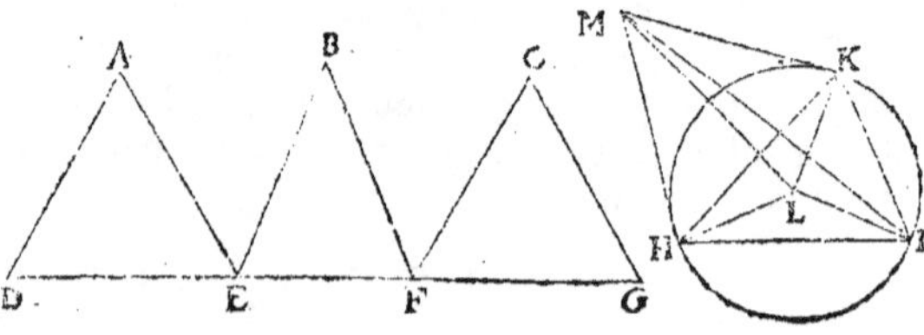

gles proposez, lesquels soient soustenus des trois bases DE, EF, FG. Donc puis
que par la precedente prop. on peut faire vn triangle d'icelles lignes DE, EF, FG,

foit fait le triangle HIK, ayant les trois coftez egaux à icelles bafes DE, EF, FG par la
22. prop. 1. lequel foit circonfcrit du cercle HIK par la 5. p. 4. & du centre L foient
menees les trois lignes LH, LI, LK : & apres auoir par la 12. pr. 11. efleué en l'air
perpendiculairement LM, par le lemme de la 14. pr. 10. foit icelle retranchee en
forte, que fon quarré auec le quarré de LH, foit égal au quarré de l'vn des coftez d'iceux angles plans : puis foient menees les lignes HM, IM, KM : Ie dis que
HIMK eft vn angle folide, compris de trois angles plans, egaux aux trois donnez
A, B, C.

Car les trois lignes LH, LI, LK eftans egales, & LM perpendiculaire à icelles :
les trois lignes HM, IM, KM, feront egales, d'autant qu'elles peuuent autant
l'vne comme l'autre par la 47. pr. 1. & puis qu'elles peuuent autant que l'vn des
coftez des angles plans donnez, elles feront egales aux coftez d'iceux angles plans:
puis les trois bafes HI, IK, KH eftans egales aux bafes des angles donnez, par la
8. prop. 1. les trois angles plans faifant l'angle folide au poinct M, feront egaux aux
trois donnez A, B, C. Nous auons donc fait vn angle folide de trois angles
plans, &c. Ce qu'il falloit faire.

SCHOLIE.

Si quelqu'vn obiectoit icy que la perpendiculaire LM ne peut pas toufiours eftre retranchée,
en forte que fon quarré auec le quarré de LH foit egal au quarré de l'vn des coftez des angles
donnez : comme par exemple, fi iceluy cofté eftoit egal ou plus petit que HL. Ie dis que cela
n'arriue iamais, non pas feulement qu'il foit egal à HL : Car fi HL & IL eftoient egaux à
AD & AE : & la bafe HI egale à la bafe DE, par la 8. p. 1. (& ainfi des deux autres
triangles) les trois angles au poinct L feroient egaux aux trois angles A, B, C, chacun au fien:
ce qui eft euidemment faux: Car toufiours par hypothefe les trois angles A, B, C, font plus petits
que quatre droicts; & par le corol. de la 15. p. 1. les trois au poinct L font egaux à quatre droicts.

THEOR. 21.   PROP. XXIV.

Si vn folide eft compris de plans parallels; les plans oppofez d'i-
celuy feront parallelogrammes femblables, & egaux.

Soit le folide AB compris de fix plans parallels AC, FB, AG, DB, AE, HB : Ie
dis que les plans oppofez font parallelogrammes femblables, & egaux.

Car puis que les plans AC & FB font parallels, eftans couppez par les plans AE
& HB : les lignes de commune fection AD, FE font paralleles : Item HC & GB,
par la 16. prop. 11. par la mefme raifon les plans AG &
DB eftans parallels, les lignes de commune fection AF
& DE : Item GH & BC font paralleles : partant AE &
HB font parallelogrammes. Par le mefme difcours
AG, DB; AC, FB, fe prouueront eftre parallelogrammes. Ie dis maintenant que les parallelogrammes op-
pofites font femblables & egaux. Car puis que les lignes AF, AD, font paralleles aux lignes HG, HC, &
non en mefmes plans, mais en oppofez : par la 10. pr. 11.
les angles DAF, CHG, feront egaux : par mefme rai-
fon les autres angles du parallelogramme AE, feront egaux aux autres angles du

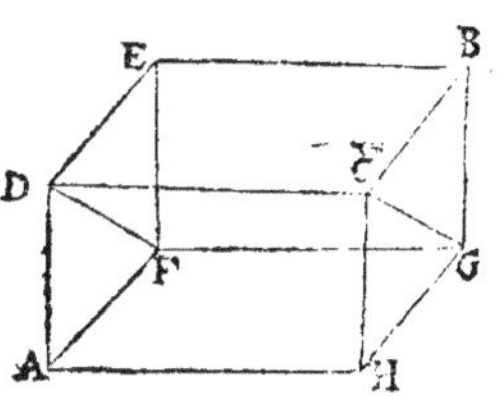

524
parallelogramme HB. Et puis que par la 34. prop. 1. au parallelogramme AC le
costez AD, HC sont egaux, comme aussi les costez AF, HG, du parallelogramme AG. comme AD sera à AF, ainsi HC à HG, & partant comme AF à FE, ainsi
HG à GB, &c. Donc les costez des parallelogr. AE, HB, au long des angles egaux,
seront proportionaux : & partant ils sont parallelogram. semblables. Maintenant
estans tirez les diametres DF, CG : veu que les costez AD, AF, du triangle ADF,
sont egaux aux costez HC, HG. du triangle HCG, & les angles DAF, CHG,
aussi egaux : par la 4. prop. 1. les triangles ADF, HCG, seront pareillement egaux:
lesquels estans moitiez des parallelogram. AE, HB, par la 34. prop. 1. iceux parallelogrammes seront aussi egaux entr'eux. Par mesme discours on demonstrera les
autres parallelogrammes opposez AG, DB : AC, FB, estre semblables & egaux.
Si donc vn solide est compris de plans parallels, &c Ce qu'il falloit demonstrer.

THEOR. 22. PROP. XXV.

Si vn solide parallelipipede est couppé par vn plan parallel aux
plans opposez, les solides couppez seront l'vn à l'autre comme
leurs bases.

Soit le solide parallelipipede ABCD couppé par le plan EF parallel aux deux
opposez AD & BC, & faisant deux solides AF & EC : ie dis qu'iceux solides seront l'vn à l'autre, comme la base AH à la base BH.

Car la ligne AB estant prolongee de part & d'autre, soient faites egales AI à AE,
& BK à BE, & soient accomplis les parallelogrammes IM, & BN : Item les solides
AQ & BP. Doncques puis que AI, AE, sont
egales, les parallelogrammes IM, FH seront
aussi egaux par la 1. p. 6. & par la precedente
les plans opposez LD, GD seront semblables &
egaux: Item AL, AG semblables & egaux à MQ,
MF, plans opposez. & ainsi des autres : & par la
9. def. de ce liure, le solide AQ est egal au solide AF. Par le mesme discours le solide BP sera
egal au solide FB : partant le solide IF est autant
multiplice du solide AF, comme la base IH est

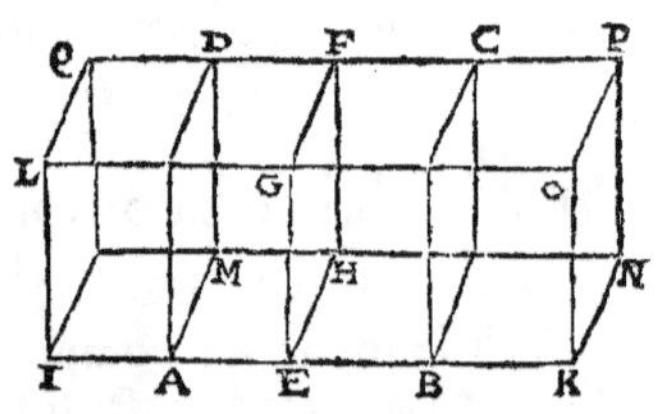

multiplice de la base AH: Item le solide EP est autant multiplice du solide FC, comme la base EN est multiplice de la base BH : & partant comme la base IH sera plus
grande, egale ou plus petite que la base AH, ainsi le solide IF sera plusgrand, egal,
ou plus petit que le solide AF. Tout de mesme comme la base EN sera plus grande,
egale, ou plus petite que la base BH, ainsi le solide EP sera plus grand, egal, ou
plus petit que le solide EC. Maintenant soient quatre grandeurs, les deux bases
AH, BH, & les deux solides AF, EC : desquelles de la premiere & troisiesme,
(sçauoir de la base AH & du solide AF) on a pris les equemultiplices HI base,
& IF solide: Item de la seconde & quatriesme, (sçauoir de la base BH, & du solide EC) les equemultiplices EN base, & EP solide, lesquels nous auons monstré
estre comme demande la 6. def. 5. plus grands, egaux ou plus petits, en quelconque
multiplication qu'elles soient prinses : & partant comme la base AH à la base BH,

ainsi le solide AF au solide EC. Parquoy si vn solide parallelipipede , &c. Ce
qu'il falloit demonstrer.

SCHOLIE.

Ceste propos. se peut acommoder à tous prismes : Car si quelconque prisme est couppé par
vn plan parallel aux plans opposez : tout ainsi que la base sera à la base, ainsi le solide sera
au solide. Car soit premierement le prisme ABCDEF,
duquel les plans opposez sont les triangles ABC,
DEF : & soit iceluy couppé par le plan GHI parallel
aux plans opposez. Ie dis que comme la base AI est à
la base FI, ainsi le solide ABCIHG est au solide
FEDIHG. Car soit imaginé le prisme ABCDEF
estre prolongé de part & d'autre tant qu'on voudra :
& de AF prolongees soient prises AK egale à GF,
& FL, LM egales à FG : En apres, par les poincts G,
I, M, soient entendus les plans KNO, LPQ, MRS

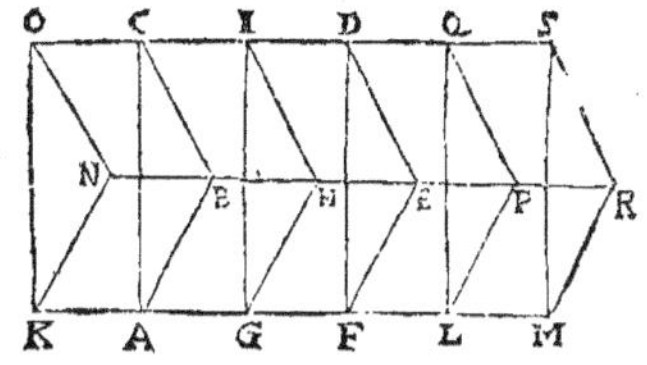

parallels aux plans ABC, GHI, FED. Donc puis que les plans parallels ABC, GHI, sont
couppez par le plan AI : leurs communes sections AC, GI, seront paralleles par la 16. prop.
11. Mais à cause que AD est parallelog. AG, CI seront aussi paralleles. Donc AI est parallelo-
log. Par mesmes raisons seront demonstrez AH, CH estre parallelog. Et pource que les costez
AC, AB, du triangle ABC, sont egaux aux costez GI, GH, du triangle GHI, (car par la
34. prop. 1. AC est egal à GI, & AB à GH) & par la 10. prop. 11. les angles BAC, HGI
sont aussi egaux : (pource que les lignes AB, AC sont paralleles aux lignes GH, GI, & en
diuers plans) par la 4. prop 1. les triangles ABC, GHI sont egaux entr'eux, & equiangles :
Parquoy par la 4. prop. 6 les costez d'alentour les angles egaux, seront proportionnaux ; &
partant iceux triangles seront semblables. Donc le solide ABCIHG, contenu des deux plans
opposez ABC, GHI egaux, & semblables, & des parallelog. AI, IB, GB, est vn prisme. Par
mesme raison ABCONK, GHIDEF, DEFLPQ, & LPQSRM seront prismes : Et pource
que les parallelogrammes AI, KC sont egaux & semblables, comme aussi AH, KB, &
CH, OB ; tous les plans du prisme ABCIHG, seront egaux & semblables à tous les plans du
prisme ABCONK. Parquoy par la 10. def. 11, les prismes ABCIHG, ABCONK sont
egaux. Par mesme raison les prismes GHIDEF, DEFLPQ, LPQSRM seront egaux Partant le prisme KNOIHG sera autant multiple du prisme ABCIHG, que la base KI de la
base AI ; & le prisme GHISRM autant multiplice du prisme GHIDEF, que la base GS de la
base GD. Et pource que si la base KI, (multiplice de la base AI premiere grandeur) est
egale à la base GS, (multiplice de la base GD 2. grandeur) aussi le prisme KNOIHG, (multiple du prisme ABCIHG 3. grandeur) est egal au prisme GHISRM, (multiple du prisme
GHIDEF 4. grandeur :) Mais si la base KI est plus grande que la base GS, aussi le prisme
est plus grand que le prisme ; & si moindre, moindre, en quelconque multiplication : par la 6.
def. 5 comme la base AI premiere grandeur, sera à la base GD 2. grandeur, ainsi le prisme
ABCIHG 3. grandeur sera au prisme GHIDEF 4. grandeur. En la mesme maniere on demonstrera que le prisme est au prisme, comme la base AH est à la base GE, & comme la base
CH est à la base EI. Ce qui estoit proposé.

Soit maintenant le prisme ABCDEFGHIK, duquel les plans opposez sont polygones, c'est à
sçauoir pentagones, & soit couppé par le plan LMNOP. Ie dis derechef, que comme la base CM

est à la base NG, ainsi est le solide *ABCDELMNOP*, au solide *LMNOPFGHIK*. Car si les plans opposez parallels sont resouds en triangles; aussi le prisme sera resoud en autant de prismes qu'il y aura de triangles és plans opposez. Parquoy comme la base *BP* sera à la base *MK*, ainsi le prisme *ABEPML* sera au prisme *LMPKGF*, par les choses demonstrees cy dessus. En la mesme maniere, comme la base *CP* est à la base *NK*, ainsi le prisme *BCEPMN* sera au prisme *MNPKGH*; & le prisme *CDEPNO* au prisme *NOPKHI*. Mais par la 1. prop. 6. comme *BP* est à *MK*: & *CP* à *NK*, ainsi est la ligne *EP* à la ligne *PK*, c'est à dire comme *CN* est à *NH*, & comme *CN* est à *NH*, ainsi est *CM* à *NG*. Donc les prismes *ABEPML*, *BCEPMN*, *CDEPNO*, ont mesme raison aux prismes *LMPKGF*, *MNPKGH*, *NOPKHI*, que *CM* à *NG*, & partant ont la mesme entr'eux. Mais par la 12. prop. 5. comme vn seul est à vn seul, ainsi sont les trois aux trois. Donc comme le prisme *BCEPMN* sera au prisme *MNPKGH*, c'est à dire comme la base *CM* à la base *NG*, ainsi le prisme *ABCDELMNOP* composé des trois sera au prisme *LMNOPFGHIK* composé des trois. Ce qui estoit proposé. Il y aura mesme demonstration en quelconque autre prisme.

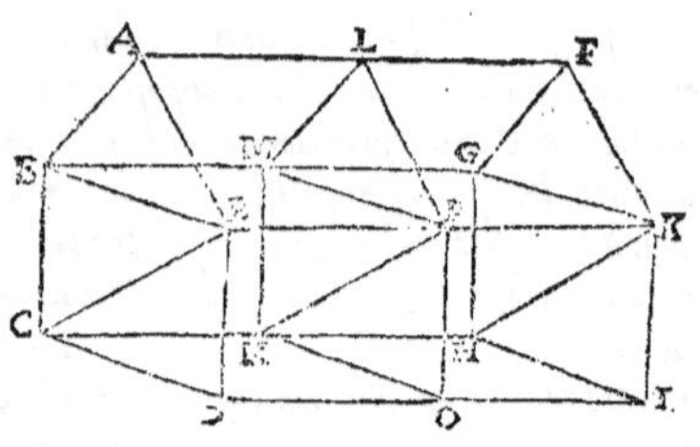

COROLLAIRE.

De cecy resulte que si quelconque prisme est couppé par vn plan parallel aux plans opposez que la section est vne figure egale & semblable aux plans opposez: Car il a esté demonstré au premier prisme que le triangle *GHI* est egal, & semblable au triangle *ABC*, & partant au triangle *DEF*: Et il y a mesme demonstration en tous. Le mesme se doit entendre des paralleli-pipedes.

PROBL. 4. PROP. XXVI.
Sur vne ligne droicte donnée, & à vn poinct donné en icelle, constituer vn angle solide egal à vn angle solide donné.

Soit la ligne droicte donnée *AB*, & le poinct donné en icelle *A*; & il faut construire sur icelle *AB*, & au poinct *A*, vn angle solide egal à l'angle solide *C* compris de trois angles plans *DCE*, *ECF*, *FCD*.

Soit tiree de *F*, la ligne *FG* perpendiculaire au plan des lignes *CD*, *CE*, par la 11. prop. 11. & soient menees les lignes *DF*, *FE*, *EG*, *GD*, *CG*: en apres soit prise *AH* egale à *CD*: & par la 23. pr. 1. soit fait l'angle *HAI* egal à l'angle *DCE*; & la 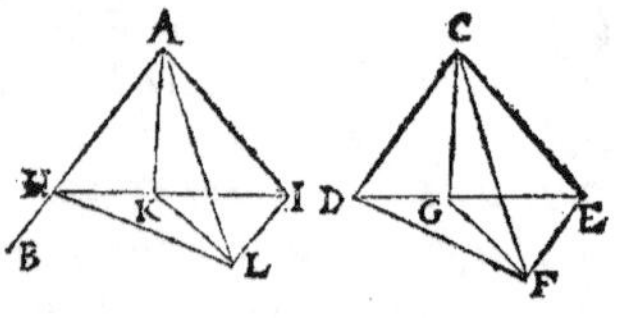 ligne *AI* egale à la ligne *CE*. Derechef au plan tiré par *AH*, *AI*, soit fait l'angle *HAK* egal à l'angle *DCG*, & la ligne *AK* egale à la ligne *CG*: puis par la 12. prop. 11. de *K* soit tiree au plan auquel sont les trois *AH*, *AK*, *AI*, la perpendiculaire *KL*: laquelle soit posee egale à *FG*, & soit menee la ligne *AL*. Ie dis que l'angle solide *A*, contenu des trois angles plans *HAI*, *HAL*, *LAI*, est egal à l'angle solide donné *C*.

Car estans menees les lignes HK, KI, IL, LH: veu que les costez AH, AK du triangle AHK, sont egaux aux costez CD, CG du triangle CDG, & les angles HAK, DCG egaux par la construction : les bases HK, DG seront egales par la 4. prop. 1. Et d'autant que des angles egaux HAI, DCE, estans ostez les angles egaux HAK, DCG, demeurent egaux les angles KAI, GCE : lesquels par la construction sont compris de lignes egales : par la 4. prop. 1. les bases KI, GE, seront aussi egales. Les costez KH, KL sont aussi egaux aux costez GD, GF, & les angles HKL, DGL droicts : donc par la mesme 4. prop. 1. les bases HL, DF, seront egales. Parquoy puis que les costez AH, AL du triangle AHL, sont aussi egaux aux costez CD, CF du triangle CDF: (car les costez AK, KL font egaux aux costez CG, GF, par la construction, & comprenent angles droicts: partant les bases AL, CF sont egales par la 4. prop. 1.) les angles HAL, DCF seront pareillement egaux par la 8. p. 1. Finalement, pource que les costez KI, KL font egaux aux costez GE, GF: & les angles IKL, EGF droicts; par la 4. pr. 1 les bases IL, EF font egales : partant puis que les costez AI, AL du triangle AIL sont egaux aux costez CE, CF du triangle CEF, par la construction, les angles IAL, FCF seront aussi egaux par la 8. p. 1. donc les trois angles plans HAI, HAL, LAI, composans l'angle solide A, sont egaux aux trois angles plans DCE, DCF, FCE, composans l'angle solide C; & partant l'angle solide A est egal à l'angle solide C. Parquoy nous auons constitué sur vne ligne droicte, &c. Ce qu'il falloit faire.

PROB. 5. PROP. XXVII.

Sur vne ligne droicte donnee, descrire vn solide parallelipipede semblable, & semblablement posé à vn solide parallelipipede donné.

Soit la ligne donnee AB, sur laquelle il faut construire vn solide parallelipipede semblable, & semblablement posé au parallelipipede donné CD.

Sur la ligne AB, & au poinct en icelle A, soit fait par la prec. vn angle solide egal à l'angle solide C, lequel soit compris des trois angles plans HAI, BAI, BAH : tellement que HAI soit egal à ECG; BAI à FCG; & BAH à FCE : puis par la 12. prop. 6 soit fait comme CF est à CG, ainsi AB à AI, & comme CG à CE, ainsi AI à AH: & en raison egale, AB sera à AH comme CF à CE. Et soient paracheuez les parallelogr. BH, HI, BI, BK, KI, KH, qui accompliront le parallelipipede AK. Ie dis qu'iceluy parallelipipede AK est semblable & semblablement posé au donné CD.

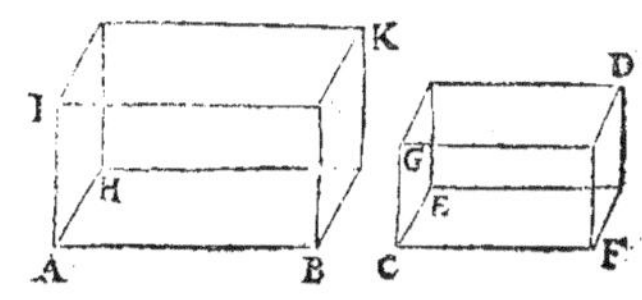

Car d'autant que AB est à AI, comme CF à CG, & l'angle BAI egal à l'angle FCG, le parallelogramme BI est semblable au parallelogramme FG : par la mesme raison le parallelog. BH sera semblable au parallelog. FE: & HI à EG. Partant trois parallelogrammes du solide AK font semblables & semblablement posez, à trois parallelog. du solide CD. Mais par la 24. prop. 11 les trois opposez sont egaux, & semblables. Parquoy les six plans du solide AK font semblables & semblablement

poſez aux ſix plans du ſolide CD : & partant par la 9. defin. les ſolides AK & CD
feront ſemblables & ſemblablement poſez. Nous auons donc ſur vne ligne droiĉte
donnee, deſcrit vn parallelipipede, &c. Ce qu'il falloit faire.

THEOR. 23. PROP. XXVIII.

Si vn ſolide parallelipipede eſt couppé par vn plan paſſant par les diagonales des plans oppoſez, il ſera couppé en deux egalement.

Soit le ſolide parallelipipede AB couppé par le plan CDFG, par les diagonales
des plans oppoſez DF, CG. Ie dis qu'il eſt couppé en deux egalement.

Car puis que les plans AE, HB, ſont parallelogr. egaux & ſemblables par la 34. prop 1.
les triangles ADF, EFD, CGH & GCB ſont
egaux entr'eux : mais les coſtez qui contiennent les angles egaux DAF, DEF, CHG,
& CBG ſont proportionnaux : donc iceux
triangles ſéront auſſi ſemblables par la 6. pr.
6. & le plan AG eſt egal & ſemblable au plan
DB, & AC à FB par la 24. prop. 11. (car ce ſont
plans oppoſez.) Partant les deux priſmes
ADCHGF, FEBGCD, ſont compris de pa-

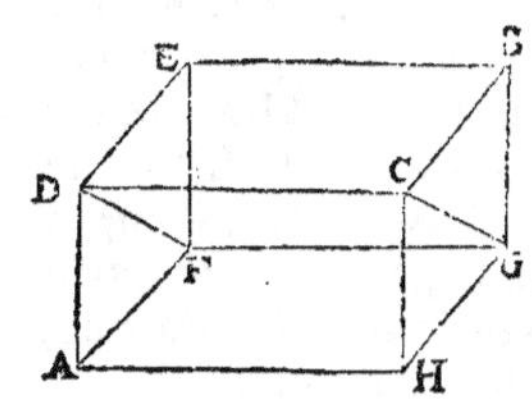

rallelogrammes, & de triangles oppoſez ſemblables & egaux, & par la 10. def. iceux
priſmes ſont egaux. Parquoy puis qu'ils compoſent le parallelipipede AB : iceluy
ſera couppé en deux egalement par le plan DCGF. Si donc vn ſolide parallelipipede eſt couppé par vn plan, &c. Ce qu'il falloit prouuer.

THEOR. 24. PROP. XXIX.

Les ſolides parallelipipedes ayans meſme baſe, & meſme hauteur,
& deſquels les lignes inſiſtantes ſont colloquees en meſmes lignes droiĉtes ; ſont egaux entr'eux.

Soient conſtituez ſur la baſe AB, & en
meſme hauteur, les ſolides parallelipipedes ADEG, AIKG, deſquels les lignes inſiſtantes AH, AM, GF, GL ; CD, CI, BE,
BK ſont colloquees en meſmes lignes
droiĉtes HL, DK. Ie dis que le ſolide
ADEG eſt egal au ſolide AIKG. Car d'autant que les parallelogrammes AF, AL
conſtituez ſur meſme baſe AG ſont egaux

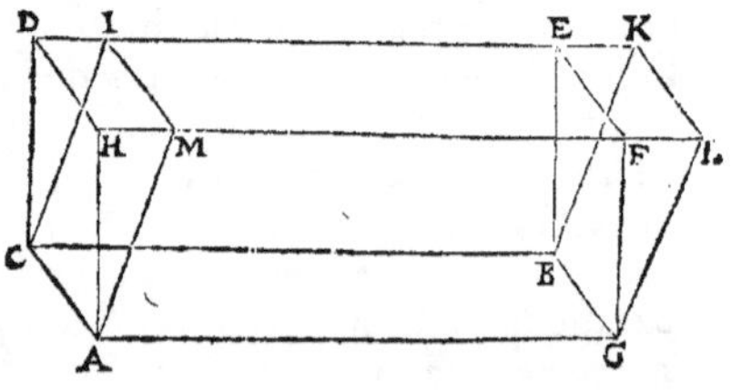

ent'eux par la 35. p. 1. ſi on en oſte le trapeze commun GM, reſteront egaux les
triangles AHM, GFL : Et puis que par la 34. prop. 1. ils ont leurs coſtez egaux, chacun au ſien, ils ſeront equiangles & partant auſſi ſemblables par la 4. prop. 6.
Pour meſmes raiſons les triangles CDI, BEK, feront auſſi egaux & ſemblables.
Mais par la 24. prop. 11. le parallelog AD eſt egal & ſemblable au parallelog. GE ;
Item le parallogr. AI au parallelogr. GK. Et par la 36. prop. 1. DM eſt egal à EL ;
attend u

attendu que leurs bafes HM, FL font egales (car HF, ML font egales entr'elles,
chacune d'icelles eftant egale à AG; & oftant MF qui leur eft commune, reftent
MH, FL egales.) Parquoy les cinq plans du prifme AHMIDC font egaux &
femblables aux cinq plans du prifme GFLKEB : & par la 10. def. 11. lefdits prifmes
feront egaux: partant fi on adioufte à chacun d'iceux prifmes le commun folide
AMICBEFG, feront faits egaux les parallelipipedes ADEG, AIKG. Parquoy les folides parallelip. ayans vne mefme bafe, &c. Ce qu'il falloit demonftrer.

THEOR. 25. PROP. XXX.

Les folides parallelipipedes, conftituez fur mefme bafe, & de mefme
hauteur, & defquels les lignes infiftantes ne font colloquees en
mefmes lignes droictes; font egaux entr'eux.

Sur vne mefme bafe AB, & en mefme hauteur (c'eft à dire entre mefme plans
parallels) foient conftituez les folides parallelipipedes CF, CL defquels les lignes
infiftentes menees des quatre angles de la bafe AB, fçauoir AH, AO, GF, GL, CD,
CI, BE, BK, ne font pas colloquees en mefmes lignes droictes. Ie dis que le folide CF eft egal au folide CL.

Car puis que les plans HE, OK oppofez à la bafe commune AB, font
en vn mefme plan, à raifon de la mefme hauteur des parallelipipedes;
foient prolongees en iceluy plan les
lignes HF, DE, iufques à ce qu'elles
rencontrent LK auffi prolongee en
M & Q: foit encore prolongee OI,
qui rencontre HF & ED en N & R,
puis foient tirees les lignes droictes
AN, GM, BQ, CR. D'autant que
les lignes continuees LK, OI font
paralleles, comme auffi HF, DE; le
quadrilatere N M Q R fera parallelogramme, qui ayant les coftez op-

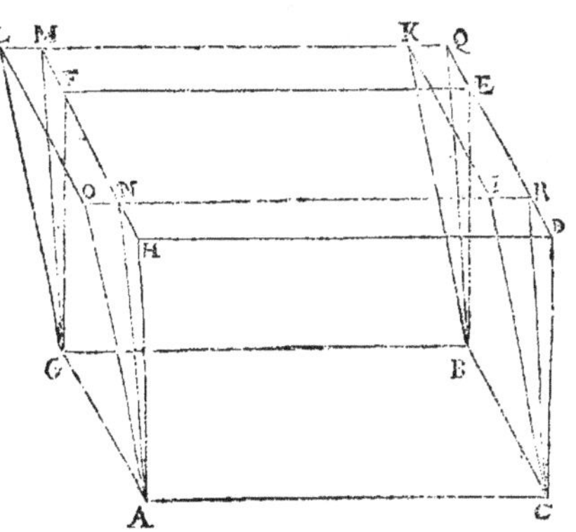

pofez egaux & parallels, auffi ANMG, CRQB, ANRC, GMQB, feront parallelog. & partant le folide CM fera parallelipipede: & par la prec. prop. il fera egal au
parallelip. CF, puis qu'eftans conftituez fur mefme bafe AB, & de mefme hauteur, les lignes infiftantes AH, AN, GF, GM, CD, CR, BE, BQ font colloquees
en mefmes lignes droictes HM, DQ. Mais pour mefmes raifons le parallelipip.
CM eft auffi egal au parallelip. CL, ayans mefme bafe, & les lignes infiftantes colloquees en mefmes lignes droictes LQ, OR. Donc le parallelipipede CF fera egal
au parallelip. CL. Parquoy les folides parallelipipedes, &c. Ce qu'il falloit demonftrer.

On conuertira tant cefte propofition que la precedente en cefte maniere.

XXX.

530
Les folides parallelipipedes egaux ayans mefme bafe, foit que les lignes infiften
tes foient colloquées en mefmes lignes droictes, ou non, font de mefme hauteur.

Car fi l'on dit que l'vn eft plus haut, fi d'iceluy on couppe vn parallelipipede de mefme hau-
teur que l'autre, le couppé & l'autre feront egaux, par la 29. ou 30. prop. 11. & puis que ceft
autre eft pofé egal au tout, le couppé fera egal au tout. Ce qui eft abfurde.

THEOR. 26. PROP. XXXI.

Les folides parallelipipedes conftitués fur bafes egales, & de mefme hauteur, font egaux entr'eux.

Soient les folides parallelipipedes AB, CD conftituez fur bafes egales AE & CF, & de mefme hauteur. Ie dis qu'iceux folides font egaux entr'eux.

Car premierement les lignes infiftentes AG, LM, KI, EB foient perpendiculaires à la bafe AE, & les infiftentes CH, PQ, ON, FD perpendic. à la bafe CF; toutes lefquelles perpendicul. feront egales entr'elles, puis que les parallelip. font de mef-

me hauteur : & apres auoir continué CP iufques à R, & fait PR egale à KE, au plan de
OP prolongé, foit fait l'angle RPS egal à
l'angle AKE, & fait PS egale à KA : puis foit
acheué le parallelogr. PM, fur lequel foit
conftruit le parallelip. QSTV à la hauteur
de la perpendiculaire PQ. Donc puis que les
coftez PR, PS font egaux aux coftez EK, KA,
& les angles RPS, EKA egaux, les parallelogrammes PT, KL feront egaux & fembla-

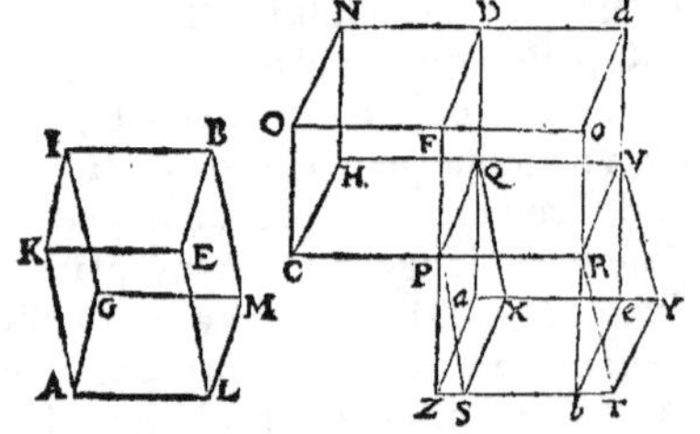

bles. Derechef puis que les coftez PQ, PS font egaux aux coftez KI, KA, & les
angles QPS, IKA droicts par la 3. def. 11. pource qu'icelles IK, PQ font pofees perpendiculaires aux plans AE, PT : auffi les parallelogrammes QS, AI, feront egaux
& femblables. Item les coftez PR, PQ eftans egaux aux coftez KE, KI, & les angles RPQ, EKI droicts, par la mefme def. les parallelogrammes PV, KB feront auffi
egaux & femblables. Parquoy puis que les trois parallelog. PT, QS, PV, du parallelipipede QSTV font egaux & femblables aux trois KL, AI, KB, du parallelip. AIBL,
par la 24. prop. 11. tant ceux-là, que ceux-cy feront egaux & femblables à leurs autres parallelogrammes oppofez: & partant par la 10. definit. les parallelipipedes AB,
SV feront egaux entr'eux. Maintenant que EP, TS prolongees fe rencontrent en Z:
& DQ, YX, en a, & foit acheué le parallelipipede ZV. Item que ND, eV prolongees fe rencontrent en d, & OF, bR, en o, & foit acheué le parallelipipede DR. Donc
puis que les parallelipipedes SV, ZV, ont mefme bafe PV, & mefme hauteur, &
que les lignes infiftentes PS, PZ, RT, Rb : Qx, Qa, VY, Ve, font colloquees entre
mefmes lignes droictes ZT, a Y: iceux folides feront egaux entr'eux par la 29 prop. 11.
Mais le parallelipipede SV eft demonftré egal au parallelipipede AB : donc le parallelipipede ZV fera egal au mefme AB. Et d'autant que par la 35. pr. 1. les parallelogrammes PT, Pb font egaux, & PT egal à AE, auffi Pb fera egal au mefme AE,

e'eſt à dire à CF (car AE, CF ſont poſees baſes egales:) & par la 7. pr. ç. comme CF
ſera à P*o*, ainſi P*b* ſera à P*o* : & par la 25. pr.11. comme la baſe CF eſt à la baſe P*o*, ainſi
le ſolide CD eſt au ſolide P*d*, puis que le parallelipipede C*d* eſt couppé par le plan
PD parallel aux plans oppoſez CN, R*d* : Semblablement comme P*b* eſt à P*o*,ainſi
le ſolide ZV au ſolide P*d* , pour ce que le parallelipipede D*b* eſt couppé par le plan
PV parallel aux plans oppoſez F*d*, Z*e*. Donc par la 9. prop. ç. les parallelipipedes
CD, ZV ſeront egaux, puis qu'ils ont meſme raiſon au ſolide P*d*, ſçauoir eſt la meſme qu'ont les baſes CF, P*b* à la baſe P*o*. Parquoy puis que le parallelipipede ZV a
eſté demonſtré egal au parallelipipede AB : les parallelipipedes AB & CD ſeront pareillement egaux: ce qui eſtoit propoſé.

Maintenant, ſi les lignes inſiſtentes AG, LM, KI, EB; CH, PQ, ON, FD, ne ſont
perpendiculaires, ſur les baſes A E, CF,
ſoient tirees des poincts (apres auoir continué les lignes AL, KE & PC, FO, tant
qu'il ſera de beſoin) G, I, B, M, & H, N,
D, Q, & ſur les plans d'audeſſous d'iceux
poincts les perpendiculaires GT, IR, BS,
MV, & HY, NX, DZ, Q*a*, par la 11.pr. 11.
& ſoient tirees RT, SV, XY, Z*a*,pour faire
les parallelipipedes ITVB, NY*a*D,leſquels

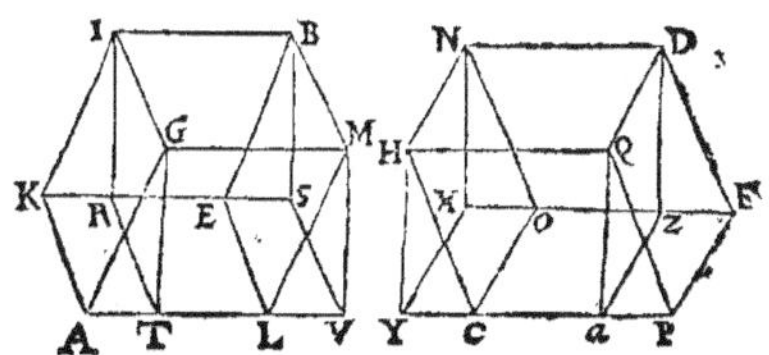

par ce qui a eſté demonſtré cy-deſſus ſeront egaux entr'eux, car ils ſont ſur baſes
egales,GB,HD; & de meſme hauteur : Mais par la 29. ou 30. prop.11. le ſolide ITVB
eſt egal au ſolide AB; & le ſolide NY*a*D egal au ſolide CD : donc le ſolide AB
ſera egal au ſolide CD. Parquoy les ſolides parallelipipedes conſtituez ſur baſes
egales, &c. Ce qu'il falloit demonſtrer.

SCHOLIE.

On conuertira ceſte 31. prop.en ceſte maniere.
Les ſolides parallelipipedes egaux, conſtituez ſur baſes egales,ſont de meſme hauteur : & les ſolides parallelipipedes egaux, qui ſont en meſme hauteur:ſont ſur baſes
egales. s'ils n'ont vne meſme baſe.
Car ſi on croit l'vn plus haut que l'autre : ſi on couppe du plus haut vn parallelip. de meſme
h auteur que l'autre : par la 31.p.11. le couppé ſera egal à l'autre,auquel eſt auſſi poſé egal le tout:
parquoy le couppé ſera auſſi egal au tout : ce qui eſt abſurde. Que ſi les parallelipip. eſtans de
meſme hauteur, on croit que la baſe de l'vn ſoit plus grande que la baſe de l'autre : ſi d'icelle
baſe on en couppe vne egale à l'autre, & ſur icelle couppee on entend eſtre vn parallelipipede de
meſme hauteur, lon demonſtrera en la meſme maniere, la partie eſtre egale au tout : Ce qui eſt
abſurde.

THEOR. 27. PROP. XXXII.

Les ſolides parallelipipedes de meſme hauteur, ſont l'vn à l'autre comme leurs baſes.

Soient deux parallelipipedes de meſme hauteur ABCD, EFGH, deſquels les baſes ſoient AB, EF. Ie dis que le ſolide eſt au ſolide comme la baſe à la baſe.

Car si sur la ligne HF, (apres auoir prolongé le plan EF vers I) & à l'angle FHI
on conftruit le parallelogramme FI egal au parallelog. AB; puis on acheue le folide
IFLK; iceluy eftant de mefme hauteur
que le folide ABCD, & fur bafe egale,
il luy fera egal par la 31. pr. 11. Parquoy
par la 7. prop.5. comme le folide IFKL
eft au folide EFGH, ainfi le folide ABCD
eft au mefme folide EFGH. Mais par la
25. prop. 11. le folide IFKL eft au folide
EFGH, comme la bafe IF, c'eft à dire
AB, à la bafe EF : Donc auffi le folide

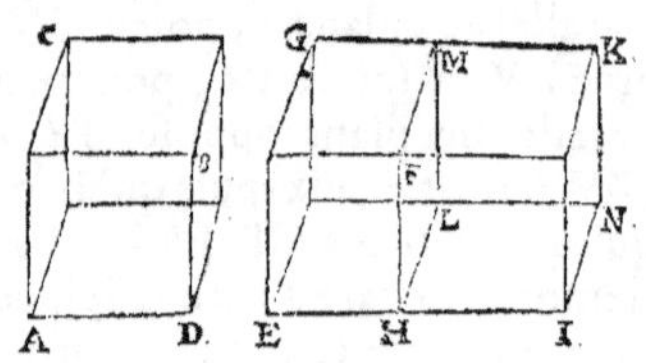

ABCD, fera au folide EFGH, comme la bafe AB à la bafe EF. Parquoy les folides
parallelipipedes de mefme hauteur, &c. Ce qu'il falloit prouuer.

S C H O L I E.

La conuerfe : Si les folides parallelipipedes font entr'eux comme leurs bafes ; ils feront en mefme hauteur. *Car fi l'vne des hauteurs eft plus grande que l'autre, de la plus*
grande en foit couppee vne egale à la moindre, & puis foit tiré vn plan parallel à la bafe ;
& par la 32.p.11.comme la bafe fera à la bafe, ainfi le parallelipipede fera au parallelipipede
couppé: mais ainfi il eftoit auffi au parallelipipede total. Donc le couppé eft egal au tout
par la 9 p. 5. Ce qui eft abfurde.

THEOR. 28. PROP. XXXIII.

Les femblables folides parallelipipedes, font l'vn à l'autre en rai-
fon triplee de leurs coftez homologues.

Soient deux femblables parallelipipedes ABCE, FHGI conftituez fur bafes femblables AE, FK, efquelles les coftez homologues font AD, FI. Ie dis que le parallelipipede ABCE eft au parallelipipede FHGI en raifon triplee des coftez homologues AD, FI.

Car foit prolongé AD vers M, tellement que DM foit egale à FI, ou HG. Item
BD vers N, en forte que DN foit ega-
le à LI ou GK : Item ED vers O,
tellement que DO foit egale à KI ou
GL : puis apres eftans accomplis les
parallelogrammes DP, MN, NO, foit
acheué le parallelipipede NMP. Il eft
donc euident que les deux parallelipipedes FG, NP font féblables & egaux,
puis qu'ils font compofez de plans qui
ont les angles egaux, & les coftez au
long d'iceux angles egaux, auffi egaux.
Item foient conftruits les parallelipipedes BMOQ, & EBRM. D'autant

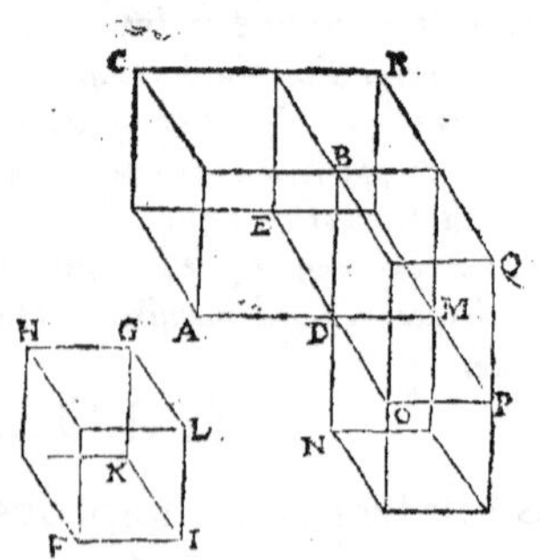

que les parallelipipedes ABCD, FGHI, font femblables, comme AD eft à FI, c'eft à
dire à DM, ainfi DE à KI, c'eft à dire à DO : & BD à LI, c'eft à dire à DN. Mais

par la 1.prop. 6. comme AD à DM, ainſi le parallelog. AE au parallelog. EM: &
comme ED à DO, ainſi le parallelog. EM à DP: & comme BD à DN, ainſi le parallelogramme BM à MN. Donc comme AE ſera à EM, ainſi EM à DP & BM à MN.
Mais par la 32. prop. 11. comme la baſe AE à la baſe EM, ainſi eſt le parallelipipede
AECB au parallelip. EMRB: & comme la baſe EM eſt à la baſe DP, ainſi le parallelip. EMRB eſt au parallelipipede DPBQ: & comme la baſe BM eſt à la baſe MN,
ainſi le parallelip. DPBQ eſt au parallelipipede NP. Parquoy comme le parallelipipede AECB ſera au parallelip. EMRB, ainſi le parallelipipede EMRB ſera au
parallelip. DPBQ : & le parallelipipede DPBQ au parallelip. NP. Partant les
quatre quantitez AECB, EMRB, DPBQ, NP ſont continuellement proportioneles: & par la 10.d.5. la premiere AECB ſera à la quatrieſme NP, c'eſt à dire à FG, en
raiſon triplee de la premiere AECB à la ſeconde EMRB. Mais par la 32.pr.11. comme AECB eſt à EMRB, ainſi la baſe AE eſt à la baſe EM : & par la 1.prop. 6. comme AE eſt à EM, ainſi AD eſt à DM, c'eſt à dire à FI. Donc par la 11.pr.5. AECD
ſera à EMRB comme AD à FI : partant la raiſon triplee de AECD à EMRB, ſera
la meſme que de AD à FI: & par conſequent AECD eſtant à FG en raiſon triplee
de AECD à EMRB: il ſera auſſi en raiſon triplee de AD à FI. Parquoy les ſolides
parallelipipedes, &c. Ce qu'il falloit demonſtrer.

COROLLAIRE.

Par cecy eſt euident que s'il y a quatre lignes droittes continuellement proportioneles, comme la
premiere eſt à la quatrieſme, ainſi le parallelipipede deſcrit ſur la premiere, eſt au parallelipipede ſemblable, & ſemblablement deſcrit ſur la ſeconde: Puis que tant le parallelipipede eſt
au parallelipipede, que la premiere ligne à la quarte en raiſon triplee de la raiſon de la premiere ligne à la ſeconde, ſçauoir des coſtez homologues.

THEOR. 29. PROP. XXXIV.

Les ſolides parallelipipedes egaux, ont les baſes & les hauteurs reciproques : Et ceux qui ont les baſes & les hauteurs reciproques,
ſont egaux.

Soient les parallelipipedes egaux ABCD, EFGH ſur les baſes AD, EH, deſquels les
hauteurs ſont AC, EG. Ie dis que leurs
baſes & leurs hauteurs ſont reciproques, c'eſt à dire, que comme la baſe AD
eſt à la baſe EH, ainſi la hauteur EG
eſt à la hauteur AC.

Car ſi les baſes AD & EH ſont egales,
(eſtans les ſolides poſez egaux) les hauteurs AC, EG ſeront auſſi egales par le
ſchol. de la 31. pr. 11. & partant comme la baſe AD à la baſe EH, ainſi la hauteur EG à la hauteur AC.

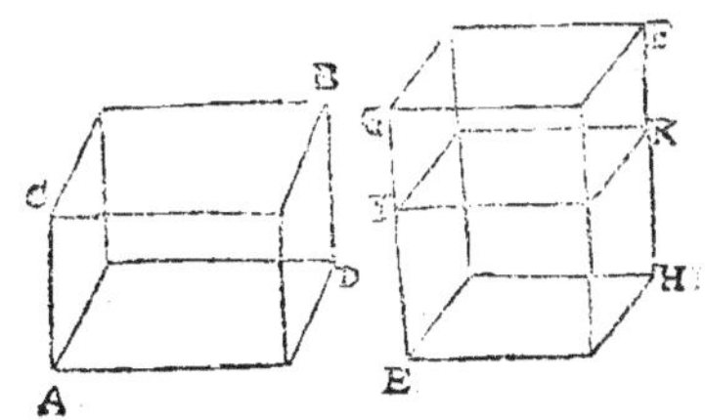

Mais ſi les baſes ſont inegales, ſçauoir AD, plus grande que EH, la hauteur EG ſera
plus grande que la hauteur CA: car elle ne peut eſtre plus petite, non pas ſeulement
egale, d'autant que par la 31.p.11. iceux ſolides ſeroient l'vn à l'autre côme leurs baſes;

534

partant AB plus grand que EF, & nous les auons posez egaux: La hauteur EG sera
donc plus grãde que CA; & d'iceluy soit retranchee EI egale à CA, & d'iceluy poinct
I soit imaginé que le plan IK parallel à EH, couppe le parallelip. EF: Or les deux
solides AB & EF estans egaux, ils auront mesme raison l'vn comme l'autre au solide EK, par la 7. prop. 5. Mais AB & EK estans de mesme hauteur, ils seront l'vn à
l'autre comme la base AD à la base EH, par la 32. prop. 11. Partant EF sera aussi à
EK comme la base AD à la base EH. Or comme le parallelipipede EF est au parallelip. EK, ainsi la base GL à la base IL, par la 25. prop. 11. & icelle base GL est à la
base IL, comme la ligne EG est à la ligne EI, par la 1. prop. 6. & partant par la 11. p. 5.
le solide EF est au solide EK, comme EG à EI. Mais le solide EF est aussi au solide EK, comme la base AD à la base EH: Donc par la 11. prop. 5. comme la base AD
est à la base EH, ainsi la hauteur EG est à la hauteur EI, ou à son egale AC.

Pour la seconde partie, si la base AD est à la base EH, comme la hauteur EG est
à la hauteur AC. Ie dis que les deux solides AB & EF sont egaux.

Car si les hauteurs sont egales, il est euident que les bases sont aussi egales, puis
qu'elles sont posees en mesme raison: & partant par la 31. prop. 11. les parallelipipedes AB, EF seront pareillement egaux.

Que si la hauteur EG est plus grande que la hauteur AC d'icelle, soit retranchee
EI egale à AC, & par I soit tiré le plan IK parallele à la base EH. Donc par la 31. p. 11.
comme la base AD est à la base EH, ainsi le solide AB est au solide EK, puis que
leurs hauteurs sont egales: Et par la 1. p. 6. comme EG est à EI, ainsi le plan GL est au
plan IL. Mais comme la base GL est à la base IL, ainsi le solide EF, est au solide EK:
(car ils sont de mesme hauteur,) donc comme le solide AB est au solide EK, ainsi
le solide EF est au mesme solide EK, puis que par l'hypothese AD est à EH comme
EG à AC ou EI: partant par la 9. prop. 5. les solides AB, EF seront egaux. Donc les
solides parallelipipedes egaux, ont les bases, &c. Ce qu'il falloit demonstrer.

S C H O L I E.

*Il faut noter qu'à ceste demonstration & presque à toutes les autres de ce liure, les hauteurs des
solides doiuent estre perpendiculaires. Parquoy si elles n'estoient telles, il les y faudroit reduire,
comme nous auons fait à la fin de la 31. prop. de ce liure.*

*Or toutes les choses que nous auons demonstrees és 6 precedentes propositions, sçauoir és 29.
30. 31. 32. 33. & 34. conuiennent aussi aux prismes qui ont deux plans opposez triangulaires,
obseruant les susdites hypotheses. Car si à deux tels prismes de mesme hauteur, & constituez sur vne mesme base, ou sur bases egales, on appose deux autres prismes egaux & semblables à iceux, seront faits deux parallelipipedes de mesme hauteur, & constituez sur mesmes, ou
egales bases. Parquoy par la 29. 30. ou 31. pr. 11. seront egaux iceux parallelipipedes; & partant aussi les prismes donnez, c'est à sçauoir les moitiez d'iceux parallelipipedes.*

*Derechef, si aux deux prismes susdits de mesme hauteur, & constituez sur diuerses bases, on
adioinct deux autres prismes egaux, & semblables à iceux, seront faits derechef deux parallelipipedes de mesme hauteur: Parquoy par la 32. pr. 11. le parallelip. sera au parallelip. comme
la base à la base; & partant par la 15. p. 5. le prisme sera au prisme, c'est à sçauoir la moitié de
l'vn des parallelip. à la moitié de l'autre, comme la mesme base à la base, si les bases des prismes
sont parallelogrammes, ou comme le triangle au triangle, sçauoir est la moitié d'vne base à la
moitié de l'autre, si les bases sont triangulaires.*

Dauantage, si à iceux deux prismes semblables, on adiouste deux autres prismes egaux &

semblables à eux, seront conftituez deux parallelip. semblables, lefquels par la 33. p. 11. feront en-
tr'eux en raifon triplee des coftez homologues. Donc auffi par la 15. pr. 5. les prifmes, fçauoir eft les
moitiez d'iceux, auront la raifon triplee de mefmes coftez homologues, lefquels font pareillement
coftez homologues des prifmes.

Finalement, fi aux deux fufdits prifmes egaux, on adioufte deux autres prifmes egaux & fem-
blables à iceux, feront conftituez deux parallelip. egaux de mefme hauteur que les prifmes: Par-
quoy par la 34. pr. 11. puis que les bafes, & les hauteurs des parallelip. font reciproques, & les
bafes des prifmes font les mefmes, ou les triangles moitiez d'icelles, ayant mefme raifon par la
35. p. 5. auffi les bafes & les hauteurs des prifmes feront reciproques.

THEOR. 30. PROP. XXXV.

S'il y a deux angles plans egaux, aux fommets defquels foient
leuees en l'air deux lignes droictes faifant angles egaux auec
les lignes des angles premierement pofez, chacun au fien; &
d'vn poinct pris au haut de chacune d'icelles deux lignes efle-
uecs font menees des lignes perpendiculaires aux plans efquels
font les angles premierement pofez, & des poincts où tombent
icelles perpendiculaires font tirees des lignes droictes vers les
fommets des angles premierement pofez : Les angles que font
icelles lignes, auec les leuees en l'air font egaux entr'eux,

Soient deux angles plans egaux BAC, EDF, des fommets defquels A & D, foient
leuees en l'air les lignes droictes AG, DH,
tellement que l'angle BAG foit egal à l'angle EDH: & l'angle CAG egal à l'angle FDH:
& des poincts G & H pris és lignes AG, DH,
foient tirees aux plans efquels font les angles
BAC, EDF, les perpendiculaires GI, HK, tombantes és poincts I, K, defquels foient menees
les lignes IA, DK. Ie dis que les angles GAI,
HDK, font egaux entr'eux.

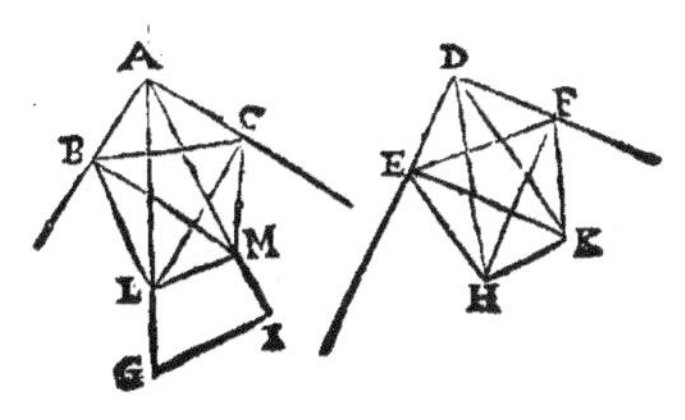

Car fi les deux lignes AG, DH font inegales, de la plus grande AG, foit retranchee AL egale à DH: & de L au plan du triangle AGI, foit tiree LM parallele à
GI : laquelle LM fera perpendiculaire au plan de l'angle BAC par la 8. pr. 11. puis
que GI eft perpendiculaire à iceluy plan. Soient auffi tirez des poincts M, K, les lignes MB, MC, KE, KF, perpendiculaires aux lignes AB, AC, DE, DF : & foient
menees les lignes BC, BL, LC, EF, EH, HF. Or d'autant que LM eft perpendiculaire au plan de l'angle BAC, elle le fera auffi à la ligne AM tiree au mefme
plan par la 3. def. 11. partant par la 47. prop. 1. le quarré de AL fera egal aux quarrez de AM, ML : mais par la mefme prop. le quarré de AM eft egal aux quarrez
de AC, CM, puis que l'angle ACM eft droict par conftruction. Donc le quarré

de AL est egal aux quarrez de AC, CM, ML : Et par la 47. prop. 1. le quarré de CL
est egal aux quarrez de CM, ML, puis que par la 3. d. de ce liure, l'angle CML est
droict. Donc le quarré de AL est egal aux quarrez de AC, CL : & partant par la
48. p. 1. l'angle ACL est droict. Derechef, puis que par la 47. p. 1. le quarré de AL
est egal aux quarrez de AM, ML : & le quarré de AM est egal aux quarrez de AB, BM,
l'angle ABM estant droict par la construction : le quarré de AL est egal aux quarrez de AB, BM, ML : mais le quarré de BL est egal à iceux quarrez de BM, ML, pource que l'angle BML est droict par la 3. def. 11. Donc le quarré de AL est egal aux quarrez de AB, BL : & partant par la 48. pr. 1. l'angle ABL sera droict. On demonstrera en la mesme maniere que les angles DFH, DEH sont aussi droicts. Maintenant
puis que les angles ABL, LAB, du triangle ABL sont egaux aux angles DEH, HDE,
du triangle DEH, & les costez AL, DH aussi egaux, par la 26. prop. 1. les autres
costez AB, BL seront pareillement egaux aux autres costez DE, EH. Par mesme
raison seront egaux les costez AC, CL, aux costez DF, FH. Parquoy les costez
AB, AC, du triangle ABC, estans egaux aux costez DE, DF du triangle DEF, &
les angles BAC, EDF aussi egaux, par la 4. pr. 1. les bases BC, EF, seront pareillement egales entr'elles, & les angles ABC, ACB egaux aux angles DEF, DFE. Mais
tous les angles ABM, ACM, sont egaux à tous les angles DEK, DFK, puis qu'ils
sont tous droicts : Donc aussi les autres angles BMC, MCB seront egaux aux autres
angles KEF, KFE ; & partant puis que les costez BC, EF, ont esté demonstrez
egaux ; les costez BM, MC, seront egaux aux costez EK, FK, par la 26. prop. 1. veu
donc que les costez AC, CM, du triangle ACM sont egaux aux costez DF, FK, du
triangle DFK, & les angles ACM, DFK sont droicts, par la 24. prop. 1. les bases
AM, DK seront egales. Et puis que BL, EH ont esté demonstrées egales, leurs quarrez seront aussi egaux. Mais par la 47. prop. 1. le quarré de BL est egal au quarré
de BM, ML, & le quarré de EH aux quarrez de EK, KH, pource que les angles
BML, EKH sont droicts, par la 3. def. 11. Donc les quarrez de BM, ML seront
egaux aux quarrez de EK, KH : & partant estans ostez les quarrez de BM, EK, qui
sont egaux, les lignes BM, EK, ayant esté demonstrees egales, resteront egaux
les quarrez de LM, HK, & partant les lignes LM, HK seront egales. Parquoy veu
que les costez AL, AM du triangle ALM, sont egaux aux costez DH, DK du triangle DHK, & la base LM egale à la base HK ; les angles LAM, HDK seront egaux
par la 8. prop. 1. S'il y a donc deux angles plans egaux, &c. Ce qu'il falloit demonstrer.

C O R O L L A I R E.

*Parquoy s'il y a deux angles plans egaux, és sommets desquels soient esleuees en l'air des
lignes droictes egales, lesquelles auec les lignes d'iceux angles premierement posez, contiennent
angles egaux, chacun au sien : les perpendiculaires tirees des poincts extremes d'icelles lignes
esleuees en l'air, sur les plans des angles premierement posez, seront egales entr'elles. Car d'autant que les angles plans BAC, EDF, sont posez egaux, & les lignes egales AL, DH esleuees en haut constituent les angles egaux LAB, HDE ; Item LAC, HDF, il a esté demonstré que les perpendiculaires LM, HK, sont egales entr'elles.*

THEOR.

THEOR. 31. PROP. XXXVI.

Si trois lignes droictes sont proportioneles ; le solide parallelipipede constitué d'icelles trois lignes, est egal au solide parallelipipede fait de la moyenne , pourueu qu'iceux deux solides
soient equiangles.

Soient trois lignes continuellement proportioneles A, B, C : & soit constitué vn
angle solide D , de trois quelconques angles plans EDF, EDG, FDG, tellement que
la ligne DE soit egale à la ligne A, DG à
B , & DF à C : & soit accomply le parallelipipede DH: en apres, par la 26. pr. 11.
sur la ligne IK egale à B , & au poinct I
soit fait l'angle solide I des trois angles
plans KIL , KIM , & MIL , egaux aux
trois EDF, EDG, FDG : tellement que
chacune des lignes IK, IL, IM soit egale
à la moyenne B ; & soit parfait le parallelipipede IN. Ie dis que les solides DH,
IN sont egaux.

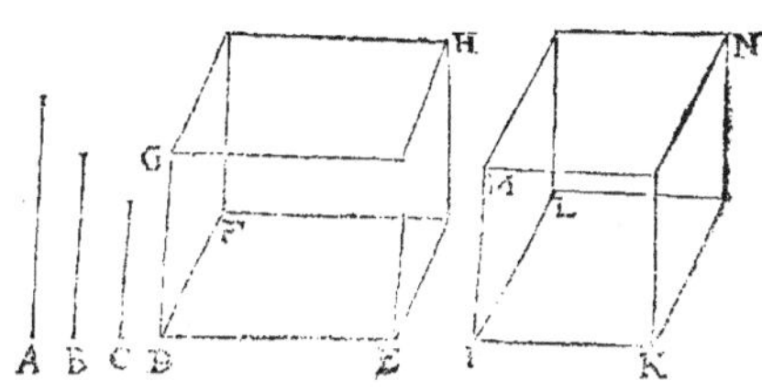

Car puis que comme DE est à IK , ainsi IL à DF : (car DE est egale à A ; IK, IL à
B ; & DF à C,) & les angles EDF, KIL egaux , les parallelog. EF , KL seront egaux
par la 14. prop. 6 pource qu'ils ont les costez au long des angles egaux reciпро-
ques. Et d'autant qu'aux sommets des angles plans egaux EDF, KIL sont esleuez en l'air les lignes egales DG, IM , lesquelles auec les lignes des angles premierement posez comprennent angles egaux , vn chacun au sien : les perpendiculaires tirees de G, M sur les plans des bases EF, KL ; (sçauoir est les hauteurs des parallelip. DH, IN) seront egales entr'elles par le corollaire de la preced. prop. Parquoy
par la 31. prop. 11. les parallelip. DH, IN , seront egaux entr'eux , puis qu'ils ont
les bases EF, KL egales, & pareillement les hauteurs egales. Parquoy si trois lignes
droictes sont proportioneles, &c. Ce qu'il falloit demonstrer.

THEOR. 32. PROP. XXXVII.

Si quatre lignes droictes sont proportioneles ; les solides parallek-
pipedes semblables , & semblablement descrits sur icelles , feront
aussi proportionaux : Et si quatre solides parallelipipedes semblables & semblablement posez sont proportionaux ; les quatre
lignes droictes, sur lesquelles ils seront descrits , feront aussi proportioneles.

Soient quatre lignes droictes proportioneles A, B, C, D : & soient descrits sur
icelles quatre solides semblables & semblablement posez A, B, C, D. Ie dis qu'iceux
solides sont proportionaux.

Car puis que le solide A eſt ſemblable au ſolide B: par la 33. prop. 11. ils ſeront l'vn
à l'autre en raiſon triplee de la ligne A à la ligne B : pareillement les ſolides C & D
ſeront auſſi en raiſon triplee de C à D : mais la raiſon de A à B , eſt comme de C à D
par l'hypotheſe. Donc la raiſon
triplee de A à B, ſera ſemblable à la raiſon triplee de C à
D ; & partant par la 11. prop. 5.
le ſolide A ſera au ſolide B,
comme le ſolide C au ſolide D.
    Maintenant , ſi les quatre
ſolides A , B, C, D, ſemblables & ſemblablement deſcrits

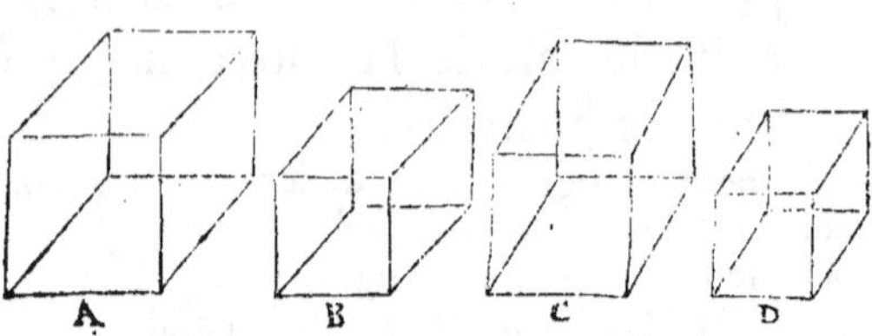

ſur les quatre lignes droictes A, B, C, D, ſont proportionaux. Ie dis que la ligne A
ſera à la ligne B , comme la ligne C à la ligne D. Car le ſolide A ſera au ſolide B , en
raiſon triplee de la ligne A à la ligne B par la 33. pr. 11. Item le ſolide C au ſolide D,
en raiſon triplee de C à D : mais le ſolide A eſt au ſolide B comme le ſolide C au ſolide D : partant leur raiſon triplee ſera ſemblable ; & par conſequent les quatre lignes droictes A, B, C, D, ſeront proportioneles. Parquoy ſi quatre lignes droictes
ſont proportioneles, &c. Cequ'il falloit demonſtrer.

SCHOLIE.

Semblablement , ſi trois lignes droictes ſont proportionelles, les parallelipip. ſemblables &
ſemblablement deſcrits ſur icelles ſeront ptoportionaux ; & ſi trois ſolides ſemblables, &c. Car
la moyenne ligne eſtant poſee deux fois auec ſon ſolide , les quatre ſolides ſeront proportionaux,
comme il a eſté demonſtré. Car puis que le ſolide de la deuxieſme ligne eſt egal au ſolide de la
troiſieſme ligne, & la deuxiéme ligne egale à la troiſiéme, la propoſition eſt manifeſte.

Et eſt à notter qu'il n'importe pas que tous les quatre ſolides ſoient ſemblables entr'eux : Car les
deux ſolides deſcrits ſur les deux premieres lignes A & B eſtans ſemblables & ſemblablemens
poſez , il n'eſt pas neceſſaire que les deux autres ſolides deſcrits ſur les deux dernieres lignes C
& D ſoient ſemblables & ſemblablement poſez aux deux premiers , ains ſuffit qu'ils le ſoient
entr'eux deux, ainſi qu'il eſt euident par la demonſtration cy-deſſus.

Nous adiouſterons icy cét autre theoreme.

Si quatre lignes droictes ſont continuellement proportioneles : le parallelipipede ayant pour baſe le quarré de l'vne des extrémes, & pour hauteur l'autre extréme,
eſt egal au cube de la moyenne proport. plus prochaine de la premiere extréme priſe.

Soient quatre lignes continuellement proportioneles A , B , C , D. Ie dis que le parallelipipede
ayant le quarré de l'extréme A pour baſe, & l'autre extréme D pour hauteur, eſt egal au
cube de la moyenne B plus prochaine de l'extréme A.

Car puis que par le corol. de la 20. prop. 6. le quarré de A eſt au quarré de B, comme A à C,
s'eſt à dire comme B à D : les baſes auec les hauteurs ſeront reciproques , puis que le quarré de
A eſt la baſe du parallelipipede, & la ligne D, la hauteur d'iceluy; & la baſe du cube eſt le
quarré de B, & ſa hauteur la meſme ligne B. Donc par la 34. prop. 11. le parallelipipede &
le cube ſeront egaux. Par meſme raiſon le parallelip. ayant pour baſe le quarré de l'extreme
D, & pour hauteur l'autre extreme A, ſera demonſtré egal au cube de la moyenne prop. C plus
prochaine de l'extreme D.

THEOR. 33. PROP. XXXVIII.

Si vn plan eſt perpendiculaire à vn autre plan, & d'vn poinct de
l'vn d'iceux on meine vne ligne perpendiculaire à l'autre, elle
tombera ſur leur commune ſection.

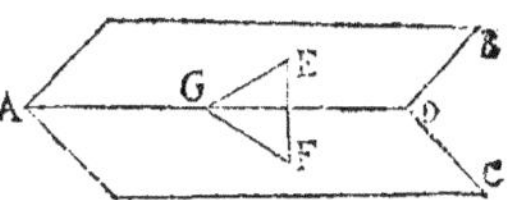

Soit le plan AB perpendiculaire au plan AC, leur
ligne de commune ſection AD : & du poinct E pris
en AB, ſoit menee vne perpendiculaire au plan AC,
ie dis qu'elle tombera ſur la commune ſection AD.

Car qu'elle tombe ailleurs, s'il eſt poſſible, comme
au poinct F du plan AC : & par la 12. prop. 1. de F ſoit
menee FG perpendiculaire à AD ; & la ligne GE faiſant le triangle GFE. Or ſi la ligne EF eſt perpendiculaire au plan AC, par la 3. def. 11. elle le ſera auſſi à la ligne FG :
& icelle FG eſtant perpendiculaire à la commune ſection AD, par la 4. def. elle le
ſera pareillement au plan AB : & par conſequent à la ligne GE : partant au triangle
GFE, les deux angles ſur la ligne GF ſeroient tous deux droicts contre la 17. prop. 1.
Donc la perpendiculaire tombant de E au plan AC ne tombera pas hors la commune
ſection AD, ains ſur icelle. Parquoy ſi vn plan eſt perpendiculaire à vn autre plan,
&c. Ce qu'il falloit prouuer.

THEOR. 34. PROP. XXXIX.

Si les coſtez des plans oppoſez d'vn ſolide parallelipipede, ſont
couppez en deux egalement, & on meine des plans par les ſections : la ligne de commune ſection d'iceux plans, & le diametre du ſolide parallelipipede, ſe coupperont en deux egalement.

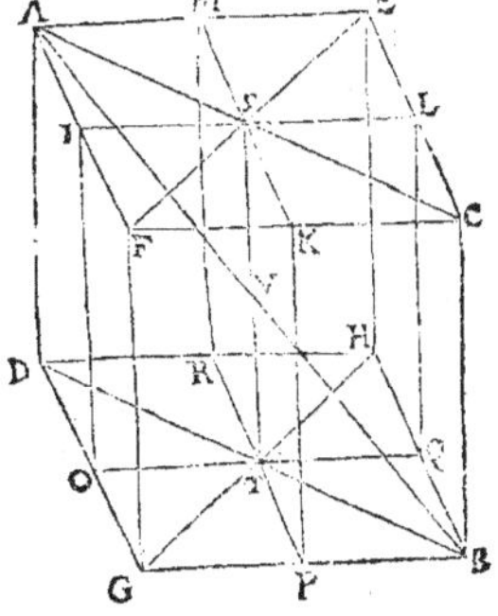

Soit le parallelipipede AB ; les plans oppoſez AC,
BD, deſquels tous les coſtez ſoient couppez en
deux egalement és poincts I, K, L, M, O, P, Q, R, par
leſquels ſoient imaginez paſſer les plans IQ, KR, ſe
couppans l'vn l'autre en la ligne ST : & ſoit menee
la diagonale AB : Ie dis que la ligne ST, & la diagonale AB s'entrecouppent en deux egalement.

Car eſtans tirees les lignes SA, SC, TD, TB:
ſoient conſiderez les deux triangles BQT, DOT,
deſquels les deux coſtez BQ, QT ſont egaux aux
deux coſtez DO, OT, (car BQ, DO, ſont moitiez
des lignes droictes egales BH, DG : & par la 34. pr. 1.
QT, OT, ſont egales aux deux egales BP, GP, puis
que PQ, PO ſont parallelogrammes) & l'angle
EQT par la 29. prop. 1. eſt egal à l'interne DOT : partant par la 4. prop. 1. les baſes BT, DT ſeront auſſi egales : & les angles BTQ, DTO pareillement egaux : &
par la 13. prop. 1. les angles BTQ, BTO ſont egaux à deux droicts. Donc auſſi

DTO , BTO sont egaux à deux droicts: & partant par la 14. pr. 1. BT , DT constituent vne seule ligne droicte. En la mesme maniere sera demonstré que AS , CS sont egales, & composent vne seule ligne droicte. Maintenant puis que l'vne & l'autre AD, BC est parallele & egale à FG, à cause des parallelogrammes DF, FB : icelles seront aussi egales & paralleles entr'elles par la 9. prop. 11. Parquoy AC, BD qui conioignent les extrémitez d'icelles AD , BC, sont aussi egales & paralleles par la 33. prop. 1. & par consequent AS, BT moitiez d'icelles sont egales. Mais pource que AC, BD sont paralleles , les lignes AB, ST seront auec icelles en vn mesme plan , par la 7. prop. 11. & partant s'entrecoupperont en vn poinct, sçauoir en V. Et d'autant que par les 29. & 15. pr. 1. les deux angles ASV, AVS du triangle ASV, sont egaux aux deux angles BTV , BVT, du triangle BTV, & le costé AS egal au costé BT : les autres costez AV , SV, seront aussi egaux aux autres costez BV, TV, chacun au sien; par la 26. prop. 1. Parquoy les deux lignes AB , ST s'entrecouppent en deux egalement au poinct V. Parquoy si les costez des plans opposez d'vn solide parallelipipede , &c. Ce qu'il falloit prouuer.

COROLLAIRE.

Par cecy est euident qu'en tout parallelipipede, tous les diametres s'entrecoupperont en deux egalement en vn seul poinct, sçauoir est au poinct V, auquel ils diuisent en deux egalement la ligne ST. Est aussi manifeste que tout plan qui couppe le parallelipipede en deux egalement passe par le centre d'iceluy, sçauoir par V.

THEOR. 35. PROP. XL.

S'il y a deux prismes d'egale hauteur, l'vn desquels ait pour base vn triangle, & l'autre vn parallelogramme double d'iceluy triangle: iceux prismes seront egaux entr'eux.

Soient deux prismes d'egale hauteur ABCDEF, GHIKLM : & que celuy-là ait pour base le parallelogramme ABCF, double du triangle GHM base du prisme GHIKLM. Ie dis qu'iceux prismes sont egaux entr'eux.

Car si on les accomplit pour estre solides parallelipipedes AN , GQ, la base GP sera egale à la base BF : & estans posez de

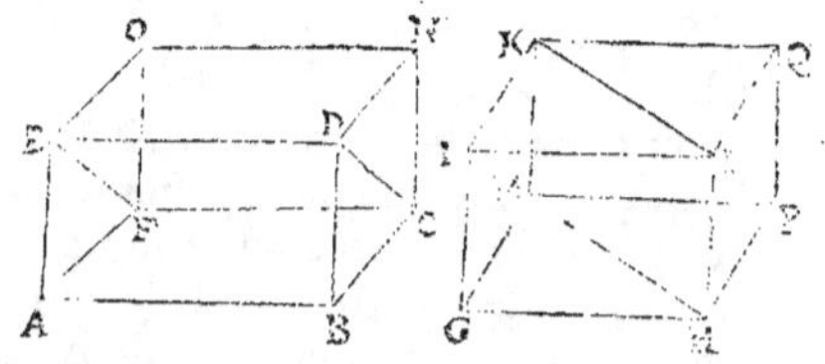

mesme hauteur, ils seront egaux par la 31. prop. 11. & par la 28. prop. les plans diagonaux CDEF, HIKM les diuiseront en deux egalement ; & partant les prismes proposez estans les moitiez de choses egales, seront egaux entr'eux. Parquoy s'il y a deux prismes d'egale hauteur, &c. Ce qu'il falloit prouuer.

Fin de l'vnziesme Element.

ELEMENT
DOVZIESME

THEOR. 1. PROP. I.

LES polygones femblables infcrits aux cercles, font l'vn à l'autre comme les quarrez defcrits des diametres des cercles.

Soient deux polygones femblables ABCDE & FGHIK, infcrits aux cercles, defquels les diametres font AL, FM. Ie dis qu'iceux polygones font l'vn à l'autre comme les quatrez des diametres AL, FM.

Car foient menees les lignes droictes A C, F H : item BL & GM. D'autant que les pentagones eftans femblables, AB eft à BC, comme FG à GH, & l'angle ABC egal à l'angle FGH : par la 6. prop. 6. les triangles ABC, FGH font equiangles : partant l'angle BCA fera egal à l'angle FHG. Mais celuy-là eft egal à l'angle L, ceftuy cy à l'angle M, par la 21. pr. 3. (car ils font fur mef-mes fegmens BA, & FG.) Donc l'angle L fera egal à l'angle M : & par la 31. pr. 3. les angles ABL, FGM eftans dans les demy cercles font droicts & egaux : partant les triangles ABL FGM feront equiangles : (car le troifief-me angle BAL fera egal au troifiefme GFM par la 32. prop. 1.) & par la 4. prop. 6.

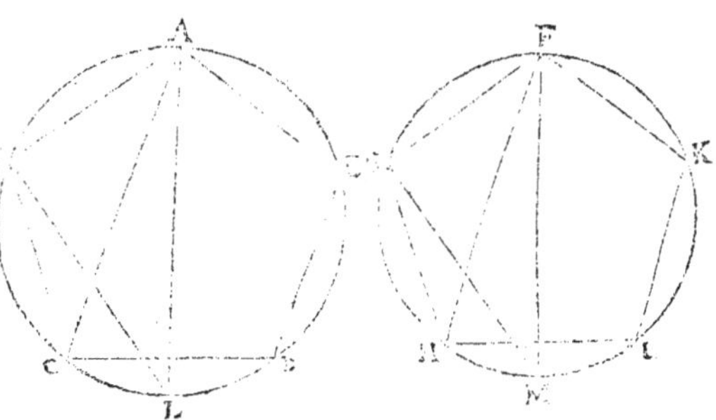

comme A L fera à AB, ainfi FM à FG : & en permutant, comme AL fera à FM, ainfi AB à FG. Parquoy par la 22. prop. 6. comme le pentagone defcrit fur AB fera à l'autre pentagone femblable, & femblablement pofé fur FG : ainfi le quarré de AL fera au quarré de FM. Parquoy les polygones femblables infcrits aux cercles, &c. Ce qui eftoit à prouuer.

YYy iij

THEOR. 2. PROP. II.

Les cercles sont l'vn à l'autre, comme les quarrez de leurs diame-tres.

Soient les deux cercles ABCD, EFGH, dont les diametres sont AC & EG? Ie dis qu'ils sont l'vn à l'autre comme le quarré de AC est au quarré de EG: c'est à dire que si on imagine que comme le quarré de AC est au quarré de EG, ainsi le cercle ABCD soit à quelque figure quatriéme proport. comme I, qu'icelle figure I est egale au cercle EFGH.

Autrement elle sera plus petite ou plus grande. Qu'elle soit premierement plus petite, s'il est possible: & soit le cercle EFGH plus grand qu'icelle de la figure K. Or par la 1. prop. 10. on peut retrancher plus de la moitié du cercle EFGH, & du residu plus de la moitié tant de fois qu'il demeurera en fin vne quantité plus petite que K: Soit donc dans iceluy cercle EFGH descrit le quarré EFGH, qui est plus grand que la moitié du

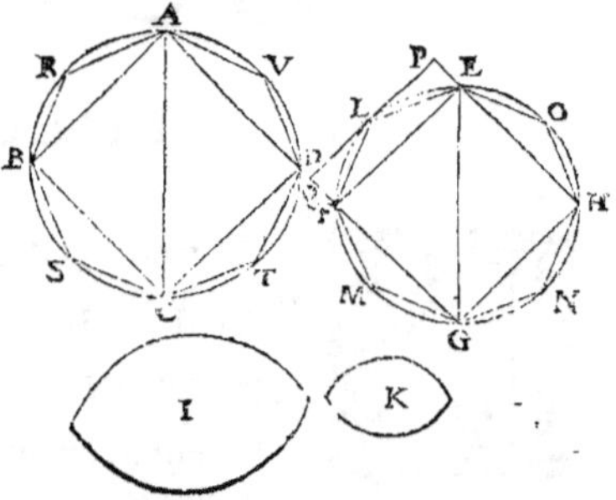

cercle : (d'autant que le quarré de EG, qui est son double, est plus grand que le cercle.) Si les quatre segmens du cercle sont moindres que K, nous auons ce que nous demandons : Sinon soit couppé l'arc EF en deux egalement au poinct L, & semblablement les trois autres arcs FG, GH, HE, és poincts M, N, O ; & soient tirees les lignes droictes EL, LF, FM, MG, GN, NH, HO, OE, afin d'auoir l'octogone ELFMGNHO, inscrit au cercle : Il est euident que dans les quatre segmens egaux, il y aura quatre triangles egaux, & que chacun comme ELF, est plus de la moitié de son segment: (car par la 41. prop. 1. le triangle Isoscele FLE est la moitié du rectangle FP de mesme hauteur, & sur mesme base FE, lequel rectangle est plus grand que le segment FLE.) Soient maintenant les huict petites figures restantes plus petites que la figure K : que si cela n'estoit, il faudroit tousiours coupper les arcs derniers, & tousiours inscrire des polygones, desquels le dernier auroit deux fois autant de costez que son precedent, & soustraire tousiours plus de la moitié de chaque segment, sçauoir son triangle Isoscele : Il est certain que les dernieres portions seront en fin plus petites que la figure K. Mais pour abreger soient les deuant dites huict portions restantes plus petites que la figure K : Il est euident que l'octogone ELFMGNHO sera plus grand que la figure I, puis que les deux I & K sont egales au cercle EFGH. Soit pareillement inscrit vn octogone semblable au cercle ABCD : ce qui est facile ; car il n'y a qu'à coupper chaque demy circonference ABC, ADC en deux egalement és poincts B & D ; puis les circonferences AB, BC, CD, AD aussi en deux egalement en R, S, T, V ; & ayant tiré les lignes droictes AR, RB, BS, SC, CT, TD, DV, & VA ; il est euident que la figure inscripte sera semblable à la figure octogone descrite au cercle EFGH. Maintenant

par la prec. prop. l'octogone ARBSCTDV fera à l'octogone ELFMGNHO, comme le quarré de AC eft au quarré de EG : mais comme le quarré de AC eft au quarré de EG, ainfi le cercle ABCD eft à la figure I : & par la 11. prop. 5. comme le
poligone ARBSCTDV fera au poligone ELFMGNHO, ainfi le cercle ABCD
fera à la figure I : mais le poligone ARBSCTDV eft moindre que le cercle
ABCD : Donc par la 14. propof. 5. le poligone ELFMGNHO fera auffi moindre que la figure I : mais il a auffi efté demonftré plus grand. Ce qui eft abfurde.
Donc la figure I n'eft pas plus petite que le cercle EFGH.

Elle ne peut auffi eftre plus grande : Car puis que comme le quarré de AC eft au
quarré de EG, ainfi le cercle ABCD eft à la figure I ; en changeant, la figure I fera
au cercle ABCD, comme le quarré de EG au quarré de AC : mais foit imaginé que
comme I eft au cercle ABCD, ainfi le cercle EFGH foit à quelque autre figure, comme K : & par la 14. pr. 5. comme la figure I eft plus grande que le cercle EFGH,
ainfi le cercle ABCD fera plus grand que la figure K : & par la 11. prop. 5. le cercle
ABCD fera à la figure K, comme le quarré de AC eft au quarré de EG : ce qui eft
contre la premiere partie de la demonftration, en laquelle nous auons demonftré
que l'vn des cercles eftant à vne figure, en la raifon des quarrez des diametres, qu'i-
celle figure ne pouuoit eftre plus petite que l'autre cercle : Partant la figure I ne
pouuoit eftre plus grande que le cercle EFGH : ny plus petite, comme en la premiere partie : elle eftoit donc egale à iceluy. Parquoy les cercles font entr'eux comme les quarrez de leurs diametres. Ce qu'il falloit prouuer.

COROLLAIRE.

*Par ces chofes eft euident que le cercle eft au cercle comme le polygone defcrit en celuy-là eft
au polygone femblable defcrit en ceftuy-cy. Puis que le cercle eft au cercle, & le polygone au polygone, comme le quarré du diametre eft au quarré du diametre, ainfi qu'il a efté demonftré és
1 & 2. prop. cy-deffus.*

THEOR. 3. PROP. III.

Toute pyramide ayant bafe triangulaire, peut eftre diuifee en deux
pyramides egales, femblables entr'elles, & à la totale, & en
deux prifmes egaux, & plus grands que la moitié de la pyramide totale.

Soit la pyramide ABCD ayant la bafe triangulaire ABD, & le fommet au poinct
C : Ie dis qu'elle peut eftre diuifee en deux pyramides egales, femblables entr'elles, & à la totale ABCD : & en deux prifmes egaux, plus grands que la moitié
d'icelle pyramide propofee.

Car foient couppez en deux egalement, tous les coftez des plans d'icelle pyramide, fçauoir les trois de la bafe ABD aux poincts E, F, G, & les trois hypo-
thenufes AC, BC, DC aux trois poincts H, I, K, & foient menees les lignes EF, FG,

GE, HI, IK, KH, HG, HE, EI, IF. Premierement il eſt euident que toute la pyramide ABDC eſt diuiſee en quatre ſolides, ſçauoir en deux pyramides AEGH, HIKC,
dont les baſes ſont les triangles AEG, HIK, & les ſommets H, C : & en deux priſmes BFIHEG, FGDKHI, dont la baſe de celuy-là eſt le quadrangle BEGF, & de
celuy-cy le triangle FGD. Or d'autant que les coſtez AB, AC, ont eſté couppez en
deux egalement en E & H, par la 2. prop. 6. BC, EH ſeront
paralleles : & par meſme raiſon HI eſt parallele à BA : donc
le quadrilatere BIHE eſt parallelogramme : & par la 34. pr. 1.
HI eſt egale à EB, ou EA ſon egale, & HE à BI, ou IC ſon
egale : & par le corol. de la 4. prop. 6. les deux triangles
ABC, AEH ſont ſemblables entr'eux. Par meſmes raiſons les deux triangles ABC, HIC ſeront ſemblables entr'eux, & conſequemment auſſi les deux AEH, HIC, par
la 21. prop. 6. leſquels ſeront auſſi egaux entr'eux, puis qu'ils
ont tous leurs coſtez egaux, chacun au ſien. Par meſmes raiſons le triangle AHG ſera egal & ſemblable au triangle
HCK : mais les lignes HE, HG eſtans paralleles aux lignes
CI, CK, & ſe touchans en diuers plans, par la 10. p. 11. les
angles EGH, ICK ſeront egaux : & les coſtez qui font

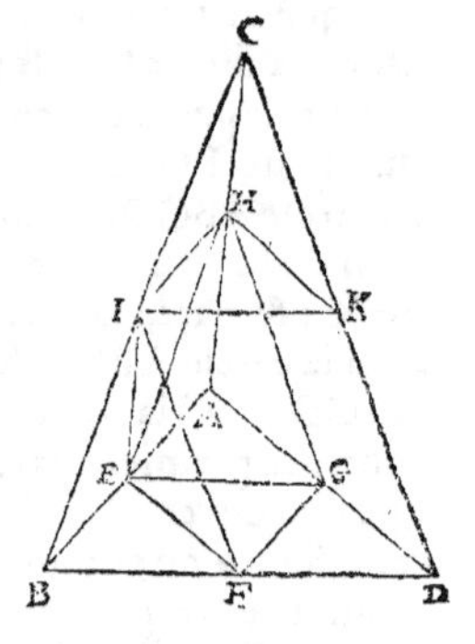

iceux angles eſtans proportionaux, les trois triangles EHG,
ICK, BCD ſeront equiangles, & conſequemment ſemblables : comme auſſi les trois
AEG, HIK, ABD : Donc par la 9. def. 11. les trois pyramides ABDC, AEGH,
HIKC ſeront ſemblables entr'elles : & par la 10. def. les deux dernieres ſeront auſſi
egales entr'elles, puis que tous les quatre triangles de l'vne ont eſté monſtrez ſem-
blables & egaux aux quatre triangles de l'autre.

Or que les deux ſolides BFIHGE, FGDKHI, ſoient deux priſmes egaux, &
faiſans enſemble plus de la moitié de la pyramide propoſee ABDC, on le prouuera
ainſi, puis que les coſtez des plans d'icelle pyramide ont eſté couppez en deux egalement, & partant proportionnellement, par la 2. prop. 6. les lignes AB, FG ſont
paralleles, comme auſſi BD, EG : par ainſi le quadrilatere BEGF eſt vn parallelogr.
& par la 9. prop. 11. HG & IF eſtans paralleles à CD, elles le ſont auſſi entr'elles :
Donc FIHG eſt vn parallelogramme ; comme eſt auſſi BIHE : partant les trois coſtez du triangle BIF ſeront egaux aux trois coſtez du triangle EHG, chacun au ſien :
conſequemment iceux triangles ſont equiangles & egaux entr'eux, & partant
ſemblables : Mais par la 15. prop. 11. ils ſont auſſi parallels, les lignes BI, FI, eſtans
paralleles aux lignes EH, GH. Parquoy le ſolide BFIHGE contenu des deux
triangles BIF, EHG egaux ſemblables & parallels oppoſez, & des trois parallelogrammes BEGF, BIHE, FIHG eſt vn priſme par la 13. def. 11. Derechef FD, FG, GD,
coſtez de parallelogrammes ſont egaux aux coſtez opoſez IK, IH, HK, chacun
au ſien par la 34. pr. 1. & partant les triangles FGD, IHK ſeront egaux & equiangles entr'eux, & conſequemment ſemblables : Mais ils ſont auſſi parallels par la
15. prop. 11. donc le ſolide FGDKHI contenu des deux triangles oppoſez FGD,
IHK egaux, ſemblables & parallels, & des trois parallelogr. FIKD, FIHG, GHKD eſt
vn priſme ; lequel eſtant de meſme hauteur que le priſme BFIHGE (car ils ſont tous

deux

deux entre les plans parallels BEGD , IHK) luy fera egal par la 40. prop. 11. puis
que la base quadrangulaire BEGF de celuy-cy est double de la base triangulaire de
celuy-là, par le scholie de la 41. prop. 1. Mais il est euident qu'iceluy prisme BFIHGE
est plus grand que la pyramide de mesme hauteur BEFI , qui n'en est que partie, la
base d'icelle BEF n'estant que la moitié du parallelogr. BEGF : laquelle pyramide BEFI est egale & semblable à la pyramide EAGH , comme il est manifeste par
l'egalité & similitude de leurs triangles. Parquoy ledit prisme BFIHEG sera aussi
plus grand qu'icelle pyramide EAGH : Et par conseqüét les deux prismes BFIHEG,
FGDKHI ensemble , feront plus grands que les deux pyramides AEHG , HICK
ensemble. Mais iceux prismes & pyramides font ensemble la pyramide totale
ABCD : donc iceux prismes estans plus grands qu'icelles deux pyramides , feront
aussi plus grands que la moitié d'icelle pyramide totale ABCD. Parquoy toute pyramide ayant base triangulaire, &c. Ce qu'il falloit prouuer.

THEOR. 4.   PROP. IV.

S'il y a deux pyramides de mesme hauteur ayans bases triangulaires , chacune desquelles soit diuisee en deux autres pyramides
egales entr'elles , & semblables à la toute , & en deux prismes
egaux ; & que les pyramides prouenues de cette diuision soient
tousiours diuisees de mesme façon : comme la base de l'vne
des pyramides fera à la base de l'autre, ainsi aussi tous les prismes qui font en l'vne des pyramides, feront à tous les prismes
de l'autre, egaux en multitude.

Soient sur les bases triangulaires ABC, EFG, les pyramides ABCD , EFGH de
mesme hauteur , chacune desquelles soit diuisee comme en la precedente proposition en deux pyramides egales entr'elles & semblables à la toute , sçauoir est en
AILM, MNOD; EPRS, STVH ; & en deux prismes egaux IBKLMN, CKLMNO;
PFQRST, GQRSTV : Et de mesme façon soient entendues les pyramides AILM,
MNOD, EPRS, STVH estre diuisees; & en continuant tousiours de mesme façon. Ie dis que comme la base ABC est à la base EFG, ainsi tous les prismes faits en
la pyramide ABCD font à tous les prismes faits en la pyramide EFGH , egaux en
multitude.

Car puis que comme BC à CK, ainsi FG à GQ : pource que l'vne & l'autre ligne
est diuisee en deux egalement, & les triangles ABC, LKC font semblables & semblablement posez : Item les triangles EFG, RQG par le coroll. de la 4. prop. 6. aussi
comme le triangle ABC fera au triangle LKC, ainsi le triangle EFG fera au triangle RQG par la 22. prop. 6. & en permutant , comme ABC à EFG, ainsi LKC
à RQG. Mais comme LKC à RQG, ainsi est le prisme CKLMNO au prisme
GQRSTV, comme nous demonstrerons incontinent : & partant ainsi aussi le prisme IBKLMN est au prisme PFQRST , puis que ceux-cy font egaux à ceux-là : Et

comme vn feul prifme, fçauoir IBKLMN eft à vn feul prifme PFQRST , ainfi font
les deux prifmes enfemble IBKLMN , CKLMNO , aux deux prifmes enfemble
PFQRST, GQRSTV par la 12. prop. 5. Donc auffi comme la bafe ABC à la bafe
EFG, ainfi les deux prifmes en la pyramide ABCD feront aux deux prifmes en
la pyramide EFGH. Nous demonftre-
rons en la mefme maniere, deux prifmes
és pyramides AILM, MNOD, faites
en la pyramide ABCD, eftre à deux
prifmes és pyramides EPRS,STVH,fai-
tes en la pyramide EFGH , comme font
les bafes AIL , MNO de ces pyramides
là aux bafes EPR, STV de ces pyra-
mides-cy : & ainfi continuellement,tant
que la mefme diuifion fera faite. Mais
comme ces bafes là font à celles-cy,
ainfi la bafe LKC , qui eft egale & femblable à celles-là, eft à la bafe RQG , qui
eft egale & femblable à celle-cy, c'eft à

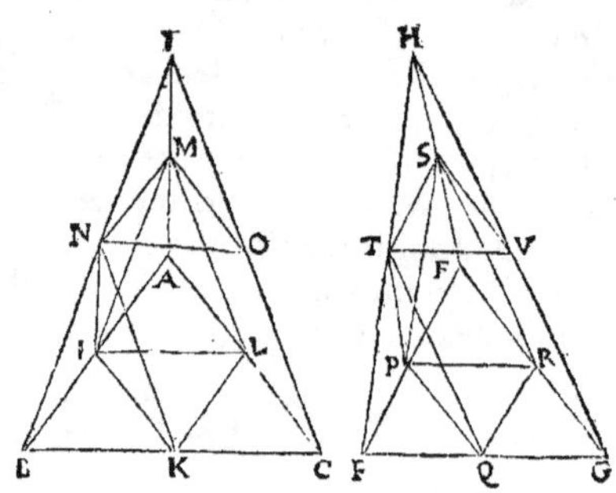

dire ainfi la bafe ABC eft à la bafe EFG. Donc auffi comme la bafe ABC eft à la
bafe EFG, ainfi les prifmes de quelconque pyramide faite en la pyramide ABCD,
feront aux prifmes de quelconque pyramide faite en la pyramide EFGH : & partant auffi comme les prifmes de la pyramide ABCD feront aux prifmes de la pyramide EFGH , ainfi feront tant les prifmes de la pyramide AILM , aux prifmes de
la pyramide EPRS, que les prifmes de la pyramide MNOD, aux prifmes de la
pyramide STVH ; & ainfi continuellement. Parquoy puis que par la 12. prop. 5.
comme les deux prifmes de la pyramide ABCD font aux deux prifmes de la pyramide EFGH, ainfi tous les prifmes eftans és pyramides ABCD, AILM , MNOD,
&c. enfemble, font à tous les prifmes eftans és pyramides EFGH, EPRS, STVH,
&c. enfemble , fi ceux cy font egaux en multitude à ceux là : pareillement comme la bafe ABC eft à la bafe EFG, ainfi feront tous les prifmes de la pyramide
ABCD , à tous les prifmes de la pyramide EFGH. Parquoy s'il y a deux pyramides de mefme hauteur, ayans bafes triangulaires, &c. Ce qu'il falloit prouuer.

L E M M E.

Or que comme LKC eft à RQG, ainfi le prifme CKLMNO foit au prifme GQRSTV, nous
le demonftrerons ainfi. Soient imaginees tomber des fommets D, H, des lignes perpendiculaires
fur les bafes ABC , EFG , lefquelles feront les hauteurs egales des pyramides ABCDEFGH.
Donc puis que les plans parallels ABC, MNO couppent proportionnellement par la 17. prop. 11.
deux lignes droictes , fçauoir DC, & la perpendiculaire tombant de D, & DC eft couppee en
deux egalement en O: pareillement la perpendiculaire tombant de D, fera couppee en deux
egalement au poinct auquel elle rencontre le plan MNO. Par la mefme raifon la perpendicu-
laire tombant de H , fera couppee en deux egalement par le plan STV. Parquoy puis qu'icelles
perpendiculaires font pofees egales, leurs moitiez, fçauoir eft les hauteurs des prifmes, fe-
ront auffi egales : & partant les prifmes CKLMNO , GQRSTV eftans d'egales hauteurs , fe-

ront entr'eux, comme les baſes LKC, KQG, par les choſes que nous auons demonſtrees au ſcholie de la 34. prop. 11.

THEOR. 5. PROP. V.

Les pyramides de meſme hauteur ayans baſes triangulaires, ſont l'vne à l'autre comme leurs baſes.

Soient les pyramides de meſme hauteur ABCD, EFGH, deſquelles les baſes ſont les triangles ABC, EFG. Ie dis que la pyramide eſt à la pyramide, comme la baſe eſt à la baſe.

Autrement, ſoit imaginé que comme la baſe ABC eſt à la baſe EFG, ainſi la pyramide ABCD ſoit à quelque ſolide, comme X, lequel ſera plus petit ou plus grand que la pyramide EFGH : Et ſoit en premier lieu plus petit, comme de la quantité du ſolide Y. Ainſi nous imaginons que les deux ſolides X & Y, ſont egaux à la pyramide EFGH. Maintenant par la 3. p. 12. on peut diuiſer vne pyramide en deux pyramides egales, & en deux priſmes egaux, leſquels ſeront plus grands que la moitié de la pyramide tota-

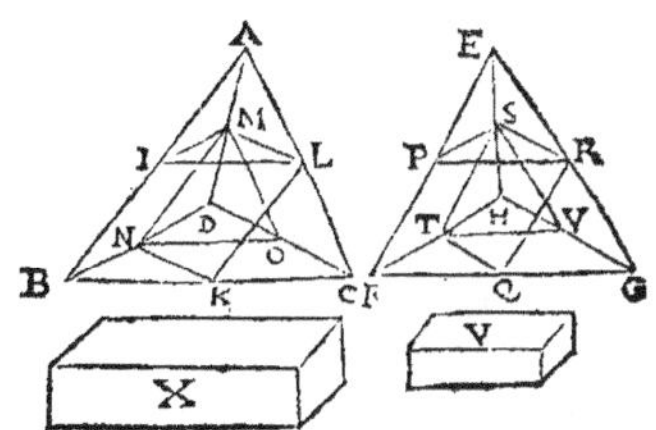

le : Que ſi de la pyramide EFGH, on retranche plus de la moitié, ſçauoir les deux priſmes PFQRST, GQRSTV, & de chacune pyramide reſtante EPRS, STVH, encores plus de la moitié, ſçauoir deux priſmes, en continuant touſiours iuſques à ce que toutes les pyramides reſtantes apres le dernier retranchement, ſoient toutes enſemble manifeſtement plus petites que le ſolide Y : ce qui peut atriuer par la 1. prop. 10. Ainſi tous les priſmes enſemble retranchez de la pyramide EFGH, ſeront plus grands que le ſolide X, puis que le reſte eſt plus petit que le ſolide Y. Pareillement ſoient retranchez autant de fois deux priſmes de la pyramide ABCD, comme on en a retranché de la pyramide EFGH : il eſt euident par ce qui a eſté demonſtré en la precedente propoſition, que comme la baſe ABC eſt à la baſe EFG, ainſi tous les priſmes retranchez de la pyramide ABCD ſeront à tous les priſmes retranchez de la pyramide EFGH : Mais nous auons poſé que comme la baſe ABC eſt à la baſe EFG, ainſi la pyramide ABCD eſt au ſolide X. Et partant par la 11. prop. 5. tous les priſmes retranchez de la pyramide ABCD ſeront à tous les priſmes retranchez de la pyramide EFGH, comme la pyramide ABCD eſt au ſolide X. Or tous les priſmes retranchez de la pyramide ABCD ſont plus petits qu'icelle pyramide : donc par la 14. prop. 5. tous les priſmes retranchez de la pyramide EFGH, ſeront auſſi plus petits que le ſolide X : Mais nous les auons tantoſt prouuez plus grands : Ce qui eſt abſurde. Partant le ſolide X n'eſtoit pas plus petit que la pyramide EFGH.

Soit donc plus grand, s'il eſt poſſible ; & puis que comme la baſe ABC à la baſe EFG, ainſi la pyramide ABCD au ſolide X ; en permutant, la baſe EFG ſera à la baſe ABC, comme le ſolide X eſt à la pyramide ABCD. Mais comme le ſolide X eſt à la pyramide ABCD, ſoit poſé la pyramide EFGH eſtre à quelque autre

ſolide, comme Y : Et par la 14. prop. 5. d'autant que le ſolide X eſt poſé plus
grand que la pyramide EFGH, auſſi la pyramide ABCD ſera plus grande que le
ſolide Y : & par la 11. p. 5. comme la baſe EFG eſt à la baſe ABC, ainſi la pyramide EFGH à vn ſolide plus petit que l'autre pyramide : mais nous auons demonſtré
que cela eſtant, il s'enſuit vne abſurdité, ſçauoir que les priſmes retranchez d'vne
pyramide, eſtoient plus grands que la pyramide de laquelle ils ſont retranchez : Partant le ſolide X ne peut eſtre plus grand que la pyramide EFGH, ny auſſi plus petit : il ſera donc egal. Parquoy puis qu'il a eſté poſé que comme la baſe ABC eſt à
la baſe EFG, ainſi la pyramide ABCD eſt au ſolide X ; & que par la 7. prop. 5. la
pyramide ABCD eſt au ſolide X, cóme à la pyramide EFGH egale à iceluy ſolide
X ; pareillement comme la baſe ABC ſera à la baſe EFG, ainſi la pyramide ABCD
ſera à la pyramide EFGH. Donc les pyramides de meſme hauteur, &c. Ce qu'il
falloit demonſtrer.

S C H O L I E.

Par la conuerſe : Si les pyramides triangulaires ſont entr'elles comme leurs baſes ; elles ſeront
de meſme hauteur. Car ſi on croit que la hauteur de l'vne ſoit plus grande que l'autre, en
ſoit couppee d'icelle vne egale à la moindre , & du poinct de la ſection à tous les angles de la baſe, ſoient tirees des lignes droictes ; & comme la baſe ſera à la baſe, ainſi la pyramide ſera à
la pyramide n'agueres conſtituee : mais elle eſtoit pareillement ainſi à toute la pyramide. Donc
par la 9 pr. 5. la pyramide conſtituee ſera egale à toute la pyramide ; c'eſt à ſçauoir la partie
au tout : ce qui eſt abſurde.

C O R O L L A I R E.

De cecy reſulte que les pyramides de meſme hauteur conſtituees ſur meſme , ou egales baſes
triangulaires, ſont egales entr'elles : puis qu'elles ſont en meſme raiſon que leurs baſes, leſquelles
ſont poſees egales, ou vne ſeule & meſme.

Item il s'enſuit au contraire que les pyramides triangulaires conſtituees ſur vne meſme , ou
egales baſes, ſont de meſme hauteur : Et que les pyramides egales , & ayans meſme hauteur , ont les baſes egales, ſi elles ne ſont vne meſme : leſquelles deux choſes l'on demonſtrera par la premiere partie du corol. par le meſme argument dont nous auons vſé en demon-
ſtrant la conuerſe des 30. & 31. p. 11. ſi tant ſur la hauteur, que ſur la baſe couppee eſt conſtituee vne autre pyramide, &c.

THEOR. 6. PROP. VI.

Les pyramides de meſme hauteur ayans baſes polygones, ſont l'vne à l'autre comme leurs baſes.

Soit la pyramide ABCDEF de meſme hauteur que la pyramide GHIKLM,
deſquelles les baſes ABCDE & GHIKL ſont polygones : Ie dis que comme
la baſe eſt à la baſe, ainſi la pyramide eſt à la pyramide.

Car les baſes eſtans reduites en triangles ABC, ACD, ADE ; GHI, GIK, GKL :
ſoit imaginé ſur chacun d'iceux vne pyramide de meſme hauteur que la totale.
Donc puis que par la 5. prop. 11. comme la baſe ABC eſt à la baſe ACD, ainſi la

pyramide ABEF est à la pyramide ACDF; en composant, comme la base ABCD
sera à la base ACD, ainsi la pyramide ABCDF sera à la pyramide ACDF: Mais
derechef, par la 5. prop. 12. comme la base ACD est à la base ADE, ainsi la pyramide ACDF est à la pyramide ADEF:

Donc en raison egale, comme la base
ABCD est à la base ADE, ainsi la pyramide ABCDF est à la pyramide ADEF:
& partant en composant, comme la base ABCDE est à la base ADE, ainsi la
pyramide ABCDEF est à la pyramide
ADEF. Par semblable argument sera
demonstré que comme la base GHIKL
est à la base GKL, ainsi la pyramide
GHIKLM est à la pyramide GKLM:
& en changeant, comme la base GKL

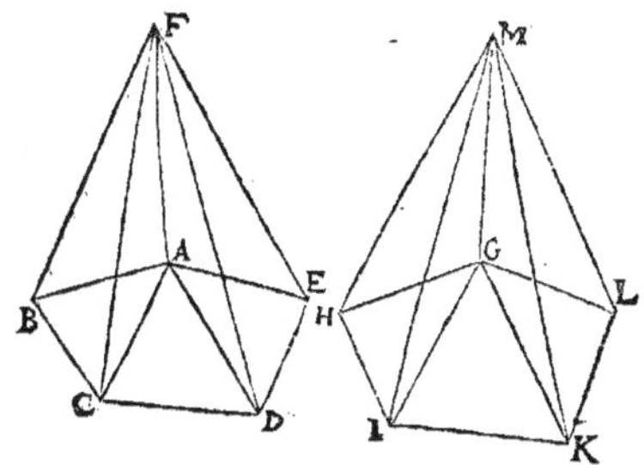

est à la base GHIKL, ainsi la pyramide GKLM est à la pyramide GHIKLM. Derechef, puis que par la 5. prop. 12. comme la base ADE est à la base GKL, ainsi la pyramide ADEF est à la pyramide GKLM: les 4. bases ABCDE, ADE, GKL,
GHIKL, seront és mesmes raisons que les quatre pyramides ABCDEF, ADEF,
GKLM, GHIKLM: Parquoy en raison egale, comme la base ABCDE est à la base
GHIKL, ainsi la pyramide ABCDEF est à la pyramide GHIKLM. Donc les pyramides de mesme hauteur ayans bases polygones, &c. Ce qu'il falloit prouuer.

*Encore que selon plusieurs Interpretes, il soit
parlé en la demonstration de ceste prop. seulement des pyramides de mesme hauteur, desquelles les bases polygones ont les costez egaux
en nombre: toutesfois nous demonstrerons aussi le
mesme des pyramides de mesme hauteur, la base
de l'vne desquelles contient plus de costez que la
base de l'autre. Car soient premierement deux
pyramides de mesme hauteur ABCDEF,
GHIK, la base de l'vne desquelles soit polygone,*

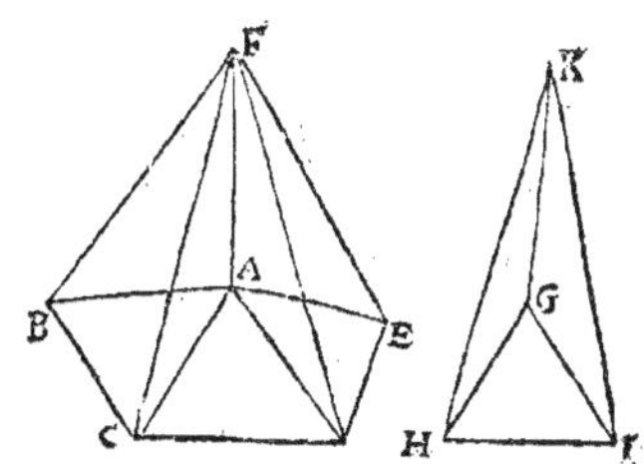

*sçauoir est pentagone, & de l'autre triangulaire. Ie dis que la pyramide est à la pyramide,
comme la base est à la base: Car le pentagone estant resoud en triangles, aussi la pyramide sera diuisee en pyramides egales en nombre. Et pource que par la 5. prop. 12. comme la base
ABC premiere quantité est à la base GHI, seconde quantité, ainsi la pyramide ABCF troisiesme quantité est à la pyramide GHIK quatriesme quantité. Et en la mesme maniere,
comme la base ACD cinquiéme quantité est à la base GHI deuxiesme quantité, ainsi la
pyramide ACDF sixiéme quantité, est à la pyramide GHIK quatriéme quantité: par
la 24. p. 5. comme la base ABCD premiere & cinquiéme quantité ensemble sera à la base
GHI seconde quantité, ainsi la pyramide ABCDF troisiéme quantité auec la sixiéme sera
à la pyramide GHIK quatriéme quantité. Derechef, puis que comme la base ABCD est à*

la base GHI, ainſi la pyramide ABCDF eſt à la pyramide GHIK, comme nous venons de demonſtrer: & que par la 5. prop. 12. comme la baſe ADE cinquiéme quantité eſt à la baſe GHI deuxiéme quantité, ainſi la pyramide ADEF ſixiéme quantité eſt à la pyramide GHIK quatriéme quantité: par la meſme 24. pr. 5. la baſe ABCDE ſera à la baſe GHI, comme la pyramide ABCDEF eſt à la pyramide GHIK: ce qui eſtoit propoſé. En la meſme maniere faudroit touſiours proceder s'il y auoit d'auantage de triangles en la baſe du polygone. Or puis que comme il a eſté demonſtré, la baſe du polygone ABCDE eſt à la baſe triangulaire GHI, ainſi que la pyramide ABCDEF eſt à la pyramide GHIK: pareillement en changeant, comme la baſe GHI ſera à la baſe ABCDE, ainſi la pyramide GHIK ſera à la pyramide ABCDEF. Parquoy deux pyramides, deſquelles l'vne a la baſe polygone, & l'autre triangulaire, ſont touſiours comme leurs baſes, de quelque façon que l'on commence: Car encore que la demonſtration commence au polygone & à ſa pyramide, comme appert par la demonſtration cy-deſſus, toutesfois en changeant, il eſt permis de commencer au triangle & à ſa pyramide, comme il a eſté dict.

Maintenant ſoient deux pyramides de meſme hauteur ABCDEF, GHIKL, deſquelles les baſes ſont polygones, & ſont plus de coſtez en vne baſe qu'en l'autre: Ie dis derechef que la pyramide eſt à la pyramide, comme la baſe eſt à la baſe. Car eſtant reſoud le polygone ABCDE és triangles ABC, ACD, ADE: la pyramide ſera diuiſée en autant de pyramides. Et d'autant que comme la baſe triangulaire ABC, premiere quantité, eſt à la baſe polygone GHIK, ſeconde quantité, ainſi la pyramide ABCF troiſiéme quantité, eſt à la pyramide GHIKL quatriéme quantité; & comme la baſe ACD cinquiéme quantité eſt

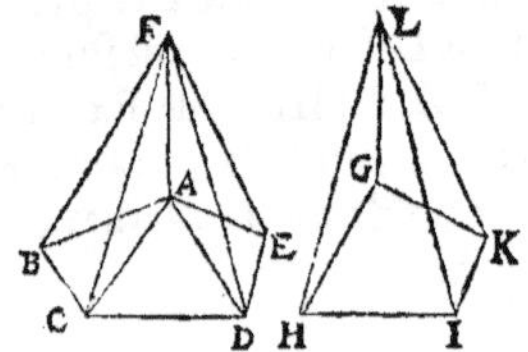

à la baſe GHIK ſeconde quantité, ainſi la pyramide ACDF ſixiéme quantité, eſt à la pyramide GHIKL quatriéme quantité: auſſi par la 24. prop. 5. comme la baſe ABCD premiere quantité auec la cinquiéme ſera à la baſe GHIK ſeconde quantité, ainſi la pyramide ABCDF troiſiéme quantité auec la ſixiéme ſera à la pyramide GHIKL quatriéme quantité. Derechef, puis que comme la baſe ABCD premiere quantité eſt à la baſe GHIK ſeconde quantité, ainſi la pyramide ABCDF tierce quantité, eſt à la pyramide GHIKL quatriéme quantité: & auſſi que comme la baſe ADE quinte quantité, eſt à la baſe GHIK ſeconde quantité, ainſi la pyramide ADEF ſixiéme quantité, eſt à la pyramide GHIKL quarte quantité: pareillement par la 24. propoſit. 5. comme la baſe ABCDE premiere quantité auec la quinte, ſera à la baſe GHIK ſeconde quantité, ainſi la pyramide ABCDEF tierce quantité auec la ſixiéme, ſera à la pyramide GHIKL quatriéme quantité: ce qui eſtoit propoſé. Il faudroit touſiours proceder en la meſme maniere s'il y auoit d'auantage de triangles en la baſe.

Or nous conuertirons tant ceſte 6. prop. d'Euclide que celle demonſtrée en ce ſcholie en ceſte maniere.

Les pyramides de quelconques baſes, leſquelles ſont entr'elles comme leurs baſes, ſont de meſme hauteur.

Ce qu'on demonſtrera en la meſme maniere, que les choſes dittes au ſcholie de la 5. pr. de ce liure, ont eſté demonſtrées.

COROLLAIRE.

Il appert außi que les pyramides de mesme hauteur, constituées sur bases egales multilate-
res, ou sur vne mesme, estre egales entr'elles: puis qu'elles ont mesme raison que leurs bases, les-
quelles sont posees egales, ou vne mesme.

Derechef, est euident que les pyramides multilateres egales, & construites sur bases egales,
ou sur vne mesme, ont mesme hauteur. Et que les pyramides multangulaires egales, & ayans
mesme hauteur, ont außi les bases egales, si elles ne sont vne mesme. Ce qui se peut demon-
strer comme nous auons dict au coroll. de la 5. p. de ce liure.

THEOR. 7. PROP. VII.

Tout prisme ayant la base triangulaire peut estre diuisé en trois
pyramides egales, ayans bases triangulaires

Soit le prisme ABCDEF duquel les deux triangles opposites ABF, DCE sont
egaux & semblables. Ie dis qu'iceluy prisme peut
estre diuisé en trois pyramides egales, ayans bases
triangulaires.

Car aux trois parallelogrâmes d'iceluy prisme,
soient menés les trois diametres AC, CF, FD: d'autant que par la 34. prop. 1. les triangles ABC, ADC
sont egaux, & que par la 5. prop. 12. comme la base ABC est à la base ADC, ainsi est la pyramide

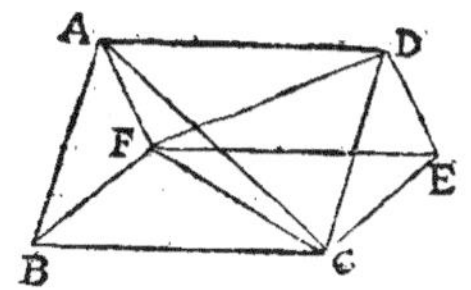

ABCF à la pyramide ADCF, (car elles ont vne mesme hauteur, sçauoir est la perpendiculaire menee du sommet F au plan BCD) icelles pyramides seront egales
entr'elles. Par mesme raison seront egales les pyramides ADFC, EFDC, constituees sur les bases egales ADF, EFD, & sous mesme hauteur, sçauoir de la perpendiculaire menee du sommet C sur le plan ADEF. Mais la pyramide ADCF
est la mesme que la pyramide ADFC: puis que l'vne & l'autre est contenue des quatre plans ADC, ADF, ACF, DCF. Donc les trois pyramides ABCF, ADCF,
EFDC, ou CDEF, composans tout le prisme, sont egales entr'elles. Parquoy
tout prisme ayant base triangulaire, &c. Ce qu'il falloit prouuer.

COROLLAIRE.

De cecy resulte que tout prisme est triple d'vne pyramide de mesme hauteur, estant sur
mesme base, ou sur bases egales, ou bien qu'vne pyramide est la tierce partie d'vn prisme de
mesme hauteur, estant sur mesme base, ou sur bases egales.

SCHOLIE.

Nous adiousterons icy la demonstration d'vne autre proposition, touchant les prismes qui ont
au sommet les plans parallels à la base, egaux & semblables : ceste proposition est telle.

Les prismes estans sous mesme hauteur, & ayans quelconques bases, sont entr'eux comme leur bases.

Soient deux prismes de mesme hauteur ABCDEFGHIK, LMNOPQRS, desquels les bases sont figures multilateres. Ie dis que comme la base ABCDE est à la base LMNO, ainsi est le prisme au prisme. Car si de tous les angles de chaque base on tire des lignes droictes à vn poinct du plan superieur, qui est opposé à la base, se feront deux pyramides sous mesme hauteur, ayans mesmes bases que le prisme : Et partant par le corollaire cy-dessus, chaque pyramide sera la troisiéme partie de son prisme. Parquoy par la 15. prop. 5. comme la pyramide sera à la

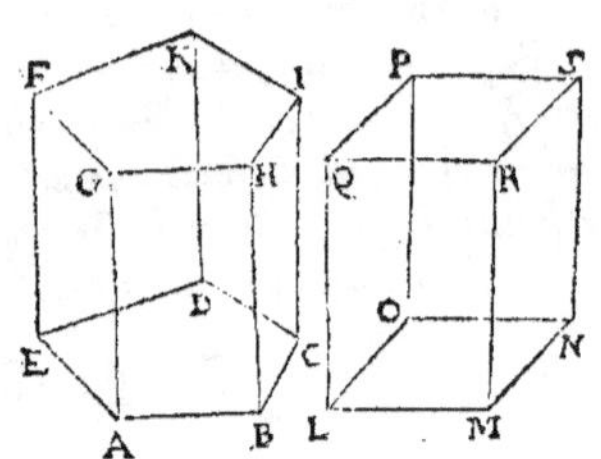

pyramide, ainsi le prisme sera au prisme : Mais la pyramide est à la pyramide, comme la base à la base, ainsi qu'il a esté demonstré à la 6. prop. de ce liure. Donc aussi comme la base sera à la base, ainsi le prisme sera au prisme. Ce qui estoit proposé.

COROLLAIRE.

Il est manifeste par ces choses, que les prismes de mesme hauteur, & constituez sur mesme base, ou sur bases egales quelles qu'elles soient, sont egaux entr'eux, puis qu'ils ont mesme raison entr'eux que leurs bases, lesquelles sont vne mesme, ou bien sont egales.

Appert aussi par le contraire, que les prismes egaux, constituez sur vne mesme base, ou sur egales sont en mesme hauteur : Et que les prismes egaux de mesme hauteur, ont aussi mesme base, ou egales. Ce qu'on demonstrera en la mesme maniere qu'a esté demonstré la conuerse de la 31. prop. 11.

THEOR. 8.   PROP. VIII.

Pyramides semblables ayans bases triangulaires, sont en raison triplee de leurs costez homologues.

Soient deux pyramides semblables ABCD & EFGH, ayans bases triangulaires ABC & EFG : Ie dis qu'elles sont en raison triplee des costez de mesme raison AC & EG. Car soient acheuez les parallelipipedes AK & EO. D'autant que les pyramides sont semblables, les trois angles plans de l'angle solide A, (sçauoir DAC, DAB, BAC) seront egaux aux trois angles plans de l'angle solide E, (sçauoir HEG, HEF, FEG) & les costez au long d'iceux angles egaux, proportionaux ; tellement que comme DA est

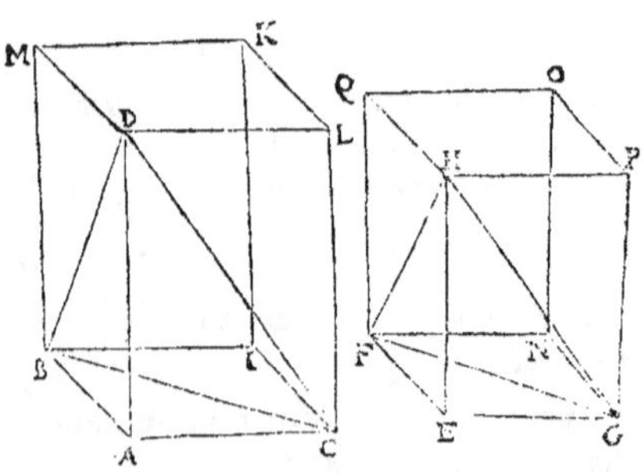

à AC, ainsi HE est à EG ; & comme DA est à DB, ainsi HE est à EF ; & comme BA est à AC, ainſi FE eſt à EG: Parquoy les trois parallelogrammes AL, AM, AI ſeront ſemblables aux trois parallelog. EP, EQ, EN. Mais par la 24. prop. 11. tant les trois AL, AM, AI du parallelipipede AK ſont egaux & ſemblables aux trois oppoſez BK, CK, ML; que les trois EP, EQ, EN du parallelipipede EO, le ſont aux trois oppoſez QN, PN, HO: & partant les ſix plans du parallelelipipede AK ſont ſemblables aux ſix plans du parallelip. EO. Et par la 9. def. 11. iceux parallelipipedes ſont ſemblables. Donc par la 33. prop. 11. ils ſeront en raiſon triplee de leurs coſtez homologues AC & EG. Mais par la 15. prop. 5. comme le parallelipipede AK eſt au parallelip. EO, ainſi la pyramide ABCD eſt à la pyramide EFGH: (car chacune d'icelles pyramides eſt la ſixieſme partie de ſon parallelipipede, puis que chaque parallelipipede peut eſtre diuiſé en deux priſmes egaux par la 38. prop. 11. & chacun priſme en trois pyramides egales par la prec. prop.) donc par la 11. prop. 5. leſdites pyramides ABCD, EFGH, ſont auſſi en la raiſon triplee des meſmes coſtez AC & EG. Parquoy les pyramides ſemblables ayans baſes triangulaires, &c. Ce qu'il falloit prouuer.

C O R O L L A I R E.

De cecy eſt manifeſte, qu'auſſi les pyramides ſemblables, deſquelles les baſes ont plus de trois coſtez, ſont en raiſon triplee de leurs coſtez homologues.

Soient les pyramides ſemblables ABCDEF, GHIKLM, ayans baſes rectilignes ſemblables de pluſieurs coſtez. Ie dis qu'icelles pyramides ſont en raiſon triplee des coſtez homologues AB, GH. Car ſi des angles A & G, on tire aux angles oppoſez les lignes droictes AC, AD: GI, GK: par la 20. prop. 6. les baſes ſemblables ſeront diuiſees en nombre egal de triangles ſemblables, ſçauoir eſt que les triangles ABC, ACD, ADE, ſeront ſemblables aux triangles GHI, GIK, GKL. Donc puis que les pyramides ſont ſemblables, les triangles AFB, GMH, ſont ſemblables, & l'angle FAB, egal à l'angle MGH; & comme FA ſera à AB, ainſi MG ſera à GH: mais comme AB à AC, ainſi GH à GI, à cauſe de la ſimilitude des triangles ABC, GHI: donc en raiſon egale, comme FA ſera à AC, ainſi MG ſera à GI. Derechef, puis que comme AC eſt à CB, ainſi GI eſt à IH, à cauſe de la ſimilitude des triangles ABC, GHI: & comme CB à CF, ainſi IH à IM, car à cauſe de la ſimilitude des pyramides, les triangles BCF, HIM, ſont ſemblables: auſſi en raiſon egale, comme AC ſera à CF, ainſi GI ſera à IM: & partant puis que comme FA à AC, ainſi MG à GI; & comme AC à CF, ainſi GI à IM: pareillement en raiſon egale, comme FA ſera à FC, ainſi MG à MI. Parquoy par la 5. prop. 6. les triangles AFC, GMI, ſeront equiangles, & partans ſemblables. Mais les triangles AFB, BFC, ABC ſont auſſi ſemblables aux triangles GMH, HMI, GHI. Donc par la 8. def. 11. les pyramides ABCF, GHIM, ſont ſemblables. Par meſme raiſon ſeront ſemblables les pyramides ACDF, GIKM: Item ADEF, GKLM. Parquoy par la 8. prop. 12. les pyramides ABCF, ACDF, ADEF, ſeront aux pyramides GHIM, GIKM, GKLM, chacune à la ſienne, en raiſon triplee des coſtez homologues AB, CD, DE, à GH, IK, KL, chacun au ſien. Veu donc qu'à cauſe de la ſimilitude des baſes ABCDE, GHIKL, il y a vne ſeule & meſme raiſon de AB, CD, DE à GH, IK, KL: auſſi les pyramides ABCF, ACDF, ADEF, auront aux pyramides GHIM, GIKM, GKLM, vn

A A A a

554

seule & mesme raison, c'est à sçauoir triplee. Et par la 12. prop. 5. comme vne seule pyramide ABCF est à vne seule pyramide GHIM, ainsi toutes les pyramides, sçauoir est la pyramide ABCDEF, est à toutes les pyramides, sçauoir à la totale GHIKLM. Parquoy puis que
par la 8. prop. 12. la pyramide ABEF est à la pyramide GHIM en raison triplee des costez
homologues AB, GH; aussi la pyramide ABCDEF sera à la pyramide GHIKLM en la raison
triplee des mesmes costez homologues AB, GH: Ce qui estoit proposé.

SCHOLIE.

Par mesme raison les prismes semblables sont en raison triplee de leurs costez homologues:
Car soient deux prismes semblables ABCDEFGHIK, LMNOPQRSTV: Ie dis qu'ils sont
en raison triplee des costez homologues. Car si des angles
A & L on tire les lignes AC, AD, LN, LO; par
la 20. prop. 6. les triangles ABC, CAD, DEA,
seront semblables aux triangles LMN, LNO, OPL.
Semblablement, si des angles G & R, on tire les lignes GI, GK, RT, RV; les triangles GHI, GIK, GKF,
seront aussi semblables aux triangles RST, RTV, RVQ,
& aux susdits, puis que par la def. du prisme, tous les
plans opposites des prismes sont semblables. Et d'autant qu'à cause de la similitude des prismes, les paral-

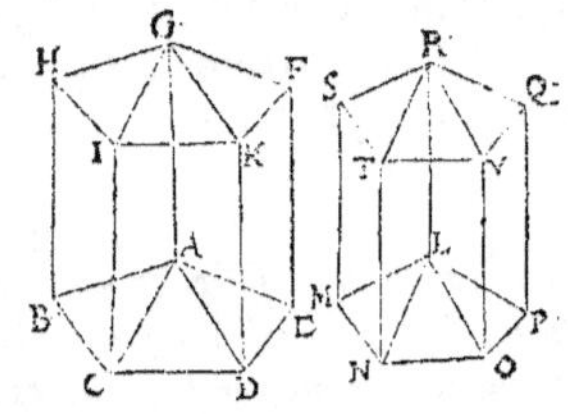

lelogrammes CH, NS sont semblables, comme CI sera à CB, ainsi TN sera à NM: mais
comme BC est à CA, ainsi NM est à NL, à cause de la similitude des triangles. Donc en
raison egale, comme CI sera à CA, ainsi TN à NL. Derechef, pource que l'angle solide N, est
egal à l'angle solide C, à cause de la similitude des prismes, si celuy-cy est superposé à l'autre,
l'angle MNO conuiendra à l'angle BCD, & l'angle TNM à l'angle ICB, & l'angle TNO
à l'angle ICD. Mais aussi la ligne droicte NL conuient à la ligne CA, pource que les angles
MNL, ECA sont egaux. Donc les angles ICA, TNL sont egaux; & partant puis que les
costez d'alentour iceux, ont esté demonstrés proportionaux, les parallelogrammes CG, NR,
seront semblables. Mais aussi les parallelogrammes CH, HA, sont semblables aux parallelogrammes NS, SL, & les triangles AEC, GHI, aux triangles LMN, RST. Donc les prismes
ABCIGH, LMNTRS, sont semblables, par la 8. def. 11. On demonstrera en la mesme maniere que les prismes CDAGIK, NOLTRV, sont semblables, comme aussi les prismes
AEDKGF, LPOVRQ. Parquoy les prismes ABCIGH, CDAGIK, AEDKGF par les choses demonstrees à la 34. prop. 11. sont aux prismes LMNTRS, NOLRTV, LPOVRQ, chacun au sien, en raison triplee des costez homologues BC, CD, DE à MN, NO, OP; chacun
au sien. Et partant en la mesme maniere que nous auons demonstré cy-dessus des pyramides
multangles, on demonstrera que les prismes ABCDEFGHIK, LMNOPQRSTV, sont en raison triplee des costez homologues BC, MN.

De toutes ces choses se collige, que les pyramides multangles semblables, se diuisent en pyramides triangulaires semblables, & en nombre egal, & homologues aux toutes. Ce qui est
manifeste par la demonstration du preced. corollaire.

Il se collige aussi que les prismes multangulaires semblables, se diuisent en prismes semblables, ayans bases triangulaires, & en nombre egaux, & homologues aux tous, comme appert
par la demonstration de se scholie.

THEOR. 9.   PROP. IX.

Des pyramides egales ayans bafes triangulaires, les hauteurs font
reciproques aux bafes : Et les pyramides ayans bafes triangulaires
reciproques à leurs hauteurs, font egales.

Soient les pyramides egales ABCD, & EFGH, ayans bafes triangulaires : ie dis
que les bafes d'icelles font reciproques à leurs hauteurs, c'eſt à dire que comme la
bafe ABC à la bafe EFG, ainſi la hauteur du poinct H à la hauteur du poinct D.

Car foient acheuez les parallelipipedes AK, EO ; & comme il a
eſté dit en la prop. precedente,
chacun d'iceux parallelipipedes
fera fextuple de fa pyramide. Et
les deux pyramides eſtans egales,
iceux folides AK, EO, feront
egaux : & par la 34. prop. 11. ils auront les hauteurs reciproques aux
bafes. (C'eſt à dire que comme la
hauteur du poinct D à la hauteur
du poinct H, ainſi la bafe EN à la
bafe AI) Mais comme EN eſt à

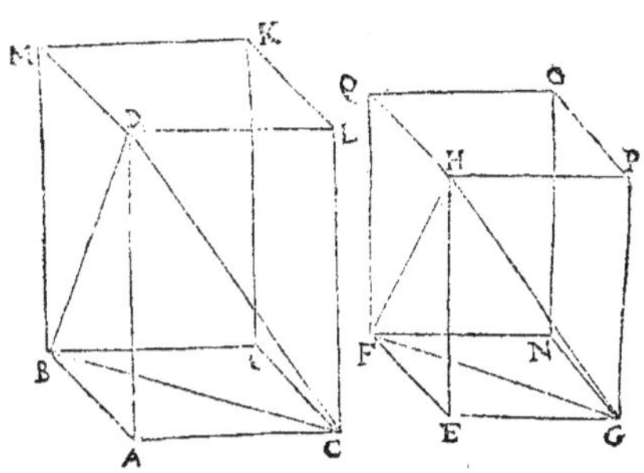

AI, ainſi le triangle EFG (moitié de EN) eſt au triangle ABC ; (moitié de AI) &
partant par la 11. p. 5. comme la hauteur du poinct D eſt à la hauteur du poinct H,
ainſi le triangle EFG eſt au triangle ABC.

Pour la feconde partie : Si la hauteur du poinct D eſt à la hauteur du poinct H,
comme le triangle EFG eſt au triangle ABC : ie dis que les pyramides ABCD,
EFGH feront egales. Car il eſt euident comme cy deſſus que la hauteur du poinct
D, fera à la hauteur du poinct H, comme la bafe EN à la bafe AI : (d'autant qu'elles
font doubles des triangles EFG & ABC) ainſi les parallelipipedes AK, EO, auront les hauteurs reciproques aux bafes : & par la 34. prop. 11. ils feront egaux ; &
par confequent leurs fixiefmes parties feront auſſi egales, ſçauoir les pyramides
ABCD, & EFGH : Parquoy, des pyramides egales ayans bafes triangulaites, &c.
Ce qu'il falloit prouuer.

Les pyramides egales, defquelles les bafes ne font triangulaires, ont auſſi les bafes & hau-
teurs reciproques : & les pyramides defquelles les bafes ne font triangulaires, & ont leurs ba-
fes reciproques à leurs hauteurs, font egales. Car foient premierement deux pyramides egales,
l'vne defquelles ABCD ait la bafe triangulaire, mais l'autre EFGHI ne l'ait pas. Soit fait
le triangle KLM egal à la bafe non triangulaire EFGH ; puis fur iceluy triangle foit conſtrui-
te la pyramide KLMN, de mefme hauteur que la pyramide EFGHI. Or d'autant que les pyra-
mides EFGHI, KLMN, ont les bafes egales, & mefme hauteur ; elles feront egales, par les
chofes demonſtrees au fcholie de la 6. prop. 11. Mais la pyramide EFGHI a eſté pofee egale à
la pyramide ABCD ; donc auſſi les pyramides ABCD, KLMN feront egales : Parquoy

puis qu'elles ont les bases triangulaires, par la 9. prop. 12. comme la base *ABC* sera à la base
KLM, ou à son egale *EFGH*, ainsi la hauteur de la pyramide *KLMN*, c'est à dire la hauteur
de la pyramide *EFGHI*, sera à la hauteur de la pyramide *ABCD* : & partant des pyramides
egales *ABCD*, *EFGHI*, les bases & hauteurs sont reciproques.

Mais maintenant d'icelles pyramides, les bases
& hauteurs soient reciproques : ie dis qu'icelles
pyramides sont egales. Car demeurant la mesme
construction faite cy-dessus ; puis que la base
ABC est posee estre à la base *EFGH*, comme la hauteur de la pyramide *EFGHI* à la hauteur de la pyramide *ABCD* ; aussi la base *ABC*
sera à la base *KLM*, comme la hauteur de la
pyramide *KLMN* sera à la hauteur de la pyramide *ABCD*. Parquoy par la 9. p. 12. les py-

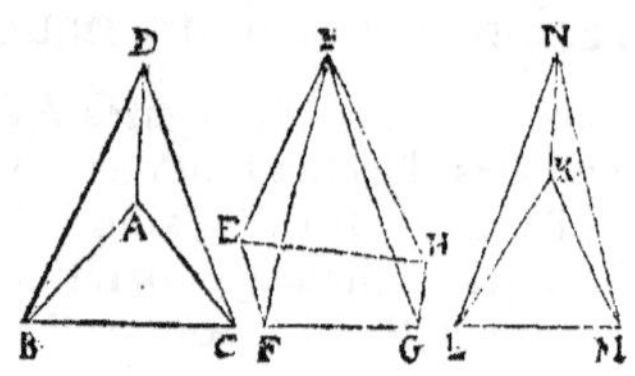

ramides *ABCD*, *KLMN*, sont egales. Mais comme nous auons demonstré au scholie de la 6.
prop. 12. la pyramide *KLMN* est egale à la pyramide *EFGHI* : donc aussi la pyramide *ABCD*
sera egale à la pyramide *EFGHI*. Ce qui estoit proposé.

Soient maintenant les pyramides egales *ABCDE*, *FGHIKL*, ayans bases multangulaires. Soit fait derechef le triangle *MNO* egal à la base *ABCD* ; & la pyramide *MNOP* de
mesme hauteur que la pyramide *ABCDE*. Donc par les choses demonstrees au scholie de la
6. prop. 12. la pyramide *MNOP* sera egale à la pyramide *ABCDE*, laquelle a esté posee egale à la pyramide *FGHIKL* : donc aussi la pyram. *MNOP* sera egale à la pyram. *FGHIKL*. Parquoy comme nous auons demonstré cy-dessus, ainsi que la base *MNO*, c'est à dire la base *ABCD*,
sera à la base *FGHIK*, ainsi la hauteur de
la pyramide *FGHIKL* sera à la hauteur
de la pyramide *MNOP*, c'est à dire à la
hauteur de la pyramide *ABCDE* : Et
partant des pyramides egales *ABCDE*,
FGHIKL, les bases & hauteurs sont reci-pro-
ques.

Mais soient maintenant reciproques les
bases & hauteurs d'icelles pyramides : on
demonstrera comme dessus qu'elles sont
egales.

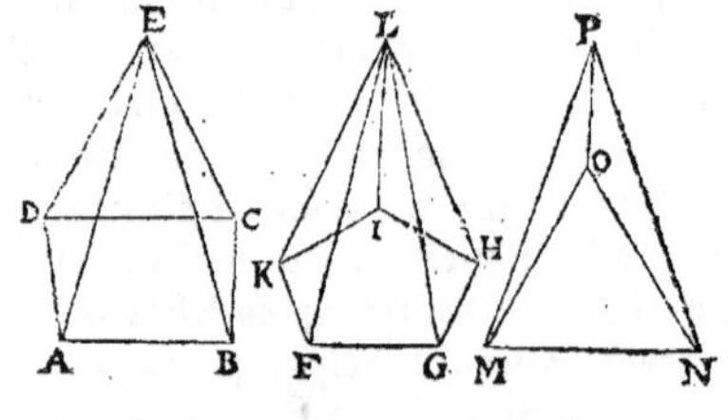

Or tout ce que nous auons demonstré cy dessus peut aussi conuenir à quelconques prismes. Car
si les prismes estoient egaux, aussi les pyramides de mesme hauteur qu'iceux, ayans les mesmes bases, seroient egales, puis que d'iceux prismes par le corol. de la 7. prop. 12. elles sont les
tierces parties, ou les deux tierces parties par le scholie de la mesme prop. Parquoy, comme
nous auons demonstré n'agueres, les bases & hauteurs d'icelles pyramides seront reciproques.
Veu donc que ces bases & hauteurs sont les mesmes que des prismes, les bases & hauteurs des
prismes seront pareillement reciproques.

Derechef, si les bases & hauteurs des prismes sont reciproques, les bases & hauteurs des pyramides ayans mesmes bases & hauteurs que les prismes, seront aussi reciproques. Parquoy,
comme il a esté demonstré, les pyramides sont egales : & partant aussi les prismes, puis que
d'icelles pyram. ils sont triples, ou sesquialteres. Ce qui estoit proposé.

THEOR. 10. PROP. X.

Tout cone eſt la troiſieſme partie du cylindre qui a meſme baſe,&
egale hauteur.

Soit vn cone,& vn cylindre ayans vne meſme baſe, ſçauoir le cercle ABCD, &
vne meſme hauteur. Ie dis que le cylindre eſt triple du cone.

Autrement,il ſera plus grand, ou plus petit que le triple d'iceluy cone : Soit premierement plus grand, s'il eſt poſſible, ſçauoir de la quantité du ſolide E, c'eſt à
dire, que ſi du cylindre ayant pour baſe le cercle
ABCD eſt retranché le ſolide E, le reſte ſera triple du
cone ayant pour baſe le meſme cercle ABCD:dans
iceluy cercle ſoit inſcrit le quarré ABCD , diuiſé en
deux triangles par la diagonale BD , & ſur iceux
triangles ſoient imaginez eſtre eſleuez deux priſmes
de meſme hauteur que le cylindre : Et parce que le
quarré eſt plus de la moitié du cercle , il eſt euident
qu'iceux deux priſmes ſeront plus de la moitié du cylindre. Que ſi les ſegmens reſtans du cylindre , (les
deux priſmes eſtans oſtez) ſont encores plus grands
que le ſolide E, ſur les baſes d'iceux ſegmens ſoient
faits les quatre triangles Iſoſceles AFB, BGC , CHD,

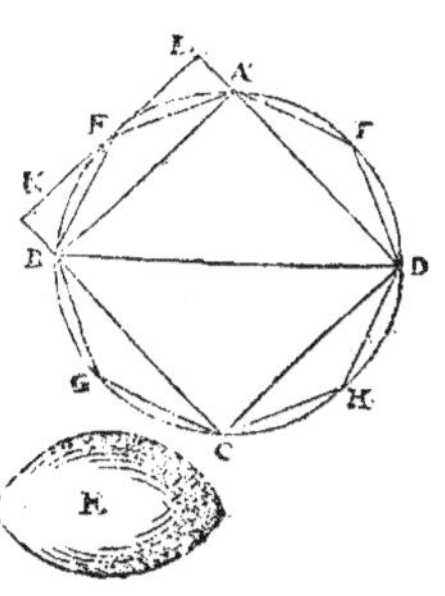

DIA , & ſur iceux ſoient imaginez eſtre eſleuez quatre priſmes de meſme hauteur que le cone ou cylindre, dont la baſe eſt le cercle ABCD. Il eſt euident que
ces triangles Iſoſceles ſont plus de la moitié des baſes des ſegmens reſtans du cylindre; & par conſequent qu'iceux quatre priſmes ſeront plus de la moitié d'i-
ceux quatre ſegmens : Que ſi les huict petits ſegmens reſtans du cylindre ne ſont
plus petits que le ſolide E, ſoit touſiours en ceſte façon ſouſtrait plus de la moitié
de ce qui reſtera , iuſqu'à ce que les ſegmens reſtans ſoient plus petits que le ſolide
E : Ce qui doit aduenir par la 1. prop. 10. Et pour abreger, ſoient iceux huict petits ſegmens plus petits qu'iceluy ſolide E : Il eſt donc manifeſte que la colomne
compoſee de ces ſix priſmes,ayant pour baſe le polygone inſcrit au cercle ABCD,
& de meſme hauteur que le cylindre donné, ſera plus que triple d'iceluy cone , par
ce qui a eſté dit cy-deſſus. Or d'autant que chacun priſme eſt triple de ſa pyramide
de meſme hauteur , & ayant baſe egale, (car il peut eſtre diuiſé en trois telles pyramides egales par la 7. prop.12.) il s'enſuit que tous iceux priſmes faiſans la colomne qui a pour baſe le polygone inſcrit au cercle ABCD, (c'eſt à dire icelle colomne de meſme hauteur que le cylindre) eſt triple de toutes les ſix pyramides,
qui ſont la ſeule pyramide,ayant le meſme polygone pour baſe , & de meſme hauteur qu'icelle colomne. Partant icelle pyramide ſera plus grande que le cone de
meſme hauteur, qui a le cercle ABCD pour baſe : ce qui eſt impoſſible, n'e-
ſtant la pyramide que partie du cone. Donc le cylindre n'eſtoit pas plus grand que
le triple du cone.

Soit donc plus petit, s'il eſt poſſible;ſçauoir de la quantité du ſolide E,c'eſt à dire
que ſi on retranche le ſolide E du cone, que le reſidu ſoit la troiſieſme partie du

cylindre. Maintenant du cone, qui a pour baſe le cercle ABCD, ſoit retranché plus
de la moitié, ſçauoir la pyramide de meſme hauteur, ayant pour baſe le quarré
ABCD, & du reſidu, ſçauoir des quatre ſegmens F, G, H, I, ſoit retranché plus de
la moitié, ſçauoir la pyramide de chacun ſegment, de meſme hauteur qu'iceluy
ſegment, & ayant pour baſe le triangle Iſoſcelle en iceluy ſegment : ſoit continué
ce retranchement iuſques à ce que les ſegmens reſtans ſoient plus petits que le ſolide E : ce qui doit arriuer par la 1. prop. 10. Soient donc pour abreger iceux huict
petits ſegmens plus petits que le ſolide E : il eſt donc euident que la pyramide de
meſme hauteur que le cone, qui a iceluy octogone pour baſe, eſt plus grande que
le tiers du cylindre donné, d'autant qu'elle eſt plus grande que le cone, apres que
d'iceluy on a retranché le ſolide E. Or iceluy cone ainſi reſcinde eſt le tiers du cylindre donné, & la pyramide eſt auſſi, (comme il a eſté dit cy-deſſus) le tiers de la
colomne de meſme hauteur, ayant le meſme octogone pour baſe : Partant icelle
colomne ſeroit plus grande que le cylindre donné, duquel elle eſt partie : Ce qui eſt
impoſſible. Donc le cylindre donné n'eſtoit ne plus petit, ne plus grand que le triple du cone : il faut donc qu'il luy ſoit egal. Parquoy tout cone eſt la troiſieſme partie du cylindre, &c. Ce qui eſtoit à demonſtrer.

THEOR. II.   PROP. XI.

Les cones, & les cylindres de meſme hauteur, ſont l'vn à l'autre comme leurs baſes.

Soient deux cones de meſme hauteur, deſquels les baſes ſont les cercles ABCD
& EFGH ; les diametres BD & FH, leurs axes ou hauteurs IK & LM. Ie dis que
comme le cercle ABCD eſt au cercle EFGH, ainſi le cone BK eſt au cone FM ; c'eſt
à dire que ſi on imagine que
comme le cercle eſt au cercle,
ainſi le cone BK ſoit à quelque
autre ſolide, comme N ; iceluy
ſolide N ſera egal au cone FM.

Autrement, il ſera plus petit
ou plus grand : Soit premierement plus petit, s'il eſt poſſible, de la quantité du ſolide O :
donc les deux ſolides N & O
ſeront egaux au cone FM.
Maintenant du cone FM comme en la precedente, ſoit retranché plus de la moitié, ſça-

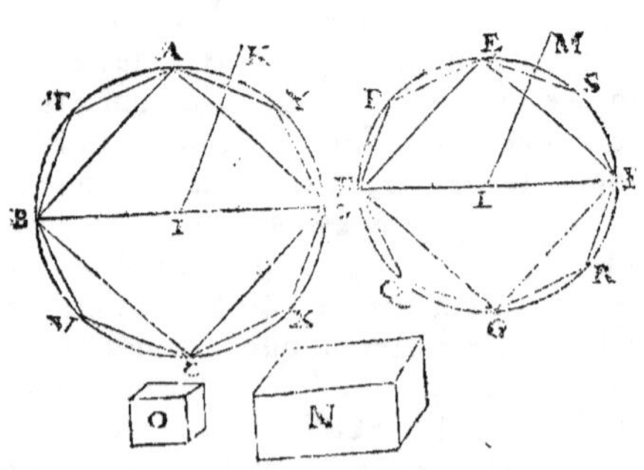

uoir vne pyramide de meſme hauteur que le cone, ayant pour baſe le quarré
FGHE : & du reſidu encores plus de la moitié, ſçauoir quatre pyramides de meſ-
me hauteur que le cone, ayans pour baſes les quatre triangles Iſoſceles EPF, FQG,
GRH, HSE, en continuant touſiours iuſques à ce que le reſidu ſoit plus petit que

le solide O : & soit iceluy residu pour abreger les huict petits segmens : il s'ensuit que la pyramide FM de mesme hauteur que le cone FM, & ayant pour base l'octogone E P F Q G R H S, sera plus grande que le solide N. Au cercle A B C D, soit inscrit vn polygone semblable au polygone inscrit dans la base circulaire EFGH, & sur iceluy soit imaginé estre esleuee vne pyramide de mesme hauteur que le cone BK. Or par le corol. de la 2. prop. 12. comme le cercle ABCD est au cercle EFGH, ainsi le polygone T V X Y est au poligone P Q R S : mais comme le cercle ABCD est au cercle EFGH, ainsi le cone BK est au solide N, & par la 6. prop. 12. comme le poligone au poligone, ainsi la pyramide à la pyramide de mesme hauteur que les cones : & partant par la 11. prop. 5. la pyramide ATBVCXDYK sera à la pyramide EPFQG RHSM, comme le cone BK au solide N. Mais la pyramide ATBVCXDYK est plus petite que le cone BK ; la partie que le tout : Donc aussi par la 14. prop. 5. la pyramide EPFQGRHSM sera moindre que le solide N. Mais elle a esté demonstree aussi plus grande : ce qui est absurde. Donc le solide N n'estoit pas plus petit que le cone FM.

Soit donc plus grand, s'il est possible : Or puis que l'on a posé le cercle ABCD estre au cercle EFGH, comme le cone BK au solide N ; en permutant, comme le solide N sera au cone BK, ainsi le cercle EFGH sera au cercle ABCD : Mais comme iceluy solide N est au cone BK, soit aussi le cone FM à quelque autre solide, comme O : Et par la 14. prop. 5. puis que le solide N est plus grand que le cone FM, aussi le cone BK sera plus grand que le solide O. Parquoy puis que comme le cercle E F G H est au cercle ABCD, ainsi le solide N est au cone BK : par la 11. prop. 5. comme le cercle EFGH est au cercle ABCD, ainsi le cone FM au solide O, plus petit que le cone BK : ce que tantost nous auons monstré estre impossible. Donc le solide N n'est pas plus grand ne plus petit que le cone FM, ains egal. Parquoy puis qu'on a posé la base ABCD estre à la base EFGH, ainsi que le cone ABCDK au solide N : & que par la 7. prop. 5. comme le cone ABCDK est au solide N, ainsi est le mesme cone ABCDK au cone EFGHM : pareillement comme la base ABCD sera à la base EFGH, ainsi le cone ABCDK sera au cone EFGHM.

Or ce que nous auons prouué des cones de mesme hauteur, se doit aussi entendre des cylindres de mesme hauteur : d'autant que par la 10. prop. 12. le cylindre est triple de son cone de mesme hauteur, & ayant base egale. Que si le cone est au cone, comme la base à la base, aussi le triple du cone sera au triple du cone, comme la base à la base par la 15. prop. 5. c'est à dire le cylindre au cylindre, comme la base à la base. Donc les cones & cylindres de mesme hauteur, &c. Ce qu'il falloit demonstrer.

S C H O L I E.

On peut conuertir ceste prop. ainsi : Les cones & les cylindres qui sont entr'eux comme leurs bases, sont de mesme hauteur.

Ce qu'on peut demonstrer en la mesme façon que nous auons demonstré la conuerse de la 31. prop. 11.

COROLLAIRE.

De cecy resulte que les cones, & les cylindres de mesme hauteur, constituez sur mesme base ou sur bases egales, sont aussi egaux. Il s'ensuit encore que les cones & les cylindres egaux constituez sur mesme base, ou sur bases egales sont de mesme hauteur; & que les egaux de mesme hauteur sont sur bases egales, s'ils n'ont vne mesme base. Ce que l'on pourroit aussi demonstrer, comme en la conuerse de la 31. prop. 11.

THEOR. 12. PROP. XII.

Les cones, & les cylindres semblables, sont l'vn à l'autre en raison triplee des diametres de leurs bases.

Soient semblables cones, & cylindres, ayans pour bases les cercles ABCD, EFGH, mais les axes d'iceux soient IK, LM; & les diametres des bases TX, PR. Ie dis que le cone est au cone, & le cylindre au cylindre, en raison triplee du diametre TX au diametre PR, c'est à dire que si on imagine comme aux precedentes, que le cone ABCDK soit à quelque solide, comme N, en raison triplee du diametre TX au diametre PR, iceluy solide N sera egal au cone EFGHM.

Autrement, il sera plus grand ou plus petit. Soit premierement plus petit, sçauoir de la quantité du solide O : Donc les deux solides O & N seront egaux au cone EFG HM : & comme en la precedente soit faite distraction de plus de la moitié du cone EFGHM, & du residu encore plus de la moitié, iusques à ce que les restes soient plus petits que le solide O : & pour abreger, iceux restes soient les huict petits segmés qui sont à l'entour de la pyramide FM qui a pour

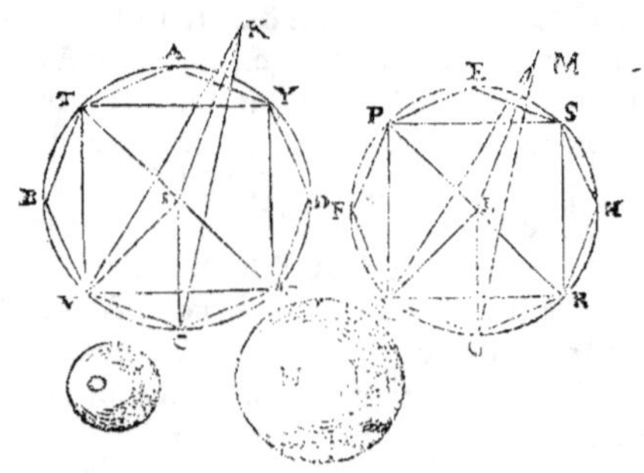

base l'octogone EPFQGRHS ; tellement qu'icelle pyramide sera plus grāde que le solide N. Maintenant au cercle ABCD soit inscrit vn tel poligone que le plus grand inscrit au cercle EFGH, sçauoir ATBVCXDY : & sur iceluy soit imaginé estre esleuee vne pyram. de mesme hauteur que le cone BK, & ayant tiré les lignes VI, CI; QL, GL; soient menees les lignes QM, GM; VK, CK, afin d'auoir les deux pyramides VCIK, QLGM. Il est manifeste que la pyramide ATBVCXDYK est composee d'autant de pyramides egales, qu'il y a de costez au poligone inscrit dans le cercle, (c'est à sçauoir qu'icelle pyramide totale BK est composee de huict pyramides egales & semblables à la pyramide VICK de mesme hauteur que la totale.) On peut dire semblablement que l'autre pyramide totale EPFQGRHSM est composee de huict pyramides egales & semblables à la pyramide QLGM, de mesme

hauteur

hauteur que fa totale. Mais d'autant que les cones BK & FM font femblables par
la definition des cones femblables, comme le diametre TX eft au diametre PR ; &
partant par la 15. prop. 5. comme le demy diametre VI eft au demy diametre QL,
ainfi l'axe IK eft à l'axe LM : & en permutant, comme le demy diametre VI fera à
l'axe IK, ainfi le demy diametre QL à l'axe LM : & les angles VIK & QLM eftans
droicts, (car les cones font pofez droicts, & par confequent les axes d'iceux, font
auffi à droicts angles fur leurs bafes) par la 6. prop. 6. le triangle VIK fera equiangle au triangle QLM. Item CIK fera auffi equiangle à GLM, & par la 4. prop. 6.
ils auront les coftez proportionaux, & feront femblables. Item VI eft à CI comme
QL à GL, (eftans chacun egaux) & l'angle I egal à l'angle L; (ayans chacun la hui-
ctiefme partie de la circonference pour bafe) & partant par la 6. propofit. 6. les
triangles VIC, QLG, feront equiangles; partant femblables: Item VC eft à VI, comme QG à QI, (d'autant que les triangles VIC & QLG font femblables) & pour la
mefme raifon VI eft à VK, comme QL à QM : & en raifon egale, VC fera à VK,
comme QG à GM : Et par mefme difcours VC eft à CK, comme QG à GM : Et les
egales VK & CK, feront l'vne à l'autre, comme les egales QM & GM : Et partant
par la 5. prop. 6. les triangles VKC, QMG, feront equiangles, & femblables : &
par la def. des pyramides femblables, les deux pyramides VICK, & QIGM, feront
femblables : Et par la 8. prop. 12. elles feront en raifon triplee de leurs coftez homologues, fçauoir des demy diametres VI & QL. Par mefme difcours on prouuera les fept autres pyramides de la totale ATBVCXDYK, proportioneles à vne
chacune des fept autres pyramides de la totale EPFQG RHSM : Et partant par la
12. prop. 5 les toutes feront aux toutes, comme l'vne d'icelles eft à l'vne d'icelles : C'eft à dire que toute la pyramide BK eft à toute la pyramide FM, en raifon triplee du demy diametre VI au demy diametre QL, ou bien du diametre TX au diametre PR ; puis que comme VI eft à QL, ainfi TX eft à PR par la 15. prop. 5. Mais
par noftre hypothefe le cone BK eft au folide N, auffi en raifon triplee des deux
diametres TX, PR : Et partant par la 11. prop. 5. le cone BK fera au folide N, com-

me la pyramide ATBVCXDYK
à la pyramide EPFQGRHSM.
Parquoy puis que le cone BK eft
plus grand que la pyramide BK,
le tout que la partie, auffi par la
14. prop. 5. le folide N fera plus
grand que la pyramide FM : & il
a efté demonftré eftre auffi moindre. Ce qui eft abfurde. Donc le
folide N n'eft pas plus petit que
le cone FM. Qu'il foit donc plus
grand, s'il eft poffible. D'autant
qu'ó a pofé que le cone ABCDK

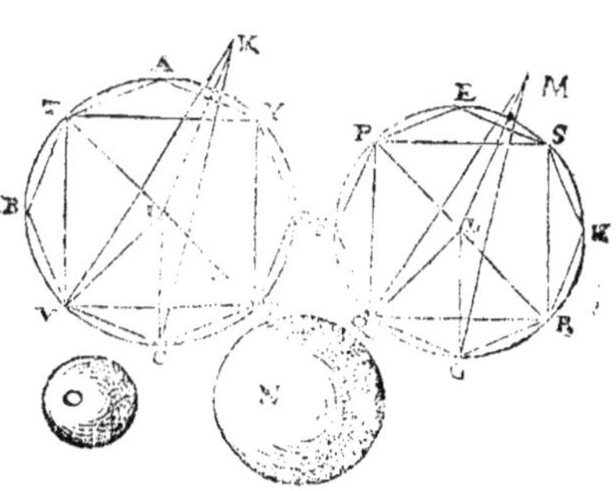

eft au folide N en raifon triplee du diametre TX au diametre PR, & la pyramide BK eft à la pyramide FM en raifon triplee des mefmes diametres, comme nous
auons demonftré par la 11. prop. 5. comme le cone BK fera au folide N, ainfi la pyramide BK à la pyramide FM : & en permutant, comme N eft au cone B, ainfi la

pyramide FM eſt à la pyramide BK. Parquoy puis que par le corol. de la 8. p. 12. la pyramide FM eſt à la pyramide BK en raiſon triplee des coſtez homologues QG à VG : c'eſt à dire du diametre PR au diametre TX : pareillement le ſolide N ſera au cone BK en raiſon triplee des meſmes diametres PR à TX. Soit poſé que comme N eſt au cone BK, ainſi le cone FM ſoit au ſolide O. Donc auſſi le cone FM ſera au ſolide O en raiſon triplee du diametre PR au diametre TX. Et puis que le ſolide N a eſté poſé plus grand que le cone FM : par la 14. prop. 5. le cone BK ſera auſſi plus grand que O. Parquoy le cone FM ſera au ſolide O, moindre que le cone BK, en raiſon triplee du diametre TR au diametre TX : ce qui eſt abſurde. Car il a eſté demonſtré cy-deſſus qu'vn cone ne peut eſtre à vn ſolide moindre qu'vn autre cone, en raiſon triplee des diametres des baſes d'iceux cones. Donc le ſolide N n'eſt pas plus grand ny plus petit que le cone EFGHM : il eſt donc egal. Parquoy par la 7. prop. 5. le cone ABCDK à meſme raiſon au cone EFGHM qu'au ſolide N. Et partant puis qu'on a poſé le cone ABCDK eſtre à N en raiſon triplee des diametres TX & PR : le cone ABCDK ſera auſſi au cone EFGHM en la raiſon triplee des meſmes diametres.

Ceſte demonſtration ſe doit auſſi entendre des cylindres ſemblables : car leurs cones eſtans en raiſon triplee des diametres, par la 15. propoſit. 5. les cylindres qui ſont triples d'iceux cones, ſeront auſſi l'vn à l'autre en raiſon triplee de leurs diametres. Donc les cones, & les cylindres ſemblables, &c. Ce qu'il falloit demonſtrer.

THEOR. 13. PROP. XIII.

Si vn cylindre eſt couppé par vn plan parallel aux plans oppoſez, les ſegmens du cylindre ſeront l'vn à l'autre comme les ſegmens de l'axe.

Soit le cylindre ABCD, couppé par le plan EF parallel aux plans oppoſez AD & BC, lequel couppe l'axe GH en I. Ie dis que le ſegment du cylindre AF eſt au ſegment du cylindre EC, comme l'axe GI eſt à l'axe IH.

Car ayant continué l'axe GH de part & d'autre, ſoit faite GK egale à GI : & de l'autre coſté HL, LM, chacune egale à IH : Et ſoit imaginé le cylindre ABCD eſtre continué de part & d'autre iuſques aux poincts K & M : Cela eſtant, il eſt euident que tous les cylindres AN, ED, BF, BO, PO, ſont tous ſur baſes egales : & par le corollaire de la 11. prop. 12. les deux AF, AN, qui ſont de meſme hauteur, (c'eſt à dire qui ont leurs axes IG, GK egaux) ſont egaux entr'eux : Item les trois BF, BO, PO, eſtans de meſme hauteur, ſont auſſi egaux entr'eux. Parquoy l'axe IK eſt autant multiple de l'axe IG, que le cylindre EN eſt multiple du cylindre ED ; & l'axe IM autant multiple de l'axe IH, que le cylindre PF eſt multiple du cylindre BF : Et partant ſi l'axe IK (multiple de IG premiere grandeur) eſt egal, plus grand, ou plus petit que l'axe IM, (multiple de IH ſeconde grandeur) auſſi le cylindre EN (multiple du cylindre ED troiſieſ-

me grandeur) fera egal, plus grand, ou plus petit que le cylindre PF, (multiple
du cylindre BF quatriefme grandeur) en quelque multiplication que ce foit: &
partant par la 6. def. 5. l'axe GI fera à l'axe IH, comme le cylindre ED au cylindre BF. Parquoy fi vn cylindre eft couppé par vn plan, &c. Ce qui eftoit à demonftrer.

THEOR. 14.   PROP. XIV.

Les cones, & les cylindres ayans bafes egales, font entr'eux comme
   leurs hauteurs.

Soient fur bafes egales AB, CD, les deux cones ABE, CDF; & les deux cylindres ABGH, CDKI, defquels les axes ou hauteurs,
(car aux cones & aux cylindres droicts, defquels
feulement parle Euclide, les axes & les hauteurs
font les mefmes) foient ME, NF. Ie dis que le cone
ABE eft au cone CDF; & le cylindre ABGH au
cylindre CDIK, comme la hauteur ME eft à la
hauteur NF.

Car ayant continué l'axe EM, iufques au poinct
L, foit faite ML egale à FN; & foit imaginé le cy-
lindre AH continué iufques au plan OP parallel à
AB, & paffant par le poinct L, afin que le cylindre
AP foit fait de mefme hauteur que le cylindre CK.

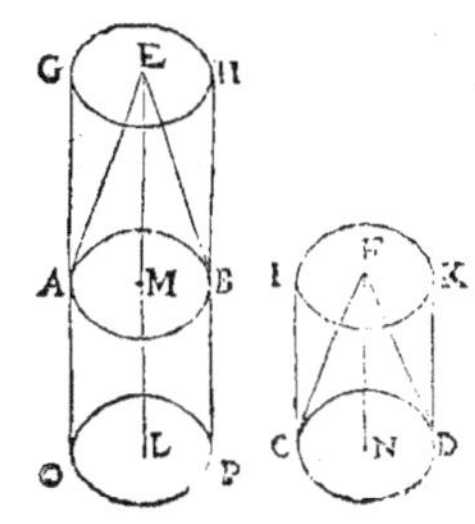

Et d'autant que le plan AB couppe le total cylindre OPGH, eftant parallel aux
deux plans oppofez OP, GH par la precedente prop. les cylindres AH, AP, feront
entr'eux comme les axes EM & ML: Mais ML eft egal à FN, & la bafe AB egale
à la bafe CD: Donc par le corollaire de la 11. prop. 12. le cylindre AP fera egal au
cylindre CK: Partant comme EM fera à NF, ainfi le cylindre AH au cylindre CK.
Et d'autant que par la 10. prop. 12. les cones ABE, CDF, font les tierces parties des
cylindres AH, CK: ils auront mefme raifon qu'iceux cylindres, par la 15. prop. 5.
Et partant le cone ABE fera pareillement au cone CDF, comme la hauteur ME
à la hauteur NF. Donc les cones, & les cylindres conftituez fur bafes egales, &c.
Ce qui eftoit à demonftrer.

THEOR. 15.   PROP. XV.

Aux cones, & aux cylindres egaux, les hauteurs font reciproques
   aux bafes: Et les cones, & les cylindres, defquels les hauteurs
   font reciproques aux bafes, font egaux.

Soient les cones ABC, DEF egaux; & les cylindres BGHC, EIKF auffi egaux,
defquels les bafes foient BC, EF, & leurs axes ou hauteurs AL, DM. Ie dis que
les bafes font reciproques aux hauteurs; c'eft à dire que comme la bafe BC eft à
la bafe EF, ainfi la hauteur DM eft à la hauteur AL.

Car premierement fi la hauteur DM eft egale à la hauteur AL; les cylindres
eftans egaux par le corollaire de la 11. prop. 12. la bafe fera egale à la bafe; & partant
comme la bafe BC fera à la bafe EF, ainfi la hauteur DM à la hauteur AL. Que fi

l'vne, comme MD eſt plus grande que AL, ſoit retranchee MO egale à AL; Et ſoit
couppé le cylindre EK par le plan PQ, parallel à EF, & paſſant par le poinct O.
Donc par la precedente prop. le cylindre EK ſera au
cylindre EQ, comme la hauteur MD à la hauteur MO:
& partant par la 7. prop. 5. le cylindre BH, egal à
iceluy BK, ſera au cylindre EQ, comme MD eſt à MO:
& par la 11. prop. 12. comme le cylindre BH eſt au cylindre de meſme hauteur EQ, ainſi la baſe BC à la baſe EF: Et partant par la 11. prop. 5. comme la baſe BC
à la baſe EF, ainſi la hauteur MD à la hauteur MO, ou
LA ſon egale. Donc les cylindres egaux BH, EK ont
les baſes & les hauteurs reciproques.

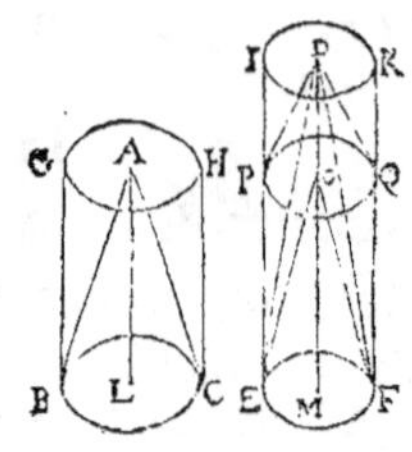

Par meſme diſcours on prouuera que les baſes &
hauteurs des cones egaux ABC, DEF, ſont reciproques; ſi on conſtruit deux cones ſous les hauteurs MO, OD, comme appert en la figure.

Maintenant, ſoient les baſes reciproques aux hauteurs: Ie dis que les cylindres
BH & EK ſont egaux. Car ayant conſtruict comme deſſus, puis que la baſe BC eſt
à la baſe EF, comme la hauteur MD à la hauteur LA, ou MO ſon egale: Et par
la 11. pr. 12. comme la baſe BC à la baſe EF, ainſi le cylindre BH au cylindre de
meſme hauteur EQ: Item par la precedente prop. comme la hauteur MD à la hauteur MO, ainſi le cylindre EK au cylindre EQ: donc par la 11. prop. 5. les deux cylindres BH & EK, auront meſme raiſon au troiſieſme EQ, l'vn comme l'autre:
Et par la 9. prop. 5. ils ſeront egaux.

Quant aux cones qui ont auſſi leurs baſes & hauteurs reciproques, ils ſeront par
le meſme diſcours demonſtrez egaux. Ce qui eſt toutesfois aſſez euident, puis qu'ils
ſont par la 10. prop. 12. tierces parties des cylindres. Parquoy aux cones, & aux
cylindres egaux, &c. Ce qu'il falloit demonſtrer.

PROBL. 1. PROP. XVI.

Deux cercles inegaux eſtans à l'entour d'vn meſme centre; inſcrire
au plus grand cercle vn polygone equilateral, ayant le nombre des coſtez pair, & lequel ne touche point le plus petit cercle.

Soient deux cercles inegaux ABC & DEF, à l'entour d'vn meſme centre M: Il
faut dans le plus grand ABC, inſcrire vn polygone equilateral, duquel les coſtez ſoient en nombre pair, & ne touchent point la circonference du plus petit cercle DEF.

Soit mené par le centre M le diametre AC, couppant le petit cercle au poinct F;
duquel ſoit mence HG perpendiculaire au diametre DF, rencontrant la circonference du grand cercle aux poincts H & G : & laquelle touchera le cercle DEF en
F par le corollaire de la 16. pr. 3. Item ſoit couppee la demye circonference ABC
en deux egalement en B : & la moitié BC encores en deux egalement, en continuant touſiours ainſi iuſques à ce qu'on vienne à vn arc plus petit que l'arc HG:
ce qui eſt poſſible par la 1. prop. 10. Soit donc iceluy plus petit arc IC, & ſoit tirée

la ligne droicte subtendante I C. Ie dis qu'icelle ligne droicte I C est vn costé du
polygone requis. Car puis que le demy cercle & autres arcs d'iceluy ont tousiours
esté diuisez par moitiez iusques à l'arc I C : il est euident qu'iceluy arc est contenu
precisement certain nombre de fois en la circonfe-
rence du cercle, & en nombre pair ; & par consequent
que la ligne droicte I C sera certain nombre de fois
egalement dans iceluy cercle A B C, & en nombre
pair. Partant sera descrit dans le cercle A B C vn polygone equilateral & de costez pair, lequel ne touchera le moindre cercle D E F. Car de I soit menee I K
perpendiculaire à A C, couppant icelle A C en L. D'autant que les angles H F C, I L F sont droicts, les lignes
G H, I K seront paralleles par la 28. prop. 1. Parquoy

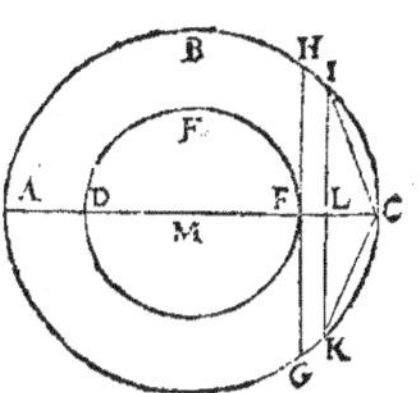

puis que la ligne droicte G H touche le cercle D E F au seul poinct F ; la ligne droicte I K sera totalement hors iceluy cercle, & ne le peut iamais toucher, puis que
iamais elle ne conuiendra auec la ligne droicte G H : Donc à plus forte raison la ligne droicte I C, qui est moindre & plus esloignee d'iceluy cercle que I K, ne le touchera pas ; ny partant aussi les autres costez du polygone inscrit, puis qu'ils sont
egaux à I C, & par consequent egalement distans du centre d'iceluy cercle par la
14. prop. 3. Parquoy deux cercles inegaux estans à l'entour d'vn mesme centre, &c.
Ce qu'il falloit faire.

COROLLAIRE.

De cecy est manifeste, que si de l'extremité du costé du polygone inscrit, lequel rencontre
le diametre, on tire vne ligne droicte perpendiculaire à iceluy diametre, elle ne pourra toucher
le moindre cercle, mais tombera toute hors iceluy. Car telle est la ligne I K, laquelle du
poinct I, extremité du costé I C rencontrant le diametre A C, est tiree perpendiculairement
sur iceluy diametre A C, & a esté demonstré qu'elle ne touche pas le cercle D E F.

PROBL. 2.   PROP. XVII.

Deux spheres inegales estans sur vn mesme centre ; inscrire en la
plus grande vn polyedre, duquel les plans ne touchent point
la superficie de la petite sphere.

Soient deux spheres inegales A B C D, E F G H à l'entour d'vn mesme centre I :
& il faut dans la plus grande A B C D inscrire vn solide polyedre, ou de plusieurs
costez, lequel ne touche la superficie de la moindre sphere E F G H.

Les deux spheres soient couppees par quelque plan passant par le centre I : il
est euident par la def. de la sphere, que les communes sections seront cercles, & les
plus grands de toute la sphere : d'autant qu'ils ont pour diametre le diametre de
la sphere, puis que le plan couppant passe par le centre de ladite sphere : soient
donc icelles communes sections, sçauoir en la plus grande sphere, le cercle A B C D,
& en la plus petite, le cercle E F G H : & soient leurs diametres A C & B D se couppans en angles droicts au centre I : Et dans le cercle de la plus grande sphere A B C D,

B B B b iij

soit inscrit vn polygone, ne touchant point le moindre cercle EFGH, par la precedente prop. duquel les costez de la quarte CD, soient CK, KL, LM, MD : Et
ayant mené par le centre I le diametre KN, par la 12. prop. 11. dudit centre soit
menee IO perpendiculaire sur le plan des cercles ABCD, EFGH, rencontrant la
superficie de la plus grande sphere en O : puis par icelle IO, & chacun des diametres AC, NK, soient tirez les plans AOC, NOK, lesquels (par ce qui a esté dit cy-
dessus) feront en la superficie de la sphere des grands cercles: & d'iceux soient les
demy cercles AOC, NOK : Et d'autant que la ligne IO est esleuee perpendicu-

lairement sur le plan du
cercle A B C D, les deux
demy cercles A O C,
N O K, seront par la 18.
prop. 11. esleuez perpendiculairement sur le plan
d'iceluy cercle. Et puis
que les trois demy cercles
ADC, AOC, N O K sont
egaux, (ayans les diame-
tres egaux,) aussi leurs
moitiez seront egales, sçauoir les quartes DC, O C,
O K. Parquoy, autant qu'il
y aura de costez du poly-
gone en la quarte CD, on
en pourra inscrire autant
en chacune des quartes
O C, O K. Soient iceux CP,
P Q, QR, RO; & KS, ST,

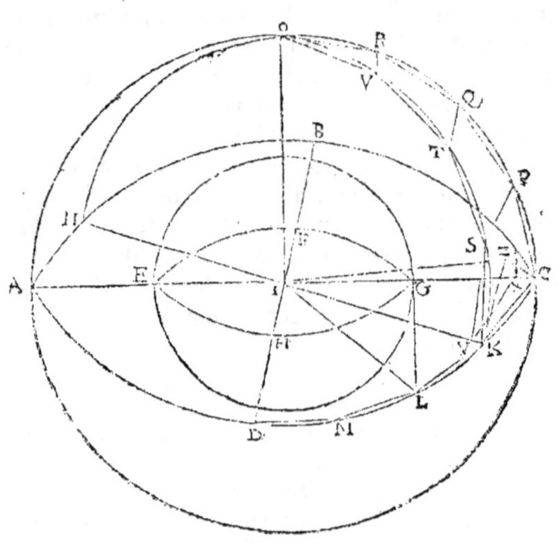

TV, VO : & soient menees les lignes SP, T Q, VR : Item des poincts P & S soient
menees par la 11. p. 11. PX, SY perpendiculaires au plan du cercle ABCD, lesquelles par la 38. prop. 11. tomberont sur les lignes IC, IK, communes sections d'iceluy plan, & des quarts de cercles IOC, IOK esleuez perpendiculairement sur ledit plan ou quart IDC. Soit aussi menee la ligne XY. Maintenant, puis que les
arcs & les cordes PC & SK sont egales; les angles PXC, SYK droicts, & les angles
PCX, SKY egaux; (car ils insistent sur les peripheres egales AOP, NOS) les
deux angles PCX, PXC du triangle PCX, & le costé PC, sont egaux aux deux angles SKY, SYK, & au costé SK du triangle SKY: partant par la 26. prop. 1. les autres costez PX, XC seront egaux aux autres costez SY, YK. Parquoy puis que les
deux semidiametres IC, IK sont egaux : & les segmens XC, YK, aussi egaux; les
segmens IX, I Y seront pareillement egaux: partant comme IX est à XC, ainsi
IY est à YK : & par la 2. prop. 6. YX sera parallele à KC. Item les deux perpendiculaires PX, SY estans egales, sont aussi paralleles par la 6. prop. 11. & par la 33.
prop. 1. SP, YX, seront egales & paralleles : & par la 9. prop. 11. SP & KC seront
paralleles, & par la 7. prop. 11. SK & PC seront au mesme plan d'icelles. Partant
tout le quadrilatere CKSP, est en vn mesme plan. Par mesme discours on môstrera

auſſi que les quadrilateres T P , V Q , & le triangle VOR ont chacun toutes leurs
parties en vn meſme plan. Que ſi des poinéts P, Q, R , S , T, V, on imagine des lignes droiétes eſtre menees au centre I, on ſe repreſentera vne figure ſolide, compriſe entre OC & OK, compoſee de quatre pyramides, deſquelles le ſommet eſt
au centre I, & leurs baſes ſont les quadrilateres SC , TP, VQ, & le triangle VOR.
Et ſi on conſtruit pareillement ſur les coſtez KL , LM , & MD, comme on a fait ſur
CK : Et ſemblablement ſur toutes les autres quartes, on aura inſcrit vn poliedre
en la ſphere donnee.

Ie dis d'auantage qu'iceluy poliedre ne touche la petite ſphere EFGH. Car ſi du
centre I on meine la ligne IZ perpendiculaire ſur le plan SC, elle ſera plus grande que I G demy diametre de la petite ſphere. Car ayant pour l'inſcription du
polygone tiré du poinét G la ligne GL perpendiculaire à AC, laquelle eſt manifeſtement plus grande que C K coſté d'iceluy poligone inſcrit , ſoit tiree IL ; & auſſi
CZ, ĸZ. D'autant que par la 3. def. 11. les angles IZC, IZK ſont droiéts, le quarré de IG ſera egal aux quarrez de IZ, CZ, & le quarré de IĸK egal aux quarrez de
IZ, ZK : Parquoy les quarrez des demy diametres egaux IC, IK, eſtans egaux, les
quarrez de IZ, Cz, ſeront egaux aux quarrez de IZ, ZK : oſtant donc le quarré
de I z commun , reſteront egaux les quarrez de Cz, ĸz ; & par conſequent les lignes CZ, ĸ Z ſont egales. On demonſtrera en la meſme maniere , eſtans tirees
des lignes de z à P & S, qu'elles ſeront egales, tant entr'elles qu'à icelles Cz, ĸz:
Parquoy ſi du centre z , & de l'interuale de l'vne d'icelles, on deſcrit vn cercle , il
circonſcrira le quadrilatere CKSP : duquel les trois coſtez CK, CP, ĸS, qui
ſouſtiennent arcs egaux de cercles egaux, ſont egaux, & l'autre coſté SP plus petit : (car les triangles ICK, IXY eſtans ſemblables, & le coſté IC plus grand que
le coſté IX, auſſi le coſté CK ſera plus grand que le coſté XY, qui a eſté demonſtré egal à SP) & partant ſouſtiendra vn plus petit arc que chacun de ces trois là,
qui conſequemment ſera moindre que le quart de l'entiere circonference , & chacun de ceux cy plus grand : Parquoy l'angle Czĸ ſera plus grand qu'vn droiét:
& par conſequent le plus grand du triangle Czĸ : & par la 19. prop. 1. CK ſera
plus grand coſté que Cz.Parquoy GL eſtant plus grande que CK, elle ſera auſſi
plus grande que Cz : & par conſequent le quarré de GL plus grand que celuy de
Cz. Et d'autant que par la 47. prop. 1. les quarrez de IG & GL, ſont egaux
aux quarrez de IZ, Cz:(car tant ces deux cy, que ces deux-là ſont egaux au quarré
du demy diametre de la grande ſphere, les triangles IGL, ICz eſtans reétangles)
& le quarré de GL , eſt plus grand que le quarré de Cz:le quarré de IZ,ſera plus
grand que le quarré de IG; & par conſequent la ligne IZ , plus grande que la ligne
IG. Le plan CKSP ne touche donc pas la petite ſphere EFGH. On prouuera par
meſme raiſon que tous les autres plans du polyedre inſcrit en la grande ſphere ne
touchent pas la petite ſphere EFGH. Donc deux ſpheres inegales, &c. Ce qu'il
falloit faire.

C O R O L L A I R E.

*Des choſes cy-deſſus demonſtrees reſulte que ſi en vne autre ſphere on inſcrit vn polyedre ſem-
blable au polyedre cydeſſus deſcrit, qu'iceux polyedres ſeront en raiſon triplee des diametres des ſpheres, auſquelles ils ſeront inſcrits. Car iceux polyedres eſtans ſemblables par la*

def. des solides semblables, ils auront en leur conuexité autant de plans semblables l'vn
comme l'autre : partant ils se pourront diuiser en autant de pyramides semblables l'vn com-
me l'autre, ayant toutes le demy diametre de leur sphere pour vn de leurs costez : Partant pri-
ses vne à vne, elles seront en raison triplee des costez homologues, sçauoir est des demy diame-
tres des spheres, par le corol. de la 8. prop. 12. Et les toutes aux toutes, pareillement en raison
triplee des mesmes demy diametres, par la 12. prop. 5. Et par la 15. prop. 5. en raison triplee des
diametres entiers.

THEOR. 16. PROP. XVIII.

Les spheres sont l'vne à l'autre, en raison triplee de leurs diametres.

Soient deux spheres ABC, DEF, desquelles les diametres sont BC, EF. Ie dis
qu'elles sont l'vne à l'autre en raison triplee du diametre BC au diametre EF : C'est
à dire que si on imagine que comme la raison triplee de BC à EF, ainsi la sphere
ABC soit à quelque autre sphere, comme G : icelle sphere G sera egale à la
sphere DEF.

Autrement, elle sera plus grande ou plus petite. Soit premierement la sphere
G, plus petite que la sphere DEF, s'il est possible : Elle pourra donc estre enfer-
mee dans icelle, si on les met
toutes deux sur vn mesme
centre : Et partant dans la
sphere DEF, peut estre inscrit vn polyedre qui ne touchera point la plus petite
sphere G par la 17. prop. 12.
Et dedãs l'autre sphere pourra estre pareillement inscrit

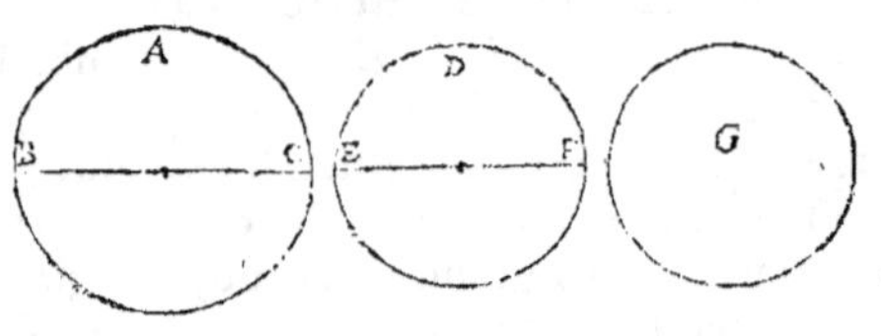

vn semblable polyedre par la mesme prop. Et par le corol. d'icelle, ce polyedre
cy sera à celuy-là, en raison triplee du diametre BC au diametre EF : mais en telle
raison, la sphere ABC est posee estre à la sphere G, & par la 11. prop. 5. comme la
sphere ABC est à la sphere G, ainsi le polyedre de la sphere ABC, sera au polyedre
de la sphere DEF. Or la sphere ABC, est plus grande que son polyedre, n'estant
que partie d'icelle : donc par la 14. prop. 5. la sphere G est aussi plus grande que
le polyedre de la sphere DEF : ce qui est impossible, n'estant que partie d'iceluy.
Donc la sphere ABC, ne peut estre en raison triplee des diametres BC & EF, à vne
autre sphere plus petite que DEF.

Soit donc la sphere G plus grande que DEF, s'il est possible : Et puis qu'on a posé que la sphere ABC est à la sphere G, en la raison triplee du diametre BC au diametre EF ; en changeant, la sphere G sera à la sphere ABC, en raison triplee du
diametre EF au diametre BC. Item on peut imaginer que comme la sphere G est
à la sphere ABC, ainsi la sphere DEF soit à vne quatriesme proportionele : laquelle sera plus petite que ABC par la 14. prop. 5. d'autant que G est posee plus grande

que DEF : Et partant icelle quatriefme proport. pourra eftre infcrite en la fphere
ABC : Et fi par la 11. pr. 5. la fphere DEF fera à icelle quatriefme infcrite dans ABC,
en raifon triplee du diametre EF au diametre BC : ce que nous auons demonftré
eftre impoffible. Donc la fphere G n'a peu eftre plus grande , ne plus petite que la
fphere DEF, mais egale : & par confequent les fpheres font l'vne à l'autre en raifon
triplee de leurs diametres. Ce qu'il falloit demonftrer.

COROLLAIRE.

*De cecy eft manifefte, qu'vne fphere eft à vne fphere, comme le polyedre defcrit dans celle là, eft
au polyedre femblable defcrit en cefte-cy : pource que tant les fpheres que les polyedres font en raifon triplee des diametres d'icelles fpheres, comme il a efté demonftré.*

Fin du douziefme Element.

CCCc

ELEMENT
TREZIESME
THEOR. 1. PROP. I.

I vne ligne droicte est couppee en la moyenne & extreme raison : le quarré de la moitié de la toute, & du grand segment comme d'vne seule ligne, est quintuple du quarré de la moitié d'icelle ligne totale.

Soit la ligne droicte AB couppee au poinct C en la moyenne, & extreme raison, dont le grand segment est AC, auquel soit adioustee AD egale à la moitié de la totale AB : ie dis que le quarré de DC est quintuple du quarré de DA.

Car soit descrit sur CD le quarré CE, & tiré le diametre DF ; puis soit menee AG parallele à DE, couppant le diametre DF en H, par lequel poinct soit tiree IK parallele à CD. En apres, ayant prolongé GA, & accomply le quarré AM, soit produicte FC iusques en N. Premierement par le corollaire de la 4. prop. 2. les quadrilateres AI, GK seront quarrez des lignes DA, AC. Et puis que AB est couppee en la moyenne & extreme raison en C, comme AB sera à AC, ainsi AC est à CB; & par la 17. prop. 6. le rectangle CM compris sous AB, CB, est egal au quarré de AC, sçauoir GK. Et puis que AB est posee double de DA; & AL est egale à icelle AB; & AH à AD, aussi AL sera double de AH. Mais comme AL est à AH, ainsi le rectangle AN est au rectangle AK, par la 1. prop. 6. Donc AN est double de AK. Et puis que par la 43. prop. 1. AK est egal à IG ; AN sera egal aux deux IG, AK ; adioustant donc ces egaux aux egaux CM, KG le quarré AM sera egal au gnomon OP. Parquoy puis que par

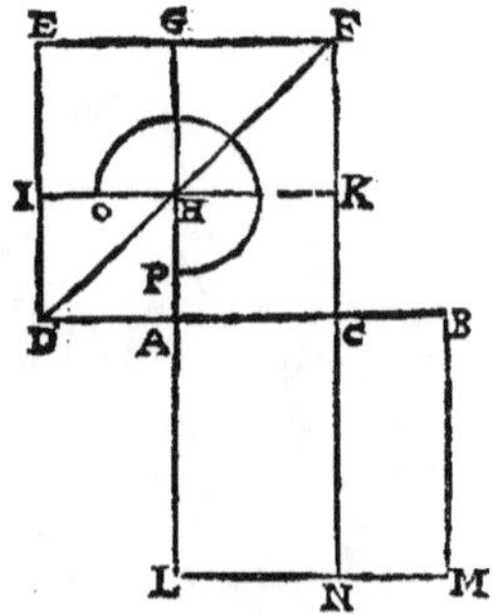

le scholie de la 4. prop. 2. le quarré AM est quadruple du quarré AI, aussi le gnomon OP sera quadruple du mesme quarré AI : & partant si au gnomon OP est adiousté le quarré AI; CE quarré de DC sera quintuple de AI quarré de DA. Si donc vne ligne droicte est couppee en la moyenne & extreme raison, &c. Ce qu'il falloit prouuer.

SCHOLIE.

Commandin demonstre encore cette prop. ainsi. Soit la ligne droicte AB couppee en G, selon la moyenne & extreme raison, de laquelle AB soit fait le quarré ABCD, & ayant couppé AD en deux egalement en E soit menee BE, & prolongee EA en F, de sorte que EF soit egale à icelle EB; & par ce qui est demonstré en la 11. prop. 2. AF sera egale à AG; parquoy appert EF estre composee du grand segment AG & de AE, moitié de la toute AB. Ie dis que le quarré de EF est quintuple du quarré de EA. Car puis que AB est double de AE, le quarré de AB sera quadruple du quarré de AE par les choses demonstrees au scholie de la 4. prop. 2. Mais le quarré de EB est egal aux quarrez d'icelles AB, AE par la 47. prop. 1. donc le quarré de BE, c'est à dire de EF, sera quintuple du quarré de AE: Ce qu'il falloit prouuer.

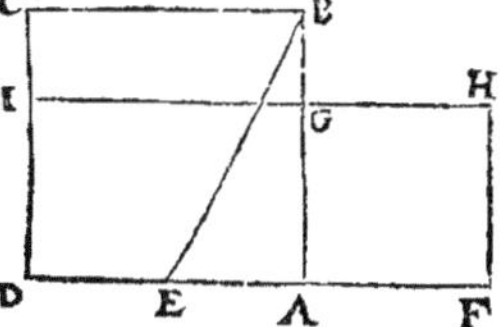

Or tout ainsi qu'en la plus part des prop. du 10. liure nous auons ioinct & appliqué les nombres aux lignes, afin d'en rendre les demonstrations plus claires & euidentes, aussi le ferons nous en cestuy-cy pour le contentement de ceux qui se delectent aux opperations numeralles. Donc en la precedente figure la ligne droicte AB soit 10, sa moitié AE 5; & leurs quarrez seront 100 & 25: partant le quarré de BE, ou de EF son egale sera 125, qui est quintuple de 25 quarré de la moitié AE, comme veut la proposition.

De cecy appert qu'estant cogneue vne ligne droicte couppee en la moyenne & extreme raison, on peut facilement cognoistre les segmens d'icelle. Car ladite ligne AB estant 10, & couppee en la moyenne & extreme raison en G, par ce que dessus EF est trouuee de √125, & AE de 5; partant le reste AF, ou AG, qui est le grand segment, sera √125—5, qui ostez de la toute AB 10, resteront 15—√125 pour le moindre segment BG. Les mesmes segmens AG, BG seront aussi cogneus par ce qui est cy-deuant enseigné à la fin du 21. chap. de nostre sommaire d'Algebre.

THEOR. 2. PROP. II.

Si le quarré d'vne ligne droicte est quintuple du quarré d'vne partie d'icelle: le double d'icelle partie estant couppé en la moyenne & extreme raison, le grand segment sera l'autre partie de la donnee.

Soit la ligne droicte DC diuisee au poinct A, en sorte que le quarré d'icellé, soit quintuple du quarré de la plus petite partie DA : & soit prise AB double d'icelle AD laquelle (comme nous demonstrerons cyapres) sera plus grande que l'autre partie AC. Ie dis que si on diuise AB en la moyenne & extreme raison, que le grand segment sera AC, autre partie de la donnee DC.

Car ayant fait sur DC le quarré CE, & acheué la construction comme en la precedente; les quadrilateres AI, GK seront quarrez par le corol. de la 4. prop. 2. Et puis que AB, c'est à dire AL, est double de DA, ou AH sont egale, le rectangle

CCC c ij

AN sera double du rectangle AK par la 1. prop. 6. ou egal aux deux AK, IG qui
font egaux par la 43. prop. 1. Or par le fcholie de la 4. prop. 2. le quarré AM eft
quadruple du quarré AI, & le quarré EC eft quin-
tuple du mefme par l'hypothefe:il eft donc euident
que le quarré AM eft egal au gnomon OP, duquel
les deux rectangles AK, IG, font egaux au rectangle AN. Il faut donc que le rectangle CM, foit egal
au quarré GK, fait fur vne ligne egale à AC : & partant par la 17. prop. 6. comme BM, c'eft à dire AB
eft à AC, ainfi AC à CB. Parquoy par la 3. def. 6.
la ligne AB fera couppee en la moyenne & extreme
raifon au poinct C : & AC autre partie de la totale DC, eft le grand fegment d'icelle. Parquoy fi le
quarré d'vne ligne droicte eft quintuple, &c. Ce
qu'il falloit prouuer.

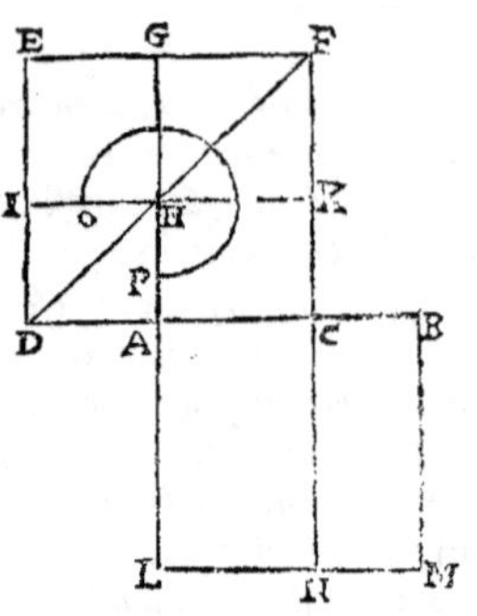

L E M M E.

*Que AB double de AD foit plus grand que AC, nous le demonftrerons ainfi. D'autant
que par le fcholie de la 4. prop. 2. le quarré de AB eft quadruple du quarré de AD, iceux
deux quarrez feront enfemble quintuple du feul quarré de AD. Mais le quarré de DB eft
plus grand que les quarrez de DA, AB, puis que par la 4. prop. 2. il eft egal à iceux deux
quarrez auec deux fois le rectangle fous DA, AB. Donc le quarré de DB fera auffi plus
grand que le quintuple du quarré de AD: & partant plus grand que le quarré de DC, qui
eft pofé quintuple du mefme quarré de AD: parquoy la ligne droicte DB fera plus grande
que la ligne droicte DC: & oftant DA qui eft commun, le refte AB fera plus grand que le
refte AC.*

S C H O L I E.

*La ligne donnee DC foit 5, & DA √5, afin que le quarré de celle-là, qui eft 25, foit quintu-
ple du quarré de celle-cy qui eft 5 : Donc le refte AC fera 5—√5, & AB double de AD fera
√20 : laquelle eftant diuifee en la moyenne & extreme raifon, ainfi qu'il a efté dit au prec.
fcholie, le plus grand fegment fera 5—√5, qui eft egal à AC, comme veut la propofition.*

THEOR. 3.   PROP. III.

Si vne ligne droicte eft couppee en la moyenne & extreme raifon; le quarré du petit fegment & de la moitié du grand fegment, comme d'vne feule ligne, eft quintuple du quarré de
la moitié du grand fegment.

Soit la ligne droicte AB, couppee en la moyenne & extreme raifon au poinct C,
de laquelle le grand fegment AC eft couppé en deux egalement en D: ie dis que le
quarré du petit fegment & de la moitié du grand, fçauoir de BD, eft quintuple
du quarré de DC, moitié du grand fegment AC.

Car fur AB foit defcrit le quarré AE, & ayant mené fon diametre BF, des poincts
C & D foient menees CG, DH paralleles à AF, couppans le diametre BF és
poincts I & K, par lefquels foient menees LM, NO paralleles à AB, lefquels couppent CG, DH en P & Q: Et par le corol. de la 4. prop. 2. les quadrilateres LG,

PQ, DO feront quarrez des lignes AC, CD, DB. Donc puis que comme AB à
AC, ainfi AC à CB, par la 17. prop. 6. le rectangle des extremes AB & CB (fçauoir AM) eft egal au quarré de la moyenne AC, fça-
uoir LG, lequel eftant par le fcholie de la 4. prop. 2.
quadruple du quarré PQ, le rectangle AM fera auffi
quadruple de PQ : mais AP & DI eftans fur bafes egales, font egaux par la 1. prop. 6. Et DI eftant egal à IO
par la 43. prop. 1. le gnomon KST fera egal au rectangle AM quadruple du quarré PQ : Parquoy adiouftant
à iceluy gnomon le mefme quarré PQ ; le quarré DO,
defcrit de DB fera quintuple d'iceluy quarré PQ, defcrit de DC : Si donc vne ligne droicte eft couppee en
la moyenne & extreme raifon, &c. Ce qu'il faloit demonftrer.

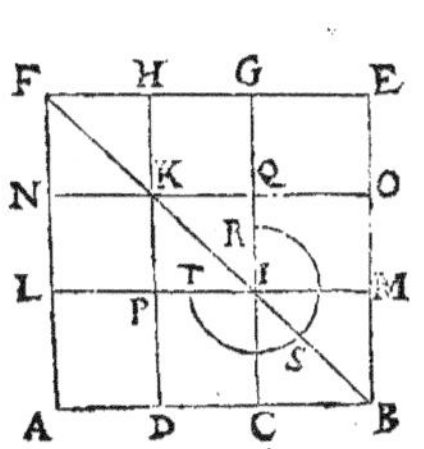

SCHOLIE.

La ligne droicte AB eftant 12, le grand fegment AC fera √180—6, & le moindre CB
18—√180 : Parquoy DC moitié de AC fera √45—3, & fon quarré 54—√1620. Mais DB
compofée de DC & CB fera 15—√45, & fon quarré 270—√40500, qui eft quintuple du
quarré de DC 54—√1620, comme veut la propofition : La conuerfe de laquelle eft auffi veri-
table, c'eft à fçauoir que

Si vne ligne droicte eft couppee en deux fegmens inegaux, & que le quarré du
moindre fegment & de la moitié du grand, comme d'vne feule ligne foit quintuple
du quarré d'icelle moitié : cette ligne là fera couppee en la moyenne & extreme
raifon.

Soit la ligne droicte AB (en la prec. fig.) couppee inegalement en C, de laquelle le grand
fegment AC eft couppé en deux egallement en D, & le quarré de DB foit quintuple du quarré
de CD : Ie dis que la ligne AB eft diuifée en C, felon la moyenne & extreme raifon. Car de-
meurant la mefme conftruction que deffus, le quarré LG eft quadruple du quarré PQ par le
fcholie de la 4. prop. 2. Mais du mefme quarré PQ eft auffi quadruple le gnomon RST, puis
que le quarré DO eft pofé quintuple dudit quarré PQ : donc le gnomõ RST fera egal au quarré
LG. Mais il eft auffi egal au rectangle AM : donc le quarré LG fera egal au rectangle AM con-
tenu fous AB, BC : & partant par la 17. p. 6. comme AB fera à AC, ainfi AC à CB : Par-
quoy AB fera couppee en C, felon la moyenne & extreme raifon : Ce qui eftoit propofé

THEOR. 4. PROP. IIII.

Si vne ligne droicte eft couppee en la moyenne & extreme raifon, le quarré de la toute, & le quarré du petit fegment enfemble, font triples du quarré du grand fegment.

Soit la ligne droicte AB, couppee en F, felon la moyenne & extreme raifon, dont
AF foit le plus grand fegment : ie dis que les quarrez de AB, & FB, font enfemble
triples du quarré de AF.

Car foit defcrit fur AB le quarré AD, auquel eftant tiré le diametre BC, foit
menee de F la ligne EF parallele à AC, couppant BC en I, par lequel foit menee
GH parallele à AB. Par le corol. de la 4. prop. 2. les parallelogrammes GE, IH feront quarrez des lignes AF, FB : Et puis que comme AB eft à AF, ainfi AF eft à FB,

par la 17. prop. 6. le rectangle des extremes AB, FB, sçauoir
AH, est egal au quarré de la moyenne AF, sçauoir GE. Veu
donc que AH & FD sont egaux, le gnomon EBG auec le
quarré FH, sera egal au double du quarré GE: & partant adioustant le quarré GE; AD quarré de AB, auec FH quarré
de FB, sera triple de GE quarré de AC. Si donc vne ligne
droicte est couppee en la moyenne & extreme raison, &c.
Ce qu'il falloit prouuer.

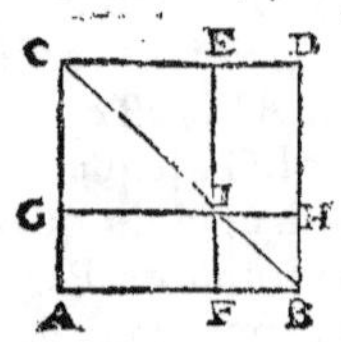

SCHOLIE.

*La ligne AB soit 4; donc le grand segment AF sera $\sqrt{20}-2$, & le moindre FB $6-\sqrt{20}$:
& partant leurs quarrez seront 16, $24-\sqrt{320}$, & $56-\sqrt{2880}$: mais celuy-cy adiousté au
premier 16, fait $72-\sqrt{2880}$, qui est le triple de $24-\sqrt{320}$, quarré de l'autre segment AF,
ainsi que veut la prop. La conuerse de laquelle est aussi veritable, sçauoir est que*

Si vne ligne droicte est couppee en deux inegallement, & que le quarré de la toute auec le quarré du moindre segment soit triple du quarré du grand segment: cette ligne là sera couppee en la moyenne & extreme raison.

*Soit la ligne droicte AB couppee en deux inegallement en F, de sorte que le quarré de la toute
AB auec le quarré du moindre segment FB est triple du quarré de l'autre segment AF. Ie dis
que la ligne droicte AB est couppee en F, selon la moyenne & extreme raison. Car ayant construit comme dessus, d'autant que les quarrez AD, FH sont triples du quarré GE, ostant le
quarré GE, le gnomon EBG auec le quarré FH sera double du mesme quarré GE. Mais
iceluy gnomon EBG auec ledit quarré FH est egal aux deux rectangles AH, FD: donc iceux
deux rectangles sont aussi double du quarré GE: & partant puis que lesdits rectangles AH,
FD sont egaux, le seul AH compris sous AB, BF sera egal à iceluy quarré GE: & par la
17. prop. 6. comme AB sera à GI ou AF, ainsi AF sera à FB: & partant AB est diuisee
en F, selon la moyenne & extreme raison. Ce qui a esté proposé.*

Nous adiousterons encore icy la demonstration que fait Maurolic de cet autre theoreme.

Si vne ligne droicte est couppee en la moyenne & extreme raison, le quarré de
la toute, & du moindre segment comme d'vne seule ligne est quintuple du quarré
du grand segment: & vne ligne droicte estant couppee inegallement, si le quarré
de la toute & du moindre segment, comme d'vne seule ligne est quintuple du quarré du grand segment; icelle ligne sera couppee en la moyenne & extreme raison.

*Soit premierement la ligne droicte AD couppee en C, selon la moyenne & extreme raison,
à laquelle soit adioustee DB egale au moindre segment CD: Ie dis que le quarré de AB est quintuple du quarré de AC. Car d'autant que par la 17. pr. 6. le rectangle de AD, DC est egal au
quarré de AC (pour ce que les trois lignes* AD, AC,
CD *sont proport.) quatre fois le rectangle de* AD, DC
sera quadruple du quarré de AC, *& consequemment le*
quarré de AC *auec quatre fois le rectangle de* AD, DC
sera quintuple d'iceluy quarré de AC. *Mais par la 8. p. 2.*

le quarré de AD est egal audit quarré de AC, auec quatre fois le rectangle d'icelles AD, DC:
Donc aussi le quarré de AD sera quintuple du quarré de AC. Ce qui estoit proposé.

*secondement soit la ligne droicte AD diuisee inegalement en C, à laquelle soit adioustee
DB egale au moindre segment CD, & soit le quarré de AB quintuple du grand segment AC:
Ie dis que AD est coupppee selon la moyenne & extreme raison en C. Car d'autant que par la*

8. pr. 2. le quarré de AB est egal au quarré de AC auec quatre fois le rectangle de AD , DC, aussi iceux quarré de AC & quatre rectangles de AD, DC, seront ensemble quintuple dudit quarré de AC : & partant le rectangle de AD , DC quatre fois sera quadruple d'iceluy quarré de AC, c'est à dire qu'vn seul rectangle de AD, DC, sera egal à iceluy quarré de AC, & par la 17. prop. 6. comme AD sera à AC, ainsi AC sera à CD : & partant AD est couppee en C , selon la moyenne & extreme raison. Ce qui est proposé.

Cette prop. est aussi euidente par nombres : Car si AD est 4, le grand segment AC sera $\sqrt{20}-2$, & son quarré $24-\sqrt{320}$. mais le moindre segment CD sera $6-\sqrt{20}$, qui adiousté à AD, fait $10-\sqrt{20}$ pour la toute AB, dont le quarré est $120-\sqrt{8000}$, qui est quintuple de $24-\sqrt{320}$ quarrez du grand segment AC.

THEOR. 5. PROP. V.

Si vne ligne droicte est couppee en la moyenne & extreme raison, & à icelle on adiouste vne ligne droicte egale au grand segment ; la toute sera couppee en la moyenne & extreme raison, & le grand segment sera la ligne premierement posée.

Soit la ligne droicte AB, couppee en la moyenne & extreme raison au poinct C, dont le grand segment est AC ; & à icelle AB soit adioustee directement AD egale à AC : ie dis que la toute DB est aussi couppee en la moyenne & extreme raison au poinct A, & que le grand segment est AB.

D   A   C   B

Car puis que comme AB est à AC, c'est à dire AD, ainsi AC est à CB ; en changeant, comme DA sera à AB, ainsi BC à AC : & en composant, comme DB sera à AB, ainsi AB à AC, c'est à dire AD. Donc par la 3. def. 6. la ligne DB est couppee en la moyenne & extreme raison au poinct A , & le grand segment est la ligne AB proposee au commencement. Si donc vne ligne droicte est couppee en la moyenne & extreme raison , &c. Ce qui estoit à prouuer.

SCHOLIE.

La ligne droicte AB soit 4, le moindre segment CB $6-\sqrt{20}$, & le grand AC $\sqrt{20}-2$. Adioustant donc à AB le grand segment AC , viendront $\sqrt{20}+2$, pour la toute DB. Or comme $\sqrt{20}+2$ est à 4, ainsi 4 est à $\sqrt{20}-2$; car multipliant $\sqrt{20}+2$ par $\sqrt{20}-2$, le produit est 16, qui est le quarré de 4 : Parquoy est manifeste ce qui estoit proposé.

Clauius apres Campanus demonstre en cet endroit les deux theoremes suiuans.

1.   Si vne ligne droicte est couppee en la moyenne & extreme raison, & que du grand segment on retranche le moindre : iceluy grand segment sera aussi couppé en la moyenne & extreme raison, & le grand segment sera cette ligne là, qui estoit le moindre segment de la premiere ligne.

Car la ligne droicte DB soit couppee en A , selon la moyenne &

D   A   C   B

extreme raison, & du grand segment AB soit retranchee AC egale au moindre segment AD : Ie dis que le grand segment AB est diuisé en C , selon la moyenne & extreme raison , & le grand segment estre AC, qui est egal au moindre segment AD. Car d'autant que comme la toute DB est à la toute AB, ainsi AB retranchee de BD est à AD, c'est à dire AC retranchee de AB, aussi par la 19. prop. 5. AD reste d'icelle BD, c'est à dire AC sera à CB reste d'icelle AB, comme la toute DB à la toute

AB, c'eſt à dire comme AB à AC : & partant AB ſera diuiſee en C, ſelon la moyenne & extreme raiſon : Ce qui eſtoit propoſé.

Le meſme eſt auſſi manifeſte en nombres : Car ſi DB eſt 4, le grand ſegment AB ſera $\sqrt{20}$—2, & le moindre AD 6—$\sqrt{20}$, qui retranché de AB reſtera CB de $\sqrt{80}$—8. Or comme $\sqrt{20}$—2 eſt à 6—$\sqrt{20}$, ainſi 6—$\sqrt{20}$ eſt à $\sqrt{80}$—8, car le produit des extremes eſt egal à celuy des moyens, ſçauoir eſt 56—$\sqrt{2880}$: & partant appert ce qui eſtoit propoſé.

2. Si vne ligne droicte eſt couppee en la moyenne & extreme raiſon, & de la moitié d'icelle on retranche la moitié du grand ſegment ; la moitié de la toute ſera auſſi diuiſee en la moyenne & extreme raiſon , & le grand ſegment ſera la moitié du grand ſegment de la toute.

Car ſoit AB diuiſee en C, ſelon la moyenne & extreme raiſon , & DE ſoit la moitié de la toute, & DF moitié du grand ſegment AC : Ie dis que DE eſt couppee en F, ſelon la moyenne & extreme raiſon , & que le grand ſegment eſt DF. Car puis que comme la toute AB eſt à la toute DE, ainſi la retranchee AC eſt à la retranchee DF, (car l'vne & l'autre eſt raiſon double) par la 19. prop. 5. le reſte CB ſera auſſi au reſte FE, comme la toute à la toute , & partant CB ſera auſſi double de FE. Mais par la 15. prop. 5. comme AB eſt à AC, ainſi DE moitié de celle-là eſt à FE moitié de celle-cy, & par la def. de la ligne couppee en la moyenne & extreme raiſon AB eſt à AC, comme AC à CB : donc auſſi DE ſera à DF, comme DF à FE : & partant par la meſme def. DE ſera couppee en la moyenne & extreme raiſon en F. Ce qui eſt propoſé.

```
A            C        B
_______________________

D        F        E
```

Ce theoreme eſt auſſi manifeſte en nombres : car ſi AB eſt 4, la moitié DE ſera 2, le grand ſegment AC $\sqrt{20}$—2, & ſa moitié DF $\sqrt{5}$—1 , & partant le reſte FE ſera 3—$\sqrt{5}$. Or il eſt euident que ces trois nombres 2, $\sqrt{5}$—1, & 3—$\sqrt{5}$ ſont continuellement proport. car le produit des deux extremes eſt egal au quarre du milieu, ſçauoir eſt à 6—$\sqrt{20}$.

THEOR. 6. PROP. VI.

Si vne ligne droicte rationele eſt couppee en la moyenne & extreme raiſon : l'vn & l'autre ſegment eſt ligne irrationele, appellee reſidu.

Soit la ligne droicte rationele AB, couppee en la moyenne & extreme raiſon au poinct C : ie dis que chaque ſegment AC, BC eſt ligne irrationele appellee reſidu.

Car au grand ſegment AC ſoit adiouſtee directement DA, egale à la moitié de AB. D'autant que par la 1. prop. 13. le quarré de DC eſt quintuple du quarré de DA, il eſt à iceluy comme nombre à nombre : Et par la 6. prop. 10. iceux quarrez de DC, DA ſeront commenſurables : & par conſequent les lignes DC, DA , ſont auſſi commenſurables, au moins en puiſſance. Or AD eſt rationele, puis qu'elle eſt moitié d'vne rationele AB : Donc auſſi DC ſera rationele. Et d'autant que les quarrez de DC, DA ne ſont comme nombre quarré à nombre quarré : (comme il appert par le corol. de la 24. prop. 8. car ils ſont comme 5 à 1, ou 25 à 5) les lignes DC, DA, ſeront incommenſ. en longitude, par la 9. prop. 10. & partant rationeles commenſurables en puiſſance ſeulement. Parquoy ſi de DC rationele on oſte DA commenſurable en puiſſance ſeulement,

```
D        A      C    B
```

par la 74. prop. 10. le refte AC fera irrationele, appellee refidu.

Derechef AB eftant couppee en la moyenne & extreme raifon en C, le quarré de AC fera egal au rectangle de AB,CB par la 17 prop. 6. Mais le quarré du refidu AC applicqué à la rationele AB, doit faire l'autre cofté CB refidu premier par la 98. prop. 10. Parquoy chacun des fegmens AC, CB, eft ligne irrationele, appellee refidu. Si donc vne ligne droicte rationele, &c. Ce qu'il falloit prouuer.

SCHOLIE.

La ligne AB foit 4 : donc le grand fegment AC fera $\sqrt{10}-2$, *& le moindre fegment CB* $6-\sqrt{20}$, *l'vn & l'autre defquels fegmens eft refidu, puis que leurs deux nombres font commenfurables en puiffance feulement, &c.*

THEOR. 7.   PROP. VII.

Si en vn pentagone equilateral, trois angles pris comme on voudra font egaux : il fera equiangle.

Au pentagone equilateral ABCDE, foient trois angles egaux, premierement d'ordre comme A, B, C : ie dis qu'iceluy pentagone eft equiangle.

Car eftans tirees à iceux angles egaux A, B, C, les lignes fubtendantes AC, BE, BD : de F ou s'entrecouppent AC, BE foit tiree FD. Or puis que les coftez AB, AE du triangle ABE font egaux à BC, CD du triangle BCD, & les angles contenus d'iceux, auffi egaux, par la 4. prop. 1. les bafes BE, BD feront egales, & les angles AEB, BDC egaux. Mais par la 5. prop. 1. les angles BED, BDE font auffi egaux, les deux coftez BE, BD ayans efté prouuez egaux : Donc l'angle total AED fera egal au total CDE. Derechef, puis que les coftez AB, AE du triangle ABE font egaux à BA, BC du triangle ABC, & les angles A & B

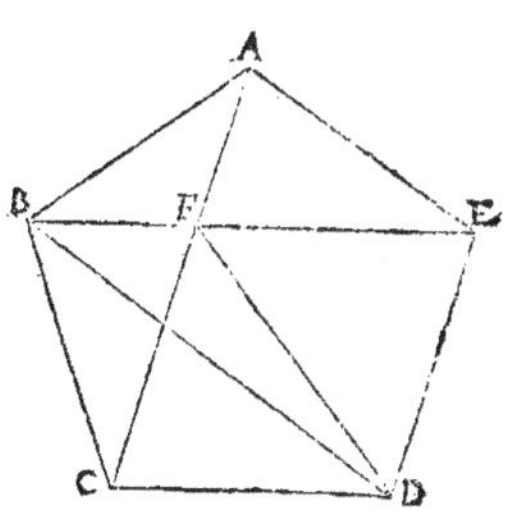

contenus d'iceux egaux, par la 4. prop. 1. la bafe BE fera egale à la bafe AC, & les angles ABE, AEB egaux aux angles BAC, BCA, chacun au fien : & partant les angles FAB, FBA du triangle ABF font egaux : donc les coftez AF, BF feront auffi egaux : & partant iceux eftans oftez des fubtendantes egales AC, BE les reftes FC, FE feront egales. Parquoy les deux coftez FC, CD du triangle CFD feront egaux aux coftez FE, ED du triangle DFE, & la bafe FD commune : donc par la 8. prop. 1. les angles FCD, FED feront egaux. Mais ACB, AEB ont efté prouuez egaux : donc les touts BCD, AED font egaux : Parquoy AED, ayant efté monftré egal à CDE, tous les angles du pentagone feront egaux entr'eux par la 1. com. fent. & confequemment iceluy pentagone ABCDE fera equiangle.

Secondement, foient les trois angles A, C, D, non d'ordre, egaux. D'autant que les coftez AB, AE du triangle ABE font egaux aux coftez CB, CD du triangle BCD, & les angles contenus d'iceux auffi egaux, par la 4. prop. 1. les bafes BE, BD, & les angles AEB, BDC feront egaux : Mais par la 5. pr. 1. les coftez BE, BD eftans egaux, les angles BED, BDE feront pareillement egaux : donc l'angle total AED fera egal

D D D d

578

au total CDE. Et puis que les angles BAE, CDE ont esté posez egaux; les trois angles A, E, D, qui sont d'ordre, seront egaux: & partant comme il a esté desia monstré,
le pentagone sera equiangle.   Donc si en vn pentagone equilateral, &c. Ce qu'il
falloit demonstrer.

THEOR. 8.   PROP. VIII.

Si deux lignes droictes subtendent deux angles d'vn pentagone
equiangle & equilateral, lesquels soient d'ordre; elles se coupperont l'vne l'autre en la moyenne & extreme raison, & leurs
grands segmens seront egaux au costé du pentagone.

Au pentagone ABCDE equiangle & equilateral soient deux lignes droictes BD,
CE, subtendantes les angles C, D, qui sont d'ordre, lesquelles s'entrecouppent en
F. Ie dis qu'elles se couppent en la moyenne &
extreme raison, & que chacun de leurs grāds
segmens BF, EF sera egal à quelconque costé
du pentagone.

Car ayant descrit par la 14. prop. 4. vn cercle à
l'entour du pentagone, les arcs AB, BC, CD,
DE, & EA seront egaux par la 28. prop. 3. Et
d'autant que les triangles CBD, CED, ont
deux costez egaux, & l'angle compris d'iceux
aussi egal par l'hypothese; les bases BD, CE,
& les angles CDB, DCE seront pareillement
egaux par la 4. prop. 1. Et partant veu qu'au
triangle CFD, les deux angles DCF, CDF sont

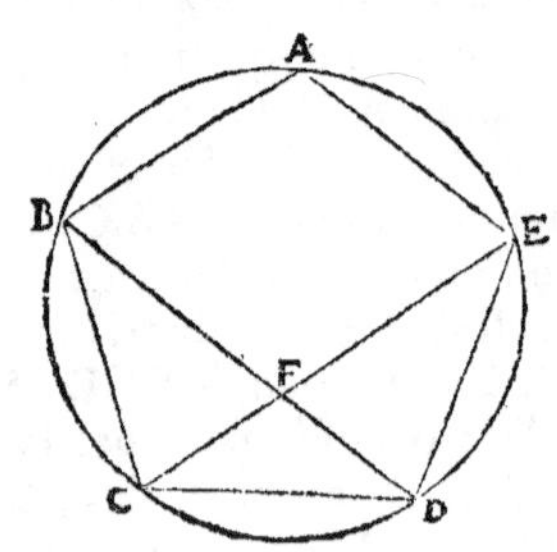

egaux, & par la 32. prop. 1. l'angle externe BFC est egal à iceux : iceluy BFC sera
double de DCE. Mais par la 33. prop. 6. l'angle BCE est aussi double du mesme
DCE, pource que l'arc BAE est double de l'arc DE: Donc les angles BFC, BCF sont
egaux : & partant par la 6. prop. 1. BF est egale au costé du pentagone BC. Et d'autant que par la 17. prop. 3. les angles DBC, ECD, insistans sur arcs egaux, sont egaux;
les deux angles DBC, CDB du triangle BCD sont egaux aux deux angles DCF,
FDC du triangle CFD : & partant les deux triangles BCD, CFD seront equiangles par la 32. prop. 1. Parquoy par la 4. p. 6. comme BD sera à DC, c'est à dire à
BF, ainsi CD ou BF sera à FD : & partant la subtendante BD est couppee en F, en la
moyenne & extreme raison, & le plus grand segment BF est egal à BC costé du
pentagone. Par mesme raison on demonstrera CE estre couppee en la moyenne &
extreme raison en F, & que le grand segment EF est egal à DE costé du pentagone.
Parquoy si deux lignes droictes subtendent deux angles d'vn pentagone, &c. Ce
qu'il falloit prouuer.

On peut facilement demonstrer que la ligne droicte qui soustient l'angle du pentagone equila-
teral & equiangle est parallele au costé opposé, c'est à dire que CE est parallele au costé AB,
& BD au costé AE : car ayant descrit vn cercle à l'entour du pentagone, d'autant que par la
22. p. 3. tant les deux angles A & BCE, que les deux ABC, AEC sont egaux à deux droicts,

& que A, ABC font egaux entr'eux, le pentagone eftant equiangle, les deux autres BCE, ACE feront außi egaux. Veu donc que A & BCE font egaux à deux droicts; A & AEC font außi egaux à deux droicts, & par la 28. prop. 1. AB, CE feront paralleles, &c.

THEOR. 9.   PROP. IX.

La ligne droicte compofee du cofté de l'hexagone, & du cofté du decagone, tous deux infcrits en vn mefme cercle, eft couppee en la moyenne & extreme raifon, de laquelle le grand fegment eft le cofté de l'hexagone.

Au cercle ABC foit infcrite la ligne droicte AB, cofté du decagone, à laquelle foit adiouftee directement BE egale au demy diametre du cercle, c'eft à dire au cofté de l'hexagone infcrit au mefme cercle, car il luy eft egal par le coroll. de la 15. p. 4. Ie dis que AE eft couppee en la moyenne & extreme raifon, & que BE, cofté de l'hexagone eft le grand fegment.

Car ayant mené de A par le centre D le diametre AC, & tiré les lignes DB, DE: l'arc AB eftant la dixiefme partie de toute la periphere du cercle, fera la cinquiefme de l'arc ABC, moitié d'icelle periphere : & partant l'arc BC fera quadruple d'iceluy AB : Parquoy par la 33. prop. 6. auffi l'angle BDC fera quadruple de l'angle ADB : & par la 32. prop. 1. l'angle BDC eftant exterieur, il vaudra les deux DAB, DBA: lefquels eftans egaux par la 5. prop. 1. parce que le triangle ABD eft Ifofcele, l'vn ou l'autre fera double de ADB : mais l'vn d'iceux DBA eftant exterieur, eft egal aux deux oppofez interieures DEB & BDE : (lefquels font egaux, eftant le triangle DBE Ifofcele, pource que DB demy diametre, & BE font egaux par la conftruction) donc l'angle DBA fera double de l'angle E; qui par confequent fera egal à l'angle ADB: Parquoy les deux triangles AED, ADB feront equiangles, ayans l'angle A commun, l'angle E egal à l'angle ADB, & par la 32. prop. 1. le tiers fera egal au tiers: donc par la 4. prop. 6. comme AE eft à AD ou BE fon egale, ainfi AD, ou BE eft à AB: partant AE eft couppee en la moyenne & extreme raifon en B: & BE cofté de l'hexagone eft le grand fegment. Donc la ligne droicte compofee du cofté de l'hexagone & du cofté du decagone, &c. Ce qu'il falloit prouuer.

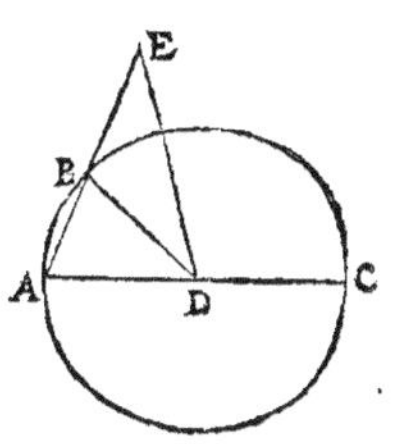

COROLLAIRE.

De cecy eft euident que le cofté de l'hexagone eftant couppé en la moyenne & extreme raifon, le grand fegment eft cofté du decagone infcrit au mefme cercle. Car fi de BE cofté de l'hexagone on couppe vne partie egale à AB: comme la toute AE fera à la toute BE, ainfi la retranchee BE fera à la retranchee de BE, c'eft à dire à AB: & partant par la 19. prop. 5. le refte fera au refte, comme la toute à la toute, ou la retranchee à la retranchee. Parquoy BE fera femblablement couppee que AE en la moyenne & extreme raifon par la 3. def. 6. dont le grand fegment fera AB cofté du decagone.

SCHOLIE.

Clauius demonstre apres Campanus la conuerse de cette proposition ainsi qu'il ensuit.

Si le grand segment d'vne ligne diuisee en la moyenne & extreme raison est le costé de l'hexagone de quelque cercle ; le moindre segment sera le costé du decagone du mesme cercle. Que si le petit segment est le costé du decagone de quelque cercle, le grand segment sera le costé de l'hexagone du mesme cercle.

Car soit AB diuisee en C selon la moyenne & extreme raison, & soit premierement le grand segment AC costé de l'hexagone du cercle BCD : Ie dis que le petit segment BC est le costé du decagone inscrit au mesme cercle. Car BC estant accommodee au cercle, en sorte que CA tombe hors le cercle, soit tiree de B par le centre
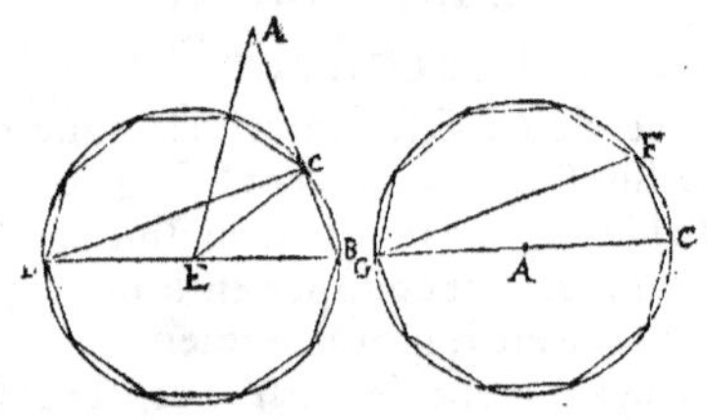
E le diametre BED, & les lignes EA, EC. Donc puis que comme AB est à AC, ainsi AC est à CB, & que AC est egale au semidiametre EB par le corol. de la 15. prop. 4. Aussi comme AB sera à BE, ainsi EB à BC : & par la 6. prop. 6. les triangles ABE, EBC seront equiangles, puis qu'ils ont les costez de l'angle commun B proportionnaux ; & l'angle A sera egal à l'angle BEC. Derechef,

pource que les costez CA, CE sont egaux, par la 5. prop. 1. les angles CAE, CEA seront egaux, & puis que par la 32. prop. 1. à iceux est egal l'angle externe BCE ; iceluy BCE sera double de l'angle A : Mais par la 5. prop. 1. l'angle CBE est egal à l'angle BCE, à cause de l'egalité des costez EB, EC : donc aussi CBE sera double de l'angle A : & partant les deux angles BCE, CBE ensemble seront quadruple du mesme angle A. Et puis que l'angle externe CED est egal aux internes BCE, CBE, aussi CED sera quadruple du mesme angle A, & partant de l'angle BEC son egal : & par la 33. prop 6. l'arc DC sera pareillement quadruple de l'arc CB : & partant l'arc du demy cercle BCD sera quintuple du mesme arc BC, & consequemment toute la periphere du cercle sera decuple d'iceluy arc BC : Parquoy la ligne droicte BC est le costé du decagone.

Maintenant, le moindre segment CB soit le costé du decagone du cercle BCD. Ie dis que le grand segment AC est le costé de l'hexagone : Car derechef soit accommodé au cercle BCD, le segment BC, & soit tiré le diametre BED : puis de l'interualle AC soit descrit le cercle CFG, duquel le diametre est CAG, & par le corol. de la 15. prop. 4. AC sera costé de l'hexagone du cercle CFG. Donc puis que AB est couppee en C, selon la moyenne & extreme raison, & que le grand segm. AC est costé de l'hexagone du cercle CFG, le petit segment CB, comme il a ia esté demonstré, sera costé du decagone du mesme cercle CFG. Soit donc descrit en iceluy cercle CFG, le decagone equilateral & equiangle CFG : Item au cercle BCD, le decagone equilateral & equiangle BCD, & les costez BC, CF seront egaux entr'eux : Mais d'autant que les lignes droictes CD, FG estans tirees, les angles CDB, FGC insistans sur arcs semblables BC, CF, sont egaux, comme nous auons demonstré au scholie de la 22. prop. 3. & que les angles BCD, CFG estans au demy cercle sont aussi egaux, sçauoir droicts par la 31. prop. 3. les costez BD, CG seront pareillement egaux entr'eux par la 26. prop. 1. Parquoy les diametres BD, CG estans egaux, les cercles BCD, CFG seront aussi egaux : & partant puis que la ligne droicte AC est costé de l'hexagone du cercle CFG, aussi la mesme AC sera le costé de l'hexagone du cercle BCD. Ce qui est proposé.

THEOR. 10. PROP. X.

Le quarré du costé du pentagone equilateral inscrit en vn cercle,
est egal aux deux quarrez des costez du decagone, & de l'hexagone, inscrits au mesme cercle.

Au cercle ABCDE, duquel le centre est F, soit inscrit vn pentagone equilateral,
vn costé duquel est AB. Ie dis que le quarré d'iceluy costé AB est egal aux deux
quarrez des costez de l'hexagone, & du decagone inscrits au mesme cercle.

Car ayant tiré le diametre AFG, & ioinct
FB, soit couppé l'arc AB en deux egalement par
la ligne FH, laquelle couppe aussi la ligne droicte AB en I, & soient tirees les lignes droictes
AH, BH; & AH sera costé du decagone, & FB
costé de l'hexagone: En apres, soit couppé l'arc
AH en deux egalement en K, par la ligne FK,
laquelle couppe aussi la ligne droicte AH en L,
& la ligne droicte AB au poinct M, auquel soit
menee la ligne HM. Veu donc que les arcs
AH, BH sont egaux, aussi seront egaux les angles AFH, BFH appuyez sur iceux, par la 27.
pr. 3. Parquoy les costez AF, FB estans egaux,
& FI commun aux deux triangles AFI, BFI, la

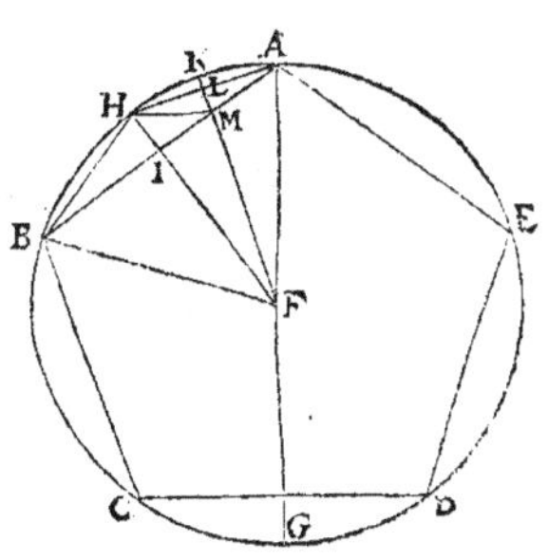

base AI sera egale à la base BI, par la 4. prop. 1. & les angles AIF, BIF aussi egaux, &
partant droicts. Par mesme raison seront egales les lignes droictes AL, HL, & les
angles ALF, HLF droicts. Or si des demy cercles egaux ABCG, AEDG, on oste
arcs egaux ABC, AED, resteront egaux les arcs CG, GD, & partant l'arc CG sera
moitié de l'arc CGD. Mais aussi l'arc AH est moitié de l'arc AHB: donc puis que
les arcs AB, CD sont egaux, les arcs AH, CG moitiez d'iceux, seront aussi egaux: &
partant l'arc AH estant double de l'arc HK, aussi le sera CG. Et puis que les arcs
AB, BC sont egaux, & l'arc AB est double de l'arc BH, l'arc BC sera pareillement
double du mesme arc BH. Parquoy les arcs CG, BC sont equemultiplices, sçavoir
est doubles des arcs HK, BH, & partant par la 1. prop. 5. tout l'arc BG sera double de l'arc BK: & par consequent l'angle BFG aussi double de l'angle BFK, par la
33. prop. 6. Mais par la 20. prop. 3. le mesme angle BFG au centre, est double de
l'angle FAB en la circonference: donc les angles BFM, FAB seront egaux, & partant l'angle ABF estant commun aux deux triangles ABF, FBM, & le tiers au tiers
par la 32. prop. 1. iceux triangles seront equiangles; & par la 4. prop. 6. comme AB
sera à BF, ainsi BF à BM: & partant par la 17. prop. 6. le rectangle de AB, BM sera
egal au quarré de BF. Derechef, puis que les costez AL, LM du triangle ALM sont
egaux aux costez HL, LM du triangle HLM, & les angles contenus d'iceux aussi
egaux, sçavoir droicts, par la 4. prop. 1. les bases AM, HM, & les angles LAM, LHM
seront egaux. Mais par la 5. prop. 1. l'angle LAM est egal à l'angle HBA, pource
que les costez HA, HB sont egaux: Donc aussi l'angle LHM sera egal au mesme
HBA: & partant par la 32. prop. 1. les triangles ABH, AHM seront equiangles, puis

qu'ils ont les angles ABH, AHM egaux, & l'angle HAM commun. Parquoy par
la 4. prop. 6. comme AB sera à AH, ainsi AH à AM : & par la 17. prop.6.le rectangle de AB, AM sera egal au quarré de AH. Mais il a esté demonstré que le rectangle de AB, BM, est egal au quarré de BF: donc les rectangles de AB, AM, & de AB,
BM ensemble, sont egaux aux deux quarrez de AH, BF. Mais par la 2. prop. 2. iceux
rectangles sont egaux au quarré de AB: donc le quarré de AB costé du pentagone
est egal aux deux quarrez des lignes BF, AH, costez de l'hexagone, & du decagone.
Ce qui estoit à prouuer.

C O R O L L A I R E.

Par cecy est manifeste qu'vne ligne droicte tirée du centre, & laquelle diuise en deux egale-
ment vn arc, diuise aussi la ligne subtendante d'iceluy arc en deux egalement, & à angles
droicts.

Est aussi euident que le diametre du cercle tiré de l'angle du pentagone, diuise en deux egale-
ment l'arc que le costé opposé à iceluy angle subtend, comme aussi iceluy costé opposé, & à an-
gles droicts. Car il a esté demonstré que le diametre AG tiré du poinct A, diuise en deux ega-
lement l'arc CD, lequel le costé opposé CD subtend: Parquoy par ce que dessus, il couppera aussi
en deux egalement & à angles droicts iceluy costé CD. La mesme demonstration sera en tout po-
lygone equilateral inscrit au cercle, le nombre des costez estant impair, tellement que si d'vn an-
gle de quelconque polygone regulier dont le nombre des costez est impair, on meine vne ligne
droicte par le centre d'iceluy qui couppe le costé opposé; elle couppera les angles en deux egale-
ment, comme aussi ledit costé, & à angles droicts. Mais au contraire, si elle couppe l'angle, ou le
costé en deux egalement, ou à angles droicts: icelle ligne passera par le centre.

S C H O L I E.

Au quatriesme liure, Euclide a enseigné à descrire au cercle vn pentagone equilateral: Mais
Ptolomee au premier liure de sa grande construction a enseigné vn autre moyen, beaucoup plus
bref & facile pour descrire tant ledit pentagone que le decagone; lequel moyen nous auons desia
rapporté en nostre Construction de la table des sinus: & neantmoins nous le rapporterons encore
icy. Soit donc vn cercle ABC, duquel le centre est D, & ayant tiré le diametre AC, du cen-
tre D soit esleuee DB perpendic. à AC; & apres auoir couppé en
deux egalement le semidiametre DC en E, & menee BE soit prise
EF egale à EB, & tiree BF. Ie dis que BF est le costé du pentagone,
& DF le costé du decagone. Car puis que CD est couppee en deux
egalement en E, & qu'à icelle est adioustee DF, par la 6. pr. 2. le
rectangle de CF, DF auec le quarré de DE est egal au quarré de
FE, ou EB son egale. Mais par la 47. prop. 1. le quarré de EB est
egal aux quarrez de BD, DE: donc le rectangle de CF, DF, auec

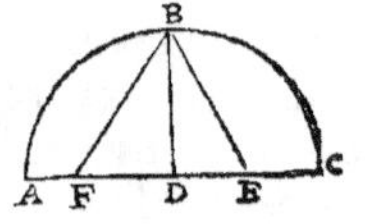

le quarré de DE sera aussi egal aux quarrez de BD, DE: & ostant le quarré de DE commun,
restera le rectangle de CF, FD egal au quarré de BD, c'est à dire au quarré de CD: & par la
17. prop. 6. comme CF sera à CD, ainsi CD à DF: & partant la ligne droicte CF sera di-
uisee en D selon la moyenne & extreme raison. Veu donc que le grand segment CD est le costé
de l'hexagone du cercle ABC par le corol. de la 15. prop. 4. le moindre segment DF sera le costé
du decagone du mesme cercle par le schol. prec. Et pource que par cette 10. prop. le quarré de BD,
costé de l'hexagone, auec le quarré de DF, costé du decagone, est egal au quarré du costé du pen-
tagone inscrit au mesme cercle, & que par la 47. pr. 1. le quarré de BF est egal aux susdits quar-
rez de BD, DF; le quarré du costé du pentagone sera egal au quarré de BF; & partant la

ligne droiƈte BF eſt egale au coſté du pentagone. Ce qui a eſté propoſé.

De cecy appert qu'eſtant cogneu le diametre d'vn cercle, on cognoiſtra aiſement le coſté tant du pentagone que du decagone inſcriptibles en iceluy cercle. Car le diametre AC eſtant 8, BD ſera 4, & DE 2 : partant BE ou EF ſera √20, & oſtant DE d'icelle EF, reſtera DF √20—2, qui eſt le coſté du decagone : Et pource que le quarré d'iceluy coſté FD eſt 24—√320, & celuy de BD 16 ; le quarré de BF ſera 40—√320, & partant icelle BF, qui eſt egale au coſté du pentagone ſera √(40—√320).

THEOR. 11. PROP. XI.

Si dans vn cercle ayant le diametre rationel, on inſcrit vn pentagone equilateral; le coſté du pentagone eſt irrationel, appellé ligne mineure.

Soit le pentagone equilateral ABCDE , inſcrit dans le cercle ABCDE , duquel le diamatre eſt rationel : ie dis que AB, coſté du pentagone, eſt irrationel, appellé ligne mineure.

Car ſoient menez par le centre F les diametres AG , BH, deſquels AG couppera le coſté CD en deux egalement en I, & à angles droiƈts par le corol. de la preced, ſoient auſſi tirees les lignes droiƈtes AC, AH, deſquelles AC ſera couppee par le diametre BH en deux egalemét en K par le corol. de la preced. Partant eſt manifeſte que les deux triangles ACI & AKF ſont equiãgles : car l'angle du poinƈt A eſtant commun à tous les deux, & le droiƈt AKF egal au droiƈt AIC; le tiers ſera egal au tiers par la 32. prop. 1. Et par la 4. prop. 6. comme IC à CA,

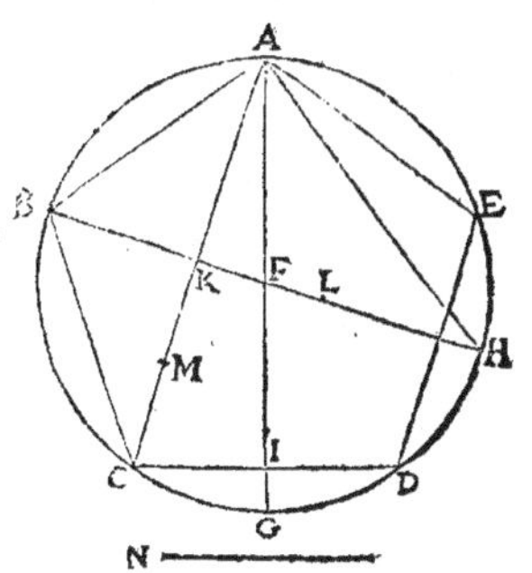

ainſi KF à FA. Item du demy diametre FH (lequel eſt rationel & egal à A) ſoit retranchee FL egale au quart de FA , laquelle FL ſera rationele, eſtant le quart d'vne ligne rationele, & par la 16. prop. 10. BL compoſee des deux BF, FL, & commenſurable à chacune d'icelles, ſera auſſi rationele. Item de AC ſoit retranché CM quart d'icelle ligne : Et par la 15. prop. 5. CI ſera à CM quart de CA, comme KF à FL quart de FA : Que ſi on double les deux CI & CM par la 15. prop. 5. CD ſera à CK (car elle eſt la moitié de CA & double de CM) comme KF à FL : & en compoſant, comme les deux CD & CK enſemble à CK, ainſi KL à FL : Et par la 22. p. 6. le quarré de la compoſee de CD & CK ſera au quarré de CK, comme le quarré de KL au quarré de FL. Mais d'autant que la ligne AC eſtant couppee en la moyenne & extreme raiſon(ſçauoir eſt eſtant tiree la ligne droiƈte BD) par la 8. prop. 13. ſon plus grand ſegment eſt egal au coſté du pentagone, ſçauoir à iceluy CD; par la 1. p. 13. le quarré de la compoſee de CD plus grand ſegment, & de CK moitié de la toute CA, ſera quintuple du quarré de CK, moitié de la toute : partant auſſi le quarré de KL , ſera quintuple du quarré de FL. Mais la ligne BL eſt auſſi quintuple de FL, eſtant FL quart de FB ; donc comme BL à FL, ainſi le quarré de KL au quarré e

FL, c'est à dire en raison doublee de KL à FL: car iceux quarrez sont en cette raison par la 20. prop. 6. dont s'ensuit que KL sera moyenne proportionelle entre BL & FL. Mais par le corol. de la mesme proposition le quarré de BL sera au quarré de KL, comme BL à FL, c'est à dire que le quarré de BL sera quintuple du quarré de KL : donc iceux quarrez seront entr'eux comme nombre à nombre, & partant commensurables par la 6. pr. 10. & consequemment les lignes BL, KL seront commensurables entr'relles, au moins en puissance : Mais leurs quarrez estans entr'eux comme 5 à 1, qui par le corol. de la 24. prop. 8. n'est pas comme nombre quarré à nombre quarré par la 9. prop. 10. icelles lignes BL & KL, seront incommensurables en longitude : & partant BL ayant esté monstree rationelle, icelles BL & KL seront rationeles commensurables en puissance seulement, & par la 74. prop. 10. BK sera residu.

Maintenant, que la ligne BL puisse plus que la ligne KL, du quarré de la ligne N. Donc puis que le quarré de BL, qui est quintuple du quarré de KL est egal aux deux quarrez de KL & N, iceux quarrez de BL & N seront entr'eux comme 5 à 4, & partant commens. par la 6. prop. 10. & consequemment les lignes BL & N, commensurables entr'elles, au moins en puissance: Mais BL a esté monstree rationelle: donc N le sera aussi. Et pource que les quarrez d'icelles BL & N sont entr'eux comme 5 à 4, qui par le corol. de la 24. prop. 8. n'est pas comme nombre quarré à nombre quarré, icelles lignes BL & N seront incommensurables en longit. par la 9. p. 10. & partant rationelles commensurables en puissance seulement. Donc la toute BL estant rationelle commens. en longitude à la rationelle proposee BE (car BL est de 5 parties telle que BH en a 8) peut plus que sa convenable KL du quarré de N, qui luy est incommens. en longit. partant BK sera residu quatriesme par la 4. des tierces def. du 10.

Finalement, pource que par le corol. de la 8. p. 6. AB est moyenne proportionele entre BH, BK; (car par la 31. prop. 3. le triangle ABH a l'angle BAH droict, duquel est tiree AK perpend à la base BH) le quarré de AB sera egal au rectangle de BH, BK. Parquoy puis que la ligne droicte AB peut la superficie contenue de la rationele BH & du residu quatriesme BK : par la 95. prop. 10. icelle AB sera ligne mineure. Parquoy si dans vn cercle ayant le diametre rationel, &c. Ce qu'il falloit prouuer.

SCHOLIE.

Le diametre BH soit 8: donc BF sera 4, BL 5, & AB $\sqrt{(40 - \sqrt{320})}$, & par consequent son quarré sera $40 - \sqrt{320}$, qui divisé par BH 8, viendront $5 - \sqrt{5}$ pour BK; & consequemment KL sera $\sqrt{5}$, qui est commensurable en puissance seulement à BL, leurs quarrez, 5 & 25, estans en raison quintuple; partant BK est residu. Et puis que BL peut plus qu'icelle KL du quarré de N, iceluy quarré sera 20, & N $\sqrt{20}$, qui est incommensurable en longitude à la toute BL 5; & partant BK sera residu quatriesme. Mais le quarré de AB $40 - \sqrt{320}$ estant egal au produit d'iceluy residu $5 - \sqrt{5}$ multiplié par la rationele BH 8; icelle AB $\sqrt{(40 - \sqrt{320})}$, qui est le costé du pentagone, sera ligne mineure, comme veut la proposition. Les nombres appliquez aux autres lignes de la fig. seront tels qu'ils ensuiuent : KL sera $\sqrt{5} - 1$, CK $\sqrt{(10 + \sqrt{20})}$, AC $\sqrt{(40 + \sqrt{320})}$, CM $\sqrt{(2\frac{1}{2} + \sqrt{1\frac{1}{4}})}$, & CI $\sqrt{(10 - \sqrt{20})}$.

THEOR.

THEOR. 12. PROP. XII.

Le quarré du costé du triangle equilateral inscrit au cercle, est triple du quarré du demy diametre d'iceluy cercle.

Soit le triangle equilateral ABC inscrit en vn cercle ABC, duquel le centre est D. Ie dis que le quarré de AB costé d'iceluy triangle, est triple du quarré du semidiametre.

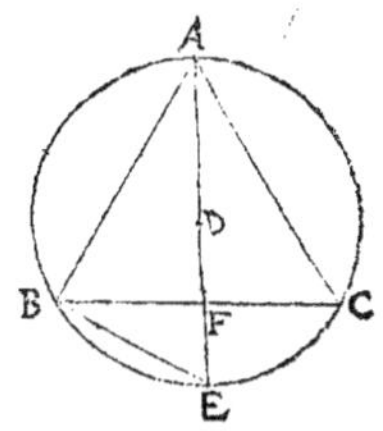

Car estant tiré le diametre AE, lequel couppera par le corol. de la 10. propos. de ce liure, l'arc BC en deux egalement en E; & aussi la ligne droicte BC en deux egalement & à angles droicts: veu que l'arc BEC est le tiers de toute la circonference, BE sera la sixiéme partie: partant estant tiree la ligne droicte BE, elle sera le costé de l'hexagone, & egale au demy diametre DE par le corol. de la 15. p. 4. Or le quarré du diametre AE sera quadruple du quarré de BE egale au demy diametre par le scholie de la 4. pr. 2. & par la 47. prop. 1. il est aussi egal aux deux de BA & BE, l'angle ABE estant droict par la 31. prop. 3. il est donc manifeste qu'il sera triple du quarré de BE, ou ED son egal. Parquoy le quarré du costé du triangle equilateral, &c. Ce qu'il falloit prouuer.

COROLLAIRE.

Il s'ensuit de ce que dessus, que le quarré du diametre d'vn cercle est au quarré du costé du triangle equilateral inscrit en iceluy cercle, en raison sesquitierce, c'est à dire comme 4 à 3. Car puis qu'il a esté demonstré que le quarré du costé AB est triple du quarré du demy diametre AD, posant le quarré de AB 3, le quarré de AD sera 1; & le quarré de AF quadruple d'iceluy sera 4. Parquoy le quarré de AE sera au quarré de AB comme 4 à 3.

Et pour ce que par le corol. de la 8. prop. 6. comme AE est à AB, ainsi AB est à AF, perpendiculaire tombant d'vn angle sur vn costé; pareillement le quarré de AB sera au quarré de AF, comme 4 à 3.

On peut aussi facilement colliger que le semidiametre DE, lequel tombe perpendiculairem. sur BC costé du triangle equilateral, est couppé en deux egalement en F par ledit costé BC. Car puis que le quarré de AB est triple du quarré de BE, costé de l'hexagone; si on pose iceluy quarré de AB estre 12, le quarré de BE sera 4, & le quarré de BF 3; & par consequent le quarré de EF sera 1 par la 47. prop. 1. Partant le quarré de BE, c'est à dire de DE son egale, sera quadruple du quarré de FE. Parquoy par le scholie de la 4. prop. 2. la ligne DE sera double de FE; & par consequent DE est couppee en deux egalement en F par le costé BC: tellement que la ligne perpendic. tombant du centre du cercle au costé du triangle equilateral inscrit en iceluy est moitié du costé de l'hexagone inscrit au mesme cercle.

SCHOLIE.

Le diametre AE estant 8, BE sera 4, EF 2, AF 6, AB √48 & BF √12: Parquoy le quarré du costé du triangle sera 48, & celuy du semidiametre 16, &c.

PROB. 1. PROP. XIII.

Dans vne sphere donnee, inscrire vne pyramide equilaterale: &

monſtrer que le quarré du diametre d'icelle ſphere, eſt en raiſon
ſeſquialtere au quarré du coſté d'icelle pyramide.

Soit AB diametre de la ſphere donnee, & ſoit diuiſé en C, de ſorte que AC ſoit
double de BC. Et apres auoir deſcrit ſur AB le demy cercle ADB, leué la moyenne
proportionele CD, & mené les lignes droictes DA & DB: Soit deſcrit le cercle EFG,
duquel le demy diametre HE ſoit egal à CD: & apres auoir inſcrit en iceluy le triangle equilateral EFG, & tiré HF,
HG, chacune deſquelles ſera egale
à CD, eſtant egale à HE; du centre H ſoit leuee HI perpendiculaire au plan du cercle EFG par la
12.p.11. & egale à AC: puis ſoient
menees les lignes IE, IF, & IG. Ie
dis premierement que la pyramide EFGI eſt equilaterale.

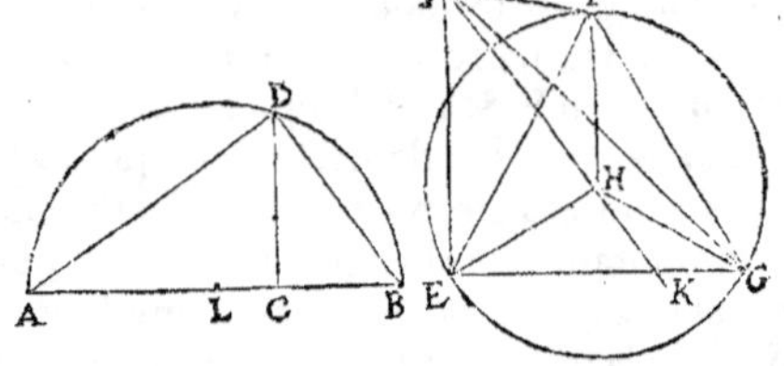

Car par la conſtruction le trian-
gle EFG eſt equilateral, & il eſt euident que les trois lignes IE, IF, IG, ſont auſſi
egales entr'elles: (puis que par la 47. prop. 1. le quarré d'vne chacune d'icelle eſt
egal au quarré de la perpendiculaire IH, & au quarré de l'vne des trois lignes HE,
HF, HG, leſquelles ſont egales.) Et d'autant que les coſtez AC, DC du triangle ADC ſont egaux aux coſtez HI, HE du triangle IHE; & les angles qu'ils
comprennent egaux, eſtans droicts: la baſe AD ſera egale à la baſe EI par la 4.
prop. 1. En la meſme maniere ſera demonſtré AD eſtre egale à FI, GI. Et veu que
le quarré de AC eſt double du quarré de CD, (car ils ſont l'vn à l'autre comme AC à CB par le corol. de la 20. prop. 6. eſtans les trois lignes AC, CD, CB
continuellement proportioneles) le quarré de AD, qui eſt egal à tous les deux, ſera
triple du quarré de CD, ou de ſon egale HE: Mais par la prec. prop. le quarré de EF
eſt auſſi triple du quarré de HE: donc EF & AD ſont egales: & par la 1. com. ſent EF
& EI ſeront egales. Parquoy puis que AD eſt auſſi egale à FI, GI, les quatre triangles EFG, EFI, FGI, GEI ſeront equilateraux, & egaux entr'eux: Et par conſequent
la pyramide EFGI, dót la baſe eſt le triangle EFG, & le ſommet I, eſt equilaterale.

Ie dis en ſecond lieu qu'icelle pyramide peut eſtre inſcrite en la ſphere, dont le diametre eſt AB. Soit continuee la ligne perpendiculaire IH par deſſous la baſe de la
pyramide iuſques en K: tellement que HK ſoit egale à CB, & la toute IK à la toute AB, & ſoit imaginé eſtre poſé le demy cercle ADB à l'entour de la pyramide,
ſçauoir le poinct A au poinct I, le poinct B au poinct K: & puis que AC & CB
ſont egales à IH & HK; & HG egale à DC, faiſant angle droict auec IH, auſſi bien
que leurs egales AC & CD, il eſt euident que le poinct D du demy cercle tombera
ſur le poinct G: Partant le diametre AB demeurant immobile, ſi le demy cercle
fait vne reuolution, il touchera les deux autres angles de la pyramide E & F, (eſtans
les lignes HE, HF, HG egales) & par ainſi la pyramide EFGI eſt inſcrite en la ſphere donnee, puis que tous les angles d'icelle E, F, G, I, touchent ladite ſphere.

Finalement, ie dis que le quarré du diametre AB eſt ſeſquialtere au quarré du coſté AD, qui eſt egal à chacun coſté de la pyramide: Car puis que AB eſt triple de BC,

& AC double de la mesme BC , AB sera en raison sesquialtere à AC. Mais par le
corol. de la 8. prop. 6. les trois lignes AB, AD, AC sont proportioneles: Et partant
par le corol. de la 20. prop. 6. comme AB sera à AC , ainsi le quarré de AB sera au
quarré de AD. Donc aussi le quarré de AB sera au quarré de AD en raison sesquialtere. Nous auons donc inscrit vne pyramide equilaterale dans vne sphere donnee, &c. Ce qu'il falloit faire.

COROLLAIRE.

De ces choses on peut facilement colliger, que la puissance du diametre de la sphere est quadruple sesquialtere de la puissance du semidiametre du cercle descrit à l'entour de la base de la
pyramide. Car puis que AB diametre de la sphere, a esté demonstré sesquialtere en puissance à
EF costé de la pyramide, le quarré de EF sera de 6 parties, telles que le quarré du diametre
AB en contiendra 9, & le quarré de la ligne HE 2, pourceque le quarré de EF est triple du
quarré de HE, par la 12. prop. 13. Donc de 9 telles parties que contiendra le quarré de AB; le
quarré de HE en contiendra 2 : Et partant le diametre AB est quadruple sesquialtere en puissance au semidiametre HE, puis que la raison des quarrez est comme 9 à 2.

Aussi la perpendiculaire tiree du centre de la sphere au plan de la base de la pyramide est la
sixiéme partie du diametre de la sphere, & la tierce partie du semidiam. Car L soit le centre
du demy cercle ADB : L sera pareillement le centre de la sphere. Ie dis que la ligne LC, (qui est
la perpend. tiree du centre de la sphere à la base EFG: car puis que AC est egale à HI, & partant le poinct C le mesme que H, sera aussi. L le mesme que le centre de la sphere.) est la sixiesme partie du diametre de la sphere, sçauoir est de AB, & la tierce partie du semid. AL. Car
puis que AC est double de CB, de telles 4 parties qu'est AC, de 2 telles sera CB: & partant de
6 telles sera la toute AB, & de 3 le semid. AL. Parquoy si AC est 4, & AL 3; LC sera 2:
& partant LC sera la sixiesme partie de AB , & la tierce de AL.

Semblablement la hauteur de la pyramide HI sera deux tierces parties du diametre de la
sphere. Car HI est la mesme que AC, laquelle par la construction est deux tierces parties d'i-
celuy diametre.

Aussi de 9 telles parties que sera le quarré d'iceluy diametre, le quarré de la hauteur de la
pyramide en sera 4: Car la raison de 9 à 4, est la raison doublee de 3 à 2.

SCHOLIE.

Le diametre AB estant 12, AC ou HI sera 8, CB 4, CD ou HE √32, AD ou EF, ET
√96, & BD √48. Parquoy le quarré du diametre AB est 144, & celuy de EF costé de la pyramide est 96 : tellement que ces deux quarrez sont entr'eux comme 3 à 2, ainsi que veut la
prop. &c.

PROBL. 2. PROP. XIIII.

Dans vne sphere donnee, inscrire vn octaedre: Et monstrer que
le quarré du diametre de la sphere, est double du quarré du
costé de l'octaedre.

Soit AB le diametre de la sphere donnee, & iceluy soit couppé en deux egalement
au poinct D: & apres auoir construict le demy cercle ACB; leué la perpendiculaire
DC, & mené les lignes droictes CA, CB, lesquelles seront egales entr'elles par la

4. p. 1. fur la ligne EF egale à l'vne d'icelles AC, CB, foit conftruit le quarré **EFGH**: dans lequel foient menees les deux diagonales FH, GE fe couppans au poinct I duquel poinct par la 12. p. 11. foit efleuee la ligne IK perpendiculairement fur le quarré GE, & continuee par deffous iceluy plan iufques en L, tellement que IK, IL foient chacune egale à AD: puis des poincts L & K, foient menees aux angles du quarré les lignes KE, KF. KG, KH, LE, LF, LG, & LH.

Ie dis maintenant que la figure folide KL eft enuironnee de huict triangles equilateraux; & que c'eft vn octaedre. Car le quarré EFGH, ayant les coftez egaux à AC : Il eft euident que les diagonales EG, FH feront egales à AB; partant leurs moitiez à AD. Mais les deux lignes IL & IK font auffi egales à AD : & par confequent elles feront egales à vne chacune d'icelles demy diagonales : & par la 4. prop. 1. les huict lignes LE, LF, LG, LH, KE, KF, KG, KH, ferót toutes egales entr'elles ; & aux quatre du quarré EFGH par la mefme 4. prop. 1. (eftans

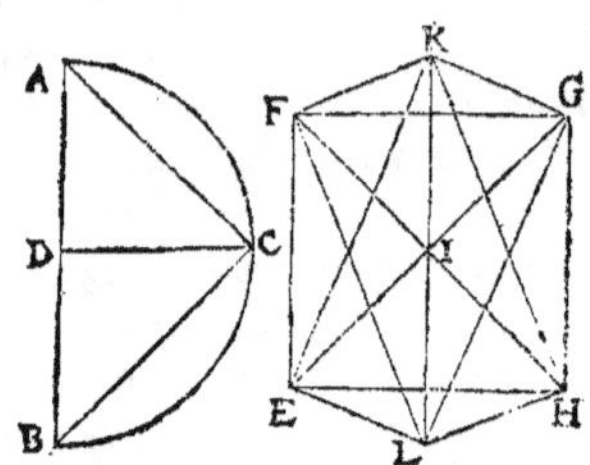

les demy diagonales egales aux perpendiculaires IL & IK, en conftituant des angles droicts au poinct I, milieu du quarré.) Et puis que tous les coftez font egaux, tous les triangles feront equilateraux, fçauoir les quatre d'audeffus du quarré EFGH, ayans leurs bafes fur les quatre coftez d'iceluy quarré, & fe terminans au poinct K : & quatre autres au deffous du mefme quarré, ayans auffi leurs bafes fur les coftez du quarré, & fe terminans au poinct L : & partant le folide KL compris de huict triangles equilateraux, fera octaedre.

Ie dis d'auantage qu'iceluy octaedre eft infcriptible en la fphere donnee. Car il eft euident que la ligne KL, eft egale au diametre AB, & que l'angle KEL eft droict: (d'autant que les deux lignes KI, IE eftans egales, les angles fur la bafe KE feront egaux, & demy droicts, pource que l'angle KIE eft droict: Et par mefme raifon l'angle IEL eft demy droict: & partant le total KEL fera droict.) Partant le demy cercle ayant pour diametre KL, & faifant vne reuolution à l'entour de l'octaedre, il touchera le poinct E: & par mefme difcours il touchera auffi les trois autres F, G, H, defquels les angles font egaux à l'angle E & par confequent l'octaedre KL fera infcriptible en la fphere dont le diametre eft AB, puis que tous les angles d'iceluy touchent ladite fphere.

Finalement, il eft euident par la 47. prop. 1. que le quarré du diametre de la fphere AB ou KL, eft egal aux deux quarrez de KE, EL lefquels font egaux: & partant iceluy quarré de KL diametre de la fphere, fera double du quarré de l'vn d'iceux coftez de l'octaedre. Nous auons donc infcrit vn octaedre dans vne fphere, &c. Ce qu'il falloit faire.

COROLLAIRE.

Il eft euident par les chofes cy-deffus, qu'en l'octaedre trois diametres s'entrecouppent à angles droicts au centre de la fphere, car le diametre KL eft perpend. aux deux diametres EG, FH, qui s'entrecouppent au centre I à angles droicts.

Il est encore euident que l'octaedre peut estre diuisé en deux pyramides semblables & egales,
ayans pour base commune le quarré EFGH, & pour sommets K & L, telles que sont les deux
pyramides EFGHK, EFGHL.

Il appert aussi que si le tetraedre & l'octaedre sont descrits en vne mesme sphere : le costé du
tetraedre sera sesquitierce en puissance au costé de l'octaedre. Car le quarré du diametre de la
sphere estant 6 parties, par la prec. prop. le quarré du costé du tetraedre sera 4 parties : & par
cette 14. prop. le quarré de l'octaedre sera 3 parties.   Donc le quarré du costé du tetraedre se-
ra au quarré du costé de l'octaedre, comme 4 a 3, qui est raison sesquitierce.

S C H O L I E.

Le diametre AB estant 12, AD, ou DC, IK sera 6, AC ou EF √72, EG 12, & EI 6. Par-
quoy le quarré AB diam. de la Sphere est 144, & celuy de EF costé de l'octaedre est 72 : telle-
ment qu'iceux quarrez sont entr'eux comme 2 à 1, ainsi que veut la prop. &c.

PROBL. 3. PROP. XV.

Dans vne sphere donnee, inscrire vn cube: & monstrer que le quarré du diametre de la sphere, est triple au quarré du costé d'iceluy
cube.

Soit le diametre de la sphere donnee AB, lequel soit couppé au poinct D, en forte que BD soit double de AD, c'est à dire que AB soit triple d'icelle AD : Puis, apres
auoir construict le demy cercle ACB, leué la perpendiculaire DC, & mené les
deux lignes AC & BC; sur EF egale à AC, soit fait le qnarré EFGH, sur lequel soient
esleuees par la 12. prop. 11. les quatre lignes perpendiculaires EI, FK, GL, HM, chacune egale à EF : puis soient menees les quatre
lignes IK, KL, LM, MI. D'autant que les lignes EI, FK sont perpendiculaires au plan
EFGH, elles seront paralleles par la 6. pr. 11.
Mais elles sont aussi egales : donc par la 33. p. 1.
EF, IK seront pareillement egales & paralleles : & partant EFKI est vn parallelogramme
ayant les quatre costez egaux. Mais il a aussi
par la 34. prop. 1. les 4 angles droicts, puis que
les angles EIK, FKI sont opposez aux droicts
KFE, IEF: donc EFKI est quarré. Par mesme
raison FKLG, GLMH, HMIE seront quarrez:

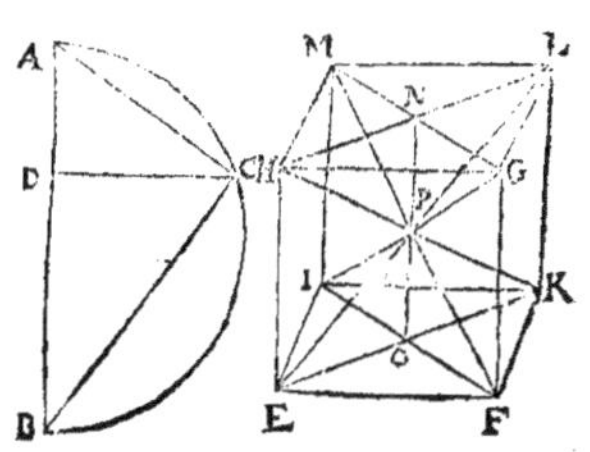

& partant IKLM sera aussi quarré, puis que par la 24. prop. 11. il est egal & semblable au quarré opposé EFGH: Car EL est vn solide parallelipipede, pource que
par la 15. pr. 11. les plans opposez d'iceluy sont parallels, estans tirez par des lignes
paralleles qui s'entretouchent. Parquoy EL sera vn cube : lequel ie dis estre inscriptible en la sphere donnee. Car ayant mené les diametres EK, FI, HL, & GM, des
plans opposez EFKI, HGLM, soient imaginez estre tirez par iceux diametres, les
plans EKLH, FIMG, lesquels par la 28. pr. 11. coupperont le cube en deux egalement, & passeront par le centre d'iceluy, sçauoir par le poinct P, auquel par le corol. de la 39. prop. 11. tous les diametres dudit cube s'entrecoupperont aussi en deux

E E E e iij

egalement:& partant la commune section d'iceux plans, sçauoir NO, passera par le
mesme centre P. Mais il est euident qu'iceux plans EKLH, FIMG sont rectangles
egaux: & que par consequent leurs diametres & semidiametres seront aussi egaux.
Parquoy estant descrit vn cercle du centre P sur le diametre EL ; il est euident qu'i-
celuy demy cercle faisant vne reuolution à l'entour du cube, décrira vne sphere passant par tous les angles du cube: laquelle ie dis estre egale à celle du diametre AB.
Car puis que par la 47. prop. 1. le quarré de EK est egal aux quarrez des lignes egales EF,FK, & partant double du quarré de EF, ou de KL: les quarrez de EK, KL seront triples du quarré de KL. Mais par la 47. p.1. le quarré de EL est egal aux quarrez de EK, KL: donc aussi le quarré de EL sera triple du quarré de KL, c'est à dire du
quarré de AC: duquel est aussi triple le quarré de AB: (car par le corollaire de la
8. prop. 6. AB, AC, AD sont proport. & partant par le corol. de la 20. p. 6. comme
AB est à AD, ainsi le quarré de AB sera au quarré de AC. Veu donc que AB est triple de AD, aussi le quarré de AB sera triple du quarré de AC.) Parquoy les quarrez de EL, AB sont egaux : & par consequent les lignes EL, AB, diametres des
spheres; comme aussi les spheres d'iceux diametres, sont pareillement egales.
   Or il a esté demonstré que le quarré du diametre EL est triple du quarré du costé
du cube KL. Parquoy nous auons fait tout ce qui estoit proposé.

COROLLAIRE.

*Il est manifeste que le quarré du diametre de la sphere, ou du cube, est egal aux quarrez du
costé du tetraedre & du cube pris ensemble. Car par la 47. prop. 1. le quarré de AB diametre
de la sphere, est egal aux deux quarrez de AC, BC, costez du cube, & du tetraedre.*

*Est aussi euident que tous les diametres du cube sont egaux entr'eux, & qu'ils se diui-
sent en deux egalement au centre de la sphere: & pareillement que les lignes droittes qui conioignent les centres des quarrez opposez, se couppent en deux egalement au mesme centre de
la sphere.*

SCHOLIE.

*Le diametre AB estant 12, AD sera 4, BD 8, DC $\sqrt{32}$, BC $\sqrt{96}$, AC ou EF $\sqrt{48}$,
EK $\sqrt{96}$, & EL 12. Parquoy appert que le quarré du diametre de la sphere AB, qui est
144, est triple du quarré de EF costé du cube, qui est 48, &c.*

PROBL. 4. PROP. XVI.

Dans vne sphere donnee, inscrire vn icosaëdre: Et monstrer que
son costé est ligne irrationele, appellee ligne mineure.

Soit le diametre de la sphere donnee AB, lequel soit diuisé au poinct C, en sorte
que AC soit quadruple de BC, & apres auoir construict le demy cercle ADB, leué la perpendiculaire CD, & mené les lignes droictes AD, DB; du centre E, & de
l'interuale EF egale à BD: soit fait vn cercle, dans lequel soit inscrit le pentagone
equilateral FGHIK, & puis dans le mesme cercle, soit aussi inscrit vn decagone equilateral: (ce qui se fera en couppant en deux egalement l'arc d'vn chacun costé du
pentagone.) En apres par la 12. prop. 11. du centre E, & des poincts L, M, N, O, P,
soient leuees les lignes EQ, LR, MS, NT, OV, PX perpendiculaires au plan du

cercle FGHIK, chacune defquelles foit pofee egale à EF ou BD, & par la 6. prop. 11.
elles feront paralleles entr'elles : & partant les lignes droictes conjoignant icelles,
fçauoir EL, QR; EM, QS; EN, QT; EO, QV; EP, QX, (toutes lefquelles toutesfois
nous n'auons tirees pour euiter confufion) feront egales & paralleles entr'elles, par
la 33. p. 1. Donc puis que EL, EM, &c. font egales au femidiametre EF; auffi QR,
QS, QT, QV, QX feront egales tant entr'elles qu'à iceluy demy diametre EF, ou à la
ligne BD. Et pour-

ce que par la 15.
pr. 11. le plan mené
par les lignes QR,
QS eft parallel au
plan FGHIK tiré
par les lignes EL,
EM : Et que pour
la mefme raifon le
plan tiré par les li-
gnes QS, QT, eft pa-
rallel au mefme
plan FGHIK, tiré
par les lignes EM,
EN : mais que le
plan tiré par les li-
gnes QR, QS con-
uient auec le plan

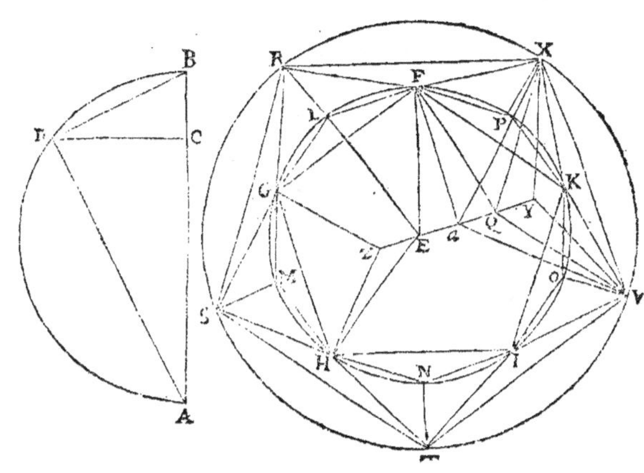

mené par les lignes QS, QT, en la ligne droicte QS; il eft euident par les chofes demonftrees à la 16. prop. 11. que ces deux plans en font vn feul. On demonftrera en
la mefme maniere, que le plan tiré par QT, QV, auec celuycy en fait vn feul, & auffi
celuy tiré par QV, QX & par QX, QR; tellement donc que les 5. lignes QR, QS,
QT, QV, QX font en vn mefme plan : & partant fi de Q, & de l'interuale QX, on
defcrit vn cercle en iceluy plan, il paffera par les autres poincts R, S, T, V, & fera
egal au cercle FGHIK. Soient tirees les lignes droictes RS, ST, TV, VX, XR. Et
d'autant que LR, PX font egales & paralleles ; fi on imagine eftre tiree vne ligne
droicte LP, auffi par la 33. prop. 1. LP, RX feront egales & paralleles : & partant
par la 28. prop. 3. de cercles egaux, elles prennent arcs egaux : Mais LP prend la
cinquiefme partie du cercle FGHIK, fçauoir les deux dixiefmes parties LF, FP:
Donc auffi RX, prend la cinquiefme partie du cercle RSTVX. Par mefme maniere
nous conclurons que chacune des autres lignes droictes RS, ST, TV, VX, prend
la cinquiéme partie d'iceluy cercle. Parquoy RSTVX eft vn pentagone equilateral,
ayant tous les coftez egaux à ceux du pentagone FGHIK. Soient tirees des angles
du pentagone RSTVX, aux angles du pentagone FGHIK, les lignes droictes RF,
RG, SG, SH, TH, TI, VI, VK, XK, XF. Donc puis que la perpendiculaire LR eft egale au demy diametre EF, c'eft à dire au cofté de l'hexagone du cercle FGHIK; & que
LF eft cofté du decagone, par la 10. p. 13. le quarré du cofté du pentagone du mefme
cercle, eft egal aux quarrez de LR, LF. Mais le quarré de FR par la 47. prop. 1 eft
egal à iceux quarrez de LR, LF. Donc le quarré de FR eft egal au quarré du cofté

592

du pentagone; & par confequent la ligne RF fera egale à LP cofté du pentagone,
ou à FG, c'eft à dire à RX. Par la mefme raifon, les autres lignes RG, SG, &c. feront egales aux autres coftez de chaque pentagone: & partant les dix triangles RFX,
RFG, RGS, SGH, SHT, THI, TIV, VIK, VKX, XKF, feront equilateraux, &
egaux entr'eux. Maintenant foit prolongée de part & d'autre la perpendiculaire
EQ, tellement que chaque prolongement QY, Ez foit egal au cofté du decagone,
& foient tirees les lignes VQ, VY, XQ, XY, GE, Gz, HE, Hz. D'autant que
QX eft femidiametre du cercle RSTVX, c'eft à dire cofté de l'hexagone, & QY
eft cofté du decagone de mefme cercle; par la 10. prop. 13. le quarré de XV, cofté
du pentagone, fera egal aux quarrez de QX, QY. Mais par la 47. p. 1. à iceux quarrez de QX, QY, eft auffi egal le quarré de XY: (car l'angle XQY eft droict, eftant
EQ perpendiculaire à l'vn & l'autre plan des cercles parallels). Donc le quarré de
XY eft egal au quarré de XV; & partant la ligne XY egale à la ligne XV. Par mefme

raifon XV fera de-
monftree egale à
VY : & partant le
triangle VYX eft
equilateral. Par
mefme maniere,
(eftans tirees les
lignes RY, SY,
TY, lefquelles ne
font tirees pour e-
uiter confufion)
chacun des 4 triã-
gles RYX, RYS,
SYT, TYV, fera
demõftré equilate-
ral, & egal au trian-
gle VYX, c'eft à di-
re à chacun des dix

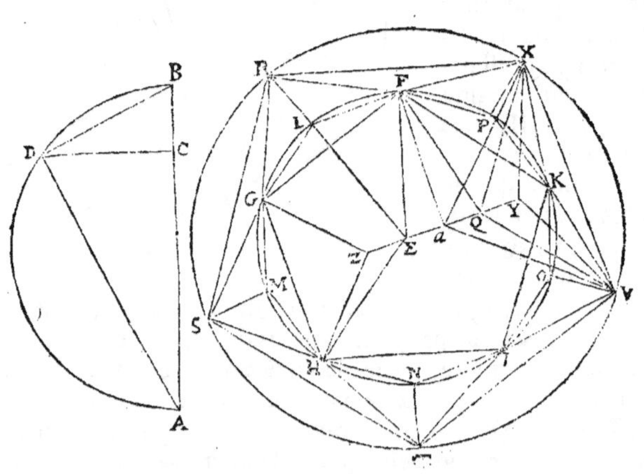

premiers triangles, puis que tous leurs coftez font egaux aux coftez du pentagone.
Par femblable argument fera prouué que le triangle GZH eft equilateral, comme
auffi les 4 autres triangles HZI, IZK, KXF, FZG, (defquels toutesfois nous n'a-
uons auffi tiré les lignes, afin d'euiter confufion) tous lefquels feront egaux tant entr'eux qu'aux 15 precedans. Veu dõc que tous ces 20 triangles font equilateraux, &
egaux, & qu'ils fe conioignent les vns aux autres par lignes droictes; fera conftitué
d'iceux vn Icofaedre: lequel ie dis eftre infcriptible en la fphere donnée, de laquelle le diametre eft AB. Car ayant couppé en deux egalement EQ en a. & tiré les lignes aF, aX, aV; les coftez aQ, QV du triangle aQV feront egaux aux coftez
aQ, QX du triangle aQX, (car QV, QX, font femy diametres du cercle RSTVX)
& les angles aQV, aQX font droicts : & partant par la 4. prop. 1. les bafes aV, aX
feront egales. Par la mefme raifon, fi on tire des lignes de a & Q, à R, S, T, les lignes aR, aS, aT feront demonftrees egales entr'elles, & à icelles aV, aX. Et puis
que les coftez aQ, QX du triangle aQX font egaux aux coftez aE, EF du triangle
aEF,

*a*EF, (pource que QX.EF font demy diametres de cercles egaux, & E Q eft couppee
en deux egalement en *a*) & les angles *a*QX, *a*EF font auffi egaux, fçauoir droicts :
par la 4. prop. 1. les bafes *a*X, *a*F, feront auffi egales. Par mefme raifon, fi de *a* &
E on tire des lignes droictes à G, H, I, K, on demonftrera les lignes *a*G, *a*H, *a*I, *a*K,
eftre egales à icelle *a*X : & partant les dix lignes droictes tirees de *a* aux dix angles
F, G, H, I, K, R, S, T, V, X, font egales. Et d'autant que QE eft femidiametre, c'eft
à dire cofté de l'hexagone du cercle FGHIK, & EZ cofté du decagone du mefme cercle ; par la 9. prop. 13. QZ fera diuifee en la moyenne & extreme raifon en
E, & le plus grand fegment fera QE. Parquoy par la 3. prop. 13. le quarré de AZ
fera quintuple du quarré de E*a*. Mais le quarré de *a*F eft auffi quintuple du mefme
quarré de E*a* : (car le quarré de EF eftant quadruple du quarré de E*a* par le fcholie
de la 4. prop. 2. pource que EF eft double de E*a* : les quarrez de EF, E*a*, font le
quintuple du quarré de E*a*. Mais par la 47. prop. 1. le quarré de *a*F eft egal à iceux
quarrez de EF, E*a* : donc auffi le quarré d'icelle *a*F fera quintuple d'iceluy quarré
de E*a*.) Donc les quarrez de *a*Z, *a*F, font egaux : & par confequent les lignes *a*Z, *a*F
feront egales. Et puis que *a*E, *a*Q. & EZ, QY font egales, auffi *a*Z, *a*Y feront egales : & toutes les lignes droictes tirees de *a*, à tous les angles de l'Ifcofaedre pareillement egales. Parquoy la fphere defcrite à l'entour du diametre ZY, paffera
par tous les angles de l'Ifcofaedre. Car d'autant que par la 15. prop. 5. comme *a*Z eft
à *a*E, ainfi YZ à QE ; & partant par la 22. prop. 6. comme le quarré de *a*Z eft au
quarré de *a*E ainfi le quarré de YZ au quarré de QE, & que le quarré de *a*Z a efté
demonftré quintuple du quarré de *a*E : pareillement le quarré de YZ fera quintuple
du quarré de QE, c'eft à dire du quarré de DB fon egale. Mais auffi le quarré de
AB eft quintuple du mefme quarré de BD : (car AB, BD, BC eftans proportionaux
par le corol. de la 8. prop. 6. le quarré de AB fera au quarré de BD, comme AB à
BC par le corol. de la 20. prop. 6. & partant AB eftant quintuple de BC, auffi le
quarré de AB fera quintuple du quarré de BD.) Donc les quarrez de YZ, AB font
egaux : & partant les lignes YZ, AB, & les fpheres defcrites à l'entour d'icelles feront egales.

Ie dis finalement que le cofté de l'Icofaedre eft ligne irrationele, appellee ligne
mineure : ce qui eft euident par la 11. prop. 13. eftant par la 6. prop. 10. le demy diametre EF, ou fon egale BD, ligne rationele commenfurable en-puiffance à la pofee
rationele AB, de laquelle nous auons monftré que le quarré eftoit quintuple du
quarré de BD. Nous auons donc fait ce qui eftoit propofé.

COROLLAIRE.

*De cecy refulte que le quarré du diametre de la fphere eft quintuple du quarré du femidia-
metre du cercle comprenant 5 coftez de l'Icofaedre.*

*Et auffi qu'iceluy diametre de la fphere eft compofé du cofté de l'hexagone, & de deux coftez
du decagone defcrits en vn mefme cercle.*

*Et encore que le cofté de l'icofaedre eft egal au cofté du pentagone, par le moyen duquel eft
conftruit iceluy icofaedre.*

SCHOLIE.

Le diametre AB eftant 10, AC fera 8, CB 2, CD 4, AD √80, BD ou EF √20 : & partant GF ou RX cofté du pentagone fera √(50—√500), & LG ou FL (—γ). Mais RL

estant egale au semidiametre, ou costé de l'hexagone EF, est √20: donc RG ou RF costé de l'Ico-
sseedre sera √(50−√500), qui partant est egal au costé du pentagone GF ou RX, & par
consequent ligne mineure comme iceluy. Dauantage Ea ou aQ estant moitié de EQ ou EF
egale à QX sera √5, EZ ou QY 5−√5: partant ZQ ou ZY composée du costé de l'hexagone
EQ, & de celuy du decagone LF sera 5+√5, IZ 5, & la toute ZY 10: Parquoy appert que le
quarré du diametre de la sphere est quintuple, &c.

PROB. 5.   PROP. XVII.

Dans vne sphere donnee, inscrire vn dodecaedre: Et monstrer que son costé est ligne irrationele, appellee residu.

Soit le cube AB inscriptible en la sphere donnee, duquel les deux plans exterieurs AC & DB, se rencontrent à angles droicts à la ligne de commune section DC: & d'iceux plans tous les costez soient couppez en deux egalement, sçauoir AC, par les deux lignes EF, GH se couppans au poinct I; & DB, par les lignes KL & HM se couppans au poinct N. Item les trois lignes KN, NL, HI soient couppees en la moyenne & extreme raison aux poincts O, P, Q. desquelles les plus grands segmens soient NO, NP, IQ: Et par la 12. prop. 11. soient leuees les deux lignes OR, PS perpendiculaires au plan DB: mais QT au plan AC, lesquelles soient posees egales aux trois segmens ON, NP, IQ: Puis soient menees les lignes DR, RS, DT, CS, CT. Ie dis que DRSCT est pentagone equilateral constitué sur vn mesme plan, & equiangle.

Car soient menees les lignes DO, DP, DS: & d'autant que KN est couppee en la moyenne & extreme raison au poinct O, & que ON est le plus grand segment, par la 4. prop. 13. les deux quarrez de KN, KO seront triples du quarré de ON: Et KN estant egale à KD, & ON à OR, les deux quarrez de KD & KO, ou le seul de DO, qui leur est egal par la 47. pr. 1. est triple du quarré de OR: & partant le quarré de DR, qui est egal à tous les deux par la 47. prop. 1. sera quadruple du seul de RO: Et d'autant que RS est double de RO, son quarré, par le scholie de la 4. pr. 2. sera aussi quadruple du quarré de OR, aussi bien que le quarré de DR: Partant les lignes DR, RS seront egales. Par mesme discours on monstrera l'egalité des trois autres costez SC, CT, TD, tant entr'eux qu'aux deux DR, RS: donc le pentagone DRSCT est equilateral.

Ie dis qu'il est aussi en vn mesme plan. Car ayant mené NV parallele à OR, soient tirees TH, & HV, icelles deux lignes se rencontreront directement: tel-

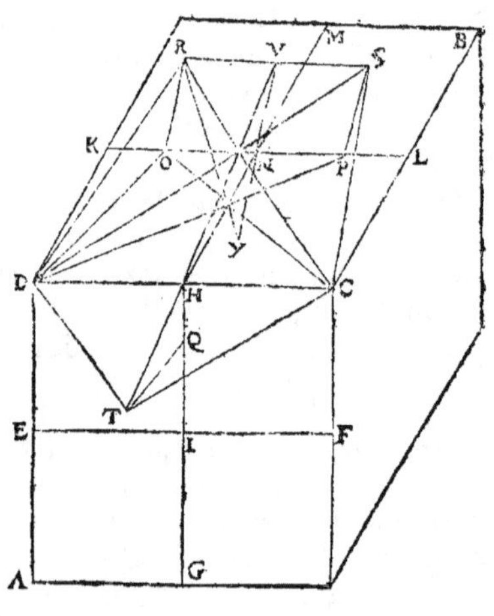

lement que THV fera vne feule ligne droicte. Car d'autant que HI eſt couppee en la moyenne & extreme raiſon au poinct Q; IH fera à IQ, comme IQ à QH. Mais HN eſt egale à HI, & NV à IQ, & QT à QI : donc comme HN eſt à NV, ainſi QT à QH. Parquoy les triangles NVH, QTH, ont deux coſtez proportionaux à deux coſtez, & font conioincts à l'angle H, tellement que les coſtez homologues HN, TQ; & NV, QH, font parallels par la 6. prop. 11. ces deux-là eſtans perpendiculaires au plan AC, & ces deux-cy au plan DB : Donc par la 32. prop. 6. THV fera vne feule ligne droicte. Or par la 1. prop. 11. toute ligne droicte eſt en vn meſme plan : par conſequent le pentagone DRSCT eſt en vn meſme plan.

Ie dis encores qu'il eſt equiangle : Car puis que KN eſt couppee en la moyenne & extreme raiſon, eſtant ON plus grand ſegment, par la 5. p. 13. en adiouſtant KN à NP, egale au plus grand ſegment ON ; la toute BP fera couppee en la moyenne & extreme raiſon au poinct N, & fera KN le plus grand ſegment : & partant par la 4. prop. 13. les quarrez de KP & NP (ou PS ſon egale) font triples du quarré de KN, (ou de ſon egale KD:) & en adiouſtant le quarré de KD auec les deux de KP & PS : iceux trois quarrez feront quadruples du feul de KD, (ou par la 47. p. 1. au lieu des deux de KP & KD, le feul de DP auec celuy de PS, ou encore le feul de DS, fera quadruple du quarré de KD) duquel le quarré de DC eſt auſſi quadruple par le ſcholie de la 4. prop. 2. eſtant DC double de KD : partant les deux lignes DC & DS feront egales : Mais auſſi eſtans tous les coſtez du pentagone egaux, les deux triangles DCT, DSR auront les trois coſtez egaux aux trois coſtez chacun au ſien : Et par la 8. prop. 1. l'angle au poinct R fera egal à l'angle au poinct T. Et ſemblablement nous monſtrerons que l'angle RSC eſt egal à l'angle DTC : partant trois angles du pentagone feront egaux, & par la 7. prop. 13. il fera equiangle. Il eſt auſſi equilateral, & fait fur DC l'vn des coſtez du cube, auquel il y en a douze de pareils. Que ſi on veut conſtruire de meſme façon vn pentagone, fur chacun des vnze coſtez reſtans, on trouuera vne figure ſolide enuironnee de douze pentagones equiangles & equilateraux, qui par les def. fera dodecaedre.

Ie dis d'auantage qu'il eſt inſcriptible en la ſphere donnee. Car ſi on prolonge VN, qui eſt perpendiculairem. eſleuee fur le centre du quarré DB, il appert par la 39. prop. 11. qu'elle couppera la diagonale du cube en deux egalement : qu'elle la couppe donc au poinct X, auquel poinct fera le centre de la ſphere enuironnant le cube par le corol. de la 15. prop. 13. & NX eſt egale au demy coſté du cube : Soit menee la ligne RX. Or nous auons tantoſt monſtré par la 4. prop. 13. que les quarrez de KP & NP font triples du quarré de KN : Mais VX eſt egale à KP ; & RV à NP : (car NX eſt egale à KN, & VN à NP). Partant les deux quarrez de RV, XV, ou le feul de RX, par la 47. prop. 1. eſt triple du quarré de KN : Mais par la 15. prop. 13. le quarré du diametre de la ſphere circonſcripte au cube, eſt triple du quarré du coſté d'iceluy cube : Et par la 15. prop. 5. le quarré du demy diametre eſt triple au quarré du demy coſté. Or KN eſt le demy coſté du cube : Partant RX fera le demy diametre de la ſphere circonſcrite au cube AB, duquel le centre eſt X. Par meſme diſcours nous monſtrerons que du poinct X toutes les lignes menees vers les autres angles du dodecaedre, font egales au demy diametre de la ſphere circonſcripte au cube. Partant vne meſme ſphere pourra eſtre circonſcripte au cube & au dodecaedre.

F Fff ij

Ie dis finalement que le costé du dodecaedre est ligne irrationele, appellee residu. Car d'autant que lesdeux demy costez du cube KN, NL sont chacun couppez en la moyenne & extreme raison : par la 15. prop. 5. toute la ligne KL sera aux deux plus grands segmens ensemble, sçauoir à OP, comme iceux plus grands segmens sont aux plus petits ensemble, sçauoir à la composee de KO & PL. Parquoy si KL costé du cube est couppee en la moyenne & extreme raison, le plus grand segment sera OP. Mais la toute KL ainsi couppee est rationele : (car son quarré est commensurable au quarré du diametre de la sphere, lequel est posé rationel : puis qu'il est le tiers d'iceluy par la 15. prop 13.) Donc par la 6. prop. 13. le plus grand segment OP, c'est à dire RS costé du dodecaedre qui luy est egal, est ligne irrationele, appellee residu. Nous auons donc fait tout ce qui estoit proposé.

COROLLAIRE.

De cecy resulte que le costé d'vn cube estant couppé en la moyenne & extreme raison, le plus grand segment sera le costé du dodecaedre inscrit en vne mesme sphere.

Aussi que le costé du cube est egal à la ligne droicte subtendant vn angle du pentagone du dodecaedre. Et d'autant qu'icelle mesme ligne estant couppee en la moyenne & extreme raison, par la 8. prop. 13. le plus grand segment est costé d'vn pentagone : & partant par la 5. prop. 13. la ligne droicte composee d'icelle, c'est à dire du costé du cube, & du plus grand segment, c'est à dire du costé du dodecaedre, est semblablement diuisee, & le moindre segment est costé du dodecaedre, mais le plus grand est costé du cube: Il s'ensuit que si vne ligne droicte est couppee en la moyenne & extreme raison, & que le moindre segment soit costé du dodecaedre : le plus grand segment sera costé du cube inscrit en la mesme sphere.

SCHOLIE.

Nous auons trouué à la 15. prop. que le diametre de la sphere estant 12, le costé du cube inscriptible en icelle est $\sqrt{48}$, & partant KN moitié d'iceluy costé sera $\sqrt{12}$, & estant couppee en la moyenne & extreme raison en O, le grand segment NO sera $\sqrt{15} - \sqrt{3}$, & le moindre KO $\sqrt{27} - \sqrt{15}$, tellement que leurs trois quarrez seront 12, 18 $- \sqrt{180}$, & 42 $- \sqrt{1620}$. Mais d'autant que le quarré de DO est egal aux deux quarrez de KO, DK, iceluy quarré de DO sera $54 - \sqrt{1620}$: & adioustant à iceluy le quarré de OR, c'est à dire de ON, viendront $72 - \sqrt{2880}$ pour le quarré de DK costé du dodecaedre : & partant iceluy costé sera $\sqrt{60} - \sqrt{12}$, qui est residu sixiesme. Dauantage, adioustant à KN son grand segment ON, viendront $\sqrt{15} + \sqrt{3}$ pour la toute KP, dont le quarré est $18 + \sqrt{180}$, auquel quarré estant adiousté celuy de DK, viendront $30 + \sqrt{180}$ pour le quarré de DP ; & luy adioustant le quarré de PS, qui est $18 - \sqrt{180}$, viendront 48 pour le quarré de DS subtendante de l'angle du pentagone, qui partant est $\sqrt{48}$, egal au costé du cube : lequel costé estant couppé en la moyenne & extreme raison, le moindre segment sera $\sqrt{108} - \sqrt{60}$, & le grand $\sqrt{60} - \sqrt{12}$, partant egal au costé du dodecaedre, qui estant adiousté à la subtendante DS, la composee sera $\sqrt{60} + \sqrt{12}$, qui est le double de KP. Parquoy appert que le costé d'vn cercle estant couppé, &c.

PROB. 6. PROP. XVIII.

Le diametre d'vne sphere estant donné; trouuer les costez des

cinq figures regulieres infcrites en icelle ; & les comparer entr'eux.

Soit donné AB le diametre d'vne fphere : & il faut premierement trouuer les
coftez des cinq figures regulieres infcriptibles en icelle fphere.

Soit diuifé le diametre AB en deux egalement au poinct C, mais au poinct D, tellement que AD foit la tierce partie de AB : puis ayant defcrit fur AB vn demy cercle, foient efleuees les perpendiculaires CE, DF, & tirées les lignes droictes AE,
AF, BE, BF.

D'autant que par le corol. de la 8. prop. 6. BF eft moyenne proportionele entre
AB, BD, par le corol. de la 20. prop. 6. comme AB fera à BD, ainfi le quarré de
AB au quarré de BF. Mais AB eft à BD en rai-
fon fefquialtere : (car par la conftruction AB
contient 3 telles parties que AD 1, & BD 2.)
Donc auffi le quarré de AB eft au quarré de
BD, en raifon fefquialtere : & partant puis que
par la 13. prop. 13. le quarré du diametre de la
fphere eft en raifon fefquialtere au quarré du
cofté du tetraedre : BF fera le cofté du tetraedre infcrit en la fphere du diametre AB.

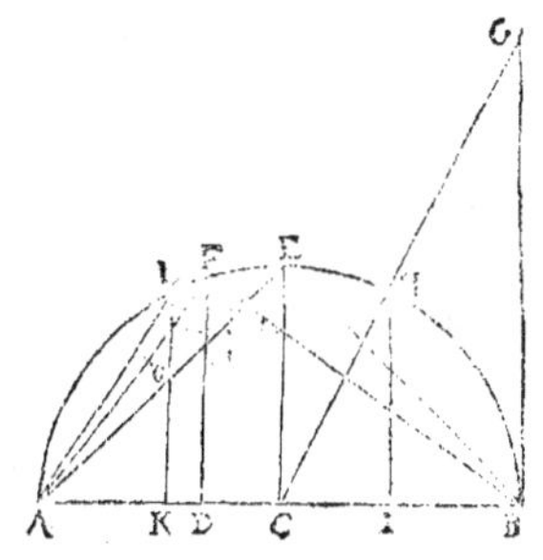

Derechef, puis que par le mefme corol. de
la 8. prop. 6. AE eft moyenne proportionele
entre AB, AC : & partant comme AB eft à
AC, ainfi le quarré de AB au quarré de AE par
le corol. de la 20. prop. 6. & AB eft double de
AC : auffi le quarré de AB fera double du quarré de AE. Parquoy puis que par la
14. prop. 13. le quarré du diametre de la fphere eft double du cofté de l'octaedre,
AE fera cofté de l'octaedre infcrit en la fphere du diametre AB.

Et pour autant que par les mefmes corol. des 8. & 20. prop. 6. le quarré de
AB eft au quarré de AF, comme AB à AD, & que par la conftruction AB eft triple de AD ; le quarré de AB fera triple du quarré de AF. Parquoy veu que par la
15. prop. 13. le quarré du diametre de la fphere eft triple du quarré du cofté du
cube, AF fera le cofté du cube infcrit en la fphere du diametre AB.

Et d'autant que AF eft cofté du cube, foit iceluy couppé en la moyenne & extreme raifon au poinct O, duquel le plus grand fegment foit AO : iceluy fegment (par
le corol. de la 17. prop. 13.) fera le cofté du dodecaedre infcrit en la mefme fphere
que le cube, qui eft celle là mefme qui a pour diametre AB.

Quant au cofté de l'Icofaedre, foit leuee la perpendiculaire BG egale à AB : &
apres auoir mené la ligne CG couppant la circonferéce du demy cercle en H,
d'iceluy poinct foit menee HI perpendicul. à AB par la 12. prop. 1.   Or BG eftant
egale à AB, elle fera double de IC : & partant par la 4. prop. 6. HI fera double
de IC : (car les triangles font equiangles, pour ce qu'ayans l'angle C commun,
& ceux des poincts B & I droicts : le tiers G fera egal au tiers H par la 32. prop. 1.)
& par le fcholie de la 4. prop. 2. le quarré de HI fera quadruple du quarré de IC :
& partant le quarré de HC (ou de fon egale AC) qui par la 47. prop. 1. eft egal à

tous les deux, fera quintuple du quarré de CI. Mais d'autant que AD eſt le
tiers du diametre AB, & AC ſa moitié, DC ſera le demy tiers : & partant AC ſera
triple de DC, & ſon quarré vaudra neuf fois le quarré de DC, par la 20. prop. 6.
Or iceluy quarré de AC n'eſt que quintuple
du quarré de CI : & partant la ligne CI ſera
plus grande que DC. Soit donc priſe CK egale à CI, & apres auoir leué la perpendiculaire
KL, ſoit menee la ligne AL. Puis donc que le
quarré de AC eſt quintuple du quarré de CI,
par la 15. prop. 5. le quarré de AB, (la double
de AC)ſera quintuple du quarré de IK (la double de IC.) Or par le corol. de la 16. prop. 13. le
quarré du diametre de la ſphere circonſcrite à
l'Icoſaedre eſt quintuple au quarré du demy
diametre du cercle circonſcriuant 5 coſtez de
l'Icoſaedre: donc IK ſera ſemidiametre, c'eſt à
dire coſté de l'hexagone d'iceluy cercle, le-

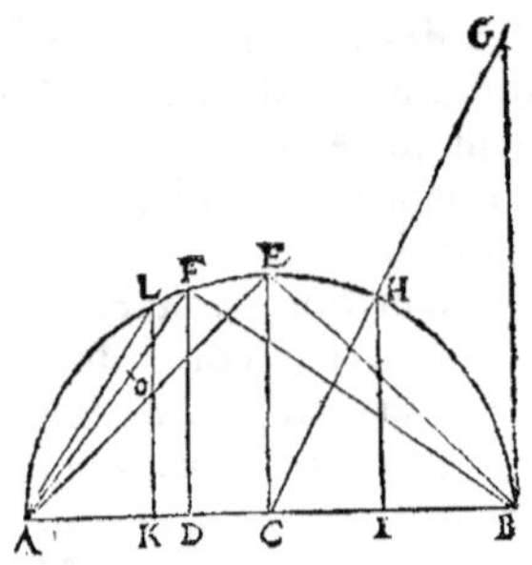

quel coſté de l'hexagone auec deux fois le coſté du decagone inſcrit dans le meſme cercle, eſt egal au diametre de la ſphere AB, par le corol. de la meſme 16. p. 13.
Il faut donc que AK & IB lignes egales, ſoient deux coſtez du decagone inſcrit
dans le meſme cercle, dans lequel KI eſt le coſté de l'hexagone. Mais KI & KL
ſont egales: (car KL eſt egale à IH, pour eſtre en meſme diſtance du centre C, laquelle eſtant double de CI ſera egale à KI.) Partant KL ſera coſté de l'hexagone,
& AK du decagone : & par la 47. prop. 1. & 10. prop. 13. AL ſera le coſté du pentagone inſcrit au meſme cercle. Donc il ſera auſſi le coſté de l'Icoſaedre, par la
16. prop. 13. Nous auons donc trouué les coſtez des 5 figures regulieres inſcriptibles en vne meſme ſphere.

   Maintenant, pour le regard de la comparaiſon d'iceux coſtez trouuez. D'autant qu'il a eſté demonſtré que le quarré du diametre de la ſphere eſt ſeſquialtere
au quarré du coſté de la pyramide ; mais double de celuy du coſté de l'octaedre,
& triple du quarré du coſté du cube : il eſt euident que le quarré du diametre de
la ſphere eſtant 6, celuy du coſté du tetraedre ſera 4 ; celuy du coſté de l'octaedre 3, & celuy du coſté du cube 2. Partant le quarré du coſté de la pyramide eſt
ſeſquitierce au quarré de l'octaedre : mais double de celuy du coſté du cube. Item
le quarré du coſté de l'octaedre eſt ſeſquialtere à celuy du coſté du cube. Parquoy
les quarrez des coſtez d'icelles trois figures, & celuy du diametre de la ſphere, ſont
entr'eux comme nombre à nombre : & partant par la 6. prop. 10. iceluy diametre
de la ſphere, & les coſtez d'icelles trois figures ſont lignes commenſurables & rationeles, pource que le diametre eſt poſé rationel. Mais les ſuſdits quarrez ne
ſont entr'eux comme nombre quarré à nombre quarré, ainſi qu'il appert par le
corol. de la 24. prop. 8. Donc icelles lignes (ſçauoir le diametre de la ſphere, le
coſté de la pyramide, le coſté de l'octaedre, & celuy du cube,) ſont incommenſurables en longitude par la 9. prop. 10. & partant elles ſont rationeles commenſurables en puiſſance ſeulement.

   Et quant aux coſtez de l'icoſaedre, & dodecaedre : pource qu'ils ſont lignes ir

rationeles, il eſt euident qu'ils ſont incommenſurables,tant entr'eux, qu'au diametre de la ſphere , & aux coſtez des autres figures.

Or leſquels d'iceux coſtez ſont les plus grands, nous le rendrons manifeſte ainſi:
d'autant qu'il a eſté demonſtré cy deſſus que le quarré de AB eſt triple du quarré
de AF : mais quintuple du quarré de KI, c'eſt à dire de KL ſon egale, trois quarrez
de AF ſeront egaux à 5 quarrez de KL. Et puis que AF eſt couppé en la moyenne &
extreme raiſon en O, & AO eſt le plus grand ſegment, il eſt euident par la 1. pr. 6.
que le rectangle compris de AF, AO ſera plus grand que le rectangle de AF, OF:
& partant iceux deux rectangles enſemble, ſeront plus grands que le double du
rectangle de AF, OF: Mais à iceux deux rectangles enſemble, eſt egal le quarré de
AF par la 2. p. 2. & au double du rectangle de AF, OF, eſt egal le double du quarré de AO: (car par la 17. p. 6. le ſimple rectangle de AF, OF eſt egal au ſimple
quarré de AO.) Donc auſſi le quarré de AF ſera plus grand que deux fois le quarré
de AO: & par conſequent trois quarrez de AF, ou cinq quarrez de KL leurs egaux,
ſeront auſſi plus grands que 6 quarrez de AO. Parquoy vn ſeul quarré de KL
ſera plus grand qu'vn ſeul quarré de AO: & par conſequent la ligne KL ſera plus
grande que AO: Partant AL, qui eſt plus grande qu'icelle KL, ſera beaucoup plus
grande que la meſme AO, coſté du dodecaedre. Nous auons donc fait ce qui
eſtoit propoſé.

SCHOLIE.

Or outre les cinq figures ſolides cy-deſſus declarees, on n'en peut pas trouuer d'autres compri-
ſes de ſuperficies planes equiangles, & equilaterales. Car de deux triangles, ou de deux au-
tres ſuperficies planes, on ne comprendra aucun ſolide, ne pouuant iceux conſtituer vn angle ſo-
lide. De trois triangles equilateraux, eſt conſtitué l'angle de la pyramide: de quatre, l'angle
de l'octaedre: de cinq, l'angle de l'icoſaedre: de ſix triangles equilateraux on ne conſtituera
aucun angle ſolide: car iceux ſont egaux à quatre angles droicts, & tous les angles plans d'vn
angle ſolide, doiuent eſtre plus petits que quatre angles droicts par la 21. pr. 11. Par meſme
raiſon on ne pourra conſtituer vn angle ſolide de plus de ſix angles plans. De trois angles droicts
eſt compoſé l'angle ſolide du cube: de quatre angles droicts on ne fera aucun angle ſolide: car ce
ſeroit touſiours contreuenir à la 21. prop. 11. L'angle ſolide du dodecaedre eſt compris de trois
pentagones equiangles: De quatre pentagones il ſera impoſſible, eſtans iceux plus grans que
quatre droicts, puis que chacun vaut les ſix quints d'vn droict par le corol. de la 11. prop. 4.
Et de pas vn autre polygone equiangle, on ne pourra conſtituer aucun angle ſolide, d'autant
qu'il s'enſuiuroit touſiours la meſme abſurdité. Partant il eſt euident qu'outre les cinq figures
regulieres cy-deſſus declarees, on n'en trouuera point d'autres equilateres & equiangles.

Quant à l'application des nombres aux lignes de la demonſtration cy-deſſus, le diametre
AB eſtant 6, AC ſera 3, AD 2, & DC 1, DB 4: Mais DF ſera √8, BF coſté de la pyrami-
de √14, AE coſté de l'octaedre √18, AF coſté du cube √12, AO coſté du dodecaedre
√15—√3, CG √45, CI ou CK √1⅘, HI ou IK ou KL √7⅕, IB ou AK 3—√1⅘, &
partant AL coſté de l'Icoſaedre ſera √(18—√64⅘).

Reſte à remarquer icy certaines reigles colligées des choſes demonſtrees en ce 13. liure, au moyen
deſquelles il ſera fort aiſé de cognoiſtre les coſtez des cinq corps reguliers inſcriptibles en vne
ſphere, dont le diametre ſera cogneu: Et au contraire eſtant cogneu le coſté de quelconqu

desdits cinq corps, cognoiſtre le diamette de la ſphere, & conſequemment auſſi les coſtez des autres corps.

1. Le quarré du diametre de la ſphere eſt au quarré du coſté du tetraedre, comme 3 à 2 ; de l'octaedre, comme 2 à 1 ; & du cube, comme 3 à 1.

2. Le quarré du coſté du tetraedre eſt au quarré du coſté de l'octaedre, comme 4 à 3, & du cube, comme 2 à 1.

3. Le quarré du coſté de l'octaedre eſt au quarré du coſté du cube, comme 3 à 2.

4. Mais le diametre de la ſphere eſtant rationel, le quarré du coſté de l'Icoſaedre eſt reſidu quatrieſme, duquel le grand nom eſt la moitié du quarré dudit diametre, (ou le double du quarré du ſemidiam.) & le moindre nom eſt $\sqrt{\tfrac{1}{20}}$ du quarré dudit diametre: (ou $\sqrt{\tfrac{4}{5}}$ du quarré du ſemidiam.)

5. Et le coſté du dodecaedre eſt reſidu ſixieſme, duquel le grand nom eſt $\sqrt{\tfrac{1}{3}}$ du ſemidiam. (ou $\sqrt{\tfrac{1}{12}}$ du diam.) & le petit nom eſt $\sqrt{\tfrac{1}{3}}$ dudit ſemidiam. (ou $\sqrt{\tfrac{1}{12}}$ du diam. c'eſt à dire $\sqrt{\tfrac{1}{3}}$ du grand nom).

Leſquelles Reigles ſeront d'autant plus intelligibles par les exemples, ou propoſitions ſuiuantes.

1 Qu'il faille cognoiſtre les coſtez des cinq corps inſcriptibles en vne ſphere, dont le diametre eſt 8.

Premierement, ie quarre ledit diametre 8, & viennent 64, dont ie prends les $\tfrac{2}{3}$, & viennent $42\tfrac{2}{3}$ pour le quarré du coſté du tetraedre ou pyramide equilateralle: & partant iceluy coſté eſt $\sqrt{42\tfrac{2}{3}}$.

Secondement, du meſme quarré 64, ie prends la moitié, pour auoir le coſté de l'octaedre : & partant iceluy coſté eſt $\sqrt{32}$.

Tiercement, du meſme quarré 64, ie prends le tiers, pour le quarré du coſté du cube, qui partant eſt $\sqrt{21\tfrac{1}{3}}$.

Quartement, du meſme quarré 64, ie prends la moitié 32 pour le grand nom du reſidu de l'Icoſaedre ; puis ie quarre ledit quarré 64, & viennent 4096, que ie diuiſe par 20, & prepoſant le ſigne $\sqrt{}$ au quotient, il ſera $\sqrt{204\tfrac{4}{5}}$, qui eſt le petit nom dudit reſidu : Perquoy le quarré du coſté de l'Icoſaedre ſera 32 — $\sqrt{204\tfrac{4}{5}}$, & partant iceluy coſté eſt $\sqrt{(32 - \sqrt{204\tfrac{4}{5}})}$.

Finalement, ie diuiſe le meſme quarré 64 par 12, & viennent $5\tfrac{1}{3}$, & le quintuple $26\tfrac{2}{3}$, à chacun deſquels deux nombres ie prepoſe le ſigne $\sqrt{}$ pour auoir les deux noms du coſté du dodecaedre, qui partant ſera $\sqrt{26\tfrac{2}{3}} - \sqrt{5\tfrac{1}{3}}$.

2. Le coſté du dodecaedre inſcriptible en vne ſphere eſtant $\sqrt{20} - 2$: cognoiſtre tant le diametre d'icelle ſphere, que les coſtez des autres corps reguliers.

Premierement, ie multiplie le moindre nom 2 par $\sqrt{3}$, & viennent $\sqrt{12}$, pour le ſemidiametre de la ſphere: & partant tout le diametre ſera $\sqrt{48}$.

Secondement, ie prends les $\tfrac{2}{3}$ du quarré du diametre trouué, & viennent 32 pour le quarré du coſté de la pyramide, qui partant eſt $\sqrt{32}$.

Tiercement, du meſme quarré 48, ie prends la moitié, qui eſt le quarré du coſté de l'octaedre, qui partant eſt $\sqrt{24}$.

Quartement, du meſme quarré 48, ie prends le tiers pour auoir le quarré du coſté du cube, & partant iceluy coſté ſera 4.

Finalement la moitié du meſme quarré 48, ſera le grand nom du quarré du coſté de l'Icoſaedre, & pour auoir le petit nom, ie quarre ledit quarré 48, & viennent 2304, que ie diuiſe par 20, & prepoſant le ſigne radical $\sqrt{}$ au quotient, il ſera $\sqrt{115\tfrac{1}{5}}$. Parquoy le quarré

du

du costé de l'Icosaedre requis sera $24 - \sqrt{115 \frac{1}{5}}$: & partant iceluy costé sera $\sqrt{(24 - \sqrt{115\frac{1}{5}})}$.

Or quant aux perpendiculaires, ou hauteurs d'iceux corps, ensemble leurs superficies, & contenus solides, nous en auons traicté amplement aux annotations faites sur la Geometrie d'Errard, où les curieux & amateurs de telles suputations pourront auoir recours, s'ils ne se contentent de ce que nous en dirons au liure suiuant.

Fin du treziesme Element.

GGGg

ELEMENT
QVATORZIESME,
Qu'aucuns attribuent à Hypsicle Alexandrin.

THEOR. 1. PROP. I.

A ligne droicte perpendiculaire menee du centre au costé du pentagone inscrit au cercle, est la moitié des deux costez de l'hexagone, & decagone ensemble, inscrits au mesme cercle.

Soit le cercle ABC, dont le centre est D, & BC le costé du pentagone inscrit en iceluy cercle; mais du centre D soit menee la ligne DF, perpendicul. à iceluy costé BC, & icelle estant prolongee de part & d'autre iusques en A & E pour parfaire le diametre AE, elle couppera en deux egalement, tant la ligne droicte BC, que l'arc BEC, ainsi qu'il est euident par les 3 & 28. pr. 3. Parquoy estant tiree la ligne droicte EC, elle sera le costé du decagone, & DE le costé de l'hexagone. Ie dis que la perpendiculaire DF est la moitié des deux costez ensemble EC & DE.

Car apres auoir pris FG egale à FE, soit menee la ligne GC. Puis que l'arc BEC est la cinquiesme partie de la circonference du cercle, EC sa moitié sera la cinquiesme partie de la demy circonference ACE: Et partant l'arc AC sera quadruple de CE, & par la 33. propos. 6. l'angle CDA sera quadruple de CDE au centre, & double de DEC à la circonference par la 20. prop. 3. lequel par ce moyen sera double de CDE: mais par la 4. p. 1. la base CE est egale à la base CG: & par la 5. prop. 1. les deux angles sur la base EG seront egaux: donc FGC sera aussi double de GDC: Mais iceluy FGC estant par la 32. prop. 1. egal à tous les deux GDC, GCD opposez interieurement, iceux deux angles sur la base DC seront egaux entr'eux: & par la

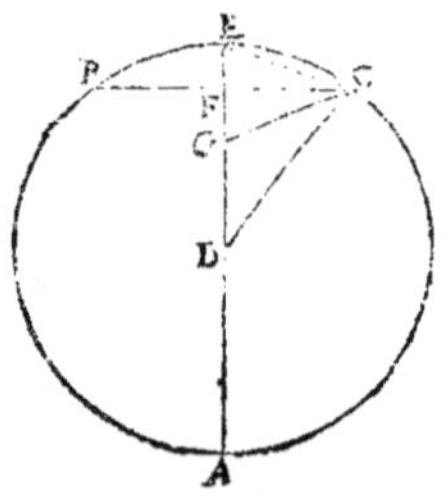

6. p. 1. GC & GD seront egales; & EC à chacune d'icelles. Parquoy les deux GF & FE estans egales, la seule FD sera egale aux deux FE, EC ensemble: & partant les trois ensemble DF, FE, EC, c'est à dire les deux ensemble DE, EC, seront egales au double de la seule DF: & par consequent icelle DF perpendiculairem. tiree du centre sur le costé du pentagone, sera moitié des deux ensemble DE, EC, costez de l'hexagone, & du decagone. Parquoy la ligne droicte perpend. &c. Ce qu'il falloit prouuer.

COROLLAIRE.

Il est donc manifeste que la perpendiculaire menée du centre au costé du pentagone est egale à la perpendic. tirée dudit centre au costé du triangle equilateral, & à la moitié du costé du decagone inscrit au mesme cercle, puis que par le corol. de la 12.prop. 13. ladite perpendiculaire menée au costé du triangle equilateral est moitié du costé de l'hexagone.

SCHOLIE.

Le semidiametre DC estant 4, nous auons trouué au scholie de la 10.pr. 13. que le costé du pentagone BC sera $\sqrt{(40-\sqrt{320})}$, & le costé du decagone EC $\sqrt{20}-2$: Parquoy le quarré de FC moitié dudit costé BC sera $10-\sqrt{20}$, qui osté du quarré de DC, c'est à dire de 16, resteront $6+\sqrt{20}$ pour le quarré de DF ; & partant icelle DF est $\sqrt{(6+\sqrt{20})}$. Mais le semidiam. DC, qui est 4, estant adiousté auec le costé du decagone EC $\sqrt{20}-2$, fait $\sqrt{20}+2$, dont la moitié $\sqrt{5}+1$ est egal à $\sqrt{(6+\sqrt{20})}$: car le quarré de l'un & l'autre est $6+\sqrt{20}$: partant appert ce qui estoit proposé.

THEOR. 2. PROP. II.

S'il y a deux lignes droictes couppees en la moyenne & extreme raison; elles seront semblablement couppees.

Soient deux lignes droictes AB & DE couppees en la moyenne & extreme raison aux poincts G & H : & leurs plus grands segmens soient AG & DH. Ie dis qu'icelles lignes sont semblablement couppees : c'est à dire que comme AB est à DE, ainsi AG à DH, & GB à HE : Item comme AG à GB, ainsi DH à HE, &c.

Car par la 17. proposition du 6. le rectangle de AB, & GB, est egal au quarré de AG : & le rectangle de DE & HE egal au quarré de DH : & partant comme le rectangle de AB; GB sera au quarré de AG, ainsi le rectangle de DE, HE sera au quarré de DH : (y ayant raison d'egalité de part & d'autre) & par le 3.theor. du Scholie de la 22. p.5. quatre fois le rectangle de AB & GB sera au quarré de AG, comme quatre fois le rectangle de DE & HE au quarré de DH: & en composant (apres auoir adiousté directement BC egale à BG; & EF egale à EH) quatre fois le rectangle de AB & GB auec le quarré de AG, (ou par la 8.prop.2. le seul quarré de AC) est au quarré de AG, comme quatre fois le rectangle de DE & HE, auec le quarré de DH, (ou le seul quarré de DF) est au quarré de DH. Parquoy par la 22.prop.6. comme AC à AG, ainsi DF à DH: Et en composant, comme la composee de AC, AG, c'est à dire la double de AB, est à AG, ainsi la composee de DF, DH, c'est à dire la double de DE, est à DH: & en permutant, comme la double de AB est à la double de DE, ainsi AG à DH: Et par la 15.pr.5. comme la double de AB est à la double de DE, ainsi AB à DE. Donc comme AB sera à DE, ainsi AG à DH: & partant par la 19. prop. 5. ainsi sera aussi le reste GB au reste HE. Parquoy comme AG à DH, ainsi sera GB à HE, puis que l'vne & l'autre raison est comme AB à DE: & en permutant, comme AG sera à GB, ainsi DH sera à HE: & ainsi selon toutes les autres manieres d'argumenter és proportions, on demonstrera toutes lignes & les parties d'icelles estre proportioneles entr'elles. Parquoy s'il y a deux lignes droictes, &c. Ce qu'il falloit demonstrer.

SCHOLIE.

La ligne droicte AB estant 4, le grand segment AG sera √20—2, & le petit GB 6—√20. Mais DE estant 2, le grand segment DH sera √5—1, & le petit HE 3—√5. Or le produit de AB 4, en DH √5—1 est √80—4, & le produit de DE 2 en AG √20—2 est aussi √80—4: & partant comme AB à DE, ainsi AG à DH. Le produit de AB 4 en HE 3—√5 est 12—√80: & le produit de DE 2 en GB 6—√20 est aussi 12—√80: partant comme AB à DE, ainsi GB à HE. Le produit de AG √20—2 en HE 3—√5 est √320—16, & le produit de GB 6—√20 en DH √5—1 est pareillement √320—16: Parquoy est manifeste ce qui estoit proposé.

Or de cecy appert qu'estant cogneue vne ligne droicte, il est fort aisé de cognoistre combien seront les segmens d'icelle couppee en la moyenne & extreme raison, par le moyen de quelque autre ligne dont les segmens seront cogneus: Et pourtant plus en faciliter la pratique nous auons expressiment adapté de petits nombres à la ligne DE: tellement que si on veut, par exemple, cognoistre les segmens d'vne autre ligne de 10 pieds, il faut dire par regle de trois, si 2 donnent √5—1, que donneront 10? & faisant la regle on trouvera √125—5 pour le grand segment, qui osté de la toute 10, resteront 15—√125 pour le moindre segment.

Aussi l'vn ou l'autre des segmens estant cogneu, on cognoistra par la mesme methode tant l'autre segment que la toute: Parquoy estant cogneu le costé d'vn pentagone on peut cognoistre le diametre du cercle circonscriuant iceluy: car puis que par la 8. prop. 13. la subtendante de l'angle d'vn pentagone estant couppee en la moyenne & extreme raison le grand segment est egal au costé dudit pentagone, on cognoistra le petit segment ou reste de ladite subtendante, ainsi qu'il est dit cy-dessus; & le quarré de la moitié d'icelle subtendante estant osté du quarré du costé du pentagone, restera le quarré d'vne ligne par laquelle estant diuisé le quarré de la moitié de la subtendante on aura le diametre du cercle, ainsi qu'il appert des choses demonstrees à la 11. pr. 13. Lequel diametre on obtiendra encore par la regle de proportion; dautant que nous auons demonstré sur le 8. chap. du 2. liu. de la Geometrie d'Errard que la raison du semidiametre du cercle au costé du pentagone inscrit en iceluy est comme de 2 à √(10—√20): parquoy voulant cognoistre le diametre d'vn cercle dont le costé du pentagone est √(40—√320), ie diray, si √(10—√20) donnent 2, que donneront √(40—√320)? & ayant fait la regle ainsi qu'il appartient, le 4. nombre proport. sera 4, dont le double 8 est le diametre requis.

Le mesme se doit entendre de tout autre polygone dont la raison du semidiametre au costé sera cogneue: Et pour ce subiet nous remarquerons icy que le semidiametre du cercle estant 2, le costé du triangle inscrit en iceluy sera √12: celuy du quarré √8: celuy du pentagone √(10—√20): celuy de l'octogone √(8—√32): celuy du decagone √5—1: & celuy du dodecagone √6—√2.

THEOR. 3. PROP. III.

Vn mesme cercle comprend le pentagone du dodecaedre, & le triangle de l'icosaedre inscrits en vne mesme sphere.

Auparauant que d'expliquer ceste prop. il conuient demonstrer que le quarré du costé du pentagone auec le quarré de la ligne qui soustient vn angle d'iceluy, est quintuple du quarré du demy diametre du cercle dans lequel est inscrit iceluy pentagone.

Soit vn cercle ABCDE, le costé du pentagone inscrit en iceluy cercle CD, la ligne qui fouftient vn angle d'iceluy pentagone CA, le demy diametre FG; lequel couppe en deux egalement , tant l'arc CGD, que le cofté CD, par le corol. de la 10. prop. 13. Ie dis que les deux quarrez de CA & CD font enfemble quintuples du quarré de FG.

Car fi on mene CG, ce fera le cofté du decagone : & par le fcholie de la 4. pr. 2. le quarré de AG, fera quadruple du quarré du demy diametre FG; & par confequent les deux de AC, CG, qui par la 47. p. 1. font egaux au quarré de AG, feront auffi quadruple d'iceluy quarré de FG.

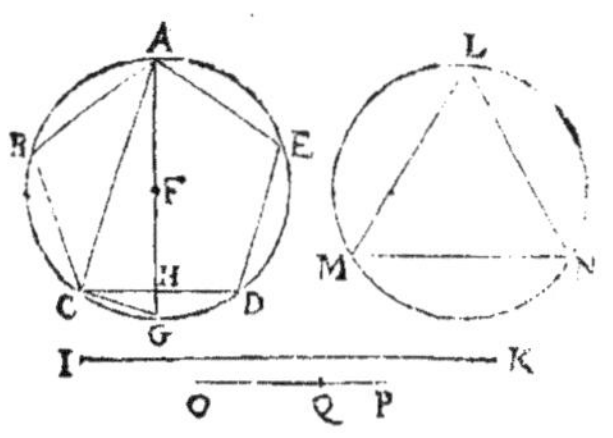

Parquoy les trois de AC, CG, & GF, feront enfemble quintuple du feul de GF : Mais les deux de CG & GF, coftez de l'hexagone & decagone font enfemble egaux au quarré de CD cofté du pentagone, par la 10. p. 13. partant les deux quarrez de AC & CD font quintuples du quarré de GF. Ce qui eftoit propofé.

Pour la propofition. Soit IK le diametre de la fphere comprenant le dodecaedre & l'Icofaedre : & d'iceluy dodecaedre foit vn pentagone ABCDE, & de l'Icofaedre foit le triangle equilateral LMN : ie dis qu'vn mefme cercle circonfcrit le pentagone ABCDE, & le triangle LMN : c'eft à dire que les cercles ABCDE, LMN, qui les circonfcriuent font egaux.

Car eftant tiree AC fubtendante de l'angle du pentagone B, ce fera le cofté du cube infcrit en la mefme fphere, par le corol. de la 17. prop. 13. & foit expofee la ligne droicte OP, telle que le quarré de IK diametre de la fphere, foit quintuple du quarré d'icelle OP : laquelle OP fera egale au demy diametre du cercle, dans lequel on conftruit l'Icofaedre par le corol. de la 16. pr. 13. foit icelle OP couppee en la moyenne & extreme raifon en Q; & le plus grand fegment OQ fera cofté du decagone infcrit au mefme cercle, dont OP eft le cofté de l'hexagone ou femi-diametre, par le corol. de la 9. prop. 13. Mais par la 7. propofit. 13. lors que CA eft diuifee en la moyenne & extreme raifon, fon plus grand fegment eft AB : Donc par la 2. propofit. 14. comme la toute AC fera à la toute OP, ainfi le plus grand fegment AB fera au plus grand fegment OQ : partant par la 22. p. 6. comme le quarré de AC fera au quarré de OP, ainfi le quarré de AB fera au quarré de OQ; & par la 4. prop. 5. comme le triple du quarré de AC eft au quintuple du quarré de OP, ainfi le triple du quarré de AB eft au quintuple du quarré de OQ Mais le triple du quarré de AC eft egal au quintuple du quarré de OP: (pource que le quarré de IK diametre de la fphere, eft egal, tant au triple du quarré de AC cofté du cube par la 15. pr. 13. que au quintuple du quarré de OP par l'hypothefe.) Donc auffi le triple du quarré de AB fera egal au quintuple du quarré de OQ. Or par le corollaire de la 16. p. 13. ML cofté du triangle de l Icofaedre, eft egal au cofté du pentagone infcrit dans le cercle, dont OP eft demi diametre: & partant puis que par la 10. propof. 13. le quarré d'iceluy cofté eft egal aux deux quarrez de OP, & OQ, coftez de l'hexagone & du decagone; cinq quarrez de ML feront egaux à cinq quarrez de OP, & à cinq de OQ : ou à trois de BA, & à trois de AC. Parquoy les deux quarrez de BA, & AC eftans quintuples du quarré du demidiametre FA,

(comme nous auons demonſtré au commencement de ceſte propoſition) trois
quarrez de AB, & AC ſeront egaux à quinze quarrez du demy diametre FA. Mais
cinq quarrez de ML, coſté du triangle equilateral, ſont auſſi egaux à quinze
quarrez du demy diametre du cercle LMN: (car chacun quarré de ML eſt triple
du quarré du demy diametre, par la 12. propoſit. du 13.) Donc les trois de BA
& AC eſtans egaux aux cinq de ML, les quinze du demy diametre FA, ſeront
egaux aux quinze du demy diametre du cercle LMN: Partant vn quarré d'iceux
ſera egal à vn quarré, & le demidiametre au demi-diametre, & par conſequent les
cercles ABCDE, LMN ſeront egaux. Donc vn meſme cercle comprend le pentagone du dodecaedre, &c. Ce qu'il falloit demonſtrer.

S C H O L I E.

*Il appert par ce que nous auons dit à la fin du liure preced. que le diametre de la ſphere IK
eſt 8, AB coſté du dodecaedre ſera √26⅔—√⅓, & LM coſté de l'Icoſaedre √(32—√204⅘).
Mais par ce qui a eſté enſeigné au ſcholie prec. le ſemidiam. du cercle circonſcriuant vn pentagone dont le coſté eſt √26⅔—√⅓ ſera trouué de √(10⅓—√22³⁴⁄₄₅): & celuy du cercle circonſcriuant vn triangle equilateral dont le coſté eſt √(32—√204⅘) ſera auſſi trouué de
√(10⅓—√22³⁴⁄₄₅), ſoit qu'on procede par la meſme methode du ſcholie prec. ou bien qu'on
prenne le tiers du quarré dudit coſté: car par la 12. pr. 13. iceluy tiers ſera le quarré du ſemidiametre requis: Parquoy appert ce qui eſtoit propoſé.*

THEOR. 4. PROP. IIII.

Si du centre du cercle circonſcriuant le pentagone du dodecaedre,
　on meine vne ligne droicte perpendiculaire ſur vn coſté d'iceluy
　pentagone; trente fois le rectangle compris de la perpendicu-
　laire, & du coſté du pentagone, eſt egal à la ſuperficie du do-
　décaedre.

Soit le cercle ABCDE circonſcriuant vn pentagone du dodécaedre, & le centre
d'iceluy cercleſoit F, duquel ſoit tiree FG perpendiculairement ſur le coſté CD.
Ie dis que trente fois le rectangle compris de FG & CD, eſt egal à la ſuperficie du
dodecaedre.

Car ayant tiré les lignes FA, FB, FC,
FD, FE: il eſt euident par la 41. prop. 1.
que le rectangle compris de FG, CD, eſt
double du triangle CFD. Or en la ſuperficie du dodecaedre il y a douze pentagones egaux, & chaſque pétagone a cinq
pareils triangles que CFD, qui ſont en
tout ſoixante triangles, deſquels ſoixante
rectangles, ſeroiét le double: Donc trente rectangles de FG & CD, leur ſeront egaux.

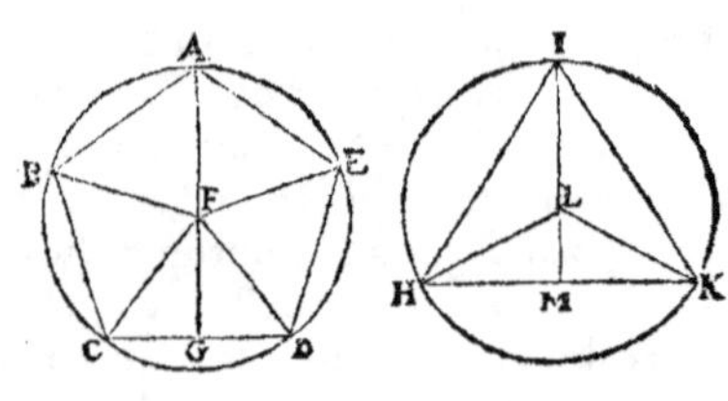

Nous demonſtrerons ſemblablement, que ſi vn triangle equilateral, comme HIK,
eſt inſcrit en vn cercle, du centre duquel L, on tire ſur le coſté HK la perpendiculaire LM : trente fois le rectanglede LM &HK, ſeront egaux à la ſuperficie de

l'Icosaedre. Car icelle superficie contient vingt triangles equilateraux semblables à HIK; & chacun d'iceux se diuise en trois autres triangles egaux entr'eux & semblables, & egaux à HLK, qui font en tout soixante triangles comme HLK: mais le rectangle de la perpendiculaire LM & du costé HK, est double du triangle HLK par la 41. p. 1. Et par consequent soixante rectangles seroient doubles de soixante triangles: Donc trente rectangles de LM & HK seront egaux à la superficie totale de l'icosaedre.

COROLLAIRE.

De cecy resulte, par la 15. pr. 5. que comme vn seul rectangle de FG & CD, est à vn seul rectangle de LM & HK, ainsi la superficie du dodecaedre à la superficie de l'icosaedre.

SCHOLIE.

Nous auons trouué cy-deuant que le diametre de la sphere estant 8, CD costé du dodecaedre sera $\sqrt{26\frac{2}{3}} - \sqrt{5\frac{1}{3}}$, HK costé de l'Icosaedre $\sqrt{(32 - \sqrt{204\frac{4}{5}})}$, & le semidiametre CF ou LH $\sqrt{(10\frac{2}{3} - \sqrt{22\frac{34}{45}})}$: Parquoy le quarré de CG sera $8 - \sqrt{35\frac{5}{9}}$, qui osté de $10\frac{2}{3} - \sqrt{22\frac{34}{45}}$ quarré du semidiametre CF, resteront $2\frac{2}{3} + \sqrt{1\frac{19}{45}}$ pour le quarré de la perpendic. FG, qui partant est $\sqrt{(2\frac{2}{3} + \sqrt{1\frac{19}{45}})}$, & le produit d'icelle perpendiculaire par le costé CD sera $\sqrt{(56\frac{8}{9} - \sqrt{647\frac{109}{405}})}$, lequel produit multiplié par 30, donne $\sqrt{(51200 - \sqrt{524288000})}$ pour la superficie de tout le dodecaedre. Mais le quarré de HM sera $8 - \sqrt{12\frac{4}{5}}$, qui osté du quarre de LH, resteront $2\frac{2}{3} - \sqrt{1\frac{19}{45}}$ pour le quarré de la perpendic. LM, qui partant est $\sqrt{(2\frac{2}{3} - \sqrt{1\frac{19}{45}})}$, le produit de laquelle perpendicul. par le costé HK sera $\sqrt{(102\frac{2}{3} - \sqrt{5825\frac{19}{45}})}$, & trente fois ce produit donne $\sqrt{(92160 - \sqrt{4718592000})}$ pour la superficie de l'Icosaedre.

Or en la mesme maniere que dessus on peut aussi trouuer la superficie des trois autres corps reguliers, c'est assauoir du tetraedre, de l'octaedre & du cube: Car si du centre du cercle qui circonscrit le triangle du tetraedre ou de l'octaedre, ou le quarré du cube, est tirée vne perpendic. à vn costé d'iceux; au tetraedre six fois le rectangle compris sous icelle perpendic. & le costé sera egal à la superficie dudit tetraedre: Mais à l'octaedre, & au cube, douze fois ledit rectangle compris sous la perpendic. & le costé sera egal à la superficie de l'octaedre, & aussi egal à la superficie du cube. Car si du centre du cercle circonscriuant le triangle du tetraedre, ou de l'octaedre, on tire des lignes droictes à chaque angle dudit triangle ainsi que dessus, on le diuisera en trois triangles semblables & egaux entr'eux, & par consequent il y aura 12 tels triangles en toute la superficie dudit tetraedre, & 24 en celle de l'octaedre: Mais le rectangle compris sous la base & la perpendic. est double de chacun desdits triangles par la 41. p. 1. & partant ledit rectangle pris six fois sera egal à la superficie dudit tetraedre; & pris douze fois, il sera egal à la superficie dudit octaedre. Mais ayant mené du centre du cercle circonscriuant le quarré du cube des lignes droictes à chasque angle d'iceluy quarré il sera diuisé en quatre triangles egaux & semblables; & par consequent il y en aura 24 en toute la superficie du cube, lesquels sont egaux à 12 rectangles compris soubs le costé & la perpendic. ainsi que nous auons demonstré plus au long sur le 4. chap. du 3. liure de la Geometrie d'Errard.

THEOR. 5. PROP. V.

Comme la superficie du dodecaedre, est à la superficie de l'icosaedre; ainsi le costé du cube est au costé de l'icosaedre, inscrits en vne mesme sphere.

Au cercle ABCD, duquel le centre est E, soit pris A D, costé du triangle equi-

lateral de l'icofaedre, & BD cofté du pentagone du dodecaedre infcrits en vne mefme fphere ; (ce qui eft poffible , puis que par la 3.p.14. vn mefme cercle comprend
le triangle de l'ico faedre , & le pentagone du dodecae-
dre.) Et du centre E foient tirees fur AD, BD les perpendiculaires EF, EG : & icelle EG eftant prolongee iufques à la circonference , elle couppera l'arc BCD en
deux egalement en C : & eftant tiree la ligne droicte
C D, ce fera le cofté du decagone : & finalement foit ex-
pofée la ligne droicte H cofté du cube infcrit en la mefme fphere. Ie dis que la fuperficie du dodecaedre , eft à
la fuperficie de l'Icofaedre , comme H cofté du cube
eft à AD cofté de l'icofaedre.

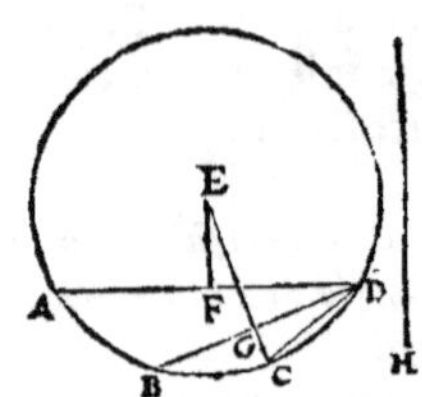

Car d'autant que EC eft cofté de l'hexagone , & CD cofté du decagone infcrit
en vn mefme cercle ; la compofée d'iceux coftez, fera couppée en la moyenne & extreme raifon, dont le plus grand fegment fera EC par la 9. prop. 13. & par la 1. prop.
14. la moitié d'icelle compofée eft EG ; & par le corol. de la 12. p. 13. la moitié d'i-
celuy plus grand fegment EC eft EF. Et partant, puis que par la 15.p. 5. les toutes
font aux toutes, comme les moitiez aux moitiez : il eft euident que la moitié EG
eftant couppee en la moyenne & extreme raifon, la moitié EF fera le plus grand fegment : (car la moitié du plus grand fegment, & la moitié du plus petit faict la moitié
de la toute.) Mais par le corol. de la 17. prop. 13. H cofté du cube eftant auffi couppé
en la moyenne & extreme raifon , fon plus grand fegment fera BD cofté du dodecaedre. Donc par la 2. prop. 14. comme la toute H, fera à BD fon plus grand fegment, ainfi la toute EG fera à EF fon plus grand fegment : Et partant par la 16. prop.
6. le rectangle compris des extremes H, EF, fera egal au rectangle des moyennes
BD, EG. Et pource que par la 1. pr.6. comme H eft à AD, ainfi le rectangle de H, EF,
eft au rectangle de AD, EF : (car ces deux rectangles ont vne mefme hauteur EF.)
Auffi comme H fera à AD, ainfi le rectangle de BD, EG (lequel eft egal à celuy de H,
EF) eft au mefme rectangle compris foubs AD, EF. Parquoy, puis que par le Corol. de la preced. comme le rectangle compris fous BD , EG eft au rectangle compris de AD , EF, ainfi la fuperficie du dodecaedre eft à la fuperficie de l'icofaedre :
pareillement comme H cofté du cube fera à AD cofté de l'icofaedre, ainfi fera la fuperficie du dodecaedre à la fuperficie de l'icofaedre. Ce qu'il falloit prouuer.

SCHOLIE.

Nous auons trouué cy-deuant que AD eft $\sqrt{(32 - \sqrt{204\frac{4}{5}})}$, $BD\ 26\frac{2}{3} - \sqrt{5\frac{1}{3}}$, $EC\ \sqrt{(10\frac{2}{3} - \sqrt{22\frac{34}{45}})}$, $EF\ \sqrt{(2\frac{2}{3} - \sqrt{1\frac{19}{45}})}$. $EG\ \sqrt{(2\frac{2}{3} + \sqrt{1\frac{19}{45}})}$, & $H\ \sqrt{21\frac{1}{3}}$: & que le rectangle ou produict du cofté BD en la perpendic. EG eft $\sqrt{(56\frac{8}{9} - \sqrt{647\frac{109}{405}})}$, celuy du cofté AD en la perpendic. $EF\ \sqrt{(102\frac{2}{5} - \sqrt{5825\frac{19}{45}})}$: Mais que la fuperficie du dodecaedre eft $\sqrt{(51200 - \sqrt{524288000})}$, & celle de l'icofaedre $\sqrt{(92160 - \sqrt{4718592000})}$. Or le produict de cefte fuperficie-là multipliée par le cofté de l'icofaedre $AD\ \sqrt{(32 - 204\frac{4}{5})}$ eft egal au produict de cefte fuperficie cy multipliée par le cofté du cube $H\ \sqrt{21\frac{1}{3}}$, car l'vn & l'autre produit eft $\sqrt{(1966080 - \sqrt{2147483648000})}$: & partant appert ce qui eftoit propofé; & en outre que le rectangle ou produict de H en EF eft egal à celuy de BD en EG, l'vn & l'autre d'iceux produicts eftant $\sqrt{(56\frac{8}{9} - \sqrt{647\frac{109}{405}})}$: partant que comme le cofté du cube H eft au cofté du dodecaedre BD, ainfi la perpendic. EG eft à la perpendic. EF.

Appert

Appert encore que E F perpendic. de l'icosaedre est moitié du semidiam. EC, le quarré de laquelle perpend. est vn residu, dont le binome correspondant est le quarré de EG perpend. du dodecaedre; & partant ledit semidiam. EC estant cogneu on trouuera fort aisément lesdites perpendiculaires; car prenant la moitié d'iceluy, on aura la perpendicul. EF, & changeant le signe — en + on aura l'autre perpend. EG.

THEOR. 6. PROP. VI.

Si vne ligne droicte est couppée en la moyenne & extreme raison; comme les quarrez de la toute & du plus grand segment, sont aux quarrez de la toute & du plus petit segment, ainsi le quarré du costé du cube, est au quarré du costé de l'icosaedre inscrit en vne mesme sphere.

Soit le cercle comprenant le triangle de l'icosaedre, & le pentagone du dodecaedre, duquel le demy diametre AB, soit couppé en la moyenne & extreme raison en C, dont le plus grand segment soit AC, qui sera le costé du decagone inscrit dans le mesme cercle par le coroll. de la 9. prop. 13. Item soient prises trois lignes, sçauoir D costé du dodecaedre, E costé de l'icosaedre, & F costé du cube inscriptibles en vne mesme sphere: Ie dis que le quarré de F est au quarré de E, comme les quarrez de AB & AC sont aux quarrez de AB & CB.

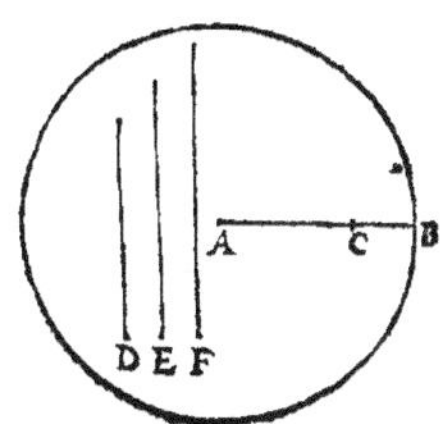

Car D estant le costé du pentagone, & E le costé du triangle tous deux inscrits dans le cercle donné; lors que F costé du cube est diuisé en la moyenne & extreme raison, D est son plus grand segment, par le corol. de la 17. prop. 13. Donc E estant le costé du triangle inscrit au cercle donné, son quarré sera triple du quarré du demy-diametre AB par la 12. prop. 13. & par la 4. prop. 13. les deux quarrez de AB & CB sont triples du quarré de AC: partant le quarré de E est au quarré de AB, comme les deux quarrez de AB, CB sont au quarré de AC: Et en permutant, le quarré de E sera aux deux quarrez de AB, CB, comme le quarré de AB au quarré de AC. Mais comme le quarré de AB au quarré de AC, ainsi le quarré de F au quarré de D: (car par la 2. prop. 14. comme la toute AB est à son plus grand segment AC, ainsi la toute F à son plus grand segment D; & partant par la 22. prop. 6. comme le quarré de AB au quarré de AC, ainsi le quarré de F sera au quarré de D) donc par la 11. prop. 5. comme le quarré de E aux quarrez de AB & CB, ainsi le quarré de F au quarré de D: & en permutant, comme le quarré de E au quarré de F, ainsi les quarrez de AB & CB sont au quarré de D, costé du pentagone: lequel quarré par la 10. pr. 13. est egal aux deux quarrez de AB & AC costez de l'hexagone & decagone inscrits en vn mesme cercle; & par consequent le quarré de F costé du cube, est à E costé de l'Icosaedre, comme les quarrez de AB & AC, sont aux quarrez de AB & CB. Si donc vne ligne droicte est couppée en la moyenne & extreme raison, &c. Ce qu'il falloit prouuer.

SCHOLIE.

Si quelconque ligne droicte AB est 2, icelle estant couppée en C selon la moyenne & extreme raison, le grand segment AC sera $\sqrt{5}-1$, & le petit CB $3-\sqrt{5}$: mais puis que F est le costé du cube inscrit en vne sphere, iceluy soit tel que nous l'auons cy-deuant trouué, sçauoir est $\sqrt{21\frac{1}{3}}$, & E costé de l'icosaedre inscrit en la mesme sphere sera aussi tel que nous l'auons trouué, sçauoir est $\sqrt{(32-\sqrt{204\frac{4}{5}})}$. Or le quarré de la toute AB est 4, celuy de AC $6-\sqrt{20}$, & celuy de CB $14-\sqrt{180}$: donc les deux quarrez de AB, AC sont ensemble $10-\sqrt{20}$, & les deux de AB, CB sont $18-\sqrt{180}$: Mais le quarré de F est $21\frac{1}{3}$, & celuy de E est $32-\sqrt{204\frac{4}{5}}$: lesquels quatre nombres sont proportionnaux ; car le produict des deux extremes est egal au produict des deux moyens, l'vn & l'autre produict estant $384-\sqrt{81920}$; partant appert ce qui estoit proposé.

THEOR. 7. PROP. VII.

Comme le costé du cube est au costé de l'icosaedre, ainsi le dodecaedre est à l'icosaedre, inscrits en vne mesme sphere.

Ceste demonstration est facile, les predentes estans bien entendues : car puis que par la 3. prop. 14. le pentagone du dodecaedre, & le triangle de l'icosaedre sont inscrits dans vn mesme cercle : il est euident qu'iceux triangle & pentagone seront equidistans du centre de la sphere. Parquoy si on diuise le dodecaedre & l'icosaedre en pyramides, toutes icelles pyramides tant de l'vn que de l'autre solide seront de mesme hauteur : Et par les 5. & 6. prop. 12. elles seront l'vne à l'autre, comme leurs bases ; c'est à sçauoir douze pyramides du dodecaedre à vingt pyramides de l'icosaedre, comme douze pentagones à vingt triangles : C'est à dire que comme la superficie du dodecaedre sera à la superficie de l'icosaedre, ainsi tout le dodecaedre sera à tout l'icosaedre. Mais par la 5. pr. 14. icelles superficies sont l'vne à l'autre, comme le costé du cube au costé de l'icosaedre : donc par la 11. prop. 5. comme le costé du cube au costé de l'icosaedre, ainsi le dodecaedre à l'icosaedre. Ce qui estoit à prouuer.

SCHOLIE.

Nous auons enseigné tant en nostre Geometrie pratique qu'aux annotations faites sur la Geometrie d'Errard, diuers moyens pour trouuer les superficies & soliditez non seulement du dodecaedre & icosaedre, mais aussi de tout autre corps, c'est pourquoy nous n'en dirons rien icy, seulement y adiousterons nous (pour d'abondant seruir d'exemple de tout ce que nous auons cy-deuant dit) les costez, superficies & soliditez des cinq corps reguliers inscrits en vne sphere, dont le diametre est 6, afin que par le moyen d'icelles on puisse plus promptement trouuer les costez, superficies & soliditez de tout autre corps semblable, dont le costé sera cogneu, suiuant les regles & proportions des figures semblables cy-deuant demonstrees, c'est assauoir de la raison doublee des costez, quant aux superficies ; & de la triplee pour les soliditez.

Le costé du tetraedre sera $\sqrt{24}$, sa superficie $\sqrt{1728}$, & sa solidité $\sqrt{192}$.

Le costé de l'octaedre sera $\sqrt{18}$, sa superficie $\sqrt{3888}$, & sa solidité 36.

Le costé du cube sera √12, sa superficie 72, & sa solidité √1728.

Le costé du dodecaedre sera √15—√3, sa superficie √ (16200—√52488000), & sa solidité √ (3240+√58;2000).

Le costé de l'Icosaedre sera √(18—√64⅘), sa superficie √ (29160—√472392000), & sa solidité √ (3240+√2099520).

Parquoy appert d'abondant ce qui estoit proposé, sçauoir est que comme √12 costé du cube est à √(18—√64⅘) costé de l'Icosaedre, ainsi √ (3240+√5832000) solidité du dodecaedre est à √(3240+√2099520) solidité de l'Icosaedre : car le produit des deux nombres extremes est egal à celuy des deux du milieu, l'vn & l'autre produict estant √(38880+√302330880).

Appert aussi que la superficie de l'octaedre est sesquialtere à la superficie du tetraedre, c'est à dire comme 3 à 2 : car le produit des deux nombres extremes est egal au produit des deux nombres du milieu, l'vn & l'autre produit estant √15552.

Que l'octaedre est au triple du tetraedre, comme le costé de l'octaedre au costé du tetraedre : car le produit des deux nombres extremes est egal au produit des deux moyens, l'vn & l'autre produit estant ;1104.

Que la superficie du cube est egale au double du quarré du diametre de la sphere, & la solidité d'iceluy cube triple de la solidité du tetraedre.

Et finalement, que le cube est à l'octaedre, comme la superficie du cube est à la superficie de l'octaedre : car le produit des deux nombres extremes est egal au produit des deux du milieu, l'vn & l'autre produit estant 2592 : & aussi comme le costé du cube au semi-diametre de la sphere, car le produit des deux nombres extremes est √15552 aussi bien que le produit des deux du milieu.

Fin du quatorziesme Element.

ELEMENT
QVINZIESME.
PROBL. 1.   PROP. I.

Ans vn cube donné, inscrire vne pyramide.

Soit le cube donné AF, dans lequel il faut inscrire vne pyramide. De quelque angle d'iceluy, comme E soient menees les diagonales EA, EC, EG; & des extremitez d'icelles A, C, G, soient aussi menees les diagonales AG, AC, GC: Toutes lesquelles diagonales sont egales entr'elles, parce que les six quarrez dans lesquelles elles sont menees sont egaux par la definition du cube : Partant les quatre triangles composez d'icelles AGE, ACE, ACG, ECG, sont equilateraux, & egaux entr'eux: & partant la pyramide AEGC constituee d'iceux triangles est inscrite au cube donné AF, par la 31.d.11. Car tous les angles d'icelle pyramide sont colloquez és angles d'iceluy cube AF. Nous auons donc inscrit vne pyramide dans le cube dóné. Ce qu'il falloit faire.

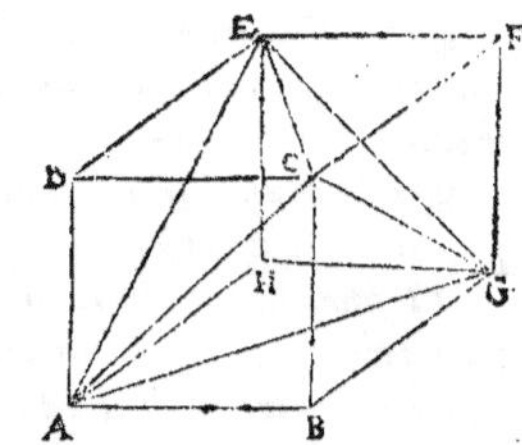

PROBL. 2.   PROP. II.

Dans vne pyramide donnee, inscrire vn octaedre.

Soit la pyramide donnee ABCD, dans laquelle il faut inscrire vn octaedre. Soient couppez tous les costez d'icelle pyramide en deux egalement aux poincts E, F, G, H, I, K: Et soient menees les lignes EF, FG, GE, HI, IK, KH, EI, IF, FK, KG, GH, HE. Toutes lesquelles lignes sont egales entr'elles par la 4. pr. 1. toutes les lignes couppees estans egales entr'elles, & les angles des triangles plás de la pyramide egaux : Et partant le quadrilatere EGKI a les quatre costez egaux, & les quatre triangles EHI, IHK,

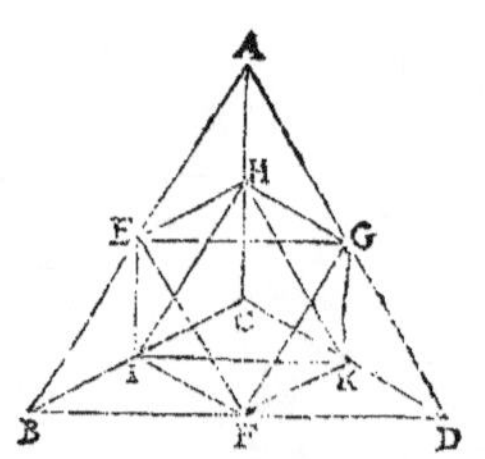

KHG, GHE, commençans sur iceluy quadrilatere, & finissans au poinct H, sont tous equilateraux & egaux entr'eux. Item les quatre autres triangles IFE, EFG, GFK, KFI commençans au dessous du quadrilatere, & finissans au poinct F, sont aussi equilateraux & egaux tant entr'eux qu'aux quatre precedans Pourquoy la figure EIKGHF composee d'iceux huict triangles est vn octaedre, par la 27.def.11. & par la 31 d.11. il est inscrit dans la pyramide donnee ABCD, puis que tous les angles d'iceluy touchent tous les costez d'icelle pyramide. Nous auons donc fait ce qui estoit requis.

PROBL. 3.   PROP. III.

Dans vn cube donné, inscrire vn octaedre.

Soit le cube donné AH, dans lequel il faut inscrire
vn octaedre. Soient couppez en deux egalement les
costez du quarré AC, és poincts I, K, L, M, & soient
menees les deux lignes IL, KM, s'entre couppans en
N, lequel poinct sera le centre du quarré AC, comme il appert par la demonstration de la 8. p. 4. Par la
mesme maniere seront trouuez les centres des 5 autres quarrez du cube, lesquels centres soient O, P,
Q, R, S: Donc toutes les lignes droictes tirees d'i-
ceux centres à chaque poinct de la section des costez
de leurs quarrez, telles que sont NI, NK, NL, NM,
KS, &c. seront egales aux moitiez d'iceux costez,
comme il appert par la susdite demonstration de la

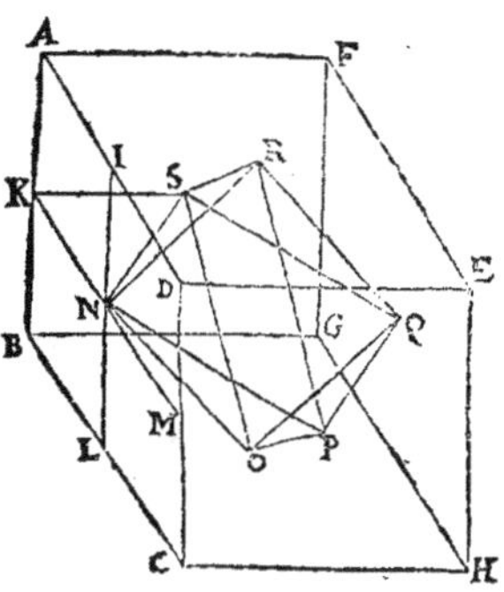

8. p. 4. & par consequent sont egales entr'elles. Item soient conioincts les centres S,
N, P, Q par les quatre lignes droictes SN, NP, PQ, QS, lesquelles seront toutes
egales par la 4. p. 1. d'autant qu'elles sont bases de quatre triangles Isoscelles ayans
deux costez egaux à deux costez, (chacun d'iceux costez estant egal à la moitié du
costé du cube ainsi que NK, SK du triangle NKS) & l'angle contenu d'iceux costez
egal à l'angle, sçauoir droict comme NKS: Il est euident qu'icelles quatre lignes feront aussi vn quarré, qui est au milieu de l'octaedre, & parallel à la base d'iceluy.
Or des quatre angles d'iceluy quarré soient menees au poinct R, centre du quarré
superieur AE, les quatre lignes NR, PR, QR, SR, lesquelles comme il a esté dit
cy-dessus seront toutes egales tant entr'elles qu'aux quatre precedentes, & feront
les quatre triangles equilateraux NRP, PRQ, QRS, NRS: Item des mesmes quatre
angles du quarré NPQS, soient menees au poinct O, centre de la base CG, les lignes
NO, PO, QO, SO, qui seront egales comme dessus, & feront quatre autres triangles equilateraux NOP, POQ, QOS, NOS, lesquels seront aussi egaux aux quatre
premiers, car tous leurs costez sont egaux, estans bases de huict triangles Isoscelles
rectangles, tel qu'est NKS. Parquoy le solide NOPQRS composé d'iceux 8 triangles equilateraux & egaux entr'eux est octaedre inscrit au cube donné, par les 27.
& 31. def. 11. puis que tous les six angles d'iceluy, touchent les six plans dudit cube
à leurs centres. Nous auons donc fait ce qui estoit requis.

PROBL. 4.   PROP. IV.

Dans vn octaedre donné, inscrire vn cube.

Soit donné l'octaedre ABCDEF, dans lequel il faut inscrire vn cube. Des quatre
triangles AEB, BEC, CED, AED, qui se terminent au poinct E, soient pris les
centres G, H, I, K, & soient menees les lignes GH, HK, KI, GI: Il est euident que
GHKI sera quarré. Car si d'iceux quatre centres on meine les lignes droictes LM,
MN, NO, OL, paralleles chacune à son costé du quarré du milieu de l'octaedre
ABCD: les triangles LEM, MEN, NEO, LEO seront equilateraux, puis qu'ils sont
semblables aux triangles equilateraux cy-dessus par le corol. de la 4. p. 6. & partant
egaux entr'eux, pource qu'ils ont les costez communs; & par consequent les quatre

bafes LM, MN, NO, LO font egales. Item fi de E par le centre I on meine EP: elle
diuifera en deux egalement tant l'angle E, que le cofté AD par le corol.de la 10.p.13.
& par confequent LO eftant parallele à AD fera auffi couppee
en deux egalemét au centre I: Par mefme raifon LM, MN, NO
feront auffi couppez en deux egalement aux centres G, H, K.
Ainfi les quatre triangles GLI, IOK, GMH, HNK font Ifofce-
les rectangles. (Car par la 10.p.11.les angles des poinctsL, M, N,
O, font egaux aux droicts du quarré ABCD.) Parquoy les quatre bafes GI, IK, GH, HK feront egales, & les angles qu'elles
comprennent droicts:partant GHKI eft quarré. Que fi fembla-
blemét des autres triangles de l'octaedre on prend les centres:
iceux centres eftans tous conioincts par lignes droictes, feront
defcrits encores 5 quarrez, lefquels ayans les coftez communs
feront egaux entr'eux. Parquoy le cube cópofé d'iceux 6 quar-
rez fera infcrit dans l'octaedre donné, puifque les angles d'iceluy touchent les huict
bafes de l'octaedre à leurs centres;& par ainfi nous auons fait ce qui eftoit requis.

PROBL. 5.   PROP. V.

Dans vn icofaedre donné, defcrire vn dodecaedre.

Soit ABCDE le pentagone par le moyen duquel on conftruit l'icofaedre, fur lequel foit vne
des douze pyramides pentagonales de l'icofaedre, ayant pour fommet le poinct F, auquel s'af-
femblent les 5 triangles equilateraux ABF,BCF,
CDF,DEF,AEF,& foit trouué le centre de chacun d'iceux triangles aux poincts G,H,I,K,L, &
d'iceux foient menees les lignes HG, GL, LK,
KI, IH: Item de F par iceux centres, foient menees les lignes FM, FN, FO, FP, FQ, lefquelles
coupperont en deux egalement les coftez AB,
BC, CD, DE, EA, comme il appert par le corol.
de la 10.p.13.& partant eftant menees les lignes
droictes MN, NO, OP, PQ, QM; il eft euident

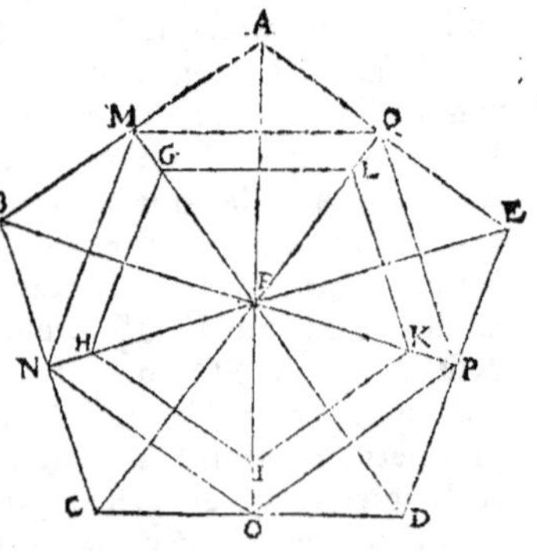

par la 4 p.1.qu'elles feront egales;& que par la 8.p.1.les angles qu'elles fouftiennent
au poinct F font egaux; & d'autant que les lignes FG, FH, FI, FK, FL font auffi egales; (car ce font demi-diametres de cercles circonfcriuans triangles equilateraux
egaux) les lignes GH, HI, IK, KL, LG feront pareillement egales, & les angles de
deffus icelles auffi egaux,par la 4 p.1. Parquoy le pentagone GHIKL eft equilateral
& equiangle:& il fe prouuera aifément comme à la 17.p.13. qu'il eft auffi en vn mefme plan. Que fi femblablement on conioinct par lignes droictes,les centres de tous
les triangles des autres vnze pyramides de l'icofaedre, feront auffi defcrits des pentagones equilateraux & equiangles, lefquels puis qu'ils ont des coftez communs,
feront auffi egaux entr'eux. Parquoy 12 tels pentagones conftitueront vn dodecaedre, lequel fera infcrit dans l'icofaedre, puis que les 20 angles d'iceluy octaedre
font conftituez & touchent les vingt bafes de l'icofaedre à leurs centres.   Nous
auons donc infcrit vn dodecaedre, dans vn Icofaedre donné. Ce qu'il falloit faire.

Fin du quinziefme & dernier Element.

COMMENTAIRE OV PREFACE DE
MARIN PHILOSOPHE SVR LE LIVRE
des DONNEZ d'Euclide.

P*remierement, il nous faut mettre comme fondement que c'est qu'on appelle* DONNE' : *en apres remarquer l'vtilité d'iceluy, & en troisiesme lieu à quelle science appartient ce Traitté.*

DONNE' *doncques se definit en plusieurs manieres; car les Anciens l'ont defini d'vne façon, & les modernes d'vne autre; dont s'enfuit qu'il femble mal-aifé d'en pouuoir donner la vraye explication. Car quelques vns n'ont point baillé de definition de* Donné, *mais ils ont auec beaucoup de trauail recherché certaines proprietez d'iceluy, & quelques autres raffemblans & meflangeans ce qui en auoit efté dict auparauant par les autres ont effayé de definir* DONNE' : *mais non pas de telle façon qu'ils ne fe foient contrariez eux-mefmes, quoy qu'il femble que tous fondez fur vne mefme notion & fuppofition en ayent dit quelque chofe : car tous ont eftimé que le Donné eftoit quelque chofe comprife; & partant entre ceux qui ont tafché de le defcrire plus fimplement & auec quelque fimple difference, les vns ont creu que Donné eftoit ce qui eft Ordonné, ainfi qu'Apollonius en fon Traitté des Inclinations, & en fon Traitté Vniuerfel : & les autres, comme Diodore, ce qui eft Cogneu : car en cefte fignification il prend la ligne droicte, & les angles eftre donnez, & tout ce qui peut venir à noftre cognoiffance, encore qu'on ne le puiffe pas bien exprimer : Mais les autres ont creu que c'eftoit mefme ce qui eft Effable, comme femble auoir voulu Ptolomée, lequel appelle* Donnez *toutes les chofes dont la mefure eft cogneue, foit precifément, ou à peu prés. Quelques autres auffi ont penfé que Donné eftoit ce qui nous eft concedé en l'hypothefe par le propofant, veu qu'aux premiers Elemens ils prennent autrement vn poinct donné qu'vne ligne droicte donnée, c'eft à dire que qui donneroit & determineroit la quantité d'vne ligne droicte : toutes lefquelles chofes veulent fignifier quelque* Comprehenfion. *Et partant de toutes ces definitions, celles-là aggreent le plus, lefquelles plus appertement declarent la* Comprehention *comme nous ferons veoir par les chofes fuiuantes.*

Or expliquons maintenant les diuerfes opinions de ceux, lefquels defcriuans la nature du Donné n'ont point pris vne fimple marque, ou vnique caractere pour le definir, & les reduifons comme en vn fommaire & abbregé, afin que nous puiffions aifément recognoiftre ou nombrer toutes leurs differences. Les vns donc ont defini Donné eftre ce qui eft Ordonné & Porime *enfemble ; & les autres, ce qui eft Ordonné & Cogneu enfemble : & les autres, ce qui eft Porime & Cogneu enfemble : c'eft pourquoy tous femblent auoir defini en forte qu'ils ont eu efgard à la* Comprehenfion *ou* Somption *& Inuention du Donné. Et afin que nous conceuions tant mieux leur oppinion, & que des dicts de plufieurs nous puiffions tirer vne vraye definition de ce qui eft propofé, nous remarquerons en premier lieu la fignification de tous les termes fimples dont ils fe feruent, côme auffi de leurs oppofez, affauoir de l'Inordonné, & de l'Incogneu, de l'Aport, &*

IIIi

de l'Irrationel : car ces choses-là appartiennent à ceste matiere Geometrique, aux choses naturelles, & aux disciplines Mathematiques.

Or on appelle Ordonné (ou reglé) cela qui garde & obserue tousiours ce parquoy il est dict estre ordonné, soit quant à la grandeur, ou quant à l'espece, ou touchant quelque autre chose de semblable : On le definit encore ainsi : Ordonné est ce qui ne peut estre fait en diuerses façons, mais en vne seule en quelque lieu determiné : comme pour exemple, vne ligne droicte menée par deux poincts donnez, est dicte estre Ordonnee, parce qu'il ne se peut faire autrement, ny en plusieurs façons : Mais vn angle passant par deux poincts est dict Inordonné, (ou desordonné & dereglé) parce qu'il est constitué en infinies & differentes façons par vn grand ou vn petit cercle descrit par deux poincts en l'infini : Et au contraire, vn angle constitué par trois poincts est dict Ordonné ; comme aussi ces choses sont dictes estre Ordonnées ; constituer sur vne ligne droicte vn triangle equilateral, car on ne le constitue point diuersement, mais inuariablement sur l'vne & l'autre extremité de la ligne : Et coupper vne ligne droicte donnée selon vne raison donnée, car cela ne se peut faire qu'en vne partie de la bissection. Les Inordonnez, sont ceux qui se font au contraire de ceux là ; comme construire vn triangle scalene, & coupper vne ligne droicte indefiniment. Or ce parquoy le Probleme est ordonné est proposé en la determination, attendu qu'vne certaine chose pourra estre Ordonnee en vne certaine maniere, & Inordonnee en vne autre : comme vn triangle equilateral, entant qu'il est equilateral il est Ordonné ; mais quant à la grandeur il est Inordonné, car il n'est nullement determiné.

Mais on appelle Cognu, ce qui est notoire, comme clair & compris de nous : & Incognu, ce qui n'est point cognu ny compris de nous ; comme la longueur d'vn chemin est ditte cognue quand l'on sçait combien il contient de stades : Item que les trois angles d'vn triangle rectiligne sont egaux à deux droicts : & pareillement que le binome est irrationel ; telles choses sont cognues, comme aussi qu'il n'y a qu'vne ligne droicte qui touche la ligne spyralle d'vn poinct donné hors d'icelle de l'vne ou l'autre part : car s'il y en auoit encore vne autre, deux lignes droictes enclorroient vn espace, ce qui est impossible. Au reste les choses irrationelles ne s'appellent point incognues, mais celles-là seulement qui ne sont ny cognues, ny comprises de nous.

Le PORIME (ou qui a effection) est ce que nous pouuons faire & construire, c'est à dire le reduire en cognoissance : On le definit encore en cette maniere, Porime est ce qui peut estre exhibé par demonstration, ou qui est apparent sans demonstration ; comme est descrire vn cercle d'vn centre & interualle, comme aussi construire non seulement vn triangle equilateral, mais aussi vn Scalene : ou trouuer vn binome, ou trouuer deux lignes droictes rationelles commensurables en puissance seulement ; & autres choses que l'on cognoit en infinies façons sont Porimes, comme descrire vn cercle par deux poincts.

L'APORE (ou qui n'a effection) est totalement opposé au Porime, comme par exemple, la quadrature du cercle ; car elle n'a pas encore esté trouuee, bien qu'il soit certain qu'elle le peut estre : toutefois le moyen & façon de la trouuer n'a pas iusques à present esté comprise : Mais nous parlons icy de ce qui est desia cognu, qui s'appelle Porime principal ; car ce qui n'a pas encore esté fait, & qui neantmoins est possible, est appellé Poriste (ou faisable). Mais l'Apore, comme il a esté desia dit, est opposé au Porime, & est ce dont la recherche n'est point encore decidee ny bien determinee.

L'EFFABLE, (c'est à dire rationel, ou dicible & explicable) est ce dont nous pouuons dire la grandeur, l'espece, & position: Mais cette definition est vn peu trop generale, car proprement & selon soy, Effable, est ce qui est cognu par certaines choses, & selon vne mesure donnee par position, comme d'vn espam ou d'vn doigt.

Ces choses doncques estans ainsi expliquees, nous pouuons aisément apperceuoir en quoy conuiennent & different toutes les choses que nous auons dictes cy-dessus: Et premierement comme s'accorde Ordonné auec Cognu, & semblablement leurs opposez entr'eux; car on ne peut point dire qu'vne de ces choses par contreschange soit l'autre, ny aussi que l'vne n'ait pas plus d'estendue que l'autre, quoy qu'ils s'accordent en plusieurs choses, comme descrire vne ligne droicte par deux poincts, & constituer vn triangle equilateral par trois cercles. Mais quarrer vn cercle, cela est bien Ordonné, mais Incognu neantmoins: Item qu'à vn poinct d'vne Spyralle il y ait vne seule touchante, cela est bien du genre des Ordonnez, & ne se peut faire autrement, mais pourtant la demonstration & construction n'en est pas cognue. Et derechef, la section indefinie, & la constitution du Scalene est bien Cognue, mais elle n'est pas Ordonnee; tellement qu'il est manifeste qu'entre les Ordonnez, il y en a de Cognus, & d'autres Incognus: Et par le contraire, qu'entre les Cognus, il y en a d'Ordonnez, & d'autres Inordonnez: Et partant ces choses se rapportent entr'elles, comme entre les animaux, celuy qui a raison auec celuy qui a des pieds; car ils ne s'egallent point entr'eux, ny l'vn ne s'estend pas plus que l'autre.

Semblablement se comportent entr'eux l'Ordonné & l'Inordonné, au regard du Porime & de l'Apore, veu qu'entre iceux il y a vne tres-grande ressemblance, & different entr'eux en la façon susdite: Car à la verité la Spyralle est bien Ordonnee, mais elle n'estoit pas Porime deuant Archimede. Et par mesme raison les choses qui sont inordonnees & cognues par infinis moyens sont Porimes, si quelqu'vn en inuente leur constitution & construction. Et neantmoins elles ne sont pas encore ordonnees, comme est constituer vn triangle Scalene, car il n'est pas difficile de faire cognoistre la constitution d'iceluy par vn equilateral, voire il est tres-facile, quoy qu'il soit inordonné, & cognu en infinies façons.

Et de mesme façon se comportent l'Ordonné & l'Inordonné auec l'Effable & l'Irrationel, car en plusieurs choses ils s'accordent entr'eux, & different neantmoins par la susdite raison, veu que ces choses-là ne s'egallent point entr'elles, ny vne chose ne contient pas l'autre: Car tous les binomies, & les choses qui sont prises comme irrationelles, sont bien ordonnees; mais elles ne sont pas pourtant effables ou dicibles & expliquables, comme ne l'est pas le diametre du quarré au regard du costé. Or des Effables il y en a plusieurs inordinez, parce qu'ils sont cognus diuersement, & en façons indeterminees: Car on peut mesurer vn triangle Scalene par vne mesure proposee & definie, comme explicable, quoy qu'il soit inordonné.

Or il est aisé de voir la conuenance du Cognu auec le Porime, mais il est difficile d'en expliquer leur difference, d'autant que leur nature approche l'vne de l'autre, tellement qu'il semblent s'egaler entr'eux: il paroistra neantmoins y auoir quelque difference à qui les considerera de prés. Car qu'il n'y ait qu'vne ligne droicte qui touche la Spyralle en vn poinct, cela est Cognu; toutesfois le Probleme n'en est pas Porime, n'estant pas encore compris. De maniere que tout ce qui est Cognu n'est pas pourtant Porime: Mais tout ce qui est Porime est aussi Cognu; & partant le Cognu paroist plus estendu que le Porime.

Or le Cognu, le Porime, & l'Effable conuiennent en certaines choses, & different en d'autres par la mesme raison que nous auons desia ditte: Car ces lignes-là qu'on appelle irrationelles, à la verité sont cognues, & toutesfois elles ne sont pas effables inexplicables.

Au contraire tout nombre est bien Effable , & neantmoins tout nombre n'est pas Cognu. Mais l'Effable de sa nature est tousiours effable , iaçoit que quelque longueur soit tantost effable, & tantost non, si elle est exigee auec quelque autre selon vne mesme mesure. Mais aussi cette mesme longueur est par fois cognue, & autresfois non, iaçoit qu'elles s'accordent totalement entr'elles. Or il est dificile de trouuer quelque chose qui soit Effable & Incognu ensemble; car le Cognu semble paroistre plus estendu que l'Effable. Et par ces choses il est manifeste que le Porime & l'Apore different du Rationel ou Effable, & de l'Irrationel: Car il se peut faire que des choses Irrationelles, quelques vnes soient Porimes; mais des Rationelles, aucunes ne peuuent estre irrationelles. Et partant il est tres-aisé à voir en quoy s'accordent les choses susdites, neantmoins elles se comportent entr'elles de telle sorte qu'il semble que le Porime soit plus estendu que l'Effable.

Or par ces choses on peut recognoistre la difference des choses qui ont esté dittes , car à la verité Effable & Irrationel se dit au respect de la mesure, laquelle neantmoins n'est pas paruenue à nostre cognoissance; veu que quelque chose qui est rationel, peut n'estre pas cognu de nous , & semblablement estre rationel, & n'estre iamais compris qu'ille soit. Mais l'Ordonné & l'Inotdonné se dit selon soy, & selon la propre nature de la chose qui vient en contemplation, encore qu'il ne soit pas compris de nous, comme Archimede a apperceu quelques choses estre ordonnees de leur nature, lesquelles Serenus auoit auparauant contemplees. Mais le Cognu & l'Incognu se dit au regard de nous; tellement que les choses susdites different entr'elles: car celles-cy se rapportent à nous, celles-là à la propre nature, & les autres à la mesure.

Ayant donc expliqué les conuenances & differences des choses qui ont esté proposees il reste à considerer que c'est que Donné: Car de tous ceux-là qui croient que ce qui est concedé en l'hypothese par le proposant soit le Donné, se fouruoient de ce qui est cherché, parce que tous les Elemens des Donnez ne sont pas composez de cette sorte de Donné, qui est selon l'hypothese, comme on peut voir aux traictez qui ont esté faits du Donné: C'est pourquoy delaissant cette opinion il nous faut iuger des definitions des autres. Donc ce qui est concedé en l'hypothese, est quelque chose qui est consequemment cognue par les principes : mais ceux qui se seruent des definitions d'vn seul mot, le definissent & le marquent par quelques-vns des susdits, comme il a esté dit au commencement; tellement que presque tous semblent auoir eu cette commune notion du Donné, sçauoir est qu'il est compris, comme aussi le mot de Donné le manifeste: Et entre ceux-cy, sont les principaux ceux qui le definissent par l'hypothese ou supposition: Et les autres ont eu egard à ce qui est concedé. Mais nous vsant des choses dites comme d'vne regle & addresse pour bien iuger, nous pourrons trouuer vne parfaitte definition de Donné: Car il est certain qu'il faut qu'elle s'egale & conuertisse auec la chose definie, qui est vne chose propre aux bonnes definitions. Or telle semble estre la definition du proposé, laquelle entre les expliquees le plus simplement, le definit Porime ; & entre les complexes, celle qui le definit Porime & Cognu ensemble, mais toutes les autres sont imparfaittes: Car celle qui le definit Ordonné , ne suffit pas pour la comprehension & intelligence du Donné, parce que ny tout ordonné, ny le seul ordonné n'est pas compris, veu qu'il y a des choses inordonnees qui ont la mesme condition, comme il a esté monstré. Celle-là ne satisfait pas non plus, laquelle descrit qu'il est le Cognu : car tout cognu n'est pas compris, encore que le seul cognu soit compris. Celle-là n'est pas aussi parfaitte laquelle definit que c'est l'Effable : car l'effable n'est pas seul compris, puis que quelques vnes des irrationelles sont aussi comprises: semblablement tout effable n'est pas compris, comme nous auons declaré cy-dessus. Or entre les definitions qui s'expliquent par vn seul mot, reste celle qui le definit Porime, laquelle semble grandement manifester la comprehension; car tout Porime & le seul Porime est compris : Pourtant Eucli-de mesme a vsé d'vne telle definition descriuant toutes les especes de Donnez par luy conceues & regardees. Mais entre les definitions composées celle-là est parfaitte, laquelle definit le Donné estre le Cognu & le Porime ensemble, ayant le Cognu pour genre analogique, & le Po-rime pour difference. Mais celle-là est imparfaitte, laquelle dit l'Ordonné & le Porime ensemble : car les choses qui sont telles ne sont pas seules donnees. Et celle-là qui le definit Or-donné & Effable ensemble, comprend semblablement le Donné auec deffaut. Mais celle du Cognu & Ordonné ensemble, n'est pas aussi receuable, veu qu'elle excede ce qu'on defi-nit : car ce qui est tel n'est pas donné seul. Donc ceux-là seuls qui ont dit que le Donné est le Cognu & le Porime ensemble, semblent auoir atteint la notion du Donné : car ce qui est tel, est tout & seul compris, lesquelles deux choses doiuent estre aux definitions bien donnees. Mais ceux-là approchent bien prés de ceux-cy, lesquels ont defini ainsi : Donné est ce à quoy nous pouuons trouuer vn egal, selon les choses que nous auons proposees aux premieres hypothe-ses & principes. Du nombre desquels est Euclide ayant vsé par tout du verbe πρίουσθαι qui signifie exhiber ou inuenter, quoy qu'il delaisse le Cognu comme consequent du Porime. Quelqu'vn pourroit neantmoins le reprendre de ce qu'il n'ait auparauant defini Donné en general, mais immediatement quelques vnes des especes de Donné, iaçoit qu'aux Elemens de Geometrie il ait definy la ligne simple auant que de definir les especes.

Quelle est l'vtilité du traicté des Donnez.

Donques apres auoir expliqué vniuersellement & selon qu'il nous a semblé necessaire pour l'vsage present, que c'est que Donné, il faut consequemment que nous facions voir les vtilitez de ce traicté. Or ce traicté est tel, qu'il n'est pas seulement institué pour l'amour de soy-mesme, mais aussi pour quelque autre chose : car il est grandement necessaire au lieu que lon appelle Resolu : Et nous auons desia dit ailleurs combien de force obtient le Lieu resolu aux disciplines Mathematiques & en l'Optique & Canonique, lesquelles approchent gran-dement d'icelles, tant pource que la Resolution est vne inuention de la demonstration, que parce qu'en choses semblables elle nous sert de beaucoup pour l'inuention de la demonstration, ou parce qu'il est beaucoup plus excellent de rencontrer vne puissance resolutiue, que de posse-der plusieurs demonstrations particulieres.

A quelle science se rapporte le traicté des Donnez.

Or veu que la consideration des Donnez est vtile à toutes les sciences, attendu qu'elle sert de beaucoup à la RESOLVTION, elle sera dite à bon droict estre reuoquee non pas à vne seule science, mais à la Mathematique vniuersellement, laquelle traicte des nombres, des temps, de la velocité, & choses semblables; qui traitte mesme des raisons, comme aussi des proportions, & pour dire en vn mot de toutes medietez. Parquoy pour la parfaitte & demonstratiue co-gnoissance des Donnez tant vtile, Euclide a trauaillé à ce liure des Donnez, lequel autheur entre tous ceux qui ont composé des Elemens de Geometrie obtient à bon droict le premier rang, & lequel ayant elabouré les Elemens, ou plustost les introductions presque de toutes les disci-plines Mathematiques, assauoir de toute la Geometrie en 13 liures; de l'Astronomie es Phæ-nomenes, de la Musique, & Optique, il a laissé par escrit les Elemens resolutifs du traicté de Donné. Mais comme il estoit Geometre, il a particulierement accommodé aux grandeurs ce qui estoit du Donné, & toutesfois commun aux autres choses, laquelle methode a aussi esté obseruee par luy, lors que traittant vniuersellement des raisons & proportions, il les a appro-priees aux grandeurs au 5. liure des Plans.

Maintenant il a esté dit en general que c'est que Donné, à quelle science il appartient, &
combien en est vtile la contemplation: Adioustons donc à ce qui a esté dit la description d'icelle science, laquelle traitte du Donné, attendu qu'elle est, comme il appert par ce qui a esté
dit, vne comprehension en toutes manieres de Donnez, & de leurs accidens & proprietez.
Mais en egard au liure proposé nous dirons que c'est vne doctrine Elementaire de toute la cognoissance du Donné: dont s'ensuit qu'elle sera fort vtile, cõme aussi les choses y contenues,
entant qu'elles se referent au Donné. Or ce liure est diuisé selon les especes des Donnez, &
en la premiere section sont contenues les choses qui sont donnees par raison: secondement, celles
qui sont donnees par position; & en apres, celles qui sont donnees par espece. Car ce qui est
Donné par grandeur, est simple & particulierement contenu aux autres, & principalement
aux Donnez par espece. Or il a commencé aux choses donnees par raison & position, d'autant que celles qui sont donnees par espece en sont constituees. Euclide donne encore vne autre
diuision à ce liure; car il le diuise en vniuerselles grandeurs, en lignes, en superficies, & en
theoremes circulaires; lequel ordre il a aussi gardé es definitions & suppositions de ce liure.
Outre ce il s'est serui d'vn genre d'enseigner qui ne procede point par la composition, mais par
la resolution, ainsi que Pappus a fait voir amplement aux Commentaires qu'il a fait sur
ce liure.

FIN.

LES DONNEZ
D'EVCLIDE.

DEFINITIONS.

I. LES plans ou espaces, les lignes, & les angles, ausquels nous en pouuons trouuer d'egaux seront dits estre donnez par grandeur.

2. Vne raison est dicte estre donnee, lors que nous en pouuons trouuer vne mesme, ou egale à icelle.

3. Les figures rectilignes dont les angles sont donnez, & aussi les raisons que les costez ont entr'eux, sont dictes estre donnees par espece.

4. Les poincts, les lignes, & les angles, qui ont & gardent tousiours vn mesme lieu & sit, sont dicts estre donnez par position ou sitution.

5. Vn cercle est dit estre donné par grandeur, lors qu'on en donne le demi-diametre par grandeur.

6. Vn cercle est dit estre donné par position, & par grandeur, lors qu'on en donne le centre par position, & le demi-diametre par grandeur.

7. Les segmens de cercles ausquels les angles, & les bases sont

donnees par grandeur, font dicts estre donnez par grandeur.

8. Les segmens de cercle, aufquels les angles font donnez par grandeur, & les bafes des fegmens par pofition & grandeur, font dicts estre donnez par pofition & par grandeur.

9. Vne grandeur est plus grande qu'vne autre, d'vne grandeur donnee, lors qu'en ayant ofté la donnee, le reste est egal à cette autre.

C'eft à dire que s'il y-a deux grandeurs inega-
les, comme AB & C, & qu'ayant ofté de AB
vne grandeur donnee BD, le refte AD foit egal
à l'autre grandeur C; icelle AB fera dite plus grande que C, d'vne grandeur ou excez
donné.

10. Vne grandeur est moindre qu'vne autre, d'vne grandeur donnee, lors qu'ayant adioufté la donnee à icelle, la toute est egale à cette autre.

C'eft à dire que s'il y a deux grandeurs inegales, com-
me AB & C, & qu'ayant adioufté à la moindre AB,
vne grandeur donnee BD, toute la grandeur AD foit
egale à l'autre grandeur C: Icelle AB fera dicte moindre
que C, d'vne grandeur ou excez donné.

11. Vne grandeur est dite plus grande qu'vne autre grandeur d'vne donnee, qu'en raifon, lors qu'oftant d'icelle grandeur la donnee, le reste a à cette autre vne raifon donnee.

Soient par exemple deux grandeurs AB & CB, & ayant ofté de AB, vne grandeur
donnee AD, le refte DB ait à l'autre grandeur
CB, vne raifon donnee : Icelle AB fera dicte plus
grande que CB d'vne donnee, qu'en raifon; pource
qu'ayant ofté d'icelle AB la donnee AD, le refte DB a à l'autre grandeur CB vne rai-
fon donnee.

12. Vne grandeur est dite moindre qu'vne autre d'vne grandeur donnee, qu'en raifon; lors que la donnee luy eftant adiou-ftee, la toute a à cette autre vne raifon donnee.

Soient par exemple deux grandeurs AB, BC; & ayant adioufté à AB, vne grandeur
donnee AD, la toute DB ait à l'autre grandeur
BC vne raifon donnee : Icelle AB fera dicte moin-
dre que la mefme BC d'vne donnee, qu'en raifon :
car ayant adioufté à icelle AB, la grandeur donnee AD, la compofée DB a à l'autre gran-
deur BC, vne raifon donnee.

13. Vne

13. Vne ligne droicte eſt au long ou vis à vis par poſition,
quand par vn poinct donné elle eſt menee parallele à vne autre ligne.

PROPOSITION I.

Des grandeurs eſtans donnees, la raiſon qu'elles ont entr'elles
　　eſt auſſi donnee.

Soient donnees les grandeurs A & B: Ie dis que la raiſon de A à B eſt donnee.

Car puis que la grandeur A eſt donnee, [a] nous en pouuons trouuer vne egale à icelle; laquelle ſoit C : Derechef, d'autant que la grandeur B eſt donnee, nous en
pouuons auſſi trouuer vne egale à icelle : & ſoit D. Donc
puis que A eſt egale à C, & B à D, comme A eſt à C [b] ainſi B à D : & en permutant, [c] comme A ſera à B, ainſi C à
D. Donc [d] la raiſon de A à B eſt donnee : car c'eſt la meſme raiſon que de C à D, que nous auons trouuée. Ce qu'il falloit demonſtrer.

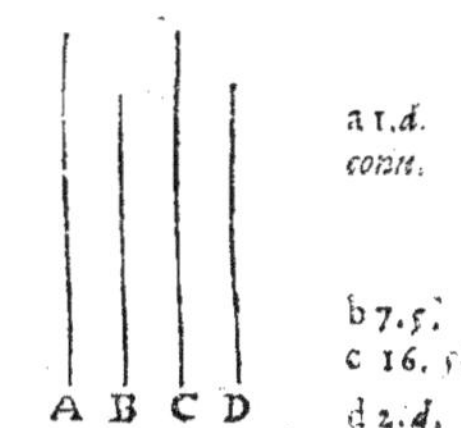

PROP. II.

Si vne grandeur donnee a à quelque autre grandeur vne raiſon
　　donnee, cette autre eſt auſſi donnee par grandeur.

Que la grandeur donnee A ait à vne autre grandeur B vne raiſon donnee:
Ie dis qu'icelle B eſt auſſi donnee par grandeur.

Car puis que A eſt donnee, nous en pouuons trouuer vne egale à icelle, laquelle ſoit C: Et d'autant que la raiſon de A à B eſt auſſi donnee, nous en pouuons trouuer [e] vne de meſme : Qu'elle ſoit trouuee, & ſoit la raiſon de C à D. e 2. d.
Or puis que comme A eſt à B, ainſi C à D; en permutant, comme A à C, ainſi
B à D: Mais A eſt egale à C: Donc [f] B ſera auſſi egale à D. Partant [n] la grandeur B f 14. ſ.
eſt donnee, veu qu'à icelle en a eſté trouuee vne egale D. n 1. d.

PROP. III.

Si des grandeurs donnees ſont compoſees, auſſi ſera donnee
　　cette grandeur-là, qui eſt compoſee d'icelles.

Soient compoſees les grandeurs donnees AB, BC : Ie dis
que la grandeur AC, qui eſt compoſee des grandeurs AB, BC,
eſt donnee.

Car puis que AB eſt donnee, nous en pouuons trouuer vne
egale à icelle; laquelle ſoit DE. Derechef, veu que BC eſt
donnee, nous en pouuons auſſi trouuer vne egale à icelle, laquelle ſoit EF. Donc puis que à icelle DE eſt egale AB, & à
EF eſt egale BC, la toute [g] AC eſt egale à la toute DF. Donc
AC [n] eſt donnee, puis que à icelle a eſté poſee egale DF.

K K K k

PROP. IIII.

Si d'vne grandeur donnee, on oste vne grandeur donnee, aussi sera donnee la grandeur restante.

Que d'vne grandeur donnee AB, soit retranchee la grandeur donnee AC: Ie dis que la grandeur restante CB est donnee.

Car d'autant que AB est donnee on en peut trouuer vne egale à icelle, laquelle soit DE. Derechef, puis que AC est donnee nous en pouuons aussi trouuer vne egale à icelle, laquelle soit DF. Veu donc que la grandeur AB est egale à la grandeur DE, & la

h 3 ax. grandeur AC à la grandeur DF; le reste CB[h] sera egal au reste FE. Parquoy CB est donnee: car à icelle en a esté baillee vne egale FE.

PROP. V.

Si vne grandeur a vne raison donnee à quelque partie d'icelle, elle aura aussi à la partie restante vne raison donnee.

Que la grandeur AB ait vne raison donnee à quelque partie d'icelle AC: Ie dis qu'elle aura aussi à la partie CB vne raison donnee.

Car soit exposee vne grandeur donnee DE; & pource que la
d 2. d. raison de la grandeur AB à la grandeur AC est donnee,[d] nous en
conu. pouuons trouuer vne de mesme, laquelle soit DE à DF: Donc la raison d'icelle DE à DF est donnee: Mais DE estant donnee,
i 2 p. [i] aussi l'est sa partie DF, & consequemment [l] le reste I E: Donc
l 4. p. [m] puis que DE & I E sont donnees, la raison d'icelle DE à FE
m 1 p est aussi donnee. Et d'autant que comme DE est à DF, ainsi AB à AC, en con-
n sch. uertissant[n] comme DE à FE, ainsi AB à CB. Mais la raison de DE à FE est
19. 5. donnee, comme il a esté demonstré: Donc aussi la raison de AB à CB est donnee.

SCHOLIE.

De cecy est euident que si vne grandeur a à quelque partie d'icelle vne raison donnee, en diuisant sera aussi donnee la raison d'vne partie à l'autre. Car puis que comme DE est à FE, ainsi AB est à CB; en diuisant, comme DF à FE, ainsi AC à CB. Mais il a esté demonstré que les parties DF & FE sont donnees, & consequemment leur raison est aussi donnee: pareillement donc est donnee la raison de AC à CB.

PROP. VI.

Si deux grandeurs ayans entr'elles vne raison donnee sont composees, aussi la grandeur composee d'icelles aura à l'vne & à l'autre vne raison donnee.

Soient composees deux grandeurs AB, BC ayans entr'elles vne raison donnee: Ie dis que la toute AC a vne raison donnee à chacun d'icelles AB, AC.

Car soit exposee vne grandeur donnee DE; & pource que la raison de AB à

BC est donnee, en soit fait vne mesme d'icelle DE à EF: Donc la raison d'icelle DE à EF est donnee: & partant[o] la grandeur DE estant donnee, l'vne & l'autre d'icelles DE, FE est donnee. Parquoy[p] la toute DF sera aussi donnee. Donc[q] la raison de la mesme DF a chacune d'icelles DE, EF sera donnee. Et d'autant que comme AB à BC ainsi DE à EF: en composant,[r] comme AC à BC, ainsi DF à EF: Donc en conuertissant,[s] comme AC à AB, ainsi DF à DE. Parquoy comme la toute DF est à l'vne & à l'autre grãdeur DE, EF, ainsi la toute AC est à l'vne & à l'autre grandeur AB, BC. Donc[t] la raison d'icelle AC à chaque grandeur AB, BC est dõnee.

o 2.p. p 3.p. q 1.p. r 18.5. s sch. 19.5. t 2.d.

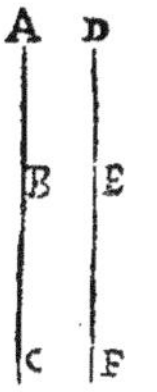

PROP. VII.

Si vne grandeur donnee est couppee en raison donnee, chaque segment est donné.

Que la grandeur donnee AB soit couppee en vne raison donnee, sçauoir est de AC à CB: Ie dis que chaque segment AC, CB sera donné.

Car d'autant que la raison de AC à CB est donnee, la raison de[u] AB à chacune d'icelles AC, CB est aussi donnee. Mais AB est donnee: donc[x] chacun des segmens AC, CB est aussi donné. u 6.p. x 2.p.

PROP. VIII.

Les grandeurs qui ont à vne mesme vne raison donnee, seront entr'elles en vne raison donnee.

Que chaque grandeur A & C ait vne raison donnee à la grandeur B: Ie dis que la raison de la grandeur A à la grandeur C est aussi donnee.

Car soit exposee vne grandeur donnee D: & puis que la raison de A à B est donnee, soit faite la mesme d'icelle D à E. Or veu que D est donnee[y] aussi E est donnee. Derechef, puis que la raison de B à C est donnee, soit faite la mesme de E à F. Mais E est donnee: & partant F est aussi donnee. Mais puis que D est donnee,[z] la raison d'icelle D à F est donne. Et d'autant que comme A à B, ainsi D à E, & cõme B à C, ainsi E à F, en raison egale,[a] comme A à C, ainsi D à F. Mais la raison d'icelle D à F est dõnee: Donc la raison de A à C est aussi donnee.

y 2.p. z 1.p. a 22.5.

PROP. IX.

Si deux ou dauantage de grandeurs sont entr'elles en raison donnée: & que les mesmes grandeurs ayent à quelques autres grandeurs des raisons donnees, iaçoit qu'elles ne soient les mesmes: ces autres grandeurs seront aussi entr'elles en raisons donnees.

Que deux ou dauantage de grandeurs A, B, C, foyent entr'elles en raifon donnee ; & que ces mefmes grandeurs A, B, C, ayent à quelques autres grandeurs D, E, F, les raifons donnees, non toutesfois les mefmes : Ie dis qu'icelles D, E, F feront entr'elles en raifons donnees.

Car d'autant que la raifon de A à B eft donnee, & auffi celle de A à D ; la raifon de D à E fera donnee : Mais la raifon de B à E eft auffi donnee : Donc la raifon d'icelle D à E fera pareillement donnee.

Derechef, puis que la raifon de B à C eft donnee, & auffi celle de B à E ; la raifon de E à C fera donnee. Mais la raifon de C à F eft auffi donnee : Donc la raifon de E à F fera donnee. Mais il a efté demonftré que la raifon de D à E eft auffi donnee : & partant la raifon de D à F fera donnee. Donc les grandeurs D, E, F, font entr'elles en raifons donnees.

PROP. X.

Si vne grandeur eft plus grande qu'vne grandeur d'vne donnee, qu'en raifon : la compofee des deux fera auffi plus grande que cette mefme grandeur d'vne donnee, qu'en raifon : Mais fi cette compofee eft plus grande que la mefme grandeur d'vne donnee, qu'en raifon ; ou le refte fera auffi plus grand qu'icelle mefme d'vne donnee, qu'en raifon ; ou bien fera donné iceluy refte auec la fuiuante, à laquelle l'autre grandeur a raifon donnee.

Soit la grandeur AB plus grande que la grandeur BC d'vne donnee, qu'en raifon : Ie dis que la toute AC eft auffi plus grande que la mefme BC d'vne donnee, qu'en raifon.

Car puis que AB eft plus grande que BC d'vne donnee, qu'en raifon, en foit oftee la grandeur donnee AD : Donc la raifon du refte DB à BC eft donnee ; & en compofant, la raifon de DC à BC eft auffi donnee. Mais la grandeur AD eft auffi donnee : Donc AC eft plus grande que la mefme BC d'vne donnee, qu'en raifon.

Derechef, foit la grandeur AC plus grande que la grandeur BC d'vne donnee, qu'en raifon : Ie dis que le refte AB eft ou plus grand que la mefme BC d'vne donnee qu'en raifon, ou que la mefme AB auec celle qui fuit, à laquelle BC a vne raifon donnee, eft donnee.

Car d'autant que la grandeur AC eft plus grande que la grandeur BC d'vne donnee, qu'en raifon, en foit retranchee la grandeur donnee. Or icelle grandeur donnee eft, ou moindre que la grandeur AB, ou plus grande. Soit premierement moindre, & foit AD : donc la raifon du refte DC à CB eft don-

nee. Parquoy en diuifant ᵉ la raifon de DB à BC eft donnee. Mais la grandeur
AD eft auffi donnee : Donc la grandeur AB eft plus grande ᶠ que la grandeur
BC d'vne donnee, qu'en raifon. Soit maintenant la grandeur donnee plus
grande que la grandeur AB; & foit pofee AE egale à icelle : Donc ᶠ la raifon du
refte EC à CB eft donnee : Et en conuertiffant, ᵍ la raifon d'icelle BC à BE eft
auffi donnee. Mais icelle EB auec BA eft donnee, pource que la toute AE eft
donnee : Donc eft donnee AB auec celle qui fuit BE, à laquelle BC a vne
raifon donnee.

(marginalia: ᵉ Sch. 5. pr. ᶠ 11. d. ᵍ 5. p.)

PROP. XI.

Si vne grandeur eft plus grande qu'vne grandeur d'vne donnee,
qu'en raifon, la mefme grandeur fera auffi plus grande que
la compofee d'icelles d'vne donnee, qu'en raifon : Et fi la
mefme grandeur eft plus grande que les deux enfemble
d'vne donnee, qu'en raifon ; cette mefme grandeur fera auffi
plus grande que le refte d'vne donnee, qu'en raifon.

Que la grandeur AB foit plus grande que la grandeur BC d'vne donnee,
qu'en raifon : Ie dis que la mefme AB eft auffi plus grande que la toute AC
d'vne donnee, qu'en raifon.

Car puis que la grandeur AB eft plus grande que BC d'vne donnee, qu'en
raifon, en foit oftee vne grandeur donnee AD. Donc ʰ la raifon du refte DB à
BC eft donnee ; & partant la raifon de DC
à BD fera auffi donnee. Soit fait la mefme
de AD à DE : Donc la raifon d'icelle AD à
DE eft donnee. Mais AD eft donnee : Donc ⁱ DE eft auffi donnee, & confequemment ᵐ le refte AE eft auffi donné. Mais d'autant que comme AD à DE,
ainfi DC à BD, en permutant, ⁿ comme AD à DC, ainfi DE à DB : Donc en
compofant, ° comme AC à CD, ainfi EB à DB; & en permutant, ⁿ comme AC
à EB, ainfi DC à DB. Mais la raifon de DC à DB eft donnee : Donc auffi le
fera celle de AC à EB, confequemment celle de EB à AC. Mais il a efté demonftré que AE eft donnee : Donc ʰ AB eft plus grande que AC d'vne donnee
AE, qu'en raifon.

(marginalia: ʰ 11. d. 16. p. ⁱ 2. p. ᵐ 4. p. ⁿ 16. 5. ° 18. 5.)

A   E   D   B   C

Mais maintenant foit AB plus grande que AC d'vne donnee, qu'en raifon:
Ie dis que la mefme AB eft auffi plus grande que le refte BC d'vne donnee,
qu'en raifon. Car d'autant que AB eft plus grande que AC d'vne donnee qu'en
raifon, en foit retranchee la grandeur donnee AE. Donc la ʰ raifon du refte
EB à AC eft donnee, & confequemment auffi le fera celle de AC à EB. Soit
faite la mefme de AD à DE: Donc la raifon de AD à DE eft donnee; & en conuertiffant, ᵖ la raifon de AD à AE fera auffi donnee, & confequemment celle
de AE à AD. Or AE eft donnee: Donc la toute AD ⁱ fera auffi donnee. Et d'autant que comme la toute AC eft à la toute EB, ainfi la retranchee AD eft à la
retranchee ED ; ainfi auffi fera ᑫ le refte DC au refte DB. Mais la raifon de AC
à EB eft donnee: Donc auffi le fera celle de DC à DB. Parquoy en diuifant,

(marginalia: ᵖ 7. p. ᑫ 19. 5.)

r la raiſon de BC à DB eſt donnee, & conſequemment auſſi le ſera celle de DB
à BC. Mais il a eſté demonſtré que AD eſt donnee: Donc[h] AB eſt plus grande
que la meſme BC d'vne donnee, qu'en raiſon.

PROP. XII.

S'il y a trois grandeurs, & que la premiere auec la ſeconde ſoit
donnee, mais la ſeconde auec la tierce ſoit auſſi donnee: ou
la premiere ſera egale à la tierce, ou l'vne ſera plus grande
que l'autre d'vne donnee.

Soient trois grandeurs AB, BC, CD; & AB auec
BC, ſçauoir AC ſoit donnee: mais BC auec CD, ſçauoir BD ſoit auſſi donnee: Ie dis que la grandeur AB
eſt ou egale à la grandeur CD, ou que l'vne eſt plus grande que l'autre d'vne
donnee.

Car d'autant que chacune des grandeurs AC, BD eſt donnee, les grandeurs
donnees ſont ou egales entr'elles, ou inegales: Qu'elles ſoient premierement
egales. Donc AC eſt egale à BD; ſoit oſtee la commune BC, & demeurera AB
egale à CD. Mais qu'elles ſoient inegales, comme en cette autre figure. Et
ſoit BD plus grande que AC. Soit donc po-
ſee BE egale à AC. Or puis que AC eſt donnee, BE eſt auſſi donnee. Mais la toute BD
eſt auſſi donnee: le reſte ED le ſera donc auſſi. Et d'autant que BE eſt egale à
AC oſtant la commune BC, reſtera AB egale à CE. Mais ED eſt donnee: Donc
CD eſt plus grande que AB d'vne donnee ED.

SCHOLIE.

*Que ſi la premiere auec la ſeconde, ſçauoir AC
eſtoit plus grande que la ſeconde auec la tierce, ſça-
uoir BD, comme en cette autre figure, on feroit CE egale à icelle BD; & par meſmes raiſons que deſſus on demonſtreroit AE eſtre donnee, & egale à CD: & partant AB eſtre
plus grande que CD d'vne donnee.*

PROP. XIII.

S'il y a trois grandeurs, & que la premiere d'icelles ait à la ſeconde vne raiſon donnee, mais la ſeconde ſoit plus grande que
la tierce d'vne donnee, qu'en raiſon; auſſi la premiere ſera
plus grande que la tierce d'vne donnee, qu'en raiſon.

Soient trois grandeurs AB, CD, E; & icelle AB ait à CD vne raiſon donnee:
mais la grandeur CD ſoit plus grande que la grandeur E, d'vne donnee, qu'en
raiſon: Ie dis que la grandeur AB eſt plus grande que la grandeur E d'vne donnee, qu'en raiſon.

Car puis que CD eſt plus grande que E d'vne donnee, qu'en raiſon, en ſoit
oſtee vne grandeur donnee CF: Donc la raiſon du reſte FD à E eſt donnee. Et

d'autant que la raison de AB à CD est donnee, soit faite la mesme de AH à
CF. Donc la raison d'icelle AH à CF est donnee. Mais
CF est donnee : Donc ᵃ AH est aussi donnee. Et veu
que comme la toute AB est à la toute CD, ainsi la retranchee AH est à la retranchee CF, & ainsi ˣ aussi le
reste HB est au reste FD : la raison d'icelle HB à FD est
aussi donnee. Mais la raison de FD à E est aussi donnee : Donc ° la raison de HB à E est donnee. Mais il a
esté demonstré que AH est donnee : Donc ᶠ AB est plus grande qu'icelle E d'vne
donnee, qu'en raison.

u 2. pr.

x 19. 5.

o 8. pr.
l 11. d.

PROP. XIIII.

Si deux grandeurs ont entr'elles vne raison donnee, & qu'à
chacune d'icelles on adiouste vne grandeur donnee : ou les
toutes auront entr'elles vne raison donnee, ou l'vne sera
plus grande que l'autre d'vne donnee, qu'en raison.

Soient deux grandeurs AB, CD ayans entr'elles vne
raison donnee ; & à chacune d'icelles soit adioustee
vne grandeur donnee, sçauoir BE & DF : Ie dis que les
toutes AE, CF, ou sont entr'elles en vne raison donnee,
ou que l'vne est plus grande que l'autre d'vne donnee,
qu'en raison.

Car d'autant que chacune d'icelles BE, DF est donnee, ʸ la raison d'icelle
BE à DF est aussi donnee : Et si cette raison est la mesme que de AB à CD; celle
de la toute AE à la toute CF ᶻ sera encore la mesme : & partant la raison d'icelle
AE à CF est donnee.

y 1. pr.

z 12. 5.

Maintenant, la raison de BE à DF ne soit la mesme que de AB à CD ; & soit
fait comme AB à CD, ainsi BG à DF : Donc la raison d'icelle BG à DF est donnee. Mais la grandeur DF est donnee : Donc ᵃ BG est aussi donnee. Et puis que
la toute BE est donnee, ᵇ le reste GE sera aussi donné. Mais d'autant que comme AB à CD, ainsi BG à DF, ᶻ ainsi aussi est la toute AG à la toute CF : & partant la raison d'icelle AG à CF est donnee : Mais la grandeur GE est donnee :
Donc ᶠ la grandeur AE est plus grande que la grandeur CF d'vne donnee,
qu'en raison.

a 2. pr.

b 4. pr.

z 12. 5.

l 11. d.

PROP. XV.

Si deux grandeurs ont entr'elles vne raison donnee, & que de
chacune d'icelles on oste vne grandeur donnee : les grandeurs restantes, ou auront entr'elles vne raison donnee, ou
l'vne sera plus grande que l'autre d'vne donnee qu'en raison.

Soient deux grandeurs AB, CD, ayans entr'elles vne raison donnee, & que
de chacune d'icelles soit retranchee vne grandeur donnee, c'est assauoir de

AB la grandeur AE, & de CD la grandeur CF : Ie dis que les reftes EB, FD, ou
font entr'eux en vne raifon donnee, ou bien que l'vn eft plus grand que l'autre
d'vne donnee, qu'en raifon.

    Car d'autant que chaque grandeur AE, CF eft don-
nee, la raifon de AE à CF eft donnee : Et fi elle eft la
mefme que de AB à CD, celle du refte EB au refte
FD [c] fera auffi la mefme ; & partant la raifon d'icelle
EB à FD fera auffi donnee. Mais fi elle n'eft la mefme, foit fait comme AB à
CD, ainfi AG à CF. Or la raifon de AB à CD eft donne : Donc auffi celle de
AG à CF fera donnee. Mais CF eft donnee : Donc [d] AG eft donnee. Mais AE
eft auffi donnee : Donc [e] le refte EG eft donne. Et d'autant que comme AB
à CD, ainfi la retranchee AG à la retranchee CF, & ainfi auffi [e] le refte GB au
refte FD ; la raifon d'icelle GB à FD eft auffi donnee. Partant puis que EG eft
donnee, EB eft plus grande que FD [o] d'vne donnee qu'en raifon.

Marginal notes: e 19.5. — d 2 pr. — e 4 pr. — o 11.d.

<h2 style="text-align:center">PROP. XVI.</h2>

Si deux grandeurs ont entr'elles vne raifon donnee, & que de
l'vne d'icelles on ofte vne grandeur donnee, & à l'autre on
en adioufte vne donnee : la toute fera plus grande que le
refte d'vne donnee, qu'en raifon.

    Soient deux grandeurs AB, CD, ayans entr'elles vne raifon donnee, & que
de CD on ofte vne grandeur donnee DE, mais à AB
foit adiouftee la grandeur donnee BF : Ie dis que la toute AF eft plus grande que le refte CE d'vne donnee,
qu'en raifon.

    Car puis que la raifon de AB à CD eft donnee, foit
faicte la mefme de BG à DE : Donc [f] la raifon d'icelle BG à DE eft donnee.
Mais DE eft donnee : Donc [g] BG eft auffi donnee. Mais BF eft auffi donnee :
Donc [h] la toute GF eft donnee. Et puis que comme AB à CD, ainfi la retranchee BG à la retranchee DE, & [i] ainfi auffi le refte AG au refte CE ; la raifon
d'icelle AG à CE eft donnee : Mais GF eft donnee : Donc la grandeur AF eft
plus grande [o] que la grandeur CE d'vne donnee, qu'en raifon.

Marginal notes: f 1.d. — g 2.p. — h 3.p. — i 19.5.

<h2 style="text-align:center">PROP. XVII.</h2>

S'il y a trois grandeurs, & que la premiere foit plus grande que
la feconde d'vne donnee, qu'en raifon, mais la tierce foit
auffi plus grande que la mefme feconde d'vne donnee, qu'en
raifon : la premiere aura à la tierce, ou vne raifon donnee,
ou l'vne fera plus grande que l'autre d'vne donnee, qu'en
raifon.

    Soient trois grandeurs AB, E, CD, & que chacune des grandeurs AB, CD,

foit

foit plus grande que la grandeur E d'vne donnee, qu'en raifon : Ie dis que les grandeurs AB, CD, ou font entr'elles felon vne raifon donnee, ou que l'vne eft plus grande que l'autre d'vne donnee, qu'en raifon.

Car puis que AB eft plus grande que E d'vne don-nee qu'en raifon, en foit oftee la grandeur donnee AF : Donc la raifon du refte FB à E eft donnee. Derechef, puis que CD eft plus grande que la mefme E, d'vne donnee, qu'en raifon, en foit retranchee la grandeur donnee CG; & *l 8.p.* la raifon du refte GD à E fera donnee : Donc la raifon de FB à GD fera auffi donnee. Mais à icelles FB, GD, font adiouftees les grandeurs donnees AF, *m 14.p.* CG : Donc les toutes AB, CD, *m* ou auront entr'elles vne raifon donnee, ou l'vne fera plus grande que l'autre d'vne donnee, qu'en raifon.

PROP. XVIII.

S'il y-a trois grandeurs, & que l'vne d'icelles foit plus grande que chacune des autres d'vne donnée qu'en raifon, ou les deux autres auront entr'elles vne raifon donnée, ou l'vne fera plus grande que l'autre d'vne donnée, qu'en raifon.

Soient trois grandeurs AB, CD, EF, & l'vne d'i-celles, fçauoir CD, foit plus grande que chacune des autres AB, EF, d'vne donnée qu'en raifon : Ie dis que les deux grandeurs AB, EF, ou ferõt entr'elles felon vne raifon donnée, ou que l'vne fera plus grande que l'autre d'vne donnée, qu'en raifon

Car d'autant que la grandeur CD eft plus grande que la grandeur AB d'vne donnee, qu'en raifon, en foit oftée la grandeur donnée DG : donc la raifon du refte CG à AB eft donnée. Soit faicte la mefme de GD à BH : donc la raifon d'i-celle DG à BH eft donnée. Mais DG eft donnee : donc *n* BH eft auffi donnee. *n 1.pr.* Et d'autant que comme CG à AB, ainfi GD à BH, *o* ainfi auffi eft la toute CD *o 11.5.* à la toute A H; la raifon d'icelle CD à AH fera auffi donnee.

Derechef, puis que la mefme CD eft plus grande que EF, d'vne grandeur donnee, qu'en raifon, en foit retranchee la grandeur donnee DI : Donc la rai-fon du refte CI à EF eft donnee : Soit faite la mefme de DI à FK. Donc la rai-fon d'icelle DI à FK fera auffi donnee. Mais DI eft donnee : Donc FK eft auffi donnee. Et veu que comme CI à EF, ainfi ID à FK ; ainfi auffi eft la toute *o* CD à la toute EK : la raifon d'icelle CD à EK fera donnee. Mais la raifon de la mefme CD à AH eft auffi donnee : Donc *p* la raifon d'icelle AH à EK fera don- *p 8.p.* nee. Et puis que d'icelles AH, EK font retranchees les grandeurs donnees BH, FK ; les grandeurs AB, EF, *q* ou font entr'elles en vne raifon donnee, ou l'vne *q 15.p.* eft plus grande que l'autre d'vne donnee, qu'en raifon.

PROP. XIX.

S'il y a trois grandeurs, & que la premiere foit plus grande que la feconde, d'vne grandeur donnee, qu'en raifon, & la feconde foit plus grande que la tierce d'vne donnee, qu'en raifon : Auffi la premiere grandeur fera plus grande que la tierce d'vne donnee, qu'en raifon.

Soient trois grandeurs AB, CD, E ; & la grandeur AB foit plus grande que CD d'vne donnee, qu'en raifon ; mais CD foit auffi plusgrande que E d'vne donnee, qu'en raifon : Ie dis que AB eft plus grande que la mefme E d'vne donnee qu'en raifon.

Car puis que CD eft plus grande que E d'vne donnee, qu'en raifon, en foit oftee la grandeur donnee CF : Donc la raifon du refte FD à E eft donnee. Derechef, veu que AB eft plus grande que la mefme CD d'vne donnee, qu'en raifon, en foit oftee la grandeur donnee AG : Donc la raifon du refte GB à CD eft donnee. Soit faite la mefme de GH à CF : Donc la raifon d'icelle GH à CF eft donnee. Mais CF eft donnee : Donc auffi GH eft donnee. 13. p. Et puis AG eft auffi donnee, la toute AH fera auffi donnee. Mais comme GB 19. 5. à CD, ainfi GH à CF, & ainfi auffi le refte HB au refte FD : Donc la raifon d'icelle HB à FD eft donnee. Mais la raifon de la mefme FD à E eft auffi donnee : Donc la raifon de HB à E eft pareillement donnee ; & eft auffi donnee la grandeur 11. d. deur AE : Parquoy la grandeur AB eft plus grande que E d'vne donnee, qu'en raifon.

AVTREMENT.

Soient trois grandeurs AB. C. D. & que AB foit plus grande que C d'vne donnée, qu'en raifon ; mais icelle C foit auffi plus grande que D d'vne donnée, qu'en raifon : Ie dis que AB eft plus grande que D d'vne donnée, qu'en raifon.

Car d'autant que AB eft plus grande que C d'vne donnees, qu'en raifon, en foit retranchee la grandeur donnee AE : Donc la raifon du refte EB à C eft donnee. Mais la grandeur C 13 p. eft plus grande que la grandeur D d'vne donnee, qu'en raifon : Donc EB eft plus grande que D d'vne donnee qu'en raifon. Parquoy en foit retranchee la 3. p. grandeur donnee EF ; & la raifon du refte FB à D fera donnee. Mais AF eft 11. d. donnee : Donc AB eft plus grande que D d'vne donnee, qu'en raifon.

P R O P. X X.

S'il y a deux grandeurs donnees, & que d'icelles foient oftees des grandeurs ayans entr'elles vne raifon donnee : ou les grandeurs reftantes auront entr'elles vne raifon donnees, ou l'vne fera pas grande que l'autre d'vne donnee, qu'en raifon.

Soient deux grandeurs donnees AB, CD, defquelles foient oftees les grandeurs AE, CF ayans entr'elles vne raifon donnee : Ie dis que les grandeurs

EB, FD, ou auront entr'elles vne raiſon donnee, ou
l'vne ſera plus grande que l'autre d'vne donnee,
qu'en raiſon. Car puis que l'vne & l'autre grandeur
AB, CD eſt donnee, la raiſon d'icelle AB à CD eſt
[z] auſſi donnee : Et ſi c'eſt la meſme que de AE à CF
celle du reſte EB au reſte FD ſera [x] auſſi la meſme ; &
par tant la raiſon d'icelle EB à FD ſera auſſi donnee. Mais ſi elle n'eſt la meſme,
ſoit fait que côme AE à CF, ainſi AG à CD. Or la raiſon d'icelle AE à CF eſt
donnee : donc la raiſon d'icelle AG à CD eſt dónee. Mais CD eſt donnee : Donc
[a] AG eſt auſſi donnee. Mais la toute AB eſt pareillement donnee : Donc [b] le reſte BG eſt donné. Et puis que comme AE à CF, ainſi AG à CD, & auſſi le reſte
EG au reſte FD : la raiſon d'icelle EG à FD eſt donnee. Mais GB eſt auſſi donnee : Donc la grandeur EB eſt plus grande [l] que la grandeur BD d'vne donnee, qu'en raiſon.

z 1.p.
x 19.5.

a 3.p.
b 4.p.
l 11.d

PROP. XXI.

S'il y a deux grandeurs donnees, & qu'à icelles on adiouſte
d'autres grandeurs ayans entr'elles vne raiſon donnée : ou
les toutes auront entr'elles vne raiſon donnee, ou l'vne
ſera plus grande que l'autre d'vne donnee, qu'en raiſon.

Soient deux grandeurs donnees AB, CD, & à
icelles ſoient adiouſtees les grandeurs BE, DF ayans
entr'elles vne raiſon donnee : Ie dis que les toutes
AE, CF, ou auront entr'elles vne raiſon donnee,
ou bien que l'vne ſera plus grande que l'autre d'vne
donnee, qu'en raiſon.

Car puis que l'vne & l'autre grandeur AB, CD eſt donnee, leur raiſon [c] eſt
auſſi donnee : Et ſi c'eſt la meſme raiſon que de BE à DF, auſsi ſera donnee la
raiſon de la toute AE à la toute CF ; car ce ſera encore [d] la meſme. Mais ſi ce
n'eſt la meſme, ſoit fait que comme BE eſt à DF, ainſi BG à CD : Donc la raiſon d'icelle BG à CD eſt donnee. Mais CD eſt donnee : Donc [e] le ſera auſsi
BG. Mais la toute AB eſt donnee : Donc le ſera auſsi [f] le reſte AG. Et puis que
comme BE à DF ainſi BG à CD, & auſsi [d] la toute GE à la toute CF ; la raiſon
d'icelle GE à CF ſera pareillement donnee. Mais AG eſt donnee : Donc la
grandeur AE eſt plus grande que la grandeur CF d'vne donnee, qu'en raiſon.

c 1.p.

d 12.5.

e 2.p.
f 4.p.

PROP. XXII.

Si deux grandeurs ont à quelque autre vne raiſon donnée, auſſi
leur compoſée aura à la meſme vne raiſon donnée.

Que les deux grandeurs AB, BC ayent à
quelque autre grandeur D vne raiſon donnée : Ie dis que la compoſée AC a auſſi à la
meſme D vne raiſon donnée.

Car puis que chaque grandeur AB, BC a vne raiſon donnée à D, la raiſon [g] de
g 8.p.

h 6. pr.
g 8. pr.

AB à BC est donnée : & en composant[h] la raison de AC à BC est donnée.
Mais celle de BC à D est aussi donnée : donc[g] la raison d'icelle AC à D sera pareillement donnée.

PROP. XXIII.

Si le tout est au tout en raison donnée, & que les parties soient
aux parties en raisons données, iaçoit que ce ne soient les
mesmes : les toutes seront aux toutes en raisons données.

Que le tout AB ait au tout CD vne raison donnée;
mais les parties AE, EB soient aux parties CF, FD
en raisons donnees, bien qu'elles ne soient les mesmes : Ie dis que toutes ces grandeurs seront aussi en-
tr'elles en raisons donnees, c'est à dire qu'vne chacune d'icelles AB, AE, BE,
CD, CF, FD sera à chacune des autres en raison donnee.

i 19. 5.

18 p.
m 5. p.

Car puis que AE est à CF en raison donnee, soit faicte la mesme de AB à CG:
Donc la raison d'icelle AB à CG est donnée, & consequemment aussi celle[i] du
reste EB au reste FG. Mais la raison de FD à la mesme EB est aussi donnee:
Donc la raison de FD à FG[l] est pareillement donnee : & partant[m] celle de
FD au reste GD est aussi donnee. Mais la raison de AB à chacune d'icelles CD,
CG est donnee : Donc le sera aussi[l] celle de CD à CG, & encore[m] celle de CD
au reste GD. Mais la raison de FD à DG est donnee : Donc le sera aussi[l] celle
de la mesme CD à FD, & consequemment celle de[m] CD au reste FC : Donc
aussi sera dónee la raison de CF à FD. Mais la raison de EB à FD est posee donnee : Donc la raison de CF à EB sera donnee. Derechef, pource que la raison
de AB à CD est donnee, & aussi celle de CD à chacune d'icelles FC, FD; la raison de la mesme AB à chacune desdites FC, FD[l] sera pareillement donnee.
Mais la raison d'icelle FD à EB est donnee : Donc aussi sera donnee la raison
de AB à BE, & consequemment au reste[m] AE. Parquoy en diuisant, [n] la rai-

n sch.
5. p.
18. pr.

son de AE à EB sera pareillement donnee. Mais la raison de EB à FD est donnee. Donc le sera aussi[l] celle de AE à FD. Semblablement pource que la raison de CD à AB est donnee, & celle de AB à chacune de ses parties AE, EB:
aussi la raison d'icelle CD à chacune desdites AE, EB[l] sera donnee. Parquoy
chacune des grandeurs AB, CD, AE, EB, CF, FD est à chacune des autres en
raison donnee.

PROP. XXIV.

Si de trois lignes droictes proportionnelles, la premiere a à la
tierce vne raison donnée; elle aura aussi à la seconde vne
raison donnée.

Soient trois lignes droictes propor.
A, B, C, & soit A à B, ainsi que B à C:
mais A ait à C vne raison donnee : Ie dis
que A aura aussi à B vne raison donnee.

Car soit exposee vne autre ligne droicte D; & puis que la raison de A à C est donnee soit faite la mesme de D à F: Donc la raison de D à F est donnee. Mais D est donnee: donc F est aussi donnee. Entre les deux lignes droictes D, F soit prise [o] la moyenne proportionnelle E. Donc le rectangle faict sous D, F est esgal [p] au quarré de E. Mais iceluy rectangle de D, F est [q] donné: (car tous o 13.6.
les angles d'iceluy rectangle sont donnez, estans droicts, & les raisons qu'ont p 17.6.
les costez entr'eux sont aussi donnees) donc le quarré de E [r] est donné, & con- q 3.d.
sequemment icelle ligne droicte E est aussi donné: (car on en peut trouuer r 1.d.
vne egale à icelle [s], puis que le rectangle de D. F est dóné.) Mais D est donnee: s 14.2.
Donc [t] la raison de D à E est donnee; & comme A est à C, ainsi D à F. Mais com- t 1.p.
me A à C, [u] ainsi le quarré de A au rectangle de A, C; & aussi comme D à F, u 1.6.
ainsi le quarré de D au rectangle de D, F. Donc comme le quarré de A est au rectangle de A, C, ainsi le quarré de D est au rectangle de D, F. Mais le rectangle de A, C est esgal au quarré de B, (puis que A, B, C sont proportionnelles) & celuy de D, F, au quarré de E. Donc comme le quarré de A est au quarré de B, ainsi le quarré de D est au quarré de E. Parquoy [x] comme A à B, ainsi D à x 22.6.
E. Mais la raison de D à E est donnee: donc [y] aussi la raison de A à B est don- y 2.d.
née.

AVTREMENT.

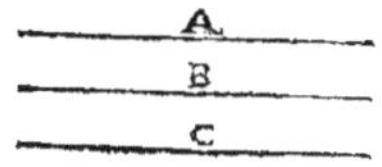

D'autant que la raison de A à C est donnee, & que comme A est à C, ainsi le quarre de A au rectangle de A, C: la raison d'iceluy quarré de A au rectangle de A, C est aussi donnee. Mais à iceluy rectangle de A, C est esgal le quarré de B (puis que A, B, C sont proport.) donc la raison du quarré de A au quarré de B est donnee, & par consequent est aussi donnee la raison de la ligne A à la ligne B: Car à chacune d'icelles A, B, nous en auons exhibé vne egale au propre quarré de chacune.

PROP. XXV.

Si deux lignes données par position s'entrecouppent, le poinct auquel elles se couppent est donné par position.

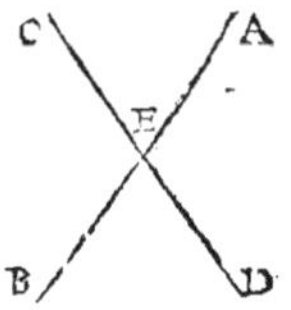

Soient deux lignes AB, CD donnees par position, qui se couppent l'vne l'autre au poinct E: Ie dis que le poinct E est donné par position: Car s'il changeoit de lieu l'vne ou l'autre des lignes AB, CD changeroit sa position: Or est il que par l'hypothese elle ne change point: Donc [a] le poinct E est donné par position. a 4.d.

PROP. XXVI.

Si les extremitez d'vne ligne droicte sont données par position: icelle ligne droicte est donnée par position, & par grandeur.

De la ligne droicte A B les extremitez A, B soiét
donnees par position : Ie dis que la ligne droicte
AB est donnee par position, & par grandeur.

Car si le poinct A demeurant en son lieu ; la position, ou la grandeur de la ligne
droicte A B change, le poinct B tombera ailleurs : Or est-il que par l'hypothese il n'y tombe point. Donc la ligne droicte A B est donnee par position, &
par grandeur.

PROP. XXVII.

Si d'vne ligne droicte donnée par position, & par grandeur vne extremité est donnée, aussi l'autre extremité sera donnée.

De la ligne droicte A B donnee par position,
& par grandeur soit donnee vne extremité,
sçauoir A : Ie dis que l'autre extremité B est
donnée.

Car si le poinct A demeurant en son lieu le poinct B change & tombe en vn
autre lieu, ou la position de la ligne droicte A B, ou sa grádeur changeroit : or
est-il que selon l'hypothese l'vne ny l'autre ne cháge. Donc le poinct B est dóné.

AVTREMENT.

b 6.d.

c 25.p.

Du centre A, & de l'interualle AB soit descritte la
circonference BC. Donc [b] icelle circonference BC
est donnee par position. Mais la ligne droicte AB est
aussi donnee par position : Donc le poinct B [c] est
donné.

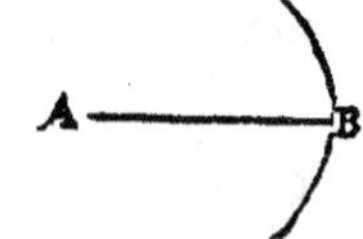

PROP. XXVIII.

Si par vn poinct donné est tirée vne ligne droicte vis à vis d'vne ligne droicte donnée par position, la ligne droicte menée est donnée par position.

Que par le poinct donné A soit menee vis à vis d'vne
ligne droicte BC donnee par posion, vne ligne droicte
DAE : Ie dis que la ligne droicte D A E est donnee par
position.

Car si elle n'est donnee, le poinct A demeurant en son
lieu, la position de la ligne droicte DAE changera.

Qu'elle change donc s'il est possible, & tombe ailleurs demeurant parallele à

d 13.d.

e 30.1.

BC, & soit FAG. Donc BC est parallele à icelle FAG. Mais [d] la mesme BC
est aussi parallele à DAE: Donc [e] DAE est parallele à icelle FAG : Ce qui est
absurde, veu qu'elles se ioignent & rencontrent en A. Donc la posirion de la
ligne droicte DAE ne tombe pas ailleurs. Parquoy icelle ligne DAE est donnée par position.

PROP. XXIX.

Si à vne ligne droicte donnée par position, & à vn poinct don-

né en icelle eſt menée vne ligne droicte qui faſſe angle donné ; la ligne menée eſt donnee par poſion.

Qu'à vne ligne droicte donnee AB, & à vn poinct donné en icelle C, ſoit menee la ligne droicte CD, qui fait l'angle donné ACD : Ie dis que la ligne droicte CD eſt donnée par poſition.

Car ſi elle n'eſt donnee par poſition, le poinct C demeurant en ſon lieu, la poſition de la ligne CD obſeruant la grandeur de l'angle ACD tombera ailleurs : Qu'elle y tombe donc, s'il eſt poſſible ; & ſoit CE. Donc l'angle ACD eſt egal à l'angle ACE, le grand au moindre . Ce qui eſt abſurde. Donc la poſition de la ligne droicte CD ne tombera ailleurs : & partant icelle ligne CD eſt donnee par poſition.

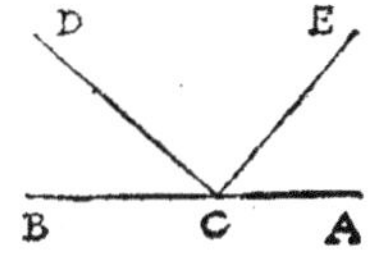

PROP. XXX.

Si d'vn poinct donné eſt tiree à vne ligne droicte donnee par poſition vne ligne droicte faiſant vn angle donné : la ligne tiree eſt donnee par poſition.

D'vn poinct donné A ſoit tiree à la ligne droicte BC donnee par poſition, vne ligne droicte AD faiſant l'angle ADB donné : Ie dis que la ligne AD eſt donnee par poſition.

Car ſi elle n'eſt donnee, le poinct A ne bougeart de ſon lieu la poſition de la ligne droicte AD gardant la grandeur de l'angle ADB changera. Qu'elle change donc ; & ſoit la ligne droicte AE. Donc l'angle ADB eſt egal à l'angle AEB, le grand au moindre : Ce qui eſt abſurde. Donc la poſition de la ligne droicte AD ne change point : & partant icelle ligne AD eſt donnee par poſition. f 16.1.

AVTREMENT.

Par le poinct A ſoit tirée la ligne EAF parallele à la ligne droicte BC. Donc puis que par le poinct donné A, vis à vis & contre vne ligne droicte BC donnee par poſition, eſt tirée la ligne droicte EF ; icelles lignes EF, BC ſont paralleles, mais auſſi ſur icelles tombe la ligne droicte AD : Donc l'angle FAD eſt egal à l'angle donné ADB ; & partant il eſt auſſi donné. Parquoy à la ligne droicte EF donnee par poſition, & au poinct A donné en icelle, eſt tirée la ligne droicte AD faiſant l'angle donné FAD : Donc icelle AD eſt donnee par poſition. g 29.1. h 29.1.

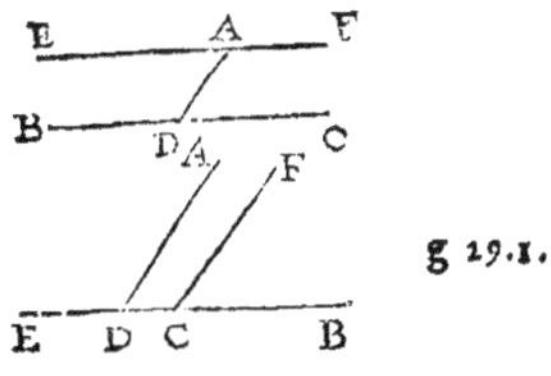

AVTREMENT.

En la ligne BCE ſoit pris vn poinct donné C, & par iceluy ſoit menee CF pa-

642

rallele à icelle DA. D'autant que AD, FC sont paralleles & que sur icelles tombe la ligne droicte BCE : l'angle FCB est egal à l'angle donné ADB: & partant il est aussi donné. Et puis que à la ligne droicte BC donnee par position , &
à vn poinct C donné en icelle est tirée la ligne droicte FC faisant vn angle donné FCB; icelle ligne FC est donnee par position. Mais par le poinct donné A,
est tirée vis à vis de la ligne FC donnee par position, la ligne AD : Donc icelle
AD est donnee par position.

g 29.1.

h 29 p.

i 18.p.

AVTREMENT.

Soit pris en la ligne droicte BC quelque poinct F, &
soit tirée AF. D'autant que chaque poinct A, F est donné , la ligne AF est donnee par position. Mais la ligne
BC est aussi dónee par position: Donc † l'angle AFD est
donné. Mais par l'hypothese l'angle ADF est donné:
Donc DAF (qui est le reste de deux droicts) est donné. Et puis que à la ligne droicte AF donnee par position , & au poinct A donné en icelle , est tirée la ligne
droicte DA faisant l'angle donné DAF , icelle ligne DA est donnee par position.

l 16 p.

n 32.1.

m 19.p.

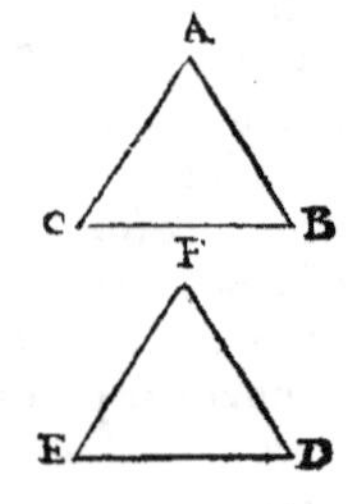

SCHOLIE.

*† Euclide suppose icy que deux lignes droictes estans donnees par position , & inclinees
entr'elles font vn angle donné ; ce qu'aucuns demonstrent ainsi. D'autant que les deux lignes droictes donnees par position sont inclinees entr'elles , l'inclination d'icelles lignes est
donnee : Mais l'angle est l'inclination des lignes : Donc l'angle que font les lignes droictes
donnees par position , & inclinees entr'elles est donné.*

*Mais le sieur Hardy le demonstre presque ainsi. Soient deux
lignes droictes inclinees AB , CB donnees par position, & en AB
soit pris quelque poinct donné A , & en BC aussi quelque poinct
C , & soit tirée la ligne droicte AC. Puis que tant le poinct B,
que chacun des poincts A & C est donné, ° les trois lignes
droictes AB, BC , AC sont donnees par grandeur. Parquoy de
trois lignes directes egales à icelles , on pourra constituer vn
triangle : soit donc fait le triangle FDE ayant le costé FD
egal au costé AB, le costé FE egal au costé AC, & la base DE
egale à la base BC. Veu donc que les angles compris des lignes
droictes egales sont esgaux , nous auons trouué l'angle FDE
egal à l'angle ABC : & partant iceluy angle ABC est donné.*

o 26.p.

d 1.def.

PROP. XXXI.

Si d'vn poinct donné, on tire à vne ligne droicte donnée par
position, vne ligne droicte donnée par grandeur: elle sera
aussi donnée par position.

Que d'vn poinct donné A, soit tirée à la ligne droicte BC donnee par position, la ligne droicte AD donnee par grandeur: Ie dis qu'icelle AD est
donnée par position.

Car

Car du centre A, & de l'interualle AD soit descrit
le cercle DEF. D'autant que le centre A est donné par
position, & le semidiam. AD par grandeur; le cercle
DEF [p] est donné par position. Mais la ligne droicte
BC est aussi donnee par position : Donc le poinct d'intersection D [q] est donné. Et puis que le poinct A est
aussi donné : [r] la ligne droicte AD est donnee par position.

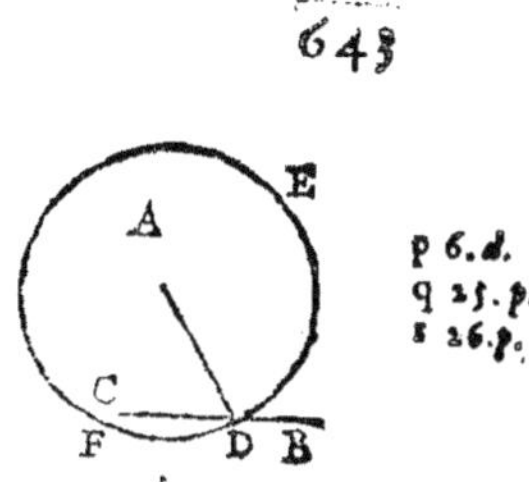

p 6. d.
q 25. p.
s 26. p.

PROP. XXXII.

Si à des lignes droictes paralleles donnees par position, on tire vne ligne droicte, faisant des angles donnez; la ligne tiree sera donnée par grandeur.

Aux lignes droictes paralleles AB, CD donnees par position, soit tiree la
ligne droicte EF faisant les angles donnez BEF, EFD : Ie dis que la ligne EF
est donnee par grandeur.

Car soit pris en la ligne CD vn poinct donné G, & d'i-
celuy soit tiree GH parallele à FE. D'autant que les lignes EF, HG sont paralleles, & que sur icelles tombe
la ligne CD [s] l'angle EFD est egal à l'angle FGH. Mais
l'angle EFD est donné : donc l'angle FGH est aussi donné. Et d'autant qu'à la ligne droicte CD donnee par position, & au poinct G donné en icelle est tirée la ligne
droicte GH faisant l'angle donné FGH; [t] icelle ligne
GH est donnee par position. Mais AB est aussi donnee
par position : Donc [u] le poinct H est donné. Mais le poinct G est aussi donné :
Donc [x] la ligne GH est donnee par grandeur, & est [y] egale à EF. [z] Parquoy
icelle ligne EF est donnee par grandeur.

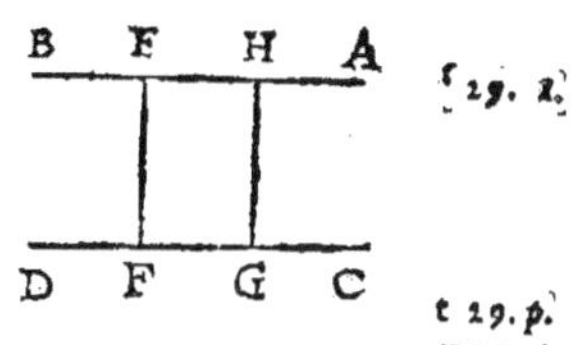

s 29. 1.

t 29. p.
u 25. p.
x 26. p.
y 34. 1.
z 1. d.

PROP. XXXIII.

Si à des lignes droictes paralleles donnees par position, on
tire vne ligne droicte donnée par grandeur, elle fera les
angles donnez.

Aux lignes droictes paralleles AB, CD donnees par
position, soit tiree vne ligne droicte EF donnee par grandeur : Ie dis qu'elle fera les angles BEF, DFE donnez.

Car soit pris en la ligne droicte AB le poinct G, &
par iceluy soit tiree GH parallele à EF. Donc EF est egale à icelle [y] GH. Mais EF est donnee par grandeur: Donc
GH est aussi donnee par grandeur. Mais le poinct G est
donné, & partant si d'iceluy, & de l'interualle GH est
descrit vn cercle [a] il sera donné par position. Qu'il soit
donc descrit, & soit HKL. Iceluy cercle HKL est donc donné, par position:

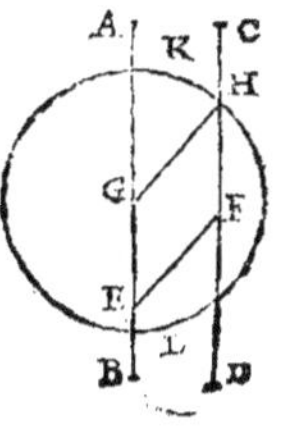

y 34. 1.

a 6. d.

644

Mais la ligne CD qui couppe la circonference KHL en H est aussi donnee par position : donc iceluy point d'intersection H [b] est donné. Mais le poinct G est donné : donc [c] la ligne droicte GH est donnée par position. Mais la ligne droicte CD est aussi donnee par position : Donc [d] l'angle GHF est donné. Mais à iceluy est egal [e] l'angle EFD : Donc l'angle EFD est donné ; & partant aussi l'angle BEF, car c'est le reste de la somme de deux [e] droits.

b 25.p.
c 26.p.
d sch.
30.pr.
e 29.1.

AVTREMENT.

Soit pris en la ligne droicte CD le poinct G ; & soit posee GD egale à EF : puis du centre G & interualle GD soit descrit vn cercle DBH, & tiré GB. D'autant que le centre G est donné par position, & le semidiametre GD par grandeur, le cercle BDH [a] est donné par position. Mais la ligne AB est aussi donnee par position : Donc [b] le poinct B est donné. Mais le poinct G est aussi donné : Donc [c] la ligne droicte GB est donnee par position. Mais la ligne droicte CD est aussi donnee par position : Donc [d] l'angle BGD est donné. Parquoy si EF est parallele à BG, l'angle EFD, [e] sera donné, & consequemment aussi l'autre angle BEF. Mais les lignes droictes BG, EF n'estans paralleles, qu'elles se rencontrent au poinct H. D'autant que EB est parallele à FG, & EF est egale à GD,

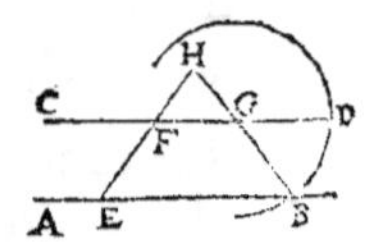

c'est à dire à BG ; aussi FH [f] sera egale à GH. (car EH, BH estans couppees proportionnellement [g] par la parallele FG, comme EF à FH ainsi BG à GH, & en permutant, côme EF à BG ainsi FH à GH.) Donc [h] l'angle HFG est egal à l'angle HGF. Mais iceluy HGF est donné : (car il est egal [i] au donné BGD.) Donc l'angle HFG est aussi donné. Mais à iceluy est egal l'angle BEF, & partant est donné, comme aussi le restant EFG.

f 14.5.
g 2.6.
h 5.1.
i 15.1.

<h1 style="text-align:center">PROP. XXXIV.</h1>

Si d'vn poinct donné on tire à des lignes droictes paralleles donnees par position, vne ligne droicte : elle sera couppée en raison donnee.

Qu'aux lignes droictes paralleles AB, CD donnees par position, soit tiree du poinct donné E, la ligne droicte EFG : Ie dis que la raison de EF à FG est donnée.

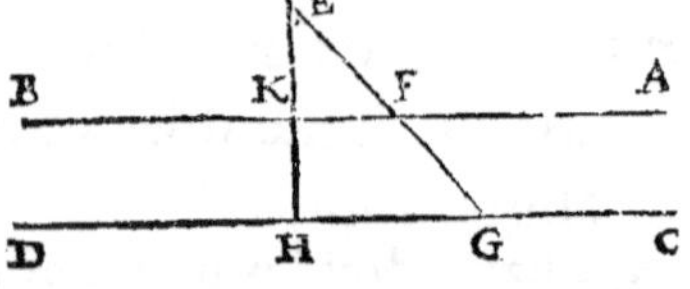

Car du poinct E soit tiree EH perpendiculaire à la ligne CD. D'autant que du poinct donné E est tiree à CD la ligne droicte EH, faisant l'angle donné EHG, [l] icelle ligne EH est donnee par position. Mais l'vne & l'autre ligne AB, CD est aussi donnee par position. Donc [m] les poincts d'intersection K, H sont donnez. Mais le poinct E est aussi donné : Donc [n] chaque ligne EK, KO est donnee. Parquoy [o] la raison d'icelle EK à KO est donnée. Mais comme EK à KO, ainsi EF à FG : (car au triangle GEH, la ligne KF estant parallele à HG, les costez EH, EG sont couppez proportionnellement.) Donc la raison d'icelle EF à FG est donnée.

l 30.p.
m 25.p.
n 26.p.
o 1.p.

AVTREMENT.

Aux lignes droictes paralleles AB, CD donnees par poſition, ſoit tiree du
poinct donné E la ligne droicte FEG : Ie dis que la raiſon de GE à EF eſt donnee. Car du poinct E ſoit tiree à CD
la perpendiculaire EH, & produicte
iuſques au poinct K. Puis donc que
du poinct E à la ligne droicte CD
donnee par poſition, eſt tiree la ligne
EH faiſant l'angle donné EHG; [i] icelle EH eſt donnee par poſition. Mais
chaque ligne AB, CD eſt auſſi don-
nee par poſition : Donc [m] chaque poinct d'interſection H, K eſt donné. Mais
le poinct E eſt auſſi donné. Donc [n] chacune des lignes EH, EK eſt donnee par
grandeur: & partant [o] la raiſon d'icelle EH à EK eſt donnee. Mais [p] comme
EH à EK ainſi EG à EF: (car les angles oppoſez du poinct E eſtans egaux, &
les lignes AB, CD paralleles, les triangles EHG, EKF ſont equ'iangles, & partant comme EH à EG ainſi EK à EF; & en permutant comme EH à EK ainſi
EG à EF.) Donc la raiſon d'icelle EG à EF eſt donnee.

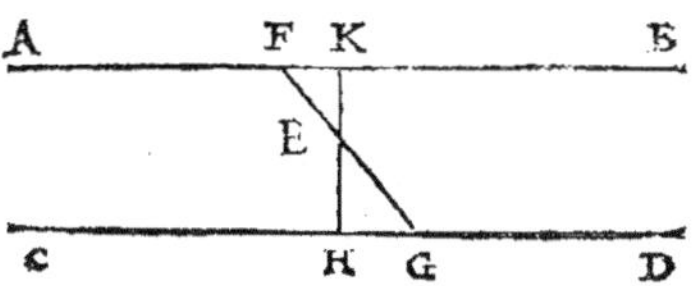

[m] 25. p.
[n] 16. p.
[o] 1. p.
[p] 4. 6.

PROP. XXXV.

Si d'vn poinct donné à vne ligne droicte donnee par poſition,
eſt tiree vne ligne droicte, laquelle ſoit couppée en vne raiſon donnee, & que par le poinct de ſection ſoit menée vne
ligne droicte vis à vis de la ligne droicte donnee par poſition : la ligne menee ſera donnee par poſition.

Que d'vn poinct donné A ſoit tiree à vne ligne droicte BC donnee par poſition, la ligne droicte AD, &
ſoit couppee en E ſelon vne raiſon donnee, c'eſt à ſçauoir de AE à ED, mais par le poinct E ſoit menee FEG
parallele à BC: Ie dis que FG eſt donnee par poſition.

Car du poinct A ſoit tiree AH perpendiculaire à BC.
D'autant que du poinct donné A eſt tiree à BC donnee
par poſition, la ligne droicte AH faiſant l'angle AHD
donné ; [q] icelle AH eſt donnee par poſition. Mais BC
eſt auſſi donnee par poſition: Donc [r] le poinct H eſt donné. Mais le poinct A
eſt auſſi donné : Donc [s] la ligne AH eſt donnee par grandeur, & par poſition.
Et d'autant que [t] comme AE à ED, ainſi AK à KH, & que la raiſon de AE à
ED eſt donnee ; auſſi la raiſon de AK à KH eſt donnee : & en compoſant, [u] la
raiſon de AH à AK eſt donnee. Mais AH eſt donnee par grandeur: Donc [x] auſſi
AK eſt donnee par grandeur. Mais AK eſt auſſi donnee par poſition , & le
poinct A eſt donné: Donc [y] le poinct K eſt auſſi donné. Et puis que par iceluy
poinct K donné eſt menee la ligne droicte FG, vis à vis de la ligne droicte BC
donnée par poſition; icelle ligne FG [z] eſt donnee par poſition.

[q] 30. p.
[r] 25 p.
[s] 16. p.
[t] 2. 6.
[u] 6. p.
[x] 2. p.
[y] 27. p.
[z] 28. p.

PROP. XXXVI.

Si d'vn poinct donné on tire à vne ligne droicte donnee par
position vne ligne droicte, & qu'à icelle on adiouste quelque ligne droicte ayant vne raison donnee à la mesme ; mais
que par l'extremité d'icelle adioustee, on mene vne ligne
droicte vis à vis de la ligne donnee par position : icelle ligne
menee sera donnee par position.

Que du poinct donné A soit tiree à la ligne droicte BC donnee par position,
la ligne droicte AD, à laquelle soit adioustee la ligne droicte AE qui ait à
AD vne raison donnee ; mais par le poinct E soit menee FEK
parallele à icelle BC. Ie dis que FK est donnée par position.

Car du poinct E soit menee à BC la perpendiculaire AL, &
prolongee iusques au poinct G. D'autant que du poinct donné
A est tiree à la ligne droicte BC donnee par position la ligne
droicte GL, qui fait vn angle GLD donné ; [q] icelle ligne GL est
donnée par position. Mais BC est aussi donnee par position :
Donc [r] le poinct L est donné. Et puis que le poinct A est aussi
donné, la ligne [f] AL est donnee. Mais d'autant que la raison
de AE à AD est donnee, & que [a] comme icelle AE à AD, ainsi
AG à AL ; (à cause que les triangles ALD, AGE sont equiangles)
la raison de AG à AL est aussi donnee. Mais AL est donnee par
grandeur : Donc [b] AG est donnee par grandeur. Mais elle l'est
aussi par position, & le poinct A est donné : Donc [c] le poinct
G est aussi donné. Et puis que par iceluy poinct donné G, est menee la ligne FK, vis à vis de la ligne droicte BC donnee par position ; [d] icelle
ligne FK est donnee par position.

q 30.p.
r 26.p.
f 26.p.
a 4.6.
& 16.5.
b 2.p.
c 27.p.
d 28.p.

PROP. XXXVII.

Si à des lignes droictes paralleles donnees par position, est tiree
vne ligne droicte, qui soit couppee en raison donnee : mais
par le poinct de section soit menee vis à vis des lignes droictes donnees par position, vne ligne droicte : icelle ligne
menee sera donnee par position.

Soient des lignes droictes paralleles AB, CD
donnees par position, & à icelles soit tiree la ligne
droicte EF couppee en la raison donnee de EG à
GF ; & par le poinct G soit menee HGK parallele à
laquelle on voudra d'icelles AB, CD : Ie dis que
KH est donnee par position.

Car soit pris en la ligne AB le poinct donné L, &
d'iceluy poinct soit tiree LN perpendiculaire à CD. Et puis que du poinct

donné L, est tiree à la ligne droicte CD, la ligne LN faisant l'angle LND donné icelle LN e est donnee par position. Mais CD est aussi donnee par position. e 30. p.
Donc le poinct N f est donné. Mais le poinct L est aussi donné: Donc g la li- f 25. p.
gne LN est donnee. Et veu que la raison de FG à GE est donnee, & que † com- g 26. p.
me FG à GE, ainsi NM à ML; la raison d'icelle NM à ML est donnee: Et en
composant h, la raison de LN à LM est aussi donnee. Mais LN est donnee par h 6. p.
grandeur: Donc ML est i donnee par grandeur. Mais elle l'est aussi par posi- i 2. p.
tion, & le poinct L donné. Donc le poinct M l est aussi donné Et attendu que l 27. p.
par iceluy poinct M est menee la ligne droicte KH vis à vis de la ligne droicte
CD donnee par position; icelle ligne KH est aussi donnee par position.

SCHOLIE.

† Euclide suppose icy que comme FG est à GE, ainsi NM est à ML, mais le sieur Hardy
l'a demonstré ainsi. Les lignes EF, LN sont paralleles, ou non: Qu'elles soient donc pre-
mierement paralleles. Et d'autant que par l'hypothese les lignes EL, FN, EF, LN, sont
paralleles, EN sera vn parallelogramme; & partant le costé EF est egal au costé LN.
Derechef, veu que MG est parallele à FN: & GF à MN; GN sera aussi parallelogr. &
partant le costé GF est egal au costé MN. Parquoy les egales EF, LN, auront aux ega-
les FG, MN m vne mesme raison: Donc comme EF à FG, ainsi LN à MN; & en diui- m 7. 5.
sant, n comme GE à GF, ainsi LM à MN. n 17. 5.

Maintenant que les lignes EF, LN ne soient paralle-
les, mais qu'elles se rencontrent au poinct O: D'autant
qu'au triangle OFN est menee HK parallele à vn des
costez FN; o les costez OF, ON sont couppez propor- o 2. 6.
tionnellement; & partant comme FG à GO ainsi NM à
MO. Derechef, veu qu'au triangle OGM est menée EL
parallele au costé GM, les costez OG, OM sont couppez
proportionnellement: Parquoy o comme OE à EG, ainsi
OL à LM; & en composant, p comme OG à EG, ainsi OM à LM. Mais il a esté demon- p 18. 5.
stré que comme FG à GO, ainsi NM à MO: Donc par raison egale, q comme FG à GE q 22. 5.
ainsi NM à ML.

PROP. XXXVIII.

Si à des lignes droictes paralleles donnees par position, on tire
vne ligne droicte, & qu'à icelle on adiouste quelque autre
ligne droicte qui ait vne raison donnee à la mesme; mais par
l'extremité de l'adioustee soit menee vne ligne droicte vis
à vis des paralleles donnees par position: la ligne menee sera aussi donnee par position.

Soient des lignes droictes paralleles AB. CD donnees par position, & à
icelles soit tiree la ligne droicte EF, à laquelle soit adioustee la ligne droicte
EG yant vne raison donnee à la mesme EF, mais par le poinct G soit menee la
ligne droicte HK parallele à l'vne ou à l'autre des lignes AB. CD: Ie dis qu'i-
celle ligne HK est donnee par position.

MMMm iij

Car ſoit pris en la ligne AB le poinct donné N, & d'iceluy ſoit tiree à CD la perpendiculaire NM, & ſoit prolongee iuſques au poinct L. D'autant que du poinct donné N eſt tiree à la ligne droi-cte CD donnee par poſition, la ligne droicte NM faiſant vn angle donné

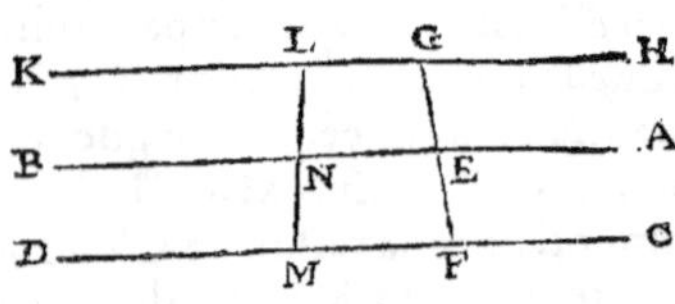

r 30. p. NMF; icelle NM r eſt donnee par poſition. Mais la ligne CD eſt auſſi donnee
ſ 25. p. par poſition : Donc z le poinct M eſt donné. Mais le poinct N eſt auſſi donné:
t 26. p. Donc t la ligne NM eſt donnee. Et pour ce que la raiſon de EG à EF eſt don-nee, & que (par les choſes demonſtres au Scholie prec.) comme EG à EF ain-ſi LN à NM, la raiſon de LN à NM eſt auſſi donnee. Mais NM eſt donnee:
u 2. p. Donc LN u eſt auſſi donnee. Mais le poinct N eſt donné : Donc x le poinct L
x 27 p. eſt auſſi donné. Veu donc que par le poinct donné L, eſt menee la ligne droicte
y 28 p. HK vis à vis de la ligne AB donnee par poſition, y icelle HK eſt auſſi donnee par poſition.

PROP. XXXIX.

Si chaques coſtez d'vn triangle ſont donnez par grandeur, le triangle eſt donné par eſpece.

Du triangle ABC ſoient donnez chaques coſtez par gran-deur : Ie dis que le triangle ABC eſt donné par eſpece.

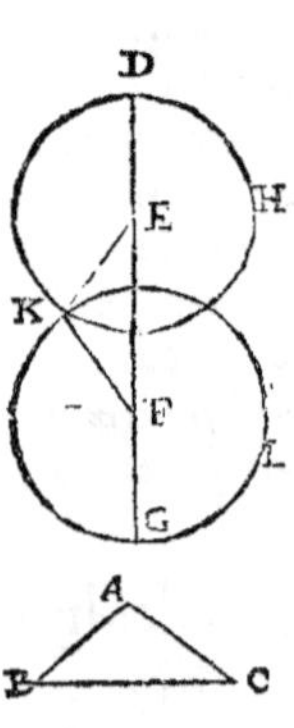

Car ſoit expoſee vne ligne droicte DG donnee par poſi-tion, & finie au poinct D, mais infinie vers l'autre partie G. En icelle ſoit priſe DE egale à AB. Or puis que icelle AB eſt donnee par grandeur, DE l'eſt auſſi, mais la meſme DE eſt
z 27. p. auſſi donnee par poſition, & le poinct D donné : Donc z le poinct E eſt donné. Derechef, ſoit poſee EF egale à BC. Et veu que BC eſt donnee par grandeur, EF le ſera auſſi. Mais icelle EF eſt ſemblablement donnee par poſition, & le poinct E eſt donné: Donc z le poinct F eſt donné. Soit en-core priſe FG egale à AC. Or d'autant que icelle AC eſt donnee par grandeur, FG l'eſt auſſi. Mais FG eſt auſſi don-nee par poſition, & le poinct F eſt donné: Donc le poinct G eſt auſſi donné. Maintenant du centre E, & interualle ED ſoit deſcrit le cer-
a 6. d. cle DHK, a & iceluy ſera donné par poſition. Derechef, du centre F & inter-
b 25. p. ualle FG ſoit deſcrit le cercle GLK : Donc a iceluy cercle GLK eſt donné par poſition ; & partant b le poinct d'interſection K eſt donné. Mais chacun des
c 26. p. poincts E, F eſt donné: Donc chaque ligne c EK, EF, FK eſt donnee par poſi-tion & grandeur. Donc le triangle EKF eſt † donné par eſpece : Mais il eſt egal & ſemblable au triangle ABC; & partant le triangle ABC eſt auſſi donné par eſpece.

SCHOLIE.

† Euclide ſuppoſe icy qu'vn triangle dont les coſtez ſont donnez par grandeur & poſition

eſt donné par eſpece , mais l'ancien interprete le demonſtre preſque ainſi. D'autant que les lignes droictes KE, EF, ſont donnees [d] la raiſon qu'elles ont entr'elles eſt donnée. Item les lignes droictes EF, FK eſtans donnees, leur raiſon eſt auſſi donnée. Et ſemblablement eſt donnee la raiſon d'icelles EK, FK. Derechef, pource que les meſmes lignes KE, EF ſont donnees par poſition [e] l'angle KEF eſt donné par grandeur : Item les lignes droictes EF, FK eſtans donnees par poſition, l'angle EFK eſt donné par grandeur ; comme eſt auſſi le reſtant EKF. Par ainſi au triangle EKF tous les angles ſont donnez, & auſſi les raiſons des coſtez : Donc [f] iceluy triangle EKF eſt donné par eſpece.

d 1. p.
e ſch.
30. pr.
f 3. def.

PROP. XL.

Si les angles d'vn triangle ſont donnez par grandeur, le triangle eſt donné par eſpece.

Que chacun angle du triangle ABC ſoit donné : Ie dis que le triangle ABC eſt donné par eſpece.

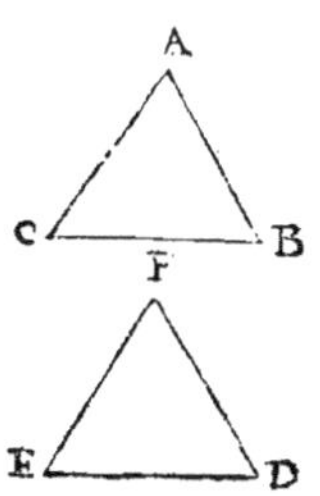

Car ſoit expoſee la ligne droicte DE donnee par poſition & par grandeur, & ſoit conſtitué au poinct D l'angle EDF egal à l'angle CBA, mais au poinct E l'angle DEF egal à l'angle BCA : Donc le troiſieſme angle BAC eſt egal au troiſieſme angle DFE. Or chacun des angles conſtituez aux poincts A, B, C eſt donné : Donc chacun de ceux qui ſont poſez aux poincts D, F, E eſt auſsi donné. Et puis que à la ligne droicte DE donnee par poſition, & au poinct D donné en icelle eſt tiree la ligne droicte DF, qui fait l'angle donné EDF; [g] la ligne DF eſt donnee par poſition. Et par meſme raiſon la ligne EF eſt donnee par poſition : Donc [h] le poinct F eſt donné par poſition. Mais chacun des poincts D, E eſt donné : Donc [i] chacune des lignes DF, DE, EF eſt donnee par grandeur. Parquoy le triangle DFE [l] eſt donné par eſpece ; & eſt ſemblable au triangle ABC : Donc le triangle ABC eſt donné par eſpece.

g 29. p.
h 25. p.
i 26. p.
l 39. p.

PROP. XLI.

Si vn triangle à vn angle donné, & que les deux coſtez qui le conſtituent ayent entr'eux vne raiſon donnee ; le triangle eſt donné par eſpece.

Que le triangle ABC ait l'angle BAC donné, & que les coſtez BA, AC qui font iceluy angle ſoient entr'eux en raiſon donnee : Ie dis que le triangle ABC eſt donné par eſpece.

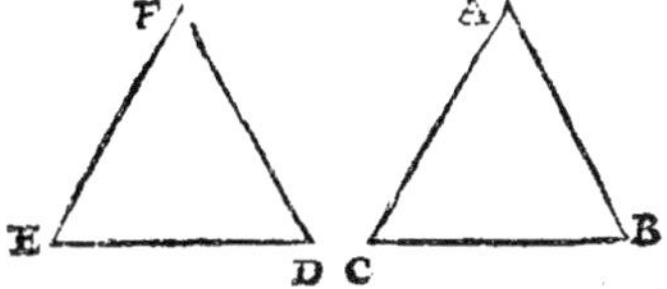

Car ſoit expoſee la ligne droicte DF donnee par grandeur & poſition ; mais ſur icelle & au poinct donné F ſoit conſtitué l'angle DFE egal à l'angle BAC. Or l'angle BAC eſt donné : Donc auſsi eſt donné l'angle DFE. Et puis que à la li-

gne droicte DF donnee par poſition & du poinct F donné en icelle eſt tiree vne
ligne droicte FE faiſant l'angle donné DFE; [m] icelle ligne FE eſt donnee par
poſition. Mais veu que la raiſon de AB à AC eſt donnee, ſoit faicte la meſme
de DF à FE, puis ſoit tiree DE. Donc la raiſon de DF à FE eſt donnee : Mais
DF eſt donnee : Donc [n] FE eſt donnee par grandeur. Mais la meſme FE eſt
auſſi donnee par poſition, & le poinct F eſt donné. Donc [o] le poinct E eſt auſſi
donné. Mais chacun des poincts D, F eſt donné : Donc [p] chacune des lignes
droictes DF, FE, DE eſt donnee par poſition & grandeur. Parquoy [q] le triangle DEF eſt donné par eſpece. Et veu que les deux triangles ABC, DEF ont vn
angle egal à vn angle, c'eſt à ſçauoir l'angle BAC à l'angle DFE, & les coſtez
qui conſtituent iceux angles egaux, proportionnaux ; [r] le triangle ABC eſt
ſemblable au triangle DEF. Mais le triangle DFE eſt donné par eſpece : Donc
le triangle ABC eſt donné par eſpece.

m 29 p.

n 2.pr.
o 27 p.
p 16.p.
q 39.p.

r 6. 6.

PROP. XLII.

Si les coſtez d'vn triangle ſont entr'eux en raiſons donnees , le
triangle eſt donné par eſpece.

Que les coſtez du triangle AbC ſoient entr'eux en
raiſons donnees : Ie dis que le triangle ABC eſt donné
par eſpece. Car ſoit expoſee la ligne droicte D donnee
par grandeur ; & puis que la raiſon de BC à AC eſt donnee, ſoit faicte la meſme de D à E. Or D eſt donnee : Donc
[ſ] E eſt auſsi donnee. Derechef, veu que la raiſon de AC à
AB eſt donnee, ſoit faicte la meſme de E à F. Or E eſt
donnee : Donc [ſ] F eſt auſsi donnee. Maintenant de trois
lignes droictes egales aux trois donnees D, E, F, & deſquelles deux en quelque façon qu'elles ſoient priſes ſont
plus grandes que l'autre, ſoit conſtitué le triangle GHK,
tellement que D ſoit egale à HK ; mais E à KG, & GH à
F. Donc chacune deſdictes lignes HK, KG, GH eſt donnee par grandeur. Parquoy [t] le triangle HGK eſt donné
par eſpece. Et d'autant que comme BC à CA, ainſi D à
E, & que D eſt egale à HK, & E à KG : comme BC à CA ainſi HK à KG. Derechef, pour ce que comme CA à AB, ainſi E à F, & que E eſt egale à KG, &
F à GH : comme CA à AB, ainſi KG à GH. Mais il a eſté demonſtré que comme BC à CA, ainſi HK à KG : Donc par egalité de raiſon, comme BC à AB,
ainſi HK à GH. Donc [a] le triangle ABC eſt ſemblable au triangle GHK. Mais
le triangle GHK eſt donné par eſpece : Donc le triangle ABC eſt auſsi donné
par eſpece.

ſ 2.pr.

t 39. p.

a 5. 6.
& 1. d.
6.

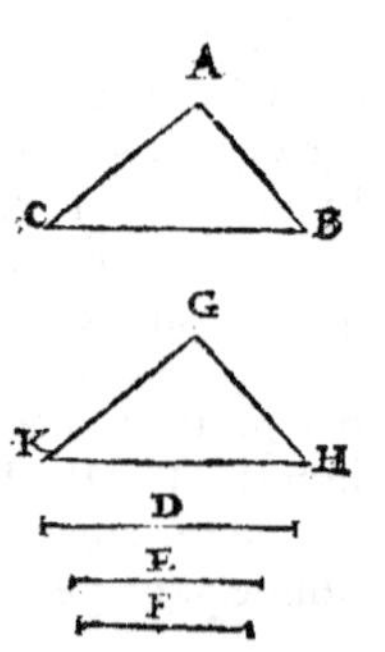

PROP. XLIII.

Si les coſtez d'autour vn des angles aigus d'vn triangle rectangle, ont entr'eux vne raiſon donnee ; le triangle eſt donné
par eſpece.

Soit

Soit vn triangle ABC ayant l'angle A droict, & les
coftez BC, BA d'allentour vn des angles aigus foient
entr'eux en raifon donnee: Ie dis que le triangle ABC
eft donné par efpece.

Car foit expofee la ligne droicte DE donnee par
grandeur & pofition, & fur icelle DE foit defcrit le
demy cercle DGE. Donc[b] le demy cercle DGE eft
donné par pofition : (car la ligne DE eftant donnee,
& couppee en deux egalement, le centre dudit cercle eft donné par pofition, & le femidiam. par grandeur.) Et d'autant que la raifon de BC à BA eft donnee, foit faicte la mefme de DE à F : Donc la raifon
de DE à F eft donnee. Mais DE eft donnee : Donc F
eft[c] auffi donnee. Or BC eft plus grande que[d] AB:
Donc ED eft[e] auffi plus grande que F. Soit accom-
modee DG egale à F, & tiré EG; puis du centre D & interualle DG foit defcrit le cercle GK. Or iceluy cercle[b] eft donné par pofition, puis que le centre
D eft donné, & le femidiametre DG auffi donné par grandeur. Mais le demy
cercle DGE eft auffi donné par pofition : Donc[f] le poinct d'interfection G eft
donné. Mais les poincts D, E font auffi donnez : Donc[g] chacune des lignes
droictes DE, DG, EG eft donnee par pofition & grandeur. Parquoy[h] le triangle DGE eft donné par efpece. Et puis que les triangles ABC, DGE ont vn
angle egal à vn angle, içauoir l'angle droict BAC à l'angle droict[i] DGE, & les
coftez d'allentour les angles CBA, EDG proportionnaux, mais chacun des
autres ACB, DEG moindre qu'vn droict : iceux triangles ABC, DEG[l] font
femblables. Mais le triangle DGE eft donné par efpece : Donc le triangle
ABC eft auffi donné par efpece.

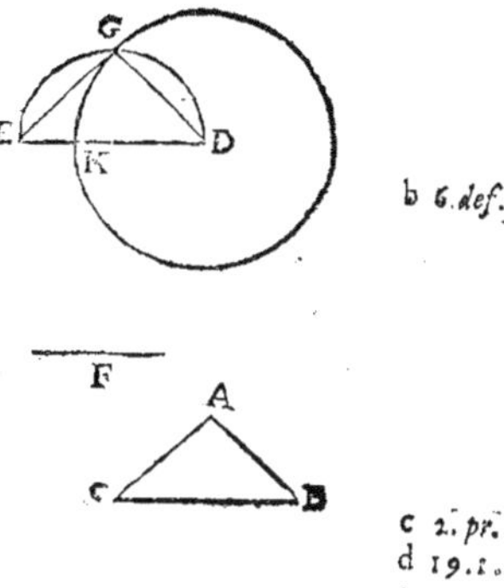

b 6.def.

c 2.pr.
d 19.1.
e 14.5.

f 25.p.
g 26 p.
h 39.p.

i 31.3.

l 7.6.

4.6. &
1 def.6.

PROP. XLIV.

Si vn triangle a vn angle donné, & que les coftez d'autour vn
autre angle ayent entr'eux vne raifon donnee; le triangle
eft donné par efpece.

Soit le triangle ABC qui ait l'angle B donné, & les
coftez BA, AC d'autour vn autre angle BAC ayent
entr'eux vne raifon donnee: Ie dis que le triangle
ABC eft donné par efpece.

Or l'angle donné B eft aigu ou obtus; (car il eftoit
droict à la prop. prec.) foit premierement aigu, &
du poinct A foit tiree AD perpend. à BC: Donc l'angle ADB eft donné: Mais l'angle B eft auffi donné;
& partant le troifiefme BAD eft donné. Parquoy[m] le
triangle AD eft donné par efpece: & partant[n] la raifon de BA à AD eft donnee. Mais la raifon de la mefme BA à AC eft auffi donnee: Donc[o] la raifon

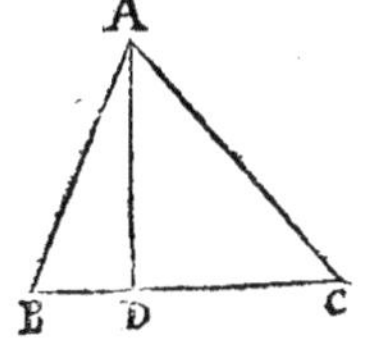

m 40.1.

n 3 def.
conuer.

o 8 pr.

NNNn

p 43.p.
n 3.def.
q 40.p.
de AD à AC est donnee; & l'angle ADC est droict. Parquoy le triangle[p] ACD est donné par espece : Donc[n] l'angle C est donné. Mais l'angle B est aussi donné ; & partant l'autre angle BAC est donné : Donc[q] le triangle ABC est donné par espece.

Maintenant, l'angle ABC donné soit obtus, & sur le costé CB prolongé soit tiree la perpendiculaire AD. D'autant que l'angle ABC est donné, aussi l'angle ABD qui est de suite sera donné. Mais l'angle ADB est aussi donné : Donc le troisiesme DAB est donné. Parquoy

n 3.def.
[q] le triangle ABD est donné par espece : & partant[n] la raison de DA à AB est donnee. Mais la raison de AB à

o 8.pr.
AC est aussi donnee : Donc[o] la raison de DA à AC est donnee ; & l'angle D est droict : Donc le triangle DAC est donné par espece ; & partant l'angle ACB est donné. Mais l'angle ABC est aussi donné : Donc le troisiesme angle BAC est donné. Parquoy le triangle ABC est donné par espece.

PROP. XLV.

Si vn triangle a vn angle donné, & que le composé des deux costez d'autour iceluy angle donné ait à l'autre costé vne raison donnee : le triangle est donné par espece.

Soit le triangle ABC, qui ait l'angle BAC donné, mais la ligne composee des deux costez AB, AC qui constituent iceluy angle BAC ait au troisiesme costé BC vne raison donnee : Ie dis que le triangle ABC est donné par espece.

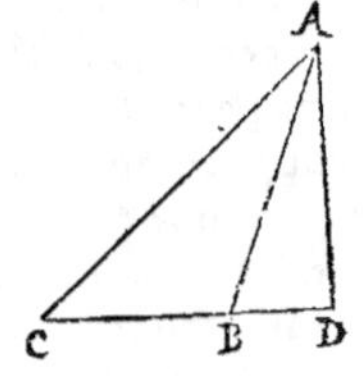

Car l'angle BAC soit couppé en deux egalement

r 7.pr.
s 3.6.
t 18.5.
par la ligne AD. Donc[r] l'angle CAD est donné. Et puis que comme AB à AC, ainsi[s] BD à CD ; en composant,[t] comme la composee CAB est à CA, ainsi BC à CD ; & en permutant, comme la composee CAB à CB, ainsi CA à CD. Mais la raison de la composee BAC à BC est donnee : Donc la raison de CA à CD est aussi donnee ; & l'angle CAD est

u 44.p.
donné : Donc[u] le triangle ACD est donné par espece ; & partant l'angle C est donné. Mais l'angle CAC est aussi donné : Donc le

x 40.p.
troisiesme B est donné. Parquoy[x] le triangle ABC est donné par espece.

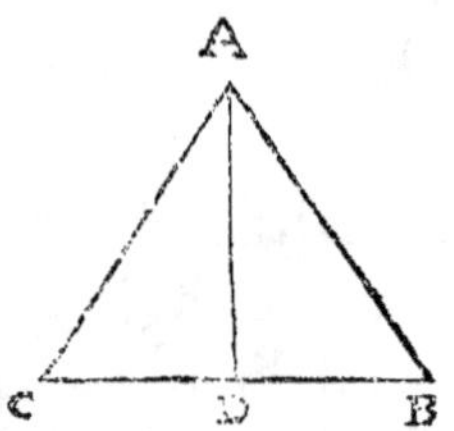

AVTREMENT.

Soit prolongee BA directement iusques en D, tellement que AD soit egale à AC, puis soit ioinct CD. D'autant que la raison de la composee CAB à CB est donnee, & que AD est egale à AC ; la raison de la toute BD à BC est donnee. Mais l'angle ADC est aussi donné, car il est moitié de l'angle donné

y 32.1.
z 5.1.
BAC : (pource qu'iceluy BAC[y] est egal aux deux angles interieurs ACD, ADC qui sont[z] egaux en-

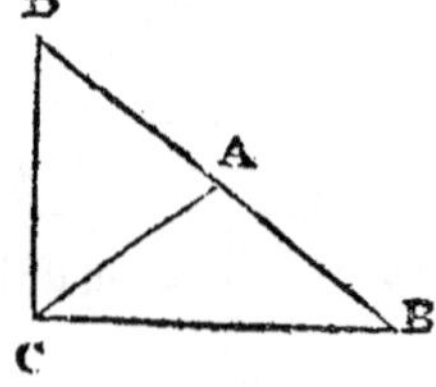

tr'eux eſtans les coſtez AC , AD egaux.) Parquoy le triangle BDC ᵃ eſt don-   a 44 p.
né par eſpece; & partant l'angle B eſt donné. Mais l'angle BAC eſt auſſi donné: Donc le reſté ACB eſt donné Parquoy ᵇ le triangle ABC eſt donné par   b 40 p.
eſpece.

PROP. XLVI.

Si vn triangle a vn angle donné , & que la compoſee des deux
coſtez d'autour vn autre angle ait à l'autre coſté vne raiſon
donnée ; le triangle eſt donné par eſpece.

Soit le triangle ABC, lequel ait l'angle B donné, mais la compoſee des deux
coſtez d'autour vn autre angle BAC, c'eſt à dire CAB, ait à l'autre coſté BC
vne raiſon donnee : Ie dis que le triangle ABC eſt
donné par eſpece.

Car ſoit couppé l'angle BAC en deux egalement
par la ligne AD: Donc (comme il a eſté demonſtré
à la prec. prop.) la compoſee CAB eſt à CB, comme
AB à BD. Mais la raiſon d'icelle compoſee CAB à
CB eſt donnee : Donc auſſi la raiſon de AB à BD eſt
donnee. Mais l'angle B eſt auſſi donné : Donc le
triangle ABD ᶜ eſt donné par eſpece ; & partant
ᵈ l'angle BAD eſt donné. Mais l'angle BAC eſt double d'iceluy BAD; & partant il eſt auſſi donné :
Donc le troiſieſme angle C eſt donné. Parquoy le triangle ABC eſt donné
par eſpece.

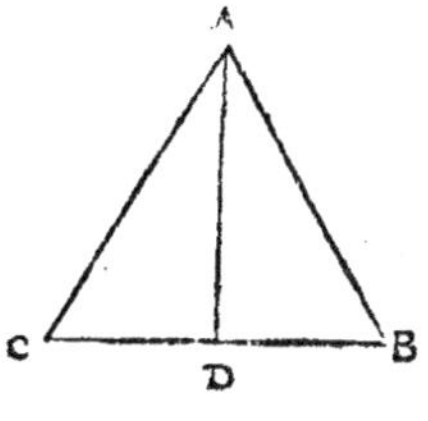

c 41. p.
d 3. def.
conu.

AVTREMENT.

Soit prolongee BA directement, & poſe AD egale à
AC, puis ioinct CD. D autant que la raiſon de la compoſee CAB à CB eſt donnee , & que AD eſt egale à AC:
la raiſon de BD à BC eſt dónee, & l'angle B eſt auſſi donné : Donc le triangle CDB ᶜ eſt donné par eſpece ; &
partant ᵈ l'angle D eſt donné : Donc l'angle BAC, qui
eſt double d'iceluy, eſt auſſi donné Parquoy l'autre angle ACB eſt donné : Donc le triangle ABC eſt donné
par eſpece.

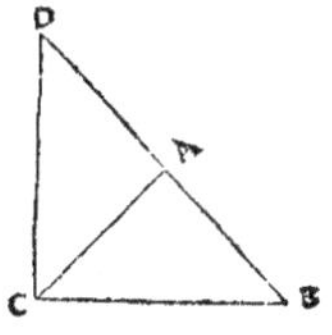

PROP. XLVII.

Les rectilignes donnez par eſpece, ſe diuiſent en triangles
donnez par eſpece.

Soit vn rectiligne ABCDE donné par eſpece ; Ie dis qu'il ſe diuiſe en triangles donnez par eſpece.

Car ſoient tirees les lignes droictes EB , EC. D'autant que le rectiligne   d 3. def.
ABCDE eſt donné par eſpece, l'angle ᵈ BAE eſt donné , & la raiſon du   conu.
coſté AB à AE: Donc ᵉ le triangle BAE eſt donné par eſpece. Parquoy l'an-   e 41. p.

NNNn ij

gle ABE est donné. Mais tout l'angle ABC est aussi donné : Donc[f] le reste EBC est donné. Mais la raison du costé AB à BE, & aussi celle de AB à BC est donnee : donc[e] la raison de BC à BE est donnee ; & l'angle CBE est aussi donné : partant[e] le triangle BCE est donné par espece. Par mesme discours on demonstrera que le triangle CDE est donné par espece. Donc les rectilignes donnez par espece se diuisent en triangles donnez par espece.

f 4. p.

e 8. pr.

e 41. p.

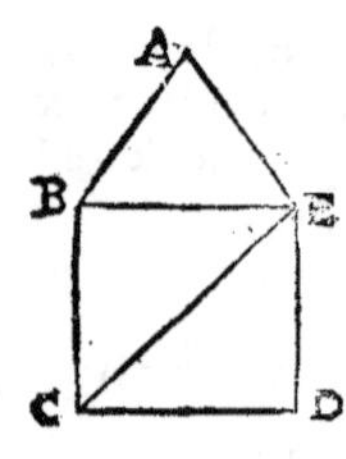

PROP. XLVIII.

Si sur vne mesme ligne droicte sont descris des triangles donnez par position, ils auront entr'eux vne raison donnee.

Sur la mesme ligne droicte AB soient descris deux triangles ACB, ABD donnez par espece : Ie dis que la raison de ACB à ABD est donnee.

Car des poincts A B soient tirees à angles droicts sur la ligne AB, les lignes AE, BG, & prolongees iusques aux poincts F H : mais par les poincts C, D, soient menees ECG, FDH paralleles à AB. D'autant donc que le triangle ABC est donné par espece,[g] la raison de CA à BA est donnee, & l'angle CAB aussi donné. Mais l'angle BAE est donné : Donc le reste CAE est aussi donné. Mais l'angle CEA est donné ; & partant l'autre angle ACE est aussi donné. Parquoy[h] le triangle AEC est donné par espece. Or la raison de EA à AB[o] est donnee : (car[d] la raison de EA à AC, & celle de AC à AB est donnee) Et semblablement est donnee la raison de FA à AB. Donc[o] la raison de EA à AF est donnee. Mais comme AE est à AF[i] ainsi le parallelogramme AH est au parallelogr. AG. Mais ACB est[l] moitié de AH, & ADB moitié de AG : Donc la raison du triangle ACB au triangle ADB est donnee ; car c'est la mesme raison que de[m] AH à AG, c'est à dire de EA à AF, qui est donnée.

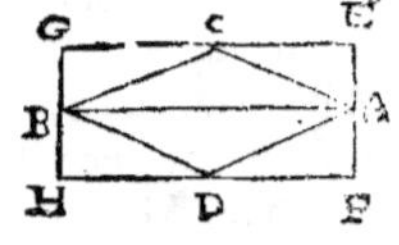

g 3. def. conu.

h 40 p.

o 8 pr.

d 3. def.

i 1. 6.

l 41. 1.

m 15. 5.

PROP. XLIX.

Si sur vne mesme ligne droicte sont descris deux quelconques rectilignes donnez par espece ; ils auront entr'eux vne raison donnee.

Sur vne mesme ligne droicte AB soient descris deux quelconques rectilignes AECFB, ADB donnees par espece : Ie dis que la raison de AECFB à ADB est donnee.

Car soient menees FA, FE : Donc chacun des triangles[n] ABF, AFE. ECF est donné par espece. Et veu que sur vne mesme ligne droicte EF sont descris les triangles ECF, EAF donnee par espece ; la raison de ECF à EAF[o] est donnee. Donc en com-

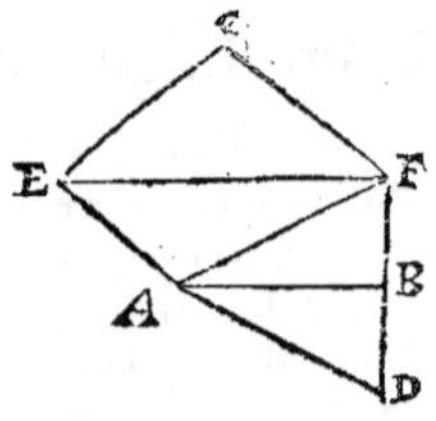

n 47. p.

48. p.

pofant, [p] la raifon de AECF à EAF eft donnee. Mais la raifon d'iceluy EAF à
FAB eft donnee. [o] puis que ce font triangles donnez par efpece defcris fur vne
mefme ligne droicte AF: Donc [q] la raifon de AECF à FAB eft donnee. Parquoy en compofant, [p] la raifon de AECFB à FAB eft donnee. Mais la raifon
d'iceluy FAB à ABD [o] eft donnee: Donc [q] la raifon de AECFB à AED eft
auffi donnee.

[p] 6. pr.

[q] 8. pr.

[o] 48. p.

PROP. L.

Si deux lignes droictes ont entr'elles vne raifon donnee, & que fur icelles foient defcris des rectilignes femblables & femblablement pofez; ils auront entr'eux vne raifon donnee.

Soient deux lignes droictes AB, CD ayans entr'elles vne raifon donnee, &
fur icelles foient defcris les rectilignes AEB, CFD femblables & femblablement pofez: Ie dis que la raifon qu'ils ont entr'eux
eft donnee.

A icelles AB, CD foit prife vne troifiefme propore,
G. Donc comme AB à CD, ainfi CD à G. Mais la
raifon de AB à CD eft donnee: Donc la raifon de
CD à G eft auffi donnee. Parquoy [q] la raifon de AB
à G eft donnee. Mais [r] comme AB à G, ainfi AEB à
CFD: Donc la raifon d'iceluy AEB à CFD eft
donnee.

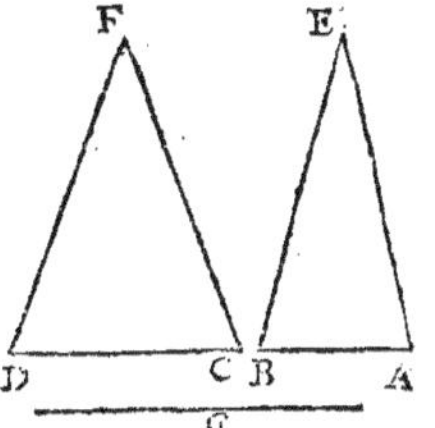

[q] 8. pr.

[r] corol.
19. ou
20. 6.

PROP. LI.

Si deux lignes droictes ont entr'elles vne raifon donnee, & fur icelles foient defcris quelconques rectilignes donnez par efpece; ils auront entr'eux vne raifon donnee.

Soient deux lignes droictes AB, CD
ayans entr'elles vne raifon donnee, &
foient defcris fur icelles quelconques
rectilignes AEB, CFD donnez par efpece: Ie dis que la raifon de AEB à CFD
eft donnee.

Car fur AB foit defcrit le rectiligne
AH femblable & femblablement pofé
à DF. O DF eft donné par efpece:
Donc auffi AH eft donné par efpece.
Mais AEB eft auffi donné par efpece &

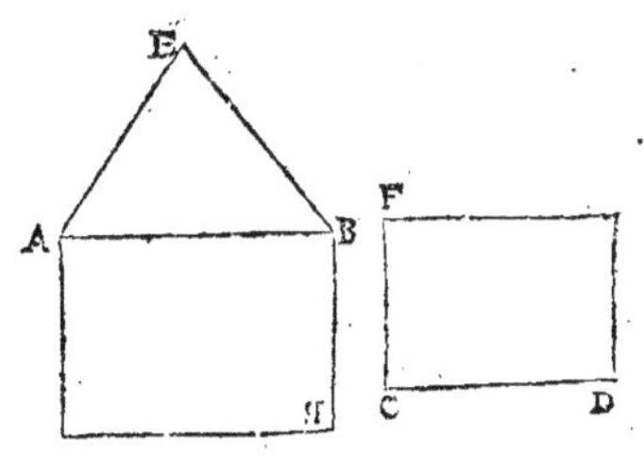

defcrit fur la mefme ligne AB: Donc [s] la raifon de AEB à AH eft donnee: Et [t] 49. p.
puis que la raifon de AB à CD eft donnee, & que fur icelles lignes font defcris
les rectilignes AH, DF femblables & femblablement pofez: la raifon [t] d'ice- [t] 50. p.
luy AH à DF eft donnee. Mais la raifon de AEB à AH eft auffi donnee: Donc [u] 8. pr.
la raifon [u] de AEB à DF eft donnee.

[s] 49. p.

[t] 50. p.

[u] 8. pr.

PROP. LII.

Si ſur vne ligne droicte donnee par grandeur, eſt deſcrite vne
figure donnee par eſpece : Icelle figure eſt donnee par grandeur.

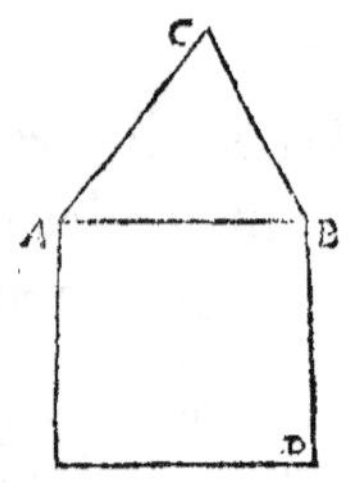

Sur la ligne droicte AB donnee par grandeur ſoit deſcrite la figure ACB donnee par eſpece : Ie dis que la figure ACB eſt donnee par grandeur.

Car ſur la meſme ligne AB ſoit deſcrit le quarré AD.
Donc AD eſt donné par eſpece † & par grandeur. Et
veu que ſur la ligne droicte AB ſont deſcrits les deux
rectilignes ACB, AD donnez par eſpece ; x la raiſon de
ACB à AD eſt donnee. Donc z ACB eſt donnee par
grandeur.

x 49. p.
z 2. p.

SCHOLIE.

*† L'ancien interprete à remarqué icy que tout quarré eſt donné par eſpece, pour ce que
tous les angles en ſont donnez, eſtans tous droicts & egaux : Mais auſſi les raiſons des coſtez ſont donnees ; car iceux coſtez eſtans tous egaux, auſſi les raiſons en ſont egales. D'a-
uantage, toutesfois & quantes qu'vn quarré eſt expoſé, on en peut exhiber vn egal à iceluy ; & partant le quarré eſt donné par grandeur, & auſſi chaque coſté d'iceluy.*

PROP. LIII.

S'il y a deux figures donnees par eſpece, & qu'vn coſté de
l'vne ait à vn coſté de l'autre vne raiſon donnee : les autres coſtez auront auſſi aux autres coſtez raiſons donnees.

Soient deux figures AD, EH donnees par eſpece,
& la raiſon de BD à FH ſoit donnee : Ie dis que la
raiſon des autres coſtez aux autres coſtez eſt donnee.

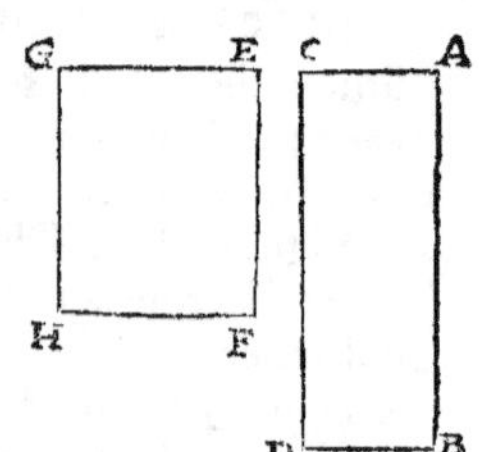

Car puis que la raiſon de BD à FH eſt donnee, &
auſſi celle a de BD à BA : b la raiſon d'icelle AB à FH
eſt donnee. Mais la raiſon d'icelle FH à FE a eſt auſſi
donnee : donc b la raiſon de AB à EF eſt donnee : Auſſi
eſt ſemblablement donnee la raiſon des autres coſtez
aux autres coſtez.

a 3. d.
b 8. p.

PROP. LIIII.

Si deux figures donnees par eſpece ont entr'elles vne raiſon
donnee, auſſi les coſtez d'icelles ſeront entr'eux en raiſon
donnee.

Soient deux figures A, B donnees par eſpece, qui ayent entr'elles vne raiſon donnée : Ie dis que leurs coſtez auront entr'eux vne raiſon donnee.

Car ou la figure A eſt ſemblable, & ſemblablement
poſee à B, ou non. Qu'elle ſoit premierement ſemblable & ſemblablement poſee, & ſoit priſe G troiſieſme
porportionelle aux lignes droictes CD, EF. Donc
comme CD à G, [c] ainſi A à B. Mais la raiſon de A à B
eſt donnee: donc auſſi la raiſon de CD à G eſt donnee. Et veu que CD, EF, G ſont proport. d auſſi la raiſon de CD à EF eſt donnee. Mais A & B ſont donnees
par eſpece : donc [c] les autres coſtez auront raiſon
donnee aux autres coſtez.

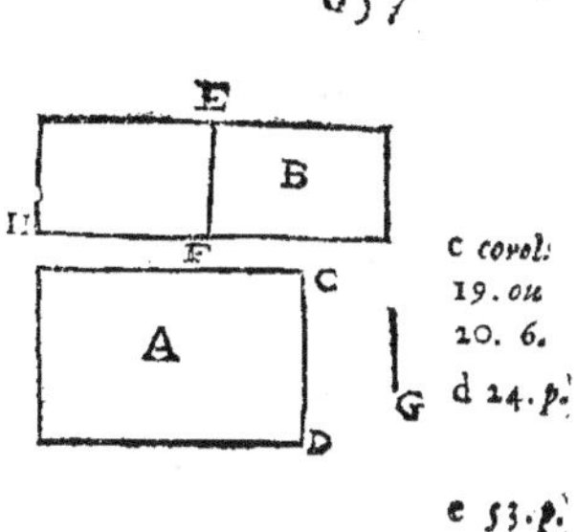

c corol:
19. ou
20. 6.
d 24. p.

e 53. p.

Maintenant, la figure A ne ſoit ſemblable à la figure B ; & ſoit deſcrite ſur
EF la figure EH ſemblable & ſemblablement poſee à A : donc la figure EH eſt
donnee par eſpece. Mais la figure B eſt auſſi donnee par eſpece : donc [f] la raiſon de B à EH eſt donnee ; & partant la raiſon de A à icelle EH [g] eſt auſſi donnee. Mais A eſt ſemblable à EH : donc (par ce que deſſus) la raiſon de CD à
EF eſt donnee ; & ſemblablement la raiſon des autres coſtez aux autres coſtez
eſt donnee.

f 49 p.
g 8. p.

AVTREMENT.

Soit expoſee vne ligne droicte donnee GH. Maintenant ou la figure A eſt
ſemblable à la figure B , ou non. Soit premierement ſemblable ; & ſoit fait
comme CD à EF, ainſi GH à LK : puis ſur GH, LK ſoient
deſcrites les figures M, N ſemblables & ſemblablement
poſees à icelles A, B: leſquelles M, N ſeront conſequemment donnees par eſpeces. Donc puis que comme CD
à EF, ainſi GH à LK , & que ſur icelles lignes CD EF,
GH, LK ſont deſcrites les figures A, B, M N ſemblables
& ſemblablement poſees : [h] comme A à B, ainſi M à N.
Mais la raiſon de A à B eſt donnee : donc la raiſon de M
à N eſt donnee. Mais [i] M eſt donnee, attendu que c'eſt
vne figure donnee par eſpece deſcrite ſur vne ligne droicte donnee par grandeur : donc N eſt auſſi donnee.
Maintenant, ſur LK ſoit deſcrit le quarré O : donc [l] la
figure O eſt donnee par eſpece Parquoy la raiſon de K à N eſt donnee. Mais
N eſt donnee : donc K eſt donnée ; & conſequemment [l] auſſi KL. Mais GH eſt
donnee : donc [m] la raiſon de GH à LK eſt donnee. Mais comme GH à LK,
ainſi CD à EF : donc la raiſon de CD à EF eſt donnee ; & partant les figures
A & B eſtans donnees par eſpeces: [n] les autres coſtez d'icelles auront auſſi aux
autres coſtez vne raiſon donnee Mais ſi les figures ne ſont ſemblables ; ſera
procedé comme en la derniere partie de la demonſtration cy-deſſus.

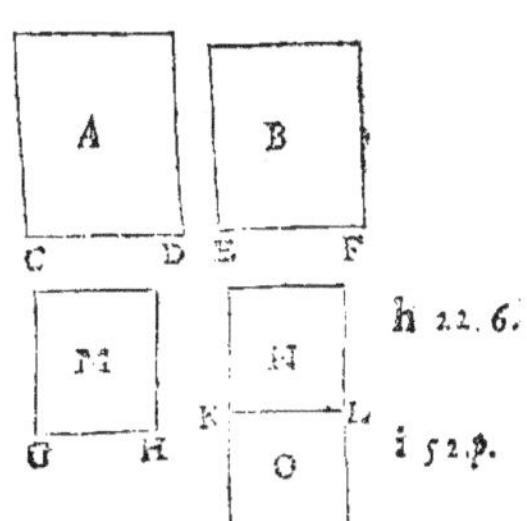

h 22. 6.

i 52. p.

l ſch.
52. p.

m 3. pri

n 53. p.

PROP. LV.

Si vn eſpace eſt donné par eſpece & par grandeur, les coſtes
d'iceluy ſeront donnez par grandeur.

Soit vn espace A donné par espece & par grandeur : Ie dis que les costez d'iceluy sont donnez par
grandeur.

Car soit exposee la ligne droicte BC donnee par
position & par grandeur ; & sur icelle BC soit descrit
l'espace D semblable & semblablemēt posé à A : partant iceluy espace D est donné par espece. Et pour
ce qu'il est descrit sur la ligne BC donnee par gran-
deur ; il est aussi donné [o] par grandeur. Mais la figure A est aussi donnee : donc
[m] la raison de A à D est donnee. Mais icelles figures A, D sont donnees par
espece : donc [p] la raison de la ligne EF à la ligne BC est donnee. Mais BC est
donnee : donc [m] EF est aussi donnee. Mais la raison d'icelle EF à FG est donnee : donc [r] FG est donnee. Et par mesmes raisons on demonstrera chacun des
autres costez estre donné par grandeur.

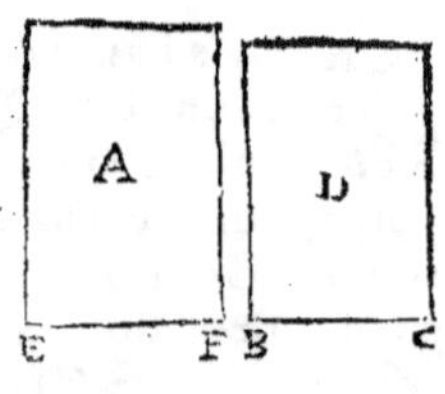

AVTREMENT.

Soit l'espace GHIKL donné par espece & par grandeur : Ie dis que les costez d'iceluy sont donnez par
grandeur.

Car soit descrit sur la ligne droicte GH le quarré
GM : donc [f] GM est donné par espece. Mais l'espace
GHIKL est aussi donné par espece : donc [t] la raison
d'iceluy espace GK à GM est donnee. Mais GK est
donné par grandeur : donc [f] GM est aussi donné par
grandeur. Et veu que GM est le quarré de la ligne
GH ; icelle ligne GH est donnee par grandeur. Parquoy semblablement chacune des autres lignes HI,
IK, KL, LG est donnee.

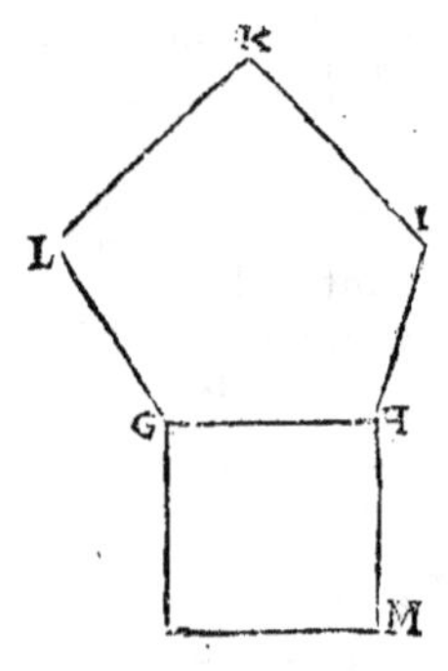

PROP. LVI.

Si deux parallelogrammes equiangles ont entr'eux vne raison donnee, comme vn costé du premier est à vn costé
du second, ainsi l'autre costé du second est à celle à laquelle
l'autre costé du premier a la raison donnee que le parallelogramme a au parallelogramme.

Soient deux parallelogrammes equiangles A B ayans entr'eux vne raison
donnee : Ie dis que comme CD est à FG ainsi GE est à celle à laquelle DH a la
raison donnee que le parallelogr. A a au parallelogr. B.

Car soit prolongé directement HD iusques en L, tellement que comme CD
est à FG, ainsi HD soit à DL ; & soit acheué le parallelogramme LK. D'autant que comme CD à FG, ainsi HD à DL, & que [a] CD est egal à KL : comme
LK à FG, ainsi CE à DL ; & par ainsi les costez d'autour les angles egaux DLK,
EGF,

E GF, sont reciproquement proportionnaux : parquoy
DK est egal à B. Et partant puis que la raison de A à B est
donnee, & que B est egal à DK ; la raison de A à DK est
donnee. Mais comme c A à DK (c'est à dire B) ainsi HD
à DL : donc la raison de HD à DL est aussi donnee. Et veu
que comme CD à FG, ainsi GE à DL, & que la ligne
droicte HD a à DL raison donnee, sçauoir celle qu'a l'espace A à l'espace B : comme CD est à FG, ainsi GE est à
celle à laquelle HD à la raison donnee qu'a l'espace A à
l'espace B, c'est à dire la raison de HD à DL.

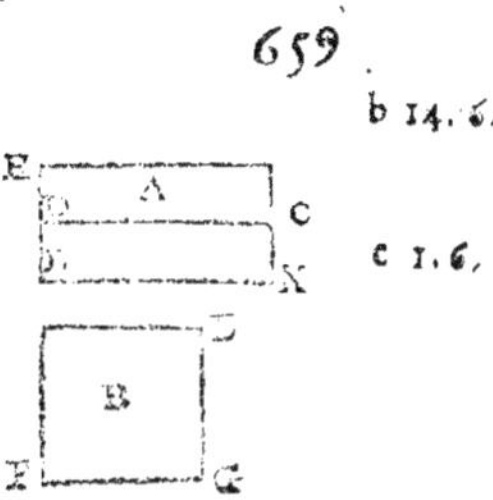

PROP. LVII.

Si vn espace donné est appliqué à vne ligne droicte donnee
en angle donné, la largeur de l'application est donnee.

A la ligne droicte donnee AB soit appliqué l'espace donné AD, en angle
donné CAB : Ie dis que CA est donnee.

Car sur AB soit descrit le quarré AF : donc d iceluy
AF est donné. Soient prolongees les lignes EA, FB CD
aux poincts G, H. Veu donc que chaque espace AD, AF
est donné, leur raison est aussi donnee. Mais e AD est egal
à AH : donc la raison de AF à AH est donnee. Parquoy
la raison de EA à AG est donnee. (car f c'est la mesme
que de AF à AH.) Mais EA est egale à AB : donc la raison
de AB à AG est donnee. Maintenant puis que l'angle
CAB est donné, & l'angle GAB aussi donné ; le reste CAG est donné. Mais
l'angle CGA est aussi donné, pour ce qu'il est droict : donc le reste ACG est
donné. Parquoy le triangle g CAG est donné par espece. Donc la raison de
CA à AG est donnee. Mais la raison de AB à la mesme AG est aussi donnee :
Donc la raison de CA à AB est donnee ; & icelle AB est donnee. Parquoy CA
est aussi donnee.

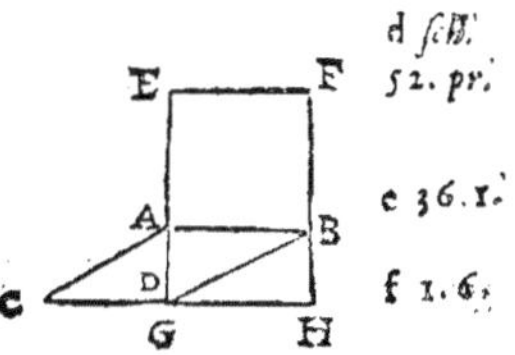

PROP. LVIII.

Si vn espace donné est appliqué à vne ligne droicte donnée,
deffaillant d'vne figure donnée par espece ; les largeurs du
default sont donnees.

Soit vn espace donné AB appliqué selon la ligne droicte donnee AC defaillant de la figure DE donnee par espece : Ie dis que chacune des lignes droictes
BD, DC est donnee.

Car soit couppee AC en deux egalement au poinct F : donc tant AF, que
FC est donnee. Sur icelle FC soit descrit
le rectiligne FG semblable & semblablement posé à DE, & soit construite la
figure. Donc FG est donné par espece :
& puis qu'il est descrit sur la ligne droi-

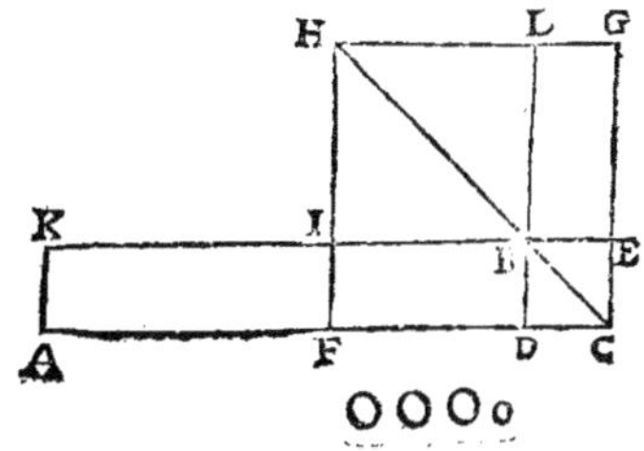

O O O o

ôte FC donnee par grandeur, iceluy rectiligne FG est [h] aussi donné par grandeur. Mais FG est egal à AB, IL ; (car [i] AI, FE estans egaux, & [i] FB, BG aussi
egaux, le gnomon ICL est egal à AB, & partant leur adioustant IL commun,
FG sera egal à AB, IL:) Donc les figures AB, IL ensemble sont donnees par
grandeur. Mais AB est donnee par grandeur : donc [m] la restante IL est aussi
donnee par grandeur. Mais elle est aussi donnee par espece, puis qu'elle est
[n] semblable à DE: Donc [o] les costez d'icelle IL sont donnez. Parquoy IB est
donnee : & puis qu'elle est egale [p] à FD; icelle FD est aussi donnee. Mais FC
est donnee : Donc le reste DC [m] est donné ; & [q] a raison donnee à BD: & partant [r] BD est donnee.

h 52.p.
i 36.1.
l 43.1.
m 4.p.
n 24.6.
o 55.p.
p 34.1.
q 3.d.
r 2.pr.

PROP. LIX.

Si vn espace donné est appliqué selon vne ligne droicte donnee, excedant d'vne figure donnee par espece ; les largeurs
de l'excez sont donnees.

Soit vn espace donné AB appliqué selon la ligne droicte donnee AC, excedant de la figure CB donnee par espece : Ie dis que chacune des lignes CE,
CF est donnee.

Car DE estant couppee en deux egalement en G, soit descrit sur GE le rectiligne GH semblable & semblablement
posé à CB; & soit construite la figure.

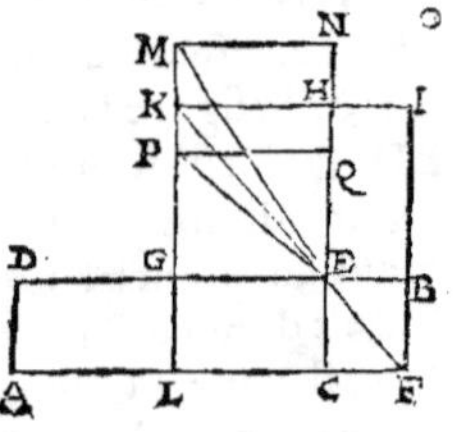

Or puis que CB est semblable à GH; iceux CB, GH [†] sont autour d'vn mesme diametre, & GH est donné par espece, tout ainsi que CB. Mais il est descrit sur la ligne donnee GE: Donc [t] iceluy GH est aussi donné par grandeur.
Mais AB est donné : Donc AB, GH sont donnez par grandeur. Or iceux AB,
GH sont egaux à LI: (car AG, LE, EI estans egaux, le gnomon GFH est egal
à AB; & partant adioustant GH commun, LI sera egal à AB, GH.) Donc LI
est donné par grandeur. Mais il est aussi donné par espece, attendu qu'il est
[s] semblable à CB: Donc [x] les costez d'iceluy LI sont donnez ; & partant le
costé LF est donné. Mais LC est aussi donné, veu qu'il est egal à GE: Donc [y] le
reste CF est donné, & a raison donnee [z] à CE. Parquoy [a] CE est donnee.

t 52.p.

t 24.6.
x 55.p.
y 4. p.
z 3. d.
a 2.p.

SCHOLIE.

† *Euclide suppose icy que CB, GH sont allentour d'vn*
mesme diametre; mais nous le demonstrerons ainsi. Soient
deux parallelogr. semblables CB, GH, disposez en la mes-
me sorte que dessus, c'est à dire que les angles egaux se
conioignans en E le costé CE rencontre directement son ho-
mologue EH; & le costé BE son correspondant EG: Et soit
tiré le diametre FE: Ie dis qu'iceluy diametre FE prolon-
gé passera par le poinct K; c'est à dire les parallelogr. GH, CB
consister allentour vn mesme diametre. Car s'ils n'y consistent

le diametre FE estant produit passera au dessus du poinct K, ou au dessous. Qu'il tombe premierement au dessus, & couppe GK prolongé en M, & par le poinct M soit menee MN parallele à KH, laquelle rencontre EH prolongé en N & FB en O. D'autãt que les parallelogr. GN, CB sont auec le parallelogr. LO autour d'vn mesme diametre, ils sont semblables entr'eux. Parquoy comme FC à CE, ainsi EG à GM. semblablement pource que les parallelog. CB, GH sont semblables, comme FC à CE, ainsi EG à GK : Donc* comme EG à GM, ainsi EG à GK. Parquoy* GM & GK sont egales ; la partie au tout : Ce qui est absurde. On demonstrera par mesmes raisons que le diametre prolongé ne tombera pas au dessous du poinct K. Donc les parallelogrammes CB, GE consistent allentour d'vn mesme diametre.*

b 24.6.
d 11.5.
e 9.5.

PROP. LX.

Si vn parallelogramme donné par espece & par grandeur est augmenté ou diminué d'vn gnomon les largeurs du gnomon sont données.

Que le parallelogramme AB donné par espece & par grandeur , soit premierement
augmenté du gnomon CFD . Ie dis que chacune des lignes droictes CE, DG est donnee.

Car puis que AB est donné, & le gnomon
CFD aussi donné, tout le parallelogramme
BF est donné : Mais il est aussi donné par es-
pece , attendu qu'il est semblable à BA.

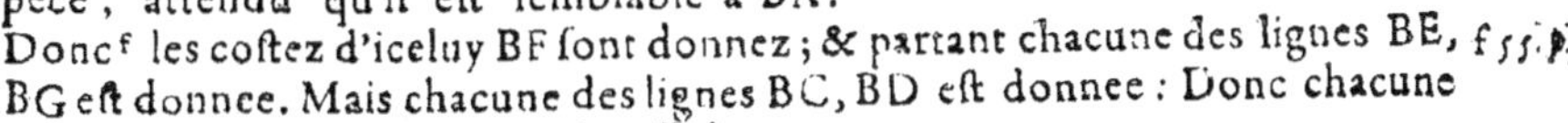

Donc* les costez d'iceluy BF sont donnez ; & partant chacune des lignes BE, BG est donnee. Mais chacune des lignes BC, BD est donnee : Donc chacune des lignes restantes CE, DG est aussi donnee.

Maintenant que le parallelogramme BF donné par espece & par grandeur soit diminué du gnomon donné CFD : Ie dis que chacune des lignes CE, DG est donnee. Car d'autant que BF est donné, & le gnomon CFD donné ; le re-ste AB est aussi donné. Mais il est aussi donné par espece, veu qu'il est sembla-ble à BF : Donc* les costez d'iceluy AB sont donnez ; & partant chacune des lignes CB, BD est donnee. Mais chacune des lignes BE, BG est donnee : Donc aussi chacune des restees CE, DG est donnee.

PROP. LXI.

Si à vn costé d'vne figure donnee par espece est appliqué vn espace parallelogramme en angle donné, & que la figure
donnee ait au parallelogramme vne raison donnee : le parallelogramme est donné par espece.

Qu'à vn costé de la figure ABCE donnee par espece soit appliqué vn espace
parallelogr. CD en angle donné BCF, & soit donnee la raison de la figure AC

au parallelogr. CD: Ie dis que CD eſt donné par eſpece.

Car par le poinct B ſoit tiree BH parallele à CE , & par le poinct E ſoit menee EH parallele à CB,& ſoient prolongees EC, HB aux poincts K, G. D'autant que l'angle BCE eſt donné , & la raiſon de EC à CB,[g] le parallelogramme CH, eſt donné † par eſpece : Mais la figure ABCE eſt auſſi donnee par eſpece, & eſt deſcrite ſur la meſme ligne BC que le parallelog. CH donné par eſpece: Donc[h] la raiſon de la figure ABCE au parallelogr. CH eſt donnee. Mais par l'hypotheſe la raiſon d'icelle figure ABCE au parallelogr. CD eſt auſſi donnee ; & CD eſt[i] egal à CG: Donc[k] la raiſon de CH à CG eſt donnee. Parquoy la raiſon de la ligne EC à la ligne CK eſt donnee : (car[m] comme CH à CG,ainſi EC à CK.) Mais la raiſon de EC à CB eſt auſſi donnee : Donc[l] la raiſon d'icelle CB à CK eſt donnee. Et veu que l'angle ECB eſt donné, auſſi l'angle de ſuitte BCK[n] eſt donné : Mais l'angle BCF eſt poſé donné : & partant le reſté FCK eſt donné. Item l'angle CKF eſt donné, attendu[o] qu'il eſt egal à l'angle BCK : Donc l'autre angle CFK eſt donné. Parquoy[p] le triangle FCK eſt donné par eſpece ; & partant la raiſon de FC à CK eſt donnee. Mais la raiſon de CB à la meſme CK eſt auſſi donnee: Donc[l] la raiſon de FC à CB eſt donnee ; & l'angle BCF eſt auſſi donné. Parquoy le parallelogramme CD eſt donné par eſpece.

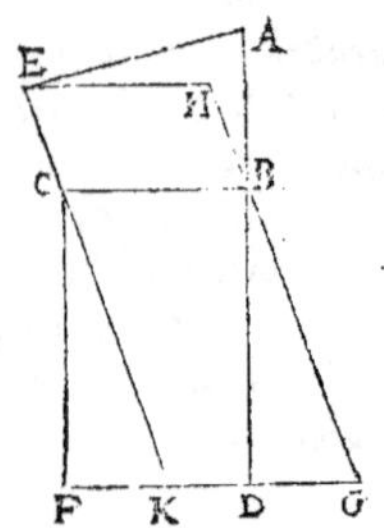

g 3.d.

h 49.p.

i 36. 1.

l 8. p.

m 1. 6.

n 13.1. & 4. p 1

o 29.1.

p 40.p.

SCHOLIE.

† Encore qu'il ſoit manifeſte qu'vn parallelogramme qui a vn angle donné , & la raiſon des coſtez d'autour iceluy angle auſſi donnee, ſoit donné par eſpece ainſi que le dit icy Euclide , ſi eſt-ce que l'ancien interprette l'a voulu demonſtrer ainſi . Pource qu'au parallelogramme CH l'angle ECB eſt donné , auſſi l'angle CEH eſt donné : car la ligne droicte EC tombant ſur les paralleles EH, CB fait les deux angles interieurs d'vne meſme part egaux à deux droicts : Et partant puis que l'angle ECB eſt donné , les autres angles ſont donnez. Et pource que la raiſon de EC à CB eſt donnee , & que BH eſt egale à CE , & EH à BC la raiſon des coſtez entr'eux eſt auſſi donnee.

PROP. LXII.

Si deux lignes droictes ont entr'elles vne raiſon donnee, & ſur l'vne d'icelles eſt deſcrite vne figure donnee par eſpece, mais ſur l'autre vn eſpace parallelogramme en angle donné, & que la figure ait au parallelogramme vne raiſon donnee; le parallelogramme eſt donné par eſpece.

Que les deux lignes droictes AB, CD ayent entr'elles vne raiſon donnee, & ſur AB ſoit deſcrite la figure AEB donnee par eſpece , mais ſur CD le parallelogramme DF en angle donné DCF; & la raiſon d'icelle figure AEB au parallelogramme DF ſoit donnee : Ie dis que le parallelogramme DF eſt donné par eſpece.

Car fur la ligne AB foit defcrit le parallelogramme AH femblable & femblablement pofé à DF. Veu donc que la raifon de AB à CD eft donnee, & fur icelles lignes font defcrits les rectilignes AH, FD femblables & femblablement pofez; [q] la raifon de AH à FD eft donnee. Mais la raifon de FD à AEB eft aufsi donnee: Donc [r] la raifon de AH à AEB eft donnee. Mais l'angle ABH eft aufsi donné, eftant egal à l'angle FCD: par ainfi la figure AEB eft donnee par efpece, & à AB l'vn des coftez d'icelles eft appliqué le parallelogr. AH en angle donné ABH, & la raifon de ladicte figure AEB à iceluy parallelogramme AH eft donnee: Donc [f] le parallelogr. AH eft donné par efpece; & partant FD, qui luy eft femblable, eft aufsi donné par efpece.

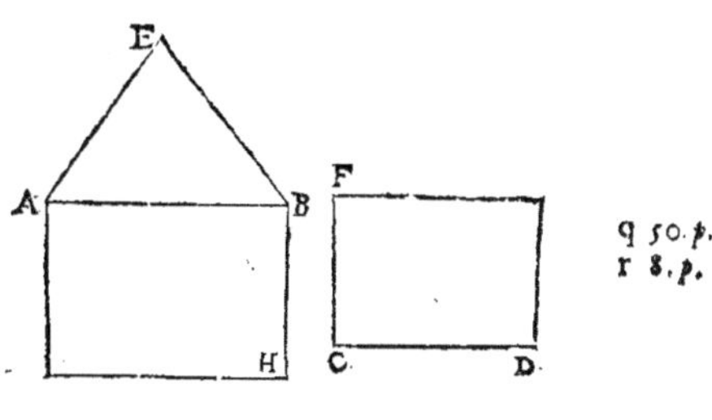

q 50. p.
r 8. p.

f 61. p.

PROP. LXIII.

Si vn triangle eft donné par efpece, le quarré qui eft defcrit fur vn chacun des coftez aura raifon donnée au triangle.

Soit le triangle ABC donné par efpece, & foient defcris fur chacun des coftez d'iceluy les quarrez BE, CD, CF: Ie dis que chacun des quarrez EB, CD, CF aura vne raifon donnee au triangle ABC.

Car puis que fur vne mefme ligne droicte BC font defcritts les deux rectilignes ABC, CD donnez par efpece; [t] la raifon d'iceluy ABC à CD eft donnee: Et partant eft aufsi donnee la raifon de l'vn & l'autre des quarrez BE, CF au triangle ABC.

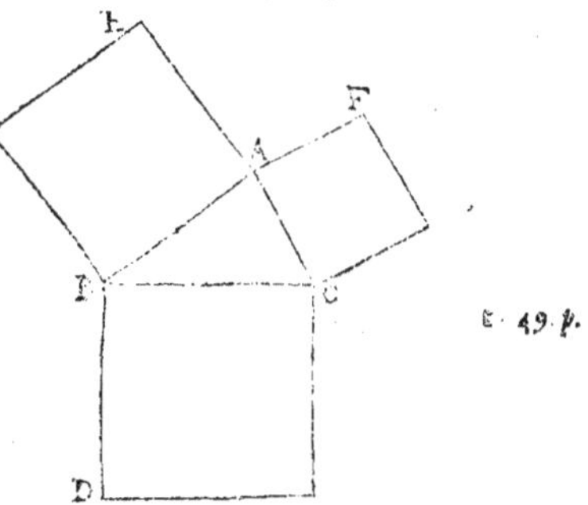

t 49. p.

PROP. LXIV.

Si vn triangle a vn angle obtus donné, cet efpace là duquel le cofté fouftendant l'angle obtus peut plus que les coftez comprenant iceluy angle, aura vne raifon donnee au triangle.

Soit le triangle ambligone ABC ayant l'angle obtus ABC donné, & ayant prolongé directement CB, de A foit tiree la perpendiculaire AD: Ie dis que l'efpace duquel le quarré de la ligne AC excede les quarrez des lignes AB,

BC, c'eſt à dire[x] le double du rectangle ſoubs CB, BD;
aura vne raiſon donnee au triangle ABC.

    Car puis que l'angle ABC eſt donné, auſſi l'angle ABD
eſt donné. Mais l'angle ADB eſt auſſi donné: Donc l'autre angle BAD eſt donné. Parquoy[y] le triangle ABD eſt
donné par eſpece : Donc[z] la raiſon de AD à DB eſt
donnee. Mais comme AD à DB, ainſi[a] le rectangle
de AD, BC au rectangle de BC, BD. Mais la raiſon de
AD, DB eſt donnee : Donc auſſi eſt donnee la raiſon du rectangle de AD,
BC au rectangle de BC, BD. Parquoy la raiſon du double d'iceluy rectangle
de BC, BD au rectangle de AD, BC eſt auſſi donnee : Mais iceluy rectangle de
AD, BC a auſſi raiſon donnee au triangle ABC : (c'eſt à ſçauoir la raiſon double, car le rect. eſt[b] double du triangle) donc la raiſon du double rect. de
BC, BD[c] au triangle ABC eſt donnee. Mais iceluy double rectangle de CB,
BD, eſt cet eſpace là duquel le quarré de la ligne AC, excede les quarrez des
lignes AB, BC: Donc iceluy eſpace a raiſon donnee au triangle ABC.

PROP. LXV.

Si vn triangle a vn angle aigu donné, cet eſpace là duquel le coſté ſubtendant ledit angle aigu peut moins que les coſtez
comprenans iceluy angle aigu, aura au triangle vne raiſon donnée.

    Soit le triangle ABC ayant l'angle aigu ACB donné,
& du poinct A ſoit menee AD perpendiculaire à BC:
Ie dis que cet eſpace là duquel le quarré de la ligne
droicte AB eſt moindre que les quarrez des lignes
AC, CB, c'eſt à dire[d] le double du rectangle de BC,
CD, à vne raiſon donnee au triangle ABC.

    Car d'autant que l'angle C eſt donné, & l'angle
ADC auſſi donné, l'autre angle DAC eſt donné: par-
quoy[e] le triangle ADC eſt donné par eſpece ; & partant la raiſon de AD à DC
eſt donnee, & conſequemment auſſi[f] celle du rectangle de BC, CD au rectangle de BC, AD. Donc la raiſon du double rectangle de BC, CD au rect.
de BC, AD eſt donnee. Mais eſt auſſi donnee la raiſon d'iceluy rectangle de
BC, AD au triangle ABC: (car[g] le rect. eſt double du triangle) donc[h] la raiſon du double rectangle de BC, CD au triangle ABC eſt donnee. Et veu que
iceluy double rectangle de BC, CD, eſt ce dont le quarré de la ligne AB eſt
moindre que les quarrez des lignes AC, BC; cet eſpace là duquel le quarré de
la ligne droicte AB eſt moindre que les quarrez des lignes AC, BC aura raiſon
donnee au triangle ABC.

PROP. LXVI.

Si vn triangle a vn angle donné, le rectangle des lignes comprenans iceluy angle aura vne raiſon donnee au triangle.

Soit le triangle ABD, qui ait l'angle B donné:
Ie dis que le rectangle compris fous AB, BD a
raifon donné au triangle ABD.

Car du poinct A foit tiree AC perpendiculaire à BD. Donc puis que l'angle B eft donné,
& auffi l'angle ACB; l'autre angle BAC eft
pareillement donné. Parquoy le triangle ABD
[i] eft donné par efpece: & confequemment eft
donnee la raifon de AB à AC. Mais comme
AB à AC,[l] ainfi le rectangle de AB, BD au re-
ctangle de BD, AC: Donc la raifon du rectangle de AB, BD au rectangle de
BD, AC eft donnee. Mais la raifon d'iceluy rectangle de BD, AC au triangle
ABD eft auffi donnee: (car c'eft la raifon double, le rectangle eftant double[m]
du triangle) donc [h] la raifon du rectangle de AB, BD au triangle ABD eft
donnee.

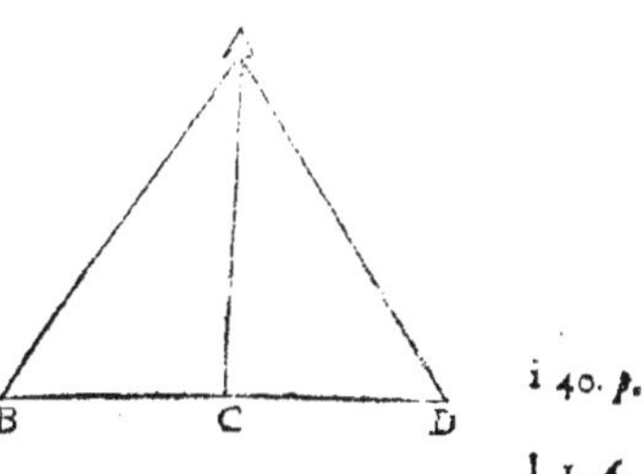

i 40. p.

l 1. 6.

m 41. p.

PROP. LXVII.

Si vn triangle a vn angle donné, cet efpace là duquel la compofee des deux coftez comprenans iceluy angle peut plus
que l'autre cofté, aura raifon donnee au triangle.

Soit le triangle ABC, ayant l'angle BAC donné: Ie
dis que cet efpace là duquel le quarré de la compofee
de BA, AC eft plus grand que le quarré de BC, aura
raifon donnee au triangle ABC.

Car foit prolongee BA, tellement que AD foit
egale à AC, puis eftant tiree DCE indeterminement
du poinct B foit menee BE parallele à AC rencontrant icelle DE en E. D'autant que AD eft egale a
AC;[n] DB eft egale à BE: (car les deux triangles
ADC, BDE font femblables) & du fommet B eft tiree à la bafe DE la ligne
droicte BC. Donc [†] le rectangle de DC, CE auec le quarré de BC eft egal au
quarré de BD. Mais icelle BD eft compofée de BA, AC: Donc le quarré de la
compofee d'icelles AB, AC eft plus grand que le quarré de BC du rectangle
de DC, CE.

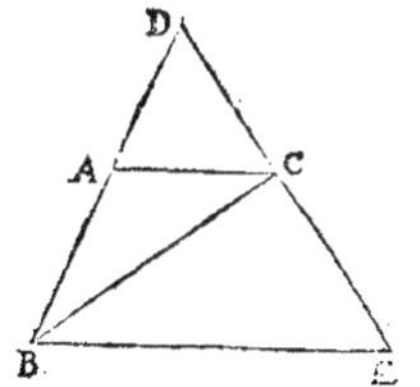

n 4. 6.
& 14.
5.

Maintenant, ie dis que le rectangle de DC, CE a raifon donnee au triangle
ABC. Car d'autant que l'angle BAC eft donné, auffi eft donné l'angle DAC.
Mais chacun des angles ADC, ACD eft dóné, car il eft moitie de l'angle BAC,
qui eft donné: Donc [o] le triangle ADC eft donné par efpece; & partant la raifon de DA à DC eft donnee. Donc [p] auffi eft donnee la raifon du quarré d'i-
celle DA au quarré de DC. Et veu que comme BA à AD,[q] ainfi EC à CD; &
auffi comme BA à AD [r] ainfi le rectangle de BA, AD au quarré de AD; & comme EC à CD [r] ainfi auffi le rectangle de EC, CD au quarré de CD: En permutant, comme le rectangle de BA, AD au rectangle de EC, CD, ainfi le quarré de AD au quarré de DC. Mais la raifon d'iceluy quarré de AD au quarré

o 40. p.

p 50. p.

q 2. 6.

r 1. 6.

de DC eſt donnee : Donc la raiſon du rectangle de BA, AD au rectangle de EC, CD eſt auſſi donnee. Mais AD eſt egale à AC : Donc la raiſon du rectangle de BA, AC au rectangle de EC, CD eſt donnee. Mais la raiſon du rectangle de BA, AC au triangle ABC [f] eſt donnee, pour ce que l'angle BAC eſt donné : Donc [t] la raiſon du rectangle EC, CD au triangle ABC eſt donnee. Mais le rectangle de EC, CD eſt ce dont le quarré de la compoſee de BA, AC eſt plus grand que le quarré de BC : Donc cet eſpace là duquel le quarré de la compoſee de BA, AC eſt plus grand que le quarré de BC, aura raiſon donnee au triangle ABC.

f 66. p.
t 8. pr.

S C H O L I E.

† *Euclide ſuppoſe icy que lors qu'en vn triangle iſoſcelle eſt tirée du ſommet à la baſe quelque ligne droite ; le quarré d'icelle ligne auec le rectangle contenu ſoubs les ſegmens de la baſe eſt egal au quarré de l'vne ou l'autre des iambes : Ce que l'ancien Interprete demonſtre ainſi.*

Soit le triangle Iſoſcelle ABC, duquel les iambes ſoient AB, AC, & du ſommet A ſoit tirée à la baſe BC quelconque ligne droite AD : Ie dis que le quarré de AD auec le rectangle de BD, DC eſt egal au quarré de l'vne ou l'autre des Iambes AB, AC. Or la ligne AD eſt perpend. à BD, ou non : Qu'elle ſoit premierement perpendiculaire : Donc [u] elle couppera la baſe BC en deux egalement au point D ; & partant le rectangle ſoubs BD, DC eſt egal au quarré d'icelle BD, & leur adiouſtant le commun quarré de AD : le rectangle de BD, DC auec le quarré de AD ſera egal aux quarrez de DB, AD. Mais à iceux quarrez de AD, DB, eſt [x] egal le quarré de AB : donc le quarré de AB eſt egal au rectangle de BD, DC, & quarré de AD enſemble.

u ſch.
26. 1.

x 47. 1.

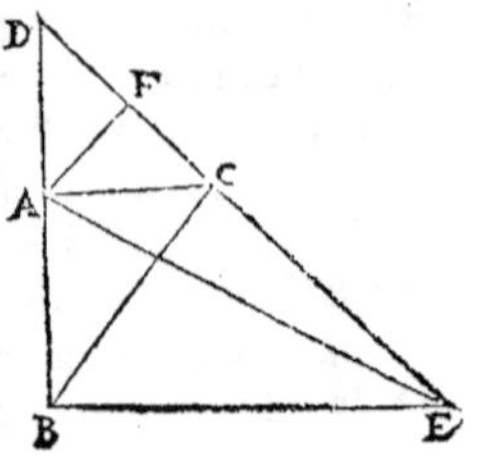

Maintenant AD ne ſoit perpendiculaire, mais que du point A tombe ſur BC la perpendiculaire AE : Cela eſtant ainſi, BC ſera couppée en deux egalement en E, & inegalement en D ; parquoy le rectangle de BD, DC auec le quarré de DE [y] eſt egal au quarré de BE : & adiouſtant le commun quarré de AE, le rectangle de BD, DC auec les quarrez de DE, AE ſera egal aux quarrez de BE, AE. Mais [x] le quarré de AD eſt egal aux deux quarrez de DE, AE : Donc le rectangle de BD, DC auec le quarré de AD eſt egal aux quarrez de BE, AE. Mais à iceux quarrez de BE, AE eſt egal le quarré de AB : Donc le quarré de AD auec le rectangle de BD, DC, eſt egal au quarré de AB.

y 5. 2.

A V T R E M E N T.

Ayant conſtruict comme en la demonſtration prec. du point A ſoit tirée AF perpendic. à CD, & ſoit menée AE. D'autāt que l'angle BAC eſt donné, auſſi le ſera ACF moitié d'iceluy. Mais l'angle AFC eſt donné ; & partant le triangle AFC eſt donné par eſpece : Donc la raiſon de AF à FC eſt donnée. Mais la raiſon de CD à la meſme FC eſt auſſi donnee, attendu que CD [a] eſt double de FC : Donc [b] la raiſon de CD à AF eſt donnée ; & par-

a ſch.
26. 1.
b 8. p.

tant

tant eſt auſſi donnee la raiſon du rectangle de CD, EC au rectangle de AF,
EC : (car c'eſt la meſme raiſon [c] que de CD à AF) Mais la raiſon du rectangle de AF, EC au triangle ACE eſt donnee, veu qu'il eſt double d'i-
celuy [d] triangle : donc la raiſon du rectangle de CD, CE au triangle
ACE eſt auſſi donnee. Mais le triangle ACE eſt egal au triangle ABC [e],
car l'vn & l'autre eſt conſtitué ſur vne meſme baſe AC, & entre meſmes
paralleles AC, BE : donc [b] la raiſon du rectangle de CE, CD, au triangle
ABC eſt donnee. Mais iceluy rectangle de CE, CD eſt l'eſpace duquel le
quarré de la compoſee de AB, AC eſt plus grand que le quarré de BC :
donc cet eſpace là duquel le quarré de la compoſee de AB, AC eſt plus grand
que le quarré de BC a raiſon donnee au triangle ABC.

AVTREMENT.

Car l'angle donné A eſt ou droict, ou aigu, ou obtus. Qu'il ſoit premierement droict : donc le quarré de la compoſee BAC eſt plus grand que le
quarré de BC de deux fois le rectangle de BA,
AC : (pource que [f] le quarré de BC eſt egal
aux deux quarrez de BA, AC, & le quarré de
la compoſee BAC [g] eſt egal à iceux deux
quarrez de BA, AC, & deux fois le rectangle d'icelles BA, AC.) Parquoy la raiſon
du double rectangle de BA, AC au triangle
ABC eſt donnee.

Maintenant, ſoit l'angle A aigu, & du poinct B ſoit tiree ſur AC la perpendic. BD. D'autant que le triangle ABC eſt oxigone, & eſt tiree la perpendic.
BD, les quarrez de AB AC ſont egaux [h] au quarré de BC
auec deux fois le rectangle de AC, AD : adiouttant donc
le commun double rectangle de AB, AC ; les quarrez de
AB, AC, auec le double rectangle d'icelles AB, AC, c'eſt
à dire [i] le ſeul quarré de la compoſee BAC, ſont egaux au
quarré de BC auec le double rectangle de AD, AC, &
en outre le double rectangle de BA, AC, c'eſt à dire le
double rectâgle ſoubs la compoſee BAD, AC : (car le rect.
de BAD AC eſt [l] egal aux rectang. de BA, AC, & de AD, AC.) Donc le
quarré de la compoſee BAC eſt plus grand que le quarré de BC, du double
rectangle de BAD, AC. Et puis que l'angle BAC eſt donné, & l'angle ADB
auſſi donné ; l'autre angle ABD eſt donné : donc [m] le triangle ABD eſt
donné par eſpece ; & partant la raiſon de AD à AB eſt donnee, & par conſequent la raiſon de la compoſee BAD à AB [n] eſt auſſi donnee. Parquoy eſt
auſſi donnee la raiſon du rectangle d'icelles compoſee BAD, AC [o] au rectangle de BA, AC. Mais la raiſon d'iceluy rectangle de BA, AC au triangle
ABC [p] eſt donnee, pource que l'angle A eſt donné : donc la raiſon du double rectangle de la compoſee BAD, AC au triangle ABC eſt donnee.

Finablement, ſoit l'angle BAC obtus, & ayant prolongé BA du poinct C
ſoit tiree ſur icelle la perpendicul. CE, puis ſoit poſee AF egale à AE D'autant

PPPp

c 1.6.

d 41.1.

e 37.1.

b 8.8.

f 47.1.

g 4.2.

k 13.2.

i 4.2.

l 1.2.

m 40.p.

n 6.p.

o 1.6.

p 66.p.

que l'angle BAC est obtus, & est tirée la perpendic. CE, les quarrez de AB, AC, & le double rectangle soubs BA.AE, ou AF, sont ensemblement

[q 12.2.] egaux [q] au quarré de BC: & adioustant le commun double rectangle de BA. AC, les quarrez d'icelles AB.AC auec le double rectangle des mesmes

[t 4.2.] AB, AC, c'est à dire [t] le quarré de la composée BAC, & le double rectangle de BA, AF sont ensemble egaux au quarré de BC auec le double rectangle de BA, AC. Soit osté le commun double rectangle de BA, AF, & restera le quarré de la composée BAC egal au quarré de BC auec le rectangle de AB, CF: (car

[f 1.2.] le rectangle de AF, AC est egal [f] aux deux rect. de AB,AE, & AB,CF) donc le quarré de la composée BAC est plus grand que le quarré de FC du double rectangle de AB, CF. Et d'autant que l'angle BAC est donné, l'angle

[t 11.1.] CAE [t] est donné. Mais l'angle AEC est aussi donné: donc l'autre angle ACE

[u 40 p.] est donné. Parquoy [u] le triangle ACE est donné par espece; & partant la

[x 5.p.] raison de CA à AE, c'est à dire à AF, est donnée: donc [x] la raison d'icelle CA à FC est aussi donnee. Mais la raison de la mesme CA à CE est donnee: donc [y] la raison de CE à CF est aussi donnee. Parquoy la raison du

[y 8.p.] rectangle de EC, AB au rectangle de FC, AB est donnee; (car le rectan-

[z 1.6.] gle est au rect. [z] comme CE à CF) & aussi celle du rectangle de AC, AB au rect. de EC, AB: donc [y] la raison du rectangle de FC, AB au rectang. de AC, AB est donnee. Mais la raison du rectangle de AC, AB au triangle

[a 66.p.] ABC [a] est donnee: donc aussi la raison du double rectangle de FC, AB au triangle ABC est donnee. Mais iceluy double rectangle de FC, AB est ce dont le quarré de la composée BAC est plus grand que le quarré de BC: donc cet espace là duquel le quarré de la composée BAC est plus grand que le quarré de BC a raison donnee au triangle ABC.

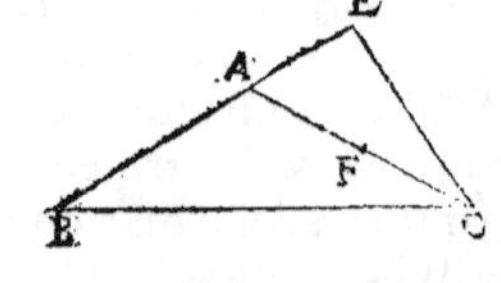

AVTREMENT.

Soit prolongee la ligne BA iusques au poinct D, en sorte que AD soit egale à AC, & soit menee CD. D'autant que l'angle BAC est donné, aussi chacun des angles ADC, ACD qui est moitié d'iceluy sera donné; & partant l'autre angle DAC est aussi donné: donc [u] le triangle ACD est donné par espece. Parquoy la raison de AC à CD est donnee. Et d'autant que l'angle ADC est donné, soit fait chacun des angles DEC, AFC [t] egal à iceluy ADC. Donc puis que l'angle BDC est egal à l'angle DEC, & l'angle DBE est commun aux triangles DBE, DBC, l'autre angle BDE est egal à l'autre angle BCD; & partant le triangle BDE est equiangle

[b 4.6.] au triangle BDC. Donc [b] comme EB à BD, ainsi BD à CB: parquoy le

[c 3.2.] rectangle de EB, CB, c'est à dire [c] le rectangle de EC, CB [c] auec le quarré

[d 17.6.] de CB, est egal [d] au quarré de BD, c'est à dire au quarré de la composée BAC, car AD est egale à AC; & partant le rectangle de EC, CB auec le

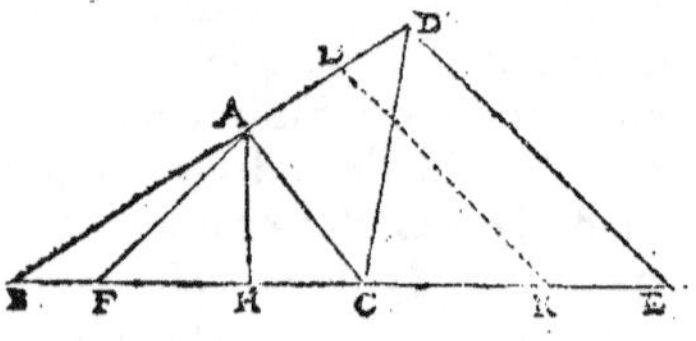

quarré de CB , c'eſt à dire le quarré de la compoſee BAC eſt plus grand que
le quarré du rectangle de BC, CE: Ie dis donc que la raiſon d'iceluy rectangle
de BC, CE au triangle ABC eſt donnee.

Car d'autant que l'angle BDE eſt egal à l'angle BCD, & l'angle ADC egal
à l'angle ACD, l'autre angle CDE eſt egal à l'autre ACB: Mais l'angle DEC
eſt auſſi egal à l'angle AFC; donc le reſte CAF eſt egal au reſte DCE. Parquoy
le triangle AFC eſt equiangle au triangle DCE; & partant[b] comme CA à
AF, ainſi CD à CE; & en permutant, comme AC à CD, ainſi AF à CE.
Mais la raiſon de AC à CD eſt donnee : donc auſſi la raiſon de AF à CE eſt
donnee. Du poinct A ſoit menee AH perpendiculaire à BC. D'autant que
l'angle AFC eſt donné, & l'angle AHF auſſi donné , le troiſieſme HAF eſt
donné. Parquoy[e] le triangle AHF eſt donné par eſpece; & par conſequent
la raiſon de AF à AH eſt donnee. Mais la raiſon de AF à CE eſt auſſi donnee;
donc[f] la raiſon de AH à CE eſt donnee; & partant la raiſon du rectangle de
AH, BC[g] au rectangle de BC, CE eſt auſſi donnee. Mais la raiſon du rectangle de AH BC au triangle ABC eſt pareillement donnee; (car le rectangle[h] eſt double du triangle) & le rectangle de BC, CE eſt-ce dont le quarré
de la compoſee BAC eſt plus grand que le quarré de BC: donc cet eſpace là
duquel le quarré de la compoſee BAC eſt plus grand que le quarré de BC à
raiſon donnee au triangle ABC.

SCHOLIE.

† *L'ancien Interprete pretendant enſeigner à conſtruire l'angle DEB egal à l'angle*
ADC, dit qu'on faſſe ſur la ligne droite BD, & au poinct D, l'angle BDE egal à l'an-
gle BCD, & qu'on tire les lignes BC, DE iuſques à ce qu'elles s'entrecouppent en E: telle-
ment qu'il ſuppoſe l'angle BED eſtre donné, & il ne l'eſt pas.

Le meſme Interprete enſeigne puis apres comment on peut vniuerſellement d'vn
poinct donné mener à vne ligne droite donnee par poſition vne ligne droite faiſant an-
gle egal à vn angle donné, mais nous delaiſſons auſſi ce moyen là pource que nous en auons
enſeigné vn autre beaucoup plus bref & aiſé au 44. de nos Probl. Geometriques. Car
par exemple, voulant du poinct donné D mener à la ligne BC donnee par poſition vne li-
gne droite faiſant angle egal à l'angle donné ADC, ainſi qu'il eſt icy requis; il n'y a
qu'à prendre en icelle BC quelconque poinct K, & à iceluy faire l'angle CKL egal à l'an-
gle donné ADC: Que ſi la ligne KL rencontre le poinct D, elle ſera la ligne requiſe, mais
ne le rencontrant pas, ſoit menee d'iceluy poinct D la ligne DE parallele à icelle KL
couppant BC prolongé en E, & l'angle DEC ſera egal au donné ADC. Car ſur les
deux lignes paralleles LK, DE tombe la ligne BE, & partant l'angle DEC[i] eſt egal
à l'angle LKC, qui a eſté fait egal au donné ADC; & par conſequent iceluy DEC eſt
auſſi egal à ADC.

PROP. LXVIII.

Si deux parallelogrammes equiangles ont entr'eux vne raiſon
donnee, & qu'vn coſté ait auſſi vne raiſon donnee à vn coſté;

l'autre cofté aura pareillement vne raifon donnee à l'autre cofté.

Soient deux parallelogrammes equiangles AB, CD ayans entr'eux vne raifon donnee, & qu'vn cofté ait à vn cofté
vne raifon donnee, & foit la raifon de BE
à FD donnee : Ie dis que la raifon de AE
à FC eft auffi donnee.

Car à la ligne droicte EB foit appliqué le
parallelogramme EH egal à iceluy CD, &
conftitué de forte que AE & EG faffent vne
ligne droicte : † donc KB, BH feront auffi
vne ligne droicte. Et d'autant que la raifon

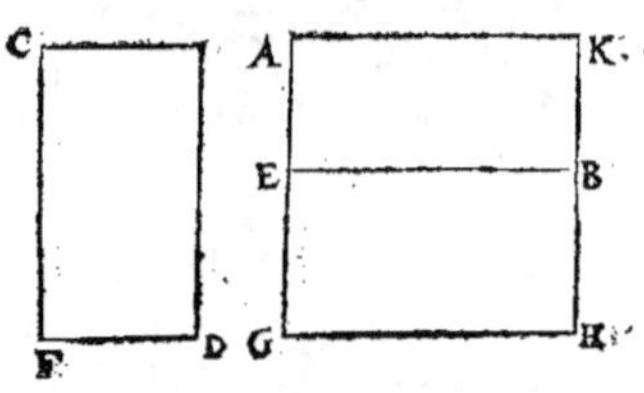

de AB à CD eft donnee, & que EH eft egal à iceluy CD ; la raifon de AB
à EH eft donnee ; & partant la raifon de AE à EG ¹ eft auffi donnee. Veu

l 1. 6.
m 14. 6   donc que EH eft egal & equiangle à CD, comme ᵐ EB à FD, ainfi FC à
EG. Mais la raifon de EB à FD eft donnee : donc auffi la raifon de FC à
EG eft donnee. Mais la raifon de AE à la mefme EG eft auffi donnee :
donc la raifon de AE à FC eft donnee.

SCHOLIE.

*† Euclide ayant pofé AE, EG directement en vne feule ligne droicte, conclud auffi-
toft que KB & BH feront auffi vne ligne droicte, mais nous le demonftrerons ainfi.
D'autant que les lignes droictes AE, EG font pofees directement les angles AEB,*

a 13. 1.   *BEG, ᵃ font egaux à deux droicts. Et puis que AB eft vn parallelogramme, les lignes AK, EB font paralleles, fur lefquelles tombe la ligne AE, & partant les deux*

b 29. 1.   *angles interieurs A, BEA ᵇ font auffi egaux à deux droicts ; & oftant l'angle commun BEA, demeurera l'angle A egal à l'angle BEG, & confequemment leurs oppofez EBK & H font auffi egaux entr'eux. Derechef, puis que EG eft vn parallelog. les
deux lignes BE, HG font paralleles fur lefquelles tombe BH : & partant les deux angles interieurs H, EBH ᵇ font egaux à deux droicts. Mais il a efté demonftré que
H eft egal à EBK : donc les deux angles EBK, EBH font auffi egaux à deux droicts ;*

c 14. 1.   *& partant ᶜ les deux lignes KB, BH fe rencontrent directement comme le dit Euclide.*

AVTREMENT.

Soit expofee la ligne droicte donnee K : & puis que la raifon de A à B
eft donnee, foit faicte la mefme de K à L : donc la raifon de K à L eft auffi

n 2. pp.   donnee. Mais K eft donnee : donc ⁿ L eft
auffi donnee. Derechef, puis que la raifon
de CD à EF eft donnee foit faite la mefme
de K à M : donc la raifon de K à M eft don-

o 1. pr.   nee. Mais K eft donnee : donc ᵒ M eft auffi
donnee : & partant la raifon de L à M eft
donnee. Or d'autant que A eft equiangle à

p 23. 6.   B, ᵖ la raifon d'iceluy A à B, eft compofee
de celle des coftez, c'eft à dire de CD à EF,
& de CG à EH. Mais auffi la raifon de K à L eft compofee de K à M, &

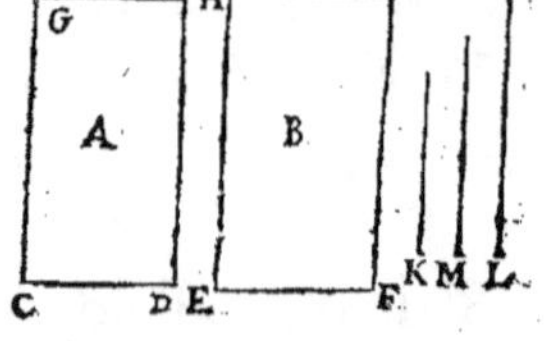

de M à L : donc la raison composée de CD à EF, & de CG à EH, est la
mesme que la composée de K à M, & de M à L. (la raison de K à L
estant la mesme que de A à B.) Mais la raison de CD à EF est la mesme
que de K à M : donc l'autre raison de CG à EH est aussi la mesme que
de M à L. Mais icelle raison de M à L est donnee : donc aussi la raison
de CG à EH est donnee.

PROP. LXIX.

Si deux parallelogrammes ayans les angles donnez, ont entr'eux vne raison donnee, & qu'vn costé ait aussi vne raison donnee à vn costé ; pareillement l'autre costé aura
vne raison donnee à l'autre costé.

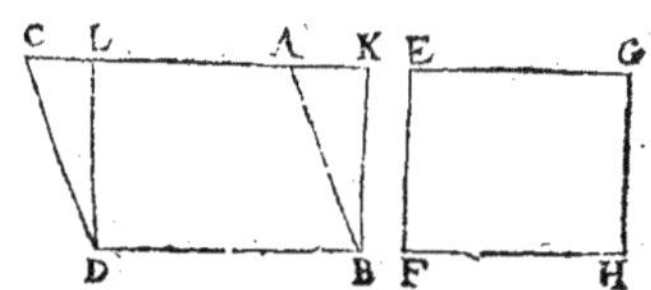

Que les deux parallelogrammes CB,
EH ayans les angles aux poincts D & F
donnez, ayent entr'eux vne raison donnee, & que la raison de DB à FH soit aussi
donnee : Ie dis que la raison de AB à
EF est donnee.

Car si CB est eqniangle à HE, il est manifeste par la prec.prop. Mais s'il
n'est equiangle, soit constitué sur la ligne droicte DB & au poinct B donné
en icelle l'angle DBK egal à l'angle EFH & soit acheué le parallelogr. DK.
D'autant que chacun des angles BKL, BAK est donné, † l'autre angle KBA,
est donné : Parquoy le triangle ʳ ABK est donné par espece; & partant la ʳ 40.p.
raison de AB à BK est donnee. Mais la raison de CB à EH est supposée
donnee, & ᵗ CB est egal à DK : donc la raison de DK à EH est donnee. t 35.p.
Et pour ce que DK est equiangle à EH, & la raison d'iceluy DK à EH est
donnee, comme aussi celle de DB à FH; ˣ la raison de BK à FE est donnee. Mais la raison d'icelle BK à BA est aussi donnee : donc ˣ la raison de u 68.p.
AB à FE est donnee.

SCHOLIE.

*† Euclide suppose icy qu'vn parallelogramme ayant vn angle donné, tous les autres an-
gles sont aussi donnez : & tant l'ancien Interprete que le sieur Hardy en deduisent les raisons, qui sont que l'angle F estant donné, l'autre angle E sera aussi donné estant le reste
de deux droicts, pour ce que sur les lignes droictes paralleles EG, FH tombe la ligne EF,
qui fait ˣ les deux angles interieurs de mesme part F & E egaux à deux droicts : Mais x 29.1.
à iceux angles sont egaux ʸ les opposez G & H, & partant ils sont aussi donnez. y 34.1.*

*Dont s'ensuit que les angles BDC & F estans donnez par l'hypothese, tous les autres an-
gles des deux parallelogr. CB, EH sont aussi donnez : partant l'angle DBK ayant esté
faict egal à l'angle F, l'angle K sera egal à l'angle E, & donné comme iceluy : Mais
l'angle BAL, qui est opposé au donné BDC est aussi donné, & partant BAK qui est le
reste de deux droicts sera aussi donné, tellement qu'au triangle ABK les deux angles
BAK & LKA sont donnez, ainsi qu'Euclide le dit icy.*

PROP. LXX.

Si de deux parallelogrammes, les coſtez d'autour angles egaux,
ou bien d'autour des inegaux, toutesfois donnez, ont entre
eux vne raiſon donnee ; auſſi les meſmes parallelogrammes
auront entr'eux vne raiſon donnee.

Soient deux parallelogrammes AB, EH deſquels les coſtez d'autour les angles egaux des poincts F, C, ou d'autour
des inegaux, toutesfois donnez ayent entr'eux vne raiſon donnee, c'eſt à dire que
la raiſon de AC à EF ſoit donnee, & auſſi
celle de CB à FH : Ie dis que la raiſon de
AB à EH eſt auſſi donnee.

 Car ſoit AB equiangle à EH, & ſur la ligne droicte CB ſoit applicqué le paralle-
logramme CM egal au parallelogr. EH, tellement que AC ſoit directement à
CN, & par conſequent DB ſera directement* auec BM. D'autaut donc que
CM eſt equiangle & egal à EH, les coſtez d'autour les angles egaux ſeront reciproquement* proportionnaux : Parquoy comme BC à HF, ainſi FE à NC.
Mais la raiſon de BC à HF eſt donnee : donc la raiſon de FE à NC eſt auſſi
donnee. Mais la raiſon de AC à la meſme EF eſt donnee : donc* la raiſon do
AC à NC eſt auſſi donnee. Parquoy la raiſon de AB à CM eſt donnee : (car
c'eſt la meſme* que de AC à CN.) Mais CM eſt egal à EH : donc la raiſon de
AB à EH eſt donnee.

 Maintenant, AB ne ſoit equiangle à EH, & ſur la ligne droicte CB, & au
poinct C donné en icelle, ſoit conſtitué l'angle BCK egal à l'angle donné F, &
ſoit acheué le parallelogramme CL. D'autant que l'angle ACB eſt donné, &
l'angle BCK auſſi donné, le reſte ACK eſt donné : donc le triangle ACK[c] eſt
donné par eſpece ; & partant la raiſon de AC à CK eſt donnee : Mais la raiſon
de AC à EF eſt auſſi donnee : donc la raiſon de CK à EF eſt donnee. Mais la
raiſon de BC à HF eſt auſſi donnee, & l'angle BCK eſt egal à l'angle F : donc
(par la premiere partie de ceſte prop.) la raiſon de CL à EH eſt donnee. Mais
à iceluy CL eſt egal AB : donc la raiſon de AB à EH eſt donnee.

PROP. LXXI.

Si de deux triangles les coſtez d'autour angles egaux, ou bien
d'autour des inegaux, toutesfois donnez, ont entr'eux vne
raiſon donnee : les meſmes triangles auront auſſi entr'eux
vne raiſon donnee.

Soient deux triangles ABC, DEF, deſquels les coſtez d'autour les angles
A & D egaux, ou bien inegaux, toutesfois donnez ayent entr'eux vne raiſon
donnee, c'eſt à ſçauoir que la raiſon de AB à DE ſoit donnee, & auſſi celle de

AC à DF : Ie dis que la raison du triangle
ABC au triangle DEF est donnee.

Car soient accomplis les parallelogram.
AG, DH. Donc puis que des deux parallelog.
AG, DH, les costez d'autour les angles egaux
A & D, ou bien inegaux & toutesfois dónéz,
ont entr'eux raison donnee ; [d] la raison d'i-
celuy AG à DH est donnee : Mais le trian-
gle ABC est moitié de AG, [e] & le triangle DEF moitié de DH : donc la
raison du triangle ABC au triangle DEF est donnee.

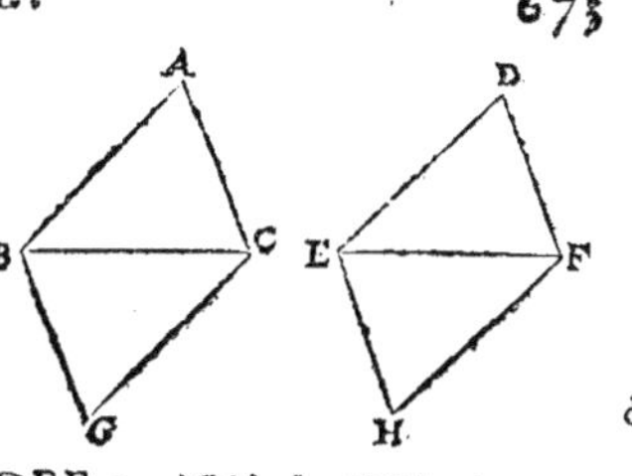

[d] 70 p.

[e] 34. 1

PROP. LXXII.

Si de deux triangles, les bases sont en raison donnee, & que
des angles soient tirées à icelles bases des lignes droictes
faisans angles egaux, ou bien inegaux, mais toutesfois donnez, lesquelles ayent entr'elles raison donnee : iceux triangles auront aussi entr'eux raison donnee.

Soient deux triangles ABC, DEF, & soient tirées aux bases les lignes droictes AG DH, qui fassent les angles
AGC DHF egaux ou bié inegaux,
mais toutesfois donnez ; & soit la
raison de BC à EF donnee; mais la
raison de AG à DH aussi donnee :
Ie dis que la raison du triangle
ABC au triangle DEF est donnee.

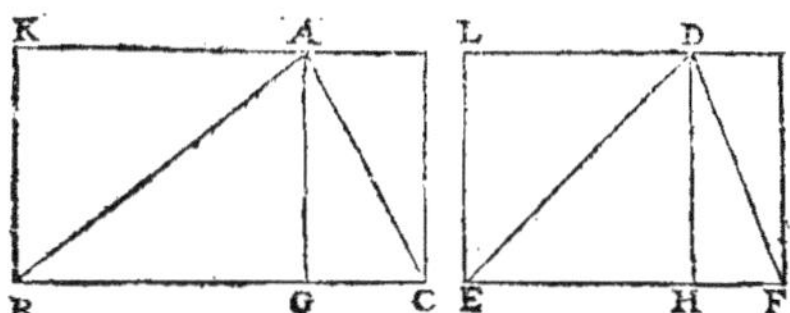

Car soient accomplis les parallelogrammes KC, LF, d'autant que les angles
AGC, DHF sont egaux, ou bien inegaux & toutesfois donnez, & que l'angle
AGC [f] est egal à l'angle KBC, mais l'angle DHF à l'angle LEF : les angles aux
poincts B, E sont egaux, ou bien inegaux, mais toutesfois donnez. Et pour ce
que la raison de AG à DH est donnee, & AG est egale à KB, mais DH à LE :
aussi la raison de KB à LE est donnee. Mais la raison de FC à EF est aussi donnee, & les angles aux poincts B, E sont egaux ou bien inegaux & toutesfois dónez : donc [g] la raison du parallelog. KC au parallelog. LF est donnee : & partant
la raison du triangle ABC au triangle DEF est donnee, attendu qu'iceux triangles [h] sont moitié des parallelogrammes.

[f] 29. 1

[g] 70 p.

[h] 41. 1.

PROP. LXXIII.

Si de deux parallelogrammes les costez d'autour angles egaux,
ou bien d'alentour des inegaux, mais toutesfois donnez, sont
tellement entr'eux, que comme le costé du premier est au
costé du second, ainsi l'autre costé du second, soit à quelque
autre ligne droicte, mais que l'autre costé du premier ait

aussi à la mesme ligne droicte vne raison donnee : iceux parallelogrammes auront aussi entr'eux vne raison donnee.

Soient deux parallelogrammes AB, EG, desquels les costez d'autour les angles des poincts C, F egaux, ou bien inegaux, mais toutesfois donnez, soient tellement entr'eux que comme CB à FG, ainsi EF à quelque autre ligne droicte CN, mais la raison de AC à icelle CN soit donnee : Ie dis que la raison du parallellogramme AB au parallelog. EG est donnee.

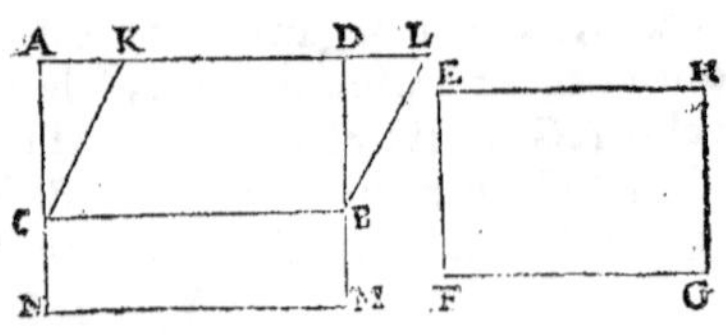

Car le parallelogramme AB soit premierement equiangle à EG, & ayant posé CN directement à AC, soit acheué le parallelogr. CM. D'autant que comme CB ou NM son egale est à FG, ainsi EF à CN, & que les angles N & F sont egaux; (car N est egal à l'angle ACB qu'on a posé estre egal à F) les parallelogrammes CM, EG ʳ sont egaux. Mais comme AC à CN ˢ ainsi le parallelogr. AB à CM ou EG : partant puis que la raison de AC à CN est donnee; aussi la raison de AB à EG est donnee.

Maintenant, le parallelogramme AB ne soit equiangle au parallelog. EG, & soit constitué à la ligne droicte CB, & au poinct C donné en icelle, l'angle BCK egal à l'angle EFG. & soit paracheué le parallelog. CL. Donc puis que chacun des angles ACB, KCB est donné, le reste ACK est aussi donné. Mais ᵐ l'angle CAK est donné, comme aussi le restant AKC : donc ⁿ le triangle ACK est donné par espece ; & partant la raison de AC à CK est donnee Mais la raison d'icelle AC à CN est aussi donnee : donc ᵒ la raison de CK à CN est donnee. Et puis que comme CB à FG, ainsi EF a la ligne droicte CK, à laquelle l'autre costé KC a raison donnee, & que l'angle BCK est egal à l'angle F, la raison du parallelog. CL au parallelog. EG est donnee, (par la premiere partie de cette prop.) Mais le parallelog. CL est egal au parallelog. AB : donc la raison du parallelog. AB au parallelog. EG est donnée.

PROP. LXXIV.

Si deux parallelogrammes en angles egaux, ou bien en inegaux, mais toutesfois donnez ont vne raison donnee ; comme vn costé du premier sera à vn costé du second, ainsi l'autre costé du second sera à celle à laquelle l'autre costé du premier à raison donnee.

Que les deux parallelogrammes AB, EG ayans aux poincts C, F angles egaux ou bien inegaux, mais toutesfois donnez, soient entr'eux en raison donnee : Ie dis que comme CB à FG, ainsi EF à celle que AC a raison donnee.

Car ou AB est equiangle ou non : soit premierement equiangle, & à la ligne droicte BG soit appliqué le parallelog. CM egal à EG, & tellement posé que

AC

AC, CN foient directement: donc P DB, BM feront auffi directement. Et
puis que la raifon de AB à EG eft donnee, & que CM eft egal à EG; la raifon
de AB à CM eft auffi donnee: & partant la raifon de AC à CN eft donnee:
(attendu que AB eft à CM q comme AC à CN.) Et pour ce que CM eft egal &
equiangle à EG : les coftez d'autour les angles egaux d'iceux CM, EG r font
reciproquement proportionnaux; & partant comme CB à FG, ainfi EF à CN:
Mais la raifon de AC à CN eft donnee: donc comme CB eft à FG, ainfi EF eft
à celle que AC a raifon donnee.   (Voyez la figure precedente)

   Maintenant, AB ne foit equiangle à EG, & foit conftrué à la ligne droicte
CB & au poinct C donné en icelle, l'angle BCK egal à EG, & foit acheué le
parallelog. CK. Donc puis que la raifon de AB à EG eft donnee, & f que AB
eft egal à CL; auffi la raifon de CL à EG eft donnee, & l'angle BCK eft egal à
l'angle F: & partant CL t eft equiangle à EG. Donc (par la premiere partie de
cette prop.) comme CB à FG, ainfi EF à celle à laquelle CK a raifon donnee.
Mais la raifon de AC à CK eft donnee: (ainfi qu'il appert par ce qui a efté demonftré à la derniere partie de la prec. prop.) donc comme CB à FG ainfi EF à
celle que AC a raifon donnee.

PROP. LXXV.

Si deux triangles en angles egaux, ou bien inegaux, mais toutesfois donnez, ont entr'eux vne raifon donnee; comme
le cofté du premier fera au cofté du fecond, ainfi l'autre
cofté du fecond fera à cette ligne droicte-là à laquelle
l'autre cofté du premier a raifon donnee.

Soient deux triangles ABC, DEF qui
ayent entr'eux vne raifon donnee, & aux
poin. A, D foient angles egaux, ou bien
inegaux, mais toutesfois donnez: Ie dis
que comme AB eft à DE, ainfi DF eft à
celle que AC a raifon donnee.

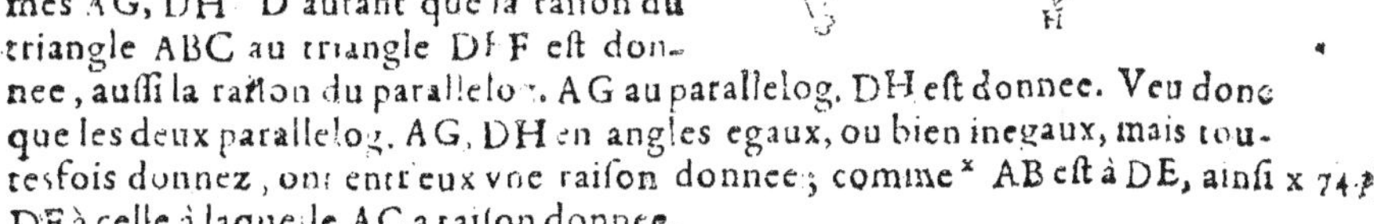

   Car foient accomplis les parallelogrammes AG, DH. D'autant que la raifon du
triangle ABC au triangle DEF eft don-
nee, auffi la raifon du parallelog. AG au parallelog. DH eft donnee. Veu donc
que les deux parallelog. AG, DH en angles egaux, ou bien inegaux, mais toutesfois donnez, ont entr'eux vne raifon donnee; comme x AB eft à DE, ainfi
DF à celle à laquelle AC a raifon donnee.

PROP. LXXVI.

Si du fommet d'vn triangle donné par efpece eft tirée à la
bafe vne ligne perpendiculaire, elle aura à la bafe vne raifon
donnee.

QQQq

Soit le triangle ABC donné par espece, & du poinct
A soit tirée à la base BC la perpendiculaire AD : Ie dis
que la raison d'icelle AD à BC est donnee.

   Car puis que le triangle ABC est donné par espece,
la raison de AB à BC est donnee, & l'angle B aussi donné. Mais l'angle ADB est donné : Donc l'autre angle
BAD est donné. Parquoy[a] le triangle ABD est donné
par espece ; & partant la raison de AB à AD est donnée.
Mais la raison de AB à BC est donnee : Donc[b] la raison
de AD à BC est donnee.

a 40 p.

b 8. pr.

PROP. LXXVII.

Si deux figures donnees par especes ont entr'elles vne raison
donnee ; aussi sera donnee la raison duquel on voudra des
costez de l'vne d'icelles figures auquel on voudra des costez
de l'autre.

   Que les deux figures ABC, DEF donnees par espece ayent entr'elles vne
raison donnee : Ie dis que lequel que ce soit des costez de ABC a raison donnee auquel que ce soit des costez de DEF.

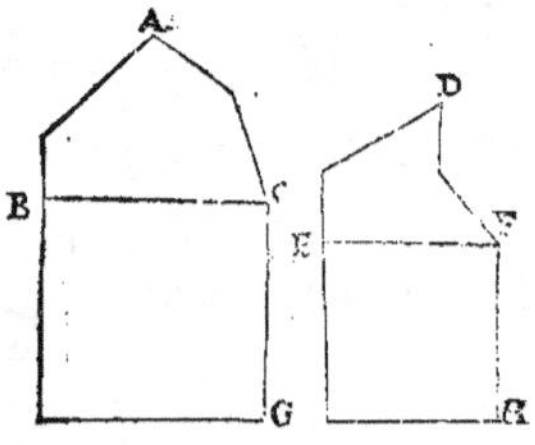

   Car sur les lignes droictes BC, EF soient descris les quarrez BG, EH. D'autant que sur vne
mesme ligne droicte BC sont descriptes deux
figures ABC, BG donnees par espece[c] la raison d'icelle ABC à BG est donnee. Semblablement la raison de DEF à EH est donnee. Et puis
que la raison de ABC à DEF est donnee, &
aussi celle de la mesme figure ABC à BG ; & encore la raison de DEF à EH :[d] la raison de BG
à EH est donnee ; & partant la raison de BG à EF est aussi donnee.

c 49. p.

d 8. pr.

PROP. LXXVIII.

Si vne figure donnee a raison donnee à quelque rectangle, &
qu'vn costé ait raison donnee à vn costé ; le rectangle est
donné par espece.

   Que la figure donnee ABC ait raison donnee au rectangle DF, & soit
donnee la raison de BC à DE : Ie dis que le rectangle DF est donné par espece.

   Car sur la ligne droicte BC soit descrit le quarré BH, & à la ligne droicte
DE soit appliqué le parallelogr. DK egal à BH, de telle sorte que GD, LI
soient posées directement, [e] & par consequent FE, EK aussi directement.
Donc puis que sur vne mesme ligne droicte BC sont descrits les deux recti-
lignes ABC, BH donnez par espece, [f] la raison de ABC à BH est donnee.
Mais la raison d'icelle ABC à DF est aussi donnee : Donc[d] la raison de BH à
DF est donnee. Mais BH est egal à DK : Donc la raison de DK à DF est aussi

e sch.

68. pr.

f 49. p.

donnee. Et puis que BH est egal &
equiangle à DK, l'vn & l'autre estant
rectangle; & les costez d'iceux sont reciproquement proportionnaux, & comme
BC à DE, ainsi DI à CH. Mais par
l'hypothese la raison de BC à DE est
donnee: Donc aussi la raison de DI à
CH est donnee. Mais la raison de D à
DG est aussi donnee: (car DI est à DG
h cóme DK à DF) donc la raison de DG
à CH est donnee. Mais CH est egale à
BC, attendu que BH est quarré: Donc
la raison de BC à DG est donnee. Mais

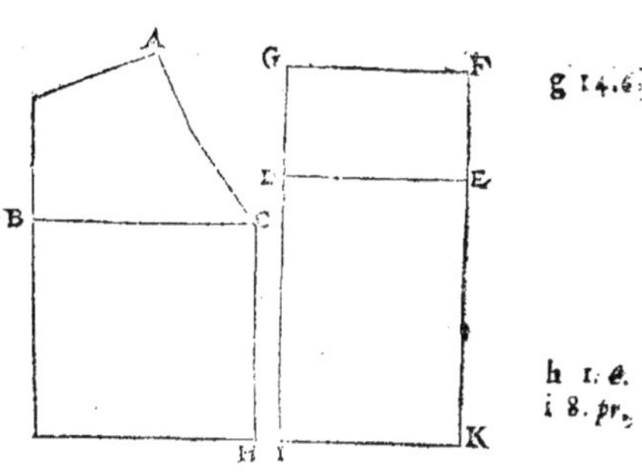

g 14.6.

h 1. e.
i 8. pr.

la raison de la mesme BC à DE est aussi donnee: Donc i la raison de DE à DG
est donnee, & l'angle à D est droit: Donc l DF est donné par espece.

l sch
61. pr.

PROP. LXXIX.

Si deux triangles ont vn angle egal à vn angle, mais des angles
egaux soient tirees des perpendiculaires aux bases, & que
comme la base du premier triangle est à la perpendiculaire,
ainsi aussi la base de l'autre soit à la perpendiculaire : iceux
triangles sont equiangles.

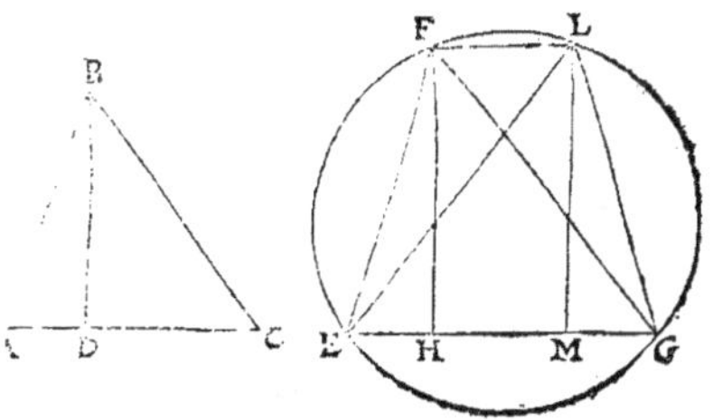

Soient les triangles ABC, EFG
ayans les angles aux poincts B, F
egaux, & d'iceux poincts B & F
soient tirees les perpendiculaires BD, FH; & comme AC à BD,
ainsi EG soit à FH: Ie dis que le
triangle ABC est equiangle au
triangle EFG.

Car allentour du triangle EFG
soit descrit le cercle EFLG, puis
sur la ligne droicte EG, & au poinct E donné en icelle soit fait l'angle GEL
egal à l'angle C, & soient tirees FL, LG, & la perpendiculaire LM. Veu donc
que l'angle GEL est egal à l'angle C, & l'angle ELG est egal à l'angle EFG,
m iceux estans en vn mesme segment de cercle: le troisiesme angle EGL est
egal au troisiesme angle A. Parquoy le triangle ABC est semblable au triangle
ELG, & sont tirees les perpendiculaires BD, LM: Donc † comme AC à BD,
ainsi EG à LM. Mais par l'hypotese comme AC à BD, ainsi EG à FH: Donc
n LM est egale à FH. Mais icelle LM est o parallele à FH : Donc p FL est aussi
parallele à EG; & partant l'angle FLE q est egal à l'angle LEG. Mais l'angle C
est aussi egal à iceluy angle LEG; & l'angle FLE à l'angle m FGE: Donc aussi
l'angle C est egal à l'angle FGE. Mais par l'hypotese l'angle ABC est egal à l'an-

m 21.
3.

n 7. 5.
o 28. 1.
p 33. 1.
q 29. 1.

gle EFG: Donc le troisiesme angle BAC est egal au troisiesme angle FEG. Par
quoy le triangle ABC est equiangle au triangle EFG.

SCHOLIE.

† Or que comme AC à BD, ainsi EG soit à LM, le sieur Hardy la demonstré ainsi. D'autant que l'angle C est egal à l'angle GEL, & l'angle BDC à l'angle LME, chacun estant
droict; l'autre angle CBD est egal à l'autre ELM: Donc comme EM à ML, ainsi CD à
DB. Derechef, pource que l'angle ABC est egal à l'angle ELG, & l'angle CBD à l'an-
gle ELM, le reste ABD est egal au reste MLG: mais l'angle ADB est auß egal à l'an-
gle LMG, & partant le troisiesme angle A est egal au troisiesme LGM: Donc comme
AD à DB, ainsi GM à ML. Mais il a esté demonstré que comme CD à DB, ainsi EM à
ML: Donc comme AC à BD, ainsi EG à LM.

PROP. LXXX.

Si vn triangle a vn angle donné, & que le rectangle soubs les
costez côprenans iceluy angle donné ait vne raison donnee
au quarré de l'autre costé; le triangle est donné par espece.

Soit le triangle ABC ayant l'angle A donné, & que le
rectangle contenu soubs AB, AC ait raison donnee au
quarré de la ligne droicte BC: Ie dis que le triangle ABC
est donné par espece.

Car des poincts A & B soient menees les perpendiculaires AD, BE. D'autant que l'angle BAE est donné, &
aussi l'angle ADB, le triangle ABE est donné par espece:
& partant la raison de AB à BE est donnee: Donc la raison
du rectangle de AB, AC, au rectangle de BE, EC est aussi donnee. (Car c'est
la mesme raison que de AB à BE.) Mais le rectangle de AC, BE est egal au
rectangle de BC, AD, pource que chacun d'iceux rectangles est double du
triangle ABC: Donc la raison du rectangle de AB, AC au rect. de BC, AD est
aussi donnee. Mais la raison du rectangle de AB, AC au quarré de BC est donnee: Donc aussi la raison du rectangle de BC, AD au quarré de BC est donnee; & partant la raison de la ligne droicte BC à la ligne droicte AD est donnee. (Pource que le rectangle est au quarré, comme AD à BC.) Maintenant soit exposee la ligne droicte FG donnee par position & par grandeur, &
sur icelle soit descrit le segment de cercle FIG capable d'vn angle egal à l'angle A. Et puis que iceluy angle A est donné aussi sera
donné l'angle au segment FIG; & partant iceluy
segment est donné par position. Du poinct G soit eri-
gee à angles droicts sur FG la ligne GH; laquelle
est donc donnee par position. Soit fait que comme
BC est à AD, ainsi FG soit à GH & puis que la raison
de BC à AD est donnee, aussi le sera celle de FG, GH.
Mais FG est donnee: Donc GH est donnee par
grandeur. Mais elle est aussi donnee par position,
& le poinct G est donné: Donc le poinct H est aussi donné. Maintenant par le poinct H soit menee HI parallele à FG: & icelle sera donnee par
position. Mais le segment de cercle FIG est aussi donné par position: Donc le

poinct I eſt donné. Soient tirees les lignes droictes IF, IG , & la perpendiculaire IK: Donc IK eſt donnee par poſition. Mais le poinct I eſt donné, comme
auſſi chacun des poincts F,G: Donc ^{f} chacune des lignes FG, FI, IG eſt donnée $^{f\,26.\,p.}$
par poſition & par grandeur. Parquoy ^{g} le triangle FIG eſt donné par eſpece. $^{g\,39.\,p.}$
Et puiſque comme BC à AE ainſi FG à GH, & ^{h} qu'à icelle GH eſt egale IK; $^{h\,34.\,1.}$
comme BC à FA, ainſi FG à IK; & l'angle A eſt egal à l'angle FIG: Donc ^{i} le $^{i\,79.\,p.}$
triangle ABC eſt equiangle au triangle FIG. Mais iceluy FIG eſt donné par eſpece: Donc auſſi le triangle ABC eſt donné par eſpece.

AVTREMENT.

Soit le triangle ABC, lequel ait l'angle A
donné, & la raiſon du rectangle ſoubs AB,
AC au quarré de BC ſoit donnee: Ie dis
que le triangle ABC eſt donné par eſpece.

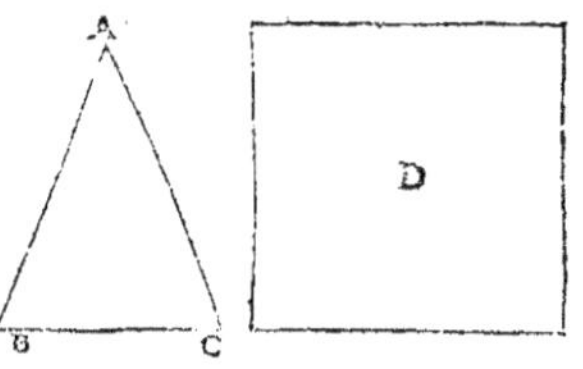

$^{l\,67.\,p.}$

Car puis que l'angle A eſt donné, cet eſpace là duquel le quarré de la compoſee BAC
eſt plus grand que le quarré de BC ^{l} a rai-
ſon donnee au triangle ABC: Or cet eſpace là ſoit D. Donc la raiſon d'iceluy
D au triangle ABC eſt donnee. Mais la raiſon d'iceluy triangle ABC au re- $^{m\,66.\,p.}$
ctangle de AB, AC eſt donnee, ^{m} veu que l'angle A eſt donné. Donc ^{n} la rai- $^{n\,8.\,pr.}$
ſon de l'eſpace D au rectangle de AB, AC eſt donnee. Mais la raiſon d'iceluy
rectangle de AB, AC au quarré de BC eſt auſſi donnee: Donc ^{n} la raiſon de $^{o\,6.\,pr.}$
l'eſpace D au quarré de BC eſt donnee: Parquoy en compoſant, ^{o} la raiſon de
l'eſpace D auec le quarré de BC à iceluy quarré de BC eſt donnee: Donc la raiſon du quarré de la compoſee BAC au quarré de BC eſt donnee; (pource que
l'eſpace D auec le quarré de BC eſt egal à iceluy quarré de la compoſee BAC) $^{p\,ſch.}$
& partant ^{p} la raiſon d'icelle compoſee BAC à BC eſt donnee. Mais l'angle A $^{52.\,pr.}$
eſt auſſi donné: Donc ^{q} le triangle ABC eſt donné par eſpece. $^{q\,46.\,p.}$

PROP. LXXXI.

Si de trois lignes droictes proportionnelles à trois lignes droictes proportionnelles, les extremes ſont en raiſon donnee,
auſſi les moyennes ſeront en raiſon donnee: Et ſi vn extreme a raiſon donnee à vn extreme, & la moyenne à la
moyenne; l'autre aura auſſi à l'autre vne raiſon donnee.

Que les trois lignes droictes A, B, C,
ſoient proportionnelles à trois lignes
droictes proportionnelles D E, F, &
que les extremes ſoient en raiſon donnee, c'eſt à ſçauoir que A ſoit à D, &
C à F en raiſon donnee. Ie dis que la
raiſon de B à E eſt donnee.

Car d'autant que la raiſon de A à D & de C à F eſt donnee, le rectangle de A,
D ^{r} aura raiſon donnee au rectangle de C, F. Mais le rectangle de A, D, eſt $^{r\,70.\,p.}$
egal ^{ſ} au quarré de B; & le rectangle de C, F au quarré de E: Donc la raiſon $^{ſ\,17.\,6.}$

Q Q Q q   iij

^p *fch.*
52. pr.   du quarré de B au quarré de E est donnee, & partant ^p la raison de la ligne B à la ligne E est aussi donnee.

Derechef, soit donnee la raison de A à D, & de B à E: Ie dis que la raison de C à F est aussi donnee. Car puis que la raison de A à D, & de B à E est donnee; ^t 50. p.   aussi la raison du quarré de B ^t au quarré de E est donnee. Mais le quarré de B est egal au rectangle de A, C, & le quarré de E au rect. de D, F: Donc la raison du rectangle de A, C au rect. de D, F est donnee. Mais la raison d'vn costé A à ^u 68. p.   vn costé D est donnee : Donc ^u la raison de l'autre costé C à l'autre costé F est aussi donnee.

PROP. LXXXII.

S'il y a quatre lignes droictes proportionnelles, comme la premiere sera à celle à laquelle la seconde a raison donnee, ainsi la tierce sera à celle à laquelle la quatriesme a raison donnee.

Soient quatre lignes droictes proport. A, B, C D; & soit A à B, comme C à D: Ie dis que comme A est à celle que B a raison donnee, ainsi C est à icelle à laquelle D a raison donnee.

Car E soit celle à laquelle B a raison donnee ; & soit faict que comme B est à E ainsi D soit à F. Or la raison de B à E est donnee : Donc est aussi donnee la raison de D à F. Et puis que comme A à B, ainsi C à D, & en outre comme B à E ainsi D à F; par raison egale comme A à E, ainsi C à F. Mais E est celle à laquelle B a raison donnee, & F celle à laquelle D a aussi raison donnee : Donc comme A est à celle à laquelle B a raison donnee, ainsi C est à celle à laquelle D a raison donnee.

```
______________  A

______________  B

______________  C

______________  D

______________  E

______________  F
```

PROP. LXXXIII.

Si quatre lignes droictes sont tellemét entr'elles, que de trois d'icelles qu'elles qu'elles soient, & d'vne quatriesme prise proportionnelle à laquelle celle qui reste des quatre lignes ait vne raison donnee, se fassent quatre lignes droictes proportionnelles : comme la quatriesme sera à la tierce, ainsi la seconde sera à celle à laquelle la premiere a raison donnee.

Soient quatre lignes droictes A, B, C, D, telles qu'ayāt pris E quatriesme proportionnelle à trois quelconques d'icelles A, B, C, à laquelle D a raison donnee, icelles quatre lignes A, B, C, E sont proportionnelles : Ie dis que comme D à C, ainsi B à celle que A à raison dōnee.

Car d'autant que comme A à B, ainsi C à E, le rectan- ^a 16.6.   gle contenu sous A, E est ^a egal à celuy compris sous B, C. Et puis que la raison de D à E est donnee, aussi sera

```
______________  A

______________  B

______________  C

______________  D

______________  E
```

donnee la raifon du rectangle de A, D au rectangle de A E (car [b] c'eft la mef- b 1. 6.
me raifon que de D à E.) Mais le rectangle de A, E, eft egal à celuy de B, C,
Donc la raifon du rectangle de A, D à celuy de B, C eft donnee. Parquoy
comme D eft à C, ainfi B à celle à laquelle A a vne raifon donnee. d 74. p.

PROP. LXXXIV.

Si deux lignes droictes comprenent vn efpace donné en angle
donné, & que l'vne foit plus grande que l'autre d'vne donnee, auffi chacune d'icelles fera donnee.

Que les deux lignes droictes AB, AE comprenent
vn efpace donné AF en angle donné BAE, & foit
AB plus grande que AE d'vne donnee CB: Ie disque chacune des lignes AB, AE, eft donnee.

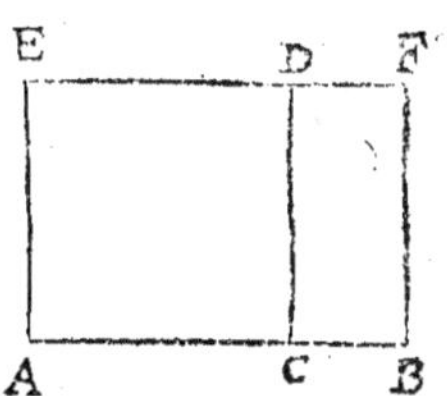

Car puis que AB eft plus grande que AE de la
donnee CB, le refte AC eft egal à AE : Soit accomply le parallelogr. AD. Donc puis que AE eft egale
à AC, la raifon de AE à AC eft donnee ; & l'angle
A eft auffi donné : Donc [e] AD eft donné par efpe-
ce. Parquoy l'efpace donné AF eft appliqué à la ligne droicte donnee CB, ex-   e fch.
cedant de la figure AD donnee par efpece ; & partant [f] la largeur de l'excez   61 pr.
eft donnee : Donc AC eft donnee. Mais CB eft auffi donnee : Donc la toute   f 59. p.
AB eft donnee. Mais AE eft auffi donnee : Donc chacune des lignes droictes
AB, AE eft donnee.

PROP. LXXXV.

Si deux lignes droictes comprenant vn efpace donné en angle
donné, la compofee d'icelles eft donnee ; auffi chacune d'i-
celles fera donnee.

Soient deux lignes droictes AC, CD comprenant vn efpace donné AD en angle donné ACD, & la compofee
d'icelles lignes ACD foit donnee : Ie dis que chacune
defdictes lignes AC, CD eft donnee.

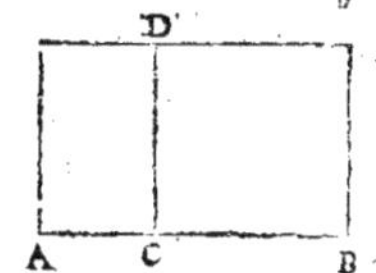

Car foit prolongee AC, iufques au poinct B, & pofé
CB egale à CD, puis par le poinct B foit menee BF parallele à CD, & acheué le parallelogramme CF. Veu
donc que CB eft egale à CD, & l'angle DCB eft donné ; car celuy qui eft de
fuitte eft le donné ; & partant [e] le parallelogr. DB eft donné par efpece : & en
outre puis que la compofee ACD eft donnee, & CB eft egale à CD ; auffi AB
eft donnee. Par ainfi à la ligne droicte AB eft appliqué l'efpace donné AD
defaillant de la figure DB donnee par efpece ; & partant [g] les largeurs du def-   g 58. p.
faut font donnees : Donc les lignes droictes DC, CB font donnees. Mais la
compofee ACD eft auffi donnee : Donc [h] chacune des lignes AC, CD eft   h 4. pr.
donnee.

PROP. LXXXVI.

Si deux lignes droictes comprenant vn espace donné en angle
donné, le quarré de l'vne est plus grand que le quarré de
l'autre d'vn donné, qu'en raison; aussi chacune d'icelles sera donnee.

Soient deux lignes droictes AB, BC comprenant l'espace donné AC en angle donné ABC, & le quarré de
la ligne BC soit plus grand que le quarré de AB d'vn
donné qu'en raison : Ie dis que chacune des lignes AB,
BC est donnee.

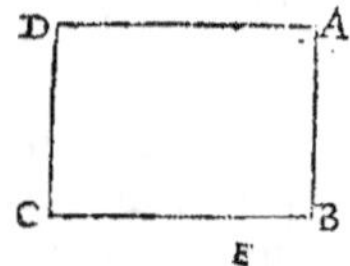

Car puis que le quarré de BC est plus grand que le
quarré de AB d'vn espace donné qu'en raison, soit osté le donné, c'est à sçauoir le rectangle sous CB, BE : Donc la raison du reste, qui est le rectangle
sous BC, CE au quarré de AB est donnee. Er d'autant que le rectangle, † sous
AB, BC est donné, & aussi celuy de CB, BE; leur raison est donnee. Mais
comme le rectangle sous AB, BC au rectangle sous CB EB, ainsi AB à BE,
& partant la raison de AB à BE est donnee : Parquoy est aussi donnee la raison
du quarré de AB au quarré de BE. Mais la raison du quarré de AB au rectangle sous BC, CE est donnee : Donc aussi est donnee la raison du rectangle
sous BC, CE au quarré de BE. Parquoy la raison de quatre fois le rectangle
sous BC, CE au quarré de BE est donnee; & en composant, la raison de
quatre fois le rectangle sous BC, CE, auec le quarré de BE au quarré de BE
est donnee. Mais quatre fois le rectangle de BC, CE auec le quarré de BE,
est le quarré de la composee BCE : Donc la raison du quarré de la composee
BCE au quarré de BE est donnee : Parquoy la raison de la composee de BC,
CE à BE est donnee; & en composant, la raison de la composee des lignes
BC, CE, BE, c'est à dire le double de BC, à BE est donnee; & partant la raison
d la seule BC à BE est aussi donnee Mais comme BC à BE, ainsi le rectangle sous BC BE au quarré de BE : Donc la raison du rectangle sous BC, BE au
quarré de BE est donnee. Mais le rectangle de BC, BE est donné : Donc le
quarré de BE est aussi donné, & consequemment la ligne BE est donnee. Parquoy BC est aussi donnee, puis que la raison de BE à BC est donnee. Mais
l'espace AC est donné, & aussi l'angle B : Donc AB est donnee. Parquoy
chacune des lignes AB, BC est donnee.

i 11. d.
d 2.2.
m 1.p.
n 1.6.

o 50.p.
p 8.pr.
q 6.pr.

r 8.2.
s 54.p.

t 1.6.

u 2.pr.

x 57.p.

SCHOLIE.

¶ *Au lieu de dire icy ce qui est sous &c. nous auons vsé du mot rectangle, estant
manifeste par la suite de ceste demonstration que l'intension d'Euclide est telle, puis qu'il
se sert en ladicte demonstration des deux & huictiesmes propositions du deuziesme element : & aussi que l'espace ou parallelogramme donné n'estant rectangle, il y peut-estre
reduit faisant sur BC, & au poinct de l'angle donné B, vn angle droict CBA, tellement
qu'on auroit deux parallelogrammes constituez sur vne mesme base BC, & entre mesmes paralleles, ainsi qu'en la 69. prop. au moyen de laquelle se tireroit la conclusion
de ceste-cy.*

Cecy a aussi lieu à la proposition suiuante.

PROP.

PROP. LXXXVII.

Si deux lignes droictes comprenant vn espace donné en angle
donné, le quarré de l'vne est plus grand que le quarré de
l'autre d'vn donné ; aussi chacune d'icelles sera donnee.

Soient deux lignes droictes AB, BC, comprenant vn
espace donné AC en angle donné B, & le quarré de
BC soit plus grand que le quarré de AB d'vn donné : Ie
dis que chacune d'icelles AB, BC est donnee.

Car puis que le quarré de BC est plus grand que le
quarré de AB d'vn espace donné, soit osté le donné, &
soit le rectangle sous BC, BE : Donc le reste, qui est
le rectangle de BC, CE, est egal au quarré de AB. Et puis que le rectangle de
BC, BE est donné, & aussi l'espace ou rectangle AC ; la raison d'iceluy rectangle de BC, BE à AC est donnee. Mais comme le rectangle de BC, BE au rectangle de AB, BC, ainsi BE à AB : Donc la raison de BE à AB est donnee ; &
partant est aussi donnee la raison du quarré d'icelle BE au quarré de AB.
Mais à iceluy quarré de AB est egal le rectangle de BC, CE : Donc la raison
d'iceluy rectangle de BC, CE au quarré de BE est donnee ; & partant est aussi
donnee la raison du quadruple d'iceluy rectangle de BC, CE au quarré de BE.
Et en composant, la raison de quatre fois le rectangle de BC, CE auec le
quarré de BE à iceluy quarré de BE est donnee. Mais quatre fois le rectangle
de BC, CE auec le quarré de BE est le quarré de la composee BCE : Donc la
raison du quarré d'icelle composee BCE au quarré de BE est aussi donnee ; &
partant la raison de la composee BCE à BE est donnee. Parquoy en composant, est aussi donnee la raison d'icelles BCE, EB, c'est à dire deux fois BC
à BE : Donc la raison de la seule BC à BE est donnee. Mais la raison de la mesme BE à AB est aussi donnee : Donc la raison de AB à BC est donnee. Et puis
que la raison de BC à BE est donnee, & que comme icelle BC à BE, ainsi le
quarré de BC au rectangle de BC, BE ; la raison du quarré de BC au rectangle de BC, BE est aussi donnee. Mais iceluy rectangle de BC, BE est donné,
car c'est ce qui a esté osté qui estoit donné : Donc le quarré de BC est donné ;
& partant est donnee la ligne BC. Mais la raison d'icelle BC à BA est donnee :
Donc AB est aussi donnee.

PROP. LXXVIII.

Si en vn cercle donné par grandeur est tiree vne ligne droicte
laquelle oste vn segment qui comprent vn angle donné,
icelle ligne est donnee par grandeur.

Au cercle ABC donné par grandeur, soit tiree la ligne droicte AC ostant le
segment ABC qui comprent l'angle donné AEC : Ie dis que la ligne AC est
donnee par grandeur.

Car soit pris le centre du cercle D, tiré le diametre ABF, & soit tiree DC, DF l'angle ACE est donné, car il est droit : Mais l'angle AEC est aussi donné ; & partant l'autre angle CAE est donné. Parquoy le triangle ACE est donné par espece ; & partant la raison de EA à AC est donnee. Mais AE est donnee par grandeur, puis que le cercle ABC est donné par grandeur : Donc AC est aussi donnee par grandeur.

PROP. LXXXIX.

Si en vn cercle donné par grandeur, est tiree vne ligne droicte donnee par grandeur ; elle ostera vn segment comprenant vn angle donné.

Au cercle ABC donné par grandeur soit tiree la ligne droicte AC donnee par grandeur : (*Voyez la figure precedente*) Ie dis qu'elle oste vn segment qui comprent vn angle donné.

Car ayant pris le centre du cercle D, soit tiré le diametre ADE, & la ligne droicte EC. D'autant que chacune des lignes droictes AE, AC est donnee, la raison d'icelle AE à AC est donnee ; & l'angle ACE est droict : Donc le triangle ACE est donné par espece, & partant l'angle AEC est donné.

PROP. XC.

Si en la circonference d'vn cercle donné par position, & par grandeur on prend vn poinct donné, & que d'iceluy poinct à la circonference du cercle se flechisse vne ligne droicte faisant vn angle donné ; l'autre extremité d'icelle ligne flechie sera donnee.

En la circonference du cercle ABC donné par position & par grandeur soit pris vn poinct donné B, & d'iceluy poinct B soit flechie ou brisee à la circonference la ligne droicte BAC, qui fasse l'angle BAC donné : Ie dis que le poinct C est donné.

Car soit pris le centre du cercle D, & tirees les lignes BD, CD. D'autant que chaque poinct B, D est donné, la ligne droicte BD est donnee par position : & veu que l'angle BAC est donné, l'angle BDC est aussi donné. Parquoy à la ligne droicte BD dónée par position, & au poinct D donné en icelle est mence la ligne droicte CD qui faict l'angle donné BDC : & partant la ligne DC est donnee par position. Mais le cercle ABC est donné par position & grandeur : Donc la ligne droicte DC est donnee par position, & par grandeur. Mais le poinct D est donné : Donc le poinct C est aussi donné.

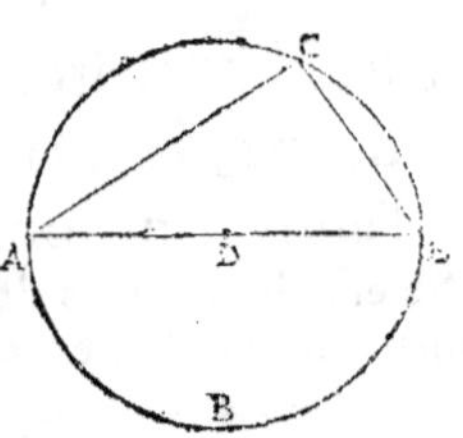

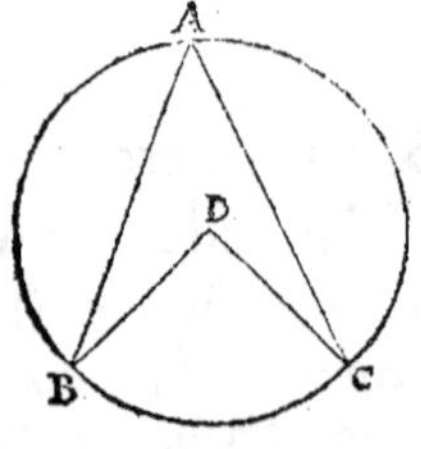

PROP. XCI.

Si d'vn poinct donné est tirée vne ligne droicte qui touche vn cercle donné par position ; icelle ligne est donnee par position & par grandeur.

D'vn poinct donné C soit menée la ligne droicte CA touchant le cercle AB donné par position : Ie dis qu'icelle ligne droicte AC est donnee par position & par grandeur.

Car ayant pris le centre du cercle D, soient tirées les lignes droictes DA, DC. D'autant que chaque poinct C, D est donné, la ligne droicte CD[u] est donnee par position & par grandeur. Mais l'angle CAD[x] est droict; & partant[z] le demy cercle descrit sur CD passera par le poinct A: Qu'il y passe donc, & soit DAC: D'autant qu'iceluy DAC[y] est donné par position, & aussi le cercle ABE, [a] le poinct A est donné. Mais le poinct C est aussi donné : Donc[b] la ligne droicte AC est donnée par position & par grandeur.

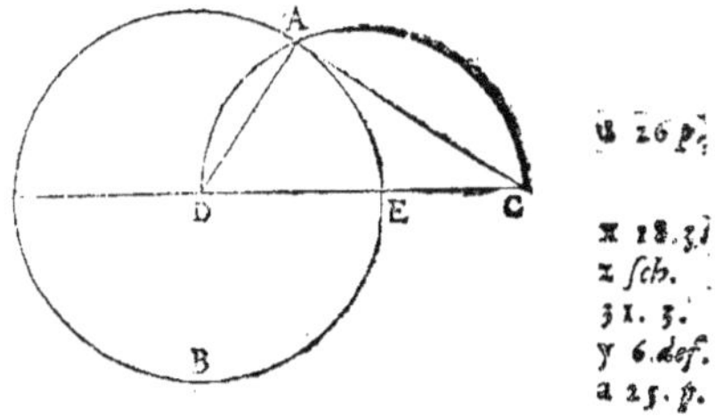

u 26 p.
x 18.3.
z sch.
31.3.
y 6. def.
a 25. p.
b 16. p.

PROP. XCII.

Si hors vn cercle donné par position, on prend quelque poinct, & d'iceluy poinct donné soit tirée quelque ligne droicte couppant le cercle ; le rectangle compris sous toute la ligne & la partie d'entre le poinct & la circonference conuexe sera donné.

Hors le cercle ABC donné par position soit pris quelque poinct, c'est à sçauoir D, duquel soit menée la ligne droicte DB couppant le cercle : Ie dis que le rectangle soubs BD, DC est donné.

Car du poinct D soit menée la ligne droicte DA qui touche le cercle en A : Donc icelle DA[c] est donnee par position & par grandeur; & partant le quarré d'icelle DA[d] est donné. Mais iceluy quarré de DA est egal[e] au rectangle de BD, DC : Donc iceluy rectangle de BD, DC est aussi donné.

c 91. p.

d 52. p.
e 36. 3.

AVTREMENT.

Soit pris le centre du cercle E, & par iceluy soit tirée de D la ligne droicte

DA. D'autant que chaque poinct D, E est
[f 26. p] donné, la ligne droicte DE [f] est donnee par
position & par grandeur. Mais le cercle ABC
est aussi donné par position & par grandeur:
[g 25 p] Donc chaque point A, F [g] est donné; & le
poinct D est aussi donné, & partant [f] chaque
ligne AD, FD est donné. Parquoy le rectangle d'icelles AD, DF est aussi donné. Mais ice-
[h Cor.] luy rectangle de AD, DF est egal [h] au re-
[36. 3.] ctangle de DB, DC: Donc le rectangle de
DB, DC est donné.

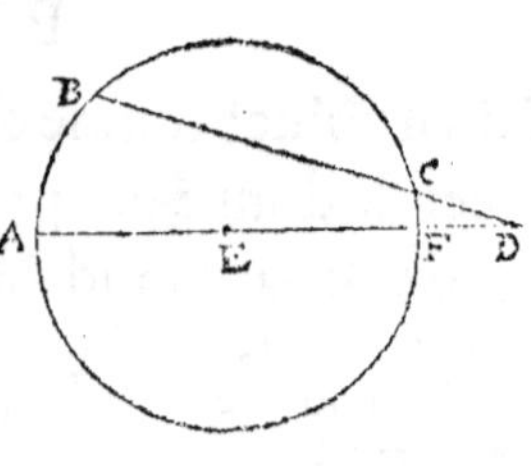

PROP. CXIII.

Si dans vn cercle donné par position on prend quelque poinct
donné, & par iceluy on tire quelque ligne droicte au cercle ; le rectangle compris soubs les segmens d'icelle ligne
sera donné.

Dans vn cercle donné par position soit pris quelque poinct donné A, & par iceluy soit tiree la ligne
droicte BC: Ie dis que le rectangle contenu soubs
AB, AC est donné.

Car soit pris le centre du cercle D, & ayant tiré la
ligne droicte AD soit prolongee iusquesaux poincts
E, F. D'autant que chaque poinct A, D est donné,
[i 26. p.] la ligne droicte AD [i] est donnee par position. Mais
le cercle BEC est aussi donné par position : donc
chaque poinct E, F est aussi donné par position ; &
le poinct A est donné Parquoy chaque ligne [l] AE,
AF est donnee : Donc le rectangle d'icelles AE, AF est donné ; & est egal au
rectangle [l] de AB, AC; partant iceluy rectangle de AB, AC est donné.
[l 35. 3.]

PROP. XCIV.

Si dans vn cercle donné par grandeur est tiree vne ligne droicte, laquelle oste vn segment qui comprenne vn angle donné, & qu'iceluy angle estant au segment soit couppé en
deux egallement: la composée des lignes droictes qui comprenant l'angle donné aura raison donnée à la ligne qui
couppe iceluy angle en deux egalement; & le rectangle
contenu soubs la composee d'icelles lignes comprenant l'angle donné, & la partie d'icelle ligne couppante

qui eſt au deſſous du ſegment entre la baſe & la circonference ſera donné.

Au cercle ABC donné par grandeur ſoit tiree
vne ligne droicte BC, laquelle oſte vn ſegment
qui comprenne l'angle donné ABC, & iceluy
angle ſoit couppé en deux egalement par la ligne droicte AD : Ie dis que la raiſon de la compoſee des lignes droictes BA , AC, c'eſt à dire
BAC à AD eſt donnee ; & auſſi que le rectangle contenu ſoubs la compoſee BAC & la ligne
droicte ED eſt donné.

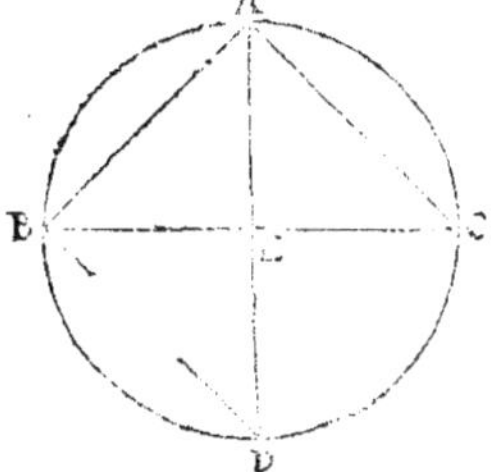

Soit menee BD. D'autant que dans le cercle
ABC donné par grandeur eſt tiree la ligne droi-
cte BC, qui oſte le ſegment BAC comprenant vn angle donné BAC ; icelle ligne BC [m] eſt donnee : & partant BD eſt auſſi donnee. Donc la raiſon d'icelle
BC à BD [n] eſt donnee. Et puis que l'angle donné BAC eſt couppé en deux
egalement par la ligne droicte AD ;[o] comme BA à CA, ainſi BE à CE ; & en
compoſant, comme BAC à CA, ainſi BC à CE : & en permutant, comme
BAC à BC, ainſi CA à CE. Et veu que l'angle BAE eſt egal à l'angle CAE, &
l'angle ACE[p] à l'angle BDE ; l'autre angle AEC eſt egal à l'autre angle
ABD ; & partant le triangle ACE eſt equiangle au triangle AED : Donc
[r] comme AC à CE, ainſi AD à BD. Mais comme AC à CE, ainſi la compoſee BAC à BC : Donc comme la compoſee BAC à BC, ainſi AD à BD ; & en
permutant, comme la compoſee BAC à AD, ainſi BC à BD. Mais la raiſon
d'icelle BC à BD eſt donnee : Donc la raiſon de la compoſee BAC à AD eſt
auſſi donnee. Ie dis en outre que le rectangle ſoubs icelle compoſee BAC &
ED eſt donné. Car d'autant que le triangle AEC eſt equiangle au triangle
BDE, (car l'angle ACE[p] eſt egal à l'angle BDE, & l'angle AEC[q] à l'angle
BED) comme BD à DE, ainſi AC à CE. Mais comme AC à CE, ainſi eſt auſſi
la compoſee BAC à BC : Donc [r] comme la compoſee BAC eſt à BC, ainſi
BD à DE Parquoy le rectangle d'icelle compoſee BAC & DE[f] eſt egal au
rectangle de BC, BD. Mais iceluy rectangle de BC, BD eſt donné : (pour ce
qu'icelles lignes BC, BD ſont donnees) donc le rectangle ſous la compoſee
BAC & ED eſt auſſi donné.

AVTREMENT.

Soit prolongee CA iuſques au poinct E , & poſé AE egale à BA, & ſoient
conioincts BE, ED. D'autant que l'angle BAC eſt double de chacun des angles CAD, AEB; (car iceluy BAC eſt couppé en deux egalement par AD, &
egal[t] aux deux angles ABE, AEB, qui ſont[u] egaux) l'angle ABE eſt egal à
l'angle CAD, c'eſt à dire [x] à l'angle CBD : adiouſtant donc l'angle commun
ABC, l'angle total ABD ſera egal au total EBE. Mais l'angle ACB[x] eſt egal à
l'angle ADB : Donc le troiſieſme angle AEB eſt egal au troiſieſme BAD ; &
partant le triangle CEB eſt equiangle au triangle ABD : Parquoy comme CE
à CB, ainſi AD à BD. Mais la ligne droicte CE eſt compoſee des deux CA,

AB: Donc comme la compofee BAC eſt à
CB ainſi AD à BD; & en permutant, comme
la compofee BAC eſt à AD, ainſi CB à BD.
Mais la raiſon de CB à BD eſt donnee, attendu que chacune d'icelles lignes eſt donnee: Donc la raiſon de la compofee BAC à
AD eſt auſſi donnee. Et puis que le triangle
CEB eſt equiangle au triangle FBD: (car
l'angle AFC eſt egal [y] à l'angle BFD & l'angle ECB [x] à l'angle ADB) comme EC à CB
ainſi BD à DF. Mais EC eſt egale à la compofee BAC: Donc comme la compofee BAC
eſt à CB, ainſi BD à DF. Parquoy [z] le rectangle de la compofee BAC & DF eſt egal
au rectangle de CB & BD. Mais iceluy re-
ctangle de CB, BD eſt donné, attendu que chacune des lignes CB, BD eſt
donnee: Donc le rectangle de la compofee BAC & DF eſt donné.

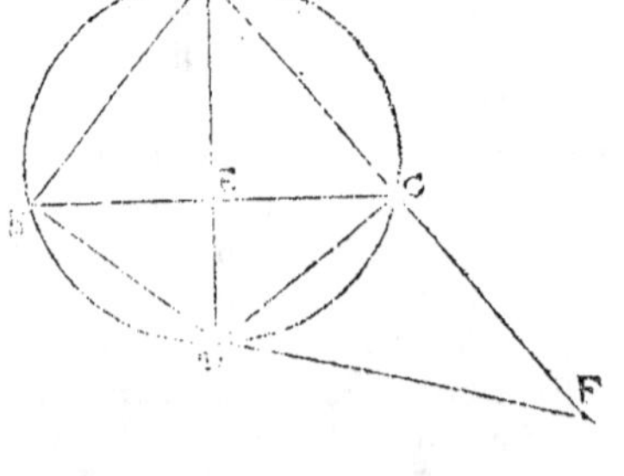

y 15. 1.

x 11.3.

z 16.6.

AVTREMENT.

Soit prolongee AC iuſques en F, &
poſe CF egale à AB, & ſoient menees
BD, DF. D'autant que BA eſt egale à
CF, & [a] BD à DC; les deux coſtez AB,
BD ſont egaux aux deux CD, DF, chacun au ſien, & l'angle ABD eſt egal à
l'angle DCF, [b] puis que le quadrilatere ABDC eſt dans le cercle: Donc la
baſe AD eſt [c] egale à la baſe DF, &
l'angle DAB à l'angle DFC. Mais iceluy angle BAD eſt donné; (car c'eſt
la moitié du donné BAC.) Donc l'angle DFC l'eſt auſſi. Mais DAF eſt auſſi
donné: Donc le triangle ADF eſt donné par eſpece. Parquoy la raiſon de FA
à AD eſt donnee. Mais AF eſt la compofee de BA, AC, attendu que CF eſt
egal à AB: Donc la raiſon de la compofee BAC à AD eſt donnee. Or par meſme raiſon que deſſus nous demonſtrerons que le rectangle contenu ſoubs la
compofee BAC & ED eſt donné.

*a 16. &
29. 3.*

*b 22.3.
& 13.
1.*

c 4. 1.

PROP. XCV.

Si au diametre d'vn cercle donné par poſition on prend vn
poinct donné, & que d'iceluy poinct on tire quelque ligne
droicte à la circonference du cercle, mais que de la ſection
d'icelle on mene vne ligne droicte perpendiculaire à cette-
là, & par le poinct auquel ceſte perpendiculaire rencontre-

ra la circonference on mene vne parallele à la premiere ligne tiree : ce poinct là auquel la parallele rencontre le diametre est donné, & le rectangle contenu soubs les lignes
paralleles est aussi donné.

Soit le cercle ABC donné par position, & son diametre AC, auquel soit
pris le poinct donné D, & d'iceluy soit tiree la ligne droicte DA couppant la
circonference en A, duquel soit menee la li-
gne droicte AE perpendiculaire à DA, & par
le poinct E où elle rencontre la circonference soit menee EF parallele à AD : Ie dis que
le poinct F est donné, & aussi le rectangle
compris soubs AD, EF.

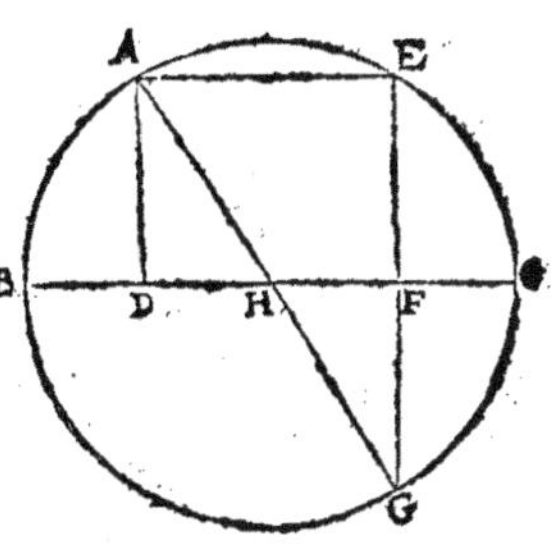

Car soit prolongee la ligne droicte EF iusques au poinct G, & tiree la ligne droicte
AG. D'autant que l'angle AEG est droict, la
ligne droicte AG est diametre du cercle.
Mais AB est aussi diametre : Donc le poinct
H est le centre du cercle. Or le poinct D est
donné : & partant d la ligne DH est donnee
par grandeur. Mais puis que AD est parallele à EG, & AH egale à GH; e DH   e 26. p.
est egale à FH & AD à FG : (car les angles AHD, FHG f sont egaux, & DAH,   f 15.1.
FGH g aussi egaux.) Mais la ligne DH est donnee : Donc FH est aussi donnee. g 29.1.
Mais vne chacune d'icelles lignes DH, HF est aussi donnee par position, & le
poinct H est donné : Donc h le poinct F est aussi donné. Et puis que dans le   h 27. p.
cercle ABC donné par position est pris vn poinct donné F, & par iceluy est tiree la ligne droicte EFG; le rectangle soubs EF, FG i est donné. Mais FG est   i 91. p.
egale à AD : Donc le rectangle compris soubs AD, EF est donné : Ce qu'il falloit demonstrer.

Fin des Donnez d'Euclide.

Extraict du Priuilege du Roy.

PAR Priuilege du Roy, il eſt permis à D. HENRION, Profeſſeur és Mathematiques de faire imprimer toutes ſes œuures, ſçauoir eſt, Les quinze Liures des Elements Geometriques d'Euclide, reueus & corrigez du viuant de l'Autheur, auec le Liure des Donnez du meſme Euclide, traduict en François par ledit HENRION auparauant ſon decedz, ſoit conioinctement ou ſeparément, côme bon luy ſemblera, & l'impreſſion faite, les vendre & diſtribuer ainſi qu'il voudra, & ce iuſques au terme de neuf ans, à compter du iour que chacun de ſeſdicts liures ſera acheué d'imprimer, en vertu des preſentes: pendant lequel temps, defenſes ſont faictes à tous Imprimeurs, Libraires, & autres perſonnes de quelque eſtat, qualité, ou condition qu'ils ſoient, d'imprimer, alterer, traduire, ny extraire aucune choſe des œuures dudit HENRION, d'achepter, eſchanger, vendre ny diſtribuer aucuns de ſeſdits liures, ſinon de ceux qu'il aura fait imprimer, ſur peine de ſix mille liures d'amende, & confiſcation des exemplaires qui ſe trouueront d'autres impreſſions que de celles qu'aura fait faire ledit HENRION. Voire meſme ſi aucun Imprimeur ou Libraire eſt trouué ſaiſi d'aucun exemplaire d'autre impreſſion que de celles dudit HENRION, ou faites de ſon conſentement, ſera procedé contre luy, extraordinairement, & condamné en pareille amende que s'il l'auoit imprimé ou fait imprimer. Voulant en outre ſa Majeſté, qu'en appoſant au cômencement ou à la fin deſdits liures vn extraict des preſentes, elles ſoient tenües pour bien notifiees & ſignifiees, nonobſtant quelconque lettre au contraire: Car tel eſt le plaiſir de ſa Maieſté Donné à Paris, le 24. de Decembre. l'an de grace 1624. & de noſtre regne le quinzieſme. Par le Roy en ſon conſeil, RENOVARD.

Acheué d'imprimer le 24. Iuillet 1632.

www.ingramcontent.com/pod-product-compliance
Lightning Source LLC
LaVergne TN
LVHW021915170726
843501LV00001BA/42